Excel 2016 函数与公式应用大全

Excel Home 编著

北京大学出版社
PEKING UNIVERSITY PRESS

内容提要

本书全面系统地介绍了Excel 2016函数与公式的技术特点和应用方法，深入揭示背后的原理概念，并配合大量典型实用的应用案例，帮助读者全面掌握Excel的函数与公式。全书分为4篇共32章，内容包括公式与函数基础、常用函数、函数综合应用，以及其他功能中的函数应用。附录中还提供了Excel 2016规范与限制、Excel 2016常用快捷键、Excel 2016常用函数及功能说明等内容，方便读者查阅。

本书适合各层次的Excel用户，既可作为初学者的入门指南，又可作为中、高级用户的参考手册。书中大量的实例还适合读者直接在工作中借鉴。

图书在版编目(CIP)数据

Excel 2016函数与公式应用大全 / Excel Home编著. — 北京 : 北京大学出版社, 2019.1
ISBN 978-7-301-29948-7

Ⅰ. ①E… Ⅱ. ①E… Ⅲ. ①表处理软件 Ⅳ. ①TP391.13

中国版本图书馆CIP数据核字(2018)第227408号

书　　名　Excel 2016函数与公式应用大全
Excel 2016 HANSHU YU GONGSHI YINGYONG DAQUAN
著作责任者　Excel Home 编著
责任编辑　尹毅
标准书号　ISBN 978-7-301-29948-7
出版发行　北京大学出版社
地　　址　北京市海淀区成府路205 号　100871
网　　址　http://www. pup. cn　新浪微博: @ 北京大学出版社
电子信箱　pup7@ pup. cn
电　　话　邮购部 010- 62752015　发行部 010- 62750672　编辑部 010- 62580653
印 刷 者　三河市博文印刷有限公司
经 销 者　新华书店
787毫米 × 1092毫米　16开本　45.75印张　1056千字
2019年1月第1版　2020年9月第6次印刷
印　　数　34001-38000册
定　　价　119.00元

前 言

本书是由Excel Home技术专家团队继《Excel 2013函数与公式应用大全》之后精心打造的升级版本。全书分为四大部分，完整详尽地介绍了Excel函数与公式的技术特点和应用方法。本书从公式与函数的基础开始，逐步展开到查找引用、统计求和等常用函数应用，以及数组公式、多维引用等。除此之外，本书还详细介绍了Web函数、宏表函数、自定义函数、数据库函数、数据透视表函数等知识，另外还包括数据验证、条件格式、高级图表制作中的函数应用实例，形成了一套结构清晰、内容丰富的Excel函数与公式知识体系。

本书的每个部分都采用循序渐进的方式，由易到难地介绍了各个知识点。除了原理和基础性的讲解外，还配以大量的典型示例来帮助读者加深理解，读者甚至可以在自己的实际工作中直接进行借鉴。

本书配套示例文件，可以到Excel Home官网下载，也可以加入“Excel Home办公之家1群”（QQ 群号：238190427）获取。还可以扫描右侧二维码，关注公众号，并输入提取码“31634”获取下载地址及密码。

为了方便读者学习，本书将若干小节和精彩视频教程做成二维码的形式供读者学习使用，请在联网状态下用手机扫描二维码进行观看。

读者对象

本书面向的读者群是所有需要使用Excel的用户。无论是初学者，中、高级用户还是IT技术人员，都可以从本书中找到值得学习的内容。当然，希望读者在阅读本书之前至少要对Windows操作系统有一定的了解，知道如何进行最基本的操作。

本书约定

在正式开始阅读本书之前，建议读者花几分钟时间来了解一下本书在编写和组织上使用的一些惯例，这会对您的阅读有很大的帮助。

软件版本

本书的写作基础是安装于Windows 10专业版操作系统上的中文版Excel 2016。尽管本书中的许多内容也适用于Excel的早期版本，如Excel 2003、Excel 2007、Excel 2010或Excel 2013，以及其他语言版本的Excel，如英文版、繁体中文版。但为了能顺利地学习本书介绍的全部功能，仍然强烈建议读者使用中文版Excel 2016进行学习。

菜单命令

我们会这样描述在Excel或Windows及其他Windows程序中的操作，例如，在讲到对某张Excel工作表进行隐藏时，通常会写成：在Excel功能区中单击【开始】选项卡中的【格式】下拉按钮，在其扩展菜单中依次选择【隐藏和取消隐藏】→【隐藏工作表】选项。

鼠标指令

本书中表示鼠标操作的时候都使用标准方法："指向""单击""右击""拖动"及"双击"等，读者可以很清楚地知道它们表示的意思。

键盘指令

当读者见到类似<Ctrl+F3>这样的键盘指令时，表示同时按下<Ctrl>键和<F3>键。

Windows键即键盘上画着⊞的键。本书还会出现一些特殊的键盘指令，表示方法相同，但操作方法会略有不同，有关内容会在相应的章节中详细说明。

Excel函数名称与单元格地址

本书中涉及的Excel函数名称与单元格地址将全部使用大写，如SUM()、A1:B5。但在讲到函数的参数时，为了和Excel中显示一致，函数参数全部使用小写，如SUM (number1, number2, …)。

图标

注意	表示此部分内容非常重要或需要引起重视
提示	表示此部分内容属于经验之谈，或是某方面的技巧
参考	表示此部分内容在本书其他章节也有相关介绍

本书结构

本书包括4篇32章及4则附录。

第一篇　公式与函数基础

本篇包括第1~9章，主要介绍函数与公式的基础知识，如何创建简单的公式，以及如何在自定义名称中运用各种函数。本篇并非只为初学者准备，中、高级用户也能从中找到许多从未接触到的技术细节。

第二篇　常用函数

本篇包括第10~24章，不但介绍常用函数的多种经典用法，还对其他图书少有涉及的数组公式和多维引用计算、宏表函数、数据库函数、数据透视表函数及自定义函数进行了全面细致的讲解。

第三篇 函数综合应用

本篇包括第25~29章，主要介绍如何利用循环引用来实现一些特殊情况的计算，同时详细介绍利用函数与公式进行条件筛选、排名与排序，以及数据重构技巧和数据表处理技术。

第四篇 其他功能中的函数应用

本篇包括第30~32章，主要介绍函数和公式在数据验证和条件格式中的应用。另外，对于高级图表制作中的函数与公式应用也进行了详细的介绍。

附录

主要包括Excel的规范与限制，Excel的快捷键及Excel 2016的主要函数与功能说明。

阅读技巧

不同水平的读者可以使用不同的方式来阅读本书，以求在相同的时间和精力之下能获得最大的回报。

刚刚接触函数与公式的初级用户或任何一位希望全面熟悉函数与公式的读者，可以从头开始阅读，因为本书是按照函数与公式的使用频度及难易程度来组织章节顺序的。

中、高级用户可以挑选自己感兴趣的主题有侧重地学习，虽然各知识点之间有千丝万缕的联系，但通过在本书中提示的交叉参考，可以轻松地“顺藤摸瓜”。

如果遇到困惑的知识点可以暂时先跳过，今后遇到具体问题时再来研究。当然，更好的方式是与其他爱好者进行探讨。如果身边没有这样的人选，可以登录Excel Home技术论坛，这里有无数Excel爱好者正在积极交流。

另外，本书为读者准备了大量的示例，它们都有相当的典型性和实用性，并能解决特定的问题。因此，读者也可以直接从目录中挑选自己需要的示例开始学习，然后快速应用到自己的工作中去。

写作团队

本书由周庆麟策划并组织编写，绪论及第1~9章、第12~13章、第25~27章、第29~30章由祝洪忠编写，第16~17章、第19~20章由余银编写，第14章、第18章、第28章由邵武编写，第15章、第21~24章由翟振福编写，第10~11章、第31章由巩金玲编写，第32章由郑晓芬编写，最后由祝洪忠和周庆麟完成统稿。

Excel Home论坛管理团队和Excel Home学院教管团队长期以来都是Excel Home图书的坚实后盾，他们是Excel Home中最可爱的人。最为广大会员所熟知的代表人物有朱尔轩、林树珊、吴晓平、刘晓月、路丽清、陈军、顾斌、黄成武、孙继红、王建民、周文林、郭新建等，在此向这些最可爱的人表示由衷的感谢。

特别感谢由Excel Home会员志愿组成的本书预读团队所做出的卓越贡献。他们用耐心和热情帮助作者团队不断优化书稿，让读者可以读到更优秀的内容。

衷心感谢Excel Home论坛的数百万名会员，是他们多年来不断的支持与分享，才营造出良好的学习氛围，并成就了今天的Excel Home系列图书。

衷心感谢Excel Home微博的所有粉丝和Excel Home微信的所有好友，你们的点赞和转发是我们不断前进的动力。

后续服务

在本书的编写过程中，尽管我们的每一位团队成员都尽心尽力，但不足之处仍在所难免。敬请读者能够提出宝贵的意见和建议，您的反馈将是我们继续努力的动力，本书的后续版本也将会日臻完善。您可以访问http://club.excelhome.net，我们开设了专门的版块用于本书的讨论与交流。您也可以发送电子邮件到book@excelhome.net或者2751801073@qq.com。

同时，欢迎您关注我们的新浪官方微博（@ExcelHome）和微信公众号（iexcelhome），我们每日会更新很多优秀的学习资源和实用的Office技巧，并通过留言反馈与大家进行交流。

此外，我们还特别准备了QQ学习群，您可以扫描下方二维码入群，与作者和其他读者共同交流学习。

最后祝广大读者在阅读本书后能学有所成！

目 录

第一篇 公式与函数基础

第二篇 常用函数

第三篇 函数综合应用

第四篇 其他功能中的函数应用

示例目录

绪论：如何学习函数与公式

Excel中的主要功能包括基础操作、图表与图形、公式与函数、数据透视表及宏与VBA五大类，公式与函数是其中最有魅力的一部分，它的使用可以贯穿其他4个部分。如果想要发挥好其他几部分的功能，首先需要掌握一定的函数与公式方面的使用技巧。

Excel函数与公式功能的入门是非常容易的，一个新手通过短暂的学习，很快就可以开始构建满足自己需求的计算公式，并且能够使用一些简单的函数。但要深入下去，还有非常多的内容需要研究。

作为函数与公式的学习者，应该充分了解公式的核心价值。简单的计算功能并不能体现一个公式的核心价值，还有一个重要的组成部分，就是能够建立数据之间的关联。

在工作表中可能有很多数据，这些数据起初都是零散的，尽管它们可能以表格的形式存在，但单元格与单元格之间并没有任何的联系。如果在工作表中写入一些公式，就能够以自己的思维方式和算法，将这些零散数据重新进行组合编排，建立起联系。

这里的重新组合并不是只改变一个单元格的地址，而是从逻辑关系上建立起一定的联系，在通过公式功能完成数据计算汇总的同时，创建一个能够长期有效使用的计算模型。任何时候只要根据这个模型的规则改变源数据，最终的结果将会实时更新，而不需要用户重新进行设置。

学习函数与公式虽然没有捷径，但也要讲究方法。本书以作者自身的体会和无数Excel高手的学习心得总结而来，教给大家正确的学习方法和思路，让大家能够举一反三，通过自己的实践来获取更多的进步。

1. 学习函数很难吗

“学习函数很难吗？”这是很多新手在学习函数与公式之初最关心的问题。在刚刚接触函数与公式时，面对陌生的函数名称和密密麻麻的参数说明的确会心存畏惧。任何武功都是讲究套路的，只要肯用心，一旦熟悉了基本的套路章法，函数与公式的学习就不再艰难。

“我英文不好，能学好函数吗？”这也是初学者比较关心的问题。其实这个担心是完全多余的，如果你的英文能达到初中水平，学习函数与公式就足够了。有些名称特别长的函数，也不需要用户全部记住，从Excel 2007开始，增加了屏幕提示功能，可以帮助用户快速选择适合的函数，这个功能对于有“英文恐惧症”的同学来说无疑是一个福音。

Excel 2016中的函数有400多个，是不是每个函数都要学习呢？答案是否定的。实际工作中，常用函数有30~50个，像财务函数、工程函数等专业性比较强的函数，只有与该领域有关的用户才会用得多一些。只要将常用函数的用法弄懂理顺了，再去学习那些不常用的函数，理解起来也就没那么困难了。

如果能对这几十个常用函数有比较透彻的理解，再加上熟悉了它们的组合应用，就可以应对工作中的大部分问题了。其余的函数，有时间可以大致地浏览一下，能够有一个初步的印象，这样在处理实际问题时，更容易快速找到适合的函数。并非会使用很多个函数才能算得上是函数高手，真正的高手往往是将简单的函数进行巧妙地组合，衍生出精妙的应用。

万事开头难，当我们开启了函数的大门，就会进入一个全新的领域，无数个函数就像是整装待发的士兵，在等你调遣指挥。要知道，学习是一个加速度的过程，只要理解了基础的东西，后面的学习就会越来越轻松。

2. 从哪里学起

长城不是一天修建的，函数与公式也不是一天就能够学会的，不要试图能够有一本可以一夜精通的函数秘籍，循序渐进、积少成多才是每个高手的必经之路。

在开始学习阶段，除了阅读图书、学习基础理论知识，建议大家多到一些Office学习论坛去看一看免费的教程。本书所依托的http://www.excelhome.net/论坛，就为广大Excel爱好者提供了广阔的学习平台，各个版块的精华帖都是难得的免费学习教程，如下图所示。

Excel Home技术论坛的精华帖

从需求出发，学以致用。从实际工作需求出发，努力用函数与公式来解决实际问题，这是学习的动力源泉。

虽然基础理论是很枯燥的，但也是必需的。就像练习武功要先扎马步一样，学习Excel函数与公式，要先从理解最基础的单元格地址、相对引用和绝对引用开始。千万不要急于求成，在开始阶段就去尝试理解复杂的数组公式或是嵌套公式，这样只会增加挫败感。

在公式基础这一部分，应该重点掌握公式是如何构建的，如何编辑处理公式，分别用在什么地方，公式中应如何处理单元格的引用，也就是要重点关注单元格的引用范围和引用类型。

从简单公式入手，掌握公式的逻辑关系和功能，是初期学习阶段的最佳切入点。对复杂的公式，要逐步学会分段剖析，了解各部分的功能和作用，层层化解，逐个击破。

学会了简单的公式之后，还应该学会如何在工作中使用函数，了解函数的用途，了解都有哪些函数可以供我们使用，它们各有什么用途，如何选择适合的函数来进行计算。

随着了解的不断广泛和深入，应该开始学习如何将不同的函数嵌套在一起使用，因为单个函数的功能是有限的、单一的，如果能够按照计算要求把不同的函数嵌套在一起，将一个函数的结果作为另一函数的参数进行组合使用，计算和处理的功能将得到大大加强。

3. 如何深入学习

进军高级的用户，应该向数组公式方面的知识迈进。数组公式也是公式的一种，能够执行多重计算任务，可以完成较为复杂的运算处理。

除了以上的这些内容，当你发现有些问题可能不适合用现有的函数来解决，即使用数组公式也比较麻烦，这个时候如果有VBA的一些基础知识，就可以使用VBA代码写一些自定义的函数，完成个性化的统计汇总要求。

带着问题学习是最有效的学习方法。不懂就问，多看别人写的公式，多看有关Excel函数与公式的书籍、示例，这对于提高应用函数的能力有着重要的作用。

当然，仅仅通过看书还不够，还要多动手练习，观赏马术表演和自己骑马的感受是不一样的。很多时候，我们看别人的操作轻车熟路，感觉没有什么难度，但是当自己动手时才发现远没有看到的那样简单。熟能生巧，只有自己多动手、多练习，才能更快地练就驰骋千里的真本领。

有人说，兴趣是最好的老师。但是除了一些天生的学霸，对于大多数人来说，能对学习产生兴趣是件很不容易的事情。除了兴趣之外，深入学习Excel函数与公式的另一个诀窍就是坚持。当我们想去解决一件事时，就有一千种方法；如果不想解决这件事，就有一万个理由。学习函数与公式也是如此，不懈的坚持是通晓函数与公式的催化剂。冰冻三尺非一日之寒，三天打鱼两天晒网的态度很难学好函数与公式。放弃是最容易的，但绝不是最轻松的，在职场如战场的今天，有谁敢轻易说放弃呢?

分享也是促进深入学习的一个重要方法，当我们对函数与公式有了一些最基本的了解后，就可以用自己的知识来帮助别人了。Excel Home论坛每天有数以千计的求助帖子，都是练手学习的好素材。不要觉得自己的水平太低而怕别人嘲笑，能用自己的知识帮到别人是一件很惬意的事情。在帮助别人的过程中，可以看看高手的公式是怎样写的，对比一下和自己的解题思路有什么不同。有些时候，“现学现卖”也是不错的学习方法。

如果在学习中遇到问题了，除了在网上搜索类似的问题，也可以在Excel Home论坛的函数与公式版块发帖求助。求助时也是讲究技巧的，相对于“跪求”“急救”等词汇，对问题明确清晰的表述会更容易得到高手们的帮助。

提问之前，自己先要厘清思路：我的数据关系是怎样的？问题的处理规则明确吗？希望得到什么样的结果呢？很多时候问题没有及时解决，不是问题本身太复杂，而是因为自己不会提问，翻来覆去说不到点子上。

在Excel Home技术论坛，有很多帖子的解题思路堪称精妙。对一些让人眼前一亮的帖子可以收藏起来慢慢消化吸收。但是千万不要以为下载了就是学会了，很多人往往只热衷于下载资料，而一旦下载完成，则热情不再，那些资料也就“一入硬盘深似海”了。

微博和微信也是不错的学习平台，随着越来越多传统网站和精英人物的加入，其中的学习资源也丰富起来。只需要登录自己的账号，然后关注那些经常分享Excel应用知识的微博和微信公众号，就可以源源不断地接收新内容推送。新浪微博@ExcelHome和微信公众号iexcelhome每天都会推送实用Excel知识，众多微博粉丝和微信粉丝等待你的加入。

万丈高楼平地起，当将我们能将Excel函数与公式学以致用，并能够应用Excel函数与公式创造性地对实际问题提出解决方案时，就会实现在Excel函数领域中自由驰骋的目标。

第一篇

公式与函数基础

函数与公式是Excel的特色之一，充分展示出其出色的计算能力，灵活使用函数与公式可以极大地提高数据处理分析的能力和效率。本篇主要讲解函数的结构组成、分类和函数的编辑、审核操作，以及引用、数据类型、运算符的知识，还对自定义名称进行了详细讲解。理解并掌握这些基础知识，对深入学习函数与公式会有很大帮助。

第1章 认识公式

本章讲解公式和函数的定义，理解并掌握Excel函数与公式的基础概念对于进一步学习和运用函数与公式解决问题将起到重要的作用。

本章学习要点

（1）Excel函数与公式的基础概念。
（2）公式的组成要素。
（3）公式的输入、编辑、删除和复制。
（4）公式保护。

1.1 公式和函数的概念

Excel公式是指以等号“=”为引导，通过将运算符、函数、参数等按照一定的顺序组合进行数据运算处理的等式。如果在Excel工作表中选中包含数据的部分单元格，在状态栏可以显示出所选择数据的常用计算结果。根据数据类型的不同，状态栏显示出的计算项目也不同，如果所选单元格数据类型为数值，状态栏中会显示计数、平均值及求和等结果，如果所选单元格数据类型为文本，状态栏中则只显示计数结果，如图1-1所示。

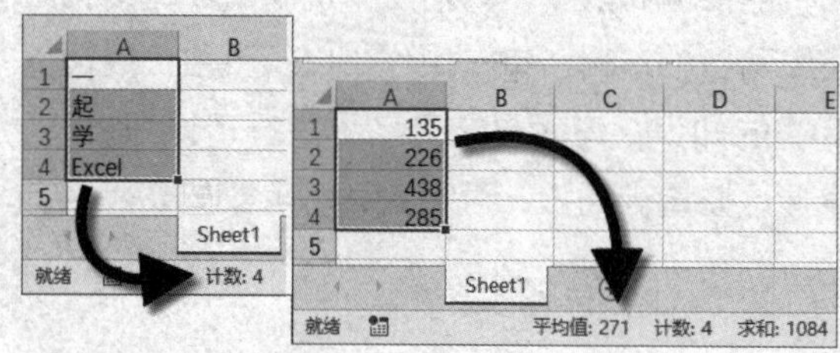

图1-1　状态栏中显示的计算结果

右击状态栏，在弹出的【自定义状态栏】菜单中，依次选中平均值、计数、数值计数、最小值、最大值、求和等选项，可以开启或关闭状态栏显示的项目，如图1-2所示。

本书中所描述的公式与通过【插入】→【公式】下拉列表中插入的公式不同，后者只能够编辑数学公式，而不具备计算功能，如图1-3所示。

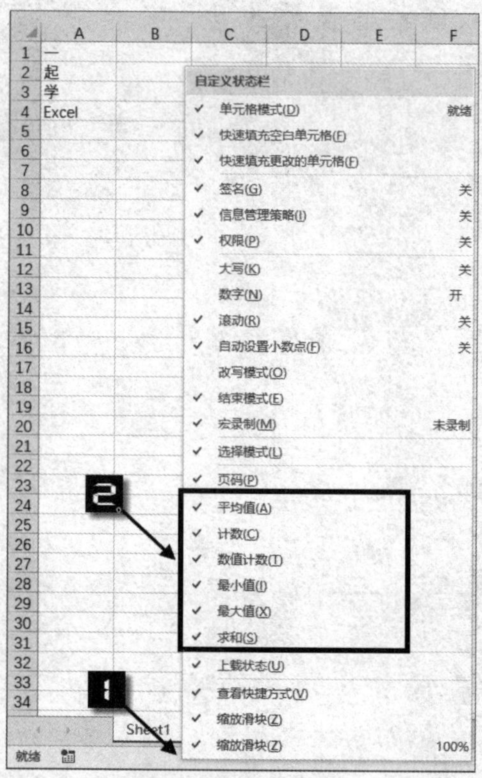

图1-2　自定义状态栏

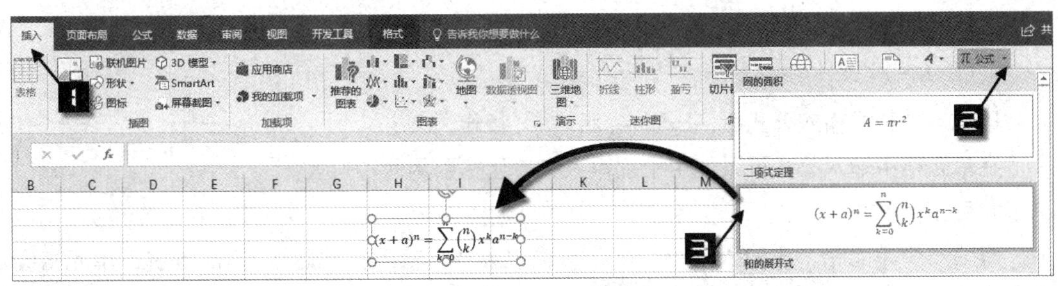

图 1-3　通过【插入】选项卡插入的公式

输入到单元格的公式包含以下5种元素。

(1) 运算符：指一些符号，如加 (+)、减 (-)、乘 (*)、除 (/) 等。

(2) 单元格引用：包括命名的单元格和范围，可以是当前工作表，也可以是当前工作簿的其他工作表中的单元格，或是其他工作簿中的单元格。

(3) 值或字符串：例如，可以是数字8或字符“A”。

(4) 工作表函数和参数：例如，SUM函数及它的参数。

(5) 括号：控制着公式中各表达式的计算顺序。

不同要素构成的公式如表1-1所示。

表1-1　公式的组成要素

公式	说明
=15*3+20*2	包含常量运算的公式
=A1*3+Sheet3!A2*2	包含单元格引用的公式
=单价*数量	包含名称的公式
=SUM(A1*3,A2*2)	包含函数的公式
=(5+9)*4	包含括号的公式

Excel函数可以看作预定义的公式，按特定的顺序或结构进行计算。例如，“=SUM(A1:A100)”，就是使用SUM函数对A1至A100单元格中的数值求和，相当于A1+A2+A3+…+A100，作为Excel处理数据的一个重要组成部分，Excel函数以其强大的功能在生活和工作实践中被广泛应用。

1.2　公式的输入、编辑与删除

除了单元格格式被事先设置为“文本”外，当以“=”作为开始在单元格输入时，Excel将自动变为输入公式状态，当以“+”“-”作为开始输入时，系统会自动在其前面加上“=”变为输入公式状态。

为保证其他软件的兼容性，如果公式以函数开头，Excel允许使用“@”作为公式的开始。例如，Excel接受如下格式：

```
=SUM(A2:A4)
@SUM(A2:A4)
```

以第二种格式输入公式后，Excel会用“=”替代“@”。

在单元格中输入公式可以使用手工输入和单元格引用两种方式。

1. 手工方式输入公式

激活一个单元格，先输入一个“=”，再输入公式。输入完成后按<Enter>键，单元格会显示公式的结果。

2. 使用单元格引用方式输入公式

输入公式的另一种方法是手工输入一些运算符，但是指定的单元格引用可以通过鼠标单击的方式来完成，而不需要手工输入。例如，在A3单元格输入公式“=A1+A2”，可以执行下列步骤。

（1）鼠标单击目标单元格A3。

（2）输入“=”，表示开始输入公式。

（3）鼠标单击A1单元格。

（4）输入“+”。

（5）鼠标单击A2单元格，最后按<Enter>键结束公式的输入。

如果需要对既有公式进行修改，可以通过以下3种方法进入单元格编辑状态。

方法1　选中公式所在单元格，并按<F2>键。

方法2　双击公式所在单元格，此时光标可能不会位于公式起始位置，如果双击无效，则需要依次选择【文件】→【选项】选项，在弹出的【Excel选项】对话框中选择【高级】→【允许直接在单元格内编辑】复选框，然后单击“确定”按钮，如图1-4所示。

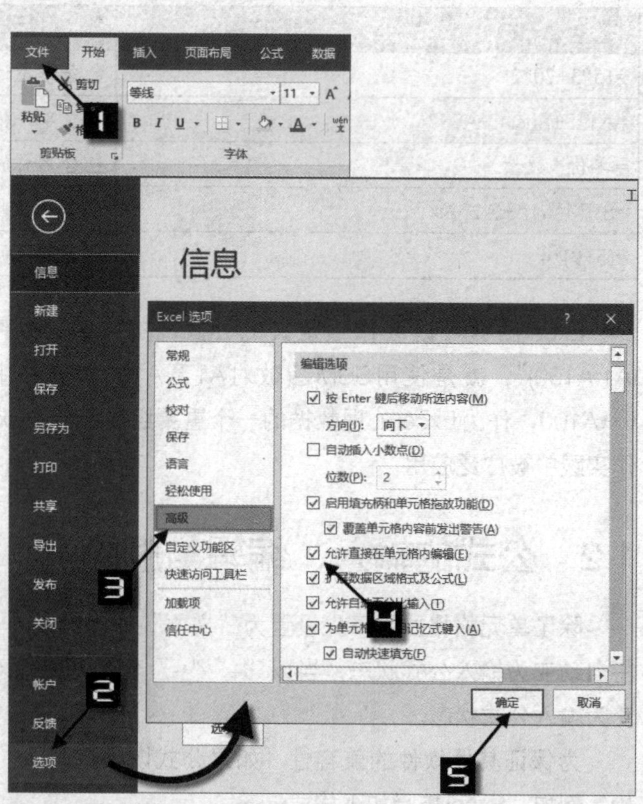

图1-4　设置允许直接在单元格内编辑

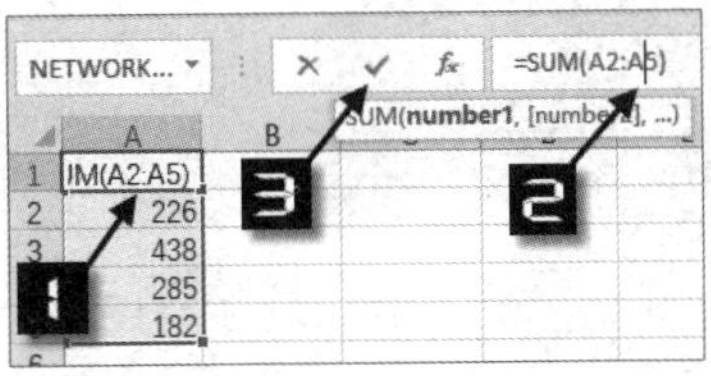

方法3　选中公式所在单元格，在编辑栏中进行修改，修改完毕后单击输入按钮✓或是按<Enter>键，如图1-5所示。单击取消按钮✕，或是按<Esc>键取消当前所做的修改并退出编辑公式状态。

图1-5　在编辑栏内修改公式

选中公式所在单元格，按<Delete>键即可清除单元格中的全部内容。或者进入单元格编辑状态后，将光标定位在某个位置，使用<Delete>键删除光标之后的字符，使用<Backspace>键删除光标之前的字符。

如果输入的公式有语法错误或是公式中使用的括号不匹配，Excel会自动检测并弹出相应的错误提示对话框，如图1-6所示。

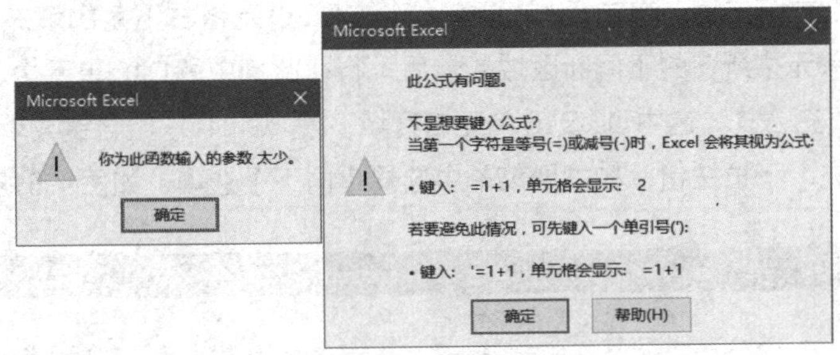

图1-6　错误提示

如果无法立即找出公式的错误并进行修改，不必全部清除已输入的公式，只需删除公式起始位置的“=”即可进行其他编辑。修改完毕后，在公式字符串前加上“=”转换成公式即可。

1.3　公式的复制与填充

当需要在多个单元格中使用相同的计算规则时，可以通过【复制】和【粘贴】的操作方法实现，而不必逐个编辑单元格公式。此外，可以根据表格的具体情况，使用不同的操作方法复制与填充公式，提高效率。

示例1-1　使用公式计算商品金额

图1-7是某餐厅食材原料采购记录的部分内容，需要根据B列的单价和C列的数量计算出每种食材原料的金额。

在D2单元格输入以下公式，按<Enter>键。

```
=B2*C2
```

使用以下5种方法，可以将D2单元格的公式应用到计算规则相同的D3:D10单元格区域。

	A	B	C	D
1	品名	单价	数量	金额
2	土豆	1.5	25	
3	大葱	1.25	10	
4	萝卜	0.52	13	
5	西蓝花	2.7	10	
6	西葫芦	1.65	21	
7	芹菜	1.33	17	
8	大白菜	0.81	44	
9	土豆	1.22	26	
10	冬瓜	0.36	30	

图1-7　用公式计算商品金额

方法1　拖曳填充柄。单击D2单元格，指向该单元格右下角，当鼠标指针变为黑色“+”字型填充柄时，按住鼠标左键向下拖曳至D10单元格。

方法2　双击填充柄。单击D2单元格，双击D2单元格右下角的填充柄，公式将向下填充到当前单元格所在的不间断区域的最后一行，此例中即D10单元格。

方法3　填充公式。选中D2:D10单元格区域，按<Ctrl+D>组合键或单击【开始】选项卡中的【填充】下拉按钮，在扩展菜单中选择【向下】选项，如图1-8所示。

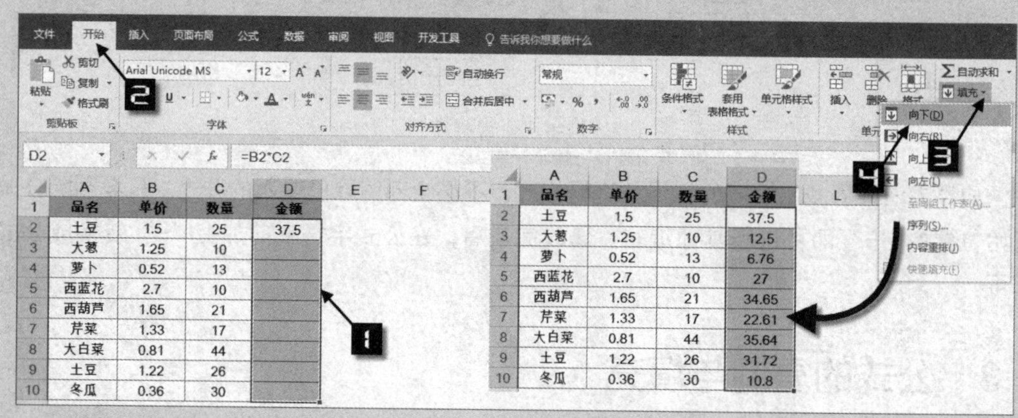

图1-8　填充公式

当需要向右复制时，可单击【开始】选项卡中的【填充】下拉按钮，在扩展菜单中选择【向右】选项，也可以按<Ctrl+R>组合键。

方法4　粘贴公式。单击D2单元格，再单击【开始】选项卡中的【复制】按钮或按<Ctrl+C>组合键复制。选中D3:D10单元格区域，再依次单击【开始】→【粘贴】下拉按钮，在扩展菜单中选择【公式】选项，或按<Ctrl+V>组合键粘贴。

方法5　多单元格同时输入。选中D2:D10单元格区域，然后单击编辑栏中的公式，最后按<Ctrl+Enter>组合键，则D2:D10单元格中将输入相同的公式。

使用这5种方法复制公式的区别如下。

（1）在方法1、方法2、方法3和方法4中，按<Ctrl+V>组合键粘贴是复制单元格操作，起始单元格的格式、条件格式、数据验证等属性将被覆盖到填充区域。方法4中通过

【开始】选项卡进行粘贴的操作和方法5不会改变填充区域的单元格属性。

（2）方法5可用于不连续单元格区域的公式输入。

注意

使用方法2操作时，如果数据区域不连续，公式会无法复制到最后一行。

扫描以下二维码，可观看更加详细的视频讲解。

在结构相同、计算规则一致的不同工作表中，可以将已有公式快速应用到其他工作表中，而无须再次编辑输入公式。

示例1-2 将公式快速应用到其他工作表

图1-9所示的分别是某餐厅两天的采购记录表，两个表格的结构相同。在“6月1日”工作表的D2:D10单元格区域使用公式计算出了食材原料的金额，需要在“6月2日”工作表中使用同样的规则计算出不同食材原料的金额。

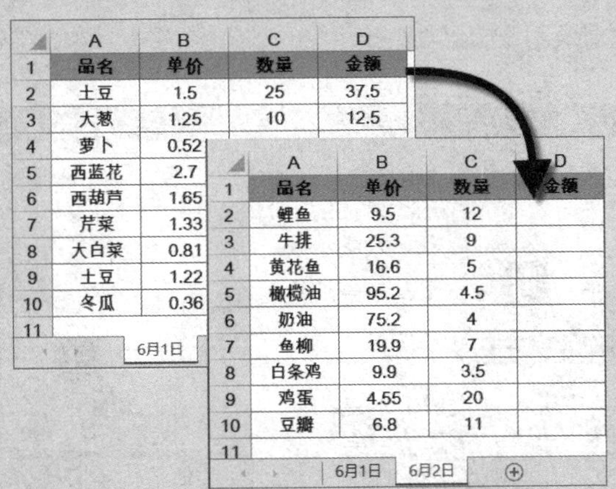

	A	B	C	D
1	品名	单价	数量	金额
2	土豆	1.5	25	37.5
3	大葱	1.25	10	12.5
4	萝卜	0.52		
5	西蓝花	2.7		
6	西葫芦	1.65		
7	芹菜	1.33		
8	大白菜	0.81		
9	土豆	1.22		
10	冬瓜	0.36		
11				

6月1日

	A	B	C	D
1	品名	单价	数量	金额
2	鲤鱼	9.5	12	
3	牛排	25.3	9	
4	黄花鱼	16.6	5	
5	橄榄油	95.2	4.5	
6	奶油	75.2	4	
7	鱼柳	19.9	7	
8	白条鸡	9.9	3.5	
9	鸡蛋	4.55	20	
10	豆瓣	6.8	11	
11				

6月1日 6月2日

图1-9 采购记录表

选中“6月1日”工作表中的D2:D10单元格区域，按<Ctrl+C>组合键复制，切换到“6月2日”工作表，单击D2单元格，按<Ctrl+V>组合键或是按<Enter>键，即可将公式快速应用到“6月2日”工作表中。

使用以上方法，也可以将已有公式快速应用到不同工作簿的工作表中。

1.4 计算文本算式

Lotus 1-2-3是Lotus Software（美国莲花软件公司）于1983年推出的电子试算表软件，在DOS时期广为个人计算机使用者所使用。随着Windows的兴起，微软借助操作系统平台的优势，Excel逐渐取代了Lotus 1-2-3，成为主流的电子试算表软件，但是微软始终没有忘记做到与Lotus 1-2-3的兼容。用户可以通过Excel的兼容性设置，实现一些特殊的计算要求。

示例1-3 计算文本算式

如图1-10所示，A2:A10单元格区域是某施工队的部分工程量记录，需要在B列得到对应的算式结果。

	A	B
1	工程量	算式结果
2	22*16.5*15	
3	(15+22)*6	
4	15/3+22/2	
5	8+(12/2-0.5)	
6	18*2+6*5+15.6/2	
7	15.88*2+13	
8	16+56+13/2	
9	16.8*2+3*15-6	
10	15*2	

图1-10 计算文本算式

依次选择【文件】→【选项】选项，打开【Excel选项】对话框，选择【高级】选项卡，在【Lotus兼容性设置】选项区域选中【转换Lotus 1-2-3公式】复选框，单击【确定】按钮，如图1-11所示。

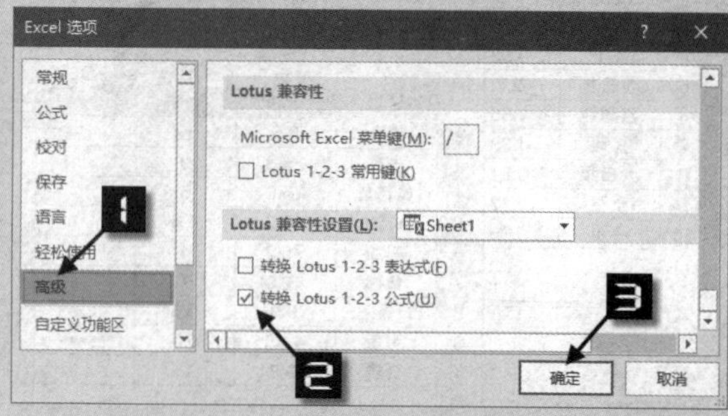

图1-11 【Excel选项】对话框

选中A2:A10单元格区域，按住<Ctrl>键，拖动右下角的填充柄，将内容复制到B2:B10单元格区域。

选中B2:B10单元格区域，在【数据】选项卡中单击【分列】按钮，在弹出的【文本分列向导－第1步，共3步】对话框中单击【完成】按钮，如图1-12所示。

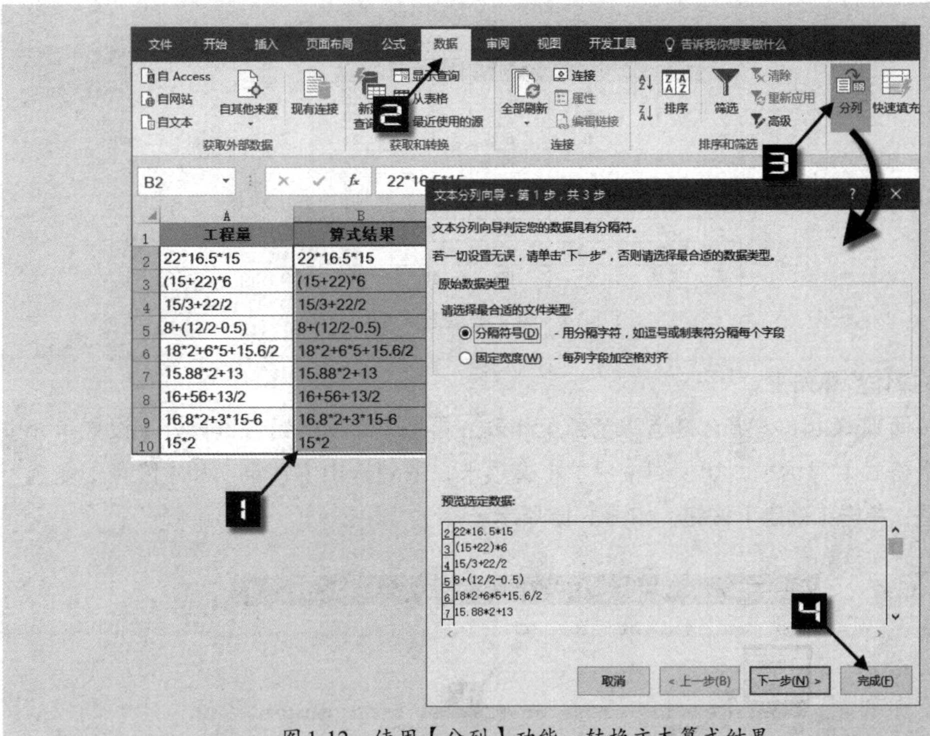

图1-12 使用【分列】功能，转换文本算式结果

完成后的效果如图1-13所示。

最后需要在【Excel选项】对话框的【高级】选项卡中取消选中【转换Lotus 1-2-3公式】复选框，否则会影响在当前工作表内正常输入日期等内容。

	A	B
1	工程量	算式结果
2	22*16.5*15	5445
3	(15+22)*6	222
4	15/3+22/2	16
5	8+(12/2-0.5)	13.5
6	18*2+6*5+15.6/2	73.8
7	15.88*2+13	44.76
8	16+56+13/2	78.5
9	16.8*2+3*15-6	72.6
10	15*2	30

图1-13 文本算式结果

1.5 设置公式保护

为了防止工作表中的公式被意外修改、删除，或是不想让其他人看到已经编辑好的公式，通过设置Excel单元格格式的“保护”属性，配合工作表保护功能，可以实现对工作表中的公式设置保护。

示例1-4 设置公式保护

在图1-14所示的销售记录表中，E2:E10、B10:D10单元格区域使用公式对业务员的销售数据进行了汇总，需要对公式进行保护。

	A	B	C	D	E
1		龚成钰	夏吾冬	顾文娟	总计
2	1月	8	7	7	22
3	2月	6	2	2	10
4	3月	9	6	6	21
5	4月	7	10	10	27
6	5月	9	5	5	19
7	6月	8	8	8	24
8	7月	7	9	9	25
9	8月	10	1	1	12
10	总计	64	48	48	160

图1-14 销售数据表

具体操作步骤如下。

步骤① 按两次<Ctrl+A>组合键选中全部工作表，再按<Ctrl+1>组合键打开【设置单元格格式】对话框，切换到【保护】选项卡，取消选中【锁定】和【隐藏】复选框，单击【确定】按钮，如图1-15所示。

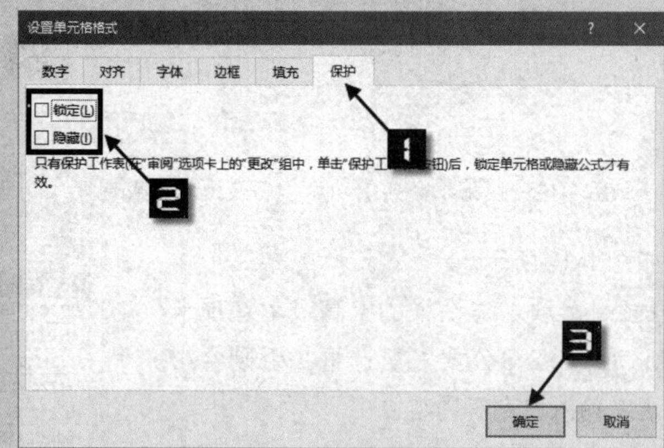

图1-15 设置单元格格式

步骤② 单击【开始】选项卡下的【查找和选择】按钮，在下拉菜单中选择【公式】选项，选中全部包含公式的单元格区域，如图1-16所示。

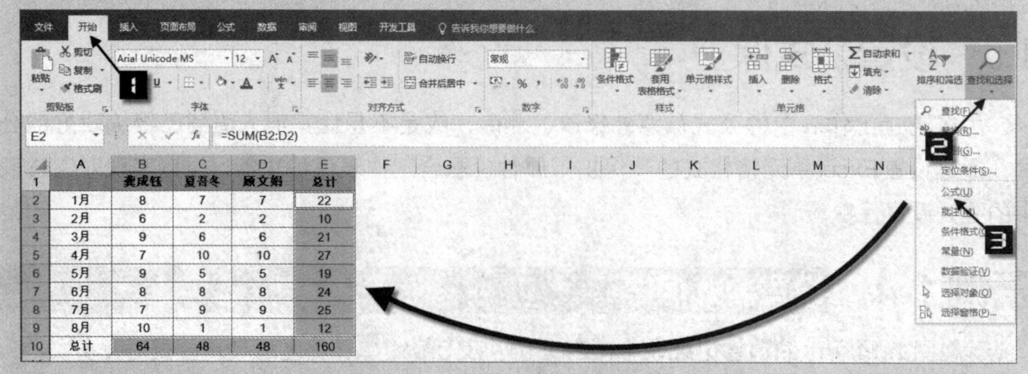

图1-16 定位公式单元格区域

步骤③ 按<Ctrl+1>组合键打开【设置单元格格式】对话框，切换到【保护】选项卡，选中【锁定】和【隐藏】复选框，单击【确定】按钮。

步骤④ 单击【审阅】选项卡中的【保护工作表】按钮，在弹出的【保护工作表】对话框中单击【确定】按钮，如图1-17所示。

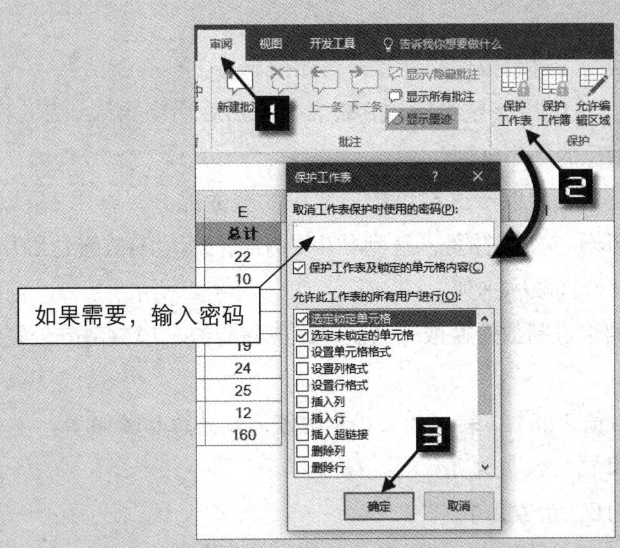

图1-17 保护工作表

设置完毕后单击公式所在的单元格，如E2单元格，编辑栏将不显示公式。如果试图编辑修改该单元格的公式内容，Excel将弹出警告对话框并拒绝修改，如图1-18所示。而工作表中不包含公式的单元格则可正常编辑修改。

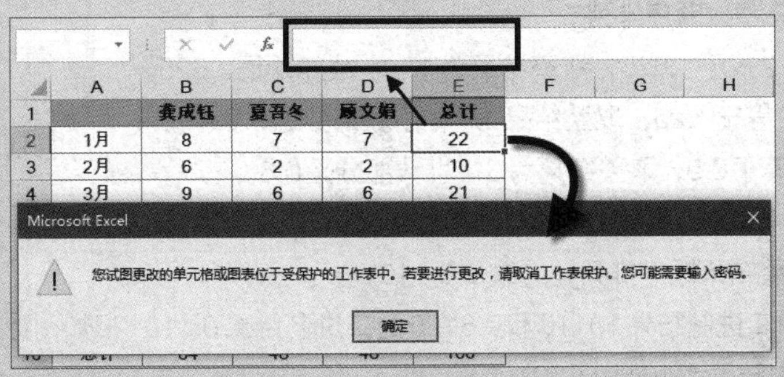

图1-18 Excel拒绝修改公式

要取消公式保护，只需单击【审阅】选项卡中的【撤销工作表保护】按钮即可，如果之前设置了保护密码，此时则需要提供正确的密码。

1.6 浮点运算误差

浮点数是属于有理数中某特定子集的数的数字表示，在计算机中以二进制存储，以近似表示任意某个实数。浮点计算是指浮点数参与的运算，这种运算通常伴随着因为无法精确表示而进行的近似或舍入，在二进制下的微小误差传递到最终计算结果中，可能会得出不准确的结果。

十进制数值转换为二进制数值的计算方法如下。

（1）整数部分：连续用该整数除以2取余数，然后用商再除以2，直到商等于0为止，最后把各个余数按相反的顺序排列。

（2）小数部分：用2乘以十进制小数，取积的整数部分，再用2乘以余下的小数部分，然后再取积的整数部分。如此往复，直到积中的小数部分为0或者达到所要求的精度为止，最后把取出的整数部分按顺序排列。

（3）含有小数的十进制数转换成二进制时，先将整数、小数部分分别进行转换，然后将转换结果相加。

如果将十进制数值22.8125转换为二进制数值，其计算步骤如下。

22除以2结果为11，余数为0。

11除以2结果为5，余数为1。

5除以2结果为2，余数为1。

2除以2结果为1，余数为0。

1除以2结果为0，余数为1。

余数按相反的顺序排列，整数22的二进制结果为10110。

小数部分，首先用0.8125乘以2，结果取整。小数部分继续乘以2，结果取整，得到小数部分0为止，将整数顺序排列。

0.8125乘以2等于1.625，取整结果为1，小数部分是0.625。

0.625乘以2等于1.25，取整结果为1，小数部分是0.25。

0.25乘以2等于0.5，取整结果为0，小数部分是0.5。

0.5乘以2等于1.0，取整结果为1，小数部分是0，计算结束。

将乘积的取整结果顺序排列，结果是0.1101。

最后将22的二进制结果10110和0.8125的二进制结果0.1101相加，计算出十进制数值22.8125的二进制结果为10110.1101。

按照上述方法将小数0.6转换为二进制代码，计算结果为：0.10011001100110011…其中的0011部分会无限重复，无法用有限的空间量来表示。当结果超出Excel计算精度，产生了一个因太小而无法表示的数字时，在Excel中的处理结果是0。

如图1-19所示，在A2单元格输入公式“=(4.1-4.2)+1”，B2单元格输入数值“0.9”，D2单元格输入公式“=B2=A2”，将返回结果FALSE。如果选中A2单元格，单击【开始】选项卡中的【增加小数位数】按钮，可以看到计算结果为“0.899999999999999”。

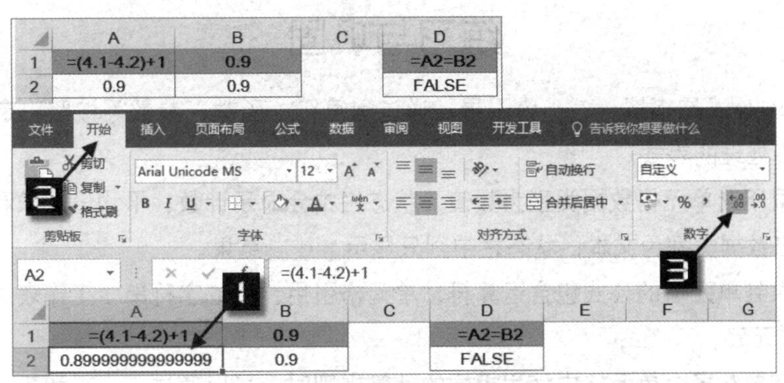

图1-19 浮点运算误差

Excel提供了两种基本方法来弥补舍入误差。

方法1 使用ROUND函数强制将数字四舍五入。将A2单元格修改为以下公式。

```
=ROUND((4.1-4.2)+1,1)
```

公式返回保留一位小数的计算结果0.9。

方法2 使用【将精度设为所显示的精度】功能。此功能会强制将工作表中每个数字的值设为显示的值。选择【文件】→【选项】选项，打开【Excel选项】对话框，然后选择【高级】选项，在【计算此工作簿时】选项区域选中【将精度设为所显示的精度】复选框。此时Excel会弹出警告对话框，提示用户“数据精度将会受到影响”，这时单击【确定】按钮完成设置，如图1-20所示。

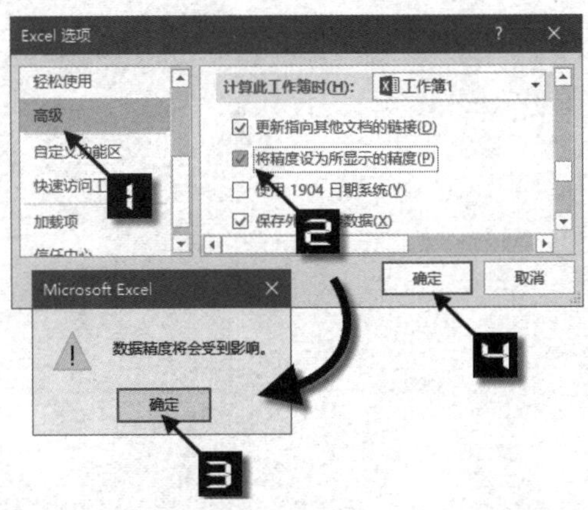

图1-20 将精度设为所显示的精度

如果单元格设置了显示两位小数的数字格式，然后选中了【将精度设为所显示的精度】复选框，那么在保存工作簿时，所有超出两位小数的精度均将会丢失。

注意 启用此选项会影响当前工作簿中的全部工作表，并且无法恢复由此操作所丢失的数据。

练习与巩固

（1）Excel公式是指以______为引导，通过运算符、函数、参数等按照一定的顺序组合进行数据运算处理的等式。

（2）如果所选单元格数据类型为数值，状态栏中会显示计数、平均值及求和等结果，如果所选单元格数据类型为文本，状态栏中则只显示______结果。

（3）输入到单元格的公式包含运算符、单元格引用、值或字符串、工作表函数和参数及______等5种元素。

（4）当需要在多个单元格中使用相同的计算规则时，可以通过______和______的操作方法实现，而不必逐个单元格编辑公式。

（5）通过设置Excel单元格格式的“保护”属性，配合工作表保护功能，可以实现对工作表中的公式设置保护。你能说出保护公式的主要步骤吗?

（6）有时公式的计算结果中会出现非常细小的误差，这种误差称为______。

第2章　公式中的运算符和数据类型

本章讲解公式中的运算符及数据类型与数据类型的转换等方面的知识，深入学习这些基础知识，有助于理解公式的运算顺序及含义。

本章学习要点

（1）公式中的运算符。
（2）数据类型的概念。
（3）数据类型的转换。

2.1　认识运算符

运算符是构成公式的基本元素之一，每个运算符分别代表一种运算方式。Excel中的运算符包括算术运算符、比较运算符、文本运算符和引用运算符4种类型，如表2-1所示。

（1）算术运算符：主要包括加、减、乘、除、百分比及乘幂等各种常规的算术运算。

（2）比较运算符：用于比较数据的大小，包括对文本或数值的比较。

（3）文本运算符：主要用于将字符或字符串进行连接与合并。

（4）引用运算符：这是Excel特有的运算符，主要用于产生单元格引用。

表2-1　公式中的运算符

符号	说明	实例
-	算术运算符：负号	=8*-5
%	算术运算符：百分号	=60*5%
^	算术运算符：乘幂	=3^2 =16^(1/2)
*和/	算术运算符：乘和除	=3*2/4
+和-	算术运算符：加和减	=3+2-5
=、<> >、< >=、<=	比较运算符：等于、不等于、大于、小于、大于等于和小于等于	=(A1=A2) 判断A1和A2相等 =(B1<>"ABC") 判断B1不等于“ABC” =(C1>=5) 判断C1大于等于5
&	文本运算符：连接文本	="Excel" & "Home" 返回文本“ExcelHome” =123&456返回文本型数字“123456”
:（冒号）	区域运算符，引用运算符的一种。生成对两个引用之间的所有单元格的引用	=SUM(A1:B10) 引用冒号两侧所引用的单元格，为左上角和右下角的矩形单元格区域
（空格）	交叉运算符，引用运算符的一种。生成对两个引用的共同部分的单元格引用	=SUM(A1:B5 A4:D9) 引用A1:B5与A4:D9的交叉区域，公式相当于=SUM(A4:B5)

续表

符号	说明	实例
,（逗号）	联合运算符，引用运算符的一种。将多个引用合并为一个引用	=SUM(A1,(B1:B10,E1:E10))第2参数引用B1:B10和E1:E10两个不连续的单元格区域。使用此方法，可以在参数较多时突破函数的参数个数限制

2.1.1 数据比较的原则

在Excel中，数据可以分为文本、数值、日期和时间、逻辑值、错误值等类型。公式中的文本内容需要用一对半角双引号（""）包含，例如，字符串"ExcelHome"就是由9个字符组成的文本。

日期与时间是数值的特殊表示形式，数值1表示1天。

逻辑值只有TRUE和FALSE两种。

错误值主要有#VALUE!、#DIV/0!、#NAME?、#N/A、#REF!、#NUM!、#NULL! 7种。除了错误值外，将文本、数值与逻辑值进行比较时按照以下顺序排列。

```
…, -2, -1, 0, 1, 2, …, A-Z, FALSE, TRUE
```

即数值小于文本，文本小于逻辑值FALSE，逻辑值TRUE最大，错误值不参与排序。文本值之间进行比较时是按照字符串从左至右的顺序，每个字符依次比较，如a1，a2，…，a10这10个字符串升序排列为a1，a10，a2，…，a9。

数字与数值是两个不同的概念，数字允许以数值和文本两种形式存储。如果将单元格格式设置为“文本”后再输入数字，或先输入撇号（'）再输入数字，都将作为文本形式存储。

2.1.2 运算符的优先顺序

当公式中使用多个运算符时，Excel将根据各个运算符的优先级顺序进行运算，对于同一级次的运算符则按从左到右的顺序运算，如表2-2所示。

表2-2 Excel公式中的运算优先级

顺序	符号	说明
1	:(空格),	引用运算符：冒号、单个空格和逗号
2	-	算术运算符：负号（取得与原值正负号相反的值）
3	%	算术运算符：百分比
4	^	算术运算符：乘幂
5	*和/	算术运算符：乘和除（注意区别数学中的×、÷）
6	+和-	算术运算符：加和减

续表

顺序	符号	说明
7	&	文本运算符：连接文本
8	=,<,>,<=,>=,<>	比较运算符：比较两个值（注意区别数学中的≠、≤、≥）

2.1.3　嵌套括号

数学计算式中，使用小括号( )、中括号[ ]和大括号{ }来改变运算的优先级别。在Excel中均使用小括号代替，而且括号的优先级高于表2-2中的所有运算符，括号中的算式优先计算。如果在公式中使用多组括号进行嵌套，其计算顺序是由最内层的括号逐级向外层进行计算。

例1　梯形的上底长为5m，下底长为8m，高为4m，其面积的数学计算公式如下。

```
=(5+8)×4÷2
```

在Excel中使用以下公式即可得到正确结果。

```
=(5+8)*4/2
```

由于括号优先于其他运算符，先计算“5+8”得到13，再从左向右计算“13*4”得到52，最后计算52/2得到26。

例2　判断成绩X是否大于等于60分且小于80分时，其数学计算公式如下。

```
60≤X<80或者80>X≥60
```

在Excel中，假设A2单元格成绩为72，正确的写法如下。

```
=AND(A2>=60,A2<80)
```

使用以下公式计算将无法得到正确结果。

```
=60<=A2<80
```

根据运算符的优先级，“<=”与“<”属于相同级次，按照从左到右运算，Excel会先判断“60<=72”返回逻辑值TRUE，再判断“TRUE<80”，从而最终返回FALSE。

在公式中使用的括号必须成对出现。虽然Excel在结束公式编辑时会做出判断并自动补充、更正，但是更正结果并不一定是用户所期望的。例如，在单元格中输入以下内容。

```
=((5+8*4/2
```

输入结束后，会弹出如图2-1所示的对话框。

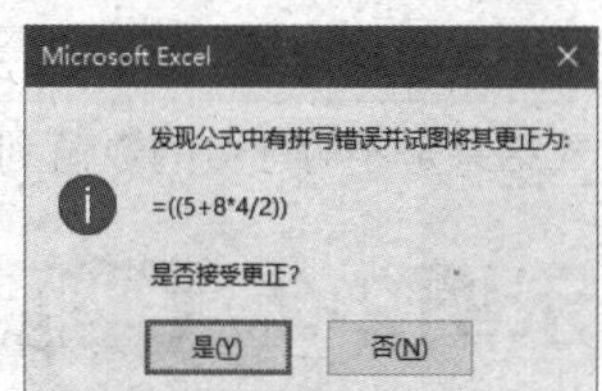

图2-1　公式自动更正

当公式中有较多的嵌套括号时，选中公式所在的单元格，单击编辑栏中公式的任意位置，不同的成对括号会以不同的颜色显示，此项功能可以帮助用户更好地理解公式的运算过程，如图2-2所示。

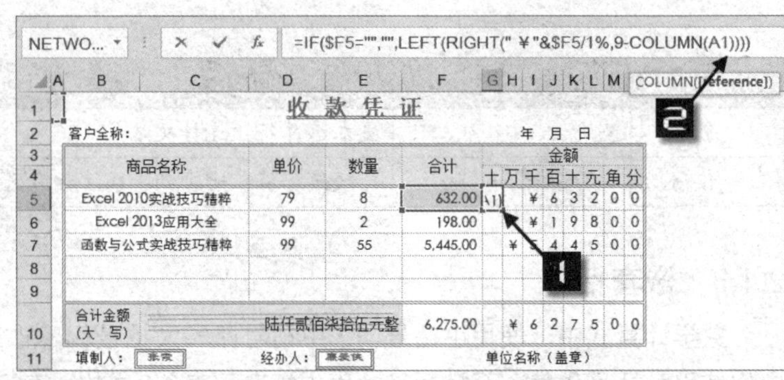

图2-2　成对括号以不同颜色显示

2.2　数据类型的转换

2.2.1　逻辑值与数值转换

逻辑值与数值有本质的区别，它们之间没有绝对等同的关系，但逻辑值与数值之间允许互相转换。

在四则运算及乘幂、开方运算中，TRUE的作用等同于1，FALSE的作用等同于0。

示例2-1　计算员工全勤奖

图2-3展示的是员工考勤表的部分内容，需要根据出勤天数计算全勤奖。出勤天数超过23天的，全勤奖为50元，否则为0。

在C2单元格中输入以下公式，复制到C3:C10单元格区域。

```
=(B2>23)*50
```

公式优先计算括号内的“B2>23”部分，结果返回逻辑值TRUE或FALSE，再使用逻辑值乘以50。如果B2大于23，则相当于TRUE*50，结果为50。如果B2不大于23，则相当于FALSE*50，结果为0。

	A	B	C
1	姓名	出勤天数	全勤奖
2	孟繁越	23	0
3	白如雪	24	50
4	李晓艺	19	0
5	赵中山	24	50
6	周建华	23	0
7	孙文文	24	50
8	孔祥林	24	50
9	杜文娟	23	0
10	白宇烟	24	50

图2-3　计算全勤奖

在逻辑判断、条件格式和数据验证的公式中，如果公式结果为0相当于FALSE，如果公式结果是不等于0的数值则相当于TRUE。

示例2-2　判断员工销售增减情况

图2-4展示的是某公司销售统计表的部分内容，需要对比两年的销售额，如果相同则返回“无变化”。

	A	B	C	D
1		2016年	2017年	变化与否
2	1月份	660	660	无变化
3	2月份	730	710	
4	3月份	530	490	
5	4月份	450	480	
6	5月份	660	660	无变化
7	6月份	800	820	

图2-4　销售增幅统计表

在D2单元格中输入以下公式，复制到D3:D7单元格区域。

```
=IF(C2-B2,"","无变化")
```

IF函数根据条件进行判断，并返回指定的内容，第一参数要求使用结果为TRUE或FALSE的值或表达式。

本例中第一参数直接使用C2-B2，如果计算结果不等于0则相当于TRUE，返回第二参数中指定的空文本，否则返回指定的字符串“无变化”。等同于以下公式：

```
=IF(C2-B2<>0,"","无变化")
```

2.2.2　文本型数字与数值转换

文本型数字可以作为数值直接参与四则运算，但当此类数据以数组或者单元格引用的形式作为某些统计函数（如SUM、AVERAGE和COUNT函数等）的参数时，将被视为文本来运算。

例如，在A1单元格数字格式为“常规”的情况下输入数值“1”，在A2单元格输入前置半角单引号的数字“'2”，对数值1和文本型数字2的运算结果如表2-3所示。

表2-3　文本型数字参与运算的特性

公式	返回结果	说明
=A1+A2	3	文本“2”参与四则运算被转换为数值
=SUM(A1:A2)	1	文本“2”在单元格引用中被视为文本，未被SUM函数统计

使用以下6个公式，均能够将A2单元格的文本型数字转换为数值。

```
乘法：=A2*1
除法：=A2/1
加法：=A2+0
减法：=A2-0
减负运算：=--A2
函数转换：=VALUE(A2)
```

其中减负运算的实质是以下公式的简化。

```
=0-(-A2)
```

即0减去负的A2单元格的值，因其输入最为方便而被广泛应用。如果数据较多，可以先将文本型数字转换为数值，既可以提高公式的运算速度，也方便后续的其他分析汇总。

示例2-3 将数值转换为文本型数字

导入某些ERP软件的数据，其数字格式必须为文本型数字，如果仅通过将单元格格式从数值设置为文本，单元格中已有的数据在重新输入之前将无法应用新的数字格式。如图2-5所示，如需将C~E列的数值转换为文本型数字，可在F2单元格中输入以下公式，复制到F2:H7单元格区域。

F2 =C2&""

	A	B	C	D	E	F	G	H
1	物料编码	型号规格	数量	单价	金额			
2	WLJ-0110	12-50	3	1.76	5.28	3	1.76	5.28
3	WLJ-0111	JR-60	2	12.55	25.1	2	12.55	25.1
4	WLJ-0112	B-2000	1	29.75	29.75	1	29.75	29.75
5	WLJ-0113	RN206	3	158.6	475.8	3	158.6	475.8
6	WLJ-0114	63A	5	39.85	199.3	5	39.85	199.25
7	WLJ-0115	UC225	2	16.4	32.8	2	16.4	32.8

图2-5 数值转换为文本型数字

```
=C2&""
```

选中F2:H7单元格区域，按<Ctrl+C>组合键复制，右击C2单元格，在快捷菜单中选择【粘贴选项】中的【值】选项，如图2-6所示。最后删除F2:H7单元格区域的内容即可。

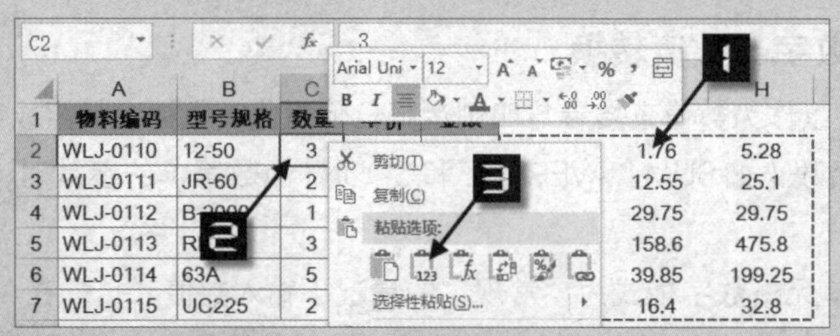

图2-6 粘贴为“值”

除此之外，也可以使用【分列】功能，快速将数值转换为文本型数字。具体操作步骤如下。

步骤1 单击C列列标，在【数据】选项卡中单击【分列】按钮，在弹出的【文本分列向导－第1步，共3步】对话框中单击【下一步】按钮，如图2-7所示。

步骤2 在弹出的【文本分列向导－第2步，共3步】对话框中单击【下一步】按钮。在弹出的【文本分列向导－第3步，共3步】对话框中单击【列数据格式】选项区域的【文本】单选按钮，单击【完成】按钮，完成从数值到文本型数字的转换，如图2-8所示。

使用同样的方法，依次转换其他列的数字格式为文本。

提示

使用【分列】功能，相当于在单元格中重新输入一次内容，不仅可以转换数字格式，而且能够清除大部分类型的不可见字符，是数据清洗时经常使用的方法之一。

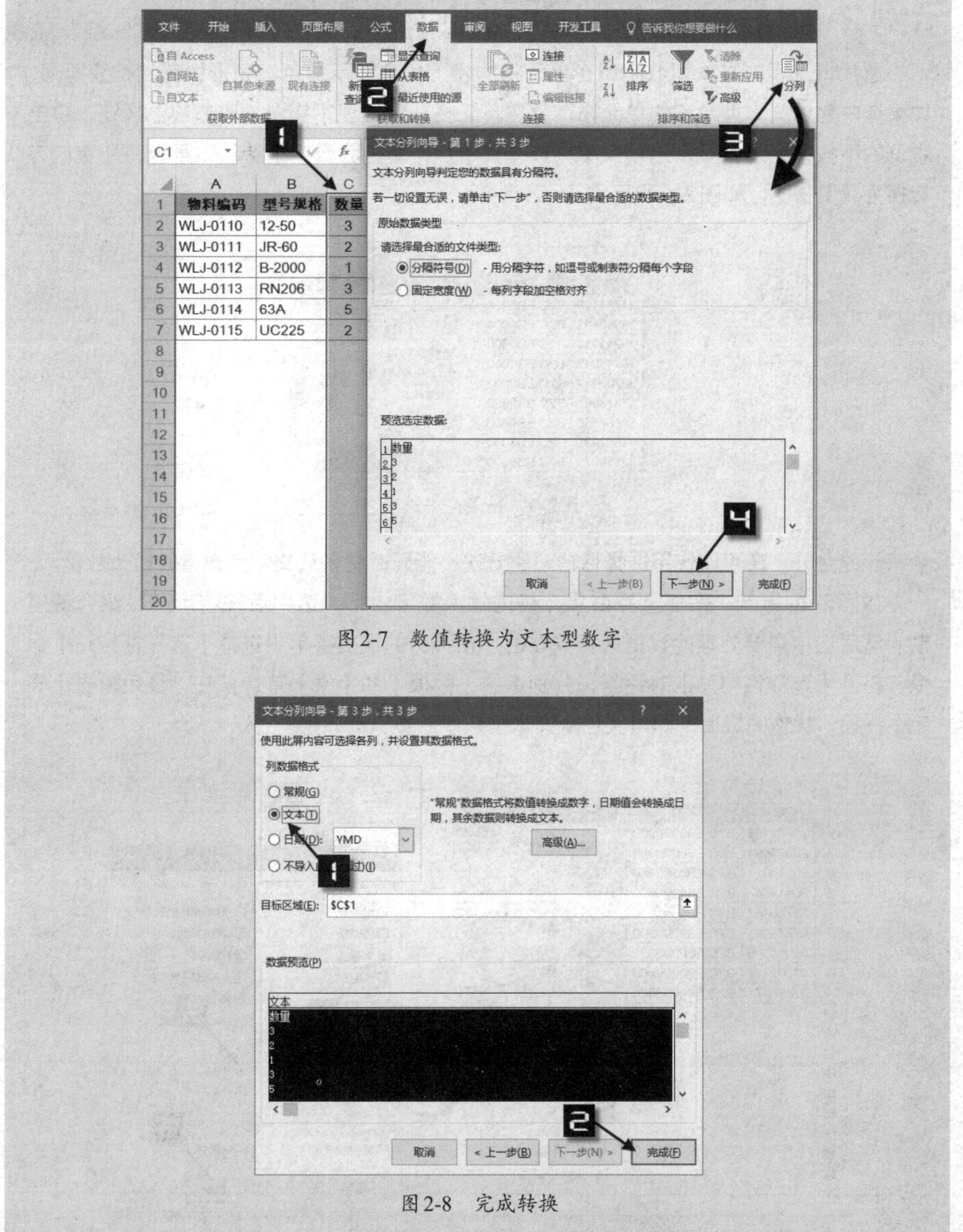

图 2-7　数值转换为文本型数字

图 2-8　完成转换

对基础数据进行必要的排序、筛选等处理，便于数据的汇总统计，降低公式的使用难度。同样，也可以根据需要先将文本型的数字转换为数值之后再进行统计分析。但是使用【分列】功能每次只能处理一列数据，如果数据列数较多，操作时会比较烦琐。

示例2-4 将文本型数字转换为数值

通常情况下，文本型数字所在单元格的左上角会显示绿色三角形的错误检查符号。如果选中包含文本型数字的单元格，会在单元格一侧出现【错误检查选项】按钮，单击右侧的下拉按钮，会显示选项菜单，选择其中的【转换为数字】选项，可以将所选内容转换为数值格式，如图2-9所示。

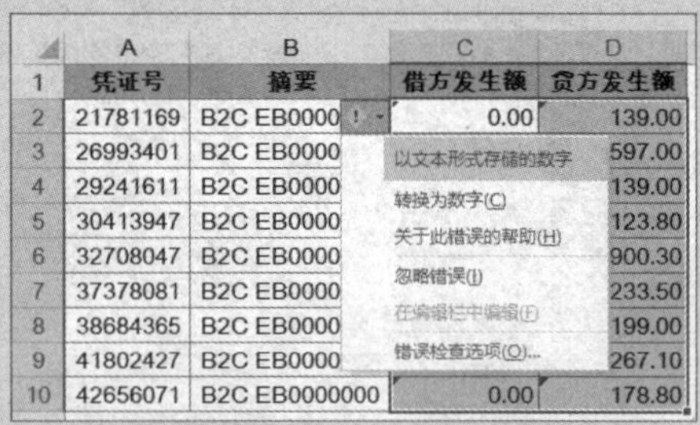

	A	B	C	D
1	凭证号	摘要	借方发生额	贷方发生额
2	21781169	B2C EB0000	0.00	139.00
3	26993401	B2C EB0000		597.00
4	29241611	B2C EB0000		139.00
5	30413947	B2C EB0000		123.80
6	32708047	B2C EB0000		900.30
7	37378081	B2C EB0000		233.50
8	38684365	B2C EB0000		199.00
9	41802427	B2C EB0000		267.10
10	42656071	B2C EB0000000	0.00	178.80

图2-9 错误检查选项

除此之外，还可以使用选择性粘贴的方法，能同时将多列文本型数字转换为数值。

如图2-10所示，在任意空白单元格内输入数字“1”，选中后按<Ctrl+C>组合键复制。然后选中需要处理的数据区域并右击，在弹出的快捷菜单中选择【选择性粘贴】命令，打开【选择性粘贴】对话框，分别选中【数值】和【乘】单选按钮，最后单击【确定】按钮，操作完成后，即可实现从文本型数字到数值的转换。

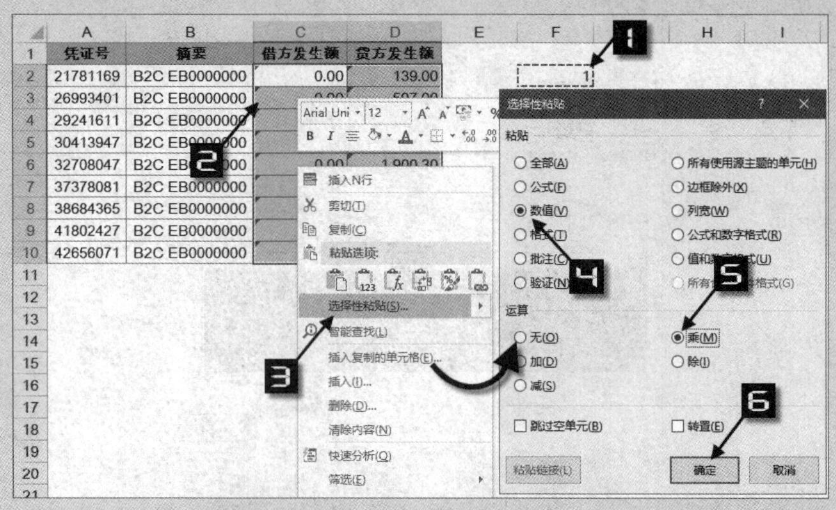

图2-10 选择性粘贴

练习与巩固

（1）运算符是构成公式的基本元素之一，每个运算符分别代表一种运算方式。Excel中的运算符包括______运算符、______运算符、______运算符和______运算符4种类型。

（2）除了错误值外，将文本、数值与逻辑值进行比较时的顺序为数值小于文本，文本小于逻辑值______，逻辑值______最大，错误值不参与排序。

（3）当公式中使用多个运算符时，Excel将根据各个运算符的优先级顺序进行运算，对于同一级次的运算符，则按______的顺序运算。

（4）在逻辑判断、条件格式和数据验证的公式中，如果公式结果为0相当于______，如果公式结果是不等于0的数值则相当于______。

（5）如果要将A2单元格的文本型数字转换为数值，可以使用哪几种方法?

第3章　单元格引用类型

本章将讲解单元格引用类型，理解不同单元格引用类型的特点和区别，对于学习和运用函数与公式具有重要的意义。

本章学习要点

（1）单元格引用的表示方式。
（2）A1引用样式和R1C1引用样式。
（3）相对引用、绝对引用和混合引用。
（4）多单元格和单元格区域引用。

3.1　认识单元格引用

Excel存储的文档称为工作簿，一个工作簿可以由多张工作表组成。在Excel 2016中，一张工作表由1048576×16384个单元格组成，即2^20行×2^14列。单元格是工作表的最小组成元素，以左上角第一个单元格为原点，向下向右分别为行、列坐标的正方向，由此构成单元格在工作表上所处位置的坐标集合。在公式中使用坐标方式表示单元格在工作表中的“地址”，实现对存储于单元格中的数据的调用，这种方法称为单元格引用。

在公式中引用单元格时，如果工作表插入或删除行、列，其引用位置会自动更改。如图3-1所示，C1单元格使用以下公式得到包含当前单元格地址的字符串“我是C1”。

```
="我是"&ADDRESS(ROW(),COLUMN(),4)
```

A1单元格使用公式“=C1”引用C1单元格。

当在B列之前插入一列时，C1单元格自动后移，公式结果变成“我是D1”，A1单元格中的公式变成“=D1”。

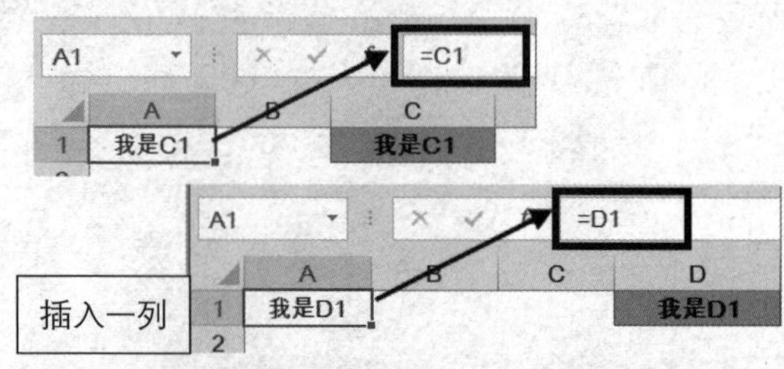

图3-1　引用位置自动更改

如果全部删除被引用的单元格区域，或是删除了被引用的工作表，则会出现引用错误，如图3-2所示。

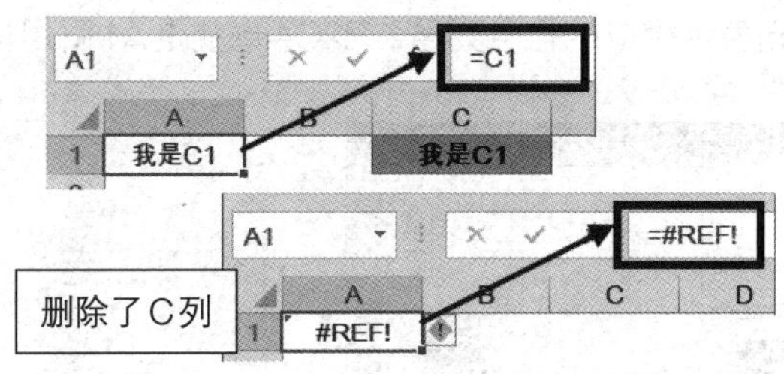

图3-2 出现引用错误

3.1.1 A1引用样式和R1C1引用样式

Excel中的单元格引用方式包括A1引用样式和R1C1引用样式两种。

1. A1引用样式

在默认情况下，Excel使用A1引用样式，即使用字母A~XFD表示列标，用数字1~1048576表示行号。通过单元格所在的列标和行号可以准确地定位一个单元格，单元格地址由列标和行号组合而成，列标在前，行号在后。例如，A1即指该单元格位于A列第1行，是A列和第1行交叉处的单元格。

如果要引用单元格区域，可顺序输入区域左上角单元格的引用、冒号（:）和区域右下角单元格的引用。不同A1引用样式的示例如表3-1所示。

表3-1 A1引用样式示例

表达式	引用
C5	C列第5行的单元格
D15:D20	D列第15行到D列第20行的单元格区域
B2:D2	B列第2行到D列第2行的单元格区域
C3:E5	C列第3行到E列第5行的单元格区域
9:9	第9行的所有单元格
9:10	第9行到第10行的所有单元格
C:C	C列的所有单元格
C:D	C列到D列的所有单元格

2. R1C1引用样式

在一些引用类函数与公式中，或者需要显示单元格相对引用时，经常会用到R1C1样式。如图3-3所示，选择【文件】→【选项】选项，在弹出的【Excel选项】对话框中选中【公式】→【使用公式】选项区域的【R1C1引用样式】复选框，可以启用R1C1引用样式。

在R1C1引用样式中，Excel使用字母“R”加行数字和字母“C”加列数字来指示单元格的位置，如图3-4所示。与A1引用样式不同，使用R1C1引用样式时，行号在前，列号在后。R1C1即指该单元格位于工作表中的第1行第1列，如果选择第2行和第3列交叉处位置，在名称框中即显示为R2C3。其中，字母“R”“C”分别是英文“Row”“Column”（行、列）

的首字母，其后的数字则表示相应的行号列号。R2C4也就是A1引用样式中的D2单元格。

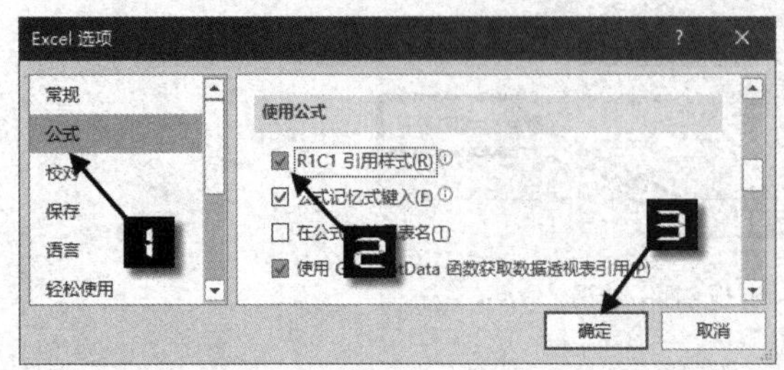

图3-3 启用R1C1引用样式

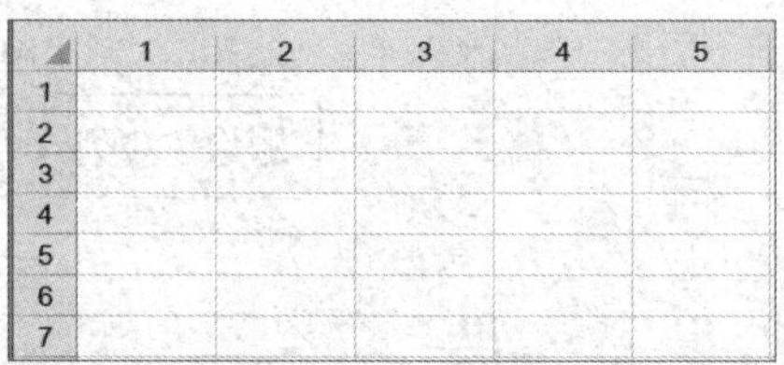

图3-4 使用R1C1引用样式时，列标显示为数字

如果要引用单元格区域，应当顺序输入区域左上角单元格的引用、冒号（:）和区域右下角单元格的引用。不同R1C1引用样式的示例如表3-2所示。

表3-2 R1C1引用样式示例

表达式	引用
R5C3	第5行第3列的单元格，即C5单元格
R15C4:R20C4	第15行第4列到第20行第4列的单元格区域，即D15:D20单元格区域
R2C2:R2C4	第2行第2列到第2行第4列的单元格区域，即B2:D2单元格区域
R3C3:R5C5	第3行第3列到第5行第5列的单元格区域，即C3:E5单元格区域
R9	第9行的所有单元格
R9:R10	第9行到第10行的所有单元格
C10	第10列的所有单元格
C3:C4	第3列到第4列的所有单元格

3.1.2 相对引用、绝对引用和混合引用

在公式中引用具有以下关系：如果A1单元格的公式为“=B1”，那么A1就是B1的引用单元格，B1就是A1的从属单元格。从属单元格与引用单元格之间的位置关系称为单元格引用的相对性，可分为3种不同的引用方式，即相对引用、绝对引用和混合引用，用美元符号“$”进行区别。

1. 相对引用

当复制公式到其他单元格时，Excel保持从属单元格与引用单元格的相对位置不变，称为相对引用。

例如，使用A1引用样式时，在B2单元格输入公式“=A1”，当向右复制公式时，将依次变为“=B1”“=C1”“=D1”…当向下复制公式时，将依次变为“=A2”“=A3”“=A4”…也就是始终保持引用公式所在单元格的左侧1列、上方1行位置的单元格。

在R1C1引用样式中，则使用相对引用的标识符“[ ]”，将需要相对引用的行号或列号的数字包括起来，正数表示右侧、下方的单元格，负数表示左侧、上方的单元格。表示为“=R[-1]

C[-1]”，且不随公式复制而改变。

2. 绝对引用

当复制公式到其他单元格时，Excel保持公式所引用的单元格绝对位置不变，称为绝对引用。

在A1引用样式中，如果希望复制公式时能够固定引用某个单元格地址，需要在行号或列标前使用绝对引用符号$。如在B2单元格输入公式“=$A$1”，当向右复制公式或向下复制公式时，始终为“=$A$1”，保持引用A1单元格不变。

在R1C1引用样式中的绝对引用写法为“=R1C1”，公式复制时，保持引用R1C1单元格不变。

示例3-1 计算提价后的商品价格

图3-5展示的是某超市蔬菜销售价格表的部分内容，需要在现有售价基础上，计算出提价5%后的销售价格。

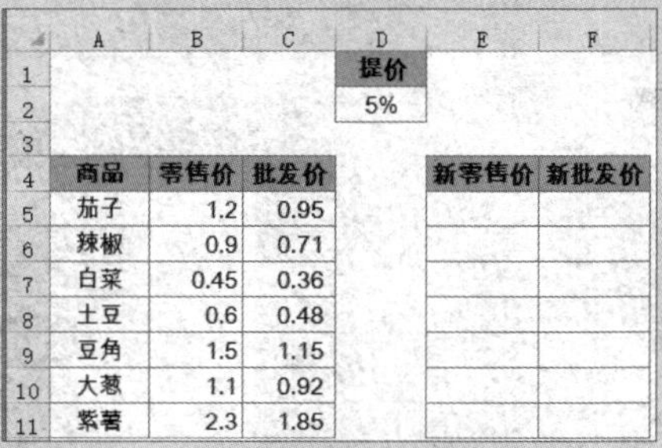

在E5单元格输入以下公式，复制到E5:F11单元格区域。

```
=B5*(1+$D$2)
```

B~C列是商品的原零售价和批发价，公式中的B5使用相对引用，当公式向右或是向下复制时，单元格引用位置也会发生改变，始终引用公式所在单元格左侧三列的内容。

各商品的提价比例是固定的，所以D2单元格使用绝对引用，公式向右或是向下复制时，始终引用D2单元格中的提价比例不变。

	A	B	C	D	E	F
1				提价		
2				5%		
3						
4	商品	零售价	批发价		新零售价	新批发价
5	茄子	1.2	0.95			
6	辣椒	0.9	0.71			
7	白菜	0.45	0.36			
8	土豆	0.6	0.48			
9	豆角	1.5	1.15			
10	大葱	1.1	0.92			
11	紫薯	2.3	1.85			

图3-5 计算提价后的商品价格

3. 混合引用

当复制公式到其他单元格时，Excel仅保持所引用单元格的行或列方向之一的绝对位置不变，而另一个方向位置发生变化，这种引用方式称为混合引用，可分为对行绝对引用、对列相对引用和对行相对引用、对列绝对引用。

假设公式放在B1单元格中对A1单元格进行引用，各引用类型的特性如表3-3所示。

表3-3 单元格引用类型及特性

引用类型	A1样式	R1C1样式	特性
绝对引用	=$A$1	=R1C1	公式向右向下复制不改变引用关系
行绝对引用、列相对引用	=A$1	=R1C[-1]	公式向下复制不改变引用关系
行相对引用、列绝对引用	=$A1	=RC1	公式向右复制不改变引用关系，因为引用单元格与从属单元格的行相同，故R后面的1省去

续表

引用类型	A1样式	R1C1样式	特性
相对引用	=A1	=RC[-1]	公式向右向下复制均会改变引用关系，因为引用单元格与从属单元格的行相同，所以R后面的1省去

示例3-2 计算不同贷款额度在不同利率下的利息

图3-6所示的是一份在Excel中制作完成的贷款利息计算表，其中B2:F2单元格区域是预估贷款金额，A3:A7是可能达成的贷款利率，需要使用公式计算出不同贷款额度在不同利率下的利息金额。

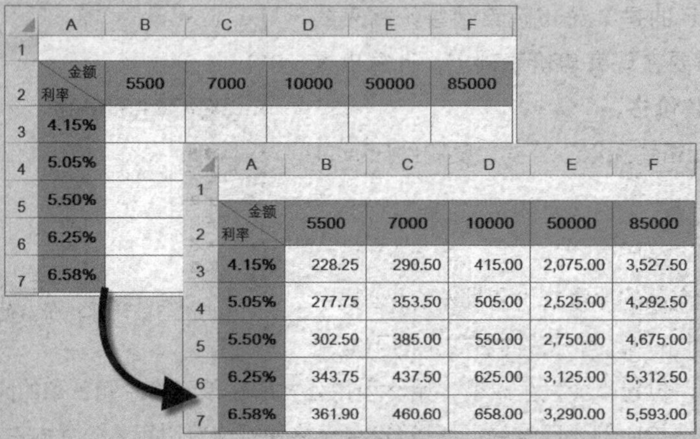

	A	B	C	D	E	F
1						
2	金额 利率	5500	7000	10000	50000	85000
3	4.15%					
4	5.05%					
5	5.50%					
6	6.25%					
7	6.58%					

	A	B	C	D	E	F
1						
2	金额 利率	5500	7000	10000	50000	85000
3	4.15%	228.25	290.50	415.00	2,075.00	3,527.50
4	5.05%	277.75	353.50	505.00	2,525.00	4,292.50
5	5.50%	302.50	385.00	550.00	2,750.00	4,675.00
6	6.25%	343.75	437.50	625.00	3,125.00	5,312.50
7	6.58%	361.90	460.60	658.00	3,290.00	5,593.00

图3-6 利息计算表

在B3单元格中输入以下公式，复制到B3:F7单元格区域。

```
=$A3*B$2
```

公式中的$A3表示使用列绝对引用、行相对引用。当公式向右复制时，由于列方向是绝对引用，因此始终引用A列的利率。当公式向下复制时，由于行方向是相对引用，因此行号随之递增。也就是随公式所在单元格位置的不同，始终引用公式所在行的A列的利率。

公式中的B$2表示使用列相对引用、行绝对引用。当公式向右复制时，由于列方向是相对引用，因此列号随之变化。当公式向下复制时，由于行方向是绝对引用，因此始终引用第二行的金额。也就是随公式所在单元格位置的不同，能够始终引用公式所在列的第二行的金额。

4. 快速切换4种不同引用类型

虽然用户可以根据需要对不同的引用类型进行设置，但手工输入符号“$”或“[ ]”都较为烦琐。当输入一个单元格或是单元格范围地址时，可以按<F4>键在4种引用类型中循环切换，其顺序如下。

绝对引用→行绝对引用、列相对引用→行相对引用、列绝对引用→相对引用。

在A1引用样式中，A1单元格输入公式“=B2”，依次按<F4>键，引用类型切换顺序为：

```
$B$2→B$2→$B2→B2
```

在R1C1引用样式中，A1单元格输入公式“=R[1]C[1]”，依次按<F4>键，引用类型切换顺序为：

```
R2C2→R2C[1]→R[1]C2→R[1]C[1]
```


扫描以下二维码，可观看关于单元格引用类型的详细视频讲解。

3.2　多单元格和单元格区域的引用

3.2.1　合并区域引用

Excel除了允许对单个单元格或多个连续单元格进行引用外，还支持对同一工作表中的不连续区域进行引用，通常称为“合并区域”引用，使用联合运算符逗号“,”将各个区域的引用间隔开，并在两端添加半角括号“()”将其包含在内。

示例3-3　合并区域引用计算排名

图3-7展示的是某部门技能考核表的部分内容，不同员工的考核分数存放在B列和E列单元格区域，需要计算各员工的成绩排名，可以通过合并区域引用的方式完成计算。

	A	B	C	D	E	F
1	姓名	技能考核	排名	姓名	技能考核	排名
2	周志红	87		朱莲芬	78	
3	方佶蕊	93		邬永忠	93	
4	陈丽娟	95				
5	徐美明	86				
6	梁建邦	90				
7	金宝增	93				
8	陈玉员	77				
9	冯石柱	90				
10	马克军	83				

	A	B	C	D	E	F
1	姓名	技能考核	排名	姓名	技能考核	排名
2	周志红	87	10	朱莲芬	78	14
3	方佶蕊	93	3	邬永忠	93	3
4	陈丽娟	95	2	周光明	77	15
5	徐美明	86	11	舒前银	82	13
6	梁建邦	90	7	刘魁	90	7
7	金宝增	93	3	江建安	76	17
8	陈玉员	77	15	马锐	96	1
9	冯石柱	90	7	冯明芳	76	17
10	马克军	83	12	金定华	92	6

图3-7　合并区域引用排名

在C2单元格中输入以下公式，复制到C3:C10单元格区域。

```
=RANK.EQ(B2,($B$2:$B$10,$E$2:$E$10))
```

选中C2:C10单元格区域，按<Ctrl+C>组合键复制。单击F2单元格，按<Enter>键将公式粘贴到F2:F10单元格区域。

RANK.EQ函数用于返回一列数字的数字排位。第一参数是要找到其排位的数字，第二参数是数字列表。本例中第二参数使用“$B$2:$B$10,$E$2:$E$10”，即合并区域引用，表示要得到B2单元格中的分数在“$B$2:$B$10,$E$2:$E$10”这个合并区域中的排位。

合并区域引用的单元格必须位于同一工作表中，否则将返回错误值#VALUE!。

3.2.2 交叉引用

按照单个单元格进行计算时，根据公式所在的从属单元格与引用单元格之间的物理位置，返回交叉点值，称为“绝对交集”引用或“隐含交叉”引用。

如图3-8所示，G3单元格中包含公式“=C1:C5”，且未使用数组公式方式编辑公式，则G3单元格返回的值为C3，这是因为G3单元格和C3单元格位于同一行。

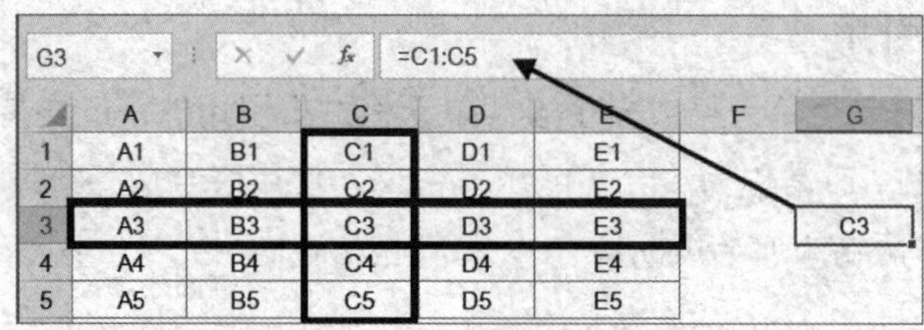

图3-8　绝对交集引用

在公式中，可以使用交叉运算符半角空格取得两个区域的交叉区域。如图3-9所示，使用以下公式将得到D3:F4单元格区域的数值之和。

```
=SUM(B2:F4 D3:F10)
```

NETWO...　=SUM(B2:F4 D3:F10)　SUM(number1, [number2], ...)

	A	B	C	D	E	F	G	H
1		数据1	数据2	数据3	数据4	数据5		
2		53	40	44	39	31		=4 D3:F10)
3		30	42	52	40	43		
4		58	49	29	28	40		
5		20	36	26	42	56		
6		32	21	43	56	35		
7		24	54	29	42	26		
8		18	54	23	48	22		
9		16	23	31	39	44		
10		41	32	16	37	42		

图3-9　交叉引用求和

B2:F4与D3:F10的交叉区域是D3:F4单元格区域，因此公式仅对该区域执行求和计算。这种引用方法在实际应用时很少用到，对此知识点读者只需简单了解即可。

在单元格引用部分使用的空格和在运算符前后添加的空格作用完全不同，需要注意区别。在公式中的运算符前后允许使用空格或是按<Alt+Enter>组合键生成的手动换行符，在嵌套公式中对公式的某一部分进行间隔，能够增加公式的可读性，使公式的各部分关系更加明确，更便于理解。

如图3-10所示，在公式中分别使用了空格和手动换行符，但是不会影响公式计算。

C2 =IF(B2<60, "较差",
IF(B2<90, "中等", "良好"))

	A	B	C
1	姓名	成绩	等级
2	韩晓让	99	良好
3	韩紫柳	78	中等
4	宇凌司	60	中等
5	殷千习	91	良好

图3-10 公式中使用空格和手动换行符进行间隔

练习与巩固

（1）Excel中的单元格引用方式包括______和______两种。

（2）如果A1单元格的公式为“=B1”，那么A1就是B1的______单元格，B1就是A1的从属单元格。从属单元格与引用单元格之间的位置关系称为单元格引用的相对性，可分为3种不同的引用方式，即______、______和混合引用，用美元符号“$”进行区别。

（3）当复制公式到其他单元格时，Excel保持从属单元格与引用单元格的相对位置不变，称为______。

（4）当复制公式到其他单元格时，Excel保持公式所引用的单元格绝对位置不变，称为______。

（5）当复制公式到其他单元格时，Excel仅保持所引用单元格的行或列方向之一的绝对位置不变，而另一个方向位置发生变化，这种引用方式称为______，可分为对行绝对引用、对列相对引用和对行相对引用、对列绝对引用。

（6）当输入一个单元格或是单元格范围地址时，可以按______键在4种引用类型中循环切换，其顺序为：______→行绝对引用、列相对引用→行相对引用、列绝对引用→______。

（7）在公式中，可以使用交叉运算符______取得两个区域的交叉区域。

第4章　跨工作表引用和跨工作簿引用

本章讲解公式和函数中引用不同工作表或是引用不同工作簿中的单元格及单元格区域等方面的知识。

本章学习要点

(1)引用其他工作表中的单元格区域的方法。
(2)引用其他工作簿中的工作表区域。
(3)引用连续多个工作表中的相同区域。

4.1　引用其他工作表中的单元格区域

公式中可以引用其他工作表中的单元格区域。引用其他工作表中的单元格区域时，需要在单元格地址前加上工作表名和半角感叹号"!"，例如，以下公式表示对Sheet2工作表中A1单元格的引用。

```
=Sheet2!A1
```

也可以在公式编辑状态下，通过鼠标单击相应的工作表标签，然后选择单元格区域。使用鼠标选择其他工作表区域后，公式中的单元格地址前自动添加工作表名称和半角感叹号"!"。

示例4-1　引用其他工作表中的单元格区域

在图4-1所示的工资汇总表中，需要在"汇总表"工作表中计算"销售一部"工作表的销售总额。

如图4-2所示，在"汇总表"工作表B2单元格输入等号和函数名及左括号"=SUM(",然后单击"销售一部"工作表标签，选择C2:C9单元格区域，并按<Enter>键结束编辑，公式自动添加工作表名和右括号。

```
=SUM(销售一部!C2:C9)
```

跨工作表引用的表示方式为"工作表名+半角感叹号+引用区域"。当所引用的工作表名是以数字开头、包含空格或以下特殊字符时，公式中的工作表名称将被一对半角单引号"''"包含。

$ % ' ~ ! @ # ^ & ( ) + — = , | ' ; { }

如果更改了被引用的工作表名，公式中的工作表名会自动更改。

例如，将上述示例中的"销售一部"工作表的表名修改为"集团销售部"时，引用公式将变为：

```
=SUM(集团销售部!C2:C9)
```

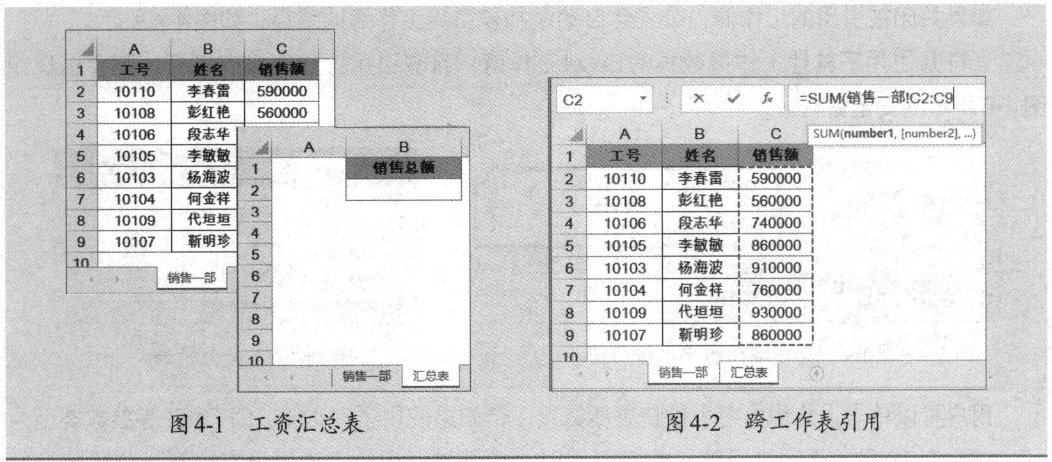

图4-1　工资汇总表　　　　图4-2　跨工作表引用

4.2　引用其他工作簿中的单元格

当引用的单元格与公式所在单元格不在同一工作簿中时，其表示方式如下。

```
[工作簿名称]工作表名!单元格地址
```

当路径或工作簿名称、工作表名称之一以数字开头、包含空格或相关特殊字符时，感叹号之前部分需要使用一对半角单引号包含。

如图4-3所示，使用以下公式引用其他工作簿中的单元格内容。

```
=[员工身份证信息.xlsx]Sheet1!$B$2
```

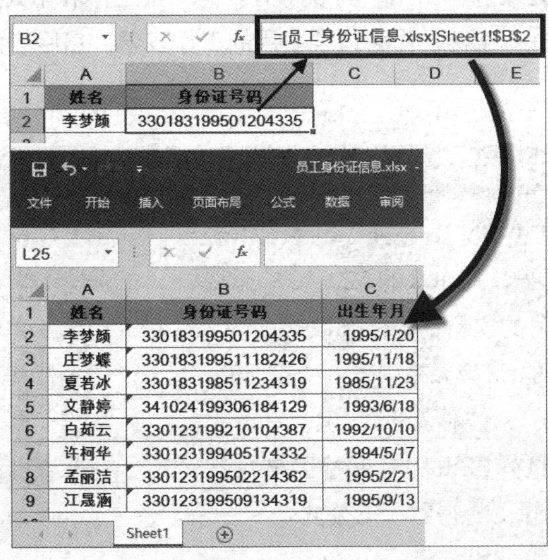

图4-3　引用其他工作簿中的单元格

“[员工身份证信息.xlsx]”部分是由中括号包含的被引用的工作簿名称，“Sheet1”部分是被引用的工作表名称，最后是用“!”隔开的单元格地址“$B$2”。

如果关闭被引用的工作簿，公式会自动添加被引用工作簿的路径，如图4-4所示。

当打开引用了其他工作簿数据的Excel工作簿，且被引用工作簿没有打开，则会出现如图4-5所示的安全警告。

图4-4 带有路径的单元格引用

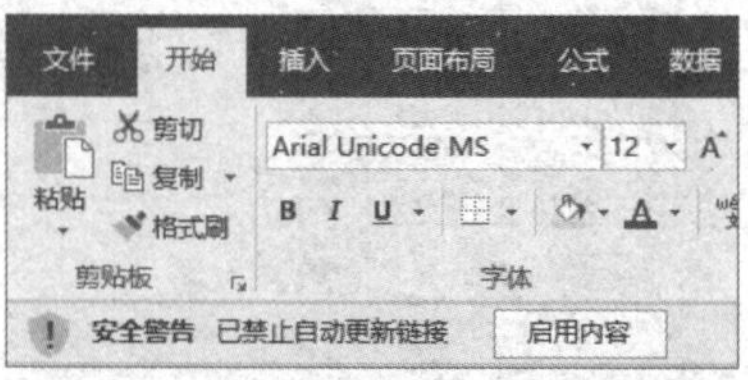

图4-5 安全警告

用户可以单击【启用内容】按钮更新链接，但如果使用了SUMIF、OFFSET等参数类型为range或reference的函数进行跨工作簿引用时，如果被引用的工作簿没有打开，公式将返回错误值。

为便于数据管理，应尽量在公式中减少直接跨工作簿的数据引用。

4.3 引用连续多个工作表中的相同区域

4.3.1 三维引用输入方式

三维引用是对多个工作表上相同单元格或单元格区域的引用，其要点是“跨越两个或多个连续工作表”“相同单元格区域”。

当跨表引用多个相邻工作表的同一单元格区域时，可以使用三维引用进行计算，而无须逐个对工作表的单元格区域进行引用。其表示方式为：按工作表排列顺序，使用冒号将起始工作表和终止工作表名进行连接，作为跨表引用的工作表名，然后连接用“!”隔开的单元格或单元格区域。

示例4-2 汇总连续多个工作表中的相同区域

如图4-6所示，“1”“2”“3”“4”“5”工作表为连续排列的5个工作表，每个表的A2:E10单元格区域分别存放着1~5月的饮料销售情况数据。

在“汇总”工作表的B2单元格中输入“=SUM(”，并单击工作表标签“1”，按住<Shift>键，单击工作表标签“5”，然后选择E3:E10单元格区域，按<Enter>键结束公式编辑，将得到以下公式：

```
=SUM('1:5'!E3:E10)
```

	A	B	C	D	E
1	1月饮料销售情况表				
2	名称	单位	零售价	销售量	销售额
3	橙汁	听	¥ 2.80	164	459.20
4	红牛	听	¥ 6.50	68	442.00
5	健力宝	听	¥ 2.90	162	469.80
6	可乐	听	¥ 3.20	56	179.20
7	矿泉水	瓶	¥ 2.30	49	112.70
8	美年达	听	¥ 2.80	58	162.40
9	酸奶	瓶	¥ 1.20	103	123.60
10	雪碧	听	¥ 3.00	132	396.00

1 | 2 | 3 | 4 | 5 | 汇总

B2 =SUM('1:5'!E3:E10)

	A	B	C	D
1				
2	总销售额：	13,726.70		
3				

1 | 2 | 3 | 4 | 5 | 汇总

图4-6 汇总连续多工作表的相同区域

4.3.2 妙用通配符输入三维引用

如图4-7所示，当“汇总”工作表的位置在“2”“3”工作表之间时，“汇总”工作表左侧是两个连续工作表，右侧是3个连续工作表，因此需要使用以下公式进行汇总。

```
=SUM('1:2'!E3:E10,'3:5'!E3:E10)
```

除采用输入的方法，分别对“1”“2”工作表和“3”“4”“5”工作表分别进行三维引用外，还可以使用通配符“*”代表公式所在工作表之外的所有其他工作表名称。例如，在“汇总”工作表的B2单元格中输入以下公式，将自动根据工作表位置关系，对除“汇总”工作表之外的其他工作表中的E3:E10单元格区域求和。

```
=SUM('*'!E3:E10)
```

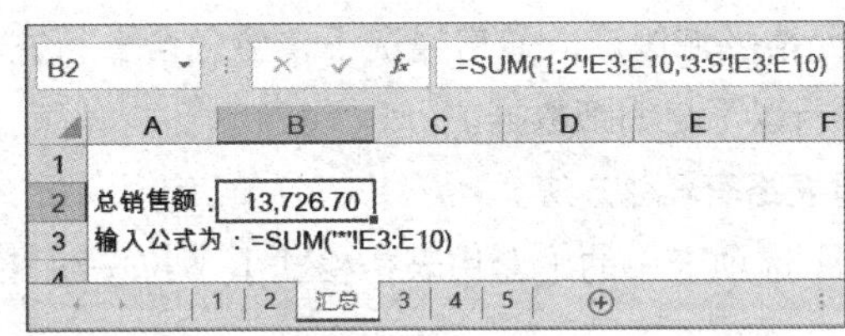

图4-7 利用通配符快速输入三维引用

提示

由于输入公式后，Excel会自动将通配符转换为实际的引用，因此，当工作表位置或单元格引用发生改变时，需要重新编辑公式，否则会导致公式运算错误。

4.3.3 三维引用的局限性

在实际使用中，支持连续多表同区域引用的常用函数有SUM、AVERAGE、AVERAGEA、COUNT、COUNTA、MAX、MIN、PRODUCT、RANK等，主要适用于多个工作表具有相同的数据库结构的统计计算。

注意

三维引用不能用于引用类型range为参数的函数中，如SUMIF、COUNTIF函数等。也不能用于大多数函数参数类型为reference或ref的函数（但RANK函数除外）。必须与函数产生的多维引用加以区分。

练习与巩固

（1）在公式中引用其他工作表的单元格区域时，需要在单元格地址前加上工作表名和______。

（2）除采用输入的方法进行三维引用外，还可以使用通配符______代表公式所在工作表之外的所有其他工作表名称。

第5章　表格和结构化引用

本章介绍Excel 2016的表格功能，对表格和结构化引用等方面知识进行讲解。

本章学习要点

（1）Excel表格的特点。　　（2）在公式中使用结构化引用。

5.1　创建表格

Excel中的表格由单元格区域组成，通常情况下，会包含一行文本标题，对每一列的内容进行概括性描述，标题行以下是明细数据。

在Excel 2016中创建表格有3种方法。

方法1　单击【开始】选项卡中的【套用表格格式】下拉按钮，并在扩展菜单中选择任意一种表样式。

方法2　单击【插入】选项卡中的【表格】按钮。

方法3　按<Ctrl+T>或<Ctrl+L>组合键。

创建完成的表格首行自动添加筛选按钮，并且自动应用表格格式。

在表格中不能使用合并单元格功能，如果数据区域中包含合并单元格，插入表格后合并单元格会自动取消，合并单元格中已有的内容将在原区域的左上角第一个单元格显示。

单击表格中的任意单元格，功能区自动出现【表格工具】关联选项卡，如图5-1所示。

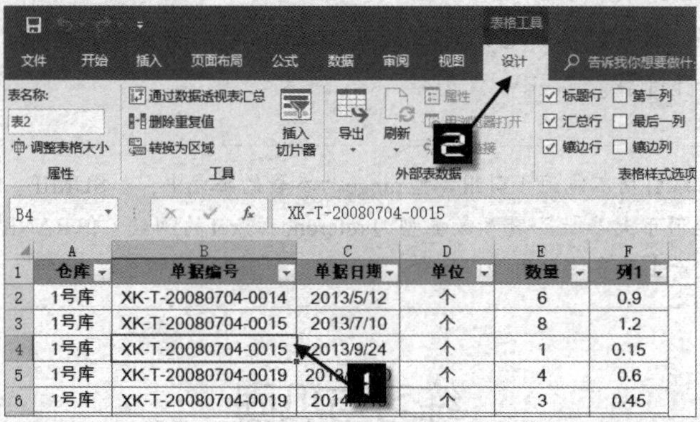

图5-1　插入的表格

单击表格首行的筛选按钮，在下拉列表中包含排序和筛选选项，根据每一列数据类型的不同，对应的筛选选项也不同，如图5-2所示。

单击表格区域的任意单元格，向下滚动工作表时，表格标题自动替换工作表的列标，如图5-3所示。

图 5-2 表格的筛选选项

图 5-3 滚动表格时列标题自动替换工作表列标

5.2 表格的计算

5.2.1 计算列

表格默认启用计算列功能。如果在表格右侧相邻列的任意单元格输入公式，表格区域自动扩展为包含公式的列，并且自动将公式应用到该列的所有单元格。如果该列首行的第一个单元格为空白，会自动添加名为“列+数字”的列标题，如图5-4所示。

图 5-4 公式自动应用到一列中

表格插入计算列后，会出现一个【自动更正选项】的智能标记。假如用户不希望使用计算列功能，可以单击该标记，在下拉菜单中选择【停止自动创建计算列】选项，如图5-5所示。

如果选择了【停止自动创建计算列】选项，在表格右侧相邻列的任意单元格输入公式后，单击【自动更正选项】智能标记，下拉菜单中的选项变为【使用此公式覆盖当前列中的所有单元格】，选择该选项，公式可快速应用到当前列中的所有单元格，如图5-6所示。

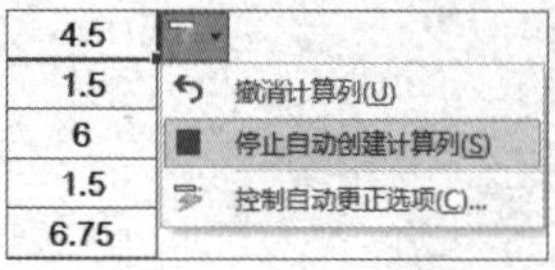

图5-5 【自动更正选项】下拉菜单

图5-6　选项变换

除此之外，用户可以在选项中开启或关闭计算列功能。

依次选择【文件】→【选项】选项，打开【Excel选项】对话框，在【校对】选项卡中单击【自动更正选项】按钮，打开【自动更正】对话框，在【键入时自动套用格式】选项卡中选中或取消选中【将公式填充到表以创建计算列】复选框，如图5-7所示。

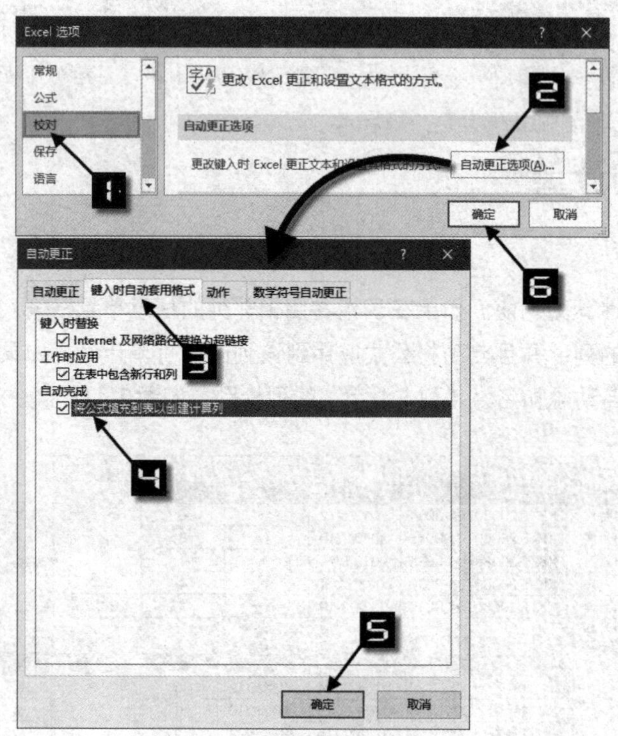

图5-7　开启或关闭计算列功能

5.2.2　汇总行

在表格中可以使用【汇总行】功能。单击表格中的任意单元格，在【设计】选项卡下选中【汇总行】复选框，表格最后一行将自动添加“汇总”行，默认汇总方式为求和，如图5-8所示。

单击汇总行中的单元格，会出现一个下拉按钮，可以在下拉列表中选择不同的汇总方式，如图5-9所示。

表格具有自动扩展的特性，利用这一特性，用户可以方便地向现有的表格中添加新的行或列数据记录。

	A	B	C	D	E	F	G
1	仓库	单据编号	单据日期	单位	数量	列1	
17	1号库	XK-T-20080704-0008	2015/10/14	个	1	0.15	
18	1号库	XK-T-20080704-0009	2015/12/30	个	3	0.45	
19	1号库	XK-T-20080704-0014	2016/1/17	个	4	0.6	
20	1号库	XK-T-20080701-0001	2016/3/24	个	1	0.15	
21	1号库	XK-T-20080701-0005	2016/5/2	个	8	1.2	
22	1号库	XK-T-20080701-0005	2016/5/11	个	7	1.05	
23	汇总					15.45	

图5-8　表格汇总行

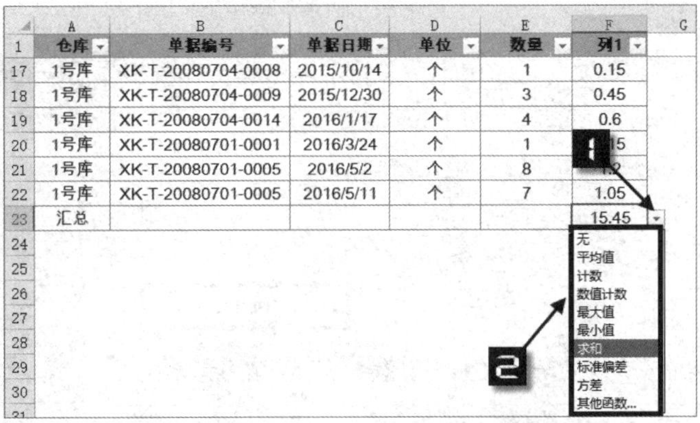

	A	B	C	D	E	F	G
1	仓库	单据编号	单据日期	单位	数量	列1	
17	1号库	XK-T-20080704-0008	2015/10/14	个	1	0.15	
18	1号库	XK-T-20080704-0009	2015/12/30	个	3	0.45	
19	1号库	XK-T-20080704-0014	2016/1/17	个	4	0.6	
20	1号库	XK-T-20080701-0001	2016/3/24	个	1	0.15	
21	1号库	XK-T-20080701-0005	2016/5/2	个	8	1.2	
22	1号库	XK-T-20080701-0005	2016/5/11	个	7	1.05	
23	汇总					15.45	

无、平均值、计数、数值计数、最大值、最小值、求和、标准偏差、方差、其他函数...

图5-9　在下拉列表中选择汇总方式

单击表格中最后一个数据记录的单元格（不包括汇总行数据），按<Tab>键即可向表格中添加新的一行，而且汇总行中的公式引用范围也会自动扩展。但是这种扩展只限于数据增加时表格范围的扩大。当清除了表格中的数据时，表格范围并不会自动随之缩小。

如果在公式中引用表格中的数据范围，或是使用表格中的数据创建图表和数据透视表，当在表格中添加数据时，公式中的引用范围会自动扩展，图表和数据透视表的数据源范围也能够自动扩展。

示例5-1　创建成绩表格并汇总平均分

图5-10所示的是某企业员工考核成绩的部分数据，创建成绩表格可以快速实现多种方式的汇总。具体操作步骤如下。

步骤1　单击数据区域任意单元格（如A4），依次单击【插入】→【表格】按钮，在【创建表】对话框中选中【表包含标题】复选框，单击【确定】按钮，如图5-10所示。

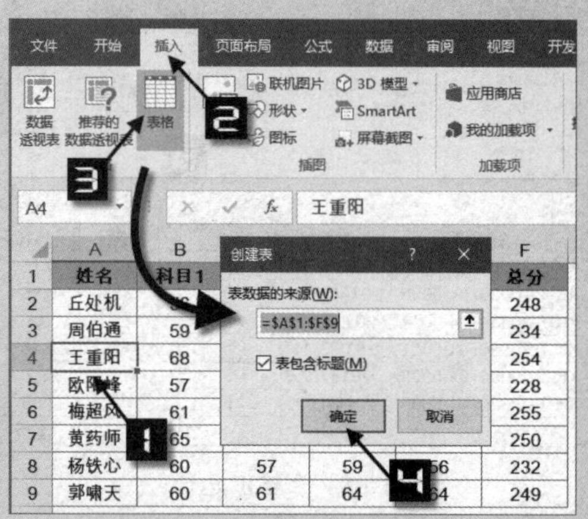

图 5-10　插入表格

步骤② 单击【设计】选项卡，选中【汇总行】复选框，在表格最后一行将自动添加“汇总”行。单击F10单元格的下拉按钮，在下拉列表中选择【平均值】选项，将自动生成以下公式的结果，如图5-11所示。

```
=SUBTOTAL(101,[总分])
```

F10　=SUBTOTAL(101,[总分])

	A	B	C	D	E	F
1	姓名	科目1	科目2	科目3	科目4	总分
2	丘处机	56	66	63	63	248
3	周伯通	59	58	60	57	234
4	王重阳	68	63	57	66	254
5	欧阳峰	57	57	58	56	228
6	梅超风	61	66	67	61	255
7	黄药师	65	61	57	67	250
8	杨铁心	60	57	59	56	232
9	郭啸天	60	61	64	64	249
10	汇总					243.75

图 5-11　使用表格汇总功能

此时如果对数据进行筛选，公式将仅对筛选后处于显示状态的数据进行汇总，如图5-12所示。

F10　=SUBTOTAL(101,[总分])

	A	B	C	D	E	F
1	姓名	科目1	科目2	科目3	科目4	总分
2	丘处机	56	66	63	63	248
3	周伯通	59	58	60	57	234
7	黄药师	65	61	57	67	250
8	杨铁心	60	57	59	56	232
9	郭啸天	60	61	64	64	249
10	汇总					242.6

图 5-12　筛选后的汇总结果

关于SUBTOTAL函数的详细用法请参考15.8.1节。

5.3 结构化引用

在示例5-1中，F10单元格的公式使用“[总分]”表示F2:F9单元格区域，并且可以随表格区域的增减而自动改变引用范围。这种以类似字段名方式表示单元格区域的方法，称为“结构化引用”。

结构化引用包含以下几个元素。

（1）表名称：例如，图5-13公式中的“表1”，可以单独使用表名称来引用除标题行和汇总行以外的“表”区域。

（2）列标题：例如，以上公式中的“[总分]”，使用中括号包含，引用的是该列标题和汇总以外的数据区域。

（3）表字段：共有5项，即[#全部][#数据][#标题][#汇总]、@-此行，不同选项表示的范围如表5-1所示。

表5-1 不同表字段标识符表示的范围

标识符	说明
[#全部]	返回包含标题行、所有数据行和汇总行的范围
[#数据]	返回包含数据行但不包含标题行和汇总行的范围
[#标题]	返回只包含标题行的范围
[#汇总]	返回只包含汇总行的范围，如果没有汇总行则返回错误值#REF!
@-此行	返回公式所在行和表格数据行交叉的范围。如果公式所在行和表格没有交叉，或者与标题行或汇总行在同一行上，则返回错误值#VALUE!

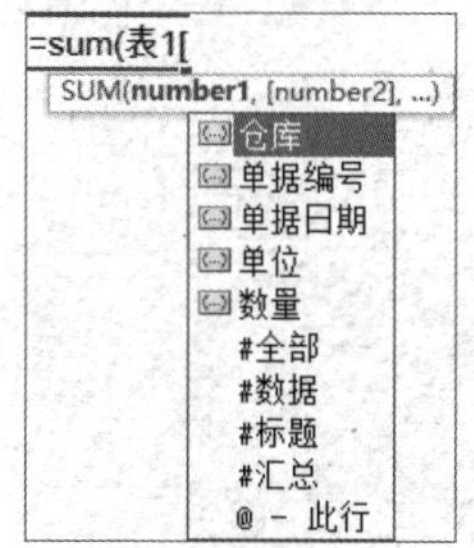

图5-13 可记忆式键入的结构化引用

如图5-13所示，在编辑公式表格名称后输入左中括号“[”，将弹出表格区域标题行表字段，并支持【公式记忆式键入】功能。

【Excel选项】对话框中【公式】选项卡的【在公式中使用表名】复选框默认处于选中状态，如果在公式编辑过程中拖动鼠标选中表格中的部分数据，编辑栏内会显示出由表名和字段名构成的单元格引用形式，其中的字段名称由成对的中括号“[ ]”包含，如图5-14所示。

D2 =SUM(表1[科目3])

	A	B	C	D	E	F
1	姓名	科目1	科目2	科目3	科目4	总分
2	丘处机	56	66	63	63	248
3	周伯通	59	58	60	57	234
4	王重阳	68	63	57	66	254
5	欧阳峰	57	57	58	56	228
6	梅超风	61	66	67	61	255
7	黄药师	65	61	57	67	250
8	杨铁心	60	57	59	56	232
9	郭啸天	60	61	64	64	249
10	汇总					243.75

1[科目3])

图5-14 在公式中使用表名

在公式中使用表名时，Excel的自动更正功能会将公式中的最后一个“]”替换为“】”，影响公式输入，如图5-15所示。

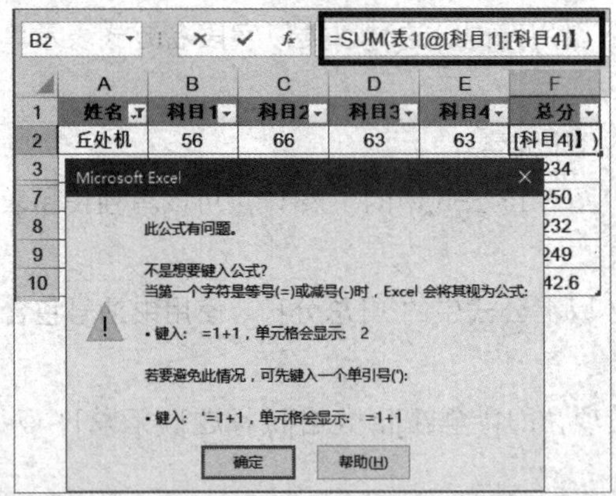

图5-15　公式无法正常输入

可以依次选择【文件】→【选项】选项，打开【Excel选项】对话框，在【校对】选项卡中单击【自动更正选项】按钮，打开【自动更正】对话框。在【自动更正】选项卡中选中“]”替换为“】”的规则选项，单击【删除】按钮删除该规则，最后依次单击【确定】按钮关闭对话框。

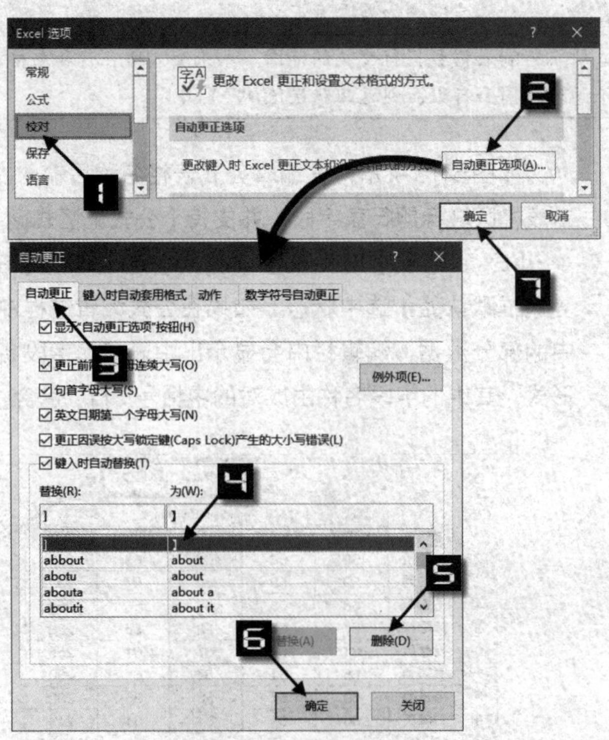

图5-16　删除自动更正的规则

如果公式中使用结构化引用，则无法对表格中的整行或整列使用绝对引用。如需使用绝对引用，可以在【Excel选项】对话框的【公式】选项卡中取消选中【在公式中使用表名】复选框，单击【确定】按钮退出对话框，如图5-17所示，再将公式中由表名和字段名组成的引用换成实际单元格地址即可。

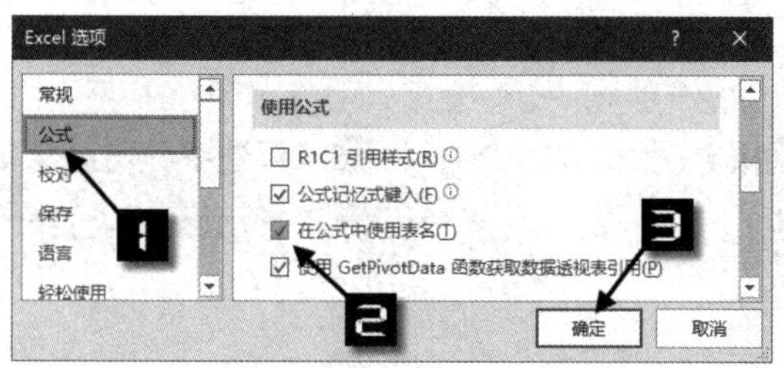

图5-17　在公式中使用表名

扫描以下二维码，可观看关于表格和结构化引用的详细视频讲解。

练习与巩固

（1）在Excel 2016中创建表格有3种方法，请说出其中的任意两种。

（2）如果为表格添加“汇总”行，默认汇总方式为______。

（3）如果在表格中添加数据时，公式中引用了表格的数据范围会______。

（4）如果某个公式为“=SUM(表1[销售额])”，说明公式中使用了______，请说出关闭该选项的主要步骤。

第6章　认识Excel函数

本章讲解函数的定义，掌握Excel函数的基础知识，为深入学习和运用函数与公式解决问题奠定基础。

本章学习要点

（1）Excel函数的基础概念。
（2）Excel函数的结构。
（3）可选参数与必需参数。
（4）常用函数的分类。

6.1　函数的概念

Excel的工作表函数通常简称为Excel函数，它是由Excel内部预先定义并按照特定的顺序和结构来执行计算、分析等数据处理任务的功能模块。因此，Excel函数也常被称为“特殊公式”。Excel函数只有唯一的名称且不区分大小写，每个函数都有特定的功能和用途。

6.1.1　函数的结构

在公式中使用函数时，通常由表示公式开始的等号、函数名称、左括号、以半角逗号相间隔的参数和右括号构成。此外，公式中允许使用多个函数或计算式，使用运算符进行连接。

部分函数允许多个参数，如“SUM(A1:A10,C1:C10)”使用了两个参数。另外也有一些函数没有参数或可省略参数，如NOW、RAND及PI等函数没有参数，由等号、函数名称和一对括号组成。

ROW和COLUMN函数可省略参数，如果参数省略则返回公式所在单元格行号、列标的数字。

函数的参数由数值、日期和文本等元素组成，可以使用常量、数组、单元格引用或其他函数。当使用函数作为另一个函数的参数时，称为嵌套函数。

图6-1所示的是常见的使用IF函数判断正数、负数和零的公式，其中，第2个IF函数是第1个IF函数的嵌套函数。

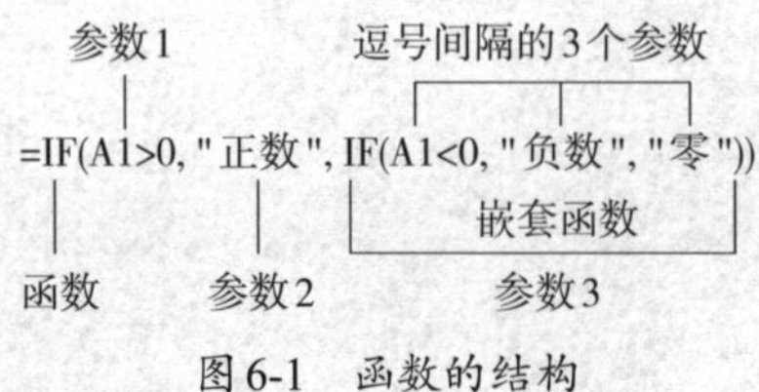

图6-1　函数的结构

6.1.2　可选参数与必需参数

一些函数可以仅使用其部分参数，例如，SUM函数可支持255个参数，其中第1个参数为必需参数，不能省略，而第2至255个参数都可以省略。在函数语法中，可选参数一般用一对中括号"[]"包含起来，当函数有多个可选参数时，可从右向左依次省略参数。

除了SUM、COUNT等函数具有多个相似参数外，表6-1列出了常用函数省略具体参数和省略该参数后的默认处理方式。

表6-1 常用函数省略可选参数情况

函数名称	参数位置及名称	省略参数后的默认处理方式
IF函数	第三参数[value_if_false]	默认为FALSE
LOOKUP函数	第三参数[result_vector]	默认为数组语法
MATCH函数	第三参数[match_type]	默认为1
VLOOKUP函数	第四参数[range_lookup]	默认为TRUE
HLOOKUP函数	第四参数[range_lookup]	默认为TRUE
INDIRECT函数	第二参数[a1]	默认为A1引用样式
FIND(B)函数	第三参数[start_num]	默认为1
SEARCH(B)函数	第三参数[start_num]	默认为1
LEFT(B)函数	第二参数[num_chars]	默认为1
RIGHT(B)函数	第二参数[num_chars]	默认为1
SUBSTITUTE函数	第四参数[instance_num]	默认为替换所有符合第2个参数的字符
SUMIF函数	第三参数[sum_range]	默认对第1个参数range进行求和

此外，在公式中有些参数可以省略参数值，在前一参数后仅跟一个逗号，用以保留参数的位置，这种方式称为"省略参数的值"或"简写"，常用于代替逻辑值FALSE、数值0或空文本等参数值。 06章

表6-2列出了常见的函数参数简写情况。

表6-2 函数参数简写情况

原公式	简写后的公式
=VLOOKUP(E1,A1:B10,2,FALSE) =VLOOKUP(E1,A1:B10,2,0)	=VLOOKUP(E1,A1:B10,2,)
=MAX(D2,0)	=MAX(D2,)
=OFFSET(A1,0,0,10,1)	=OFFSET(A1,,,10,1)
=SUBSTITUTE(A2,"A","")	=SUBSTITUTE(A2,"A",)

注意

省略参数指的是将参数连同前面的逗号（如果有）一同去除，仅适用于可选参数；省略参数的值（即简写）指的是保留参数前面的逗号，但不输入参数的值，可以是可选参数，也可以是必需参数。

6.1.3 使用函数的原因

函数具有简化公式、提高编辑效率的特点，可以执行使用其他方式无法实现的数据汇总任务。

某些简单的计算可以通过自行设计的公式完成，例如，对A1:A3单元格求和，可以使用以下公式。

```
=A1+A2+A3
```

但如果要对A1~A100或更多单元格求和，逐个单元格相加的做法将变得无比繁杂、低效，并且容易出错。使用SUM函数则可以简化这些公式，使之更易于输入、查错和修改，例如，使用以下公式即可得到A1~A100单元格中的数值之和。

```
=SUM(A1:A100)
```

其中SUM是求和函数，A1:A100是需要求和的区域，表示对A1:A100单元格区域执行求和计算。可以根据实际数据情况，将求和区域写成多行多列的单元格引用。

此外，有些函数的功能是自编公式无法完成的，例如，使用RAND函数产生大于等于0小于1的随机值。

使用函数与公式对数据汇总，当数据源中的数据发生变化时，无须对函数与公式再次编辑，即可实时得到最新的计算结果。同时，可以将已有的函数与公式快速应用到具有相同样式和相同运算规则的新数据源中。

6.2 常用函数的分类

在Excel函数中，根据来源的不同可将函数分为以下4类。

1. 内置函数

只要启动了Excel就可以使用的函数。

2. 扩展函数

必须通过加载宏才能正常使用的函数。例如，EUROCONVERT函数必须安装并加载“欧元转换工具”加载项之后才能正常使用，否则将返回错误值#NAME?。

在Excel 2016中，加载后的扩展函数在【插入函数】对话框中的类别为【用户定义】函数，如图6-2所示。

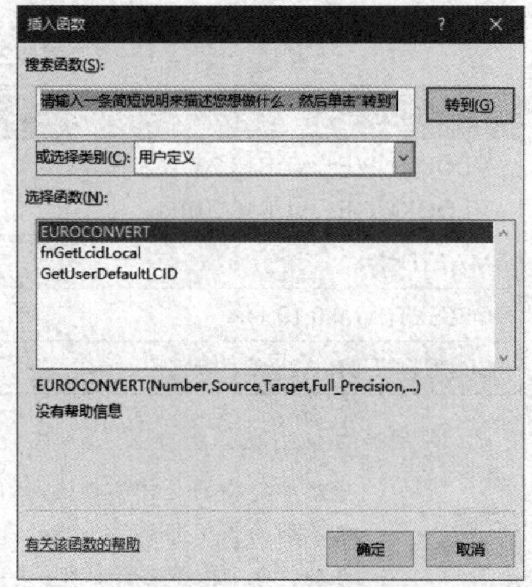

图6-2 【用户定义】函数

3. 自定义函数

使用VBA代码进行编制并实现特定功能的函数，这类函数存放于VB编辑器的“模块”中。

4. 宏表函数

该类函数是Excel 4.0版函数，需要通过定义名称或在宏表中使用，其中多数函数已逐步被内置函数和VBA功能所替代。

自Excel 2007版开始，需要将包含有自定义函数或宏表函数的文件保存为“启用宏的工作簿(.xlsm)”或“二进制工作簿(.xlsb)”，在首次打开文件后需要单击【宏已被禁用】安全警告对话框中的【启用内容】按钮，否则宏表函数将不可用。

根据函数的功能和应用领域，内置函数可分为以下几种类型，文本函数、信息函数、逻辑函数、查找和引用函数、日期和时间函数、统计函数、数学和三角函数、财务函数、工程函数、多维数据集函数、兼容性函数和Web函数。

其中，兼容性函数是对早期版本进行精确度改进或更改名称以更好地反映其用法而保留的旧版函数。虽然这些函数仍可向后兼容，但建议用户从现在开始使用新函数，因为旧版函数在Excel的未来版本中可能不再可用。

在实际应用中，函数的功能被不断开发挖掘，不同类型函数能够解决的问题也不仅仅局限于某个类型。函数的灵活性和多变性，也正是学习函数与公式的乐趣所在。Excel 2016中的内置函数有400多个，但并不需要全部学习这些函数，掌握使用频率较高的几十个函数及这些函数的组合嵌套使用，就可以应对工作中的绝大部分任务。

6.3 认识函数的易失性

有时用户打开一个工作簿不做任何更改而直接关闭时，Excel会提示“是否保存对文档的更改”，这是因为该工作簿中用到了部分“易失性函数”。

在工作簿中使用了易失性函数，每激活一个单元格或在一个单元格输入数据，甚至只是打开工作簿，具有易失性的函数都会自动重新计算。

易失性函数在以下情形下不会引发自动重新计算。

（1）工作簿的重新计算模式设置为“手动”时。

（2）当手动设置列宽、行高而不是双击调整为合适列宽时，但隐藏行或设置行高值为0除外。

（3）当设置单元格格式或其他更改显示属性的设置时。

（4）激活单元格或编辑单元格内容但按<Esc>键取消时。

常见的易失性函数有以下几种。

（1）获取随机数的RAND和RANDBETWEEN函数，每次编辑会自动产生新的随机数。

（2）获取当前日期、时间的TODAY、NOW函数，每次返回当前系统的日期、时间。

（3）返回单元格引用的OFFSET、INDIRECT函数，每次编辑都会重新定位实际的引用区域。

（4）获取单元格信息的CELL函数和INFO函数，每次编辑都会刷新相关信息。

此外，如果SUMIF函数第三参数使用简写形式，也会引发重新计算。

练习与巩固

（1）Excel函数只有唯一的名称且______大小写，每个函数都有特定的功能和用途。

（2）在公式中使用函数时，通常由表示公式开始的等号、函数名称、左括号、以______相间隔的参数和右括号构成。

（3）一些函数可以仅使用其部分参数，在函数语法中，可选参数一般用______包含起来进行区别，当函数有多个可选参数时，可从右向左依次省略参数。

（4）在公式中有些参数可以省略参数值，在前一参数后仅跟一个逗号，用以保留参数的位置，这种方式称为“省略参数的值”或“简写”，常用于代替逻辑值FALSE、数值______或空文本等参数值。

（5）省略参数指的是将参数连同前面的逗号（如果有）一同去除，仅适用于______参数；省略参数的值（即简写）指的是保留参数前面的逗号，但不输入参数的值，可以是可选参数，也可以是必需参数。

（6）在Excel函数中，根据来源的不同可将函数分为内置函数、扩展函数、自定义函数和______4类。

（7）有时用户打开一个工作簿不做任何更改直接关闭时，Excel也会提示“是否保存对文档的更改”，这是因为该工作簿中用到了______。

第7章　函数的输入与查看函数帮助文件

本章讲解函数的输入、编辑及查看函数帮助文件的方法，熟悉输入、编辑函数的方法并善于利用帮助文件，将有助于函数的学习和理解。

本章学习要点

（1）输入函数的方式。　　　　（2）查看函数帮助文件。

7.1　输入函数的几种方式

7.1.1　使用【自动求和】按钮插入函数

许多用户都是从【自动求和】功能开始接触函数和公式的，在【公式】选项卡【函数库】组中有一个图标为“Σ”的【自动求和】按钮，在【开始】选项卡的【编辑】组中也有此按钮。

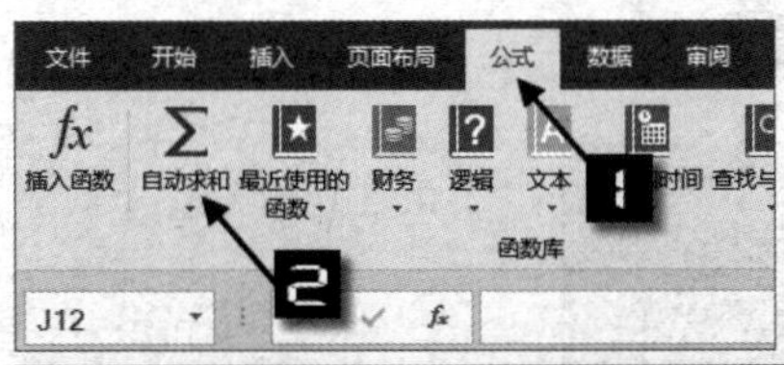

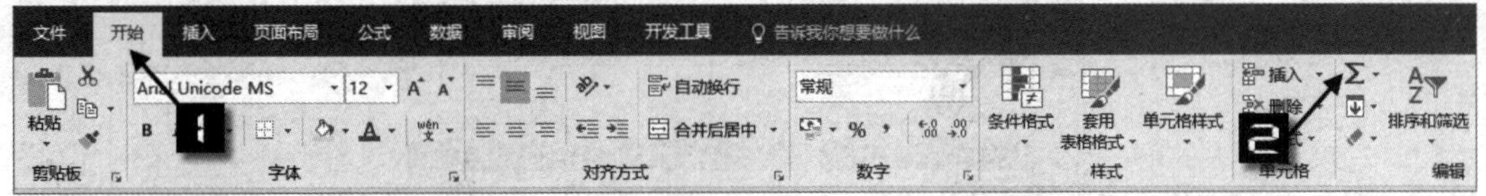

图7-1　自动求和按钮

默认情况下，单击【自动求和】按钮或按<Alt+=>组合键将插入用于求和的SUM函数。单击【自动求和】下拉按钮，在弹出的下拉列表中包括求和、平均值、计数、最大值、最小值和其他函数6个选项，如图7-2所示。

在下拉列表中选择【其他函数】选项时，将打开【插入函数】对话框，并自动显示出常用函数的列表，如图7-3所示。

选择其他5个选项时，Excel将智能地根据所选取单元格区域和数据情况，自动选择公式统计的单元格范围，以实现快捷输入。如图7-4所示，选中A1:F7单元格区域，单击【公式】选项卡下的【自动求和】按钮，Excel将对该区域的每一列和每一行分别进行求和。

通常情况下，如果在数据区域之间使用【自动求和】功能进行计算，Excel默认自动选择公式所在行之上的数据部分或公式所在列左侧的数据部分进行求和。

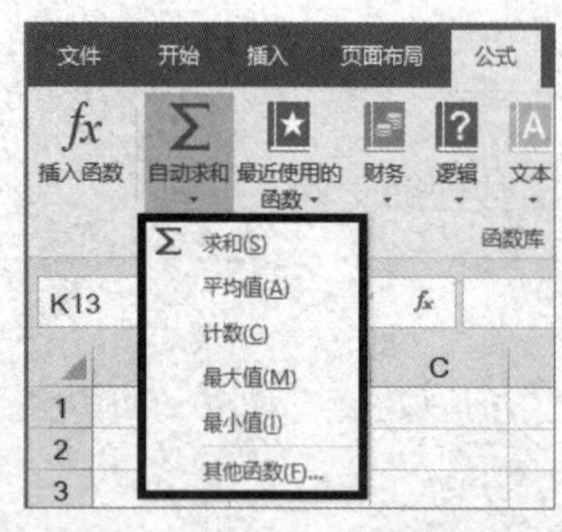

图7-2 【自动求和】下拉列表

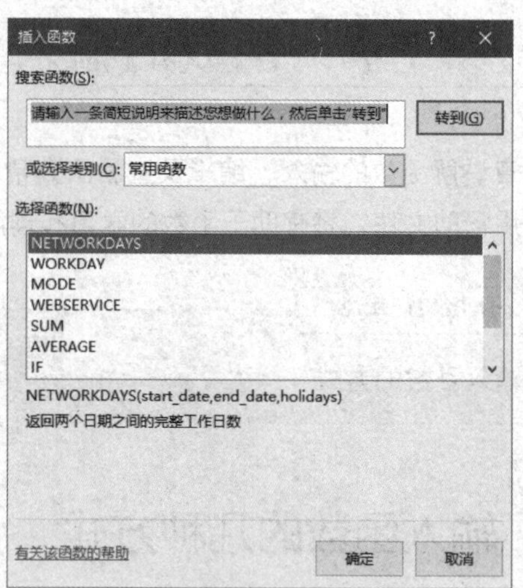

图7-3 【插入函数】对话框

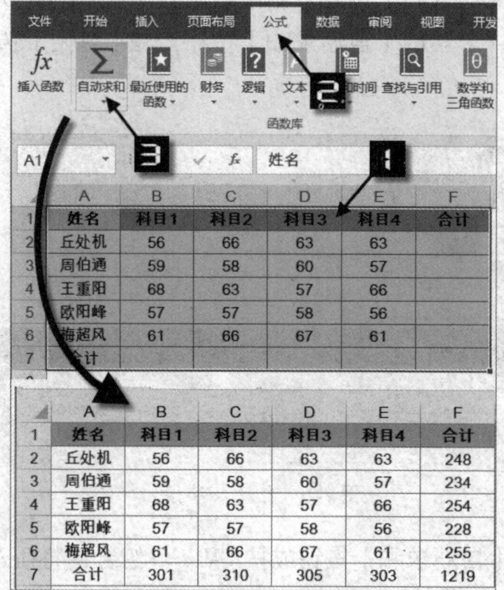

	A	B	C	D	E	F
1	姓名	科目1	科目2	科目3	科目4	合计
2	丘处机	56	66	63	63	248
3	周伯通	59	58	60	57	234
4	王重阳	68	63	57	66	254
5	欧阳峰	57	57	58	56	228
6	梅超风	61	66	67	61	255
7	合计	301	310	305	303	1219

图7-4 对多行多列同时求和

当要计算的表格区域处于筛选状态时，单击【自动求和】按钮将应用SUBTOTAL函数的相关功能，以便在筛选状态下进行求和、平均值、计数、最大值及最小值等汇总计算。

示例7-1 筛选状态下使用自动求和

如图7-5所示，在员工考核表中，已经对C列的“科目2”筛选出60分以上的数据，需要对处于显示状态的每个科目的总分进行汇总。

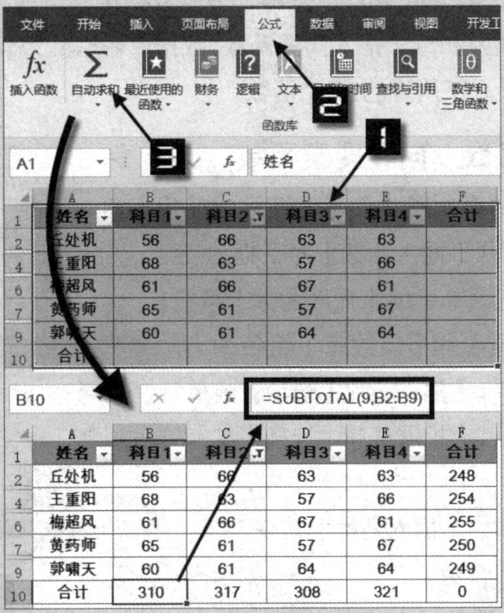

图7-5 筛选状态下使用自动求和

选中A1:F10单元格区域，单击【公式】选项卡下的【自动求和】按钮，Excel自动使用SUBTOTAL函数对该区域的每一列和每一行进行求和汇总，其中B10单元格自动生成的求和公式如下。

```
=SUBTOTAL(9,B2:B9)
```

关于SUBTOTAL函数的相关内容，请参考15.8.1节。

7.1.2 使用函数库插入已知类别的函数

如图7-6所示，在【公式】选项卡的【函数库】组中，Excel按照内置函数分类提供了财务、逻辑、文本、日期和时间、查找与引用、数学和三角函数、其他函数等下拉按钮，在

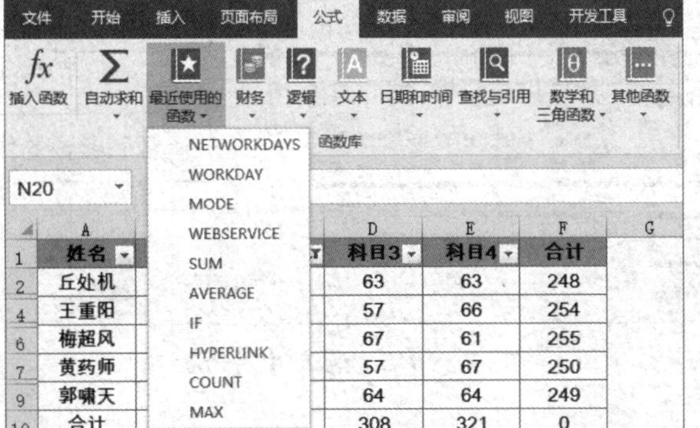

图7-6 使用函数库插入已知类别的函数

【其他函数】下拉菜单中还提供了统计、工程、多维数据集、信息、兼容性和Web函数等扩展菜单。用户可以根据需要和分类插入内置函数(数据库函数除外)，还可以从【最近使用的函数】下拉菜单中选择最近使用过的10个函数。

7.1.3 使用【插入函数】向导搜索函数

如果对函数所归属的类别不太熟悉，还可以使用【插入函数】向导选择或搜索所需函数。以下4种方法均可打开【插入函数】对话框。

（1）单击【公式】选项卡中的【插入函数】按钮。

（2）在【公式】选项卡的【函数库】组各个下拉菜单的扩展菜单中，选择【插入函数】选项；或单击【自动求和】下拉按钮，在扩展菜单中选择【其他函数】选项。

（3）单击编辑栏左侧的【插入函数】按钮。

（4）按<Shift+F3>组合键。

如图7-7所示，在【搜索函数】编辑框中输入关键字“平均”，单击【转到】按钮，对话框中将显示“推荐”的函数列表，选择需要的函数后，单击【确定】按钮，即可插入该函数并切换到【函数参数】对话框。

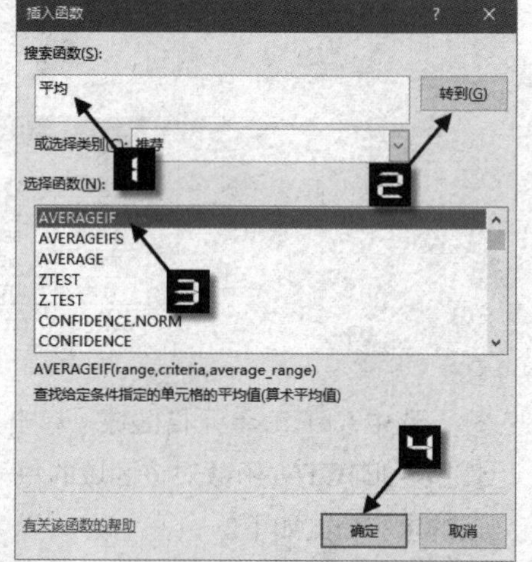

图 7-7 搜索函数

如图7-8所示，在【函数参数】对话框中从上而下主要由函数名、参数编辑框、函数简介及参数说明和计算结果等几部分组成，其中，参数编辑框允许直接输入参数或单击右侧折叠按钮以选择单元格区域，其右侧将实时显示输入参数的值。

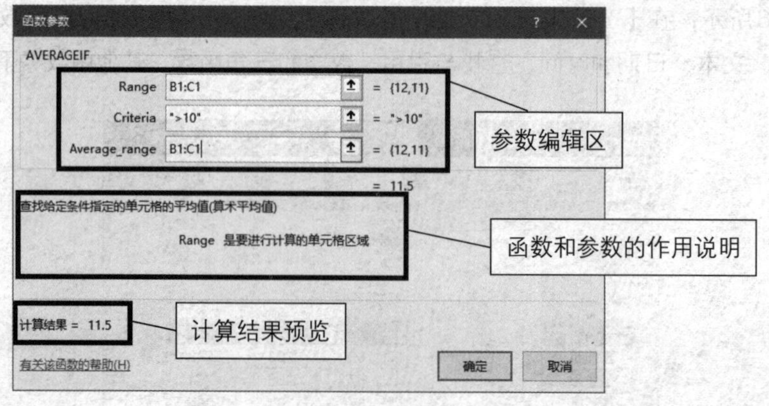

图 7-8 【函数参数】对话框

7.1.4 使用【公式记忆式键入】功能手工输入

自Excel 2007开始新增了【公式记忆式键入】功能，用户输入公式时会出现备选的函数

和已定义的名称列表，帮助用户自动完成公式。如果知道所需函数名的全部或开头部分字母，则可直接在单元格或编辑栏中手工输入函数。

在公式编辑模式下，按<Alt+↓>组合键可以切换是否启用【公式记忆式键入】功能，也可以选择【文件】→【选项】选项，在弹出的【Excel选项】对话框的【公式】选项卡中选中【使用公式】选项区域中的【公式记忆式键入】复选框，然后单击【确定】按钮关闭对话框。

当用户编辑或输入公式时，就会自动显示以输入的字符开头的函数，或已定义的名称、“表格”名称及“表格”的相关字段名下拉列表。

例如，在单元格中输入“=SU”后，Excel将自动显示所有以“=SU”开头的函数、名称或“表格”的扩展菜单。通过在扩展菜单中移动上、下方向键或鼠标选择不同的函数，其右侧将显示此函数的功能提示，双击鼠标或按<Tab>键可将此函数添加到当前的编辑位置，既提高了输入效率，又确保输入函数名称的准确性。

随着进一步输入，扩展菜单将逐步缩小范围，如图7-9所示。

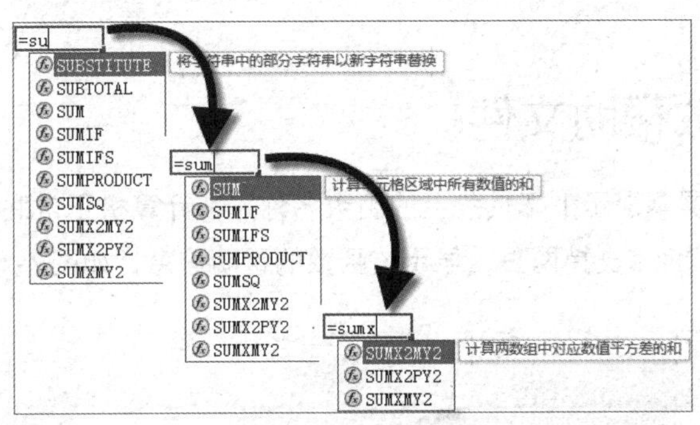

图7-9　公式记忆式键入

7.1.5　活用【函数屏幕提示】工具

用户在单元格中或编辑栏中编辑公式时，当正确完整地输入函数名称及左括号后，在编辑位置附近会自动出现悬浮的【函数屏幕提示】工具条，可以帮助用户了解函数语法中参数名称、可选参数或必需参数等，如图7-10所示。

提示信息中包含了当前输入的函数名称及完成此函数所需要的参数。图7-10中输入的TIME函数包括了3个参数，分别为hour、minute和second，当前光标所在位置的参数以加粗字体显示。

如果公式中已经填入了函数参数，单击【函数屏幕提示】工具条中的某个参数名称时，编辑栏中自动选择该参数所在部分（包括使用嵌套函数作为参数的情况），并以灰色背景突出显示，如图7-11所示。

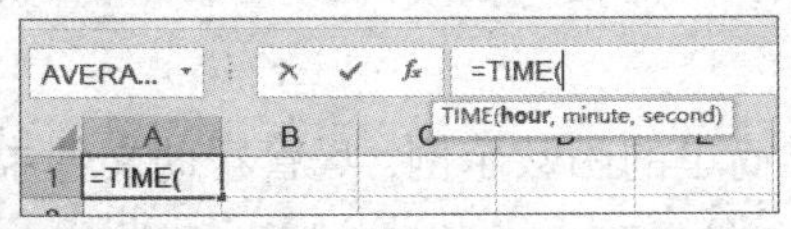

图7-10　手工输入函数时的提示信息

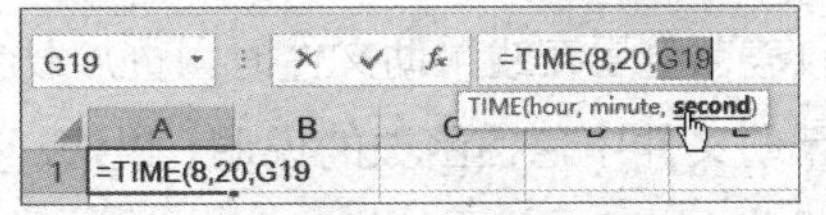

图7-11　快速选择函数参数

如果没有显示函数屏幕提示，可以依次选择【文件】→【选项】选项，打开【Excel选项】对话框，在【高级】选项卡的【显示】选项区域中检查【显示函数屏幕提示】复选框是否处于选中状态，如图7-12所示。

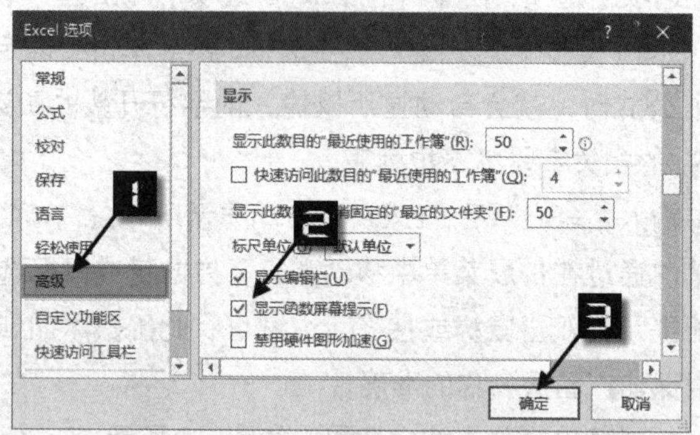

图7-12 【Excel选项】对话框

7.2 查看函数帮助文件

如果单击【函数屏幕提示】工具条上的函数名称，在计算机正常联网的情况下，将使用系统默认浏览器打开Office支持网页，显示该函数的帮助信息，如图7-13所示。

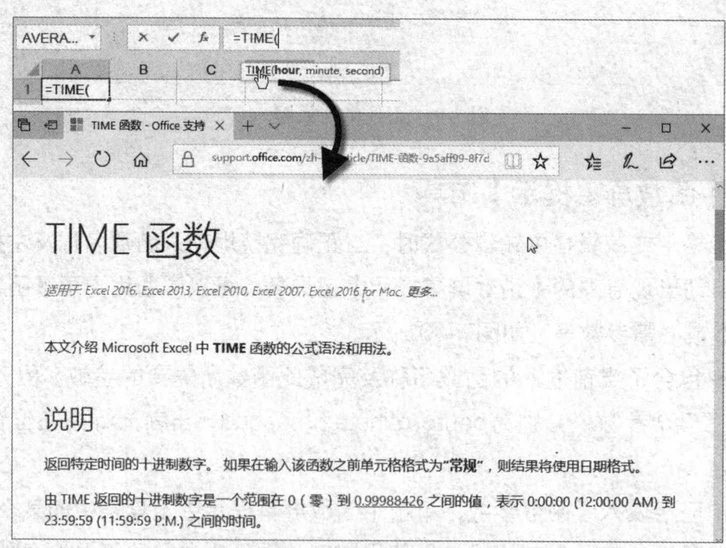

图7-13 获取函数帮助信息

Excel 2016取消了脱机帮助文件，要查看帮助文件只能使用在线方式。如果计算机网络环境较差，查看在线帮助文件时网页加载会有延迟。

帮助文件中包括函数的说明、语法、参数，以及简单的函数示例，尽管帮助文件中的函数说明有些还不够透彻，甚至有部分描述是错误的，但仍然不失为学习函数与公式的好帮手。

除了单击【函数屏幕提示】工具条上的函数名称，使用以下方法也可以打开Office支持页面查看函数帮助信息。

（1）在单元格中输入等号和函数名称后按<F1>键。

（2）在【插入函数】对话框中选中函数名称，再单击左下角的【有关该函数的帮助】链接，如图7-14所示。

（3）直接按<F1>键打开【帮助】窗格，在顶部的搜索框中输入关键字，单击【搜索】按钮，即可显示与之有关的函数，单击函数名称，将在【帮助】窗格中打开关于该函数的帮助文件，如图7-15所示。

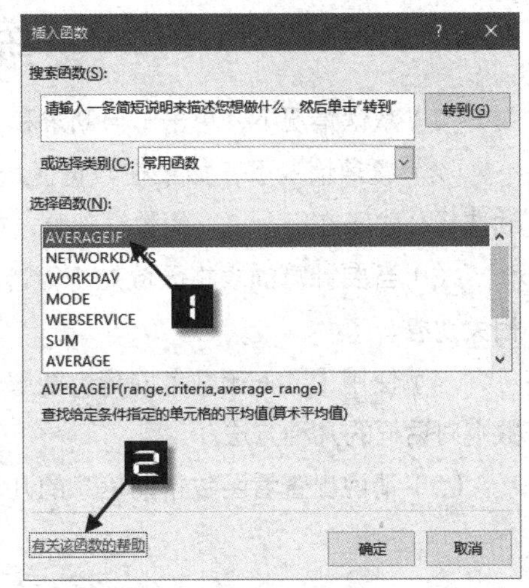

图7-14　在【插入函数】对话框中打开帮助文件

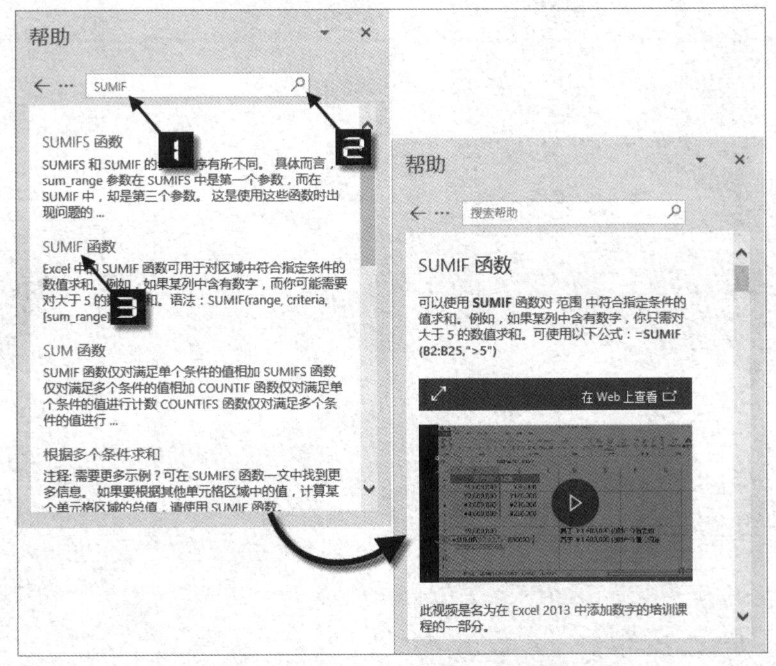

图7-15　在【帮助】窗格中搜索关键字

在【帮助】窗格中查看帮助文件时，同样要求计算机能够正常联网，否则会无法加载内容，如图7-16所示。

图7-16　【帮助】窗格中的错误提示

练习与巩固

（1）默认情况下，单击【自动求和】按钮或按<Alt+=>组合键将插入______函数。

（2）通常情况下，如果在数据区域之间使用【自动求和】功能进行计算，Excel默认自动选择公式所在行______的数据部分，或是公式所在列______侧的数据部分求和。

（3）当要计算的表格区域处于筛选状态时，单击【自动求和】按钮将应用______函数的相关功能。

（4）使用【插入函数】向导，能够方便用户选择或搜索所需函数，请说出打开【插入函数】对话框的几种方法。

（5）请说出查看函数帮助信息的几种方法。

第8章 公式结果的检验、验证和限制

本章讲解公式使用中的常见问题、公式结果的检验与验证、函数与公式的限制等方面的知识，学习这些知识，有助于对公式运行中出现的意外问题进行判断和处置。

本章学习要点

（1）公式常见错误与检查。

（2）公式审核功能。

（3）函数与公式的限制。

8.1 使用公式的常见问题

8.1.1 常见错误列表

使用公式进行计算时，可能会因为某种原因而无法得到正确结果，在单元格中返回错误值信息。不同类型的错误值表示该错误值出现的原因，常见的错误值及其含义如表8-1所示。

表8-1 常见错误值及含义

错误值类型	含义
#####	当列宽不够显示数字，或者使用了负的日期或负的时间时出现错误
#VALUE!	当使用的参数类型错误时出现错误
#DIV/0!	当数字被0除时出现错误
#NAME?	公式中使用了未定义的文本名称。如果函数名称输入不完整或是在低版本中输入了高版本特有的函数，也会出现此错误
#N/A	通常情况下，查询类函数找不到可用结果时，会返回#N/A错误
#REF!	当被引用的单元格区域或被引用的工作表被删除时，返回#REF!错误
#NUM!	公式或函数中使用无效数字值时，如公式“=SMALL(A1:A6,7)”，要在6个单元格中返回第7个最小值，则出现#NUM!错误
#NULL!	当用空格表示两个引用单元格之间的交叉运算符，但计算并不相交的两个区域的交点时，出现错误，如公式“=SUM(A:A B:B)”，A列与B列不相交

8.1.2 检查公式中的错误

当公式的结果返回错误值时，应及时查找错误原因，并修改公式以解决问题。

Excel提供了后台错误检查的功能。如图8-1所示，在【Excel选项】对话框【公式】选项卡的【错误检查】选项区域中选中【允许后台错误检查】复选框，并在【错误检查规则】选项区域选中9个规则所对应的复选框。

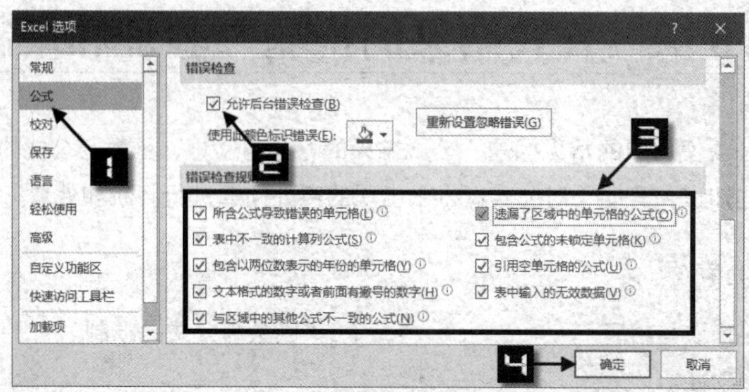

图8-1 设置错误检查规则

当单元格中的公式或值与上述情况相符时，单元格左上角将显示一个绿色小三角形智能标记（颜色可在图8-1所示的【错误检查】选项区域中设置，默认为绿色）。选定包含该智能标记的单元格，单元格左侧将出现感叹号形状的【错误指示器】下拉按钮，下拉菜单中包括公式错误的类型、关于此错误的帮助及显示计算步骤等信息，如图8-2所示。

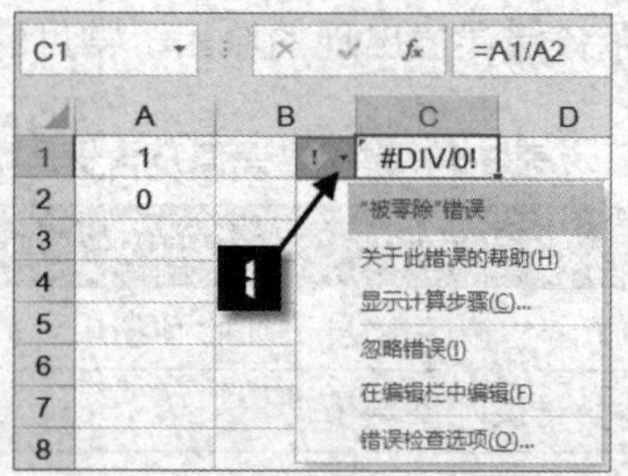

图8-2 【错误提示器】下拉菜单

示例8-1 使用错误检查工具

如图8-3所示，在C10单元格使用AVERAGE函数计算C2:C9单元格的平均值，但结果显示为错误值#DIV/0!。

C10 =AVERAGE(C2:C9)

	A	B	C
1	工号	姓名	考核成绩
2	10102	郭啸天	75
3	10103	杨铁心	85
4	10104	黄药师	88
5	10108	郭靖	72
6	10109	欧阳克	81
7	10110	穆念慈	79
8	10111	梅超风	84
9	10112	洪七公	82
10	平均分		#DIV/0!

图8-3 公式返回错误值

（1）在【公式】选项卡的【公式审核】组中单击【错误检查】按钮，弹出【错误检查】对话框。提示单元格C2中出错，错误原因是“以文本形式存储的数字”，并提供了【转换为数字】【关于此错误的帮助】【忽略错误】【在编辑栏中编辑】等选项，方便用户选择所需执行的操作。

也可以通过单击【上一个】或【下一个】按钮查看其他单元格中的公式错误情况，如图8-4所示。

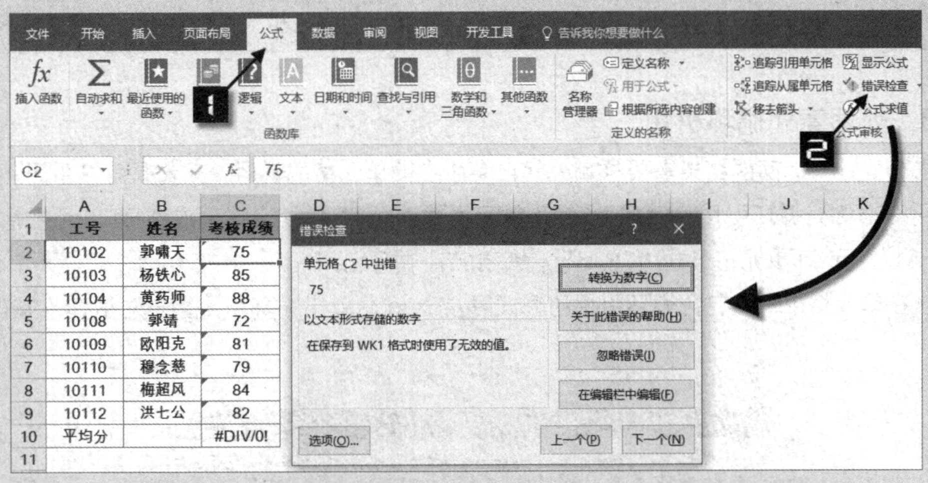

图8-4　执行错误检查

（2）选定C10单元格，在【公式】选项卡中依次单击【错误检查】→【追踪错误】按钮，C2单元格中将出现蓝色的追踪箭头，表示错误可能来源于C2单元格，由此可以判断C2单元格格式可能存在错误，如图8-5所示。

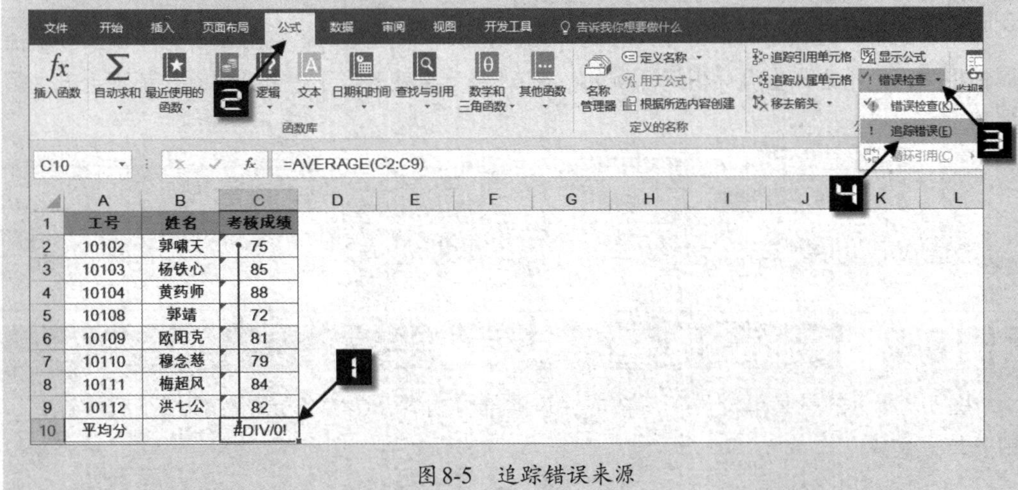

图8-5　追踪错误来源

如果不再需要显示追踪箭头，可执行【公式】→【移去箭头】命令，取消显示。

（3）如图8-6所示，选中C2:C9单元格区域，单击区域左上角的【错误指示器】下拉按钮，在下拉菜单中选择【转换为数字】选项，则C10单元格可正确计算出平均值。

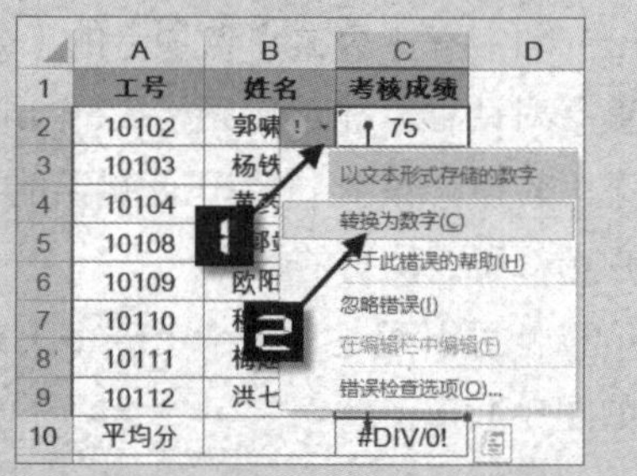

	A	B	C	D
1	工号	姓名	考核成绩	
2	10102	郭啸	75	
3	10103	杨铁		
4	10104			
5	10108			
6	10109	欧阳		
7	10110			
8	10111			
9	10112	洪七		
10	平均分		#DIV/0!	

图8-6　使用错误提示器转换文本型数字

8.1.3　处理意外循环引用

当公式计算返回的结果需要依赖公式自身所在的单元格的值时，无论是直接引用还是间接引用，都称为循环引用。例如，在A1单元格输入公式“=A1+1”，或在B1单元格输入公式“=A1”，而A1单元格公式为“=B1”，都会产生循环引用。

当在单元格中输入包含循环引用的公式时，Excel将弹出循环引用警告对话框，如图8-7所示。

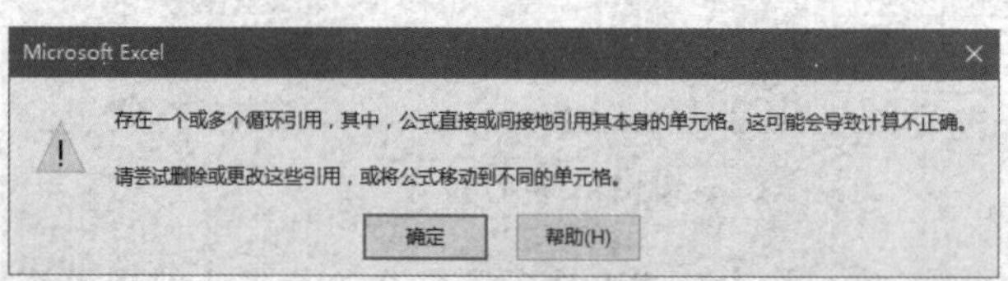

图8-7　循环引用警告

默认情况下，Excel禁止使用循环引用，因为公式中引用自身的值进行计算，将永无休止地计算而得不到答案。

如果公式计算过程中与自身单元格的值无关，仅与自身单元格的行号、列标或文件路径等属性相关，则不会产生循环引用。例如，在A1单元格输入以下3个公式时，都不会产生循环引用。

```
=ROW(A1)
=COLUMN(A1)
=CELL("filename",A1)
```

示例8-2　查找包含循环引用的单元格

图8-8所示的是某单位员工考核成绩表的部分内容，C10单元格使用以下公式计算员工考核总分。

```
=AVERAGE(C2:C10)
```

由于公式中引用了C10自身的值，公式无法得出正确的计算结果，结果显示为0，并且在状态栏的左下角出现文字提示“循环引用：C10”。

在【公式】选项卡中依次选择【错误检查】→【循环引用】选项，将显示包含循环引用的单元格地址，单击将跳转到对应单元格。如果工作表中包含多个循环引用，此处仅显示一个循环引用的单元格地址。

解决方法是修改公式的引用区域为C2:C9，公式即可正确计算。

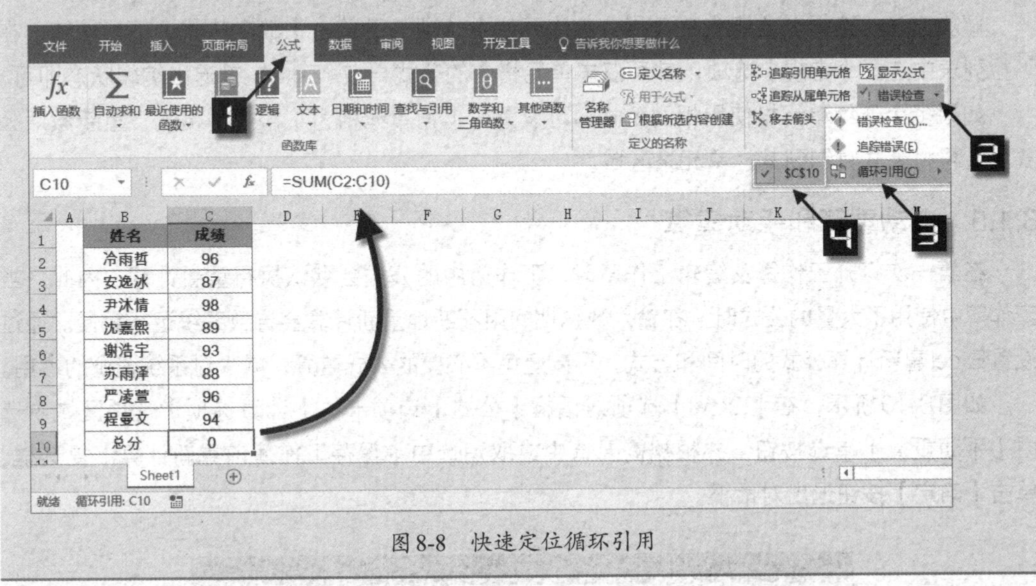

图8-8 快速定位循环引用

8.1.4 显示公式本身

有些时候，输入公式后并未得到计算结果，而是显示公式本身。以下是两种可能的原因和解决方法。

1. 检查是否启用了【显示公式】模式

如图8-9所示，B5单元格只显示计算梯形面积的公式而不是结果。

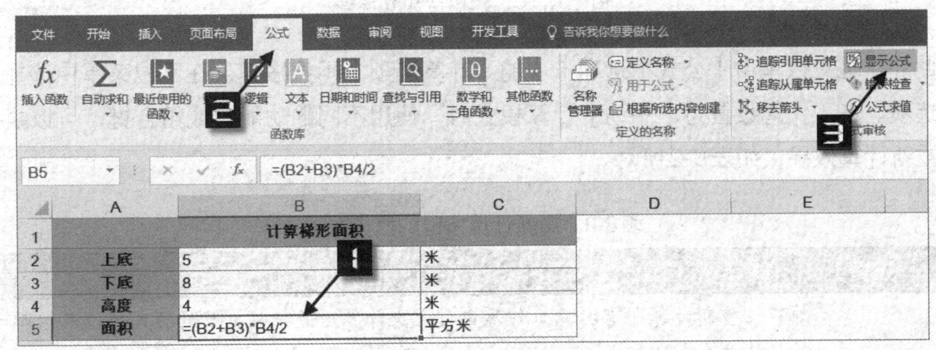

图8-9 显示公式

判断：该工作表各单元格的列宽较大，且单元格的居中方式发生变化，【公式】选项卡中的【显示公式】按钮处于高亮状态。

解决方法：单击【显示公式】按钮或按<Ctrl+`(在Tab键之上)>组合键，可在【普通模式】和【显示公式】模式之间进行切换。

2. 检查单元格是否设置了【文本】格式

如果未开启【显示公式】模式，单元格中仍然显示公式本身而不是计算结果，则可能是由于单元格设置了【文本】格式。

解决方法：选择公式所在单元格，在【开始】选项卡下单击【数字格式】下拉按钮，在下拉列表中选择【常规】选项，然后双击单元格中的公式再按<Enter>键退出编辑状态即可。

如果多个连续单元格使用相同公式，可设置左上角单元格为【常规】格式，重新激活公式后，再将公式复制到其他单元格区域。

8.1.5 自动重算和手动重算

在第一次打开工作簿及编辑工作簿时，工作簿中的公式会默认执行重新计算。因此，当工作簿中使用了大量的公式时，在输入数据期间因不断地重新计算会导致系统运行缓慢。通过设置Excel重新计算公式的时间和方式，可以避免不必要的公式重算，减少对系统资源的占用。

如图8-10所示，在【Excel】选项对话框【公式】选项卡的【计算选项】选项区域中选中【手动重算】单选按钮，并根据需要选中或取消选中【保存工作簿前重新计算】复选框，单击【确定】按钮退出对话框。

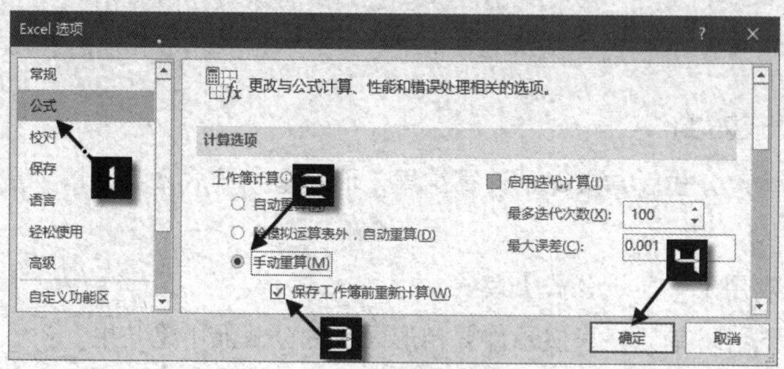

图8-10 设置手动计算选项

此外，也可以单击【公式】选项卡中的【计算选项】下拉按钮，在下拉菜单中选择【手动】选项。当工作簿设置为【手动】计算模式时，使用不同的功能键或组合键，可以执行不同的重新计算效果，如表8-2所示。

表8-2 重新计算按键的执行效果

按键	执行效果
F9	重新计算所有打开工作簿中自上次计算后进行了更改的公式，以及依赖于这些公式的公式

续表

按键	执行效果
Shift+F9	重新计算活动工作表中自上次计算后进行了更改的公式，以及依赖于这些公式的公式
Ctrl+Alt+F9	重新计算所有打开工作簿中所有公式，无论这些公式自上次重新计算后是否进行了更改
Ctrl+Shift+Alt+F9	重新检查相关的公式，然后重新计算所有打开工作簿中的所有公式，无论这些公式自上次重新计算后是否进行了更改

8.2 公式结果的检验和验证

当结束公式编辑后，可能会出现错误值，或者虽然可以得出计算结果但并不是预期的值。为确保公式的准确性，需要对公式进行检验和验证。

8.2.1 简单统计公式结果的验证

使用公式对单元格区域进行求和、平均值、极值、计数的简单统计时，可以借助状态栏进行验证。

如图8-11所示，选择C2:C10单元格区域，状态栏上自动显示该区域的平均值、计数等结果，可以用来与C11单元格使用的公式计算结果进行简单验证。

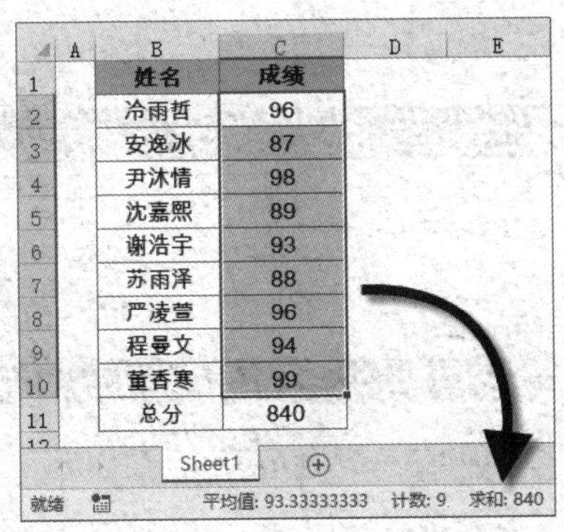

图8-11 简单统计公式的验证

08章

8.2.2 使用<F9>键查看运算结果

在公式编辑状态下，选择全部公式或其中的某一部分，按<F9>键可以单独计算并显示该部分公式的运算结果。选择公式段时，必须包含一个完整的运算对象，如选择一个函数时，则必须选定整个函数名称、左括号、参数和右括号，选择一段计算式时，不能截止到某个运算符而不包含其后面的必要组成元素。

如图8-12所示，在编辑栏选择“B2+B3”部分，按<F9>键之后，将显示该部分公式的计算结果13。

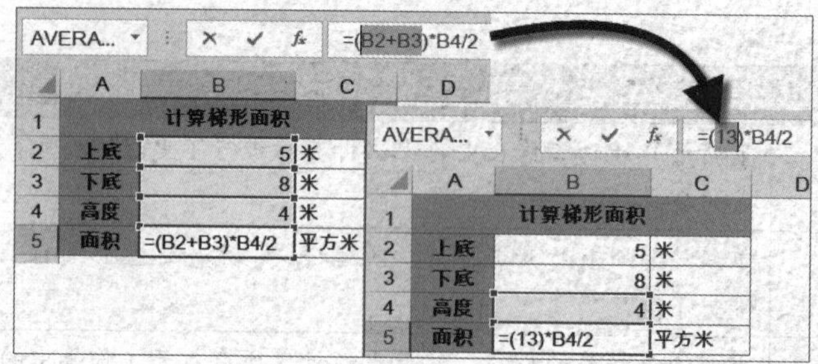

图 8-12　按<F9>键查看部分运算结果

使用<F9>键查看公式运算结果后，可以按<Esc>键放弃公式编辑恢复原状，也可以单击编辑栏左侧的取消按钮。

（1）按<F9>键计算时，对空单元格的引用将识别为数值0。

（2）当选择的公式段运算结果字符过多时，将无法显示计算结果，并弹出“公式太长。公式的长度不得超过8192个字符”的对话框。

（3）对于部分复杂公式，按<F9>键查看到的计算结果有时可能并不正确。

8.2.3　使用公式求值查看分步计算结果

如图8-13所示，选择包含公式的B5单元格，单击【公式】选项卡中的【公式求值】按钮，弹出【公式求值】对话框，单击【求值】按钮，可按照公式运算顺序依次查看公式的分步计算结果。

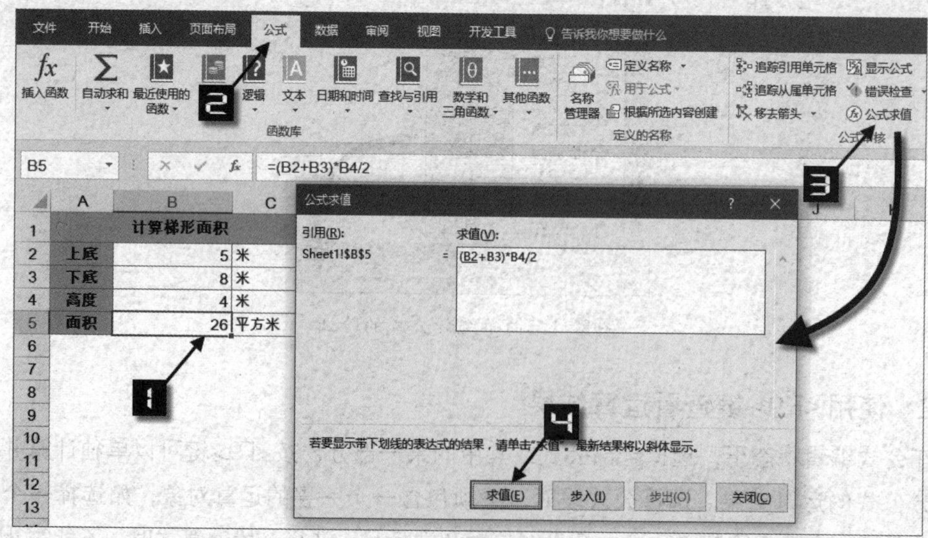

图 8-13　【公式求值】对话框

如果在公式中使用了自定义名称，则可以单击【步入】按钮进入公式当前所计算部分，并在【公式求值】对话框的【求值】区域显示该分支部分的运算结果，单击【步出】按钮可退出分支计算模式，如图8-14所示。

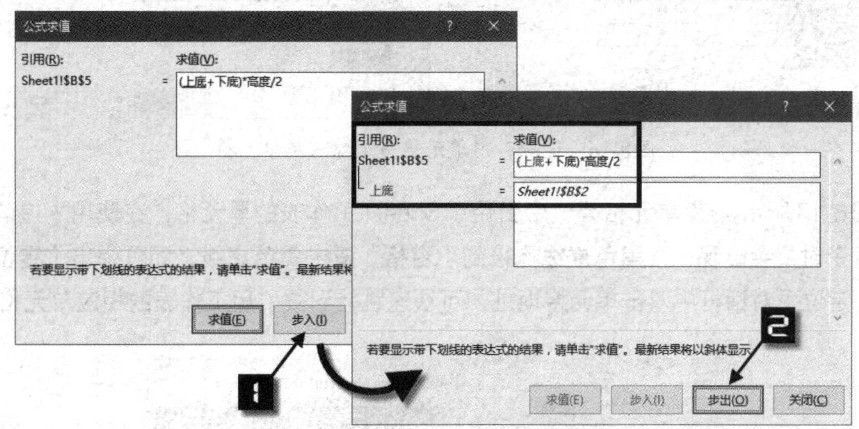

图8-14 显示分支部分运算结果

如果公式中使用了某些易失性函数，【公式求值】对话框下方将提示“此公式中的某函数使结果在每次电子表格计算时都会发生更改。最终的求值步骤将会与单元格中的结果相符，但是中间步骤中可能会有所不同”，如图8-15所示。

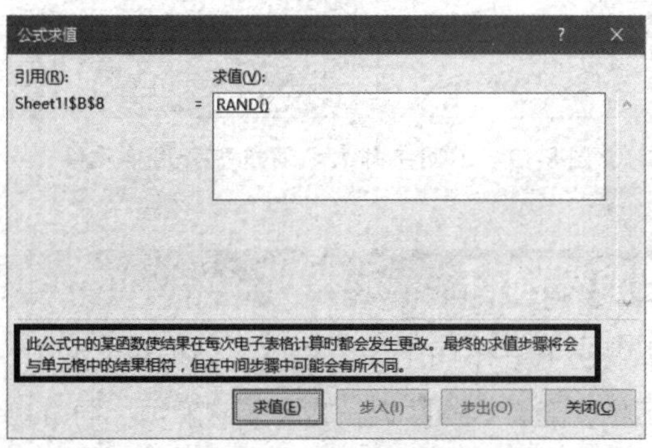

图8-15 易失性函数与公式求值

8.2.4 单元格追踪与监视窗口

在【公式】选项卡的【公式审核】组中还包括【追踪引用单元格】【追踪从属单元格】和【监视窗口】等功能。

使用【追踪引用单元格】和【追踪从属单元格】命令时，将在公式与其引用或从属的单元格之间用蓝色箭头连接，方便用户查看公式与各单元格之间的引用关系。如图8-16所示，左侧为使用【追踪引用单元格】命令、右侧为使用【追踪从属单元格】命令时的效果。

左侧的箭头表示D6单元格引用了B2、B3和B4单元格的数据，右侧的箭头表示B2单元格被D6单元格引用。检查完毕后，单击【公式】选项卡下的【移去箭头】按钮，可恢复正常视图显示。

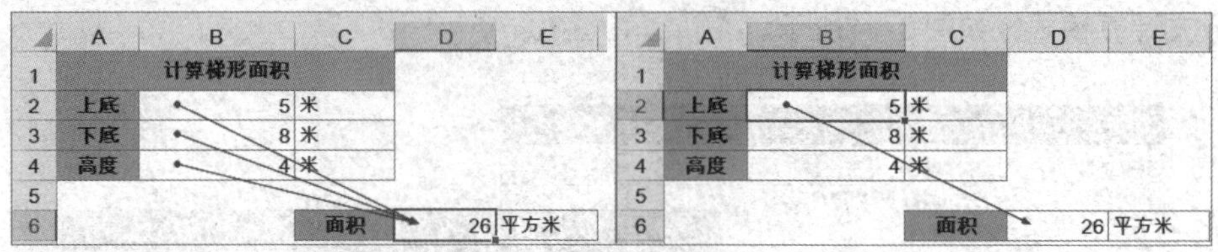

图8-16　追踪引用单元格与追踪从属单元格

如图8-17所示，B2单元格公式中引用了Sheet1工作表的单元格，在使用【追踪引用单元格】命令时，会出现一条黑色虚线连接到小窗格。双击黑色虚线，即可弹出【定位】对话框。在【定位】对话框中双击单元格地址，可快速跳转到被引用工作表的相应单元格。

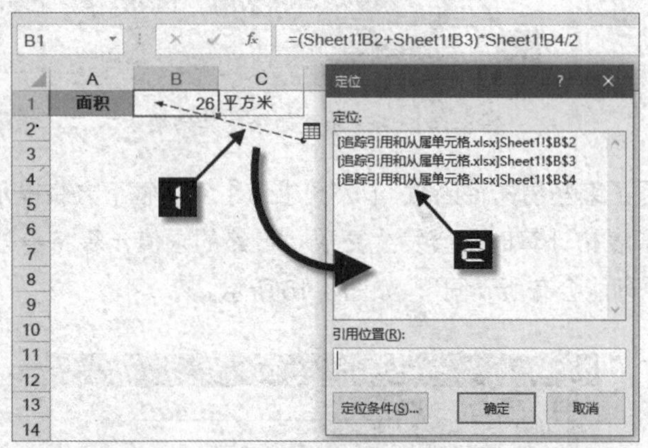

图8-17　不同工作表之间追踪引用单元格

示例8-3　添加监视窗口

如果重点关注的数据分布在不同工作表中或是分布在大型工作表的不同位置时，频繁切换工作表或滚动定位去查看这些数据，将会非常麻烦，同时也会影响工作效率。

利用【监视窗口】功能，可以把重点关注的数据添加到【监视窗口】中，随时查看数据的变化情况。切换工作表或是调整工作表滚动条时，【监视窗口】始终在最前端显示。

具体操作步骤如下。

步骤① 单击【公式】选项卡中的【监视窗口】按钮。

步骤② 在弹出的【监视窗口】对话框中单击【添加监视】按钮。

步骤③ 在弹出的【添加监视点】对话框中输入需要监视的单元格，或是单击右侧的折叠按钮选择目标单元格，单击【添加】按钮完成操作，如图8-18所示。

【监视窗口】会显示目标监视点单元格所属的工作簿、工作表、自定义名称、单元格、值及公式状况，并且可以随着这些项目的变化实时更新显示内容。【监视窗口】中可添加多个目标监视点，也可以拖动【监视窗口】对话框到工作区边界位置，使其成为固定的任务窗格，如图8-19所示。

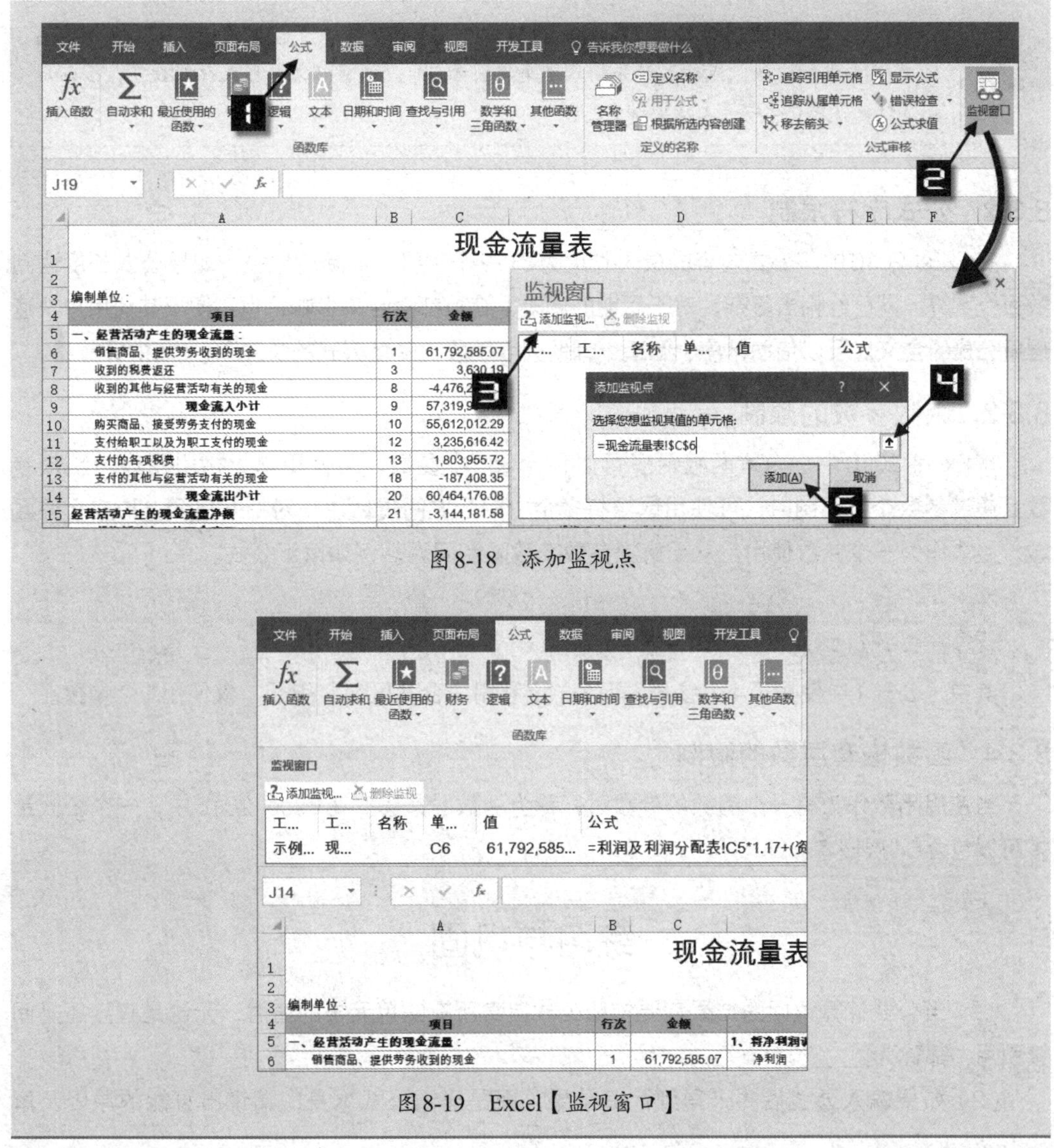

图8-18　添加监视点

图8-19　Excel【监视窗口】

8.3　函数与公式的限制

8.3.1　计算精度限制

Excel允许在单元格中输入的最大数值为“9.99999999999999E+307”，但其计算精度为15位有效数字。例如，在单元格中输入数字123456789012345678和0.00123456789012345678，超过15位数字部分将自动变为0，输入后的最终结果为：123456789012345000和0.00123456789012345。

> **注意** 在输入超过15位数字（如18位身份证号码）时，需事先设置单元格为【文本】格式后再进行输入，或输入时先输入半角单引号“'”，强制以文本形式存储数字，否则后3位数转为0之后将无法逆转。

8.3.2　公式字符限制

在Excel 2016中，公式内容的最大长度为8192个字符。实际应用中，如果公式长度达到数百个字符，就已经相当复杂，对于后期的修改、编辑都会带来影响，也不便于其他用户快速理解公式的含义。可以借助排序、筛选、辅助列等手段，降低公式的长度和Excel的计算量。

8.3.3　函数参数的限制

在Excel 2016中，内置函数最多可以包含255个参数。当使用单元格引用作为函数参数且超过参数个数限制时，可使用逗号将多个引用区域间隔后用一对括号包含，形成合并区域，整体作为一个参数使用，从而解决参数个数限制问题。例如以下公式。

```
公式1:=SUM(J3:K3,L3:M3,K7:L7,N9)
公式2:=SUM((J3:K3,L3:M3,K7:L7,N9))
```

其中，公式1中使用了4个参数，而公式2利用“合并区域”引用，仅使用1个参数。

8.3.4　函数嵌套层数的限制

当使用函数作为另一个函数的参数时，称为函数的嵌套。在Excel 2016中，一个公式最多可以包含64层嵌套。

练习与巩固

（1）当公式计算返回的结果需要依赖公式自身所在的单元格的值时，无论是直接还是间接引用，都称为______。

（2）如果输入公式后并未得到计算结果，而是显示公式本身，请说出可能的原因及解决方法。

（3）如果多个单元格中的公式都返回了相同的结果，需要进行哪些检查?

（4）在公式编辑状态下，选择全部公式或其中的某一部分，按______键可以单独计算并显示该部分公式的运算结果。

（5）使用______和______命令时，将在公式与其引用或从属的单元格之间用蓝色箭头连接，方便用户查看公式与各单元格之间的引用关系。

（6）在Excel 2016中，一个公式最多可以包含______层嵌套。

（7）如果公式返回错误值#NAME?，出现的原因是什么?

（8）请说出使用错误检查工具的主要步骤。

第9章 使用命名公式——名称

本章主要介绍使用单元格引用、常量数据、公式进行命名的方法与技巧，让读者认识并了解名称的分类和用途，能够运用名称解决日常应用中的一些具体问题。

本章学习要点

(1) 名称的概念和命名限制。

(2) 名称的级别和应用范围。

(3) 常用定义、筛选、编辑名称的操作技巧。

9.1 认识名称

9.1.1 名称的概念

名称是一类较为特殊的公式，多数名称是由用户预先自行定义，但不存储在单元格中的公式。也有部分名称可以在创建表格、设置打印区域等操作时自动产生。

名称是被特殊命名的公式，也是以等号“=”开头，可以由字符串、常量数组、单元格引用、函数与公式等元素组成，已定义的名称可以在其他名称或公式中调用。

名称可以通过模块化的调用使公式变得更加简洁，同时在数据验证、条件格式、高级图表等应用上也都具有广泛的用途。

9.1.2 使用名称的原因

合理使用名称主要有以下优点。

(1) 增强公式的可读性。例如，将存放在B3:B12单元格区域的考核成绩数据定义名称为“考核”，使用以下两个公式都可以求考核总成绩，显然，公式1比公式2更易于理解其意图。

```
公式1 =SUM(考核)
公式2 =SUM(B3:B12)
```

(2) 方便输入。输入公式时，描述性的名称“考核”比单元格地址B3:B12更易于记忆，输入名称比输入单元格区域地址更不容易出错。

(3) 快速进行区域定位。单击位于编辑栏左侧名称框的下拉按钮，在弹出的下拉菜单中选择已定义的名称，可以快速定位到工作表的特定区域。

在【开始】选项卡中依次选择【查找和选择】→【转到】选项，打开【定位】对话框(或者按<F5>键)，选择已定义的名称，单击【确定】按钮，可以快速移动到工作表的某个区域。如图9-1所示。

(4) 便于公式的统一修改。例如，在工资表中有多个公式都使用3500作为基本工资，乘以不同系数进行奖金计算。当基本工资额发生改变时，要逐个修改相关公式将较为烦琐，如果定义“基本工资”的名称并使用到公式中，则只需修改一个名称即可。

（5）有利于简化公式。在一些较为复杂的公式中，可能需要重复使用相同的公式段进行计算，导致整个公式冗长，不利于阅读和修改。例如以下公式。

```
=IF(SUM($B2:$F2)=0,0,G2/SUM($B2:$F2))
```

将其中的“SUM($B2:$F2)”部分定义为“库存”，则公式可简化如下。

```
=IF(库存=0,0,G2/库存)
```

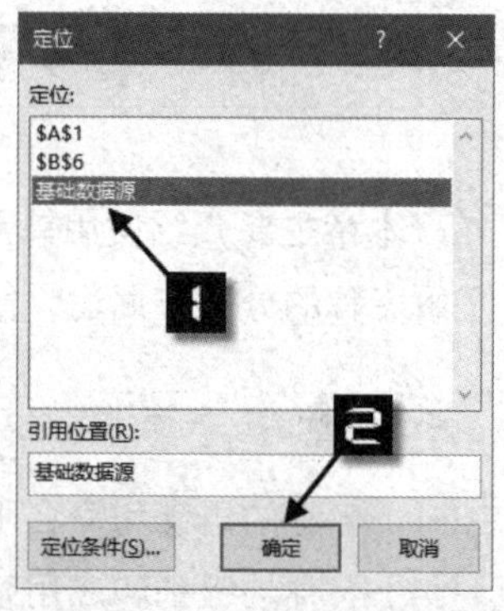

图9-1　定位名称

（6）可代替单元格区域存储常量数据。在一些查询计算中，常使用关系对照表作为查询依据。使用常量数组定义名称，省去了单元格存储空间，能避免因删除或修改等操作导致的关系对照表缺失或变动。

（7）可解决数据验证和条件格式中无法使用常量数组、交叉引用的问题。Excel不允许在数据验证和条件格式中直接使用含有常量数组或交叉引用的公式（即使用交叉运算符获取单元格区域交集），但可以将常量数组或交叉引用部分定义为名称，然后在数据验证和条件格式中进行调用。

（8）解决在工作表中无法使用宏表函数问题。宏表函数不能直接在工作表的单元格中使用，必须通过定义名称来调用。

（9）为高级图表或数据透视表设置动态的数据源。

（10）通过设置数据验证，制作二级下拉菜单或复杂的多级下拉菜单，简化输入。

9.2　定义名称的方法

9.2.1　认识【名称管理器】

Excel中的【名称管理器】可以方便用户维护和编辑名称，在【名称管理器】中能够查看、创建、编辑或删除名称。在【公式】选项卡中单击【名称管理器】按钮，打开【名称管理器】对话框，在该对话框中可以看到已定义名称的命名、引用位置、名称的作用范围和注释信息，各字段的列宽可以手动调整，以便显示更多的内容，如图9-2所示。

【名称管理器】具有筛选功能，单击【名称管理器】对话框中的【筛选】按钮，在下拉菜单中按不同类型划分为三组供用户筛选：【工作表范围内的名称】和【工作簿范围内的名称】，【有错误的名称】和【没有错误的名称】，【定义的名称】和【表名称】，如图9-3所示。如果在下拉菜单中选择【工作表范围内的名称】选项，名称列表中将仅显示工作表级名称。

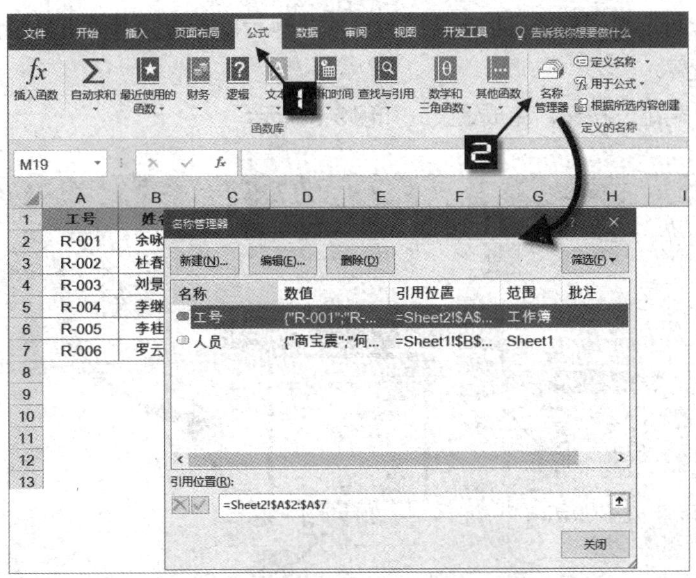

图 9-2 名称管理器

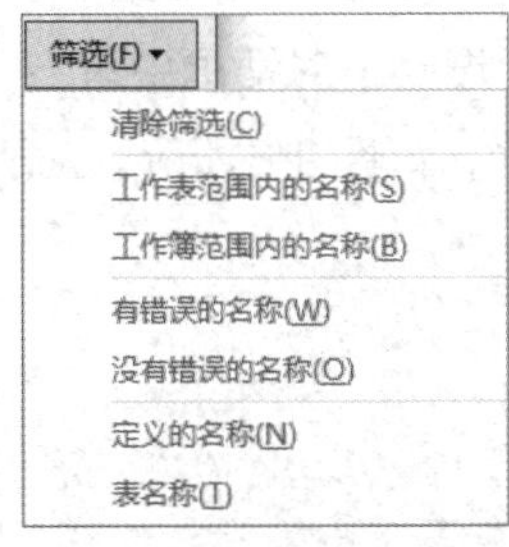

图 9-3 【筛选】下拉菜单

选择列表框中已定义的名称，再单击【编辑】按钮，打开【编辑名称】对话框，可以对已定义的名称修改命名或重新设置引用位置，如图 9-4 所示。

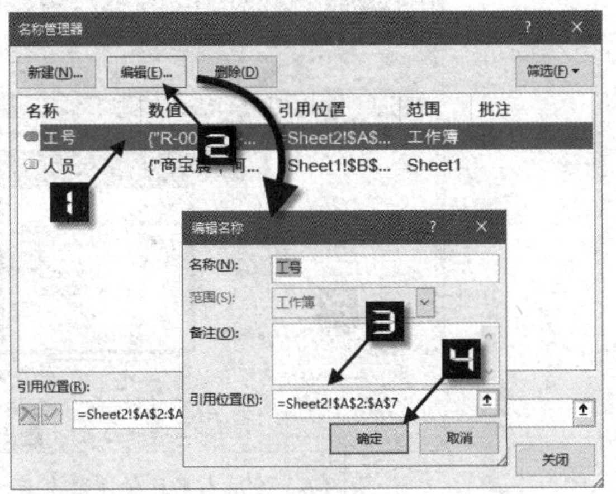

图 9-4 编辑名称

9.2.2 在【新建名称】对话框中定义名称

以下两种方式可以打开【新建名称】对话框。

方法 1 单击【公式】选项卡下的【定义名称】按钮，弹出【新建名称】对话框。

在【新建名称】对话框中可以对名称命名。单击【范围】右侧的下拉按钮，能够将定义名称指定为工作簿范围或某个工作表范围。

在【备注】文本框内可以添加注释，以便于使用者理解名称的用途。

在【引用位置】编辑框中可以直接输入公式，也可以单击右侧的折叠按钮选择单元格区域作为引用位置。

最后单击【确定】按钮，完成设置，如图9-5所示。

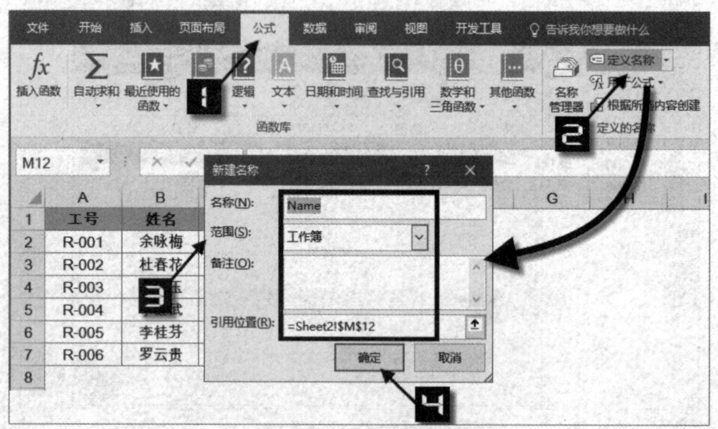

图9-5　定义名称

方法2　单击【公式】→【名称管理器】按钮，在弹出的【名称管理器】对话框中单击【新建】按钮，弹出【新建名称】对话框。之后的设置步骤与方法1相同，如图9-6所示。

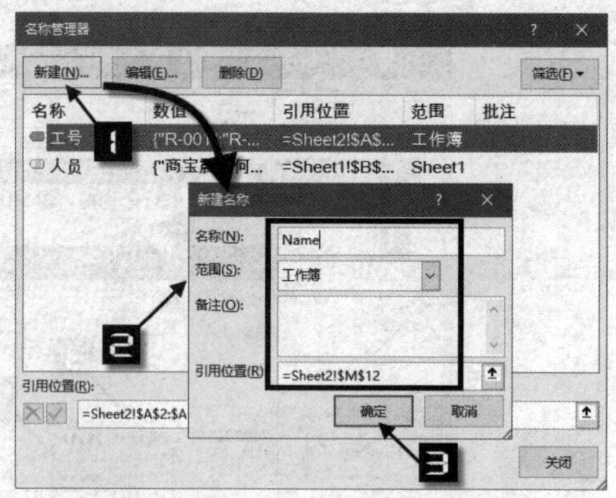

图9-6　使用【名称管理器】新建名称

9.2.3　使用名称框快速创建名称

使用工作表编辑区域左上方的名称框可以快速将单元格区域定义为名称。在图9-7所示的工作表内选择B2:B7单元格区域，光标定位到名称框内，输入“姓名”后按<Enter>键结束编辑，即可将B2:B7单元格区域定义名称为“姓名”。

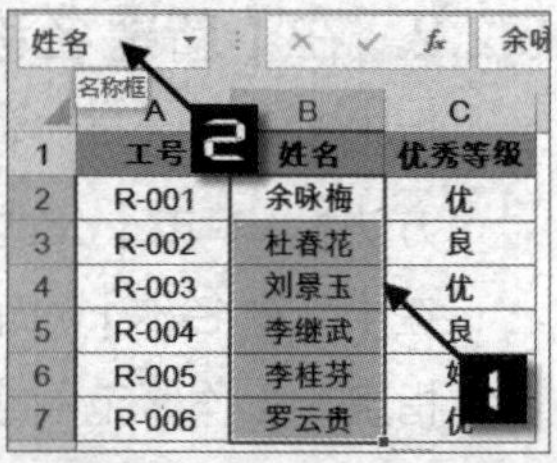

图9-7　名称框创建名称

使用名称框定义的名称默认为工作簿级，如需定义为工作表级名称，需要在名称前添加工作表名和感叹号。例如，在名称框

中输入“Sheet2!姓名”，则该名称的作用范围为“Sheet2”工作表（前提条件是当前工作表名称与此相符），如图9-8所示。

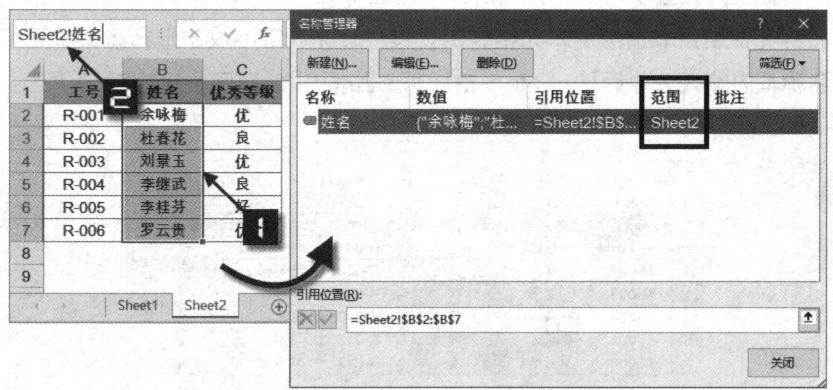

图9-8 名称框创建工作表级名称

使用名称框创建名称有一定的局限性，一是仅适用于当前已经选中的范围；二是如果名称已经存在，则不能使用名称框修改该名称引用的范围；三是在名称框中输入名称后，必须按<Enter>键进行记录，如果在未记录的情况下执行其他操作或单击了工作表中的任意单元格，则不能创建名称。

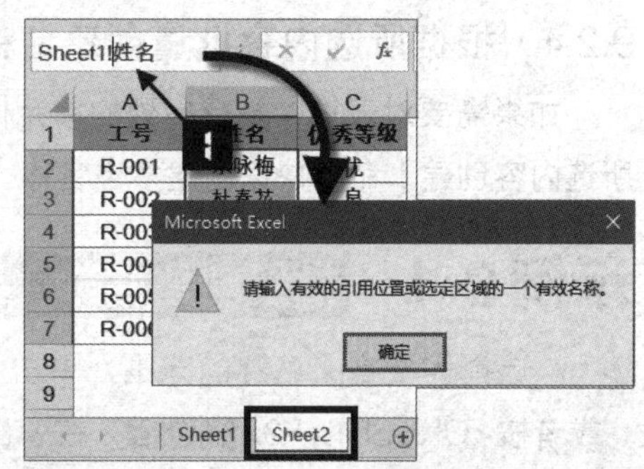

图9-9 错误提示

如果为未激活的工作表创建工作表级名称，则会弹出错误提示，如图9-9所示。

名称框除了可以定义名称外，还可以激活已经命名的单元格区域。单击名称框下拉按钮，在下拉菜单中选择已经定义的名称，即可选中命名的单元格区域，如图9-10所示。

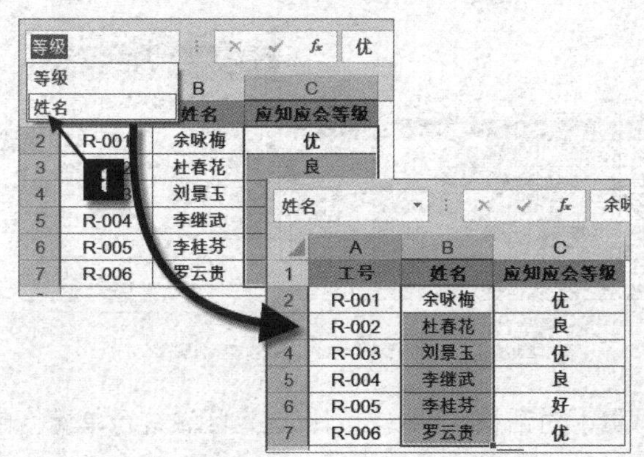

图9-10 快速选择命名的区域

同一单元格或单元格区域允许有多个名称，在实际应用时应尽量避免为同一单元格或单元格区域定义多个名称。如果同一单元格或单元格区域有多个名称，选中这些单元格或单元格区域时，名称框内只显示按升序排列的第一个名称。

定义名称允许引用非连续的单元格范围。按住<Ctrl>键不放，选择多个单元格或单元格区域，在名称框内输入名称后按<Enter>键即可，如图9-11所示。

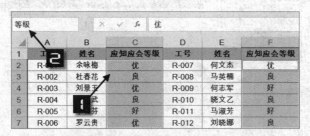

等级　　优

	A	B	C	D	E	F
1	工号	姓名	应知应会等级	工号	姓名	应知应会等级
2	R-0	余咏梅	优	R-007	何文杰	优
3	R-002	杜春花	良	R-008	马英楠	良
4	R-003	刘景玉	优	R-009	何志军	好
5	R-004	武	良	R-010	晓文乙	良
6	R-005	芬	好	R-011	马淑芳	好
7	R-006	罗云贵	优	R-012	刘晓娜	良

图9-11　定义不连续的单元格区域

9.2.4　根据所选内容批量创建名称

如果需要对表格中多行多列的单元格区域按标题行或标题列定义名称，可以使用【根据所选内容创建】命令快速创建多个名称。

示例9-1　批量创建名称

选择需要定义名称的范围，单击【公式】选项卡中的【根据所选内容创建】按钮，或者按<Ctrl+Shift+F3>组合键，在弹出的【根据所选内容创建名称】对话框中选中【首行】复选框，单击【确定】按钮完成设置，如图9-12所示。

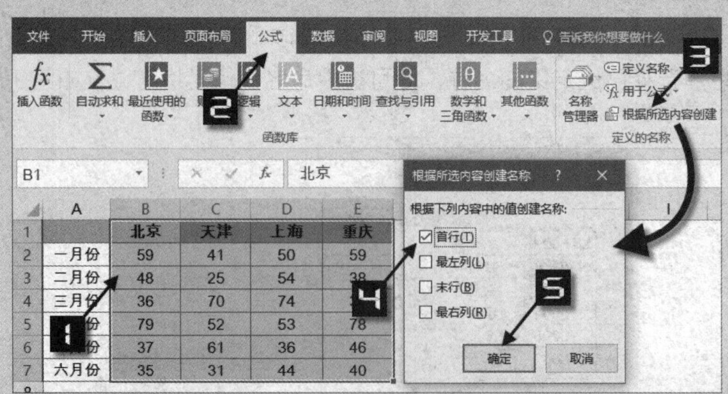

图9-12　根据所选内容批量创建名称

打开【名称管理器】对话框，可以看到以选定区域首行单元格中的内容命名的4个工作簿级名称，如图9-13所示。使用此方法时，如果字段标题中包含空格，命名会自动以短横线替换空格，如标题为“姓 名”，定义后的名称将显示为“姓_名”。

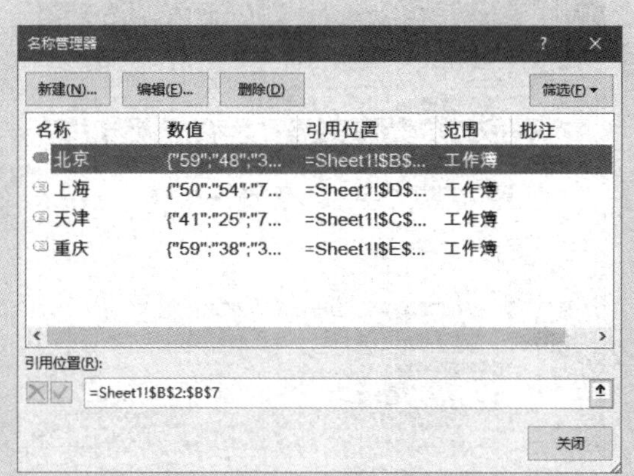

图9-13 【名称管理器】对话框

【根据所选内容创建名称】对话框中的复选标记会对Excel已选中的范围进行自动分析，如果选定区域的首行是文本，Excel将建议根据首行的内容创建名称。【根据所选内容创建名称】对话框中各复选项的作用如表9-1所示。

表9-1 【根据所选内容创建名称】对话框中各复选项说明

复选框选项	说明
首行	将顶端行的文字作为该列的范围名称
最左列	将最左列的文字作为该行的范围名称
末行	将底端行的文字作为该列的范围名称
最右列	将最右列的文字作为该行的范围名称

使用【根据所选内容创建】功能所创建的名称仅引用包含值的单元格。Excel基于自动分析的结果有时并不完全符合用户的期望，应进行必要的检查。

9.3 名称的级别

部分名称可以在一个工作簿的所有工作表中直接调用，而部分名称则只能在某一工作表中直接调用，这是由于名称的作用范围不同。根据作用范围的不同，Excel的名称可分为工作簿级名称和工作表级名称。

9.3.1 工作表级名称和工作簿级名称

依次单击【公式】选项卡中的【名称管理器】按钮，或按<Ctrl+F3>组合键，可以打开【名称管理器】对话框，如图9-14所示。名称列表中的【范围】属性显示了各个名称的作用范围，其中“人员”和“姓名”都是工作表级名称，分别作用于“一车间”工作表和“二车间”工作表。“优秀等级”是工作簿级名称，作用范围涵盖整个工作簿。

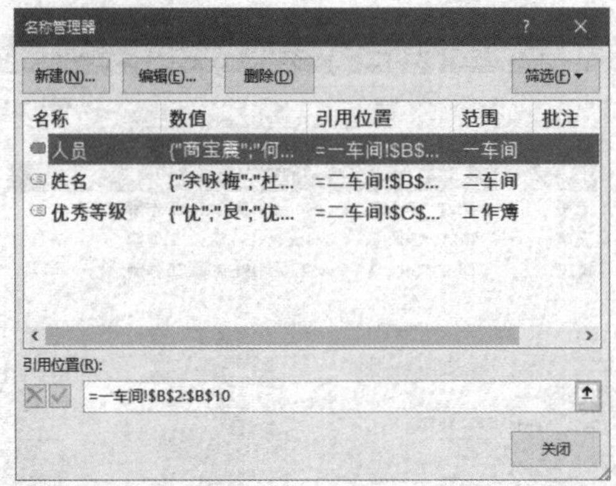

图9-14　名称的作用范围

默认情况下，新建的名称作用范围均为工作簿级，如果要创建作用于某个工作表的局部名称，具体操作步骤如下。

步骤① 单击【公式】选项卡中的【定义名称】按钮，打开【新建名称】对话框。

步骤② 在【范围】下拉列表中选择指定的工作表，在【引用位置】编辑框中输入公式或单击折叠选择单元格区域，最后单击【确定】按钮，如图9-15所示。

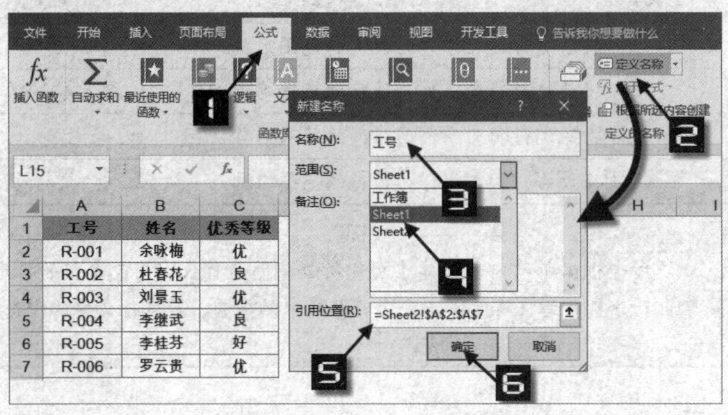

图9-15　定义工作表级名称

9.3.2　跨工作表和跨工作簿引用名称

工作表级别的名称在所属工作表中可以直接调用，当在其他工作表中引用某个工作表级名称时，则需在公式中以“工作表名+半角感叹号+名称”形式输入。

示例9-2　统计“销售一部”的销售总额

如图9-16所示，分别定义了两个工作表级的名称“销售额”，需要在“销售二部”工作表中计算“销售一部”工作表的销售总额，可使用以下公式完成计算。

```
=SUM(销售一部!销售额)
```

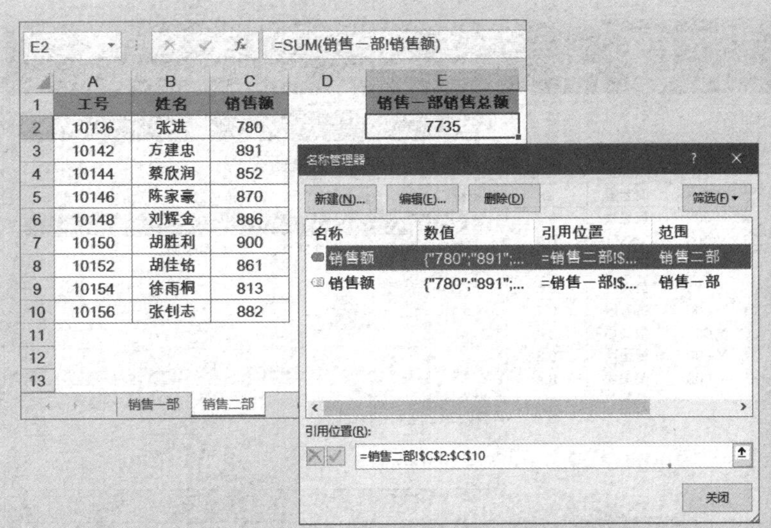

图9-16 跨工作表引用名称

当被引用工作表名称中的首个字符是数字，或工作表名称中包含空格等特殊字符时，需使用在工作表名称前后加上一对半角单引号，公式如下。

```
=SUM('销售 一部'!销售额)
```

当跨工作簿引用某个工作簿级名称时，需在公式中以“工作簿名+半角感叹号+名称”形式输入。

当跨工作簿引用某个工作表级名称时，则需在公式中以“[工作簿名]+工作表名+半角感叹号+名称”形式输入。

示例9-3 引用其他工作簿中的名称

如图9-17所示，在已经打开的“生产部应知应会成绩”工作簿中，分别定义了工作表级名称“成绩”和工作簿级名称“二车间成绩”。

例1 在当前工作簿内使用以下公式，可以统计“生产部应知应会成绩”工作簿中的一车间总成绩，如图9-18所示。

```
=SUM([生产部应知应会成绩.xlsx]一车间!成绩)
```

例2 在当前工作簿内使用以下公式，可以统计“生产部人员名单”工作簿中的二车间总成绩，如图9-19所示。

```
=SUM(生产部应知应会成绩.xlsx!二车间成绩)
```

当被引用工作簿名称中的首个字符是数字，或工作簿名称中包含空格等特殊字符时，需使用一对半角单引号包含，公式如下。

```
=COUNTA('生产部 应知应会成绩.xlsx'!二车间成绩)
```

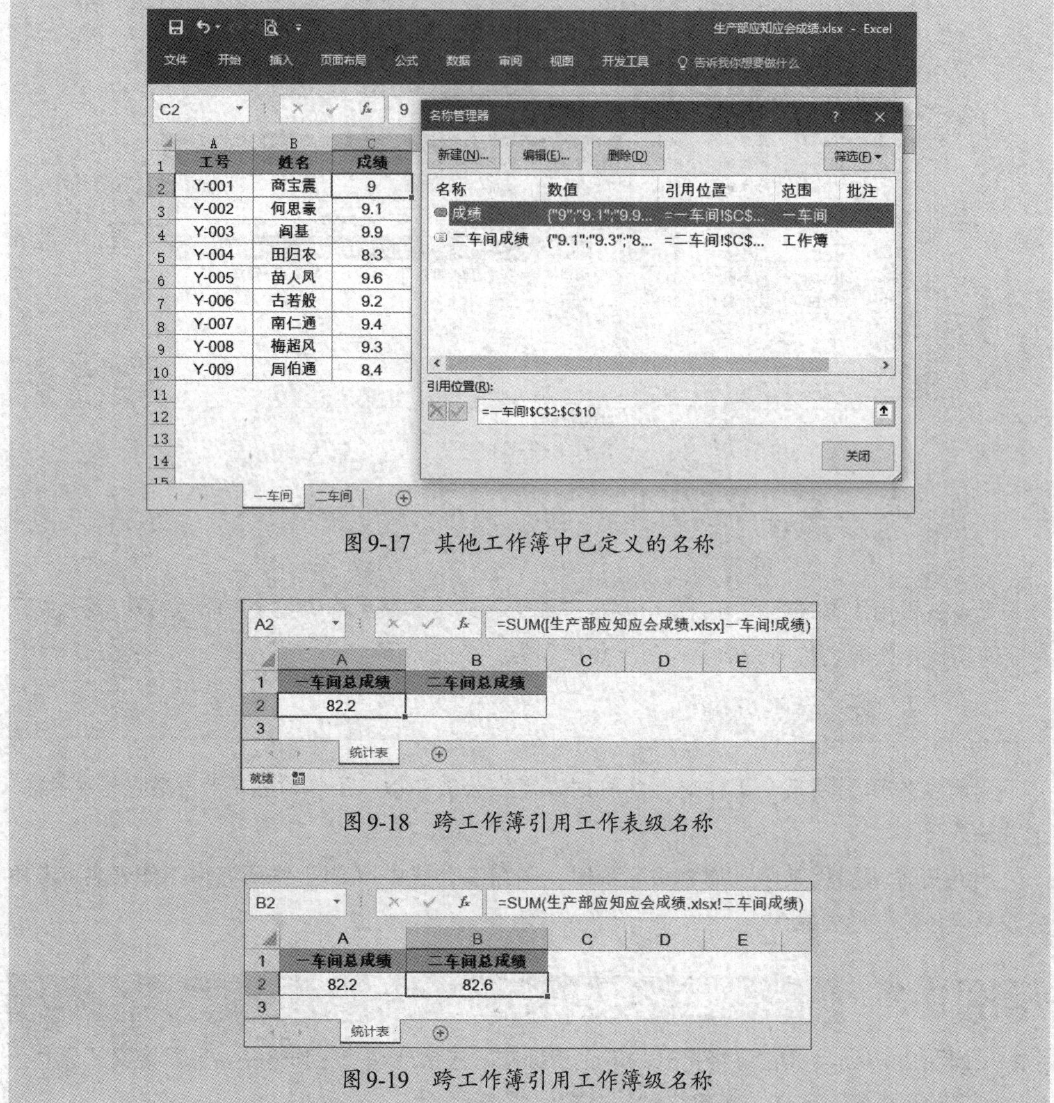

工号	姓名	成绩
Y-001	商宝震	9
Y-002	何思豪	9.1
Y-003	阎基	9.9
Y-004	田归农	8.3
Y-005	苗人凤	9.6
Y-006	古若般	9.2
Y-007	南仁通	9.4
Y-008	梅超风	9.3
Y-009	周伯通	8.4

图9-17　其他工作簿中已定义的名称

一车间总成绩	二车间总成绩
82.2	

图9-18　跨工作簿引用工作表级名称

一车间总成绩	二车间总成绩
82.2	82.6

图9-19　跨工作簿引用工作簿级名称

Excel允许工作表级、工作簿级名称使用相同的命名，工作表级名称优先于工作簿级名称。

示例9-4　不同级别名称使用相同的命名

如图9-20所示，分别定义了工作簿级名称“成绩”和工作表级名称“成绩”。

当存在同名的工作表级和工作簿级名称时，在工作表级名称所在的工作表中，调用的名称为工作表级名称，在其他工作表中调用的名称为工作簿级名称。

在两个工作表内分别使用以下公式，将返回不同的结果，如图9-21所示。

```
=SUM(成绩)
```

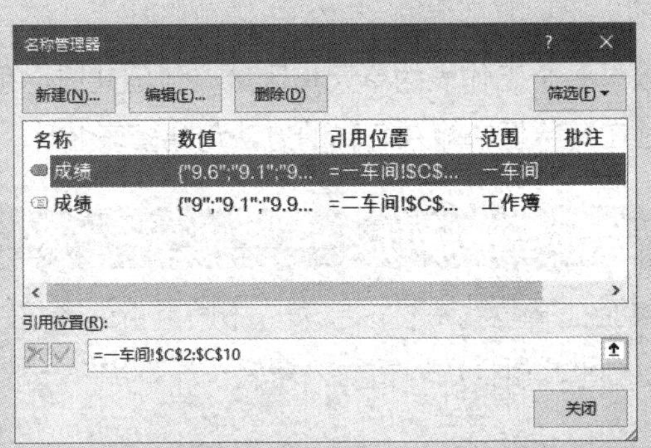

图9-20 不同级别名称使用相同的命名

E2 =SUM(成绩)

	A	B	C	D	E
1	工号	姓名	应知应会成绩		总成绩
2	Y-001	商宝震	9.6		83.5
3	Y-002	何思豪	9.1		
4	Y-003	阎基	9.9		
5	Y-004	田归农	8.3		
6	Y-005	苗人凤	9.6		
7	Y-006	古若般	9.2		
8	Y-007	南仁通	9.9		
9	Y-008	梅超风	8.3		
10	Y-009	周伯通	9.6		

一车间 二车间

E2 =SUM(成绩)

	A	B	C	D	E
1	工号	姓名	应知应会成绩		总成绩
2	R-001	余咏梅	9		55.1
3	R-002	杜春花	9.1		
4	R-003	刘景玉	9.9		
5	R-004	李继武	8.3		
6	R-005	李桂芬	9.6		
7	R-006	罗云贵	9.2		

一车间 二车间

图9-21 引用不同级别的名称

激活“一车间”工作表时，“成绩”代表工作表级名称。当激活“二车间”工作表时，“成绩”代表工作簿级名称。

如果公式中使用了具有不同级别的名称，并且名称为相同命名时，在不同工作表之间复制公式会弹出如图9-22所示的提示框，单击【是】按钮，则使用活动工作表默认的优先名称级别。

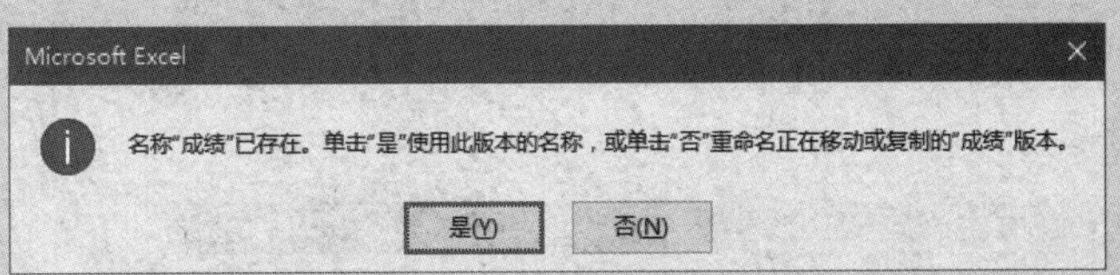

图9-22 提示框

引用同名的工作表级和工作簿级名称时很容易造成混乱，因此尽量不要对工作表级和工作簿级使用相同的命名。

本章中如未做特殊说明，所定义和使用的名称均为工作簿级名称。

09章

9.3.3 多工作表名称

名称的引用范围可以是多个工作表的单元格区域，但创建时必须使用【新建名称】对话框进行操作，而不能通过在名称框中输入名称的方法创建多表名称。

示例9-5 统计全部考核总分

图9-23展示的是某企业员工的考核成绩表，不同月份的考核成绩存放在不同工作表内，各工作表的数据结构和数据行数均相同，需要统计各次考核的总分。

上半年考核

工号	姓名	成绩
10102	田归农	77
10103	苗人凤	86
10104	胡一刀	78
10105	胡斐	68
10106	马行空	75
10109	木文察	77
10110	何思豪	72
10111	陈家洛	87
10112	无尘道长	84

下半年考核

工号	姓名	成绩
10102	田归农	87
10103	苗人凤	75
10104	胡一刀	68
10105	胡斐	67
10106	马行空	66
10107	马春花	77
10108	徐铮	82
10110	何思豪	84
10111	陈家洛	79

年终考核

工号	姓名	成绩
10102	田归农	81
10103	苗人凤	72
10104	胡一刀	72
10105	胡斐	84
10106	马行空	86
10107	马春花	80
10108	徐铮	76
10109	商宝震	75
10110	何思豪	80

图9-23 各次考核成绩

具体操作步骤如下。

步骤1 激活“上半年考核”工作表，选中C2单元格，依次单击【公式】→【定义名称】按钮，弹出【新建名称】对话框，在【名称】文本框中输入“全部考核成绩”，如图9-24所示。

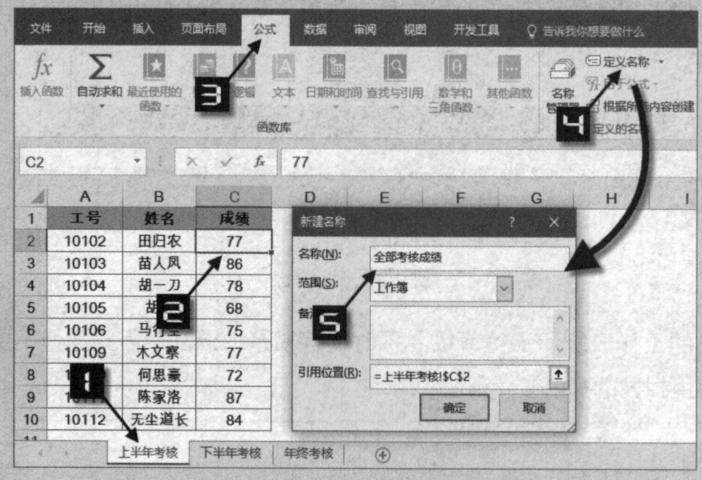

图9-24 新建名称

步骤② 单击【引用位置】编辑框中的默认的单元格地址之后，按住<Shift>键单击最右侧的“年终考核”工作表标签，再单击“年终考核”工作表的C10单元格，此时编辑框中的内容为：

```
='上半年考核:年终考核'!$C$2:$C$10
```

单击【确定】按钮完成定义名称，如图9-25所示。

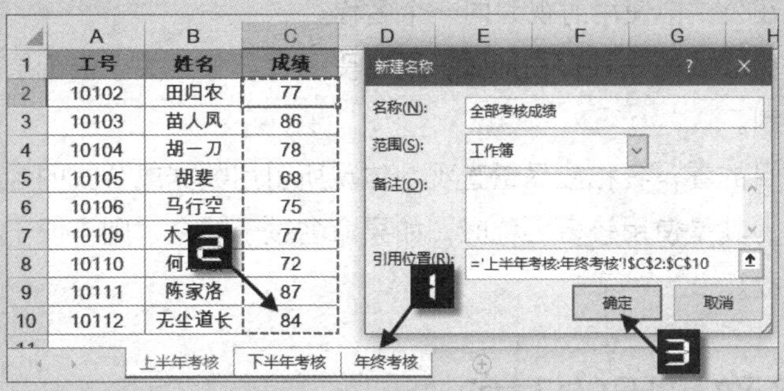

图9-25 创建多工作表名称

可以在公式中使用已定义的名称，计算各次考核成绩的总分。

```
=SUM(全部考核成绩)
```

已定义的多表名称不会出现在名称框或【定位】对话框中，多表名称引用的格式如下。

```
=开始工作表名:结束工作表名!单元格区域
```

已定义多表名称的工作簿中，如果在定义名称的第一个工作表和最后一个工作表之间插入一个新工作表，多表名称将包括这个新工作表。如果插入的工作表在第一个工作表之前或最后一个工作表之后，则不包含在名称中。

如果删除了多表名称中包含的工作表，Excel将自动调整名称范围。多表名称的作用域可以是工作簿级，也可以是工作表级。

9.4 名称命名的限制

用户在定义名称时，可能会弹出如图9-26所示的错误提示，这是因为名称的命名不符合Excel限定的命名规则。

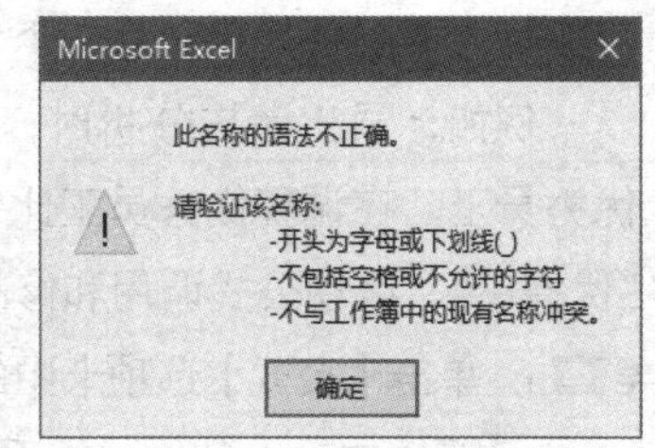

图9-26 错误提示

（1）名称的命名可以用任意字母与数字组合在一起，但不能以纯数字命名或以数字开头，如“1Pic”将不被允许。

（2）除了字母R、C、r、c，其他单个字母均可作为名称的命名。因为R、C在R1C1引用样式中表示工作表的行、列。

命名也不能与单元格地址相同，如“B3”“D5”等。一般情况下，不建议用户使用单个字母作为名称的命名，命名的原则应有具体含义且便于记忆。

（3）不能使用除下画线、点号和反斜线（\）、问号（?）以外的其他半角符号，使用问号（?）时不能作为名称的开头，如可以用“Name?”，但不可以用“?Name”。

（4）不能包含空格。可以使用下画线或点号代替空格，如“一部_二组”。

（5）不能超过255个字符。一般情况下，名称的命名应该便于记忆且尽量简短，否则就违背了定义名称的初衷。

（6）名称不区分大小写，如“DATA”与“Data”是相同的，Excel会按照定义时输入的命名进行保存，但在公式中使用时视为同一个名称。

此外，名称作为公式的一种存在形式，同样受函数与公式关于嵌套层数、参数个数、计算精度等方面的限制。

从使用名称的目的看，名称应尽量直观地体现所引用数据或公式的含义，不宜使用可能产生歧义的名称，尤其是使用较多名称时，如果命名过于随意，则不便于名称的统一管理和对公式的解读与修改。

9.5 定义名称可用的对象

9.5.1 Excel创建的名称

除了用户创建的名称外，Excel还可以自动创建某些名称，常用的内部名称有Print_Area、Print_Titles、Consolidate_Area、Database、Criteria、Extract和FilterDatabase，创建名称时应避免覆盖Excel的内部名称。

例如，设置了工作表打印区域，Excel会为这个区域自动创建名为“Print_Area”的名称。如果设置了打印标题，Excel会定义工作表级名称“Print_Titles”。另外，当工作表中插入了表格或执行了高级筛选操作，也会自动创建默认的名称。

注意 部分Excel宏和插件可以隐藏名称，这些名称在工作簿中虽然存在，但是不出现在【名称管理器】对话框或名称框中。

9.5.2 使用常量

如果需要在整个工作簿中多次重复使用相同的常量，如产品利润率、增值税率、基本工资额等，可以将其定义为一个名称并在公式中使用，使公式的修改和维护变得更加容易。

例如，员工考核分析时，需要分析各个部门的优秀员工，以全体员工成绩的前20%为优秀员工。在调整优秀员工比例时，需要修改多处公式，而且容易出错，可以定义一个名称“优秀率”，以便公式调用和修改。具体操作步骤如下。

步骤① 单击【公式】选项卡中的【定义名称】按钮，弹出【新建名称】对话框，在【名称】编辑框中输入名称“优秀率”。

步骤② 在【引用位置】编辑框中输入“=20%”，单击【确定】按钮完成设置，如图9-27所示。

除了数值常量，还可以使用文本常量，如可以创建名为“EH”的名称。

```
="ExcelHome"
```

因为这些常量不存储在任何单元格内，所以使用常量的名称在【名称】编辑中不会显示。

9.5.3 使用函数与公式

除了常量，像月份等经常随着表格打开时间而变化的内容，需要使用工作表函数定义名称。定义名称“当前月份”，引用位置使用以下公式，如图9-28所示。

```
=MONTH(TODAY())&"月"
```

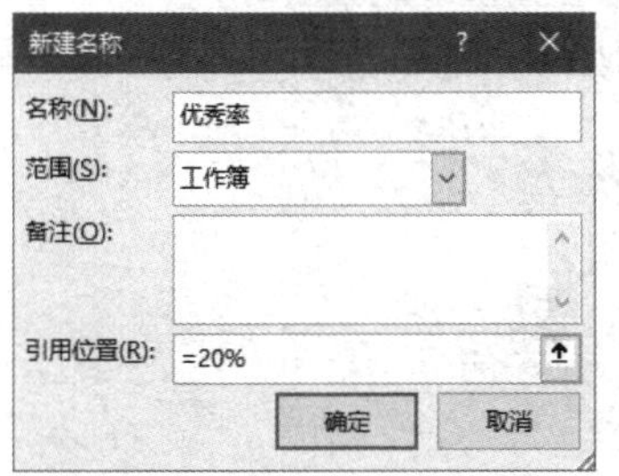

图9-27 定义引用常量的名称

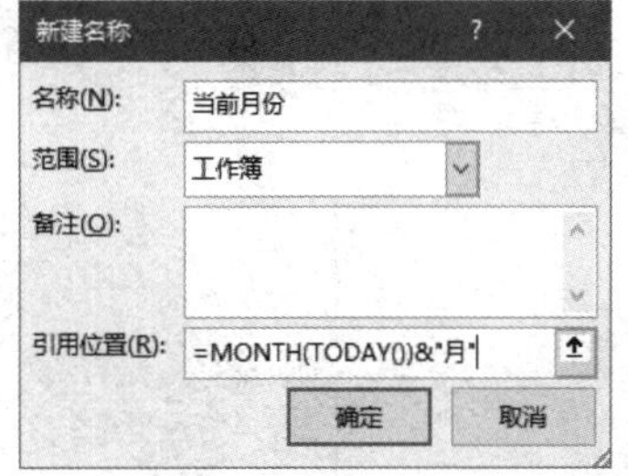

图9-28 使用工作表函数定义名称

公式中使用了两个函数。TODAY函数返回系统当前日期，MONTH函数返回这个日期变量的月份，再使用文本连接符&，将月份数字和文字“月”连接。

在单元格输入以下公式，则返回系统当前月份。

```
=当前月份
```

假设系统日期是12月21日，则返回结果为12月。

也可在公式中使用已定义的名称再次定义新的名称，如使用以下公式定义名称“本月1日”。

```
=当前月份&"1日"
```

在单元格输入以下公式，假设系统日期是12月21日，则返回文本结果“12月1日”。

```
=本月1日
```

9.6 名称的管理

使用【名称管理器】功能，用户能够方便地对名称进行查阅、修改、筛选和删除。

9.6.1 名称的修改与备注信息

1. 修改已有名称的命名

在Excel 2016中，对已有名称的命名可进行编辑修改。修改命名后，公式中使用的名称会自动应用新的命名。

单击【公式】选项卡中的【名称管理器】按钮，或者按<Ctrl+F3>组合键，打开【名称管理器】对话框，如图9-29所示。

选择名称“姓名”后，单击【编辑】按钮，弹出【编辑名称】对话框。在【名称】编辑框中修改命名为“人员”，在【备注】文本框中根据需要添加备注信息。最后单击【确定】按钮退出对话框，再单击【关闭】按钮退出【名称管理器】对话框。则公式中已使用的名称“姓名”将自动变为“人员”。

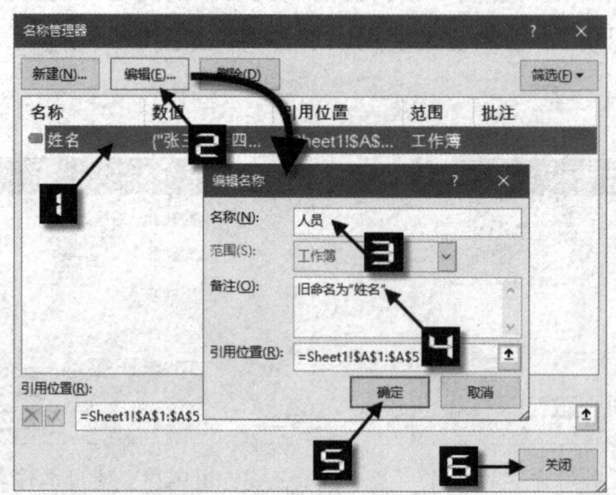

图9-29 修改已有名称的命名

2. 修改名称的引用位置

在【编辑名称】对话框中的【引用位置】编辑框中，可以修改已定义名称使用的公式或单元格引用。

也可以在【名称管理器】对话框中选择名称后，直接在【引用位置】编辑框中输入新的公式或单元格引用区域，单击左侧的输入按钮☑确认输入，最后单击【关闭】按钮，完成修改，如图9-30所示。

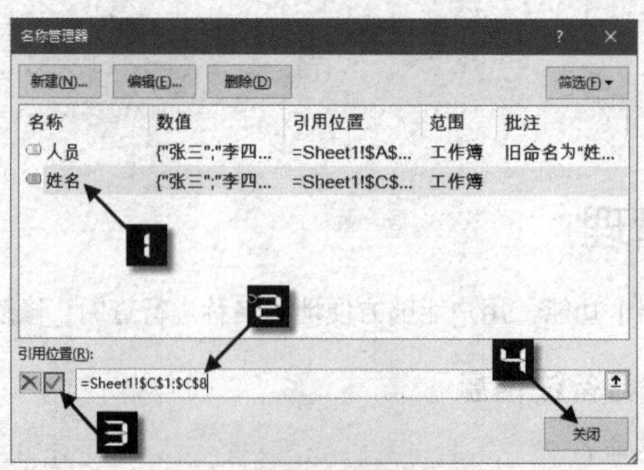

图9-30 修改名称的引用位置

3. 修改名称的级别

使用编辑名称的方法，无法实现工作表级和工作簿级名称之间的互换，如需修改名称的级别，可以先复制名称【引用位置】编辑框中已有的公式，再单击【名称管理器】对话框中的【新

建】按钮，新建一个同名的不同级别的名称，然后单击旧名称，再单击【删除】按钮将其删除。

> **提示**
>
> 在编辑【引用位置】编辑框中的公式时，按方向键或<Home><End>键及单击单元格区域，都会将光标激活的单元格区域以绝对引用方式添加到【引用位置】的公式中。按<F2>键切换到“编辑”模式，就可以在编辑框的公式中移动光标，方便修改公式。

9.6.2 筛选和删除错误名称

当不需要使用名称或名称出现错误无法正常使用时，可以在【名称管理器】对话框中进行筛选和删除操作。具体操作步骤如下。

步骤① 单击【筛选】按钮，在弹出的下拉菜单中选择【有错误的名称】选项，如图9-31所示。

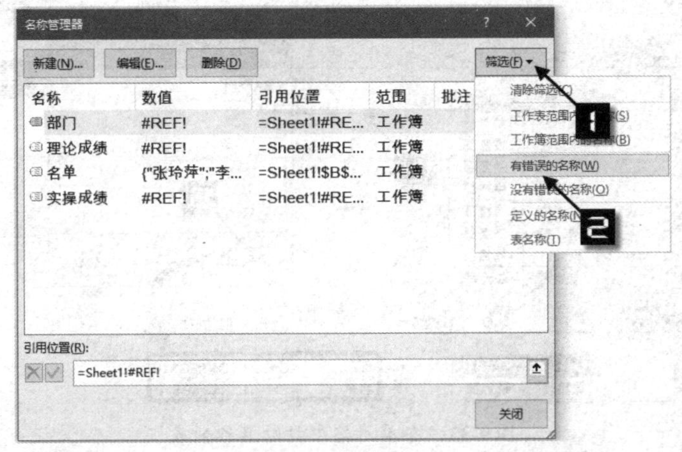

图9-31 筛选有错误的名称

步骤② 如图9-32所示，在筛选后的【名称管理器】对话框中选择首个名称项目，再按住<Shift>键单击最底端的名称项目，单击【删除】按钮，有错误的名称将全部删除，单击【关闭】按钮退出对话框。

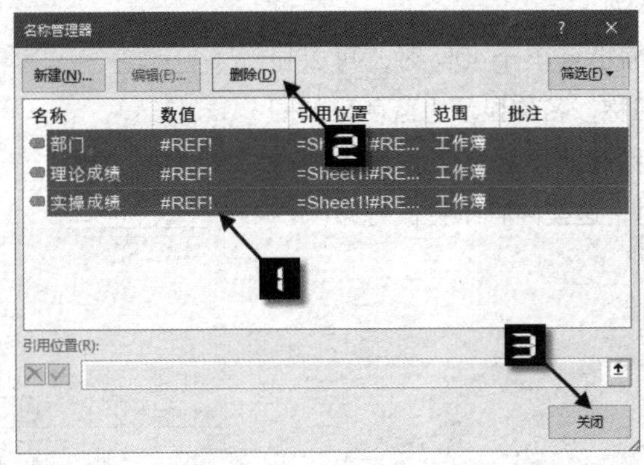

图9-32 删除有错误的名称

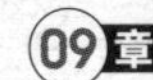

9.6.3 在单元格中查看名称中的公式

在【名称管理器】对话框中虽然也可以查看名称使用的公式，但受限于对话框大小，有时无法显示整个公式，可以将定义的名称全部在单元格中罗列出来，便于查看和修改。

如图9-33所示，选择需要显示公式的单元格，依次选择【公式】→【用于公式】→【粘贴名称】选项，打开【粘贴名称】对话框，或按<F3>键打开该对话框。单击【粘贴列表】按钮，所有已定义的名称将粘贴到单元格区域中，并且以一列名称、一列公式文本的形式显示。

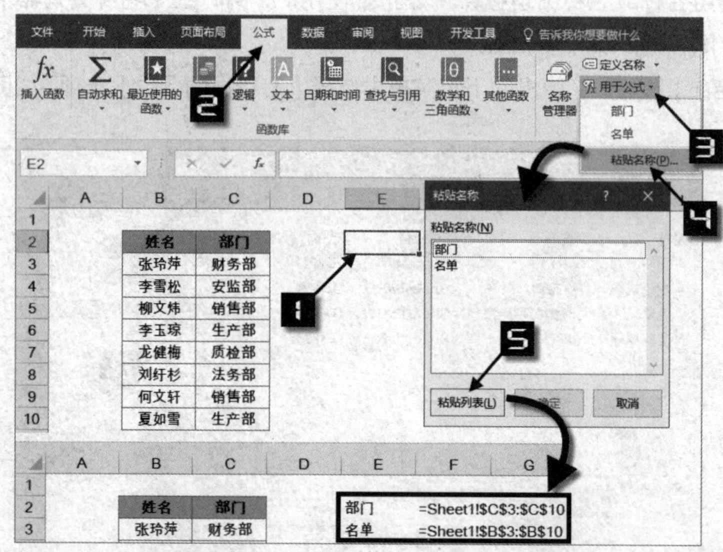

图9-33 在单元格中粘贴名称列表

注意

粘贴到单元格的名称将按照命名排序后逐行列出，如果名称中使用了相对引用或混合引用，则粘贴后的公式文本将根据其相对位置发生改变。

9.6.4 查看命名范围

工作表显示比例缩小至小于40%时，可以显示命名范围的边界和名称，名称显示为蓝色，如图9-34所示。边界和名称有助于观察工作表中的命名范围，打印工作表时，这些内容不会被打印。

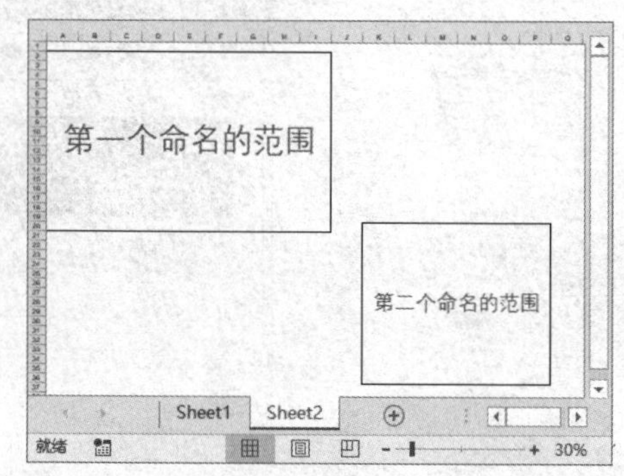

图9-34 查看命名范围

9.7　名称的使用

9.7.1　输入公式时使用名称

需要在单元格的公式中调用已定义的名称时，可以在公式编辑状态手工输入已定义的名称，也可以在【公式】选项卡中单击【用于公式】下拉按钮并选择相应的名称，如图9-35所示。

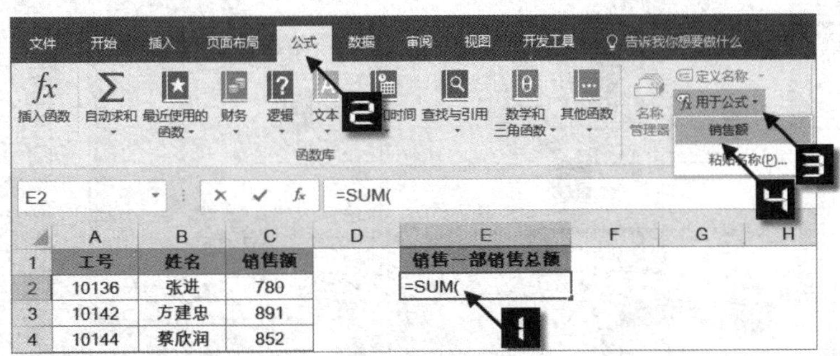

图9-35　公式中调用名称

如果某个单元格或单元格区域中设置了名称，在输入公式过程中，选择该单元格区域作为需要插入的引用，Excel会自动应用该单元格或单元格区域的名称。Excel没有提供关闭该功能的选项，如果需要在公式中使用常规的单元格或单元格区域引用，则需要手动输入单元格或单元格区域的地址。

9.7.2　现有公式中使用名称

如果在工作表内已经输入了公式，再进行定义名称，Excel不会自动用新名称替换公式中的单元格引用。可以通过设置，使Excel将名称应用到已有公式中。

示例9-6　现有公式中使用名称

如图9-36所示，在当前工作表中已使用以下公式定义了名称“销售额”。

```
=Sheet1!$D$2:$D$5
```

D6单元格中已有的计算销售额公式如下。

```
=SUM(D2:D5)
```

依次单击【公式】→【定义名称】下拉按钮，在下拉菜单中选择【应用名称】选项，弹出【应用名称】对话框。在【应用名称】列表中选择需要应用于公式中的名称，单击【确定】按钮，被选中的名称即可应用到公式中。

也可以在输入函数名后按<F3>键，弹出【粘贴名称】对话框，在对话框中选择要粘贴的名称，单击【确定】按钮，如图9-37所示。

如果选中一个包含公式的单元格区域，再执行应用名称操作，则只会将名称应用到所选区域的公式中。

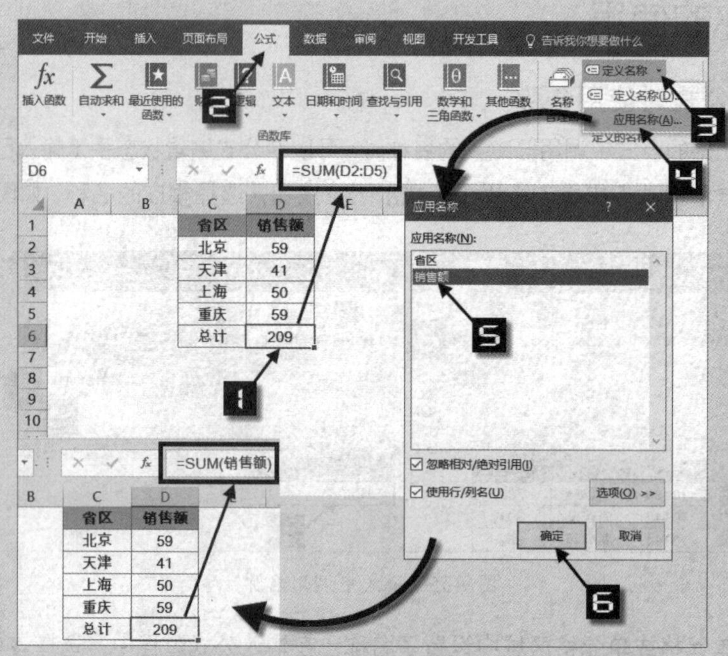

	C	D
1	省区	销售额
2	北京	59
3	天津	41
4	上海	50
5	重庆	59
6	总计	209

图9-36　在公式中应用名称

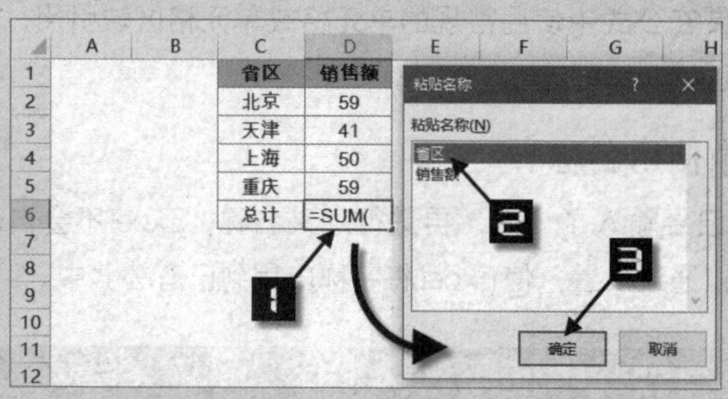

图9-37　粘贴名称

【应用名称】对话框中包括【忽略相对/绝对引用】和【使用行/列名】两个复选框。【忽略相对/绝对引用】复选框控制着用名称替换单元格地址的操作，如果选中了该复选框，则只有与公式引用完全匹配时才会应用名称。多数情况下，可保持默认选中状态。

如果选中【使用行/列名】复选框，Excel在应用名称时使用交叉运算符。如果Excel找不到单元格的确切名称，则使用表示该单元格的行和列范围的名称，并且使用交叉运算符连接名称。

示例9-7　名称中使用交叉运算符

图9-38所示的是某单位员工考核成绩的部分内容，在H3单元格使用以下公式计算2小组大于20的总分。

=SUMIF(F2:F9,">"&F3,F2:F9)

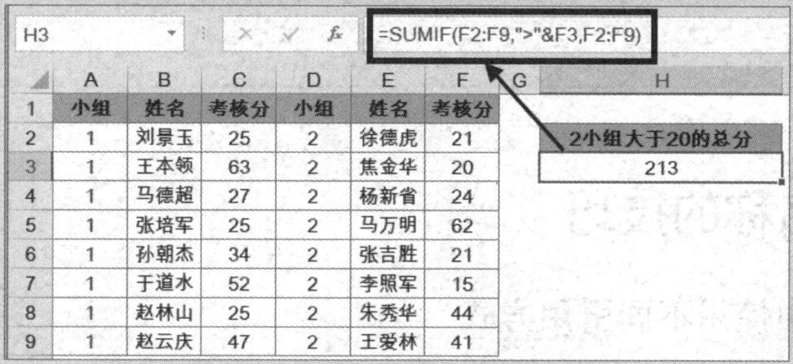

H3 =SUMIF(F2:F9,">"&F3,F2:F9)

	A	B	C	D	E	F	G	H
1	小组	姓名	考核分	小组	姓名	考核分		
2	1	刘景玉	25	2	徐德虎	21		2小组大于20的总分
3	1	王本领	63	2	焦金华	20		213
4	1	马德超	27	2	杨新省	24		
5	1	张培军	25	2	马万明	62		
6	1	孙朝杰	34	2	张吉胜	21		
7	1	于道水	52	2	李照军	15		
8	1	赵林山	25	2	朱秀华	44		
9	1	赵云庆	47	2	王娄林	41		

图9-38 计算2小组大于20的总分

分别使用以下公式定义名称为“二组”和“标准”。

```
=Sheet1!$F$2:$F$9
=Sheet1!$3:$3
```

定义名称后，使用名称替换公式中的单元格引用。依次选择【公式】→【定义名称】→【应用名称】选项，弹出【应用名称】对话框。

在【应用名称】列表中选择需要应用于公式中的名称，选中【使用行/列名】复选框，单击【选项】按钮，取消选中【同行省略行名】复选框，单击【确定】按钮完成设置，如图9-39所示。

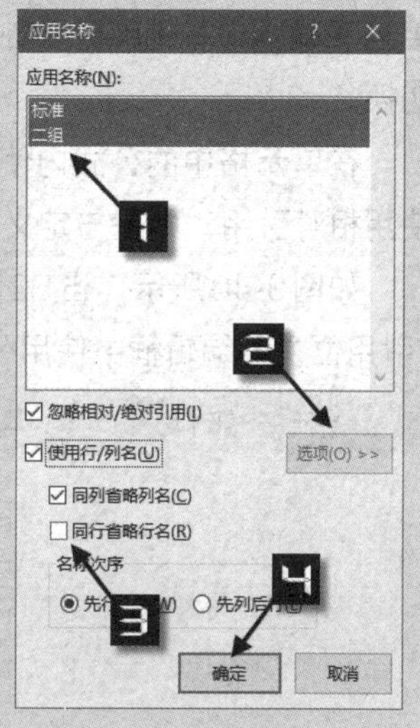

图9-39 【应用名称】对话框

应用名称后，H3单元格的公式如下。

```
=SUMIF(二组,">"&标准 二组,二组)
```

SUMIF函数用于对满足条件的单元格求和，常规用法如下。

```
SUMIF(条件区域,指定的条件,求和区域)
```

第一参数和第三参数都是F2:F9，被替换为定义的名称“二组”。

第二参数F3单元格，相当于F2:F9单元格区域和3:3（第三行整行）的交集，Excel找不到F3单元格的确切名称，因此使用表示该单元格行范围的名称“标准”和表示列范围的名称“二组”，并且使用交叉运算符（空格）连接名称“标准 二组”。

如果选中【同行省略行名】复选框，由于公式和表示行范围的名称“标准”在同一行内，SUMIF函数第二参数应用名称后，会省略行范围的名称“标准”，应用名称后的公式如下。

```
=SUMIF(二组,">"&二组,二组)
```

由于SUMIF函数第一参数和第二参数使用相同的名称，计算后实际是一个数组结果。

```
{171;213;147;0;171;233;62;106}
```

由于公式在引用数据区域的第二行，因此，Excel根据公式所在单元格与引用单元格区域之间的物理位置返回交叉点值，以隐含交叉引用的方式返回数组结果中的第二个元素，结果为213。

9.8 定义名称的技巧

9.8.1 在名称中使用不同引用方式

在名称中使用选择方式输入单元格引用时，默认使用带工作表名称的绝对引用方式。例如，单击【引用位置】对话框右侧的折叠按钮，然后选择Sheet1工作表中的A1单元格，相当于输入“=Sheet1!$A$1”，当需要使用相对引用或混合引用时，可以连续按<F4>键切换。

在单元格中的公式内使用相对引用，是与公式所在单元格形成相对位置关系。在名称中使用相对引用，则是与定义名称时的活动单元格形成相对位置关系。

如图9-40所示，当B2单元格为活动单元格时，创建工作簿级名称“左侧单元格”，在【引用位置】编辑框中使用公式并相对引用A2单元格。

```
=销售一部!A2
```

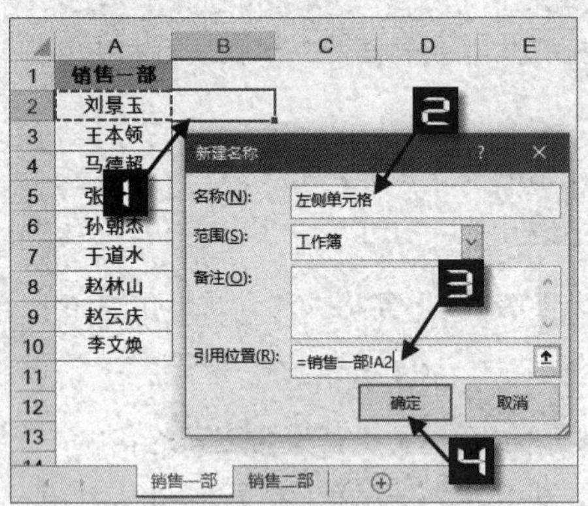

图9-40 相对引用左侧单元格

如果在B3单元格中输入公式“=左侧单元格”，将调用A3单元格。如果在A列单元格中输入公式“=左侧单元格”，将调用与公式处于同一行的工作表最右侧的XFD列单元格。

如图9-41所示，由于名称“左侧单元格”使用了相对引用，如果激活其他单元格（如E5）按<Ctrl+F3>组合键，在弹出的【名称管理器】对话框中可以看到引用位置指向了活动单元格的左侧单元格。

```
=销售一部!D5
```

混合引用定义名称的方法与相对引用类似，不再赘述。

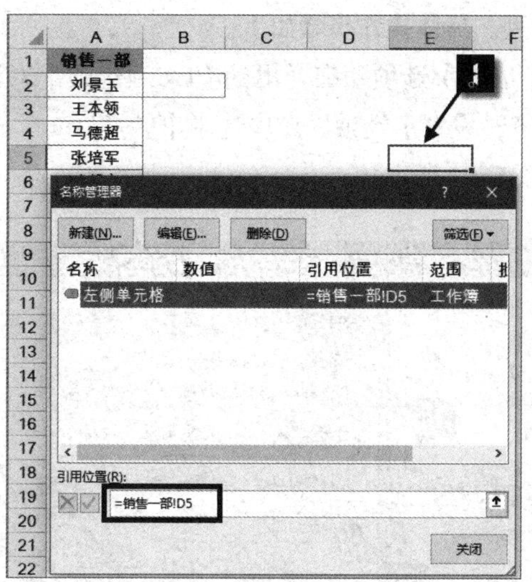

图9-41 不同活动单元格中的名称引用位置

9.8.2 引用位置始终指向当前工作表内的单元格

如图9-42所示，刚刚定义的名称“左侧单元格”虽然是工作簿级名称，但在“销售二部”工作表中使用时，仍然会调用“销售一部”工作表的A2单元格。

如果需要名称在任意工作表内都能引用所在工作表的单元格，需在【名称管理器】对话框的【引用位置】编辑框中去掉“!”前面的工作表名称，仅保留“!”和单元格引用地址即可，如图9-43所示，【引用位置】编辑框中的公式如下。

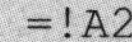

```
=!A2
```

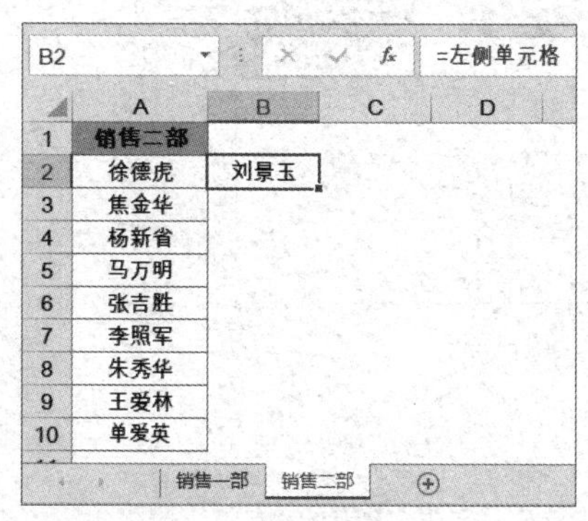

图9-42 引用结果错误

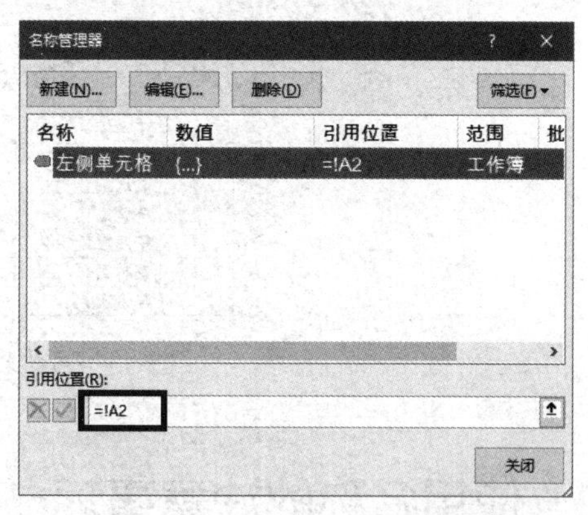

图9-43 引用位置不使用工作表名

修改完成后，在任意工作表的公式中使用名称“左侧单元格”时，均引用公式所在工作表的单元格。

9.8.3 公式中的名称转换为单元格引用

Excel不能自动使用单元格引用替换公式中的名称。使用以下方法，能够将公式中的名称转换为实际的单元格引用。具体操作步骤如下。

步骤① 选择【文件】→【选项】选项，在弹出的【Excel选项】对话框中选择【高级】选项卡，在【Lotus兼容性设置】选项区域中选中【转换Lotus 1-2-3公式】复选框，单击【确定】按钮，如图9-44所示。

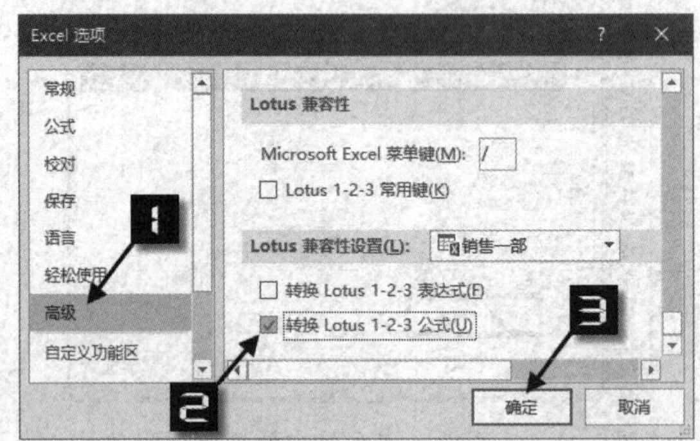

图9-44 【Excel选项】对话框

步骤② 重新激活公式所在单元格。

步骤③ 再从【Excel选项】对话框中取消选中【转换Lotus 1-2-3公式】复选框，公式中的名称即可转换为实际的单元格引用，如图9-45所示。

H2 =SUM(一组,二组)

H2 =SUM(C2:C9,F2:F9)

	A	B	C	D	E	F	G	H
1	小组	姓名	考核分	小组	姓名	考核分		总分
2	1	刘景玉	25	2	徐德虎	21		546.00
3	1	王本领	63	2	焦金华	20		
4	1	马德超	27	2	杨新省	24		
5	1	张培军	25	2	马万明	62		
6	1	孙朝杰	34	2	张吉胜	21		
7	1	于道水	52	2	李照军	15		
8	1	赵林山	25	2	朱秀华	44		
9	1	赵云庆	47	2	王爱林	41		

图9-45 名称转换为单元格引用

9.9 使用名称的注意事项

9.9.1 工作表复制时的名称问题

Excel允许用户在任意工作簿之间进行工作表的复制，名称会随着工作表一同被复制。当复制包含名称的工作表或公式时，应注意因此出现的名称混乱。

在不同工作簿建立副本工作表时，涉及源工作表的所有名称（含工作簿级、工作表级和

使用常量定义的名称）将被原样复制。

在同一工作簿内建立副本工作表时，原引用该工作表区域的工作簿级名称将被复制，产生同名的工作簿级名称。原引用该工作表的工作表级名称也将被复制，产生同名工作表级名称。仅使用常量定义的名称不会发生改变。

如图9-46所示，在“销售一部”工作表中，同时定义了工作簿级名称“姓名”和工作表级名称“销售额”。

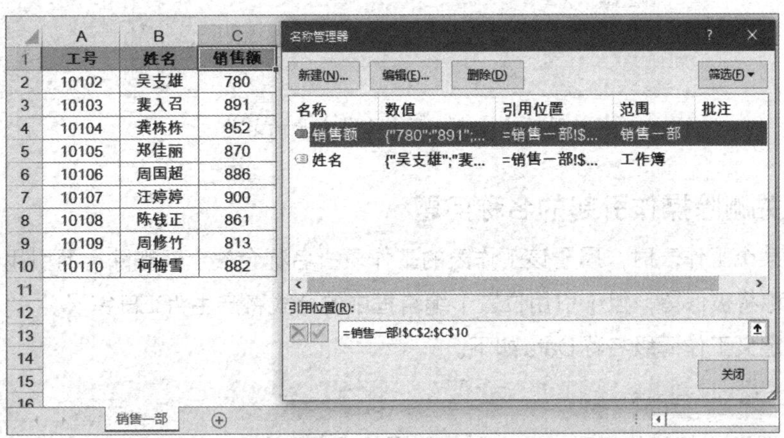

图9-46 【名称管理器】对话框中的不同级别名称

右击工作表标签，在快捷菜单中选择【移动或复制】命令，在弹出的【移动或复制工作表】对话框中选中【建立副本】复选框，单击【确定】按钮，则建立了“销售一部(2)”工作表，如图9-47所示。

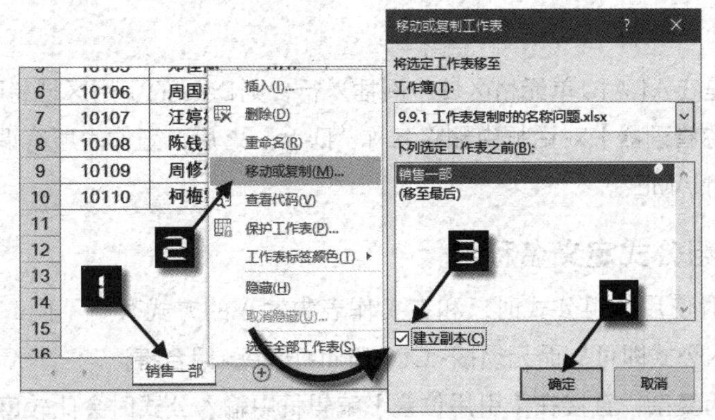

图9-47　建立工作表副本

再次打开【名称管理器】对话框，会出现如图9-48所示的多个名称。

工作表在同一工作簿中的复制操作，会导致工作簿中存在名称相同的全局名称和局部名称，应有目的地进行调整或删除，以便于在公式中调用名称。

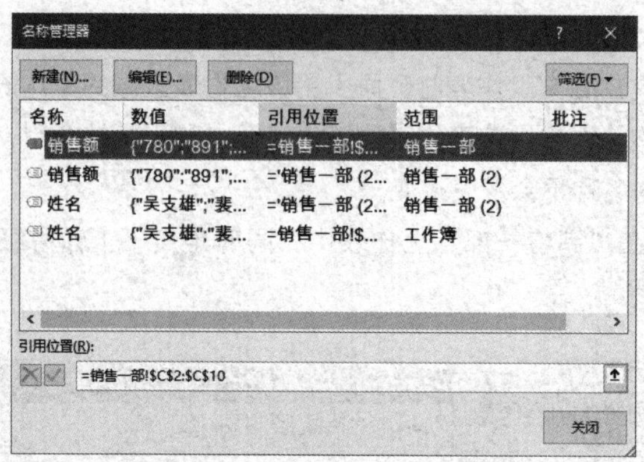

图9-48　建立副本工作表后的名称

9.9.2　有关删除操作引起的名称问题

当删除某个工作表时，属于该工作表的工作表级名称会被全部删除，而引用该工作表的工作簿级名称将被保留，但【引用位置】编辑框中的公式将产生#REF!错误。

例如，定义工作簿级名称Data如下。

```
=Sheet2!$A$1:$A$10
```

（1）删除Sheet2工作表时，Data的【引用位置】改变如下。

```
=#REF!$A$1:$A$10
```

（2）删除Sheet2表中的A1:A10单元格区域时，Data的【引用位置】改变如下。

```
=Sheet2!#REF!
```

（3）删除Sheet2表中的A2:A5单元格区域时，Data的【引用位置】随之缩小。

```
=Sheet2!$A$1:$A$6
```

反之，如果是在A1:A10单元格区域中间插入行，则Data的引用区域将随之增加。

（4）在【名称管理器】对话框中删除名称“Data”之后，工作表所有调用该名称的公式都将返回错误值#NAME?。

9.9.3　使用数组公式定义名称

在定义名称时使用数组公式时，和在工作表中输入的方式有所不同，只要在【引用位置】编辑框中输入公式即可，而无须按<Ctrl+Shift+Enter>组合键。

如果公式较为复杂，直接在【引用位置】编辑框中输入公式时会比较麻烦。可以在要使用定义名称的首个单元格中输入公式，并以当前单元格为参照，根据名称应用的范围设置正确的单元格引用方式。然后在编辑栏中拖动鼠标选中公式，按<Ctrl+C>组合键复制，再打开【名称管理器】对话框，在【引用位置】编辑框中按<Ctrl+V>组合键粘贴即可。

关于单元格引用方式的内容请参考3.2节。

9.10　使用INDIRECT函数创建不变的名称

名称的单元格引用即便使用了绝对引用，也可能因为数据所在单元格区域的插入行（列）、删除行（列）、剪切操作等而发生改变，导致名称与实际期望引用的区域不符。

如图9-49所示，名称“基本工资”的引用范围为C2:C8单元格区域，且使用默认的绝对引用。

如果将工作表第3行整行剪切，在第9行执行【插入剪切的单元格】命令，名称“基本工资”引用的单元格区域自动更改为C2:C7，如图9-50所示。

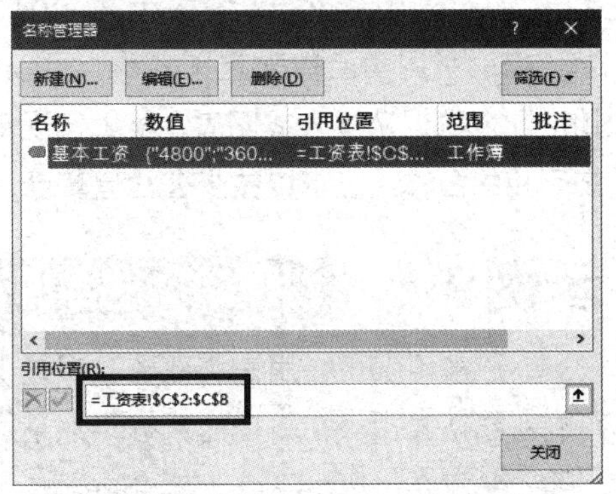

图9-49　引用位置使用绝对引用

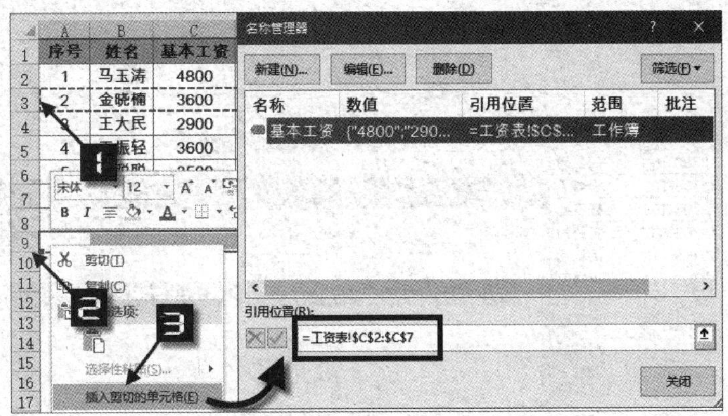

图9-50　剪切数据后引用区域发生变化

如需始终引用“工资表”工作表的C2:C8单元格区域，可以在【引用位置】编辑框中将原有的单元格地址“=工资表!$C$2:$C$8”更改为以下公式。

```
=INDIRECT("工资表!C2:C8")
```

如需定义的名称能够在各个工作表分别引用各自的C2:C8单元格区域，则可使用如下公式。

```
=INDIRECT("C2:C8")
```

INDIRECT函数的作用是返回文本字符串的引用。公式中的“工资表!C2:C8”部分是文本字符，由INDIRECT函数将文本字符串变成实际的引用。

使用此方法定义名称后，删除、插入行（列）等操作均不会对名称的引用位置造成影响。

关于INDIRECT函数的具体用法请参考14.2.7节。

9.11　定义动态引用的名称

动态引用是相对静态而言的，一个静态的区域引用（如“$A$1:$A$100”）是始终不变的，动态引用则可以随着数据的增加或减少，自动扩大或缩小引用区域。

9.11.1 使用函数与公式定义动态引用的名称

借助引用类函数来定义名称，可以根据数据区域变化，对引用区域进行实时的动态引用。配合数据透视表或图表，能够实现动态实时分析的目的。在复杂的数组公式中，结合动态引用的名称，还可以减少公式运算量，提高公式运算效率。

示例9-8 创建动态的数据透视表

通常情况下，用户创建了数据透视表之后，如果数据源中增加了新的行或列，即使刷新数据透视表，新增的数据仍然不能在透视表中呈现。可以为数据源定义名称或使用插入“表格”功能获得动态的数据源，从而生成动态的数据透视表。

在图9-51所示的销售明细表中，首先定义名称“data”，公式如下。

```
=OFFSET(销售明细表!$A$1,,,COUNTA(销售明细表!$A:$A),COUNTA(销售明细表!$1:$1))
```

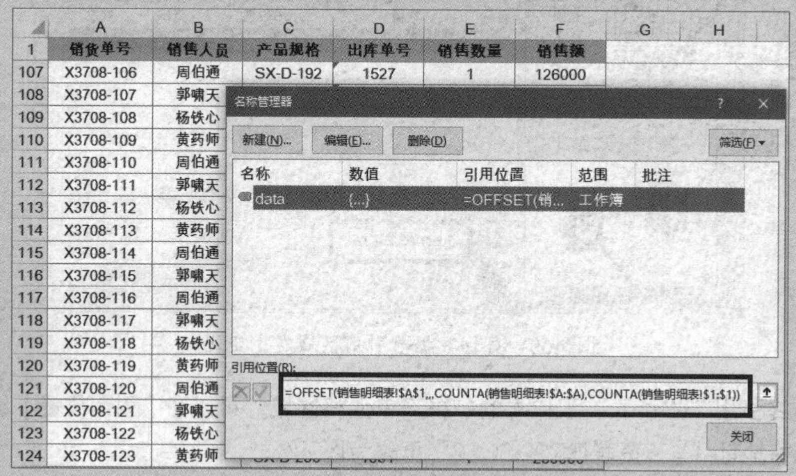

图9-51 销售明细表

接下来使用定义的名称作为数据源，生成数据透视表。具体操作步骤如下。

步骤① 单击数据明细表中的任意单元格，如A5单元格，在【插入】选项卡下单击【数据透视表】按钮，弹出【创建数据透视表】对话框。在【表/区域】编辑框中输入已经定义好的名称“data”，单击【确定】按钮，如图9-52所示。

步骤② 此时自动创建一个包含透视表的工作表“Sheet1”。在【数据透视表字段】窗格中依次将“销售人员”字段拖动到【行】区域，将“产品规格”字段拖动到【列】区域，将“销售数量”字段拖动到【值】区域，完成透视表布局设置，如图9-53所示。

在销售明细表中增加记录后，右击数据透视表，在弹出的快捷菜单中选择【刷新】命令，如图9-54所示。

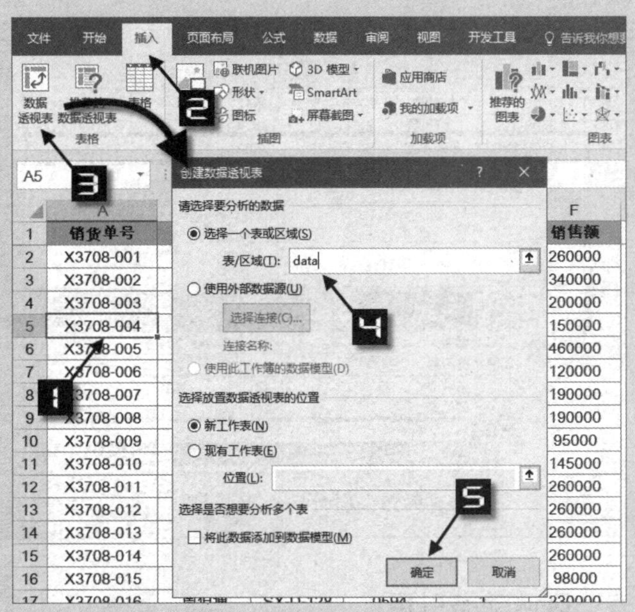

图 9-52 创建数据透视表

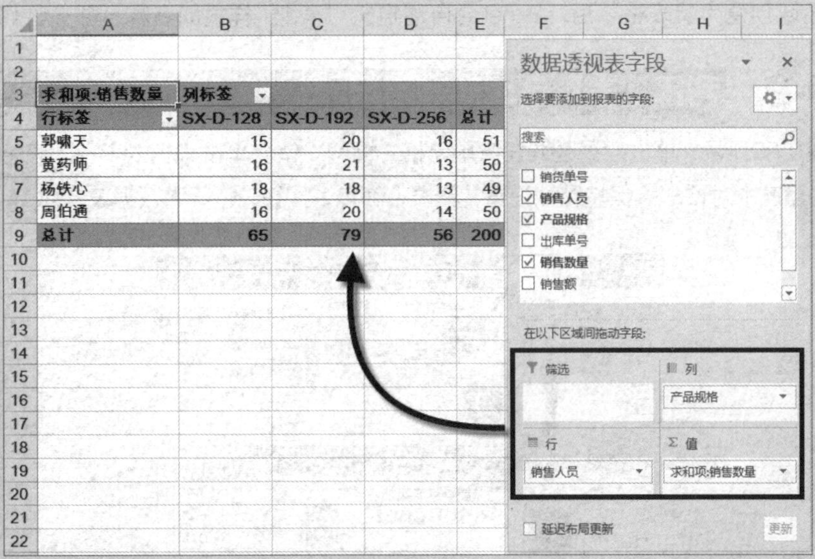

求和项:销售数量	列标签			
行标签	SX-D-128	SX-D-192	SX-D-256	总计
郭啸天	15	20	16	51
黄药师	16	21	13	50
杨铁心	18	18	13	49
周伯通	16	20	14	50
总计	65	79	56	200

数据透视表字段

选择要添加到报表的字段:

搜索

- 销货单号
- 销售人员
- 产品规格
- 出库单号
- 销售数量
- 销售额

在以下区域间拖动字段:

筛选 | 列: 产品规格 | 行: 销售人员 | Σ 值: 求和项:销售数量

延迟布局更新 更新

图 9-53 调整透视表布局

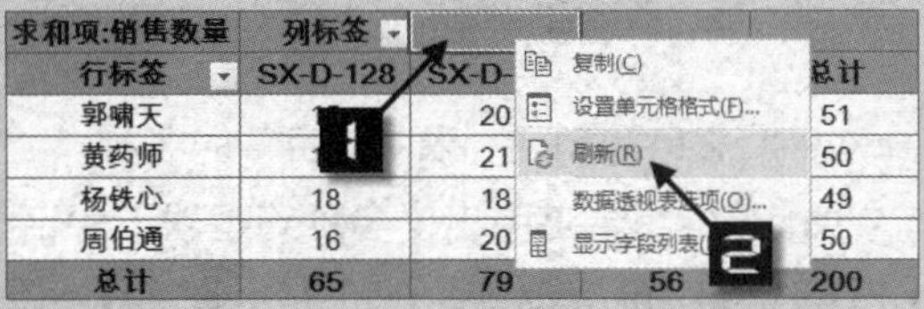

求和项:销售数量	列标签			
行标签	SX-D-128	SX-D-		总计
郭啸天		20		51
黄药师		21		50
杨铁心	18	18		49
周伯通	16	20		50
总计	65	79	56	200

复制(C)
设置单元格格式(F)...
刷新(R)
数据透视表选项(O)...
显示字段列表(D)

图 9-54 刷新数据透视表

刷新后的数据透视表即可自动添加新增加的数据汇总记录，如图9-55所示。

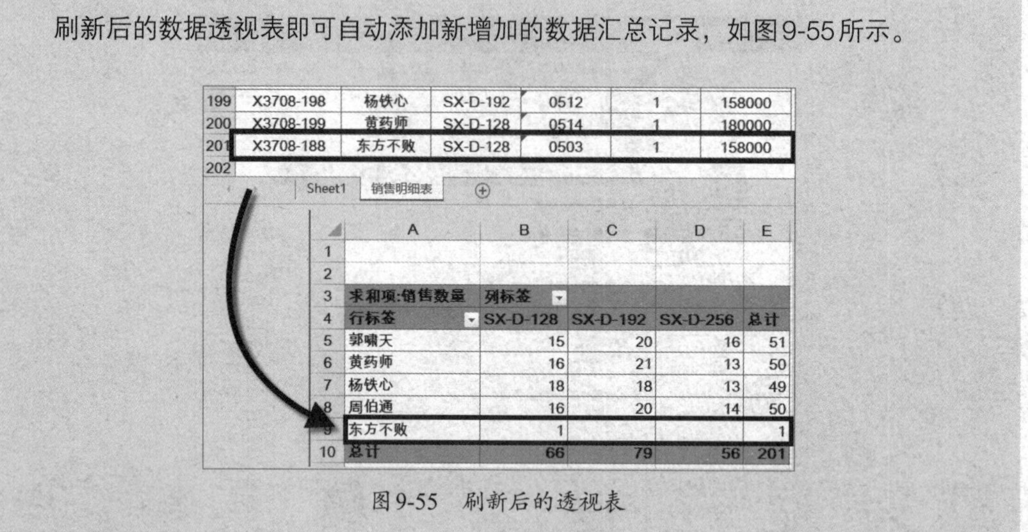

图9-55 刷新后的透视表

9.11.2 利用“表”区域动态引用

Excel 2016的“表格”功能除支持自动扩展、汇总行等功能以外，还支持结构化引用。当单元格区域创建为“表格”后，Excel会自动定义“表1”样式的名称，并允许修改命名。

示例9-9 利用“表”区域动态引用

如图9-56所示，单击数据区域任意单元格，如A1，依次单击【插入】→【表格】按钮，弹出【创建表】对话框。保持默认设置，单击【确定】按钮，将普通数据表转换为“表格”。

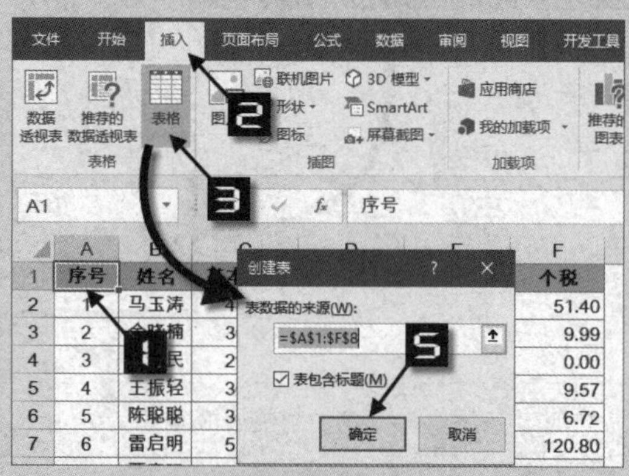

图9-56 创建表

插入“表格”后，Excel汇总自动创建“表+数字”的名称。

如图9-57所示，按<Ctrl+F3>组合键弹出【名称管理器】对话框，选择名称“表1”，此时【删除】按钮和【引用位置】区域都呈灰色的无法修改状态，随着数据的增加，名称“表1”的引用范围会自动变化。

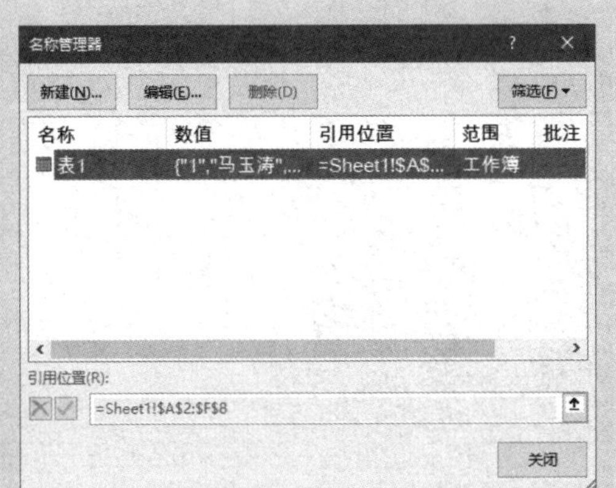

图9-57　插入“表”产生的名称不能编辑或删除

用户可以以此名称创建数据透视表或图表，实现动态引用数据的目的。如果在公式中引用了“表格”中的一行或一列数据，数据源增加后，公式的引用范围也会自动扩展。

扫描以下二维码，可观看在函数与公式中使用名称的更加详细的视频讲解。

练习与巩固

（1）请说出打开【新建名称】对话框的两种方法。

（2）使用名称框定义的名称默认为工作簿级，如需定义为工作表级名称，需要在名称前添加______。

（3）Excel对名称命名有限定规则，请说出其中的3种。

（4）在【引用位置】编辑框中编辑公式时，按______键切换到“编辑”模式，就可以在编辑框的公式中移动光标，方便修改公式。

（5）在输入函数名后按______键，可以调出【粘贴名称】对话框。

（6）如果需要名称在任意工作表内都能引用所在工作表的单元格，需在【名称管理器】对话框的【引用位置】编辑框中去掉______，仅保留______和单元格引用地址即可。

第二篇

常用函数

本篇重点介绍Excel 2016中主要函数的使用方法及常用技巧。包括文本处理技术、信息提取与逻辑判断、数学计算、日期和时间计算、查找与引用、统计与求和、数组公式、多维引用、财务金融函数、工程函数、Web类函数、数据库函数、宏表函数、自定义函数和数据透视表函数等。

第10章 文本处理技术

“文本”是工作表Excel中数据的主要组成元素之一，在日常工作中被大量使用。在Excel中不仅可以输入文本，还可以对文本进行多种处理。本章将介绍如何利用Excel提供的文本函数对此类型数据进行合并、比较、提取、转换等操作。

本章学习要点

（1）文本型数据。

（2）常用的Excel文本函数。

（3）文本函数的综合应用。

10.1 接触文本数据

10.1.1 认识文本数据

Excel中定义的“文本”并非只有通常理解中的汉字或字母等文字，还可以是文本型数字和空文本等。除了文本之外，Excel中的主要数据类型还有数值、逻辑值和错误值等。

如图10-1所示，默认情况下，在单元格中输入数值和日期时，自动使用右对齐方式显示，错误值和逻辑值居中显示，而文本型数据则以左对齐的方式显示。

	A	B	C	D
1	文本	数值	错误值	逻辑值
2	姓名	8888	#NAME?	TRUE
3	财务部	2017/12/13	#N/A	FALSE
4	ExcelHome	¥365.00	#DIV/0!	

图10-1 不同类型数据在Excel中默认的对齐方式

除了直接输入的文本，使用Excel中的文本函数、文本连接符号得到的结果也是文本型数据，如图10-2所示，C列使用公式得到的结果均为左对齐。

	A	B	C	D	E
1	数据1	数据2	处理后		
2	123	456	123456	=A2&B2	
3	18789898789	****	187****8789	=REPLACE(A3,4,4,B3)	
4	我爱	中国	我爱中国	=CONCAT(A4:B4)	

图10-2 使用其他方式生成的文本

在公式中，文本需要被一对半角双引号包含。

图10-3展示了通过单元格地址引用和直接在公式中输入文本数据两种公式写法的差异，如果公式中的文本不被半角双引号包含，将被识别为未定义的名称而返回错误值#NAME?。

如果要在最终结果中显示带半角双引号的字符，则需要额外再多使用两对半角双引号将其包含，如图10-4所示。

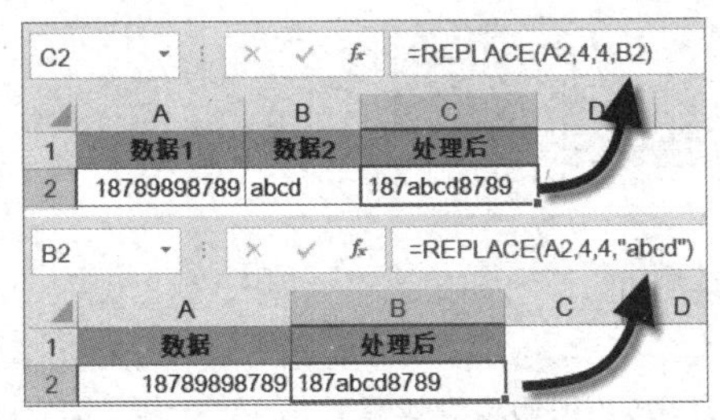

图10-3 公式中输入带半角双引号的文字

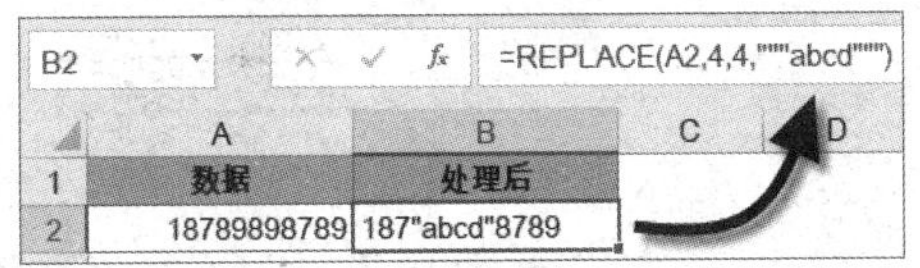

图10-4 显示带引号的文本输入方法

此外，文本数据中还有一个比较特殊的值，即空文本，用一对半角双引号（""）表示，常用来将公式结果显示为空白，其字符长度为0。

在Excel中，“空格”一般指按<Space>键得到的值，是有字符长度的文本，一个“空格”的字符长度为1。空单元格指的是单元格中没有任何数据或公式。

10.1.2 区分空单元格与空文本

空单元格和空文本直观看上去是一样的，都是没有“内容”的单元格，但其实质并不完全相同。当单元格未经赋值，或赋值后又被删除，则该单元格被认为是空单元格。表示空文本的半角双引号（""），其性质是文本，表示文本中无任何内容，只是从单元格中未直接显示而已。

使用定位功能时，定位条件选择“空值”时，结果不包括“空文本”。在筛选操作中，筛选条件为“空白”时，则包括“空值”与“空文本”。

10.1.3 区分文本型数字和数值

Excel中除了有数值格式的数字，还有文本型数字。开启【错误检查】功能且在默认对齐方式时，用户能通过外观分辨出两种不同类型的数字，如图10-5所示。

不同格式的数字，不仅在Excel中默认对齐方式不同，而且在参与部分函数与公式运算时，受数字格式影响，可能会得到错误的结果，如图10-6所示。

	A	B
1	文本型数字	数值型数字
2	18976809990	18976809990
3	18890900890	18890900890
4	18767678767	18767678767

图10-5 文本型数字和数值型数字

	A	B
1	项目	花费
2	相机	5500
3	镜头	3800
4	软件开发	8000
5	附件	2300
6	合计	0

图10-6 文本型数字求和

使用VLOOKUP函数或MATCH函数进行数据查找，往往因为格式不匹配而返回错误值，如图10-7所示。

在设置居中对齐或关闭【错误检查】功能的工作表中，用户不能直观地区分文本型数字和真正的数值，但可以通过ISTEXT函数和ISNUMBER函数对数字类型进行区分。ISTEXT函数参数为文本型则返回TRUE，否则返回FALSE；ISNUMBER函数参数为数字则返回TRUE，否则返回FALSE。

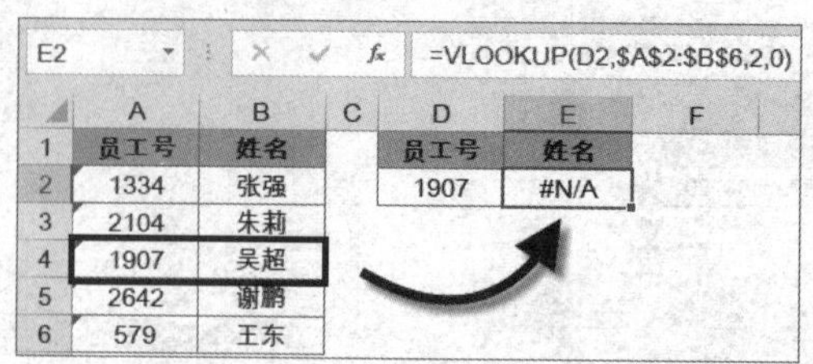

图10-7　VLOOKUP函数因数字格式不同而出现错误

如果A1单元格为文本型数字1，在B1单元格中输入公式“=ISTEXT(A1)”，公式结果将返回TRUE，否则返回FALSE；如果使用“=ISNUMBER(A1)”判断，结果与ISTEXT函数相反。

除此之外，能够返回数值类型的还有TYPE函数，该函数以整数形式返回参数的数据类型，唯一参数value在不同类型情况下，函数返回的结果如表10-1所示。

表10-1　TYPE函数返回结果

如果value为	TYPE函数返回结果
数字	1
文本	2
逻辑值	4
错误值	16
数组常量	64

需要注意的是，当A1单元格为空时，使用以下公式判断A1单元格数值类型，公式会把A1当作数字0处理，结果仍然为1。

```
=TYPE(A1)
```

为避免使用函数与公式时因文本型数字带来的错误，可以提前将文本型的数字转换为数值，或在函数中加入转换运算以达到统一格式的目的。

文本型数字转换为数值的方法有多种，常用方法是选中要转换的单元格区域，然后单击单元格一侧出现的【错误提示器】按钮，在下拉列表中选择【转换为数字】命令，如图10-8所示。

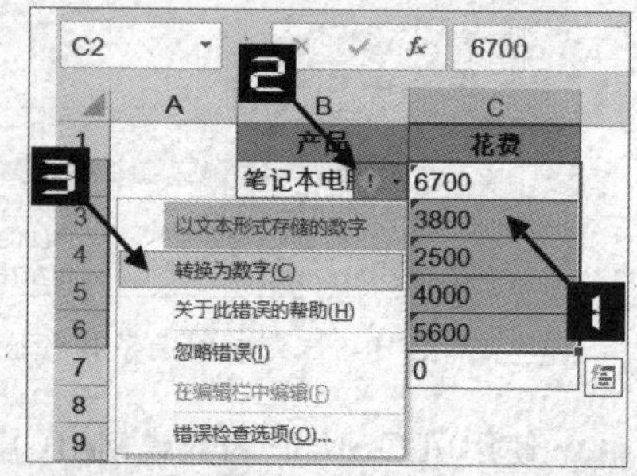

图10-8　文本型数字转换为数值

除此之外，还可以通过运算*1、/1、-0、+0、--（两个减号）及使用VALUE函数实现从文本型数字到数值型数字的转换。使用*1、/1、-0、+0和--（两个减号）并不是标准的转换方式，但在实际应用中使用频率非常高。如果对公式返回的逻辑值使用*1、/1、-0、+0和--（两个减号）进行转换，逻辑值TRUE将返回1，FALSE返回0。

--（两个减号）转换方式即通常所说的减负运算，第二个减号先将文本型数字转换为负数，再使用一个减号将负数转换为正数，即负负得正。

示例10-1 计算文本型数字

图10-9所示的是从数据库中导出的某篮球比赛各队伍4个季度的积分记录，所有积分数字均为文本格式。需要在F列中计算4个季度的总积分。

F2 {=SUM(1*B2:E2)}

	A	B	C	D	E	F
1	队名	第一季度	第二季度	第三季度	第四季度	总积分
2	广州	30	16	14	16	76
3	上海	10	11	22	12	55
4	长沙	23	22	24	17	86
5	天津	22	12	23	24	81
6	北京	28	24	12	23	87
7	吉林	13	18	25	20	76

图10-9 文本型数字求和

如果直接使用SUM函数进行求和，得到的计算结果将为0。如果不采用提前转换数字格式的方式，要得到正确的结果，可以在F2单元格输入以下数组公式，按<Ctrl+Shift+Enter>组合键，向下复制到F7单元格。

```
{=SUM(1*B2:E2)}
```

公式中使用1*数据的方法，在运算过程中将文本型数字转换为数值型数字，最后使用SUM函数求和。

示例10-2 数字转文本

图10-10所示的是某公司一次采购办公用品的记录，在将数据导入ERP系统前，需要先将所有的数值转换为文本型数字。

	A	B	C	D	E
1	订单编号	产品	单价	数量	发票号
2	10457	签字笔	39	8	16453092
3	10995	笔记本	5,200	30	16453095
4	10477	蓝牙耳机	1,080	15	16453093
5	10999	鼠标垫	20	16	16453097
6	10923	鼠标垫	20	17	16453102
7	10293	耳机	580	14	16453099
8	10892	麦克风	760	3	16453094
9	10425	签字笔	39	3	16453189
10	10297	鼠标	289	23	16453177
11	11023	签字笔	39	15	16453132
12	10843	签字笔	39	13	16453109

图10-10 需要导入ERP的数据

具体操作步骤如下。

步骤1 在要转换格式的数据区域中单击任意单元格，如A3单元格，按<Ctrl+A>组合键选定全部数据区域。在【开始】选项卡【数字格式】下拉列表中选择【文本】选项，如图10-11所示。

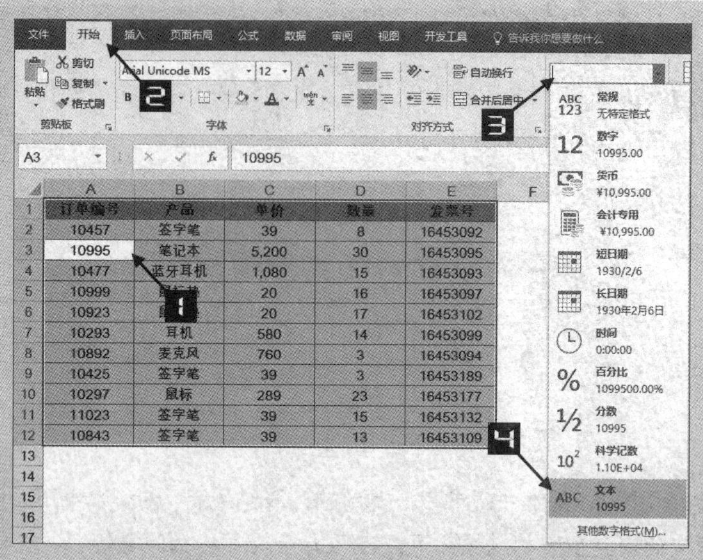

图10-11 设置单元格格式为文本

步骤② 保持数据选中状态，按<Ctrl+C>组合键进行复制。单击【剪贴板】组中的【对话框启动器】按钮，在【剪贴板】窗格中单击【全部粘贴】按钮，工作表中的数值即可全部转换为文本格式，如图10-12所示。

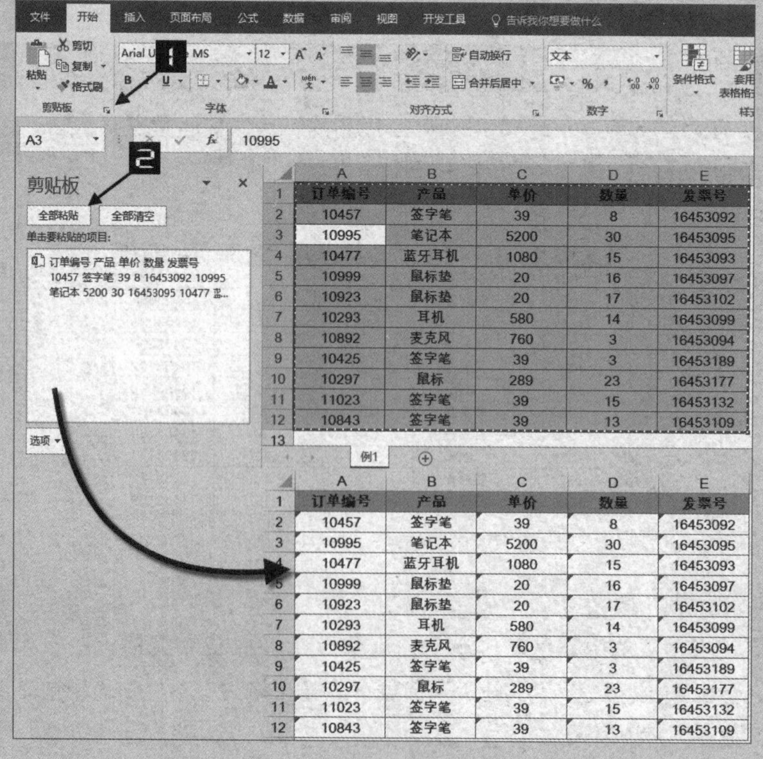

图10-12 使用剪贴板粘贴数据

示例10-3　文本型数字的查询

图10-13所示的是某企业员工花名册的部分内容，B列员工号为文本型数字，需要根据E2单元格的员工号，查找A列中对应的员工姓名。

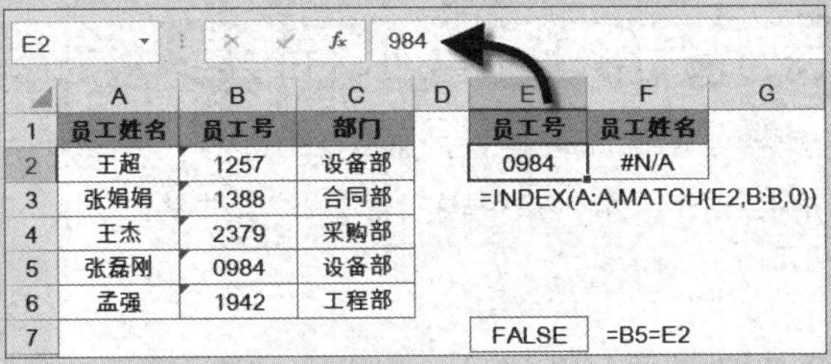

E2　　984

	A	B	C	D	E	F	G
1	员工姓名	员工号	部门		员工号	员工姓名	
2	王超	1257	设备部		0984	#N/A	
3	张娟娟	1388	合同部		=INDEX(A:A,MATCH(E2,B:B,0))		
4	王杰	2379	采购部				
5	张磊刚	0984	设备部				
6	孟强	1942	工程部				
7					FALSE	=B5=E2	

图10-13　根据员工号反向查找员工姓名

在F2单元格中输入以下公式。

```
=INDEX(A:A,MATCH(E2,B:B,0))
```

E2单元格中的员工号是自定义格式为“0000”的数值，从图中可以看出当选中E2单元格时，编辑栏中显示为“984”。同时，在任意单元格中输入以下公式，结果将返回逻辑值FALSE。

```
=B5=E2
```

说明这两个单元格尽管看上去是相等的，但实质并不相同。所以公式中嵌套的MATCH函数无法查询到此员工号，因而返回错误值#N/A。

通常情况下，如果目测两个单元格内容相同，而函数无法查询到正确结果，可以使用等式判断两个单元格的内容是否完全相同，以便于快速修正公式。

如图10-14所示，在F2单元格中输入以下公式即可得到正确结果。

```
=INDEX(A:A,MATCH(TEXT(E2,"0000"),B:B,0))
```

F2　　=INDEX(A:A,MATCH(TEXT(E2,"0000"),B:B,0))

	A	B	C	D	E	F	G	H
1	员工姓名	员工号	部门		员工号	员工姓名		
2	王超	1257	设备部		0984	张磊刚		
3	张娟娟	1388	合同部					
4	王杰	2379	采购部					
5	张磊刚	0984	设备部		TRUE	=B5=TEXT(E2,"0000")		
6	孟强	1942	工程部					

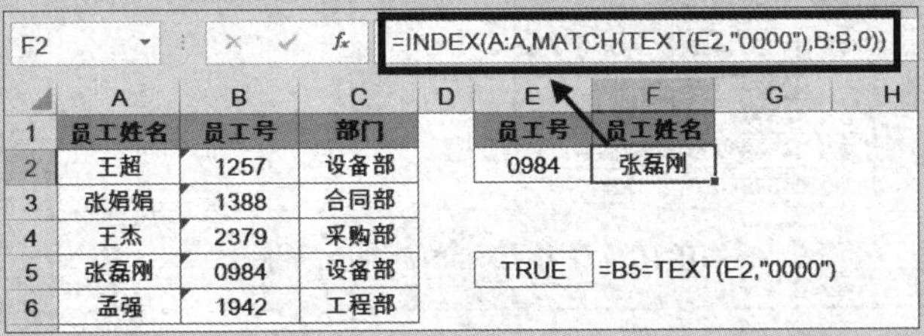

图10-14　通过TEXT函数改变数字格式

此公式中，使用TEXT函数将E2单元格的数值转换为“0000”样式的文本，如果数值不足4位，在前面以0补齐。

再使用MATCH函数查询该字符串在B列中的位置，并由INDEX函数返回A列对应位置的内容。

> **提示**
>
> 部分函数的参数使用文本型数字时不会对计算造成影响，如INDEX、CHOOSE、OFFSET、SMALL、LARGE、MOD、TEXT、MID、RIGHT、LEFT函数，以及VLOOKUP函数第三参数等，均可以使用文本型数字。

示例10-4 根据产品序列号查询产品型号

图10-15所示的是某公司产品数据信息表的部分内容，A列产品序列号为文本型数字，需要根据D2单元格的产品序列号查询对应的产品型号。在E2单元格中使用如下公式，将会返回错误值#N/A。

```
=VLOOKUP(D2,A2:B8,2,0)
```

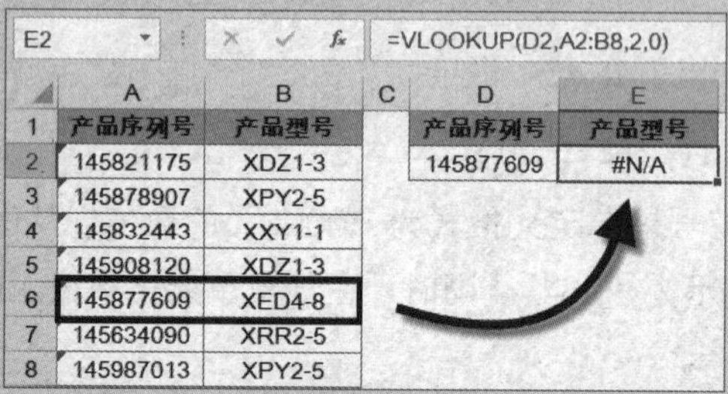

E2 =VLOOKUP(D2,A2:B8,2,0)

	A	B	C	D	E
1	产品序列号	产品型号		产品序列号	产品型号
2	145821175	XDZ1-3		145877609	#N/A
3	145878907	XPY2-5			
4	145832443	XXY1-1			
5	145908120	XDZ1-3			
6	145877609	XED4-8			
7	145634090	XRR2-5			
8	145987013	XPY2-5			

图10-15 VLOOKUP函数返回错误值

VLOOKUP函数需保证第一参数与查询区域中首列的格式一致，才能返回正确的结果。

在VLOOKUP函数第一参数D2之后用“&”符号连接空文本，将数值转变为文本型数字。公式即可返回正确的结果，如图10-16所示。

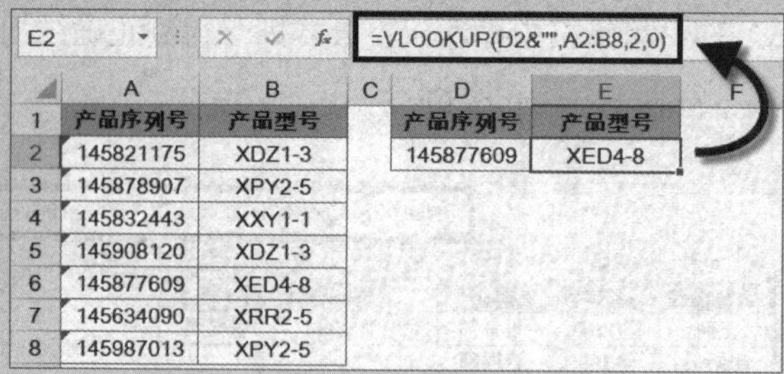

E2 =VLOOKUP(D2&"",A2:B8,2,0)

	A	B	C	D	E	F
1	产品序列号	产品型号		产品序列号	产品型号	
2	145821175	XDZ1-3		145877609	XED4-8	
3	145878907	XPY2-5				
4	145832443	XXY1-1				
5	145908120	XDZ1-3				
6	145877609	XED4-8				
7	145634090	XRR2-5				
8	145987013	XPY2-5				

图10-16 连接空文本后得到正确结果

10.2 文本的合并

10.2.1 使用连接符和CONCAT函数连接字符串

在处理文本信息时，经常需要将多个内容连在一起作为新的字符串使用。这时候可以使用CONCATENATE、CONCAT、TEXTJOIN及PHONETIC函数和“&”符号进行处理。

“&”符号是一种常用的连接文本的方式，既可以在公式中直接使用连接文本字符串，也可以用于连接单元格的引用。类似的还有CONCATENATE函数，CONCATENATE函数最多可将255个字符串合并为一个文本字符串，如图10-17所示。

	A	B	C	D	E
1	字符串1	字符串2	连接后		
2	邮编	102200	邮编102200	=A2&B2	
3	1	10	从1到10	="从"&A2&"到"&B2	
4	北京市	东城区	北京市东城区	=CONCATENATE(A3,B3)	

图10-17　使用“&”符号和CONCATENATE函数合并文本

由于CONCATENATE函数不支持单元格区域的引用，合并多个单元格时公式会比较烦琐，因此实际应用中使用较少。

示例10-5　合并文本和带有格式的数字

图10-18所示的是某企业销售数据的部分内容，需要将项目编号的信息合并到一个单元格内，形成完整的信息。

	A	B	C	D	E
1	项目编号	开始日期	销售额	收款比例	连接文本
2	Z56678T	2017年3月	22,332.00	85.23%	Z56678T2017年3月销售额22,332.00收款比例85.23%
3	X29012M	2017年9月	18,098.00	45.00%	X29012M2017年9月销售额18,098.00收款比例45.00%
4	Y77689Z	2017年4月	5,872.00	67.34%	Y77689Z2017年4月销售额5,872.00收款比例67.34%
5	Y45213X	2017年12月	53,890.00	78.55%	Y45213X2017年12月销售额53,890.00收款比例78.55%

图10-18　合并文本和带有格式的数字

在E2单元格中输入以下公式，向下复制到E5单元格。

```
=A2&B2&$C$1&C2&$D$1&D2
```

此时将无法得到需要的结果，如图10-19所示。

E2　=A2&B2&$C$1&C2&$D$1&D2

	A	B	C	D	E
1	项目编号	开始日期	销售额	收款比例	连接文本
2	Z56678T	2017年3月	22,332.00	85.23%	Z56678T42795销售额22332收款比例0.8523
3	X29012M	2017年9月	18,098.00	45.00%	X29012M42979销售额18098收款比例0.45
4	Y77689Z	2017年4月	5,872.00	67.34%	Y77689Z42826销售额5872收款比例0.6734
5	Y45213X	2017年12月	53,890.00	78.55%	Y45213X43070销售额53890收款比例0.7855

图10-19　合并后无法返回需要的结果

把E2单元格中的公式修改为以下公式即可。

```
=A2&TEXT(B2,"e年m月")&$C$1&TEXT(C2,"0,000.00")&$D$1&TEXT(D2,"0.00%")
```

公式中使用TEXT函数分别将B2单元格的日期数字转换为“四位年份+两位月份”格式的文本型日期，将C2单元格的数值转换为“0,000.00”样式的文本型数字，将D2单元格的百分数转换为“0.00%”样式的文本型数字，最后使用“&”符号连接，得出需要的结果。

关于TEXT函数请参考10.9节。

CONCAT函数用于连接多个区域或字符串，支持单元格区域引用。函数的语法如下。

```
CONCAT(text1,[text2],…)
```

该函数一共有254个参数，其中每个参数都可以是字符串或单元格区域。在连接单元格区域时，将按照先行后列的顺序进行连接，如图10-20所示。

如图10-21所示，CONCAT函数支持对整行、整列的引用，并且默认忽略空单元格。因此也可以使用以下公式进行连接。

```
=CONCAT(A:C)
```

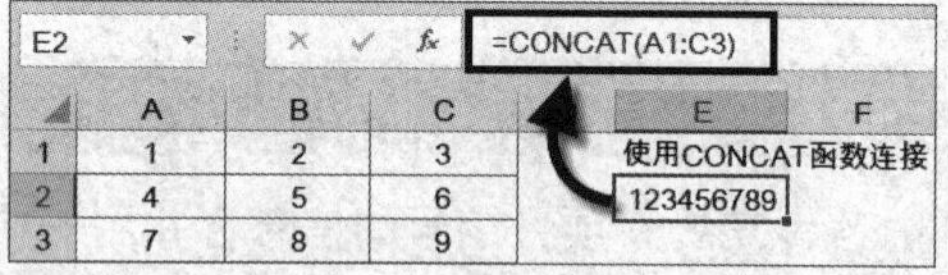

图10-20　使用CONCAT函数连接单元格区域

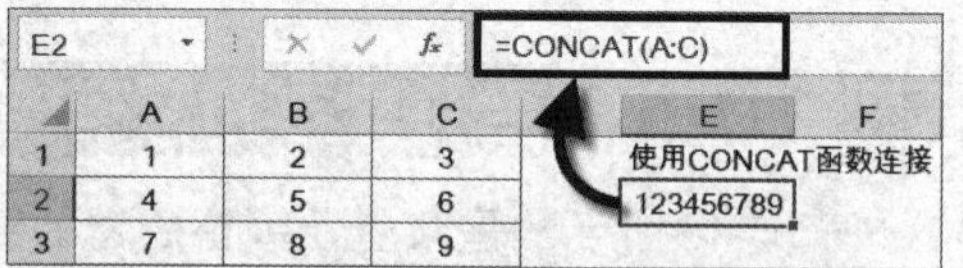

图10-21　CONCAT函数使用整列引用

示例10-6　使用CONCAT函数连接文本

如图10-22所示，A~C列分别为市、区和街道。需要在D列将前三列的内容连接在一起，生成完整的信息。

D2　=CONCAT(A2:C2)

	A	B	C	D
1	市	区	街道	地址
2	北京市	海淀区	万寿路街道	北京市海淀区万寿路街道
3	天津市	南开区	鼓楼街道	天津市南开区鼓楼街道
4	上海市	浦东区	陆家嘴街道	上海市浦东区陆家嘴街道

图10-22　使用CONCAT函数连接地址

如果使用“&”符号或CONCATENATE函数，公式将比较复杂。可使用CONCAT函数，在D2单元格中输入以下公式，向下复制到D4单元格。

```
=CONCAT(A2:C2)
```

10.2.2　借助TEXTJOIN函数使用分隔符连接文本数据

TEXTJOIN 函数能够将多个区域或字符串的文本组合起来，并在要组合的各文本值之间指定分隔符。如果分隔符是空的文本字符串，则此函数将直接连接这些区域。

TEXTJOIN函数支持选择是否忽略空单元格。函数语法如下。

```
TEXTJOIN(delimiter, ignore_empty, text1, [text2], …)
```

第一参数为要用于连接文本的分隔符，可以是文本字符串或为空文本，或用半角双引号包含的一个或多个字符，或是对有效文本字符串的引用。

第二参数是逻辑值，指定是否忽略空单元格。选择1或TURE为忽略空单元格，当公式连接的单元格区域中有空单元格时，空单元格将不体现在字符串连接的结果当中。选择0或

FALSE为不忽略空单元格，连接有空单元格的区域时，会将空单元格一并连在文本字符串中，如图10-23所示。

	A	B	C	D
1	明天		明天;10点;出发	=TEXTJOIN(";",1,A1:A4)
2	10点		明天;10点;;出发	=TEXTJOIN(";",0,A1:A4)
3				
4	出发			

图10-23 TEXTJOIN函数忽略空单元格的区别

如图10-24所示，如果TEXTJOIN函数的第一参数为空单元格或空文本时，结果将与CONCAT函数类似，且TEXTJOIN函数第三参数支持对整行或整列的引用。

E2 =TEXTJOIN("",1,A:C)

	A	B	C	D	E
1	1	2	3		使用TEXTJOIN函数连接
2	4	5	6		123456789
3	7	8	9		

图10-24 TEXTJOIN函数使用空文本作为分隔符

提示

由于Excel的版本较多，CONCAT函数与TEXTJOIN函数在部分版本中可能会无法使用。如果是Office 365订阅用户，则可以获取每月更新的最新Office功能。

示例10-7 使用TEXTJOIN函数连接通讯地址

如图10-25所示，A~C列为通讯信息的部分记录，需要将3项内容串联起来，并用“,”分隔。

D2 =TEXTJOIN(",",1,A2:C2)

	A	B	C	D
1	姓名	电话	地址	通讯信息
2	李欣乐	15890000000	北京市昌平区东关南里	李欣乐,15890000000,北京市昌平区东关南里
3	王彤	17856665666	天津市北辰区果园新村	王彤,17856665666,天津市北辰区果园新村
4	张铮	18901323232	天津市南开区青年路	张铮,18901323232,天津市南开区青年路
5	李茜	18310101010	上海市静安区江宁路街道	李茜,18310101010,上海市静安区江宁路街道

图10-25 使用TEXTJOIN函数连接通讯地址

在D2单元格中输入以下公式，并向下复制到D5单元格。

```
=TEXTJOIN(",",1,A2:C2)
```

公式中第一参数为用半角双引号包含的逗号，如果将分隔符存储于某个单元格中，此处也可以使用单元格引用。

第二参数为1，表示忽略空单元格。如果引用区域中没有空单元格，选择1或0皆可。

示例10-8 使用TEXTJOIN函数连接多个查询结果

图10-26所示的是某公司年会活动的部分人员名单，其中A列为部门，B列为参与人员的姓名。需要将所有参与人员的姓名，按部门分别存放在一个单元格中，并且人员姓名之间用逗号分隔。

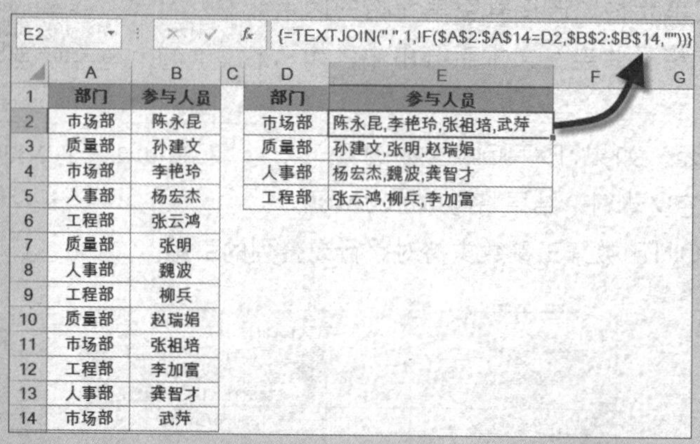
E2　{=TEXTJOIN(",",1,IF($A$2:$A$14=D2,$B$2:$B$14,""))}

	A	B	C	D	E
1	部门	参与人员		部门	参与人员
2	市场部	陈永昆		市场部	陈永昆,李艳玲,张祖培,武萍
3	质量部	孙建文		质量部	孙建文,张明,赵瑞娟
4	市场部	李艳玲		人事部	杨宏杰,魏波,龚智才
5	人事部	杨宏杰		工程部	张云鸿,柳兵,李加富
6	工程部	张云鸿			
7	质量部	张明			
8	人事部	魏波			
9	工程部	柳兵			
10	质量部	赵瑞娟			
11	市场部	张祖培			
12	工程部	李加富			
13	人事部	龚智才			
14	市场部	武萍			

图10-26　使用TEXTJOIN函数连接多个查询结果

在E2单元格中输入以下数组公式，按<Ctrl+Shift+Enter>组合键，向下复制到E5单元格。

```
{=TEXTJOIN(",",1,IF($A$2:$A$14=D2,$B$2:$B$14,""))}
```

公式中使用IF函数进行判断，当A2:A14单元格区域中的部门等于D2单元格指定的部门时，返回对应B2:B14单元格区域中的结果，否则返回空文本""。

IF函数生成的内存数组作为TEXTJOIN函数的第三参数，第一参数指定间隔符号“,”，将各个元素连接起来。

使用“&”符号和CONCATENATE、CONCAT及TEXTJOIN函数连接单元格数字内容时，无论数据所在单元格的格式为文本型数字或数值型数字，得到的结果均为文本型数字。

示例10-9　合并数字内容

如图10-27所示，A列和B列均为数值型数字，在C2到C5单元格分别使用以下公式对两列数字进行连接。

```
=A2&B2
=CONCATENATE(A3,B3)
=CONCAT(A4:B4)
=TEXTJOIN("",1,A5:B5)
```

在C6单元格使用SUM函数对C2:C5单元格求和计算时，结果将返回0。

	A	B	C	D
1	数值1	数值2	合并数字	公式
2	1	2	12	=A2&B2
3	1	4	14	=CONCATENATE(A3,B3)
4	1	6	16	=CONCAT(A4:B4)
5	1	8	18	=TEXTJOIN("",1,A5:B5)
6	合计		0	=SUM(C2:C5)

图10-27　数值合并后成为文本格式

如果需要对连接后的文本型数字进行计算，需转换为数值型数字。在C6单元格中输入以下数组公式，按<Ctrl+Shift+Enter>组合键，如图10-28所示。

```
{=SUM(--C2:C5)}
```

	A	B	C	D
1	数值1	数值2	合并数字	公式
2	1	2	12	=A2&B2
3	1	4	14	=CONCATENATE(A3,B3)
4	1	6	16	=CONCAT(A4:B4)
5	1	8	18	=TEXTJOIN("",1,A5:B5)
6	合计		60	{=SUM(--C2:C5)}

图10-28 使用数组公式求和

10.2.3 连接多个查询条件

在数据的查找引用中，常常遇到查找的条件不止一个，使用VLOOKUP函数进行查找时，可以使用数组公式或添加辅助列的方式以实现多条件查找。无论哪种方法，都需要将多个条件进行连接。

示例10-10 使用“&”符号实现多个条件的合并

图10-29所示的是某公司的员工信息表，其中有些部门员工有重名，要查找员工号时需要根据部门和姓名两个条件完成。

	A	B	C	D	E	F	G
1	部门	姓名	员工号		部门	姓名	员工号
2	人事部	王莉	1428		质量部	王莉	?
3	市场部	赵丹	1096				
4	质量部	王莉	1123				
5	工程部	张强	1934				
6	采购部	唐颖	2010				
7	财务部	曹辉	1988				

图10-29 多条件查找引用

在查找和被查找两个区域的员工姓名后各插入一个辅助列，在这个辅助列中将员工所在的部门和姓名用“&”符号连接起来，用这个新生成的字段作为条件进行查找，如图10-30所示。

C2 =A2&B2

	A	B	C	D	E	F	G	H	I
1	部门	姓名	辅助列	员工号		部门	姓名	辅助列	员工号
2	人事部	王莉	人事部王莉	1428		质量部	王莉	质量部王莉	1123
3	市场部	赵丹	市场部赵丹	1096					
4	质量部	王莉	质量部王莉	1123					
5	工程部	张强	工程部张强	1934					
6	采购部	唐颖	采购部唐颖	2010					
7	财务部	曹辉	财务部曹辉	1988					

=F2&G2

=VLOOKUP(H2,$C$2:$D$7,2,0)

图10-30 用“&”符号连接字段

在C2单元格中输入以下公式，向下复制到C7单元格。

```
=A2&B2
```

H2单元格中的公式为：

```
=F2&G2
```

应用到VLOOKUP函数中，第一参数为H2单元格，第二参数选择C2:D7单元格区域。

```
=VLOOKUP(H2,$C$2:$D$7,2,0)
```

10.2.4 使用PHONETIC函数连接文本数据

PHONETIC函数可以提取拼音字符，也可以用于文本的连接。但是PHONETIC函数在连接文本时有一定的局限性，仅支持连接包含文本字符串的连续单元格区域，不支持连接函数与公式返回的结果、数字、错误值等其他数据类型。

如图10-31所示，A2单元格为文本型数字，B2单元格为文本，C2单元格为数值，D2单元格为日期，E2单元格是TEXT函数返回的文本，F2单元格为手工输入的错误值。使用以下公式，结果仅连接A2和B2单元格中的内容。

```
=PHONETIC(A2:F2)
```

G2 =PHONETIC(A2:F2)

	A	B	C	D	E	F	G
1	文本型数字	文本	数值	日期	公式返回	错误值	合并文本
2	123	ExcelHome	456	2017/12/24	ExcelHome	#DIV/0!	123ExcelHome

图10-31 PHONETIC函数合并不同类型的数据

如果单元格中的文字使用【拼音指南】功能设置了拼音，PHONETIC函数将仅返回拼音信息而忽略单元格中的文本，如图10-32所示。

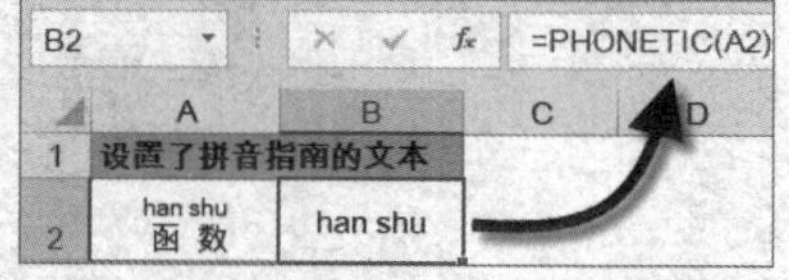
B2 =PHONETIC(A2)

	A	B	C	D
1	设置了拼音指南的文本			
2	han shu 函 数	han shu		

图10-32 获取单元格拼音信息

10.2.5 空文本的妙用

在使用VLOOKUP和OFFSET等函数查找引用类函数时，如果目标单元格为空，公式将返回0。使用“&”符号将公式与空文本连接，可将无意义0值显示为空文本。

示例10-11 屏蔽VLOOKUP函数返回的0值

图10-33所示的是某企业员工培训计划表的部分内容，需要根据D2单元格中的员工姓名查询对应的培训项目。

在E2单元格中输入以下公式。

```
=VLOOKUP(D2,$A$2:$B$6,2,0)
```

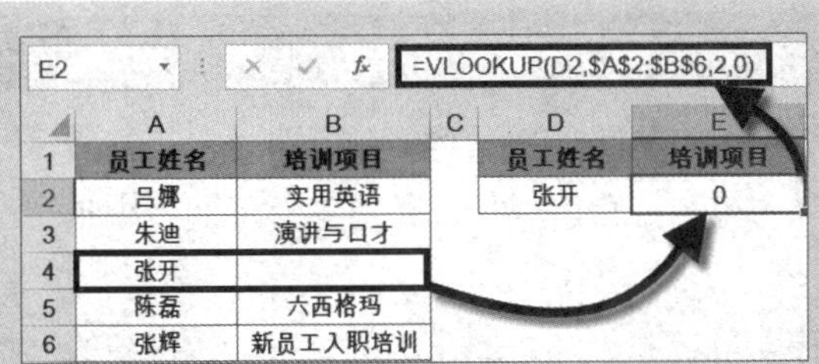

E2 | =VLOOKUP(D2,$A$2:$B$6,2,0)

	A	B	C	D	E
1	员工姓名	培训项目		员工姓名	培训项目
2	吕娜	实用英语		张开	0
3	朱迪	演讲与口才			
4	张开				
5	陈磊	六西格玛			
6	张辉	新员工入职培训			

图 10-33 VLOOKUP函数返回0值

由于A列中与D2单元格员工姓名“张开”对应的培训项目为空单元格，公式返回无意义的0值。使用以下公式可以将0值屏蔽，如图10-34所示。

```
=VLOOKUP(D2,$A$2:$B$6,2,0)&""
```

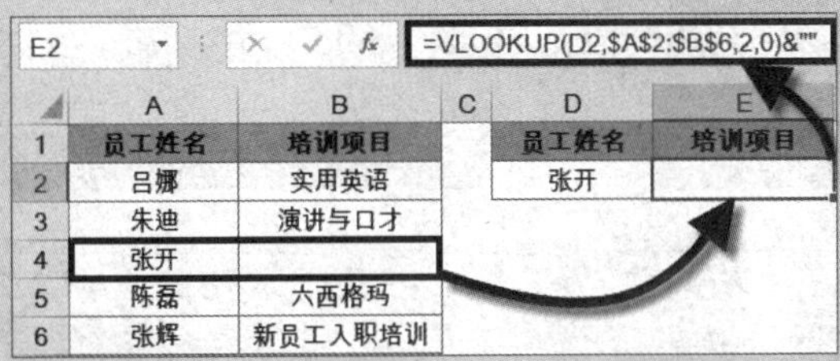

E2 | =VLOOKUP(D2,$A$2:$B$6,2,0)&""

	A	B	C	D	E
1	员工姓名	培训项目		员工姓名	培训项目
2	吕娜	实用英语		张开	
3	朱迪	演讲与口才			
4	张开				
5	陈磊	六西格玛			
6	张辉	新员工入职培训			

图 10-34 屏蔽无意义的0值

10.3 文本值的比较

在Excel中，文本数据根据系统字符集中的排序，具有类似数值的大小顺序。在公式运算中，常使用“吖”作为最小汉字，使用字符“々”作为最大汉字，用以判断字符是否为汉字。“々”的输入方法为<Alt+41385>组合键，其中数字“41385”需要使用数字小键盘依次输入。

10.3.1 比较文本值的大小

使用比较运算符>、<、=、>=、<=可以比较文本值的大小关系，需遵循如下规则。

（1）区分半角与全角字符。全角字母“Ａ”在字符集中的代码是41921（与计算机使用的字符集有关），半角字母“A”在字符集中的代码是65。相同的字符全角格式大于半角格式，使用公式“="Ａ"<"A"”，将返回FALSE。

（2）区分文本型数字与数值。在Excel中，文本始终大于数值，使用公式“="3">5”，将返回TRUE。

（3）不区分字母大小写。虽然大写字母和小写字母在字符集中的代码并不相同，但使用公式“="a"="A"”时，Excel返回结果为TRUE。

示例10-12 文本型数字编号排序

图10-35所示的是一份物料单的部分内容，B列为物品的货位号。现在对B列按升序排列，希望按货位号前半部分的大小进行排序。

	A	B
1	物品	货位
2	螺栓	11-4
3	支架	2-3
4	角铁	4-1
5	螺母	5-8
6	垫片	7-4

图10-35 文本的排序

如果直接使用排序功能，将无法得到正确的结果。示例中的数字为文本型，所以不能按照数值大小来排序。可以通过分列的方法，提取出B列中的前半部分的内容之后再进行排序，最后再将多余的辅助列删除。

具体操作步骤如下。

步骤① 复制B1:B6单元格区域到C1:C6单元格区域，然后选中C2:C6单元格区域，在【数据】选项卡下单击【分列】按钮，在弹出的【文本分列向导－第1步，共3步】对话框中单击【下一步】按钮，如图10-36所示。

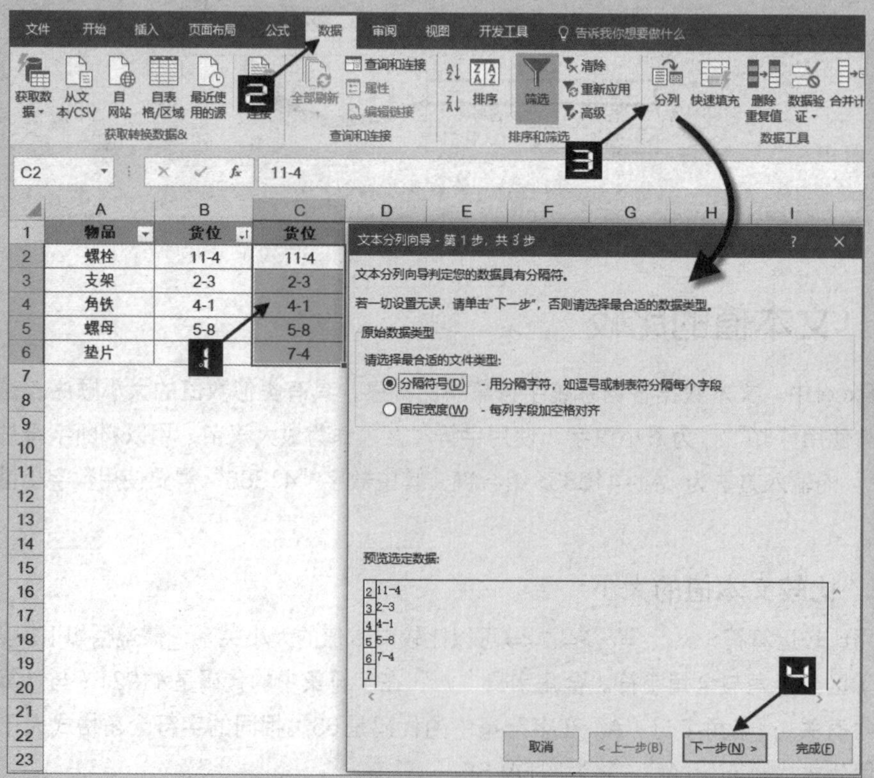

图10-36 使用文本分列向导

步骤② 在弹出的【文本分列向导－第2步，共3步】对话框中选中【分隔符号】选项区域中的【其他】复选框，在文本框中输入"-"，单击【下一步】按钮。

步骤③ 在弹出的【文本分列向导－第3步，共3步】对话框中选中【列数据格式】选项区域中的【常规】单选按钮，最后单击【完成】按钮，如图10-37所示。

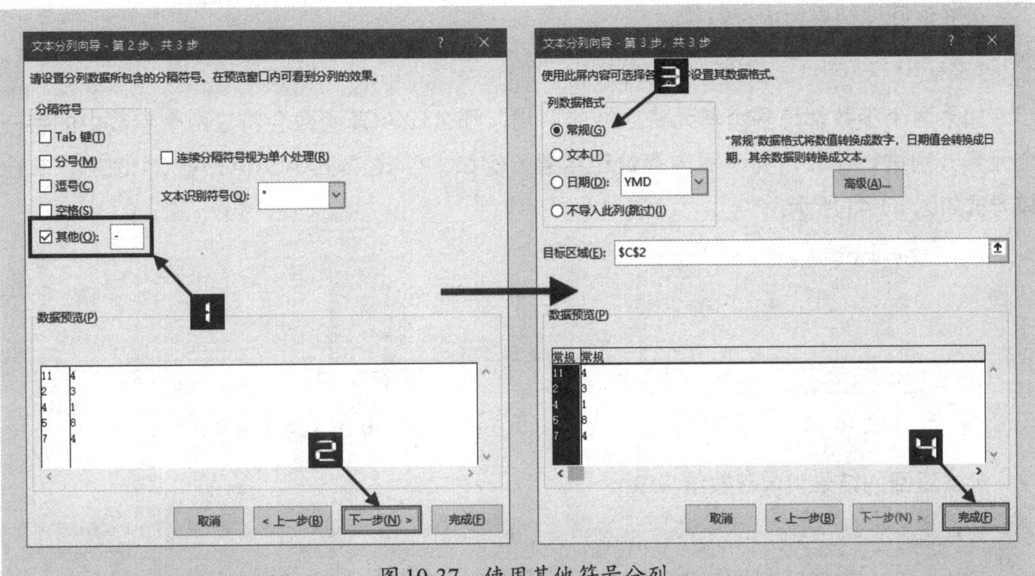

图 10-37　使用其他符号分列

单击C列数据区域的任意单元格，在【数据】选项卡下单击【升序】按钮，结果如图10-38所示。

最后删除C、D两列的内容，即可得到需要的排序结果，如图10-39所示。

	A	B	C	D
1	物品	货位	货位	
2	支架	2-3	2	3
3	角铁	4-1	4	1
4	螺母	5-8	5	8
5	垫片	7-4	7	4
6	螺栓	11-4	11	4

图 10-38　对辅助列中的数字排序

	A	B
1	物品	货位
2	支架	2-3
3	角铁	4-1
4	螺母	5-8
5	垫片	7-4
6	螺栓	11-4

图 10-39　排序最终结果

10.3.2　用EXACT函数比较字符串是否完全相同

比较字符串是否相同时，常用的方法是使用等号，但使用等号比较文本值时不能区分字母大小写。在一些需要区分大小写的汇总计算中，可以使用EXACT函数比较两个文本值是否完全相同，结果返回TRUE或FALSE。

EXACT函数用于比较两个文本字符串，如果二者完全相同，则返回 TRUE，否则返回FALSE。函数的语法如下。

```
EXACT(text1,text2)
```

如果其中一个参数是多个单元格的区域引用，EXACT函数会将另一个参数与这个单元格区域中的每一个元素分别进行比较。使用以下公式，EXACT函数将返回A1:A5单元格区域中每个元素与C1单元格的比较结果，如图10-40所示。

```
=EXACT(A1:A5,C1)
```

公式返回的结果为内存数组。

```
{FALSE;FALSE;FALSE;FALSE;TRUE}
```

如果两个参数都是多个单元格区域的引用，那么EXACT函数会将这两个参数中的每一个元素分别进行比较，并返回内存数组结果。例如，公式"=EXACT(A1:A5,C1:C5)"，其比较方式如图10-41所示。

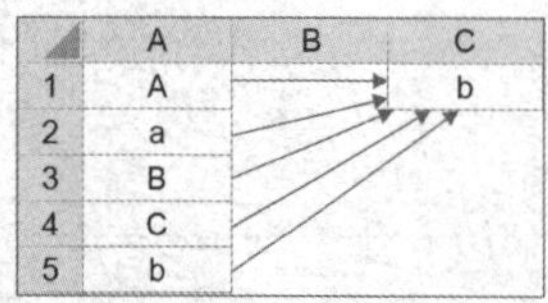

图10-40　一对多比较

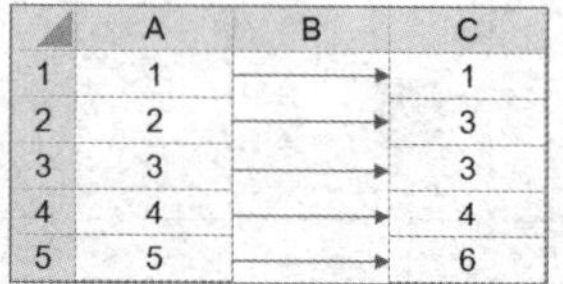

图10-41　多对多比较

公式返回的结果为内存数组。

```
{TRUE;FALSE;TRUE;TRUE;FALSE}
```

另外，EXACT函数不能区分单元格格式的差异，不同字符串比较结果如图10-42所示。

	A	B	C	D
1	字符串1	字符串2	是否相同	说明
2	Excel	excel	FALSE	A2首字母为大写
3	ExcelHome	Excel Home	FALSE	B2两个单词中间有空格
4	Excel之家	Excel之家	TRUE	完全相同
5	2018/1/7	43107	TRUE	A5为日期格式，B5为该日期的常规格式
6	123	¥123.00	TRUE	A6为常规格式，B6为货币格式
7	Excel2016	Ｅｘｃｅｌ２０１６	FALSE	A7为半角，B7为全角
8	Microsoft	**Microsoft**	TRUE	B8单元格字体加粗

图10-42　EXACT函数对字符串的判断结果

示例10-13　比较两组零件清单是否相同

图10-43所示的是某公司两份零件清单的部分内容，其中部分零件在两份清单中同时出现，但是两份清单的排列顺序并不相同。需要在第2份清单中将与第1份清单中重复的零件突出显示。

	A	B
1	零件清单1	零件清单2
2	YYJT-1	C30406-13T
3	C11010-0528-4428	FF32-03
4	03013-1903-5423	YYJT-2
5	FF32-03	EFw-432-57
6	EFW-432-57	03013-1903-5423
7	C30406-13T	C11010-0528-4428

图10-43　需要比较的两组零件清单

利用条件格式的方法可以实现符合条件的内容突出显示效果。其具体操作步骤如下。

步骤① 选中B2:B7单元格区域，依次选择【开始】→【条件格式】→【新建规则】选项。在打开的【新建格式规则】对话框中选择【使用公式确定要设置格式的单元格】选项，在【为符合此公式的值设置格式】编辑框中输入以下公式。

```
=OR(EXACT(B2,$A$2:$A$7))
```

步骤② 单击【格式】按钮，在【设置单元格格式】对话框的【填充】选项卡中选择单元格背景色为淡绿色，最后依次单击【确定】按钮关闭对话框。

完成以上步骤后，清单2与清单1相同的内容以淡绿色背景突出显示，如图10-44所示。

	A	B
1	零件清单1	零件清单2
2	YYJT-1	C30406-13T
3	C11010-0528-4428	FF32-03
4	03013-1903-5423	YYJT-2
5	FF32-03	EFw-432-57
6	EFW-432-57	03013-1903-5423
7	C30406-13T	C11010-0528-4428

图10-44 相同的零件突出显示

10.4 大小写、全半角转换

在Excel中输入字符的大小写及全半角格式，除了可以通过输入法预先设置输入格式外，还可以通过Excel函数对已输入的文本进行大小写、全半角转换。

10.4.1 用LOWER、UPPER和PROPER函数实现大小写字母转换

Excel中能够实现大小写转换的函数有3个，分别对应不同的转换方式，如图10-45所示。

	A	B	C
1	原文本	转换后	公式
2	EXCEL	excel	=LOWER(A2)
3	text	TEXT	=UPPER(A3)
4	how are you	How Are You	=PROPER(A4)

图10-45 大小写字母转换

LOWER函数：将参数中所有字母转换为小写字母。

UPPER函数：将参数中所有字母转换为大写字母，相当于LOWER函数的逆运算。

PROPER函数：将参数中单词首字母转换成大写，其余字母转换为小写。如果单元格包含字母和非中文字符，则将首字母和非字母字符之后的首个字母转换为大写，其余字母转换为小写。

示例10-14 使用PROPER函数转换英文姓名

图10-46所示的是某外企员工信息登记表的部分内容，A列姓名由于输入不规范，包含有大写、小写及混合的大小写名字，需要转换为首字母大写的形式。

在B2单元格中输入以下公式，向下复制到B6单元格。

```
=PROPER(A2)
```

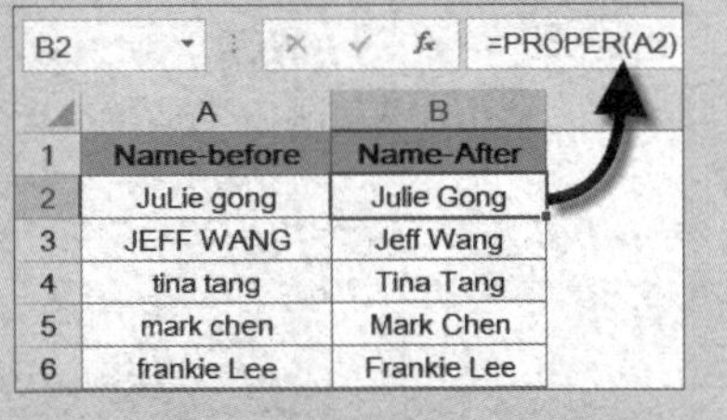
B2 =PROPER(A2)

	A	B
1	Name-before	Name-After
2	JuLie gong	Julie Gong
3	JEFF WANG	Jeff Wang
4	tina tang	Tina Tang
5	mark chen	Mark Chen
6	frankie Lee	Frankie Lee

图10-46 使用PROPER函数转换不规范的姓名

10.4.2 用ASC函数和WIDECHAR函数实现全角半角字符转换

全角字符是指一个字符占用两个标准字符位置的字符，又称为双字节字符。所有汉字均为双字节字符。半角字符是指一个字符占用一个标准字符位置的字符，又称为单字节字符。

字符长度可以使用LEN函数和LENB函数统计，其中LEN函数对任意单个字符都按一个

长度计算。LENB函数则将任意单个的单字节字符按一个长度计算，将任意单个的双字节字符按两个长度计算。

例如，使用以下公式将返回7，表示该字符串共有7个字符。

```
=LEN("Excel之家")
```

使用以下公式将返回9，因为该字符串中的两个汉字共占4个字节长度。

```
=LENB("Excel之家")
```

使用ASC函数和WIDECHAR函数可以用来实现半角字符和全角字符之间的相互转换。两个函数均只有一个参数，如果单元格内包含中文字符，则该部分仍然返回原内容。

示例10-15 将全角字符转换为半角字符

图10-47中的A列是全角数字、字母及符号的组合，需要将这些全角字符全部转换为半角字符。

B2 =ASC(A2)

	A	B
1	全角字符	半角字符
2	８３２－ＺＹ１－Ｕ７７	832-ZY1-U77
3	９１０－０３７－Ｖ４５	910-037-V45
4	７２３－１Ｙ６－Ｓ３Ｄ	723-1Y6-S3D
5	５５４－Ｍ８７－Ｑ２３	554-M87-Q23

图10-47 全角字符转换为半角字符

在B2单元格中输入以下公式，向下复制到B5单元格。

```
=ASC(A2)
```

ASC函数用于将全角字符转换为半角字符。

反之，如果需要将半角字符转换为全角字符，则可使用WIDECHAR函数，如在C2单元格中输入以下公式，则将B2单元格的半角字符转换回全角字符，如图10-48所示。

```
=WIDECHAR(B2)
```

C2 =WIDECHAR(B2)

	A	B	C
1	全角字符	半角字符	全角字符
2	８３２－ＺＹ１－Ｕ７７	832-ZY1-U77	８３２－ＺＹ１－Ｕ７７
3	９１０－０３７－Ｖ４５	910-037-V45	９１０－０３７－Ｖ４５
4	７２３－１Ｙ６－Ｓ３Ｄ	723-1Y6-S3D	７２３－１Ｙ６－Ｓ３Ｄ
5	５５４－Ｍ８７－Ｑ２３	554-M87-Q23	５５４－Ｍ８７－Ｑ２３

图10-48 半角字符转换为全角字符

在单元格中单独输入全角数值时，Excel会自动转换为半角数值。

10.5 字符与编码转化

在计算机领域，字符（Character）是一个信息单位，指计算机中使用的字母、数字、字和符号的总称，不同的国家和地区有不同的字符编码标准。

字符集（Character Set）是多个字符的集合，每个字符集包含的字符个数不同。常见字符集包括ASCII字符集、GB2312字符集、BIG5字符集、GB18030字符集、Unicode字符集等。简体中文一般采用GB2312编码，繁体中文一般采用BIG5编码，这些使用1~4个字节来代表一个字符的各种汉字延伸编码方式称为ANSI编码。

CHAR函数和CODE函数常用于处理字符与编码转换。CODE函数返回文本字符串中第一个字符的数字编码，返回的编码对应于本机所使用的字符集。

例如，以下公式返回字母“a”的编码97。

```
=CODE("a")
```

CHAR函数能够根据本机中的字符集，返回由代码数字指定的字符。以下公式返回编码为65的对应字符，结果为大写字母“A”。

```
=CHAR(65)
```

在Excel帮助文件中，CHAR函数的参数范围要求为1~255的数字，实际上参数范围还可以使用大于33 024的数值，如，公式“=CHAR(55289)”返回字符“座”。

另外，处理字符与编码转换的还有UNICHAR函数和UNICODE函数，UNICHAR函数返回由指定数值引用的Unicode字符，UNICODE函数返回文本内容中的第一个字符的Unicode值。两个函数的用法分别与CHAR函数和CODE函数类似。

使用CODE函数取得的字符编码，并不能完全再用CHAR函数转换为原来的字符。例如，表示平方的符号“²”，使用CODE函数返回其编码为63，而使用公式“=CHAR(63)”的结果为“?”。

10.5.1 用CHAR函数生成字母序列

Excel中可以通过输入部分数字后，使用填充功能自动生成数字序列，但是无法通过类似的功能生成字母序列，可以通过使用CHAR函数来辅助生成字符序列。

示例10-16 生成字母序列

大写字母A~Z的ANSI编码为65~90，小写字母a~z的ANSI编码为97~122，使用CHAR函数与COLUMN函数结合，可以在水平方向生成26个大写字母或小写字母，如图10-49所示。

在A2单元格中输入以下公式，并将公式向右复制到Z2单元格区域。

```
=CHAR(COLUMN(A1)+64)
```

	A	B	C	D	E	F	G	H	I	J	K	L	M	N	O	P	Q	R	S	T	U	V	W	X	Y	Z
1	利用CHAR函数生成字符序列																									
2	A	B	C	D	E	F	G	H	I	J	K	L	M	N	O	P	Q	R	S	T	U	V	W	X	Y	Z
3	a	b	c	d	e	f	g	h	i	j	k	l	m	n	o	p	q	r	s	t	u	v	w	x	y	z

图10-49　生成字母序列

CHAR函数将数字编码转换为计算机所用字符集中的字符。用变量COLUMN(A1)加上64作为CHAR函数的参数，“CHAR(COLUMN(A1)+64)”就是显示字符集中的第65个字符，结果为“A”。

随着公式的向右复制，“COLUMN(A1)”依次变为“COLUMN(B1)”“COLUMN(C1)”…“COLUMN(Z1)”，CHAR函数依次得到字符集中的第65~90个字符A~Z。

同理，在A3单元格中输入以下公式，向右复制到Z3单元格，会依次得到字符集中的第97~122个字符a~z。

```
=CHAR(COLUMN(A2)+96)
```

如需生成纵向的字母序列，只要将公式中的“COLUMN(A1)”替换成“ROW(A1)”即可。

10.5.2　生成可换行的文本

示例10-17　合并后换行显示姓名和职位

图10-50所示的是某企业员工岗位信息表的部分内容，其中A列为员工姓名，B列为职位，需要在C列合并员工姓名和职位，并在同一单元格中换行显示。

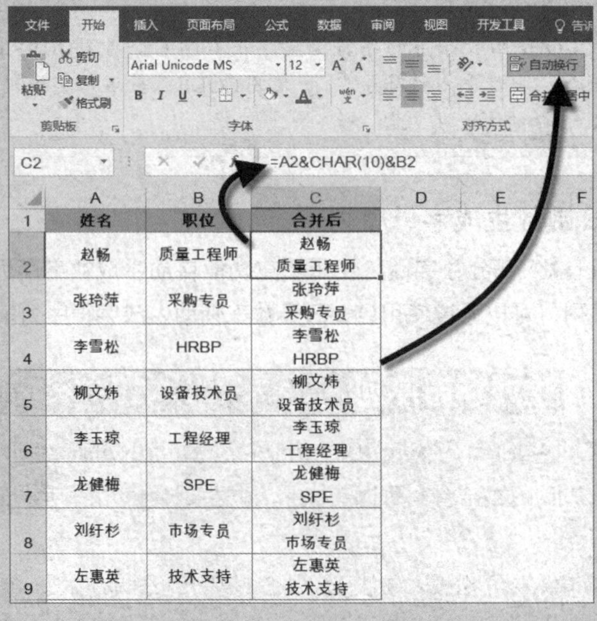

图10-50　合并后换行显示

在C2单元格中输入以下公式，向下复制到C9单元格。

```
=A2&CHAR(10)&B2
```

选中C2:C9单元格区域，单击【开始】选项卡下的【自动换行】按钮。

10是换行符的ANSI编码。先使用CHAR(10)返回换行符，再用“&”符号连接A2与换行符及B2单元格。在设置单元格对齐方式为自动换行的前提下，即可实现合并字符与换行显示的效果。

10.6 字符串提取

字符串提取是Excel文本处理过程中使用频率最高的应用之一，例如，从身份证号中提取生日，从产品编号中提取产地信息，从字符串中提取数字或汉字，将金额分列显示等。常用于字符串提取的函数有LEFT(LEFTB)函数、RIGHT(RIGHTB)函数、MID(MIDB)函数等。

10.6.1 使用LEFT函数和RIGHT函数提取字符串

LEFT函数和RIGHT函数分别以字符串的左/右侧为起始位置，返回指定数量的字符，两个函数的语法相同。

```
LEFT(text,[num_chars])
RIGHT(text,[num_chars])
```

第一参数text为要提取的字符串或单元格引用，第二参数[num_chars]为可选参数，表示要提取的字符数量，省略时默认提取一个字符，即提取字符串最左端或最右端的一个字符。第一参数为文本字符串时，需要用一对半角双引号将其包含，如图10-51所示。

	A	B	C
1	字符串	提取结果	公式
2	ABCDE	AB	=LEFT(A2,2)
3	12345	1	=LEFT(A3)
4	上下左右	左右	=RIGHT(A4,2)
5		提取	=LEFT("提取文本",2)

图10-51 LEFT/RIGHT函数提取字符串

对于需要区分单双字节的情况，可以使用LEFTB和RIGHTB函数提取字符串，函数语法如下。

```
LEFTB(text,[num_bytes])
RIGHTB(text,[num_bytes])
```

“B”代表byte，与LEFT和RIGHT函数的区别是，前者的第二参数为“字符”的数量，无论字符是单字节还是双字节，均按一个字符计算。而加了“B”的LEFTB和RIGHTB函数，第二参数为“字节”的数量。

汉字为双字节字符，字母或数字为单字节字符。如果第一参数最左端或最右端的字符为单字节字符，在省略第二参数时会返回该字符，否则将返回空格，如图10-52所示。

	A	B	C
1	字符串	提取结果	公式
2	ABCDE	AB	=LEFTB(A2,2)
3	12345	1	=LEFTB(A3)
4	上下左右	右	=RIGHTB(A4,2)
5		提	=LEFTB("提取文本",2)
6	学习Excel		=LEFTB(A6,1)
7	学习Excel	l	=RIGHTB(A7,1)

图10-52 LEFTB/RIGHTB函数提取字符串

示例10-18 使用LEFT函数提取地址中的城市名称

图10-53中A列为某地址簿中的部分信息，需要在B列将地址中的城市名提取出来。

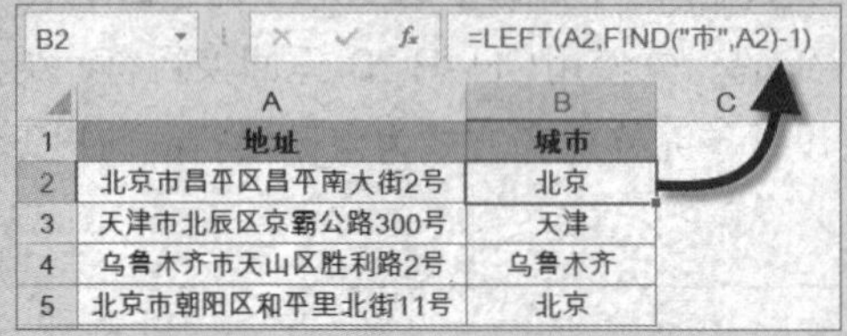

B2 =LEFT(A2,FIND("市",A2)-1)

	A	B	C
1	地址	城市	
2	北京市昌平区昌平南大街2号	北京	
3	天津市北辰区京霸公路300号	天津	
4	乌鲁木齐市天山区胜利路2号	乌鲁木齐	
5	北京市朝阳区和平里北街11号	北京	

图10-53 使用LEFT函数提取地址中的城市名称

在B2单元格中输入以下公式，向下复制到B5单元格。

```
=LEFT(A2,FIND("市",A2)-1)
```

公式中LEFT函数的第二参数中嵌套FIND函数，FIND(“市”, A2)返回“市”字在A2单元格中的位置，如A2中为“北京市”，则FIND函数返回3。由于最终提取的结果不需要返回“市”字，因此，FIND函数后再减1。

关于FIND函数请参考10.7节。

示例10-19 借助LENB函数提取混合内容中的姓名

图10-54中的A列为某公司参与培训人员的姓名及员工号，需要将A列的员工姓名单独提取出来。

本例中的员工姓名字数不等，且姓名后没有可以用于FIND函数查找的固定字符。通过观察可以发现以下规律：前半部分的员工姓名汉字是双字节字符，而后续的员工号数字是单字节字符。

B2 =LEFT(A2,LENB(A2)-LEN(A2))

	A	B	C	D
1	姓名及员工号	姓名		
2	许丽萌1098	许丽萌		
3	陈蓉2219	陈蓉		
4	李岗1356	李岗		
5	陈夏冰0879	陈夏冰		
6	宋祖发2099	宋祖发		
7	汪维平1987	汪维平		
8	杨月英1904	杨月英		
9	丁玉琼1003	丁玉琼		

图10-54 借助LENB函数提取混合内容中的姓名

根据此规律，只要计算出A列单元格中的字符数和字节数之差，就是员工姓名的字符数。再从第一个字符开始，按这个字符数提取，结果即员工的姓名。

在B2单元格中输入以下公式，向下复制到B9单元格。

```
=LEFT(A2,LENB(A2)-LEN(A2))
```

其中LENB函数将A2单元格中的每个汉字字节数统计为2，数字字节数统计为1；LEN函数则将所有的字符都按1统计。因此“LENB(A2)-LEN(A2)”返回的结果就是其中汉字的个数。

10.6.2　使用MID函数从单元格任意位置提取字符串

相较于LEFT和RIGHT函数只能从字符串的最左端或最右端开始提取，MID函数在提取字符串的应用中则更为灵活。函数语法如下。

```
MID(text,start_num,num_chars)
```

第一参数text为要提取的字符串或单元格引用；第二参数start_num用于指定文本中要提取的第一个字符的位置，即从第几个字符开始提取；第三参数num_chars指定从文本中返回字符的个数。

针对需要按字节数提取的情况，同样可以使用加“B”的MIDB函数。MIDB函数的第二参数和第三参数均指字节数，即从第几个字节开始，提取几个字节。

MID和MIDB函数的3个参数均不可省略，如果MIDB函数的第三参数为1，且该位置字符为双字节字符，结果将返回空格，如图10-55所示。

	A	B	C
1	字符串	提取结果	公式
2	ABCDE	BCD	=MID(A2,2,3)
3		取文	=MID("提取文本",2,2)
4	学习Excel	Exc	=MID(A4,3,3)
5	学习Excel	Exc	=MIDB(A5,5,3)
6	学习Excel		=MIDB(A6,3,1)

图10-55　使用MID函数提取任意位置字符串

示例10-20　使用MID函数提取字符串中的手机号

图10-56所示的是文字和数字混合的字符串，字符串前后为文本，中间包含的数字是手机号。需要将中间的手机号提取到B列。

在B2单元格中输入以下公式，向下复制到B9单元格。

```
=MID(A2,FIND("1",A2),11)
```

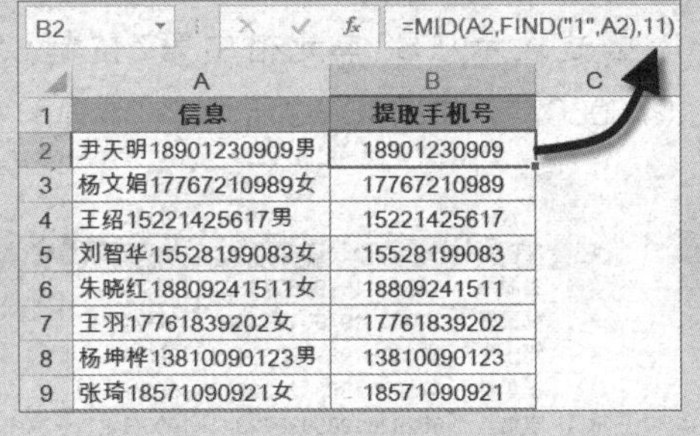

B2　=MID(A2,FIND("1",A2),11)

	A	B	C
1	信息	提取手机号	
2	尹天明18901230909男	18901230909	
3	杨文娟17767210989女	17767210989	
4	王绍15221425617男	15221425617	
5	刘智华15528199083女	15528199083	
6	朱晓红18809241511女	18809241511	
7	王羽17761839202女	17761839202	
8	杨坤桦13810090123男	13810090123	
9	张琦18571090921女	18571090921	

图10-56　使用MID函数提取字符串中的手机号

本例中提取的手机号都以“1”开头，通过FIND函数找到“1”所在的位置，作为MID函数的第二参数，即返回字符串的起始位置。第三参数为手机号的字符数11。

示例10-21　使用MID函数分列显示答案

图10-57所示的是某次考试选择题部分的答案，需要将B列内容依次提取到C~G列单元格区域。

在C2单元格中输入以下公式，复制到C2:G7单元格区域。

```
=MID($B2,COLUMN(A1),1)
```

	A	B	C	D	E	F	G
1	题号	答案	答案分列后				
2	1-5	ACBCD	A	C	B	C	D
3	6-10	CDAAC	C	D	A	A	C
4	11-15	BDCBA	B	D	C	B	A
5	16-20	ACBBA	A	C	B	B	A
6	21-25	BABCD	B	A	B	C	D
7	26-30	CADCB	C	A	D	C	B

图10-57　使用MID函数分列显示答案

公式向右复制时，COLUMN(A1)部分将依次生成递增的自然数序列，作为MID函数的第二参数，即函数提取的起始位置。MID函数在C~G列依次提取B2单元格中的第1~5个字符。

10.6.3 提取身份证信息

我国现行居民身份证号码由18位数字组成，其中第7~14位数字表示出生年月日：7~10位是年，11~12位是月，13~14位是日。第17位是性别标识码，奇数为男，偶数为女。第18位数字是校检码，包括0~9的数字和字母X。使用文本函数可以从身份证号码中提取出身份证持有人的出生日期、性别等信息。

示例10-22 从身份证号中提取出生日期

图10-58为某公司员工信息表的部分内容，需要从B列身份证号中提取出生日期，并且以日期格式存储于C列。

在C2单元格中输入如下公式，向下复制到C9单元格。

```
=MID(B2,7,8)
```

公式表示从B2单元格中第7位起，一共提取8个字符，得到8位数字的字符串“19790607”，如图10-59所示。

	A	B	C
1	姓名	身份证号	出生日期
2	金海燕	130604197906071825	1979/6/7
3	阮玉婷	370882197901112063	1979/1/11
4	邓永生	370826198303037431	1983/3/3
5	王晋明	370802198312123912	1983/12/12
6	李培兰	652926198503012321	1985/3/1
7	段丽芳	654323198610120520	1986/10/12
8	刘美瑞	370883197209017453	1972/9/1
9	覃川	370826198109104098	1981/9/10

图10-58 从身份证号中提取出生日期

	A	B	C
1	姓名	身份证号	出生日期
2	金海燕	130604197906071825	19790607
3	阮玉婷	370882197901112063	19790111
4	邓永生	370826198303037431	19830303
5	王晋明	370802198312123912	19831212
6	李培兰	652926198503012321	19850301
7	段丽芳	654323198610120520	19861012
8	刘美瑞	370883197209017453	19720901
9	覃川	370826198109104098	19810910

图10-59 提取出8位数字出生日期

采用分列的方法，将提取到出生日期转换为日期格式，具体操作步骤如下。

步骤1 选中C2:C9单元格区域，按<Ctrl+C>组合键复制。保持C2:C9单元格区域的选中状态并右击，在弹出的快捷菜单中选择【选择性粘贴】→【数值】→【确定】选项。

步骤2 选中C2:C9单元格区域，在【数据】选项卡下单击【分列】按钮，在弹出的【文本分列向导－第1步，共3步】对话框中单击【下一步】按钮，如图10-60所示。

步骤3 在弹出的【文本分列向导－第2步，共3步】对话框中单击【下一步】按钮，在弹出的【文本分列向导－第3步，共3步】对话框中的【列数据格式】选项区域中选中【日期】复选框，单击【完成】按钮，即可得到需要的结果，如图10-61所示。

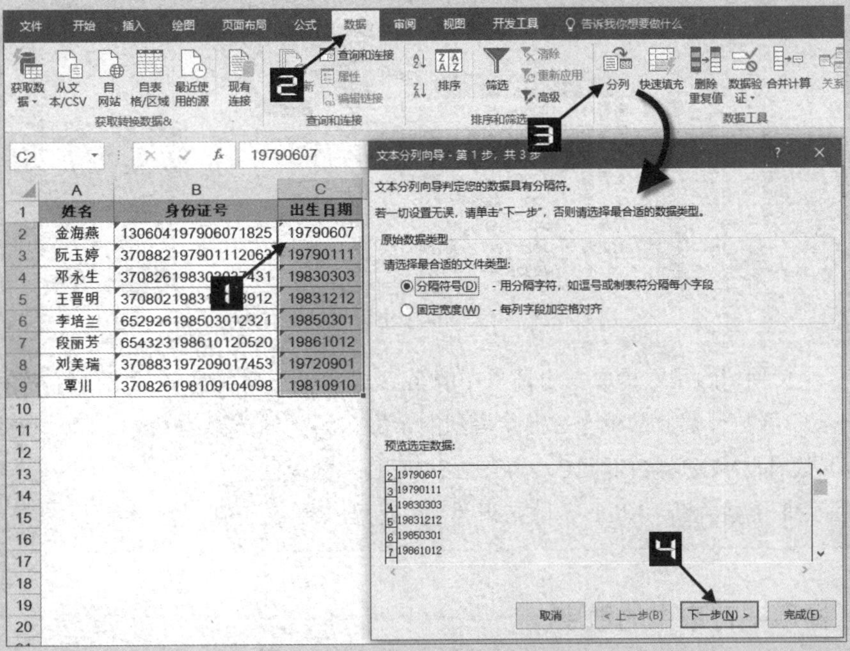

图10-60 使用文本分列向导

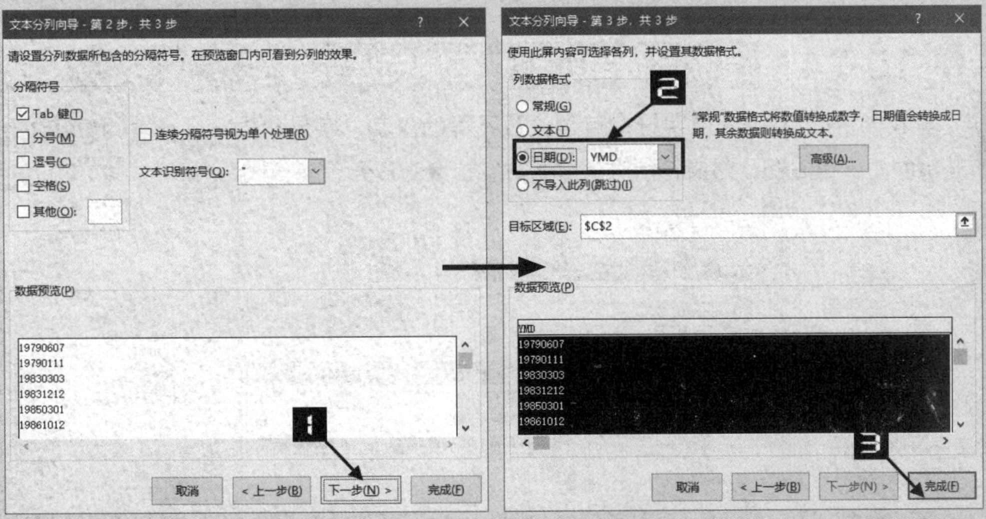

图10-61 文本分列向导第2、3步

示例10-23 从身份证号码中提取性别信息

图10-62为员工信息，需要从B列身份证号码中提取出性别信息。

在C2单元格中输入以下公式，向下复制到C9单元格。

```
=IF(MOD(MID(B2,17,1),2),"男","女")
```

C2 =IF(MOD(MID(B2,17,1),2),"男","女")

	A	B	C
1	姓名	身份证号	性别
2	金海燕	130604197906071825	女
3	阮玉婷	370882197901112063	女
4	邓永生	370826198303037431	男
5	王晋明	370802198312123912	男
6	李培兰	652926198503012321	女
7	段丽芳	654323198610120520	女
8	刘美瑞	370883197209017453	男
9	覃川	370826198109104098	男

图10-62　从身份证号中提取性别信息

公式中使用MID函数提取身份证号中的第17位数，结果作为MOD函数的第一参数。再使用MOD函数计算此数值与2相除得到的余数，得到的结果为1或0，即身份证号第17位为偶数时，MOD函数返回0，为奇数时MOD函数返回1。

最后用IF函数判断，MOD函数结果为1时返回“男”，否则返回“女”。

10.6.4　提取字符串中的数字

日常工作中，经常会遇到一些不规范的数据源需要处理，如果数据量较多，在不便于重新录入的情况下，可使用文本函数进行数据的提取。

示例10-24　提取字符串左侧或右侧的连续数字

图10-63所示的A列中字符串包含位数不等的汉字、字母和数字，连续的数字位于字符串的左侧或右侧，需要将字符串中的数字提取到B列。

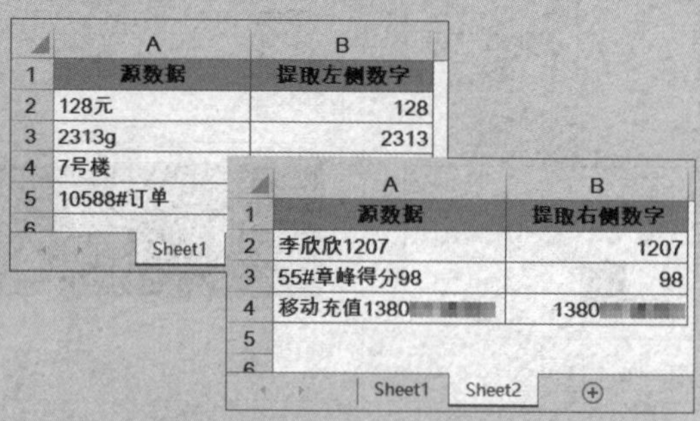

Sheet1:

	A	B
1	源数据	提取左侧数字
2	128元	128
3	2313g	2313
4	7号楼	
5	10588#订单	

Sheet2:

	A	B
1	源数据	提取右侧数字
2	李欣欣1207	1207
3	55#章峰得分98	98
4	移动充值1380	1380

图10-63　提取字符串左、右侧的连续数字

1. 提取左侧的数字

在“Sheet1”工作表的B2单元格中输入以下公式，向下复制到B5单元格。

```
=-LOOKUP(0,-LEFT(A2,ROW($1:$15)))
```

公式中使用LEFT函数从A2单元格左侧分别提取长度为1~15的文本字符串，再加上一个负号，将数值部分转换为负数，文字部分转换为错误值。

LOOKUP函数以0作为查找值，在由负数和错误值构成的内存数组中返回最后一个负数。最后对LOOKUP函数的结果加上负号，即得到正数结果。

2. 提取右侧的数字

在“Sheet2”工作表的B2单元格中输入以下公式，向下复制到B4单元格。

```
=-LOOKUP(0,-RIGHT(A2,ROW($1:$15)))
```

公式与从左侧取值的原理相同，只是将用LEFT函数从字符串左侧取值，变为用RIGHT函数从字符串右侧取值。

关于LOOKUP函数请参考14.2.5节。

扫描以下二维码，可观看关于字符串提取的更加详细的视频讲解。

示例10-25 提取字符串中间的数字

图10-64中，A列记录结果既包含花费的数额，同时包含花费项目及单位，需要将花费的数额提取至B列。

B2 {=-LOOKUP(0,-MID(A2,MATCH(0,0/MID(A2,ROW($1:$99),1),0),ROW($1:$15)))}

	A	B	C	D	E	F	G	H
1	源数据	提取数字						
2	买衣服800元	800						
3	充话费150元	150						
4	水果30元500g	30						
5	情人节礼物1800元	1800						

图10-64 提取字符串中的数字

在B2单元格中输入以下数组公式，按<Ctrl+Shift+Enter>组合键，向下复制到B5单元格。

```
{=-LOOKUP(0,-MID(A2,MATCH(0,0/MID(A2,ROW($1:$99),1),0),ROW($1:$15)))}
```

“MID(A2,ROW($1:$99),1)”部分分别从A2单元格第1~99位字符开始提取1个字符（此处默认字符数少于99，可根据实际调整），得到由A2单元格中的每一个字符和空文本组成的内存数组。

```
{买;衣;服;8;0;0;元;"";……;""}
```

再用0除以这个内存数组，返回由0和错误值构成的新内存数组。

```
{#VALUE!;#VALUE!;#VALUE!;0;#DIV/0!;#DIV/0!;#VALUE!;……;#VALUE!;}
```

“MATCH(0,0/MID(A2,ROW($1:$99),1),0)”部分用MATCH函数以0作为查找值，精确定位0在以上内存数组中的位置，返回4。

再由MID函数从A2单元格中分别以MATCH函数的返回值4作为起始位置，以ROW($1:$15)作为提取字符长度。

```
{"8";"80";"800";"800元";……;"800元"}
```

再加上一个负号，将数值部分转换为负数，文字部分转换为错误值。使用LOOKUP函数，以0作为查找值，返回内存数组中的最后一个负数。最后对LOOKUP函数取负值，即得到正数结果。

关于MATCH函数请参考14.2.3节。

此方法中，如果源字符串中混合有多组数字，如A4单元格，结果将返回第一组数字。针对只包含一组数字的字符串，此方法也可用于提取连续的数字位于字符串的左侧或右侧的情况。

虽然使用Excel函数可以从部分混合字符串中提取出数字，但并不意味着在工作表中可以随心所欲地输入数据。格式不规范、结构不合理的基础数据，将对后续的汇总、计算、分析等工作带来很多麻烦。

10.6.5 使用FIXED函数指定位数舍入数值

在Excel中除了常规的数值舍入函数，使用FIXED函数也可实现按指定小数位数舍入数值的目的，区别是FIXED函数处理的结果为文本型数字。

FIXED函数用于将数字舍入到指定的小数位数，使用小数点和逗号进行格式设置，并返回文本形式的结果。该函数语法为：

```
FIXED(number,[decimals],[no_commas])
```

第一参数是需要舍入处理的数字或单元格引用。

第二参数可选，是需要保留的小数位数，如果省略则假设其值为2。

第三参数是一个可选逻辑值，如果为TRUE时，则会禁止在返回的文本中包含表示千位分隔符的逗号。

示例10-26 使用FIXED函数将圆面积保留指定小数位

图10-65为某次测量圆板尺寸的部分记录，其中B列是圆板的半径，C列是使用公式计算得到的面积，需要将计算得到的面积保留一位小数。

在D2单元格中输入以下公式，向下复制到D4单元格。

```
=FIXED(C2,1)
```

	A	B	C	D
1	圆板编号	半径/cm	面积/cm²	保留一位小数
2	1#	3	28.27433388	28.3
3	2#	5	78.53981634	78.5
4	3#	8	201.0619298	201.1

D2 =FIXED(C2,1)

图10-65　圆面积保留一位小数

公式中省略第三参数，如果返回的文本位数大于等于1000，结果将包含表示千位分隔符的逗号。

公式返回的结果如需继续参与运算，需要将文本型数字转换为数值，请参考10.1.3节。

10.6.6　收款凭证中的数字分列填写

在财务凭证中经常需要对数字进行分列显示，一位数字占用一格，同时还需要在金额前加上人民币符号（￥）。使用Excel制作凭证时，可以利用函数与公式实现金额自动分列。

示例10-27　使用文本函数进行数字分列

图10-66为模拟的收款凭证，其中F列为各商品的合计金额，需要在G~P列利用公式实现金额数值分列显示，且在第一位数字之前添加人民币符号（￥）。

收款凭证

客户全称：　　　　开票日期：2017年12月18日

商品名称	单价	数量	合计	千	百	十	万	千	百	十	元	角	分
笔记本电脑	6800	20	136,000.00		￥	1	3	6	0	0	0	0	0
无线鼠标	99	100	9,900.00				￥	9	9	0	0	0	0
蓝牙耳机	880	50	44,000.00			￥	4	4	0	0	0	0	0
合计人民币（大写）	壹拾捌万玖仟玖佰元整		189,900.00		￥	1	8	9	9	0	0	0	0

制表人：　　　经办人：　　　单位名称（盖章）

图10-66　收款凭证中的数字分列填写

在G5单元格中输入以下公式，将其复制到G5:P9单元格区域。

```
=IF($F5,LEFT(RIGHT(" ￥" &$F5/1%,COLUMNS(G:$P))),"")
```

公式中使用IF函数进行判断，如果F5单元格不为0，则返回LEFT函数提取的结果，否则返回空文本。

LEFT函数中仅有RIGHT函数一个参数，表示从RIGHT函数返回的结果中取值，且只取一个字符（第二参数省略，表示取左侧第一个字符）。

“$F5/1%”部分表示将F5单元格的数值放大100倍，转换为整数，也可以用“$F5*100”来代替。因为分列显示的金额中没有小数点，使用文本函数要对所有的数字包括“角”和

"分"一起进行提取，再将字符串" ¥"（注意人民币符号前有一个空格）与其连接，变成新的字符串" ¥13600000"。

使用RIGHT函数在这个字符串的右侧开始取值，长度分别为"COLUMNS(G:$P)"部分的计算结果。"COLUMNS(G:$P)"用于计算从公式当前列至P列的列数，计算结果为10。

在公式向右复制时，COLUMNS函数形成一个递减的自然数序列。每向右一列，RIGHT函数的取值长度减少1，即G5单元格中公式RIGHT函数取值长度为"COLUMNS(G:$P)"，结果为10位，H5单元格为"COLUMNS(H:$P)"，结果为9位。

如果RIGHT函数指定要截取的字符数超过字符串总长度，结果仍为原字符串。"RIGHT(" ¥13600000", 10)"的结果为" ¥13600000"，最后使用LEFT函数取得首字符，结果为空格。

人民币符号（¥）之前加空格是为了保证当截取字符数超过字符串总长度时，RIGHT截取到的结果最左侧的字符为空格，这样所有未涉及金额的部分都将显示为空白。

其他单元格中的公式计算过程以此类推。

10.7 查找字符

从单元格中提取字符串时，提取的起始位置或结束位置往往是不固定的，需要根据条件定位某个或某些关键字符，以此作为提取的条件。使用FIND（FINDB）函数和SEARCH（SEARCHB）函数，可以解决定位字符的问题。同时，这几个函数返回的结果也可以嵌套在逻辑判断的函数与公式中，确定单元格中是否包含指定的字符串。

10.7.1 用FIND函数和FINDB函数查找字符

FIND函数和FINDB函数用于在单元格或字符串中定位指定的字符串，并返回其起始位置的值，该值从单元格的第一个字符算起。无论是单字节字符还是双字节字符，FIND函数始终将一个字符按1计数，FINDB函数会将一个双字节字符按2计数。

函数的语法如下。

```
FIND(find_text,within_text,[start_num])
FINDB(find_text,within_text,[start_num])
```

第一参数find_text为必需参数，为要查找的文本。

第二参数within_text为必需参数，包含要查找文本的单元格引用或字符串。

第三参数start_num为可选参数，指定开始查找的位置。省略此参数时，默认其值为1。

无论第三参数是否为1，函数返回的位置的值都以第二参数的第一个字符开始计算。如图10-67所示，图中A列带有下画线的字符是通过函数查找

	A	B	C
1	原始文本	定位结果	公式
2	business	5	=FIND("n",A2)
3	Microsoft Office	11	=FIND("O",A3)
4	Excel Home	10	=FIND("e",A4,5)
5	Excel Home	4	=FIND("e",A5)

图10-67　使用FIND函数查找字符

到的对应字符。

如果第一参数find_text为空文本，则FIND和FINDB函数会匹配搜索字符串中的首字符。

如果第二参数within_text 中不包含第一参数find_text的值，则FIND和FINDB函数返回错误值 #VALUE!。

如果start_num小于等于0，则FIND和FINDB函数返回错误值#VALUE!。

如果start_num大于within_text的长度，则FIND和FINDB返回错误值#VALUE!。

FIND和FINDB区分大小写，并且不支持使用通配符搜索。如果希望不区分大小写搜索或使用通配符，则可以使用SEARCH函数和SEARCHB函数。如图10-68所示，图中A列带有下画线的字符是通过函数查找到的对应字符。

	A	B	C
1	原始文本	定位结果	公式
2	business	5	=SEARCH("n",A2)
3	Microsoft Office	5	=SEARCH("O",A3)
4	Excel Home	10	=SEARCH("e",A4,5)
5	Excel Home	1	=SEARCH("e",A5)
6	Excel Home	4	=SEARCH("el",A6)
7	法兰X208X2T-CY	7	=SEARCH("X?T",A7)

图10-68　SEARCH函数查找字符

SEARCH和SEARCHB函数的语法结构与FIND和FINDB函数相似。

```
SEARCH(find_text,within_text,[start_num])
SEARCHB(find_text,within_text,[start_num])
```

FIND（FINDB）和SEARCH（SEARCHB）函数的第一参数如果为一个字符串，将返回其该字符串在第二参数中的起始位置。

示例10-28　使用FIND函数获取电话区号

图10-69为某公司客户联系信息的部分内容，其中B列为座机号码。需要在C列提取出号码中的区号。

在C2单元格中输入以下公式，向下复制到C7单元格。

```
=LEFT(B2,FIND("-",B2)-1)
```

C2　=LEFT(B2,FIND("-",B2)-1)

	A	B	C
1	姓名	电话	区号
2	江永丽	010-68885788	010
3	蔡德修	021-34286801	021
4	丁建昆	0371-3421895	0371
5	张春林	0994-5617188	0994
6	王麒麟	0567-7310934	0567
7	刘世伟	022-33468109	022

图10-69　使用FIND函数提取电话区号

公式中使用FIND函数查找“-”在电话号码中的位置，然后用LEFT函数将其左侧的数字提取出来。因为提取的字符不包含用FIND函数查找的“-”，所以要在FIND函数后减1作为LEFT函数的第二参数。

针对此类问题，除了可以应用函数与公式外，还可以使用Excel查找与替换的方法获取电话的区号，具体操作步骤如下。

步骤1　选中需要提取的B2:B7单元格区域，按<Ctrl+H>组合键，调出【查找和替换】对话框。

步骤2　在【查找内容】编辑框中输入“-*”，在【替换为】编辑框中保留空白。表示将“-”及其后面的所有字符都替换为空白，相当于删除作用。

步骤3　单击【全部替换】按钮，在弹出的提示对话框中单击【确定】按钮。最后在【查找和替换】对话框中单击【关闭】按钮完成操作，如图10-70所示。

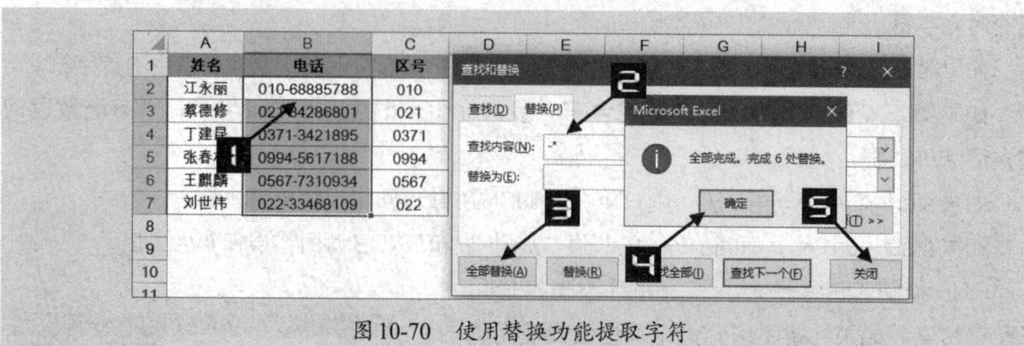

图10-70 使用替换功能提取字符

示例10-29 使用FIND函数查找型号中是否包含指定的选项

图10-71为某公司产品型号清单的部分内容，A列型号是由多种选项组合而成的，其中部分型号的位置不固定。需要判断的是，如果型号中包含“M5”选项，则在B列返回“包含”，否则返回“不包含”。

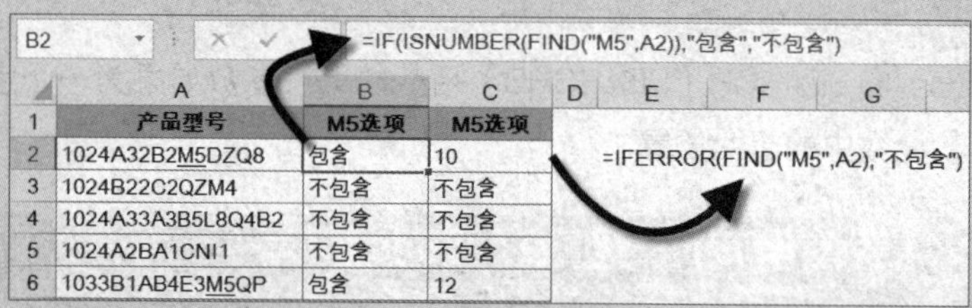

图10-71 使用FIND函数查找型号中是否包含指定的选项

在B2单元格中输入以下公式，向下复制到B6单元格。

```
=IF(ISNUMBER(FIND("M5",A2)),"包含","不包含")
```

在公式中先用FIND函数查找“M5”在A2单元格中的位置，将返回的结果作为ISNUMBER函数的参数。ISNUMBER函数的参数如果为数字，则函数返回TRUE，否则返回FALSE。也就是说，如果A2单元格中包含“M5”则返回TRUE，否则返回FALSE。

最后用IF函数判断，如果为TRUE返回“包含”，否则返回“不包含”。

除此之外，此问题还可以有更简单的写法，如图10-71中的C列。

在C2单元格中输入以下公式，向下复制到C6单元格。

```
=IFERROR(FIND("M5",A2),"不包含")
```

使用IFERROR函数判断FIND函数返回的结果，如果不是错误值，则返回FIND函数的结果，也就是查找到的“M5”的位置。FIND函数找不到“M5”时返回错误值，IFERROR函数在公式结果为错误值时返回指定的内容“不包含”。

示例10-30 使用FIND函数查找多个条件

沿用图10-71中的产品型号，需要在B列中判断A列从第7个字符开始是否包含“M5”或“B2”选项。包含其一则返回“包含”，否则返回“不包含”，如图10-72所示。

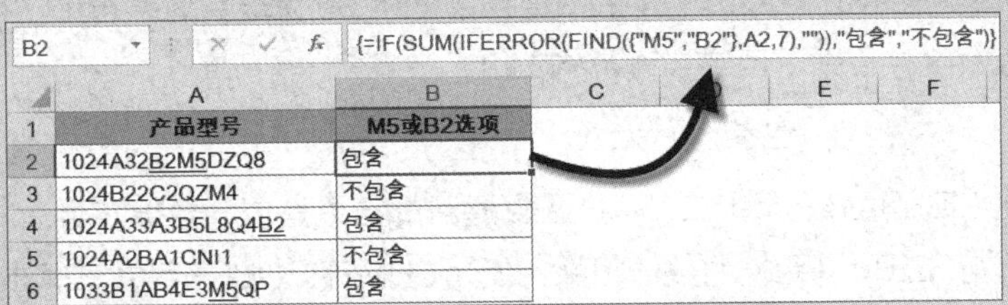

B2 {=IF(SUM(IFERROR(FIND({"M5","B2"},A2,7),"")),"包含","不包含")}

	A	B
1	产品型号	M5或B2选项
2	1024A32B2M5DZQ8	包含
3	1024B22C2QZM4	不包含
4	1024A33A3B5L8Q4B2	包含
5	1024A2BA1CNI1	不包含
6	1033B1AB4E3M5QP	包含

图10-72 使用FIND函数查找多个条件

在B2单元格中输入以下数组公式，按<Ctrl+Shift+Enter>组合键，向下复制到B6单元格。

```
{=IF(SUM(IFERROR(FIND({"M5","B2"},A2,7),"")),"包含","不包含")}
```

公式中的“FIND({"M5","B2"}, A2,7)”部分，使用FIND函数在A2单元格从第7个字符开始分别查找“M5”和“B2”的位置。

如果FIND函数找到两个选项之一则返回数字，否则返回错误值。再用IFERROR函数进行判断，如果为数值，则返回公式本身的结果；如果为错误值，则返回空文本。

再由SUM函数将分别找到的“M5”和“B2”的位置数字求和，两个选项都找不到时求和为0。

最后由IF函数判断，如果SUM函数的结果不为0，则返回“包含”，否则返回“不包含”。

10.7.2 使用SEARCH函数模糊查找字符

利用SEARCH函数支持使用通配符的特性，可以实现模糊查找字符。与其他函数结合，还能够实现模糊匹配的汇总计算。

示例10-31 使用SEARCH函数模糊查找条件求和

图10-73为某公司销售记录的部分内容，其中A列是用8位数字表示的订单日期，B列是订单数量。需要根据D2单元格指定的年月，统计订单数量之和。

E2 =SUMPRODUCT(ISNUMBER(SEARCH(D2&"*",A2:A7))*B2:B7)

	A	B	C	D	E
1	订单日期	订单数量		订单月份	订单数量
2	20170908	108		201709	210
3	20171013	98			
4	20170925	25			
5	20170915	77			
6	20170824	49			
7	20171017	70			

图10-73 使用SEARCH函数模糊查找条件求和

在E2单元格中输入以下公式。

```
=SUMPRODUCT(ISNUMBER(SEARCH(D2&"*",A2:A7))*B2:B7)
```

公式中的“D2&"*"”即“201709*”，表示以201709开头的任意字符串。“SEARCH(D2&"*", A2:A7)”表示在A2~A7单元格中查找以201709为开头的字符串。符合条件的返回对应的位置数字，否则返回错误值#VALUE!。

```
{1;#VALUE!;1;1;#VALUE!;#VALUE!}
```

再用ISNUMBER函数判断SEARCH函数返回的结果是否为数值，最后将ISNUMBER返回的逻辑值与B2:B7单元格的数值相乘，使用SUMPRODUCT函数计算出乘积之和。

关于SUMPRODUCT函数请参考15.5节。

如果在此例中使用SUMIF函数结合通配符进行求和，结果将返回0。

```
=SUMIF(A2:A7,D2&"*",B2:B7)
```

因为A2:A7单元格区域中的日期是数字，而SUMIF函数仅支持在文本内容中使用通配符。

10.7.3 使用SEARCHB函数区分单双字节查找字符

利用SEARCHB函数支持通配符并且可以区分单双字节字符的特性，可以在单双字节的混合内容中查找并提取出指定的字符串。

示例10-32 使用SEARCHB函数提取文本中的字母和数字

图10-74为某公司零件清单的部分内容。其中A列零件描述包含零件名称、零件号和单位。所有内容都是汉字在字符串两端，中间为连续的字母或数字等单字节字符。需要将中间由字母和数字构成的零件号提取至B列。

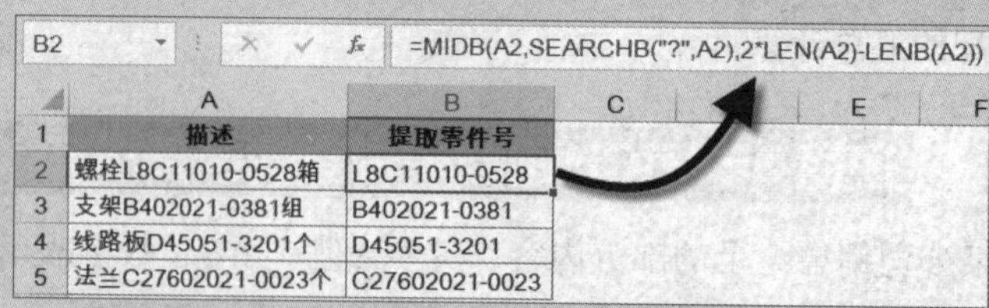

图10-74 使用SEARCHB函数提取文本中的字母和数字

在B2单元格中输入以下公式，向下复制到B5单元格。

```
=MIDB(A2,SEARCHB("?",A2),2*LEN(A2)-LENB(A2))
```

“SEARCHB("?", A2)”部分表示在A2单元格中从第一位开始搜索，返回第一个单字节字符所在的位置，也就是A列汉字后的第一个字母或数字所在的位置。因为每个汉字的字节长度在SEARCHB函数会统计为2，所以“SEARCHB("?", A2)”返回结果5。

“2*LEN(A2)-LENB(A2)”部分用于计算混合字符串中单字节字符个数，结果为13。

再使用MIDB函数在A2单元格中以SEARCHB函数得到的第一个字母或数字的位置为起点，提取“2*LEN(A2)-LENB(A2)”个长度的字符。

如果汉字和字母、数字分别连续在字符串的左右两侧，也可以利用SEARCHB函数查找通配符的方法提取字符。

示例10-33　使用SEARCHB函数提取字符串左侧的文本

图10-75为某公司客户订单信息的部分内容，A列由客户姓名和订单号组成。需要在B列中提取出对应的客户姓名。

B2　=LEFTB(A2,SEARCHB("?",A2)-1)

	A	B	C	D
1	客户订单	提取客户姓名		
2	王艳芳1708GYJ/3427	王艳芳		
3	白建明AX0981	白建明		
4	蔡钰1890-1064	蔡钰		
5	李登文YYJT-1	李登文		
6	雷发祥BaseY787	雷发祥		
7	张娟Eng1801Y	张娟		
8	桂玉杰Mar17	桂玉杰		
9	张艳CBY0906	张艳		

图10-75　提取字符串左侧的文本

在B2单元格中输入以下公式，向下复制到B9单元格。

```
=LEFTB(A2,SEARCHB("?",A2)-1)
```

公式中SEARCHB函数在A2单元格中查找通配符“?”，即第一个单字节字符的字母或数字在字符串中的位置。返回的结果就是字符串中汉字后一个字符的位置，因为双字节字符的汉字在SEARCHB函数中字符长度为2，所以“SEARCHB("?", A2)”的结果为7。

再利用LEFTB函数从A2单元左侧起，提取7减1个字符。

10.8　替换字符或字符串

Excel中除了使用查找替换功能批量替换字符外，还可以使用文本替换类函数将字符串中的部分或全部内容替换成新的字符串。文本替换类函数包括SUBSTITUTE函数、REPLACE函数，以及用于区分双字节字符的REPLACEB函数。

10.8.1　字符替换函数SUBSTITUTE

SUBSTITUTE函数用于将字符串中指定的字符替换为新的文本字符串。函数语法如下：

```
SUBSTITUTE(text,old_text,new_text,[instance_num])
```

第一参数text是必需参数，为需要替换其中字符的原始文本或单元格引用。

第二参数old_text是必需参数，为需要被替换的“旧文本”。如果第一参数的字符串中不包含该参数的字符串，则返回原始文本。

第三参数new_text是必需参数，为用于替换的“新文本”。如果该参数为空文本或省略参数的值仅保留参数之前的逗号时，相当于将需要替换的“旧文本”删除。

第四参数instance_num是可选参数，表示替换第几个“旧文本”。如果省略该参数，则所有“旧文本”都会被替换。

SUBSTITUTE函数不同参数设置返回的结果如图10-76所示。

	A	B	C
1	原始数据	替换字符后	公式
2	2018.1.6	2018/1/6	=SUBSTITUTE(A2,".","/")
3	工程部王晓立	王晓立	=SUBSTITUTE(A3,"工程部",)
4	Excel H ome	Excel Home	=SUBSTITUTE(A4," ",,2)

图10-76　SUBSTITUTE函数返回结果

示例10-34　使用SUBSTITUTE函数换行显示姓名和电话号码

图10-77中A列包含姓名和联系电话，中间用冒号进行分隔。需要将其修改为姓名和电话号码换行显示。

B2　=SUBSTITUTE(A2,":",CHAR(10))

	A	B
1	联系方式	更改后
2	张永红:13911373256	张永红 13911373256
3	徐芳:13701152340	徐芳 13701152340
4	张娜娜:13901293669	张娜娜 13901293669
5	徐波:13801231712	徐波 13801231712
6	邹玉英:13011855804	邹玉英 13011855804
7	赵映刚:13901085787	赵映刚 13901085787
8	王磊:13701101199	王磊 13701101199
9	崔洪昆:13901313478	崔洪昆 13901313478

图10-77　换行显示姓名和电话号码

在B2单元格中输入以下公式，向下复制到B9单元格。

```
=SUBSTITUTE(A2,":",CHAR(10))
```

公式中使用SUBSTITUTE函数将冒号“:”替换为换行符ANSI编码10。

选中B2:B9单元格区域，单击【开始】选项卡下的【自动换行】按钮。

在设置单元格对齐方式为自动换行的前提下，即可实现合并字符与换行显示的效果。

示例10-35 使用SUBSTITUTE函数计算花费总额

图10-78中，B列的数据记录不规范，有的单元格中仅包含数字，有的单元格最后包含“元”字，需要在B8单元格中计算所有花费的总和。

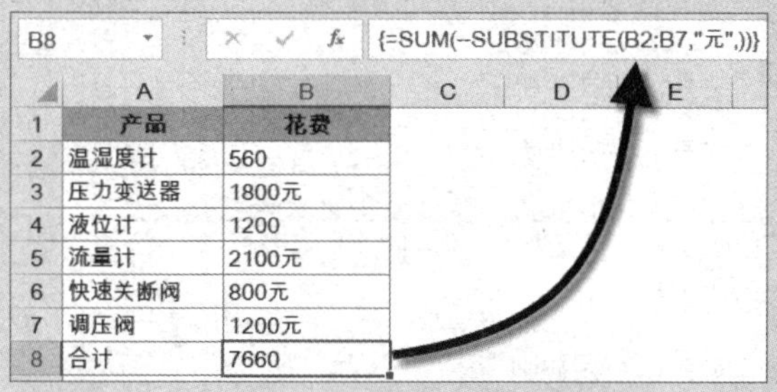

B8 {=SUM(--SUBSTITUTE(B2:B7,"元",))}

	A	B
1	产品	花费
2	温湿度计	560
3	压力变送器	1800元
4	液位计	1200
5	流量计	2100元
6	快速关断阀	800元
7	调压阀	1200元
8	合计	7660

图10-78 计算不规范花费的总额

在B8单元格中输入以下数组公式，按<Ctrl+Shift+Enter>组合键。

```
{=SUM(--SUBSTITUTE(B2:B7,"元",))}
```

公式中SUBSTITUTE函数的第三参数省略，表示将B2:B7单元格中的“元”字替换为空。不包含“元”字的单元格将不受影响，返回原有的内容。

使用“--”（两个负号）将SUBSTITUTE函数的结果由文本转换为数值，再由SUM函数进行求和。

提示

本例仅作为SUBSTITUTE函数的一项使用方法说明，不代表所有不规范的数据都能够通过函数的方法完成计算。实际输入数据时可将不同类别的数据单独一列存放，数值后面不加文本。如果使用类似“1箱54只”“3包22个”的数据输入形式，将对后续的汇总带来极大的麻烦。

示例10-36 使用SUBSTITUTE函数替换查找文本中的空格

图10-79为某公司员工通讯信息的部分内容，需要在E2单元格中查找D2单元格中的员工姓名对应的手机号码。由于D2单元格汇总的员工姓名中包含空格，使用VLOOKUP函数查找时返回错误值#N/A。

E2 =VLOOKUP(D2,A2:B9,2,0)

	A	B	C	D	E
1	姓名	手机号		姓名	手机号
2	甘明华	13901135819		罗 华	#N/A
3	李小五	13901383999			
4	罗华	13901025055			
5	王定骄	13701101199			
6	王福	13901293669			
7	毕文霞	13901182537			
8	章颖	13804094055			
9	李世英	13801390686			

图10-79 查找文本中包含空格

为得到正确的结果，可以在E2单元格使用VLOOUP函数时，对第一参数中的文本进行处理，如图10-80所示。

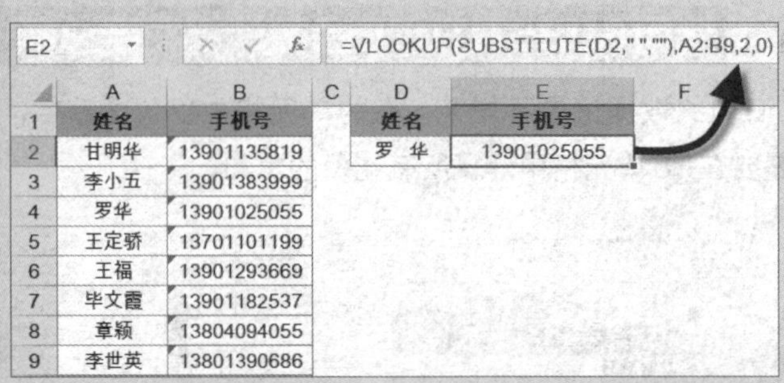

E2 =VLOOKUP(SUBSTITUTE(D2," ",""),A2:B9,2,0)

	A	B	C	D	E	F
1	姓名	手机号		姓名	手机号	
2	甘明华	13901135819		罗 华	13901025055	
3	李小五	13901383999				
4	罗华	13901025055				
5	王定骄	13701101199				
6	王福	13901293669				
7	毕文霞	13901182537				
8	章颖	13804094055				
9	李世英	13801390686				

图10-80 替换查找文本中的空格

在E2单元格中输入以下公式。

```
=VLOOKUP(SUBSTITUTE(D2," ",""),A2:B9,2,0)
```

公式中的“SUBSTITUTE(D2," ","")”部分表示将D2单元格中的空格替换为空文本。再以此作为VLOOKUP函数的第一参数，处理之后即可返回正确的结果。

10.8.2 计算指定字符出现次数

示例10-37 使用SUBSTITUTE函数计算彩票号码中数字出现次数

图10-81为七星彩彩票其中三期的开奖结果，B列为开奖号码，需要在C列中计算数字9在每一期中出现的次数。

C2 =LEN(B2)-LEN(SUBSTITUTE(B2,9,""))

	A	B	C	D	E
1	期号	开奖号码	9出现的次数		
2	17154	0956232	1		
3	18001	7985549	2		
4	18002	9516414	1		

图10-81 特定号码出现的次数

在C2单元格中输入以下公式，向下复制到C4单元格。

```
=LEN(B2)-LEN(SUBSTITUTE(B2,9,""))
```

公式第一部分LEN(B2)用于计算B2单元格中的字符数。

公式第二部分先用SUBSTITUTE函数将B2单元格中的数字9替换为空文本，等于将9从原始文本中删除。再用LEN函数计算替换后的文本字符数。

最后用第一部分的原始字符数减去数字9被删数后的字符数，即得到数字9在原始字符串中出现的次数。

示例10-38　使用SUBSTITUTE函数计算部门人数

图10-82为某公司人员名单的部分内容，B列中每个单元格中有多个人员姓名，中间用半角逗号作为分隔。需要在C列计算每个部门的人数。

C2　=LEN(B2)-LEN(SUBSTITUTE(B2,",",""))+1

	A	B	C	D
1	部门	人员	人数	
2	质量部	李芸,张易,张德光,聂廷玉	4	
3	销售部	李建波,陆小明,金秀英,翁瑞敏,杨建昆	5	
4	财务部	熊云芳,黄虹,熊丽	3	
5	工程部	贺素萍,戴钰,孙菲,李咏忠	4	
6	人事部	周守勇,李雁妮	2	

图10-82　计算部门人数

在C2单元格中输入以下公式，向下复制到C6单元格。

```
=LEN(B2)-LEN(SUBSTITUTE(B2,",",""))+1
```

公式第一部分LEN(B2)用于计算B2单元格中的字符数。

公式第二部分先用SUBSTITUTE函数将B2单元格中的逗号“,”替换为空文本，等于将所有逗号“,”从原始文本中删除，再用LEN函数计算替换后的文本字符数。

最后用第一部分的原始字符数减去逗号“,”被删数后的字符数，即得到原始字符串中一共有几个逗号“,”。由于每个单元格中的人数总是比逗号数量多一个，因此，最后再在公式中加1，即得到每个部门的人数。

10.8.3　借助REPT函数提取字符

示例10-39　借助SUBSTITUTE函数提取产品批号中的产地

图10-83为某公司产品的批号，其格式为字母数字的组合，中间用“-”分隔不同的信息。其中第二个和第三个“-”之间的内容为产品的产地代码，需要将其提取至B列。

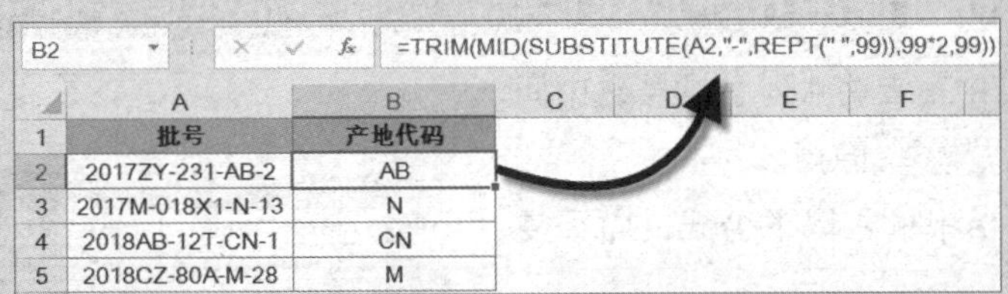

B2　=TRIM(MID(SUBSTITUTE(A2,"-",REPT(" ",99)),99*2,99))

	A	B	C	D	E	F
1	批号	产地代码				
2	2017ZY-231-AB-2	AB				
3	2017M-018X1-N-13	N				
4	2018AB-12T-CN-1	CN				
5	2018CZ-80A-M-28	M				

图10-83　提取产地代码

在B2单元格中输入以下公式，向下复制到B5单元格。

```
=TRIM(MID(SUBSTITUTE(A2,"-",REPT(" ",99)),99*2,99))
```

REPT函数将指定文本重复多次组成字符串，基本语法如下。

```
REPT(text,number_times)
```

第一参数text为需要重复的内容，可以是字符串或单元格引用。

第二参数number_times为将第一参数重复的次数。

公式中REPT(" ",99)的作用是生成99个空格。

用SUBSTITUTE函数将A2单元格中的“-”替换为99个空格。这里用99个空格的目的是将原始字符中的各段文本用足够多的空格分开构成新的字符串。新的字符串相当于如下。

```
2017ZY(99个空格)231(99个空格)AB(99个空格)2
```

因为要提取的字符在原始文本的第3段，所以用MID函数在以上字符串中第99*2个字符开始，提取99个字符，返回的结果相当于如下字符串。

```
(9个空格)AB(88个空格)
```

最后再用TRIM函数清除文本两端多余的空格，即得到需要的产地代码。

10.8.4 用REPLACE函数替换字符串

REPLACE函数用于将部分文本字符串替换为新的字符串，与SUBSTITUTE函数的区别是，SUBSTITUTE函数是针对字符串中的指定字符内容进行替换，REPLACE函数是针对字符串中的指定字符位置进行替换，其语法如下：

```
REPLACE(old_text,start_num,num_chars,new_text)
```

第一参数old_text表示要替换其部分字符的源文本。

第二参数start_num指定源文本中要替换为新字符的位置。

第三参数num_chars表示使用新字符串替换源字符串中的字符数，如果该参数为0或省略参数值，可以实现类似插入字符（串）的功能。

第四参数new_text表示用于替换源文本中字符的文本。

示例10-40 使用REPLACE函数隐藏手机号码中间4位

在图10-84中需要将A列手机号码中间4位数字用星号“****”隐藏。

在B2单元格中输入以下公式，向下复制到B6单元格。

```
=REPLACE(A2,4,4,"****")
```

公式中使用REPLACE函数从A2单元格的第4个字符起，将4个字符替换为“****”。

B2 =REPLACE(A2,4,4,"****")

	A	B	C	D
1	手机号	隐藏部分号码		
2	18701238120	187****8120		
3	18898012341	188****2341		
4	18518618790	185****8790		
5	18901134213	189****4213		
6	18829317184	188****7184		

图10-84 隐藏手机号码中间四位

示例10-41 使用REPLACE函数将银行卡号分段显示

图10-85为某单位客户收款的银行卡号，为便于读取和核对，需要将银行卡号数字分段显示。

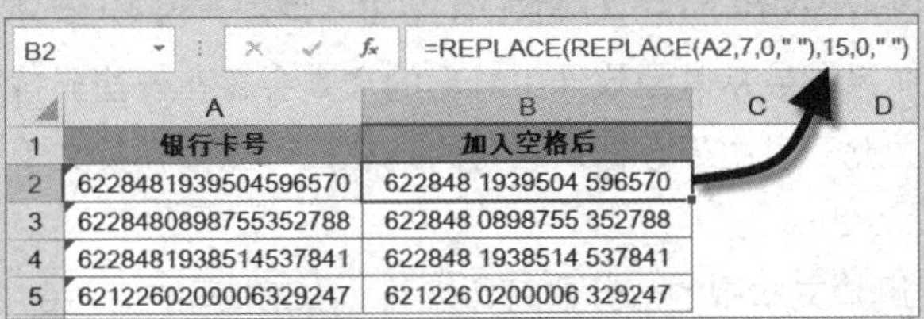

B2 =REPLACE(REPLACE(A2,7,0," "),15,0," ")

	A	B
1	银行卡号	加入空格后
2	6228481939504596570	622848 1939504 596570
3	6228480898755352788	622848 0898755 352788
4	6228481938514537841	622848 1938514 537841
5	6212260200006329247	621226 0200006 329247

图10-85 银行卡号分段显示

在B2单元格中输入以下公式，向下复制到B5单元格。

```
=REPLACE(REPLACE(A2,7,0," "),15,0," ")
```

REPLACE函数第三参数为0表示插入字符。公式中使用了两次REPLACE函数，第一次先用REPLACE函数在A2单元格第7个字符前插入一个空格。生成的新字符串再作为第二个REPLACE函数的第一参数，在新字符串的第15个字符前再次插入一个空格。

10.8.5 区分双字节字符的替换函数REPLACEB

REPLACEB函数的语法与REPLACE函数类似，用法基本相同。可以处理区分双字节字符的文本替换或内容插入。

示例10-42 使用REPLACEB函数在汉字后添加符号

图10-86为某销售团队客户联系人清单中的部分内容，希望在人员姓名后添加冒号“：”与手机号码分隔开来。

B2 =REPLACEB(A2,SEARCHB("?",A2),0,":")

	A	B
1	联系人	更新后
2	黄启13901212652	黄启:13901212652
3	杨清13901313478	杨清:13901313478
4	周红梅13801189880	周红梅:13801189880
5	石崴13701111836	石崴:13701111836
6	徐燕13901239782	徐燕:13901239782
7	夏开万13910792466	夏开万:13910792466
8	柴岳13901181098	柴岳:13901181098
9	柳品琼13910066661	柳品琼:13910066661

图10-86 汉字后添加字符

在B2单元格中输入以下公式，向下复制到B9单元格。

```
=REPLACEB(A2,SEARCHB("?",A2),0,":")
```

公式中先使用SEARCHB函数的通配符“?”定位A2单元格中第一个单字节字符的位置，也就是第一个数字所在的位置。然后使用REPLACEB函数在该位置插入一个冒号“:”。

10.8.6 用CLEAN 函数和TRIM函数清理非打印字符和多余空格

部分从网页、ERP系统或从其他软件中导出的文本会存在一些非打印字符，影响正常的数据查找及汇总计算。此外，由于数据录入时的疏忽，可能会在英文单词或中文姓名之间输入多个空格。

CLEAN函数用于删除文本中的部分非打印字符（ASCII码的值为0~31）。

使用TRIM函数能够清除文本中除了单词之间的单个空格外的所有空格。它们的语法分别为：

```
CLEAN(text)
TRIM(text)
```

示例10-43 使用CLEAN函数清理对账单内的非打印字符

图10-87为某公司ERP系统导出的对账单的部分内容，需要对B列的应收账款进行求和。在B7单元格中输入以下公式，返回的结果为0。

```
=SUM(B2:B6)
```

对于此类无法求和的数据，首先应检查单元格的数据后面是否存在空格。如果不存在空格，则可能B列的数字格式是文本型数字，可尝试输入以下数组公式，按<Ctrl+Shift+Enter>组合键。

```
{=SUM(--B2:B6)}
```

如图10-88所示，使用减负运算的求和结果为错误值#VALUE!，因此可以判断数据中包含非打印字符，影响正常计算。

B7 =SUM(B2:B6)

	A	B
1	项目编号	应收账款
2	17008	1243.77
3	17123	34278
4	17088	63296.3
5	17326	12095.8
6	17052	4335.6
7	合计	0

图10-87 使用SUM函数得到结果为0

B7 {=SUM(--B2:B6)}

	A	B
1	项目编号	应收账款
2	17008	1243.77
3	17123	34278
4	17088	63296.3
5	17326	12095.8
6	17052	4335.6
7	合计	#VALUE!

图10-88 使用减负运算仍然得不到正确结果

如图10-89所示，在B7单元格中输入以下数组公式，按<Ctrl+Shift+Enter>组合键可以得到正确结果。

```
{=SUM(--CLEAN(B2:B6))}
```

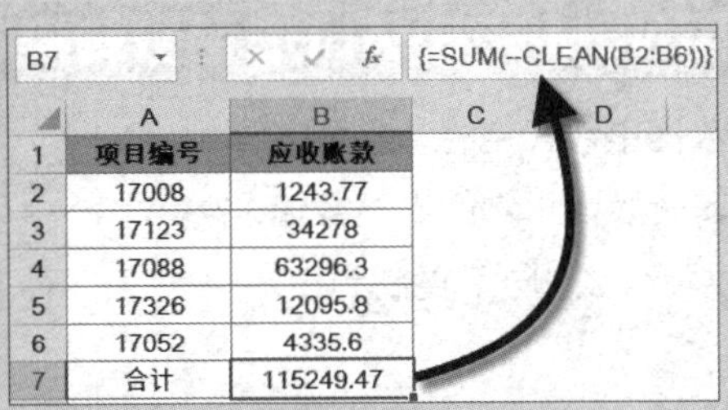
B7 {=SUM(--CLEAN(B2:B6))}

	A	B	C	D
1	项目编号	应收账款		
2	17008	1243.77		
3	17123	34278		
4	17088	63296.3		
5	17326	12095.8		
6	17052	4335.6		
7	合计	115249.47		

图10-89 使用CLEAN函数清理非打印字符后的效果

公式中使用CLEAN函数清除B2:B6单元格中的非打印字符，再使用减负运算将文本型数字转换为数值型数字，最后使用SUM函数计算出求和的结果。

示例10-44 使用TRIM函数清理多余空格

如图10-90所示，A列字符中包含部分多余空格，需将其中的多余空格清除，使之成为包含正常空格的字符串。

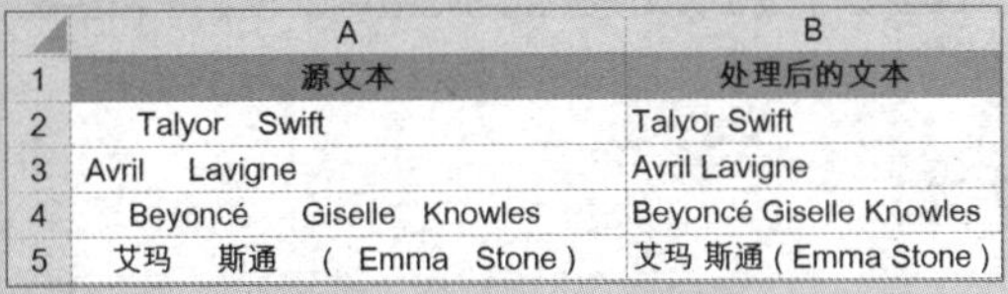

	A	B
1	源文本	处理后的文本
2	Talyor　Swift	Talyor Swift
3	Avril　Lavigne	Avril Lavigne
4	Beyoncé　Giselle　Knowles	Beyoncé Giselle Knowles
5	艾玛　斯通　(　Emma　Stone)	艾玛 斯通 (Emma Stone)

图10-90 使用TRIM函数清理多余空格

在B2单元格中输入以下公式，向下复制到B5单元格。

```
=TRIM(A2)
```

使用TRIM函数可以清除字符串两端的空格，以及在字符串中多于一个以上的连续重复空格，将多个空格压缩为一个空格，适合不规范英文字符串的修整处理。

提示

空格是指在半角输入状态下按<Space>键产生的空格，即ASCII码值为32的空格。全角空格字符无法使用TRIM函数清除，但可使用SUBSTITUTE函数清除。

10.8.7 使用NUMBERVALUE函数转换不规范数字

在整理表格数据的过程中，经常会有一些不规范的数字影响数据的汇总分析。例如，在数字中混有空格，或者夹杂有全角数字及文本型数字等。对于文本数据，可以使用TRIM函数清理多余空格，使用ASC函数将全角字符转换为半角字符。对于数字内容，使用NUMBERVALUE函数可以兼容以上两种功能。

示例10-45 使用NUMBERVALUE函数转换不规范的数字

图10-91所示的A列数据中包含空格、全角字符和不规则的符号，需要将其转换为正常的半角数值。

	A	B	C
1	转换前	NUMBERVALUE	VALUE
2	123 4 56	123456	#VALUE!
3	6432%	64.32	64.32
4	４４５３	4453	4453
5	２３.５％	0.235	0.235
6	３４３２%%	0.3432	#VALUE!
7	9865	9865	9865
8	233	233	233

图10-91 不规则数字的转换

在B2单元格中输入以下公式，向下复制到B8单元格。

```
=NUMBERVALUE(A2)
```

NUMBERVALUE函数较VALUE函数在功能上有一定的提升。该函数不仅可以实现VALUE函数日期转换为数值序列、文本型数字转换为数值型数字、全角数字转换为半角数字等功能，还可以处理混杂空格的数值及符号混乱等特殊情况。

对于“３４３２%%”这样的数据，NUMBERVALUE函数能够将其转换为0.3432，而使用VALUE函数，则返回错误值#VALUE!。

图10-91中的B列和C列是分别使用NUMBERVALUE函数和VALUE函数对于数字转换的效果对比。

10.9 格式化文本

Excel的自定义数字格式功能可以将单元格中的数值显示为自定义的格式，而TEXT函数也具有类似的功能，可以将数值转换为按指定数字格式所表示的文本。

10.9.1 用TEXT函数对字符格式化

TEXT函数是使用频率非常高的文本函数之一，虽然函数的基本语法十分简单，但它的参数规则变化多端，因此能够演变出十分精妙的应用。

1. TEXT函数的基本语法

TEXT函数的基本语法如下。

```
TEXT(value,format_text)
```

第一参数value，要转换为指定格式文本的数值，也可以是文本型数字。

第二参数format_text，用于指定格式代码，与单元格数字格式中的大部分代码基本相同。有少部分代码仅适用于自定义格式，不能在TEXT函数中使用。

例如，TEXT函数无法使用星号（*）来实现重复某个字符以填满单元格的效果。同时也无法实现以某种颜色显示数值的效果，如格式代码“#,##0;[红色]-#,##0”等。

但TEXT函数较自定义格式更加灵活，如可以在格式参数中引入变量，实现动态的格式设置。

除此之外，设置单元格格式与TEXT函数还有以下区别。

（1）设置单元格的格式仅仅是数字显示外观的改变，其实质仍然是数值本身，不影响进一步的汇总计算，即得到的是显示的效果。

（2）使用TEXT函数可以将数值转换为带格式的文本，其实质已经是文本，不再具有数值的特性，即得到的是实际的效果。

2. 了解TEXT函数的格式代码

TEXT函数的格式代码分为4个条件区段，各区段之间用半角分号间隔，默认情况下，这四个区段的定义如下。

```
[>0];[<0];[=0];[文本]
```

示例10-46 按条件返回结果

图10-92为某单位员工技能考核的成绩，B列、C列分别是两次考试结果，D列为C列数值减去B列的结果，缺席考核的人员记为“缺席”。需要在E列将D列中的结果大于0的显示为“升”，小于0的显示为“降”，等于0的显示为“持平”，文本仍显示为“缺席”。

E2 =TEXT(D2,"升;降;持平;缺席")

	A	B	C	D	E
1	姓名	第一次	第二次	变化	评论
2	杜月芬	76	80	4	升
3	栗亚莉	83	87	4	升
4	李保	84	84	0	持平
5	毕云革	89	86	-3	降
6	邓秀仙	92	91	-1	降
7	周芸	79	83	4	升
8	张琼芬	88	74	-14	降
9	张国芝	缺席	缺席	缺席	缺席

图10-92 按条件返回结果

在E2单元格中输入以下公式，向下复制到E9单元格。

```
=TEXT(D2,"升;降;持平;缺席")
```

提示

“"升;降;持平;缺席"”整体在TEXT函数中为一个参数，只需在所有文本外加一对半角双引号即可。

3. 省略部分条件区段

在实际使用中，可以根据需要省略TEXT函数第二参数的部分条件区段，条件含义也会发生相应变化。

自定义条件的四区段可以表示如下。

```
[条件1];[条件2];[不满足条件的其他部分];[文本]
```

自定义条件的三区段可以表示如下。

```
[条件1];[条件2];[不满足条件的其他部分]
```

自定义条件的两区段可以表示如下。

```
[条件];[不满足条件]
```

示例10-47 使用TEXT函数判断产品是否合格

图10-93为某公司生产的锂电池容量测试结果，产品标称容量为8Ah，实际容量大于等于8Ah为合格，需要在B列标识出A列对应的容量是否合格。

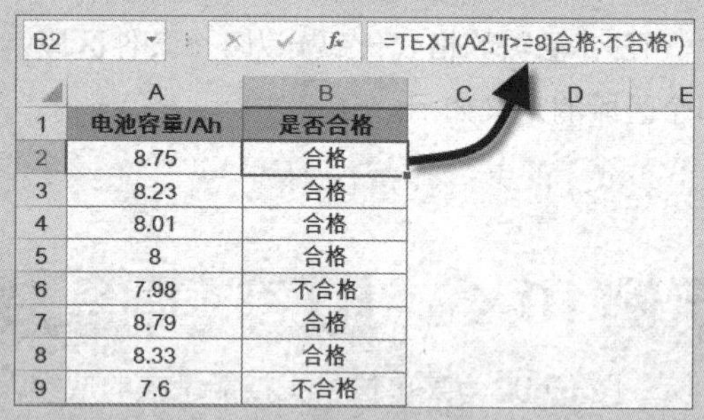

B2 =TEXT(A2,"[>=8]合格;不合格")

	A	B
1	电池容量/Ah	是否合格
2	8.75	合格
3	8.23	合格
4	8.01	合格
5	8	合格
6	7.98	不合格
7	8.79	合格
8	8.33	合格
9	7.6	不合格

图10-93 使用TEXT判断产品是否合格

在B2单元格中输入以下公式，向下复制到B9单元格。

```
=TEXT(A2,"[>=8]合格;不合格")
```

公式中TEXT函数的第二参数使用两区段的自定义条件：当A2单元格数值大于等于8时，返回“合格”，否则返回“不合格”。

公式中以一对半角中括号包含的内容为判断的条件，中括号后紧跟着的是符合该条件时返回的结果。

示例10-48 使用TEXT函数评定员工考核成绩

图10-94为某公司员工考核结果，需要按照B列的“考核成绩”对应评级。评级标准为大于等于90分显示为“优秀”，大于等于80分小于90分显示为“良好”，大于等于70分小于80分显示为“中等”，大于等于60分小于70分显示为“及格”，小于60分显示为“不及格”。

C2 =TEXT(TEXT(B2,"[>=90]优秀;[>=80]良好;0"),"[>=70]中等;[>=60]及格;不及格")

	A	B	C
1	姓名	考核成绩	评级
2	唐敏	95	优秀
3	文一智	85	良好
4	王金学	55	不及格
5	刘锦	68	及格
6	张凡友	75	中等
7	陈绍华	88	良好
8	李云峰	79	中等
9	周姝	69	及格

图10-94 使用TEXT函数评定考核成绩

在C2单元格中输入以下公式，向下复制到C9单元格。

```
=TEXT(TEXT(B2,"[>=90]优秀;[>=80]良好;0"),"[>=70]中等;[>=60]及格;不及格")
```

这是TEXT函数嵌套使用的典型用法，由于评级的条件一共为5个，而TEXT自定义条件的数量最多为3个，故使用两次TEXT函数，第一次TEXT函数解决前三个条件的显示方式，其他的内容将返回原始字符串。再利用TEXT函数解决对剩余条件的判断。

TEXT(B2,"[>=90]优秀;[>=80]良好;0")表示当成绩大于等于90分时返回“优秀”，成绩大于等于80分时返回“良好”，其他情况返回原值。这里默认成绩都为整数，如果包含小数，则第三区段的格式应写为相应的小数位数，如两位小数位“0.00”。否则返回的结果按照四舍五入进行计算。

外层使用TEXT将内层符合第三区段的值再次进行区分，大于等于70分时返回“中等”，大于等于60分时返回“及格”，其他情况返回“不及格”。

10.9.2 使用TEXT函数设置不同的数字格式

TEXT函数可用于实现类似于Excel自定义格式的功能，使用部分自定义格式代码，作为TEXT函数第二参数，将数字设置为不同的格式。

TEXT函数中几种常用的符号如下。

0：数字占位符，数量不足的需补齐，如“000”则返回的整数不能小于3位数字。

#：数字占位符，数量不足的无须补齐。

@：文本占位符，连续使用表示重复显示文本。

!或\：强制显示符，如需在公式结果中显示有特定含义的字符，需在字符前加“!”或“\”以强制其显示出来。如果要在结果中始终显示某个特定“0”，需写为“!0”。如图10-95所示，不同的TEXT函数的第二参数将数字设置为不同的格式。

	A	B	C	D
1	源数据	使用TEXT函数后	公式	公式说明
2	321.57	322	=TEXT(A2,"0")	显示为整数
3	3.1415926	3.1	=TEXT(A3,"0.0")	显示一位小数
4	323453.88	323,454	=TEXT(A4,"#,##0")	使用千分位分隔符
5	3.1415926	0003	=TEXT(A5,"0000")	显示至少四位整数数字
6	2627.362	2,627.36	=TEXT(A6,"#,##0.00")	使用千分位分隔符，保留两位小数
7	5	0.5	=TEXT(A7,"!0!.0")	数字前强制显示"0."
8	5	0.05	=TEXT(A8,"!0!.00")	数字前强制显示"0."，显示至少两位数字
9	5.098	05.1	=TEXT(A9,"!0.0")	数字前强制显示"0."，保留一位小数
10	2018/1/12	18年1月12日	=TEXT(A10,"y年m月d日")	将日期显示为xx年x月x日
11	20180101	2018-01-01	=TEXT(A11,"0-00-00")	将数字显示为xxxx-xx-xx
12	2018/1/7	2018-01-07	=TEXT(A12,"yyyy-mm-dd")	将日期显示为xxxx-xx-xx
13	2017/12/31	Sunday	=TEXT(A13,"dddd")	显示该日期的星期（英文）
14	2018/1/10	星期三	=TEXT(A14,"aaaa")	显示该日期的星期（中文）
15	2017/6/1	June	=TEXT(A15,"mmmm")	显示该日期的月份（英文）
16	Excel	ExcelExcel	=TEXT(A16,"@@")	重复显示文本
17	0.2	20.00%	=TEXT(A17,"0.00%")	显示两位小数百分比
18	3298.12	¥3298.1	=TEXT(A18,"¥0.0")	数字前加货币符号，显示一位小数

图10-95 使用TEXT函数设置不同的数字格式

示例10-49 根据条件进行判断

图10-96中的A列包含数字和文本，需要在B列进行判断，如果A列为文本，则返回“文本”。如果为数字，正数返回“>0”，负数返回“<0”，等于0时返回“=0”。

在B2单元格中输入以下公式，向下复制到B8单元格。

```
=TEXT(A2,">!0;<!0;=!0;文本")
```

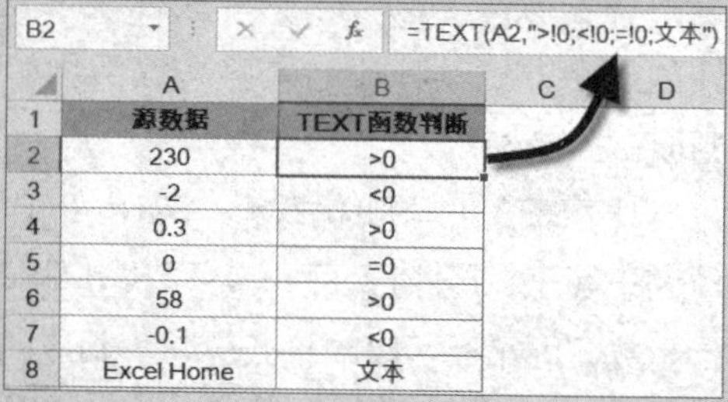

B2 =TEXT(A2,">!0;<!0;=!0;文本")

	A	B
1	源数据	TEXT函数判断
2	230	>0
3	-2	<0
4	0.3	>0
5	0	=0
6	58	>0
7	-0.1	<0
8	Excel Home	文本

图10-96 根据条件进行判断

公式中第二参数使用默认的四个区段格式定义，分别定义第一参数大于0、小于0、等于0和为文本格式时的显示方式。

当A2单元格中的数字大于0时，返回“>0”，但由于0在TEXT函数中是数字占位符，要让其在最终结果中显示出来，需要在前面加半角感叹号“!”。第二和第三区段的格式同理。

示例10-50 使用TEXT函数设置楼门号格式

图10-97为某小区楼门号，A列中的数字包含楼号、单元号及门牌号。需要在B列将其格式修改为x楼x单元xxx的格式。这里默认所有的门牌号都是3位数字，单元号都是一位数字，楼号位数不等。

在B2单元格中输入以下公式，向下复制到B8单元格。

```
=TEXT(A2,"0号楼0单元000")
```

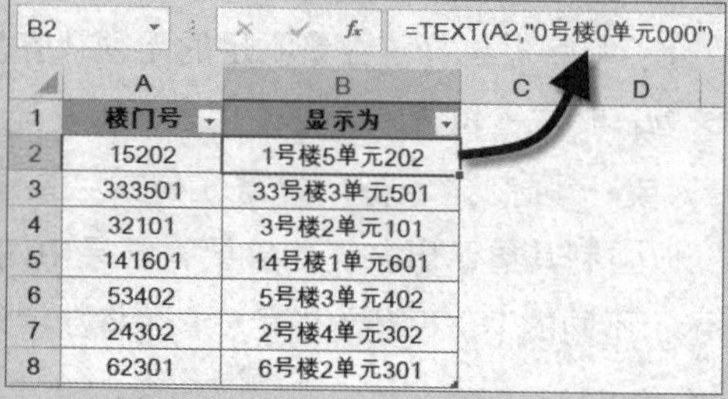

B2 =TEXT(A2,"0号楼0单元000")

	A	B
1	楼门号	显示为
2	15202	1号楼5单元202
3	333501	33号楼3单元501
4	32101	3号楼2单元101
5	141601	14号楼1单元601
6	53402	5号楼3单元402
7	24302	2号楼4单元302
8	62301	6号楼2单元301

图10-97 使用TEXT函数设置楼门号格式

TEXT函数中多位数字分段显示时，从右向左依次满足格式要求。公式中“"0号楼0单元000"”会优先满足将最右侧3位数显示在“单元”后面，倒数第4位数字显示在“号楼”和“单元”之间，剩余的数字显示最前面。

因为公式中设置显示“0号楼”，所以此处至少显示一位数字，如果设置为“00号楼”则至少显示两位数字。例如，“1号楼”会显示为“01号楼”。

示例10-51 使用TEXT函数设置项目日期格式

图10-98为某公司项目存档的部分内容，其中A列为项目编号，B列为项目的结束日期。需要在C列将A列和B列中的内容一起显示，同时加上“项目编号：”和“结束日期：”作为引导。

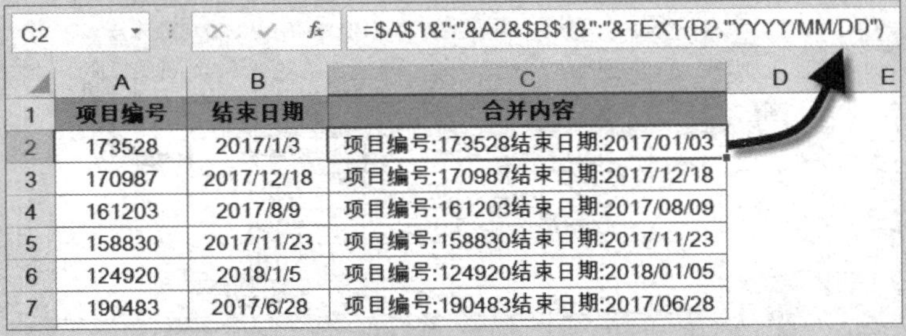

	A	B	C	D	E
1	项目编号	结束日期	合并内容		
2	173528	2017/1/3	项目编号:173528结束日期:2017/01/03		
3	170987	2017/12/18	项目编号:170987结束日期:2017/12/18		
4	161203	2017/8/9	项目编号:161203结束日期:2017/08/09		
5	158830	2017/11/23	项目编号:158830结束日期:2017/11/23		
6	124920	2018/1/5	项目编号:124920结束日期:2018/01/05		
7	190483	2017/6/28	项目编号:190483结束日期:2017/06/28		

C2 =$A$1&":"&A2&$B$1&":"&TEXT(B2,"YYYY/MM/DD")

图10-98 使用TEXT函数修改日期格式

在C2单元格中输入以下公式，向下复制到C7单元格。

```
=$A$1&":"&A2&$B$1&":"&TEXT(B2,"YYYY/MM/DD")
```

公式中的“$A$1&":"&A2&$B$1&":"”部分表示用“&”符号将A1单元格与冒号“:”、B1单元格中的标题及冒号“:”连接在一起。A1、B1单元格使用绝对引用使公式在向下复制时，此单元格引用不会发生变化。

“TEXT(B2,"YYYY/MM/DD")”部分将B2单元格中的日期显示为文本格式的日期。如果不使用TEXT函数，日期在使用“&”符号与其他文本连接时，会显示为日期的序列号。

10.9.3 TEXT函数使用变量参数

TEXT函数中的第二参数除了可以引用单元格格式代码或使用自定义格式代码字符串外，还可以通过引入变量或公式运算结果，构造符合代码格式的文本字符串，使TEXT函数具有动态的第二参数。

参数中的“条件”区段或“格式”区段单独引入变量，或“条件”“格式”区段同时引入变量均可。引入变量的区段格式书写需注意，变量前后需用“&”符号与其他字符串相连；“&”符号及变量不包含在标识第二参数的半角双引号内。

为保证书写正确，可以先按正常顺序写完参数代码，再添加上应有的“&”符号及双引号。

示例10-52 TEXT函数使用变量参数

图10-99为某项实验记录的部分内容，其中B列、C列分别是同批样品两次的测试结果。如果第二次较第一次数值有所增长，则在D列显示第二次的测试结果且保留3位小数，如果第二次与第一次的值相等或小于第一次的结果，则返回“未增长”。

D2 =TEXT(C2,"[>"&B2&"]0.000;未增长")

	A	B	C	D
1	样品编号	第一次	第二次	更改显示
2	1	1.013	1.012	未增长
3	2	1.02	1.023	1.023
4	3	0.987	1.015	1.015
5	4	1	1.01	1.010
6	5	1.024	1.01	未增长

图 10-99　TEXT函数中使用变量

在D2单元格中输入以下公式，向下复制到D6单元格。

```
=TEXT(C2,"[>"&B2&"]0.000;未增长")
```

公式中使用判断条件“>B2”则显示为3位小数的数字，否则显示“未增长”。

由于B2在公式中是单元格引用的变量，因此，在“B2”前后需要用“&”符号与其他字符进行相连。

10.9.4　数值与中文数字的转换

TEXT函数不仅可以设置数字格式，还可以将数值与中文数字进行转换。

示例10-53　使用TEXT函数转换中文格式的日期

图10-100中A列是某项目各个合同的签订日期，需要在B列将其修改为中文的日期格式。

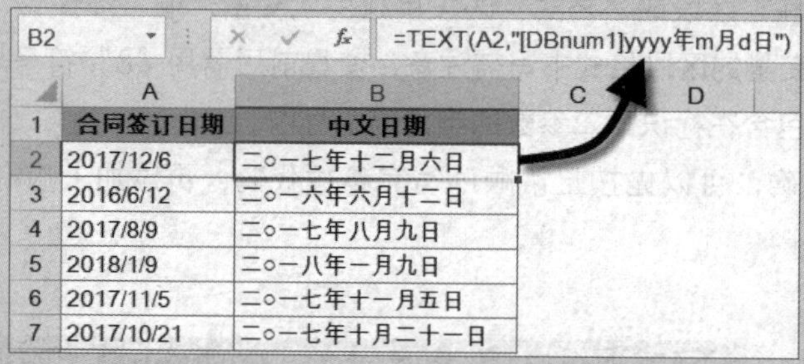

B2 =TEXT(A2,"[DBnum1]yyyy年m月d日")

	A	B
1	合同签订日期	中文日期
2	2017/12/6	二○一七年十二月六日
3	2016/6/12	二○一六年六月十二日
4	2017/8/9	二○一七年八月九日
5	2018/1/9	二○一八年一月九日
6	2017/11/5	二○一七年十一月五日
7	2017/10/21	二○一七年十月二十一日

图 10-100　使用TEXT函数转换中文格式的日期

在B2单元格中输入以下公式，向下复制到B7单元格。

```
=TEXT(A2,"[DBnum1]yyyy年m月d日")
```

格式代码“yyyy年m月d日”用于提取A2单元格中的日期，并且年份以4位数字表示。再使用格式代码“[DBnum1]”将其转换为中文小写数字格式。

示例10-54　将中文小写数字转换为数值

如图10-101所示，需要将A列中的中文小写数字转换为数值。

在B2单元格中输入以下数组公式，按<Ctrl+Shift+Enter>组合键，向下复制到B7单元格。

```
{=MATCH(A2,TEXT(ROW($1:$9999),"[DBnum1]"),0)}
```

	A	B
1	中文小写数字	数值
2	二十三	23
3	四百五十七	457
4	一千二百一十九	1219
5	一	1
6	八十	80
7	三千四百九十一	3491

图10-101　中文小写数字转换为数值

"ROW($1:$9999)"用于生成1~9999的自然数序列。TEXT函数使用格式代码[DBnum1]将其全部转换为中文小写格式。再由MATCH函数从中精确查找A2单元格字符所处的位置，变相完成从中文到数值的转换。

公式适用于一至九千九百九十九的整数中文小写数字转换，可根据需要调整ROW函数的参数范围。

提示

对于类似"十一""十二"等不符合人民币金额大写规范的字符，使用此公式会返回错误值。可以将此类字符写成"一十一""一十二"的样式。

10.9.5　使用RMB函数转换货币格式

RMB函数可以将数字转换为货币格式，同时设置指定的小数位数，其语法如下：

```
RMB(number,[decimals])
```

第一参数number为必需参数，可以是数字、包含数字的单元格的引用或计算结果为数字的公式。

第二参数decimals为可选参数，表示保留的小数位数。如果为负数，则第一参数从小数点往左按相应位数四舍五入。如果省略，则默认其值为2。

此函数依照货币格式将小数四舍五入到指定的位数并转换成文本。例如，"=RMB(4528.75,2)"，返回结果"¥4,528.75"。

NUMBERSTRING函数可以将数值转换为中文小写数字，共有3种不同的数字格式。函数仅支持正整数，不支持包含小数的数字。基本语法如下：

```
NUMBERSTRING(value,type)
```

第一参数为要转换的数字或单元格引用。

第二参数为转换类型，分别为如下结果。

"=NUMBERSTRING(1234567890,1)"返回结果为一十二亿三千四百五十六万七千八百九十。

"=NUMBERSTRING(1234567890,2)"返回结果为壹拾贰亿叁仟肆佰伍拾陆万柒仟捌佰玖拾。

"=NUMBERSTRING(1234567890,3)"返回结果为一二三四五六七八九〇。

示例10-55 使用TEXT函数生成中文大写金额

为满足《中华人民共和国票据法》中对中文大写金额的书写要求，可以使用TEXT函数将数字格式转换为中文大写金额。图10-102中A列是小写的金额，需要在B列使用公式将其转换为中文大写金额。

	A	B
1	小写金额	中文大写金额
2	42353.53	肆万贰仟叁佰伍拾叁元伍角叁分
3	224.54	贰佰贰拾肆元伍角肆分
4	335	叁佰叁拾伍元整
5	-6543.9	负陆仟伍佰肆拾叁元玖角整
6	0.87	捌角柒分

图10-102　生成中文大写金额

在B2单元格中输入以下公式，向下复制到B6单元格。

```
=SUBSTITUTE(SUBSTITUTE(IF(-RMB(A2,2),TEXT(A2,";负")&TEXT(INT(ABS(A2)+
0.5%),"[dbnum2]G/通用格式元;;")&TEXT(RIGHT(RMB(A2,2),2),"[dbnum2]0角0分;;
整"),),"零角",IF(A2^2<1,,"零")),"零分","整")
```

公式中“RMB(A2,2)”部分的作用是依照货币格式将数值四舍五入到两位小数并转换成文本。

使用TEXT函数分别将金额数值的整数部分和小数部分及正负符号进行格式转换。

“TEXT(A2,";负")”部分的作用是，如果A2单元格的金额小于0则返回字符“负”。

“TEXT(INT(ABS(A2)+0.5%),"[dbnum2]G/通用格式元;;")”部分的作用是将金额取绝对值后的整数部分转换为大写。+0.5%的作用是为了避免0.999元、1.999元等情况下出现的计算错误。

“TEXT(RIGHT(RMB(A2,2),2),"[dbnum2]0角0分;;整")”部分的作用是，将金额的小数部分转换为大写。

再使用连接符号“&”连接3个TEXT函数的结果。

IF函数对“-RMB(A2,2)”进行判断，如果金额大于等于1分，则返回连接TEXT函数的转换结果，否则返回空值。

最后使用两个SUBSTITUTE函数将“零角”替换为“零”或空值，将“零分”替换为“整”。

10.9.6 用T函数返回值引用的文字

T函数返回值引用的文字，函数语法为：

```
T(value)
```

函数只用一个参数value，当参数为文字或引用文字，将返回该文字，如果为数字或逻辑值，将返回空文本。如果参数为错误值，仍返回错误值，如图10-103所示。

	A	B
1	原始字符	使用T函数
2	Excel	Excel
3	123	
4	#DIV/0!	#DIV/0!
5	函数大全	函数大全
6	2018/1/13	
7	TRUE	
8	5367	5367

图10-103　不同格式字符使用T函数

使用宏表函数时，由于计算结果不能实时更新，通常会在公式最后加上“&T(NOW())”。

NOW()是易失性函数，可以通过在单元格中的输入、编辑等操作刷新结果。再用T函数将NOW生成的日期时间返回空文本。因此&T(NOW())虽然不生成文本数据，但组合使用时可以起到自动刷新的功能。

另外，在数组公式中，T函数还被用于将OFFSET、INDIRECT等函数形成的三维引用转为二维引用。关于多维引用请参考第17章。

练习与巩固

（1）在公式中，文本需要使用________包含。

（2）空单元格等于空文本，这种说法正确吗?

（3）________函数可以清除字符串前后的空格。

（4）________函数可以清除字符串中的非打印字符。

（5）TEXTJOIN函数第二参数为1时，将________空单元格。

（6）CONCATENATE函数和CONCAT函数哪个支持单元格区域引用?

（7）________函数用于比较文本值是否完全相同?

（8）__________函数将参数中单词首字母转换为大写，其余字母转换为小写。

（9）LEFT函数和RIGHT函数分别是从字符串的____、____侧提取字符。

（10）MIDB函数中的“B”代表什么？ MID函数与MIDB函数有什么区别?

（11）常用于在字符串中查找字符的函数为__________和__________。

（12）__________函数支持使用通配符在字符串中查找字符。

（13）REPLACE函数是从______________将字符替换为新字符串，SUBSTITUTE函数将____________替换为新字符串。

（14）TEXT函数使用四区段的第二参数时，分别表示当第一参数为____、____、____、____时设置的格式。

第11章 信息提取与逻辑判断

信息类函数用于返回指定单元格或工作表等的某些状态，如名称、路径、格式等。逻辑类函数可以对数据进行相应的判断。

本章学习要点

（1）常用的单元格信息函数。

（2）常用的逻辑判断函数及嵌套使用。

11.1 用CELL函数获取单元格信息

CELL函数用于获取单元格信息。根据第一参数设定的值，返回引用区域左上角单元格的格式、位置、内容或是文件所在路径等，函数语法如下：

```
CELL(info_type,[reference])
```

第一参数info_type为必需参数，指定要返回的单元格信息的类型。

第二参数reference为可选参数，需要得到其相关信息的单元格。如果省略该参数，则将info_type参数中指定的信息返回给最后更改的单元格。如果参数reference是某一单元格区域，CELL函数将返回该区域左上角单元格的信息。

CELL函数使用不同的info_type参数，返回结果如表11-1所示。

表11-1 CELL函数不同参数返回的结果

info_type参数	函数返回结果
address	返回单元格地址
col	返回单元格列标
color	如果单元格中的负值以不同颜色显示，返回1，否则返回0（零）
contents	返回单元格区域左上角单元格的内容
filename	返回包含引用的文件名（包括全部路径），如果包含目标引用的工作表尚未保存，则返回空文本
format	返回表示单元格中数字格式的字符代码
parentheses	如果单元格使用了自定义格式，并且格式的类型包含括号“( )”，返回1，否则返回0
prefix	返回表示单元格文本对齐方式的字符代码。如果单元格文本左对齐，则返回单引号“'”；如果单元格文本右对齐，则返回双引号“"”；如果单元格文本居中，则返回插入字符“^”；如果单元格文本两端对齐，则返回反斜线“\”；如果是其他情况，则返回空文本
protect	如果单元格没有锁定，返回0；如果单元格锁定，返回1
row	返回单元格的行号

续表

info_type参数	函数返回结果
type	返回表示单元格中数据类型的字符代码。如果单元格为空，返回"b"。如果单元格包含文本常数，则返回"l"；如果单元格包含其他内容，则返回"v"
width	返回取整后的单元格列宽

11.1.1 使用CELL函数获取单元格列宽

CELL函数的第一参数为"width"时，能够得到取整后的单元格列宽，利用这一特点，可以实现忽略隐藏列的汇总计算。

示例11-1 借助CELL函数实现忽略隐藏列的汇总求和

图11-1所示为某公司各大区4个季度的销售业绩表，B至E列为各季度的销售额，F列为销售额的合计。现在需要通过忽略隐藏列的方式查看不同时段的合计值。

	A	B	C	D	E	F
1		第一季度	第二季度	第三季度	第四季度	合计
2	华北区	320	133	329	222	1004
3	华东区	180	292	337	198	1007
4	西南区	143	120	231	325	819
5	西北区	107	230	131	268	736
6	华南区	280	193	130	254	857
7	华中区	262	307	342	250	1161
8	东北区	198	254	289	144	885

图11-1 销售业绩表

要实现忽略隐藏列的效果，可以先添加辅助行，再用CELL函数获取各列的列宽，最后对列宽大于0的列求和。

在B10单元格中输入以下公式，并向右复制到E10单元格。

```
=CELL("width",B1)
```

CELL函数的第一参数为"width"，用于返回指定单元格的列宽。第二参数B1可以为B列任意单元格的地址。当公式所在列隐藏时，CELL函数返回0。

在F2单元格中输入以下公式，并向下复制到F8单元格。

```
=SUMIF(B$10:E$10,">0",B2:E2)
```

隐藏B至E列中的任意列，并按<F9>键重新计算，F列中将得到忽略隐藏列的求和结果，如图11-2所示。

SUMIF函数的第一参数B$10:E$10为求和的条件区域，这里是辅助行中的列宽。采用行相对引用方式将公式向下复制时，引用区域不会发生变化。第二参数为求和条件">0"，表示当第一参数即列宽的值大于0时，计算对应的B2:E2单元格区域的和，实现忽略隐藏列汇总的结果。

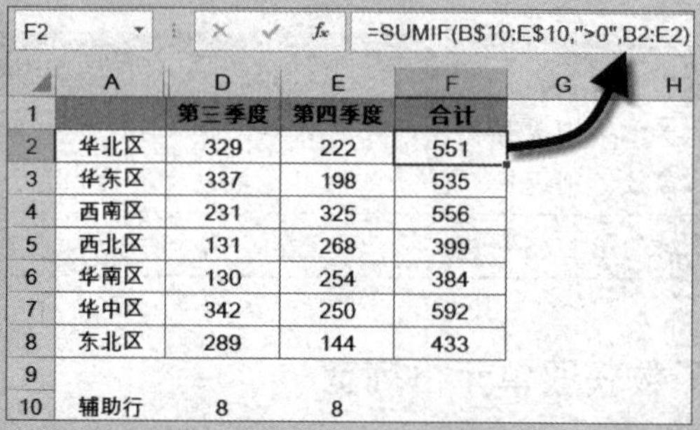

F2 =SUMIF(B$10:E$10,">0",B2:E2)

	A	D	E	F	G	H
1		第三季度	第四季度	合计		
2	华北区	329	222	551		
3	华东区	337	198	535		
4	西南区	231	325	556		
5	西北区	131	268	399		
6	华南区	130	254	384		
7	华中区	342	250	592		
8	东北区	289	144	433		
9						
10	辅助行	8	8			

图11-2　忽略隐藏列的求和结果

注意

CELL函数取得的结果为四舍五入后的整数列宽，如果将列宽调整到0.5以下，计算结果会舍入为0，得到与隐藏该列相同的结果。如果目标单元格列宽发生变化，需要按<F9>键或双击单元格激发重新计算，才能更新计算结果。

11.1.2　使用CELL函数获取单元格数字格式

如果为某个单元格应用了内置数字格式，CELL函数的第一参数使用“format”，能够返回与该单元格数字格式相对应的文本值，如表11-2所示。

表11-2　与数字格式相对应的文本值

如果Excel的格式为	CELL函数返回值
G/通用格式	"G"
0	"F0"
#,##0	",0"
0.00	"F2"
#,##0.00	",2"
$#,##0_);($#,##0)	",0"
$#,##0_);[红色]($#,##0)	",0-"
$#,##0.00_);($#,##0.00)	",2"
$#,##0.00_);[红色]($#,##0.00)	",2-"
0%	"P0"
0.00%	"P2"
0.00E+00	"S2"
# ?/? 或 # ??/??	"G"
m/d/yy 或 d-mmm-yy 或 yyyy"年"m"月"d"日" yyyy/m/d 或 yyyy/m/d h:mm 或 yyyy"年"m"月"d"日"	"D1"

续表

如果Excel的格式为	CELL函数返回值
yyyy"年"m"月"或 mmm-yy	"D2"
m"月"d"日"或 d-mmm	"D3"
h:mm:ss AM/PM 或 上午/下午h"时"mm"分"ss"秒"	"D6"
h:mm AM/PM 或 上午/下午h"时"mm"分"	"D7"
h:mm 或 h"时"mm"分"	"D9"
h:mm:ss 或 h"时"mm"分"ss"秒"	"D8"

CELL函数的第一参数使用“filename”时，可以获取包含引用的工作簿和工作表名称，并且带有完整路径。

示例11-2 借助CELL函数获取工作表名称

使用以下公式可以获取带有完整路径的工作簿和工作表名称，如果包含目标引用的工作表尚未保存，则返回空文本。

```
=CELL("filename",A1)
```

使用以下公式，可以获取当前工作表名称。

```
=TRIM(RIGHT(SUBSTITUTE(CELL("filename",A1),"]",REPT(" ",99)),99))
```

公式中的“REPT(" ",99)”部分，目的是得到99个空格。

“SUBSTITUTE(CELL("filename"),"]",REPT(" ",99))”部分，使用SUBSTITUTE函数将字符“]”替换为99个空格。

使用RIGHT函数，从替换后的字符右侧提取长度为99的字符串，得到带有空格的工作表名称“…… Cell函数示例”。

最后使用TRIM函数清除多余的空格，得到工作表名称“Cell函数示例”。

如果工作簿内只有一个与工作簿名称相同的工作表，使用以下公式将只能得到完整的路径和工作簿名称，而无法获取工作表名称。

```
=CELL("filename",A1)
```

可以插入一个新的工作表，或者将工作表名称修改为与工作簿不同的名称。

11.2 常用IS类判断函数

Excel 2016提供了12个IS开头的信息类函数，主要用于判断数据类型、奇偶性、空单元格、错误值等，各函数功能如表11-3所示。

表11-3 常用IS类函数

函数名称	在以下情况返回TRUE
ISBLANK 函数	值为空白单元格
ISERR 函数	值为除#N/A外的任意错误值
ISERROR 函数	值为任意错误值
ISLOGICAL 函数	值为逻辑值
ISNA 函数	值为#N/A错误值
ISNONTEXT 函数	值为不是文本的任意项
ISNUMBER 函数	值为数值
ISREF 函数	值为引用
ISTEXT 函数	值为文本
ISEVEN 函数	数字为偶数
ISODD 函数	数字为奇数
ISFORMULA 函数	存在包含公式的单元格引用

11.2.1 使用ERROR.TYPE函数判断错误值类型

ERROR.TYPE函数针对不同的错误值返回对应的数字，如果参数不是错误值则返回"#N/A"。不同错误值对应的返回结果如表11-4所示。

表11-4 使用ERROR.TYPE函数判断错误值类型

如果错误值为	函数 ERROR.TYPE 返回
#NULL!	1
#DIV/0!	2
#VALUE!	3
#REF!	4
#NAME?	5
#NUM!	6
#N/A	7
#GETTING_DATA	8
其他值	#N/A

11.2.2 使用ISODD和ISEVEN函数判断数值的奇偶性

ISODD函数和ISEVEN函数能够判断数字的奇偶性，如果参数不是整数，将被截尾取整后再进行判断。函数语法如下：

```
ISODD(number)
ISEVEN(number)
```

ISODD函数用于判断参数是否为奇数，该函数只有一个参数，如果参数为奇数返回TRUE，否则返回FALSE。如果参数为非数值型，则返回错误值“#VALUE!”。

ISEVEN函数用于判断参数是否为偶数，该函数只有一个参数，如果参数为偶数返回TRUE，否则返回FALSE。如果参数为非数值型，也会返回错误值“#VALUE!”。

示例11-3　根据身份证号码判断性别

我国现行居民身份证号码由18位数字组成，第17位是性别标识码，奇数为男，偶数为女。如图11-3所示，需要根据A列中的身份证号码，判断持有人的性别。

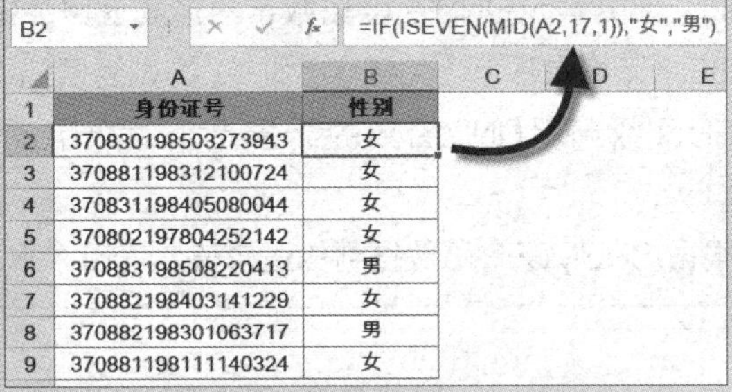

B2　=IF(ISEVEN(MID(A2,17,1)),"女","男")

	A	B
1	身份证号	性别
2	370830198503273943	女
3	370881198312100724	女
4	370831198405080044	女
5	370802197804252142	女
6	370883198508220413	男
7	370882198403141229	女
8	370882198301063717	男
9	370881198111140324	女

图11-3　根据身份证号码判断性别

在B2单元格中输入以下公式，并向下复制到B9单元格。

```
=IF(ISEVEN(MID(A2,17,1)),"女","男")
```

公式中先使用MID函数提取出身份证号码中第17位数字，作为ISEVEN函数的参数，如果为偶数，ISEVEN返回TRUE，否则返回FALSE。最后用IF函数判断，参数为TRUE时返回“女”，否则返回“男”。

11.2.3　使用ISNUMBER函数判断是否为数值

ISNUMBER函数用于判断参数是否为数值，返回TRUE或FALSE。通常与其他函数嵌套使用，用来完成条件判断或是指定条件的汇总计算。

示例11-4　判断客户为本地或外地

图11-4所示为某公司的部分销售记录，需要对B列的客户名称进行判断，如果客户名称中包含“北京”则为本地客户，否则为外地客户。

在D2单元格中输入以下公式，并向下复制到D9单元格。

```
=IF(ISNUMBER(FIND("北京",B2)),"本地","外地")
```

公式使用ISNUMBER函数和FIND函数相结合的方法，判断单元格中是否包含指定的关键字。

D2 =IF(ISNUMBER(FIND("北京",B2)),"本地","外地")

	A	B	C	D
1	订单编号	客户名称	订单金额	本地/外地
2	2017088	北京市朝阳区大洋日化	54000	本地
3	2017102	上海市静安区文体用品公司	28540	外地
4	2017093	石家庄市安通通讯公司	32700	外地
5	2017121	纳伯格（北京）有限公司	18435	本地
6	2017134	美东防腐（北京）公司	23288	本地
7	2018005	天津市北辰区龙华包装厂	49219	本地
8	2018027	北京市海淀区金盛印务	51327	外地
9	2018009	上海市奉贤区金樽酒业	28120	外地

图11-4　判断客户地域

“FIND("北京", B2)”部分表示FIND函数以数字的形式返回关键字“北京”在B2单元格中的位置，如果B2单元格中不包含关键字“北京”，则返回错误值“#VALUE!”。

再使用ISNUMBER函数判断FIND函数的结果是否为数字，返回逻辑值TRUE或FALSE。

最后使用IF函数根据ISNUMBER函数得到的逻辑值，返回“本地”或“外地”。

11.3　逻辑判断函数

使用逻辑函数可以对单个或多个表达式的逻辑关系进行判断，最终返回一个逻辑值。

11.3.1　逻辑函数AND、OR、NOT、XOR与乘法、加法运算

AND、OR、NOT及XOR函数分别对应4种逻辑关系，即“与”“或”“非”和“异或”。

AND函数最多可以支持255个条件参数，当所有条件参数的结果都为逻辑值TRUE时，结果返回TRUE。

OR函数最多也可以支持255个条件参数，只要有一个参数的结果为逻辑值TRUE时，结果就返回TRUE。

NOT函数仅有一个参数，函数的结果与其参数的逻辑表达式结果相反。当其逻辑值为TRUE时，结果返回FALSE；当其逻辑值为FALSE时，结果返回TRUE。

XOR函数最多可以支持254个条件参数。如果在多个条件参数中只有一个结果为逻辑值TRUE时，结果返回TRUE。

不同函数的判断结果如表11-5所示。

表11-5　AND、OR、NOT、XOR函数

结果	公式
TRUE	=AND(3>1,2<5,2+3=5)
FALSE	=AND(1>0,2>5)
FALSE	=OR(3<1,1+1=3)

续表

结果	公式
TRUE	=OR(1>0,2<5)
FALSE	=NOT(10>2)
TRUE	=NOT(1>8)
TRUE	=XOR(5>2,0>1,4<2)
FALSE	=XOR(1+1=2,2+2=4)

示例11-5 使用逻辑函数判断产品是否合格

图11-5所示为某公司生产的产品称重记录，需要在D列判断产品是否合格。判断标准为：U型产品重量大于等于48并且小于等于52为合格，T型产品重量大于等于8并且小于等于10为合格。

	A	B	C	D
1	产品序列号	产品类型	重量/g	是否合格
2	513548	T型	10	合格
3	269312	U型	52	合格
4	213678	U型	53	不合格
5	651033	U型	30	不合格
6	325266	T型	6	不合格
7	465137	U型	50	合格
8	515234	T型	8	合格
9	485124	U型	51	合格
10	841236	T型	8	合格

图11-5 使用逻辑函数判断产品是否合格

在D2单元格中输入以下公式，并向下复制到D10单元格。

```
=IF(OR(AND(B2="U型",C2>=48,C2<=52), AND(B2="T型",C2>=8,C2<=10)),"合格","不合格")
```

“AND(B2="U型", C2>=48,C2<=52)”部分表示当B2单元格等于“U型”、C2大于等于48、C2小于等于52，这3个条件同时符合时，返回逻辑值TRUE。

“AND(B2="T型", C2>=8,C2<=10)”部分与之类似，表示当B2单元格等于“T型”、C2大于等于8、C2小于等于10，这3个条件同时满足时，返回逻辑值TRUE。

使用OR函数将两个AND函数返回的结果作为参数，当两者其中有一个返回TRUE时，OR函数就返回逻辑值TRUE。

最后用IF函数进行判断，如果OR函数返回逻辑值TRUE，则返回“合格”，否则返回“不合格”。

本例中使用以下公式同样可以完成该判断。

```
=IF((B2="U型")*(C2>=48)*(C2<=52)+(B2="T型")*(C2>=8)*(C2<=10),"合格","不合格")
```

公式中使用乘法替代AND函数，使用加法替代OR函数。

使用乘法替代AND函数时，如果多个判断条件中的任意一个结果返回逻辑值FALSE，则乘法结果为0。使用加法替代OR函数时，如果多个判断条件中的任意一个结果返回逻辑值TRUE，则加法的结果大于0。

在IF函数的第一参数中，0的作用相当于逻辑值FALSE，其他非0数值的作用相当于逻辑值TRUE，因此，使用乘法和加法可得到与AND函数和OR函数相同的计算结果。

公式中乘法、加法的运算优先级与普通四则运算中相同，可以根据需要适当添加括号以符合逻辑判断的优先级。

提示

由于AND函数和OR函数的运算结果无法返回数组结果，因此，当逻辑运算需要返回包含多个结果的数组时，必须使用数组间的乘法、加法运算。

11.3.2 IF函数判断条件“真”“假”

IF函数是Excel中最常用的函数之一，可以对条件进行逻辑判断和比较。使用IF函数时，如果条件为真，函数将返回一个值；如果条件为假，函数将返回另一个值。函数语法如下：

```
IF(logical_test,[value_if_true],[value_if_false])
```

第一参数logical_test为必需参数，为逻辑判断的条件。可以是计算结果为TRUE或FALSE的任何表达式。

第二参数value_if_true为可选参数，作为第一参数为TRUE或为非0数值时返回的结果。如果第一参数为TRUE，且省略此参数的值，将返回0。

第三参数value_if_false为可选参数，作为第一参数为FALSE或等于数值0时返回的结果。如果第一参数为FALSE，且省略此参数的逗号和值，将返回FALSE。

Excel支持最多64个不同的IF函数嵌套。但在实际应用中，使用IF函数判断多个条件，公式会非常冗长。可以使用其他方式代替IF函数，使公式更加简洁。

示例11-6 使用IF函数判断费用是否超出预算

图11-6所示为某人一个月的花费记录，其中B列为各项费用的预算，C列为实际的支出。需要判断实际花费是否超出预算。

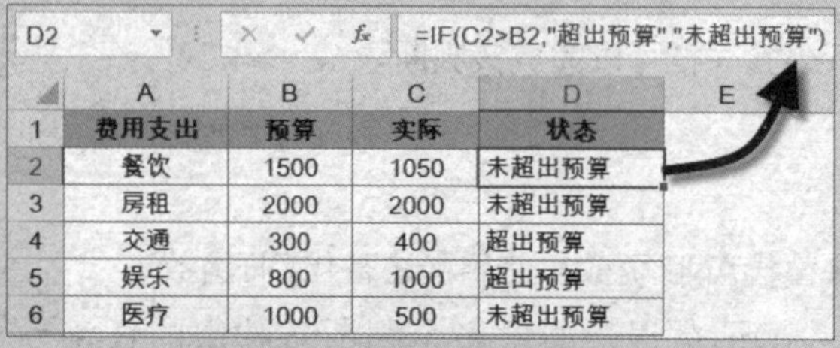

D2 =IF(C2>B2,"超出预算","未超出预算")

	A	B	C	D
1	费用支出	预算	实际	状态
2	餐饮	1500	1050	未超出预算
3	房租	2000	2000	未超出预算
4	交通	300	400	超出预算
5	娱乐	800	1000	超出预算
6	医疗	1000	500	未超出预算

图11-6 使用IF函数判断费用是否超出预算

在D2单元格中输入以下公式，并向下复制到D6单元格。

```
=IF(C2>B2,"超出预算","未超出预算")
```

使用IF函数判断，当第一参数C2>B2符合时得到逻辑值TRUE，公式返回“超出预算”，否则返回“未超出预算”。

示例11-7 借助IF函数计算销售提成

图11-7所示为某公司销售记录的部分内容，其中B列为销售额。需要根据不同的提成比例计算每位销售员的提成。提成比例规则如下。

（1）销售额大于100 000时，提成比例为5%。

（3）销售额大于50 000小于等于100 000时，提成比例为2%。

（3）销售额小于等于50 000时，提成比例为0。

C2 =IF(B2>100000,5%,IF(B2>50000,2%,0))*B2

	A	B	C
1	姓名	销售额	提成
2	段成元	85000	1700
3	王绍英	42000	0
4	宁莉梅	110850	5542.5
5	罗东明	90340	1806.8
6	李翠仙	123000	6150
7	许勇斌	64000	1280
8	张勐昆	720100	36005
9	陈宁华	48000	0

图11-7 IF函数计算销售提成

在C2单元格中输入以下公式，并向下复制到C9单元格。

```
=IF(B2>100000,5%,IF(B2>50000,2%,0))*B2
```

公式中使用两个IF函数，首先判断B2是否大于100 000，如果符合条件则返回5%。否则继续用IF函数判断B2是否大于50 000，如果符合条件则返回2%，否则返回0。

最后将IF函数返回的提成比例与B2单元格中的销售额相乘，得到提成的数额。

使用IF函数进行多个区间的判断时，需要注意各个条件判断的连续性，可以从高到低依次判断，也可以从低到高依次判断。

扫描以下二维码，可观看关于IF函数的更加详细的视频讲解。

11.3.3 使用IFS函数实现多条件判断

IFS函数是EXCEL 2016中的新增函数。IFS函数可以取代多层嵌套的IF函数，并且在有多个判断条件时更方便阅读。函数语法如下：

```
=IFS(logical_test,value_if_true,…)
```

第一参数logical_test为必需参数，为逻辑判断的条件。可以是计算结果为TRUE或FALSE的任何表达式。

第二参数value_if_true为必需参数，指定当第一参数结果为TRUE时返回的结果。

IFS函数的逻辑结构与IF函数有所不同。IF函数的结构可以表达为“如果……则……否则”。而IFS函数的条件与返回的结果需要成对出现，即“如果条件1，则结果1，如果条件2，则结果2……”，最多允许127个不同的条件。

若要对IFS函数指定默认结果，可在最后一个logical_test参数中输入TRUE或不为0的数值。如果不满足其他任何条件，则返回指定的内容。

示例11-8 使用IFS函数评定员工考核等级

图11-8所示为某次员工考核的记录，需要根据考核成绩在C列做出相应的评级。评级标准为大于等于90为“优秀”，大于等于80且小于90为“良好”，大于等于70且小于80为“中等”，大于等于60且小于70为“及格”，小于60为“不及格”。

	A	B	C
1	姓名	考核成绩	评级
2	陈艳红	88	良好
3	袁菁	76	中等
4	张云慧	85	良好
5	李玉彩	92	优秀
6	钟秀兰	73	中等
7	饶暄雅	65	及格
8	施幼清	58	不及格
9	董红	79	中等

图11-8 IFS函数多条件判断

在C2单元格中输入以下公式，并向下复制到C9单元格。

```
=IFS(B2>=90,"优秀",B2>=80,"良好",B2>=70,"中等",B2>=60,"及格",1,"不及格")
```

公式中依次从左向右验证是否满足参数的条件，满足条件时返回对应的结果。

11.3.4 SWITCH函数多条件判断

SWITCH函数用于将表达式与参数进行比对，如匹配则返回对应的值，没有参数匹配时返回可选的默认值。函数语法如下：

```
=SWITCH(expression,value1,result1,[default_or_value2,result2],…)
```

如果第一参数的结果与value1相等，则返回result1；如果与value2相等，则返回result2……如果都不匹配，则返回指定的内容；如果不指定内容且无参数可以匹配时，将返回错误值。

示例11-9 借助SWITCH函数从批号中判定产地

在图11-9中，A列为某公司产品批号的部分内容，最后一位数字代表产品的产地。其中，“1”代表北京，“2”代表天津，“3”代表固安，“4”代表廊坊。需要在B列判定A列产品的产地。

在B2单元格中输入以下公式，并向下复制到B9单元格。

```
=SWITCH(--RIGHT(A2,1),1,"北京", 2,"天津",
3,"固安",4,"廊坊","请核对批号")
```

先使用RIGHT函数提取出A2单元格的最后一位数字，由于RIGHT函数提取出的是文本型数字，而后面的条件参数是数值，因此，在RIGHT函数前加“--”（两个负号），将其转换为数值。

	A	B
1	批号	产地
2	20178345533	固安
3	20173527642	天津
4	20174532901	北京
5	20179352744	廊坊
6	20183527483	固安
7	20173528492	天津
8	20183624901	北京
9	20183624906	请核对批号

图11-9 SWITCH函数多条件判断

再用SWITCH函数将结果与其他参数进行比对，并返回指定的内容。A9单元格中最后一个数字为6，由于没有匹配参数，因此返回指定内容“请核对批号”。

提示

IFS函数与SWITCH函数在部分版本中可能会无法使用，如果该版本具有Office 365订阅功能，则可以获取每月更新的最新Office功能。

11.4 使用IFERROR函数屏蔽公式返回的错误值

在公式计算结果中经常会返回错误值，不仅影响阅读，而且在嵌套使用时会影响后续的运算结果，用户可以根据需要屏蔽公式返回的错误值。常用于屏蔽错误值的函数有IFERROR函数和IFNA函数，其函数语法如下：

```
IFERROR(value,value_if_error)
IFNA(value,value_if_na)
```

IFERROR函数第一参数是需要屏蔽错误值的公式，第二参数是公式计算结果为错误值时要返回的值。

IFNA函数的作用和语法与IFERROR函数类似，但仅对错误值#N/A有效。而IFERROR函数则可以屏蔽所有类型的错误值，因此，在实际应用中，IFERROR函数的使用率更高。

示例11-10 使用IFERROR函数屏蔽计算结果错误值

图11-10所示为某工厂生产指标的部分内容，D列使用公式计算报废率。以D2单元格为例，公式如下。

```
=C2/B2
```

由于B、C两列中有些单元格没有填写数据，D列计算返回错误值#DIV/0!。在现有公式外再嵌套一个IFERROR函数，则可以屏蔽错误值，如图11-11所示。

```
=IFERROR(C2/B2,"")
```

当C2/B2得到错误值时，公式最终返回空文本。

	A	B	C	D
1	星期	周产量/件	报废金额/元	报废率（元/件）
2	WK01	2900	381	0.13
3	WK02	4583	543	0.12
4	WK03	5601	756	0.13
5	WK04	4819	694	0.14
6	WK05	5288	722	0.14
7	WK06	6013	783	0.13
8	WK07			#DIV/0!
9	WK08			#DIV/0!
10	WK09			#DIV/0!
11	WK10			#DIV/0!

图11-10　计算结果存在错误值

D2　=IFERROR(C2/B2,"")

	A	B	C	D
1	星期	周产量/件	报废金额/元	报废率（元/件）
2	WK01	2900	381	0.13
3	WK02	4583	543	0.12
4	WK03	5601	756	0.13
5	WK04	4819	694	0.14
6	WK05	5288	722	0.14
7	WK06	6013	783	0.13
8	WK07			
9	WK08			
10	WK09			
11	WK10			

图11-11　使用IFERROR函数屏蔽错误值

示例11-11　使用IFNA函数屏蔽查找函数返回的错误值

图11-12为某公司员工花名册的部分内容，需要根据D2单元格中的姓名查找对应的员工号。

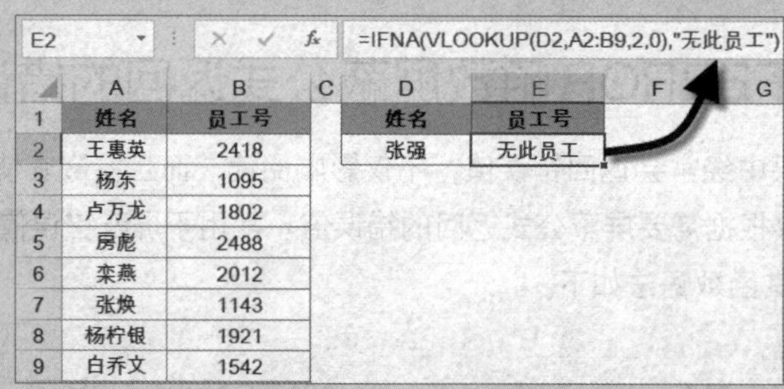

E2　=IFNA(VLOOKUP(D2,A2:B9,2,0),"无此员工")

	A	B	C	D	E
1	姓名	员工号		姓名	员工号
2	王惠英	2418		张强	无此员工
3	杨东	1095			
4	卢万龙	1802			
5	房彪	2488			
6	栾燕	2012			
7	张焕	1143			
8	杨柠银	1921			
9	白乔文	1542			

图11-12　屏蔽查找函数返回的错误值

在E2单元格中输入以下公式。

```
=IFNA(VLOOKUP(D2,A2:B9,2,0),"无此员工")
```

由于在查找区域A2:B9中找不到“张强”，因此VLOOKUP函数返回错误值#N/A。使用IFNA函数最终返回指定的字符串“无此员工”。

11.5　使用N函数将字符串转换为数值

N函数可以将错误值之外的字符串转换为数值，该函数只有一个参数value，表示要转换的值。不同类型字符串转换后的结果如表11-6所示。

除此之外，N函数还常用于数组公式中的降维计算，关于多维引用请参考第17章。

表11-6 不同类型的字符串用N函数转换后的结果

源数据	转换后	数据说明
32156	32156	数值不变
#DIV/0!	#DIV/0!	错误值返回错误值
2018/1/17	43117	日期返回该日期序列
员工姓名	0	文本返回0
TRUE	1	逻辑值TRUE返回1
FALSE	0	逻辑值FALSE返回0
213	0	文本型数字返回0

练习与巩固

（1）CELL函数的第一参数为“address”时，将返回__________。

（2）ISODD函数的参数为__________时将返回TRUE，ISEVEN函数的参数为________时将返回TRUE。

（3）__________函数用于判断参数是否为数字，返回TRUE或FALSE。

（4）当所有参数都是TRUE时，AND函数将返回__________，当其中一个参数为FALSE时，AND函数将返回__________。当其中一个参数为TRUE时，OR函数将返回__________。当所有参数都为FALSE时，OR函数将返回__________。

（5）当IF函数的第一参数为TRUE时，将返回__________，第一参数为FALSE时，将返回________。

（6）IFS函数可以取代多层嵌套的______函数。

（7）__________函数和__________函数常用于屏蔽函数与公式返回的错误值。

第12章　数学计算

利用Excel数学计算类函数，可以在工作表中快速完成求和、取余、随机和修约等数学计算。同时，掌握常用数学函数的应用技巧，在构造数组序列、单元格引用位置变换、日期函数综合应用及文本函数的提取中都起着重要的作用。

本章学习要点

（1）不同角度度量单位间的转换。
（2）罗马数字与阿拉伯数字相互转换。
（3）取余函数。
（4）常用舍入函数。
（5）随机函数应用。

12.1 使用RADIANS函数和DEGREES函数实现弧度与角度的转换

在数学和物理学中，弧度是角的度量单位。Excel中的三角函数也采用弧度作为角的度量单位，通常不写弧度单位，记为rad或R。在日常生活中，人们常以角度作为角的度量单位，因此存在角度与弧度的相互转换问题。

360°角=2π弧度，利用这个关系式，可借助PI函数进行角度与弧度间的转换，也可直接使用DEGREES函数和RADIANS函数实现转换。

DEGREES函数将弧度转化为角度，基本语法如下。

```
DEGREES(angle)
```

其中，angle是以弧度表示的角。

RADIANS函数将角度转化为弧度，基本语法如下。

```
RADIANS(angle)
```

其中，angle是以角度表示的角。

示例12-1 弧度与角度相互转换

在图12-1所示的工作表中，需要根据A列已知的正弦值，计算对应的角度。

在B2单元格中输入以下公式，并向下复制到B6单元格。

```
=ROUND(DEGREES(ASIN(A2)),2)
```

ASIN函数的作用是返回数字的反正弦值，反正弦值是指正弦值为number的角度。返回的角度以弧度表示，弧度值在-pi/2到pi/2之间，其中“pi”代表π。所求角度的正弦值，必须在-1到1之间。

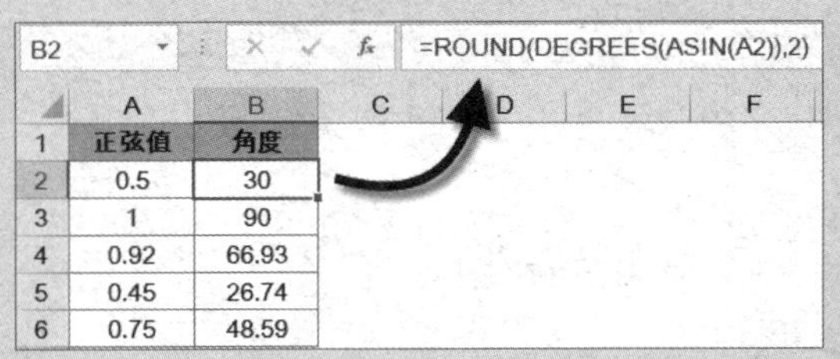
B2 =ROUND(DEGREES(ASIN(A2)),2)

	A	B
1	正弦值	角度
2	0.5	30
3	1	90
4	0.92	66.93
5	0.45	26.74
6	0.75	48.59

图12-1 根据弧度计算角度

公式利用ASIN函数计算出A2单元格对应的以弧度表示的角，再使用DEGREES函数将弧度转化为角度。最后使用ROUND函数将计算结果保留两位小数。

除了使用DEGREES函数外，也可以将ASIN函数的计算结果乘以180再除以π，将弧度转化为角度，其公式如下。

```
=ROUND(ASIN(A2)*180/PI(),2)
```

在图12-2所示的工作表中，需要根据A列已知的角度，计算对应的正弦值。

在B2单元格中输入以下公式，并向下复制到B7单元格。

```
=SIN(RADIANS(A2))
```

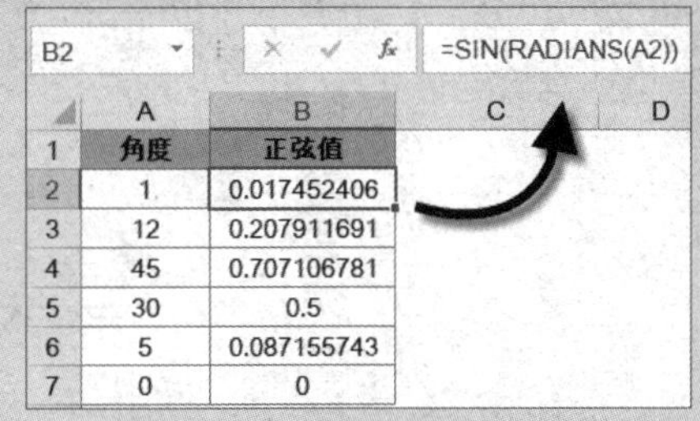
B2 =SIN(RADIANS(A2))

	A	B
1	角度	正弦值
2	1	0.017452406
3	12	0.207911691
4	45	0.707106781
5	30	0.5
6	5	0.087155743
7	0	0

图12-2 根据角度转换弧度

SIN函数的作用是返回已知角度的正弦。先使用RADIANS函数将角度转化为弧度，以此作为SIN函数的参数，最终返回其正弦值。

除了使用RADIANS函数外，也可以将A2单元格中的角度乘以π再除以180得到弧度，然后使用SIN函数计算弧度的正弦值，其公式如下。

```
=SIN(A2*PI()/180)
```

12.2 度分秒数据的输入和度数的转换

在工程计算和测量等领域，经常使用度分秒的形式表示度数。表示角度的度分秒分别使用符号“°”“′”和“″”表示，度与分、分与秒之间采用六十进制。

示例12-2 快速输入度分秒格式的角度值

如图12-3所示，要在工程计算表中输入度分秒格式的数据。使用Excel的自定义格式功能，可以简化输入过程，提高工作效率。

选中B2:B6单元格区域，按<Ctrl+1>组合键打开【设置单元格格式】对话框。在【数字】选项卡的【分类】列表框中选择【自定义】选项，在右侧的格式代码编辑框中输入以下格式代码，单击【确定】按钮关闭对话框，如图12-4所示。

```
0°00'00!"
```

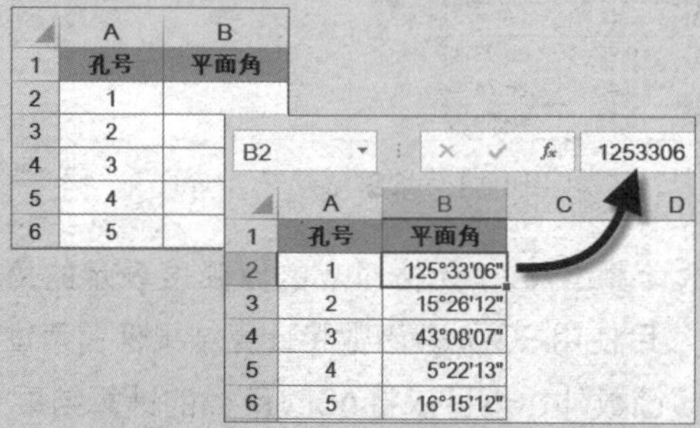

图12-3　工程计算表

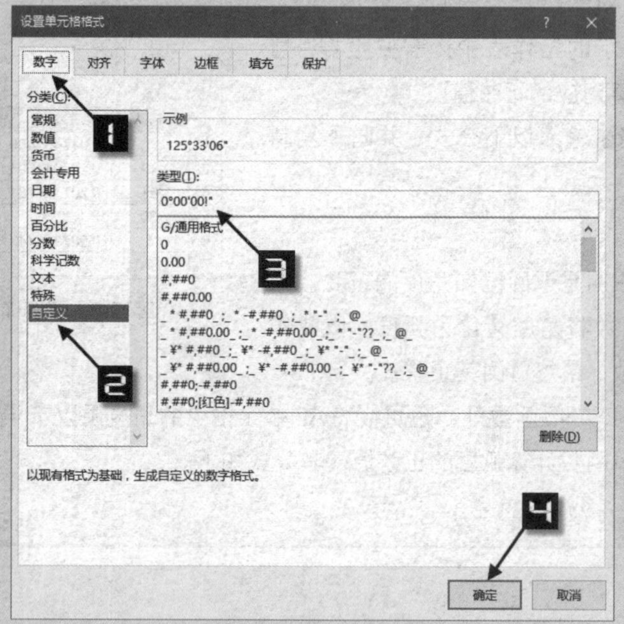

图12-4　设置自定义单元格格式

设置完成后，在单元格中输入度数和两位的分秒数字即可。如果分和秒只有一位，必须在前面补上0。例如，要输入“112°16'8"”，需输入“1121608”；要输入“112°6'8"”，则需输入“1120608”。

使用该方法录入的数据虽然外观符合自定义的样式，但单元格存储的仍然是普通的数值。如果要将自定义格式的效果转换为实际值，可以选中B2:B6单元格区域，按<Ctrl+C>组合键复制，然后在桌面新建一个记事本文档，按<Ctrl+V>组合键将内容粘贴到记事本中，最后再复制的记事本中的内容并粘贴到Excel中即可，如图12-5所示。

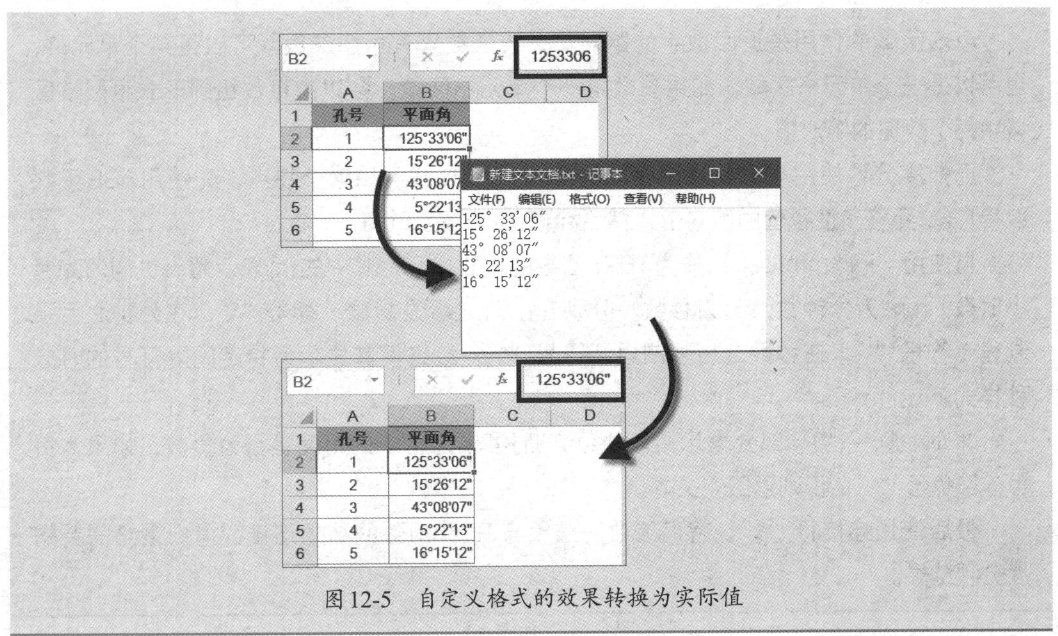

图12-5 自定义格式的效果转换为实际值

使用函数与公式，可以将以数值表示的度数转换为度分秒的样式。

示例12-3 度数转换为度分秒

图12-6所示为某施工队的施工参数表，需要将K列的平面角和L列的仰角转换为度分秒的样式。

	A:B	C	D	E	F	G	H	I	J	K	L	M	N
1	凤凰山隧道迂回导坑超前注浆钻孔几何参数表												
2	孔号	孔口坐标（m）			终孔坐标（m）			水平面上投影	长度L	平面角θ	仰角ψ	平面角θ	仰角ψ
3		X_1	Y_1	Z_1	X_2	Y_2	Z_2	长度L'（m）	（m）	（度）	（度）	度分秒	度分秒
4	1_1	0.00	0.00	0.00	0.00	0.00	30.00	30.00	30.00	0.0000	0.0000		
5	2_1	-0.25	0.43	0.00	-1.50	2.60	30.00	30.03	30.10	-2.3859	4.1336		
6	2_2	-0.50	0.00	0.00	-3.00	0.00	30.00	30.10	30.10	-4.7636	0.0000		
7	2_3	-0.25	-0.43	0.00	-1.50	-2.60	30.00	30.03	30.10	-2.3859	-4.1336		
8	2_4												
9	2_5												
10	2_6												
11	3_1												
12	3_2												

	A:B	C	D	E	F	G	H	I	J	K	L	M	N
1	凤凰山隧道迂回导坑超前注浆钻孔几何参数表												
2	孔号	孔口坐标（m）			终孔坐标（m）			水平面上投影	长度L	平面角θ	仰角ψ	平面角θ	仰角ψ
3		X_1	Y_1	Z_1	X_2	Y_2	Z_2	长度L'（m）	（m）	（度）	（度）	度分秒	度分秒
4	1_1	0.00	0.00	0.00	0.00	0.00	30.00	30.00	30.00	0.0000	0.0000	0°00'00"	0°00'00"
5	2_1	-0.25	0.43	0.00	-1.50	2.60	30.00	30.03	30.10	-2.3859	4.1336	-2°23'09"	4°08'01"
6	2_2	-0.50	0.00	0.00	-3.00	0.00	30.00	30.10	30.10	-4.7636	0.0000	-4°45'49"	0°00'00"
7	2_3	-0.25	-0.43	0.00	-1.50	-2.60	30.00	30.03	30.10	-2.3859	-4.1336	-2°23'09"	-4°08'01"
8	2_4	0.25	-0.43	0.00	1.50	-2.60	30.00	30.03	30.10	2.3859	-4.1336	2°23'09"	-4°08'01"
9	2_5	0.50	0.00	0.00	3.00	0.00	30.00	30.10	30.10	4.7636	0.0000	4°45'49"	0°00'00"
10	2_6	0.25	0.43	0.00	1.50	2.60	30.00	30.03	30.10	2.3859	4.1336	2°23'09"	4°08'01"

图12-6 施工参数表

在M4单元格中输入以下公式，将公式复制到M4:N84单元格区域。

```
=IF(K4<0,"-","")&TEXT(ABS(K4)/24,"[h]!° mm!'ss!""")
```

ABS函数的作用是返回数字的绝对值，该函数只有一个参数，可以是某个单元格，也可以是一个单元格区域。如果参数是一个单元格区域，会以内存数组的形式返回该区域中每个数值的绝对值。

已知度分秒使用与时间进制相同的60进制。公式利用这个特点，先使用ABS函数取得K4单元格角度数值的绝对值，然后除以24转换为时间。

再使用“[h]!° mm!'ss!"”作为TEXT函数的格式代码，其中的[h]表示超出进制的完整小时数，mm为分钟数，ss为秒数。分别在小时之后强制显示符号“°”，在分钟之后强制显示符号“'”，在秒数之后强制显示符号“"”，最终使其显示为特定间隔符号的时分秒样式。

“IF(K4<0,"-","")”部分表示用IF函数判断K4单元格中的角度是否为负数，如果为负数返回负号“-”，否则返回空文本。

最后使用连接符“&”，将IF函数的结果与TEXT函数的结果连接，得到最终需要的度分秒结果。

示例12-4 将度分秒转换为度数

如图12-7所示，需要将工程计算表中以度分秒形式显示的度数转换为数值度数。

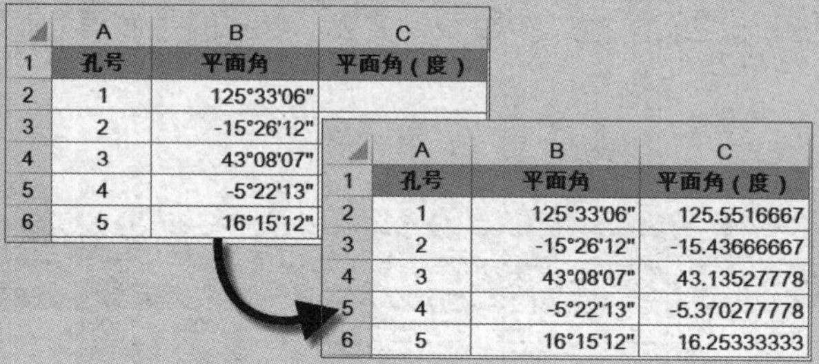

	A	B	C
1	孔号	平面角	平面角（度）
2	1	125°33'06"	
3	2	-15°26'12"	
4	3	43°08'07"	
5	4	-5°22'13"	
6	5	16°15'12"	

	A	B	C
1	孔号	平面角	平面角（度）
2	1	125°33'06"	125.5516667
3	2	-15°26'12"	-15.43666667
4	3	43°08'07"	43.13527778
5	4	-5°22'13"	-5.370277778
6	5	16°15'12"	16.25333333

图12-7 度分秒转换为数值度数

在C2单元格中输入以下公式，并向下复制到C6单元格。

```
=SUBSTITUTE(SUBSTITUTE(SUBSTITUTE(LEFT(B2,LEN(B2)-1),"°",":"),"'",
":"),"-",)*24*-1^(LEFT(B2)="-")
```

公式仍然利用度分秒进制与时间进制相同的特性，先使用“LEFT(B2,LEN(B2)-1)”得到B2单元格字符串去掉最后一个字符后的结果“125°33'06"”，然后使用SUBSTITUTE函数分别将符号“°”和“'”替换为Excel可以识别的时间间隔符号“:”，再使用SUBSTITUTE函数替换可能存在的负号“-”。

用替换后得到的时间“125:33:06”乘以24，得到日期和时间的序列值125.5516667，该结果就是数值型的度数。

"-1^(LEFT(B2)="-")"部分表示用LEFT(B2)提取B2单元格最左侧的字符，对比是否等于负号"-"，得到逻辑值TRUE或FALSE。

在四则运算中，TRUE的作用相当于1，FALSE的作用相当于0。如果"LEFT(B2)="-""的结果是TRUE，那么"-1^TRUE"相当于"-1^1"，结果为-1。如果"LEFT(B2)="-""的结果是FALSE，则"-1^FALSE"相当于"-1^0"，结果为1。也就是说，通过判断B2单元格的首个字符是否等于负号"-"，决定对日期时间序列值乘以-1还是乘以1。

12.3 使用ROMAN和ARABIC函数实现罗马数字和阿拉伯数字的转换

罗马数字是最早的数字表示方式，比阿拉伯数字早2000多年。罗马数字的组数规则复杂，记录较大的数值时比较麻烦，目前主要用于产品型号或序列编号等。

标准键盘中没有罗马数字，因此输入罗马数字的过程较复杂。在Excel中，可以使用ROMAN函数将阿拉伯数字转换为罗马数字。其语法结构为：

```
ROMAN(number, [form])
```

number为需要转换的阿拉伯数字，如果数字小于0或大于3999，则返回错误值 #VALUE!。form指定所需罗马数字类型的数字，取值的范围为0~4。罗马数字样式的范围从古典到简化，形式值越大，样式越简明。

ARABIC函数将罗马数字转换为阿拉伯数字，方便统计计算。其语法结构如下。

```
ARABIC(text)
```

参数text为用双引号包围的罗马数字，或是对包含文本的单元格的引用。

示例12-5 罗马数字与阿拉伯数字相互转换

图12-8所示为使用函数将阿拉伯数字转化为罗马数字，以及将罗马数字转换为阿拉伯数字的方法。

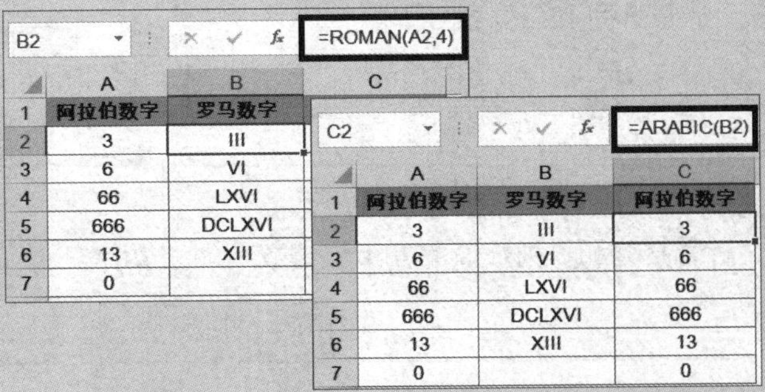

B2 =ROMAN(A2,4)

	A	B	C
1	阿拉伯数字	罗马数字	
2	3	III	
3	6	VI	
4	66	LXVI	
5	666	DCLXVI	
6	13	XIII	
7	0		

C2 =ARABIC(B2)

	A	B	C
1	阿拉伯数字	罗马数字	阿拉伯数字
2	3	III	3
3	6	VI	6
4	66	LXVI	66
5	666	DCLXVI	666
6	13	XIII	13
7	0		0

图12-8 罗马数字与阿拉伯数字相互转换

在B2单元格中输入以下公式，并向下复制到B7单元格，可以将阿拉伯数字转化为罗马数字。

```
=ROMAN(A2,4)
```

在C2单元格中输入以下公式，并向下复制到C7单元格，可以将罗马数字转换为阿拉伯数字。

```
=ARABIC(B2)
```

12.4 使用GCD和LCM函数计算最大公约数和最小公倍数

最大公约数是指两个或多个整数共有约数中最大的一个。最小公倍数是指两个或多个整数共有倍数中最小的一个。

GCD函数返回两个或多个整数的最大公约数，LCM函数返回两个或多个整数的最小公倍数，其语法分别如下。

```
GCD(number1, [number2], …)
LCM(number1, [number2], …)
```

number1是必需参数，后续参数是可选的。如果参数值不是整数，将被截尾取整。

如果任一参数为非数值型，则GCD函数和LCM函数返回错误值#VALUE!。如果任一参数小于零，则GCD函数和LCM函数返回错误值#NUM!。

如果GCD函数的任一参数大于“2^53+1”，或者LCM函数返回的值大于“2^53+1”，那么GCD函数和LCM函数都会返回错误值#NUM!。

示例12-6 最大公约数和最小公倍数

如图12-9所示，B列和C列为整数列，需要分别计算最大公约数和最小公倍数。

	A	B	C	D	E
1					
2		number1	number2	最大公约数	最小公倍数
3		5	115	5	115
4		12	30	6	60
5		21	10	1	210
6		70	42	14	210
7		10	12	2	60
8		3	5	1	15

图12-9 最大公约数和最小公倍数

在D3单元格中输入以下公式，并向下复制到D8单元格，计算B列和C列数值的最大公约数。

```
=GCD(B3:C3)
```

在E3单元格中输入以下公式，并向下复复制到E8单元格，计算B列和C列数值的最小公倍数。

```
=LCM(B3:C3)
```

12.5 使用QUOTIENT和MOD函数计算两数相除的整数结果和余数

在数学概念中，余数是被除数与除数进行整除运算后剩余的数值，余数的绝对值必定小于除数的绝对值。例如，13除以5，余数为3。

QUOTIENT函数用于返回除法的整数部分，忽略可能存在的余数。该函数有两个参数，分别是被除数和除数。以下公式将返回15除以4的整数部分，结果为3。

```
=QUOTIENT(15,4)
```

MOD函数用来返回两数相除后的余数，其结果的正负号与除数相同。MOD函数的语法如下。

```
MOD(number,divisor)
```

其中，number是被除数，divisor是除数。

如果用INT函数来表示MOD函数的计算过程，其公式如下。

```
=MOD(n,d)=n-d*INT(n/d)
```

提示

在Excel 2010及以上版本中，被除数与除数的商必须小于1 125 900 000 000，否则函数返回错误结果#NUM!。而在Excel 2003和Excel 2007中，被除数与除数的商必须小于134 217 728。

使用以下公式计算23除以7的余数，结果为2。

```
=MOD(23,7)
```

MOD函数的被除数与除数都允许使用小数，以下公式用于计算7.23除以1.7的余数，结果为0.43。

```
=MOD(7.23,1.7)
```

如果被除数是除数的整数倍，MOD函数将返回结果0。以下公式用于计算15除以3的余数，结果为0。

```
=MOD(15,3)
```

MOD函数的被除数和除数允许使用负数，结果的正负号与除数相同。以下公式用于计算22除以-6的余数，结果为-2。

```
=MOD(22,-6)
```

12.5.1 使用MOD函数判断数值奇偶性

整数包括奇数和偶数，能被2整除的数是偶数，否则为奇数。在实际工作中，可以使用MOD函数计算数值除以2的余数，利用余数的大小判断数值的奇偶性。以下公式可以判断数值13的奇偶性。

```
=IF(MOD(13,2),"奇数","偶数")
```

MOD(13,2)函数的计算结果为1，在IF函数的第一参数中，非零数值相当于逻辑值TRUE，最终返回判断结果为“奇数”。

示例12-7 利用MOD函数判断员工性别

身份证号码的第17位为性别识别码，奇数为男性，偶数为女性。利用MOD函数判断性别识别码的奇偶性，可以判断持有人的性别。

图12-10所示为某公司员工信息表的部分内容，需要根据B列的身份证号码，判断员工性别。

	A	B	C
1	姓名	身份证号码	性别
2	刘平平	513029198702243130	男
3	宋雨佳	513029520101345226	女
4	白云飞	422827200207180011	男
5	谢艳芳	330824200207267026	女
6	度曼丽	330381200110127623	女
7	宁文杰	341221200012083172	男
8	叶知秋	340828200207144816	男
9	韩小双	500222200009136646	女
10	费文立	350322200202084363	女

图12-10 判断员工性别

```
=IF(MOD(MID(B2,17,1),2),"男","女")
```

先使用MID函数从B2单元格第17位开始，提取出1个字符，再使用MOD函数计算该字符与2相除后的余数。如果余数为1，IF函数返回指定内容“男”；如果余数为0，IF函数返回指定内容“女”。

12.5.2 使用MOD函数生成循环序列

在学校考试座位排位或引用固定间隔单元格区域等应用中，经常用到循环序列，在一些数组公式中，也经常使用该技巧获取一些有规律的内容。循环序列是基于自然数序列，按固定的周期重复出现的数字序列，其典型形式是1，2，3，4，1，2，3，4，…利用MOD函数可生成这样的数字序列。

示例12-8 利用MOD函数生成循环序列

如图12-11所示，A列是初始值，B列是指定的循环周期，利用MOD函数结合自然数序列，可以根据初始值和指定的循环周期生成循环序列。

	A	B	C	D	E	F	G	H	I	J	K	L
1	初始值	循环周期		生成循环序列								
2	1	2		1	2	1	2	1	2	1	2	1
3	2	3		2	3	4	2	3	4	2	3	4

图12-11 生成循环序列

在D2单元格中输入以下公式，并复制到D2:L3单元格区域。

```
=MOD(COLUMN(A1)-1,$B2)+$A2
```

生成循环序列的通用公式如下。

```
=MOD(列号或行号-1,循环周期)+初始值
```

如图12-12所示，要根据已知的终止值和循环周期，生成2，1，2，1，…样式的逆序循环序列。

	A	B	C	D	E	F	G	H	I	J	K	L
1	终止值	循环周期		生成逆向循环序列								
2	1	2		2	1	2	1	2	1	2	1	2
3	2	3		4	3	2	4	3	2	4	3	2

图12-12 生成逆序循环序列

在D2单元格中输入以下公式，并复制到D2:L3单元格区域。

```
=MOD($B2-COLUMN(A1),$B2)+$A2
```

生成逆序循环序列的通用公式如下。

```
=MOD(循环周期-列号或行号,循环周期)+初始值
```

12.6 使用SIGN函数确定数字的符号

SIGN函数用于确定数字的符号。如果数字为正数返回1；如果数字为零返回0；如果数字为负数则返回 -1。函数语法如下：

```
SIGN(number)
```

示例12-9 按多个条件统计不符合工作服发放标准的人数

在实际应用中，可以使用SIGN函数完成“或”关系的多条件判断。如图12-13所示，某公司发放工作服，但入职不足一个月或生产部的人员不包含在内，需要根据员工记录表中的内容，按多个条件统计不符合工作服发放标准的人数。

在F6单元格中输入以下数组公式，按<Ctrl+Shift+Enter>组合键。

```
{=SUM(SIGN((DATEDIF(C2:C15,E2,"m")=0)+(B2:B15="生产部")))}
```

公式先使用DATEDIF函数统计C列入职日期到统计日期的月数，不足一个月的，结果返回0。再用等式判断入职月数是否等于0。

公式中的“B2:B15="生产部"”部分，用等式判断B列部门是否等于生产部。

在两个条件之间使用加法，表示两个条件符合其一即可。相加后得到内存数组结果如下。

```
{0;0;1;0;0;1;0;0;1;1;2;2;1;0}
```

其中，等于0的部分表示两个条件都不符合；等于1的部分表示两个条件中有一个符合；等于2的部分则表示两个条件均符合。例如，第12行和第13行中，部门为生产部并且入职日期不足一个月，这种情况实际应统计为1个。

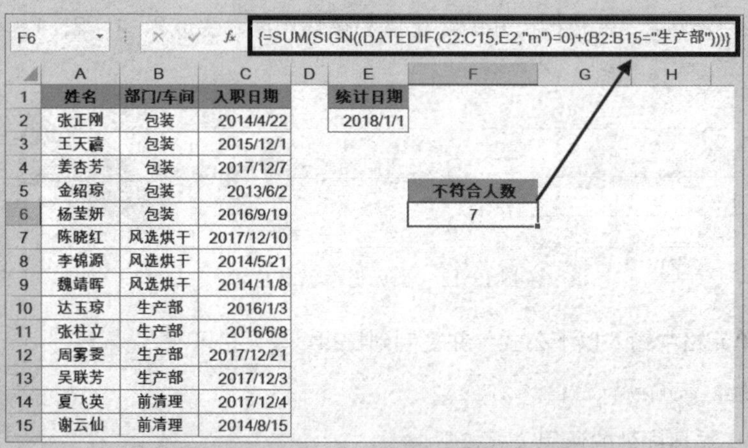

图 12-13 统计不符合工作服发放标准人数

SIGN函数返回内存数组中每个数字的符号，大于0的数字显示结果为1，等于0的仍然返回0。

```
{0;0;1;0;0;1;0;0;1;1;1;1;1;0}
```

最后使用SUM函数求和，结果就是两个条件至少符合其一的总人数。

关于DATEDIF函数的详细用法，请参考13.4节。

12.7 使用PRODUCT函数计算乘积

PRODUCT函数用于返回所有参数的乘积。基本语法如下。

```
PRODUCT(number1, [number2], …)
```

number1为必需参数，是要相乘的第一个数字或范围。

number2，…为可选参数，是要相乘的其他数字或单元格区域，最多可以使用255个参数。如果参数是一个数组或引用，则只使用其中的数字相乘，空白单元格、逻辑值和文本将被忽略。

示例12-10 计算包装材料体积

图12-14所示为某网店快递包装材料的计算表。需要根据C列的外箱尺寸，计算包装材料的体积。

在D2单元格中输入以下公式，并向下复制到D7单元格。

```
=ROUND(PRODUCT(1*TRIM(MID(SUBSTITUTE(C2,"×",REPT(" ",99)),{1,99,198},
99)))/1000000,4)
```

公式先使用“REPT(" ",99)”生成99个空格。

A	B	C	D
NO.	品名	外箱尺寸(内尺寸)cm	体积m^3
1	小圆碎花壶	32.5×32.5×19	0.0201
2	鱼壶	31.5×31.5×18	0.0179
3	中东壶	27.5×27.5×24	0.0182
4	高松竹梅	40×40×27	0.0432
5	圆砂面壶	30.5×30.5×18	0.0167
6	松鹤延年	34.5×34.5×15	0.0179

图12-14　计算包装材料体积

"SUBSTITUTE(C2,"×", REPT(" ",99))"部分表示使用SUBSTITUTE函数将C2单元格中表示乘的符号"×"替换为99个空格。使C2单元格中的算式变为以下结果，即在数字之间插入99个空格。

```
{"32.5                          32.5                          19"}
```

"MID(SUBSTITUTE(C2,"×", REPT(" ",99)),{1,99,198},99)"部分表示MID函数的第二参数使用数组常量{1,99,198}，从以上字符串中的第1位、第99位和第198位开始，提取长度为99的字符串，得到一个内存数组，也就是带有空格的3个数字。

```
{"32.5        ","        32.5        ","        19"}
```

再使用TRIM函数替换多余的空格，变成如下结果。

```
{"32.5","32.5","19"}
```

用TRIM函数得到结果是文本型数字，使用乘1的方式将文本型数字转换为数值。然后用PRODUCT函数计算出3个数值的乘积。

由于C列尺寸为厘米，因此将乘积结果除以1 000 000，转换为立方米。最后使用ROUND函数将结果保留4位小数。

12.8　使用SQRT和POWER 函数计算平方根和乘幂

SQRT函数用于计算某个数的平方根。例如，以下公式计算数值9的平方根，结果为3。

```
=SQRT(9)
```

POWER 函数用于计算某个数的乘幂，函数语法如下。

```
POWER(number, power)
```

number参数是要处理的基数，power参数表示乘幂运算的指数。

使用以下公式计算数值5的3次幂，也就是5的立方，结果为125。

```
=POWER(5,3)
```

立方根计算也称为开立方，是立方的逆运算。使用以下公式计算数值125的立方根，结果为5。

```
=POWER(125,1/3)
```

也可以使用符号“^”代替POWER函数。使用以下公式计算5的立方，其结果与公式“POWER(5,3)”相同。

```
=5^3
```

使用以下公式计算125的立方根，其结果与公式POWER(125,1/3)相同。

```
=125^(1/3)
```

假如数值在A1单元格，要计算开n次方的结果，其通用写法如下。

```
=POWER(A1,1/n)
```

或：

```
=A1^(1/n)
```

12.9 数值取舍函数

在对数值的处理中，经常会遇到进位或舍去的情况，如去掉某数值的小数部分、按一位小数四舍五入或保留4位有效数字等。

Excel 2016中常用的取舍函数如表12-1所示。

表12-1 常用取舍函数汇总

函数名称	功能描述	应用举例	计算结果
INT	取整函数，将数字向下舍入为最接近的整数	=INT(15.24)	15
TRUNC	将数字截尾取整或保留指定位数的小数，与数值符号无关	=TRUNC(15.28,1)	15.2
ROUND	将数字四舍五入到指定位数	=ROUND(15.28,1)	15.3
MROUND	返回参数按指定基数进行四舍五入后的数值	=MROUND(15.28,0.5)	15.5
ROUNDUP	将数字按远离零的方向舍入，即向上舍入	=ROUNDUP(15.21,1)	15.3
ROUNDDOWN	将数字按靠近零的方向舍入，即向下舍入	=ROUNDDOWN(15.28,1)	15.2
CEILING或CEILING.MATH	将数字向上舍入为最接近的整数，或者最接近的指定基数的整数倍；对于负数，CEILING.MATH可使用第三参数控制是按靠近0还是远离0的方向舍入	=CEILING(15.28,1)	16
		=CEILING.MATH(-15.28,-1,1)	−16
		=CEILING.MATH(-15.28,-1,0)	−15

续表

函数名称	功能描述	应用举例	计算结果
FLOOR或FLOOR.MATH	将数字向下舍入为最接近的整数，或者最接近的指定基数的整数倍；对于负数，FLOOR.MATH可使用第三参数控制是按靠近0还是远离0的方向舍入	=FLOOR(15.98,2)	14
		=FLOOR.MATH(-15.18,2,1)	−14
		=FLOOR.MATH(-15.18,2,0)	−16
EVEN	将正数向上舍入、负数向下舍入为最接近的偶数	=EVEN(-15.18)	−16
		=EVEN(15.18)	16
ODD	将正数向上舍入、负数向下舍入为最接近的奇数	=ODD(-15.18)	−17
		=ODD(15.18)	17

以上函数处理的结果都是对数值进行物理的截位，数值本身的数据精度已经发生改变。

12.9.1 INT和TRUNC函数获取数值的整数部分

INT函数和TRUNC函数通常用于舍去数值的小数部分，仅保留整数部分，因此常被称为取整函数。虽然这两个函数的功能相似，但在实际使用上存在一定的区别。

INT函数用于取得不大于目标数值的最大整数。

TRUNC函数是对目标数值进行直接截位，语法如下。

```
TRUNC(number, [num_digits])
```

其中，number是需要截尾取整的实数，num_digits是可选参数，用于指定取整精度的数字，num_digits的默认值为零。

TRUNC函数省略第二参数时，对正数的处理结果与INT函数相同，对负数的处理结果会有一定的差异。

对于正数，两个函数的取整结果相同，以下两个公式都返回结果7。

```
=INT(7.64)
=TRUNC(7.64)
```

对于负数，两个函数的取整结果不同，以下两个公式，INT函数的结果为不大于参数的最大整数，而TRUNC函数的结果为直接截去小数部分的数值。

```
=INT(-5.8)=-6
=TRUNC(-5.8)=-5
```

INT函数只能保留数值的整数部分，而TRUNC函数可以指定小数位数，在实际使用时TRUNC函数更加灵活。

示例12-11 生成滚动的循环序列

在实际应用中，往往需要生成一些特殊样式的循环序列。如图12-15所示，A2单元格指定了循环周期，需要生成1，2，3，4，2，3，4，1，3，4，1，2，…样式的滚动循环序列。

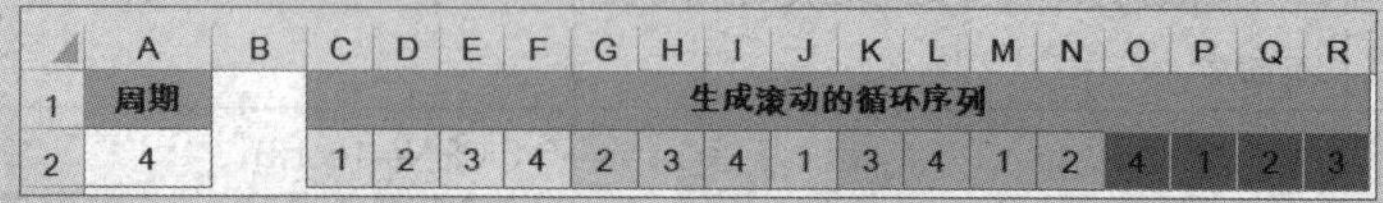

	A	B	C	D	E	F	G	H	I	J	K	L	M	N	O	P	Q	R
1	周期		生成滚动的循环序列															
2	4		1	2	3	4	2	3	4	1	3	4	1	2	4	1	2	3

图12-15 生成滚动的循环序列

在C2单元格中输入以下公式，并向右复制到R2单元格。

```
=MOD(COLUMN(A1)-1+INT((COLUMN(A1)-1)/$A2),$A2)+1
```

公式中的“INT((COLUMN(A1)-1)/$A2)”部分用于生成重复序列。

```
0,0,0,0,1,1,1,1,2,2,2,2,3,3,3,3,…
```

将此序列与“COLUMN(A1)-1”得到的自然数序列相加，再利用MOD函数生成循环序列的方法，最终生成滚动的循环序列。

12.9.2 使用ROUNDUP和ROUNDDOWN函数舍入数值

ROUNDUP函数与ROUNDDOWN函数对数值的取舍方向相反。前者向绝对值增大的方向舍入，后者向绝对值减小的方向舍去。两个函数的语法相同，分别如下。

```
ROUNDUP(number, num_digits)
ROUNDDOWN(number, num_digits)
```

其中，number是需要舍入的任意实数，num_digits是要将数字舍入到的位数。

示例12-12 对数值保留两位小数的计算

使用以下两个函数对数值27.718保留两位小数，两个函数的结果都不会进行四舍五入，而是直接进行数值的舍入和舍去。

```
=ROUNDUP(27.718,2)=27.72
=ROUNDDOWN(27.718,2)=27.71
```

由于ROUNDDOWN函数向绝对值减小的方向舍去，其原理与TRUNC函数相同，实际应用时，可使用TRUNC函数代替ROUNDDOWN函数。

```
=TRUNC(27.718,2)=27.71
```

如果参数是负数，ROUNDUP函数结果向绝对值增大的方向舍入，ROUNDDOWN函数和TRUNC函数结果则向绝对值减小的方向舍去。以下是3个函数对数值-18.487保留两位小数的结果。

```
=ROUNDUP(-18.487,2)=-18.49
=ROUNDDOWN(-18.487,2)=-18.48
=TRUNC(-18.487,2)=-18.48
```


12.9.3 使用CEILING和FLOOR函数按整数倍取舍数值

CEILING函数与FLOOR函数也是常用的取舍函数，两个函数不是按小数位数进行取舍，而是按指定基数的整数倍进行取舍。

CEILING函数是向上舍入，FLOOR函数是向下舍去，两者的取舍方向相反。

两个函数的语法相同。

```
CEILING(number,[significance])
FLOOR(number,[significance])
```

其中，number是需要进行舍入计算的值，significance是可选参数，表示舍入的基数。

示例12-13 计算通话时长

图12-16是某手机号通话详单的部分记录，需要根据D列的通话开始时间和E列的通话结束时间计算通话时长。根据电信部门规定，不足一分钟的按一分钟计算。

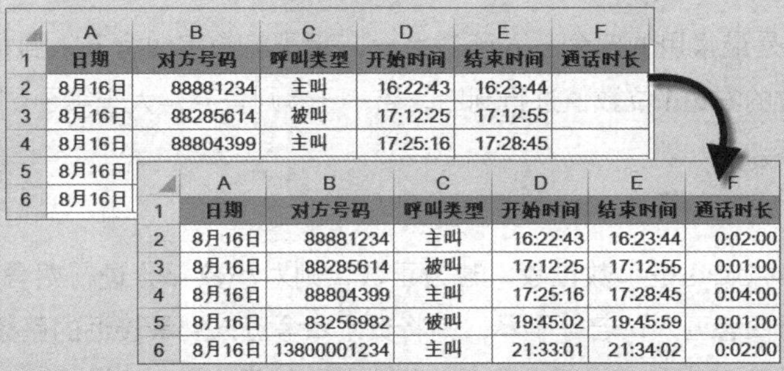

	A	B	C	D	E	F
1	日期	对方号码	呼叫类型	开始时间	结束时间	通话时长
2	8月16日	88881234	主叫	16:22:43	16:23:44	
3	8月16日	88285614	被叫	17:12:25	17:12:55	
4	8月16日	88804399	主叫	17:25:16	17:28:45	
5	8月16日					
6	8月16日					

	A	B	C	D	E	F
1	日期	对方号码	呼叫类型	开始时间	结束时间	通话时长
2	8月16日	88881234	主叫	16:22:43	16:23:44	0:02:00
3	8月16日	88285614	被叫	17:12:25	17:12:55	0:01:00
4	8月16日	88804399	主叫	17:25:16	17:28:45	0:04:00
5	8月16日	83256982	被叫	19:45:02	19:45:59	0:01:00
6	8月16日	13800001234	主叫	21:33:01	21:34:02	0:02:00

图12-16 计算通话时长

将F2单元格格式设置为“时间”，然后输入以下公式，并向下复制到F6单元格。

```
=CEILING(E2-D2,1/1440)
```

CEILING函数的第二参数使用1/1440，也就是一分钟的时间序列值，将“E2-D2”的计算结果向上舍入到整数分钟。

示例12-14 计算加班时长

图12-17是某企业员工的部分加班记录，需要根据C列的规定下班时间和D列的实际下班时间计算加班时长。根据公司规定，不足0.5小时部分不计入加班时间。

	A	B	C	D	E
1	日期	姓名	下班时间	实际下班时间	加班时长
2	8月16日	李文娟	18:00:00	18:23:00	
3	8月16日	叶知秋	18:00:00	19:12:55	
4	8月16日	白如飞	18:00:00	18:58:45	
5	8月16日				
6	8月16日				

	A	B	C	D	E
1	日期	姓名	下班时间	实际下班时间	加班时长
2	8月16日	李文娟	18:00:00	18:23:00	0:00:00
3	8月16日	叶知秋	18:00:00	19:12:55	1:00:00
4	8月16日	白如飞	18:00:00	18:58:45	0:30:00
5	8月16日	夏之雨	18:00:00	19:45:59	1:30:00
6	8月16日	董文杰	18:00:00	21:28:02	3:00:00

图12-17　计算加班时长

将E2单元格格式设置为“时间”，然后输入以下公式，并向下复制到E6单元格。

```
=FLOOR(D2-C2,0.5/24)
```

FLOOR函数的第二参数使用0.5/24，也就是0.5小时的时间序列值，将“D2-C2”的计算结果向下舍入到0.5小时的整数倍，不足0.5小时部分被舍去。

12.10　使用ROUND和MROUND函数四舍五入

12.10.1　常用舍入函数ROUND

ROUND函数是最常用的四舍五入函数之一，用于将数字四舍五入到指定的位数。该函数对需要保留位数的右边1位数值进行判断，若小于5则舍弃，大于等于5则进位。

基本语法如下。

```
ROUND(number,num_digits)
```

第二参数num_digits是小数位数。若为正数，则对小数部分进行四舍五入；若为负数，则对整数部分进行四舍五入；若等于零，则将数字四舍五入到最接近的整数。

以下公式将数值728.49四舍五入保留1位小数，结果为728.5。

```
=ROUND(728.49,1)
```

以下公式将数值-257.1四舍五入到十位数，结果为-260。

```
=ROUND(-257.1,-1)
```

12.10.2　使用MROUND函数实现特定条件下的舍入

在实际工作中，除了用常规的四舍五入法来进行取舍计算外，有时还需要更灵活的特定舍入方式。使用MROUND函数可返回参数按指定基数四舍五入后的数值，函数语法如下。

```
MROUND(number,multiple)
```

如果数值number除以基数multiple的余数大于或等于基数的一半，则MROUND函数向远离零的方向舍入。

注意

当MROUND函数的两个参数符号相反时，函数返回错误值#NUM!。

示例12-15　特定条件下的舍入计算

图12-18是某合作项目的劳务费发放记录，为了便于找零，需要将C列的应发劳务费四舍五入到5元。

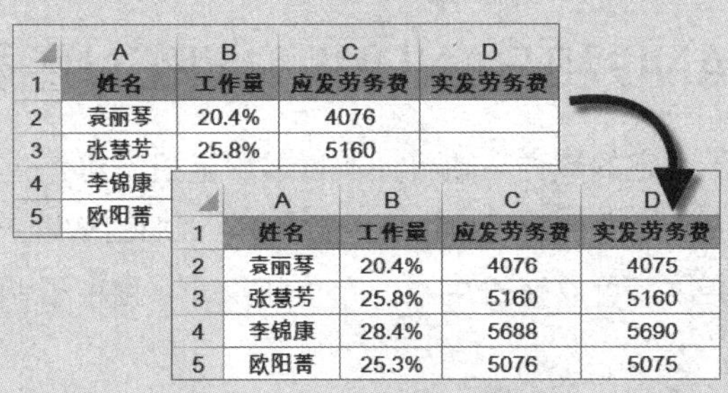

	A	B	C	D
1	姓名	工作量	应发劳务费	实发劳务费
2	袁丽琴	20.4%	4076	
3	张慧芳	25.8%	5160	
4	李锦康			
5	欧阳蒨			

	A	B	C	D
1	姓名	工作量	应发劳务费	实发劳务费
2	袁丽琴	20.4%	4076	4075
3	张慧芳	25.8%	5160	5160
4	李锦康	28.4%	5688	5690
5	欧阳蒨	25.3%	5076	5075

图12-18　按指定条件取舍实例

在D2单元格中输入以下公式，并向下复制到D5单元格。

```
=MROUND(C2,5)
```

MROUND函数的第二参数是5，表示将C列数值四舍五入到最接近5的整数倍。

扫描右侧二维码，可观看常用取舍函数的更加详细的视频讲解。

12.10.3　四舍六入五成双法则

常规的四舍五入直接进位，从统计学的角度来看会偏向大数，误差积累而产生系统误差。而四舍六入五成双的误差均值趋向于零，因此是一种比较科学的计数保留法，也是较为常用的数字修约规则。

示例12-16　使用四舍六入五成双规则修约计算

所谓四舍六入五成双，就是保留数字后一位小于等于4时舍去，大于等于6时进位，等于5且后面有非零数字时进位，等于5且后面没有非零数字时分两种情况：5前的数值为偶数时舍去，5前的数值为奇数时进位。

如图12-19所示，对A列的数值按四舍六入五成双规则进行修约计算。

	A	B	C	D
1	数值	修约结果		指定位数
2	2.445	2.44		2
3	2.455	2.46		
4	2.44502	2.45		
5	2.446	2.45		
6	2.454	2.45		

图12-19　四舍六入五成双的修约计算

在B2单元格中输入以下公式，并向下复制到B6单元格。

```
=IF(ROUND(MOD(ABS(A2*POWER(10,2)),2),5)=0.5,ROUNDDOWN(A2,2),ROUND(A2,2))
```

若在D2单元格指定要保留小数的位数，B2单元格修约的通用公式如下。

```
=IF(ROUND(MOD(ABS(A2*POWER(10,D$2)),2),5)=0.5,ROUNDDOWN(A2,D$2),ROU
ND(A2,D$2))
```

12.11 使用RAND和RANDBETWEEN函数生成随机数

随机数是一个事先不确定的数，在随机抽取试题、随机安排考生座位、随机抽奖等应用中，都需要使用随机数进行处理。使用RAND函数和RANDBETWEEN函数均能生成随机数。

RAND函数不需要参数，可以随机生成一个大于等于0且小于1的小数，而且产生的随机小数几乎不会重复。

RANDBETWEEN函数的语法如下。

```
RANDBETWEEN(bottom,top)
```

两个参数分别为下限和上限，用于指定产生随机数的范围。生成一个大于等于下限值且小于等于上限值的整数。

这两个函数都是“易失性函数”，当用户在工作表中按<F9>键或编辑单元格等操作时，都会引发重新计算，函数也会返回新的随机数。

示例12-17 生成随机算术练习题

如图12-20所示，在A2单元格中输入以下公式，并向下复制到A8单元格，将生成简单的随机算术练习题。每按一次<F9>键，都可得到新的结果。

```
=INT(RAND()*20+30)&MID("+-×÷",RAND
BETWEEN(1,4),1)&RANDBETWE EN(1,5)&"= ?"
```

	A
1	练习题
2	33-2= ?
3	41÷3= ?
4	39×2= ?
5	48×4= ?
6	47×4= ?
7	35÷4= ?
8	36÷1= ?

	A
1	练习题
2	34-4= ?
3	39÷4= ?
4	39+2= ?
5	46÷2= ?
6	41÷1= ?
7	38÷3= ?
8	33+4= ?

图12-20 生成随机算术练习题

公式中的“INT(RAND()*20+30)”部分用于生成30~50的随机数，以此作为算式中的第一个运算数值。使用RAND函数生成指定区间数值的模式化用法如下。

```
=RAND()*(上限-下限)+下限
```

“MID("+-×÷", RANDBETWEEN(1,4),1)”部分表示先使用RANDBETWEEN函数生成

1~4的随机数，结果用作MID函数的第二参数。再使用MID函数从字符串“+ − × ÷”中，根据RANDBETWEEN函数生成的随机位置提取出一个字符，作为算式中的运算符。

“RANDBETWEEN(1,5)”部分表示生成1~5的随机数，作为算式中的第二个运算数值。

最后使用连接符“&”将各部分随机结果和字符串“= ?”连接，最终生成随机算式练习题。

在ANSI字符集中大写字母A~Z的代码为65~90，因此，利用随机函数生成随机数的原理，先在此数值范围中生成一个随机数，再用CHAR函数进行转换，即可得到随机生成的大写字母，公式如下。

```
=CHAR(RANDBETWEEN(65,90))
```

12.12 数学函数的综合应用

12.12.1 统计奇数和偶数个数

示例12-18 根据身份证号码统计不同性别员工人数

图12-21所示为某单位员工信息表的部分内容，需要根据B列身份证号码统计不同性别员工人数。

	A	B	C	D	E
1	姓名	身份证号		男	女
2	何小雨	410926198403194029		4	6
3	李平平	370883198212027016			
4	欧阳云	370830198109102249			
5	范飞飞	370802198411021524			
6	白宇鹏	370802198110134832			
7	夏吾冬	371203198002063242			
8	李小盼	370829198203250322			
9	白云飞	370802197712292710			
10	宋佳	370882198310261213			
11	路文华	37081119831129402x			

图12-21 统计不同性别员工人数

在D2单元格中使用以下公式统计男性人数，结果为4。

```
=SUMPRODUCT(MOD(MID(B2:B11,17,1),2))
```

首先利用MID函数在B2:B11单元格内分别提取第17位性别识别码。

然后利用MOD函数计算MID函数提取到的数值除以2的余数，余数为1的表示男性，余数为0的表示女性。

最后利用SUMPRODUCT函数求和，得到的结果就是男性人数。

在E2单元格中使用以下公式统计女性人数，结果为6。

```
=SUMPRODUCT((MOD(MID(B2:B11,17,1),2)=0)*1)
```

公式先用MOD函数计算出MID函数提取到的数值除以2的余数，然后判断余数是否等于0，得到结果逻辑值TRUE或FALSE。再将TRUE和FALSE乘以1，得到1或0，最后使用SUMPRODUCT函数求和，得到的结果就是女性人数。

实际应用时也可以使用COUNTA函数计算出B列的总人数，然后直接减去D2单元格已计算出的男性人数。

```
=COUNTA(B2:B11)-D2
```

12.12.2 个人所得税计算

企业有每月为职工代扣、代缴工资薪金所得部分个人所得税的义务。根据有关法规规定，工资所得以每月收入额减除费用5 000元后的余额为应纳税所得额，即：

应纳税所得额=税前收入金额－费用减除额(5000)－专项扣除－专项附加扣除－其他扣除项
应纳税额=应纳税所得额×税率－速算扣除数

“应纳税额”即每月单位需要为职工代扣代缴的个人收入所得税。

“速算扣除数”是指采用超额累进税率计税时，简化计算应纳税额的常数。在超额累进税率条件下，用全额累进的计税方法，只要减掉这个常数，就等于用超额累进方法计算的应纳税额，故称速算扣除数，个人所得税速算扣除数如表12-2所示。

表12-2 工资、薪金所得部分的个人所得税额速算扣除数

级数	含税级距	税率(%)	计算公式	速算扣除数
1	不超过3 000元的	3	T=(A−5000)*3%−0	0
2	超过3 000元至12 000元的部分	10	T=(A−5000)*10%−210	210
3	超过12 000元至25 000元的部分	20	T=(A−5000)*20%−1410	1 410
4	超过25 000元至35 000元的部分	25	T=(A−5000)*25%−2660	2 660
5	超过35 000元至55 000元的部分	30	T=(A−5000)*30%−4410	4 410
6	超过55 000元至80 000元的部分	35	T=(A−5000)*35%−7160	7 160
7	超过80 000元的部分	45	T=(A−5000)*45%−15160	15 160
本表含税级距指以每月收入额减除费用5 000元及其他应扣除项后的余额。				

相关法规也规定了个人所得税的减免部分，在实际工作中计算应纳税额时应注意减免。

示例12-19 速算个人所得税

图12-22是某单位员工工资表的部分内容，需要根据H列的应纳税所得额计算个人所得税和实发工资。

	A	B	C	D	E	F	G	H	I	J
1	姓名	基础工资	津贴补助	缺勤扣款	应发工资	代缴保险	专项扣除及专项附加扣除	应纳税所得额	代缴个税	实发工资
2	白云飞	6500	200		6700	345	122	1233	36.99	6318.01
3	夏吾冬	4500	600		5100	345	150	-395	0.00	4755.00
4	李小波	8000	800		8800	345	150	3305	120.50	8334.50
5	宋文华	6500	800		7300	345	122	1833	54.99	6900.01
6	谭小利	9000	900		9900	345	160	4395	229.50	9325.50
7	乔昭宁	11000	100	25	11075	600	245	5230	313.00	10162.00
8	何文杰	5500	300		5800	345	220	235	7.05	5447.95

图12-22 员工工资表

在I2单元格中输入以下公式，并向下复制到I8单元格，计算个人所得税。

```
=ROUND(MAX(H2*{3;10;20;25;30;35;45}%-{0;210;1410;2660;4410;7160;15160},0),2)
```

已知采用速算扣除数法计算超额累进税率的所得税时的计税公式为：

应纳税额=应纳税所得额×税率-速算扣除数

“{3;10;20;25;30;35;45}%”部分是不同区间的税率，即3%、10%、25%、30%、35%和45%。

“{0;210;1410;2660;4410;7160;15160}”部分是各区间的速算扣除数。

用应纳税所得额乘以各个税率，再依次减去不同的速算扣除数。

```
H2*3%-0、H2*10%-210、H2*20%-1410……H2*45%-15160
```

相当于将“应纳税所得额”与各个“税率”“速算扣除数”分别进行运算，得到一系列备选“应纳个人所得税”，再使用MAX函数计算出其中的最大值，即为个人所得税。

使用此公式，如果税前收入金额不足5 000元，则公式会出现负数。所以为MAX函数加了一个参数0，使应缴个税结果为负数时，MAX函数的计算结果为0。也就是说，如果税前收入金额不足5 000元，则缴税额度为0。

最后使用ROUND函数将公式计算结果保留两位小数。

计算实发工资等于应发工资减去代缴保险和代缴个税，在J2单元格中输入以下公式，并向下复制到J8单元格，计算出实发工资。

```
=E2-F2-I2
```

12.12.3 指定有效数字

在数字修约应用中，经常需要根据有效数字进行数字舍入。保留有效数字实质上也是对数值进行四舍五入，关键是确定需要保留的数字位。因此可以使用ROUND函数作为主函数，关键是控制其第二参数num_digits。除规定的有效数字外，num_digits与数值的整数位数有关，如12 345，保留3位有效数字变成12300，即“num_digits=-2=3-5”，于是可以得到以下等式。

num_digits=有效数字-数值的整数位数

LOG函数用于根据指定底数返回数字的对数，基本语法如下。

```
LOG(number, [base])
```

number参数是想要计算其对数的正实数。

base参数是对数的底数。如果省略base参数，则其默认值为10。

数值的整数位数可由以10为底的对数求得，因此使用LOG函数，通过计算可以得到数值的整数位数。例如，以下公式可以计算出数值3.1415和-13.4468的整数位数分别为1和2。

```
=CEILING(LOG(ABS(3.1415)),1)
=CEILING(LOG(ABS(-13.4468)),1)
```

示例12-20 按要求返回指定有效数字

在图12-23所示的数据表中，A列为待舍入的数值，要求根据D1单元格指定的有效数字位数，返回对应的结果。

	A	B	C	D
1			有效数字位数	3
2	模拟数值	整数位数	num_digits	3位有效数字结果
3	3.141592698	1	2	3.14
4	-479.5531708	3	0	-480
5	0.00565254	-2	5	0.00565
6	72.51426147	2	1	72.5
7	-0.451287379	0	3	-0.451
8	359104970937	12	-9	359000000000

图12-23 按要求返回指定有效数字

在D3单元格中输入以下公式，并向下复制到D8单元格。

```
=ROUND(A3,D$1-CEILING(LOG(ABS(A3)),1))
```

在公式中，ABS函数返回数字的绝对值，用于应对负数，使得LOG函数能够返回数值以10为底的对数，再使用CEILING函数沿绝对值增大的方向舍入为最接近1的倍数，得到A列数值的整数位数。

最后使用D1单元格中指定的有效位数减去整数位数，作为ROUND函数的第二参数。

12.12.4 生成不重复随机序列

为了模拟场景或出于公平的考虑，经常需要用到随机序列。例如，在面试过程中，面试的顺序对评分有一定影响，因此需要随机安排出场顺序。

示例12-21 随机安排面试顺序

如图12-24所示，有9人参加面试，需要使用1~9的随机序列安排面试顺序。

在C2单元格中输入以下数组公式，按<Ctrl+Shift+Enter>组合键，将公式向下复制到C10单元格。

```
{=SMALL(COUNTIF(C$1:C1,ROW($1:$9))/1%+ROW($1:
$9),RANDBETWEEN(1,10-ROW(A1)))}
```

首先利用COUNTIF函数，在C$1:C1这个动态扩展的单元格区域中统计序号"ROW($1:$9)"出现的次数，如果出现返回1，否则返回0，得到由1或0构成的内存数组。

然后将上述生成的内存数组结果除以1%，也就是乘以100，然后再加上序号数组"ROW($1:$9)"。使用此方法处理后，已经出现过的序号返回结果为100+该序号，变成了一个较大的值，未出现过的序号返回0+该序号，即序号本身。生成的结果作为SMALL函数的第一参数。

	A	B	C
1	姓名	性别	面试顺序
2	何雨佳	女	6
3	赵琳琳	女	2
4	董文易	男	1
5	叶知秋	女	3
6	陈美芝	女	7
7	简方达	男	8
8	林天蓉	女	4
9	白云飞	男	9
10	夏吾冬	男	5

图12-24 随机安排面试顺序

再使用"RANDBETWEEN(1,10-ROW(A1))"生成从1到"10-ROW(A1)"的随机序号，以此作为SMALL函数的第二参数。

当公式向下复制时，随着C列出现序号的增多，SMALL函数第一参数中大于100的数值不断增加，而第二参数为RANDBETWEEN函数生成的随机数区间的逐步递减，最终提取出未出现过的序号。

练习与巩固

（1）要返回数字的反正弦值，可以使用______函数。

（2）要将角度转化为弧度，可以使用______函数。

（3）使用______函数将阿拉伯数字转换为罗马数字，______函数能够将罗马数字转换为阿拉伯数字，方便统计计算。

（4）GCD函数返回两个或多个整数的______，LCM函数返回两个或多个整数的______。

（5）______函数用来返回两数相除后的余数，其结果的正负号与除数相同。

（6）______函数用于返回所有参数的乘积。

（7）SQRT函数用于计算某个数的______。POWER函数用于计算某个数的______。

（8）INT函数和TRUNC函数的区别是________________。

（9）ROUNDUP函数与ROUNDDOWN函数对数值的取舍方向相反。前者向绝对值______的方向舍入，后者向绝对值______的方向舍去。

（10）CEILING函数与FLOOR函数也是常用的取舍函数，两个函数不是按小数位数进行取舍，而是按______进行取舍。

（11）ROUND函数是最常用的______函数之一，用于将数字______到指定的位数。

（12）使用MROUND函数可返回参数按______四舍五入后的数值。

（13）要生成一组随机数值，可以使用______函数和______函数。

第13章　日期和时间计算

日期和时间是Excel中一种特殊类型的数据，有关日期和时间的计算在各个领域中都具有非常广泛的应用。本章重点讲解日期和时间类数据的特点及计算方法，以及日期与时间函数的相关应用。

本章学习要点

（1）日期和时间。

（2）日期和时间函数的应用。

（3）星期和工作日相关函数的运用。

（4）DATEDIF函数的运用。

13.1　认识日期和时间数据

在Excel中，系统把日期和时间数据作为一类特殊的数值表现形式。如果将带有日期或时间数据的单元格格式设置为“常规”，可以查看以序列值显示的日期和以小数值显示的时间。

Excel支持1900和1904两种日期系统，不同的日期系统决定了在工作簿中使用的日期计算基础。1900日期系统使用1900年1月1日作为基础日期，1900年1月1日的日期序列值为1；1904日期系统使用1904年1月1日作为基础日期，1904年1月1日的日期序列值为0。

默认状态下，Excel for Windows使用1900日期系统，用户可以在Excel选项中选择1904日期系统，如图13-1所示。

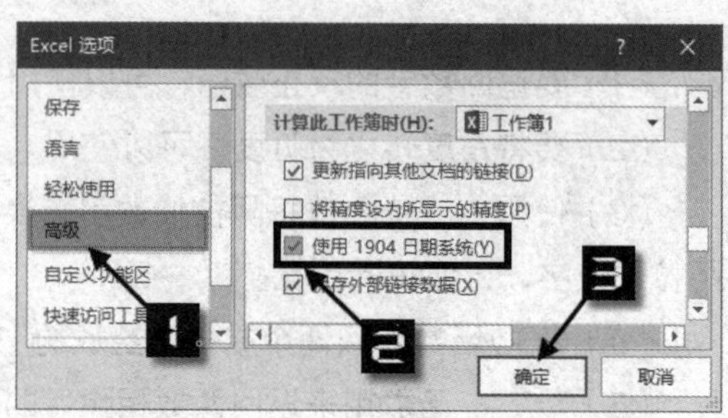

图13-1　选择日期系统

使用1900日期系统时，如果将带有负数的单元格格式设置为时间或日期，单元格将以一组“#”填充。使用1904日期系统时，则可以正常显示负时间值或负的日期，本章中如无特殊说明，均使用1900日期系统。

13.1.1　了解日期数据

Excel 将日期存储为整数序列值，日期取值区间为1900年1月1日至9999年12月31日，1900年之前和9999年12月31日之后的日期都无法正确识别。

一个日期对应一个数字，常规数值的1个单位在日期中代表1天。数值1表示1900年1月1日，同理，2016年10月1日国庆节，与其对应的日期序列值为42644。

在函数与公式中，可以用两位数字的短日期形式来表示年份，其中00至29会转化为2000年至2029年，30至99则自动转化为1930年至1999年。

在单元格中输入“30-12-2”，返回日期1930年12月2日。在单元格中输入“29-12-2”，则返回日期2029年12月2日。为了避免Excel识别错误，应尽量使用4位年份输入日期数据。

如果输入日期时仅输入年月部分，Excel会以此月的1日作为其日期。例如，输入“2018-5”，将识别为日期“2018年5月1日”。

默认情况下，年月日之间的间隔符号包括“/”和“-”两种，二者可以混合使用，使用其他间隔符号都无法正确识别为有效的日期格式。

例如，输入“2018/5-12”，Excel能自动转化为2018年5月12日。但是使用小数点“.”和反斜杠“\”做间隔符输入的“2018.5.12”和“2018\5\12”，将被Excel识别为文本字符串。除此之外，在中文操作系统下使用部分英语国家所习惯的月份和日期在前、年份在后的日期形式，如输入“12/5/2018”，Excel也无法正确识别。

在中文操作系统下，中文的“年”“月”“日”可以作为日期数据的单位被正确识别，如在单元格中依次输入“2018年2月16日”，可以得到2018年2月16日的日期。

Excel可以识别以英文单词或英文缩写形式表示月份的日期，如单元格输入“May-15”，Excel会识别为系统当前年份的5月15日。

无论使用了哪种日期格式，当单击日期所在单元格时，编辑栏都会以系统默认的短日期格式显示，如图13-2所示。

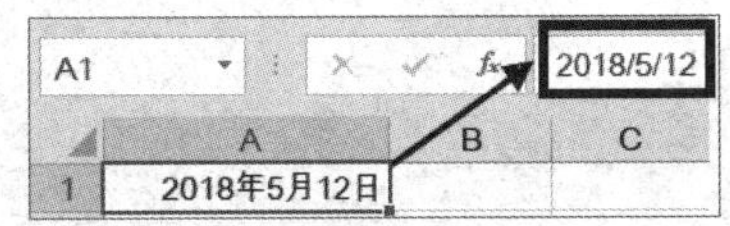

图13-2　编辑栏内的日期显示效果

示例13-1　转换不规范日期数据

日常工作中，有很多文件往往是由其他部门或其他同事提供的，在汇总分析之前，需要首先处理表格中的不规范数据。如图13-3所示，A列日期使用了小数点作为间隔符号，为了便于对数据按年月进行汇总分析，需要将日期转换为真正的日期格式。

	A	B	C	D	E	F	G
1	日期	交易类型	凭证种类	凭证号	摘要	借方发生额	贷方发生额
2	2017.1.29	转账	资金汇划补充凭证	21781169	B2C EB0000000	0.00	139.00
3	2017.1.30	转账	资金汇划补充凭证	26993401	B2C EB0000000	0.00	597.00
4	2017.1.30	转账	资金汇划补充凭证	29241611	B2C EB0000000	0.00	139.00
5	2017.1.31	转账	资金				
6	2017.1.31	转账	资金				
7	2017.2.1	转账	资金				
8	2017.2.1	转账	资金				
9	2017.2.1	转账	资金				
10	2017.2.1	转账	资金				

	A	B	C	D	E
1	日期	交易类型	凭证种类	凭证号	摘要
2	2017/1/29	转账	资金汇划补充凭证	21781169	B2C EB0000000
3	2017/1/30	转账	资金汇划补充凭证	26993401	B2C EB0000000
4	2017/1/30	转账	资金汇划补充凭证	29241611	B2C EB0000000
5	2017/1/31	转账	资金汇划补充凭证	30413947	B2C EB0000000
6	2017/1/31	转账	资金汇划补充凭证	32708047	B2C EB0000000
7	2017/2/1	转账	资金汇划补充凭证	37378081	B2C EB0000000
8	2017/2/1	转账	资金汇划补充凭证	38684365	B2C EB0000000

图13-3　录入了不规范日期的表格

使用Excel的替换功能，可以快速处理该种类型的日期数据。首先单击A列列标，选中A列，然后按<Ctrl+H >组合键调出【查找和替换】对话框。在【查找内容】编辑框内输入实际的间隔符号小数点“.”，在【替换为】编辑框内输入正确的间隔符号短横线“-”，然后单击【全部替换】按钮，在弹出的提示对话框中单击【确定】按钮，返回【查找和替换】对话框，最后单击【关闭】按钮，如图13-4所示。

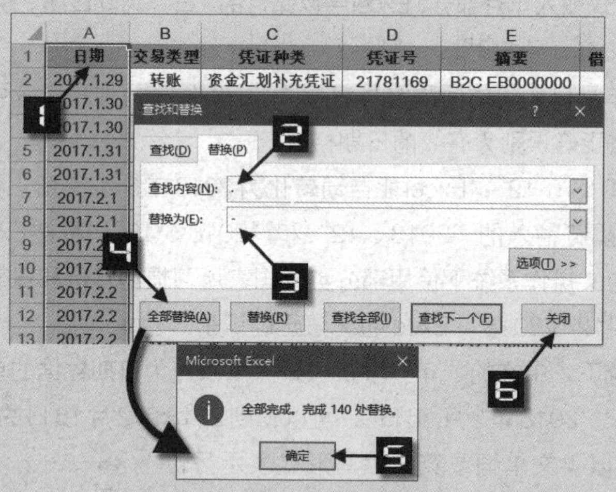

图 13-4　替换日期间隔符

注意

使用此方法时，必须先选中需要处理的日期所在的单元格区域，否则会将工作表中所有的小数点全部替换成短横线，造成数据混乱。

示例13-2　将系统导出的字符串转换为日期

从系统导出的数据表格中，经常有一些用8位数字表示的日期，但是在Excel中只能将其识别为数值，而无法直接作为日期处理。

图13-5所示的是一份从ERP系统中导出的数据，B列的日期数据为4位年份+两位月份+两位天数的形式。

	A	B	C	D	E
1	凭证号	日期	金额	制单人	日期
2	1213456288	20180313	82108	文娟	
3	1213456289	20180313	68071	文娟	
4	1213456290	20180313	59917	文娟	
5	1213456291	20180313	91994	文娟	
6	1213456292	20180313	82779	文娟	
7	1213456293	20180313	49992	张霞	
8	1213456294	20180313	49720	张霞	
9	1213456295	20180313	59609	张霞	
10	1213456296	20180313	79816	张霞	

图 13-5　系统导出的数据

可以使用分列功能快速转换为日期，具体操作步骤如下。

步骤① 选中要转换的数据所在区域，依次单击【数据】→【分列】按钮，在弹出的【文本分列向导-第1步，共3步】对话框中单击【下一步】按钮，如图13-6所示。

步骤② 在弹出的【文本分列向导-第2步，共3步】对话框中单击【下一步】按钮，如图13-7所示。

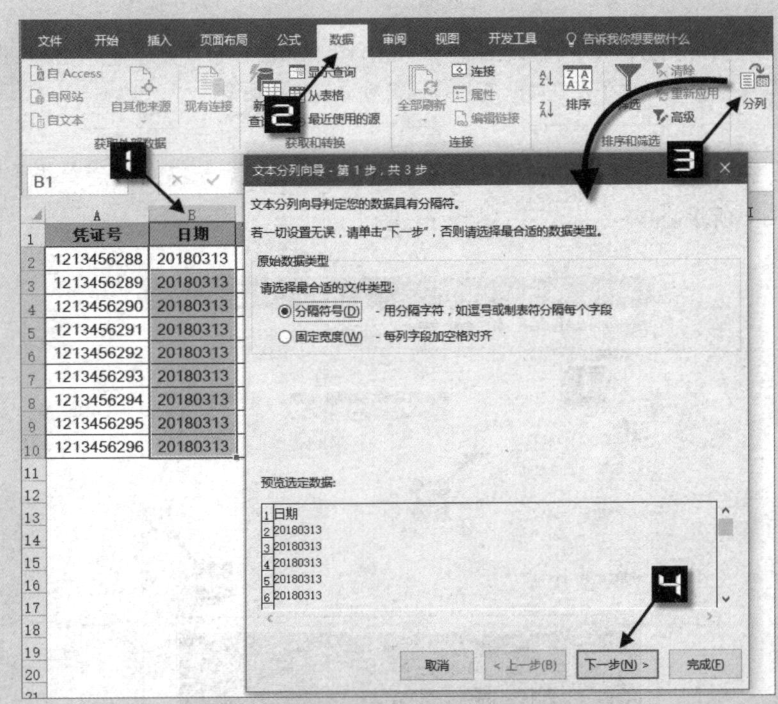

图 13-6 文本分列向导1

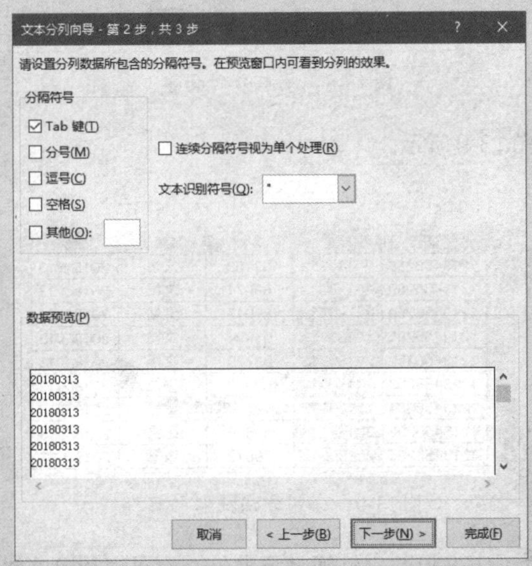

图 13-7 文本分列向导2

步骤③ 在弹出的【文本分列向导－第3步，共3步】对话框中，选中【列数据格式】下的【日期】单选按钮，单击其右侧的格式下拉按钮，在下拉列表中选择【YMD】选项。其中的“Y”表示年，“M”表示月，“D”表示天。

> **提示**
> 列数据格式下拉列表中包含“MDY”“DMY”等多种选项，实际操作时，需要根据数据中年月日的分布规律选择对应的格式类型。

单击【目标区域】编辑框右侧的折叠按钮，选择E2单元格，最后单击【完成】按钮，如图13-8所示。

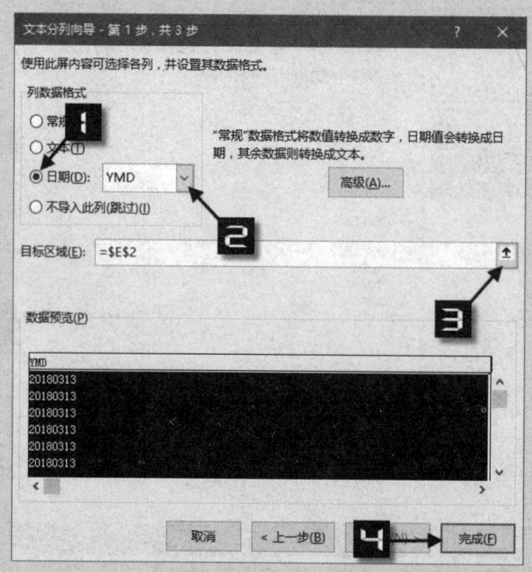

图13-8 文本分列向导3

转换后的效果如图13-9所示。

	A	B	C	D	E
1	凭证号	日期	金额	制单人	日期
2	1213456288	20180313	82108	文娟	2018/3/13
3	1213456289	20180313	68071	文娟	2018/3/13
4	1213456290	20180313	59917	文娟	2018/3/13
5	1213456291	20180313	91994	文娟	2018/3/13
6	1213456292	20180313	82779	文娟	2018/3/13
7	1213456293	20180313	49992	张霞	2018/3/13
8	1213456294	20180313	49720	张霞	2018/3/13
9	1213456295	20180313	59609	张霞	2018/3/13
10	1213456296	20180313	79816	张霞	2018/3/13

图13-9 分列方法提取的日期

除了使用分列的方法将8位数字转换为日期外，也可以用公式进行转换。

在E2单元格中输入以下公式，并向下复制到E10单元格。

```
=--TEXT(B2,"0-00-00")
```

TEXT函数使用格式代码“0-00-00”，将B2单元格的数值转换为具有日期样式的文本字符串“2018-03-13”。

再使用减负运算，将TEXT函数得到的文本型结果转换为日期序列值，最后将E2:E10单元格区域的格式设置为日期即可。

使用公式，还可以将4位年份+两位月份+两位天数+6位时间样式的字符串转换为日期时间格式，如图13-10所示。

B2　=--TEXT(A2,"0!/00!/00 00!:00!:00")

	A	B
1	日期时间	日期时间
2	20180313082430	2018/03/13 08:24:30
3	20180313122431	2018/03/13 12:24:31
4	20180322090632	2018/03/22 09:06:32

图13-10　字符串转换为日期时间

在B2单元格中输入以下公式，并复制到B4单元格。

```
=--TEXT(A2,"0!/00!/00 00!:00!:00")
```

TEXT函数使用格式代码“0!/00!/00 00!:00!:00”，在A2单元格右起第2位之前和右起第4位之前强制加上冒号“:”，在右起第6位之前加上空格，在右起第8位之前和右起第10位之前强制加上斜杠符号“/”，使其成为文本型日期时间样式“2018/03/13 08:24:30”。

再使用减负运算，将TEXT函数得到的文本型结果转换为日期时间序列值，最后将B2:B4单元格区域的单元格格式设置为“e/mm/dd hh:mm:ss”。

关于TEXT函数，请参考10.9.1节。

示例13-3　将日期转换为文本字符串

利用TEXT函数的格式化功能，可以将日期转换为指定样式的文本字符串。例如，在A1单元格中输入日期“2018-12-6”，使用以下公式可以返回“20181206”格式的文本字符串。

```
=TEXT(A1,"yyyymmdd")
=TEXT(A1,"emmdd")
```

在TEXT函数格式代码中，yyyy和e都表示4位年份，月份和一个月中的天数分别使用“mm”和“dd”表示，该部分被显示为两位数。如果月份和一个月中的天数为一位数，将以0补齐。

	A	B
1	日期	
2	2017/12/6	
3		
4	公式	返回结果
5	=TEXT(A2,"emmdd")	20171206
6	=TEXT(A2,"yyyymmdd")	20171206
7	=TEXT(A2,"yyyymd")	2017126

图13-11　日期转换为文本字符串

如果使用m和d表示月份和一个月中的天数，该部分将以实际的月份和天数显示。使用以下公式，日期2018-12-6将返回“2018126”格式的文本字符串，如图13-11所示。

```
=TEXT(A1,"yyyymd")
```

13.1.2 了解时间数据

Excel 中的时间可以精确到千分之一秒，时间数据被存储为0.0到0.99999999之间的小数。每一小时的值为1/24（1天除以24小时），每一分钟的值为1/1440（1天除以24小时除以60分钟），每一秒钟的值为1/86400（1天除以24小时除以60分钟除以60秒）。其中0.0表示00:00:00.000，而0.99999999则表示 23:59:59.999。小数0.5可以转化为时间12:00，0.75则可以转化为时间18:00。

构成日期的整数和构成时间的小数可以组合在一起，生成既有小数部分又有整数部分的数字。例如，数字42004.49代表的日期和时间为“2014/12/31 11:45 AM”。

在时间数据中使用半角冒号“:”作为分隔符时，表示秒的数据部分允许使用小数，如“21:32:32.5”。

使用中文字符“时”“分”“秒”作为Excel的时间单位时，各数据部分均不允许出现小数。如输入“21时29分32秒”时，Excel会自动转化为时间格式，而输入“21时29分32.5秒”则会被识别为文本字符串。

Excel允许省略秒的时间数据输入，如输入“21时29分”或“21:29”。

如果输入时间数据的小时数超过24，或者分钟秒数超过60，Excel会自动进行进制转换，但一组时间数据中只能有一个超出进制的数。例如，输入“21:62:33”，Excel会自动转化为22:02:33的时间序列值0.9184375。而输入“21:62:63”，则会被识别为文本字符串。如果使用中文字符作为时间单位，则小时、分钟、秒的数据均不允许超过进制限制，否则无法正确识别。

使用中文字符作为时间单位时，表示方式为“0时0分0秒”。表述小时单位的“时”不能以日常习惯中的“点”代替。

如果输入的时间没有指定具体的日期，在1900日期系统下，Excel默认使用实际上不存在的日期“1900年1月0日”作为其日期序列值。

如果单元格中输入数值“0”，将其设置为短日期格式时，也会显示为不存在的日期“1900/1/0”，如图13-12所示。

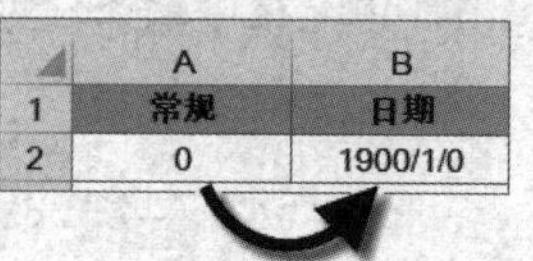

图13-12 不存在的日期

由于日期和时间都是数值，因此可以进行加、减等运算。同时，某些用于数值运算的函数也同样适用于日期和时间数据的处理，如MOD函数、INT函数等。例如，要计算三天后的日期，可以使用以下公式。

```
=TODAY()+3
```

公式中的TODAY()函数用于返回系统当前日期，用当前日期直接加上3，得到3天后的日期。

如果要计算5小时后的时间，可以将单元格格式设置为时间后，输入以下公式。

```
=NOW()+5/24
```

公式中的NOW()函数用于返回系统当前的日期和时间，5除以24的作用是将数值5转换

为5小时的时间序列值。将二者相加，得到5小时后的时间。

示例13-4　处理不规范的时间数据

如图13-13所示，A列是使用小数点做间隔的不规范时间，需要转换为真正的时间数据。先将B2单元格单元格格式设置为“时间”，然后输入以下公式，并向下复制到B10单元格。

```
=SUBSTITUTE(A2,".",":")*1
```

先使用SUBSTITUTE函数，将A2单元格中的小数点替换为Excel能够识别的时间间隔符号“:”。由于SUBSTITUTE函数默认得到的是文本型结果，因此，再使用乘以1的方式，将其转换为时间序列值。

	A	B
1	不规范时间	转换后的时间
2	3.55	3:55:00
3	8.24	8:24:00
4	9.35	9:35:00
5	8.20	8:20:00
6	3.30	3:30:00
7	4.26	4:26:00
8	5.50	5:50:00
9	11.26	11:26:00
10	13.00	13:00:00

图13-13　处理不规范时间数据

13.2　时间计算

Excel 2016中的常用时间类函数及作用如表13-1所示。

表13-1　常用时间类函数

函数名称	作用
TIME函数	根据指定的小时、分钟和秒数返回时间
HOUR函数	返回时间数据中的小时
MINUTE函数	返回时间数据中的分钟
SECOND函数	返回时间数据中的秒

13.2.1　时间的加减计算

在处理时间数据时，一般仅对数据进行加法和减法的计算，如计算两个时间的间隔时长等。

示例13-5　日期和时间数据的合并

图13-14为某单位员工刷卡考勤的部分记录，需要根据B列的刷卡日期和C列的刷卡时间，得到日期和时间合并后的数据。

在D2单元格中输入以下公式，并向下复制到D10单元格，即可得到日期和时间合并后的数据。

```
=B2+C2
```

	A	B	C	D
1	卡号	刷卡日期	刷卡时间	日期时间
2	1033	2017/2/16	7:55:00	
3	1033	2017/2/17	8:04:00	
4	1033			
5	1033			
6	1033			
7	1033			
8	1033			
9	1033			
10	1033			

	A	B	C	D
1	卡号	刷卡日期	刷卡时间	日期时间
2	1033	2017/2/16	7:55:00	2017/2/16 7:55
3	1033	2017/2/17	8:04:00	2017/2/17 8:04
4	1033	2017/2/18	7:35:00	2017/2/18 7:35
5	1033	2017/2/19	8:00:00	2017/2/19 8:00
6	1033	2017/2/20	7:30:00	2017/2/20 7:30
7	1033	2017/2/21	7:26:00	2017/2/21 7:26
8	1033	2017/2/22	7:50:00	2017/2/22 7:50
9	1033	2017/2/23	8:26:00	2017/2/23 8:26
10	1033	2017/2/24	8:00:00	2017/2/24 8:00

图 13-14　刷卡考勤记录

示例 13-6　计算故障处理时长

图13-15为某运营商宽带故障报修记录表的一部分，需要根据C列的接单时间和E列的处理时间，计算故障处理时长。

	A	B	C	D	E	F
1	客服	宽带ID	接单时间	派单人	处理时间	处理时长（分钟）
2	108	t534f1137	2017-11-23 12:30:00	刘畅	2017-11-23 17:25:45	295
3	108	t534f2028	2017-11-23 10:40:00	刘畅	2017-11-24 16:21:03	1781
4	108	t534f6859	2017-11-22 20:56:00	刘畅	2017-11-24 10:27:30	2251
5	108	t534f8812	2017-11-23 21:44:00	刘畅	2017-11-25 10:43:23	2219
6	108	f534f6953	2017-11-23 20:32:00	刘畅	2017-11-24 09:43:44	791

图 13-15　计算故障处理时长

在F2单元格中输入以下公式，并向下复制到F6单元格。

```
=INT((E2-C2)*1440)
```

一天有1 440分钟，要计算两个时间间隔的分钟数，只要用终止时间减去开始时间，再乘以1 440即可。最后用INT函数舍去计算结果中不足一分钟的部分，计算出时长的分钟数。

如果需要计算两个时间间隔的秒数，可使用以下公式。

```
=(E2-C2)*86400
```

一天有86 400秒，所以计算秒数时使用结束时间减去开始时间，再乘以86 400。

除此之外，使用TEXT函数能够以文本格式的数字返回两个时间的间隔。

以下公式返回取整的间隔小时数。

```
=TEXT(E2-C2,"[h]")
```

以下公式返回取整的间隔分钟数。

```
=TEXT(E2-C2,"[m]")
```

以下公式返回取整的间隔秒数。

```
=TEXT(E2-C2,"[s]")
```

13.2.2 跨天的时长计算

示例13-7 计算员工在岗时长

图13-16所示为某企业员工加班考勤的部分记录，需要根据C列的上班打卡时间和D列的下班打卡时间，计算员工的加班工作时长。

	A	B	C	D	E
1	姓名	考勤日期	上班打卡	下班打卡	工作时长
2	周文芳	2016/5/15	16:07:00	0:00:00	7:53:00
3	夏吾冬	2016/5/15	16:07:00	23:54:00	7:47:00
4	杜美玉	2016/5/15	16:07:00	0:09:00	8:02:00
5	何娟娟	2016/5/15	16:06:00	0:18:00	8:12:00
6	丁兰英	2016/5/15	16:07:00	0:20:00	8:13:00
7	李文珍	2016/5/15	16:07:00	0:22:00	8:15:00
8	马晓东	2016/5/15	16:06:00	0:25:00	8:19:00
9	马文博	2016/5/15	16:07:00	0:25:00	8:18:00
10	董世昊	2016/5/15	16:07:00	0:21:00	8:14:00

图13-16 人员考勤记录

如果在E2单元格中使用公式“=D2-C2”计算时间差，由于部分员工的离岗时间为次日凌晨，仅从时间来判断，离岗时间小于到岗时间，两者相减得出负数，计算结果会出现错误。

通常情况下，员工在岗的时长不会超过24小时。如果下班打卡时间大于上班打卡时间，说明两个时间是在同一天，否则说明下班时间为次日。

在E2单元格中输入以下公式，并向下复制到E10单元格。

```
=IF(D2>C2,D2-C2,D2+1-C2)
```

IF函数判断D2单元格的下班打卡时间是否大于C2单元格的上班打卡时间，如果条件成立，则使用下班时间减去上班时间。否则用下班时间加1后得到次日的时间，再减去上班时间。

公式也可以简化为：

```
=IF(D2>C2,D2,D2+1)-C2
```

还可以借助MOD函数进行求余计算。

```
=MOD(D2-C2,1)
```

用D2单元格的下班时间减去C2单元格的上班时间后，再用MOD函数计算该结果除以1的余数，返回的结果就是忽略天数的时间差。

13.2.3 文本格式时间的计算

示例13-8 计算员工技能考核平均用时

图13-17所示为某企业员工技能考核表的部分数据，B列是以文本形式记录的员工操作用时，需要计算员工的平均操作时长。

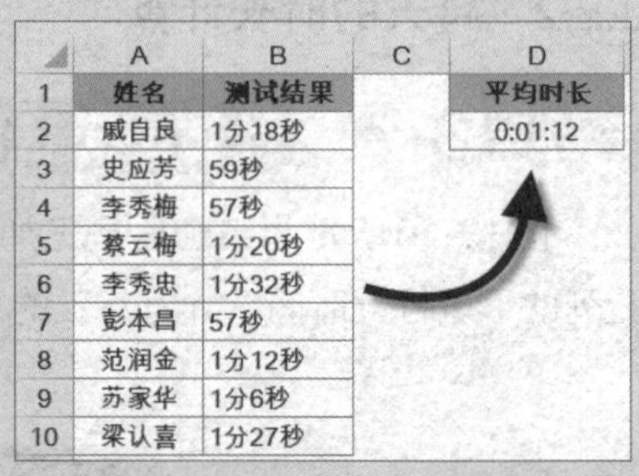

	A	B	C	D
1	姓名	测试结果		平均时长
2	戚自良	1分18秒		0:01:12
3	史应芳	59秒		
4	李秀梅	57秒		
5	蔡云梅	1分20秒		
6	李秀忠	1分32秒		
7	彭本昌	57秒		
8	范润金	1分12秒		
9	苏家华	1分6秒		
10	梁认喜	1分27秒		

图13-17　技能考核平均用时

将D2单元格格式设置为“时间”，然后输入以下数组公式，按<Ctrl+Shift+Enter>组合键，计算结果为“0:01:12”。

```
{=SUM(--TEXT({"0时","0时0分"}&B2:B10,
"h:m:s;;;!0"))/9}
```

由于B列的时间记录是文本内容，因此，Excel无法直接识别和计算。

使用字符串“{"0时","0时0分"}”与B2:B10单元格的内容连接，变成九行两列的内存数组“{"0时1分18秒","0时0分1分18秒";"0时59秒","0时0分59秒";…;"0时1分27秒","0时0分1分27秒"}”。

Excel将“0时0分0秒”样式的文本字符串识别为时间，将“0时0秒”“0时0分”“0分0秒”等样式的字符串仍然识别为文本。

TEXT函数的第二参数使用“h:m:s;;;!0”，将时间样式的字符串转换为“h:m:s”样式，非时间样式的文本字符串强制显示为0。计算结果如下。

```
{"0:1:18","0";"0","0:0:59";…;"0:1:27","0"}
```

TEXT函数计算出的结果仍然为文本，加上两个负号，即负数的负数为正数，通过减负运算将文本结果转换为时间序列值。

最后将SUM函数的求和结果除以总人数9，得到考核平均用时。

13.2.4　从混合数据中提取时间和日期

示例13-9　从混合内容中提取时间和日期数据

从考勤机中导出的刷卡记录往往同时包含日期和时间，如图13-18所示，需要在C列和D列分别提取出B列刷卡记录中的日期和时间。

	A	B	C	D
1	卡号	刷卡时间	日期	时间
2	8025	2017/2/16 7:55	2017/2/16	7:55:00
3	8025	2017/2/17 8:04	2017/2/17	8:04:00
4	8025	2017/2/18 7:35	2017/2/18	7:35:00
5	8025	2017/2/19 8:00	2017/2/19	8:00:00
6	8025	2017/2/20 7:30	2017/2/20	7:30:00
7	8025	2017/2/21 7:26	2017/2/21	7:26:00
8	8025	2017/2/22 7:50	2017/2/22	7:50:00
9	8025	2017/2/23 8:26	2017/2/23	8:26:00
10	8025	2017/2/24 8:00	2017/2/24	8:00:00

图13-18　提取日期和时间

由于时间和日期数据的实质都是序列值，因此，既包含日期又包含时间的数据可以看作是带小数的数值。其中，整数部分为代表日期的序列值，小数部分为代表时间的序列值。

在C2单元格中使用以下公式提取日期数据。

```
=INT(B2)
=TRUNC(B2)
```

使用INT函数或TRUNC函数提取A列数值的整数部分，结果即为代表日期的序列值。

在D2单元格中可使用以下公式提取时间数据。

```
=B2-INT(B2)
=MOD(B2,1)
```

使用MOD函数计算A2单元格与1相除的余数，得到A2数值的小数部分，结果即为代表时间的序列值。如果结果显示为小数，可将单元格格式设置为“时间”。

除此之外，也可以使用TEXT函数完成日期时间的提取，以下公式可以提取出A列中的日期。

```
=--TEXT(A2,"e-m-d")
```

格式代码使用“e-m-d”，即“年-月-日”。

以下公式可以提取出A列中的时间。

```
=--TEXT(A2,"h:m:s")
```

格式代码使用“h:m:s”，即“时:分:秒”。

13.3 日期函数

Excel 2016中的常用日期函数及功能如表13-2所示。

表13-2　常用日期函数

函数名称	功能
DATE函数	根据指定的年份、月份和日期返回日期序列值
DATEDIF函数	计算日期之间的年数、月数或天数
DAY函数	返回某个日期在一个月中的天数
MONTH函数	返回日期中的月份
YEAR函数	返回对应某个日期的年份
TODAY函数	用于生成系统当前的日期
NOW函数	用于生成系统日期时间格式的当前日期和时间
EDATE函数	返回指定日期之前或之后指定月份数的日期
EOMONTH函数	返回指定日期之前或之后指定月份数的月末日期
WEEKDAY函数	以数字形式返回指定日期是星期几
WORKDAY函数	返回指定工作日之前或之后的日期

续表

函数名称	功能
WORKDAY.INTL 函数	使用自定义周末参数，返回指定工作日之前或之后的日期
NETWORKDAY 函数	返回两个日期之间的完整工作日数
NETWORKDAYS.INTL 函数	使用自定义周末参数，返回两个日期之间的完整工作日数
DAYS360 函数	按每年360天返回两个日期间相差的天数（每月30天）
DAYS 函数	返回两个日期之间的天数

13.3.1 TODAY、NOW、DATE等基本日期函数的用法

示例13-10 生成当前时间和日期

如图13-19所示，在C2单元格中输入以下公式，能够生成系统当前的日期。

```
=TODAY()
```

将单元格格式设置为自定义格式“今天是e年m月d日”，单元格将显示为“今天是2017年12月30日”字样。

C3单元格输入以下公式，可以生成系统当前的日期和时间。

```
=NOW()
```

将单元格格式设置为自定义格式“现在是e年m月d日h时m分”，单元格将显示为“现在是2017年12月30日16时16分”。

	A	B	C
1	公式	自定义单元格格式	显示内容
2	=TODAY()	今天是e年m月d日	今天是2017年12月30日
3	=NOW()	现在是e年m月d日h时m分	现在是2017年12月30日16时16分

图13-19　系统当前日期和时间

TODAY函数和NOW函数均不需要使用参数，且都属于易失性函数。在编辑单元格、打开其他包含易失性函数的工作簿或重新打开包含该函数的工作簿等操作时，公式都会重新计算，并返回当时的系统日期和时间。

示例13-11 记录当前日期时间且不再变化

在某些时效性强的记录中，需要记录数据录入时的日期和时间。通过设置数据验证，可以实现这一目的，具体操作步骤如下。

步骤1 在任意单元格中输入公式“=NOW()”，本例选择D1单元格。

步骤2 选中B2:B10单元格区域，依次单击【数据】→【数据验证】按钮，弹出【数据验证】对话框。在【设置】选项卡中设置【允许】为【序列】，在【来源】编辑框中输入“=$D$1”，单击【确定】按钮，如图13-20所示。

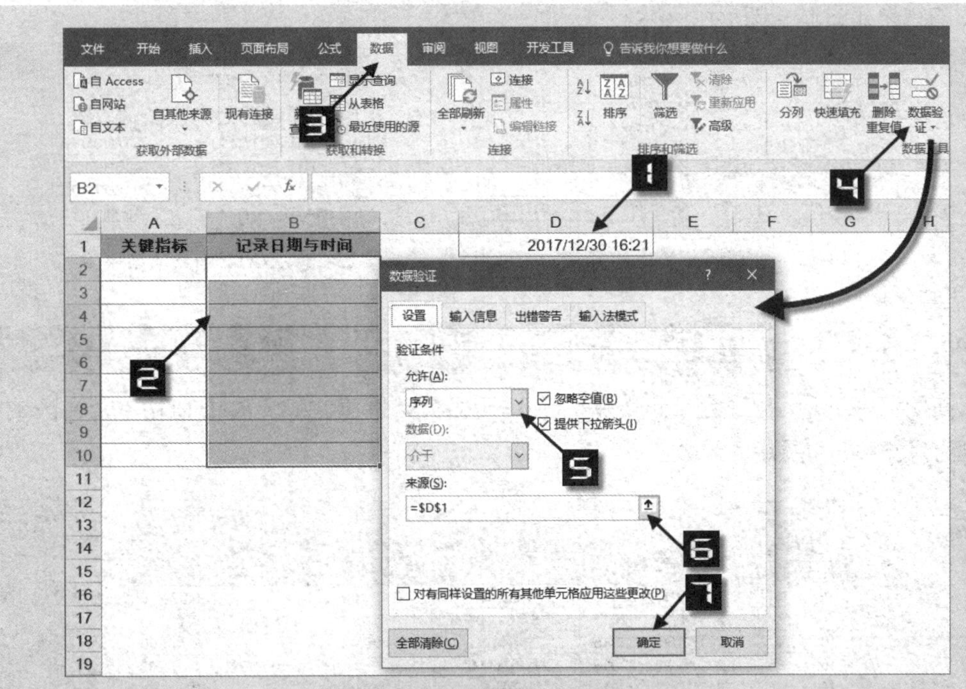

图13-20　记录当前日期时间且不再变化

步骤③ 设置B2:B10单元格区域的格式为自定义格式“m月dd日h时mm分ss秒”。

设置完毕后，在B2:B10单元格区域单击单元格右侧的下拉列表，即可快速输入当前的系统日期和时间。通过此方法输入的日期和时间，不再具有易失性的特性，已输入的日期时间内容不会再自动更新，如图13-21所示。

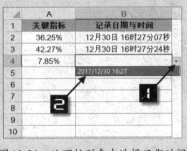

	A	B
1	关键指标	记录日期与时间
2	36.25%	12月30日 16时27分07秒
3	42.27%	12月30日 16时27分24秒
4	7.85%	
5		2017/12/30 16:27
6		
7		
8		
9		
10		

图13-21　从下拉列表中选择日期时间

DATE函数可以根据指定的年份数、月份数和天数返回日期序列，其语法如下。

```
DATE(year,month,day)
```

第一参数是表示年份的值，第二参数是表示月份的值，第三参数是表示天数的值。

如果根据年月日指定的日期不存在，DATE函数会自动调整无效参数的结果，顺延得到新的日期，而不会返回错误值。

如图13-22所示，A2单元格的年份数为2017，B2单元格的月份数为11，C2单元格的天数为31，11月份没有31日，使用以下公式将返回2017/12/1。

```
=DATE(A2,B2,C2)
```

使用DATE函数时，如果year参数缺省，则系统默认为1900年。如果month参数缺省为0时，表示上一年的12月。如果day参数缺省为0时，则表示上月的最后一天。各参数缺省时返回的结果如图13-23所示。

	A	B	C	D	E
1	年	月	日		
2	2017	11	31		2017/12/1

E2 =DATE(A2,B2,C2)

图13-22　自动调整生成的日期

	A	B
1	公式	结果
2	=DATE(2017,11,)	2017/10/31
3	=DATE(2017,,22)	2016/12/22
4	=DATE(2017,,)	2016/11/30
5	=DATE(,11,1)	1900/11/1

图13-23　DATE函数省略参数值

示例13-12　利用DATE函数生成指定日期

在图13-24所示的现金日记账中，A1单元格为年份值，A3:A7、B3:B7单元格区域分别为月份和一个月中的天数。

	A	B	C	D	E	F	G	H
1	2017		日期	凭证	摘　要	借　方	贷　方	余额
2	月	日						
3	9	15	2017/9/15	22013	原始金额	6,531.00		6,531.00
4	9	30	2017/9/30	22014	09/15至09/30费用		1,086.00	5,445.00
5	10	5	2017/10/5	22015	预收租金	4,266.00		9,711.00
6	10	9	2017/10/9	22016	9月份水电费		2,100.00	7,611.00
7	10	12	2017/10/12	22017	应收账款	3,342.00		10,953.00

图13-24　DATE函数生成日期

在C3单元格中输入以下公式，并向下复制到C7单元格，将根据指定的年月日返回具体的日期。

```
=DATE(A$1,A3,B3)
```

DATE函数的第一参数使用行绝对引用，公式向下复制时年份均引用A1单元格的值。第二参数和第三参数分别为月份和一个月中的天数。

YEAR函数返回对应于某个日期的年份，结果为1900到9999之间的整数。

MONTH函数返回日期中的月份，结果是介于1（一月）到12（十二月）之间的整数。

DAY函数返回某日期的天数，结果是介于1到31之间的整数。

如图13-25所示，使用以下公式将分别提取出A2单元格的年份、月份和一个月中的天数。

```
年 =YEAR(A2)
月 =MONTH(A2)
日 =DAY(A2)
```

	A	B	C	D
1	日期	年份	月份	一月中的天数
2	2017/12/31	2017	12	31
3	公式	=YEAR(A2)	=MONTH(A2)	=DAY(A2)

图13-25　提取日期中的年月日

除此之外，也可以使用TEXT函数提取出日期数据中的年份、月份和一个月中的天数。

```
年 =TEXT(A2,"Y")
月 =TEXT(A2,"M")
日 =TEXT(A2,"D")
```

TEXT函数格式代码中的“Y”“M”“D”，分别表示年、月、日。

使用YEAR、MONTH和DAY函数时，如果目标单元格为空单元格，Excel会默认按照不存在的日期1900年1月0日进行处理，如图13-26所示。实际应用时可加上一个空单元格的判断条件。

	A	B	C	D
1	日期	年份	月份	一月中的天数
2		1900	1	0
3	公式	=YEAR(A2)	=MONTH(A2)	=DAY(A2)

图13-26　处理空单元格时出错

示例13-13　将英文月份转换为月份数值

如图13-27所示，A列为英文的月份名称，需要在B列转换为对应的月份数值。

在B2单元格中输入以下公式，并向下复制到B10单元格。

```
=MONTH(A2&1)
```

使用连接符“&”将A2单元格与数值“1”连接，得到新字符串“Apr1”，成为系统可识别的文本型日期样式，再使用MONTH函数提取出日期字符串中的月份。

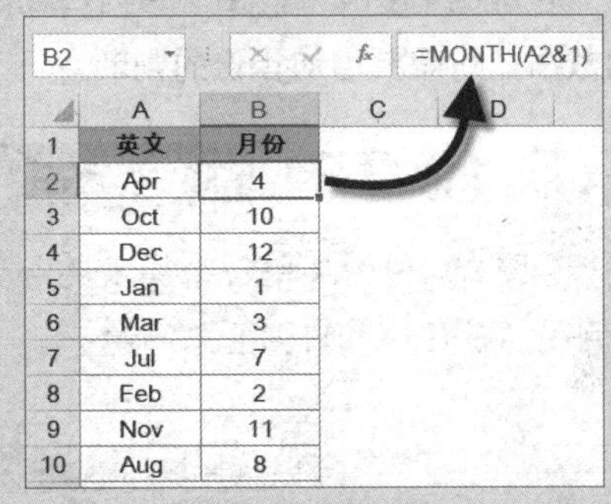

B2　=MONTH(A2&1)

	A	B	C	D
1	英文	月份		
2	Apr	4		
3	Oct	10		
4	Dec	12		
5	Jan	1		
6	Mar	3		
7	Jul	7		
8	Feb	2		
9	Nov	11		
10	Aug	8		

图13-27　英文月份转换为月份数值

YEAR、MONTH和DAY函数均支持数组计算，在按时间段的统计汇总中被广泛应用。

示例13-14　汇总指定时间段的销售额

图13-28为某单位2017年销售记录表的部分内容，A列是业务发生日期，D列是业务金额，需要计算上半年的业务总额。

	A	B	C	D	E	F
1	业务日期	客户省区	客户代表	业务金额		1~6月份业务总额
2	2017/1/10	山东省	吴联芳	80,500.00		484500
3	2017/3/20	河北省	刘玉莲	88,300.00		
4	2017/6/19	浙江省	达玉琼	15,200.00		
5	2017/2/21	江苏省	张正刚	83,100.00		
6	2017/6/27	北京市	张柱立	79,100.00		
7	2017/3/5	上海市	夏飞英	8,400.00		
8	2017/4/15	四川省	王天禧	95,800.00		
9	2017/6/12	贵州省	陈晓红	27,300.00		
10	2017/7/17	安徽省	李燕飞	34,300.00		
11	2017/8/12	江西省	谢云仙	6,700.00		
12	2017/6/19	吉林省	李锦源	6,800.00		
13	2017/11/1	甘肃省	杜鸿玲	57,300.00		

图13-28　销售记录表

可以使用以下公式完成汇总。

```
=SUMPRODUCT((MONTH(A2:A13)<7)*D2:D13)
```

MONTH函数返回A2:A13单元格中日期数据的月份值，结果为：

```
{1;3;6;2;6;3;4;6;7;8;6;11}
```

因为要计算1~6月份的业务总额，所以要判断月份值是否小于7。

用“MONTH(A2:A13)<7”计算出的一组逻辑值与D2:D13单元格区域的数值相乘，最后用SUMPRODUCT函数返回乘积之和。

在示例13-14中，由于A列日期的年份相同，因此仅需要按月份判断，如果有不同年份的数据，则需要增加年份的判断。

示例13-15 汇总指定年份和月份的销量

图13-29为某单位销售表的部分内容，业务日期分布在不同年份，需要根据年份和月份，在G列和H列汇总销量。

	A	B	C	D	E	F	G	H
1	销售日期	销售区域	销售数量					
2	2016/5/1	福州	79				2016	2017
3	2016/5/1	泉州	64			1	0	4129
4	2016/5/1	泉州	79			2	0	3681
5	2016/5/2	厦门	68			3	0	4110
6	2016/5/2	泉州	51			4	0	7891
7	2016/5/2	泉州	68			5	3088	0
8	2016/5/3	福州	71			6	1964	0
9	2016/5/3	厦门	51			7	4069	0
10	2016/5/3	泉州	71			8	3891	0
11	2016/5/4	福州	60			9	3993	0
12	2016/5/4	厦门	57			10	4108	0
13	2016/5/4	泉州	60			11	3838	0
14	2016/5/5	福州	52			12	4089	0

图13-29 汇总指定年份和月份的销售额

在G3单元格中输入以下公式，并复制到G3:H14单元格区域。

```
=SUMPRODUCT((YEAR($A$2:$A$746)=G$2)*(MONTH($A$2:$A$746)=$F3)*$C$2:
$C$746)
```

“YEAR($A$2:$A$746)=G$2”部分表示使用YEAR函数分别计算“$A$2:$A$746”单元格的年份，并判断是否等于“G$2”单元格指定的年份值。

“MONTH($A$2:$A$746)=$F3”部分表示使用MONTH函数分别计算“$A$2:$A$746”单元格的月份，并判断是否等于“$F3”单元格指定的月份值。

将两组逻辑值相乘，如果对应位置均为逻辑值TRUE，相乘后结果为1，否则返回0。

再与“$C$2:$C$746”单元格的销售额相乘，最后用SUMPRODUCT函数返回乘积之和。

使用此公式时，需要注意使用不同单元格引用方式的变化。其中日期所在范围“$A$2:$A$746”和销售额所在范围“$C$2:$C$746”均为绝对引用，表示年份条件的“G$2”使用列相对引用、行绝对引用，表示月份条件的“$F3”使用列绝对引用、行相对引用。

13.3.2 计算两个日期相差天数

日期数据具有常规数值所具备的运算功能，其运算结果往往也具有特殊的意义。例如，两个日期相减，即表示两个日期之间相差的天数。

日期数据的常用加减计算可以归纳为以下3种。

```
结束日期-起始日期=日期相差天数
日期-指定天数=指定天数之前的日期
日期+指定天数=指定天数之后的日期
```

在公式中直接使用日期和时间数据作为参数时，需要使用半角双引号包含。例如，计算2017年12月20日之后100天的日期序列值，可以使用以下公式完成。

```
="2017-12-20"+100
```

也可以使用Excel能够识别的其他标准日期格式。

```
="2017年12月20日"+100
```

> **提示**
>
> 在四则运算中，使用半角双引号包含的日期时间数据可以直接参与计算。如果要在日期时间数据前后使用比较运算符，则需要使用乘1或添加两个负号等方式将其转换为日期时间序列值。例如，比较2017-10-20和2017-1-25的大小，可以使用公式“=--"2017-10-20"<--"2017-1-25"”。

在Excel 2016中，使用DAYS函数可以返回两个日期之间的天数，该函数的语法如下。

```
DAYS(end_date,start_date)
```

第一参数是结束日期，第二参数是开始日期。如果参数是文本型字符串，DAYS函数将自动转换为日期序列值后进行计算。

DAYS360函数也用于计算两个日期之间间隔的天数，该函数的语法如下。

```
DAYS360(start_date,end_date,[method])
```

第一参数是开始日期，第二参数是结束日期，第三参数用于指示计算时使用美国或欧洲方法。

其计算规则是按照一年360天、每个月30天计，在一些会计计算中会用到。如果会计系统是基于一年12个月，每月30天，则可用此函数帮助计算支付款项。

示例13-16 计算项目完成天数

图13-30为某企业新生产线的设备安装与调试计划表，需要根据开始日期和结束日期计算每个项目的天数。

在D2单元格中输入以下公式，将单元格格式设置为常规后，向下复制到D6单元格。

```
=DAYS(C2,B2)+1
```

公式也可以写为：

```
=C2-B2+1
```

在实际应用中，使用两个日期直接相减的方式计算相差天数更加方便。

	A	B	C	D
1	项目	开始日	结束日	天数
2	设备采购	8月12日	9月16日	36
3	设备安装	8月20日	10月15日	57
4	单机调试	10月16日	10月25日	10
5	联动调试	10月26日	11月1日	7
6	试机生产	11月5日	11月10日	6

图13-30　项目计划表

示例13-17　制作项目倒计时牌

在日常工作中，经常会有一些倒计时的应用，如常见的距高考还有*n*天、距项目结束还有*n*天等。使用Excel中的日期函数结合按指定时间刷新的VBA代码，即可制作出倒计时牌，如图13-31所示。

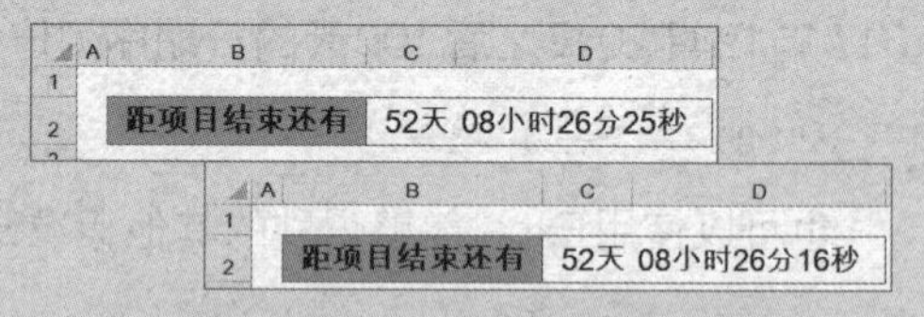

图13-31　项目倒计时牌

具体制作步骤如下。

步骤1 假设项目结束日期为2018年2月22日，在C2单元格中输入以下公式，得到剩余的整数天数。

```
=INT("2018-2-22"-NOW())&"天"
```

步骤2 单击D2单元格，按<Ctrl+1>组合键弹出【设置单元格格式】对话框，在【数字】选项卡下的【分类】列表框中选择【自定义】选项，然后在右侧的【类型】编辑框中输入以下自定义格式代码，单击【确定】按钮，如图13-32所示。

```
hh小时mm分ss秒
```

步骤3 在D2单元格中输入以下公式。

```
="2018-2-22"-NOW()
```

步骤4 选中C2:D2单元格区域，在【开始】选项卡下单击【边框】下拉按钮，在下拉列表中选择【外侧框线】命令，如图13-33所示。

虽然NOW函数属于易失性函数，但如果在工作表中没有执行能够引发重新计算的操作，公式结果并不能自动实时刷新，因此需要添加定时刷新的VBA代码。

步骤5 按<Alt+F11>组合键打开VBE编辑器，选择【插入】→【模块】命令，在【工程资源管理器】中选择刚刚插入的【模块1】选项，在右侧的代码窗口中输入以下代码，如图13-34所示。

```
Sub Macro1()
    Application.OnTime Now + TimeValue("00:00:01"),"Macro1"
    Calculate
End Sub
Private Sub workbook_open()
```

```
Macro1
End Sub
```

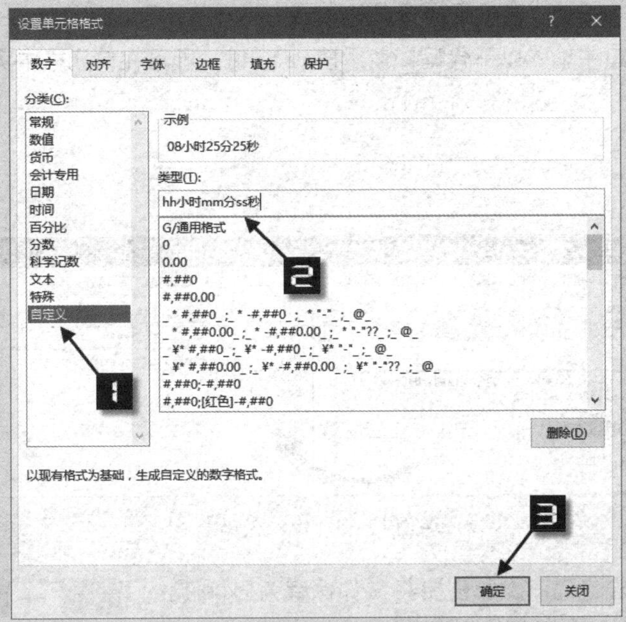

图 13-32　设置自定义单元格格式

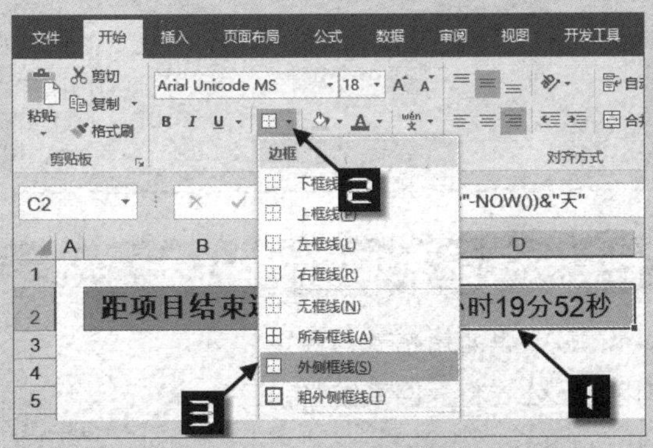

图 13-33　添加外侧框线

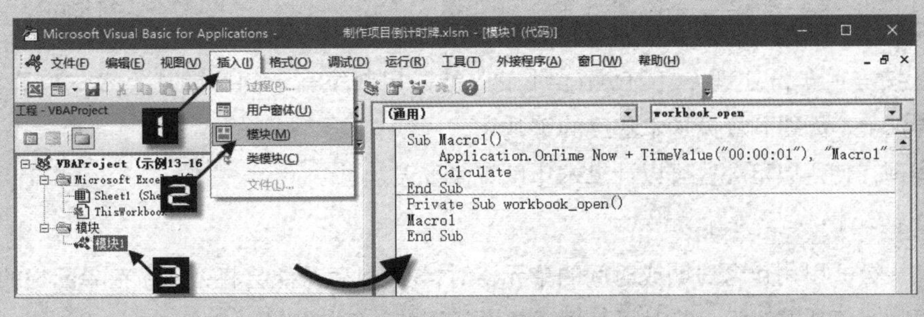

图 13-34　插入模块

代码中的“00:00:01”表示刷新时间为1秒，实际使用时可根据需要设置。例如，要设置刷新时间为1分钟，可将此部分修改为“00:01:00”。

步骤6 如图13-35所示，在【工程资源管理器】中选择【ThisWorkbook】选项，在右侧的代码窗口中输入以下代码，然后按<F5>键，即可在单元格中实现倒计时效果。

```
Private Sub workbook_open()
Call Macro1
End Sub
```

图13-35 输入代码

由于使用了宏代码，因此需要将文件保存为Excel启用宏的工作簿，即.xlsm格式。再次打开文件时，如果出现图13-36所示的安全警告，单击【启用内容】按钮即可。

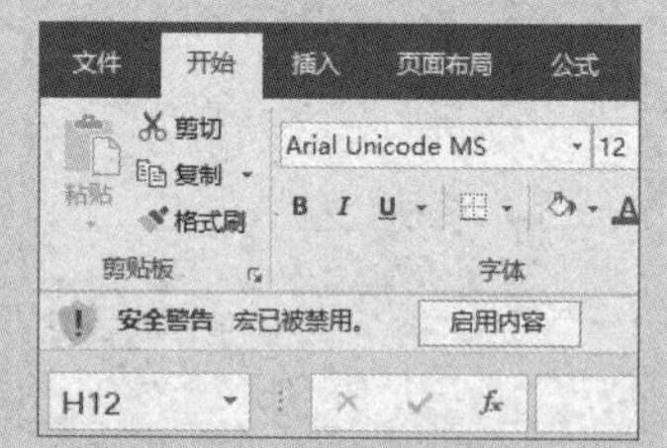

图13-36 安全警告

示例13-18 计算今天是本年度的第几天

如图13-37所示，设置A2单元格格式为自定义格式“第0天”，使用以下公式将返回系统当前日期是本年度的第几天。

```
=TODAY()-"1-1"+1
```

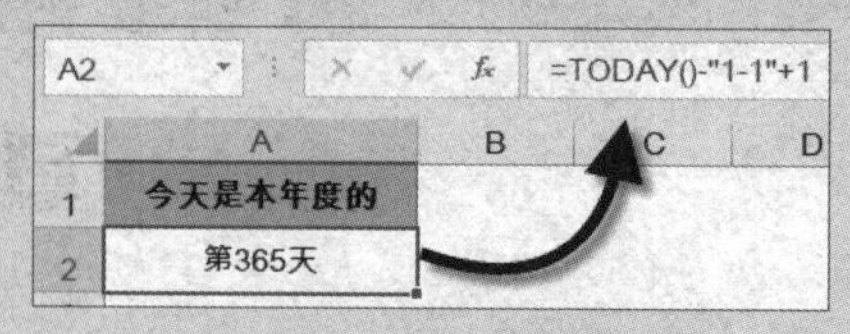

图13-37 日期相减

在Excel中输入“月-日”形式的日期，系统会默认按当前年份处理，“TODAY()-"1-1"”就是用系统当前的日期减去本年度的1月1日，再加上一天得到今天是本年度的第几天。

同理，使用以下公式可以计算本年度有多少天。

```
="12-31"-"1-1"+1
```

如果公式引用包含日期或时间的单元格时，Excel有可能会将公式所在单元格的格式自动更改为日期或时间，此时可根据需要重新调整单元格格式。

示例13-19　计算项目在每月的天数

图13-38为某企业新项目从考察立项到调试生产的具体工期安排，需要根据开始日期和结束日期计算各阶段项目在每月的天数。

在D1单元格输入项目起始月份的第一天"2016-8-1"，设置单元格格式为"yy"年"m"月""，并向右复制到K1单元格，单击K1单元格右下角的【自动填充选项】按钮，选择【以月填充】选项，如图13-39所示。

	A	B	C
1	项目	开始日期	结束日期
2	考察立项	2016/8/2	2016/9/18
3	基建工程	2016/10/20	2017/1/6
4	设备安装	2016/11/22	2017/1/3
5	调试生产	2017/2/1	2017/3/12

图13-38　工期安排表

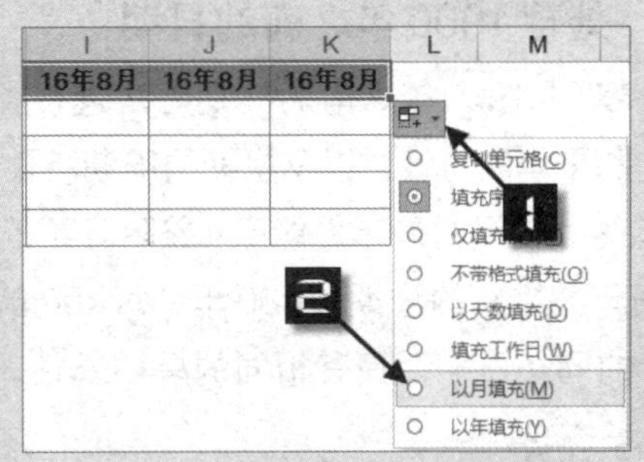

图13-39　以月填充

D1:K1单元格分别显示为"16年8月""16年9月"……"17年3月"。实际应用时，可根据项目结束日期确定填充日期的单元格范围。

在D2单元格中输入以下公式，并复制到D2:K5单元格区域，计算结果如图13-40所示。

```
=TEXT(MIN($C2+1,E$1)-MAX(D$1,$B2),"0;;")
```

D2　=TEXT(MIN($C2+1,E$1)-MAX(D$1,$B2),"0;;")

	A	B	C	D	E	F	G	H	I	J	K
1	项目	开始日期	结束日期	16年8月	16年9月	16年10月	16年11月	16年12月	17年1月	17年2月	17年3月
2	考察立项	2016/8/2	2016/9/18	30	18						
3	基建工程	2016/10/20	2017/1/6			12	30	31	6		
4	设备安装	2016/11/22	2017/1/3				9	31	3		
5	调试生产	2017/2/1	2017/3/12							28	12

图13-40　计算项目在每月的天数

"MIN($C2+1,E$1)"部分表示用于计算C2单元格的项目结束日期与E1单元格，即下个月1日的最小值。MIN函数计算时忽略空单元格，如果E1单元格为空，则返回"$C2+1"的计算结果。

"MAX(D$1,$B2)"部分用于计算D1单元格的当月1日与B2单元格项目开始日期的最大值。

如果项目结束日期大于或等于下个月1日，则用下个月1日作为当月的截止日期，否则使用项目的结束日期作为当月的截止日期。

如果当月1日大于或等于项目开始日期，则用当月1日作为当月的起始日期，否则使用项目的开始日期作为当月的起始日期。

用项目结束日期与下个月1日两者之间较小的值，减去当月1日与项目开始日期两者之间较大的值，得出项目在该月的天数。

如果在当月项目未开始或已结束，此时用MIN函数计算出的当月截止日期会小于用MAX函数计算出的当月起始日期，公式结果返回负数。TEXT函数的格式代码使用“0;;”，将0值和负数显示为空白。

13.3.3 处理1900年之前的日期

Excel对于1900年之前的日期无法进行直接处理，如需处理1900年之前的日期，可以结合闰年和平年的特性，以及星期的周期特性进行变通处理。

闰年的计算规则是年份能被4整除且不能被100整除，或者年份能被400整除，因此可以得出闰年与平年的周期是400年。每400年的天数是146 097天，为7的整数倍。因此相隔400年的同一日期，具有相同的星期属性。根据此规律，可以计算出1900年之前的日期是星期几。

示例13-20 计算科学家的出生日期是星期几

如图13-41所示，需要根据科学家的出生日期计算该日期是星期几。

	A	B	C
1	科学家	出生日期	星期
2	艾萨克·牛顿	1643-1-4	7
3	托马斯·阿尔瓦·爱迪生	1847-2-11	4
4	阿尔伯特·爱因斯坦	1879-3-14	5
5	阿尔弗雷德·伯纳德·诺贝尔	1833-10-21	1
6	玛丽·居里	1867-11-7	4
7	尼古拉·特斯拉	1856-7-10	4
8	迈克尔·法拉第	1791-9-22	4
9	欧内斯特·卢瑟福	1871-8-30	3
10	德米特里·伊万诺维奇·门捷列夫	1834-2-8	6

图13-41 计算科学家出生日期是星期几

在C2单元格中输入以下公式，并向下复制到C10单元格。

```
=WEEKDAY(LEFT(B2,4)+400&MID(B2,5,9),2)
```

“LEFT(B2,4)+400”部分表示提取出B2单元格最左侧的4个字符，即年份值。结果加上日期数据的周期400。

“MID(B2,5,9)”部分表示从B2单元格第5位开始，提取9个字符串，此处的9可以写成任意一个较大的值，目的是获取年份之后的内容。

使用“&”符号将年份值加400的结果与MID函数的结果进行连接，使其成为字符串“2043-1-4”，也就是400年后的日期。

最后使用WEEKDAY函数计算出该日期是星期几，结果以数值1~7显示。

TEXT函数使用格式代码“aaaa”，能得到“星期一”到“星期日”的结果，因此可以使用以下公式，将结果显示为更容易识别的中文星期，如图13-42所示。

```
=TEXT(LEFT(B2,4)+400&MID(B2,5,9),"aaaa")
```

D2 =TEXT(LEFT(B2,4)+400&MID(B2,5,9),"aaaa")

	A	B	C	D	E
1	科学家	出生日期	星期	星期	
2	艾萨克·牛顿	1643-1-4	7	星期日	
3	托马斯·阿尔瓦·爱迪生	1847-2-11	4	星期四	
4	阿尔伯特·爱因斯坦	1879-3-14	5	星期五	
5	阿尔弗雷德·伯纳德·诺贝尔	1833-10-21	1	星期一	
6	玛丽·居里	1867-11-7	4	星期四	
7	尼古拉·特斯拉	1856-7-10	4	星期四	
8	迈克尔·法拉第	1791-9-22	4	星期四	
9	欧内斯特·卢瑟福	1871-8-30	3	星期三	
10	德米特里·伊万诺维奇·门捷列夫	1834-2-8	6	星期六	

图13-42 返回中文的星期

关于WEEKDAY函数请参考13.6.1节。

13.3.4 使用COUPDAYBS等函数完成与季度有关的计算

在Excel中，可以通过日期函数和部分财务类函数完成与季度有关的计算。

示例13-21 判断指定日期所在的季度

如图13-43所示，A列为日期数据，使用以下公式可以计算出日期所在的季度。

```
=LEN(2^MONTH(A2))
```

首先用MONTH函数计算出A列单元格的月份，计算结果作为2的乘幂。如图13-44所示，2的1~3次幂结果是1位数，2的4~6次幂结果是2位数，2的7~9次幂结果是3位数，2的10~12次幂结果是4位数。根据此特点，用LEN函数计算乘幂结果的字符长度，即为日期所在的季度。

	A	B
1	日期	所在的季度
2	2007/1/1	1
3	2004/6/18	2
4	2009/12/14	4
5	2010/2/8	1
6	2008/8/11	3
7	2014/7/10	3

图13-43 判断日期所在季度

	A	B	C
1	公式	结果	字符长度
2	=2^1	2	1
3	=2^2	4	1
4	=2^3	8	1
5	=2^4	16	2
6	=2^5	32	2
7	=2^6	64	2
8	=2^7	128	3
9	=2^8	256	3
10	=2^9	512	3
11	=2^10	1024	4
12	=2^11	2048	4
13	=2^12	4096	4

图13-44 2的乘幂运算

有多种公式可以计算指定日期的季度，以下是有代表性的两种。

```
=MATCH(MONTH(A2),{0,4,7,10})
=CEILING(MONTH(A2)/3,1)
```

第一个公式使用MATCH函数，在常量数组{0,4,7,10}中以近似匹配方式查询月份的位置，如果找不到该月份，则返回小于等于该月份的最大值。

第二个公式用月份除以3，再用CEILING函数向上舍入为整数，得出日期所在季度。

示例13-22 判断指定日期是所在季度的第几天

如图13-45所示，需要根据A列日期，计算出该日期是所在季度的第几天。

在B2单元格中输入以下公式，并向下复制到B10单元格。

```
=COUPDAYBS(A2,"9999-1",4,1)+1
```

	A	B
1	日期	当日是所在季度第几天
2	2015/12/26	87
3	2013/2/26	57
4	2015/4/14	14
5	2014/9/27	89
6	2016/1/26	26
7	2011/12/25	86
8	2016/1/13	13
9	2013/1/22	22
10	2016/1/3	3

图13-45 指定日期是所在季度的第几天

该函数为财务函数范畴，用于返回从付息期开始到结算日的天数。

函数的基本语法如下。

```
COUPDAYBS(settlement,maturity,frequency,[basis])
```

第一参数settlement是有价证券的结算日；第二参数maturity是有价证券的到期日，可以写成一个任意较大的日期序列值；第三参数frequency使用4，表示年付息次数按季支付。第四参数basis使用1，表示按实际天数计算日期。

本例中年付息次数选择按季支付，所以A2单元格的日期所在季度的付息期即为该季度的第一天。公式以A2单元格的日期作为结算日，通过计算所在季度第一天到当前日期的间隔天数，结果加1，变通得到指定日期是所在季度的第几天。

示例13-23 计算日期所在季度的总天数

如图13-46所示，需要根据A列日期计算日期所在季度的总天数。

在B2单元格中输入以下公式，并向下复制到B10单元格。

```
=COUPDAYS(A2,"9999-1",4,1)
```

	A	B
1	日期	所在季度有多少天
2	2016/1/8	91
3	2015/4/28	91
4	2016/7/10	92
5	2013/5/12	91
6	2015/1/27	90
7	2016/5/31	91
8	2013/9/11	92
9	2017/6/21	91
10	2018/7/15	92

图13-46 计算日期所在季度总天数

COUPDAYS函数也属于财务函数的范畴，用于返回指定结算日所在付息期的天数。

该函数的参数与COUPDAYBS函数相同。第一参数是有价证券的结算日；第二参数是有价证券的到期日，同样可以写成任意一个较大的日期；第三参数使用4，表示年付息

次数按季支付；第四参数使用1，表示按实际天数计算日期。

公式以A2单元格的日期作为结算日，在按季付息的前提下返回日期所在付息期的天数，也就是该日期所在的季度的总天数。

示例13-24 计算日期所在季度末日期

如图13-47所示，需要根据A列的日期计算日期所在季度末的日期值。

	A	B
1	日期	所在季度末日期
2	2014/12/17	2014/12/31
3	2015/10/27	2015/12/31
4	2016/3/20	2016/3/31
5	2016/11/6	2016/12/31
6	2017/11/7	2017/12/31
7	2015/6/26	2015/6/30
8	2015/8/25	2015/9/30
9	2017/6/10	2017/6/30
10	2017/3/7	2017/3/31

图13-47 计算日期所在季度末日期

在B2单元格中输入以下公式，并向下复制到B10单元格。

```
=COUPNCD(A2,"9999-1",4,1)-1
```

COUPNCD函数也属于财务函数的范畴，用于返回结算日之后的下一个付息日。

该函数的参数与COUPDAYBS函数相同。第一参数和第二参数分别是有价证券的结算日和有价证券的到期日；第三参数使用4，表示年付息次数按季支付；第四参数使用1，表示按实际天数计算日期。

公式用于以A2单元格的日期作为结算日，计算该日期之后的下一个付息日，也就是下一个季度的第一天。用下个季度的第一天减1，变通得到日期所在季度末的日期值。

13.3.5 闰年判断

闰年是为了弥补因历法年度天数与地球实际公转周期的时间差而设立的，补上时间差的年份为闰年。公元年数可被4整除为闰年，但是整百（个位和十位均为0）的年数必须是可以被400整除的才是闰年，闰年的2月有29天。

示例13-25 判断指定日期所在年份是否为闰年

如图13-48所示，需要根据A列的日期判断该年份是否为闰年。

	A	B
1	日期	是否为闰年
2	2014/12/17	平年
3	2015/10/27	平年
4	2011/3/21	平年
5	2012/11/6	闰年
6	2008/11/7	闰年
7	2005/6/26	平年
8	2009/8/25	平年
9	2017/6/10	平年
10	2019/3/7	平年

图13-48 闰年判断

在B2单元格中输入以下公式，并向下复制到B10单元格。

```
=IF(COUNT(-(YEAR(A2)&"-2-29")),"闰年","平年")
```

首先使用YEAR(A2)计算A2单元格日期的年份，与字符串“-2-29”连接，生成“2014-2-29”样式的字符串。如果该年份中的2月29日不存在，公式中的“年份-2-29”部分将会按文本进行处理。

字符串前加上负号，如果字符串是日期，则返回一个负数，否则返回错误值#VALUE!。再通过COUNT函数判断是否为数值，确定当前年份是否为闰年。

除此之外，也可以使用以下公式。

```
=IF(MONTH(DATE(YEAR(A2),2,29))=2,"闰年","平年")
```

“DATE(YEAR(A2),2,29)”部分表示使用DATE函数构造出该年度的2月29日，如果该年份中没有2月29日，将返回该年份中3月1日的日期序列值。

再用MONTH函数判断该日期是否为2月，如果是，则表示该年份是闰年。

以下公式也可实现闰年、平年的判断。

```
=IF(DAY(DATE(YEAR(A2),3,0))=29,"闰年","平年")
```

“DATE(YEAR(A2),3,0)”部分使用DATE函数构造出该年份的3月0日，也就是2月份的最后一天。

再用DAY函数提取出天数，然后判断是否为29日，如果是，则表示该年份是闰年。

根据系统默认将“月-日”形式的日期按当前年份处理的特点，使用以下公式可以判断系统日期的当前年份是否为闰年。

```
=IF(COUNT(-"2-29"),"闰年","平年")
```

1900年实际为平年，但是在Excel默认的1900日期系统中，为了兼容其他程序，保留了1900-2-29这个不存在的日期，并将1900年处理为闰年。

“2-29”的写法在不同语言的Excel版本中可能会有差异。

13.3.6 用EDATE函数计算指定月份后的日期

EDATE函数用于返回某个日期相隔指定月份之前或之后的日期，其语法如下。

```
EDATE(start_date,months)
```

第一参数代表开始日期；第二参数是开始日期之前或之后的月份数，为正值将生成未来日期，为负值将生成过去日期，如果该参数不是整数，将截尾取整。

示例13-26 计算员工转正日期

图13-49为某单位新员工入职表的部分记录，需要根据入厂日期和实习期月数计算转正日期。

在D2单元格中输入以下公式，并向下复制到D10单元格。

```
=EDATE(B2,C2)
```

	A	B	C	D
1	姓名	入厂日期	实习期（月）	转正日期
2	陈永丽	2017/12/1	1	2018/1/1
3	孙作林	2017/11/22	1	2017/12/22
4	李海琴	2017/6/1	2	2017/8/1
5	李绍花	2017/6/8	6	2017/12/8
6	石生文	2017/4/21	2	2017/6/21
7	王志武	2017/12/8	6	2018/6/8
8	杨小芸	2018/1/31	1	2018/2/28
9	段俊平	2017/11/22	1	2017/12/22
10	范田英	2017/8/19	2	2017/10/19

图 13-49 计算合同到期时间

EDATE 函数使用B2单元格中的日期作为指定的开始日期，返回由C2单元格指定的月份后的日期。

示例13-27 计算员工退休日期

根据现行规定，男性退休年龄为60岁，女性退休年龄为50岁，女性干部退休年龄为55岁。在图13-50所示的员工信息表中，需要根据B列的出生日期、C列的性别信息及D列的职工身份，综合判断员工的退休日期。

	A	B	C	D	E
1	姓名	出生日期	性别	身份	退休日期
2	彭文英	1966/12/25	女	干部	2021/12/25
3	张正超	1960/10/3	男	干部	2020/10/3
4	张国庆	1978/3/20	男	工人	2038/3/20
5	李玉珍	1983/9/24	女	工人	2033/9/24
6	李树祥	1973/4/15	男	工人	2033/4/15
7	钱林岩	1984/7/6	男	干部	2044/7/6
8	张文昆	1986/10/28	女	工人	2036/10/28
9	郭晓华	1981/4/15	女	干部	2036/4/15
10	张光君	1981/9/25	女	工人	2031/9/25

图 13-50 计算员工退休日期

将50岁换算为月份，结果为600；将55岁换算为月份，结果为660；将60岁换算为月份，结果为720。

在E2单元格中输入以下公式，并向下复制到E10单元格。

```
=EDATE(B2,IF(AND(C2="女",D2="干部"),660,IF(C2="女",600,720)))
```

先使用IF函数对各个条件进行判断。“AND(C2="女", D2="干部")”部分用于判断C2单元格性别为“女”，并且D2单元格等于“干部”，条件符合返回660。

如果以上条件不符合，则继续判断下一组条件。如果C2单元格性别为“女”，返回600；如果以上条件不符合，则返回720。

EDATE函数以B2单元格的出生日期作为开始日期，以IF函数的结果作为指定的月份数，返回该月份数之后的日期，也就是退休日期。

13.3.7 用EOMONTH函数返回指定月份的总天数

由于每个月的月末日期即为当月的总天数，因此当希望得到某个月份的总天数时，可以使用该原理来处理。

示例13-28 计算本月总天数

EOMONTH 函数返回指定月份之前或之后的最后一天的日期，如图13-51所示，使用以下公式可以计算系统日期所在月份的天数。

```
=DAY(EOMONTH(TODAY(),0))
```

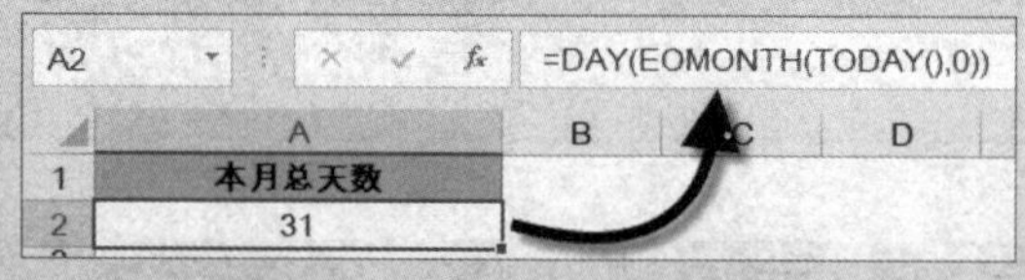

图13-51 计算本月天数

TODAY()函数生成系统当前的日期。EOMONTH函数返回当前日期的0个月之后，也就是本月最后一天的日期序列值，然后使用DAY函数计算出该日期是当月的第几天。

同理，使用以下公式可以计算本月的剩余天数。

```
=EOMONTH(TODAY(),0)-TODAY()
```

提示：使用该公式计算剩余天数时，Excel会自动将单元格格式更改为日期格式，得到类似1900/1/5这样的结果，需手动设置为常规格式，才能返回正确计算结果。

13.4 使用DATEDIF函数计算两个日期之间的间隔

DATEDIF函数是一个隐藏的日期函数，用于计算两个日期之间的天数、月数或年数。在Excel的函数列表中没有显示此函数，帮助文件中也没有相关说明。

其基本语法如下。

```
DATEDIF(start_date,end_date,unit)
```

start_date代表时间段内的起始日期。该日期可以是带引号的日期文本串（如"2018/1/30"）、日期序列值、其他公式或函数的运算结果［如DATE(2018,1,30)］等。

end_date代表时间段内的结束日期。结束日期要大于起始日期，否则将返回错误值#NUM!。

unit为所需信息的返回类型，该参数不区分大小写。不同unit参数返回的结果如表13-3所示。

表13-3 DATEDIF函数不同参数作用

unit参数	函数返回结果
Y	时间段中的整年数
M	时间段中的整月数
D	时间段中的天数
MD	日期中天数的差。忽略日期中的月和年
YM	日期中月数的差。忽略日期中的日和年
YD	日期中天数的差。忽略日期中的年

13.4.1 函数的基本用法

DATEDIF函数的第三参数使用“Y”，表示计算时间段中的整年数。

示例13-29 计算员工工龄工资

图13-52所示为某公司工资表的部分内容，需要根据B列的入司日期计算工龄费。计算规则是：入司每满一年工龄费50元，最高300元封顶，工龄计算的截止时间为2017年12月31日。

	A	B	C	D	E	F	G
1	姓名	入司日期	工龄费	基本工资	岗位补助	代扣款项	应发工资
2	解德培	2013/11/27	200	3600	130		3930
3	张晓祥	2012/11/3	250	3600	120	145	3825
4	白雪花	2015/1/7	100	4000	200		4300
5	杨为民	2016/2/14	50	3200	170		3420
6	杨正祥	2011/10/2	300	4300	180	26	4754
7	杨开文	2009/9/13	300	3800	190		4290
8	高明阳	2011/3/9	300	3800	100		4200
9	陈丽娟	2008/9/17	300	3200	120		3620
10	徐美明	2012/1/27	250	4000	170	99	4321

图13-52 员工工资表

在C2单元格中输入以下公式，并向下复制到C10单元格。

```
=MIN(300,DATEDIF(B2,"2017/12/31","Y")*50)
```

DATEDIF函数的第三参数使用“Y”，计算入司日期到2017年12月31日的整年数，不足一年的部分将被舍去。

用DATEDIF函数计算出的员工入职年数乘以50计算出工龄费。最后使用MIN函数，在计算出的工龄费和300两个数值中取最小值。也就是当工龄费高于300元时按300元计算结果，当工龄费不足300元时按实际计算结果。

DATEDIF函数的第二参数使用“M”，表示计算时间段中的整月数。

示例13-30 计算账龄区间

账龄分析是指企业对应收账款按账龄长短进行分类，并分析其可回收性，是财务工作中一个重要的组成部分。图13-53为某企业账龄分析表的部分内容，B列是业务发生日期，需要在D列计算出对应的账龄区间。

	A	B	C	D
1	业务单位	业务发生日期	业务金额（万元）	账龄区间
2	华阳能源	2016/6/20	120	1-2年
3	郑州天元	2017/6/7	46	6-12个月
4	新澳华康	2015/10/24	113	2年以上
5	天马股份	2016/12/3	65	1-2年
6	黎明纺织	2014/9/10	123	2年以上
7	赛客机械	2016/3/25	94	1-2年
8	新阳化工	2017/9/1	109	6个月以内
9	光辉电控	2016/8/19	20	1-2年

图13-53 账龄分析表

在D2单元格中使用以下公式，并向下复制到D9单元格。

```
=LOOKUP(DATEDIF(B2,TODAY(),"M"),{0,6,12,24},{"6个月以内","6-12个月",
"1-2年","2年以上"})
```

DATEDIF函数的第二参数使用“M”，计算B2单元格的日期与当前日期间隔的整月数。假设当前日期为2017年12月31日，计算的间隔月数结果为18。

LOOKUP函数以DATEDIF函数计算出的间隔月数作为查询值，在常量数组“{0,6,12,24}”中查找该数值。由于找不到精确匹配结果，因此以小于18的最大值12进行匹配，并返回第三参数“{"6个月以内","6-12个月","1-2年","2年以上"}”中相同位置的值，最终计算结果为“1~2年”。

使用DATEDIF函数计算间隔月份时，在某些特殊情况下，计算结果会与实际间隔有出入。

示例13-31 计算房屋租赁费

图13-54为某公司商铺租赁表的部分内容，需要根据租赁起止日期计算租赁月数。

	A	B	C	D	E	F	G
1	租户姓名	身份证号	商铺编号	起租日期	终止日期	租赁月数	正确结果
2	杜志军	37088219840307321X	北一区102	2016/1/31	2016/2/29	0	1
3	刘培荣	370830198109112930	北一区103	2017/12/31	2018/4/30	3	4
4	栗文兰	430404197909251223	北一区104	2017/10/31	2017/11/30	0	1
5	李昆生	370829198410160039	北二区133	2017/8/1	2017/10/1	2	2
6	郑碧芳	370882198410165864	北二区134	2017/11/30	2017/12/31	1	1
7	法建荣	370828198505013641	东一区182	2017/8/31	2017/10/31	2	2
8	陈云娇	370811198204030029	东一区183	2017/12/31	2018/2/28	1	2
9	王晓伦	370826197811065178	东一区184	2017/11/1	2018/5/1	6	6

图13-54 计算房屋租赁费

如果在F2单元格中直接使用以下公式计算间隔月数，并将公式向下复制到F9单元格，在部分单元格中会得到错误的结果，如图13-54中的F2、F3、F4和F8单元格。

```
=DATEDIF(D2,E2,"m")
```

使用DATEDIF函数计算间隔月数时，如果结束日期是当月的最后一天，并且开始日期的天数大于结束日期的天数，计算结果会少一个月。

根据此规律，可以在原有公式基础上增加判断条件，在G2单元格中输入以下公式，并向下复制到G9单元格，公式将返回正确结果。

```
=DATEDIF(D2,E2,"m")+AND(DAY(D2)>DAY(E2),E2=EOMONTH(E2,0))
```

“DAY(D2)>DAY(E2)”部分用于判断开始日期的天数是否大于结束日期的天数。

“E2=EOMONTH(E2,0)”部分用于判断结束日期是否为当月的最后一天。

当开始日期的天数大于结束日期的天数，并且结束日期等于当月的最后一天时，AND函数返回逻辑值TRUE，否则返回逻辑值FALSE。

最后将DATEDIF函数的结果与AND函数返回的逻辑值相加。在四则运算中，逻辑值TRUE的作用相当于1，逻辑值FALSE的作用相当于0。如果两个条件同时成立，则相当于原公式+1，否则为原公式+0。

13章

13.4.2 设置员工生日提醒

DATEDIF函数的第二参数使用“YD”，表示计算时间段中忽略年份的天数差。

示例13-32 员工生日提醒

在图13-55所示的员工信息表中，B列是员工的出生日期。HR部门在员工生日时需要送出生日礼物，因此希望在生日前10天进行提醒。

	A	B	C	D
1	姓名	出生日期	生日提醒	数组公式
2	周志红	1973/1/4	还有3天生日	还有3天生日
3	方佶蕊	1981/10/1		
4	陈丽娟	1985/1/9	还有8天生日	还有8天生日
5	徐美明	1992/10/8		
6	梁建邦	1969/5/30		
7	金宝增	1989/6/2		
8	陈玉员	1980/2/6		
9	冯石柱	1978/1/9	还有8天生日	还有8天生日

图13-55 设置员工生日提醒

在C2单元格中输入以下公式，并向下复制到C9单元格。

```
=TEXT(10-DATEDIF(B2-10,TODAY(),"YD"),"还有0天生日;;今天生日")
```

DATEDIF函数的第二参数使用“YD”忽略年份和月份计算天数差，但参数使用“YD”时，对于不同日期的运算规则会有所差异，如表13-4所示。

表13-4　Unit参数使用"YD"时的处理规则

结束日期为以下情况	两者相减规则	
	够减	不够减
1. 当结束日期为3月份，且结束日期的day大于等于起始日期的day时 2. 当结束日期不是3月份时	【起始日期年份&结束日期的月和日】-起始日期	【起始日期年份+1&结束日期的月和日】-起始日期
3. 当结束日期为3月份，且结束日期的day小于起始日期的day时	结束日期-【结束日期年份&起始日期的月和日】	结束日期-【结束日期年份-1&起始日期的月和日】

因为希望提前10天提醒，所以使用出生日期-10作为DATEDIF函数的第一参数。

假定当前日期为2018年1月1日，出生日期为1972年12月25日，"DATEDIF(B2-10, TODAY(), "YD")"部分表示忽略年数计算出生日期-10到当前日期的天数差，也就是计算1972年12月25日到2018年1月1日的天数差，结果为7。再用10减去该结果，得到当前日期和生日的实际相差天数为3天。

最后使用TEXT函数处理DATEDIF函数的计算结果。大于0显示为"还有N天生日"，小于0显示为空值，等于0显示为"今天生日"。

由于DATEDIF函数的第二参数在使用"YD"时有特殊的计算规则，因此当结束日期是3月份时，计算结果可能会出现一天的误差。如需得到精确结果，可以使用以下数组公式完成。

```
{=TEXT(IFERROR(MATCH(TEXT(B2,"mmdd"),TEXT(NOW()+ROW($1:$11)-1,
"mmdd"),)-1,-1),"还有0天生日;;今天生日")}
```

公式的主要思路是先构造从当前日期开始连续的11个日期所组成的一个数组，也就是当前日期0~10天后的日期。然后用MATCH函数在这个数组中查找B2单元格的生日日期的位置。如果MATCH函数返回一个数值，则表明出生日期在这11个日期中存在，也就是在未来10日内生日。

"TEXT(B2, "mmdd")"部分用于返回B2单元格"mmdd"样式的月份和日期。TEXT函数将B2单元格的日期转换为"mmdd"样式的月份和日期。例如，将1月4日转换为0104，并对11个日期构成的数组做同样的转换处理，用以避免类似1月29日与12月9日、1月11日与11月1日等情况下的误判。

"TEXT(NOW()+ROW($1:$11)-1, "mmdd")"部分用当前日期NOW()分别加上"ROW($1:$11)-1"，也就是0~10，得到当前日期0~10天后的日期。

再用TEXT函数将这些日期转换为"mmdd"样式。

使用MATCH函数精确查找B2单元格的月份日期在这一组日期中的位置，如果MATCH函数返回1，则说明是今天生日。为了套用TEXT函数参数代码为0时返回"今天生日"，这里进行了-1处理。

如果MATCH函数在这一组日期中查找不到结果，也就是生日日期不在未来10天，函数返回错误值，而实际需要公式返回空白。这里使用IFERROR函数，当MATCH函数结果

为错误值时，指定返回值为 -1。再将TEXT函数参数代码中的负数部分指定返回为空白，从而实现生日不在未来10天，公式最终返回空白的目的。

TEXT函数格式代码使用“"还有0天生日;;今天生日"”，分别指定大于0时显示为“还有N天生日”，小于0时显示为空白，等于0时显示为“今天生日”。

如果出生日期是闰年2月29日，可以特别指定平年的2月28日或3月1日生日，否则只能每4年过一次生日。

扫描以下二维码，可观看关于DATEDIF函数的更加详细的视频讲解。

YEARFRAC函数用于计算开始日期和结束日期之间的天数占全年天数的百分比。在计算两个日期之间相差的年数时，用YEARFRAC函数外套INT函数可以代替DATEDIF函数。

示例13-33　使用YEARFRAC函数计算员工年龄

图13-56所示为某单位员工信息表的部分内容，需要根据C列的出生年月计算员工年龄。

D2　=INT(YEARFRAC(C2,$F$2,1))

	A	B	C	D	E	F
1	姓名	性别	出生年月	年龄		统计日期
2	苏应芬	女	1957-03-15	60		2017-12-31
3	彭有富	男	1957-08-05	60		
4	范春明	女	1963-01-23	54		
5	袁仕文	男	1963-09-27	54		
6	张勇坚	男	1968-10-31	49		
7	孙志美	女	1974-07-01	43		
8	盛自文	女	1961-06-30	56		
9	马德珍	男	1964-01-08	53		
10	李少兰	女	1965-03-07	52		

图13-56　计算员工年龄

在D2单元格中输入以下公式，并向下复制到D10单元格。

```
=INT(YEARFRAC(C2,$F$2,1))
```

YEARFRAC函数语法如下。

```
YEARFRAC(start_date, end_date, [basis])
```

第一参数表示开始日期，第二参数表示结束日期，第三参数用于要使用的日计数基准类型，用1~4的数值表示4种不同的类型，如表13-5所示。

表13-5 YEARFRAC函数的第三参数指定的日计数基准类型

Basis	日计数基准
0或省略	US (NASD) 30/360
1	实际/实际
2	实际/360
3	实际/365
4	欧洲 30/360

本例中使用1，表示实际天数/实际天数。

提示

日计数基准类型使用实际天数/实际天数时，两个“实际天数”的含义不同。前面的“实际天数”为开始日期减去结束日期的天数差；后面的“实际天数”为开始年份到结束年份每一年的实际天数相加后，再除以两个日期之间年份数的平均值。

以图13-57为例，在C2单元格中使用以下公式，计算结果为2.000912409。

```
=YEARFRAC(A2,B2,1)
```

	A	B	C
1	开始日期	结束日期	YEARFRAC函数结果
2	2012/5/12	2014/5/13	2.000912409
3	2010/5/2	2014/6/1	4.082694414

图13-57 YEARFRAC函数的第三参数使用1

公式计算过程如下。

```
=(B2-A2)/((2012年天数366+2013年天数365+2014年天数365)/3)
```

YEARFRAC函数不严格要求开始日期和结束日期的参数位置，二者位置可以互换。

13.5 使用DATESTRING函数返回中文短日期

DATESTRING函数用于返回指定日期值的中文短日期，该函数也属于隐藏函数。

示例13-34 返回中文短日期

如图13-58所示，A列为日期值，在B2单元格中使用以下公式，将返回“yy年mm月dd日”格式的中文短日期。

```
=DATESTRING(A2)
```

	A	B
1	日期	中文短日期
2	2015/12/11	15年12月11日
3	2015/1/25	15年01月25日
4	2015/10/27	15年10月27日
5	2015/10/28	15年10月28日
6	2015/12/15	15年12月15日
7	2015/4/26	15年04月26日
8	1998/12/12	98年12月12日
9	2018/12/12	18年12月12日

图13-58 返回中文短日期

13.6 星期相关函数

在Excel 2016中，用于处理星期的函数主要包括WEEKDAY、WEEKNUM及ISOWEEKNUM函数。除此之外，也经常用MOD函数和TEXT函数完成星期值的处理。

13.6.1 用WEEKDAY函数返回指定日期的星期值

WEEKDAY函数返回对应于某个日期的一周中的第几天。默认情况下，天数是1（星期日）~7（星期六）的整数，该函数的基本语法如下。

```
WEEKDAY(serial_number,[return_type])
```


return_type参数用于确定返回值的类型，不同的参数对应返回值的类型如表13-6所示。

表13-6 WEEKDAY函数返回值类型

Return_type	返回的数字
1或省略	数字1（星期日）~7（星期六）
2	数字1（星期一）~7（星期日）
3	数字0（星期一）~6（星期日）
11	数字1（星期一）~7（星期日）
12	数字1（星期二）~7（星期一）
13	数字1（星期三）~7（星期二）
14	数字1（星期四）~7（星期三）
15	数字1（星期五）~7（星期四）
16	数字1（星期六）~7（星期五）
17	数字1（星期日）~7（星期六）

WEEKDAY函数的第二参数使用2时，返回数字1~7分别表示星期一至星期日。以下公式可以返回系统当前年份的1月1日是星期几。

```
=WEEKDAY("1-1",2)
```

如果系统当前年份为2018年，公式结果将返回1，即星期一。

示例13-35 计算指定日期是星期几

如图13-59所示，分别使用不同函数判断B1:H1单元格中的日期是星期几。

B2单元格公式为：

```
=WEEKDAY(B1,2)
```

WEEKDAY函数的第二参数为2，返回1~7的数字，表示从星期一到星期日为一周。

B3单元格公式为：

```
=MOD(B1-2,7)+1
```

	A	B	C	D	E	F	G	H
1	公式	2018/1/1	2018/1/2	2018/1/3	2018/1/4	2018/1/5	2018/1/6	2018/1/7
2	WEEKDAY(B1,2)	1	2	3	4	5	6	7
3	MOD(B1-2,7)+1	1	2	3	4	5	6	7
4	TEXT(B1,"aaaa")	星期一	星期二	星期三	星期四	星期五	星期六	星期日
5	TEXT(B1,"aaa")	一	二	三	四	五	六	日
6	TEXT(B1,"dddd")	Monday	Tuesday	Wednesday	Thursday	Friday	Saturday	Sunday
7	TEXT(B1,"ddd")	Mon	Tue	Wed	Thu	Fri	Sat	Sun

图13-59　计算指定日期是星期几

MOD函数根据每周均由星期一到星期日7天循环的原理，计算日期与7相除的余数。MOD函数中被除数减2结果+1，返回结果与WEEKDAY函数相同的数值。

B4:B7单元格公式分别如下。

```
=TEXT(B1,"aaaa")
=TEXT(B1,"aaa")
=TEXT(B1,"dddd")
=TEXT(B1,"ddd")
```

TEXT函数的第二参数利用了Excel的内置数字格式代码。

第二参数使用"aaaa"时，返回中文“星期一”。

第二参数使用"aaa"时，返回中文星期简写“一”。

第二参数使用"dddd"时，返回英文“Monday”。

第二参数使用"ddd"时，返回英文星期简写“Mon”。

提示

使用TEXT函数计算某一日期的星期时，由于Excel为了兼容其他程序，保留了1900年2月29日这个不存在的日期，如果日期设置在1900年3月1日之前，将不能得出正确的结果。

13.6.2　星期有关的计算

示例13-36　计算员工每月考评日期

某公司规定，每月20日为员工固定考评日，如果恰逢20日是周六或周日，则提前至周五考评。如图13-60所示，需要根据A列中的月份，计算出每月考评的日期。

在B3单元格中输入以下公式，并向下复制到B14单元格。

```
=DATE(2018,A3,20)-TEXT(WEEKDAY(DATE(2018,A3,20),2)-5,"0;!0;!0")
```

首先用“DATE(2018,A3,20)”组成一个日期，该日期年份为2018，月份由A3单元格指定，一月中的天数为20。再用WEEKDAY函数计算出该日期是星期几。

用WEEKDAY的计算结果减去5之后，如果日期是星期六，则结果为1。如果日期是星期日，则结果为2，如果日期是星期一到星期五，则显示为负数或零。

TEXT函数使用格式代码“"0;!0;!0"”，将正数部分显示为原有的值，将负数和零强制显示为0。

最后用“DATE(2018,A3,20)”减去TEXT函数的计算结果，如果日期是星期一到星期五，则减去0；如果日期是星期六，则减去1；如果日期是星期日，则减去2，最终得到实际考评日期。

	A	B
1	2018年每月考评日期	
2	月份	日期
3	1	2018/1/19
4	2	2018/2/20
5	3	2018/3/20
6	4	2018/4/20
7	5	2018/5/18
8	6	2018/6/20
9	7	2018/7/20
10	8	2018/8/20
11	9	2018/9/20
12	10	2018/10/19
13	11	2018/11/20
14	12	2018/12/20

图13-60　每月员工考评日期

示例13-37　计算指定日期所在月份有几个星期日

如图13-61所示，需要计算A列日期所在月份有几个星期日。

	A	B
1	日期	有几个星期日
2	2016/6/19	4
3	2016/8/1	4
4	2016/12/27	4
5	2016/10/13	5
6	2017/2/14	4
7	2017/5/8	4

图13-61　日期所在月份有几个星期日

在B2单元格中输入以下数组公式，按<Ctrl+Shift+Enter>组合键，向下复制到B7单元格。

```
{=COUNT(0/(WEEKDAY(TEXT(A2,"e-m")&-ROW($1:$31),2)=7))}
```

首先，用TEXT函数返回A2单元格的日期“年-月”，再用文本连接符与“ROW($1:$31)”连接，得到一组日期样式的字符串。

```
{"2016-6-1";"2016-6-2";"2016-6-3";……;"2016-6-30";"2016-6-31"}
```

然后，用WEEKDAY函数依次判断这些字符串是星期几，对于实际不存在的日期，如2016-6-31，将返回错误值#VALUE!，得到内存数组结果为：

```
{3;4;5;6;7;1;2;3;4;5;6;7;1;2;3;4;5;6;7;1;2;3;4;5;6;7;1;2;3;4;#VALUE!}
```

再用等式判断以上结果是否等于7，得到由逻辑值TRUE、FALSE及错误值构成的新内存数组。

```
{FALSE;FALSE;FALSE;FALSE;TRUE;……;#VALUE!}
```

接下来用0除以以上内存数组，0除以TRUE结果为0，0除以FALSE和错误值，结果为错误值#DIV/0!和#VALUE!。

```
{#DIV/0!;#DIV/0!;#DIV/0!;#DIV/0!;0;……;#VALUE!}
```

最后，用COUNT函数统计其中的数值个数，得到的结果就是每个月的星期日天数。

也可以使用以下数组公式完成同样的计算。

```
{=COUNT(0/(MOD(TEXT(A2,"e-m")&-ROW($1:$31),7)=1))}
```

先用TEXT函数构成1~31日的日期样式的字符串。

再用MOD函数计算日期字符串与7相除的余数，如果日期为星期日，MOD函数结果为1。对于不存在的日期返回错误值#VALUE!。

接下来用等式判断MOD函数的结果是否等于1，返回由逻辑值和错误值#VALUE!构成的内存数组。

0除以内存数组结果，最后使用COUNT函数计算相除后的数值个数。

13.6.3 使用WEEKNUM函数判断周数

WEEKNUM函数返回指定日期属于全年的第几周，该函数的语法结构与WEEKDAY函数的语法结构完全相同。因为习惯上把星期一到星期日算作一周，所以通常将WEEKNUM函数的return_type参数设置为2。

ISOWEEKNUM函数用于返回给定日期在全年中的ISO周数。

ISO 8601是国际标准化组织的国际标准日期和时间表示方法，主要在欧洲流行。根据ISO 8601的规则，每年有52周或53周，每周的周一是该周的第1天。每年的第一周为该年度的第一个周四所在的周。例如，2017年1月5日为当年的第一个周四，那么2017年1月2日至2017年1月8日为2017年的第一周。

示例13-38 判断指定日期是当年的第几周

如图13-62所示，分别使用WEEKNUM函数和ISOWEEKNUM函数，判断A列日期是该年的第几周。

	A	B	C
1	日期	WEEKNUM函数	ISOWEEKNUM函数
2	2014/12/31	53	1
3	2014/9/28	39	39
4	2017/2/24	9	8
5	2017/1/1	1	52
6	2017/5/21	21	20
7	2017/8/2	32	31

图13-62 判断指定日期是本年的第几周

在B2单元格中输入以下公式，并向下复制到B7单元格。

```
=WEEKNUM(A2,2)
```

WEEKNUM函数将包含1月1日的周识别为该年的第1周，A5单元格中的2017年1月1日被判断为该年度的第1周。

在C2单元格中输入以下公式，并向下复制到C8单元格。

```
=ISOWEEKNUM(A2)
```

ISOWEEKNUM函数将包含该年第一个星期四的周识别为第1周。2017年1月1日为星期日，因此判断为上年度的最后一周。

13.6.4 使用WEEKDAY和TODAY函数返回过去最近的星期日

示例13-39 返回过去最近星期日的日期

以下公式将返回当前日期上一个星期日的日期，如果当前日期是星期日，则返回前一个星期日的日期。如果系统日期为2018年1月1日，公式结果如图13-63所示。

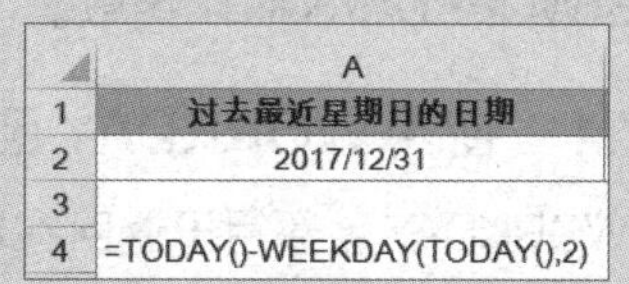

	A
1	过去最近星期日的日期
2	2017/12/31
3	
4	=TODAY()-WEEKDAY(TODAY(),2)

图13-63 返回过去最近星期日的日期

```
=TODAY()-WEEKDAY(TODAY(),2)
```

“WEEKDAY(TODAY(),2)”部分返回系统当前日期的星期值，用当前日期减去当前日期的星期值，得到上一个星期日的日期。

同理，以下公式将返回当前日期下一个星期日的日期，如果当前日期是星期日，则返回当前的日期。

```
=TODAY()-WEEKDAY(TODAY(),2)+7
```

13.6.5 计算指定年份母亲节的日期

每年5月份的第二个星期日是母亲节，利用星期类函数可以计算出指定年份母亲节的日期。

示例13-40 计算母亲节的日期

如图13-64所示，需要根据A列的年份计算出该年母亲节的日期。

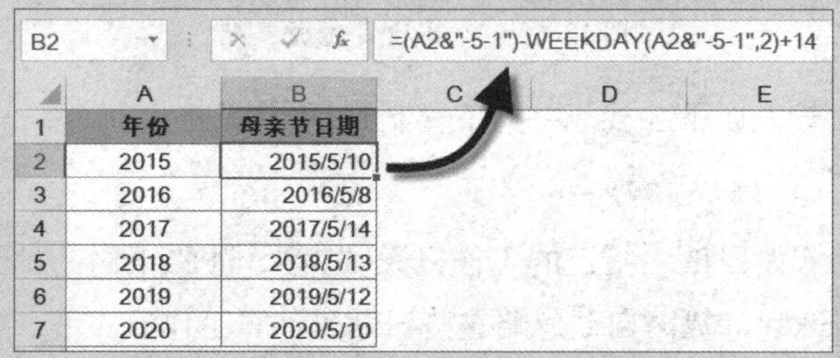

B2 =(A2&"-5-1")-WEEKDAY(A2&"-5-1",2)+14

	A	B	C	D	E
1	年份	母亲节日期			
2	2015	2015/5/10			
3	2016	2016/5/8			
4	2017	2017/5/14			
5	2018	2018/5/13			
6	2019	2019/5/12			
7	2020	2020/5/10			

图13-64 母亲节日期

在B2单元格中使用以下公式。

```
=(A2&"-5-1")-WEEKDAY(A2&"-5-1",2)+14
```

首先将A2与字符串“-5-1”连接，得到能够被Excel识别为日期的新字符串“2015-5-1”。使用WEEKDAY函数返回表示2015年5月1日星期的数值5，再用“2015-5-1”减去当天的星期值，得到上一个星期日的日期。最后加上14天，计算出该年5月份的第二个星期日，即母亲节的日期。

13.7 工作日相关函数

Excel 2016中，用于计算工作日的函数包括WORKDAY、WORKDAY.INTL、NET-WORKDAYS和NETWORKDAYS.INTL函数。

13.7.1 使用WORKDAY函数计算相隔指定工作日的日期

WORKDAY函数用于返回在起始日期之前或之后、与该日期相隔指定工作日的日期。函数的基本语法如下。

```
WORKDAY(start_date,days,[holidays])
```

第一参数start_date为起始日期；第二参数days为开始日期之前或之后不含周末及节假日的天数；第三参数holidays为可选参数，包含需要从工作日历中排除的一个或多个节假日日期。

示例13-41 计算项目结束日期

图13-65为某公司项目施工计划表的部分内容，B列为项目开始日期，C列为各项目的预计天数，F列为法定节假日，需要计算出各项目的结束日期。

D2 =WORKDAY(B2,C2,F$2:F$4)

	A	B	C	D	E	F
1	项目名称	开始日期	预计天数	结束日期		节假日
2	水泥浇筑	2017/12/26	8	2018/1/8		2017/12/30
3	钢构件安装	2017/12/28	4	2018/1/4		2017/12/31
4	管线铺设	2018/1/1	5	2018/1/8		2018/1/1
5	管线保温	2018/1/2	4	2018/1/8		
6	项目验收	2018/1/9	2	2018/1/11		

图13-65 计算项目完成日期

在D2单元格中输入以下公式，并向下复制到D6单元格。

```
=WORKDAY(B2,C2,F$2:F$4)
```

公式中，B2为起始日期，指定的工作日天数为8，“F$2:F$4”单元格区域为需要排除的节假日日期，Excel计算时自动忽略这些日期来计算工作日。

13.7.2 能够自定义周末参数的工作日计算函数WORKDAY.INTL

WORKDAY.INTL函数的作用是使用自定义周末参数，返回在起始日期之前或之后、与该日期相隔指定工作日的日期，基本语法如下。

```
WORKDAY.INTL(start_date,days,[weekend],[holidays])
```

start_date参数表示开始日期。

days参数表示开始日期之前或之后的工作日的天数，正值表示未来日期，负值表示过去日期，零值表示开始日期。

weekend为可选参数，用于指定一周中属于周末和不作为工作日的日期。不同weekend

参数对应的自定义周末日如表13-7所示。

表13-7 weekend参数对应的周末日

周末数字	周末日
1或省略	星期六、星期日
2	星期日、星期一
3	星期一、星期二
4	星期二、星期三
5	星期三、星期四
6	星期四、星期五
7	星期五、星期六
11	仅星期日
12	仅星期一
13	仅星期二
14	仅星期三
15	仅星期四
16	仅星期五
17	仅星期六

13章

weekend参数也可以使用由1和0组成的7位数字符串，0为工作日，1为休息日。这种表现形式更为直观，也更便于记忆。例如，指定星期二、星期四和星期六为休息日，则可使用“0101010”表示。在字符串中仅允许使用字符1和0，并且至少要包含1个1或1个0。

holidays为可选参数，表示要从工作日日历中排除的日期。该参数可以是一个包含相关日期的单元格区域，也可以是由日期序列值构成的数组常量。

示例13-42 按自定义周末计算项目完成日期

通过设置不同的weekend参数，WORKDAY.INTL函数可以灵活地实现非5天工作日的日期计算。在图13-66所示的项目施工计划表中，需要根据开始日期和预计天数，计算出各项目的结束日期。计算时需按每周6天工作制，以星期日为休息日计算，并且需要去除F列的法定节假日。

D2 =WORKDAY.INTL(B2,C2,11,F$2:F$4)

	A	B	C	D	E	F
1	项目名称	开始日期	预计天数	结束日期		节假日
2	水泥浇筑	2017/12/26	8	2018/1/6		2017/12/30
3	钢构件安装	2017/12/28	4	2018/1/4		2017/12/31
4	管线铺设	2018/1/1	5	2018/1/6		2018/1/1
5	管线保温	2018/1/2	4	2018/1/6		
6	项目验收	2018/1/9	2	2018/1/11		

图13-66 按自定义周末计算项目完成工期

在D2单元格中输入以下公式，并向下复制到D6单元格。

```
=WORKDAY.INTL(B2,C2,11,F$2:F$4)
```

WORKDAY.INTL函数的第三参数使用11，表示仅以星期日作为休息日。如果第三参数使用由1和0组成的7位数字符串，可以写成以下公式。

```
=WORKDAY.INTL(B2,C2,"0000001",F$2:F$4)
```

13.7.3 使用NETWORKDAYS函数计算两个日期之间的工作日天数

NETWORKDAYS函数用于返回两个日期之间完整的工作日天数，该函数的语法如下。

```
NETWORKDAYS(start_date,end_date,[holidays])
```

第一参数start_date为起始日期；第二参数end_date为结束日期；第三参数holidays可选，是需要排除的节假日日期。

示例13-43 计算员工应出勤天数

图13-67为某公司新入职员工的部分记录，需要根据入职日期，计算员工该月应出勤天数。

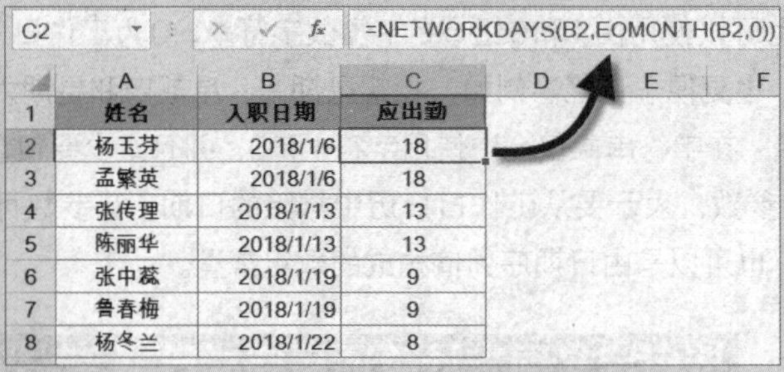

C2 =NETWORKDAYS(B2,EOMONTH(B2,0))

	A	B	C
1	姓名	入职日期	应出勤
2	杨玉芬	2018/1/6	18
3	孟繁英	2018/1/6	18
4	张传理	2018/1/13	13
5	陈丽华	2018/1/13	13
6	张中蕊	2018/1/19	9
7	鲁春梅	2018/1/19	9
8	杨冬兰	2018/1/22	8

图13-67 计算员工应出勤天数

在C2单元格中输入以下公式，并向下复制到C8单元格。

```
=NETWORKDAYS(B2,EOMONTH(B2,0))
```

“EOMONTH(B2,0)”部分用于计算出员工入职所在月份的最后一天。

NETWORKDAYS函数以入职日期作为起始日期，以入职所在月份的最后一天作为结束日期，计算出两个日期间的工作日天数。

本例中省略第三参数，实际应用时如果该月份有其他法定节假日，可以使用第三参数予以排除。

示例13-44 计算调休情况下的员工应出勤天数

在实际的工作日计算中，除了考虑法定节假日的因素外，还要考虑调休日期安排。如图13-68所示，需要根据F列和G列的放假时间及调休安排，计算2018年员工每月应出勤天数。

在G2单元格中输入以下公式，并向下复制到G13单元格。

```
=NETWORKDAYS(A2,B2,F$2:F$28)+COUNTIFS(G$2:G$28,">="&A2,G$2:G$28,
"<="&B2)
```


C2 =NETWORKDAYS(A2,B2,F$2:F$28)+COUNTIFS(G$2:G$28,">="&A2,G$2:G$28,"<="&B2)

	A	B	C	D	E	F	G
1	开始日期	结束日期	应出勤天数		节日	放假时间	调休上班日期
2	2018/1/1	2018/1/31	22		元旦	2018/1/1	2018/2/11
3	2018/2/1	2018/2/28	17		春节	2018/2/15	2018/2/24
4	2018/3/1	2018/3/31	22		春节	2018/2/16	2018/4/8
5	2018/4/1	2018/4/30	20		春节	2018/2/17	2018/4/28
6	2018/5/1	2018/5/31	22		春节	2018/2/18	2018/9/29
7	2018/6/1	2018/6/30	20		春节	2018/2/19	2018/9/30
8	2018/7/1	2018/7/31	22		春节	2018/2/20	
9	2018/8/1	2018/8/31	23		春节	2018/2/21	
10	2018/9/1	2018/9/30	21		清明节	2018/4/5	
11	2018/10/1	2018/10/31	18		清明节	2018/4/6	
12	2018/11/1	2018/11/30	22		清明节	2018/4/7	
13	2018/12/1	2018/12/31	21		劳动节	2018/4/29	
14					劳动节	2018/4/30	
15					劳动节	2018/5/1	
16					端午节	2018/6/16	
17					端午节	2018/6/17	
18					端午节	2018/6/18	
19					中秋节	2018/9/22	
20					中秋节	2018/9/23	
21					中秋节	2018/9/24	
22					国庆节	2018/10/1	
23					国庆节	2018/10/2	
24					国庆节	2018/10/3	
25					国庆节	2018/10/4	
26					国庆节	2018/10/5	
27					国庆节	2018/10/6	
28					国庆节	2018/10/7	

图13-68　计算2018年每月应出勤天数

NETWORKDAYS函数以每月的第一天作为起始日期，以每月的最后一天作为结束日期，第三参数引用F$2:F$28单元格区域的法定节假日，计算出两个日期间不包含法定节假日的工作日天数。

再使用COUNTIFS函数，分别统计G$2:G$28单元格区域中的调休日期大于等于A2开始日期，并且小于等于B2结束日期的个数，也就是统计在当前日期范围中的调休天数。

最后用不包含法定节假日的工作日天数加上当前日期范围中的调休天数，得到当月应出勤天数。

13.7.4 使用NETWORKDAYS.INTL函数的自定义周末参数计算间隔工作日

NETWORKDAYS.INTL函数的作用是使用自定义周末参数，返回两个日期之间的工作日天数。该函数的语法如下。

```
NETWORKDAYS.INTL(start_date, end_date, [weekend], [holidays])
```

第一参数start_date表示起始日期。

第二参数end_date表示结束日期。

第三参数weekend为可选参数，表示指定的自定义周末类型，与13.7.2节中WORKDAY.INTL函数的第三参数规则相同。

第四参数holidays为可选参数，表示包含需要从工作日历中排除的一个或多个节假日日期。

示例13-45 处理企业6天工作制的应出勤日期

如图13-69所示，需要根据新员工的入职日期，按每周6天工作日、星期日为休息日，计算员工该月应出勤天数。

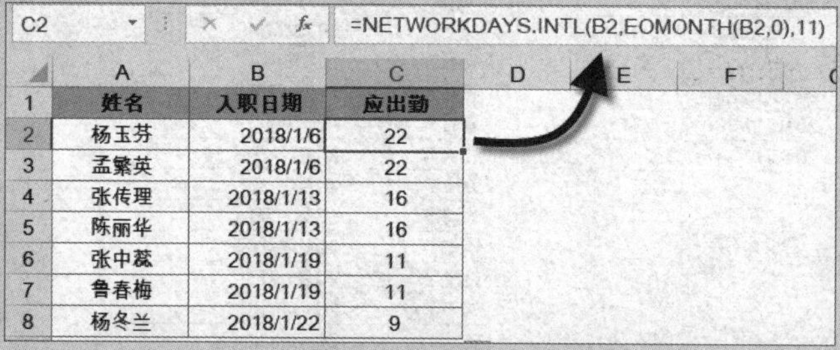

C2 =NETWORKDAYS.INTL(B2,EOMONTH(B2,0),11)

	A	B	C
1	姓名	入职日期	应出勤
2	杨玉芬	2018/1/6	22
3	孟繁英	2018/1/6	22
4	张传理	2018/1/13	16
5	陈丽华	2018/1/13	16
6	张中磊	2018/1/19	11
7	鲁春梅	2018/1/19	11
8	杨冬兰	2018/1/22	9

图13-69 计算6天工作制的应出勤日期

在C2单元格中输入以下公式，并向下复制到C8单元格。

```
=NETWORKDAYS.INTL(B2,EOMONTH(B2,0),11)
```

NETWORKDAYS.INTL函数的第三参数使用11，表示仅星期日为休息日。

以下公式也可完成相同的计算。

```
=NETWORKDAYS.INTL(B2,EOMONTH(B2,0),"0000001")
```

本例中省略第四参数，实际应用时如果该月份有其他法定节假日，可以使用第四参数予以排除。

示例13-46 使用NETWORKDAYS.INTL函数计算指定月份中有多少个星期日

根据NETWORKDAYS.INTL函数能够自定义周末参数的特点，能够方便地计算出指定日期所在月份中包含多少个星期日。

如图13-70所示，在B2单元格中输入以下公式，并向下复制到B7单元格。

```
=NETWORKDAYS.INTL(EOMONTH(A2,-1)+1,EOMONTH(A2,0),"1111110")
```

B2 =NETWORKDAYS.INTL(EOMONTH(A2,-1)+1,EOMONTH(A2,0),"1111110")

	A	B
1	日期	有几个星期日
2	2016/6/19	4
3	2016/8/1	4
4	2016/12/27	4
5	2016/10/13	5
6	2017/2/14	4
7	2017/5/8	4

图13-70　日期所在月份有多少个星期日

“EOMONTH(A2,-1)”部分用于计算出A2单元格日期上一个月的最后一天，结果加1，即为当前月的第一天。

“EOMONTH(A2,0)”部分用于计算出A2单元格日期当前月份的最后一天。

NETWORKDAYS.INTL函数分别以当前月的第一天和当前月的最后一天作为起止日期，第三参数使用“1111110”，表示仅以星期日作为工作日，计算两个日期之间的工作日数，结果就是日期所在月份中包含的星期日天数。

13.8　时间和日期函数的综合运用

13.8.1　计算两个日期相差的年、月、日数

在计算工龄、发票报销期限等日期计算应用中，经常要求两个日期的时间差以“0年0个月0天”的样式表现。

示例13-47　计算员工在职时长

图13-71为某公司离职员工信息表的部分内容，需要根据入职日期和离职日期计算在职时长，结果以年、月、日样式显示。

E2 =DATEDIF(B2,D2,"Y")&"年"&DATEDIF(B2,D2,"YM")&"个月"&DATEDIF(B2,D2,"MD")&"天"

	A	B	C	D	E
1	姓名	入职日期	原岗位	离职日期	在职时长
2	周文芳	2017/3/21	主操	2018/1/10	0年9个月20天
3	夏吾冬	2016/9/21	副操	2018/2/6	1年4个月16天
4	杜美玉	2017/4/1	前处理	2017/5/4	0年1个月3天
5	何娟娟	2016/9/29	筛选	2018/11/25	2年1个月27天
6	丁兰英	2016/1/30	过滤	2018/1/11	1年11个月12天
7	李文珍	2015/9/22	包装	2018/2/4	2年4个月13天
8	马晓东	2016/10/3	包装	2017/9/15	0年11个月12天
9	马文博	2015/9/22	压滤	2017/9/29	2年0个月7天
10	董世昊	2016/10/22	排污	2018/2/26	1年4个月4天

图13-71　计算员工在职时长1

在E2单元格中输入以下公式，并向下复制到E10单元格。

```
=DATEDIF(B2,D2,"Y")&"年"&DATEDIF(B2,D2,"YM")&"个月"&DATEDIF(B2,D2,"MD")&"天"
```

公式中使用了3个DATEDIF函数。第二参数分别使用“Y”，计算时间段中的整年数；使用“YM”，忽略日和年计算日期相差的月数；使用“MD”，忽略月和年计算日期相差的天数。

最后将3个函数的计算结果与字符串“年”“个月”“天”进行连接，最终得到“0年0个月0天”样式的结果。

由于月份和天数均不会超过两位数，也可使用以下公式完成计算。

```
=TEXT(SUM(DATEDIF(B2,D2,{"Y","YM","MD"})*{10000,100,1}),"0年00个月00天")
```

计算结果如图13-72中的F列所示。

F2 =TEXT(SUM(DATEDIF(B2,D2,{"Y","YM","MD"})*{10000,100,1}),"0年00个月00天")

	A	B	C	D	E	F
1	姓名	入职日期	原岗位	离职日期	在职时长	
2	周文芳	2017/3/21	主操	2018/1/10	0年9个月20天	0年09个月20天
3	夏吾冬	2016/9/21	副操	2018/2/6	1年4个月16天	1年04个月16天
4	杜美玉	2017/4/1	前处理	2017/5/4	0年1个月3天	0年01个月03天
5	何娟娟	2016/9/29	筛选	2018/11/25	2年1个月27天	2年01个月27天
6	丁兰英	2016/1/30	过滤	2018/1/11	1年11个月12天	1年11个月12天
7	李文珍	2015/9/22	包装	2018/2/4	2年4个月13天	2年04个月13天
8	马晓东	2016/10/3	包装	2017/9/15	0年11个月12天	0年11个月12天
9	马文博	2015/9/22	压滤	2017/9/29	2年0个月7天	2年00个月07天
10	董世昊	2016/10/22	排污	2018/2/26	1年4个月4天	1年04个月04天

图13-72　计算员工在职时长2

以F2单元格公式为例，DATEDIF函数的第二参数使用常量数组{"Y","YM","MD"}，分别计算时间段中的整年数、忽略日和年的相差月数、忽略月和年的相差天数，返回内存数组{0,9,20}。

用该内存数组与{10000,100,1}相乘，即年数乘10000，月数乘100，天数乘1。使用SUM函数求和后得到结果为920。

TEXT函数的第二参数中包含5个0，如果SUM函数的结果不足5位，则在最左侧以0补齐。本例中，即是将920变成00920处理。

使用格式代码“0年00个月00天”，分别在数值右起第一位后面加上字符“天”，右起第三位后面加上字符“个月”，右起第五位后面加上字符“年”，最终得到“0年00个月00天”样式的结果。

13.8.2　生成指定范围内的随机时间

使用RANDBETWEEN函数，可以生成一组指定范围内的时间。

示例13-48 生成指定范围内的随机时间

如图13-73所示，需要生成一组9:00至11:00之间、以分钟为单位的随机时间。

在A2单元格中输入以下公式，并复制到A2:C10单元格区域。

```
="9:00"+RANDBETWEEN(0,120)/1440
```

9:00至11:00间隔为120分钟，因此先使用RANDBETWEEN函数生成0~120之间的随机整数，再除以一天的分钟数1 440，得到两小时内的随机分钟的序列值。

	A	B	C
1	以分钟为单位的随机时间		
2	9:11	10:00	9:11
3	10:03	10:39	9:42
4	10:24	9:14	9:40
5	10:37	9:17	9:17
6	10:20	10:06	10:08
7	10:36	10:04	9:06
8	10:24	9:25	10:05
9	10:38	9:35	10:39
10	9:25	10:49	10:36

图13-73 以分钟为单位的随机时间

随机分钟序列值加上起始时间“9:00”，得到9:00~11:00之间以分钟为单位的随机时间。

也可以使用以下公式计算，则不必单独计算起始和结束时间的分钟数。

```
=RANDBETWEEN("9:00"*1440,"11:00"*1440)/1440
```

如需生成9:00~11:00之间以秒为单位的随机时间，可使用以下公式完成。

```
="9:00"+RANDBETWEEN(0,7200)/86400
```

9:00~11:00间隔为7 200秒，因此先使用RANDBETWEEN函数生成0~7 200之间的随机整数，再除以一天的秒数86 400，得到两小时内的随机秒数的序列值。

随机秒数序列值加上起始时间“9:00”，得到9:00~11:00之间以秒为单位的随机时间，效果如图13-74所示。

	A	B	C
1	以秒为单位的随机时间		
2	9:17:35	10:25:28	10:50:00
3	9:47:57	10:24:55	10:33:04
4	10:10:22	10:31:20	9:10:52
5	9:35:49	10:15:25	9:42:49
6	9:44:33	10:37:21	9:25:09
7	10:19:11	10:54:41	9:40:25
8	9:42:46	10:59:19	9:54:21
9	10:55:46	10:33:01	10:39:23
10	9:31:43	9:21:21	10:07:02

图13-74 以秒为单位的随机时间

13.8.3 制作员工考勤表

除了使用考勤机打卡记录员工的考勤之外，还有部分企业会使用考勤表的形式记录员工出勤。设计合理的考勤表不仅能够直观显示员工的考勤状况，还可以减少统计人员的工作量。

示例13-49 制作员工考勤表

图13-75所示的是一份使用窗体工具结合函数与公式和条件格式制作的考勤表，当用户调整微调按钮时，考勤表中的日期会随之调整，并高亮显示周末日期。

图 13-75　员工考勤表

具体操作步骤如下。

步骤① 选中C~AG列的列标，调整列宽。选择A4:A5单元格，在【开始】选项卡下单击【合并后居中】按钮。使用格式刷将格式复制到A6:A21和B4:B21单元格区域。然后在工作表中添加姓名和标题等数据，再选中A4:B21单元格区域添加边框。设置完成后的局部效果如图13-76所示。

	A	B	C	D	E	F	G	H	I	J	K	L	M	N	O	P	Q	R	S
1			年			月份									财务部考勤表				
2																			
3	姓名	累计出勤																	
4	方佶蕊																		
5																			
6	陈丽娟																		
7																			
8	徐美明																		
9																			

图 13-76　输入基础数据

步骤② 在【开发工具】选项卡下，单击【插入】下拉按钮，在【表单控件】窗格中选择“数值调节钮(窗体控件)”选项，在工作表中拖动鼠标画出一个数值调节按钮，用于调整月份，如图13-77所示。

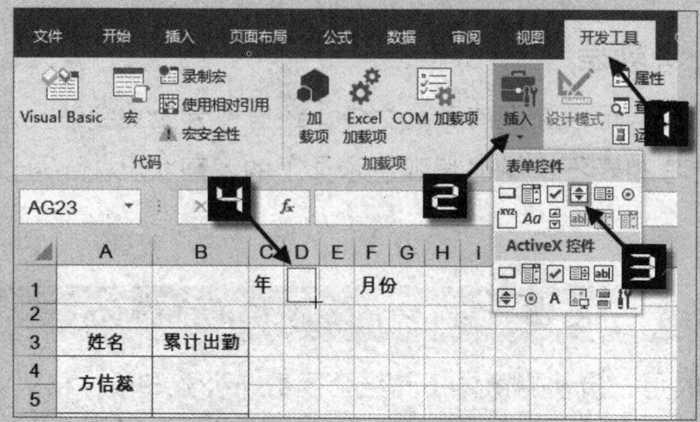

图 13-77　插入数值调节按钮

步骤③ 右击数值调节钮，在弹出的快捷菜单中选择【设置控件格式】命令，打开【设置控件格式】对话框。在【控制】选项卡下，调整【最小值】右侧的微调按钮，将【最小值】设置为1。用同样的方法将【最大值】设置为12，将【步长】设置为1。单击【单元格链接】右侧的折叠按钮，选择E1单元格，单击【确定】按钮，如图13-78所示。

步骤④ 右击控件，在弹出的快捷菜单中选择【复制】命令，然后按<Ctrl+V>组合键粘贴，用于调整年份。

步骤⑤ 右击复制后的控件，在弹出的快捷菜单中选择【设置控件格式】命令，打开【设置控件格式】对话框并切换到【控制】选项卡下，调整【最小值】右侧的微调按钮，将【最小值】设置为2018，将【最大值】设置为2022，将【步长】设置为1。单击【单元格链接】右侧的折叠按钮，选择C1单元格，单击【确定】按钮，如图13-79所示。

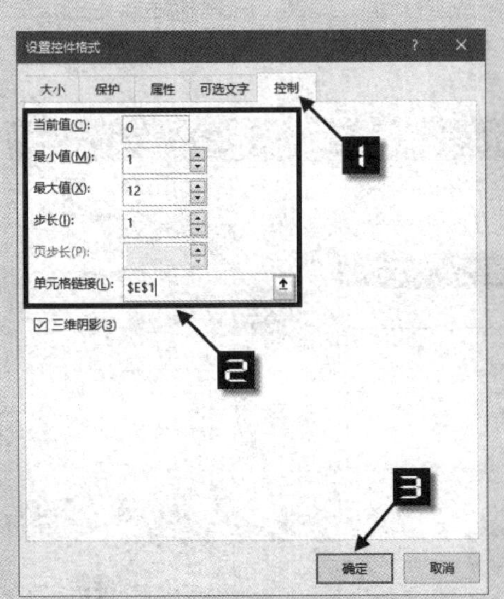

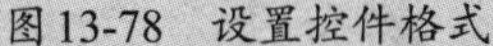
图13-78　设置控件格式

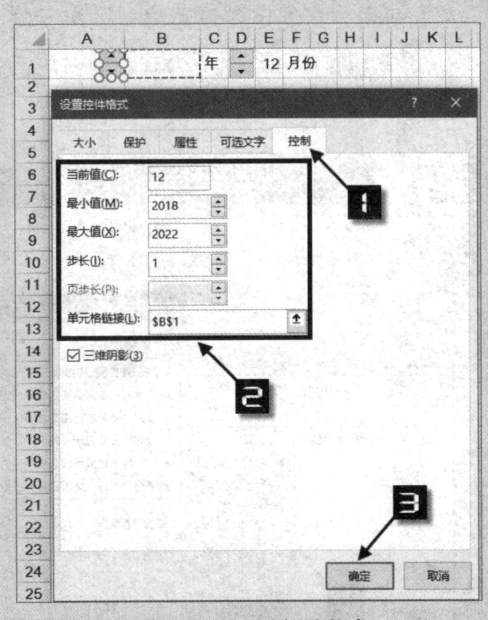

图13-79　设置控件格式

步骤⑥ 在C3单元格中输入以下公式，并向右复制到AG3单元格，完成日期标题的填充，效果如图13-80所示。

```
=IF(COLUMN(A1)<=DAY(EOMONTH($B1&-$E1,0)),COLUMN(A1),"")
```

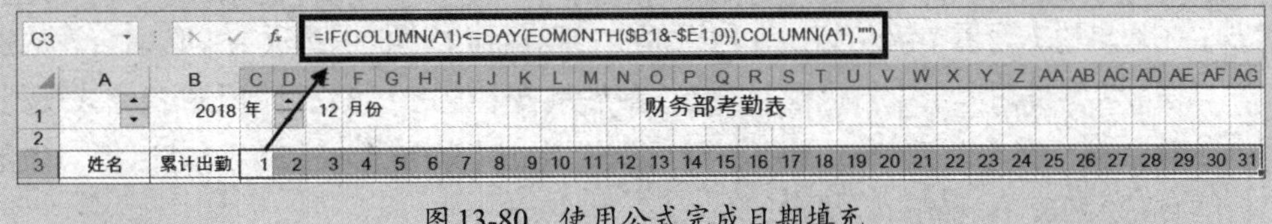

图13-80　使用公式完成日期填充

设置公式的目的是在C3:AG3单元格区域生成能随着年份、月份动态调整的日数序列值，作为考勤表的参照日期。

首先用B1单元格指定的年份值和E1单元格指定的月份值，连接成日期字符串"2018-12"，"EOMONTH($B1&-$E1,0)"部分表示返回日期字符串当月最后一天的日期。再用DAY函数计算出该月份最后一天的天数。

COLUMN(A1)返回A1单元格的列号1，参数A1为相对引用，公式向右复制时依次变成B1、C1、D1…COLUMN函数的结果变成2、3、4…得到步长值为1的递增序列。

使用IF函数进行判断，如果COLUMN函数生成的序列值小于等于该月份最后一天的日期，返回COLUMN函数结果，否则返回空文本。

步骤7 选中C3:AG21单元格区域，设置条件格式，用来根据每个月的实际天数动态显示边框。依次选择【开始】→【条件格式】→【新建规则】选项，弹出【新建格式规则】对话框。在【新建格式规则】对话框的【选择规则类型】列表框中，选择【使用公式确定要设置格式的单元格】选项。在【为符合此公式的值设置格式】的编辑框中输入以下公式，然后单击【格式】按钮，如图13-81所示。

```
=C$3<>""
```

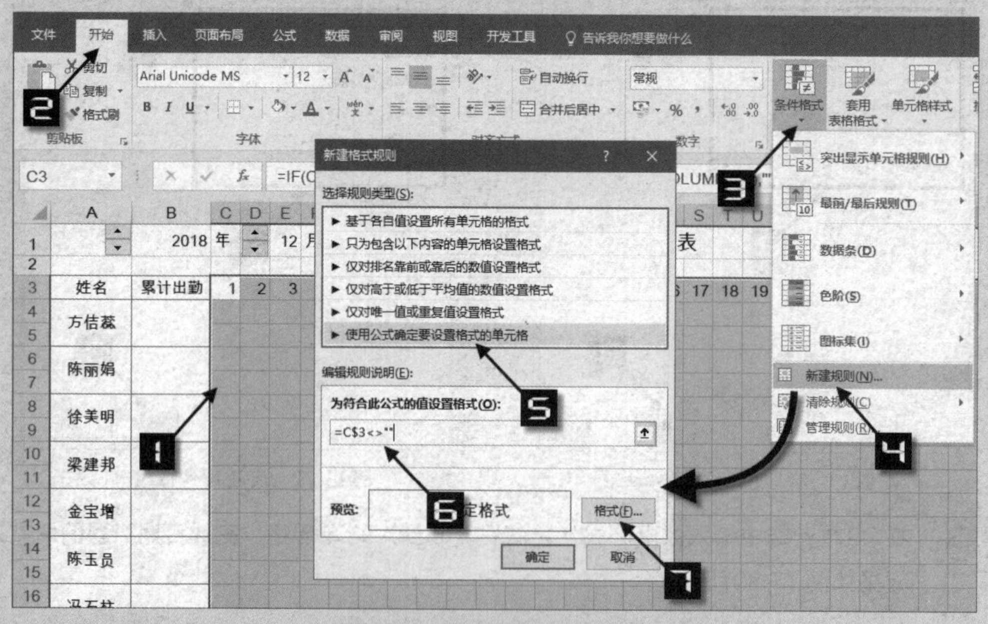

图13-81 新建格式规则

步骤8 在弹出的【设置单元格格式】对话框中，切换到【边框】选项卡，选取合适的边框颜色，然后单击【外边框】按钮。最后单击【确定】按钮返回【新建格式规则】对话框，在【新建格式规则】对话框中单击【确定】按钮关闭对话框，如图13-82所示。

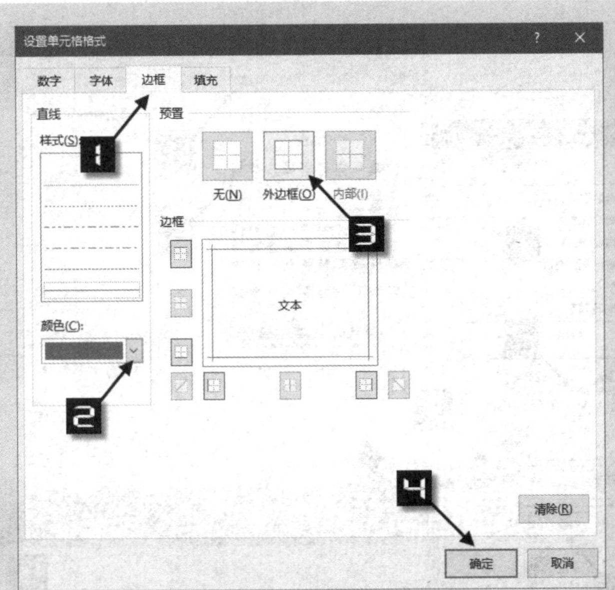

图 13-82　设置动态显示边框条件格式

步骤9　选中C3:AG3单元格区域，设置条件格式，用来高亮显示周末日期。依次选择【开始】→【条件格式】→【新建规则】选项，弹出【新建格式规则】对话框。在【新建格式规则】对话框的【选择规则类型】列表框中，选择【使用公式确定要设置格式的单元格】选项。在【为符合此公式的值设置格式】的编辑框中输入以下公式，然后单击【格式】按钮。

```
=(WEEKDAY(DATE($B1,$E1,C3),2)>5)*(C3<>"")
```

打开【设置单元格格式】对话框。在【填充】选项卡中，选择合适的背景颜色，如“绿色”。最后依次单击【确定】按钮关闭对话框，如图13-83所示。

条件格式公式中的“DATE($B1,$E1,C3)”部分表示使用DATE函数依次生成递增的日期。其中年份值由B1单元格指定，月份值由E1单元格指定，天数值为C3:AG3单元格区域的数字。调整控件时，随着B1和E1单元格中数值的变化，DATE函数即可生成不同年份、不同月份的日期。

WEEKDAY函数返回DATE函数生成日期的星期值。如果星期值大于5并且单元格不为空时，单元格将以指定的格式高亮显示。

步骤10　在B4单元格中输入以下公式，并向下复制到B21单元格，计算每个人的累计出勤天数，如图13-84所示。

```
=SUM(C4:AG5)/2
```

步骤11　在考勤表右侧制作表格，用以记录事假、休班、婚假、丧假、工伤、出差等特殊情况。

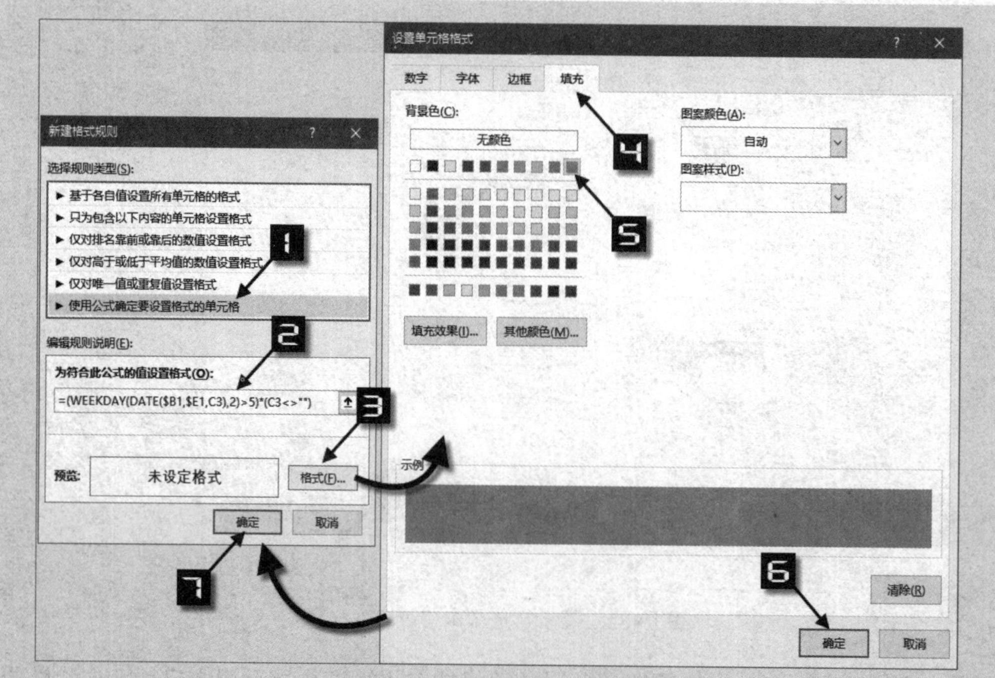

图 13-83　高亮显示周末日期

步骤⑫ 在【视图】选项卡下，取消选中【网格线】复选框，如图13-85所示。

至此考勤表制作完毕，每人两行记录分别用于记录上午和下午的出勤情况。根据对应时段的实际出勤情况，出勤时输入1，缺勤时输入0进行记录即可。

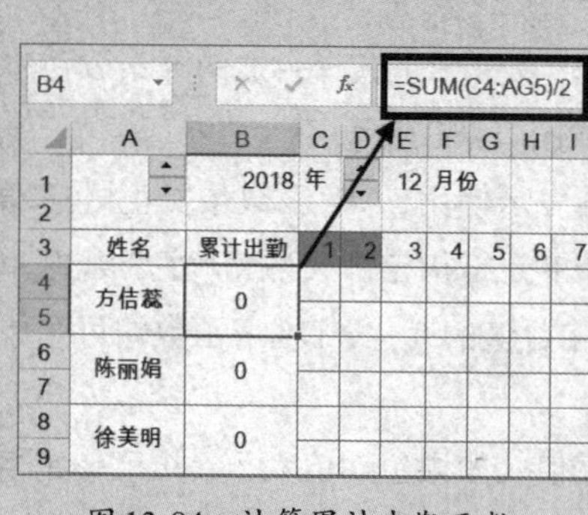

图 13-84　计算累计出勤天数

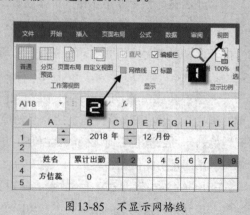

图 13-85　不显示网格线

13.8.4　判断英文月份

示例13-50　根据英文月份计算前一个月份

如图13-86所示，A列是英文简写的月份，需要计算出同样以英文显示的之前一个月的月份，效果如B列所示。

在B2单元格中输入以下公式，并向下复制到B12单元格。

```
=TEXT(EDATE(A2&1,-1),"mmm")
```

公式首先在A2单元格中的英文月份之后连接数值1，使其变成具有日期样式的文本“Aug1”，Excel将其识别为系统当前年份的8月1日。

EDATE函数的第一参数使用文本型日期字符串，计算出一个月之前的日期。

TEXT函数使用格式代码“mmm”，将EDATE函数得到的日期转换为英文简写形式的月份。

	A	B
1	英文月份	前一个月的月份
2	Aug	Jul
3	Jun	May
4	Jul	Jun
5	May	Apr
6	Nov	Oct
7	Dec	Nov
8	Oct	Sep
9	Sep	Aug
10	Mar	Feb
11	Feb	Jan
12	Jan	Dec

图13-86　计算英文月份

练习与巩固

（1）Excel支持1900和1904两种日期系统，1900日期系统使用1900年1月1日作为日期序列值______。

（2）默认情况下，年月日之间的间隔符号包括______和______两种，在中文操作系统下，中文“年”“月”“日”可以作为日期数据的单位被正确识别。

（3）使用中文字符作为时间单位时，表示方式为______。

（4）假如A1单元格是开始时间，B1单元格是结束时间，要返回取整的间隔小时数，使用公式为______。要返回取整的间隔分钟数，使用公式为______。要返回取整的间隔秒数，使用公式为______。

（5）DATE函数可以根据指定的年份数、月份数和天数返回______。

（6）使用YEAR函数、MONTH函数和DAY函数时，如果目标单元格为空单元格，Excel会默认按照不存在的日期______进行处理，实际应用时可加上一个空单元格的判断条件。

（7）在四则运算中，使用半角双引号包含的日期时间数据可以直接参与计算。如果要在日期时间数据前后使用比较运算符，则需要______。

（8）在Excel中输入“月-日”形式的日期，系统会默认按______年处理。

（9）______函数用于返回某个日期相隔指定月份之前或之后的日期。

（10）要返回指定月数之前或之后月份的最后一天的日期，可以使用______函数。

（11）DATEDIF函数是一个隐藏的日期函数，要计算两个日期之间的整月数和整年数时，第三参数分别为______和______。

（12）WEEKDAY函数的第二参数使用________时，返回数字1~7分别表示星期一至星期日。

（13）______函数用于返回在起始日期之前或之后与该日期相隔指定工作日的日期。

（14）______函数的作用是使用自定义周末参数，返回在起始日期之前或之后与该日期相隔指定工作日的日期。

（15）NETWORKDAYS函数用于返回两个日期之间完整的______天数。

（16）NETWORKDAYS.INTL函数的作用是使用自定义周末参数，返回两个日期之间的______。

（17）TODAY函数和NOW函数均不需要使用参数，这种说法正确吗？

第14章　查找与引用函数

查找与引用函数可以实现在数据清单或表格的指定单元格区域范围内查找并返回特定内容的功能，是应用频率最高的函数类别之一。在Excel 2016中可以使用的查找与引用类函数共19个，本章重点介绍相关函数的基础知识、注意事项及典型应用。

本章学习要点

（1）查找与引用函数的应用场景。

（2）查找与引用函数的参数要求。

（3）查找与引用函数的综合应用。

14.1　基础查找与引用函数

基础查找与引用函数是指与其他函数嵌套时作为其他函数的参数、可单独或联合返回某些查找与引用信息的查找与引用类函数，主要包括ROW和ROWS函数、COLUMN和COLUMNS函数、ADDRESS及AREAS函数。

14.1.1　ROW函数和ROWS函数

ROW函数的功能是返回引用的行号，函数语法如下。

```
ROW([reference])
```

reference是可选参数，可以是要得到其行号的单元格或单元格区域（不能引用多个区域）。如果省略reference，ROW函数返回公式所在单元格的行号。ROW函数的返回值示例如表14-1所示。

表14-1　ROW函数示例

返回值	公式	说明
8	=ROW(A8)	返回A8单元格的行号
9	=ROW(Z9)	返回Z9单元格的行号
4	=ROW()	返回当前单元格的行号
{1;2;3}	=ROW(1:3)	返回第1~3行的行号数组

ROWS函数实现的功能是返回引用或数组的行数，函数语法如下。

```
ROWS(array)
```

array是必需参数，可以是需要得到其行数的数组、数组公式或对单元格区域的引用。ROWS函数的返回值示例如表14-2所示。

表14-2　ROWS函数示例

返回值	公式	说明
7	=ROWS(A1:A7)	返回A1:A7单元格区域的行数
8	=ROWS(A1:E8)	返回A1:E8单元格区域的行数
5	=ROWS({1;2;3;4;5})	返回常量数组的行数
5	=ROWS(B1:B5<>"")	返回数组公式的行数

示例14-1　生成连续序号

图14-1所示的是某产品销售记录表的部分内容，如果手工填充A列的序号，可能会由于数量或金额的重新排序及删除行等操作导致序号混乱，使用ROW或ROWS函数可以让序号始终保持连续。

	A	B	C	D	E
1	序号	客户	单价	数量	金额
2	1	广州纸制品加工	670.00	2	1,340.00
3	2	阳光诚信保险	420.00	2	840.00
4	3	何强家电维修	980.00	1	980.00
5	4	长江电子厂	680.00	3	2,040.00
6	5	长江电子厂	510.00	4	2,040.00
7	6	黄埔建强制衣厂	820.00	1	820.00
8	7	何强家电维修	490.00	1	490.00
9	8	信德连锁超市	360.00	1	360.00
10	9	志辉文具	150.00	5	750.00

图14-1　生成连续序号

在A2单元格中输入以下公式，并向下复制到A10单元格。

```
=ROW()-1
```

ROW函数省略参数，返回公式所在行的行号。因为公式位于第2行，因此需要减去1才能返回正确的结果。如果数据表起始行位于其他位置，则需减去标题行所在行号。

在A2单元格中也可以输入以下公式，并向下复制到A10单元格。

```
=ROWS(A$1:A1)
```

在A2单元格中，“ROWS(A$1:A1)”返回A$1:A1单元格区域的行数为1。当公式复制到A3单元格时，公式变为“ROWS(A$1:A2)”，公式返回A$1:A2单元格区域的行数为2，从而达到生成连续序号的目的。

14.1.2　COLUMN函数和COLUMNS函数

COLUMN函数的功能是返回引用的列号，函数语法如下。

```
COLUMN([reference])
```

reference是可选参数，可以是要得到其列号的单元格或单元格区域（不能引用多个区域）。如果省略reference，COLUMN函数返回公式所在单元格的列号。COLUMN函数的返回值示例如表14-3所示。

表14-3　COLUMN函数示例

返回值	公式	说明
2	=COLUMN(B6)	返回B6单元格的列号

续表

返回值	公式	说明
3	=COLUMN(C6)	返回C6单元格的列号
1	=COLUMN()	返回当前单元格的列号
{1,2,3,4}	=COLUMN(A:D)	返回A:D列号数组

COLUMNS函数实现的功能是返回引用或数组的列数，函数语法如下。

```
COLUMNS(array)
```

array是必需参数，可以是需要得到其列数的常量数组、数组公式或对单元格区域的引用。COLUMNS函数的返回值示例如表14-4所示。

表14-4　COLUMNS函数示例

返回值	公式	说明
8	=COLUMNS(A1:H7)	返回A1:H7单元格区域的列数
8	=COLUMNS(A2:H8)	返回A2:H8单元格区域的列数
5	=COLUMNS({1,2,3,4,5})	返回常量数组的列数
2	=COLUMNS(B1:C5<>"")	返回数组公式的列数

14.1.3　ROW函数和COLUMN函数的注意事项

ROW函数和COLUMN函数仅返回引用单元格区域的行号和列号信息，与单元格区域中实际存储的内容无关，因此在A1单元格中使用以下公式时，将不会产生循环引用。

```
=ROW(A1)
=COLUMN(A1)
```

如果参数引用多行或多列的单元格区域，ROW函数和COLUMN函数将返回连续的自然数序列，以下数组公式用于生成垂直序列{1;2;3;4;5;6;7;8;9;10}。

```
{=ROW(A1:A10)}
```

以下数组公式用于生成水平序列{1,2,3,4,5,6,7,8,9,10}。

```
{=COLUMN(A1:J1)}
```

ROW函数和COLUMN函数既可以返回单个值的数组，又可以返回一个连续自然数的序列数组，在数组公式中经常使用类似的方法构建序列。

例如，计算1到100所有整数的和，可以在单元格中输入以下数组公式，按<Ctrl+Shift+Enter>组合键结束。

```
{=SUM(ROW(1:100))}
```

ROW(1:100)部分生成1~100的自然数序列，使用SUM函数求和结果为5 050。

> **提示**
>
> Microsoft Excel 2016工作表最大行数为1 048 576行，最大列数为16 384列。因此，ROW函数产生的行序号最大值为1 048 576，COLUMN函数产生的列序号最大值为16 384。
>
> 当ROW函数返回的结果为一个数值时，实质上是返回了单一元素的数组，如“ROW(A5)”返回结果为{5}。如果在OFFSET函数参数中使用，某些情况下可能无法返回正确的引用，需要使用N函数或T函数进行处理，或者使用ROWS函数代替ROW函数。

14.1.4 ROW函数和COLUMN函数典型应用

1. 生成有规律的序列

示例14-2 生成递增（减）和循环序列

在数组公式中，经常会使用ROW函数生成具有一定规律的自然数序列。以下是几种生成常用递增（减）和循环序列的通用公式，实际应用时将公式中的*n*修改为需要的数字即可。

如图14-2所示，生成1，1，2，2，3，3，…或1，1，1，2，2，2，…即间隔*n*个相同数值的递增序列，通用公式如下。

```
=INT(ROW函数生成的递增自然数序列/n)
```

	A	B	C
1	=INT(ROW(A2)/2)	=INT(ROW(A3)/3)	=INT(ROW(A4)/4)
2	1	1	1
3	1	1	1
4	2	1	1
5	2	2	1
6	3	2	2
7	3	2	2
8	4	3	2
9	4	3	2
10	5	3	3
11	5	4	3
12	6	4	3
13	6	4	3

图14-2 生成递增序列

用ROW函数生成的行号除以循环次数*n*，初始值行号等于循环次数，随着公式向下填充，行号逐渐递增，最后使用INT函数对两者相除的结果取整。

若生成递减序列，用一个固定值减去“INT(ROW函数生成的递增自然数序列/*n*)”生成的递增序列即可。

如图14-3所示，生成1，2，1，2，…或1，2，3，1，2，3，…即1~*n*的循环序列，通用公式如下。

```
=MOD(ROW函数生成的递增自然数序列-1,n)+1
```

以1作为起始行号，MOD函数计算行号-1与循环序列中的最大值相除的余数，结果为0，1，0，1，…或0，1，2，0，1，2，…的序列。若结果加1，则使其成为自1开始的循环序列。

	A	B	C
1	=MOD(ROW(A1)-1,2)+1	=MOD(ROW(A1)-1,3)+1	=MOD(ROW(A1)-1,4)+1
2	1	1	1
3	2	2	2
4	1	3	3
5	2	1	4
6	1	2	1
7	2	3	2
8	1	1	3
9	2	2	4
10	1	3	1
11	2	1	2
12	1	2	3
13	2	3	4

图14-3 生成循环序列

如图14-4所示，生成2，1，2，1，…或3，2，1，3，2，1，…即n至1的逆序循环序列，通用公式如下。

=n-MOD(ROW函数生成的递增自然数序列-1,n)

	A	B	C
1	=2-MOD(ROW(A1)-1,2)	=3-MOD(ROW(A1)-1,3)	=4-MOD(ROW(A1)-1,4)
2	2	3	4
3	1	2	3
4	2	1	2
5	1	3	1
6	2	2	4
7	1	1	3
8	2	3	2
9	1	2	1
10	2	1	4
11	1	3	3
12	2	2	2
13	1	1	1

图14-4 生成逆序循环序列

先计算行号减去1的差，再用MOD函数计算这个差与循环序列中的最大值相除的余数，得到0，1，0，1，…或0，1，2，0，1，2，…的递增序列。然后用n减去这个递增序列，使其成为自n至1的逆序循环序列。

2. 单列（行）数据转换为多行多列

ROW函数可以生成垂直方向连续递增的自然数序列，COLUMN函数可以在水平方向生成连续递增的自然数序列。ROW函数和COLUMN函数组合可以生成指定规则的序列，结合其他函数（如INDEX函数），可以实现将单列（行）数据转换为多行多列。

示例14-3 单列数据转换为多行多列

图14-5中的A2:A17单元格区域为客户及联系人信息，从A2单元格起每4个单元格数据为1组。要求将A2:A17单元格区域的单列数据转换为C2:F5单元格区域的形式，每组客户及联系人信息占1行4列。

在C2单元格中输入以下公式，复制到C2:F5单元格区域。

```
=INDEX($A$2:$A$17,4*ROW(A1)-4+COLUMN(A1))
```

“4*ROW(A1)-4+COLUMN(A1)”计算结果为1，公式向下复制时，ROW(A1)依次变为ROW(A2)、ROW(A3)…计算结果分别为5，9，13，…即生成步长为4的等差数列。

公式向右复制时COLUMN(A1)依次变为COLUMN(B1)、COLUMN(C1)…计算结果分别为2，3，4，…即生成步长为1的等差数列。

	A	B	C	D	E	F
1	源数据		客户 ID	公司	联系人	联系人类型
2	CU0001		CU0001	嘉元实业	王伟	个人
3	嘉元实业		CU0002	三捷实业	方若山	业务
4	王伟		CU0003	红阳事业	路小米	业务
5	个人		CU0004	东旗酒业	洪国明	业务
6	CU0002					
7	三捷实业					
8	方若山					
9	业务		=4*ROW(A1)-4+COLUMN(A1)			
10	CU0003					
11	红阳事业		1	2	3	4
12	路小米		5	6	7	8
13	业务		9	10	11	12
14	CU0004		13	14	15	16
15	东旗酒业					
16	洪国明					
17	业务					

图14-5　单列数据转多行多列

“4*ROW(A1)-4+COLUMN(A1)”部分生成的结果如图14-5所示的C11:F14单元格区域。

然后用INDEX函数提取A列中相应单元格的内容就达到了将单列数据转换为多行多列数据的目的。

3. 行号作为提取信息标识

示例14-4　提取总分最高的3个人的成绩信息

在图14-6中，A1:E9单元格区域为某次考试学生成绩表，要求在A13:E16单元格区域列出总分最高的3个人成绩信息。

在A14单元格中输入以下数组公式，按<Ctrl+Shift+Enter>组合键，复制到A14:E16单元格区域。

```
{=INDEX(A$1:A$9,MOD(LARGE($E$2:$E$9*10^4+ROW($E$2:$E$9),ROW(A1)),10^4))}
```

	A	B	C	D	E	F
1	姓名	语文	数学	英语	总分	=E2*10^4+ROW(E2)
2	甲	40	78	69	187	1870002
3	乙	62	79	90	231	2310003
4	丙	64	80	71	215	2150004
5	丁	30	81	76	187	1870005
6	戊	68	15	73	156	1560006
7	己	20	83	74	177	1770007
8	庚	72	84	75	231	2310008
9	辛	74	85	16	175	1750009
10						
11						
12						
13	姓名	语文	数学	英语	总分	
14	庚	72	84	75	231	
15	乙	62	79	90	231	
16	丙	64	80	71	215	

图14-6　提取总分最高的3个人成绩信息

“$E$2:$E$9*10^4+ROW($E$2:$E$9)”部分表示将总分扩大到原来的10 000倍，然后加上对应数据的行号，计算结果的最后4位表示数据所在的行号，万位及之前的数据表示总分，计算结果如图14-6中的F2:F9单元格区域所示。

例如，F2单元格返回值1 870 002中的前3位“187”表示总分为187，后4位“0002”表示总分187所在的行号为第2行。由于源数据最大行数远远小于10 000，因此“$E$2:$E$9*10^4+ROW($E$2:$E$9)”返回的结果不会影响“总分”数据大小的比较（如果两个人成绩相同，此方法将首先输出行号大的数据）。

用LARGE函数将"$E$2:$E$9*10^4+ROW($E$2:$E$9)"部分计算的结果从大到小依次输出前3个数据，即2310008、2310003和2150004，每个数据最后4位表示的是该数据所在的行号。

然后，用MOD函数取2310008、2310003和2150004除以10^4的余数即得到8、3和4，即总分最高的3个数据在A1:E9单元格区域中的行号。

最后，用INDEX函数分别从A~E列提取出第8、第3和第4行数据，得到总分最高的3个人成绩信息。

INDEX第一参数"A$1:A$9"要写成列相对引用、行绝对引用的形式，这样公式向右复制会依次返回B~E列数据，公式向下复制时引用的源数据区域行号不会发生错误的偏移。

14.1.5 使用ADDRESS函数获得单元格地址

ADDRESS函数实现的功能是根据指定行号和列号获得工作表中的某个单元格的地址，函数语法如下。

```
ADDRESS(row_num, column_num, [abs_num], [a1], [sheet_text])
```

第一参数row_num是必需参数，为指定要在单元格引用中使用的行号。

第二参数column_num是必需参数，为指定要在单元格引用中使用的列号。

第三参数abs_num是可选参数，为指定要返回的引用类型，参数是1~4的数值。参数数值与引用类型之间的关系如表14-5所示。

表14-5 abs_num参数数值与引用类型之间的关系

参数数值	返回的引用类型	示例
1或省略	行绝对引用，列绝对引用	$A$1
2	行绝对引用，列相对引用	A$1
3	行相对引用，列绝对引用	$A1
4	行相对引用，列相对引用	A1

第四参数a1是可选参数，是一个逻辑值，用于指定A1或是R1C1的引用样式。如果参数a1为TRUE或被省略，则ADDRESS函数返回A1样式引用；如果参数a1为FALSE，则ADDRESS函数返回R1C1样式引用。

第五参数sheet_text是可选参数，为指定要用作外部引用的工作表的名称，如果忽略参数sheet_text，则函数返回结果不使用任何工作表名称。

ADDRESS函数使用不同参数返回的示例结果如表14-6所示。

表14-6 ADDRESS函数返回结果示例

公式	说明	示例结果
=ADDRESS(2,3)	行绝对引用，列绝对引用	$C$2
=ADDRESS(2,3,2)	行绝对引用，列相对引用	C$2
=ADDRESS(2,3,2,FALSE)	R1C1引用样式的行绝对引用、列相对引用	R2C[3]
=ADDRESS(2,3,1,FALSE,"Sheet1")	R1C1引用样式对另一个工作表的绝对引用	Sheet1!R2C3

示例14-5 使用ADDRESS函数生成列标字母

利用ADDRESS函数，能够生成Excel工作表的列标字母，如图14-7所示，在A2单元格中输入以下公式，并向右复制到AB2单元格。

```
=SUBSTITUTE(ADDRESS(1,COLUMN(A2),4),1,"")
```

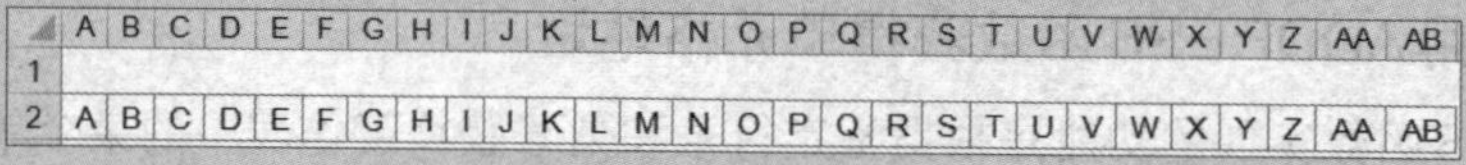

	A	B	C	D	E	F	G	H	I	J	K	L	M	N	O	P	Q	R	S	T	U	V	W	X	Y	Z	AA	AB
1																												
2	A	B	C	D	E	F	G	H	I	J	K	L	M	N	O	P	Q	R	S	T	U	V	W	X	Y	Z	AA	AB

图14-7 生成列标字母

ADDRESS函数第一参数为1，也就是使用1作为单元格的行号。以“COLUMN(A2)”作为第二参数，公式向右复制时，“COLUMN(A2)”部分的计算结果依次递增，用作单元格的列号。第三参数为4，表示使用行相对引用和列相对引用。公式最终得到A1、B1、C1…AB1等单元格地址文本。

最后，使用SUBSTITUTE函数将ADDRESS函数生成的单元格地址文本中的1替换为空，即得到Excel工作表的列标字母。

14.1.6 使用AREAS函数返回引用中的区域个数

AREAS函数的功能是返回引用中的区域个数，函数语法如下。

```
AREAS(reference)
```

reference是必需参数，为对某个单元格或单元格区域的引用，也可以是多个区域。

AREAS函数的部分示例如下。

```
=AREAS(A2:D5)
```

返回值为1，表示参数A2:D5为1个连续的单元格区域。

```
=AREAS((A1:E5,H3,F9:Z9))
```

返回值为3，表示参数A1:E5,H3,F9:Z9为3个区域。当AREAS函数参数为多个引用时，必须用小括号括起来。

以下公式返回值为1，表示参数A1:D4与2:2两个区域的交集A2:D2为1个连续的单元格区域。

```
=AREAS(A1:D4 2:2)
```

示例14-6　判断单个字符是否为字母

如图14-8所示，A列数据包括单个大小写字母、数字和汉字，要求在B列判断A列单元格数据是否为字母。

在B2单元格中输入以下公式，并向下复制到B10单元格。

=IF(COUNT(AREAS(INDIRECT(A2&1))),"是字母","不是字母")

	A	B
1	数据	是否为字母
2	A	是字母
3	甲	不是字母
4	C	是字母
5	8	不是字母
6	丁	不是字母
7	a	是字母
8	z	是字母
9	H	是字母
10	b	是字母

图14-8　判断单个字符是否为字母

"A2&1"返回"A1"，公式向下复制依次返回"甲1""C1""81"…"b1"等A列单元格内容和1连接在一起的文本。

如果生成的文本是单元格地址（如"A1"），INDIRECT函数会将该单元格地址文本转换为真实单元格区域引用，AREAS函数则返回1，表示"A2&1"是一个单元格区域。COUNT函数也将返回1，表示AREAS函数返回值为一个数字，即A2单元格中的单个字符为字母。

如果生成的文本不是单元格地址（如"甲1"），INDIRECT函数将返回错误值，AREAS函数也返回错误值，COUNT函数最终返回0，表示A2单元格中的单个字符不是字母。

14.2　常用查找与引用函数

常用查找与引用函数是指日常数据处理与编辑中被广泛使用的查找与引用函数，这些函数能实现定位数据位置、返回特定查找值对应数据的功能，也经常与其他各类函数嵌套使用。此类函数主要包括MATCH、INDEX、VLOOKUP、HLOOKUP、LOOKUP、OFFSET、INDIRECT和CHOOSE函数等。

14.2.1　使用VLOOKUP函数从左到右查询数据

VLOOKUP函数是使用频率非常高的查询与引用函数之一，函数名称中的"V"表示Vertical，即"垂直的"。VLOOKUP函数可以实现返回查找值所在单元格区域或数组中对应的其他字段数据的功能，如可以在员工信息表中通过查找员工号返回员工所属部门。函数语法如下。

```
VLOOKUP(lookup_value,table_array,col_index_num,[range_lookup])
```

第一参数lookup_value是要在单元格区域或数组的第一列中查找的值。如果查询区域中包含多个符合条件的查找值，VLOOKUP函数只能返回第一个查找值对应的结果。如果没有符合条件的查找值，VLOOKUP 函数将返回错误值 #N/A。

第二参数 table_array 是需要查询的单元格区域或数组。第一参数的查找值应该位于第二参数单元格区域或数组的首列。

例如，如果第一参数查找值为员工号，第二参数单元格区域或数组首列必须包含员工号信息，否则公式将返回错误值。

第三参数 col_index_num 用于指定返回查询区域中第几列的值，该参数如果超出待查询区域的总列数，VLOOKUP 函数将返回错误值 #REF!，如果小于 1 返回错误值 #VALUE!。

第四参数 range_lookup 决定函数的查找方式，如果为 0 或 FASLE，则为精确匹配方式，而且支持无序查找；如果为 TRUE 或被省略，则使用近似匹配方式，同时要求查询区域的首列按升序排序。

VLOOKUP 函数使用过程中返回值不符合预期或返回错误值常见情况及原因如表 14-7 所示。

表 14-7　VLOOKUP 函数常见异常返回值原因

问题描述	原因分析
返回错误值 #N/A，且第四参数为 TRUE	第一参数小于第二参数首列的最小值
返回错误值 #N/A，且第四参数为 FALSE	第一参数在第二参数首列中未找到精确匹配项
返回错误值 #REF!	第三参数大于第二参数的总列数且第一参数在第二参数首列中有匹配值
返回错误值 #VALUE!	第三参数小于 1 且第一参数在第二参数首列中有匹配值
返回了不符合预期的值	第四参数为 TRUE 或省略时第二参数未按首列升序排列

提示

如果 VLOOKUP 函数使用过程中返回了错误值，应对错误值产生的原因进行具体分析，不能直接使用 IFERROR 等函数或条件格式等方法直接屏蔽错误值。应在确认源数据正确无误、VLOOKUP 函数书写正确后再根据实际情况屏蔽函数返回的错误值。

示例 14-7　VLOOKUP 函数返回错误值示例

图 14-9 所示为 VLOOKUP 函数返回错误值的常见示例。

针对第一参数查找值在第二参数首列无精确匹配值的情况，若 VLOOKUP 函数各参数使用均正确，可以用 IFERROR 等函数或条件格式屏蔽错误值。

针对第三参数大于第二参数总列数和小于 1 的情况，根据实际情况修改第三参数。

针对第一参数查找值为数值格式，第二参数首列中为文本型数值的情况，可以用分列、选择性粘贴等方式将第二参数首列的文本型数值转换为数值格式，或者将第一参数强制转换为文本，如 VLOOKUP(D5&"", A:B,2,)。

针对第一参数查找值为文本型数值（包括文本型存储的日期），第二参数首列中为数值的情况，可以用分列等方式将第二参数首列的数值转换为文本型数值，或者将第一参数强制转换为数值，如VLOOKUP(0+D6, A:B,2,)。

针对查找值或查找区域首列含有不可见字符的情况，如源数据为系统导出数据或网页上复制的数据，可以用TRIM函数、CLEAN函数、分列功能和查找替换功能将不可见字符清除或替换为空。

	A	B	C	D	E	F	G
1	编号	姓名		编号	姓名	公式	原因分析
2	A	刘一山		Z	#N/A	=VLOOKUP(D2,A:B,2,)	编号Z不存在
3	B	李建国		B	#REF!	=VLOOKUP(D3,A:B,3,)	第三参数超过查询区域实际列数
4	C	吕国庆		C	#VALUE!	=VLOOKUP(D4,A:B,0,)	第三参数小于1
5	D	孙玉详		9	#N/A	=VLOOKUP(D5,A:B,2,)	D5为数字A6为文本
6	9	王建		8	#N/A	=VLOOKUP(D6,A:B,2,)	D6为文本A8为数字
7	F	孙玉详		F	#N/A	=VLOOKUP(D7,A:B,2,)	A7单元格有不可见字符
8	8	刘情		A	#N/A	=VLOOKUP(D8,A:B,2,)	D8单元格有不可见字符
9	H	朱萍					
10	I	汤灿					
11	J	刘烨					

图14-9　VLOOKUP函数返回错误值示例

利用相对引用和绝对引用技巧，VLOOKUP函数可以一次性返回多列结果，而不用针对每列返回值分别输入公式。

示例14-8　查询并返回多列结果

图14-10中的A~D列为员工信息表，要求根据F列的员工号查询并返回员工姓名、籍贯和学历信息。

	A	B	C	D	E	F	G	H	I
1	员工号	姓名	籍贯	学历		员工号	姓名	籍贯	学历
2	EHS-01	刘一山	山西省	本科		EHS-03	吕国庆	上海市	硕士
3	EHS-02	李建国	山东省	专科		EHS-07	刘情	江苏省	硕士
4	EHS-03	吕国庆	上海市	硕士		EHS-09	汤灿	陕西省	本科
5	EHS-04	孙玉详	辽宁省	中专					
6	EHS-05	王建	北京市	本科					
7	EHS-06	孙玉详	黑龙江省	专科					
8	EHS-07	刘情	江苏省	硕士					
9	EHS-08	朱萍	浙江省	中专					
10	EHS-09	汤灿	陕西省	本科					
11	EHS-10	刘烨	四川省	专科					

图14-10　查询并返回多列结果

在G2单元格中使用以下公式，并复制到G2:I4单元格区域。

```
=VLOOKUP($F2,$A:$D,COLUMN(B1),)
```

第一参数“$F2”锁定F列，当向右复制公式时第一参数仍然引用F列的员工号，不会发生偏移错误。第三参数“COLUMN(B1)”返回2，VLOOKUP函数返回查询区域第二列的“姓名”字段信息；向右复制时依次变为“COLUMN(C1)”和“COLUMN(D1)”，返回值分别为3和4，VLOOKUP函数分别返回第三列的“籍贯”和第四列的“学历”字段信息。

> **注意** VLOOKUP函数第三参数中的列号，不能理解为工作表中实际的列号，而是指定要返回查询区域中第几列的值。如果有多条满足条件的记录时，VLOOKUP函数默认只能返回第一个查找到的记录。

VLOOKUP函数在精确匹配模式下支持通配符查找，但查找时不区分大小写。

示例14-9 通配符查找

图14-11中A、B列为图书名称及对应价格信息，要求查找D列包含通配符的关键字并返回对应图书价格信息。

	A	B	C	D	E
1	图书名称	价格		查询值	价格
2	Excel应用大全	34		*数据分析*	36
3	Excel实战技巧精粹	55		excel???大全	21
4	Excel透视表大全	21			
5	Excel高效办公	19			
6	Excel数据分析精粹	36			

图14-11 通配符查找

在E2单元格中使用以下公式，并向下复制到E3单元格。

```
=VLOOKUP(D2,A:B,2,)
```

D2单元格的查询值“*数据分析*”表示包含“数据分析”关键字，前后均为任意长度字符的字符串，A列符合条件的图书名称为“Excel数据分析精粹”，因此E2单元格返回36。

D3单元格的查询值“excel???大全”代表以“excel”开头，“大全”结尾，中间为3个字符的字符串，A列符合条件的图书名称为“Excel透视表大全”，因此E3单元格返回21。

若VLOOKUP函数第一参数的查找值本身包含“*”或“?”字符，需要在“*”或“?”前加上“~”。

VLOOKUP函数的查询值要求必须位于查询区域中的首列，因此，默认情况下VLOOKUP函数只能实现从左到右的查询。如果被查找值不在查询区域的首列时，可以先将目标数据进行特殊的转换，再使用VLOOKUP函数来实现此类查询。

示例14-10 逆向查询

如图14-12所示，A~D列为员工信息表，员工号在第二列。要求根据F列的员工号，在G列返回对应员工的姓名。

	A	B	C	D	E	F	G
1	姓名	员工号	籍贯	学历		员工号	姓名
2	刘一山	EHS-01	山西省	本科		EHS-03	吕国庆
3	李建国	EHS-02	山东省	专科		EHS-07	刘情
4	吕国庆	EHS-03	上海市	硕士		EHS-09	汤灿
5	孙玉详	EHS-04	辽宁省	中专			
6	王建	EHS-05	北京市	本科			
7	孙玉详	EHS-06	黑龙江省	专科			
8	刘情	EHS-07	江苏省	硕士			
9	朱莽	EHS-08	浙江省	中专			
10	汤灿	EHS-09	陕西省	本科			
11	刘烨	EHS-10	四川省	专科			

图14-12 逆向查询

在G2单元格中输入以下公式，并向下复制到G4单元格。

```
=VLOOKUP(F2,CHOOSE({1,2},B:B,A:A),2,)
```

CHOOSE函数的作用是根据第一参数指定的数值，在参数列表中返回对应位置的引用或内容。本例中第一参数使用常量数组{1,2}，目的是将查询值所在的B列和返回值所在的A列整合成一个新的两列多行的内存数组。

{"员工号","姓名";"EHS-01v,"刘一山";"EHS-02","李建国";"EHS-03v,"吕国庆";"EHS-04","孙玉详";……}

生成的内存数组符合VLOOKUP函数的查询值必须处于查询区域首列的要求。VLOOKUP函数以员工号作为查询条件，在内存数组中查询并返回对应的姓名信息，从而实现了逆向查询的目的。

实际应用中，借助简单的辅助列VLOOKUP函数可以返回多个符合条件的记录。

示例14-11 返回多个符合条件的记录

图14-13中的A~D列为员工信息表，需要根据F2单元格指定的学历，在G列查询并返回符合该学历的所有员工姓名。

首先，在A列前插入一个空列作为辅助列。然后，在A2单元格中输入以下公式，向下复制到A11单元格，A列每个数字第一次出现时对应的C列的值即为要查询的学历，如图14-14所示。

```
=COUNTIF(C$1:C2,$G$2)
```

	A	B	C	D	E	F	G
1	员工号	学历	姓名	籍贯		学历	姓名
2	EHS-01	本科	刘一山	山西省		本科	
3	EHS-02	专科	李建国	山东省			
4	EHS-03	硕士	吕国庆	上海市			
5	EHS-04	中专	孙玉详	辽宁省			
6	EHS-05	本科	王建	北京市			
7	EHS-06	专科	孙玉详	黑龙江省			
8	EHS-07	硕士	刘情	江苏省			
9	EHS-08	中专	朱荞	浙江省			
10	EHS-09	本科	汤灿	陕西省			
11	EHS-10	专科	刘烨	四川省			

图14-13 返回多个符合条件的记录

	A	B	C	D	E
1		员工号	学历	姓名	籍贯
2	1	EHS-01	本科	刘一山	山西省
3	1	EHS-02	专科	李建国	山东省
4	1	EHS-03	硕士	吕国庆	上海市
5	1	EHS-04	中专	孙玉详	辽宁省
6	2	EHS-05	本科	王建	北京市
7	2	EHS-06	专科	孙玉详	黑龙江省
8	2	EHS-07	硕士	刘情	江苏省
9	2	EHS-08	中专	朱荞	浙江省
10	3	EHS-09	本科	汤灿	陕西省
11	3	EHS-10	专科	刘烨	四川省

图14-14 构建辅助列

公式从上到下依次判断G2单元格的学历在C列出现的次数。

A2单元格公式如下。

```
=COUNTIF(C$1:C2,$G$2)
```

返回值为1，说明“本科”在C$1:C2单元格区域中出现了1次。

A3单元格公式如下。

```
=COUNTIF(C$1:C3,$G$2)
```

返回值为1，说明“本科”在C$1:C3单元格区域中出现了1次。

……

A6单元格公式如下。

```
=COUNTIF(C$1:C6,$G$2)
```

返回值为2，说明“本科”在C$1:C6单元格区域中出现了2次。

……

辅助列设置完毕后，在H2单元格中输入以下公式，并向下复制填充至单元格返回空文本。

```
=IFERROR(VLOOKUP(ROW(A1),A:D,4,0),"")
```

最终查询结果如图14-15所示。

H2 =IFERROR(VLOOKUP(ROW(A1),A:D,4,0),"")

	A	B	C	D	E	F	G	H	I
1		员工号	学历	姓名	籍贯		学历	姓名	
2	1	EHS-01	本科	刘一山	山西省		本科	刘一山	
3	1	EHS-02	专科	李建国	山东省			王建	
4	1	EHS-03	硕士	吕国庆	上海市			汤灿	
5	1	EHS-04	中专	孙玉详	辽宁省				
6	2	EHS-05	本科	王建	北京市				
7	2	EHS-06	专科	孙玉详	黑龙江省				
8	2	EHS-07	硕士	刘情	江苏省				
9	2	EHS-08	中专	朱莽	浙江省				
10	3	EHS-09	本科	汤灿	陕西省				
11	3	EHS-10	专科	刘烨	四川省				

图14-15 最终查询结果

公式向下复制时，“ROW(A1)”部分依次变为ROW(A2)、ROW(A3)…即1~n的递增序列。VLOOKUP函数使用1~n的递增序列作为查询值，使用A:D列作为查询区域，以精确匹配的方式即可返回与之相对应的D列的所有姓名。

当ROW函数返回结果大于A列中的最大的数字时，VLOOKUP函数会因为查询不到结果而返回错误值#N/A。IFERROR函数用于屏蔽VLOOKUP返回的错误值，使之返回空文本。

VLOOKUP函数与其他函数嵌套可实现双条件或更多条件查询。

示例14-12 双条件查询

图14-16所示的是某公司员工信息表，不同部门人员有同名的情况。要求根据姓名和部门两个条件在H2单元格中返回对应人员的职务。

	A	B	C	D	E	F	G	H
1	员工号	姓名	部门	职务		姓名	部门	职务
2	EHS-01	王刚	财务部	经理		王刚	财务部	经理
3	EHS-02	李建国	销售部	助理				
4	EHS-03	吕国庆	财务部	主管				
5	EHS-04	王刚	后勤部	助理				
6	EHS-05	王建	财务部	助理				
7	EHS-06	孙玉详	后勤部	主管				
8	EHS-07	刘情	销售部	总经理				
9	EHS-08	朱莽	销售部	主管				
10	EHS-09	汤灿	财务部	经理				
11	EHS-10	刘烨	财务部	经理				

图14-16 双条件查询

在H2单元格中输入以下数组公式，按<Ctrl+Shift+Enter>组合键。

```
{=VLOOKUP(F2&G2,IF({1,0},B:B&C:C,D:D),2,)}
```

“F2&G2”部分表示使用连接符“&”将姓名和部门合并成字符串“王刚财务部”，以此作为VLOOKUP函数的查询条件。

“IF({1,0},B:B&C:C,D:D)”部分表示先将B列和C列进行连接，再使用IF({1,0}的方式，构造出姓名部门在前、职务在后的两列多行的内存数组：

```
{"姓名部门","职务";"王刚财务部","经理";"李建国销售部","助理";"吕国庆财务部","主管";"王刚后勤部","助理";……}
```

VLOOKUP函数在IF函数构造出的内存数组首列中查询“王刚财务部”的位置，返回对应的职务信息，结果为“经理”。

为避免双条件连接可能出现的错误及Excel的错误识别，可以在条件之间加上特殊字符避免此类问题出现，如“VLOOKUP(F2&"|"&G2,IF({1,0}, B:B&"|"&C:C,D:D),2,)”。

VLOOKUP函数第四参数为TRUE或被省略，使用近似匹配方式，通常情况下用于累进数值的查找。

示例14-13　按指定次数重复数据

图14-17中的B列数据为需要重复显示的内容，A列为指定重复的次数。要求生成如D列所示的结果。

首先，在A列前插入一个空列作为辅助列。然后，在A2单元格中输入以下公式，并向下复制到A4单元格。如图14-18所示。

```
=SUM(B$2:B2)
```

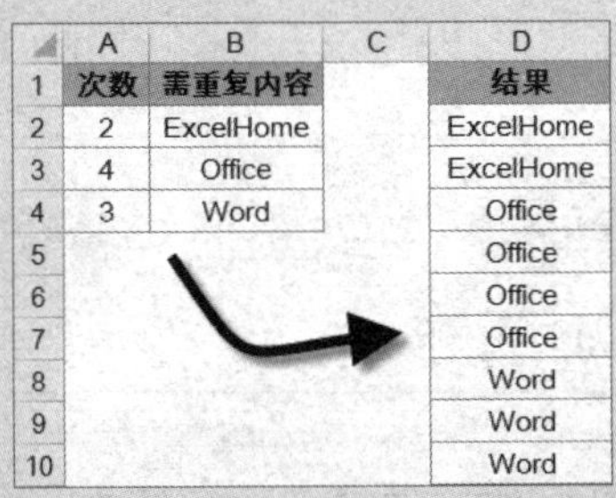

	A	B	C	D
1	次数	需重复内容		结果
2	2	ExcelHome		ExcelHome
3	4	Office		ExcelHome
4	3	Word		Office
5				Office
6				Office
7				Office
8				Word
9				Word
10				Word

图14-17　按指定次数重复数据

	A	B	C
1		次数	需重复内容
2	2	2	ExcelHome
3	6	4	Office
4	9	3	Word

图14-18　构建辅助列

在E2单元格中输入以下公式，并向下复制至单元格返回空文本。

```
=IFERROR(VLOOKUP(ROW(A1),A:C,3,),E3)&""
```

"ROW(A1)"部分表示公式向下复制时，依次变为"ROW(A2)""ROW(A3)"…即1~n的递增序列。VLOOKUP函数依次查找ROW函数返回值时，只有当ROW函数返回值为2、6和9时会返回C列对应的内容，ROW函数返回其他值时VLOOKUP函数均返回错误值。

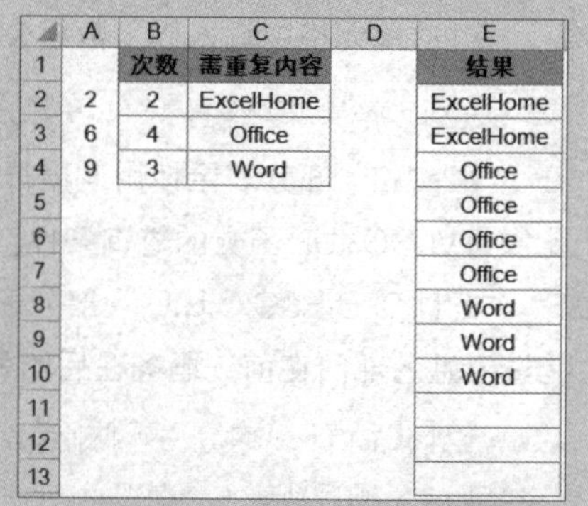

	A	B	C	D	E
1		次数	需重复内容		结果
2	2	2	ExcelHome		ExcelHome
3	6	4	Office		ExcelHome
4	9	3	Word		Office
5					Office
6					Office
7					Office
8					Word
9					Word
10					Word
11					
12					
13					

图14-19　按指定次数重复显示完成图

E2单元格"VLOOKUP(ROW(A1), A:C,3,)"返回错误值，E3单元格"VLOOKUP(ROW(A2), A:C,3,)"返回"ExcelHome"。当E2单元格返回错误值时，IFERROR函数将VLOOKUP函数返回的错误值替换为公式所在单元格下一个单元格（E3单元格）内容，达到了重复显示"ExcelHome"两次的目的。

当公式单元格数量超过需重复数据的次数总和时，VLOOKUP函数将返回E列的空单元格，为避免返回无意义的0值，在IFERROR函数后用连接空文本"&"""的方式屏蔽。

示例14-14 判断考核等级

图14-20所示的是员工考核成绩表的部分内容，F3:G6单元格区域是考核等级对照表，首列已按成绩升序排序，要求在D列根据考核成绩查询出对应的等级。

	A	B	C	D	E	F	G
1	序号	姓名	考核成绩	等级		等级对照表	
2	1	王刚	62	合格		分数	等级
3	2	李建国	96	优秀		0	不合格
4	3	吕国庆	98	优秀		60	合格
5	4	王刚	41	不合格		80	良好
6	5	王建	76	合格		90	优秀
7	6	孙玉详	80	良好			
8	7	刘情	63	合格			
9	8	朱萍	95	优秀			
10	9	汤灿	59	不合格			
11	10	刘烨	70	合格			

图14-20　判断考核等级

在D2单元格中输入以下公式，并向下复制到D11单元格。

```
=VLOOKUP(C2,F$3:G$6,2)
```

VLOOKUP函数第四参数被省略，在近似匹配模式下返回查询值的精确匹配值或近似匹配值。如果找不到精确匹配值，则返回小于查询值的最大值。

C2单元格的成绩62在对照表中未列出，因此Excel在F列中查找小于62的最大值60进行匹配，并返回G列对应的等级"合格"。

提示　使用近似匹配时，查询区域的首列必须按升序排序，否则无法得到正确的结果。

扫描以下二维码，观看关于VLOOKUP函数更加详细的视频讲解。

14.2.2　使用HLOOKUP函数从上往下查询数据

HLOOKUP函数与VLOOKUP函数的语法非常相似，用法基本相同。区别在于VLOOKUP函数在纵向区域或数组中查询，而HLOOKUP函数则在横向区域或数组中查询。HLOOKUP函数名称中的H表示horizontal，即“水平的”。

示例14-15　使用HLOOKUP查询班级人员信息

图14-21所示的是某学校某年级不同班级人员的信息，要求根据班号和职务查询对应人员姓名。

	A	B	C	D	E	F	G
1	班号 职务	一班	二班	三班	四班	五班	六班
2	班主任	廖尔碧	马群苹	李海英	张明先	王裴义	刘金英
3	班长	刘一山	李建国	吕国庆	孙玉详	王建	孙玉详
4	学习委员	刘倩	朱莽	汤灿	刘烨	王光	李亮
5							
6							
7		班号	职务	姓名			
8		三班	学习委员	汤灿			

图14-21　查询班级人员信息

在D8单元格中输入以下公式。

```
=HLOOKUP(B8,1:4,MATCH(C8,A:A,),)
```

MATCH函数用于返回查找值在查找行或列中的位置信息，“MATCH(C8,A:A,)”部分返回C8单元格的“学习委员”在A列中的位置4，即在1∶4行区域中是第4行，然后用HLOOKUP函数在1∶4行的首行查找“三班”，返回查找区域中第4行对应位置的人员姓名“汤灿”。

14.2.3　使用MATCH函数返回查询项的相对位置

MATCH 函数用于返回查询项在一行或一列的单元格区域或数组中的相对位置。若有多个符合条件的结果，MATCH函数仅返回该项第一次出现的位置。函数语法如下。

```
MATCH(lookup_value,lookup_array,[match_type])
```

第一参数lookup_value为指定的查找对象。第二参数lookup_array为可能包含查找对象的单元格区域或数组，这个单元格区域或数组只可以是一行或一列，如果是多行多列则返回错误值#N/A。第三参数match_type为查找的匹配方式。

当第三参数为0、1或省略、-1时，分别表示精确匹配、模糊匹配升序查找、模糊匹配降序查找模式。

例1 当第三参数为0时，第二参数无排序要求。以下公式返回值为2，其含义为：在第二参数的数组中字母“A”第一次出现的位置为2。

```
=MATCH("A",{"C","A","B","A","D"},0)
```

如果第二参数中不包含字母“A”，公式将返回错误值#N/A。

```
=MATCH("A",{"C","B","D"},0)
```

例2 当第三参数为1或省略第三参数时，第二参数要求按升序排列，函数将返回小于或等于第一参数的最大值所在位置。以下公式返回值为3，其含义为：第二参数中小于或等于6的最大值为5，5在第二参数数组中是第3个，因此结果返回3。

```
=MATCH(6,{1,3,5,7},1)
```

例3 当第三参数为-1时，第二参数要求按降序排列，函数将返回大于或等于第一参数的最小值所在位置。以下公式返回值为2，其含义为：第二参数中大于等于8的最小值为9，9在第二参数数组中是第2个，因此结果返回2。

```
=MATCH(8,{11,9,6,5,3,1},-1)
```

示例14-16 MATCH函数常用查找示例

如图14-22所示，A列数据为文本内容，C列为MATCH函数常用的查找示例返回结果。

	A	B	C	D
1	源数据		返回值	公式
2	ExcelHome		2	=MATCH("excelhome",A:A,0)
3	最佳学习网站		3	=MATCH("*网站",A:A,0)
4	天使投资人		3	=MATCH("*学习*",A:A,0)
5	风险投资		7	=MATCH("????投资",A:A,0)
6	私募股权投资人		8	=MATCH("*~*TP*",A:A,0)
7	私募股权投资			
8	5*TP01			

图14-22 MATCH函数常用查找示例

在C2单元格输入以下公式。

```
=MATCH("excelhome",A:A,0)
```

返回值为2，其含义为：“excelhome”在A列中的位置是2，即在A列的第2行。MATCH函数匹配文本值时不区分大小写。

在C3单元格输入以下公式。

```
=MATCH("*网站",A:A,0)
```

返回值为3，其含义为：以“网站”结尾，前面任意长度字符的文本在A列中出现的位置是3。MATCH函数匹配文本值时可以使用通配符，“*”表示任意长度字符。

在C4单元格输入以下公式。

```
=MATCH("*学习*",A:A,0)
```

返回值为3，其含义为：包含“学习”，前后任意长度字符的文本在A列中出现的位置是3。

在C5单元格输入以下公式。

```
=MATCH("????投资",A:A,0)
```

返回值为7，其含义为：以“投资”结尾，前面有4个字符的文本在A列中出现的位置是7，即“私募股权投资”出现的位置。MATCH函数匹配文本值时可以使用通配符，一个“?”表示一个字符。

在C6单元格输入以下公式。

```
=MATCH("*~*TP*",A:A,0)
```

返回值为8，其含义为：包含“*TP”的文本在A列中出现的位置是8，即“5*TP01”出现的位置。如果查找区域文本中包括“*”或“?”，在使用MATCH函数查找时需在“*”或“?”前面加上“~”。

注意

如果MATCH函数简写第三参数的值，仅以逗号占位，表示使用0，也就是精确匹配方式，如“MATCH("excelhome", A:A,0)”等价于“MATCH("excelhome", A:A,)”。

如果查询区域中包含多个查询值，MATCH函数只返回查询值首次出现的位置。利用这一特点，可以统计出一行或一列数据中的不重复值的个数。

示例14-17 不重复值个数的统计

如图14-23所示，A2:A9单元格区域包括重复值，要求统计A2:A9单元格区域不重复值的个数。

	A	B	C
1	数据		不重复值个数
2	甲		6
3	乙		
4	丙		
5	甲		
6	丁		
7	己		
8	丁		
9	辛		

图14-23 不重复值个数的统计

在C2单元格中输入以下数组公式，按<Ctrl+Shift+Enter>组合键。

```
{=SUM(N(MATCH(A2:A9,A2:A9,)=ROW(A2:A9)-1))}
```

“MATCH(A2:A9, A2:A9,)”部分以精确匹配的查询方式，分别查找A2:A9单元格区域中的每个数据在该区域中首次出现的位置。返回结果如下。

```
={1;2;3;1;5;6;5;8}
```

以“甲”为例，MATCH函数查找A2单元格和A5单元格在A2:A9单元格区域中的位置均返回1，也就是“甲”在A2:A9单元格区域中首次出现的位置。

“ROW(A2:A9)-1”部分用于得到1~8的连续自然数序列，行数与A列数据行数一致。通过观察可知，只有数据第一次出现时，用MATCH函数得到数据出现的位置与ROW函数生成的序列值对应相等。如果数据是首次出现，则比较的结果为TRUE，否则为FALSE。

“MATCH(A2:A9,A2:A9,)=ROW(A2:A9)-1”部分的返回结果如下。

```
{TRUE;TRUE;TRUE;FALSE;TRUE;TRUE;FALSE;TRUE}
```

TRUE的个数代表A2:A9单元格区域中不重复值的个数。然后用N函数将逻辑值TRUE和FALSE分别转换成1和0，再用SUM函数求和即可。

提示 如果MATCH函数的查询值单元格区域中包含空白单元格，结果将返回错误值#N/A。可以在MATCH函数的单元格区域引用后连接空文本，将空单元格作为空文本处理，公式即能够正常运算，如公式=MATCH(A2:A9&"", A2:A9&"",)。

示例14-18 统计两列相同数据个数

如图14-24所示，数据1和数据2各自无重复值，要求统计数据1和数据2中相同数据个数。

在D3单元格中输入以下数组公式，按<Ctrl+Shift+Enter>组合键。

```
{=COUNT(MATCH(A2:A8,B2:B8,))}
```

	A	B	C	D
1	数据1	数据2		
2	甲	甲		相同数据个数
3	乙	丁		4
4	丙	乙		
5	丁	壬		
6	戊	癸		
7	己	丙		
8	庚	辛		

图14-24 统计两列相同数据个数

如果A2:A8单元格区域中的数据在B2:A8单元格区域中存在，“MATCH(A2:A8,B2:B8,)”部分返回A2:A8单元格区域中的数据在B2:B8单元格区域中出现的位置数字。如果不存在，函数返回错误值#N/A，运算结果如下。

```
{1;3;6;2;#N/A;#N/A;#N/A}
```

最后，使用COUNT函数统计出MATCH函数返回数组中数据的个数，即得到两列相同数据个数。

14.2.4 使用INDEX函数根据指定的行列号返回值或引用

INDEX函数可以实现在一个区域引用或数组范围中，根据指定的行号或（和）列号来返回值或引用。INDEX函数有引用形式和数组形式两种，其语法分别如下。

```
引用形式INDEX(reference,row_num,[column_num],[area_num])
数组形式INDEX(array,row_num,[column_num])
```

在引用形式中，第一参数reference是必需参数，为一个或多个单元格区域的引用，如果为引用输入多个不连续的区域，必须将其用小括号括起来。第二参数row_num是必需参数，为要返回引用的行号。第三参数column_num是可选参数，为要返回引用的列号。第四参数area_num是可选参数，为要选择返回引用的区域。

以下公式返回A1:D4单元格区域第3行和第4列交叉处的单元格，即D3单元格。

```
=INDEX(A1:D4,3,4)
```

以下公式返回A1:D4单元格区域中第3行单元格的和，即A3:D3单元格区域的和。

```
=SUM(INDEX(A1:D4,3,))
```

以下公式返回A1:D4单元格区域中第4列单元格的和，即D1:D4单元格区域的和。

```
=SUM(INDEX(A1:D4,,4))
```

以下公式返回(A1:B4,C1:D4)两个单元格区域中第二个区域C1:D4单元格区域中第3行第1列的单元格，即C3单元格。由于INDEX函数的第一参数是多个区域，因此用小括号括起来。

```
=INDEX((A1:B4,C1:D4),3,1,2)
```

根据公式的需要，INDEX函数的返回值可以为引用或是数值。例如，以下第一个公式等价于第二个公式，CELL函数将INDEX函数的返回值作为B1单元格的引用。

```
=CELL("width",INDEX(A1:B2,1,2))
=CELL("width",B1)
```

而在以下公式中，则将INDEX函数的返回值解释为B1单元格中的数字。

```
=2*INDEX(A1:B2,1,2)
```

在数组形式中，第一参数array是必需参数，可以是单元格区域或数组。第二参数和第三参数要求与引用形式中类似。第二参数和第三参数不得超过第一参数的行数和列数，否则将返回错误值#REF!。例如，以下公式将返回错误值#REF!，因为A1:D10单元格区域中只有4列，而公式要返回该区域第20列的单元格。

```
=INDEX(A1:D10,4,20)
```

示例14-19　根据员工号查询姓名和部门

INDEX函数和MATCH函数结合运用，能够完成类似VLOOKUP函数和HLOOKUP函数的查询功能，并且可以实现灵活的逆向查询，即从右向左或是从下向上查询。

在图14-25中，A:C列展示的是某单位员工信息表的部分内容，包括姓名、员工号及所在部门信息，要求根据E列的员工号查询并返回员工姓名和所在部门信息。

	A	B	C	D	E	F	G
1	姓名	员工号	部门		员工号	姓名	部门
2	张丹丹	ZR-001	办公室		ZR-005	刘萌	后勤部
3	蔡如江	ZR-002	办公室		ZR-002	蔡如江	办公室
4	李婉儿	ZR-003	财富中心		ZR-007	顾长宇	人力行政部
5	孙天亮	ZR-004	财富中心				
6	刘萌	ZR-005	后勤部				
7	李珊珊	ZR-006	人力行政部				
8	顾长宇	ZR-007	人力行政部				
9	张丹燕	ZR-008	人力行政部				

图 14-25　根据员工号查询姓名和部门

在F2单元格中输入以下公式，并向下复制到F4单元格。

```
=INDEX(A:A,MATCH(E2,B:B,))
```

MATCH函数以精确匹配的方式定位E2单元格员工号在B列中的位置，结果为6。再用INDEX函数根据此索引值，返回A列中第6行对应的姓名。

在G2单元格中输入以下公式，并向下复制到G4单元格。

```
=INDEX(C:C,MATCH(E2,B:B,))
```

公式原理与F列公式相同。

使用INDEX函数和MATCH函数的组合应用来查询数据，公式看似相对复杂，但在实际应用中更加灵活多变。例如，可实现逆向查询、提取同时满足行列两个匹配条件的结果等。扫描以下二维码，可观看关于INDEX函数和MATCH函数组合应用的更详细的视频讲解。

14.2.5　使用LOOKUP函数实现多方向的数据查询

LOOKUP函数主要用于在查找范围中查询指定的查找值，并返回另一个范围中对应位置的值。该函数支持忽略空值、逻辑值和错误值来进行数据查询，几乎可以完成VLOOKUP函数和HLOOKUP函数的所有查询任务。

LOOKUP函数具有向量和数组两种语法形式，其语法分别如下。

```
LOOKUP(lookup_value,lookup_vector,[result_vector])
LOOKUP(lookup_value,array)
```

向量语法中，第一参数lookup_value可以使用单元格引用和数组。第二参数lookup_vector为查找范围。第三参数result_vector是可选参数，为结果范围，同样支持单元格引用和数组。

向量语法是在由单行或单列构成的第二参数中，查找第一参数，并返回第三参数中对应位置的值（如果第三参数省略，将返回第二参数中对应位置的值）。

如果需在查找范围中查找一个明确的值，查找范围必须升序排列；当需要查找一个不确定的值时，如查找一列或一行数据的最后一个值，查找范围并不需要严格地升序排列。

如果LOOKUP函数找不到查询值，则该函数会与查询区域中小于查询值的最大值进行匹配。

如果查询值小于查询区域中的最小值，则LOOKUP函数会返回错误值#N/A。

如果查询区域中有多个符合条件的记录，LOOKUP函数仅返回最后一个记录。

数组语法中，LOOKUP函数的数组形式在数组的第一行或第一列中查找指定的值，并返回数组最后一行或最后一列中同一位置的值。当要匹配的值位于数组的第一行或第一列中时，可以使用LOOKUP函数的数组形式。

示例14-20 LOOKUP函数常见的模式化用法

例1　返回A列最后一个文本。

```
=LOOKUP("々",A:A)
```

“々”通常被看作是一个编码较大的字符，输入方法为按住<Alt>键不放，依次按数字小键盘的4、1、3、8、5。一般情况下，第一参数写成“做”，也可以返回一列或一行中的最后一个文本内容。

例2　返回A列最后一个数值。

```
=LOOKUP(9E+307,A:A)
```

“9E+307”是Excel中的科学计数法，即9*10^307，被认为是接近Excel允许输入的最大数值。用它作为查询值，可以返回一列或一行中的最后一个数值。

例3　返回A列最后一个非空单元格内容。

```
=LOOKUP(1,0/(A:A<>""),A:A)
```

先以0/(条件区域=指定条件)的形式，构建一个由0和错误值#DIV/0!构成的内存数组，再用数值1作为查找值，在该内存数组中进行查找。当找不到具体的查询值1时，LOOKUP函数以小于查询值的最大值0进行匹配，最终返回第三参数中与0所处位置相对应的内容。

LOOKUP函数的典型用法可以归纳如下。

```
=LOOKUP(1,0/(条件),目标区域或数组)
```

示例14-21 LOOKUP函数向量语法查找

图14-26中的A列为1~12的序号，B列为对应的生肖。要求根据D2单元格的序号查询并返回B列对应的生肖。

在E2单元格中输入以下公式。

```
=LOOKUP(D2,A2:A13,B2:B13)
```

D2单元格的值为6，LOOKUP在第二参数A2:A13单元格区域查找6的位置，然后返回6对应的B列相同位置的生肖“蛇”。

这种查找方式下，第二参数A2:A13区域应升序排列。

如果D2单元格的值为13，则函数返回A2:A13单元格区域中小于或等于13的最大值12对应的“猪”。

	A	B	C	D	E
1	序号	生肖		序号	生肖
2	1	鼠		6	蛇
3	2	牛			
4	3	虎			
5	4	兔			
6	5	龙			
7	6	蛇			
8	7	马			
9	8	羊			
10	9	猴			
11	10	鸡			
12	11	狗			
13	12	猪			

图14-26　查询生肖1

示例14-22　LOOKUP函数数组语法查找

图14-27中的A列为1~12的序号，B列为对应的生肖。要求根据D2单元格的序号查询并返回B列对应的生肖。

在E2单元格中输入以下公式。

```
=LOOKUP(D2,A:B)
```

D2单元格的值为6，LOOKUP在第二参数A:B区域的第一列中查找6的位置，然后返回A:B区域最后一列相同位置的“蛇”。由于第二参数的数组行数大于列数，因此LOOKUP函数在第二参数的第一列中查找第一参数。

	A	B	C	D	E
1	序号	生肖		序号	生肖
2	1	鼠		6	蛇
3	2	牛			
4	3	虎			
5	4	兔			
6	5	龙			
7	6	蛇			
8	7	马			
9	8	羊			
10	9	猴			
11	10	鸡			
12	11	狗			
13	12	猪			

图14-27　查询生肖2

如果第二参数的列数大于行数，LOOKUP函数将在第二参数的第一行中查找第一参数。

图14-28中B5单元格的公式如下。

```
=LOOKUP(A5,B1:M2)
```

	A	B	C	D	E	F	G	H	I	J	K	L	M
1	序号	1	2	3	4	5	6	7	8	9	10	11	12
2	生肖	鼠	牛	虎	兔	龙	蛇	马	羊	猴	鸡	狗	猪
3													
4	序号	生肖											
5	6	蛇											

图14-28　查询生肖3

LOOKUP函数在B1:M2单元格区域中的第一行查找A5单元格的值，并返回B1:M2单元格区域最后一行对应位置的“蛇”。

示例14-23 判断考核等级

图14-29所示的是员工考核成绩表的部分内容，F3:G6单元格区域是考核等级对照表，首列已按成绩升序排序，要求在D列根据考核成绩查询出对应的等级。

	A	B	C	D	E	F	G
1	序号	姓名	考核成绩	等级		等级对照表	
2	1	王刚	62	合格		分数	等级
3	2	李建国	96	优秀		0	不合格
4	3	吕国庆	98	优秀		60	合格
5	4	王刚	41	不合格		80	良好
6	5	王建	76	合格		90	优秀
7	6	孙玉详	80	良好			
8	7	刘情	63	合格			
9	8	朱莽	95	优秀			
10	9	汤灿	59	不合格			
11	10	刘烨	70	合格			

图14-29 判断考核等级

在D2单元格中输入以下公式，并向下复制到D11单元格。

```
=LOOKUP(C2,F$3:F$6,G$3:G$6)
```

LOOKUP函数在F$3:F$6单元格区域中查找考核成绩，并返回F$3:F$6单元格区域中小于或等于考核成绩的最大值对应的G$3:G$6单元格区域中的等级。

C2单元格的考核成绩是62，F$3:F$6单元格区域中小于或等于62的最大值为60，因此返回60对应的等级“合格”。

使用该公式的优点在于仅需引用单元格区域，而无需指定返回查询区域的列号。

如果不使用对照表，可以使用以下公式实现同样的要求。

```
=LOOKUP(C2,{0,60,80,90},{"不合格","合格","良好","优秀"})
```

LOOKUP函数第二参数使用升序排列的常量数组，在第二参数中查询小于或等于C2单元格成绩最大值的位置，并返回对应的第三参数中对应位置的值，这种方法可以取代IF函数完成多个区间的判断查询。

也可以使用以下公式完成同样的查询结果。

```
=LOOKUP(C2,F$3:G$6)
```

利用LOOKUP函数的查找特点，可以从混合内容中提取有规律的数字。

示例14-24 提取单元格中的数字

如图14-30所示，A列为数量和单位混合的文本内容，要求提取单位左侧的数量。

	A	B
1	数量/单位	数量
2	52.7公斤	52.7
3	3KG	3
4	44KM	44
5	55个	55
6	62.5吨	62.5

图14-30 提取单元格中的数字

在B2单元格中输入以下公式，并向下复制到B6单元格。

```
=-LOOKUP(,-LEFT(A2,ROW($1:$99)))
```

首先用LEFT函数从A2单元格左起第一个字符开始，依次返回长度为1~99的字符串，结果为{"5";"52";"52.";"52.7";"52.7公";……;"52.7公斤"}。

添加负号后，数值转换为负数，含有文本的字符串则变成错误值#VALUE!，结果为{-5; -52; -52; -52.7; #VALUE!; …; #VALUE!}。

LOOKUP函数使用0作为查询值，在由负数、0和错误值#VALUE!构成的数组中，忽略错误值提取最后一个等于或小于0的数值。最后再使用负号，将提取出的负数转换为正数。

LOOKUP函数要求必须按升序排列查询的数据，在升序前提下，最大值也是这个区域中的最后一个值。所以在实际使用中，无论查询的数据是否为升序，LOOKUP函数均默认已经按升序处理，会返回最后一个符合条件的结果。

利用LOOKUP函数可以实现查找某个关键字返回对应值的特点，可以实现根据关键字分组、模糊查找简称以匹配全称等功能。

示例14-25 根据关键字分组

如图14-31所示，A列为某公司明细账摘要，需要在B列分类为阀门、金属蜡烛台、服装和金属制品，以便处理数据时作为标识。

	A	B	C	D
1	摘要	分类		类别
2	阀门20套_业务二部_SUGS0782354	阀门		阀门
3	金属蜡烛台3320个_业务七部_SUGS0782293	金属蜡烛台		金属蜡烛台
4	阀门_业务二部_SUGS0782354	阀门		服装
5	阀门1套_业务二部_SUGS0782292	阀门		金属制品
6	服装 3630件_业务五部_SUGS0782370	服装		
7	服装 3630件_业务五部_SUGS0782370	服装		
8	阀门5512套_业务二部_SUGS0782230	阀门		
9	阀门5512套金_业务二部_SUGS0782230	阀门		
10	金属制品 130个_周伟_SUGS0782322	金属制品		

图14-31 根据关键字分组

在B2单元格中输入以下公式，并向下复制到B10单元格。

```
=LOOKUP(1,0/FIND(D$2:D$5,A2),D$2:D$5)
```

FIND函数返回查找字符串在另一个字符串中的起始位置，如果找不到要查找的字符串，返回错误值#VALUE!。

“0/FIND(D$2:D$5,A2)”部分，首先用FIND函数依次查找D$2:D$5单元格区域的关键字在A2单元格的起始位置，得到由起始位置数值和错误值#VALUE!组成的数组。

```
{1;#VALUE!;#VALUE!;#VALUE!}
```

再用0除以该数组，返回由0和错误值#VALUE!组成的新数组。

```
{0;#VALUE!;#VALUE!;#VALUE!}
```

LOOKUP函数用1作为查找值，由于数组中的数字都小于1，因此以该数组中小于1的最大值0进行匹配，并返回第三参数D$2:D$5单元格区域对应位置的值。

Excel中的日期和时间本质上也是数值，因此可以利用LOOKUP函数实现一些与日期或时间相关的运算。

示例14-26 获得本季度第一天的日期

如图14-32所示，使用以下公式，可以获得本季度第一天的日期。

```
=LOOKUP(NOW(),--({1,4,7,10}&"-1"))
```

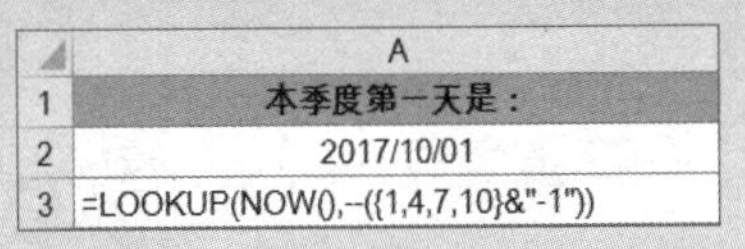

	A
1	本季度第一天是：
2	2017/10/01
3	=LOOKUP(NOW(),--({1,4,7,10}&"-1"))

图14-32　获取本季度第一天的日期

使用连接符“&”将字符串{1,4,7,10}与"-1"连接，使其变成一个省略年份的日期样式常量数组。

```
{"1-1","4-1","7-1","10-1"}
```

如果日期仅以月份和天数表示，在Excel中被识别为当前年度的日期。加上两个负号，用减负运算的方式，使其分别转换为本年度1月1日、4月1日、7月1日和10月1日的日期序列值，即以升序排列的4个季度第一天的日期。

NOW函数返回系统当前的日期和时间。

LOOKUP函数以当前的日期和时间作为查找值，在已经升序排列的日期中查找并返回小于或等于系统日期的最大值，得到本季度第一天的日期。

LOOKUP函数的第二参数可以是多个逻辑判断相乘组成的多条件数组，函数的常用公式如下。

```
=LOOKUP(1,0/((条件1)*(条件2)*……*(条件N)),目标区域或数组)
```

使用这种方法能够完成多条件的数据查询任务。

示例14-27 LOOKUP函数多条件查询

图14-33所示的是某单位员工信息表的部分内容，不同部门有重名的员工，需要根据部门和姓名两个条件，查询员工的职务信息。

在G2单元格中输入以下公式。

```
=LOOKUP(1,0/((A2:A11=E2)*(B2:B11=F2)),C2:C11)
```

LOOKUP函数第二参数使用两个等式相乘，分别比较E2单元格的姓名与A列中的姓名是否相同；F2单元格的部门与B列中的部门是否相同。当两个条件同时满足时，对比后的逻辑值相乘返回数值1，否则返回0。

```
{1;0;0;0;0;0;0;0;0;0}
```

	A	B	C	D	E	F	G
1	姓名	部门	职务		姓名	部门	职务
2	王刚	财务部	经理		王刚	财务部	经理
3	李建国	销售部	助理				
4	吕国庆	财务部	主管				
5	王刚	后勤部	助理				
6	王建	财务部	助理				
7	孙玉详	后勤部	主管				
8	刘情	销售部	总经理				
9	朱萍	销售部	主管				
10	汤灿	财务部	经理				
11	刘烨	财务部	经理				

图 14-33　多条件查询

再用0除以该数组，返回由0和错误值#DIV/0!组成的新数组。

```
{0;#DIV/0!;#DIV/0!;……;#DIV/0!;#DIV/0!;#DIV/0!;#DIV/0!}
```

LOOKUP函数用1作为查找值，由于数组中的数字都小于1，因此以该数组中小于1的最后一个0进行匹配，并返回第三参数C2:C11单元格区域对应位置的值。

也可以使用以下公式完成同样的查询。

```
=LOOKUP(1,0/((A2:A11&B2:B11=E2&F2)),C2:C11)
```

公式分别将A2:A11和B2:B11单元格区域，以及E2和F2单元格使用连接符“&”进行连接，将两个判断条件合并为一个条件处理，使公式更加简短。

使用LOOKUP函数可以实现灵活的多条件查询，或是从右向左以及从下向上的各类查询。

示例14-28　填充合并单元格内容

图14-34中A2:A11单元格区域包含合并单元格，每个合并单元格只有第一行有数据，其余单元格均为空，本例中有数据的单元格为A2、A5、A9和A11。要求在C2:C11单元格区域中将内容填充完整。

在C2单元格中输入以下公式，并向下复制到C11单元格。

```
=LOOKUP("做",A$2:A2)
```

LOOKUP以文本“做”作为查询值，以A$2:A2作为动态扩展的查找区域，也就是从A2开始到公式所在行的A列，返回该区域中最后一个文本。

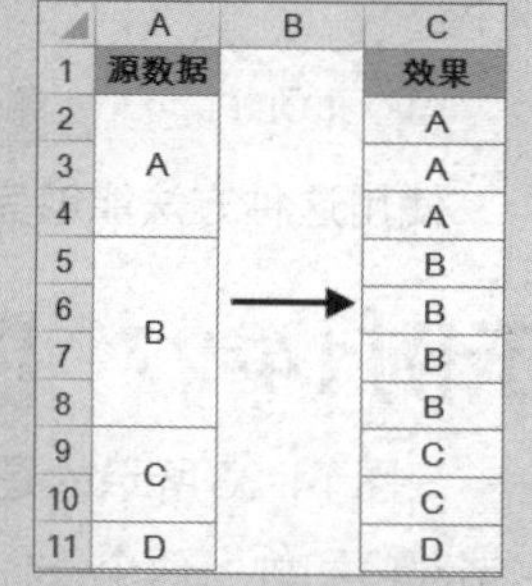

	A	B	C
1	源数据		效果
2	A		A
3			A
4			A
5	B		B
6			B
7			B
8			B
9	C		C
10			C
11	D		D

图 14-34　填充合并单元格内容

示例14-29　合并单元格条件求和

如图14-35所示，A~C列为不同规格产品销售额统计表，A列“产品规格”区域包含合并单元格。要求在F3单元格根据E3单元格的产品规格汇总其销售额。

	A	B	C	D	E	F
1	产品规格	销售月份	销售额			
2	ABS-FQ-128	4月	413,000		产品规格	销售额合计
3		5月	100,000		ABS-FQ-192	1,408,000
4		6月	255,000			
5		7月	95,000			
6		8月	255,000			
7	ABS-FQ-192	5月	375,000			
8		7月	223,000			
9		8月	230,000			
10		9月	280,000			
11		11月	300,000			
12	ABS-FQ-256	4月	390,000			
13		5月	160,000			
14		6月	150,000			
15		7月	150,000			
16		9月	236,000			
17		10月	379,000			
18		11月	239,800			
19		12月	108,000			

图 14-35 合并单元格条件求和

在F3单元格中输入以下数组公式，按<Ctrl+Shift+Enter>组合键。

```
{=SUM((E3=LOOKUP(ROW(A2:A19),IF(A2:A19<>"",ROW(A2:A19)),A2:A19))*C2:C19)}
```

“IF(A2:A19<>"", ROW(A2:A19))”部分表示如果A列单元格不为空，IF函数返回对应行号，否则返回FALSE。返回值如下。

```
{2;FALSE;FALSE;FALSE;FALSE;7;FALSE;FALSE;FALSE;FALSE;12;FALSE;FALSE;FALSE;FALSE;FALSE;FALSE;FALSE}
```

“LOOKUP(ROW(A2:A19), IF(A2:A19<>"", ROW(A2:A19)),A2:A19)”部分表示LOOKUP函数在IF函数返回的内存数组中分别查找“ROW(A2:A19)”返回值对应的位置，并返回A2:A19单元格区域相同位置的值。返回值如下。

```
{"ABS-FQ-128";"ABS-FQ-128";"ABS-FQ-128";"ABS-FQ-128";"ABS-FQ-128";"ABS-FQ-192";"ABS-FQ-192";"ABS-FQ-192";…;"ABS-FQ-256";"ABS-FQ-256"}
```

LOOKUP函数返回的产品规格数组各元素分别与E3单元格的产品规格“ABS-FQ-192”比较，若相等返回TRUE，不相等返回FALSE。返回值如下。

```
{FALSE;FALSE;FALSE;FALSE;FALSE;…;FALSE}
```

最后，用SUM函数将比较返回的数组与C2:C19单元格区域数值乘积求和。

14.2.6 使用OFFSET函数通过给定偏移量得到新的引用

OFFSET函数功能十分强大，在数据动态引用及后续的多维引用等很多应用实例中都会用到。例如，可以构建动态的引用区域，用于数据验证中的动态下拉菜单，以及在图表中构建动态的数据源等。

OFFSET函数以指定的引用为参照，通过给定偏移量得到新的引用，返回的引用可以为一个单元格或单元格区域，也可以指定返回的行数和列数。

其语法如下。

```
OFFSET(reference,rows,cols,[height],[width])
```

第一参数reference是必需参数。作为偏移量参照的起始引用区域。该参数必须为对单元格或相连单元格区域的引用，否则OFFSET返回错误值#VALUE!或无法完成公式输入。

第二参数rows是必需参数。相对于偏移量参照系的左上角单元格，向上或向下偏移的行数。行数为正数时，表示在起始引用的下方。行数为负数时，表示在起始引用的上方。如果省略必须用半角逗号占位，默认值为0（即不偏移）。

第三参数cols是必需参数。相对于偏移量参照系的左上角单元格，向左或向右偏移的列数。列数为正数时，表示在起始引用的右边。列数为负数时，表示在起始引用的左边。如果省略必须用半角逗号占位，默认值为0（即不偏移）。

第四参数height是可选参数，为要返回的引用区域的行数。

第五参数width是可选参数，为要返回的引用区域的列数。

如果OFFSET函数行数或列数的偏移量超出工作表边缘，将返回错误值#REF!。

1. 图解OFFSET函数偏移方式

如图14-36所示，以下公式将返回对D5单元格的引用。

```
=OFFSET(A1,4,3)
```

其含义如下。

A1单元格为OFFSET函数的引用基点。

rows参数为4，表示以A1为基点向下偏移4行，至A5单元格。

cols参数为3，自A5单元格向右偏移3列，至D5单元格。

如图14-37所示，以下公式将返回对D5:G8单元格区域的引用。

```
=OFFSET(A1,4,3,4,4)
```

	A	B	C	D	E	F	G	H	I	J	K
1	0	1	2	3	4	5	6	7	8	9	10
2	1	1	2	3	4	5	6	7	8	9	10
3	2	11	12	13	14	15	16	17	18	19	20
4	3	21	22	23	24	25	26	27	28	29	30
5	4	31	32	33	34	35	36	37	38	39	40
6	5	41	42	43	44	45	46	47	48	49	50
7	6	51	52	53	54	55	56	57	58	59	60
8	7	61	62	63	64	65	66	67	68	69	70
9	8	71	72	73	74	75	76	77	78	79	80
10	9	81	82	83	84	85	86	87	88	89	90
11	10	91	92	93	94	95	96	97	98	99	100

图14-36　OFFSET函数偏移示例1

	A	B	C	D	E	F	G	H	I	J	K
1	0	1	2	3	4	5	6	7	8	9	10
2	1	1	2	3	4	5	6	7	8	9	10
3	2	11	12	13	14	15	16	17	18	19	20
4	3	21	22	23	24	25	26	27	28	29	30
5	4	31	32	33	34	35	36	37	38	39	40
6	5	41	42	43	44	45	46	47	48	49	50
7	6	51	52	53	54	55	56	57	58	59	60
8	7	61	62	63	64	65	66	67	68	69	70
9	8	71	72	73	74	75	76	77	78	79	80
10	9	81	82	83	84	85	86	87	88	89	90
11	10	91	92	93	94	95	96	97	98	99	100

图14-37　OFFSET函数偏移示例2

其含义如下。

A1单元格为OFFSET函数的引用基点。

rows参数为4，表示以A1为基点向下偏移4行，至A5单元格。

cols参数为3，自A5单元格向右偏移3列，至D5单元格。

height参数为4，width参数为4，表示以D5单元格为起点向下取4行，向右取4列，最终返回对D5:D8单元格区域的引用。

> **提示**
>
> 如果OFFSET函数的最终结果是返回对单元格区域的引用，并且公式在一个单元格中输入时，会显示为错误值#VALUE!。可以在编辑栏中选中公式，按<F9>键查看返回的结果，查看完毕按<Esc>键恢复公式原有状态。OFFSET函数返回的对单元格区域的引用，通常用于其他函数的参数，进行后续的汇总分析。

以下公式将返回对A2:K3单元格区域的引用。

```
=OFFSET(A1:K1,1,0,2,)
```

其含义如下。

以A1:K1单元格区域为引用基点，向下偏移1行0列至A2:K2单元格区域。然后以A2:K2单元格区域为基础取2行。最后参数width用逗号占位简写或省略该参数，表示引用的列数与第一参数引用基点的列数相同。

图14-38中，以下公式将返回对B2、F4和J8单元格的多维引用。

```
=OFFSET(A1,{1,3,7},{1,5,9})
```

其含义如下。

以A1单元格为引用基点，向下分别偏移1、3、7行的同时，向右偏移1、5、9列。

OFFSET函数第二参数和第三参数{1,3,7}和{1,5,9}都是1行3列的数组，一共生成3组偏移量，即偏移1行1列、偏移3行5列和偏移7行9列。

OFFSET函数如果使用数组参数，则会返回多维引用，在数组公式中的使用频率非常高。

在图14-39中，以下公式将返回对B2、F2、J2、B4、F4、J4、B8、F8和J8这9个单元格的引用。

```
=OFFSET(A1,{1,3,7},{1;5;9})
```

	A	B	C	D	E	F	G	H	I	J	K
1	0	1	2	3	4	5	6	7	8	9	10
2	1	1	2	3	4	5	6	7	8	9	10
3	2	11	12	13	14	15	16	17	18	19	20
4	3	21	22	23	24	25	26	27	28	29	30
5	4	31	32	33	34	35	36	37	38	39	40
6	5	41	42	43	44	45	46	47	48	49	50
7	6	51	52	53	54	55	56	57	58	59	60
8	7	61	62	63	64	65	66	67	68	69	70
9	8	71	72	73	74	75	76	77	78	79	80
10	9	81	82	83	84	85	86	87	88	89	90
11	10	91	92	93	94	95	96	97	98	99	100

图14-38 OFFSET函数偏移示例3

	A	B	C	D	E	F	G	H	I	J	K
1	0	1	2	3	4	5	6	7	8	9	10
2	1	1	2	3	4	5	6	7	8	9	10
3	2	11	12	13	14	15	16	17	18	19	20
4	3	21	22	23	24	25	26	27	28	29	30
5	4	31	32	33	34	35	36	37	38	39	40
6	5	41	42	43	44	45	46	47	48	49	50
7	6	51	52	53	54	55	56	57	58	59	60
8	7	61	62	63	64	65	66	67	68	69	70
9	8	71	72	73	74	75	76	77	78	79	80
10	9	81	82	83	84	85	86	87	88	89	90
11	10	91	92	93	94	95	96	97	98	99	100

图14-39 OFFSET函数偏移示例4

其含义如下。

以A1单元格为引用基点，向下分别偏移1行时向右偏移1、5、9列，向下分别偏移3行时向右偏移1、5、9列，向下分别偏移7行时向右偏移1、5、9列。共返回9个单元格引用。

OFFSET函数第二参数{1,3,7}为行数组，第三参数{1;5;9}为列数组，一共生成9组偏移量，即偏移1行1列、偏移1行5列和偏移1行9列；偏移3行1列、偏移3行5列和偏移3行9列；偏移7行1列、偏移7行5列和偏移7行9列。

2. OFFSET函数参数规则

在使用OFFSET函数时，如果省略参数height或参数width，则视为其高度或宽度与引用基点的高度或宽度相同。

如果引用基点是一个多行多列的单元格区域，当指定了参数height或参数width时，则以引用区域的左上角单元格为基点进行偏移，返回的结果区域的宽度和高度仍以width参数和height参数的值为准。

如图14-40所示，以下公式会返回对C3:D4单元格区域的引用。

```
=OFFSET(A1:C9,2,2,2,2)
```

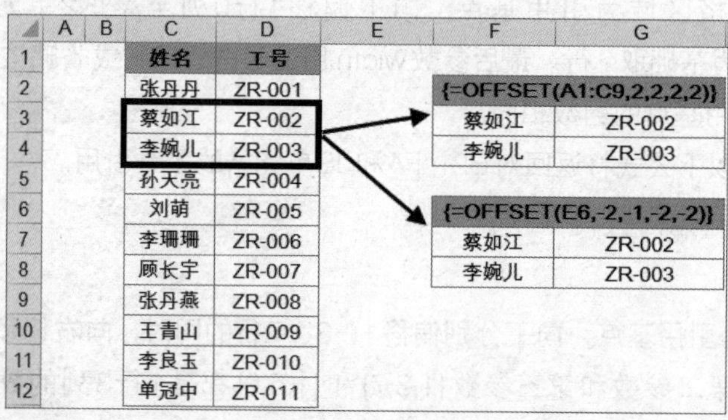

图14-40　OFFSET函数参数规则

其含义为：以A1:C9单元格区域为引用基点，整体向下偏移两行到第3行，向右偏移两列到C列，新引用的行数为两行，新引用的列数为两列。

OFFSET函数的height参数和width参数不仅支持正数，实际上还支持负数，负行数表示向上偏移，负列数表示向左偏移。

以下公式也会返回C3:D4单元格区域的引用。

```
=OFFSET(E6,-2,-1,-2,-2)
```

公式中的rows、cols、height和width参数均为负数，表示以E6单元格为引用基点，向上偏移两行到第4行，向左偏移1列到D列，此时偏移后的基点为D4单元格。在此基础上高度向上返回两行、宽度向左返回两列的单元格区域的引用，也就是以D4单元格为右下角、两行两列的单元格区域。

3. OFFSET函数参数自动取整

如果OFFSET函数的rows、cols、height和width参数不是整数，OFFSET函数会自动舍去小数部分，进行截尾取整计算。

如图14-41所示，以下两个公式的参数分别使用小数和整数，结果都将返回B4:D5单元格区域的引用。

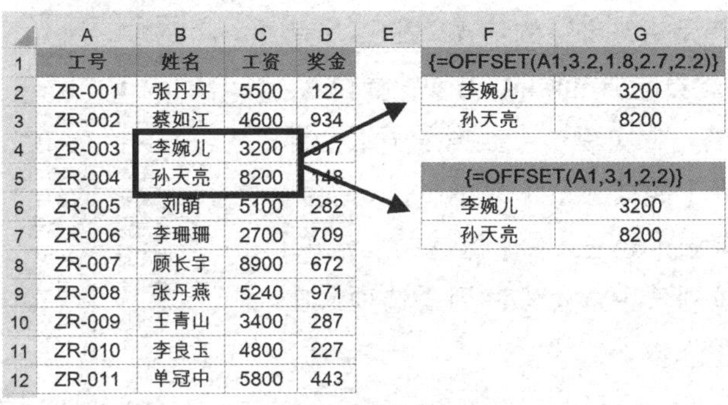

	A	B	C	D
1	工号	姓名	工资	奖金
2	ZR-001	张丹丹	5500	122
3	ZR-002	蔡如江	4600	934
4	ZR-003	李婉儿	3200	317
5	ZR-004	孙天亮	8200	148
6	ZR-005	刘萌	5100	282
7	ZR-006	李珊珊	2700	709
8	ZR-007	顾长宇	8900	672
9	ZR-008	张丹燕	5240	971
10	ZR-009	王青山	3400	287
11	ZR-010	李良玉	4800	227
12	ZR-011	单冠中	5800	443

{=OFFSET(A1,3.2,1.8,2.7,2.2)}	
李婉儿	3200
孙天亮	8200

{=OFFSET(A1,3,1,2,2)}	
李婉儿	3200
孙天亮	8200

图14-41 OFFSET函数参数自动取整

选中F2:G3单元格区域，输入以下数组公式，按<Ctrl+Shift+Enter>组合键。

```
{=OFFSET(A1,3.2,1.8,2.7,2.2)}
```

选中F6:G7单元格区域，输入以下数组公式，按<Ctrl+Shift+Enter>组合键。

```
{=OFFSET(A1,3,1,2,2)}
```

公式以A1单元格为引用基点，向下偏移3行，向右偏移1列，新引用的区域为两行两列。

示例14-30 产品销售金额统计

在图14-42中，A~D列为不同产品1~3月的销售金额记录，要求根据F2单元格的产品名称在G2单元格返回该产品1~3月的销售额合计。

	A	B	C	D	E	F	G
1	产品	1月	2月	3月		产品	1~3月合计
2	电饭煲	62	75	68		空调	201
3	空调	51	69	81			
4	微波炉	86	77	69			
5	压力锅	51	82	73			

图14-42 产品销售金额统计

在G2单元格中输入以下公式。

```
=SUM(OFFSET(B1:D1,MATCH(F2,A2:A5,),))
```

“MATCH(F2,A2:A5,)”部分返回F2单元格的产品名称“空调”在A2:A5单元格区域中所在的行数，结果为2。OFFSET函数以B1:D1单元格区域为引用基准，向下偏移两行，返回B3:D3单元格区域的引用。由于OFFSET第三参数只用逗号占位简写为0，列偏移量为0，即OFFSET函数最终返回B3:D3单元格区域的引用。

最后再用SUM函数对返回的引用求和就得到了“空调”1~3月销售金额合计。

示例14-31 动态下拉菜单

图14-43中的A~B列为部分市和下辖县的信息，要求根据D2单元格“市”的信息，在E2单元格生成该市对应下辖县的下拉菜单，方便快捷输入。

	A	B	C	D	E
1	市	县		市	县
2	南阳市	内乡		安阳市	汤阴
3	南阳市	卧龙			
4	南阳市	邓州			
5	南阳市	镇平			
6	安阳市	安阳县			
7	安阳市	林州市			
8	安阳市	汤阴			
9	濮阳市	濮阳市			
10	濮阳市	南乐			
11	濮阳市	清丰			
12	濮阳市	范县			
13	濮阳市	台前			

图14-43 动态下拉菜单

选中E2单元格，依次单击【数据】→【数据验证】按钮，弹出【数据验证】对话框。切换到【设置】选项卡，单击【验证条件】区域的【允许】下拉按钮，在下拉列表中选择【序列】选项，在【来源】编辑框中输入以下公式：

```
=OFFSET(B1,MATCH(D2,A:A,)-1,,COUNTIF(A:A,D2),)
```

选中【忽略空值】和【提供下拉箭头】复选框，然后单击【确定】按钮关闭对话框，如图14-44所示。

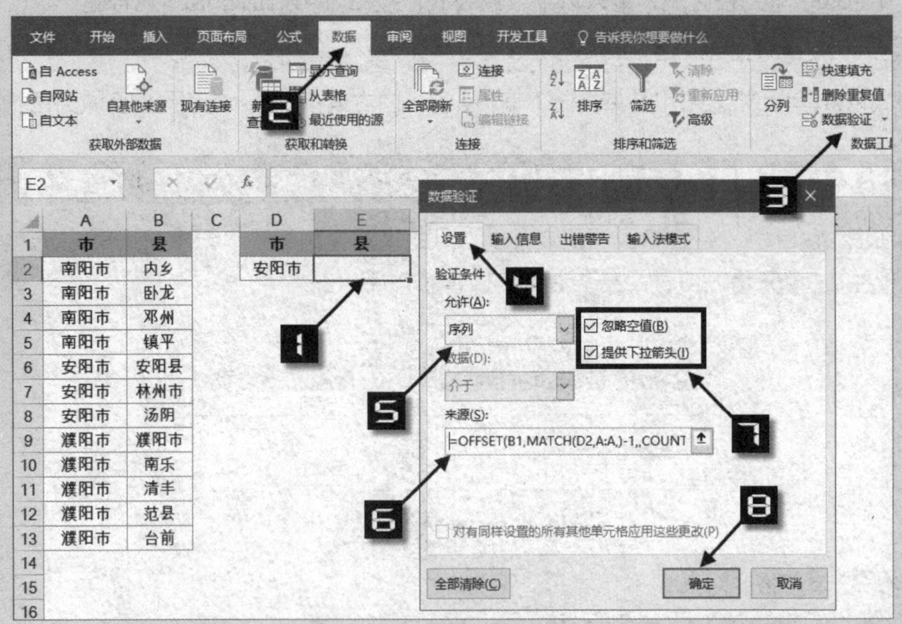

图14-44 设置数据验证

“MATCH(D2,A:A,)”部分返回D2单元格内容在A列第一次出现的位置6，返回值6减去1作为OFFSET函数偏移的行数。“COUNTIF(A:A,D2)”部分返回D2单元格内容在A列出现的次数3，即该市对应下辖县的行数。

OFFSET函数以B1单元格为引用基准，向下偏移5行到B6单元格，然后偏移0列，取3行1列得到B6:B8单元格区域的引用。最后，利用【数据验证】的相关功能即生成了

"安阳市"下辖县的下拉菜单。

当D2单元格的内容变化时，E2单元格的下拉菜单也会随之变化。

提示

使用此方法时，要求A列的项目必须经过排序处理。

OFFSET函数参数用数组时会生成多维引用，配合SUBTOTAL函数可以实现多行或多列求和后的最大值、平均值等统计要求。

示例14-32 求总成绩的最大值

如图14-45所示，A~D列为某班级学生成绩表，要求在F2单元格返回全部学生数学、语文和英语总成绩的最大值。

在F2单元格中输入以下数组公式，按<Ctrl+Shift+Enter>组合键。

```
{=MAX(SUBTOTAL(9,OFFSET(B1:D1,ROW(1:7),)))}
```

	A	B	C	D	E	F
1	姓名	数学	语文	英语		总分最大值
2	张三	90	70	88		274
3	李四	85	75	65		
4	王五	75	76	67		
5	赵七	85	82	78		
6	刘八	88	88	98		
7	蔡明	89	89	85		
8	大林	56	74	88		

图14-45　求总成绩的最大值

"OFFSET(B1:D1,ROW(1:7),)"部分以B1:D1单元格区域为引用基准，向下分别偏移1~7行，生成B2:D2、B3:D3、B4:D4…B8:D8等7个区域的多维引用。

SUBTOTAL函数使用9作为第一参数，表示使用SUM函数的计算规则，分别对OFFSET函数生成的7个区域求和，分别得到每个学生三门学科的总成绩之和。

```
{248;225;218;245;274;263;218}
```

最后，用MAX函数提取出最大值。

示例14-33 统计新入职员工前三个月培训时间

图14-46所示的是某单位1~6月份新入职员工的培训记录，新员工从入职第一个月开始，每月需进行培训。要求计算每名员工前3个月的培训总时间。

在H2单元格中输入以下数组公式，按<Ctrl+Shift+Enter>组合键，并向下复制到H8单元格。

	A	B	C	D	E	F	G	H
1	姓名	1月份	2月份	3月份	4月份	5月份	6月份	合计
2	张三					2	4	6
3	李四		5	2	2	3	1	9
4	王五						2	2
5	赵七		1	3	2	3	2	6
6	刘八			2	2	3	1	7
7	蔡明		4	1	2	4	3	7
8	大林	1	3	2	3	1	2	6

图14-46　统计新入职员工前三个月培训时间

```
{=SUM(OFFSET(A2,,MATCH(,0/B2: G2,),,3) B2:G2)}
```

公式中MATCH函数的第一参数和第三参数，以及OFFSET函数的第二参数和第四参数均仅以逗号占位，公式如下。

```
{=SUM(OFFSET(A2,0,MATCH(0,0/B2:G2,0),1,3) B2:G2)}
```

“MATCH(,0/B2:G2,)”部分，用0除以B2:G2单元格区域中的数值，得到如下0和错误值#DIV/0!组成的数组：

```
{#DIV/0!,#DIV/0!,#DIV/0!,#DIV/0!,0,0}
```

再以0作为查找值，在由0和错误值组成的数组结果中进行查找。返回第一个0所在的位置，也就是0第一次出现数值的位置，结果为5。

OFFSET函数以A2单元格为引用基点，第二参数省略参数值，表示向下偏移行数为0。向右偏移的列数为MATCH函数的计算结果5。

第四参数也省略参数值，表示新引用区域的行数与引用基点A2的行数相同，结果为1。再以此为基点向右3列作为新引用区域的列数，最终返回F2:H2单元格区域的引用。

由于B2:G2单元格区域中的数值不足3个，也就是新员工入职时间不足3个月，此时OFFSET函数引用的区域已经超出B2:G2单元格区域的范围，如果直接使用SUM函数求和，会与公式所在的H2单元格产生循环引用而无法正常运算。

以OFFSET函数返回的引用区域和“B2:G2”使用交叉引用的方式，得到两个引用区域重叠部分，即F2:G2单元格区域。最后使用SUM函数进行求和。

通过设置OFFSET函数的偏移量，能够快速实现有规律数据的行列转换。

示例14-34 使用OFFSET函数实现行列转换

如图14-47所示，A列和B列是部分花名中英文对照表，中文内容和英文对照分别在同一行中并排显示，使用OFFSET函数，能够将中英文内容转换为在同一列依次显示。

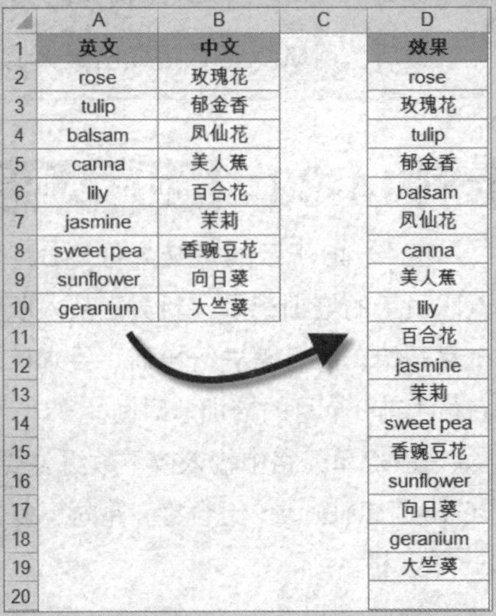

	A	B	C	D
1	英文	中文		效果
2	rose	玫瑰花		rose
3	tulip	郁金香		玫瑰花
4	balsam	凤仙花		tulip
5	canna	美人蕉		郁金香
6	lily	百合花		balsam
7	jasmine	茉莉		凤仙花
8	sweet pea	香豌豆花		canna
9	sunflower	向日葵		美人蕉
10	geranium	大竺葵		lily
11				百合花
12				jasmine
13				茉莉
14				sweet pea
15				香豌豆花
16				sunflower
17				向日葵
18				geranium
19				大竺葵
20				

图14-47 中英文内容在同一列显示

在D2单元格中输入以下公式，并向下复制到单元格显示空白为止。

```
=OFFSET($A$2,(ROW(A1)-1)/2,MOD(ROW(A1)-1,2))&""
```

公式以“(ROW(A1)-1)/2”部分的计算结果作为OFFSET函数的行偏移参数，在D2单元格中的计算结果为0。ROW函数使用了相对引用，在公式向下复制时计算结果依次为0，0.5，1，1.5，…即从0开始构成一个步长值为0.5的递

增序列。OFFSET函数对参数自动截尾取整，因此，ROW函数生成的序列在OFFSET中的作用相当于0，0，1，1，…即公式每向下复制两行，OFFSET偏移的行数增加1。

“MOD(ROW(A1)-1,2)”部分的计算结果作为OFFSET函数的列偏移参数，在D2单元格中的计算结果为0。在公式向下复制时计算结果依次为0，1，0，1，…即从0开始构成一个0和1的循环序列。

OFFSET函数以A2单元格为引用基点，使用ROW函数和MOD函数构建的有规律的序列作为行列偏移量，完成数据转置，如图14-48中的F列所示。

	A	B	C	D	E	F
1	英文	中文		效果		自A2开始的偏移量
2	rose	玫瑰花		rose		0行0列　A2
3	tulip	郁金香		玫瑰花		0行1列　B2
4	balsam	凤仙花		tulip		1行0列　A3
5	canna	美人蕉		郁金香		1行1列　B3
6	lily	百合花		balsam		2行0列　A4
7	jasmine	茉莉		凤仙花		2行1列　B4
8	sweet pea	香豌豆花		canna		3行0列　A5
9	sunflower	向日葵		美人蕉		3行1列　B5
10	geranium	大竺葵		lily		4行0列　A6
11				百合花		4行1列　B6
12				jasmine		5行0列　A7
13				茉莉		5行1列　B7
14				sweet pea		6行0列　A8
15				香豌豆花		6行1列　B8
16				sunflower		7行0列　A9
17				向日葵		7行1列　B9
18				geranium		8行0列　A10
19				大竺葵		8行1列　B10
20						9行0列　A11

图14-48　有规律的偏移

如果OFFSET函数返回的引用为空单元格，公式结果将返回0，“&""”部分用于屏蔽无意义的0值。

14.2.7　使用INDIRECT函数将文本字符串转换为单元格引用

INDIRECT函数能够根据第一参数的文本字符串生成具体的单元格引用。主要用于创建对静态命名区域的引用、从工作表的行列信息创建引用及创建固定的数值组等，使用文本连接符“&”，可以构造“常量+变量”“静态+动态”相结合的单元格引用方式。

其语法如下。

```
INDIRECT(ref_text,[a1])
```

第一参数ref_text是一个表示单元格地址的文本，可以是A1或是R1C1引用样式的字符串，也可以是已定义的名称或“表”的结构化引用。但如果自定义名称是使用函数与公式产生的动态引用，则无法用“=INDIRECT(名称)”再次引用。

第二参数a1是一个逻辑值，用于指定使用A1引用样式还是R1C1引用样式，如果该参数为TRUE或省略，第一参数中的文本被解释为A1样式的引用。如果为FALSE或是写成0，则将第一参数中的文本解释为R1C1样式的引用。

INDIRECT函数默认采用A1引用样式。采用R1C1引用样式时，参数中的“R”与“C”分别表示行（ROW）与列（COLUMN），与各自后面的数值组合起来表示具体的区域。如R8C1表示工作表中的第8行第1列，即A8单元格。如果在数值前后加上“[ ]”，则表示与公式所在单元格相对位置的行列。表示行列时，字母R和C不区分大小写。

例如，在工作表第1行任意单元格使用以下公式。

```
=INDIRECT("R[-1]C1",)
```

将返回A列最后一个单元格的引用，即A1048576单元格。

又如，在A1单元格使用以下公式。

```
=INDIRECT("R[-1]C[-1]",)
```

将返回工作表右下方最后一个单元格的引用，即XFD1048576单元格。

例1　图14-49中，A1单元格为字符串“C1”，C1单元格中为字符串“测试”。在A3单元格中输入以下公式。

```
=INDIRECT(A1)
```

函数参数引用A1，INDIRECT函数将A1单元格中的字符串“C1”变成实际的引用，因此函数返回的是C1单元格的引用，即返回C1单元格中的字符串“测试”。

例2　图14-50中，A1单元格为文本“C1”，C1单元格中为文本“测试”。在A3单元格中输入以下公式。

```
=INDIRECT("A1")
```

INDIRECT函数的参数为文本“A1”，因此函数返回的是对A1单元格的引用，即返回A1单元格中的文本“C1”。

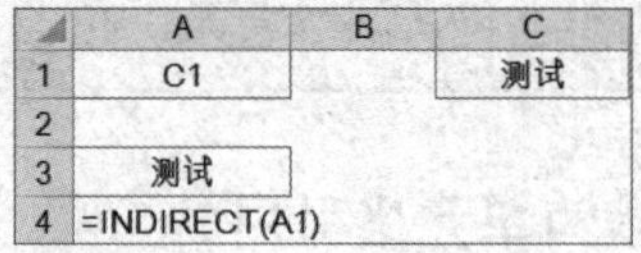

	A	B	C
1	C1		测试
2			
3	测试		
4	=INDIRECT(A1)		

图14-49　INDIRECT函数间接引用

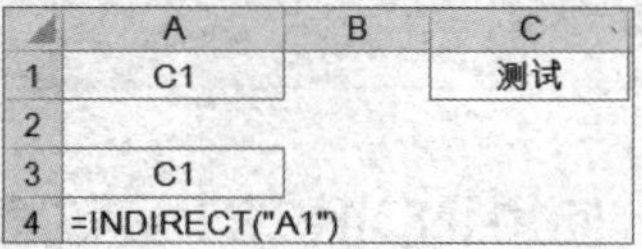

	A	B	C
1	C1		测试
2			
3	C1		
4	=INDIRECT("A1")		

图14-50　INDIRECT函数直接引用

例3　在图14-51所示的D4单元格中输入文本“A1:B5”，在D2单元格中使用以下公式将计算A1:B5单元格区域之和。

```
=SUM(INDIRECT(D4))
```

	A	B	C	D	E
1	9	4			
2	3	1		46	=SUM(INDIRECT(D4))
3	1	5			
4	9	3		A1:B5	文本表示的求和区域
5	8	3			

图14-51　固定区域求和

“A1:B5”只是D3单元格中普通的文本内容，INDIRECT函数将表示引用的字符串转换为真正的A1:B5单元格区域的引用，最后使用SUM函数计算引用区域的和。

这种求和方式不受删除或插入行列的影响，会固定计算A1:B5单元格区域之和。

例4　在图14-52所示的C2单元格中输入以下公式，向下复制到C6单元格。C2:C6单元格区域将根据A列和B列指定的数值，以R1C1引用样式返回对应单元格的引用。

```
=INDIRECT("R"&A2&"C"&B2,)
```

	A	B	C	D	E	F	G	H
1	R值	C值	R1C1方式引用值结果					
2	3	5	3行5列					
3	5	5	5行5列		3行5列			
4	4	7	4行7列				4行7列	
5	6	6	6行6列		5行5列			
6	6	8	6行8列			6行6列		6行8列

图14-52　R1C1样式引用

“"R"&A2&"C"&B2”部分将文本“R”、A2单元格内容、文本“C”和B2单元格的内容连接为文本字符串“R3C5”。INDIRECT函数第二参数使用0，表示第一参数使用R1C1引用样式，最终返回工作表第3行第5列，即E3单元格的引用。

示例14-35　跨工作表引用数据

图14-53所示的是某公司销售人员1~3月的销售记录，要求将各月销售人员的销售额汇总到汇总表中。

1月：

	A	B
1	姓名	销售额
2	王刚	24
3	李建国	94
4	吕国庆	45
5	李珊	69
6	王建	60
7	孙玉详	26
8	刘情	52
9	朱莽	70
10	汤灿	71
11	刘烨	83

2月：

	A	B
1	姓名	销售额
2	王刚	59
3	李建国	49
4	吕国庆	43
5	李珊	20
6	王建	35
7	孙玉详	92
8	刘情	44
9	朱莽	86
10	汤灿	41
11	刘烨	68

3月：

	A	B
1	姓名	销售额
2	王刚	35
3	李建国	68
4	吕国庆	15
5	李珊	13
6	王建	71
7	孙玉详	64
8	刘情	10
9	朱莽	13
10	汤灿	20
11	刘烨	80

汇总表：

	A	B	C	D
1	姓名	1月	2月	3月
2	王刚	24	59	35
3	李建国	94	49	68
4	吕国庆	45	43	15
5	李珊	69	20	13
6	王建	60	35	71
7	孙玉详	26	92	64
8	刘情	52	44	10
9	朱莽	70	86	13
10	汤灿	71	41	20
11	刘烨	83	68	80

图14-53　跨工作表引用数据

在“汇总表”B2单元格中输入以下公式，并复制到B2:D11单元格区域。

```
=INDIRECT("'"&B$1&"'!B"&ROW())
```

“汇总表”B2单元格公式中的“"'"&B$1&"'!B"&ROW()”部分生成字符串“'1月'!B2”，也就是名称为“1月”的工作表B2单元格的地址，INDIRECT函数将其转换成真正的地址引用，返回值24。

公式向下复制时，ROW函数依次返回3、4…INDIRECT函数依次返回名称为“1月”的工作表B3、B4…的值。

公式向右复制时，工作表名称会依次变成“2月”“3月”，从而实现了跨工作表引用数据的功能。

注意

如果引用工作表标签名中包含有空格等特殊符号或以数字开头时，工作表的标签名中必须使用一对半角单引号进行包含，否则返回错误值#REF!。例如，引用工作表名称为“Excel Home”的B2单元格内容，公式应为“=INDIRECT("'Excel Home'!B2")”。

使用时可以在空白单元格中先输入等号“=”，再单击对应的工作表标签，激活该工作表之后，单击任意单元格，按<Enter>键结束公式输入后，观察公式中的半角单引号位置。

示例14-36 汇总分表汇总行数据

图14-54所示的是某公司销售人员1~3月的销售记录，不同月份数据行数不同。要求将各月销售合计金额引用到“汇总表”。

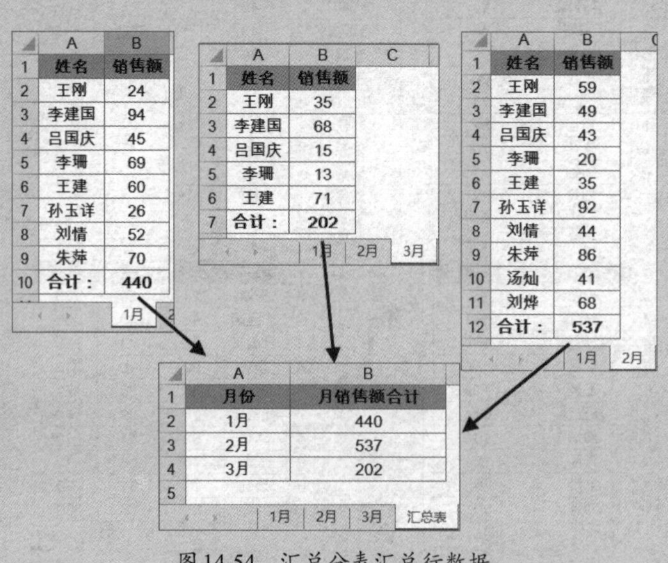

1月：

姓名	销售额
王刚	24
李建国	94
吕国庆	45
李珊	69
王建	60
孙玉详	26
刘情	52
朱莽	70
合计：	440

3月：

姓名	销售额
王刚	35
李建国	68
吕国庆	15
李珊	13
王建	71
合计：	202

2月：

姓名	销售额
王刚	59
李建国	49
吕国庆	43
李珊	20
王建	35
孙玉详	92
刘情	44
朱莽	86
汤灿	41
刘烨	68
合计：	537

汇总表：

月份	月销售额合计
1月	440
2月	537
3月	202

图14-54 汇总分表汇总行数据

在“汇总表”B2单元格中输入以下公式。

```
=INDIRECT("'"&A2&"'!R"&MATCH("合计:",INDIRECT("'"&A2&"'!A:A"),)&"C2",)
```

“汇总表”B2单元格公式中“INDIRECT("'"&A2&"'!A:A")”部分生成“1月”工作表中A列的引用，即“'1月'!A:A”。MATCH函数精确查找“合计：”在“1月”工作表中A列的位置，返回10。

最外层的INDIRECT函数第二参数使用0，表示采用的是R1C1引用样式。第一参数返回的字符串为“'1月'!R10C2”，表示“1月”工作表中第10行第2列的引用。INDIRECT函数将表示该引用的字符串转换为真实引用，返回“1月”工作表中A列“合计：”对应的B列销售额合计440。

公式向下复制，依次返回“2月”和“3月”B列的销售额合计数据。

根据本例中的数据规律，一列中的合计数总是等于该列的最大值，因此，也可以使用以下公式。

```
=MAX(INDIRECT(A2&"!B:B"))
```

直接使用INDIRECT函数得到以A2单元格内容命名的工作表B列的整列引用，然后使用MAX函数计算出该列最大值。

提示

使用INDIRECT函数也可以创建对另一个工作簿的引用，但被引用工作簿必须是打开的，否则公式将返回错误值#REF!。

示例14-37　统计考核不合格人数

图14-55所示的是一份二维表样式的员工考核记录。低于60分的为考核不合格，需要统计考核不合格人数。

	A	B	C	D	E	F	G	H
1	序号	姓名	成绩	序号	姓名	成绩		不合格人数
2	1	王刚	62	11	王光	62		4
3	2	李建国	96	12	李亮	96		
4	3	吕国庆	98	13	刘洋	98		
5	4	韩当	41	14	王晓光	41		
6	5	王建	76	15	孔辰刚	76		
7	6	孙玉详	80	16	梁婷	80		
8	7	刘情	63	17	王小翠	63		
9	8	朱萍	95	18	李爽	95		
10	9	汤灿	59	19	刘艺	59		
11	10	刘烨	70	20	魏永	70		

图14-55　统计考核不合格人数

在H2单元格中输入以下公式。

```
=SUM(COUNTIF(INDIRECT({"C2:C11","F2:F11"}),"<60"))
```

直接使用COUNTIF函数统计时，需排除考核表中的员工序号信息。由于COUNTIF函数第一参数不支持联合区域的引用，因此，需要引用不同区域分别进行统计，在数据量比较大的情况下，将会非常烦琐。

INDIRECT函数返回文本字符串“{"C2:C11", "F2:F11"}”的引用，为COUNTIF函数间接提供引用区域。

COUNTIF函数分别返回C2:C11单元格区域小于60和F2:F11单元格区域小于60的人数。最后使用SUM函数对COUNTIF函数的计算结果求和，统计出考核不合格人数。

示例14-38 实现单元格值累加

在图14-56中，A2:A11单元格区域为数值，要求返回B列要求的累加区域的结果，即分别返回A2:A2单元格区域、A2:A3单元格区域、A2:A4单元格区域……的累加值。

	A	B	C
1	数值	累加区域	累加值
2	1	A2:A2	1
3	2	A2:A3	3
4	3	A2:A4	6
5	4	A2:A5	10
6	5	A2:A6	15
7	6	A2:A7	21
8	7	A2:A8	28
9	8	A2:A9	36
10	9	A2:A10	45
11	10	A2:A11	55

图14-56 实现单元格值累加

选中C2:C11单元格区域，输入以下数组公式，按<Ctrl+Shift+Enter>组合键。

```
=SUBTOTAL(9,INDIRECT("A2:A"&ROW(2:11)))
```

“"A2:A"&ROW(2:11)”部分返回包括如下10个元素的数组。

```
{"A2:A2";"A2:A3";"A2:A4";"A2:A5";"A2:A6";"A2: A7";"A2:A8";"A2:A9";"A2:A10";"A2:A11"}
```

INDIRECT函数将其转换为真实单元格区域的多维引用。SUBTOTAL函数分别对INDIRECT函数返回的10个区域分别求和，返回如下的累加值内存数组。

```
{1;3;6;10;15;21;28;36;45;55}
```

如需在单元格中依次计算出累加数值，可以在C2单元格中使用以下公式，向下复制到C11单元格：

```
=SUM(A$2:A2)
```

示例14-39 带合并单元格的数据查询

在图14-57所示的员工信息表中，A列的部门使用了合并单元格。需要根据E3单元格中的姓名查询所在部门。

在F3单元格中输入以下公式，查询结果为“财务部”。

```
=LOOKUP("做",INDIRECT("A1:A"&MATCH(E3,B:B,0)))
```

“MATCH(E3,B:B,0)”部分表示用MATCH函数返回E3单元格中的姓名在B列所处的精确位置，结果为10。

	A	B	C	D	E	F
1	部门	姓名	籍贯			
2	安监部	谭静达	山东		姓名	所在部门
3		保文凤	北京		蒋秀芳	财务部
4		邬秉珍	河北			
5		李王雁	江苏			
6		张胜利	上海			
7	财务部	杨鸿秀	浙江			
8		王学明	江西			
9		周昆林	山西			
10		蒋秀芳	甘肃			
11		胡耀奇	吉林			
12	销售部	范绍雄	黑龙江			
13		郭云丽	浙江			
14		陈正明	江西			
15		张华昌	山东			

图14-57 带合并单元格的数据查询

用字符串“A1:A”与MATCH函数的结果连接为具有单元格地址样式的新字符串“A1:A10”，再使用INDIRECT函数将这个字符串转换为真正的单元格引用地址。

LOOKUP函数的查询值使用“做”，在A1:A10单元格区域中返回最后一个文本记录，也就是员工的部门信息。

14.2.8 使用CHOOSE函数根据指定的序号返回对应内容

CHOOSE函数可以根据指定的数字序号返回与其对应的数据值、区域引用或嵌套函数结果。根据此函数的特性，可以在某些条件下用它替代IF函数实现多条件的判断。该函数语法如下。

```
CHOOSE(index_num,value1,[value2],…)
```

第一参数index_num为1~254的数字，也可以是包含1~254之间数字的公式或单元格引用。如果为1，返回value1；如果为2，则返回value2，以此类推。如果第一参数为小数，则在使用前将被截尾取整。

例如，以下公式将返回“B”。

```
=CHOOSE(2.2,"A","B","C","D")
```

示例14-40 不同月份销售额统计

图14-58为销售人员1~3月销售明细，要求根据B9单元格输入的月份统计全部销售人员当月销售额合计。

在C9单元格中输入以下公式。

```
=SUM(CHOOSE(MATCH(B9,B1:D1,),B2:B6,C2:C6,D2:D6))
```

“MATCH(B9,B1:D1,)”部分返回B9单元格的月份在B1:D1单元格区域中的位置2，CHOOSE函数根据MATCH函数的返回值2返回备选参数中的第二个引用，即C2:C6单元格区域。

最后用SUM函数求和，得到2月份的销售额合计。

	A	B	C	D
1	姓名	1月	2月	3月
2	王刚	24	59	35
3	李建国	94	49	68
4	吕国庆	45	43	15
5	李珊	69	20	13
6	王建	60	35	71
7				
8		月份	销售额	
9		2月	206	

图14-58　不同月份销售额统计

14.3　其他查找与引用函数

14.3.1　使用HYPERLINK函数生成超链接

HYPERLINK函数是Excel中唯一一个可以返回数据值以外，还能够生成链接的特殊函数。HYPERLINK函数可以创建跳转到当前工作簿中的其他位置、指定路径的文档或Internet地址的快捷方式。单击包含HYPERLINK函数的单元格时，Excel将跳转到相应位置或打开指定的文档。

HYPERLINK函数语法如下。

```
HYPERLINK(link_location,friendly_name)
```

参数link_location是要打开的文档的路径和文件名。可以指向Excel工作表或工作簿中特定的单元格或命名区域，或者是指向Microsoft Word文档中的书签。路径可以表示存储在硬盘驱动器上的文件，也可以是UNC路径或URL路径。除了使用直接的文本链接以外，还支持使用在Excel中定义的名称，但相应的名称前必须加上前缀“#”，如#DATA、#Name。对于当前工作簿中的链接地址，也可以使用前缀“#”来代替当前工作簿名称。

friendly_name为可选参数，表示单元格中显示的跳转文本或数字值。如果省略，HYPERLINK函数建立超链接后将显示第一参数的内容。

若要选择一个包含超链接的单元格但不跳转到超链接目标，可单击单元格并按住鼠标左键不放，直到指针变成空心十字形“✣”，然后释放鼠标即可。

示例14-41　创建有超链接的工作表目录

图14-59所示的是不同销售人员的明细表，每个销售人员数据存储在不同的工作表中。为了方便查看数据，要求在“目录”工作表中创建指向各工作表的超链接。

	A	B	C
1	工作表名称	跳转超链接	
2	朱萍	点击跳转	
3	王建	点击跳转	
4	汤灿	点击跳转	
5	李建国	点击跳转	
6			

目录 | 朱萍 | 王建 | 汤灿 | 李建国

图14-59　为工作表名称添加超链接

在B2单元格中使用以下公式，并向下复制到B5单元格。

```
=HYPERLINK("#"&A2&"!A1","点击跳转")
```

公式中“"#"&A2&"!A1"”部分指定了当前工作簿内链接跳转的具体单元格位置；第二参数为“点击跳转”，表示建立超链接后显示在B2单元格的文字。

设置完成后，鼠标指针靠近公式所在单元格时，会自动变成手形，单击超链接，即跳转到相应工作表的A1单元格。

注意

使用HYPERLINK函数，除了可以链接到当前工作簿中的单元格位置外，还可以在不同工作簿之间建立超链接或链接到其他应用程序。例如，使用连接符“&”，生成带有路径和工作簿名称、工作表名称及单元格地址的文本字符串，作为HYPERLINK函数跳转的具体位置为“[E:\项目进度表.xlsx]一期项目进度!A3”。

示例14-42 快速跳转到指定单元格

图14-60所示的是一级科目和二级科目明细，要求根据D2单元格的一级科目在E2单元格生成跳转链接以快速跳转。

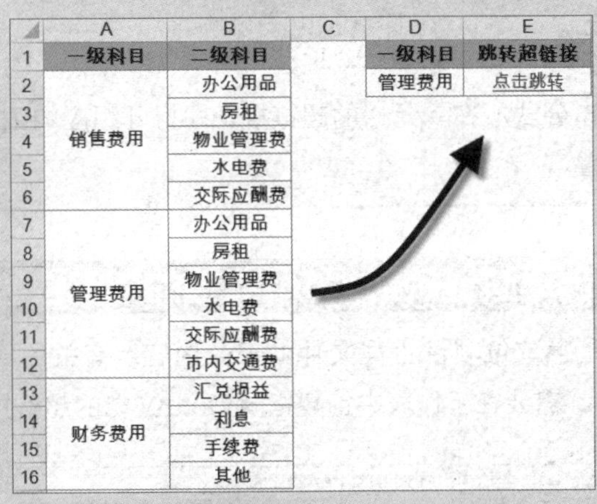

	A	B	C	D	E
1	一级科目	二级科目		一级科目	跳转超链接
2	销售费用	办公用品		管理费用	点击跳转
3		房租			
4		物业管理费			
5		水电费			
6		交际应酬费			
7	管理费用	办公用品			
8		房租			
9		物业管理费			
10		水电费			
11		交际应酬费			
12		市内交通费			
13	财务费用	汇兑损益			
14		利息			
15		手续费			
16		其他			

图14-60 快速跳转到一级科目位置

在E2单元格中输入以下公式。

```
=HYPERLINK("#A"&MATCH(D2,A:A,),"点击跳转")
```

“MATCH(D2,A:A,)”部分返回D2单元格的“管理费用”科目在A列中的位置7。“"#A"&MATCH(D2,A:A,)”部分返回文本“#A7”，HYPERLINK函数以“#A7”作为第一参数返回跳转到当前工作表A7单元格的超链接。

示例14-43 在不同工作簿之间建立超链接

如图14-61所示，需要根据指定的目标工作簿的存储路径、名称、工作表名称和单元格地址，建立带有超链接的文件目录。

	A	B	C	D	E
1	文件路径	工作簿名称	工作表名称	单元格地址	链接到
2	D:\项目管理\	财务预算	2018年固定资产投资预算	A1	财务预算
3	D:\项目管理\	工程进度	一级节点计划	A2	工程进度

图14-61 在不同工作簿之间建立超链接

在E2单元格中输入以下公式，并向下复制到E3单元格。

```
=HYPERLINK("["&A2&B2&".xlsx]"&C2&"!"&D2,B2)
```

首先使用连接符“&”，将字符串“[”“.xlsx]”“!”分别与A2、B2、C2和D2单元格进行连接，使其成为带有路径和工作簿名称、工作表名称及单元格地址的文本字符串，作为HYPERLINK函数跳转的具体位置。

```
"[D:\项目管理\财务预算.xlsx]2018年固定资产投资预算!A1"
```

第二参数引用B2单元格，表示建立超链接后显示的内容为B2单元格的文字。

在工作簿名称和工作表名称之间使用符号“#”，能够代替公式中的一对中括号“[]”，E2单元格也可使用以下公式。

```
=HYPERLINK(A2&B2&".xlsx#"&C2&"!"&D2,B2)
```

设置完成后，单击公式所在单元格的超链接，即打开相应的工作簿，并跳转到指定工作表中的单元格位置。

示例14-44 创建超链接到Word文档的指定位置

图14-62所示的是某单位项目管理文件的部分内容，有关的Word资料存放在D盘“项目管理”文件夹中，需要在工作表中创建指向Word文档的超链接。

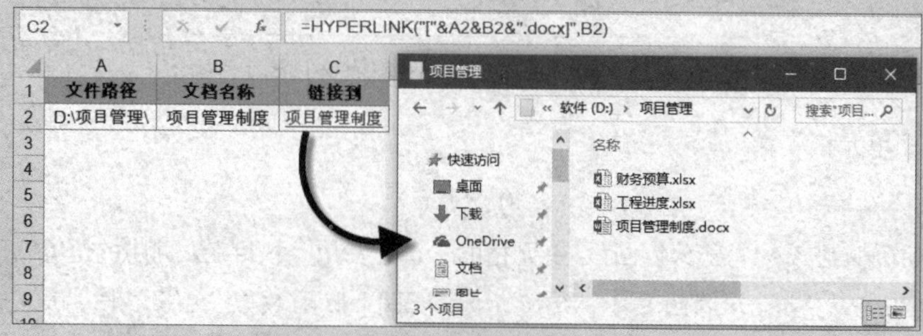

图14-62 创建指向Word文档的超链接

在C2单元格中输入以下公式。

```
=HYPERLINK("["&A2&B2&".docx]",B2)
```

先使用连接符“&”，连接出一个包含完整路径和文件名称及后缀名的字符串“[D:\项目管理\项目管理制度.docx]”。HYPERLINK函数使用该字符串作为跳转的具体位置，公式输入后，单击链接即可打开相应的Word文档。

若要创建指向Word文档中特定位置的超链接，必须使用书签来定义文件中所要跳转到的位置。以“项目管理制度”为例，单击需要跳转的位置，再单击【插入】选项卡下的【书签】按钮，在弹出的【书签】对话框中输入书签名“章节2”，单击【添加】按钮，最后按<Ctrl+S>组合键，如图14-63所示。

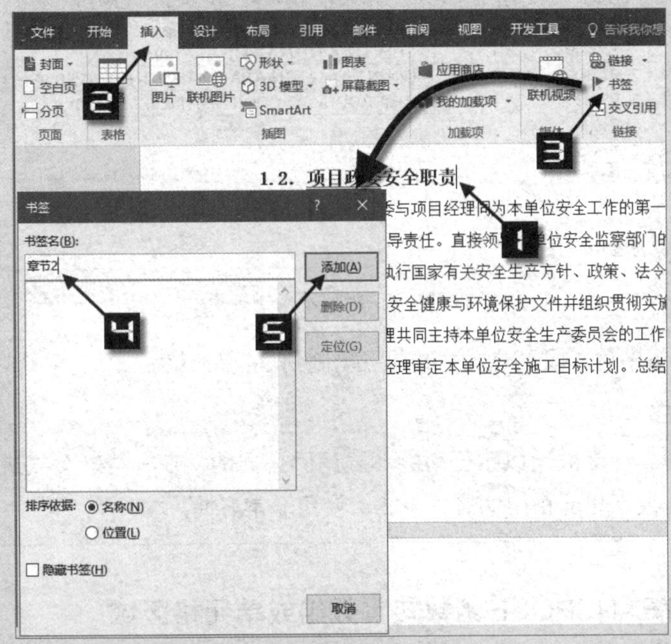

图14-63 Word文档中添加书签

插入书签后，在Excel中输入以下公式。

```
=HYPERLINK("["&A2&B2&".docx]章节2",B2)
```

HYPERLINK函数第一参数使用“[路径+文件名+后缀名]+书签”的格式。单击超链接，即可自动打开D盘“项目管理”文件夹中的Word文档“项目管理制度”，并指向书签“章节2”的位置。

14.3.2 使用FORMULATEXT函数提取公式字符串

在低版本Excel中，如需提取单元格中的公式字符串，需要借助宏表函数中的GET.CELL函数才能实现。在Excel 2016中，可以直接使用FORMULATEXT函数完成，而不再需要定义名称和启用宏，函数语法如下。

```
FORMULATEXT(reference)
```

如果参数reference表示整行或整列，或者表示包含多个单元格的区域或定义名称，则FORMULATEXT返回行、列或区域中最左上角单元格中的公式。如果参数reference的单元格不包含公式，FORMULATEXT函数返回错误值#N/A。

示例14-45 提取公式字符串

如图14-64所示，B列使用了不同的公式统计A2:A10单元格区域不重复值个数，要求在C列提取公式字符串。

	A	B	C
1	数据	不重复值个数	公式
2	三星I9300	4	{=SUM(1/COUNTIF(A1:A10,A1:A10))}
3	三星I9300	4	{=COUNT(0/(MATCH(A1:A10,A1:A10,)=ROW(1:10)))}
4	三星I9300	4	=SUMPRODUCT(1/COUNTIF(A1:A10,A1:A10))
5	三星I9300		
6	Galaxy S2		
7	Galaxy S2		
8	Galaxy S2		
9	联想A789		
10	联想A789		

图14-64 提取公式字符串

在C2单元格中输入以下公式，并向下复制到C4单元格。

```
=FORMULATEXT(B2)
```

FORMULATEXT函数是以字符串的形式返回公式的，在一些对公式进行讲解和演示的场景中，用于展示单元格中的具体公式，使用非常方便。

14.3.3 使用TRANSPOSE函数转置数组或单元格区域

TRANSPOSE函数用于转置数组或工作表上单元格区域。转置单元格区域包括将行单元格区域转置成列单元格区域，或者将列单元格区域转置成行单元格区域，类似于基础操作中的复制→选择性粘贴→转置，如图14-65所示。

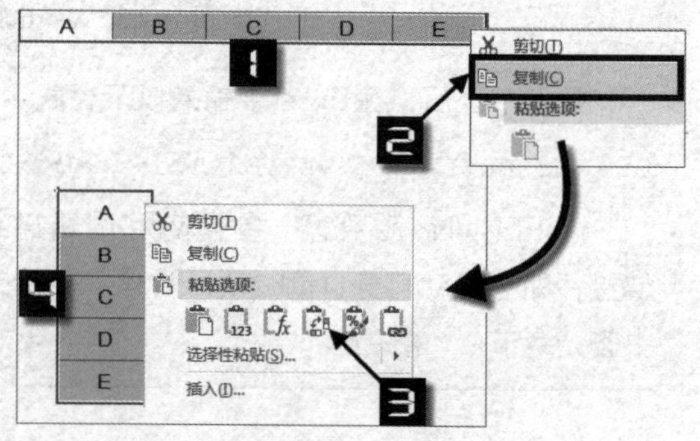

图14-65 复制→选择性粘贴→转置

TRANSPOSE函数语法如下。

```
TRANSPOSE(array)
```

array是必需参数，是需要进行转置的数组或工作表上的单元格区域。转置的效果是将数组的第一行作为新数组的第一列，数组的第二行作为新数组的第二列，以此类推。

示例14-46 制作九九乘法表

使用ROW函数和TRANSPOSE函数，可以生成图14-66所示的九九乘法表。

	A	B	C	D	E	F	G	H	I
1	1×1=1								
2	2×1=2	2×2=4							
3	3×1=3	3×2=6	3×3=9						
4	4×1=4	4×2=8	4×3=12	4×4=16					
5	5×1=5	5×2=10	5×3=15	5×4=20	5×5=25				
6	6×1=6	6×2=12	6×3=18	6×4=24	6×5=30	6×6=36			
7	7×1=7	7×2=14	7×3=21	7×4=28	7×5=35	7×6=42	7×7=49		
8	8×1=8	8×2=16	8×3=24	8×4=32	8×5=40	8×6=48	8×7=56	8×8=64	
9	9×1=9	9×2=18	9×3=27	9×4=36	9×5=45	9×6=54	9×7=63	9×8=72	9×9=81

图14-66 九九乘法表

选中A1:I9单元格区域，输入以下数组公式，按<Ctrl+Shift+Enter>组合键。

```
{=IF(ROW(1:9)<TRANSPOSE(ROW(1:9)),"",ROW(1:9)&"×"&TRANSPOSE(ROW(1:9))&
"="&ROW(1:9)*TRANSPOSE(ROW(1:9)))}
```

公式说明："ROW(1:9)"生成1列9行的内存数组{1;2;3;4;5;6;7;8;9}，"TRANSPOSE(ROW(1:9))"将该数组转换为1行9列的内存数组{1,2,3,4,5,6,7,8,9}，等价于"COLUMN(A:I)"生成的结果。

公式计算过程如下。

（1）选中A2:I9单元格区域，输入以下数组公式，按<Ctrl+Shift+Enter>组合键。

```
{=ROW(1:9)*TRANSPOSE(ROW(1:9))}
```

第1行1与1~9相乘，第2行2与1~9相乘，以此类推，效果如图14-67所示。

	A	B	C	D	E	F	G	H	I
1	1	2	3	4	5	6	7	8	9
2	2	4	6	8	10	12	14	16	18
3	3	6	9	12	15	18	21	24	27
4	4	8	12	16	20	24	28	32	36
5	5	10	15	20	25	30	35	40	45
6	6	12	18	24	30	36	42	48	54
7	7	14	21	28	35	42	49	56	63
8	8	16	24	32	40	48	56	64	72
9	9	18	27	36	45	54	63	72	81

图14-67 生成乘积结果

（2）选中A2:I9单元格区域，输入以下数组公式，按<Ctrl+Shift+Enter>组合键。在图14-67生成的结果前面加上*n*m*的信息，效果如图14-68所示。

```
{=ROW(1:9)&"×"&TRANSPOSE(ROW(1:9))&"="&ROW(1:9)*TRANSPOSE(ROW
(1:9))}
```

	A	B	C	D	E	F	G	H	I
1	1×1=1	1×2=2	1×3=3	1×4=4	1×5=5	1×6=6	1×7=7	1×8=8	1×9=9
2	2×1=2	2×2=4	2×3=6	2×4=8	2×5=10	2×6=12	2×7=14	2×8=16	2×9=18
3	3×1=3	3×2=6	3×3=9	3×4=12	3×5=15	3×6=18	3×7=21	3×8=24	3×9=27
4	4×1=4	4×2=8	4×3=12	4×4=16	4×5=20	4×6=24	4×7=28	4×8=32	4×9=36
5	5×1=5	5×2=10	5×3=15	5×4=20	5×5=25	5×6=30	5×7=35	5×8=40	5×9=45
6	6×1=6	6×2=12	6×3=18	6×4=24	6×5=30	6×6=36	6×7=42	6×8=48	6×9=54
7	7×1=7	7×2=14	7×3=21	7×4=28	7×5=35	7×6=42	7×7=49	7×8=56	7×9=63
8	8×1=8	8×2=16	8×3=24	8×4=32	8×5=40	8×6=48	8×7=56	8×8=64	8×9=72
9	9×1=9	9×2=18	9×3=27	9×4=36	9×5=45	9×6=54	9×7=63	9×8=72	9×9=81

图14-68 添加*n*m*信息

（3）最后添加IF函数，如果"ROW(1:9)<TRANSPOSE(ROW(1:9))"的判断结果为逻辑值TRUE，则公式返回空文本，否则返回由公式组合而成的文本字符串。

14.4 查找引用函数的综合应用

14.4.1 与文本函数嵌套使用

示例14-47 提取单元格中最后一个分隔符前的内容

在图14-69中，A列单元格数据包括一个或多个用“#”分隔的内容，要求提取出最后一个#前面的内容。

	A	B	C	D
1	数据	提取公式1	提取公式2	提取公式3
2	AA#BB#CC#DD#EE	AA#BB#CC#DD	AA#BB#CC#DD	AA#BB#CC#DD
3	AA#BB#CC	AA#BB	AA#BB	AA#BB
4	AA#BB	AA	AA	AA
5	AA#BB#CC#DD	AA#BB#CC	AA#BB#CC	AA#BB#CC

图14-69　提取单元格中最后一个#前的内容

方法一

在B2单元格中输入以下数组公式，按<Ctrl+Shift+Enter>组合键，并向下复制到B5单元格。

```
{=LEFT(A2,LOOKUP(99,FIND("#",A2,ROW($1:$99)))-1)}
```

“FIND("#", A2, ROW($1:$99))”部分，分别从A2单元格文本中第1~99个字符开始查找“#”出现的位置，返回包括数字和错误值的数组如下。

```
{3;3;3;6;6;6;9;9;9;12;12;12;#VALUE!;…;#VALUE!}
```

“LOOKUP(99, FIND("#", A2, ROW($1:$99)))”部分在第二参数中查找小于或等于第一参数99的最后一个数字，返回值为12，即最后一个“#”在A2单元格文本中出现的位置。LOOKUP函数的第一参数99为一个较大的数字，可以用大于A列单元格字符长度的其他数值代替。

最后，LEFT函数从A2单元格左边第一个字符开始取11（12-1）个字符即得到最后一个“#”前的内容。

方法二

在C2单元格中输入以下数组公式，按<Ctrl+Shift+Enter>组合键，并向下复制到C5单元格。

```
{=LEFT(A2,LEN(A2)-MATCH("#*",RIGHT(A2,ROW($1:$99)),))}
```

“RIGHT(A2,ROW($1:$99)”部分，分别从A2单元格文本最后一个字符开始取1~99个字符，返回数组如下。

```
{"E";"EE";"#EE";"D#EE";"DD#EE";"#DD#EE";"C#DD#EE";"CC#DD#EE";"#CC#DD#EE";
"B#CC#DD#EE";"BB#CC#DD#EE";…;"AA#BB#CC#DD#EE"}
```

“MATCH("#*", RIGHT(A2,ROW($1:$99)),)”部分使用通配符“*”，以精确匹配方式返回

第一个“#”开头文本的位置，即“#”从最右边开始数是第几个字符。该部分返回值为3。

“LEN(A2)”部分返回A2单元格文本的字符数，返回值为14。

“LEN(A2)-MATCH("#*",RIGHT(A2,ROW($1:$99)),)”部分返回最后一个“#”前的字符数11，然后LEFT函数从A2单元格文本左边第一个字符开始取11个字符。

方法三

在D2单元格中输入以下数组公式，按<Ctrl+Shift+Enter>组合键，并向下复制到D5单元格。

```
{ =LEFT(A2,LEN(A2)-MATCH(1,FIND("#",RIGHT(A2,ROW($1:$99))),))}
```

“RIGHT(A2,ROW($1:$99)”部分分别从A2单元格文本最后一个字符开始取1~99个字符。

“FIND("#", RIGHT(A2,ROW($1:$99)))”部分返回包括数字和错误值的数组如下。

```
{#VALUE!;#VALUE!;1;2;3;1;2;3;…;3}
```

第一个1出现的位置即“#”从最右边开始数是第几个字符。“MATCH(1,FIND("#", RIGHT(A2,ROW($1:$99))),)”部分返回第一个1出现的位置3。

最后用LEFT函数和LEN函数即可提取出A2单元格文本中最后一个“#”前面的内容。

14.4.2 查找与引用函数嵌套使用

示例14-48 统计指定月份销售量合计

在图14-70中，D~P列区域为不同产品1~12月销售量明细，要求根据B2单元格选取的产品名称及B3单元格和B4单元格选取的起始月份和终止月份在B7单元格中统计对应销售量的合计。

	A	B	C	D	E	F	G	H	I	J	K	L	M	N	O	P
1				品名	1月	2月	3月	4月	5月	6月	7月	8月	9月	10月	11月	12月
2	产品	产品D		产品A	147	133	149	106	97	53		72	56	118	83	138
3	起始月份	2		产品B	74		110	82		145	51	53	83	111	81	98
4	终止月份	7		产品C	87		80	70	136	102	91		87		95	78
5				产品D	59	116	82	138	88	84		105	120	114	87	91
6				产品E	124	80		136	72	107	64	132	96	58		82
7	销量汇总	508		产品F	91	85	135	77		92	103	92	85	105	75	125

图14-70 统计指定月份销售量合计

在B7单元格中输入以下数组公式，按<Ctrl+Shift+Enter>组合键。

```
{=SUM(VLOOKUP(B2,D1:P7,ROW(INDIRECT(B3&":"&B4))+1,0))}
```

“B3&":"&B4”部分返回文本“2:7”，INDIRECT函数将文本“2:7”转换为对工作表第2~7行的引用。“ROW(INDIRECT(B3&":"&B4))”部分返回对应的行号数组。

```
{2;3;4;5;6;7}
```

“ROW(INDIRECT(B3&":"&B4))+1”结果如下。

```
{3;4;5;6;7;8}
```

其含义为：2~7月数据各列在销售量明细表中的列数，用作VLOOKUP的第三参数。

“VLOOKUP(B2,D1:P7,ROW(INDIRECT(B3&":"&B4))+1,0)”部分表示在D1:P7单元格区域中以精确查找方式查找B2单元格“产品D”并返回对应第{3;4;5;6;7;8}列的内容，即“产品D”2~7月的销售量，返回值如下。

```
{116;82;138;88;84;0}
```

最后用SUM函数求和即可。

14.4.3 按多条件筛选记录

示例14-49 制作客户信息查询表

图14-71中的A:D列为客户进货记录，要求根据日期和客户姓名查询进货明细。

	A	B	C	D	E	F	G	H
1	日期	客户姓名	进货单号	进货量		查询日期	2017/12/25	
2	2017/12/24	张三	N1001	10		查询客户	李四	
3	2017/12/25	李四	N1002	20				
4	2017/12/26	王五	N1003	30		查询结果		
5	2017/12/25	李四	N1004	40		序号	进货单号	进货量
6	2017/12/24	张三	N1005	50		1	N1002	20
7	2017/12/29	王五	N1006	60		2	N1004	40
8	2017/12/30	李四	N1007	40				
9	2017/12/31	王五	N1008	20				
10	2017/12/24	张三	N1009	30				

图14-71 制作客户信息查询表

在F6单元格中输入以下数组公式，按<Ctrl+Shift+Enter>组合键，并向下复制到F10单元格，用于生成查询结果序号。

```
{=IF(ROW(A1)>SUM(--($A$2:$A$10=$G$1)*($B$2:$B$10=$G$2)),"",ROW
(A1))}
```

“SUM(--($A$2:$A$10=$G$1)*($B$2:$B$10=$G$2))”部分用于判断符合日期和客户姓名双条件的数据数量，返回值为2。

ROW函数向下复制时会依次生成从1开始的递增自然数序列，IF函数判断当公式下拉超过符合日期和客户姓名双条件的数据数量时返回空文本，否则返回对应自然数序号。

在G6单元格中输入以下数组公式，按<Ctrl+Shift+Enter>组合键，并复制到G6:H10单元格区域。

```
{=IF($F6="","",INDEX(C:C,SMALL(IF(($A$2:$A$10=$G$1)*($B$2:$B$10=$G$2),
ROW($B$2:$B$10)),$F6)))}
```

“($A$2:$A$10=$G$1)*($B$2:$B$10=$G$2)”部分分别用于判断A列数据和B列数据是否与指定的日期和客户姓名相等，同时满足两个条件时返回值为1，否则返回值为0。结果如下。

```
{0;1;0;1;0;0;0;0;0}
```

IF函数判断如果同时满足两个条件时，返回对应数据行号，否则返回FALSE。结果如下。

```
{FALSE;3;FALSE;5;FALSE;FALSE;FALSE;FALSE;FALSE}
```

SMALL函数将符合条件的数据行号从小到大依次输出，INDEX函数在G列和H列分别返回“进货单号”和“进货量”信息。

最后，IF函数判断当查询结果序号单元格为空时公式返回空文本，否则返回INDEX函数查询的“进货单号”和“进货量”信息。

14.4.4　使返回错误值以简化公式

示例14-50　提取一二三级科目名称

在图14-72所示的科目代码表中，A列为科目代码，B列为对应科目名称。A列科目代码中长度为4的为一级代码，长度为6的为二级代码，长度为8的为三级代码。要求根据A列代码分别提取一级、二级和三级科目名称到D:F列。

	A	B	C	D	E	F
1	科目代码	科目名称		一级科目	二级科目	三级科目
2	1001	库存现金		库存现金		
3	1002	银行存款		银行存款		
4	1012	其他货币资金		其他货币资金		
5	101201	外埠存款		其他货币资金	外埠存款	
6	101202	银行本票存款		其他货币资金	银行本票存款	
7	101203	银行汇票存款	→	其他货币资金	银行汇票存款	
8	101204	信用卡存款		其他货币资金	信用卡存款	
9	101205	信用保证金存款		其他货币资金	信用保证金存款	
10	101206	存出投资款		其他货币资金	存出投资款	
11	1101	交易性金融资产		交易性金融资产		
12	110101	本金		交易性金融资产	本金	
13	11010101	股票		交易性金融资产	本金	股票
14	11010102	债券		交易性金融资产	本金	债券
15	11010103	基金		交易性金融资产	本金	基金
16	11010104	权证		交易性金融资产	本金	权证
17	11010199	其他		交易性金融资产	本金	其他

图14-72　提取一二三级科目

选中D2:F2单元格区域，输入以下数组公式，按<Ctrl+Shift+Enter>组合键，并向下复制公式到D2:F245单元格区域。

```
{=IFNA(VLOOKUP(LEFT(A2&"    ",{4,6,8}),$A:$B,2,),"")}
```

如果选中D2:F2单元格区域，直接输入以下数组公式，按<Ctrl+Shift+Enter>组合键，向下复制公式到D2:F245单元格区域，返回结果中二级科目或三级科目列会将一级科目同时显示出来，如图14-73所示。

```
{=VLOOKUP(LEFT(A2,{4,6,8}),$A:$B,2,)}
```

	A	B	C	D	E	F
1	科目代码	科目名称		一级科目	二级科目	三级科目
2	1001	库存现金		库存现金	库存现金	库存现金
3	1002	银行存款		银行存款	银行存款	银行存款
4	1012	其他货币资金		其他货币资金	其他货币资金	其他货币资金
5	101201	外埠存款		其他货币资金	外埠存款	外埠存款
6	101202	银行本票存款		其他货币资金	银行本票存款	银行本票存款
7	101203	银行汇票存款		其他货币资金	银行汇票存款	银行汇票存款
8	101204	信用卡存款		其他货币资金	信用卡存款	信用卡存款
9	101205	信用保证金存款		其他货币资金	信用保证金存款	信用保证金存款
10	101206	存出投资款		其他货币资金	存出投资款	存出投资款
11	1101	交易性金融资产		交易性金融资产	交易性金融资产	交易性金融资产
12	110101	本金		交易性金融资产	本金	本金
13	11010101	股票		交易性金融资产	本金	股票
14	11010102	债券		交易性金融资产	本金	债券

图14-73　直接输入VLOOKUP函数返回效果

“LEFT(A2,{4,6,8})”部分从A列科目代码中分别从左面第一个字符开始取4、6、8个字符作为VLOOKUP函数的第一参数。VLOOKUP函数在D列、E列、F列分别查找4、6、8位科目代码并返回对应的B列科目名称。由于二级科目代码和三级科目代码前4位是一级科目代码，因此，在E列和F列也会返回对应一级科目代码对应的科目名称。

为使E列和F列不再返回对应的一级科目名称，可以使用以下公式，将VLOOKUP函数部分第一参数加4个空格，使VLOOKUP返回错误值。返回结果如图14-74所示。

```
{=VLOOKUP(LEFT(A2&"    ",{4,6,8}),$A:$B,2,)}
```

	A	B	C	D	E	F
1	科目代码	科目名称		一级科目	二级科目	三级科目
2	1001	库存现金		库存现金	#N/A	#N/A
3	1002	银行存款		银行存款	#N/A	#N/A
4	1012	其他货币资金		其他货币资金	#N/A	#N/A
5	101201	外埠存款		其他货币资金	外埠存款	#N/A
6	101202	银行本票存款		其他货币资金	银行本票存款	#N/A
7	101203	银行汇票存款		其他货币资金	银行汇票存款	#N/A
8	101204	信用卡存款		其他货币资金	信用卡存款	#N/A
9	101205	信用保证金存款		其他货币资金	信用保证金存款	#N/A
10	101206	存出投资款		其他货币资金	存出投资款	#N/A

图14-74　调整后的VLOOKUP函数返回结果

公式中“A2&"   "”部分的结果为“1001   ”，在D2单元格中，VLOOKUP的第一参数提取出“1001   ”左侧的4个字符“1001”；在E2单元格中提取出“1001   ”左侧的6个字符“1001 ”；在F2单元格中则提取出“1001   ”左侧的8个字符“1001   ”。

在D2单元格中，VLOOKUP函数返回与科目代码“1001”对应的科目名称；而在E2和F2单元格中，查找含有空格的科目代码时则返回错误值。

公式在E列查询时，如果A列为4位的一级科目代码，公式将返回错误值。6位和8位的科目代码均返回二级科目代码对应的代码名称。

公式在F列查询时，只有A列代码为8位的三级代码时可以正常返回对应代码名称，A列4位和6位科目代码均返回错误值。

最后用IFNA函数将错误值屏蔽显示为空文本。

14.4.5 多条件提取不重复值

示例14-51 按产品号和型号不重复值统计金额

如图14-75所示，A~D列为某厂商产品不同日期销售金额明细，要求在F:H列根据不同产品号和型号统计销售总金额。

	A	B	C	D	E	F	G	H
1	日期	产品号	型号	总金额		产品号	型号	总金额
2	2017/7/29	XL001	9SR02	5,390		XL001	9SR02	5,390
3	2017/7/29	XL001	6Z009	20,640		XL001	6Z009	35,475
4	2017/7/29	XL001	6Z009	14,835		XL001	8Z01	796
5	2017/7/29	XL001	8Z01	796		XL002	8Z4	12,065
6	2017/7/30	XL002	8Z4	6,350		XL002	8Z005	10,650
7	2017/7/30	XL002	8Z4	5,715		XL003	8Z005	4,260
8	2017/7/30	XL002	8Z005	5,680		XL003	8Z006	2,725
9	2017/7/30	XL002	8Z005	4,970		XL003	8Z02	5,390
10	2017/7/30	XL003	8Z005	4,260				-
11	2017/7/30	XL003	8Z006	2,725				-
12	2017/7/31	XL003	8Z02	3,850				-
13	2017/7/31	XL003	8Z02	1,540				-

图14-75 按产品号和型号不重复值统计金额

在F2单元格中输入以下数组公式，按<Ctrl+Shift+Enter>组合键，填充到F2:G13单元格区域。

```
{=IFERROR(OFFSET(B$1,SMALL(IF(MATCH($B$2:$B$13&"|"&$C$2:$C$13,$B$2:$B$13&
"|"&$C$2:$C$13,0)=ROW($B$2:$B$13)-1,ROW($B$2:$B$13)-1),ROW(A1)),),"")}
```

以F2单元格公式为例，说明如下。

“MATCH($B$2:$B$13&"|"&$C$2:$C$13,$B$2:$B$13&"|"&$C$2:$C$13,0)=ROW($B$2:$B$13)-1”部分将产品号和型号两个条件用连接符“&”连接在一起，然后判断其自上到下出现的位置是否等于“ROW($B$2:$B$13)-1”。如果相等，公式返回TRUE，表示该产品号和型号为自上到下第一次出现。返回值如下。

```
{TRUE;TRUE;FALSE;TRUE;TRUE;FALSE;TRUE;FALSE;TRUE;TRUE;TRUE;FALSE}
```

IF函数判断MATCH函数返回值为TRUE时记录其行号-1的返回值，否则返回FALSE。返回结果中的数字表示产品号和型号在B2:C13单元格区域中自上到下第一次出现时的位置。返回值如下。

```
{1;2;FALSE;4;5;FALSE;7;FALSE;9;10;11;FALSE}
```

SMALL函数返回符合条件的位置号1。OFFSET函数以B1单元格为引用基准，向下偏移1行0列返回第一个产品号。

当公式向右复制到G列时，OFFSET函数返回第一个型号。

当公式向下复制时，SMALL函数会逐个从小到大输出符合条件的位置号，OFFSET函数会在F列和G列分别返回符合条件的产品号和型号。

当公式向下复制行数超过以产品号和型号两个条件为基础判断的不重复值个数时，公式将返回错误值#NUM!，用IFERROR函数将其屏蔽，显示为空文本。

在H2单元格中输入以下公式，复制到H2:H13单元格区域返回同时满足F列和G列产品号及型号条件的“总金额”合计。

```
=SUMPRODUCT(($B$2:$B$13=$F2)*($C$2:$C$13=$G2),$D$2:$D$13)
```

14.4.6 标记连续符合条件的单元格

示例14-52 标记所有连续5个大于10的数字

在图14-76中，A1:O1单元格区域为随机数字，要求在A3:O3单元格区域将A1:O1单元格区域中所有连续5个大于10的数字都标记出来。例如，E1单元格的数字为11，E1:I1单元格区域5个数字都大于10，因此E1单元要标记。D1单元格的数字为9，在包含D1单元格的所有连续5个单元格区域A1:E1、B1:F1、C1:G1、D1:H1中没有任何一组5个单元格数字都大于10，因此D1不需要标记。

	A	B	C	D	E	F	G	H	I	J	K	L	M	N	O
1	26	10	11	9	11	11	13	18	12	33	21	12	8	19	21
2	标记														
3	0	0	0	0	1	2	3	4	4	3	2	1	0	0	0

图14-76 标记所有连续5个大于10的数字

在A3单元格中输入以下公式，并向右复制到O3单元格。

```
=COUNT(0/(COUNTIF(OFFSET(A1,,{-4,-3,-2,-1,0},1,5),">10")=5))
```

公式向右复制时A1会依次变成B1，C1，D1，…，O1。

返回值大于0的表示对应第一行的单元格包含在某组连续5个单元格数字都大于10的单元格区域中。

“OFFSET(A1,,{-4,-3,-2,-1,0},1,5)”部分以A1作为引用基准，偏移0行，向左分别偏移4列、3列、2列、1列、0列，取1行5列，生成包含A1单元格在内的5个单元格区域引用。当OFFSET函数返回的引用超出工作表边缘时返回错误值#REF!。

COUNTIF函数判断生成的5个单元格区域引用中的数字是否大于10。如果生成的某个单元格区域引用中大于10的单元格数量等于5，表示OFFSET函数的第一参数单元格包含在该组连续5个单元格数字都大于10的单元格区域中。

以F1单元格为例，“COUNTIF(OFFSET(F1,,{-4,-3,-2,-1,0},1,5),">10")”部分返回值如下。

```
{3,4,4,5,5}
```

表示B1:F1单元格区域中大于10的数字个数是3，C1:G1单元格区域中大于10的数字个数是4，D1:H1单元格区域中大于10的数字个数是4，E1:I1单元格区域中大于10的数字个数是5，F1:J1单元格区域中大于10的数字个数是5。

“COUNTIF(OFFSET(F1,,{-4,-3,-2,-1,0},1,5),">10")=5”部分表示COUNTIF函数返回的数组元素等于5返回TRUE，否则返回FALSE。返回值如下。

```
{FALSE,FALSE,FALSE,TRUE,TRUE}
```

用0除以COUNTIF函数返回数组，返回值如下。

```
{#DIV/0!,#DIV/0!,#DIV/0!,0,0}
```

最后，COUNT函数返回数组中数字的个数为2，表示F1单元格包含在两组连续5个单元数字都大于10的单元格区域中。

练习与巩固

（1）VLOOKUP函数第四参数为__________时表示使用精确匹配方式。

（2）VLOOKUP函数第一参数的查询值必须位于第二参数的第__________列。

（3）在A1单元格中输入公式“=MATCH("A",{"C","B","D"},0)”，按<Enter>键后单元格显示值为__________。

（4）查找与引用函数中，__________________________________等函数可以使用通配符查找。

（5）OFFSET(A1:D4,4,5,3,2)将返回对____________________单元格区域的引用。

（6）B2单元格中输入公式“=INDIRECT("R[-1]C[-1]",)”，将返回对____________单元格的引用。

（7）图14-77所示的是不同班级班主任、班长和学习委员信息。以“练习14-7.xlsx”中的数据为例，请在D8单元格中，使用INDEX函数和MATCH函数根据B8和C8单元格指定的班号和职务返回对应的人员姓名，并在E8单元格使用HYPERLINK函数生成跳转到对应单元格的跳转链接。

	A	B	C	D	E	F	G
1	班号 职务	一班	二班	三班	四班	五班	六班
2	班主任	廖尔碧	马群苹	李海英	张明先	王裴义	刘金英
3	班长	刘一山	李建国	吕国庆	孙玉详	王建	孙玉详
4	学习委员	刘情	朱莽	汤灿	刘烨	王光	李亮
5							
6							
7		班号	职务	姓名	跳转		
8		五班	班长	王建	点击		

图14-77 班级信息

（8）图14-78中的A、B列为不同产品销售量。以“练习14-8.xlsx”中的数据为例，请根据E2:E4单元格区域指定的产品代码计算对应销售量合计。

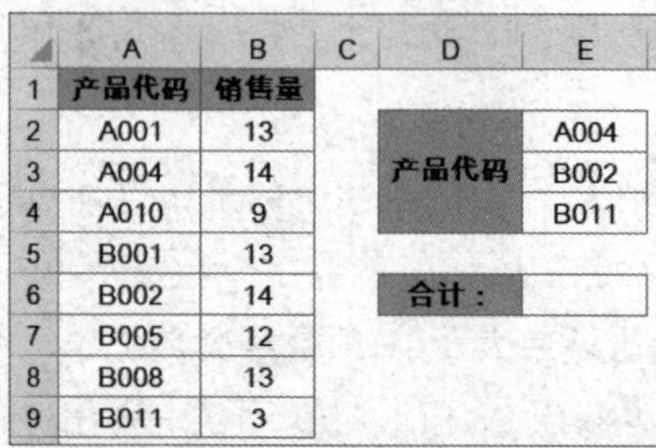

	A	B	C	D	E
1	产品代码	销售量			
2	A001	13		产品代码	A004
3	A004	14			B002
4	A010	9			B011
5	B001	13			
6	B002	14		合计：	
7	B005	12			
8	B008	13			
9	B011	3			

图14-78　计算产品销量

第15章　统计与求和

Excel提供了丰富的统计与求和函数，在工作中被广泛应用。本章介绍常用的统计与求和函数的基本用法，并结合实例介绍其在多种场景下的实际应用方法。

本章学习要点

（1）基础统计函数。
（2）条件统计与求和。
（3）筛选状态下的统计与求和。
（4）排列、组合和概率。

15.1　SUM、COUNT、MAX、MIN等基础统计函数

Excel中提供了多种基础统计函数，可以完成诸多统计计算。如表15-1所示，列出了常用的6个统计函数及其功能和语法。

表15-1　基础统计函数

函数	说明	语法
SUM	将指定为参数的所有数字相加	SUM(number1,[number2],…])
COUNT	计算参数列表中数字的个数	COUNT(value1, [value2], …)
COUNTA	计算区域中不为空的单元格的个数	COUNTA(value1, [value2], …)
AVERAGE	返回参数的算术平均值	AVERAGE(number1, [number2], …)
MAX	返回一组值中的最大值	MAX(number1, [number2], …)
MIN	返回一组值中的最小值	MIN(number1, [number2], …)

number1，value1为必需参数，进行相应统计的第一个数字、单元格引用或区域。

number2，value2，…为可选参数，进行相应统计的其他数字、单元格引用或区域。

示例15-1　基础统计函数应用

图15-1所示的是某班级考试成绩的部分内容，需要对此班级的考试成绩进行相应的统计。

在G2单元格中输入以下公式，计算出全班考试的总成绩，结果为775。

```
=SUM(D2:D11)
```

在G3单元格中输入以下公式，计算出本次参加考试的人数，结果为9。COUNT函数只统计数字的个数，所以D5单元格的“缺考”不统计在内。

```
=COUNT(D2:D11)
```

	A	B	C	D	E	F	G	H
1	学号	姓名	性别	考试成绩			结果	公式
2	801	曹操	男	76		总成绩	775	=SUM(D2:D11)
3	802	大乔	女	86		考试人数	9	=COUNT(D2:D11)
4	803	刘备	男	80		总人数	10	=COUNTA(D2:D11)
5	804	周瑜	男	缺考		平均分	86.11	=AVERAGE(D2:D11)
6	805	黄忠	男	86		最高分	92	=MAX(D2:D11)
7	806	孙权	男	90		最低分	76	=MIN(D2:D11)
8	807	张辽	男	88				
9	808	曹操	男	92				
10	809	孙尚香	女	85				
11	810	黄月英	女	92				

图15-1　基础统计函数应用

在G4单元格中输入以下公式，计算出该班级的总人数，结果为10。COUNTA函数统计不为空的单元格的个数，所以数字和文本全都统计在内。

```
=COUNTA(D2:D11)
```

在G5单元格中输入以下公式，计算出全班的平均分，结果为86.11。AVERAGE函数计算引用区域中所有数字的算术平均值。D5单元格的“缺考”不是数字，因此不在统计范围内。

```
=AVERAGE(D2:D11)
```

在G6单元格中输入以下公式，计算出该班级的最高分，结果为92。

```
=MAX(D2:D11)
```

在G7单元格中输入以下公式，计算出该班级的最低分，结果为76。

```
=MIN(D2:D11)
```

15.2　不同状态下的求和计算

在不同结构的表格中，可以使用SUM函数结合其他技巧进行求和计算。

15.2.1　累计求和

使用SUM函数结合相对引用和绝对引用，可以完成累计求和运算。

示例15-2　累计求和

如图15-2所示，B3:M6单元格区域是各分公司每一个月的销量计划。需要在B10:M13单元格区域计算出各分公司在各月份累计的销量计划。

在B10单元格中输入以下公式，复制到B10:M13单元格区域。

```
=SUM($B3:B3)
```

B10 =SUM($B3:B3)

	A	B	C	D	E	F	G	H	I	J	K	L	M
1	分月计划												
2	分公司	1月	2月	3月	4月	5月	6月	7月	8月	9月	10月	11月	12月
3	魏国	36	77	61	68	25	64	87	69	45	63	69	52
4	蜀国	52	39	75	72	33	63	88	54	87	74	29	56
5	吴国	45	61	48	39	89	32	85	90	49	86	92	80
6	群雄	89	86	41	36	76	59	94	59	87	70	48	57
7													
8	累计计划												
9	分公司	1月	2月	3月	4月	5月	6月	7月	8月	9月	10月	11月	12月
10	魏国	36	113	174	242	267	331	418	487	532	595	664	716
11	蜀国	52	91	166	238	271	334	422	476	563	637	666	722
12	吴国	45	106	154	193	282	314	399	489	538	624	716	796
13	群雄	89	175	216	252	328	387	481	540	627	697	745	802

图 15-2 累计求和

SUM函数的参数使用混合引用和相对引用相结合的方式，当公式向右复制时，B列始终固定，区域不断向右扩展，形成递增的统计范围，最终实现对每一个月份的累计求和。

15.2.2 跨工作表求和

示例15-3 跨工作表求和

图15-3所示的是以1~12月命名的12个工作表，各工作表的格式完全一致，A列为部门，B列为姓名，C列为销售数量。

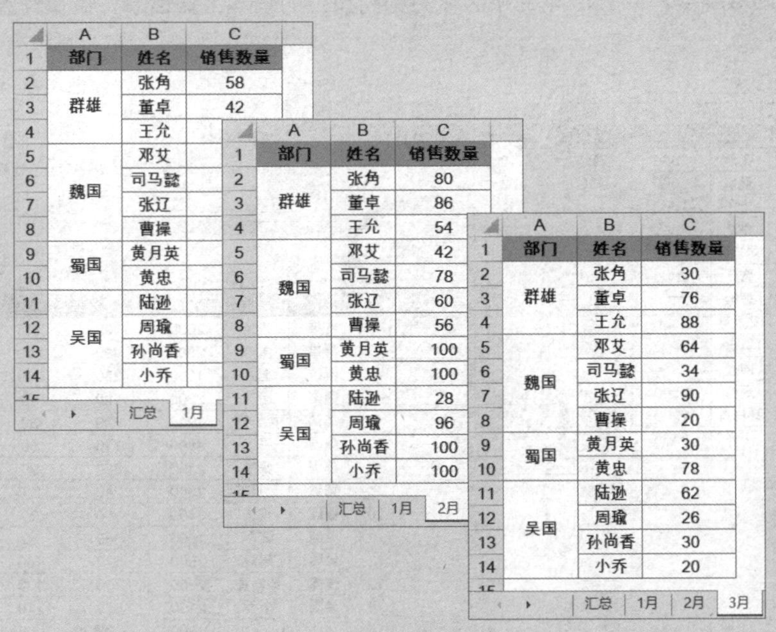

	A	B	C
1	部门	姓名	销售数量
2	群雄	张角	58
3		董卓	42
4		王允	
5	魏国	邓艾	
6		司马懿	
7		张辽	
8		曹操	
9	蜀国	黄月英	
10		黄忠	
11	吴国	陆逊	
12		周瑜	
13		孙尚香	
14		小乔	

汇总 | 1月

	A	B	C
1	部门	姓名	销售数量
2	群雄	张角	80
3		董卓	86
4		王允	54
5	魏国	邓艾	42
6		司马懿	78
7		张辽	60
8		曹操	56
9	蜀国	黄月英	100
10		黄忠	100
11	吴国	陆逊	28
12		周瑜	96
13		孙尚香	100
14		小乔	100

汇总 | 1月 | 2月

	A	B	C
1	部门	姓名	销售数量
2	群雄	张角	30
3		董卓	76
4		王允	88
5	魏国	邓艾	64
6		司马懿	34
7		张辽	90
8		曹操	20
9	蜀国	黄月英	30
10		黄忠	78
11	吴国	陆逊	62
12		周瑜	26
13		孙尚香	30
14		小乔	20

汇总 | 1月 | 2月 | 3月

图 15-3 销售数据表

图15-4所示的是汇总工作表，与12个月的工作表格式完全一致。

在汇总工作表的C2单元格中输入以下公式，向下复制到C14单元格，计算出1~12月各工作表中的销售数量总和。

```
=SUM('1月:12月'!C2)
```

也可以直接输入公式“=SUM('*'!C2)”，输入完成后公式自动变为“=SUM('1月:12月'!C2)”，“'*'”表示此工作簿中除当前工作表以外的其他所有工作表。

C2 =SUM('1月:12月'!C2)

	A	B	C
1	部门	姓名	销售数量
2	群雄	张角	732
3		董卓	834
4		王允	896
5	魏国	邓艾	676
6		司马懿	710
7		张辽	746
8		曹操	814
9	蜀国	黄月英	830
10		黄忠	738
11	吴国	陆逊	600
12		周瑜	684
13		孙尚香	792
14		小乔	658

汇总 | 1月 | 2月 | 3月 | 4月 | 5月

图15-4　跨工作表求和汇总表

提示

除了SUM函数外，COUNT、COUNTA、AVERAGE、MAX、MIN等函数也支持这种跨工作表的引用方式，使用时需要所有表格格式完全一致。

15.2.3　使用组合键快速求和

示例15-4　连续区域快速求和

如图15-5所示，C2:E14单元格区域为部门员工的基本工资信息，需要计算每个人的工资合计。

	A	B	C	D	E	F
1	部门	姓名	工资	奖金	加班费	工资合计
2	群雄	张角	2600	190	110	
3	群雄	董卓	2800	490	200	
4	群雄	王允	1600	280	300	
5	魏国	邓艾	2200	420	40	
6	魏国	司马懿	1900	600	30	
7	魏国	张辽	2800	710	50	
8	魏国	曹操	2100	880	90	
9	蜀国	黄月英	2000	240	170	
10	蜀国	黄忠	3400	350	20	
11	吴国	陆逊	1800	480	50	
12	吴国	周瑜	2500	620	100	
13	吴国	孙尚香	2200	700	130	
14	吴国	小乔	2100	860	210	
15	合计					

F2 =SUM(C2:E2)

	A	B	C	D	E	F
1	部门	姓名	工资	奖金	加班费	工资合计
2	群雄	张角	2600	190	110	2900
3	群雄	董卓	2800	490	200	3490
4	群雄	王允	1600	280	300	2180
5	魏国	邓艾	2200	420	40	2660
6	魏国	司马懿	1900	600	30	2530
7	魏国	张辽	2800	710	50	3560
8	魏国	曹操	2100	880	90	3070
9	蜀国	黄月英	2000	240	170	2410
10	蜀国	黄忠	3400	350	20	3770
11	吴国	陆逊	1800	480	50	2330
12	吴国	周瑜	2500	620	100	3220
13	吴国	孙尚香	2200	700	130	3030
14	吴国	小乔	2100	860	210	3170
15	合计		30000	6820	1500	38320

图15-5　连续区域快速求和

选中C2:F15单元格区域，按<Alt+=>组合键，F2:F14单元格区域及C15:F15单元格区域全部自动填充SUM函数与公式，完成对行、列的求和。

15.3　其他常用统计函数

15.3.1　使用COUNTBLANK函数统计空白单元格个数

COUNTBLANK函数是计算指定单元格区域中空白单元格的个数，基本语法如下。

```
COUNTBLANK(range)
```

range：需要计算其中空白单元格个数的区域。如果单元格中包含“""”（空文本），函数会计算在内，但包含零值的单元格不计算在内。

示例15-5　COUNTBLANK函数应用及对比

如图15-6所示，A列为基础数据，其中A5单元格是真正的空白，A6单元格是通过函数与公式“=IF(TRUE,"")”计算得到的空文本，A10单元格是文本型的数字。

	A	B	C	D
1	数据		计数	公式
2	123		2	=COUNTBLANK(A2:A10)
3	你好		8	=COUNTA(A2:A10)
4	hello		3	=COUNT(A2:A10)
5				
6				
7	0			
8	TRUE			
9	9E+307			
10	123			

图15-6　COUNTBLANK函数应用及对比

C2单元格的公式如下。

```
=COUNTBLANK(A2:A10)
```

计算结果为2，统计的是A5和A6共两个空白单元格，即无论是真正的空白单元格还是由公式计算得到的空文本，都统计在内。

C3单元格的公式如下。

```
=COUNTA(A2:A10)
```

A2:A10单元格区域共有9个单元格，其中只有A5单元格为真正的空白，不在COUNTA统计范围内，所以结果返回为8。

C4单元格的公式如下。

```
=COUNT(A2:A10)
```

COUNT的参数是一个数组或引用，所以只计算其中的数字，数组或引用中的空白单元格、逻辑值、文本或错误值将不计算在内。此处COUNT统计的是A2单元格中的数字“123”、A7单元格的数字“0”和A9单元格的“9E+307”共3个数字，所以结果返回为3。A10单元格为文本型数字“123”，不在COUNT函数的统计范围内。

15.3.2 众数函数MODE.SNGL与MODE.MULT

计算众数的函数有两个，分别是MODE.SNGL函数与MODE.MULT函数，它们的语法和功能分别如下。

```
MODE.SNGL(number1,[number2],…)
```

返回在某一数组或数据区域中出现频率最多的数值。

```
MODE.MULT(number1,[number2],…)
```

返回一组数据或数据区域中出现频率最高或重复出现的数值的垂直数组。如果有多个众数，则将返回多个结果。因为此函数返回数值数组，所以必须以数组公式的形式输入。

number1为必需参数，要计算其众数的第一个数字参数。

number2，…为可选参数，要计算其众数的2~254个数字参数。参数可以是数字或是包含数字的名称、数组或引用。

如果数组或引用参数包含文本、逻辑值或空白单元格，则这些值将被忽略；但包含零值的单元格将被计算在内。如果参数为错误值或是不能转换为数字的文本，将会导致错误。如果数据集不包含重复的数据点，则MODE.MULT返回错误值#N/A。

示例15-6 众数函数基础应用

如图15-7所示，在C2单元格中输入以下公式，得到A2:A10单元格区域出现次数最多的数字6。

```
=MODE.SNGL(A2:A10)
```

	A	B	C	D
1	数据		众数	公式
2	6		6	=MODE.SNGL(A2:A10)
3	7			
4	6		6	{=MODE.MULT(A2:A10)}
5	4		7	{=MODE.MULT(A2:A10)}
6	7		#N/A	{=MODE.MULT(A2:A10)}
7	2		#N/A	{=MODE.MULT(A2:A10)}
8	7			
9	5			
10	6			

图15-7 众数函数基础应用

当多个数字出现次数相同且均为最高时，MODE.SNGL函数会计算得到第一个出现的数字。

选中C4:C7单元格区域，输入以下数组公式，按<Ctrl+Shift+Enter>组合键。

```
{=MODE.MULT(A2:A10)}
```

A2:A10单元格区域的数字6和7均为最多次数，所以MODE.MULT函数的结果为一个数组{6;7}。由于所选区域的范围大于出现最高次数的数据个数，因此C6和C7单元格返回错误值。

示例15-7 校园最受欢迎歌手大赛投票数据及统计

如图15-8所示，某学校组织校园歌手大赛，共有1-8号8名选手参加，现场有80位同学投票，每人最多可以投3票。在F2单元格中输入以下公式，向下复制到单元格显示空白为止，依次统计出最受欢迎歌手的号码。

```
=IFERROR(INDEX(MODE.MULT($B$2:$D$81),ROW(1:1)),"")
```

“MODE.MULT($B$2:$D$81)”部分表示计算得到B2:D81单元格区域中出现最多的数字，返回结果为{7;8}。

然后使用INDEX函数将数组{7;8}中的每一个数字提取到单元格中，最后使用IFERROR函数屏蔽错误值#N/A。

	A	B	C	D	E	F
1	听众	投票1	投票2	投票3		最受欢迎歌手
2	曹操	2	7	2		7
3	司马懿	8	8	3		8
4	夏侯惇	8	6	弃权		
5	张辽	3	5	弃权		
6	许褚	8	1	1		
7	郭嘉	1	8	8		
8	甄姬	7	6	5		
9	夏侯渊	6	7	弃权		
10	张郃	2	6	1		
11	徐晃	6	弃权	弃权		
12	曹仁	4	2	1		
13	典韦	7	8	3		

图15-8 校园最受欢迎歌手大赛投票数据及统计

此次歌手大赛7、8号两位选手最受欢迎。

15.3.3 中位数函数MEDIAN

MEDIAN函数返回一组已知数字的中值。中值是一组数的中间数，基本语法如下。

```
MEDIAN(number1, [number2], …)
```

number1，number2，…其中number1是必需参数，后续数字为可选参数，是要计算中值的1~255个数字。

如果参数集合中包含奇数个数字，MEDIAN将返回位于中间的那一个数。

如果参数集合中包含偶数个数字，MEDIAN将返回位于中间的两个数的平均值。

参数可以是数字或是包含数字的名称、数组或引用。逻辑值和直接输入到参数列表中表示数字的文本被计算在内。

如果数组或引用参数包含文本、逻辑值或空白单元格，则这些值将被忽略，但包含零值的单元格将计算在内。如果参数为错误值或为不能转换为数字的文本，将会导致错误。

示例15-8 中位数函数基础应用

如图15-9所示，在H2单元格中输入以下公式，计算A2:E2单元格区域的中位数。

```
=MEDIAN(A2:E2)
```

A2:E2单元格区域中共有5个数字，数字个数为奇数，所以返回结果为中间值，即数字5。

在H3单元格中输入以下公式，计算A3:F3单元格区域的中位数。

```
=MEDIAN(A3:F3)
```

A3:F3单元格区域中共有6个数字，数字个数为偶数，所以返回结果为中间两个数的平均值，即3和5的平均值，结果为数字4。

在H4单元格中输入以下公式，计算A4:F4单元格区域的中位数。

```
=MEDIAN(A4:F4)
```

A4:F4单元格区域共有6个值，但C4单元格的值为文本“空缺”，数据区域内只有5个数字，所以最终结果为这5个数字的中间值，返回结果为数字3。

	A	B	C	D	E	F	G	H	I
1	示例数字							结果	公式
2	1	5	7	9	2			5	=MEDIAN(A2:E2)
3	1	5	7	9	2	3		4	=MEDIAN(A3:F3)
4	1	5	空缺	9	2	3		3	=MEDIAN(A4:F4)

图15-9　中位数函数基础应用

示例15-9 计算员工工资的平均水平

如图15-10所示，A2:B21单元格区域为某公司员工的工资，现在计算该公司员工工资的平均水平。

	A	B	C	D	E
1	员工	工资		平均水平	公式
2	曹操	108000		7150	=MEDIAN(B2:B21)
3	司马懿	5000		21510	=AVERAGE(B2:B21)
4	夏侯惇	9000			
5	张辽	7300			
6	许褚	7700			
7	郭嘉	201802			
8	甄姬	6300			
9	夏侯渊	7000			
10	张郃	8600			

图15-10　计算员工工资的平均水平

在D2单元格中输入以下公式，计算员工工资的中位数，返回结果为7 150。

```
=MEDIAN(B2:B21)
```

在D3单元格中输入以下公式，计算员工工资的平均值，返回结果为21 510。

```
=AVERAGE(B2:B21)
```

提示

通过中位数和平均值的对比可以看出，任何一个数据的变动都会引起平均数的变动，而中位数的大小仅与数据的排列位置有关。因此，中位数不受偏大和偏小数的影响，当一组数据中的个别数据变动较大时，常用它来描述这组数据的集中趋势。

示例15-10 设置上下限

某公司计算销售提成，其中提成系数与当月销售计划完成率相关。如果销售完成率超过150%，最高按照150%统计。如果销售完成率低于70%，则最低按照70%统计。其他部分按实际值统计。

如图15-11所示，B列是各员工的销售完成率，需要根据以上规则在C列计算出提成系数。

在C2单元格中输入以下公式，并向下复制到C11单元格。

C2 =MEDIAN(B2,70%,150%)

	A	B	C	D
1	姓名	销售完成率	提成系数	
2	陆逊	111%	111%	
3	黄月英	158%	150%	
4	邓艾	199%	150%	
5	周瑜	74%	74%	
6	黄忠	87%	87%	
7	司马懿	38%	70%	
8	张辽	113%	113%	
9	曹操	65%	70%	
10	孙尚香	183%	150%	
11	小乔	97%	97%	

图15-11 设置上下限

```
=MEDIAN(B2,70%,150%)
```

将B2单元格的数字与70%、150%组成3个数的序列，从中提取中位数，即完成上下限的设置。

本例也可以使用MAX结合MIN函数完成。

```
=MAX(MIN(B2,150%),70%)
```

“MIN(B2,150%)”部分表示取B2单元格的值与150%比较，二者取最小值，即达到设置上限的目的。

“MAX(MIN(B2,150%),70%)”部分表示用MIN函数取出的最小值与70%比较，二者取最大值，即达到设置下限的目的。

MAX和MIN函数的顺序可以交换，并修改相应的参数，得到的结果完全一致。

```
=MIN(MAX(B2,70%),150%)
```

15.3.4 四分位函数QUARTILE

四分位点通常用于销售和调查数据，以对总体进行分组。QUARTILE函数能够返回一组数据的四分位点，基本语法如下。

```
QUARTILE(array,quart)
```

array为必需参数，要求得四分位数值的数组或数字型单元格区域。

quart为必需参数，指定返回哪一个值，具体说明如表15-2所示。

表15-2　quart参数说明

如果quart等于	函数QUARTILE返回	对应计算公式（n为数据个数）
0	最小值	1+(n−1)*0
1	第一个四分位数（第25个百分点值）	1+(n−1)*0.25
2	中分位数（第50个百分点值）	1+(n−1)*0.5
3	第三个四分位数（第75个百分点值）	1+(n−1)*0.75
4	最大值	1+(n−1)*1

如果array为空，则QUARTILE函数返回错误值#NUM!。

如果quart不为整数，则将被截尾取整。

如果quart<0或quart>4，则QUARTILE函数返回错误值#NUM!。

示例15-11　四分位数函数基础应用

如图15-12所示，A2:A13单元格区域为12个任意数字，在C2:C6单元格区域依次写下四分位数公式。

	A	B	C	D
1	示例数字		结果	公式
2	5		5	=QUARTILE($A$2:$A$13,0)
3	7		17	=QUARTILE($A$2:$A$13,1)
4	14		26.5	=QUARTILE($A$2:$A$13,2)
5	18		36	=QUARTILE($A$2:$A$13,3)
6	20		55	=QUARTILE($A$2:$A$13,4)
7	25			
8	28			
9	31			
10	35			
11	39			
12	50			
13	55			

图15-12　四分位数函数基础应用

在C3单元格中输入以下公式，返回结果为17。

```
=QUARTILE($A$2:$A$13,1)
```

quart参数为1，返回第1个四分位数，此数字的位置如下。

```
1+(12-1)*0.25=3.75
```

所以此结果由第3小的数字14与第4小的数字18组成。

```
(18-14)*(3.75-3)+14=17
```

在C5单元格中输入以下公式，返回结果为36。

```
=QUARTILE($A$2:$A$13,3)
```

quart参数为3，返回第3个四分位数，此数字的位置如下。

```
1+(12-1)*0.75=9.25
```

所以此结果由第9小的数字35与第10小的数字39组成。

```
(39-35)*(9.25-9)+35=36
```

其余位置的计算方法与上述示例类似，这里不再赘述。

示例15-12 员工工资的四分位分布

如图15-13所示，A2:B21单元格区域为某公司员工的工资，现在计算该公司员工工资的四分位分布。

在D2单元格中输入以下公式，返回结果为5 600。

```
=QUARTILE(B2:B21,1)
```

在D3单元格中输入以下公式，返回结果为7 925。

```
=QUARTILE(B2:B21,3)
```

说明此公司有1/4的员工工资在5 600元以下，有1/4的员工工资在7 925元以上，一半的员工工资在5 600~7 925元之间。

	A	B	C	D	E
1	员工	工资		平均水平	公式
2	曹操	108000		5600	=QUARTILE(B2:B21,1)
3	司马懿	5000		7925	=QUARTILE(B2:B21,3)
4	夏侯惇	9000			
5	张辽	7300			
6	许褚	7700			
7	郭嘉	201802			
8	甄姬	6300			
9	夏侯渊	7000			
10	张郃	8600			

图15-13 员工工资的四分位分布

15.3.5 使用LARGE与SMALL函数计算第*k*个最大或最小值

LARGE函数和SMALL函数分别返回数据集中第*k*个最大值和第*k*个最小值，基本语法分别如下：

```
LARGE(array,k)
SMALL(array,k)
```

array参数：需要找到第*k*个最大/小值的数组或数字型数据区域。

*k*参数：要返回的数据在数组或数据区域中的位置。

示例15-13 列出前三笔销量

图15-14所示的是某公司销售记录的部分内容，A列是日期，B列是每天的销量。需要统计最大的三笔销量和最小的三笔销量各是多少，并且按照降序排列。

在D2单元格中输入以下公式，并向下复制到D4单元格。

```
=LARGE($B$2:$B$16,ROW(1:1))
```

通过ROW函数生成连续的序列1，2，3，LARGE函数依次提取出数据区域中对应的第1、2、3个最大值。

在D8单元格中输入以下公式，并向下复制到D10单元格。

```
=SMALL($B$2:$B$16,4-ROW(1:1))
```

	A	B	C	D	E
1	日期	销量		最大三笔	公式
2	2018/2/6	2600		9000	=LARGE($B$2:$B$16,ROW(1:1))
3	2018/2/7	2800		7000	=LARGE($B$2:$B$16,ROW(2:2))
4	2018/2/8	1600		5400	=LARGE($B$2:$B$16,ROW(3:3))
5	2018/2/9	7000			
6	2018/2/10	2200			
7	2018/2/11	1900		最小三笔	公式
8	2018/2/12	2800		1900	=SMALL($B$2:$B$16,4-ROW(1:1))
9	2018/2/13	2100		1800	=SMALL($B$2:$B$16,4-ROW(2:2))
10	2018/2/14	9000		1600	=SMALL($B$2:$B$16,4-ROW(3:3))
11	2018/2/15	2000			
12	2018/2/16	3400			
13	2018/2/17	5400			
14	2018/2/18	1800			
15	2018/2/19	2500			
16	2018/2/20	2200			

图15-14 列出前三笔销量

由于需要降序排列，因此，使用“4-ROW(1:1)”公式向下复制时，得到结果依次为3、2、1。SMALL函数依次提取出数据区域中对应的第3、2、1个最小值。

示例15-14 列出前三笔销量对应的日期

如图15-15所示，需要在销售记录表中提取出最大的三笔销量和最小的三笔销量所对应的日期，并且按销量降序排列。

在D2单元格中输入以下数组公式，按<Ctrl+Shift+Enter>组合键，并向下复制到D4单元格，依次返回最大三笔销量对应的日期。

```
{=INDEX(A:A,MOD(LARGE($B$2:$B$16+ROW($B$2:
$B$16)%,ROW(1:1)),1)/1%)}
```

由于销量全部为整数，“$B$2:$B$16+ROW($B$2:$B$16)%”部分表示得到含有销量和相应行号的数组，因此其中整数部分为B列的销量，小数部分为相应的行号，返回结果如下。

	A	B	C	D
1	日期	销量		最大三笔
2	2018/2/6	2600		2018/2/14
3	2018/2/7	2800		2018/2/9
4	2018/2/8	1600		2018/2/17
5	2018/2/9	7000		
6	2018/2/10	2200		
7	2018/2/11	1800		最小三笔
8	2018/2/12	2800		2018/2/18
9	2018/2/13	2100		2018/2/11
10	2018/2/14	9000		2018/2/8
11	2018/2/15	2000		
12	2018/2/16	3400		
13	2018/2/17	5400		
14	2018/2/18	1800		
15	2018/2/19	2500		
16	2018/2/20	2200		

图15-15 列出前三笔销量对应的日期

```
{2600.02;2800.03;1600.04;7000.05;2200.06;…;1800.14;2500.15;2200.16}
```

使用LARGE函数提取出此数组中的最大值，返回结果为9 000.1。

“MOD(9000.1,1)/1%”部分先使用MOD函数计算9000.1除以1的余数，得到此数字的小数部分0.1。再将它除以1%，即扩大100倍，返回结果10，即最大销量对应的行号为10。

最后使用“INDEX(A:A,10)”从A列中提取第10个元素，得到对应的日期为2018/2/14。

将公式复制到D3、D4单元格，依次提取第二大销量、第三大销量对应的日期。

在D8单元格中输入以下数组公式，按<Ctrl+Shift+Enter>组合键，向下复制到D10单元格，依次返回最小的三笔销量对应的日期。

```
{=INDEX(A:A,MOD(SMALL($B$2:$B$16+ROW($B$2:$B$16)%,4-ROW(1:1)),1)/1%)}
```

计算原理与提取前三大销量对应的日期基本一致。

15.4 条件统计函数

条件统计函数包括单条件统计函数COUNTIF、SUMIF和AVERAGEIF函数，以及多条件统计函数COUNTIFS、SUMIFS和AVERAGEIFS函数。

15.4.1 使用COUNTIF函数统计符合指定条件的单元格个数

COUNTIF函数对区域中满足单个指定条件的单元格进行计数，基本语法如下。

```
COUNTIF(range,criteria)
```

range为必需参数，表示要统计数量的单元格的范围，可以包含数字、数组或数字的引用。

criteria为必需参数，用于决定要统计哪些单元格的数量，可以是数字、表达式、单元格引用或文本字符串。

示例15-15 COUNTIF函数基础应用

图15-16所示为某公司销售记录的部分内容。其中A列为部门名称，B列为员工姓名，C列为销售日期，D列为对应销售日期的销售金额，F~L列为不同方式的统计结果。

	A	B	C	D	E	F	G	H	I	J	K	L	M
1	部门	姓名	销售日期	销售金额		1、	统计汉字			3、	统计数字		
2	个人渠道1部	陆逊	2018/2/3	5000			部门	人数			条件	人数	
3	个人渠道2部	刘备	2018/2/3	5000			个人渠道1部	3			大于5000元	4	
4	个人渠道1部	孙坚	2018/2/22	3000			个人渠道2部	4			等于5000元	5	
5	个人渠道1部	孙策	2018/3/22	9000			团体渠道1部	4			小于等于5000元	9	
6	团体渠道1部	刘璋	2018/2/3	5000			团体渠道2部	2					
7	团体渠道2部	司马懿	2018/2/24	7000							>5000	4	
8	团体渠道1部	周瑜	2018/3/8	8000		2、	使用通配符				5000	5	
9	团体渠道2部	曹操	2018/3/9	5000			渠道	人数			<=5000	9	
10	团体渠道1部	孙尚香	2018/3/10	4000			个人渠道	7					
11	个人渠道2部	小乔	2018/3/31	2000			团体渠道	6			5000	4	>5000
12	团体渠道1部	孙权	2018/1/3	4000								5	=5000
13	个人渠道2部	刘表	2018/2/4	5000								9	<=5000
14	个人渠道2部	诸葛亮	2018/2/5	8000									

图15-16 COUNTIF函数基础应用

1. 统计汉字

在H3单元格中输入以下公式，并向下复制到H6单元格，计算各个部门的人数。

```
=COUNTIFS(A:A,G3)
```

G3单元格为“个人渠道1部”，COUNTIF函数以此为统计条件，计算A列为个人渠道1部的个数。

2. 使用通配符

在H10单元格中输入以下公式，并向下复制到H11单元格，计算各个渠道的人数。

```
=COUNTIF(A:A,G10&"*")
```

通配符“*”表示任意多个字符，“?”表示任意一个字符。“G10&"*"”表示以G10单元格的“个人渠道”开头，后面有任意多个字符的单元格个数。

使用通配符还可以做以下的统计。

```
=COUNTIF(B:B,"孙*") 姓孙的员工人数
=COUNTIF(B:B,"孙?") 姓孙且姓名为两个字的员工人数
```

条件统计函数支持通配符的使用，这里依次使用“孙*”“孙?”来完成相应的统计。

3. 统计数字

在L3~L5单元格中分别输入以下公式，分别统计销售金额大于5 000元、等于5 000元、小于等于5 000元的人数。

```
=COUNTIF(D:D,">5000")
=COUNTIF(D:D,"=5000")
=COUNTIF(D:D,"<=5000")
```

条件统计类函数的统计条件支持比较运算符，“>5000”是按照数字大小比较的，统计有多少个大于5 000的数字。

在L7单元格中输入以下公式，并向下复制到L9单元格，计算出各个销售金额段的人数。

```
=COUNTIF(D:D,K7)
```

除了在公式中直接输入比较运算符外，还可以使用函数与公式引用单元格中的运算符。例如，在K11单元格中输入5 000，在L11~L13单元格中分别输入以下3个公式，分别统计销售金额大于5 000、等于5 000、小于等于5 000的人数。

```
=COUNTIF(D:D,">"&K11)
=COUNTIF(D:D,"="&K11)
=COUNTIF(D:D,"<="&K11)
```

提示

作为参考的相应数字可以单独放在单元格中，在统计时引用此单元格即可。注意引用时必须写成“"比较运算符"&单元格地址”的形式，如果把单元格地址放在双引号中写成类似“>G17”的样式，G17将不再表示单元格地址，而是“G17”这个字符串。

15.4.2 数据区域中含通配符的统计

数据区域中含有通配符时，直接统计往往会出现偏差，需要借助“~”（波浪号）来完成统计。

示例15-16 数据区域中含通配符的统计

如图15-17所示，A1:C11单元格区域为销售规格记录，在F列输入公式统计各个规格的产品各销售多少。

	A	B	C	D	E	F
1	产品	规格	日期		规格	错误方式
2	衣柜	2000*400*1800	2018/2/10		1500*500*2000	5
3	衣柜	1500*1500*2000	2018/2/10		1500*1500*2000	4
4	衣柜	2000*400*1800	2018/2/10		2000*400*1800	5
5	衣柜	1500*1500*2000	2018/2/12			
6	衣柜	1500*1500*2000	2018/2/14			
7	衣柜	1500*500*2000	2018/2/17		规格	正确方式
8	衣柜	2000*400*1800	2018/2/18		1500*500*2000	1
9	衣柜	2000*400*1800	2018/2/20		1500*1500*2000	4
10	衣柜	1500*1500*2000	2018/2/22		2000*400*1800	5
11	衣柜	2000*400*1800	2018/2/22			

图15-17 数据区域中含通配符的统计

如果在F2单元格中输入以下公式，向下复制到F4单元格后，将无法得到正确的结果。

```
=COUNTIF(B:B,E2)
```

COUNTIF函数支持通配符的使用，E2单元格的“*”表示任意多个字符，所以F2单元格的统计结果为以“1500”开头、以“2000”结尾，且字符中间含有“500”的单元格个数，其结果为5，包括B3、B5、B6、B7、B10这5个单元格。

正确的方法是，在F8单元格中输入以下公式，并向下复制到F10单元格。

```
=COUNTIF(B:B,SUBSTITUTE(E8,"*","~*"))
```

“SUBSTITUTE(E8,"*","~*")”部分的结果为“1500~*500~*2000”，其中“~”可以使“*”失去通配符的性质，使公式识别为普通字符。

最后使用COUNTIF函数统计数据区域中等于“1500*500*2000”的单元格个数，只有B7单元格，所以结果返回为1。

> **提示** “*”“?”和“~”是通配符号，在查找替换或统计类公式中要匹配这些符号本身时，必须在符号前加上“~”。

还可以使用普通公式的方式统计，在F8单元格中输入以下数组公式，按<Ctrl+Shift+Enter>组合键，并向下复制到F10单元格。

```
{=SUM(N($B$2:$B$11=E8))}
```

在等式判断中，不能使用通配符的特性。

15.4.3 单字段同时满足多条件的计数

示例 15-17 单字段同时满足多条件的计数

在图15-18所示的销售记录表中，需要根据组别字段中的信息，计算1组和3组的总人数。

F2 =SUM(COUNTIF(A:A,{"1组","3组"}))

	A	B	C	D	E	F
1	组别	姓名	销售日期	销售金额		人数
2	1组	陆逊	2018/2/3	5000		7
3	1组	刘备	2018/2/3	5000		
4	1组	孙坚	2018/2/22	3000		
5	1组	孙策	2018/3/22	9000		
6	2组	刘璋	2018/2/3	5000		
7	2组	司马懿	2018/2/24	7000		
8	2组	周瑜	2018/3/8	8000		
9	2组	曹操	2018/3/9	5000		
10	2组	孙尚香	2018/3/10	4000		
11	2组	小乔	2018/3/31	2000		
12	3组	孙权	2018/1/3	4000		
13	3组	刘表	2018/2/4	5000		
14	3组	诸葛亮	2018/2/5	8000		

图15-18 某单字段同时满足多条件的统计

在F2单元格中输入以下公式，统计1组和3组的人数。

```
=SUM(COUNTIF(A:A,{"1组","3组"}))
```

"COUNTIF(A:A,{"1组","3组"})"部分的统计条件使用常量数组的形式，表示分别对1组和3组两个条件进行统计，返回结果为数组{4,3}，即有4个1组和3个3组。

然后使用SUM函数对数组{4,3}求和，得到最终的人数合计。

15.4.4 验证身份证号是否重复

示例 15-18 验证身份证号是否重复

如图15-19所示，B列是员工的身份证号，可以使用COUNTIF函数来验证身份号是否重复。

本例中的解题思路是统计与B列中相同单元格的个数，统计结果为1的即为不重复，大于1的即为重复。

如果在C2单元格中输入以下公式，向下复制到C11单元格后，将无法得到正确结果。

```
=COUNTIF(B:B,B2)
```

C3:C5单元格的结果都为3，而三名员工的身份证号只有前15位是一致的。这是因为COUNTIF函数在统计数字时，只统计前15位有效数字，15位之后的数字全部按0处理。

	A	B	C	D
1	员工	身份证号	错误方式	正确方式
2	陆逊	530827198003035959	1	1
3	黄月英	330326198508167286	3	1
4	邓艾	330326198508167331	3	1
5	周瑜	330326198508167738	3	1
6	黄忠	330326198508162856	1	1
7	司马懿	130927198108260950	1	1
8	张辽	42050119790412529X	1	1
9	曹操	420501197904125070	1	1
10	孙尚香	510132197912179874	1	1
11	小乔	211281198511163334	1	1

图15-19 验证身份证号是否重复

正确的统计方法是在D2单元格中输入以下公式，并向下复制到D11单元格。

```
=COUNTIF(B:B,B2&"*")
```

在B2单元格后连接一个"*"，使身份证号变成一个字符串，表示查找以B2单元格内容开始的文本，最终返回单元格区域B列中该身份证号的个数。

15.4.5 含错误值的数据统计

示例15-19 含错误值的数据统计

如图15-20所示，B列是学员考试分数，未参加考试的学员考试分数显示为错误值#N/A，在D2单元格中输入以下公式统计参加考试的人数，返回结果为11。

```
=COUNTIF(B2:B14,"<9e307")
```

"9e307"是科学计数法，表示"9*10^307"，接近Excel允许输入的最大数值。COUNTIF函数在统计时先确定数据类型，"<9e307"则表示只统计数据区域中的数字，并且小于数字"9e307"，相当于对所有的数字进行计数统计。

D2 =COUNTIF(B2:B14,"<9e307")

	A	B	C	D	E
1	姓名	考试分数		考试人数	
2	陆逊	81		11	
3	刘备	95			
4	孙坚	#N/A			
5	孙策	65			
6	刘璋	95			
7	司马懿	75			
8	周瑜	79			
9	曹操	69			
10	孙尚香	#N/A			
11	小乔	79			
12	孙权	65			
13	刘表	93			
14	诸葛亮	92			

图15-20 含错误值的数据统计

15.4.6 统计非空文本数量

示例15-20 统计非空文本数量

如图15-21所示，A2:A10单元格区域为待统计数据，其中A3单元格为真空，什么内容都没有输入，A4单元格为通过公式计算而返回的空文本。在C2单元格中输入以下公式，得到数据区域中非空文本的数量，结果为4，即A2、A5、A9、A10这4个单元格。

```
=COUNTIF(A2:A10,"><")
```

“><”表示的是大于“<”这个符号，由于真空单元格和空文本都要小于“<”这个符号，而其他常见文本字符都要大于“<”这个符号，因此达到了统计非空文本的目的。

还可以使用以下公式达到统计非空文本的目的，返回结果为4。

```
=COUNTIF(A2:A10,"?*")
```

“?*”表示以任意一个字符开始，后面有任意长的字符，即单元格中至少有一个文本字符的个数。

	A	B	C	D
1	姓名		非空文本	公式
2	陆逊		4	=COUNTIF(A2:A10,"><")
3				
4			文本	公式
5	孙策		5	=COUNTIF(A2:A10,"*")
6	#N/A			
7	123			
8	9E+307			
9	周瑜			
10	孙尚香			

图15-21　统计非空文本数量

在C5单元格中输入以下公式，统计出数据区域中文本的数量。

```
=COUNTIF(A2:A10,"*")
```

通配符“*”表示任意多个字符，结果返回5，即A2、A4、A5、A9、A10这5个单元格。

15.4.7　中国式排名

中国式排名，即无论有几个并列名次，后续的排名紧跟前面的名次顺延生成，并列排名不占用名次。

示例15-21　中国式排名

如图15-22所示，A列为员工姓名，B列为各员工的销量统计，需要对员工的销量采用中国式排名的方式进行统计名次。

以C列作为辅助列，在C2单元格中输入以下公式，并向下复制到C11单元格。

```
=IF(COUNTIF(B$2:B2,B2)=1,B2)
```

中国式排名是统计大于等于数值本身的不重复的数字个数。“COUNTIF(B$2:B2,B2)”部分是统计相应单元格在B2单元格到公式所在

	A	B	C	D
1	员工	销量	辅助列	中国式排名
2	陆逊	310	310	2
3	黄月英	310	FALSE	2
4	邓艾	390	390	1
5	周瑜	250	250	5
6	黄忠	250	FALSE	5
7	司马懿	390	FALSE	1
8	张辽	270	270	4
9	曹操	310	FALSE	2
10	孙尚香	300	300	3
11	小乔	220	220	6

图15-22　中国式排名

行动态范围中，等于B2单元格本身的数字出现的次数。如果等于1，说明当前数字是第一次出现，如果大于1，则说明该数字在当前单元格上方部分已经出现过。

然后使用IF函数进行判断，如果等于1，则返回B列对应单元格中的数值，否则返回逻辑值FALSE。

在D2单元格中输入以下公式，并向下复制到D11单元格，完成中国式排名。

```
=COUNTIF(C:C,">="&B2)
```

对C列得到不重复的数字中，统计有多少个大于等于B2单元格的数值，即B2单元格的销量排名。

15.4.8 统计非重复值数量

示例15-22 统计非重复值数量

如图15-23所示，A列为员工姓名，B列为员工对应的部门，需要统计一共有多少个部门。

D2 {=SUM(1/COUNTIF(B2:B9,B2:B9))}

	A	B	C	D	E
1	员工	部门		部门数量	
2	陆逊	吴国		4	
3	黄月英	蜀国			
4	邓艾	魏国			
5	周瑜	吴国			
6	黄忠	蜀国			
7	吕布	群雄			
8	孙尚香	吴国			
9	小乔	吴国			

图15-23 统计非重复值数量

在D2单元格中输入以下数组公式，按<Ctrl+Shift+Enter>组合键。

```
{=SUM(1/COUNTIF(B2:B9,B2:B9))}
```

“COUNTIF(B2:B9,B2:B9)”部分用于统计出B2:B9单元格的每个元素在这个区域中各有多少个，返回结果如下。

```
{4;2;1;4;2;1;4;4}
```

然后使用数字1除以此数组得到如下倒数。

```
{1/4;1/2;1;1/4;1/2;1;1/4;1/4}
```

如果单元格的值在区域中是唯一值，这一步的结果是1。如果重复出现两次，这一步的结果就有两个1/2。如果单元格的值在区域中重复出现3次，结果就有3个1/3……即每个元素对应的倒数合计起来结果仍是1。

最后用SUM函数求和，结果就是不重复的部门个数。

15.4.9 使用COUNTIFS函数统计符合多个条件的单元格个数

COUNTIFS函数的作用是对区域中满足多个条件的单元格计数。函数语法如下。

```
COUNTIFS(criteria_range1,criteria1,[criteria_range2,criteria2]…)
```

criteria_range1为必需参数，在其中计算关联条件的第一个区域。

criteria1为必需参数，条件的形式为数字、表达式、单元格引用或文本，可用来定义将对哪些单元格进行计数。

criteria_range2,criteria2,…为可选参数，附加的区域及其关联条件，最多允许127个区域及条件对。

每一个附加的区域都必须与参数criteria_range1具有相同的行数和列数，这些区域无需彼此相邻。

示例15-23 COUNTIFS函数基础应用

图15-24所示为某公司销售记录的部分内容，其中A列为组别，B列为姓名，C列为销售日期，D列为销售金额，F~H列为不同方式的统计结果。

	A	B	C	D	E	F	G	H
1	组别	姓名	销售日期	销售金额		1、	统计日期	
2	1组	陆逊	2018/2/3	5000			月份	业务笔数
3	1组	刘备	2018/2/3	5000			1	1
4	1组	孙坚	2018/2/22	3000			2	7
5	1组	孙策	2018/3/22	9000			3	5
6	2组	刘璋	2018/2/3	5000				
7	2组	司马懿	2018/2/24	7000		2、	多条件统计	
8	2组	周瑜	2018/3/8	8000			条件	业务笔数
9	2组	曹操	2018/3/9	5000			1组销售额高于4000	3
10	2组	孙尚香	2018/3/10	4000			2组3月销售数据	4
11	2组	小乔	2018/3/31	2000				
12	3组	孙权	2018/1/3	4000				
13	3组	刘表	2018/2/4	5000				
14	3组	诸葛亮	2018/2/5	8000				

图15-24 COUNTIFS函数基础应用

1. 统计日期

在多条件统计时，同一个条件数据范围可以被多次使用。

在H3单元格中输入以下公式，并向下复制到H5单元格，计算出1~3月份的业务笔数。

```
=COUNTIFS(C:C,">="&DATE(2018,G3,1),C:C,"<"&DATE(2018,G3+1,1))
```

在Excel中，日期的本质就是数字，所以计算日期范围时，相当于对某一个数字范围进行统计。H3单元格计算1月份的人数，也就是范围设置在大于等于2018-1-1，并且小于2018-2-1这个日期范围之间。

按月份统计日期时，公式不可以写成类似以下形式。

```
=COUNTIFS(MONTH($C$2:$C$14),G3)
```

因为“MONTH($C$2:$C$14)”部分计算的是一个内存数组结果，而COUNTIFS的条件区域要求必须是单元格引用。

2. 多条件统计

在H9单元格中输入以下公式，统计1组且销售额高于4 000的业务笔数。

```
=COUNTIFS(A:A,"1组",D:D,">4000")
```

在H10单元格中输入以下公式，统计2组3月销售数据的业务笔数。

```
=COUNTIFS(A:A,"2组",C:C,">="&DATE(2018,3,1),C:C,"<"&DATE(2018,4,1))
```

在多条件统计时，每一个区域都需要有相同的行数和列数。

15.4.10　多字段同时满足多条件的计数

示例15-24　多字段同时满足多条件的计数

在图15-25所示的销售记录表中，需要统计1组和3组两个小组中，销售金额大于7 000或小于5 000的业务笔数。

F2　=SUM(COUNTIFS(A:A,{"1组","3组"},D:D,{">7000";"<5000"}))

	A	B	C	D	E	F	G
1	组别	姓名	销售日期	销售金额		业务笔数	
2	1组	陆逊	2018/2/3	5000		4	
3	1组	刘备	2018/2/3	5000			
4	1组	孙坚	2018/2/22	3000			
5	1组	孙策	2018/3/22	9000			
6	2组	刘璋	2018/2/3	5000			
7	2组	司马懿	2018/2/24	7000			
8	2组	周瑜	2018/3/8	8000			
9	2组	曹操	2018/3/9	5000			
10	2组	孙尚香	2018/3/10	4000			
11	2组	小乔	2018/3/31	2000			
12	3组	孙权	2018/1/3	4000			
13	3组	刘表	2018/2/4	5000			
14	3组	诸葛亮	2018/2/5	8000			

图15-25　多字段同时满足多条件的计数

在F2单元格中输入以下公式。

```
=SUM(COUNTIFS(A:A,{"1组","3组"},D:D,{">7000";"<5000"}))
```

第一个条件“{"1组","3组"}”中的参数用逗号分隔，表示水平方向的数组。

第二个条件“{">7000";"<5000"}”中的参数用分号分隔，表示垂直方向的数组。

这样即形成了4组条件，分别为“1组”且“>7000”、“1组”且“<5000”、“3组”且“>7000”、“3组”且“<5000”。

COUNTIFS函数的统计结果如下。

```
{1,1;1,1}
```

最后使用SUM函数，计算出满足条件的业务笔数为4。

15.4.11 使用SUMIF函数按指定条件求和

SUMIF函数的作用是对区域中满足单个条件的单元格求和，基本语法如下。

```
SUMIF(range,criteria,[sum_range])
```

range为必需参数，表示要根据条件进行计算的单元格区域，可以包含数字、数组或数字的引用。

criteria为必需参数，用于确定对哪些单元格求和的条件，其形式可以为数字、表达式、单元格引用或文本字符串。

sum_range为可选参数，用于确定要求和的实际单元格。如果省略，Excel会对range参数指定的单元格（即应用条件的单元格）求和。

sum_range参数与range参数的大小和形状可以不同。求和的实际单元格通过以下方法确定：使用sum_range参数中左上角的单元格作为起始单元格，然后包括与range参数大小和形状相对应的单元格。

示例15-25 SUMIF函数基础应用

图15-26所示为某公司销售记录的部分内容。其中A列为部门，B列为员工姓名，C列为销售日期，D列为销售金额，F~M列为不同方式的统计结果。

	A	B	C	D	E	F	G	H	I	J	K	L	M
1	部门	姓名	销售日期	销售金额		1、	统计汉字			3、	统计数字		
2	个人渠道1部	陆逊	2018/2/3	5000			部门	销售金额			条件	销售金额	
3	个人渠道2部	刘备	2018/2/3	5000			个人渠道1部	17000			大于5000元	32000	
4	个人渠道1部	孙坚	2018/2/22	3000			个人渠道2部	20000			等于5000元	25000	
5	个人渠道1部	孙策	2018/3/22	9000			团体渠道1部	21000			小于等于5000元	38000	
6	团体渠道1部	刘璋	2018/2/3	5000			团体渠道2部	12000					
7	团体渠道2部	司马懿	2018/2/24	7000							>5000	32000	
8	团体渠道1部	周瑜	2018/3/8	8000		2、	使用通配符				5000	25000	
9	团体渠道2部	曹操	2018/3/9	5000			条件	销售金额			<=5000	38000	
10	团体渠道1部	孙尚香	2018/3/10	4000			个人渠道	37000					
11	个人渠道2部	小乔	2018/3/31	2000			团体渠道	33000			5000	32000	>5000
12	团体渠道1部	孙权	2018/1/3	4000								25000	=5000
13	个人渠道2部	刘表	2018/2/4	5000								38000	<=5000
14	个人渠道2部	诸葛亮	2018/2/5	8000									

图15-26 SUMIF函数基础应用

1. 统计汉字

在H3单元格中输入以下公式，并向下复制到H6单元格，计算各个组别的销售金额。

```
=SUMIF(A:A,G3,D:D)
```

公式中的“A:A”是条件区域，G3单元格是求和条件“个人渠道1部”，“D:D”是求和区域。SUMIF函数以“个人渠道1部”为统计条件，如果A列为“个人渠道1部”，则对D列对应位置的数值求和。

2. 使用通配符

在H10单元格中输入以下公式，向下复制到H11单元格，计算各个渠道的销售金额。

```
=SUMIF(A:A,G10&"*",D:D)
```

通配符“*”表示任意多个字符，“?”表示任意一个字符。“G10&"*"”表示以G10单元格的“个人渠道”开头，后面有任意多个字符的单元格个数。

对于通配符还可以做以下统计。

```
=SUMIF(A:A,"个人*",D1)  A列中所有以"个人"开头的销售金额
```

条件统计函数支持通配符的使用，这里依次使用“个人*”，来完成相应的统计。

SUMIF函数的sum_range参数与range的单元格个数不同，sum_range将以D1单元格为起点，并将区域延伸至大小和形状与range参数相同的单元格区域，即按照D:D计算。

3. 统计数字

SUMIF函数的第三参数省略时，会对第一参数进行条件求和。在L3~L5单元格分别输入以下公式，分别统计销售金额大于5 000元、等于5 000元和小于等于5 000元的销售金额。

```
=SUMIF(D:D,">5000")
=SUMIF(D:D,"=5000")
=SUMIF(D:D,"<=5000")
```

条件统计类函数的统计条件支持比较运算符，因此“>5000”是按照数字大小比较，统计大于5 000的数字之和。

在L7单元格中输入以下公式，并向下复制到L9单元格，计算出各个区段的销售金额。

```
=SUMIF(D:D,K7)
```

除了在公式中直接输入比较运算符外，还可以使用函数与公式引用单元格中的运算符。

在L11~L13单元格分别输入以下公式，分别统计销售金额大于5 000、等于5 000和小于等于5 000的销售金额。

```
=SUMIF(D:D,">"&G17)
=SUMIF(D:D,"="&G17)
=SUMIF(D:D,"<="&G17)
```

作为参考的相应数字可以单独放在单元格中，在统计时引用此单元格即可。SUMIF函数第二参数的使用规则与COUNTIF函数的第二参数规则类似，引用时必须用连接符“&”连接比较运算符和单元格地址。

由于条件区域与求和区域相同，因此SUMIF函数省略第三参数，对条件区域进行求和。

15.4.12 某单字段同时满足多条件的求和

示例15-26 某单字段同时满足多条件的求和

在图15-27所示的销售记录表中，需要统计1组和3组的销售金额之和。

在F2单元格中输入以下公式。

```
=SUM(SUMIF(A:A,{"1组","3组"},D:D))
```

F2 =SUM(SUMIF(A:A,{"1组","3组"},D:D))

	A	B	C	D	E	F
1	组别	姓名	销售日期	销售金额		销售金额
2	1组	陆逊	2018/2/3	5000		39000
3	1组	刘备	2018/2/3	5000		
4	1组	孙坚	2018/2/22	3000		
5	1组	孙策	2018/3/22	9000		
6	2组	刘璋	2018/2/3	5000		
7	2组	司马懿	2018/2/24	7000		
8	2组	周瑜	2018/3/8	8000		
9	2组	曹操	2018/3/9	5000		
10	2组	孙尚香	2018/3/10	4000		
11	2组	小乔	2018/3/31	2000		
12	3组	孙权	2018/1/3	4000		
13	3组	刘表	2018/2/4	5000		
14	3组	诸葛亮	2018/2/5	8000		

图15-27　某单字段同时满足多条件的求和

"SUMIF(A:A,{"1组", "3组"},D:D)"部分表示统计条件使用常量数组的形式，表示分别对1组和3组两个条件进行统计，返回结果如下。

```
{22000,17000}
```

即1组销售金额为22 000，3组销售金额为17 000。然后使用SUM函数求和，得到最终的销售金额合计39 000。

15.4.13　二维区域条件求和

示例15-27　二维区域条件求和

如图15-28所示，A~H列是某公司的销售记录，其中第A、C、E、G列是产品名称，B、D、F、H列是每个月的产品销量。

K2 =SUMIF($A$2:$G$10,J2,$B$2:$H$10)

	A	B	C	D	E	F	G	H	I	J	K
1	产品	1月	产品	2月	产品	3月	产品	4月		产品	销量
2	长裤	45	短裤	32	长裤	31	长裤	34		长裤	110
3	短裤	49	长裙	44	短裤	41	短裤	57		短裤	179
4	长裙	35	短裙	50	长裙	60	长裙	44		长裙	183
5	短裙	30	大衣	52	短裙	34	短裙	42		短裙	156
6	衬衫	54	夹克	48	衬衫	50	衬衫	41		衬衫	145
7	大衣	54	连衣裙	42	夹克	42	大衣	40		大衣	146
8	连衣裙	57			T恤	42	夹克	52		夹克	142
9					连衣裙	47	T恤	34		T恤	76
10							连衣裙	37		连衣裙	183

图15-28　二维区域条件求和

在K2单元格中输入以下公式，计算出各产品的总销量。

```
=SUMIF($A$2:$G$10,J2,$B$2:$H$10)
```

SUMIF函数的参数不仅可以是单行单列，还可以是二维区域。

本例中，“$A$2:$G$10”是条件区域，“$B$2:$H$10”是求和区域，SUMIF函数在“$A$2:$G$10”依次判断每一个单元格是否符合条件，然后对应计算“$B$2:$H$10”中的数值之和，这样就实现了条件区域与求和区域错位并提取数据求和。

15.4.14 对最后一个非空单元格求和

示例15-28 对最后一个非空单元格求和

利用区域错位的特点，可以实现对最后一个单元格求和的目的。

如图15-29所示，A2:D11单元格区域中每列的数据个数不同，在F2单元格中输入以下公式，能够对每列最后一个单元格的数字求和。

```
=SUMIF(A3:D11,"",A2:D10)
```

F2 =SUMIF(A3:D11,"",A2:D10)

	A	B	C	D	E	F
1	1月	2月	3月	4月		求和
2	45	32	31	34		183
3	49	44	41	57		
4	35	50	60	44		
5	30	52	34	42		
6	54	48	50	41		
7	54	42	42	40		
8	57		42	52		
9			47	34		
10				37		
11						

图15-29 对纵向最后一个非空单元格求和

本例中的条件参数为“""”，表示对空白单元格进行统计。条件区域和求和区域错开一行，A3:D11单元格区域中每一个空白单元格，对应A2:D10单元格区域中的数值，其中A9对应A8单元格57，B8对应B7单元格42，C10对应C9单元格47，D11对应D10单元格37，其余空白单元格对应的也是空白单元格，不影响求和结果。

同样，当数据为横向时，输入以下公式，能够实现对每行最后一个单元格求和，如图15-30所示。

```
=SUMIF(C1:K4,"",B1:J4)
```

M2 =SUMIF(C1:K4,"",B1:J4)

	A	B	C	D	E	F	G	H	I	J	K	L	M
1	1月	45	49	35	30	54	54	57					求和
2	2月	32	44	50	52	48	42						183
3	3月	31	41	60	34	50	42	42	47				
4	4月	34	57	44	42	41	40	52	34	37			

图15-30 对横向最后一个非空单元格求和

15.4.15 使用SUMIFS函数按多个指定条件求和

SUMIFS函数的作用是对区域中满足多个条件的单元格求和。函数语法如下。

```
SUMIFS(sum_range,criteria_range1,criteria1,[criteria_range2,criteria2]…)
```

sum_range为必需参数，对一个或多个单元格求和，包括数字或包含数字的名称、区域或单元格引用。忽略空白和文本值。

criteria_range1为必需参数，在其中计算关联条件的第一个区域。

criteria1为必需参数，条件的形式为数字、表达式、单元格引用或文本，可用来定义将对哪些单元格进行求和。

criteria_range2,criteria2,…为可选参数，用于确定附加的区域及其关联条件，最多允许127个区域及条件对。

每一个附加的区域都必须与参数criteria_range1具有相同的行数和列数，这些区域无需彼此相邻。

示例15-29 SUMIFS函数基础应用

图15-31所示为某公司销售记录的部分内容。其中A列为组别，B列为姓名，C列为销售日期，D列为销售金额，F~H列为不同方式的统计结果。

	A	B	C	D	E	F	G	H
1	组别	姓名	销售日期	销售金额		1、	统计日期	
2	1组	陆逊	2018/2/3	5000			月份	销售金额
3	1组	刘备	2018/2/3	5000			1	4000
4	1组	孙坚	2018/2/22	3000			2	38000
5	1组	孙策	2018/3/22	9000			3	28000
6	2组	刘璋	2018/2/3	5000				
7	2组	司马懿	2018/2/24	7000		2、	多条件统计	
8	2组	周瑜	2018/3/8	8000			条件	销售金额
9	2组	曹操	2018/3/9	5000			1组销售额高于4000	19000
10	2组	孙尚香	2018/3/10	4000			2组3月销售数据	19000
11	2组	小乔	2018/3/31	2000				
12	3组	孙权	2018/1/3	4000				
13	3组	刘表	2018/2/4	5000				
14	3组	诸葛亮	2018/2/5	8000				

图15-31 SUMIFS函数基础应用

1. 统计日期

在H3单元格中输入以下公式，并向下复制到H5单元格，分别计算1~3月各月的销售金额。

```
=SUMIFS(D:D,C:C,">="&DATE(2018,G3,1),C:C,"<"&DATE(2018,G3+1,1))
```

在Excel中，日期的本质就是数字，所以计算日期范围时，相当于对某一个数字范围进行统计。H3单元格计算1月份的销售金额，也就是范围设置在大于等于2018-1-1，小于2018-2-1这个日期范围之间。

2. 多条件统计

在H9单元格中输入以下公式，统计1组销售额高于4 000的人员的销售金额。

```
=SUMIFS(D:D,A:A,"1组",D:D,">4000")
```

在H10单元格中输入以下公式，统计2组3月份的销售金额。

```
=SUMIFS(D:D,A:A,"2组",C:C,">="&DATE(2017,3,1),C:C,"<"&DATE(2017,4,1))
```

在多条件统计时，每一个区域都需要有相同的行数和列数。

注意

SUMIFS函数的求和区域是第一参数，并且不可省略，后面是条件成对出现。SUMIF函数的求和区域是第三参数，并且在条件区域和求和区域一致时，可以省略该参数。

15.4.16 多字段同时满足多条件的求和

示例15-30 多字段同时满足多条件的求和

在图15-32所示的销售记录表中，需要统计1组和3组销售金额大于7 000或小于5 000部分的销售总额。

F2 =SUM(SUMIFS(D:D,A:A,{"1组","3组"},D:D,{">7000";"<5000"}))

	A	B	C	D	E	F	G
1	组别	姓名	销售日期	销售金额		销售金额	
2	1组	陆逊	2018/2/3	5000		24000	
3	1组	刘备	2018/2/3	5000			
4	1组	孙坚	2018/2/22	3000			
5	1组	孙策	2018/3/22	9000			
6	2组	刘璋	2018/2/3	5000			
7	2组	司马懿	2018/2/24	7000			
8	2组	周瑜	2018/3/8	8000			
9	2组	曹操	2018/3/9	5000			
10	2组	孙尚香	2018/3/10	4000			
11	2组	小乔	2018/3/31	2000			
12	3组	孙权	2018/1/3	4000			
13	3组	刘表	2018/2/4	5000			
14	3组	诸葛亮	2018/2/5	8000			

图15-32 多字段同时满足多条件的求和

在F2单元格中输入以下公式。

```
=SUM(SUMIFS(D:D,A:A,{"1组","3组"},D:D,{">7000";"<5000"}))
```

第一个条件“{"1组","3组"}”中的参数由逗号分隔，表示水平方向的数组。

第二个条件“{">7000";"<5000"}”中的参数由分号分隔，表示垂直方向的数组。

这样即形成了4组条件，分别为“1组”且“>7000”、“1组”且“<5000”、“3组”且“>7000”、“3组”且“<5000”。

SUMIFS函数计算结果如下。

```
{9000,8000;3000,4000}
```

最后使用SUM函数求和，统计出满足条件的销售金额合计为24 000。

15.4.17 跨工作表多条件求和

示例15-31 跨工作表多条件求和

图15-33所示为1~3月每个月的销售数据记录表。

1月

	A	B
1	姓名	产品
2	张飞	长裤
3	曹操	大衣
4	曹操	长裤
5	刘备	大衣
6	曹操	大衣
7	曹操	短裤
8	关羽	衬衫
9	孙权	短裙
10	关羽	大衣
11	孙权	T恤
12	关羽	T恤
13	吕布	短裤
14	刘备	衬衫
15	许褚	短裙

2月

	A	B
1	姓名	产品
2	关羽	T恤
3	孙权	大衣
4	关羽	夹克
5	关羽	长裙
6	太史慈	短裤
7	太史慈	连衣裙
8	吕布	T恤
9	曹操	衬衫

3月

	A	B	C
1	姓名	产品	销量
2	曹操	T恤	19
3	曹操	短裤	28
4	太史慈	连衣裙	18
5	张飞	夹克	19
6	刘备	衬衫	18
7	刘备	短裤	29
8	太史慈	大衣	13
9	许褚	短裙	14
10	关羽	夹克	28
11	关羽	短裙	25
12	孙权	短裙	25
13	刘备	T恤	22
14	董卓	长裤	26
15	孙权	衬衫	18
16	孙权	T恤	17

图15-33 分月数据源

如图15-34所示，在“汇总”工作表的B2单元格中输入以下公式，复制到B2:J10单元格区域，对每名员工的销量进行汇总统计。

```
=SUM(SUMIFS(INDIRECT({1,2,3}&"月!C:C"),INDIRECT({1,2,3}&"月!A:A"),
$A2,INDIRECT({1,2,3}&"月!B:B"),B$1))
```

B2 =SUM(SUMIFS(INDIRECT({1,2,3}&"月!C:C"),INDIRECT({1,2,3}&"月!A:A"),$A2,INDIRECT({1,2,3}&"月!B:B"),B$1))

	A	B	C	D	E	F	G	H	I	J
1		衬衫	短裤	长裙	短裙	长裤	大衣	夹克	T恤	连衣裙
2	刘备	29	29	0	0	0	26	0	22	0
3	曹操	15	48	0	0	29	40	0	19	0
4	孙权	18	0	0	46	0	24	0	45	0
5	董卓	0	0	0	0	26	0	0	0	0
6	关羽	27	0	25	25	0	18	54	29	0
7	张飞	0	0	0	0	12	0	19	0	0
8	吕布	0	19	0	0	0	0	0	15	0
9	许褚	0	0	0	43	0	0	0	0	0
10	太史慈	0	13	0	0	0	13	0	0	46

图15-34 跨工作表多条件求和

“{1,2,3}&"月!C:C"”部分表示通过文本连接得到文本型地址{"1月!C:C","2月!C:C","3月!C:C"}，并通过INDIRECT函数将其转换为对相应工作表C列的区域引用，以此作为SUMIFS函数的求和区域。

同理，“INDIRECT({1,2,3}&"月!A:A")”和“INDIRECT({1,2,3}&"月!B:B")”形成对相应工作表A列和B列的引用，以此作为SUMIFS函数的条件区域。

然后使用SUMIFS函数，分别对1月、2月、3月3个工作表进行多条件求和，返回结果如下。

```
{11,0,18}
```

最后使用SUM函数求和，得到指定业务员不同产品的销售数量。

15.4.18 使用AVERAGEIF函数和AVERAGEIFS函数按条件计算平均值

AVERAGEIF函数返回满足单个条件的所有单元格的算术平均值。

AVERAGEIFS函数返回满足多个条件的所有单元格的算术平均值。基本语法分别如下。

```
AVERAGEIF(range,criteria,[average_range])
AVERAGEIFS(average_range,criteria_range1,criteria1,[criteria_range2,criteria2],…)
```

AVERAGEIF函数与SUMIF函数的语法及参数类似，AVERAGEIFS函数与SUMIFS函数的语法及参数类似。

示例15-32 条件平均函数基础应用

如图15-35所示，与示例15-29的数据源相同，做以下相应统计。

	A	B	C	D	E	F	G
1	组别	姓名	销售日期	销售金额		统计	销售金额
2	1组	陆逊	2018/2/3	5000		1组平均销售金额	5500
3	1组	刘备	2018/2/3	5000		1月份平均销售金额	4000
4	1组	孙坚	2018/2/22	3000			
5	1组	孙策	2018/3/22	9000			
6	2组	刘璋	2018/2/3	5000			
7	2组	司马懿	2018/2/24	7000			
8	2组	周瑜	2018/3/8	8000			
9	2组	曹操	2018/3/9	5000			
10	2组	孙尚香	2018/3/10	4000			
11	2组	小乔	2018/3/31	2000			
12	3组	孙权	2018/1/3	4000			
13	3组	刘表	2018/2/4	5000			
14	3组	诸葛亮	2018/2/5	8000			

图15-35 条件平均函数基础应用

计算1组的平均销售金额，可以输入以下公式。

```
=AVERAGEIF(A:A,"1组",D:D)
```

公式中的“A:A”是条件区域，“1组”是指定的条件，“D:D”是要计算平均值的区域。如果A列等于指定的条件“1组”，就对D列对应单元格中的数值计算平均值。

要计算1月份的平均销售金额，可以输入以下公式。

```
=AVERAGEIFS(D:D,C:C,">="&DATE(2018,1,1),C:C,"<"&DATE(2018,2,1))
```

G3单元格计算1月份的平均销售金额，也就是范围设置在大于等于2018-1-1，小于2018-2-1日期范围之间。

15.4.19 达到各班平均分的人数

示例15-33 达到各班平均分的人数

如图15-36所示，A~C列是各班级学员的分数，在F2单元格中输入以下公式，统计各班级达到平均分的人数。

```
=COUNTIFS(A:A,E2,C:C,">="&AVERAGEIF(A:A,E2,C:C))
```

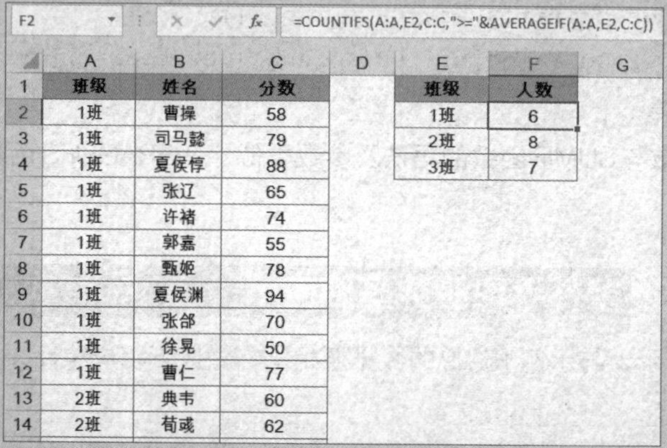

F2 =COUNTIFS(A:A,E2,C:C,">="&AVERAGEIF(A:A,E2,C:C))

	A	B	C	D	E	F	G
1	班级	姓名	分数		班级	人数	
2	1班	曹操	58		1班	6	
3	1班	司马懿	79		2班	8	
4	1班	夏侯惇	88		3班	7	
5	1班	张辽	65				
6	1班	许褚	74				
7	1班	郭嘉	55				
8	1班	甄姬	78				
9	1班	夏侯渊	94				
10	1班	张郃	70				
11	1班	徐晃	50				
12	1班	曹仁	77				
13	2班	典韦	60				
14	2班	荀彧	62				

图15-36 达到各班平均分的人数

“AVERAGEIF(A:A,E2,C:C)”部分通过计算得到各个班级的平均分，以此作为COUNTIFS函数的条件参数。

最后使用COUNTIFS函数，统计A列等于指定班级，并且C列大于等于平均分的人数。

15.4.20 使用MAXIFS函数和MINIFS函数计算指定条件的最大值与最小值

MAXIFS函数返回一组给定条件或标准指定的单元格中的最大值，基本语法如下。

```
MAXIFS(max_range,criteria_range1,criteria1,[criteria_range2,
criteria2],…)
```

MINIFS函数返回一组给定条件或标准指定的单元格中的最小值，基本语法如下。

```
MINIFS(min_range,criteria_range1,criteria1,[criteria_range2,
criteria2],…)
```

max_range和min_range参数，是确定最大值或最小值的实际单元格区域。

criteria_range1是一组用于条件计算的单元格。

criteria1 用于确定哪些单元格是最小值的条件，格式为数字、表达式或文本。

criteria_range2, criteria2, … 为可选参数，用于确定附加的区域及其关联条件，最多可以输入126个区域/条件对。

示例15-34 各班级的最高分、最低分

如图15-37所示，A~C列是各班级的分数，在F2单元格中输入以下公式，向下复制到F4单元格，得到各班级的最高分。

```
=MAXIFS(C:C,A:A,E2)
```

在G2单元格中输入以下公式，并向下复制到G4单元格，得到各班级的最低分。

```
=MINIFS(C:C,A:A,E2)
```

	A	B	C	D	E	F	G
1	班级	姓名	分数		班级	最高分	最低分
2	1班	曹操	58		1班	94	50
3	1班	司马懿	79		2班	95	59
4	1班	夏侯惇	88		3班	97	60
5	1班	张辽	65				
6	1班	许褚	74				
7	1班	郭嘉	55				
8	1班	甄姬	78				
9	1班	夏侯渊	94				
10	1班	张郃	70				
11	1班	徐晃	50				
12	1班	曹仁	77				
13	2班	典韦	60				
14	2班	荀彧	62				

图15-37 各班级的最高分、最低分

提示

由于Excel 2016的版本较多，MINIFS函数与MAXIFS函数在部分版本中可能会无法使用。如果是Office 365订阅用户，则可以获取每月更新的最新Office功能。

扫描以下二维码，可观看关于条件统计函数应用的更加详细的视频讲解。

15.5 使用SUMPRODUCT函数计算乘积之和

15.5.1 认识SUMPRODUCT函数

SUMPRODUCT函数对给定的几组数组中，将数组之间对应的元素相乘，并返回乘积之

和。基本语法如下。

```
SUMPRODUCT(array1,[array2],[array3],…)
```

array1 为必需参数，其相应元素需要进行相乘并求和的第一个数组参数。

array2, array3, … 为可选参数，2~255 个数组参数，其相应元素需要进行相乘并求和。

1. 对纵向数组计算

如图 15-38 所示，A2:A4 与 B2:B4 单元格区域是两个纵向数组。

在 F2 单元格中输入以下公式，可以计算两个纵向数组乘积之和。

```
=SUMPRODUCT(A2:A4,B2:B4)
```

A2:A4 与 B2:B4 两部分对应单元格相乘之后再对乘积求和，即 1×4=4，2×5=10，3×6=18。然后计算 4+10+18=32，最终结果返回 32。

2. 对横向数组计算

如图 15-39 所示，B7:D7 与 B8:D8 单元格区域是两个横向数组。

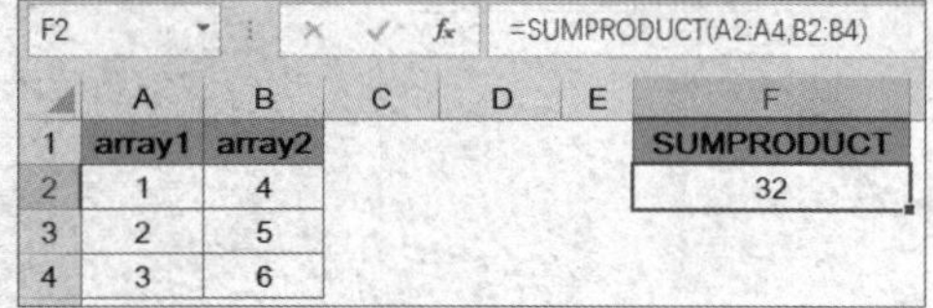

图 15-38　对纵向数组计算

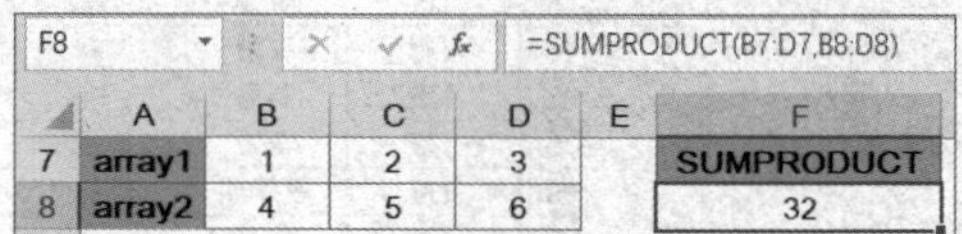

图 15-39　对横向数组计算

在 F8 单元格中输入以下公式，可以计算两个横向数组乘积之和。

```
=SUMPRODUCT(B7:D7,B8:D8)
```

B7:D7 与 B8:D8 两部分对应单元格相乘之后再对乘积求和，即 1×4=4，2×5=10，3×6=18。然后计算 4+10+18=32，最终结果返回 32。

3. 对二维数组计算

如图 15-40 所示，A12:B14 与 A16:B18 单元格区域是两个大小相同的二维区域。

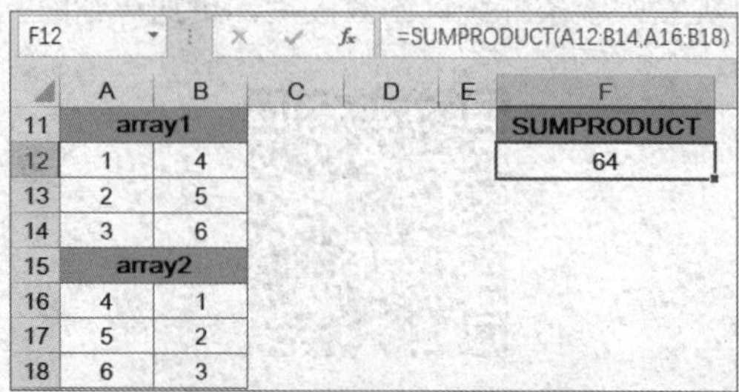

图 15-40　对二维数组计算

在 F12 单元格中输入以下公式，可以计算两个二维数组乘积之和。

```
=SUMPRODUCT(A12:B14,A16:B18)
```

A12:B14 与 A16:B18 两部分对应单元格相乘之后再对乘积求和，即 1×4=4，2×5=10，

3×6=18，4×1=4，5×2=10，6×3=18。然后计算4+10+18+4+10+18=64，最终结果返回64。

15.5.2 演讲比赛评分

示例15-35 演讲比赛评分

图15-41所示为三国公司组织的一次演讲比赛，评委根据每位选手演讲的创意性、完整性等5个方面进行打分，每一个方面的比重不同，需要计算出每位选手的加权总分。

G3 =SUMPRODUCT($B$2:$F$2,B3:F3)

	A	B	C	D	E	F	G
1	打分项	创意性	完整性	实用性	可拓展性	现场表达	总分
2	比重	20%	15%	25%	30%	10%	100%
3	罗贯中	100	95	90	85	100	92.25
4	刘备	90	100	75	95	85	88.75
5	曹操	90	85	65	70	95	77.5
6	孙权	70	80	100	80	95	84.5

图15-41 演讲比赛评分

在G3单元格中输入以下公式，并向下复制到G6单元格。

```
=SUMPRODUCT($B$2:$F$2,B3:F3)
```

使用第2行的权重与第3行的评分对应相乘，并对乘积求和，计算出每名选手的总分。

15.5.3 综合销售提成

示例15-36 综合销售提成

图15-42所示为一份销售数量统计表。A列为产品名称，B列为每种产品的销售单价，C列为每种产品的销售员提成比例，D列为此销售员本月的销售数量。需要计算出此销售员本月的全部销售提成。

F2 =SUMPRODUCT(B2:B5,C2:C5,D2:D5)

	A	B	C	D	E	F
1	产品	单价	提成比例	销售数量		销售提成
2	电冰箱	4000	20%	3		24204
3	空调	5000	28%	5		
4	电视	8000	25%	4		
5	电脑	5400	18%	7		

图15-42 综合销售提成

在F2单元格中输入以下公式，计算结果为24 204。

```
=SUMPRODUCT(B2:B5,C2:C5,D2:D5)
```

公式将3个数组对应位置的元素一一相乘，然后计算乘积之和。

15.5.4 SUMPRODUCT条件统计计算

示例15-37 SUMPRODUCT条件统计计算

如图15-43所示，A~D列是某公司销售记录的部分内容。A列为部门，B列为姓名，C列为销售日期，D列为对应销售日期的销售金额，F~I列为不同方式的统计结果。

	A	B	C	D	E	F	G	H	I
1	部门	姓名	销售日期	销售金额		1、	统计汉字		
2	个人渠道1部	陆逊	2018/2/3	5000			部门	人数	销售金额
3	个人渠道2部	刘备	2018/2/3	5000			个人渠道1部	3	17000
4	个人渠道1部	孙坚	2018/2/22	3000			个人渠道2部	4	20000
5	个人渠道1部	孙策	2018/3/22	9000			团体渠道1部	4	21000
6	团体渠道1部	刘璋	2018/2/3	5000			团体渠道2部	2	12000
7	团体渠道2部	司马懿	2018/2/24	7000					
8	团体渠道1部	周瑜	2018/3/8	8000		2、	大于5000元的销售金额合计		
9	团体渠道2部	曹操	2018/3/9	5000				32000	
10	团体渠道1部	孙尚香	2018/3/10	4000					
11	个人渠道2部	小乔	2018/3/31	2000		3、	个人渠道的销售金额		
12	团体渠道1部	孙权	2018/1/3	4000				37000	
13	个人渠道2部	刘表	2018/2/4	5000					
14	个人渠道2部	诸葛亮	2018/2/5	8000		4、	团体渠道1部人员3月份销售金额		
15								12000	

图15-43 SUMPRODUCT条件统计计算

1. 统计汉字

在H3单元格中输入以下公式，并向下复制到H6单元格，计算出各个部门的人数。

```
=SUMPRODUCT(--($A$2:$A$14=G3))
```

“$A$2:$A$14=G3”部分表示G3单元格为“个人渠道1部”，即统计A2:A14单元格区域哪些等于“个人渠道1部”，返回一个数组。

```
{TRUE;FALSE;TRUE;TRUE;FALSE;…;FALSE}
```

SUMPRODUCT函数会将非数值型的元素作为0处理，所以使用“--”(减负运算)，将逻辑值转换为1和0的数字数组。

```
{1;0;1;1;0;0;0;0;0;0;0;0;0}
```

最后通过SUMPRODUCT函数进行求和，即返回“个人渠道1部”的人数，结果为3。

在I3单元格中输入以下公式，并向下复制到I6单元格，计算出各个组别的销售金额。

```
=SUMPRODUCT(($A$2:$A$14=G3)*1,$D$2:$D$14)
```

先使用“($A$2:$A$14=G3)”得到一个由逻辑值构成的数组，然后乘以1，得到一个由0和1构成的新数组。

```
{1;0;1;1;0;0;0;0;0;0;0;0;0}
```

最后使用SUMPRODUCT函数将新数组和“$D$2:$D$14”相乘的结果求和，即返回“个人渠道1部”的销售金额，结果为17 000。

2. 大于5 000元的销售金额合计

在H9单元格中输入以下公式，计算大于5 000元的销售金额合计。

```
=SUMPRODUCT((D2:D14>5000)*1,D2:D14)
```

公式计算原理与统计汉字的公式原理相同。

3. 个人渠道的销售金额

在H12单元格中输入以下公式，计算个人渠道的销售金额。

```
=SUMPRODUCT((LEFT(A2:A14,4)="个人渠道")*1,D2:D14)
```

由于SUMPRODUCT函数不支持通配符，这里无法使用“A2:A14="个人渠道*"”这种方式来完成判断。因此使用文本函数LEFT函数将A2:A14单元格区域的左侧4个字符提取出来，并判断是否等于“个人渠道”，来完成对个人渠道的统计。

4. 团体渠道1部人员3月份销售金额

在H15单元格中输入以下公式，计算团体渠道1部人员3月份的销售金额。

```
=SUMPRODUCT((A2:A14="团体渠道1部")*(MONTH(C2:C14)=3),D2:D14)
```

“(A2:A14="团体渠道1部")”部分用于判断是否满足部门为“团体渠道1部”。再使用MONTH函数提取C2:C14单元格区域的月份，并判断是否等于3。两组比较后的逻辑值相乘，得到内存数组结果如下。

```
{0;0;0;0;0;0;1;0;1;0;0;0;0}
```

使用以上内存数组与D2:D14的销售金额对应相乘后，再计算出乘积之和，完成统计。

还可以使用以下公式完成同样的计算。

```
=SUMPRODUCT((A2:A14="团体渠道1部")*(MONTH(C2:C14)=3),D2:D14)
```

SUMPRODUCT函数进行多条件求和可以使用如下两种形式的公式。

```
=SUMPRODUCT(条件区域1*条件区域2*……*条件区域n,求和区域)
=SUMPRODUCT(条件区域1*条件区域2*……*条件区域n*求和区域)
```

两个公式的区别在于最后连接求和区域时使用的是逗号“,”还是乘号“*”。

当D列销售金额中含有文本字符时，使用乘号“*”的公式会返回错误值#VALUE!，而使用逗号间隔的公式能够自动忽略求和区域中的文本，可以返回正确的结果。

15.5.5 二维条件区域统计

示例15-38 二维条件区域统计

如图15-44所示，A~D列是各部门1~3月的销量记录，在G2单元格中输入以下公式，向下复制到G4单元格，统计各部门2月的销量总和。

```
=SUMPRODUCT(($B$1:$D$1=F2)*(MONTH($A$2:$A$14)=2),$B$2:$D$14)
```

G2 =SUMPRODUCT(($B$1:$D$1=F2)*(MONTH($A$2:$A$14)=2),$B$2:$D$14)

	A	B	C	D	E	F	G	H
1	销售日期	魏国	蜀国	吴国			2月销量	
2	2018/1/5	5	9	11		魏国	40	
3	2018/1/12	19	8	6		蜀国	53	
4	2018/1/19	10	7	6		吴国	52	
5	2018/1/26	15	6	9				
6	2018/2/2	13	9	18				
7	2018/2/9	6	5	12				
8	2018/2/16	10	20	7				
9	2018/2/23	11	19	15				
10	2018/3/2	10	16	13				
11	2018/3/9	12	16	8				
12	2018/3/16	6	14	15				
13	2018/3/23	9	16	10				
14	2018/3/30	17	6	14				

图 15-44　二维条件区域统计

“($B$1:$D$1=F2)”部分用于判断第一行的标题是否等于蜀国，返回结果为一个横向数组。

```
{TRUE,FALSE,FALSE}
```

“(MONTH($A$2:$A$14)=2)”部分，判断A列的销售月份是否为2月，返回结果为一个纵向数组。

```
{FALSE;…;FALSE;TRUE;…;TRUE;FALSE;…;FALSE;FALSE}
```

这两部分相乘，形成一个13行3列的二维数组。

```
{0,0,0;…;0,0,0;1,0,0;1,0,0;1,0,0;1,0,0;0,0,0;…;0,0,0}
```

最后将此数组与“$B$2:$D$14”单元格区域中的每个元素对应相乘，然后计算乘积之和，返回最终的结果为40。

扫描以下二维码，可观看关于SUMPRODUCT函数的更加详细的视频讲解。

15.6　平均值统计

常用的平均值计算函数包括计算算数平均值的AVERAGE函数、计算内部平均值的TRIMMEAN函数、计算几何平均值的GEOMEAN函数及计算调和平均值的HARMEAN函数。

15.6.1　内部平均值TRIMMEAN函数

内部平均值在计算时除去了头部和尾部一定比例的数据，避免了因某些极大或极小值对整体数据造成明显的影响，可以更客观地反映出数据的整体水平情况。

TRIMMEAN函数返回数据集的内部平均值。先从数据集的头部和尾部除去一定百分比的数据点，然后再计算平均值，基本语法如下。

```
TRIMMEAN(array,percent)
```

array为必需参数，需要进行整理并求平均值的数组或数值区域。

percent为必需参数，计算时所要除去的数据点的比例。例如，如果percent=0.2，表示在20个数据点的集合中，要除去4个数据点(20x0.2)，头部和尾部各除去两个。

TRIMMEAN函数将除去的数据点数目向下舍入为最接近的2的倍数。如果percent=30%，30个数据点的30%等于9个数据点，向下舍入最接近的2的倍数为数字8。TRIMMEAN函数将对称地在数据集的头部和尾部各除去4个数据。

示例15-39 工资的内部平均值

如图15-45所示，A列为员工姓名，B列为每名员工的基本工资。需要除去基本工资的20%计算内部平均值。

	A	B	C	D	E
1	姓名	基本工资		内部平均值	公式
2	陆逊	35000		5082	=TRIMMEAN(B2:B14,20%)
3	刘备	2900			
4	孙坚	4300			
5	孙策	6300		算术平均值	公式
6	刘璋	6300		7108	=AVERAGE(B2:B14)
7	司马懿	2400			
8	周瑜	7600			
9	曹操	5900			
10	孙尚香	1500			
11	小乔	4400			
12	孙权	5100			
13	刘表	3200			
14	诸葛亮	7500			

图15-45 工资的内部平均值

在D2单元格中输入以下公式，返回结果为5 082。

```
=TRIMMEAN(B2:B14,20%)
```

区域中共有13个数据，13×20%=2.6，向下舍入到最接近的2的整数倍，即结果为2，也就是在数据集的头部和尾部各除去1个数据。所以最终的结果是除去了B2单元格的最大值35 000和B10单元格的最小值1 500之后计算算术平均值。

D6单元格是直接使用AVERAGE函数计算得到的算术平均值，返回结果为7 108。在本例中可以看出算术平均值明显比内部平均值要高。

示例15-40 去掉最高最低得分

如图15-46所示，A列为参赛选手姓名，B~J列为9位评委的打分情况。现在去掉1个最高分，去掉1个最低分，其余分数取平均值为该选手的综合得分。

15章

K2 | =TRIMMEAN(B2:J2,2/COUNT(B2:J2))

	A	B	C	D	E	F	G	H	I	J	K
1	姓名	评委1	评委2	评委3	评委4	评委5	评委6	评委7	评委8	评委9	综合得分
2	陆逊	70	75	80	80	65	95	60	80	80	75.71
3	刘备	65	100	65	65	65	70	95	95	65	74.29
4	孙坚	65	65	70	70	空缺	65	100	75	60	68.33
5	孙策	65	70	95	100	85	70	100	95	70	83.57
6	刘璋	75	95	65	空缺	90	70	100	90	100	86.67
7	司马懿	100	80	100	75	65	100	85	70	70	82.86
8	周瑜	80	75	80	95	90	75	70	60	80	78.57
9	曹操	100	80	80	90	60	100	65	75	80	81.43
10	孙尚香	100	75	60	70	70	95	60	70	60	71.43
11	小乔	75	75	70	100	80	60	75	75	100	78.57
12	孙权	90	80	90	65	60	100	75	65	60	75.00
13	刘表	90	80	90	85	80	90	60	70	90	83.57
14	诸葛亮	65	85	75	90	75	95	100	100	95	87.86

图 15-46　比赛打分

在K2单元格中输入以下公式，并向下复制到K14单元格。

```
=TRIMMEAN(B2:J2,2/COUNT(B2:J2))
```

"COUNT(B2:J2)"部分表示打分的评委总数为9。

在第4行和第6行中，都有一个评委未能打分，所以COUNT函数部分计算结果为8。

因为要去掉1个最高分和1个最低分，所以使用"2/COUNT(B2:J2)"作为TRIMMEAN函数的第二参数，表示在数据集的头部和尾部各除去1个数据后计算平均值。

15.6.2 几何平均值GEOMEAN函数

几何平均值的计算公式如下。

$$\text{GEOMEAN} = \sqrt[n]{y_1 y_2 y_3 \ldots y_n}$$

GEOMEAN函数返回正数数组或区域的几何平均值，基本语法如下。

```
GEOMEAN(number1,[number2],…)
```

number1为必需参数，后续数值是可选的，用于计算平均值的一组参数，参数的个数可以为1~255个。

示例15-41 计算平均增长率

图15-47所示为某项投资各年份的收益记录，A列为年份，B列为每年对应的收益率。

在D2单元格中输入以下数组公式，按<Ctrl+Shift+Enter>组合键，返回结果为6.6%。

```
{=GEOMEAN(1+B2:B8)-1}
```

"1+B2:B8"部分计算出每年的本利比例，使用GEOMEAN函数计算出几何平均值，再减去1即得到这7年的平均增长率。

D2 | {=GEOMEAN(1+B2:B8)-1}

	A	B	C	D	E
1	年份	收益率		平均增长率	
2	2011	10%		6.6%	
3	2012	6%			
4	2013	5%			
5	2014	4%			
6	2015	7%			
7	2016	6%			
8	2017	8%			

图 15-47　计算平均增长率

15.6.3 调和平均值HARMEAN函数

HARMEAN函数返回数据集合的调和平均值。调和平均值与倒数的算术平均值互为倒数，基本语法如下。

```
HARMEAN(number1,[number2],…)
```

number1为必需参数，后续数值是可选的，用于计算平均值的一组参数，参数的个数可以为1~255个。

调和平均值的计算公式如下。

$$\frac{1}{HARMEAN}=\frac{1}{n}\sum_{i=1}^{n}\frac{1}{y_i}$$

示例15-42 计算水池灌满水的时间

如图15-48所示，有3个灌水口，如果要灌满水池，单独开1号灌水口需要3小时，单独开2号需要5小时，单独开3号需要8小时。现在将3个灌水口同时打开，需要多长时间可以灌满水池。

D2 =HARMEAN(B2:B4)/COUNT(B2:B4)

	A	B	C	D	E	F
1	灌水口	时间(h)		时间(h)		
2	1号	3		1.52		
3	2号	5				
4	3号	8				

图15-48 计算水池灌满水的时间

在D2单元格中输入以下公式，计算结果为1.52小时。

```
=HARMEAN(B2:B4)/COUNT(B2:B4)
```

首先用“HARMEAN(B2:B4)”计算出灌水后的调和平均值，然后除以灌水口的数量，即“COUNT(B2:B4)”部分的计算结果，得到同时打开灌水口时灌满水池用的时间。

15.7 方差与标准差

15.7.1 使用VAR.P函数和VAR.S函数计算方差

方差是在概率论和统计方差衡量随机变量或一组数据时离散程度的度量，用来度量随机变量和其数学期望（即均值）之间的偏离程度。Excel 2016中有两个计算方差的函数，分别是VAR.P函数和VAR.S函数。

VAR.P函数计算基于整个样本总体的方差，基本语法如下。

```
VAR.P(number1,[number2],…)
```

number1 为必需参数，对应于总体的第一个数值参数。

number2, … 为可选参数，对应于总体的2~254个数值参数。

VAR.P的计算公式如下。

$$\frac{\sum(x-\bar{x})^2}{n}$$

VAR.S函数估算基于样本的方差，基本语法如下。

```
VAR.S(number1,[number2],…)
```

number1 为必需参数，对应于样本的第一个数值参数。

number2, … 为可选参数，对应于样本的2~254个数值参数。

VAR.S的计算公式如下。

$$\frac{\sum(x-\bar{x})^2}{n-1}$$

公式中的$\bar{x}$为样本平均值，n为样本大小。

VAR.S函数假设其参数是样本总体中的一个样本。如果数据为整个样本总体，则应使用VAR.P函数来计算方差。

示例15-43 产品包装质量比较

有甲、乙、丙3个车间包装产品，要求每个产品重量为100g/袋。现在对3个车间随机各抽取10袋产品进行称重，称重数据如图15-49所示。

	A	B	C	D	E	F	G	H	I
1	批次	甲车间	乙车间	丙车间			甲车间	乙车间	丙车间
2	1	95	98	100		平均值	100	100	102
3	2	102	102	102		方差	10.6	68.2	3.2
4	3	106	85	104					
5	4	103	96	101					
6	5	97	103	102					
7	6	103	109	104					
8	7	99	111	105					
9	8	98	102	102					
10	9	97	107	101					
11	10	100	87	99					

图15-49　产品包装质量比较

在G2单元格中输入以下公式，并向右复制到I2单元格，计算各车间包装产品的平均重量。

```
=AVERAGE(B2:B11)
```

在G3单元格中输入以下公式，并向右复制到I3单元格，计算各车间包装产品的偏离程度。

```
=VAR.P(B2:B11)
```

通过对比可以看出，甲、乙车间平均质量均为100g，丙车间超出100g，所以丙车间包装质量较差。

甲车间方差为10.6，乙车间方差为68.2，二者相比，甲车间的方差较小，说明包装质量更加稳定。

15.7.2　使用STDEV.P函数和STDEV.S函数计算标准差

标准差在概率统计中常做统计分布程度上的测量，反映组内个体之间的离散程度，平均数相同的两组数据，标准差未必相同。Excel 2016中有两个计算标准差的函数，分别是STDEV.P函数和STDEV.S函数。标准差是方差的算术平方根，二者关系如下。

$$\text{STDEV.P} = \sqrt{VAR.P}$$

$$\text{STDEV.S} = \sqrt{VAR.S}$$

STDEV.P函数计算基于以参数形式给出的整个样本总体的标准偏差，基本语法如下。

```
STDEV.P(number1,[number2],…)
```

number1为必需参数，对应于总体的第一个数值参数。

number2, … 为可选参数，对应于总体的2~254个数值参数。

STDEV.P的计算公式如下。

$$\sqrt{\frac{\sum(x-\bar{x})^2}{n}}$$

STDEV.S函数基于样本估算标准偏差，基本语法如下。

```
STDEV.S(number1,[number2],…)
```

number1为必需参数，对应于样本的第一个数值参数。

number2, … 为可选参数，对应于样本的2~254个数值参数。

STDEV.S的计算公式如下。

$$\sqrt{\frac{\sum(x-\bar{x})^2}{n-1}}$$

公式中的$\bar{x}$为样本平均值，n为样本大小。

STDEV.S函数假设其参数是总体样本。如果数据为整个总体，则应使用STDEV.P函数计算标准偏差。

示例15-44　某班学生身高分布

在图15-50中，A~B列是某班学生身高记录表的部分内容，在E1单元格中输入以下公式计算得到学生的平均身高，结果为177.33（cm）。

```
=AVERAGE(B2:B41)
```

15章

在E2单元格中输入以下公式，计算学生身高的标准差，返回结果为7.30。

```
=STDEV.P(B2:B41)
```

	A	B	C	D	E
1	学生	身高(cm)		平均值	177.33
2	曹操	185		标准差	7.30
3	司马懿	163			
4	夏侯惇	175			
5	张辽	189			
6	许褚	190			
7	郭嘉	173			
8	甄姬	158			
9	夏侯渊	174			
10	张郃	182			
11	徐晃	179			

图15-50　某班学生身高分布

由此可以说明，此班学生的身高主要分布在177.33±7.30cm之间。

15.8　筛选和隐藏状态下的统计汇总

15.8.1　使用SUBTOTAL函数实现筛选隐藏状态下的统计汇总

SUBTOTAL函数返回列表或数据库中的分类汇总，应用不同的第一参数，可以实现求和、计数、平均值、最大值、最小值、标准差及方差等多种统计方式。基本语法如下。

```
SUBTOTAL(function_num,ref1,[ref2],…)
```

function_num为必需参数，数字1~11或101~111，用于指定要为分类汇总使用的函数。如果使用1~11，结果中将包括手动隐藏的行。如果使用101~111，结果中则排除手动隐藏的行。无论使用哪种参数，始终排除经过筛选后不再显示的单元格。

SUBTOTAL函数不同的第一参数说明如表15-3所示。

表15-3　SUBTOTAL函数不同的第一参数及作用

Function_num（包含隐藏值）	Function_num（忽略隐藏值）	函数	说明
1	101	AVERAGE	计算平均值
2	102	COUNT	计算数值的个数
3	103	COUNTA	计算非空单元格的个数
4	104	MAX	计算最大值
5	105	MIN	计算最小值
6	106	PRODUCT	计算数值的乘积

续表

Function_num（包含隐藏值）	Function_num（忽略隐藏值）	函数	说明
7	107	STDEV.S	计算样本标准偏差
8	108	STDEV.P	计算总体标准偏差
9	109	SUM	求和
10	110	VAR.S	计算样本的方差
11	111	VAR.P	计算总体方差

ref1为必需参数，要对其进行分类汇总计算的第一个命名区域或引用。

ref2, …为可选参数，要对其进行分类汇总计算的第2~254个命名区域或引用。

说明：

（1）如果在ref1、ref2…中有其他的分类汇总（嵌套分类汇总），将忽略这些嵌套分类汇总，避免重复计算。

（2）当function_num为从1~11的常数时，SUBTOTAL函数将包括通过“隐藏行”命令所隐藏的行中的值。当function_num为从101~111的常数时，SUBTOTAL函数将忽略通过“隐藏行”命令所隐藏的行中的值。

（3）SUBTOTAL函数适用于数据列或垂直区域，不适用于数据行或水平区域。

示例15-45 SUBTOTAL函数在筛选状态下的统计

图15-51所示为某公司销售统计表的部分内容。其中A列为组别，D列为对应销售日期的销售金额，需要对筛选后的销售金额进行统计分析。

	A	B	C	D
1	组别	姓名	销售日期	销售金额
2	1组	陆逊	2018/2/3	5000
3	1组	刘备	2018/2/3	5000
4	1组	孙坚	2018/2/22	3000
5	1组	孙策	2018/3/22	9000
6	1组	刘璋	2018/2/3	5000
7	2组	司马懿	2018/2/24	7000
8	2组	周瑜	2018/3/8	8000
9	2组	曹操	2018/3/9	5000
10	2组	孙尚香	2018/3/10	4000
11	2组	小乔	2018/3/31	2000
12	3组	孙权	2018/1/3	4000
13	3组	刘表	2018/2/4	5000
14	3组	诸葛亮	2018/2/5	8000

图15-51 基础数据

对A列进行筛选，保留“1组”和“3组”两个组别，如图15-52所示。

在G2和G3单元格中分别输入以下两个公式，对筛选后的单元格区域进行求和。

```
=SUBTOTAL(9,D2:D14)
=SUBTOTAL(109,D2:D14)
```

在G5和G6单元格中分别输入以下两个公式，对筛选后的单元格区域进行计数。

```
=SUBTOTAL(2,D2:D14)
=SUBTOTAL(102,D2:D14)
```

在G13和G14单元格中分别输入以下两个公式，对筛选后的单元格区域计算平均值。

```
=SUBTOTAL(1,D2:D14)
=SUBTOTAL(101,D2:D14)
```

	A	B	C	D	E	F	G	H
1	组别	姓名	销售日期	销售金额			求和	公式
2	1组	陆逊	2018/2/3	5000			44000	=SUBTOTAL(9,D2:D14)
3	1组	刘备	2018/2/3	5000			44000	=SUBTOTAL(109,D2:D14)
4	1组	孙坚	2018/2/22	3000			计数	公式
5	1组	孙策	2018/3/22	9000			8	=SUBTOTAL(2,D2:D14)
6	1组	刘璋	2018/2/3	5000			8	=SUBTOTAL(102,D2:D14)
12	3组	孙权	2018/1/3	4000			平均值	公式
13	3组	刘表	2018/2/4	5000			5500	=SUBTOTAL(1,D2:D14)
14	3组	诸葛亮	2018/2/5	8000			5500	=SUBTOTAL(101,D2:D14)

图 15-52　SUBTOTAL 函数在筛选状态下的统计

SUBTOTAL函数的计算只包含筛选后的行，所以其第一参数不论使用从1~11还是从101~111的数字，都可以得到正确结果。

示例 15-46 隐藏行数据统计

仍然以图15-51中的基础数据为例，将其中的第7~9行手动隐藏，然后对相应数据做统计。如图15-53所示，参数1~11与101~111的统计结果有所不同。

	A	B	C	D	E	F	G
1	组别	姓名	销售日期	销售金额		求和	公式
2	1组	陆逊	2018/2/3	5000		70000	=SUBTOTAL(9,D2:D14)
3	1组	刘备	2018/2/3	5000		50000	=SUBTOTAL(109,D2:D14)
4	1组	孙坚	2018/2/22	3000		计数	公式
5	1组	孙策	2018/3/22	9000		13	=SUBTOTAL(2,D2:D14)
6	1组	刘璋	2018/2/3	5000		10	=SUBTOTAL(102,D2:D14)
10	2组	孙尚香	2018/3/10	4000		平均值	公式
11	2组	小乔	2018/3/31	2000		5385	=SUBTOTAL(1,D2:D14)
12	3组	孙权	2018/1/3	4000		5000	=SUBTOTAL(101,D2:D14)
13	3组	刘表	2018/2/4	5000			
14	3组	诸葛亮	2018/2/5	8000			

图 15-53　隐藏行数据统计

当function_num为从1~11的常数时，SUBTOTAL函数将包括通过“隐藏行”命令所隐藏的行中的值，即手动隐藏行的数据将被统计在内。

当function_num为从101~111的常数时，SUBTOTAL函数将忽略通过“隐藏行”命令所隐藏的行中的值，即不统计手动隐藏行的数据。

15.8.2 筛选状态下生成连续序号

示例 15-47 筛选状态下生成连续序号

如图15-54所示，在A2单元格中输入以下公式，并向下复制到A14单元格，可以生成一组连续的序号。

```
=SUBTOTAL(103,$B$1:B1)*1
```

	A	B	C	D	E	F
1	序号	组别	姓名			
2	1	1组	陆逊			
3	2	3组	刘表			
4	3	1组	刘备			
5	4	2组	曹操			
6	5	2组	孙尚香			
7	6	1组	刘璋			
8	7	2组	司马懿			
9	8	2组	周瑜			
10	9	1组	孙坚			
11	10	3组	孙权			
12	11	1组	孙策			
13	12	2组	小乔			
14	13	3组	诸葛亮			

A2 =SUBTOTAL(103,$B$1:B1)*1

图 15-54 生成连续序号

第一参数使用“103”，表示使用COUNTA函数的计算规则，统计B列非空单元格数量。

直接使用SUBTOTAL函数时，筛选状态下Excel会将末行当作汇总行，最后乘以1是为了避免筛选时导致末行序号出错。

应用公式后，分别筛选不同的组别，A列的序号将始终保持连续，如图15-55所示。

	A	B	C
1	序号	组别	姓名
2	1	1组	陆逊
4	2	1组	刘备
7	3	1组	刘璋
10	4	1组	孙坚
12	5	1组	孙策

	A	B	C
1	序号	组别	姓名
5	1	2组	曹操
6	2	2组	孙尚香
8	3	2组	司马懿
9	4	2组	周瑜
13	5	2组	小乔

	A	B	C
1	序号	组别	姓名
3	1	3组	刘表
11	2	3组	孙权
14	3	3组	诸葛亮

图 15-55 筛选状态下生成连续序号

15.8.3 通过分类汇总实现SUBTOTAL函数求和

通过分类汇总，可以直接添加SUBTOTAL函数，而无须手工输入。

示例15-48 通过分类汇总实现SUBTOTAL函数求和

如图15-56所示，A1:E14单元格区域是某公司加班记录的部分内容，其中A列的部门已经经过排序处理。

单击数据区域任意单元格，再依次单击【数据】→【分类汇总】按钮，弹出【分类汇总】对话框。【分类字段】和【汇总方式】保持默认的选项，在【选定汇总项】区域中，依次选中【工资】【奖金】【加班费】复选框，然后单击【确定】按钮。

形成的分类汇总求和如图15-57所示，其中C5、C10、C13、C18单元格分别是对不同区域的求和公式。

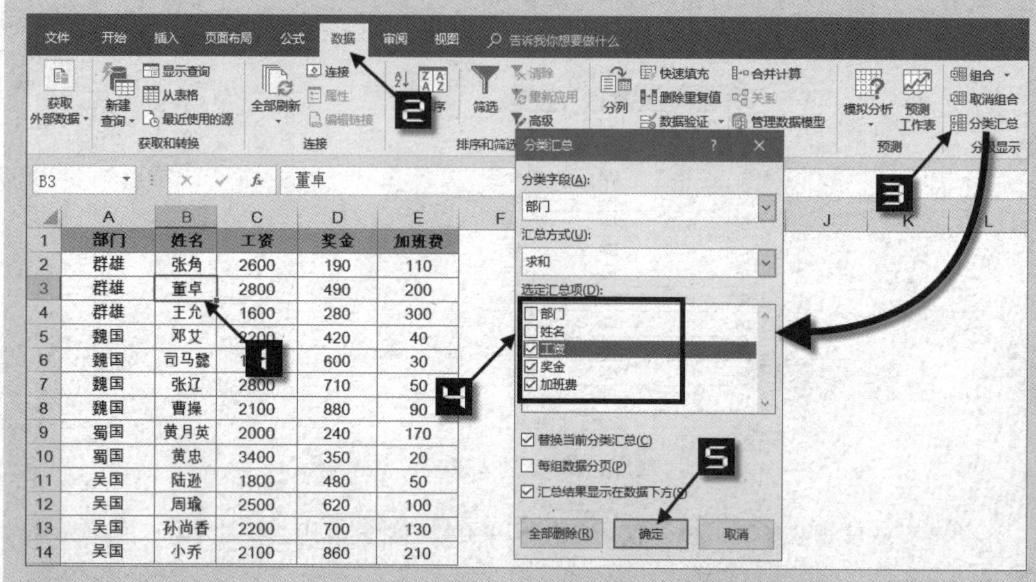

	A	B	C	D	E
1	部门	姓名	工资	奖金	加班费
2	群雄	张角	2600	190	110
3	群雄	董卓	2800	490	200
4	群雄	王允	1600	280	300
5	魏国	邓艾	2200	420	40
6	魏国	司马懿	1[illegible]	600	30
7	魏国	张辽	2800	710	50
8	魏国	曹操	2100	880	90
9	蜀国	黄月英	2000	240	170
10	蜀国	黄忠	3400	350	20
11	吴国	陆逊	1800	480	50
12	吴国	周瑜	2500	620	100
13	吴国	孙尚香	2200	700	130
14	吴国	小乔	2100	860	210

图 15-56　添加分类汇总

```
=SUBTOTAL(9,C2:C4)
=SUBTOTAL(9,C6:C9)
=SUBTOTAL(9,C11:C12)
=SUBTOTAL(9,C14:C17)
```

C19单元格的总计公式如下。

```
=SUBTOTAL(9,C2:C17)
```

有其他的分类汇总时，SUBTOTAL函数将忽略这些嵌套分类汇总，以避免重复计算。所以C19单元格中的公式不会包含C5、C10、C13、C18单元格的结果。

D、E列的函数与公式与C列公式用法一致。

C19　=SUBTOTAL(9,C2:C17)

	A	B	C	D	E
1	部门	姓名	工资	奖金	加班费
2	群雄	张角	2600	190	110
3	群雄	董卓	2800	490	200
4	群雄	王允	1600	280	300
5	群雄 汇总		7000	960	610
6	魏国	邓艾	2200	420	40
7	魏国	司马懿	1900	600	30
8	魏国	张辽	2800	710	50
9	魏国	曹操	2100	880	90
10	魏国 汇总		9000	2610	210
11	蜀国	黄月英	2000	240	170
12	蜀国	黄忠	3400	350	20
13	蜀国 汇总		5400	590	190
14	吴国	陆逊	1800	480	50
15	吴国	周瑜	2500	620	100
16	吴国	孙尚香	2200	700	130
17	吴国	小乔	2100	860	210
18	吴国 汇总		8600	2660	490
19	总计		30000	6820	1500

图 15-57　分类汇总求和

15.8.4　按指定重复次数生成数据

示例15-49　按指定重复次数生成数据

如图15-58所示，需要在D列根据B列指定的重复次数，对A列的组别进行重复显示。

在D2单元格中输入以下数组公式，按<Ctrl+Shift+Enter>组合键，并向下复制公式到单元格显示为空白为止。

```
{=INDEX($A$2:$A$6,MATCH(ROW(1:1),SUBTOTAL(9,OFFSET($B$1,0,0,ROW($1:$5)))+1))&""}
```

“OFFSET($B$1,0,0,ROW($1:$5))”部分表示首先用ROW($1:$5)生成一组序号{1;2;3;4;5}，OFFSET函数以$B$1单元格为基点，向下偏移0行，向右偏移0列，新引用的行数为{1;2;3;4;5}，最终生成5个单元格区域的引用，结果分别如下。

```
B1:B1、B1:B2、…、B1:B5
```

	A	B	C	D
1	组别	重复次数		组别
2	1组	2		1组
3	2组	1		1组
4	3组	4		2组
5	4组	3		3组
6				3组
7				3组
8				3组
9				4组
10				4组
11				4组
12				
13				

图15-58　按重复次数生成数据

然后用“SUBTOTAL(9,区域)”对这5个单元格区域分别求和，并对求和结果加1，得到内存数组结果如下。

```
{1;3;4;8;11}
```

再使用MATCH函数以近似匹配的形式，依次计算ROW(1:1)生成的连续序号在这个内存数组中的位置，结果作为INDEX函数的索引值。

最后使用INDEX函数从A2:A6单元格区域中提取相应的组别。

“&""”的作用是为了屏蔽INDEX函数引用单元格为空白时返回的无意义的0值，使其显示为空白。

15章

15.8.5　跨工作表二维区域统计

示例15-50　跨工作表二维区域统计

图15-59所示为各部门1~6月的费用明细记录，分别存放在以月份命名的不同工作表中，每个工作表的结构完全相同。

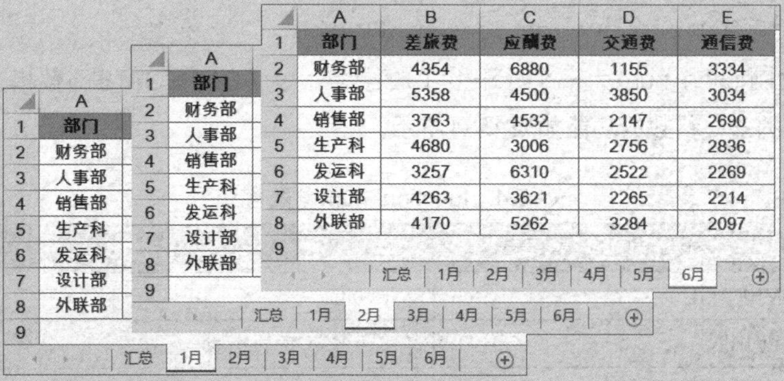

	A	B	C	D	E
1	部门	差旅费	应酬费	交通费	通信费
2	财务部	4354	6880	1155	3334
3	人事部	5358	4500	3850	3034
4	销售部	3763	4532	2147	2690
5	生产科	4680	3006	2756	2836
6	发运科	3257	6310	2522	2269
7	设计部	4263	3621	2265	2214
8	外联部	4170	5262	3284	2097
9					

汇总 | 1月 | 2月 | 3月 | 4月 | 5月 | 6月

图15-59　分月数据源

如图15-60所示，在“汇总”工作表的B2和B3单元格选择不同的月份区间，如分别选择3和6。

在B5单元格中输入以下数组公式，按<Ctrl+Shift+Enter>组合键，计算3~6月的费用总计。

```
{=SUM(SUBTOTAL(9,INDIRECT(ROW(INDIRECT($B$2&":"
&$B$3))&"月!B2:E8")))}
```

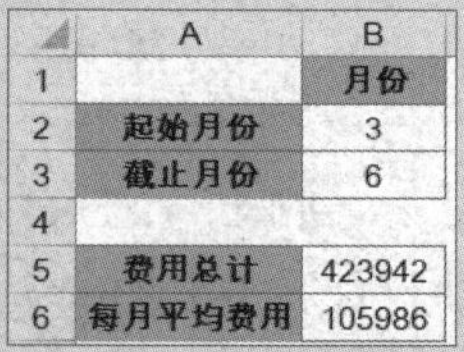

	A	B
1		月份
2	起始月份	3
3	截止月份	6
4		
5	费用总计	423942
6	每月平均费用	105986

图15-60　二维区域统计

“$B$2&":"&$B$3”部分用于构造出文本“3:6”，然后通过INDIRECT函数形成对工作表3~6行的整行引用。

再使用ROW(3:6)得到一组序号{3,4,5,6}，与字符串“&"月!B2:E8"”连接后，形成文本型地址{"3月!B2:E8";"4月!B2:E8";"5月!B2:E8";"6月!B2:E8"}。

再次使用INDIRECT函数将文本型地址转换为相应工作表单元格区域的引用。

使用SUBTOTAL函数对这4个区域分别求和，返回结果如下。

```
{106338;110295;106900;100409}
```

最后使用SUM函数求和得到最终需要的结果。

在B6单元格中输入以下公式，计算3~6月的平均费用。

```
=B5/(B3-B2+1)
```

15.8.6　使用AGGREGATE函数实现筛选隐藏状态下的统计汇总

AGGREGATE函数返回列表或数据库中的合计。用法与SUBTOTAL类似，但在某些方面的功能比SUBTOTAL更强大。AGGREGATE函数支持忽略隐藏行和错误值的选项，函数语法如下。

引用形式：

```
AGGREGATE(function_num,options,ref1,[ref2],…)
```

数组形式：

```
AGGREGATE(function_num,options,array,[k])
```

第一参数function_num为一个介于1~19的数字，为AGGREGATE函数指定要使用的汇总方式。不同的第一参数的功能如表15-4所示。

表15-4　function_num参数含义

数字	对应函数	功能
1	AVERAGE	计算平均值
2	COUNT	计算参数中数字的个数
3	COUNTA	计算区域中非空单元格的个数
4	MAX	返回参数中的最大值
5	MIN	返回参数中的最小值
6	PRODUCT	返回所有参数的乘积

续表

数字	对应函数	功能
7	STDEV.S	基于样本估算标准偏差
8	STDEV.P	基于整个样本总体计算标准偏差
9	SUM	求和
10	VAR.S	基于样本估算方差
11	VAR.P	计算基于样本总体的方差
12	MEDIAN	返回给定数值的中值
13	MODE.SNGL	返回数组或区域中出现频率最多的数值
14	LARGE	返回数据集中的第 k 个最大值
15	SMALL	返回数据集中的第 k 个最小值
16	PERCENTILE.INC	返回区域中数值的第 k（$0 \leqslant k \leqslant 1$）个百分点的值
17	QUARTILE.INC	返回数据集的四分位数（包含0和1）
18	PERCENTILE.EXC	返回区域中数值的第 k（$0 < k < 1$）个百分点的值
19	QUARTILE.EXC	返回数据集的四分位数（不包括0和1）

第二参数options为一个介于0~7的数字，决定在计算区域中要忽略哪些值，不同options参数对应的功能如表15-5所示。

表15-5 不同options参数代表忽略的值

数字	作用
0或省略	忽略嵌套SUBTOTAL函数和AGGREGATE函数
1	忽略隐藏行、嵌套SUBTOTAL函数和AGGREGATE函数
2	忽略错误值、嵌套SUBTOTAL函数和AGGREGATE函数
3	忽略隐藏行、错误值、嵌套SUBTOTAL函数和AGGREGATE函数
4	忽略空值
5	忽略隐藏行
6	忽略错误值
7	忽略隐藏行和错误值

第三参数ref1为区域引用。第四参数ref2可选，要为其计算聚合值的2~253个数值参数。

ref1可以是一个数组或数组公式，也可以是对要为其计算聚合值的单元格区域的引用。ref2是某些函数必需的第二个参数。

支持ref1使用数组形式，并需要ref2参数的函数包括LARGE、SMALL、PERCENTILE.INC、QUARTILE.INC、PERCENTILE.EXC和QUARTILE.EXC函数。

示例15-51 包含错误值的统计

图15-61所示为某班同学的考试成绩，其中部分单元格显示为错误值#N/A。

	A	B	C	D	E	F
1	姓名	考试成绩			结果	公式
2	陆逊	83		总成绩	795	=AGGREGATE(9,6,B2:B11)
3	黄月英	93		平均分	88.33	=AGGREGATE(1,6,B2:B11)
4	邓艾	98		最高的三个分数	98	=AGGREGATE(14,6,$B$2:$B$11,ROW(1:1))
5	周瑜	#N/A			96	=AGGREGATE(14,6,$B$2:$B$11,ROW(2:2))
6	黄忠	85			93	=AGGREGATE(14,6,$B$2:$B$11,ROW(3:3))
7	司马懿	93				
8	张辽	75				
9	曹操	79				
10	孙尚香	96				
11	小乔	93				

图15-61 含错误值的统计

在E2、E3单元格中分别输入以下公式，分别计算总成绩和平均分。

```
=AGGREGATE(9,6,B2:B11)
=AGGREGATE(1,6,B2:B11)
```

第一参数使用数字9和数字1，分别表示使用SUM函数和AVERAGE函数的计算规则进行求和及统计平均值。第二参数使用数字6，表示忽略错误值。

在E4单元格中输入以下公式，并向下复制到E6单元格，依次得到最高的3个分数为98、96、93。

```
=AGGREGATE(14,6,$B$2:$B$11,ROW(1:1))
```

第一参数14表示使用LARGE函数的计算规则，即计算第*k*个最大值。第二参数使用数字6，表示忽略错误值。第四参数指定返回第几大的值。

15.9 频率函数FREQUENCY

FREQUENCY函数用于计算数值在某个区域中出现的频率，然后返回一个垂直数组。函数语法如下。

```
FREQUENCY(data_array,bins_array)
```

data_array为必需参数，要统计频率的一组数值或对这组数值的引用。

bins_array为必需参数，指定不同区间的间隔数组或对间隔的引用。如果bins_array中不包含任何数值，则FREQUENCY返回data_array中的元素个数。

FREQUENCY函数将data_array中的数值以bins_array为间隔进行分组，计算数值在各个区域出现的频率。FREQUENCY函数的data_array可以升序排列，也可以乱序排列。无论bins_array中的数值升序还是乱序排列，统计时都会按照间隔点的数值升序排列，对各区间的数值个数进行统计，并且按照原本bins_array中间隔点的顺序返回对应的统计结果，即按

n个间隔点划分为n+1个区间。

对于每一个间隔点，统计小于等于此间隔点且大于上一个间隔点的数值个数。结果生成了n+1个统计值，多出的元素表示大于最高间隔点的数值个数。

当data_array和bins_array相同时，FREQUENCY函数只对data_array中首次出现的数字返回其统计频率，其后重复出现的数字返回的统计频率都为0。

FREQUENCY函数忽略空白单元格和文本。对于返回结果为数组的公式，必须以数组公式的形式输入。

示例15-52 分数段统计

图15-62所示为某学校的学生考试成绩，需要统计不同分数段的人数。

E2 {=FREQUENCY(B2:B11,D2:D5)}

	A	B	C	D	E	F
1	姓名	考试成绩		分数段	人数	解释
2	陆逊	48		60	2	x≤60
3	黄月英	60		70	0	60<x≤70
4	邓艾	98		80	3	70<x≤80
5	周瑜	80		90	1	80<x≤90
6	黄忠	85			4	90<x
7	司马懿	93				
8	张辽	75				
9	曹操	79				
10	孙尚香	96				
11	小乔	93				

图15-62 分数段统计

同时选中E2:E6单元格区域，输入以下数组公式，按<Ctrl+Shift+Enter>组合键。

```
{=FREQUENCY(B2:B11,D2:D5)}
```

FREQUENCY函数统计全都是“左开右闭”的区间。本例中，指定的区间元素为4个，实际生成的结果比指定区间的元素多一个，公式计算的各部分结果如下。

（1）考试成绩小于等于60分的学生共有2个。

（2）考试成绩大于60且小于等于70分的学生共有0个。

（3）考试成绩大于70且小于等于80分的学生共有3个。

（4）考试成绩大于80且小于等于90分的学生共有1个。

（5）考试成绩大于90分的学生共有4个。

这里的统计将每一个临界点的数字都统计在靠下的一个区域中，如60分归属于0~60分的区间。如果需要将临界点的值归入到靠上的一个区域，如要将60分归属于60~70的区间，可以将参数bins_array减去一个很小的值即可。结果如图15-63所示。

同时选中E2:E6单元格区域，输入以下数组公式，按<Ctrl+Shift+Enter>组合键。

```
{=FREQUENCY(B2:B11,D2:D5-0.001)}
```

E2 | {=FREQUENCY(B2:B11,D2:D5-0.001)}

	C	D	E	F	G	H
1		分数段	人数			
2		60	1			
3		70	1			
4		80	2			
5		90	2			
6			4			

图 15-63 调整临界点归属区间

示例15-53 最长连胜场次

如图15-64所示，A、B列是某足球队上半年每场比赛的得分，3表示获胜，1表示平局，0表示失败。在D2单元格中输入以下数组公式，按<Ctrl+Shift+Enter>组合键，计算得到上半年该球队最长连胜场次。

	A	B	C	D
1	场次	分数		最长连胜场次
2	第1场	3		4
3	第2场	0		
4	第3场	1		
5	第4场	1		
6	第5场	3		
7	第6场	3		
8	第7场	3		
9	第8场	3		
10	第9场	0		
11	第10场	0		
12	第11场	3		
13	第12场	3		
14	第13场	1		
15	第14场	3		
16	第15场	0		

图 15-64 最长连胜场次

```
{=MAX(FREQUENCY(IF(B2:B16=3,ROW(B2:B16)),
IF(B2:B16<>3,ROW(B2:B16))))}
```

“IF(B2:B16=3,ROW(B2:B16))”部分用于判断B列的分数，如果等于3说明该场比赛获胜，返回相应单元格的行号，如果不等于3说明未获胜，则返回逻辑值FALSE，计算结果如下。

```
{2;FALSE;FALSE;FALSE;6;7;8;9;FALSE;FALSE;
12;13;FALSE;15;FALSE}
```

“IF(B2:B16<>3,ROW(B2:B16))”部分与上一步计算结果相反，如果等于3则返回逻辑值FALSE，不等于3则返回相应单元格的行号，计算结果如下。

```
{FALSE;3;4;5;FALSE;FALSE;FALSE;FALSE;10;11;FALSE;FALSE;14;FALSE;16}
```

FREQUENCY函数忽略数组中的逻辑值FALSE，相当于统计{2;6;7;8;9;12;13;15}在{3;4;5;10;11;14;16}中的分布，返回结果如下。

```
{1;0;0;4;0;2;1;0}
```

即在内存数组{2;6;7;8;9;12;13;15}中：

分数小于等于3的有1个（2）。

分数大于3并且小于等于4的有0个。

分数大于4并且小于等于5的有0个。

分数大于5并且小于等于10的有4个（6、7、8、9）。

分数大于10并且小于等于11的有0个。

分数大于11并且小于等于14的有2个（12、13）。

分数大于14并且小于等于16的有1个（15）。

分数大于16的有0个。

最后使用MAX函数从该数组中提取最大值，即得到该球队上半赛季最长连胜场次为4场。

同理，以下数组公式可以得到该球队最长连败场次，返回结果为2。

```
{=MAX(FREQUENCY(IF(B2:B16=0,ROW(B2:B16)),IF(B2:B16<>0,ROW(B2:B16))))}
```

示例15-54 最长连号个数

如图15-65所示，需要统计B2:H6单元格区域每一行中最长连号的个数。

在J2单元格中输入以下数组公式，按<Ctrl+Shift+Enter>组合键，并向下复制到J6单元格。

```
{=MAX(FREQUENCY({1,2,3,4,5,6,7},(C2:H2-B2:G2<>1)*{1,2,3,4,5,6}))}
```

J2 {=MAX(FREQUENCY({1,2,3,4,5,6,7},(C2:H2-B2:G2<>1)*{1,2,3,4,5,6}))}

	A	B	C	D	E	F	G	H	I	J
1	组别	数字1	数字2	数字3	数字4	数字5	数字6	数字7		连号个数
2	第1组	1	3	4	5	6	8	9		4
3	第2组	1	3	5	7	8	11	12		2
4	第3组	1	3	5	6	7	10	12		3
5	第4组	1	4	6	9	12	15	18		1
6	第5组	1	4	7	8	11	12	13		3

图15-65 最长连号个数

两个数字之间的差为1，说明这两个数字是连号。

“C2:H2-B2:G2”部分表示用错位相减的方式来得到这7个数字每两个之间的差，返回结果如下。

```
{2,1,1,1,2,1}
```

判断该数组中的每一个元素是否不等于1，并乘以常量数组{1,2,3,4,5,6}，返回结果如下。

```
{1,0,0,0,5,0}
```

数组中的1和5都是连号结束的位置。

然后使用FREQUENCY函数统计常量数组{1,2,3,4,5,6,7}在数组{1,0,0,0,5,0}中的分布，由于参数bins_array中的数字不是严格升序的，它的计算原理如下。

第1次统计，大于0且小于等于1的共有数字1个。

第2次统计，小于等于0的共有数字0个。

第3次统计，小于等于0的共有数字0个。

第4次统计，小于等于0的共有数字0个。

第5次统计，大于1且小于等于5的共有数字4个。

第6次统计，小于等于0的共有数字0个。

第7次统计，大于5的共有数字2个。

因此，它的计算结果如下。

```
{1;0;0;0;4;0;2}
```

最后使用MAX函数从该数组中提取最大值，得到最长连号个数。

15.10 排列与组合

排列与组合是组合学最基本的概念。所谓排列，就是指从给定个数的元素中取出指定个数的元素进行排序。组合是指从给定个数的元素中仅取出指定个数的元素，不考虑排序。

15.10.1 阶乘函数FACT

FACT函数返回数的阶乘，一个数的阶乘等于“1*2*3*…*该数”。基本语法如下。

```
FACT(number)
```

number为必需参数，要计算其阶乘的非负数，如果number小于0或大于170，将返回错误值#NUM!。如果number不是整数，将被截尾取整。

示例15-55 排列队伍顺序的种数

一个小组共有7人，将这7个人按从左到右的顺序排列，共有排列队伍的种数为：

```
=FACT(7)
```

	A	B
1	排队	公式
2	5040	=FACT(7)

图15-66 排列队伍顺序的种数

如图15-66所示，返回结果为5 040，即1*2*3*4*5*6*7=5 040。

在数学中0的阶乘不具有实际意义，故对0的阶乘定义为1，即“=FACT(0)”返回结果为1。

15.10.2 PERMUT函数与PERMUTATIONA函数计算排列数

Excel中提供了两个用于排列计算的函数，分别是PERMUT函数与PERMUTATIONA函数。

PERMUT函数返回可从数字对象中选择的给定数目对象的排列数。排列为对象或事件的任意集合或子集，内部顺序很重要。排列与组合不同，组合的内部顺序并不重要。基本语法如下。

```
PERMUT(number, number_chosen)
```

number为必需参数，表示对象个数的整数。

number_chosen为必需参数，表示每个排列中对象个数的整数。

两个参数将被截尾取整。

如果number或number_chosen是非数值的，则PERMUT函数返回错误值#VALUE!。

如果number<0或number_chosen<0，则PERMUT函数返回错误值#NUM!。

如果number<number_chosen，则PERMUT函数返回错误值#NUM!。

PERMUT(n, k)的计算公式如下。

$$PERMUT\ (n,k)=\frac{FACT\ (n)}{FACT\ (n-k)}$$

PERMUTATIONA函数返回可从对象总数中选择的给定数目对象（含重复）的排列数。基本语法如下。

```
PERMUTATIONA(number, number_chosen)
```

number为必需参数，表示对象总数的整数。

number_chosen为必需参数，表示每个排列中对象数目的整数。

两个参数将被截尾取整。

如果数字参数值无效，如当总数为0但所选数目大于0时，则PERMUTATIONA函数返回错误值#NUM!。

如果数字参数使用的是非数值数据类型，则PERMUTATIONA函数返回错误值#VALUE!。

PERMUTATIONA(n, k)的计算公式如下。

$$PERMUTATIONA\ (n,k)=n^k$$

示例15-56 按顺序组合三位数

有8个小球，分别标注数字1~8，按顺序抽取3个小球，并且每次抽取后不放回，组成一个3位数，需要计算可以组成的数字种类共有多少种。

使用以下公式，计算结果为336，如图15-67所示。

```
=PERMUT(8,3)
```

公式的计算过程为：8*7*6=336。

同样，对此8个小球按顺序抽取3个，每次抽取后均放回，组成一个3位数，需要计算可以组成的数字种类共有多少种。

使用以下公式，计算结果为512，如图15-67所示。

```
=PERMUTATIONA(8,3)
```

公式的计算过程为：8^3=512。

	A	B	C
1		排队	公式
2	无重复抽取	336	=PERMUT(8,3)
3	可重复抽取	512	=PERMUTATIONA(8,3)

图15-67 按顺序组合三位数

15.10.3 COMBIN函数与COMBINA函数计算项目组合数

Excel中提供了两个用于组合计算的函数，分别是COMBIN函数与COMBINA函数。

COMBIN函数返回给定数目项目的组合数。基本语法如下。

```
COMBIN(number, number_chosen)
```

number为必需参数，表示项目的数量。

number_chosen为必需参数，表示每一组合中项目的数量。

数字参数截尾取整。如果参数为非数值型，则函数COMBIN函数返回错误值#VALUE!。

如果number<0或number_chosen<0，则COMBIN函数返回错误值#NUM!。

如果number<number_chosen，则COMBIN函数返回错误值#NUM!。

COMBIN(n, k)的计算公式如下。

$$COMBIN\,(n, k) = \frac{PERMUT\,(n, k)}{FACT\,(k)}$$

COMBINA函数返回给定数目的项目的组合数（包含重复）。基本语法如下。

```
COMBINA(number, number_chosen)
```

number为必需参数，表示项目的数量。

number_chosen为必需参数，表示每一组合中项目的数量。

两个参数将被截尾取整。如果数字参数值无效，如当总数为0但所选数目大于0时，则COMBINA函数返回错误值#NUM!。

如果数字参数使用的是非数值数据类型，则COMBINA函数返回错误值#VALUE!。

COMBINA(n, k)的计算公式如下。

$$COMBINA\,(n, k) = COMBIN\,(n+k-1, k) = \frac{PERMUT\,(n+k-1, k)}{FACT\,(k)}$$

示例15-57 组合种类计算

在彩票的组合种类计算中，通常会用到组合函数，如图15-68所示。

	A	B	C
1		组合种类	公式
2	35选7彩票	6,724,520	=COMBIN(35,7)
3	福彩双色球	17,721,088	=COMBIN(33,6)*COMBIN(16,1)
4	体彩大乐透	21,425,712	=COMBIN(35,5)*COMBIN(12,2)
5	骰子投掷	1,287	=COMBINA(6,8)

图15-68 组合种类计算

某彩票采用35选7的投注方式，则组合种类共有6 724 520种，其公式如下。

```
=COMBIN(35,7)
```

福彩双色球为33选6加上16选1的投注方式，则组合种类共有17 721 088种，其公式如下。

```
=COMBIN(33,6)*COMBIN(16,1)
```

体彩大乐透为35选5加上12选2的投注方式，则组合种类共有21 425 712种，其公式如下。

```
=COMBIN(35,5)*COMBIN(12,2)
```

某游戏的投注方式为8个骰子，则这8个骰子的组合方式共有1 287种，其公式如下。

```
=COMBINA(6,8)
```

相当于公式：

```
=COMBIN(6+8-1,8)
```

示例15-58 人员选择概率

某班级共有25名男生，20名女生，需要任意选择5名同学作为班级代表，计算恰好选择的全为男生或全为女生的概率，如图15-69所示。

	A	B	C
1		概率	公式
2	全为男生	4.35%	=COMBIN(25,5)/COMBIN(45,5)
3	全为女生	1.27%	=COMBIN(20,5)/COMBIN(45,5)
4	概率合计	5.62%	=B2+B3

图15-69 人员选择概率

全为男生的概率为4.35%，公式如下。

```
=COMBIN(25,5)/COMBIN(45,5)
```

全为女生的概率为1.27%，公式如下。

```
=COMBIN(20,5)/COMBIN(45,5)
```

全为男生或女生的概率为这两个概率的和，即4.35%+1.27%=5.62%。

示例15-59 随机选择多选题时全部正确的概率

某次考试共有5道多选题，每道题都有A、B、C、D 4个选项，其中至少有两个选项为正确答案，必须将答案全部选出才为正确。如图15-70所示，计算某同学随机选择5道题答案时，全部正确的概率。

	A	B	C
1		组合数和概率	公式
2	每道题答案组合数	11	=COMBIN(4,2)+COMBIN(4,3)+COMBIN(4,4)
3	全部正确概率	0.00062%	=(1/11)^5

图15-70 多选题全部正确的概率

每道题可能出现的答案组合数为11种，计算公式如下。

```
=COMBIN(4,2)+COMBIN(4,3)+COMBIN(4,4)
```

则随机选择时全部正确的概率为：=(1/11)^5=0.00062%。

15.11 线性趋势预测

线性趋势预测是运用最小平方法进行预测，用直线斜率来表示增长趋势的一种外推预测方法。Excel中的线性趋势预测函数包括SLOPE、INTERCEPT、FORECAST及TREND函数等。

15.11.1 使用SLOPE函数与INTERCEPT函数进行趋势预测

SLOPE函数返回通过known_y's和known_x's中数据点的线性回归线$y=a+bx$的斜率。斜率为垂直距离除以线上任意两个点之间的水平距离，即回归线的变化率b。基本语法如下。

```
SLOPE(known_y's,known_x's)
```

参数known_y's为数字型因变量数据点数组或单元格区域。

参数known_x's为自变量数据点集合。

计算公式如下。

$$b=\frac{\sum(x-\bar{x})(y-\bar{y})}{\sum(x-\bar{x})^2}$$

其中，$\bar{x}$和$\bar{y}$是样本平均值AVERAGE(known_x's)和AVERAGE(known_y's)。

INTERCEPT函数利用已知的x值与y值计算直线$y=a+bx$与y轴交叉点a，即直线的截距，交叉点是以通过已知x值和已知y值绘制的最佳拟合回归线为基础的。基本语法如下。

```
INTERCEPT(known_y's,known_x's)
```

参数known_y's为因变量的观察值或数据的集合。

参数known_x's为自变量的观察值或数据的集合。

计算公式为：

$$a=\bar{y}-b\bar{x}$$

其中，$\bar{x}$和$\bar{y}$是样本平均值AVERAGE(known_x's)和AVERAGE(known_y's)，斜率b为SLOPE(known_y's,known_x's)。

示例15-60 计算一组数据的斜率与截距

如图15-71所示，A列为数据的x轴，B列为数据的y轴，在E2单元格中输入以下公式，计算该趋势的斜率为0.9662。

```
=SLOPE(B2:B7,A2:A7)
```

在E3单元格中输入以下公式，计算该趋势的截距为19.473。

```
=INTERCEPT(B2:B7,A2:A7)
```

图15-71中使用A2:B7单元格区域的数据制作散点图，添加线性趋势线后，设置该趋势线显示公式，其公式即为：$y=0.9662x+19.473$。

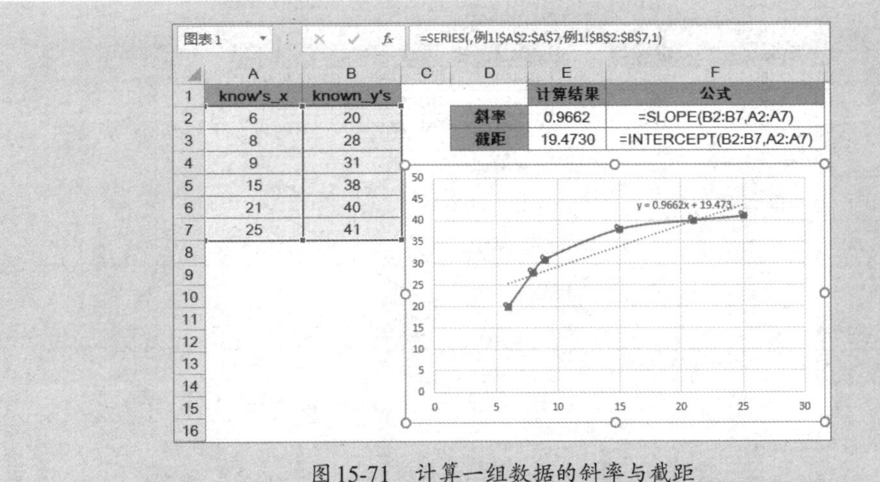

图 15-71 计算一组数据的斜率与截距

15.11.2 使用FORECAST函数与TREND函数计算或预测未来值

FORECAST函数根据现有值计算或预测未来值。根据直线*y=a+bx*，预测值为给定*x*值后求得的*y*值。已知值为现有的*x*值和*y*值，并通过线性回归来预测新值。基本语法如下。

```
FORECAST(x,known_y's,known_x's)
```

参数x为需要进行值预测的数据点。

参数known_y's为数字型因变量数据点数组或单元格区域。

参数known_x's为自变量数据点集合。

TREND函数返回线性趋势值。找到适合已知数组known_y's和known_x's的直线（用最小二乘法）。返回指定数组new_x's在直线上对应的y值。基本语法如下。

```
TREND(known_y's, [known_x's], [new_x's], [const])
```

参数known_y's表示关系表达式*y=a+bx*中已知的*y*值集合。

参数known_x's表示关系表达式*y=a+bx*中已知的可选*x*值集合。

参数new_x's表示需要函数TREND返回对应*y*值的新*x*值。

参数const为一个逻辑值，用于指定是否将常量a强制设置为0，如果const为TRUE或省略，a将按正常计算，如果const为FALSE，a将被设置为0（零），b将被调整，以使*y=bx*。

示例15-61 预测未来值

如图15-72所示，根据A、B列的数字规律，预测当A列为数字30时，对应的B列的值。在D2单元格中输入以下公式，返回结果为48.459。

```
=FORECAST(30,B2:B7,A2:A7)
```

根据A、B列的数字规律，拟合的趋势线为*y*=0.9662*x*+19.473，所以最终结果为：0.9662*30+19.473=48.459。

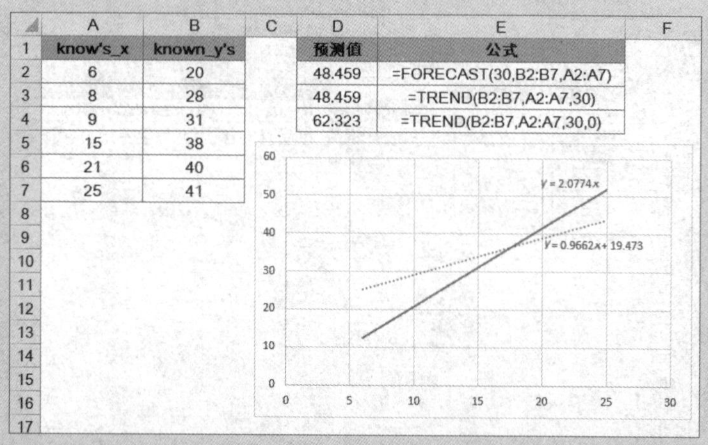

	A	B
1	know's_x	known_y's
2	6	20
3	8	28
4	9	31
5	15	38
6	21	40
7	25	41

	D	E
1	预测值	公式
2	48.459	=FORECAST(30,B2:B7,A2:A7)
3	48.459	=TREND(B2:B7,A2:A7,30)
4	62.323	=TREND(B2:B7,A2:A7,30,0)

图 15-72　预测未来值

此处还可以使用TREND函数计算，公式如下。

```
=TREND(B2:B7,A2:A7,30)
```

如果强制要求趋势线过原点，即趋势线变为y=2.0774x，此时预测值公式如下。

```
=TREND(B2:B7,A2:A7,30,0)
```

结果返回为2.0774*30=62.323。

15.11.3　绩效考核插值计算

示例15-62　绩效考核插值计算

某公司根据员工销售业绩完成率，指定相应的绩点数的考核标准。当月销量完成率低于60%，绩点数为0，完成率高于120%，绩点数为30。其余在60%~120%范围内，绩点数则按照相应实际完成率，在0~30的范围内线性插值计算。

	A	B	C
1	员工	完成率	绩点数
2	曹操	58%	0
3	刘备	131%	30
4	孙权	100%	20
5	荀彧	113%	26.5
6	诸葛亮	86%	13
7	周瑜	80%	10

图 15-73　绩效考核插值计算

如图15-73所示，在C2单元格中输入以下公式，计算每名员工的绩点数。

```
=ROUND(FORECAST(MEDIAN(B2,60%,120%),{0,30},{60,120}%),2)
```

“MEDIAN(B2,60%,120%)”部分表示通过MEDIAN函数设置上下限，使数值都位于60%~120%。然后通过FORECAST函数预测完成率对应的绩点数。最后通过ROUND函数保留两位小数，方便后续工作与统计。

还可以使用TREND函数完成同样的计算，公式如下。

```
=ROUND(TREND({0,30},{0.6,1.2},MEDIAN(B2,60%,120%)),2)
```

15.11.4 温度与电阻之间的关系

示例15-63 温度与电阻之间的关系

如图15-74所示，A、B两列记录了温度从10~35度电阻的阻值。根据此记录值，预测不同温度下的电阻阻值。在E2单元格中输入以下公式，并向下复制到E5单元格。

```
=FORECAST(D2,$B$2:$B$27,$A$2:$A$27)
```

E2 =FORECAST(D2,$B$2:$B$27,$A$2:$A$27)

	A	B	C	D	E
1	温度T1	阻值Rt		温度	预测阻值
2	10	18.2314		-2	22.4124
3	11	17.4814		7.2	18.3386
4	12	16.7671		27.8	9.2169
5	13	16.0868		40	3.8148
6	14	15.4384			
7	15	14.8205			
8	16	14.2313			
9	17	13.6694			
10	18	13.1332			
11	19	12.6216			
12	20	12.1332			
13	21	11.6668			

图15-74 温度与电阻之间的关系

提示：此例中用的是最简单的线性趋势预测，而实验中的趋势曲线远比示例复杂。

15.11.5 二维线性插值计算

示例15-64 二维线性插值计算

如图15-75所示，A1:X29单元格区域是根据在不同压力和温度下，该物体的对应密度值，其中压力范围为0.1~21.5MPa，温度范围为150~590℃。

	A	B	C	D	E	F	G	H
1	温度（℃） 压力（MPa）	150	170	190	210	230	250	270
2	0.1	0.5164	0.4925	0.4707	0.4507	0.4323	0.4156	0.4001
3	0.15	0.7781	0.7412	0.7079	0.6777	0.6500	0.6246	0.6010
4	0.2	1.0423	0.9918	0.9466	0.9056	0.8684	0.8342	0.8027
5	0.25	1.3089	1.2444	1.1869	1.1349	1.0849	1.0445	1.0048
6	0.3	1.5783	1.4990	1.4287	1.3653	1.3079	1.2540	1.2077
7	0.4	2.1237	2.0141	1.9166	1.8297	1.7513	1.6780	1.6152
8	0.5	2.6658	2.5380	2.4121	2.2997	2.1992	2.1081	2.0255
9	0.8	4.3966	4.1676	3.9350	3.7400	3.5374	3.4110	3.2718
10	1.1	6.1313	5.8332	5.5342	5.2356	4.9810	4.7460	4.5445

图15-75 密度对照表

二维线性插值计算方式说明：假定压力为0.32MPa，温度为195℃，那么此时相应计算值落于D6:E7单元格区域中，如图15-76所示。

具体计算方式，首先确定在195℃的情况下0.3MPa与0.4MPa分别对应的密度值。

0.3MPa对应上限。

```
(195-190)/(210-190)*(1.3653-1.4287)+1.4287=1.41285
```

0.4MPa对应下限。

```
(195-190)/(210-190)*(1.8297-1.9166)+1.9166=1.894875
```

然后计算0.32MPa在这个范围内的线性插值。

```
(0.32-0.3)/(0.4-0.3)*(1.894875-1.41285)+1.41285=1.509255
```

如图15-77所示，在A33:B35单元格区域分别输入压力和温度的参数，在C33单元格中输入以下数组公式，按<Ctrl+Shift+Enter>组合键，计算不同参数对应的密度值。

```
{=TREND(IF({1;0},TREND(OFFSET($A$1,MATCH(A33,$A$2:$A$29),MATCH(B33,
$B$1:$X$1),1,2),OFFSET($A$1,,MATCH(B33,$B$1:$X$1),1,2),B33),TREND(OFFSET
($A$1,MATCH(A33,$A$2:$A$29)+1,MATCH(B33,$B$1:$X$1),1,2),OFFSET($A$1,,MATCH
(B33,$B$1:$X$1),1,2),B33)),OFFSET($A$1,MATCH(A33,$A$2:$A$29),,2),A33)}
```

	A	D	E	F
1	温度（℃） 压力（MPa）	190	210	230
5	0.25	1.1869	1.1349	1.0849
6	0.3	1.4287	1.3653	1.3079
7	0.4	1.9166	1.8297	1.7513
8	0.5	2.4121	2.2997	2.1992

图15-76　密度计算范围

	A	B	C
32	压力（MPa）	温度（℃）	密度
33	0.32	195	1.509255
34	0.9	224	4.08458
35	0.18	262	0.733356

图15-77　二维线性插值计算

“OFFSET($A$1,MATCH(A33,$A$2:$A$29),MATCH(B33,$B$1:$X$1),1,2)”部分，通过A33单元格的0.32MPa和B33单元格的195℃，得到对应0.3MPa对应的密度范围，返回结果为D6:E6单元格区域。

“OFFSET($A$1,,MATCH(B33,$B$1:$X$1),1,2)”部分，通过B33单元格的195℃得到当前温度所位于的温度范围，返回结果为D1:E1单元格区域。

然后通过TREND函数计算195℃在对应0.3MPa的这个区域中的线性插值，返回结果为1.41285。

同理，“OFFSET($A$1,MATCH(A33,$A$2:$A$29)+1,MATCH(B33,$B$1:$X$1),1,2)”部分返回0.4MPa对应的密度范围，返回结果为D7:E7单元格区域。

然后通过TREND函数计算195℃在对应0.4MPa的这个区域中的线性插值，返回结果为1.894875。

通过“IF({1;0},…)”部分将这两个数字构造成一个纵向数组{1.41285;1.894875}。

通过“OFFSET($A$1,MATCH(A33,$A$2:$A$29),,2)”部分得到温度对应的范围，返回结果为A6:A7单元格区域。

最后将公式变为"TREND({1.41285;1.894875},{0.3;0.4},0.32)"，再次通过TREND函数计算0.32MPa的线性插值，得到最终结果为1.509255。

练习与巩固

（1）在Excel中，________函数统计列表中数字的个数。

（2）在Excel中，________函数统计列表中非空单元格的个数。

（3）在Excel中，________函数统计列表中空白单元格的个数。

（4）在Excel中，________函数统计一组数的中位数。

（5）在Excel中，________和________函数统计最大和最小值。

（6）假设B2:B20单元格区域是员工的身份证号，需要判断每个身份证号是否唯一，公式应为__________。

（7）如图15-78所示，A1:D14单元格区域是某公司销售记录，请根据"练习15-7.xlsx"中的数据，书写公式来统计2组销售金额小于5 000的人员的销售金额合计。

	A	B	C	D
1	组别	姓名	销售日期	销售金额
2	1组	陆逊	2018/2/3	5000
3	1组	刘备	2018/2/3	5000
4	1组	孙坚	2018/2/22	3000
5	1组	孙策	2018/3/22	9000
6	2组	刘璋	2018/2/3	5000
7	2组	司马懿	2018/2/24	7000
8	2组	周瑜	2018/3/8	8000
9	2组	曹操	2018/3/9	5000
10	2组	孙尚香	2018/3/10	4000
11	2组	小乔	2018/3/31	2000
12	3组	孙权	2018/1/3	4000
13	3组	刘表	2018/2/4	5000
14	3组	诸葛亮	2018/2/5	8000

图15-78 统计销售记录

（8）沿用上题示例，使用以下公式计算2月份销售金额合计，请指出错误的原因并修正。

```
=SUMIF(MONTH(C2:C14),2,D2:D14)
```

（9）有甲、乙两名射击运动员，在一次测试选拔赛中，每人射击10枪，两名运动员射击环数如图15-79所示，请根据"练习15-9.xlsx"中的数据，判断派哪位运动员参加正式比赛的稳定性更高。

	A	B	C
1	轮次	甲	乙
2	1	8	8
3	2	8	9
4	3	9	10
5	4	10	7
6	5	8	9
7	6	10	9
8	7	8	9
9	8	10	10
10	9	8	10
11	10	8	6
12	总环数	87	87

图15-79 射击环数

（10）简述以下两个公式的异同点。

```
=SUBTOTAL(9,D2:D14)            =SUBTOTAL(109,D2:D14)
```

第16章 数组公式

使用数组公式，能够完成一些较为复杂的计算。本章重点学习数组公式与数组运算的概念，数组的构建及填充，同时学习数组公式的一些高级应用。通过本章的学习，能够深刻地理解数组公式和数组运算，并能够利用数组公式来解决实际工作中的一些疑难问题。

本章学习要点

（1）数组、数组公式与数组运算。

（2）数组的构建及数组填充。

（3）数组公式的一些高级应用。

16.1 数组

16.1.1 Excel中数组的相关定义

在Excel函数与公式中，数组是指按一行、一列或多行多列排列的一组数据元素的集合。数据元素可以是数值、文本、日期、逻辑值和错误值等。

数组的维度是指数组的行列方向，一行多列的数组为横向数组，一列多行的数组为纵向数组，多行多列的数组则同时拥有纵向和横向两个维度。

数组的维数是指数组中不同维度的个数。只有一行或一列的数组，称为一维数组；多行多列拥有两个维度的数组称为二维数组。

数组的尺寸是以数组各行各列上的元素个数来表示的。一行N列的一维横向数组的尺寸为$1 \times N$；一列N行的一维纵向数组的尺寸为$N \times 1$；M行N列的二维数组的尺寸为$M \times N$。

16.1.2 Excel中数组的存在形式

1. 常量数组

常量数组是指直接在公式中写入数组元素，并用大括号“{ }”在首尾进行标识的字符串表达式。常量数组不依赖单元格区域，可直接参与公式的计算。

常量数组的组成元素只可为常量元素，不能是函数、公式或单元格引用。数值型常量元素中不包括美元符号、逗号（千分位符）、括号和百分号。

一维纵向数组的各元素用半角分号“;”间隔，以下公式表示尺寸为6×1的数值型常量数组。

```
={1;2;3;4;5;6}
```

一维横向数组的各元素用半角逗号“,”间隔，以下公式表示尺寸为1×4的文本型常量数组。

```
={"二","三","四","五"}
```

每个文本型常量元素必须用一对半角双引号“""”将首尾标识出来。

二维数组的每一行上的元素用半角逗号“,”间隔，每一列上的元素用半角分号“;”间隔。以下公式表示尺寸为4×3的二维混合数据类型的数组，包括数值、文本、日期、逻辑值和错误值。

```
={1,2,3;"姓名","刘丽","2014/10/13";TRUE,FALSE,#N/A;
#DIV/0!,#NUM!,#REF!}
```

1	2	3
姓名	刘丽	2014/10/13
TRUE	FALSE	#N/A
#DIV/0!	#NUM!	#REF!

图16-1 4行3列的数组

如果将这个数组填入表格区域中，排列方式如图16-1所示。

提示

手工输入常量数组的过程比较烦琐，可以借助单元格引用来简化常量数组的输入。例如，在A1:A7单元格中分别输入“A~G”的字符后，在B1单元格中输入公式“=A1:A7”，然后在编辑栏中选中公式，按下<F9>键即可将单元格引用转换为常量数组。

2. 区域数组

区域数组实际上就是公式中对单元格区域的直接引用，维度和尺寸与常量数组一致。例如，以下公式中的A1:A9和B1:B9都是区域数组。

```
=SUMPRODUCT(A1:A9*B1:B9)
```

示例16-1 计算商品总销售额

图16-2所示的是不同商品销售情况的部分内容，需要根据B列的单价和C列的数量计算商品的总销售额。

在E4单元格中输入以下数组公式，按<Ctrl+ Shift+Enter>组合键。

```
{=SUM(B2:B10*C2:C10)}
```

公式中的“B2:B10”和“C2:C10”都是区域数组，首先执行B2:B10*C2:C10的多项乘积计算，返回9行1列的数组结果如下。

```
{15;18.4;50;32;44;30.4;18;25.5;19.2}
```

最后再执行求和运算，计算结果为252.5。

公式计算过程如图16-3所示。

E4 {=SUM(B2:B10*C2:C10)}

	A	B	C	D	E
1	商品	单价	数量		
2	苹果	7.5	2		
3	香蕉	4.6	4		总销售额
4	梨	10	5		252.5
5	桂圆	8	4		
6	草莓	22	2		
7	山楂	7.6	4		
8	蜜柚	9	2		
9	香橙	8.5	3		
10	沙糖桔	4.8	4		

图16-2 计算商品总销售额

7.5	×	2	=	15
4.6	×	4	=	18.4
10	×	5	=	50
8	×	4	=	32
22	×	2	=	44
7.6	×	4	=	30.4
9	×	2	=	18
8.5	×	3	=	25.5
4.8	×	4	=	19.2

区域数组多项相乘

结果相加 252.5

图16-3 多项运算的过程

16章

3. 内存数组

内存数组是指通过公式计算，返回的多个结果在内存中临时构成的数组。内存数组不需要存储到单元格区域中，可作为一个整体直接嵌套到其他公式中继续参与计算。公式如下。

```
{=SMALL(A1:A9,{1,2,3})}
```

公式中的“{1,2,3}”是常量数组，而整个公式的计算结果为A1:A9单元格区域中最小的3个数组成的1行3列的内存数组。

内存数组与区域数组的主要区别如下。

（1）区域数组通过单元格区域引用获得，内存数组通过公式计算获得。

（2）区域数组依赖于引用的单元格区域，内存数组独立存在于内存中。

示例16-2 计算前三名的销售额占比

图16-4所示的是某单位员工销售业绩表的部分内容，需要计算前三名的销售额在销售总额中所占的百分比。

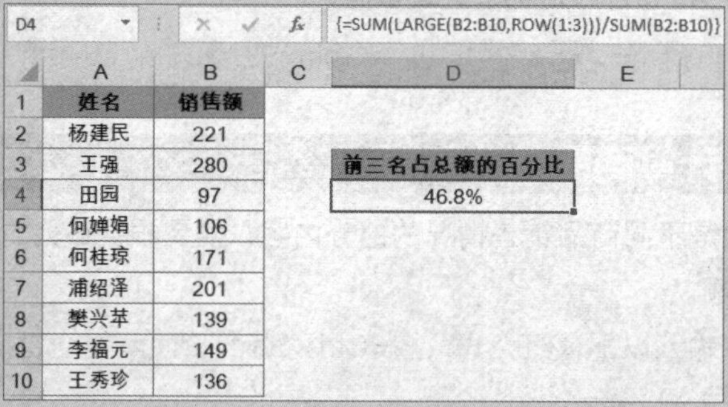

D4 {=SUM(LARGE(B2:B10,ROW(1:3)))/SUM(B2:B10)}

	A	B	C	D	E
1	姓名	销售额			
2	杨建民	221			
3	王强	280		前三名占总额的百分比	
4	田园	97		46.8%	
5	何婵娟	106			
6	何桂琼	171			
7	浦绍泽	201			
8	樊兴芊	139			
9	李福元	149			
10	王秀珍	136			

图16-4　前三名的销售额占比

在D4单元格中输入以下数组公式，按<Ctrl+Shift+Enter>组合键。

```
{=SUM(LARGE(B2:B10,ROW(1:3)))/SUM(B2:B10)}
```

公式中，“ROW(1:3)”部分返回1~3的序列值。“LARGE(B2:B10,ROW(1:3))”部分用于计算B2:B10单元格区域中第1~3个最大值，返回1列3行的内存数组结果为{280;221;201}。使用SUM函数对其求和，得到前3名的销售总额为702。

再除以“SUM(B2:B10)”得到的销售总额，得到前三名的销售额在销售总额中的占比，最后将单元格格式设置为百分数，结果为46.8%。

4. 命名数组

命名数组是使用命名公式（即名称）定义的一个常量数组、区域数组或内存数组，该名称可在公式中作为数组来调用。在数据验证和条件格式的自定义公式中，不可以使用常量数组，但可使用命名数组。

示例16-3　突出显示销量最后三名的数据

图16-5所示的是某单位员工销售情况表的部分内容，为了便于查看数据，需要通过设置条件格式的方法，突出显示销量最后三名的数据所在行，具体操作步骤如下。

步骤① 定义名称。

单击【公式】选项卡中的【定义名称】按钮，弹出【新建名称】对话框。

在【名称】编辑框中输入“Name”。

在【引用位置】编辑框中，输入以下公式。

```
=SMALL(sheet1!$C$2:$C$10,{1,2,3})
```

最后单击【确定】按钮完成设置，如图16-6所示。

	A	B	C
1	序号	销售员	销售额
2	1	任继先	212.5
3	2	陈尚武	87.5
4	3	李光明	120
5	4	李厚辉	157.5
6	5	毕淑华	120
7	6	赵会芳	160
8	7	赖群毅	125
9	8	李从林	105
10	9	路燕飞	133

图16-5　销售情况表

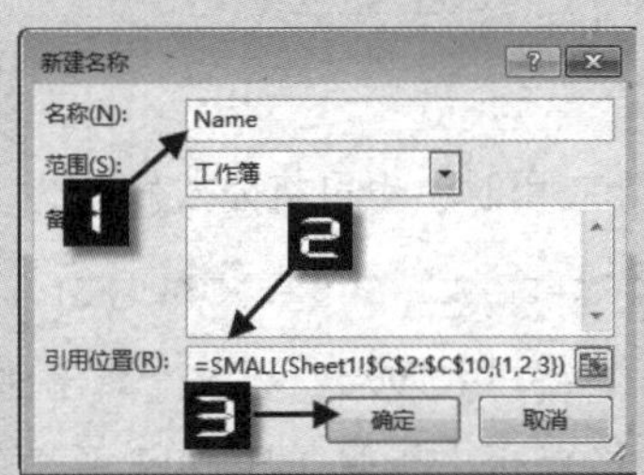

图16-6　定义名称

步骤② 设置条件格式。

选中A2:C10单元格区域，在【开始】选项卡中依次选择【条件格式】→【新建规则】选项，弹出【新建格式规则】对话框。

在【新建格式规则】对话框的【选择规则类型】列表框中，选择【使用公式确定要设置格式的单元格】选项。在【为符合此公式的值设置格式】文本框中输入以下公式。

```
=OR($C2=Name)
```

单击【格式】按钮，打开【设置单元格格式】对话框。在【填充】选项卡中，选择合适的颜色，如红色。

最后依次单击【确定】按钮关闭对话框完成设置，设置后的显示效果如图16-7所示。由于C4单元格和C6单元格数值相同，并且都在最后三名的范围内，因此条件格式突出显示4行内容。

	A	B	C
1	序号	销售员	销售额
2	1	任继先	212.5
3	2	陈尚武	87.5
4	3	李光明	120
5	4	李厚辉	157.5
6	5	毕淑华	120
7	6	赵会芳	160
8	7	赖群毅	125
9	8	李从林	105
10	9	路燕飞	133

图16-7　条件格式显示效果

在自定义名称的公式中，SMALL函数第二参数使用了常量数组“{1,2,3}”，用于计算$C$2:$C$10单元格区域中的第1~3个最小值。该公式可以在单元格区域中正常使用，但在数据验证和条件格式的公式中不能使用常量数组，因此需要先将“SMALL($C$2:$C$10,{1,2,3})”部分定义为名称，通过迂回的方式进行引用。

在条件格式中，OR函数用于判断C列单元格的数值是否包含在定义的名称Name中。如果包含，则公式返回逻辑值TRUE，条件格式成立，单元格以红色填充色突出显示。

如果事先未定义名称，而尝试在设置条件格式时使用以下公式，将弹出如图16-8所示的警告对话框，拒绝公式输入。

```
=OR($C2=SMALL($C$2:$C$10,{1,2,3}))
```

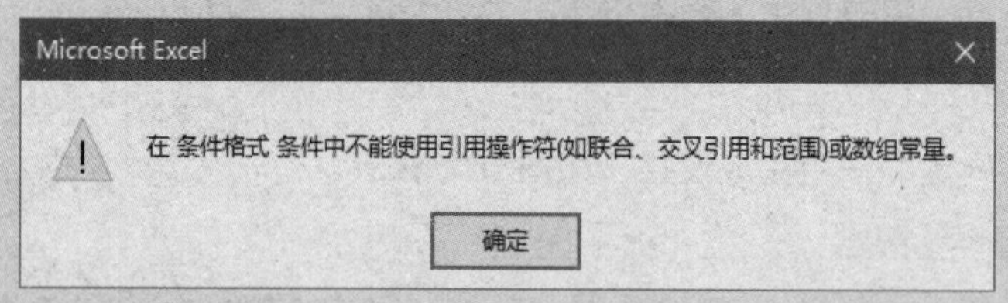

图16-8　警告对话框

实际应用时，也可将公式修改为：

```
=$C2<=SMALL($C$2:$C$10,3)
```

公式首先用SMALL函数计算出$C$2:$C$10单元格区域中的第3个最小值，再判断C2单元格是否小于等于SMALL函数的计算结果，如果返回逻辑值TRUE，则条件格式成立。

16.2　数组公式与数组运算

16.2.1　认识数组公式

数组公式不同于普通公式，是以按<Ctrl+Shift+Enter>组合键完成编辑的特殊公式。作为数组公式的标识，Excel会自动在数组公式的首尾添加大括号“{ }”。数组公式的实质是单元格公式的一种书写形式，用来通知Excel计算引擎对其执行多项计算。

当编辑已有的数组公式时，大括号会自动消失，需要重新按<Ctrl+Shift+Enter>组合键完成编辑，否则公式将无法返回正确的结果。

在数据验证和条件格式的公式中，使用数组公式的规则和在单元格中使用有所不同，仅需输入公式即可，无须按<Ctrl+Shift+Enter>组合键完成编辑。

多项计算是对公式中有对应关系的数组元素同时分别执行相关计算的过程。按<Ctrl+Shift+Enter>组合键，即表示通知Excel执行多项计算。

以下两种情况，必须使用数组公式才能得到正确结果。

（1）当公式的计算过程中存在多项计算，并且使用的函数不支持非常量数组的多项计算时。

（2）当公式计算结果为数组，需要在多个单元格中存放公式计算结果时。

但是，并非所有执行多项计算的公式都必须以数组公式的输入方式来完成编辑。在array数组型或vector向量类型的函数参数中使用数组，并返回单一结果时，不需要使用数组公式就能自动进行多项计算，如SUMPRODUCT、LOOKUP、MMULT及MODE函数等。

数组公式的优点是能够实现其他方法无法完成的复杂计算，但也有一定的局限性。

（1）数组公式相对较难理解，尤其是在修改由他人编辑完成的复杂数组公式时，如果不能完全理解编辑者的思路，将会非常困难。

（2）由于数组公式执行的是多项计算，如果工作簿中使用较多的数组公式，或是数组公式中引用的计算范围较大时，会显著降低工作簿的计算速度。

16.2.2 多单元格数组公式

在多个单元格使用同一公式时，按<Ctrl+Shift+Enter>组合键结束编辑形成的公式，称为多单元格数组公式。

在单个单元格中使用数组公式进行多项计算后，有时会返回一组运算结果，但单元格中只能显示单个值（通常是结果数组中的首个元素），而无法完整显示整组运算结果。使用多单元格数组公式，则可以在选定的范围内完全展现出数组公式运算所产生的数组结果，每个单元格分别显示数组中的一个元素。

使用多单元格数组公式时，所选择的单元格个数必须与公式最终返回的数组元素个数相同。如图16-9所示，在A1:A6单元格中分别输入“2”“6”“-5”“3”“-2”“-1”，然后同时选中C2:C7单元格区域，在编辑栏中输入以下公式（不包括两侧大括号），并按<Ctrl+Shift+Enter>组合键结束编辑，这样就完成了一组多单元格数组公式的输入。

	A	B	C	D	E	F	G
1	2		正确		错误		不完整
2	6		2		2		2
3	-5		6		6		6
4	3		0		0		0
5	-2		3		3		3
6	-1		0		0		0
7			0		0		
8					#N/A		
9					#N/A		

图16-9 多单元格数组公式

```
{=A1:A6*(A1:A6>0)}
```

观察C2:C7单元格中的公式，会发现其中所含的都是相同的公式内容。与常规公式的复制填充不同的是，使用这种输入方法，公式中引用的行号范围不会产生相对引用时的自动递增现象。

如果输入数组公式时，选择区域大于公式最终返回的数组元素个数，多出部分将显示为错误值#N/A!，如图16-9中E2:E9单元格区域所示。如果所选择的区域小于公式最终返回的数组元素个数，则公式结果显示不完整，如图16-9中G2:G6单元格区域所示。

必须使用多单元格数组公式，才能在单元格区域中显示内存数组结果。但是多单元格数组公式返回的除了内存数组外，还有可能是单值。

如图16-10所示，同时选中D3:D7单元格，输入以下数组公式，按<Ctrl+Shift+Enter>组合键。

```
{=INDEX(B:B,ROW(4:8))}
```

16章

同时选中F5:F9单元格，输入以下数组公式，按<Ctrl+ Shift+Enter>组合键。

```
{=INDEX(B:B,{1;3;5;7;9})}
```

两个公式虽然使用的是数组参数，但返回的都是单个计算结果而不是内存数组。

判断多单元格数组公式返回的结果是否为内存数组，可以使用以下两种方法。

	A	B	C	D	E	F	G	H	I
1		37							
2		23		{=INDEX(B:B,ROW(4:8))}					
3		86		75					
4		75		11		{=INDEX(B:B,{1;3;5;7;9})}			
5		11		55		37			
6		55		11		86			
7		11		97		11			
8		97				11			
9		19				19			
10		52							

图16-10　多单元格数组公式返回单值

（1）选中任意单元格中的公式按<F9>键，如果显示的计算结果与多单元格数组公式的整体结果不一致，则说明公式结果是单值。

（2）在原公式外嵌套使用ROWS函数或COLUMNS函数，如果得到的行、列数结果与多单元格数组公式的整体行列数不符，而是返回结果为1，则说明公式结果是单值。

使用以上两种方法，都可以判定以下多单元格数组公式返回的结果是内存数组。

```
{=N(OFFSET(B1,{3;5;7},))}
```

示例16-4　使用多单元格数组公式计算销售额

图16-11所示的是某超市销售记录表的部分内容。需要以E3:E10单元格的单价分别乘以F3:F10单元格的数量，计算不同业务员的销售额。

G3　{=E3:E10*F3:F10}

	A	B	C	D	E	F	G
1						利润率：	20%
2		序号	销售员	饮品	单价	数量	销售额
3		1	任继先	可乐	2.5	85	212.50
4		2	陈尚武	雪碧	2.5	35	87.50
5		3	李光明	冰红茶	2	60	120.00
6		4	李厚辉	鲜橙多	3.5	45	157.50
7		5	毕淑华	美年达	3	40	120.00
8		6	赵会芳	农夫山泉	2	80	160.00
9		7	赖群毅	营养快线	5	25	125.00
10		8	李从林	原味绿茶	3	35	105.00

图16-11　使用多单元格数组公式计算销售额

同时选中G3:G10单元格区域，在编辑栏中输入以下公式（不包括两侧大括号），按<Ctrl+Shift+Enter>组合键。

```
{=E3:E10*F3:F10}
```

此公式将各种商品的单价分别乘以各自的销售数量，获得一个内存数组。

```
{212.5;87.5;120;157.5;120;160;125;105}
```

公式编辑完成后，在G3:G10单元格区域中将其依次显示出来，生成的内存数组与单元格区域尺寸一致。

> 为便于识别，本书中所有数组公式的首尾均使用大括号“{}”包含。在Excel中实际输入时，大括号由<Ctrl+Shift+Enter>组合键自动生成，如果手工输入，Excel会将其识别为文本字符，而无法当作公式正确地运算。

示例16-5 计算前三名的商品销售额

图16-12所示的是某商品销售记录表的部分内容，需要根据B列的单价和C列的数量，计算前三名的商品销售额。

	A	B	C	D	E
1	商品	单价	数量		
2	商品A	75	2		
3	商品B	63	4		前三名的销售额
4	商品C	17	5		264
5	商品D	22	4		252
6	商品E	45	2		150
7	商品F	26	4		
8	商品G	37	2		
9	商品H	46	3		
10	商品I	66	4		

图16-12 计算前三名的商品销售额

同时选中E4:E6单元格区域，在编辑栏中输入以下数组公式，按<Ctrl+Shift+Enter>组合键。

```
{=LARGE(B2:B10*C2:C10,{1;2;3})}
```

通过“B2:B10*C2:C10”部分，将每个商品的单价分别乘以各自的销售数量，获得一个内存数组。

```
{150;252;85;88;90;104;74;138;264}
```

再使用LARGE函数，以{1;2;3}作为第二参数，在内存数组中分别提取出第1~3个最大值。因为LARGE函数的第二参数使用的是1列3行的常量数组，因此得到的结果也是1列3行的数组结果。

使用多单元格数组公式的输入方式，将数组结果中的每一个元素分别显示在E4:E6单元格区域中。

16.2.3 单个单元格数组公式

单个单元格数组公式是指在单个单元格中进行多项计算并返回单一值的数组公式。

示例16-6 统计总销售利润

沿用示例16-4的销售数据，可以使用单个单元格数组公式统计所有饮品的总销售利润。

如图16-13所示，G12单元格使用以下数组公式，按<Ctrl+Shift+Enter>组合键。

```
{=SUM(E3:E10*F3:F10)*G1}
```

G12 {=SUM(E3:E10*F3:F10)*G1}

	A	B	C	D	E	F	G
1						利润率：	20%
2		序号	销售员	饮品	单价	数量	销售额
3		1	任继先	可乐	2.5	85	212.5
4		2	陈尚武	雪碧	2.5	35	87.5
5		3	李光明	冰红茶	2	60	120
6		4	李厚辉	鲜橙多	3.5	45	157.5
7		5	毕淑华	美年达	3	40	120
8		6	赵会芳	农夫山泉	2	80	160
9		7	赖群毅	营养快线	5	25	125
10		8	李从林	原味绿茶	3	35	105
11							
12						销售利润合计	217.5

图16-13　单个单元格数组公式

该公式先将各商品的单价和销量分别相乘，然后用SUM函数汇总数组中的所有元素，得到总销售额。最后乘以G1单元格的利润率，即得出所有饮品的总销售利润。

由于SUM函数的参数为number类型，不能直接支持多项运算，因此，该公式必须以数组公式的形式按<Ctrl+Shift+Enter>组合键输入，通知Excel执行多项运算。

本例中的公式可用SUMPRODUCT函数代替SUM函数。

```
=SUMPRODUCT(E3:E10*F3:F10)*G1
```

SUMPRODUCT函数的参数是array数组类型，直接支持多项运算，因此该公式以普通公式的形式输入就能够得出正确结果。

16.2.4　数组公式的编辑

针对多单元格数组公式的编辑有如下限制。

（1）不能单独改变公式区域中某一部分单元格的内容。

（2）不能单独移动公式区域中某一部分单元格。

（3）不能单独删除公式区域中某一部分单元格。

（4）不能在公式区域插入新的单元格。

当用户进行以上操作时，Excel会弹出“无法更改部分数组”的提示对话框，如图16-14所示。

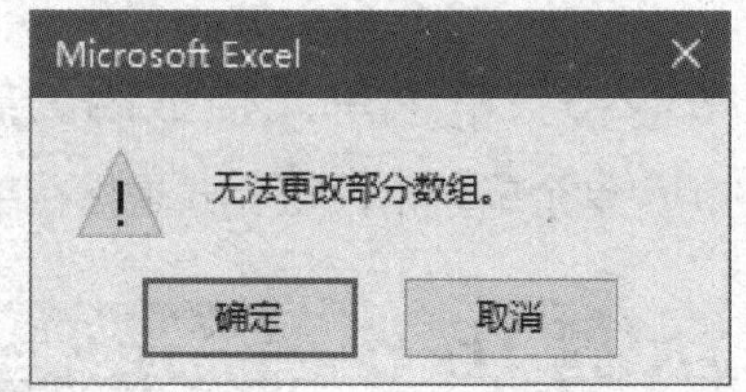

图16-14　“无法更改部分数组”提示

如需修改多单元格数组公式，具体操作步骤如下。

步骤① 选择公式所在单元格或单元格区域，按<F2>键进入编辑模式。

步骤② 修改公式内容后，按<Ctrl+Shift+Enter>组合键结束编辑。

如需删除多单元格数组公式，具体操作步骤如下。

步骤① 选择数组公式所在的任意一个单元格，按<F2>进入编辑模式。

步骤② 删除该单元格公式内容后，按<Ctrl+Shift+Enter>组合键结束编辑。

另外，还可以先选择数组公式所在的任意一个单元格，按<Ctrl+/>组合键选择多单元格数组公式区域后，按<Delete>键进行删除。

16.2.5 数组的直接运算

所谓直接运算，指的是不使用函数，直接使用运算符对数组进行运算。由于数组的构成元素包括数值、文本、逻辑值及错误值，因此数组继承着错误值之外的各类数据的运算特性。数值型和逻辑型数组可以进行加减乘除、乘方、开方等常规的算术运算，文本型数组可以进行连接运算。

1. 数组与单值直接运算

数组与单值（或单个元素的数组）可以直接运算，返回一个数组结果，并且与原数组尺寸相同。基本公式如下。

```
{=5+{1,2,3,4}}
```

返回与{1,2,3,4}相同尺寸的结果如下。

```
{6,7,8,9}
```

2. 同方向一维数组之间的直接运算

两个同方向的一维数组直接进行运算，会根据元素的位置进行一一对应运算，生成一个新的数组。基本公式如下。

```
{={1;2;3;4}*{2;3;4;5}}
```

返回结果如下。

```
{2;6;12;20}
```

公式的运算过程如图16-15所示。

1	*	2	=	2
2	*	3	=	6
3	*	4	=	12
4	*	5	=	20

图16-15 同方向一维数组的运算

参与运算的两个一维数组需要具有相同的尺寸，否则运算结果的部分数据为错误值#N/A。基本公式如下。

```
{={1;2;3;4}+{1;2;3}}
```

返回结果如下。

```
{2;4;6;#N/A}
```

超出较小数组尺寸的部分会出现错误值。

示例16-7 多条件成绩查询

图16-16所示的是学生成绩表的部分内容，需要根据姓名和科目查询学生的成绩。

H5 {=INDEX(E:E,MATCH(H3&H4,C1:C11&D1:D11,))}

序号	姓名	科目	成绩
1	林勇	语文	65
2	吴能	数学	56
3	能绍祥	英语	78
4	吴能	语文	91
5	林勇	英语	99
6	能绍祥	数学	76
7	林勇	数学	73
8	吴能	英语	60
9	能绍祥	语文	86

查询	
姓名	吴能
科目	语文
成绩	91

图16-16 根据姓名和科目查询成绩

在H5单元格中输入以下数组公式，按<Ctrl+Shift+Enter>组合键。

```
{=INDEX(E:E,MATCH(H3&H4,C1:C11&D1:D11,))}
```

首先使用文本连接符“&”，将H3单元格的姓名和H4单元格的科目连接成新的字符串"吴能语文"。

再将两个一维区域引用进行连接运算，即“C1:C11&D1:D11”部分，生成同尺寸的一维数组。

```
{"";"姓名科目";"林勇语文";"吴能数学";"能绍祥英语";"吴能语文";……}
```

然后利用MATCH函数，以精确匹配方式进行查找定位，返回字符串"吴能语文"在一维数组中的位置6。结果再用作INDEX函数的索引值，在E列中返回对应位置的值，最终查询出指定学生的成绩。

3. 不同方向一维数组之间的直接运算

$M\times1$的垂直数组与$1\times N$的水平数组直接运算的运算方式是，数组中每个元素分别与另一数组的每个元素进行运算，返回$M\times N$二维数组。

基本公式如下。

```
{={1,2,3}^{1;2;3;4}}
```

返回结果如下。

```
{1,2,3;1,4,9;1,8,27;1,16,81}
```

公式运算过程如图16-17所示。

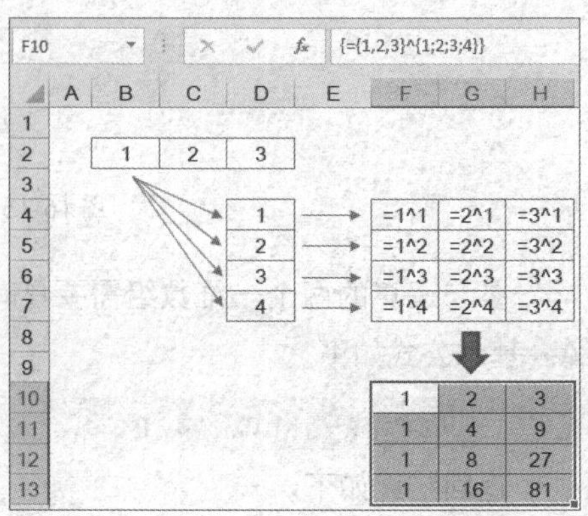

图16-17 不同方向一维数组的运算过程

示例16-8 使用多单元格数组公式制作九九乘法表

图16-18为使用多单元格数组公式制作的九九乘法表。

	A	B	C	D	E	F	G	H	I	J
1		1	2	3	4	5	6	7	8	9
2	1	1×1=1								
3	2	1×2=2	2×2=4							
4	3	1×3=3	2×3=6	3×3=9						
5	4	1×4=4	2×4=8	3×4=12	4×4=16					
6	5	1×5=5	2×5=10	3×5=15	4×5=20	5×5=25				
7	6	1×6=6	2×6=12	3×6=18	4×6=24	5×6=30	6×6=36			
8	7	1×7=7	2×7=14	3×7=21	4×7=28	5×7=35	6×7=42	7×7=49		
9	8	1×8=8	2×8=16	3×8=24	4×8=32	5×8=40	6×8=48	7×8=56	8×8=64	
10	9	1×9=9	2×9=18	3×9=27	4×9=36	5×9=45	6×9=54	7×9=63	8×9=72	9×9=81

图16-18 九九乘法表

同时选中B2:J10单元格区域，输入以下数组公式，按<Ctrl+Shift+Enter>组合键。

```
{=IF(B1:J1<=A2:A10,B1:J1&"×"&A2:A10&"="&B1:J1*A2:A10,"")}
```

通过“B1:J1<=A2:A10”部分，分别判断B1:J1是否小于等于A2:A10，返回由逻辑值TRUE和FALSE组成的9列9行的内存数组。

```
{TRUE,FALSE,FALSE,FALSE,FALSE,FALSE,FALSE,FALSE,FALSE;…TRUE,TRUE}
```

通过“B1:J1&"×"&A2:A10&"="&B1:J1*A2:A10”部分，使用连接符“&”将单元格内容和运算符及算式进行连接，同样返回9列9行的内存数组。

```
{"1×1=1","2×1=2","3×1=3","4×1=4","5×1=5","6×1=6",…,"9×9=81"}
```

使用IF函数进行判断，如果第一个内存数组中为逻辑值TRUE，则返回第二个内存数组中对应位置的文本算式，否则返回空文本。

计算得到的数组结果存放在9列9行的单元格区域内，每个单元格显示出数组结果中对应的元素。

4. 一维数组与二维数组之间的直接运算

如果一维数组的尺寸与二维数组的同维度上的尺寸一致，则可以在这个方向上进行一一对应的运算。即$M \times N$的二维数组可以与$M \times 1$或$1 \times N$的一维数组直接运算，返回一个$M \times N$的二维数组。

基本公式如下。

```
{={1;2;3}*{1,2;3,4;5,6}}
```

返回结果如下。

```
{1,2;6,8;15,18}
```

公式运算过程如图16-19所示。

如果一维数组与二维数组的同维度上的尺寸不一致，则结果将包含错误值#N/A。

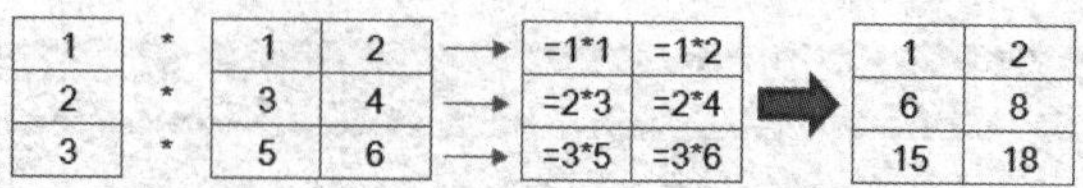

图 16-19　一维数组与二维数组的运算过程

基本公式如下。

```
{={1;2;3}*{1,2;3,4}}
```

返回结果如下。

```
{1,2;6,8;#N/A,#N/A}
```

5. 二维数组之间的直接运算

两个具有相同尺寸的二维数组可以直接运算，运算过程是将相同位置的元素两两对应进行运算，返回一个与原数组尺寸一致的二维数组。

基本公式如下。

```
{={1,2;2,4;3,6;4,8}+{7,9;5,3;3,1;1,5}}
```

返回结果如下。

```
{8,11;7,7;6,7;5,13}
```

公式运算过程如图16-20所示。

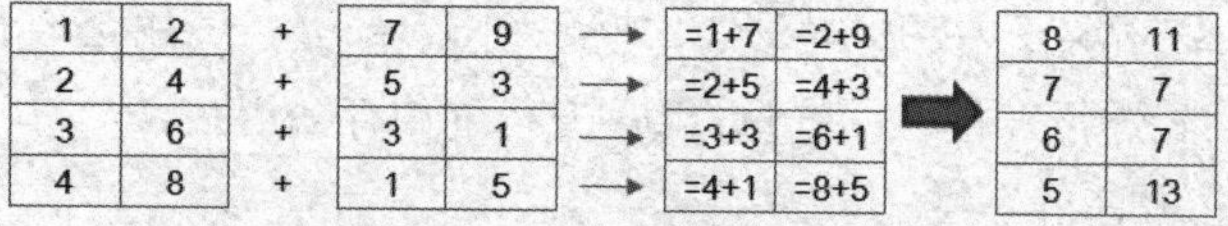

图 16-20　二维数组之间的运算过程

如果参与运算的两个二维数组尺寸不一致，生成的结果以两个数组中的最大行列尺寸为新的数组尺寸，但超出较小尺寸数组的部分会产生错误值#N/A。

基本公式如下。

```
{={1,2;2,4;3,6;4,8}+{7,9;5,3;3,1}}
```

返回结果如下。

```
{8,11;7,7;6,7;#N/A,#N/A}
```

扫描以下二维码，可观看数组公式与数组运算的更加详细的视频讲解。

16.2.6　数组的矩阵运算

MMULT函数用于计算两个数组的矩阵乘积，函数语法如下。

```
MMULT(array1,array2)
```

其中，array1、array2是要进行行矩阵乘法运算的两个数组。array1的列数必须与array2的行数相同，而且两个数组都只能包含数值元素。array1参数和array2参数可以是单元格区域、数组常量或引用。

示例16-9 了解MMULT函数运算过程

MMULT函数进行矩阵乘积运算时，将array1参数各行中的每一个元素与array2参数各列中的每一个元素对应相乘，返回乘积之和。计算结果的行数等于array1参数的行数，列数等于array2参数的列数。

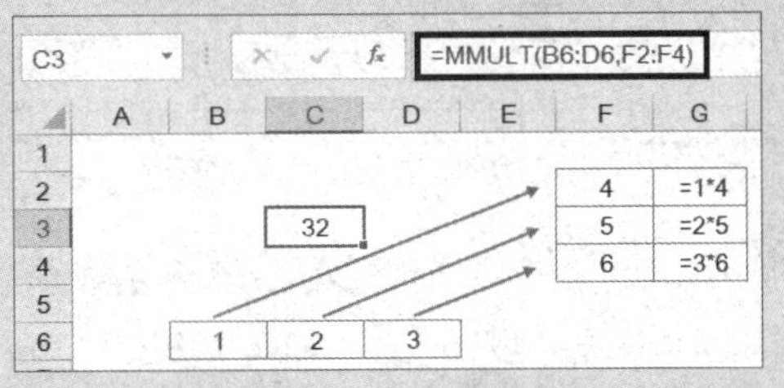

图16-21 计算矩阵乘积

如图16-21所示，B6:D6单元格区域分别输入数字1、2、3，F2:F4单元格区域分别输入数字4、5、6。在C3单元格中输入以下公式，得到B6:D6与F2:F4单元格区域的矩阵乘积，结果为{32}（单个元素的数组）。

```
=MMULT(B6:D6,F2:F4)
```

其计算过程如下。

```
=1*4+2*5+3*6
```

当array1的列数与array2的行数不相等，或者任意单元格为空或包含文字时，MMULT函数将返回错误值#VALUE!。

在图16-21中，array1参数是B6:D6单元格区域，其行数为1；array2参数是F2:F4单元格区域，其列数也为1，因此MMULT函数的计算结果为1行1列的单值数组。

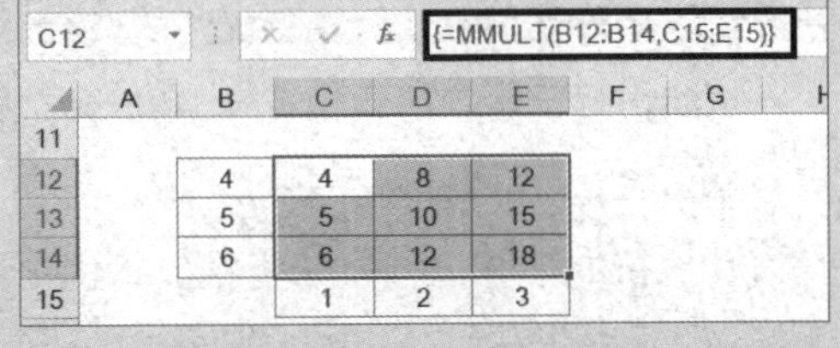

图16-22 计算矩阵乘积

如图16-22所示，B12:B14单元格区域分别输入数字4、5、6，C15:E15单元格区域分别输入数字1、2、3。同时选中C12:E14单元格区域，输入以下多单元格数组公式，按<Ctrl+Shift+Enter>组合键。

```
{=MMULT(B12:B14,C15:E15)}
```

MMULT函数的array1参数使用B12:B14单元格区域的3行垂直数组，array2参数使用C15:E15单元格区域的3列水平数组，其计算结果为3行3列的内存数组。

```
{4,8,12;5,10,15;6,12,18}
```

计算得到的数组结果存放在3列3行的单元格区域中，每个单元格显示出数组结果中对应的元素。

在数组运算中，MMULT函数常用于生成内存数组，其结果用作其他函数的参数。通常情况下array1参数使用水平数组，array2参数使用1列的垂直数组。

示例16-10 使用MMULT函数计算英语成绩

图16-23所示的是某学校学生英语成绩表的部分内容，需要根据出勤得分、期末笔试得分及期末口试得分计算最终成绩。其中，出勤、期末笔试、期末口试的比重分别是0.3、0.5、0.2。

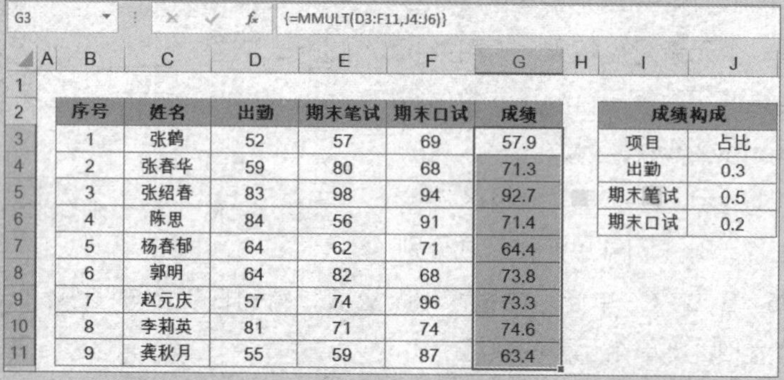

G3　{=MMULT(D3:F11,J4:J6)}

序号	姓名	出勤	期末笔试	期末口试	成绩
1	张鹤	52	57	69	57.9
2	张春华	59	80	68	71.3
3	张绍春	83	98	94	92.7
4	陈思	84	56	91	71.4
5	杨春郁	64	62	71	64.4
6	郭明	64	82	68	73.8
7	赵元庆	57	74	96	73.3
8	李莉英	81	71	74	74.6
9	龚秋月	55	59	87	63.4

成绩构成	
项目	占比
出勤	0.3
期末笔试	0.5
期末口试	0.2

图16-23　学生英语成绩汇总

选中G3:G11单元格区域，在编辑栏中输入以下数组公式，按<Ctrl+Shift+Enter>组合键。

```
{=MMULT(D3:F11,J4:J6)}
```

由于左表的得分与右表的占比一一对应，因此使用MMULT函数计算得分数组与占比数组的矩阵乘积，从而得到最终的成绩。

例如，第三行中的D3:F3与J4:J6分别相乘，运算过程如下。

```
=52*0.3+57*0.5+69*0.2
```

其他行的计算过程以此类推。本例中，MMULT函数返回的是1列9行的数组结果，为了将结果填入G3:G11单元格区域中，该公式必须以多单元格数组公式进行输入。

在G3单元格中输入以下数组公式，按<Ctrl+Shift+Enter>组合键，并向下复制到G11单元格，也可完成同样的计算。

```
{=SUM(D3:F3*TRANSPOSE(J$4:J$6))}
```

首先使用TRANSPOSE函数，将J$4:J$6单元格垂直方向的{0.3;0.5;0.2}转换为水平方向的{0.3,0.5,0.2}。转换时，数组的第一行作为新数组的第一列，数组的第二行作为新数组的第二列，以此类推。

再使用D3:F3单元格区域与水平方向的{0.3,0.5,0.2}相乘，同一方向的数组直接计算时，会根据元素的位置进行一一对应运算，生成一个新的数组{15.6,28.5,13.8}。最后使用SUM函数进行求和，得到最终成绩。

示例16-11　计算餐费分摊金额

图16-24所示的是某单位餐厅的员工进餐记录，B列是不同日期的餐费金额，C2:G10单元格区域是员工的进餐情况，1表示当日进餐，空白表示当日没有进餐。需要在C11:G11单元格区域中，根据每日的进餐人数和餐费，计算每个人应分摊的餐费金额。

个人餐费计算方法为当日餐费除以当日进餐人数，如5月21日餐费为44元，进餐人数为2人，周伯通和杨铁心每人分摊22元，其他人不分摊。

C11　{=SUM($B2:$B10/MMULT(--$C2:$G10,ROW(1:5)^0)*C2:C10)}

	A	B	C	D	E	F	G
1	日期	餐费	周伯通	黄药师	杨铁心	郭啸天	梅超风
2	5月21日	44	1		1		
3	5月22日	29		1		1	
4	5月23日	32			1	1	
5	5月24日	15	1		1		1
6	5月25日	89		1			
7	5月26日	16				1	
8	5月27日	22	1		1		1
9	5月28日	18	1			1	
10	5月29日	45	1	1			1
11	分摊金额		58.33	118.50	50.33	55.50	27.33

图16-24　计算餐费分摊金额

在C11单元格中输入以下数组公式，按<Ctrl+Shift+Enter>组合键，并向右复制到G11单元格。

```
{=SUM($B2:$B10/MMULT(--$C2:$G10,ROW(1:5)^0)*C2:C10)}
```

C2:G10单元格区域中存在空白单元格，直接使用MMULT函数时将返回错误值，因此先使用减负运算，目的是将区域中的空白单元格转换为0。

“ROW(1:5)^0”部分用于返回1列5行的内存数组{1;1;1;1;1}，结果用作MMULT函数的array2参数。任意非0数值的0次幂结果均为1，根据此特点，常用于快速生成结果为1的水平或垂直内存数组。

“MMULT(--$C2:$G10,ROW(1:5)^0)”部分用于计算减负运算后的C2:G10与{1;1;1;1;1}的矩阵乘积。以C2:G2为例，计算过程如下。

```
=1*1+0*1+1*1+0*1+0*1
```

其他行以此类推。

MMULT函数依次计算每一行的矩阵相乘之和，返回内存数组结果如下。

```
{2;2;2;3;1;1;3;2;3}
```

结果相当于C2:G10单元格区域中每一行的总和，即每日进餐的人数。

使用$B2:$B10单元格区域的每日餐费，除以MMULT函数得到的每日进餐人数，结果即为每一天的进餐人员应分摊金额。再乘以C2:C10单元格区域的个人进餐记录，得到“周伯通”每天的应分摊金额为：

```
{22;0;0;5;0;0;7.33333333333333;9;15}
```

最后使用SUM函数求和，得到“周伯通”应分摊餐费总额，将单元格设置保留两位小数，结果为58.33。

示例16-12 使用MMULT函数求解鸡兔同笼

我国古代数学著作《孙子算经》中有这样一个题目：今有鸡兔同笼，上有三十五头，下有九十四足，问鸡兔各几何？

此题目包含生活常识：一只鸡有一个头两只脚，一只兔有一个头四只脚。因此题目中的等量关系可转换如下。

（1）鸡只数+兔只数=35

（2）2*鸡只数+4*兔只数=94

设鸡有x只，兔有y只，使用二元一次方程组表示为：

$$\begin{cases} x + y = 35 \\ 2x + 4y = 94 \end{cases}$$

如图16-25所示，在A2:C3单元格区域根据二元一次方程组中的等量关系，依次输入方程的系数及等号右侧的数值。

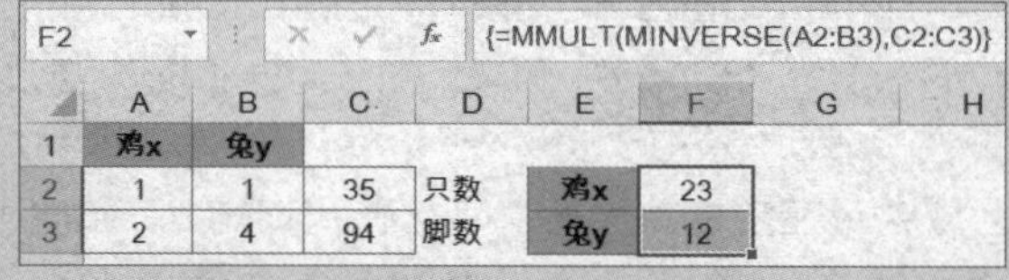

	A	B	C	D	E	F	G	H
1	鸡x	兔y						
2	1	1	35	只数	鸡x	23		
3	2	4	94	脚数	兔y	12		

图16-25　求解鸡兔同笼

同时选中F2:F3单元格区域，输入以下数组公式，按<Ctrl+Shift+Enter>组合键。

```
{=MMULT(MINVERSE(A2:B3),C2:C3)}
```

首先使用MINVERSE函数，返回由A2:B3单元格区域构建的矩阵的逆距阵，结果如下。

```
{2,-0.5;-1,0.5}
```

MINVERSE函数的计算结果用作MMULT函数的array1参数，MMULT函数的array2参数使用垂直数组C2:C3。最终返回这两个数组的矩阵乘积结果为{23;12}，即分别为x值（鸡的只数）为23，y值（兔的只数）为12。

提示　关于线性方程组的解、矩阵、逆矩阵的知识，可查阅线性代数等相关专业书籍。

COUNTIF、SUMIF及SUBTOTAL等函数都可以运用于条件求和、条件计数等统计需求，但这些函数都要求其第一参数为单元格区域的直接引用。在问题比较复杂、统计条件比较多的情况下，无法直接使用这些函数进行条件统计，而使用MMULT函数可以替代这些函数，完成复杂条件下的汇总统计。

示例16-13 计算单日库存最大值

图16-26所示的是某商品出入库记录表的部分内容，包含不同仓库每日的出库量和入库量记录，需要计算A仓库的单日库存最大值。

	A	B	C	D	E	F
1	仓库	日期	入库量	出库量		A仓库单日最大库存
2	B	2015/6/10	57	22		29
3	A	2015/6/11	55	53		
4	B	2015/6/12	74	42		
5	B	2015/6/13	41	65		
6	A	2015/6/14	10	9		
7	B	2015/6/15	3	40		
8	A	2015/6/16	57	47		
9	A	2015/6/17	89	73		
10	A	2015/6/18	82	84		
11	B	2015/6/19	8	47		

图16-26 计算单日库存最大值

在F2单元格中输入以下公式。

```
=MAX(MMULT(N(ROW(1:10)>=COLUMN(A:J)),(A2:A11="A")*(C2:C11-D2:D11)))
```

公式首先使用“N(ROW(1:10)>=COLUMN(A:J))”创建一个三角矩阵，用作MMULT函数的array1参数。为便于理解，可同时选中I2:R11单元格区域，输入此部分公式，按<Ctrl+Shift+Enter>组合键，结果如图16-27所示。

I2 {=N(ROW(1:10)>=COLUMN(A:J))}

	G	H	I	J	K	L	M	N	O	P	Q	R	S
1													
2			1	0	0	0	0	0	0	0	0	0	
3			1	1	0	0	0	0	0	0	0	0	
4			1	1	1	0	0	0	0	0	0	0	
5			1	1	1	1	0	0	0	0	0	0	
6			1	1	1	1	1	0	0	0	0	0	
7			1	1	1	1	1	1	0	0	0	0	
8			1	1	1	1	1	1	1	0	0	0	
9			1	1	1	1	1	1	1	1	0	0	
10			1	1	1	1	1	1	1	1	1	0	
11			1	1	1	1	1	1	1	1	1	1	

图16-27 创建下三角矩阵

注意，创建三角矩阵时，COLUMN函数参数中的最大列号要与实际数据的行数相同，保证矩阵乘积运算能够顺利。

通过“(A2:A11="A")*(C2:C11-D2:D11)”部分，使用等式判断A列的仓库是否符合指定的仓库“A”，再乘以C列的入库量减去D列的出库量，结果为仓库A每一天的入库量减去出库量的差。

```
{0;2;0;0;1;0;10;16;-2;0}
```

以此作为MMULT函数的array2参数，与之前创建的三角矩阵对应相乘。已知MMULT函数的结果行数与array1参数的行数相同、列数与array2参数的列数相同，最终返回10行1列的内存数组结果，即为A仓库每日的库存。

```
{0;2;2;2;3;3;13;29;27;27}
```

最后用MAX函数计算出其中的最大值，结果为29。

下三角矩阵左乘垂直数组，可以得到垂直数组从上向下依次累加的结果，而上三角矩阵右乘水平数组，可以得到水平数组从左向右依次累加的结果。

示例16-14 指定型号的单月最高产量

图16-28所示的是某企业产品加工表的部分内容，包含不同日期、不同型号的产量记录，需要计算“E”型产品的最高单月产量。

	A	B	C	D	E
1	日期	型号	产量		
2	3月15日	C	726		E型产品最高单月产量
3	10月12日	C	427		1010
4	3月22日	E	386		
5	3月17日	E	232		
6	12月5日	B	314		
7	3月8日	C	338		
8	9月12日	E	522		
9	2月25日	D	324		
10	2月26日	B	522		
11	9月13日	E	162		
12	11月6日	F	397		
13	4月18日	E	545		
14	7月22日	C	662		
15	4月13日	E	465		

图16-28 指定型号的单月最高产量

在E2单元格中输入以下数组公式，按<Ctrl+Shift+Enter>组合键。

```
{=MAX(MMULT(TRANSPOSE(C2:C15),(MONTH(A2:A15)=COLUMN(A:L))*(B2:B15=
"E")))}
```

首先使用TRANSPOSE函数将C2:C15转置为水平数组，结果用作MMULT函数的array1参数。

```
{726,427,386,232,314,338,522,324,522,162,397,545,662,465}
```

通过“(MONTH(A2:A15)=COLUMN(A:L))*(B2:B15="E")”部分，先使用MONTH函数计算出A2: A15单元格区域中各日期的月份，再分别判断是否与COLUMN(A:L)得到的水平数组{1,2,3,4, 5,6,7,8,9,10,11,12}相同，这样就将A列的日期按月份分在了1~12列中。“(B2:B15="E")”的作用是指定B列要统计的产品型号。最终得到一个二维的内存数组，其列方向为月份，行方向为型号，结果用作MMULT函数的array2参数。

为便于理解，首先在H2:S2单元格区域中依次输入月份作为列标题，将B2:B15单元格区域中的型号复制到G3:G16单元格区域作为行标题。同时选中H3:S16单元格区域，输入以下数组公式，按<Ctrl+Shift+Enter>组合键，结果如图16-29所示。

```
{=(MONTH(A2:A15)=COLUMN(A:L))*(B2:B15="E")}
```

H3 {=(MONTH(A2:A15)=COLUMN(A:L))*(B2:B15="E")}

	G	H	I	J	K	L	M	N	O	P	Q	R	S
1													
2	型号	1月	2月	3月	4月	5月	6月	7月	8月	9月	10月	11月	12月
3	C	0	0	0	0	0	0	0	0	0	0	0	0
4	C	0	0	0	0	0	0	0	0	0	0	0	0
5	E	0	0	1	0	0	0	0	0	0	0	0	0
6	E	0	0	1	0	0	0	0	0	0	0	0	0
7	B	0	0	0	0	0	0	0	0	0	0	0	0
8	C	0	0	0	0	0	0	0	0	0	0	0	0
9	E	0	0	0	0	0	0	0	0	1	0	0	0
10	D	0	0	0	0	0	0	0	0	0	0	0	0
11	B	0	0	0	0	0	0	0	0	0	0	0	0
12	E	0	0	0	0	0	0	0	0	1	0	0	0
13	F	0	0	0	0	0	0	0	0	0	0	0	0
14	E	0	0	0	1	0	0	0	0	0	0	0	0
15	C	0	0	0	0	0	0	0	0	0	0	0	0
16	E	0	0	0	1	0	0	0	0	0	0	0	0

图16-29 二维内存数组

MMULT函数的array1参数使用C2:C15转置后的水平数组，array2参数使用以上二维内存数组，计算矩阵乘积得到一个1行12列的内存数组结果。

```
{0,0,618,1010,0,0,0,0,684,0,0,0}
```

内存数组结果的行数与array1参数的行数相同，列数与array2参数的列数相同，每一个元素即是“E”型产品在每个月的总产量，各参数和公式结果如图16-30所示。

	型号	1月	2月	3月	4月	5月	6月	7月	8月	9月	10月	11月	12月		
	C	0	0	0	0	0	0	0	0	0	0	0	0		
	C	0	0	0	0	0	0	0	0	0	0	0	0		
	E	0	0	1	0	0	0	0	0	0	0	0	0		
	E	0	0	1	0	0	0	0	0	0	0	0	0		
	B	0	0	0	0	0	0	0	0	0	0	0	0		
	C	0	0	0	0	0	0	0	0	0	0	0	0		
	E	0	0	0	0	0	0	0	0	1	0	0	0		
	D	0	0	0	0	0	0	0	0	0	0	0	0	array2	
	B	0	0	0	0	0	0	0	0	0	0	0	0		
	E	0	0	0	0	0	0	0	0	1	0	0	0		
	F	0	0	0	0	0	0	0	0	0	0	0	0		
	E	0	0	0	1	0	0	0	0	0	0	0	0		
	C	0	0	0	0	0	0	0	0	0	0	0	0		
	E	0	0	0	1	0	0	0	0	0	0	0	0		
array1		726	427	386	232	314	338	522	324	522	162	397	545	662	465
MMULT		0	0	618	1010	0	0	0	0	684	0	0	0		

图16-30 MMULT函数运算过程

最后使用MAX函数计算出其中的最大值，结果为1010。

16.2.7 单元格区域转换为数组参数

某些函数的参数不能直接使用单元格区域引用，否则结果将返回错误值。通过简单运算，可将单元格区域引用转换为数组，再以此作为函数的参数。

示例16-15 判断区域内有几个偶数

ISEVEN函数用于判断参数是否为偶数，其参数不支持单元格区域引用。如图16-31所示，需要判断A1:A10单元格区域中有几个偶数。

在C2单元格中输入以下数组公式，按<Ctrl+Shift+Enter>组合键。

```
{=SUM(--ISEVEN(--A1:A10))}
```

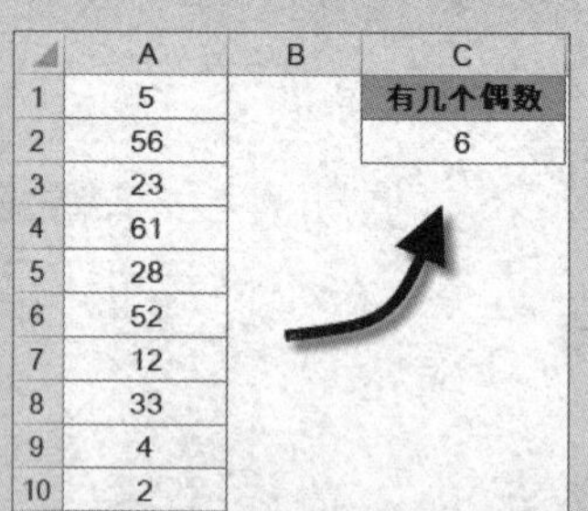

	A	B	C
1	5		有几个偶数
2	56		6
3	23		
4	61		
5	28		
6	52		
7	12		
8	33		
9	4		
10	2		

图16-31 判断有几个偶数

首先使用减负运算将A1:A10的单元格区域引用转换为内存数组，再由ISEVEN函数来判断其各元素是否为偶数，返回数组结果如下。

```
{FALSE;TRUE;FALSE;FALSE;TRUE;TRUE;TRUE;FALSE;TRUE;TRUE}
```

最后通过减负运算将逻辑值转换为数值，再使用SUM函数求和，计算出偶数个数为6。

16.3 数组构建及填充

在数组公式中，经常使用函数来重新构造数组。掌握相关的数组构建方法，对于数组公式的运用有很大的帮助。

16.3.1 行列函数生成数组

数组公式中经常需要使用“自然数序列”作为函数的参数，如LARGE函数的第二参数、OFFSET函数除第一参数以外的其他参数等。手工输入常量数组比较麻烦，且容易出错，而使用ROW、COLUMN函数生成序列则非常方便快捷。

以下公式产生1~10的自然数垂直数组。

```
{=ROW(1:10)}
```

以下公式产生1~10的自然数水平数组。

```
{=COLUMN(A:J)}
```

16.3.2 一维数组生成二维数组

1. 一维区域重排生成二维数组

示例16-16 随机安排考试座位

图16-32所示的是某学校的部分学员名单，要求将B列的18位学员随机排列到6行3列的考试座位表中。

D3 {=INDEX(B2:B19,RIGHT(SMALL(RANDBETWEEN(A2:A19^0,999)/1%+A2:A19,ROW(1:6)*3-{2,1,0}),2))}

	A	B	C	D	E	F	G
1	序号	姓名					
2	1	苏有宝		考试座位表			
3	2	吴艳		李建华	张德泽	何家华	
4	3	王艳		吴自信	张明	李健美	
5	4	吴自信		吴艳	施戈	刘智刚	
6	5	董辉		苏有宝	刘梅	栗敏	
7	6	曾维边		王艳	董辉	黄纯杨	
8	7	何家华		李娟	曾维边	袁培兰	
9	8	栗敏					
10	9	袁培兰					
11	10	刘智刚					
12	11	张明					
13	12	李娟					
14	13	李健美					
15	14	施戈					
16	15	李建华					
17	16	黄纯杨					
18	17	刘梅					
19	18	张德泽					

图16-32 随机安排考试座位

选择D3:F8单元格区域，输入以下多单元格数组公式，按<Ctrl+Shift+Enter>组合键。

```
{=INDEX(B2:B19,RIGHT(SMALL(RANDBETWEEN(A2:A19^0,999)/1%+A2:A19,
ROW(1:6)*3-{2,1,0}),2))}
```

首先利用RANDBETWEEN函数生成一个18行1列的垂直数组，数组中各元素为1~999的随机整数，共包含18个。由于各元素都是随机产生的，因此数组元素的大小顺序是随机排列的。

然后对上述生成的数组除以1%，即乘以100，再加上由1~18构成的序数数组，在数组元素大小随机排列的前提下最后两位数字为序数1~18。

通过“ROW(1:6)*3-{2,1,0}”部分，首先利用ROW(1:6)生成垂直数组{1;2;3;4;5;6}，乘以3之后成为{3;6;9;12;15;18}，再减去水平数组{2,1,0}，根据数组直接运算的原理生成6行3列（数组尺寸与结果单元格区域D3:F8对应）的二维数组。

```
{1,2,3;4,5,6;7,8,9;10,11,12;13,14,15;16,17,18}
```

该结果作为SMALL函数的第二参数，对经过乘法和加法处理后的数组进行重新排序。由于原始数组的大小是随机的，因此排序使得各元素最后两位数字对应的序数成为随机排列。

最后，用RIGHT函数取出各元素最后的两位数字，并通过INDEX函数返回B列相应位置的学员姓名，即得到随机安排的学员考试座位表。

INDEX函数返回结果为单值，可以使用T函数结合OFFSET函数得到内存数组结果如下。

```
{=T(OFFSET(B1,RIGHT(SMALL(RANDBETWEEN(A2:A19^0,999)/1%+A2:A19,
ROW(1:6)*3-{2,1,0}),2),))}
```

2. 两列数据合并生成二维数组

在使用VLOOKUP函数进行从右向左查询时，可以使用数组运算原理和IF函数来将两列数据进行左右位置对调，生成新的二维数组。

示例16-17 构造数组使VLOOKUP函数实现逆向查询

图16-33所示的是学员信息表的部分内容，需要通过查询学员姓名返回对应的准考证号。

B5 =VLOOKUP(B2,IF({1,0},E2:E10,D2:D10),2,)

	A	B	C	D	E	F	G
1				准考证号	姓名	考场	座位号
2	查找姓名	汤芝芬		01120182	李佳永	2	3
3	准考证号	01030230		01120742	李翠兰	3	23
4				01030230	汤芝芬	5	11
5	VLOOKUP逆向查询	01030230		01121321	梁淑珍	3	26
6				01120060	陆仲华	2	27
7				01120015	高徐颖	2	19
8				01030234	苏秀华	2	13
9				01110270	刘义	3	20
10				01120751	彭保贞	5	12

图16-33 使用IF函数生成的二维数组

对于此类查询问题，通常使用INDEX函数和MATCH函数完成。在B3单元格中输入以下公式，即可返回指定姓名的准考证号。

```
=INDEX(D:D,MATCH(B2,E:E,))
```

使用VLOOKUP函数结合IF函数构造的内存数组，也可以完成同样的查询，但是其效率较低，而且有一定的编写难度。在B5单元格中输入以下公式。

```
=VLOOKUP(B2,IF({1,0},E2:E10,D2:D10),2,)
```

该公式的核心部分是"IF({1,0},E2:E10,D2:D10)"，它使用{1,0}的水平数组，与两个垂直数组进行运算，实现姓名与准考证号所在列的位置互换，使生成的内存数组符合VLOOKUP函数的查询值必须处于查询区域首列的要求。其结果如下。

```
{"李佳永","01120182";"李翠兰","01120742";"汤芝芬","01030230";…;"彭保贞",
"01120751"}
```

然后通过VLOOKUP函数查询姓名返回对应的准考证号。

也可以通过CHOOSE({1,2},E2:E10,D2:D10)的方法构建查询区域，思路与IF函数相同。

16.3.3 提取子数组

1. 从一维数据中提取子数组

在日常应用中，经常需要从一列数据中取出部分数据进行再处理。例如，在员工信息表中提取指定要求的员工列表、在成绩表中提取总成绩大于平均成绩的人员列表等。下面介绍从一列数据中提取部分数据形成子数组的方法。

示例16-18 按条件提取人员名单

图16-34所示的是某学校语文成绩表的部分内容，使用以下公式可以提取成绩大于100分的人员姓名，并返回内存数组结果。

```
{=T(OFFSET(B1,SMALL(IF(C2:C9>100,A2:A9),ROW(INDIRECT("1:"&COUNTIF
(C2:C9,">100")))),))}
```

E3 {=T(OFFSET(B1,SMALL(IF(C2:C9>100,A2:A9),ROW(INDIRECT("1:"&COUNTIF(C2:C9,">100")))),))}

	A	B	C	D	E
1	序号	姓名	语文成绩		成绩大于100分的人员名单
2	1	李春梅	104		
3	2	李萍	120		李春梅
4	3	肖成彬	86		李萍
5	4	张丽莹	114		张丽莹
6	5	段远香	111		段远香
7	6	许聪	80		杨艳
8	7	张桂英	94		
9	8	杨艳	139		

图16-34 提取成绩大于100分的人员名单

首先利用IF函数判断成绩是否满足条件，若成绩大于100分，则返回序号，否则返回逻辑值FALSE。

然后利用COUNTIF函数统计成绩大于100分的人数*n*，并结合ROW函数和INDIRECT函数生成1~*n*的自然数序列。

通过SMALL函数提取成绩大于100分的人员序号，OFFSET函数根据SMALL函数返回的结果逐个提取人员姓名。

最终使用T函数将OFFSET函数返回的多维引用转换为内存数组。

关于多维引用请参考第17章。

2. 从二维区域中提取子数组

示例16-19 提取单元格区域内的文本

如图16-35所示，A2:D5单元格区域包含文本和数值两种类型的数据。

选择F2:F8单元格区域，输入以下数组公式可以提取单元格区域内的文本，并形成内存数组。

```
{=T(INDIRECT(TEXT(SMALL(IF(A2:D5>="",ROW(A2:D5)/1%+COLUMN(A2:D5)),
ROW(INDIRECT("1:"&COUNTIF(A2:D5,"*")))),"r0c00"),))}
```

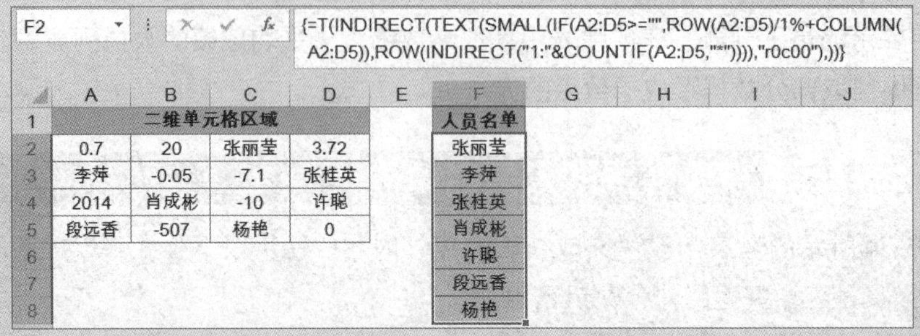

图16-35 提取单元格区域内的文本

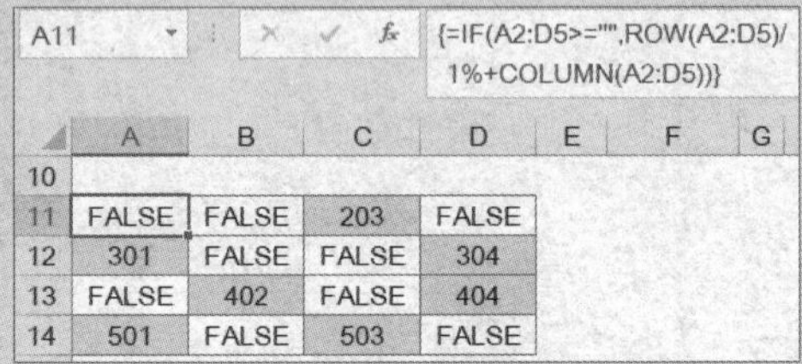

图16-36 IF函数运算结果

通过“IF(A2:D5>="", ROW(A2:D5)/1%+COLUMN(A2:D5))”部分，首先使用IF函数判断单元格区域内的数据类型。若为文本则返回单元格行号扩大100倍后与其列号的和，否则返回逻辑值FALSE，如图16-36所示。

然后使用COUNTIF函数统计单元格区域内的文本个数*n*，结合ROW函数和INDIRECT函数生成1~*n*的自然数序列。

使用SMALL函数从小到大提取文本所在单元格的行列位置信息，结果如下。

```
{203;301;304;402;404;501;503}
```

使用TEXT函数将位置信息转换为R1C1引用样式，再使用INDIRECT函数返回单元格引用。最终使用T函数将INDIRECT函数返回的多维引用转换为内存数组。

16.3.4 填充带空值的数组

在合并单元格中，往往只有第一个单元格有值，而其余单元格是空单元格。数据后续处理过程中，经常需要为合并单元格中的空单元格填充相应的值以满足计算需要。

示例16-20 填充合并单元格

图16-37所示为某单位销售明细表的部分内容，因为数据处理的需要，需将A列的合并单元格中的空单元格填充对应的地区名称。

使用以下公式可实现这种要求。

```
{=LOOKUP(ROW(A2:A12),ROW(A2:A12)/(A2:A12>""),A2:A12)}
```

公式中“ROW(A2:A12)/(A2:A12>"")”是解决问题的关键，它将A列的非空单元格赋值

E2 {=LOOKUP(ROW(A2:A12),ROW(A2:A12)/(A2:A12>""),A2:A12)}

	A	B	C	D	E
1	地区	客户名称	9月销量		LOOKUP
2	北京	国美	454		北京
3		苏宁	204		北京
4		永乐	432		北京
5		五星	376		北京
6	上海	国美	404		上海
7		苏宁	380		上海
8		永乐	473		上海
9	重庆	国美	403		重庆
10		苏宁	93		重庆
11		永乐	179		重庆
12		五星	492		重庆
13	合计		3890		

图16-37 填充空单元格生成数组

行号，空单元格则转换为错误值#DIV/0!，结果如下。

```
{2;#DIV/0!;#DIV/0!;#DIV/0!;6;#DIV/0!;#DIV/0!;9;#DIV/0!;#DIV/0!;
#DIV/0!}
```

然后使用LOOKUP函数，在内存数组中查询由ROW(A2:A12)生成的序号，即{2;3;4;5;6;7;8;9;10;11;12}，以小于等于序号的最大值进行匹配，返回A2:A12单元格区域中对应的地区名称。

16.3.5 二维数组转换一维数组

部分函数的参数仅支持一维数组，如MATCH函数的第二参数，LOOKUP函数向量用法的第二参数等。如果希望在二维数组中完成查询，就需要先将二维数组转换成一维数组。

示例16-21 查询小于等于100的最大数值

如图16-38所示，A3:C6单元格区域为一个二维的数据区域，使用以下公式可以返回单元格区域中小于等于100的最大数值。

```
=LOOKUP(100,SMALL(A3:C6,ROW(1:12)))
```

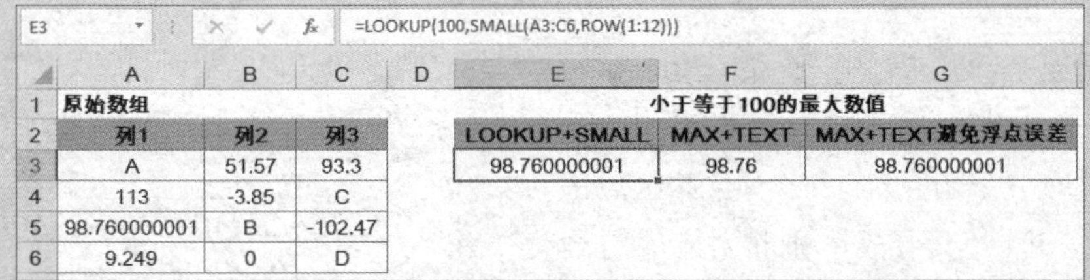

E3 =LOOKUP(100,SMALL(A3:C6,ROW(1:12)))

	A	B	C	D	E	F	G
1	原始数组				小于等于100的最大数值		
2	列1	列2	列3		LOOKUP+SMALL	MAX+TEXT	MAX+TEXT避免浮点误差
3	A	51.57	93.3		98.760000001	98.76	98.760000001
4	113	-3.85	C				
5	98.760000001	B	-102.47				
6	9.249	0	D				

图16-38 查询小于等于100的最大数值

因为A3:C6单元格区域是4行3列共包含12个元素的二维数据区域，所以使用ROW

函数产生1~12的自然数序列。然后使用SMALL函数对二维数组排序，转换成一维数组，结果如下。

```
{-102.47;-3.85;0;9.249;51.57;93.3;98.760000001;113; …;#NUM!}
```

由于二维数组中包含文本，因此结果包含错误值#NUM!。LOOKUP函数使用100作为查询值，返回小于等于100的最大数值98.760000001。

除此之外，还可以使用MAX函数结合TEXT函数来实现相同的目的，其公式如下。

```
{=MAX(--TEXT(A3:C6,"[<=100];;!0;!0"))}
```

首先使用TEXT函数将二维数组中的文本和大于100的数值都强制转换为0，通过减负运算将TEXT函数返回的文本型数值转换为真正的数值。结果如下。

```
{0,51.57,93.3;0,-3.85,0;98.76,0,-102.47;9.249,0,0}
```

最终使用MAX函数返回其中的最大数值98.76。

注意

TEXT函数可能会导致浮点误差。如图16-38所示，TEXT函数在转换数值的过程中，丢失了数值98.760000001末尾的1。可以将TEXT函数的format_text参数修改为“[<=100].0000000000;;!0;!0”来避免浮点误差。

在实际工作中，用户经常需要将数据表中的二维区域转换为一维区域或数组，按转换方式的不同，可分为先行后列和先列后行两种。

示例16-22 先行后列转换员工名单

如图16-39所示，需要将B2:E7单元格区域二维表中的姓名，以先行后列的方式提取到G列显示，即按照水平方向逐行提取。

在G2单元格中输入以下数组公式，按<Ctrl+Shift+Enter>组合键，并向下复制公式直至单元格显示为空白。

```
{=INDIRECT(TEXT(SMALL(IF($B$2:$E$7<>"",ROW($2:$7)/1%+COLUMN(B:E),9999),ROW(A1)),"R0C00"),)&""}
```

首先使用IF函数对B2:E7单元格区域进行判断，如果不等于空，则将对应的行号放大100倍后与对应的列号相加，否则返回一个较大的值9999，生成一个由行列号信息组成的二维数组。

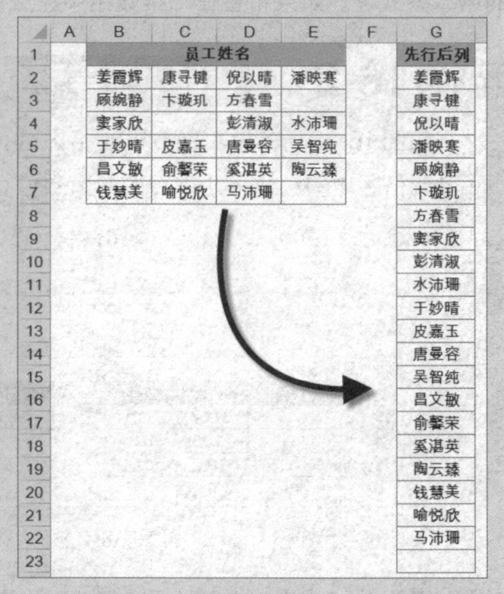

	A	B	C	D	E	F	G
1		员工姓名					先行后列
2		姜霞辉	康寻键	倪以晴	潘映寒		姜霞辉
3		顾婉静	卞璇玑	方春雪			康寻键
4		窦家欣		彭清淑	水沛珊		倪以晴
5		于妙晴	皮嘉玉	唐曼容	吴智纯		潘映寒
6		昌文敏	俞馨荣	奚湛英	陶云臻		顾婉静
7		钱慧美	喻悦欣	马沛珊			卞璇玑
8							方春雪
9							窦家欣
10							彭清淑
11							水沛珊
12							于妙晴
13							皮嘉玉
14							唐曼容
15							吴智纯
16							昌文敏
17							俞馨荣
18							奚湛英
19							陶云臻
20							钱慧美
21							喻悦欣
22							马沛珊
23							

图16-39 先行后列转换员工名单

{202,203,204,205;302,303,304,9999;402,9999,404,405;502,503,504,505;602,603,604,605;702,703,704,9999}

再使用SMALL函数自小到大依次提取数组中的值。

TEXT函数的第二参数使用格式代码“R0C00”，将SAMLL函数返回的位置信息转换为R1C1引用样式的字符串，再使用INDIRECT函数返回对应的单元格引用，员工姓名即以先行后列的排列方式显示在G列单元格中。

示例16-23 先列后行转换员工名单

仍以示例16-22中的数据为例，需要将B2:E7单元格区域中的姓名，以先列后行的方式提取到G列显示，即按照垂直方向逐列提取。

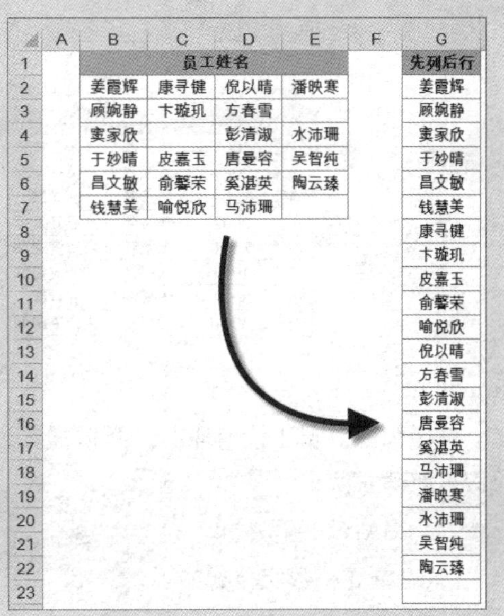

图16-40 先列后行转换员工姓名

在G2单元格中输入以下数组公式，按<Ctrl+Shift+Enter>组合键，并向下复制公式至单元格显示为空白。

```
{=INDIRECT(TEXT(RIGHT(SMALL(IF(B$2:E$7<>"",COLUMN(B:E)*10001+ROW($2:$7)/1%,99999),ROW(A1)),3),"R0C00"),)&""}
```

首先使用IF函数对$B$2:$E$7单元格区域进行判断，如果不等于空，则将对应的列号乘以10001，再与对应的行号乘以100相加；如果为空白，则返回一个较大值99999，最后生成一个对行列号按不同权重加权处理后的数组。

{20202,30203,40204,50205;20302,30303,40304,99999;20402,99999,40404,50405;20502,30503,40504,50505;20602,30603,40604,50605;20702,30703,40704,99999}

通过加权处理后，同一行中相邻列数值相差10001，同一列中相邻行数值相差100。得到一组由列号、行号并排构成的、彼此互不干扰的数字串。

使用SMALL函数自小到大依次提取该数组中的值，再使用RIGHT函数截取数字右侧的3位字符串，作为单元格的位置信息。

最后使用TEXT函数将RIGHT函数返回的位置信息转换为R1C1引用样式的字符串，再使用INDIRECT函数返回对应的单元格引用，员工姓名即以先列后行的排列方式显示在G列单元格中。

16章

16.4 条件统计应用

16.4.1 单条件统计

在实际应用中，经常需要进行单条件下的不重复统计。例如，统计人员信息表中不重复人员数或部门数，某品牌不重复的型号数量等。以下主要学习使用数组公式对单列或单行的数据进行不重复统计的方法。

示例16-24 多种方法统计不重复职务数

图16-41所示的是某单位人员信息表的部分内容，需要统计不重复的职务数。

G2 {=COUNT(1/(MATCH(D2:D9,D:D,)=ROW(D2:D9)))}

	A	B	C	D	E	F	G
1	员工号	姓名	部门	职务		职务统计	
2	1001	黄民武	技术支持部	技术支持经理		MATCH函数法	5
3	2001	董云春	产品开发部	技术经理		COUNTIF函数法	5
4	3001	昂云鸿	测试部	测试经理			
5	2002	李枝芳	产品开发部	技术经理			
6	7001	张永红	项目管理部	项目经理			
7	1045	徐芳	技术支持部				
8	3002	张娜娜	测试部	测试经理			
9	8001	徐波	人力资源部	人力资源经理			

图16-41 统计不重复职务数

因为部分员工没有职务，所以需要过滤空白单元格进行不重复统计，解决此问题有以下两种方法。

1. MATCH函数法

G2单元格数组公式如下。

```
{=COUNT(1/(MATCH(D2:D9,D:D,)=ROW(D2:D9)))}
```

使用MATCH函数查找D2:D9单元格区域中的职务在D列首次出现的行号，再与序号进行比较，判断哪些职务是首次出现的记录。首次出现的职务返回逻辑值TRUE，重复出现的职务返回逻辑值FALSE，空白单元格返回错误值#N/A。结果如下。

```
{TRUE;TRUE;TRUE;FALSE;TRUE;#N/A;FALSE;TRUE}
```

使用1除以MATCH函数的比较结果，将逻辑值FALSE转换为错误值#DIV/0!。再用COUNT函数忽略错误值，统计数值个数，返回不重复的职务个数。

2. COUNTIF函数法

G3单元格数组公式如下。

```
{=SUM((D2:D9>"")/COUNTIF(D2:D9,D2:D9&""))}
```

使用COUNTIF函数返回区域内每个职务名称出现次数的数组，被1除后得到的商即为出现次数的倒数，再求和即得不重复的职务数量。

公式原理：假设职务“测试经理”出现了n次，则每次都转换为$1/n$，n个$1/n$求和得到1，因此，n个“测试经理”将被计数为1。另外，“(D2:D9>"")”的作用是过滤空白单元格，让空白单元格计数为0。

示例16-25 分段统计学生成绩

图16-42所示的是某班级部分学生的数学成绩，为了全面了解班级的数学成绩情况，需要对学生成绩进行分段统计。大于等于90分为优秀，大于等于80分且小于90分为良好，大于等于60分且小于80分为及格，小于60分为不及格。

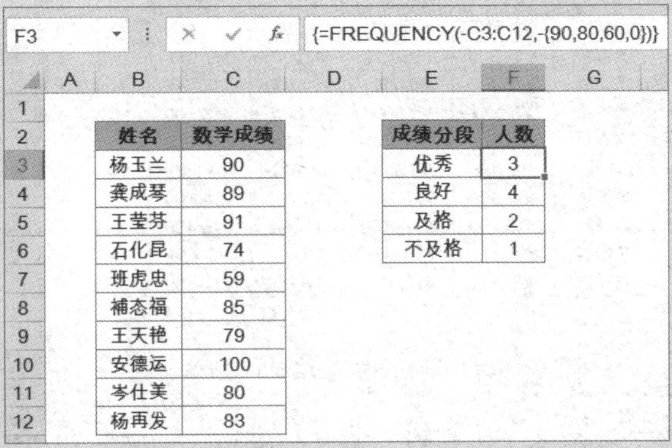

F3 {=FREQUENCY(-C3:C12,-{90,80,60,0})}

	A	B	C	D	E	F	G
1							
2		姓名	数学成绩		成绩分段	人数	
3		杨玉兰	90		优秀	3	
4		龚成琴	89		良好	4	
5		王莹芬	91		及格	2	
6		石化昆	74		不及格	1	
7		班虎忠	59				
8		補态福	85				
9		王天艳	79				
10		安德运	100				
11		岑仕美	80				
12		杨再发	83				

图16-42 分段统计成绩

16章

选中F3:F6单元格区域，在编辑栏中输入以下数组公式，按<Ctrl+Shift+Enter>组合键。

```
{=FREQUENCY(-C3:C12,-{90,80,60,0})}
```

公式使用FREQUENCY函数分段计数的功能，统计成绩在各个区间内的数量。FREQUENCY函数是统计小于等于间隔数组值的数量，与成绩区段划分中的大于等于不相吻合，因此使用取负运算将大于等于转换为小于等于，以满足FREQUENCY函数的计数条件，从而得到正确结果。

由于成绩得分均为整数，也可将间隔数组值减1来统一成绩区段划分条件以满足FREQUENCY函数的计数条件。

```
{=FREQUENCY(C3:C12,{100,89,79,59})}
```

FREQUENCY函数返回5个元素的垂直数组{3;4;2;1;0}，分别对应大于89且小于等于100、大于79且小于等于89、大于59且小于等于79、小于等于59、大于100。

16.4.2 多条件统计应用

在Excel 2016中，有类似COUNTIFS、SUMIFS和AVERAGEIFS等函数可处理简单的多条件统计问题，但在特殊条件情况下仍需使用数组公式来处理。

示例 16-26 统计销售人员的业绩

图16-43所示的是某单位销售业绩表的部分内容，为了便于发放销售提成，需要按地区统计各销售人员的销售总金额。

由于一个销售人员可能同时负责多个地区多种产品的销售，因此需要按地区和销售人员姓名进行多条件统计，在K2单元格中输入以下数组公式，按<Ctrl+Shift+Enter>组合键。

```
{=SUM((I2=A$3:A$12)*(J2=B$3:B$12)*D$3:G$12)}
```

K2 fx {=SUM((I2=A$3:A$12)*(J2=B$3:B$12)*D$3:G$12)}

	A	B	C	D	E	F	G	H	I	J	K
1	地区	销售人员	产品名称	销售金额					地区	销售人员	销售总金额
2				1季度	2季度	3季度	4季度		北京	陈玉萍	¥103,300
3	北京	陈玉萍	冰箱	¥2,900	¥19,000	¥8,200	¥17,800		北京	刘品国	¥38,400
4	北京	刘品国	微波炉	¥11,300	¥15,100	¥6,900	¥5,100		上海	李志国	¥102,000
5	上海	李志国	洗衣机	¥15,200	¥5,000	¥14,100	¥9,200		上海	刘品国	¥69,700
6	深圳	肖青松	热水器	¥8,000	¥2,500	¥7,000	¥16,600		上海	肖青松	¥56,400
7	北京	陈玉萍	洗衣机	¥16,500	¥19,400	¥2,800	¥16,700		深圳	肖青松	¥34,100
8	深圳	王运莲	冰箱	¥5,100	¥5,800	¥4,700	¥4,300		深圳	王运莲	¥70,500
9	上海	刘品国	微波炉	¥19,100	¥17,200	¥18,700	¥14,700				
10	上海	李志国	冰箱	¥19,700	¥12,400	¥11,000	¥15,400				
11	上海	肖青松	热水器	¥13,600	¥18,600	¥19,000	¥5,200				
12	深圳	王运莲	洗衣机	¥3,800	¥12,000	¥17,200	¥17,600				
13	合计			¥115,200	¥127,000	¥109,600	¥122,600				

图16-43　统计销售人员的销售业绩

该公式主要利用了多条件比较判断的方式分别按“地区”和“销售人员”进行过滤后，再对销售金额进行统计。

示例 16-27 统计特定身份信息的员工数量

图16-44所示的是某企业人员信息表的部分内容，由于人力资源管理的要求，需要统计出生于20世纪六七十年代并且目前已有职务的员工数量。

由于身份证号中包含了员工的出生日期，因此只需要取得相关的出生年份就可以判断出生年代进行相应统计。在E16单元格中输入以下数组公式，按<Ctrl+Shift+Enter>组合键。

```
{=SUM((MID(C2:C14,7,3)>="196")*(MID(C2:C14,7,3)<"198")*(E2:E14<>""))}
```

公式使用MID函数取得各员工的出生年份进行比较判断，再判断E列区域是否为空（非空则写明了职务名称），最后统计出满足条件的员工数量。

除此之外，还可以使用COUNTIFS函数来实现，以下公式可以完成相同的统计。

```
=SUM(COUNTIFS(C2:C14,"??????"&{196,197}&"*",E2:E14,"<>"))
```

先将出生在20世纪六七十年代的身份证号用通配符构造出来，然后使用COUNTIFS函数进行多条件统计，得出六十年代和七十年代出生并且已有职务的员工数量，结果为{1,2}。最后使用SUM函数汇总上述结果，最终结果为3。

E16 {=SUM((MID(C2:C14,7,3)>="196")*(MID(C2:C14,7,3)<"198")*(E2:E14<>""))}

	A	B	C	D	E	F
1	工号	姓名	身份证号	性别	职务	
2	D005	常会生	370826197811065178	男	项目总监	
3	A001	袁瑞云	370828197602100048	女		
4	A005	王天富	370832198208051945	女		
5	B001	沙宾	370883196201267352	男	项目经理	
6	C002	曾蜀明	370881198409044466	女		
7	B002	李姝亚	370830195405085711	男	人力资源经理	
8	A002	王薇	370826198110124053	男	产品经理	
9	D001	张锡媛	370802197402189528	女		
10	C001	吕琴芬	370811198402040017	男		
11	A003	陈虹希	370881197406154846	女	技术总监	
12	D002	杨刚	370826198310016815	男		
13	B003	白娅	370831198006021514	男		
14	A004	钱智跃	37088119840928534x	女	销售经理	
15						
16	统计出生在六七十年代并且已有职务的员工数量				3	

图16-44 统计特定身份的员工数量

16.4.3 条件查询及定位

产品在一个时间段的销售情况是企业销售部门需要掌握的重要数据之一，以便于对市场行为进行综合分析和制定销售策略，利用查询函数借助数组公式可以实现此类查询操作。

示例16-28 确定商品销量最大的最近月份

图16-45所示的是某超市6个月的饮品销量明细表，每种饮品的最高销量月份各不相同，以下数组公式可以查询各饮品最近一次销量最大的月份。

L4 {=INDEX(1:1,RIGHT(MAX(OFFSET(C1,MATCH(L3,B2:B11,),,,6)/1%+COLUMN(C:H)),2))}

	B	C	D	E	F	G	H	I	J	K	L	M
1	产品	五月	六月	七月	八月	九月	十月	汇总				
2	果粒橙	174	135	181	139	193	158	980		数据查询		
3	营养快线	169	167	154	198	150	179	1017		商品名称	蒙牛特仑苏	
4	美年达	167	192	162	147	180	135	983		查询月份	九月	
5	伊力牛奶	146	154	162	133	162	150	907				
6	冰红茶	186	159	176	137	154	175	987				
7	可口可乐	142	166	190	150	163	176	987				
8	雪碧	145	194	190	158	170	143	1000				
9	蒙牛特仑苏	142	137	166	144	200	155	944				
10	芬达	159	170	159	130	137	199	954				
11	统一鲜橙多	161	199	139	167	144	168	978				

图16-45 查询产品最佳销售量的最近月份

在L4单元格中输入以下数组公式，按<Ctrl+Shift+Enter>组合键。

```
{=INDEX(1:1,RIGHT(MAX(OFFSET(C1,MATCH(L3,B2:B11,),,,6)/1%+COLUMN
(C:H)),2))}
```

该公式先使用MATCH函数查找饮品所在行，然后使用OFFSET函数以C1单元格为基点向下偏移到饮品所在行，新引用的宽度为6列，形成动态的被查询饮品销量（数据范围）。将销售量乘以100，并加上列号序列，这样就在销量末尾附加了对应的列号信息。

通过MAX函数定位最大销售量的数据列，得出结果20007。使用RIGHT函数提取出最后两位数字，即为最大销量所在的列号。

最后以RIGHT函数结果作为索引值，使用INDEX函数返回查询的具体月份。

除此之外，还可以使用以下数组公式来完成查询。

```
{=INDEX(1:1,RIGHT(MAX((C2:H11/1%+COLUMN(C:H))*(B2:B11=L3)),2))}
```

通过“C2:H11/1%+COLUMN(C:H)”部分，将所有销量放大100倍后附加对应的列号。再使用“B2:B11=L3”完成商品名称的过滤，结合MAX函数和RIGHT函数得到相应饮品最大销量对应的列号，最后使用INDEX函数返回查询的具体月份。

16.5 数据提取技术

示例16-29 从消费明细中提取消费金额

图16-46所示为一份生活费消费明细表，由于数据输入不规范，无法直接汇总生活费。为便于汇总，需将消费金额从消费明细中提取出来单独存放。

D2 {=-LOOKUP(1,-MID(C2,MIN(FIND(ROW($1:$10)-1,C2&1/17)),ROW($1:$16)))}

	B	C	D
1	日期	消费明细	金额
2	2015年10月1日	朋友婚礼送礼金800元	800
3	2015年10月2日	火车票260元去杭州	260
4	2015年10月3日	西湖一日游300元	300
5	2015年10月7日	火车票260元回家	260
6	2015年10月8日	请朋友吃饭340元	340
7	2015年10月9日	超市买生活用品332.4元	332.4
8	2015年10月10日	房租2000元	2000
9	2015年10月10日	水费128.6元	128.6
10	2015年10月10日	电费98.1元	98.1
11	2015年10月14日	买菜34.7元	34.7

图16-46 消费明细表

每条消费明细记录中只包含一个数字字符串，提取到的数字即为消费金额，没有其他数字字符串的干扰。

在D2单元格中输入以下数组公式，按<Ctrl+Shift+Enter>组合键，并将公式向下复制到D11单元格。

```
{=-LOOKUP(1,-MID(C2,MIN(FIND(ROW($1:$10)-1,C2&1/17)),ROW($1:$16)))}
```

使用FIND函数在消费明细中查找0~9这10个数字，返回这10个数字在消费明细中最先出现的位置。公式中“1/17”的计算结果为0.058 823 529 411 764 7，是一个包含0~9的数字字符串，其作用是使FIND函数能查找到0~9的所有数字，不返回错误值。

使用MIN函数返回消费明细中第一个数字的位置，结合MID函数依次提取长度为1~16的数字字符串，结果如下。

```
{"8";"80";"800";"800元";"800元";"800元";"800元";"800元";"800元";"800元";
"800元";"800元";"800元";"800元";"800元";"800元"}
```

取负运算将文本型数字转换为负数，同时将文本字符串转换为错误值。

最后使用LOOKUP函数忽略错误值返回数组中最后一个数值，得到负的消费金额，再进行一次取负运算即得到消费金额。

示例16-30 提取首个手机号码

图16-47所示为某经销商的客户信息，为了便于管理，需要从中提取手机号码。

C3 {=MID(B3,MIN(MATCH(1&{3,5,7,8},LEFT(MID(B3&1.13000151718E+21,ROW($1:90),11)/10^9,2),)),11)}

	A	B	C	D
1				
2		客户信息	首个手机号码	
3		香港XX集团公司 联系人 M先生 电 话 18605359998 13580315792传 真 020-88226955	18605359998	
4		广州XX化妆品有限公司 联系人 SS小姐 电话020-38627230/13302297598传真 020-38627227	13302297598	
5		厦门XX发展有限公司 联系人 hzh 电话 059237462626/17705913646传真 0592-6666666	17705913646	
6		广州YY集团公司 联系人 LK先生 电话 15580315762 18908990899传真 020-88226955	15580315762	
7		广州ZZ集团公司 联系人 CD先生 电话 020-88226955 13580311192传真 020-88226955	13580311192	
8		上海YYY化妆品有限公司 联系人 DGH(市场部)电话 021—64736960、64720013		
9		上海KK公司 联系人 DFGH电话 02154156226传真 02154159241		
10		大连PPP文化有限公司 联 系 人 HJD电话13898467444传真 0411-4628111	13898467444	

图16-47 客户信息表

手机号码是以13、15、17及18开头的11位数字字符串。而客户信息中包含公司名称、联系人姓名、固定电话、移动手机号及传真，有多个数字字符串对手机号码形成干扰，需甄别后才能提取。

在C3单元格中输入以下数组公式，按<Ctrl+Shift+Enter>组合键，并向下复制到C10单元格。

```
{=MID(B3,MIN(MATCH(1&{3,5,7,8},LEFT(MID(B3&1.13000151718E+21,R
OW($1:90),11)/10^9,2),)),11)}
```

公式中，“1.13000151718E+21”是一个包含13、15、17及18开头的四类手机号码的数值。将其连接在客户信息之后，是为了避免MATCH函数在查找四类手机号码时返回错误值，达到容错的目的。

使用MID函数从“B3&1.13000151718E+21”字符串中依次提取11个字符长度的字符串。通过“/10^9”的算术运算，将11位均为数字的字符串转换为大于0且小于100的小数，将包含非数字的文本字符串转换为错误值。

使用LEFT函数提取左边两个字符，通过MATCH函数查找13、15、17及18，分别返回以13、15、17及18开头的手机号码在客户信息中的位置。

使用MIN函数返回手机号码在客户信息中的最小位置，即首个手机号码的位置。

最后使用MID函数从客户信息中首个手机号码的位置处提取11个字符长度的字符串，得到首个手机号码。

16.6 数据筛选技术

提取不重复数据是指在一个数据表中提取出唯一的记录，即重复的记录只算1条。使用函数和“高级筛选”功能均能够生成不重复记录结果。

16.6.1 一维区域取得不重复记录

示例16-31 从销售业绩表提取唯一销售人员姓名

图16-48所示的是某单位的销售业绩表，为了便于发放销售人员的提成工资，需要取得唯一的销售人员姓名列表，并统计各销售人员的销售总金额。

	A	B	C	D	E	F	G
1	地区	销售人员	产品名称	销售金额		各销售人员销售总金额	
2	北京	陈玉萍	冰箱	¥14,000		销售人员	销售总金额
3	北京	刘品国	微波炉	¥8,700			
4	上海	李志国	洗衣机	¥9,400			
5	深圳	肖青松	热水器	¥10,300			
6	北京	陈玉萍	洗衣机	¥8,900			
7	深圳	王运莲	冰箱	¥11,500			
8	上海	刘品国	微波炉	¥12,900			
9	上海	李志国	冰箱	¥13,400			
10	上海	肖青松	热水器	¥7,000			
11	深圳	王运莲	洗衣机	¥12,300			
12	合计			¥108,400			

图16-48 销售业绩表提取唯一销售人员姓名

1. MATCH函数去重法

根据MATCH函数查找数据原理，当查找的位置序号与数据自身的位置序号不一致时，表示该数据重复。在F3单元格中输入以下数组公式，按<Ctrl+Shift+Enter>组合键，并向下复制到F9单元格。

```
{=INDEX(B:B,SMALL(IF(MATCH(B$2:B$11,B:B,)=ROW($2:$11),ROW($2:$11),
65536),ROW(A1)))&""}
```

公式使用MATCH函数定位销售人员姓名，当MATCH函数结果与数据自身的位置序号相等时，返回当前数据行号，否则返回指定行号65536（这是容错处理，工作表的65536行通常是无数据的空白单元格）。再通过SMALL函数将行号从小到大逐个取出，最后由INDEX函数返回不重复的销售人员姓名列表。

在G3单元格中输入以下公式统计所有销售人员的销售总金额，并将公式复制到G9单元格。

```
=IF(F3="","",SUMIF(B:B,F3,D:D))
```

SUMIF函数统计各销售人员的销售总金额，IF函数用于屏蔽F列为空时公式返回的无意义0值。

提取的销售人员姓名列表及销售总金额如图16-49所示。

	E	F	G
1		各销售人员销售总金额	
2		销售人员	销售总金额
3		陈玉萍	¥22,900
4		刘品国	¥21,600
5		李志国	¥22,800
6		肖青松	¥17,300
7		王运莲	¥23,800
8			
9			

图16-49　销售汇总表

2. COUNTIF函数去重法

在F3单元格中输入以下数组公式，按<Ctrl+Shift+Enter>组合键，并向下复制到F9单元格。

```
{=INDEX(B:B,1+MATCH(,COUNTIF(F$2:F2,B$2:B12),))&""}
```

公式使用COUNTIF函数统计已有结果区域中所有销售人员出现的次数，使用MATCH函数查找第一个零的位置，并结合INDEX函数返回销售人员姓名，即已有结果区域中尚未出现的首个销售人员姓名。随着公式向下复制，即可依次提取不重复的销售人员姓名。

COUNTIF函数结合FREQUENCY函数及LOOKUP函数，可使用普通公式提取唯一的销售人员名单。在F3单元格中输入以下公式，并向下复制到F9单元格。

```
=LOOKUP(,0/FREQUENCY(0,COUNTIF(F$2:F2,B$2:B12)),B$2:B12)&""
```

公式使用COUNTIF函数统计已有结果区域中所有销售人员出现的次数，使用FREQUENCY函数将数字0按销售人员出现的次数数组分段计频，在首个0的位置计数为1，即首个未出现的销售人员位置计数为1。“0/”运算将1转换为0，其余转换为错误值。最后通过LOOKUP函数忽略错误值，查找0，返回对应位置的销售人员姓名。

B12单元格是真空单元格，用于容错处理。F2:F8单元格区域没有真空单元格，所以COUNTIF函数计数始终为0。当销售人员姓名提取完毕时，其余单元格计数均为1，只有空白单元格计数为0，如F8单元格公式中COUNTIF函数结果如下。

```
{1;1;1;1;1;1;1;1;1;1;0;0;0;0;0;0}
```

此时FREQUENCY函数分频计数，在第一个0的位置计数1，经过“0/”运算，通过LOOKUP函数返回0对应位置，即B12单元格的值，最后在F8:F9单元格区域显示空白。

16.6.2 多条件提取唯一记录

示例16-32 提取唯一品牌名称

图16-50所示的是某商场商品进货明细表的部分内容，当指定商品大类后，需要筛选其下品牌的不重复记录列表。

	A	B	C	D	E	F	G	H
1	商品大类	品牌	型号	进货量				
2	空调	美的	KFR-33GW	2	根据商品提取唯一品牌			
3	空调	美的	KFR-25GW	3		提取条件		
4	空调	海尔	KFR-65LW	6		冰箱		
5	空调	海尔	KFR-34GW	10				
6	空调	格力	KFR-50LW	6		简化解法	常规解法	普通公式解法
7	空调	格力	KFR-58LW	3		海尔	海尔	海尔
8	冰箱	海尔	KFR-39GW	6		美的	美的	美的
9	冰箱	海尔	KFR-20LW	8		西门子	西门子	西门子
10	冰箱	美的	KFR-45LW	3				
11	冰箱	西门子	KFR-33GW	9				
12	冰箱	西门子	KFR-37LW	4				
13	洗衣机	海尔	KFR-27GW	3				
14	洗衣机	海尔	KFR-25LW	9				
15	洗衣机	小天鹅	KFR-76LW	5				
16	洗衣机	美的	KFR-79GW	6				
17	洗衣机	美的	KFR-37LW	4				
18								

图16-50 根据商品大类提取唯一品牌名称

方法一 简化解法。在F7单元格中输入以下数组公式，按<Ctrl+Shift+Enter>组合键，并向下复制到F14单元格。

```
{=INDEX(B:B,1+MATCH(,COUNTIF(F$6:F6,B$2:B$18)+(A$2:A$18<>F$4)*(A$2:
A$18<>""),))&""}
```

公式使用COUNTIF函数统计当前公式所在的F列中已经提取过的品牌名称，“+(A$2:A$18<>F$4)*(A$2:A$18<>"")”部分的作用是为商品大类不为空并且不满足提取条件的数据计数增加1，从而使未提取出来的品牌记录计数为0。最后通过MATCH函数定位0值的方法来取得唯一记录。

公式使用A18单元格容错，其计数始终为0，在提取完满足条件的品牌名称之后，则始终提取A18单元格，用以返回无意义的0值，再连接空文本&""，使单元格显示为空白，结果如F10:F14单元格区域所示。

方法二 常规解法。使用INDEX函数、SMALL函数和IF函数的常规解法也可以实现，在G7单元格中输入以下数组公式，按<Ctrl+Shift+Enter>组合键，并向下复制到G14单元格。

```
{=INDEX(B:B,SMALL(IF((F$4=A$2:A$17)*(MATCH(A$2:A$17&B$2:B$17,A$2:
A$17&B$2:B$17,)=ROW($1:$16)),ROW($2:$17),4^8),ROW(A1)))&""}
```

该解法使用连接符将多关键字连接生成单列数据，再使用MATCH函数的定位结果与序号比较，并结合提取条件的筛选，让满足提取条件且首次出现的品牌记录返回对应行号，而不满足提取条件或重复的品牌记录返回65536。

然后使用SMALL函数逐个提取行号，使用INDEX函数返回对应的品牌名称。

方法三 普通公式解法。使用LOOKUP函数、FREQUENCY函数和COUNTIF函数可以通过普通公式提取唯一品牌名称。

在H7单元格中输入以下公式，并向下复制到H14单元格。

```
=LOOKUP(,0/FREQUENCY(1,(A$2:A$17=F$4)-COUNTIF(H$6:H6,B$2:B$17)),
B$2:B$18&"")
```

通过公式中的“(A$2:A$17=F$4)”部分判断商品大类是否满足提取条件，返回由逻辑值组成的数组。

```
{FALSE;FALSE;FALSE;FALSE;…;TRUE;TRUE;TRUE;TRUE}
```

使用COUNTIF函数统计当前公式所在的H列中已经提取过的品牌名称，并与上述逻辑值数组相减构造间隔数组。商品大类满足提取条件且未提取的品牌返回1，商品大类满足提取条件且已提取的品牌返回0，商品大类不满足提取条件且未提取的品牌返回0，商品大类不满足提取条件且已提取的品牌返回-1。

使用FREQUENCY函数将数字1按间隔数组分段统计频率，在间隔数组中的首个1的位置计数为1，其余位置返回0。即商品大类满足提取条件且未提取的首个品牌位置返回1，其余位置为0。

最后通过LOOKUP函数在数组中查找1，并返回B列对应的品牌名称。

当满足提取条件的品牌都已提取时，间隔数组将由-1和0构成，FREQUENCY函数分段计频将在最后增加的位置计数为1，LOOKUP函数查找1的位置返回对应的B18单元格，并最终显示空白，以此进行容错。

16.6.3 使用二维数据表提取不重复记录

示例16-33 使用二维单元格区域提取不重复姓名

如图16-51所示，A2:C5单元格区域中包含重复的姓名、空白单元格和数字，需要提取不重复的姓名列表。

在E2单元格中输入以下数组公式，按<Ctrl+Shift+Enter>组合键，并将公式向下复制到单元格显示为空白为止。

```
{=INDIRECT(TEXT(MIN((COUNTIF(E$1:E1,$A$2:$C$5)+(A$2:C$5<=""))/1%%+ROW
(A$2:C$5)/1%+COLUMN(A$2:C$5)),"r0c00"),)&""}
```

E2 {=INDIRECT(TEXT(MIN((COUNTIF(E$1:E1,$A$2:$C$5)+(A$2:C$5<=""))/1%%+ROW(A$2:C$5)/1%+COLUMN(A$2:C$5)),"r0c00"),)&""}

	A	B	C	D	E	F	G
1	列1	列2	列3		不重复姓名		
2	普祖祥	杜建国	于魏魏		普祖祥		
3	毛福有	普祖祥	毛福有		杜建国		
4		3.6	林莉		于魏魏		
5	杜建国		-5		毛福有		
6					林莉		
7							
8							

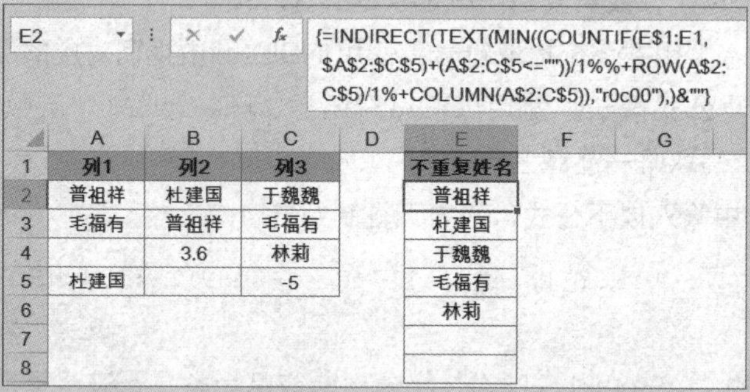

图16-51 二维单元格区域提取不重复姓名

该公式使用“+(A$2:C$5<="")”来判断A2:C5单元格区域中的非文本单元格，使空白单元格和数字单元格返回1，有文本内容的单元格返回0（零）。使用COUNTIF函数在当前公式所在单元格上方的E列单元格区域中统计各姓名的出现次数，使已经提取过的姓名返回1，尚未提取的姓名返回0（零）。“(COUNTIF(E$1:E1,$A$2:$C$5)+(A$2:C$5<=""))/1%%”部分的作用就是使已经提取过的姓名或非姓名对应单元格位置返回大数10 000，而尚未提取的姓名返回0（零），以此达到去重的目的。

通过数组运算“ROW(A$2:C$5)/1%+COLUMN(A$2:C$5)”构造A2:C5单元格区域行号列号位置信息数组。

使用MIN函数提取第一个尚未在E列中出现的姓名对应的单元格位置信息。

最后使用INDIRECT函数结合TEXT函数将位置信息转换为该位置的单元格内容。

在数据并未存放在一个连续的单元格区域的情况下，提取不重复记录的方法略有不同。

示例16-34 使用不连续单元格区域提取不重复商家名称

图16-52所示的是某商场销售情况明细表的部分内容，销售数据按各地理区域划分，需要从商家名称中筛选不重复的商家列表。

在K2单元格中输入以下数组公式，按<Ctrl+Shift+Enter>组合键，并将公式向下复制到单元格显示为空白为止。

```
{=INDIRECT(TEXT(MIN((COUNTIF(K$1:K1,B$2:H$6&"*")+(B$1:H$1<>K$1))/1%%+
{2;3;4;5;6}/1%+COLUMN(B:H)),"r0c00"),)&""}
```

该公式的整体思路与示例16-33中的公式一致，只是在细节处理上略有不同。

在COUNTIF函数统计当前公式所在单元格之上的K列单元格区域中已经提取过的商

家名称过程中，使用了“B$2:H$6&"*"”的方法来过滤B2:H6单元格区域内的空白单元格，使空白单元格对应位置始终返回大于等于1的值。同时使用“(B$1:H$1<>K$1)”来排除非商家名称列。

K2 {=INDIRECT(TEXT(MIN((COUNTIF(K$1:K1,B$2:H$6&"*")+(B$1:H$1<>K$1))/1%%+{2;3;4;5;6}/1%+COLUMN(B:H)),"r0c00"),)&""}

	A	B	C	D	E	F	G	H	I	J	K
1	地区	商家名称	销售	地区	商家名称	销售	地区	商家名称	销售		商家名称
2	北京	国美	8042	上海	国美	5397	广州	国美	5437		国美
3	北京	永乐	1348	上海	沃尔码	6440	广州	苏宁	2875		永乐
4	北京	苏宁	5330	上海	永乐	8404	广州	沃尔码	4893		沃尔码
5					苏宁	2780	广州	新一佳	6963		苏宁
6							广州	五星	6705		新一佳
7											五星
8											
9											

图16-52 商场销售情况明细表

其余函数处理思路和过程参见示例16-33。

16.6.4 提取满足条件的多条记录

示例16-35 提取最高产量的生产线

图16-53所示的是某工厂4条生产线第三季度的生产情况表，为提高生产积极性，拟对产量最高的生产线进行奖励，需提取第三季度产量并列第一的生产线名称。

	A	B	C	D	E	F	G
1						第三季度最高产量生产线	
2		月份	生产线	产量		方案1	方案2
3		7月	1号线	63		1号线	1号线
4		7月	2号线	53		4号线	4号线
5		7月	3号线	68			
6		7月	4号线	70			
7		8月	1号线	63			
8		8月	2号线	65			
9		8月	3号线	64			
10		8月	4号线	62			
11		9月	1号线	72			
12		9月	2号线	67			
13		9月	3号线	65			
14		9月	4号线	66			

图16-53 第三季度生产情况表

方法1 选中F3:F6单元格区域，在编辑栏中输入以下数组公式，按<Ctrl+Shift+Enter>组合键。

```
{=INDEX(C:C,SMALL(IF(SUMIF(C3:C14,C3:C6,D3)=MAX(SUMIF(C3:C14,C3:C6,
D3)),ROW(C3:C6),99),ROW()-2))&""}
```

该公式使用SUMIF函数以C3:C6单元格中的生产线名称为汇总条件，汇总出4条生产线在第三季度的产量，由MAX函数返回各生产线第三季度的最高产量。将各生产线的产量与最高产量进行比较，若相等则返回对应生产线所在的行号，若不相等则返回一个大值99（对应空行的行号）。

再通过SMALL函数将行号升序取出，最后由INDEX函数返回最高产量生产线的名称列表。

方法2　选中G3:G6单元格区域，在编辑栏中输入以下数组公式，按<Ctrl+Shift+Enter>组合键。

```
{=INDEX(C:C,-MOD(LARGE(SUMIF(C3:C14,C3:C6,D3)/1%-(COLUMN(A:D)>1)*
50-ROW(C3:C6),ROW()-2),-100))&""}
```

首先使用SUMIF函数汇总4条生产线在第三季度的产量，结果放大100倍，形成垂直数组。

```
{19800;18500;18700;19800}
```

公式中的“(COLUMN(A:D)>1)*50”是第一个元素为0，其余元素为50的常量行数组，即{0,50,50,50}。产量列数组减去该常量行数组，作用是在最高产量与第二高产量之间插入3个“最高产量/1%-50”的数值，从而确保使用LARGE函数降序依次提取时，不会取到最高产量以外的其他产量。

注意

> 此处之所以使用COLUMN(A:D)生成1行4列的水平数组，是因为只有4条生产线，只需要在最大和第二大产量插入3个值，就可以达到容错目的。

然后将新构建的产量数组与行号组合生成新的数组，如图16-54所示。

生产线	产量/1%	产量/1%-50		
1号线	19797	19747	19747	19747
2号线	18496	18446	18446	18446
3号线	19695	19645	19645	19645
4号线	19794	19744	19744	19744

图16-54　产量与行号组合的新数组

使用LARGE函数降序依次提取，通过MOD函数还原出行号，最后由INDEX函数返回最高产量对应的生产线名称列表。

提示

> 方案2只汇总了一次各生产线第三季度的产量，而方案1汇总了两次。当汇总产量较复杂时，方案2比方案1更简洁有效。

16.7　使用数组公式排序

16.7.1　快速实现中文排序

使用SMALL函数和LARGE函数可以对数值进行升、降序排列，而使用函数对文本进行排序则相对复杂，需要根据各个字符在系统字符集中内码值的大小，借助COUNTIF函数才能实现。

示例16-36　将成绩表按姓名排序

图16-55所示的是某班级学生成绩表的部分内容，已经按学号升序排序。现在需要通过公式将成绩表按姓名升序排列。

E2　{=INDEX(B:B,RIGHT(SMALL(COUNTIF(B$2:B$11,"<"&B$2:B$11)/1%%%+ROW($2:$11),ROW()-1),6))}

	A	B	C	D	E	F	G	H
1	学号	姓名	总分		姓名排序	总分		
2	508001	何周利	516		毕祥	601		
3	508002	鲁黎	712		何周利	516		
4	508003	李美湖	546		姜禹贵	520		
5	508004	王润恒	585		李波	582		
6	508005	姜禹贵	520		李美湖	546		
7	508006	熊有田	651		鲁黎	712		
8	508007	许涛	612		汤汝琼	637		
9	508008	汤汝琼	637		王润恒	585		
10	508009	毕祥	601		熊有田	651		
11	508010	李波	582		许涛	612		

图16-55　对姓名进行升序排序

在E2单元格中输入以下数组公式，按<Ctrl+Shift+Enter>组合键，并向下复制到E11单元格。

```
{=INDEX(B:B,RIGHT(SMALL(COUNTIF(B$2:B$11,"<"&B$2:B$11)/1%%+ROW($2:$11),ROW()-1),6))}
```

该公式的处理技巧是使用COUNTIF函数对姓名按ASCII码值进行大小比较，统计出小于各姓名的姓名个数，即是姓名的升序排列结果。本例姓名的升序排列结果为{1;5;4;7;2;8;9;6;0;3}。

将COUNTIF函数生成的姓名升序排列结果与行号组合生成新的数组，再由SMALL函数从小到大逐个提取，最后根据RIGHT函数提取的行号，使用INDEX函数返回对应的姓名。

在数据表中，可以使用【排序】菜单功能进行名称排序。但在某些应用中，需要将姓名排序结果生成内存数组供其他函数调用进行数据再处理，这时就必须使用函数与公式来实现。以下公式可以生成姓名排序后的内存数组。

```
{=LOOKUP(--RIGHT(SMALL(COUNTIF(B$2:B$11,"<"&B$2:B$11)/1%%+ROW($2:$11),ROW($1:$10)),6),ROW($2:$11),B$2:B$11)}
```

提示

本公式中的COUNTIF函数排序结果为按音序的升序排列，如需降序排列，可以将公式中的“"<"&B$2:B$11”修改为“">"&B$2:B$11”，或者使用LARGE函数代替SMALL函数。

16.7.2 根据产品产量进行排序

示例16-37 按产品产量降序排列

图16-56所示的是某企业各生产车间钢铁生产的产量明细表，需要按产量降序排列产量明细表。

	A	B	C	D
1	生产部门	车间	产品类别	产量（吨）
2	钢铁一部	1车间	合金钢	833.083
3	钢铁二部	1车间	结构钢	1041.675
4	钢铁一部	4车间	碳素钢	1140
5	钢铁三部	1车间	角钢	639.06
6	钢铁三部	2车间	铸造生铁	1431.725
7	钢铁一部	3车间	工模具钢	1140
8	钢铁二部	2车间	特殊性能钢	618.7

图16-56 产量明细表

方法1 产量附加行号排序法。选中G2:G8单元格区域，在编辑栏中输入以下数组公式，按<Ctrl+Shift+Enter>组合键。

```
{=INDEX(C:C,MOD(SMALL(ROW(2:8)-D2:D8/1%%%,ROW(1:7)),100))}
```

该公式使用ROW函数产生的行号序列与产量的1 000 000倍组合生成新的内存数组，再使用SMALL函数从小到大逐个提取，使用MOD函数返回排序后的行号，最后使用INDEX函数返回产品类别。

在H2单元格中输入以下公式计算产量，并向下复制到H8单元格。

```
=VLOOKUP(G2,C:D,2,)
```

方法2 RANK函数化零为整排序法。选中K2:K8单元格区域，在编辑栏中输入以下数组公式，按<Ctrl+Shift+Enter>组合键。

```
{=INDEX(C:C,RIGHT(SMALL(RANK(D2:D8,D2:D8)/1%+ROW(2:8),ROW()-1),2))}
```

使用RANK函数将产量按降序排名，与ROW函数产生的行号数组组合生成新的数组，再使用SMALL函数从小到大逐个提取，RIGHT函数返回排序后的行号，最后使用INDEX函数返回产品类别。

在L2单元格中输入以下公式计算产量，并向下复制到L8单元格。

```
=SUMIF(C:C,K2,D:D)
```

方法3 SMALL函数结合COUNTIF函数排名法。在P2单元格中使用以下公式先将产量按降序排列。

```
=LARGE(D$2:D$8,ROW(A1))
```

在O2单元格中输入以下数组公式，按<Ctrl+Shift+Enter>组合键，并向下复制到O8单元格。

```
{=INDEX(C:C,SMALL(IF(P2=D$2:D$8,ROW($2:$8)),COUNTIF(P$1:P2,P2)))}
```

根据产量返回对应的产品类别。当存在相同产量时，使用COUNTIF函数统计当前产量出现的次数，分别返回不同的产品类别。

各方法的排序结果如图16-57所示。

	E	F	G	H	I	J	K	L	M	N	O	P
1		方法1	产品类别	产量		方法2	产品类别	产量		方法3	产品类别	产量
2		1	铸造生铁	1431.725		1	铸造生铁	1431.725		1	铸造生铁	1431.725
3		2	碳素钢	1140		2	碳素钢	1140		2	碳素钢	1140
4		3	工模具钢	1140		3	工模具钢	1140		3	工模具钢	1140
5		4	结构钢	1041.675		4	结构钢	1041.675		4	结构钢	1041.675
6		5	合金钢	833.083		5	合金钢	833.083		5	合金钢	833.083
7		6	角钢	639.06		6	角钢	639.06		6	角钢	639.06
8		7	特殊性能钢	618.7		7	特殊性能钢	618.7		7	特殊性能钢	618.7

图16-57 按产量降序排序后的明细表

当产量数值较大或小数位数较多时，方法1受到Excel的15位有效数字的限制，而不能返回正确排序结果。方法2使用RANK函数将数值化零为整，转换为数值排名，可有效应对大数值和小数位数多的数值，避免15位有效数字的限制，返回正确的排序结果。

16.7.3 多关键字排序技巧

示例16-38 按各奖牌数量降序排列奖牌榜

图16-58所示的是2014年仁川亚运会奖牌榜的部分内容，需要依次按金、银、铜牌数量对各个国家或地区进行降序排列。

	A	B	C	D	E
1	国家/地区	金牌	银牌	铜牌	总数
2	韩国	79	71	84	234
3	印度	11	10	36	57
4	伊朗	21	18	18	57
5	朝鲜	11	11	14	36
6	卡塔尔	10	0	4	14
7	哈萨克斯坦	28	23	33	84
8	中国	151	108	83	342
9	日本	47	76	77	200
10	泰国	12	7	28	47

图16-58 仁川亚运会奖牌榜

由于各个奖牌数量都为数值，且都不超过3位数，因此可以通过“*10^*N*”的方式，将金、银、铜牌3个排序条件整合在一起。

选中G2:G10单元格区域，在编辑栏中输入以下数组公式，按<Ctrl+Shift+Enter>组合键。

```
{=INDEX(A:A,RIGHT(LARGE(MMULT(B2:D10,10^{8;5;2})+ROW(2:10),ROW()-2),2))}
```

公式使用MMULT函数将金、银、铜牌数量分别乘以10^8、10^5、10^2后求和，把3个排序条件整合在一起形成一个新数组。该数组再与行号构成的序数数组组合，确保数组元素大小按奖牌数量排序的前提下最后两位数为对应的行号。

然后使用LARGE函数从大到小逐个提取，完成降序排列。再使用RIGHT函数返回对应的行号，最后使用INDEX函数返回对应的国家或地区。

排序结果如图16-59所示。

G2 {=INDEX(A:A,RIGHT(LARGE(MMULT(B2:D10,10^{8;5;2})+ROW(2:10),ROW()-1),2))}

	A	B	C	D	E	F	G	H
1	国家/地区	金牌	银牌	铜牌	总数		国家/地区	奖牌总数
2	韩国	79	71	84	234		中国	342
3	印度	11	10	36	57		韩国	234
4	伊朗	21	18	18	57		日本	200
5	朝鲜	11	11	14	36		哈萨克斯坦	84
6	卡塔尔	10	0	4	14		伊朗	57
7	哈萨克斯坦	28	23	33	84		泰国	47
8	中国	151	108	83	342		朝鲜	36
9	日本	47	76	77	200		印度	57
10	泰国	12	7	28	47		卡塔尔	14

图16-59　根据各奖牌数量降序排列的结果

在H2单元格中输入以下公式，查询各国家或地区的奖牌总数。

```
=VLOOKUP(G2,A:E,5,)
```

16.8　组合问题

组合是指从给定个数的元素中取出指定个数的元素形成一组，不考虑排序。组合问题是研究满足给定要求的所有组合情况。

16.8.1　组合因子

对于给定的n（正整数）个元素，从中任取m（$0<=m<=n$的整数）个元素的组合数为：

$$C_n^m=\frac{n!}{m!\,(n-m)!}$$

根据二项式定理，取0，1，…，n个元素的所有组合数之和为：

$$\sum_{m=0}^{n}C_n^m=2^n$$

用0表示取元素时不选取该元素，1表示选取该元素，那么n个元素的所有组合如图16-60所示。

组合因子是以函数与公式表达的所有组合列表数组。使用二进制计算原理，常用的组合因子表达式有以下几种。

	n个元素					
2^n种组合	1	0	0	0	…	0
	0	1	0	0	…	0
	1	1	0	0	…	0
	0	0	1	0	…	0
	1	0	1	0	…	0
	⋮	⋮	⋮	⋮	⋱	⋮
	1	1	1	1	…	1

图16-60 所有组合列表

```
INT(MOD({1;2;3;…;S}*2/2^{1,2,3,…,n},2))
-(MOD({1;2;3;…;S}*2/2^{1,2,3,…,n},2)<1)
MID(BASE({1;2;3;…;S},2,n),{1,2,3,…,n},1)
MID(DEC2BIN({1;2;3;…;S},n),{1,2,3,…,n},1)
```

公式中的参数S=2^n，在实际运用中，可使用ROW函数和COLUMN函数灵活构造{1;2;3;…;S}和{1,2,3,…,n}。

注意

当$S \geqslant 512$时，DEC2BIN函数将返回#NUM!错误值，无法构造组合因子。故DEC2BIN函数构造组合因子法只适用于$n \leqslant 9$的情况。

16.8.2 组合应用示例

示例16-39 斗牛游戏

“斗牛”是一种扑克牌游戏，可2~10人参与。去除一副牌中的大小王，剩余的52张用于牌局。每人每局发5张牌，根据这5张牌面计算点数，比较大小。

牌面点数计算规则如下。

JQKA均视作0计算，首先判断是否存在任意3张牌面之和为10的整数倍；若不存在，牌型视为无点，牌面点数为5张牌中最大一张牌面Y，并在末尾连接一个“大”字，即“Y大”；若存在，牌型为有点，牌面点数以剩余两张牌面之和的个位数确定，个位数为0，则结果为“牛”；个位数为非0的X，则结果为“X点”。

图16-61所示的是4名参与者在一轮游戏中的牌面，需要根据游戏规则计算每名参与者的牌面点数，以便决出胜利者。

H3 =IF(Test,IF_True,IF_False)

	A	B	C	D	E	F	G	H
1								
2		参与者	牌面					点数
3		张志明	J	7	9	3	J	9点
4		周詠莲	7	6	Q	10	5	Q大
5		李平	A	7	A	J	6	3点
6		李润祥	5	10	7	10	8	牛

图16-61 斗牛游戏

为便于公式理解，先将公式中的部分要点定义名称。

（1）组合因子：CombArr。

```
=MOD(INT(COLUMN(A:AF)/2^ROW($1:$5)*2),2)
```

结合16.8.1节所述内容，每人有5张牌，*n*=5，“ROW($1:$5)”即为1~5的竖向数组；总的组合数*S*=2^5=32，“COLUMN(A:AF)”为1~32的横向数组。

（2）判断“有点”与“无点”的条件：Test。

```
=OR(MMULT(1+TEXT(C3:G3,"0;;;!0")%,CombArr)={3;3.1;3.2;3.3})
```

公式使用TEXT函数将5张牌中的文本“JQKA”强制转换为0，缩小100倍后加上1，把5张牌转换为可计数与求和的数字数组“{1,1.07,1.09,1.03,1}”。

使用MMULT函数计算牌面与组合因子的矩阵乘积，得到各种组合的牌面之和如下。

```
{1.09,2.09,2.16,3.16,1.03,2.03,2.1,3.1,2.12,3.12,3.19,4.19,1,2,2.07,
3.07,2.09,3.09,3.16,4.16,2.03,3.03,3.1,4.1,3.12,4.12,4.19,5.19,0,1,1.07}
```

其中，个位数表示组合中牌的张数，小数部分则是组合中牌面之和。

根据游戏规则，3张牌面之和为10的整数倍才是“有点”牌型，即个位数是3，小数部分是0.1的整数倍。经过TEXT函数转换之后，每张牌的牌面大于等于0且小于等于10，所以3张牌牌面之和大于等于0且小于等于30，缩小100倍后即为大于等于0且小于等于0.3的小数。在这个范围内又满足0.1的整数倍的条件的值，只有0、0.1、0.2和0.3，于是得到了常量数组{3;3.1;3.2;3.3}。

只要有一个组合满足要求，即为“有点”牌型，最后使用OR函数，返回判断结果。

（3）对于“有点”的牌型，进一步判断是“*X*点”还是“牛”，即IF_True。

```
=TEXT(RIGHT(SUM(C3:G3)),"0点;;牛")
```

由于已有3张牌面之和为10的整数倍，剩余两张牌面之和的个位数等于5张牌面之和的个位数。

公式使用SUM函数忽略文本汇总5张牌的牌面之和，再由RIGHT函数截取个位数，最后通过TEXT函数区分0与1~9，返回“牛”与“*X*点”。

（4）对于“无点”的牌型，进一步计算5张牌的最大牌面，即IF_False。

```
=INDEX(3:3,RIGHT(MAX(COLUMN(C:G)+FIND(C3:G3,"2345678910JQKA")/1%)))&"大"
```

公式首先使用FIND函数将JQKA转换为数值11、12、13、14；再与列号组合生成新的数组，使用MAX函数返回最大值，通过RIGHT函数截取最大值末尾的列号，最后使用INDEX函数返回最大的牌面。

使用以上名称，结合IF函数，就可以得出牌面点数。在H3单元格中输入以下公式，并将公式向下复制到H6单元格。

```
=IF(Test,IF_True,IF_False)
```

也可不定义名称，直接在H3单元格中输入以下数组公式，按<Ctrl+Shift+Enter>组合键，并向下复制到H6单元格。

```
{=IF(OR(MMULT(1+TEXT(C3:G3,"0;;;!0")%,MOD(INT(COLUMN(A:AF)/2^ROW($1:$5)*2),2))={3;3.1;3.2;3.3}),TEXT(RIGHT(SUM(C3:G3)),"0点;;牛"),INDEX(3:3,RIGHT(MAX(COLUMN(C:G)+FIND(C3:G3,"2345678910JQKA")/1%)))&"大")}
```

示例16-40 购买零食

图16-62所示的是某商店所有零食种类及其单价，小林计划用100元去购买零食，每种零食最多可以购买两件，为了剩余尽可能少的钱，需拟定一个购买方案。

为便于公式理解，先将部分公式要点定义名称。

组合因子：CombArr。

```
=MOD(INT(ROW(1:729)*3/3^COLUMN(A:F)),3)
```

有6种零食种类，n=6；每种零食的购买数量可以是0、1、2共3种情况，于是所有的组合数S=3^6=729种，根据16.8.1节得出的组合因子公式，运算结果如图16-63所示。

	A	B	C	D
1				
2		零食种类	单价	购买数量
3		酒鬼花生	16.5	1
4		薯片	25.5	0
5		豆干	18.5	2
6		果冻	25.9	0
7		蜜饯	17.2	1
8		饼干	29.1	1
9		开销合计		99.8元

图16-62 零食列表

3^6=729种组合	6种零食种类					
	1	0	0	0	0	0
	2	0	0	0	0	0
	0	1	0	0	0	0
	1	1	0	0	0	0
	2	1	0	0	0	0
	0	2	0	0	0	0
	1	2	0	0	0	0
	2	2	0	0	0	0
	⋮	⋮	⋮	⋮	⋮	⋮
	1	2	2	2	2	2
	2	2	2	2	2	2
	0	0	0	0	0	0

图16-63 组合因子数组

选中D3:D9单元格区域，在编辑栏中输入以下数组公式，按<Ctrl+Shift+Enter>组合键。

```
{=--(0&MID(1000+LOOKUP(100.1,SMALL(MMULT(CombArr,C3:C8+10^-ROW(2:7)),ROW(1:729))),(ROW()+3)^(ROW()<9)+1,5^(ROW()=9)))}
```

公式首先使用"C3:C8+10^-ROW(2:7)"在每种零食单价的不同小数位上赋值为1，用于记录参与组合的零食种类和数量，单价变为：

```
{16.51;25.501;18.5001;25.90001;17.200001;29.1000001}
```

使用MMULT函数计算组合因子与单价的矩阵乘积，得到各个购买组合的合计开销为：

```
{16.51;33.02;25.501;42.011;58.521;51.002;67.512;…;248.9122222;265.4222222;0}
```

其中，十分位及以左的数字表示组合的合计消费金额，百分位及以右的数字表示构成此组合的零食种类及数量，如58.521表示购买2袋酒鬼花生1包薯片共消费58.5元。

使用SMALL函数将各种购买组合的消费金额按升序排列，使用LOOKUP函数返回消费金额小于等于100元的最大值99.810 2011。

当总消费金额小于10元时，第1~3位为消费金额，4~9位为各零食的购买数量。当总消费金额大于10元小于100元时，第1~4位为消费金额，5~10位为各零食的购买数量。当总消费金额刚好为100元时，第1~5位为消费金额，6~11位为各零食的购买数量。加上1000之后，统一为第2~6位为总消费金额，第7~12位代表各零食的购买数量。

最后通过MID函数依次提取百分位及以右的数字和百位至十分位的消费金额，得到最终的购买方案和开销合计，如图16-64所示。

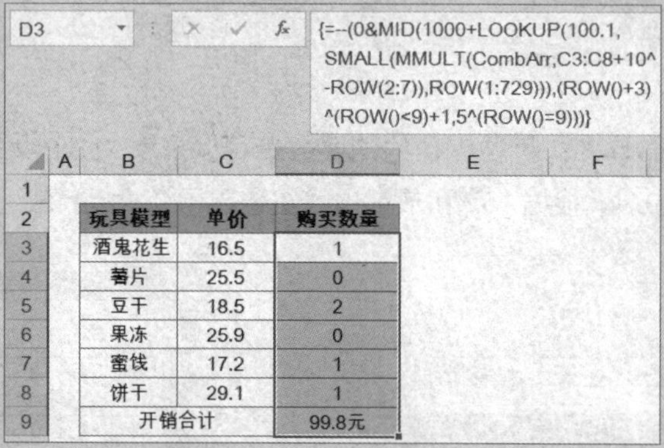

D3 {=--(0&MID(1000+LOOKUP(100.1,SMALL(MMULT(CombArr,C3:C8+10^-ROW(2:7)),ROW(1:729))),(ROW()+3)^(ROW()<9)+1,5^(ROW()=9)))}

玩具模型	单价	购买数量
酒鬼花生	16.5	1
薯片	25.5	0
豆干	18.5	2
果冻	25.9	0
蜜饯	17.2	1
饼干	29.1	1
开销合计		99.8元

图16-64　最终购买方案

16.9　连续性问题

示例16-41　最大连续次数

如图16-65所示，A2:A14单元格区域为数字及空白单元格构成的数据源，需计算最大连续空格的数量。

在C3单元格中输入以下数组公式，按<Ctrl+Shift+Enter>组合键。

```
{=MAX(FREQUENCY(IF(A2:A14="",ROW(2:14)),IF(A2:A14<>"",ROW(2:14))))}
```

公式使用IF函数判断A2:A14单元格区域是否为空，返回空单元格对应的行号，构成data_array；返回非空单元格对应的行号构成间隔数组bins_array。

借助FREQUENCY函数分段计频，统计每段连续空白单元格的数量，最后使用MAX函数返回最大连续空白单元格的数量。

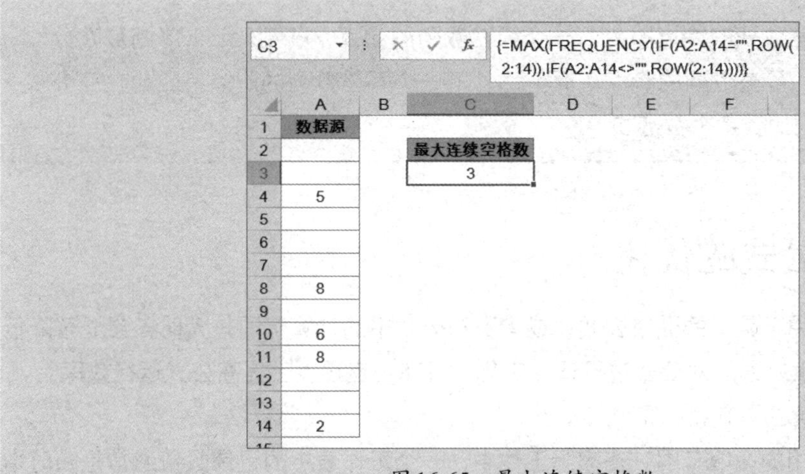

图 16-65 最大连续空格数

示例16-42 最长等差数列数字个数

如图16-66所示，A2:A14单元格区域为整数，需计算最长的等差数列的数字个数。

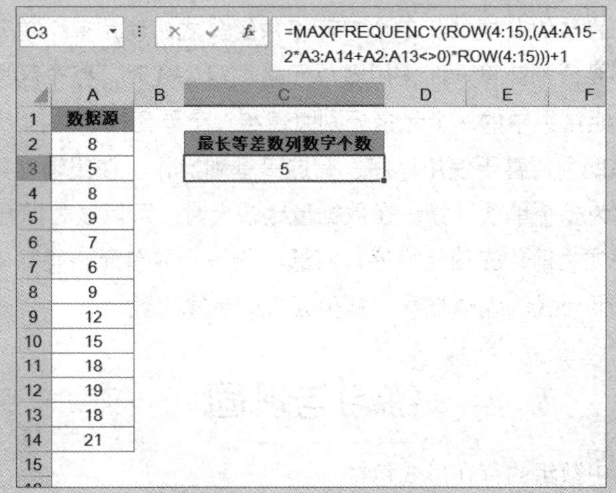

图 16-66 最长等差数列链

在C3单元格中输入以下数组公式，按<Ctrl+Shift+Enter>组合键。

```
{=MAX(FREQUENCY(ROW(4:15),(A4:A15-2*A3:A14+A2:A13<>0)*R
OW(4:15)))+1}
```

相邻两数之差等于同一个常数的数列，即等差数列，根据这个定义，公式中使用“(A4:A15-2*A3:A14+A2:A13<>0)”判断等差数列的起点及终点，并借助FREQUENCY函数分段计数返回各等差数列段的数字长度。最后通过MAX函数返回最长等差数列的数字个数。

由于前一个等差数列的终点即为下一个等差数列的起点，FREQUENCY函数在分段计数时将临界点计为等差数列的终点，而少计了下一个等差数列的起点，因此，在公式末尾为每个等差数列的数字个数增加1。

16.10 数组公式的优化

如果工作簿中使用了较多的数组公式，或者数组公式中的计算范围较大时，会显著降低工作簿重新计算的速度。通过对公式进行适当优化，可在一定程度上提高公式运行效率。

对数组公式的优化主要包括以下几点。

（1）减小公式引用的区域范围。在实际工作中，一个工作表中的记录数量通常是随时增加的。编辑公式时，可事先估算记录的大致数量，公式引用范围略多于实际数据范围即可，避免公式进行过多无意义的计算。

（2）谨慎使用易失性函数。如果在工作表中使用了易失性函数，每次对单元格进行编辑操作时，所有包含易失性函数的公式都会全部重算。为了减少自动重算对编辑效率造成的影响，可将工作表先设置为手动重算，待全部编辑完成后，再启用自动重算。

（3）使用多单元格数组公式替代单个单元格数组公式。使用单个单元格数组公式时，每个单元格中的公式都要分别计算。而使用多单元格数组公式时，整个区域中的公式只计算一次，然后把得到的数组结果中的*N*个元素分别赋值给*N*个单元格。

（4）适当使用辅助列，善于使用排序、筛选等基础操作。使用辅助列的方法，将数组公式中的多项计算化解为多个单项计算，在数据量比较大时，可以显著提升运算处理的效率。

同理，在编辑公式之前，先使用排序、筛选、取消合并单元格等基础操作，使数据结构更趋于合理，可以降低公式的编辑难度，减少公式的运算次数。

练习与巩固

（1）Excel 2016中数组的存在形式包括________________。

（2）命名数组主要用于________________。

（3）单元格中输入数组公式={4,9}^{2;0.5}，结果为________。

（4）简述数组公式与普通公式的主要区别。

（5）编辑多单元格数组公式时，需要注意什么?

第17章 多维引用

多维引用是一项非常实用的技术，可取代辅助单元格公式，在内存中构造出对多个单元格区域的引用。各区域独立参与运算，同步返回结果，从而提高公式编辑和运算效率。本章介绍多维引用的工作原理，并通过实例说明多维引用的使用方法。

本章学习要点

（1）多维引用的概念。

（2）多维引用的工作原理。

（3）多维引用应用实例。

17.1 引用的维度和维数

引用的维度是指引用中单元格区域的排列方向。维数是指引用中不同维度的个数。

单个单元格引用可视为一个无方向的点，没有维度和维数；一行或一列的连续单元格区域引用可视为一条直线，拥有一个维度，称为一维横向引用或一维纵向引用；多行多列的连续单元格区域引用可视为一个平面，拥有纵横两个维度，称为二维引用，如图17-1所示。

	A	B	C	D	E
1	序号	生产部门	车间	产品类别	产量（吨）
2	1	钢铁一部	1车间	合金钢	833.083
3	2	钢铁二部	1车间	结构钢	1041.675
4	3	钢铁一部	4车间	碳素钢	1140
5	4	钢铁三部	1车间	角钢	639.06
6	5	钢铁三部	2车间	铸造生铁	1431.725
7	6	钢铁一部	3车间	工模具钢	1140
8	7	钢铁二部	2车间	特殊性能钢	618.7

（a）

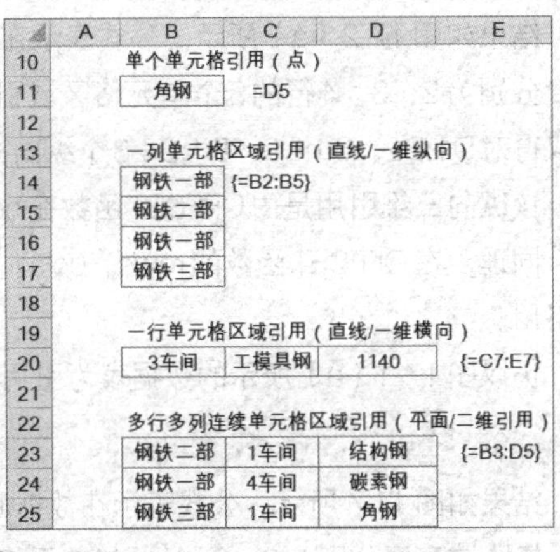

（b）

图17-1 二维平面中引用的维度和维数

将多个单元格或多个单元格区域分别放在不同的二维平面上，即可构成多维引用。若各平面在单一方向上扩展（横向或纵向），呈线状排列，就是三维引用。若各平面同时在纵横两个方向上扩展，呈面状排列，则是四维引用，如图17-2和图17-3所示。

三维、四维引用可看作是以单元格“引用”或单元格区域“引用”为元素的一维、二维“数组”。各“引用”作为数组的元素，以一个整体参与运算。

注意

目前已有函数仅支持最多四维的单元格或单元格区域引用。

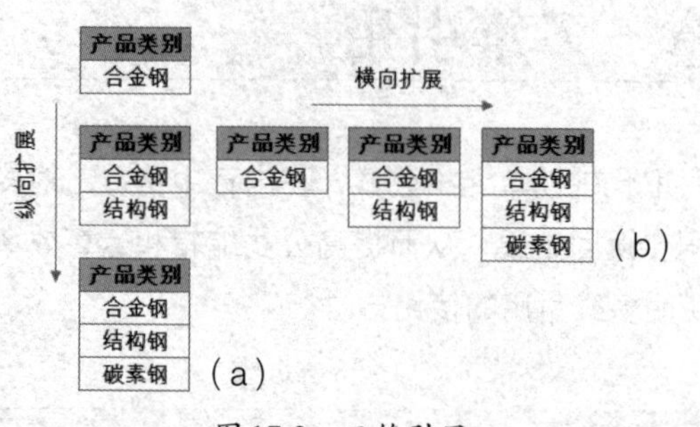

图17-2　三维引用

横向扩展

纵向扩展

产品类别	产量（吨）
合金钢	833.083

产品类别	产量（吨）
合金钢	833.083
结构钢	1041.675

产品类别	产量（吨）
合金钢	833.083
结构钢	1041.675
碳素钢	1140

图17-3　四维引用

17.2　引用类函数生成的多维引用

OFFSET和INDIRECT两个函数是通常用来生成多维引用的引用类函数。当它们对单元格或单元格区域进行引用时，若直接在其部分或全部参数中使用数组，所返回的引用称为函数生成的多维引用。

17.2.1　使用一维数组生成三维引用

以图17-1（a）所示的数据表为引用数据源，以下数组公式可以返回纵向三维引用。

```
{=OFFSET(D1,,,{2;3;4})}
```

结果如图17-2（a）所示。公式表示在数据源表格中以D1单元格为基点，单元格区域的高度分别为2、3、4行的3个单元格区域引用。由于其中的{2;3;4}为一维纵向数组，因此最终取得对D1:D2、D1:D3、D1:D4 3个纵向排列的单元格区域引用。

该纵向三维引用是由OFFSET函数在height参数中使用一维纵向数组产生的。

同理，在OFFSET函数的rows、cols、width参数中使用一维纵向数组，也将返回纵向三维引用。

仍以图17-1（a）所示的数据表为引用数据源，以下数组公式可以返回横向三维引用。

```
{=OFFSET(A1,,{0,1,2},{2,3,4})}
```

结果如图17-4所示。公式表示在数据源表格中以A1单元格为基点，分别偏移0、1、2列，单元格区域高度分别为2、3、4行的单元格区域引用。由于其中{0,1,2}和{2,3,4}是对应的一维横向数组，因此最终取得对A1:A2、B1:B3、C1:C4这3个横向排列的单元格区域引用。

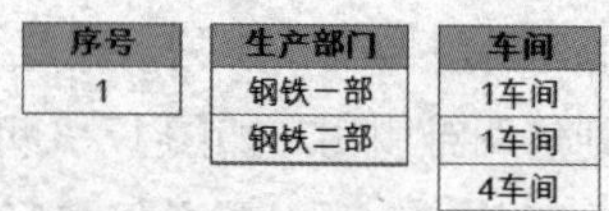

图17-4　横向三维引用

在OFFSET函数的rows、cols、height、width参数中，一个或多个参数同时使用等尺寸的一维横向数组，将返回横向三维引用。

示例17-1　标示连续三个月无数据的客户

图17-5为某厂商2015年度的部分销售记录情况，本年度内连续三个月及以上未购买本厂产品的客户为不活跃客户，需要在M列标示客户是否活跃。

	A	B	C	D	E	F	G	H	I	J	K	L	M
1	客户姓名	1月	2月	3月	4月	5月	6月	7月	8月	9月	10月	11月	标记
2	杨玉兰		729		894			707	677	218	202		活跃
3	龚成琴		526	276		226	629						不活跃
4	王莹芬	237	718	282	679			673	543	326	170	220	活跃
5	石化昆	865	246	768	545	896	884		601	846		141	活跃
6	班虎忠	192		632				528		283		867	不活跃
7	補态福	206	409			892	182	404	857			423	活跃
8	王天艳	604			593	772			600		704		活跃
9	安德运	864	707			519				890	817		不活跃
10	岑仕美	858		658	467	155		874	831		175	497	活跃
11	杨再发	842	302	482	716	655			629	537		367	活跃

图17-5　销售记录表

在M2单元格中输入以下数组公式，按<Ctrl+Shift+Enter>组合键，并向下复制到M11单元格。

```
{=IF(OR(COUNTBLANK(OFFSET(A2,,COLUMN(A:I),,3))=3),"不活跃","活跃")}
```

公式使用COLUMN函数生成一维横向数组{1,2,3,4,5,6,7,8,9}，然后使用OFFSET函数生成以A2单元格为基点，依次向右偏移1~9个单元格，宽度为3个单元格的横向三维引用，结果是以下9个单元格区域引用构成的数组。

```
B2:D2、C2:E2、D2:F2、…、J2:L2
```

使用COUNTBLANK函数分别统计OFFSET函数返回的各引用区域中空白单元格（无数据单元格）的数量，结果如下。

```
{2,1,2,2,2,1,0,0,1}
```

然后将各引用区域中无数据单元格的数量与3进行比较，并结合OR函数判断是否存在任意一个引用区域的3个单元格均为无数据单元格，如果存在，则返回TRUE，否则返回FALSE。

最后通过IF函数将存在连续三个月无数据的客户标记为“不活跃”，否则标记为“活跃”。

除了三维引用外，还可以使用FREQUENCY函数统计连续无数据单元格的数量，进而判断客户是否活跃。在M2单元格中输入以下数组公式，按<Ctrl+Shift+Enter>组合键。

```
{=IF(OR(FREQUENCY(IF(B2:L2="",COLUMN(B:L)),IF(B2:L2<"",COLUMN
(B:L)))>=3),"不活跃","活跃")}
```

公式使用IF函数返回空白单元格对应的列号数组作为FREQUENCY函数的data_array参数，运算结果如下。

```
{2,FALSE,4,FALSE,6,7,FALSE,FALSE,FALSE,FALSE,12}
```

同样使用IF函数返回有数据单元格对应的列号数组作为间隔数组bins_array参数，运算结果如下。

```
{FALSE,3,FALSE,5,FALSE,FALSE,8,9,10,11,FALSE}
```

然后使用FREQUENCY函数忽略逻辑值进行分段计数，统计data_array在bins_array各区间内的数量，返回各段连续空白单元格的数量。

```
{1;1;2;0;0;0;1}
```

然后将各段连续空白单元格数量与3进行比较，并结合OR函数判断是否存在任意一段连续空白单元格的数量大于等于3，如果存在，则返回TRUE，否则返回FALSE。

最后通过IF函数将存在连续3个月及以上无数据的客户标记为“不活跃”，否则标记为“活跃”。

示例17-2 各列最小值之和

图17-6所示的6列数据，需要求得每一列的最小值，并计算6个最小值之和。

	A	B	C	D	E	F	G	H	I
1	列1	列2	列3	列4	列5	列6			
2	467	304	559	359	795	507			各列最小值之和
3	227	335	244	376	321	307		方法1	1563
4	752	591	735	348	680	651		方法2	1563
5	348	342	649	476	288	488			
6	537	338	275	608	503	498			
7	475	640	585	489	657	495			
8	411	201	287	579	554	649			
9	271	413	670	651	488	255			
10	292	448	456	712	482	399			
11	465	518	464	378	438	477			

图17-6 各列最小值之和

方法1 在I3单元格中输入以下数组公式，按<Ctrl+Shift+Enter>组合键。

```
{=SUM(SUBTOTAL(5,OFFSET(A2,,COLUMN(A:F)-1,10)))}
```

公式中的“COLUMN(A:F)-1”生成一维横向数组{0,1,2,3,4,5}，然后使用OFFSET函数生成以A2单元格为基点，依次向右偏移0~5列，高度为10个单元格，宽度为1个单元格的横向三维引用，结果是以下6个单元格区域引用构成的数组。

```
A2:A11、B2:B11、C2:C11、…、F2:F11
```

使用SUBTOTAL函数分别统计OFFSET函数返回的各引用区域的最小值，返回各列的最小值组成的数组。

```
{227,201,244,348,288,255}
```

最后使用SUM函数汇总各列的最小值，得到各列最小值之和。

方法2 在I4单元格中输入以下数组公式，按<Ctrl+Shift+Enter>组合键。

```
{=SUM(MOD(SMALL(COLUMN(A:F)/1%%+A2:F11,COLUMN(A:F)*10-9),10^4))}
```

公式使用COLUMN函数生成一维横向数组{1,2,3,4,5,6}，通过“/1%%”将数组各元素扩大10 000倍（此处的10 000是大于原始数据区域最大值的一个整十数），再与A2:F11单元格区域的原始数据进行对应位置的求和运算，并返回一个二维数组（一维数组与二维数组之间的直接运算，请参考16.2.5节），这样将原始数据区域按列划分在不同的数值区间，第一列大于10 000且小于20 000，第二列大于20 000且小于30 000，依此类推，第六列大于60 000且小于70 000。

再使用SMALL函数提取上述结果中每列的最小值，提取原理如下：第一列的最小值就是整个二维数组的最小值，因此SMALL函数的第二参数取1；第一列的10个值均小于第二列的值，因此第二列的最小值就是整个二维数组的第11小值，SMALL函数的第二参数取11；依此类推，第一、二、三、四、五列的所有值（共50个）均小于第六列的值，因此第六列的最小值就是整个二维数组的第51小值，SMALL函数的第二参数取51。通过“COLUMN(A:F)*10-9”构造了一维横向数组{1,11,21,31,41,51}作为SMALL函数的第二参数，可依次提取各列的最小值。

```
{10227,20201,30244,40348,50288,60255}
```

使用MOD函数计算以上内存数组除以10 000的余数，得到对应原始数据的最小值，最后使用SUM函数汇总得到各列最小值之和。

17.2.2 使用不同维度的一维数组生成四维引用

在OFFSET函数的rows、cols、height、width参数中，两个或多个参数分别使用一维横向数组和一维纵向数组，将返回四维引用。

以下数组公式将返回四维引用。

```
{=OFFSET(A2,{0;1;2},{2,3})}
```

公式表示在数据源表格中以A2单元格为基点，分别偏移0行2列、0行3列、1行2列、1行3列、2行2列、2行3列的单元格引用。由于{0;1;2}是一维纵向数组，{2,3}是一维横向数组，因此最终取得对“{C2,D2;C3,D3;C4,D4}”共6个单元格的引用，并呈3行2列二维排列。

示例17-3 出现次数最多的数字

如图17-7所示，C3:H9单元格区域为数据区，均为0~9的整数，需要在J4单元格中统计出现次数最多的数字，统计条件为在同一行中重复出现的数字只计一次。如工作表第3行，虽然数字1重复出现，但统计时，数字1在第3行内只计1次。

在J4单元格中输入以下数组公式，按<Ctrl+Shift+Enter>组合键。

```
{=MODE(IF(COUNTIF(OFFSET(B2,ROW(1:7),,,COLUMN(A:F)),C3:H9)=0,C3:H9))}
```

序号	数据区					
a	2	1	7	1	0	5
b	6	5	2	1	4	4
c	5	5	3	0	8	6
d	4	1	1	6	0	4
e	1	3	4	8	3	2
f	4	2	3	8	9	0
g	5	5	7	2	4	4

出现次数最多的数字
2

图17-7　出现次数最多的数字

公式使用ROW(1:7)生成垂直数组{1;2;3;4;5;6;7}，使用COLUMN(A:F)生成横向数组{1,2,3,4,5,6}，根据这两个不同维度的一维数组，使用OFFSET函数返回四维引用。

使用COUNTIF函数统计数据区内各个值在与之对应的四维引用中的出现次数，其对应关系如图17-8所示。

OFFSET(B2,ROW(1:7),,,COLUMN(A:F))					
B3	B3:C3	B3:D3	B3:E3	B3:F3	B3:G3
B4	B4:C4	B4:D4	B4:E4	B4:F4	B4:G4
B5	B5:C5	B5:D5	B5:E5	B5:F5	B5:G5
B6	B6:C6	B6:D6	B6:E6	B6:F6	B6:G6
B7	B7:C7	B7:D7	B7:E7	B7:F7	B7:G7
B8	B8:C8	B8:D8	B8:E8	B8:F8	B8:G8
B9	B9:C9	B9:D9	B9:E9	B9:F9	B9:G9

C3:H9					
C3	D3	E3	F3	G3	H3
C4	D4	E4	F4	G4	H4
C5	D5	E5	F5	G5	H5
C6	D6	E6	F6	G6	H6
C7	D7	E7	F7	G7	H7
C8	D8	E8	F8	G8	H8
C9	D9	E9	F9	G9	H9

图17-8　四维引用与二维数组一一对应关系

通过观察可以发现，COUNTIF函数统计的是数据区内各单元格在同一行之前单元格区域内的出现次数。如果出现次数为0，表示此数字在本行内首次出现，则通过IF函数返回该数字本身；如果出现次数非0，表示此数字在本行之前的单元格内已出现，该数字在本行内重复，则通过IF函数返回逻辑值FALSE，在后续统计时不计次数。

各行内去重后的数据如下。

```
{2,1,7,FALSE,0,5;6,5,2,1,4,FALSE;5,FALSE,3,0,8,6;4,1,FALSE,6,0,FALSE;
1,3,4,8,FALSE,2;4,2,3,8,9,0;5,FALSE,7,2,4,FALSE}
```

最后使用MODE函数忽略逻辑值，返回数据的众数，即出现次数最多的数字。

17.2.3　使用二维数组生成四维引用

在OFFSET函数的rows、cols、height、width参数和INDIRECT函数的ref_text参数中，如果任意一个参数使用二维数组，都将返回四维引用。基本公式如下。

```
{=OFFSET(B1:C1,{1,2,3;4,5,6},)}
```

公式表示在数据源表格中以B1单元格为基点，按照B1:C1单元格区域的尺寸大小，分别偏移"{1,2,3;4,5,6}"行的单元格区域引用。由于{1,2,3;4,5,6}是二维数组，因此最终取得

"{B2:C2,B3:C3,B4:C4;B5:C5,B6:C6,B7:C7}"共6个单元格区域的引用，并呈2行3列排列。

17.2.4　跨多表区域的多维引用

示例17-4　跨多表汇总工资

图17-9展示了某公司8~10月份的部分员工工资明细表，需要在"工资汇总"工作表中汇总各位员工的工资。

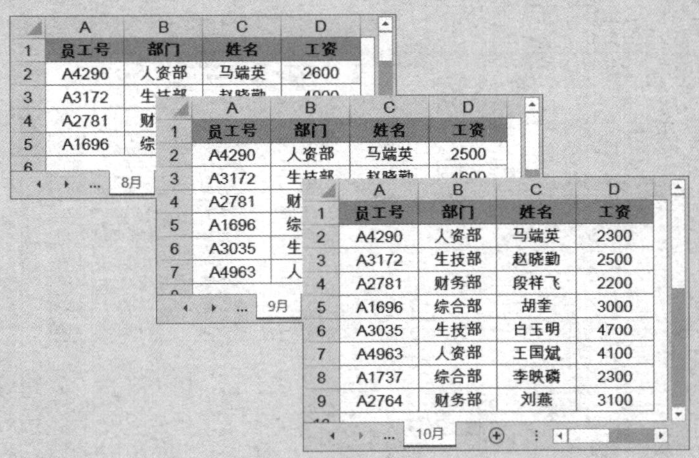

	A	B	C	D
1	员工号	部门	姓名	工资
2	A4290	人资部	马端英	2300
3	A3172	生技部	赵晓勤	2500
4	A2781	财务部	段祥飞	2200
5	A1696	综合部	胡奎	3000
6	A3035	生技部	白玉明	4700
7	A4963	人资部	王国斌	4100
8	A1737	综合部	李映磷	2300
9	A2764	财务部	刘燕	3100

图17-9　员工工资明细表

在"工资汇总"工作表的D2单元格中输入以下数组公式，按<Ctrl+Shift+Enter>组合键，并向下复制到D9单元格。

```
{=SUM(SUMIF(INDIRECT({8,9,10}&"月!A:A"),A2,INDIRECT({8,9,10}&"月!D:D")))}
```

该公式首先使用INDIRECT函数返回对8月、9月、10月工作表的A列和D列的三维引用，然后使用支持多维引用的SUMIF函数分别统计各工作表中对应员工号的工资，最后使用SUM函数汇总3个工作表中对应员工的工资，结果如图17-10所示。

D2　{=SUM(SUMIF(INDIRECT({8,9,10}&"月!A:A"),A2,INDIRECT({8,9,10}&"月!D:D")))}

	A	B	C	D
1	员工号	部门	姓名	总工资
2	A4290	人资部	马端英	7400
3	A3172	生技部	赵晓勤	11100
4	A2781	财务部	段祥飞	10400
5	A1696	综合部	胡奎	11500
6	A3035	生技部	白玉明	8200
7	A4963	人资部	王国斌	7700
8	A1737	综合部	李映磷	2300
9	A2764	财务部	刘燕	3100

工资汇总 | 8月 | 9月 | 10月

图17-10　工资汇总结果

示例17-5 跨多表提取不重复记录

图17-11展示了某公司10~12月份的部分员工工资明细表，需要在“工资汇总”工作表中A列提取10月、11月、12月3个工作表中不重复的员工号，并在B列汇总各位员工的工资。

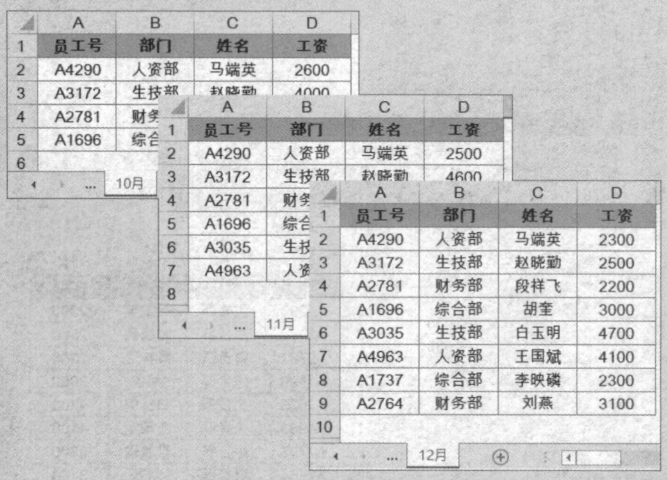

	A	B	C	D
1	员工号	部门	姓名	工资
2	A4290	人资部	马端英	2300
3	A3172	生技部	赵晓勤	2500
4	A2781	财务部	段祥飞	2200
5	A1696	综合部	胡奎	3000
6	A3035	生技部	白玉明	4700
7	A4963	人资部	王国斌	4100
8	A1737	综合部	李映磷	2300
9	A2764	财务部	刘燕	3100
10				

12月

图17-11　员工工资明细表

在“工资汇总”工作表的A2单元格中输入以下数组公式，按<Ctrl+Shift+Enter>组合键，并将公式向下复制直到出现空白单元格为止，提取出不重复的员工号列表。

```
{=INDIRECT(TEXT(MIN(COUNTIF(A$1:A1,T(OFFSET(INDIRECT({10,11,12}&
"月!A1"),ROW($1:$10),))&"*")/1%%+{10,11,12}/1%+ROW($2:$11)),"[>1e4]
r90c000;0月!!r00c1"),)&""}
```

以A3单元格公式为例，公式通过“{10,11,12}&"月!A1"”构造3个工资明细表A1单元格的地址文本，使用INDIRECT函数返回3个工资明细表A1单元格的横向三维引用作为OFFSET函数的第一参数，与OFFSET函数的第二参数“ROW($1:$10)”配合（此处采用10行的垂直数组是因为3个工资明细表A列的最后一个非空单元格行号均小于10），返回3个工资明细表A2~A11单元格的四维引用。通过T函数将四维引用转换为二维数组，得到3个工资明细表员工号按列排列的二维数组，如图17-12所示。

A4290*	A4290*	A4290*
A3172*	A3172*	A2781*
A2781*	A2781*	A1696*
A1696*	A1696*	A3035*
*	A3035*	A1737*
*	A4963*	A2764*
*	*	*
*	*	*
*	*	*
*	*	*

图17-12　员工号二维数组

使用COUNTIF函数在当前公式所在单元格之上的A列单元格区域中统计各员工号的出现次数，出现次数大于0，表示该员工号已经提取，出现次数等于0，表示该员工号尚未提取，结果如下。

```
{1,1,1;0,0,0;0,0,0;0,0,0;2,0,0;2,0,0;2,2,2;2,2,2;2,2,2;2,2,2}
```

数组中第一行的3个1表示3个工资明细表中A2单元格的员工号均已被提取，而数组中“2”对应工资明细表中的空白单元格。

“{10,11,12}/1%”用于构造工作表名，“ROW($2:$11)”用于附加行号，结果如下。

```
{11002,11102,11202;1003,1103,1203;1004,1104,1204;1005,1105,1205;21006,
1106,1206;21007,1107,1207;21008,21108,21208;21009,21109,21209;21010,21110,
21210;21011,21111,21211}
```

数组中大于10 000的值表示已经在A列提取过，对于小于10 000的值，千位和百位表示工作表名，十位和个位表示行号。

使用MIN函数返回数组的最小值，即第一个尚未提取的员工号所在的工作表和行号信息。此处返回1 003，即10月工作表第三行第一列单元格。

使用TEXT函数将数字转换为文本格式的单元格地址，最后使用INDIRECT函数返回对应单元格的引用，得到员工号。

当所有员工号均已提取时，MIN函数会返回一个大于10 000的值。例如，A10单元格，MIN函数返回11 002，结合TEXT函数转换为“r911c002”，即本工作表B911单元格，通常是空白单元格，连接空文本，用于在A10单元格显示为空白。

B列汇总各员工工资与示例17-4相似，此处不再赘述。

17.2.5　函数生成的多维引用和“跨多表区域引用”的区别

除了OFFSET函数和INDIRECT函数产生的多维引用以外，还有一种“跨多表区域引用”。例如，以下公式可以对1学期、2学期、3学期和4学期4个工作表的A1:A6单元格区域进行求和。

```
=SUM(1学期:4学期!A1:A6)
```

实际上，“跨多表区域引用”并非真正的引用，而是一个连续多表区域的引用组合。

17章

示例17-6　汇总平均总分

图17-13展示了某班级一次模拟考试各科成绩单的部分内容，需要计算学生语文、数学和英语三科的平均总分。

在“成绩统计”工作表的B2单元格中可输入以下公式。

```
=SUM(语文:英语!C2:C6)/5
```

公式通过“跨多表区域引用”，使用SUM函数进行求和，得出语文、数学、英语成绩的总和。最后除以学生人数，返回平均总分。

除此之外，也可以使用函数生成的三维引用来计算平均总分。在“成绩统计”工作表B3单元格中输入以下公式。

```
=SUM(SUBTOTAL(9,INDIRECT({"语文","数学","英语"}&"!C2:C6")))/5
```

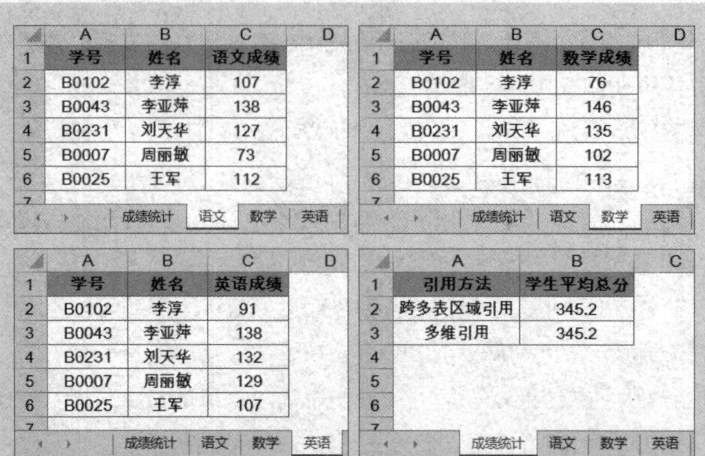

	A	B	C	D
1	学号	姓名	语文成绩	
2	B0102	李淳	107	
3	B0043	李亚萍	138	
4	B0231	刘天华	127	
5	B0007	周丽敏	73	
6	B0025	王军	112	

成绩统计 | 语文 | 数学 | 英语

	A	B	C	D
1	学号	姓名	数学成绩	
2	B0102	李淳	76	
3	B0043	李亚萍	146	
4	B0231	刘天华	135	
5	B0007	周丽敏	102	
6	B0025	王军	113	

成绩统计 | 语文 | 数学 | 英语

	A	B	C	D
1	学号	姓名	英语成绩	
2	B0102	李淳	91	
3	B0043	李亚萍	138	
4	B0231	刘天华	132	
5	B0007	周丽敏	129	
6	B0025	王军	107	

成绩统计 | 语文 | 数学 | 英语

	A	B	C
1	引用方法	学生平均总分	
2	跨多表区域引用	345.2	
3	多维引用	345.2	
4			
5			
6			

成绩统计 | 语文 | 数学 | 英语

图 17-13　根据各科成绩统计平均总分

公式通过INDIRECT函数返回对各科成绩单元格区域的三维引用，使用SUBTOTAL函数汇总各单元格区域的成绩之和，再使用SUM函数返回语文、数学、英语成绩的总和。最后除以学生人数，返回平均总分。

函数生成的多维引用与“跨多表区域引用”的主要区别如下。

（1）函数生成的多维引用将不同工作表上的各单元格区域引用作为多个结果返回给Excel，而“跨多表区域引用”作为一个结果返回给Excel。

（2）两者支持的参数类型不相同。函数生成的多维引用可以在reference、range和ref类型的参数中使用，而“跨多表区域引用”由于不是真正的引用，因此，一般不能在这三类参数中使用。

（3）函数生成的多维引用将对每个单元格区域引用分别计算，同时返回多个结果值。“跨多表区域引用”将作为一个整体返回一个结果值。

（4）函数生成的多维引用中每个被引用区域的大小和行列位置可以不同，工作表顺序可以是任意的。“跨多表区域引用”的各工作表必须相邻，且被引用区域的大小和行列位置也必须相同。

多维引用实际上是一种非平面的单元格区域引用，它已经扩展到立体空间上，各个引用区域相对独立，外层函数只能分别对多维引用的各个区域进行单独计算。

17.3　多维引用应用实例

17.3.1　支持多维引用的函数

在Excel 2016中，带有reference、range或ref参数的部分函数及数据库函数，可对多维

引用返回的各区域引用进行单独计算，并对应每个区域，返回一个由计算结果值构成的一维或二维数组。结果值数组的元素个数和维度与多维引用返回的区域个数和维度一致。

可处理多维引用的函数有AREAS、AVERAGEIF、AVERAGEIFS、COUNTBLANK、COUNTIF、COUNTIFS、PHONETIC、RANK、RANK.AVG、RANK.EQ、SUBTOTAL、SUMIF、SUMIFS等，以及所有数据库函数，如DSUM、DGET等。

此外，还有N函数和T函数，虽然不带range或ref参数，但可以返回多维引用中每个区域的第一个值，并将其转换为数值或文本，组成一个对应的一维或二维数组。因此，当多维引用的每个区域都是一个单元格时，使用这两个函数比较适合。

17.3.2　统计多学科不及格人数

每次考试结束后，在统计学员成绩的工作中，通常需要统计不及格的学员人数，以下介绍3种方法来完成这种统计。

示例17-7　统计多学科不及格人数

图17-14展示了某班级期末考试成绩表的部分内容，需要统计出有任意两科不及格（小于60分）的学员人数。

	A	B	C	D	E	F	G	H	I	J
1	姓名	语文	数学	英语	物理	化学	生物	总分		辅助列
2	陈莉	99	53	60	79	95	84	470		1
3	吴封志	97	95	49	99	95	79	514		1
4	师琼华	40	66	53	72	46	58	335		4
5	蒋升昌	81	87	68	83	65	72	456		0
6	李永华	89	83	48	44	66	70	400		2
7	龚从德	52	57	54	96	66	69	394		3
8	李朝荣	93	94	73	81	85	86	512		0

图17-14　学员成绩表

方法1　辅助列统计法。将J列作为辅助列，统计各学员不及格科目的数量。在J2单元格中输入以下公式，向下复制到J8单元格。

```
=COUNTIF(B2:G2,"<60")
```

在B12单元格中输入以下公式，使用COUNTIF函数统计J列辅助列大于等于2的记录数，即得任意两科不及格的学员人数。

```
=COUNTIF(J2:J8,">=2")
```

方法2　三维引用法。如果希望直接通过公式进行统计，则需要使用三维引用来协助处理。在B13单元格中输入以下数组公式，按<Ctrl+Shift+Enter>组合键。

```
{=SUM(N(COUNTIF(OFFSET(B1:G1,ROW(B2:G8)-ROW(B1),),"<60")>=2))}
```

公式首先使用OFFSET函数来生成三维引用，将各个学员的成绩分别作为独立区域单独引用，结果为以下7个单元格区域。

```
B2:G2、B3:G3、B4:G4、B5:G5、B6:G6、B7:G7、B8:G8
```

然后使用COUNTIF函数分别对OFFSET函数返回的各引用区域进行统计计数，实现类似J列辅助列的效果。结果与J列辅助列一致，只是该统计结果存放在内存中。

```
{1;1;4;0;2;3;0}
```

将COUNTIF函数的统计结果与2相比较，得出不及格学科数大于等于2的记录，最后使用SUM函数对其汇总得出结果。

方法3　数组直接运算法。由于学生成绩是一个连续的单元格区域，因此也可以使用数组直接运算法来统计。

在B14单元格中输入以下公式。

```
=SUMPRODUCT(N(MMULT(N(B2:G8<60),1^ROW(1:6))>=2))
```

公式首先将成绩与60相比较，得出不及格的记录。然后使用MMULT函数汇总每一行，返回各学员不及格科目的数量，并判断是否大于等于2。

最后使用SUMPRODUCT函数和N函数汇总得出最终结果，此过程与方法2相同，不再赘述。

3种方法得到的任意两科不及格学员人数如图17-15所示。

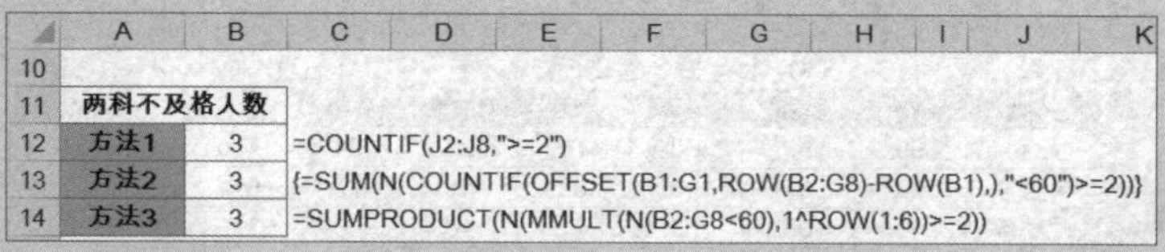

	A	B	C
10			
11	两科不及格人数		
12	方法1	3	=COUNTIF(J2:J8,">=2")
13	方法2	3	{=SUM(N(COUNTIF(OFFSET(B1:G1,ROW(B2:G8)-ROW(B1),),"<60")>=2))}
14	方法3	3	=SUMPRODUCT(N(MMULT(N(B2:G8<60),1^ROW(1:6))>=2))

图17-15　任意两科不及格学员人数

17.3.3　排名及评分

在统计学生成绩的工作中，有时需要进行特殊的排名。

示例17-8　学生成绩特殊排名

图17-16展示了某班级部分学生的各科成绩明细，依据学生各科成绩在班级中的名次之和，对班级内所有学生进行排名。

在H2单元格中输入以下数组公式，按<Ctrl+Shift+Enter>组合键，向下复制到H8单元格。

```
{=1-SUM(-(SUM(RANK(B2:G2,OFFSET(A$2:A$8,,COLUMN(A:F))))>MMULT(RANK(B$2:G$8,OFFSET(A$2:A$8,,COLUMN(A:F))),{1;1;1;1;1;1})))}
```

公式首先使用OFFSET函数来生成三维引用，将班级各科成绩分别作为独立区域单独引用，结果为以下6个单元格区域引用组成的数组。

```
B2:B8、C2:C8、D2:D8、E2:E8、F2:F8、G2:G8
```

然后使用RANK函数来计算学生各科成绩在班级中的排名。

	A	B	C	D	E	F	G	H
1	姓名	语文	数学	英语	物理	化学	生物	排名
2	冠兰英	89	97	83	55	84	86	3
3	李耀武	57	100	80	50	85	93	5
4	马银凤	76	90	69	96	82	60	6
5	杨存仙	56	58	99	51	61	55	7
6	张永贵	79	88	85	79	93	56	2
7	尹建敏	71	83	79	79	98	90	4
8	黄建国	67	100	63	97	91	93	1

H2 公式：{=1-SUM(-(SUM(RANK(B2:G2,OFFSET(A$2:A$8,,COLUMN(A:F))))>MMULT(RANK(B$2:G$8,OFFSET(A$2:A$8,,COLUMN(A:F))),{1;1;1;1;1;1})))}

图 17-16 特殊排名

"RANK(B2:G2,OFFSET(A$2:A$8,,COLUMN(A:F)))"部分用于返回单个学生各科成绩在班级中的名次，使用SUM函数得到名次之和。

"RANK(B$2:G$8,OFFSET(A$2:A$8,,COLUMN(A:F)))"部分用于返回所有学生各科成绩在班级中的名次，使用MMULT函数，进行矩阵乘积运算，返回各学生各科成绩名次之和的数组。

```
{21;23;26;35;20;22;18}
```

将单个学生的各科成绩名次之和与所有学生的各科成绩名次之和比较，判断名次之和小于自身的学生个数，最后再加上1，即为该学生的排名。

在员工考核工作中，往往需要根据员工在各项目中的综合表现进行累计评分，作为最终的考核指标。

示例17-9 综合排名评分

图17-17展示了某公司5名员工在所参加的3个项目中的表现得分情况，根据各员工在各项目中的得分排名，按照评分标准进行评分，以各员工3个项目的累计评分作为考核依据。

在G7单元格中输入以下数组公式，按<Ctrl+Shift+Enter>组合键，向下复制到G11单元格。

```
{=SUM(SUMIF(B$2:F$2,RANK(N(OFFSET(D$6,{0,5,10}+ROW($1:$5),)),OFFSET(D$7:D$11,{0,5,10},)),B$3:F$3)*(T(OFFSET(C$6,{0,5,10}+ROW($1:$5),))=F7))}
```

公式使用OFFSET函数多维引用和N函数的组合，重构得分数据列，按项目分为3列，返回5行3列的数组。

然后使用OFFSET函数生成三维引用，将3个项目的得分区域单独引用，结果为以下3个单元格区域引用组成的数组。

```
D7:D11、D12:D16、D17:D21
```

RANK函数返回各成员得分在各项目内的排名，然后使用SUMIF函数返回排名所对应的评分。

G7 fx {=SUM(SUMIF(B$2:F$2,RANK(N(OFFSET(D$6,{0,5,10}+ROW($1:$5),)),OFFSET(D$7:D$11,{0,5,10},)),B$3:F$3)*(T(OFFSET(C$6,{0,5,10}+ROW($1:$5),))=F7))}

评分标准

排名	1	2	3	4	5
评分	10	7	5	3	2

明细数据

序号	项目	成员	得分
1	项目1	A	87
2		B	80
3		C	97
4		D	71
5		E	72
6	项目2	D	73
7		A	79
8		C	77
9		E	93
10		B	82
11	项目3	C	93
12		E	73
13		B	72
14		D	88
15		A	83

结果

成员	累计评分
A	17
B	14
C	23
D	11
E	16

图 17-17　员工考核评分汇总

使用OFFSET函数多维引用和T函数的组合，重构成员数据列，按项目分为3列，返回5行3列的姓名数组，与得分排名得出的评分一一对应。通过与结果成员比较，过滤出结果中成员所对应的评分。最后使用SUM函数进行汇总，得出累计评分。公式计算过程如图17-18所示。

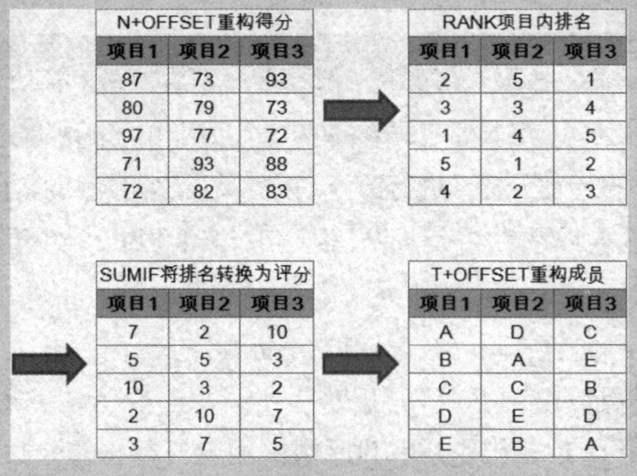

N+OFFSET重构得分

项目1	项目2	项目3
87	73	93
80	79	73
97	77	72
71	93	88
72	82	83

RANK项目内排名

项目1	项目2	项目3
2	5	1
3	3	4
1	4	5
5	1	2
4	2	3

SUMIF将排名转换为评分

项目1	项目2	项目3
7	2	10
5	5	3
10	3	2
2	10	7
3	7	5

T+OFFSET重构成员

项目1	项目2	项目3
A	D	C
B	A	E
C	C	B
D	E	D
E	B	A

图 17-18　考核评分公式计算过程

17.3.4　条件统计

示例 17-10　最大销售金额汇总

图17-19展示了某公司2015年度各销售点的销售明细表。为了了解公司的销售情况，

需要汇总各销售点的最大销售金额。

F4 {=SUM(DMAX(OFFSET(C1,ROW(1:14),,16,2),2,OFFSET(C1,ROW(1:14),,2))*(MATCH(C3:C16,C:C,)=ROW(3:16)))}

日期	销售点	销售金额
2015-1-25	东莞店	7000
2015-2-1	广州店	3000
2015-2-1	上海店	3000
2015-2-7	东莞店	11000
2015-2-16	广州店	7000
2015-2-20	东莞店	2000
2015-2-27	苏州店	12000
2015-2-27	东莞店	9000
2015-3-3	广州店	9000
2015-4-4	深圳店	19000
2015-4-9	上海店	3000
2015-4-16	上海店	5000
2015-4-16	苏州店	8000
2015-4-25	深圳店	10000

各销售点最大销售金额汇总
56000

图 17-19 销售明细表

在F4单元格中输入以下数组公式，按<Ctrl+Shift+Enter>组合键。

```
{=SUM(DMAX(OFFSET(C1,ROW(1:14),,16,2),2,OFFSET(C1,ROW(1:14),,2))*
(MATCH(C3:C16,C:C,)=ROW(3:16)))}
```

公式使用OFFSET产生三维引用作为数据库，并使用OFFSET函数产生的三维引用作为条件单元格区域，通过DMAX数据库函数得到各销售点的最大销售金额。计算过程如图17-20所示。

DMAX函数计算销售点最大销售金额

第一个参数	对应标志项	第二个参数	第三个参数	对应条件项	计算结果	结果说明
C2:C17	销售点	2	C2:C3	东莞店	11000	计算C2:C17这个区域中以C2为标志项，C3为条件对应的销售金额最大值
C3:C18	东莞店	2	C3:C4	广州店	9000	计算C3:C18这个区域中以C3为标志项，C4为条件对应的销售金额最大值
C4:C19	广州店	2	C4:C5	上海店	5000	计算C4:C19这个区域中以C4为标志项，C5为条件对应的销售金额最大值
C5:C20	上海店	2	C5:C6	东莞店	11000	计算C5:C20这个区域中以C5为标志项，C6为条件对应的销售金额最大值
C6:C21	东莞店	2	C6:C7	广州店	9000	计算C6:C21这个区域中以C6为标志项，C7为条件对应的销售金额最大值
C7:C22	广州店	2	C7:C8	东莞店	9000	计算C7:C22这个区域中以C7为标志项，C8为条件对应的销售金额最大值
C8:C23	东莞店	2	C8:C9	苏州店	12000	计算C8:C23这个区域中以C8为标志项，C9为条件对应的销售金额最大值
C9:C24	苏州店	2	C9:C10	东莞店	9000	计算C9:C24这个区域中以C9为标志项，C10为条件对应的销售金额最大值
C10:C25	东莞店	2	C10:C11	广州店	9000	计算C10:C25这个区域中以C10为标志项，C11为条件对应的销售金额最大值
C11:C26	广州店	2	C11:C12	深圳店	19000	计算C11:C26这个区域中以C11为标志项，C12为条件对应的销售金额最大值
C12:C27	深圳店	2	C12:C13	上海店	5000	计算C12:C27这个区域中以C12为标志项，C13为条件对应的销售金额最大值
C13:C28	上海店	2	C13:C14	上海店	5000	计算C13:C28这个区域中以C13为标志项，C14为条件对应的销售金额最大值
C14:C29	上海店	2	C14:C15	苏州店	8000	计算C14:C29这个区域中以C14为标志项，C15为条件对应的销售金额最大值
C15:C30	苏州店	2	C15:C16	深圳店	10000	计算C15:C30这个区域中以C15为标志项，C16为条件对应的销售金额最大值

图 17-20 DMAX函数计算过程

使用MATCH函数查找各销售点在C列中第一次出现的位置，并与行号比较，达到销售点去重复的目的。

最后使用SUM函数对各销售点的最大销售金额求和，得出结果。

17.3.5 多表单条件统计

通常在集团公司中，各个分公司不同月份的销售数据是以多个工作表分别存储的。如果希望统计各分公司在某个期间内的销售情况，则需要使用多表统计的方法。

示例17-11 跨多表销量统计

图17-21展示了某集团公司上半年的销售明细表，每个月的销售数据分别存放在不同的工作表中。为了了解各业务员的销售情况，需要分季度统计各业务员的销售总量。

1月

客户名称	业务负责人	本月销量
永辉	李淳	107
山东	李亚萍	138
烟台	刘天华	127
北京	李亚萍	73
广州	刘天华	112

4月

客户名称	业务负责人	本月销量
烟台	李淳	120
香港	李亚萍	135
北京	周丽敏	173
青岛	周丽敏	143
泉州	李亚萍	141

2月

客户名称	业务负责人	本月销量
北京	李亚萍	76
广州	李亚萍	146
香港	周丽敏	135
天津	周丽敏	102
重庆	李亚萍	113

5月

客户名称	业务负责人	本月销量
南京	周丽敏	62
三明	刘天华	165
永辉	周丽敏	98
山东	周丽敏	198
福州	刘天华	168

3月

客户名称	业务负责人	本月销量
兰州	李亚萍	91
福州	周丽敏	138
深圳	李淳	132
南京	周丽敏	129
山东	李亚萍	107

6月

客户名称	业务负责人	本月销量
香港	刘天华	100
重庆	刘天华	71
天津	李淳	191
深圳	周丽敏	155
北京	刘天华	96

图17-21　1~6月份销售明细表

为了便于多表的三维引用，首先定义一个工作表名的名称ShtName。

```
={"1月","4月";"2月","5月";"3月","6月"}
```

这是一个二维数组，第一列表示第一季度的工作表，第二列表示第二季度的工作表，便于分季度统计。

选中“汇总”工作表的B3:C3单元格区域输入以下数组公式，按<Ctrl+Shift+Enter>组合键，并将公式复制到B4:C6单元格区域。

```
{=MMULT({1,1,1},SUMIF(INDIRECT(ShtName&"!B:B"),A3,INDIRECT(ShtName&"!C:C")))}
```

公式使用INDIRECT函数生成各月份B列和C列的四维引用，使用SUMIF函数，根据指定的业务员姓名对销量进行求和，返回各月份指定业务员的销售总量。

根据名称ShtName的定义，第一列返回第一季度各月份的销量，第二列返回第二季度各月份的销量。最后使用MMULT函数分别汇总两列，即得业务员分季度的销售总量。结果如图17-22所示。

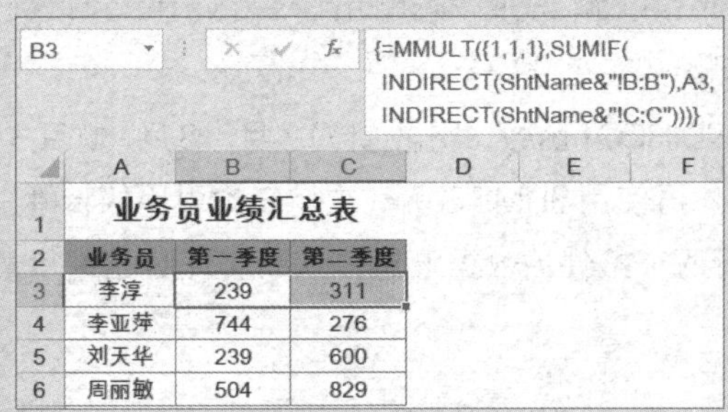

B3 {=MMULT({1,1,1},SUMIF(INDIRECT(ShtName&"!B:B"),A3,INDIRECT(ShtName&"!C:C")))}

	A	B	C
1	业务员业绩汇总表		
2	业务员	第一季度	第二季度
3	李淳	239	311
4	李亚萍	744	276
5	刘天华	239	600
6	周丽敏	504	829

图17-22　业务员分季度业绩汇总表

17.3.6　多表多条件统计

示例17-12　多表多条件商品进货统计

图17-23展示了某商城第三季度白电商品进货明细表的部分内容，商城管理部希望了解所有商品的进货情况，需要用公式完成进货汇总统计。

7月：

	A	B	C	D
1	商品名称	品牌	型号	进货量
2	空调	格力	KFR-32GW	7
3	空调	格力	KFR-35GW	5
4	洗衣机	西门子	WS12M468TI	4
5	洗衣机	海尔	XQG60-QHZB1286	8
6	冰箱	美的	KA62NV00TI	2
7	冰箱	海尔	BCD-248WBCSF	10

8月：

	A	B	C	D
1	商品名称	品牌	型号	进货量
2	空调	格力	KFR-32GW	10
3	空调	美的	KFR-51LW	7
4	空调	格力	KFR-35GW	3
5	洗衣机	西门子	WS12M468TI	7
6	洗衣机	海尔	XQG60-QHZB1286	7
7	冰箱	美的	KA62NV00TI	3
8	冰箱	美的	BCD-210TSM	4
9	冰箱	海尔	BCD-539WT	8
10	冰箱	海尔	BCD-248WBCSF	8

9月：

	A	B	C	D
1	商品名称	品牌	型号	进货量
2	空调	格力	KFR-32GW	8
3	空调	美的	KFR-51LW	7
4	洗衣机	西门子	WS12M468TI	6
5	洗衣机	海尔	XQG60-QHZB1286	7
6	洗衣机	西门子	WS08M360TI	2
7	洗衣机	海尔	XQG55-H12866	4
8	冰箱	美的	KA62NV00TI	9
9	冰箱	美的	BCD-210TSM	8
10	冰箱	海尔	BCD-539WT	8
11	冰箱	海尔	BCD-248WBCSF	4

图17-23　白电商品第三季度进货明细表

为了便于多表的三维引用，首先定义一个工作表名的名称ShtName。

```
={"7月","8月","9月"}
```

由于各类商品中存在多种品牌重复的情况，因此在统计表中需要针对不同品牌进行条件统计。

在“进货汇总”工作表B4单元格中输入以下数组公式，按<Ctrl+Shift+Enter>组合键，并将公式复制到B4:E6单元格区域。

```
{=SUM(SUMIFS(INDIRECT(ShtName&"!D:D"),INDIRECT(ShtName&"!A:A"),$A4,
INDIRECT(ShtName&"!B:B"),B$3))}
```

该公式主要使用INDIRECT函数，分别针对7月、8月、9月3张工作表，生成D列、A列和B列的三维引用。再使用SUMIFS函数支持三维引用的特性，分别对各工作表的商品类别和品牌名称进行两个条件的数据汇总，从而实现商品进货量的条件统计，统计结果如图17-24所示。

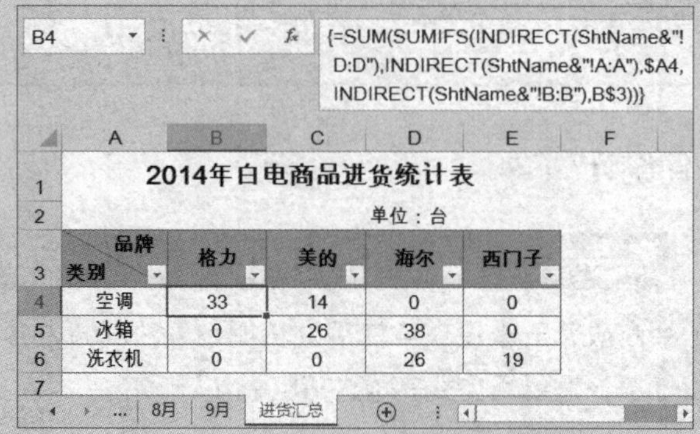

品牌 类别	格力	美的	海尔	西门子
空调	33	14	0	0
冰箱	0	26	38	0
洗衣机	0	0	26	19

图17-24　第三季度白电商品进货统计表

17.3.7　另类多条件汇总技术

17.3.6节演示了使用SUMIFS函数在跨多表直接区域引用中进行多条件统计的技术，但如果需要对多表数据进行转换后的多条件汇总，则需要特殊的处理。

示例17-13　另类多表多条件统计

图17-25展示了某集团公司第四季度东、西部片区的电子商品销售情况明细表，需要根据商品品牌按销售月份进行汇总。

由于SUMIFS函数的三维引用只能进行多条件区域直接引用的统计，而本示例需要按商品品牌和销售日期两个条件汇总，并且需要将销售日期转换为销售月份，因此SUMIFS函数不便在本示例中使用。本示例使用INDIRECT函数将各表的数据逐项提取出来，重新生成二维内存数组，再使用数组比较判断进行多条件求和，最终完成多条件统计。

为了简化公式，同时便于公式的理解，首先定义以下两个名称。

（1）工作表名ShtName。

```
={"东部","西部"}
```

日期	商品名称	品牌	销量
2013/10/24	空调	格力	6
2013/10/24	冰箱	西门子	4
2013/11/1	冰箱	海尔	12
2013/11/4	洗衣机	海尔	10
2013/12/7	空调	格力	7
2013/12/18	洗衣机	美的	2

东部 西部 汇总表

日期	商品名称	品牌	销量
2013/10/6	空调	美的	7
2013/10/29	冰箱	西门子	13
2013/11/10	空调	格力	10
2013/12/4	空调	格力	3
2013/12/23	洗衣机	海尔	17

东部 西部 汇总表

2013年4季度白电商品销量汇总表

单位：台

月份 品牌	10月	11月	12月	总销量
格力	6	10	10	26
西门子	17	0	0	17
海尔	0	22	17	39
美的	7	0	2	9

东部 西部 汇总表

图17-25 另类多表多条件统计

（2）数据行序列DataRow。

```
=ROW(INDIRECT("2:"&MAX(COUNTIF(INDIRECT(ShtName&"!A:A"),"<>"))))
```

该名称使用COUNTIF函数结合三维引用分别统计各表数据个数，得出各表中最大的数据行数7，并使用ROW函数和INDIRECT函数生成2~7的自然数序列，便于后续公式调用，提高统计公式的运行效率。

在“汇总表”工作表的B4单元格中输入以下公式，并将公式复制到B4:D7单元格区域。

```
=SUMPRODUCT((T(INDIRECT(ShtName&"!C"&DataRow))=$A4)*(MONTH(N(INDIRECT
(ShtName&"!A"&DataRow)))-LEFTB(B$3,2)=0)*N(INDIRECT(ShtName&"!D"&DataRow)))
```

该公式的关键点是“T(INDIRECT(ShtName&"!C"&DataRow))”部分，它通过INDIRECT函数将东部、西部两张工作表中的C列数据逐行提取出来形成四维引用。再使用T函数返回各个区域第一个单元格的文本值，形成6行2列的二维数组，结果如下。

```
{"格力","美的";"西门子","西门子";"海尔","格力";"海尔","格力";"格力",
"海尔";"美的",""}
```

公式中另外两个N函数分别返回东部、西部工作表中的A列和D列数据形成的二维数组。最后通过多条件比较判断求和进行汇总。

17.3.8 筛选状态下的统计汇总

示例17-14 筛选状态下的条件求和

图17-26展示了某电商2015年度部分销售业绩表，已经对5月份销售记录进行了筛选，需要汇总单笔销售数量大于等于10的销售数量和销售金额。

由于数据已经按“日期”进行了筛选，因此解决问题的关键就是确定哪些数据处于筛选可见状态。SUBTOTAL函数能够忽略隐藏的数据，只统计筛选可见的数据。

E14 =SUMPRODUCT(SUBTOTAL(3,OFFSET(E2,ROW(E3:E13)-ROW(E2),))*($E3:$E13>=10)*E3:E13)

筛选条件：5月

2015年度销售业绩表

序号	日期	货名	颜色	销售数量	销售金额
7	2015-5-8	皮具	060 黄色	20	4980
8	2015-5-17	秋季浅口单	081 草绿	1	459
9	2015-5-20	秋季深口单	033 粉色	4	1528
10	2015-5-23	夏季凉鞋	060 黄色	19	7296
11	2015-5-28	夏季女包	081 草绿	10	3840
汇总				49	16116

图17-26　筛选5月份销售记录

利用该特性，在E14单元格中输入以下公式，并将公式复制到E14:F14单元格区域。

```
=SUMPRODUCT(SUBTOTAL(9,OFFSET(E2,ROW(E3:E13)-ROW(E2),))*($E3:$E13>=10))
```

该公式使用OFFSET函数返回E3:E13各个单元格的三维引用，结合SUBTOTAL函数判断各单元格的可见性，返回筛选可见状态下的销售数据，处于隐藏状态下的数据则返回0。

将销售数量与10比较，判断销售数量大于等于10的销售记录。

最后将SUBTOTAL函数返回的销售数据与销售数量判断结果相乘，并使用SUMPRODUCT函数求和，得出筛选状态下销售数量大于等于10的销售数量之和。

示例17-15　筛选状态下提取不重复记录

图17-27展示了某企业2014年度培训计划表，已经对授课时间大于等于5课时的数据进行了筛选。需要提取出筛选后的不重复部门列表。

2014年度培训计划表

筛选条件：>=5课时

序号	类别	培训名称	部门	讲师	课时
2	技术	Flash Builder开发培训	开发部	刀锋	8
4	技术	Oracle系统优化及管理培训	信息部	毕琼华	14
5	技术	Java基础开发培训	开发部	杨艳凤	14
6	技术	Linux操作系统基础培训	技术部	王建昆	6
8	技术	Android系统开发培训	技术部	张哲	7
10	技术	Solaris system admin	系统部	蒋俊华	6

图17-27　筛选大于等于5课时的培训明细表

与示例17-14类似，使用SUBTOTAL函数判断数据是否处于筛选可见状态，将筛选可见状态下的数据计数为1，筛选隐藏的数据计数为0。

在D18单元格中输入以下数组公式，按<Ctrl+Shift+Enter>组合键，并向下复制到D23单元格。

```
{=INDEX(D:D,MIN(IF((COUNTIF(D$17:D17,D$3:D$13)=0)*SUBTOTAL(3,OFFSET(D$2,ROW(D$3:D$13)-ROW(D$2),)),ROW(D$3:D$13),4^8)))&""}
```

该公式使用COUNTIF函数过滤重复数据，使用SUBTOTAL函数判断筛选状态，最终提取出筛选条件下的唯一部门列表。

该公式的关键技术在于SUBTOTAL函数的三维引用用法，排除非筛选状态下的数据记录，从而生成最终的部门列表，如图17-28的D列所示。

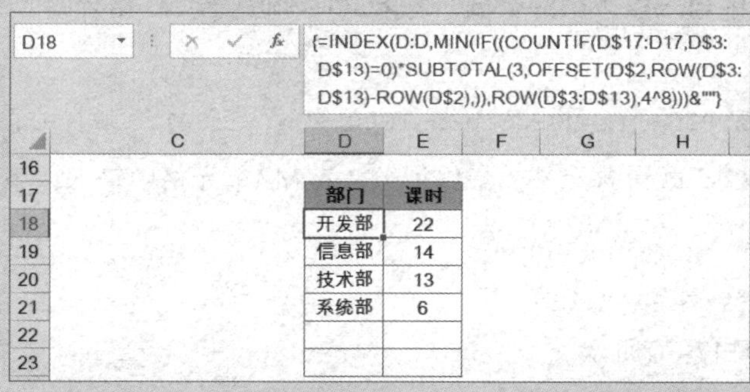
D18 {=INDEX(D:D,MIN(IF((COUNTIF(D$17:D17,D$3:D$13)=0)*SUBTOTAL(3,OFFSET(D$2,ROW(D$3:D$13)-ROW(D$2),)),ROW(D$3:D$13),4^8)))&""}

	D	E
17	部门	课时
18	开发部	22
19	信息部	14
20	技术部	13
21	系统部	6
22		
23		

图17-28　筛选状态下的唯一部门列表

17.3.9　根据比赛评分进行动态排名

在国际体育竞技比赛中，为了彰显公平公正，需要将所有得分的极值去掉一部分后再求平均值，作为运动员的最终成绩。常用的评分规则是，去掉一个最高分和一个最低分，取平均值为最后得分。

示例17-16　根据跳水比赛成绩动态排名

图17-29展示了某次跳水比赛的评分明细表，8位裁判分别对7位选手进行评分，比赛成绩为去掉一个最高分和一个最低分的平均值。需要根据最终得分按降序排列各选手的顺序。

	A	B	C	D	E	F	G	H	I
1	参赛选手	评委A	评委B	评委C	评委D	评委E	评委F	评委G	评委H
2	俄罗斯	8.5	8.5	8	8.5	9	7.5	9	8.5
3	中国	9	9.5	9.5	9.5	10	9.5	9	10
4	英国	8.5	9	8	9	8.5	7	9	9
5	加拿大	9.5	9	9.5	9.5	8.5	10	9	9.5
6	澳大利亚	9	8.5	9.5	9	9.5	9	8.5	8.5
7	美国	8	9.5	10	8.5	9.5	9	9.5	9
8	日本	7.5	9	8.5	9	9	9	8.5	9

图17-29　跳水比赛评分明细表

为了简化公式和便于公式的理解，首先使用以下公式定义名称Score，计算去掉最高分和最低分后的选手的总得分。

```
{=MMULT(SUBTOTAL({9,5,4},OFFSET($B$1:$I$1,ROW($1:$7),)),{1;-1;-1})}
```

17章

SUBTOTAL函数第一参数使用{9,5,4}，结合三维引用分别计算每个选手总分、最高分和最低分，再使用MMULT函数进行横向汇总，即与{1;-1;-1}逐项相乘，相当于总分减去最高分和最低分的最终总得分，其结果如下。

```
{51;57;52;56;53.5;55;53}
```

在L2单元格中输入以下数组公式，按<Ctrl+Shift+Enter>组合键，并向下复制到L8单元格。

```
{=INDEX(A:A,RIGHT(LARGE(Score*1000+ROW($2:$8),ROW()-1),2))}
```

将Score除以6，既得各选手的最终得分。在M2单元格中输入以下公式，并向下复制到M8单元格。

```
=LARGE(Score,ROW()-1)/6
```

排名结果如图17-30所示。

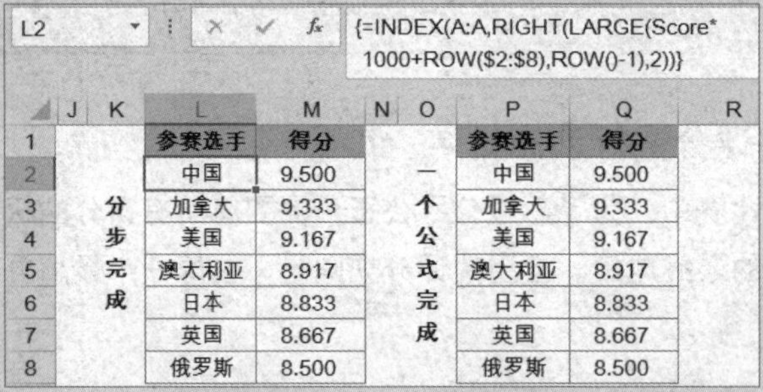

L2　{=INDEX(A:A,RIGHT(LARGE(Score*1000+ROW($2:$8),ROW()-1),2))}

	J	K	L	M	N	O	P	Q	R
1			参赛选手	得分			参赛选手	得分	
2			中国	9.500		一	中国	9.500	
3		分	加拿大	9.333		个	加拿大	9.333	
4		步	美国	9.167		公	美国	9.167	
5		完	澳大利亚	8.917		式	澳大利亚	8.917	
6		成	日本	8.833		完	日本	8.833	
7			英国	8.667		成	英国	8.667	
8			俄罗斯	8.500			俄罗斯	8.500	

图17-30　比赛成绩排名结果

可以使用一个公式来同时提取选手姓名和得分，以减少公式输入操作步骤，提高工作效率。

同时选中P2:Q8单元格区域，在编辑栏中输入以下数组公式，按<Ctrl+Shift+Enter>组合键。

```
{=INDEX(IF({1,0},A1:A8,ROW(1:600)/60),MID(LARGE(Score*1000+ROW(2:8),
ROW()-1),{4,1},3))}
```

该公式首先使用IF函数将参赛选手和可能出现的所有得分合并成一个二维数组，作为INDEX函数的第一参数。

然后将选手总得分Score与其对应的行序号组合，并使用LARGE函数对它按降序排列，返回按选手得分降序排列的总得分和行序号，结果如下。

```
{57003;56005;55007;53506;53008;52004;51002}
```

再使用MID函数取出总得分和行序号，最后使用INDEX函数返回对应的参赛选手姓名和最终得分。

17.3.10　先进先出法应用

示例17-17　使用先进先出法库存统计

图17-31展示了某产品原料出入库明细表，需要按先进先出法计算每次出库原料的实际价格。

根据先进先出核算法，出库价值先计出库时库存中最先入库批次的价值，不足部分再计下批次入库的货物价值，以此类推。L列展示了出库金额的演算过程。

	A	B	C	D	E	F	G	H	I	J	K	L	M
1	日期	入库			出库			结余				出库金额演算	
2		数量	单价	金额	数量	单价	金额	数量	单价	金额		公式	结果
3	2013-10-1	50	1.20	60.00				50	1.200	60.00			
4	2013-10-2	12	1.30	15.60				62	1.219	75.60			
5	2013-10-4				51	1.202	61.30	11	1.300	14.30		50*1.2+1*1.3	61.30
6	2013-10-5				10	1.300	13.00	1	1.300	1.30		10*1.3	13.00
7	2013-10-6	34	1.40	47.60				35	1.397	48.90			
8	2013-10-8				12	1.392	16.70	23	1.400	32.20		1*1.3+11*1.4	16.70
9	2013-10-9				20	1.400	28.00	3	1.400	4.20		20*1.4	28.00
10	2013-10-12	32	1.50	48.00				35	1.491	52.20			
11	2013-10-13	88	1.20	105.60				123	1.283	157.80			
12	2013-10-14				48	1.413	67.80	75	1.200	90.00		3*1.4+32*1.5+13*1.2	67.80

图17-31　使用先进先出法计算出库金额

首先将光标定位到G3单元格，使用行相对引用定义两个名称，分别将入库数量和入库金额逐行累加，如图17-32所示。

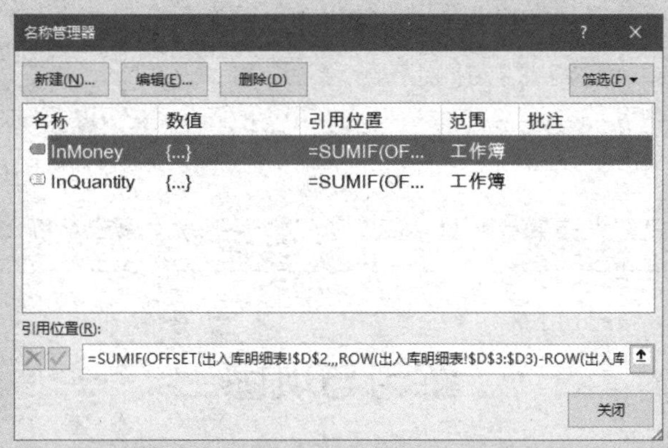

图17-32　使用先进先出法名称定义

累加入库数量的名称InQuantity。

```
=SUMIF(OFFSET(出入库明细表!$B$2,,,ROW(出入库明细表!$B$3:$B3)-ROW(出入库明细表!$B$2)),"<>")
```

累加入库金额的名称InMoney。

```
=SUMIF(OFFSET(出入库明细表!$D$2,,,ROW(出入库明细表!$D$3:$D3)-ROW(出入库明细表!$D$2)),"<>")
```

在G3单元格中输入以下数组公式，按<Ctrl+Shift+Enter>组合键，并向下复制到G12单元格。

```
{=LOOKUP(SUM(E$2:E3),InQuantity,InMoney+(SUM(E$2:E3)-InQuantity)*C$3:C3)-SUM(G$2:G2)}
```

公式使用总出库量在累加入库数量InQuantity数组中查找，并根据累加入库金额返回具体出库金额。

以G12单元格的出库金额为例，G12单元格公式如下。

```
{=LOOKUP(SUM(E$2:E12),InQuantity,InMoney+(SUM(E$2:E12)-InQuantity)*C$3:C12)-SUM(G$2:G11)}
```

截至2013年10月14日，总出库量为141。

截至2013年10月13日，累加入库数量InQuantity如下。

```
{0;50;62;62;62;96;96;96;128;216}
```

累加入库金额InMoney如下。

```
{0;60;75.6;75.6;75.6;123.2;123.2;123.2;171.2;276.8}
```

通过公式中“(SUM(E$2:E12)-InQuantity)*C$3:C12”部分将当前的总出库量与累加入库数量数组相减，得出出库数量中未在上一次入库中扣除的部分。

```
{141;91;79;79;79;45;45;45;13;-75}
```

再与入库单价相乘得到本次部分出库的出库金额如下。

```
{169.2;118.3;0;0;110.6;0;0;67.5;15.6;0}
```

使用LOOKUP函数模糊查询，返回截至目前的上次完全出库和本次部分出库之和为171.2+15.6=186.6。

最后减去之前已经出库的累计总金额119元，返回本次出库金额67.80元。

练习与巩固

（1）三维引用和四维引用统称为多维引用，主要区别包括______________。

（2）Excel 2016中通常使用________函数和________函数来生成多维引用。

（3）跨工作表的多维引用必须通过________函数来生成。

（4）公式“OFFSET(A1,{1,2,3},{0;0;2})”返回的是________维引用。

第18章 财务函数

财务函数在社会经济生活中有着广泛的用途，小到计算个人理财收益、信用卡还款，大到评估企业价值、比较不同方案的优劣以确定重大投资决策，都有财务函数的应用。Microsoft Excel 2016中的财务函数主要可以分为与本金和利息相关、与投资决策和收益率相关、与折旧相关、与有价证券相关和其他等几个类型。本章主要介绍如何利用Excel财务函数来实现相关的计算需求。

本章学习要点

(1) 财务、投资相关的基础知识。
(2) 贷款本息计算相关函数。
(3) 投资评价函数。
(4) 折旧函数。

18.1 财务、投资相关的基础知识

18.1.1 货币的时间价值

货币的时间价值是指在存在投资机会的市场上，货币的价值随着一定时间的投资和再投资而发生的增值。

假设张三在2018年1月1日有100元现金，第一种情况是将其存入银行，假定年存款利率为10%，到2018年12月31日就可以取出110元。第二种情况是不做任何投资，到2018年12月31日仍然是100元。

第一种情况比第二种情况增加了10元，这部分就可以理解为货币的时间价值。

18.1.2 年金

年金是指等额、定期的系列收支，每期的收付款金额在年金周期内不能更改。例如，偿还一笔金额为10万元的无息贷款，每年12月31日偿还1万元，偿还10年就属于年金付款形式。

18.1.3 单利和复利

利息有单利和复利两种计算方式。

单利是指按照固定的本金计算的利息，即本金固定，到期后一次性结算利息。而本金所产生的利息不再计算利息，如银行的定期存款。

复利是指在每经过一个计息期后，都要将所生利息加入本金，以计算下期的利息。这样，在每一个计息期，上一个计息期的利息都将成为生息的本金，即以利生利，也就是俗称的“利滚利”，如某些货币基金的计息方式。

示例18-1 单利和复利

如图18-1所示，假设初始投资本金为100元，年利率为10%，分别使用单利和复利两种方式来计算每年的收益。

在B5单元格中输入以下公式，并向下复制到B14单元格。

```
=$B$1*$B$2
```

在C5单元格中输入以下公式，并向下复制到C14单元格。

```
=$B$2*(1+$B$1)^(A5-1)*$B$1
```

	A	B	C
1	年利率	10%	
2	本金	100.00	
3			
4	年份	单利模式每年收益	复利模式每年收益
5	1	10.00	10.00
6	2	10.00	11.00
7	3	10.00	12.10
8	4	10.00	13.31
9	5	10.00	14.64
10	6	10.00	16.11
11	7	10.00	17.72
12	8	10.00	19.49
13	9	10.00	21.44
14	10	10.00	23.58

图18-1 单利和复利

可以看出，单利模式每年收益均为固定的10元，复利模式由于每年产生的收益都会滚动计入下年的本金，因此收益逐年增大。

现值和终值的计算一般基于复利模式计算。

注意

一般财务函数中会提供参数指定投资本金的投出或贷款本息的偿还是在期初还是期末。如无特殊说明，示例中投资本金均指在每一个计息期间的第一天投出，就年度的计息期来说，投资本金于每年的1月1日投出。若为偿还贷款，贷款本金和利息的支付在每个计息期间的最末一天。

18.1.4 现值和终值

现值（Present Value，PV）指未来现金流量以恰当的折现率折算到现在的价值，在不考虑通货膨胀的情况下主要考虑的是货币的时间价值因素。

假设市场上的投资回报率为每年10%，1年之后的110元相当于现在的100元，也就是1年之后的110元折算到现在的价值是110/(1+10%)^1等于100元。因为现在的100元投资出去，1年之后能收回110元，所以可以说1年之后的110元的现值是100元。

将未来的现金流折算到现值的过程称为折现，折现使用的利率或回报率称为折现率。

示例18-2 现值计算

图18-2中展示了1年后、2年后和3年后的15 000元现值的计算结果。在B5单元格中输入以下公式，并向右复制到D5单元格，计算复利现值。

```
=B2/(1+B3)^B1
```

可以看出，同样金额折现的期间越长，现值计算结果越小。

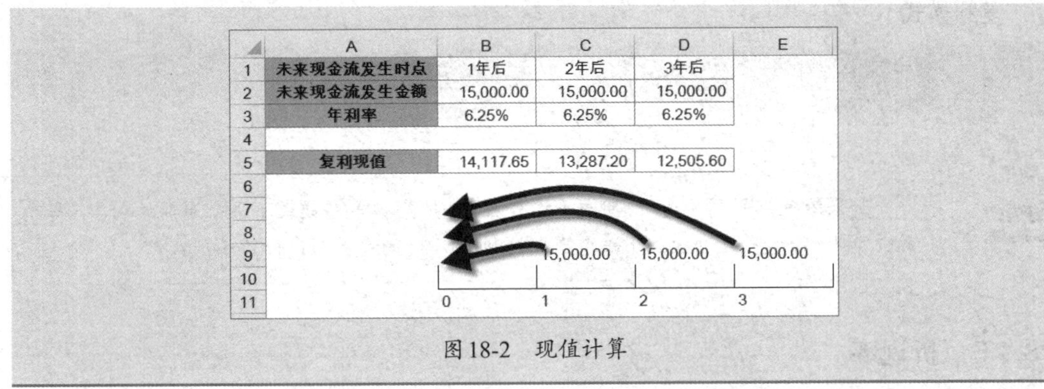

	A	B	C	D	E
1	未来现金流发生时点	1年后	2年后	3年后	
2	未来现金流发生金额	15,000.00	15,000.00	15,000.00	
3	年利率	6.25%	6.25%	6.25%	
4					
5	复利现值	14,117.65	13,287.20	12,505.60	

图18-2　现值计算

终值（Future Value，FV）是与现值对应的概念，又称将来值或本利和，是指现在一定量的资金在未来某一时点上的价值。

假设市场上的投资年回报率为10%，现在投资100元，1年之后会变成110元，也就是现在的100元折算到1年后的终值是100*(1+10%)^1等于110元。

示例18-3　终值计算

图18-3中展示了现在投资15 000元在1年后、2年后和3年后的终值计算结果。在B5单元格中输入以下公式，并向右复制到D5单元格，计算复利终值。

```
=B2*(1+B3)^B1
```

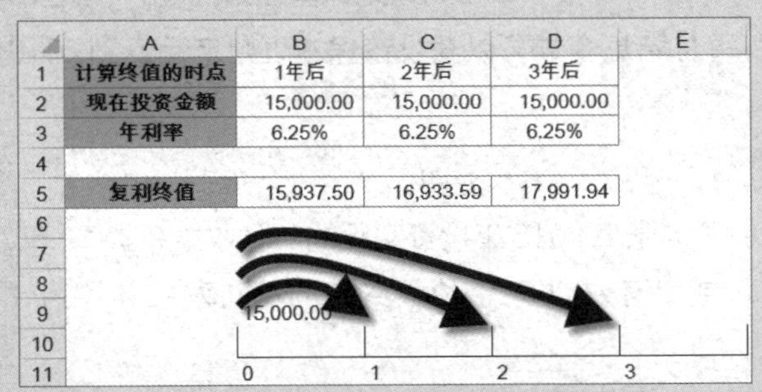

	A	B	C	D	E
1	计算终值的时点	1年后	2年后	3年后	
2	现在投资金额	15,000.00	15,000.00	15,000.00	
3	年利率	6.25%	6.25%	6.25%	
4					
5	复利终值	15,937.50	16,933.59	17,991.94	

图18-3　终值计算

可以看出，同样的投资金额时间越长终值计算结果越大。

18.1.5　年利率、月利率和日利率

利率根据不同的计息周期一般分为年利率、月利率和日利率3种，在单利模式下和复利模式下三者关系有所不同。

单利模式下：

```
月利率*12=年利率
日利率*360=月利率*12=年利率
```

复利模式下：

```
(1+月利率)^12-1=年利率
(1+日利率)^360-1=年利率
```

如果给定期间利率为r，期间平均分成n个周期，单利模式下每个周期的利率r'与r的关系为$r'*n=r$；复利模式下每个周期的利率r'与r的关系为$(1+r')$^$n-1=r$。

18.1.6 折现率

折现率是根据资金具有时间价值这一特性，按复利计息原理把未来一定时期的现金流量折合成现值的一种比率。

如果1年后的110元相当于现在的100元，可以说市场利率是10%，也可以说现在的100元不做任何投资的机会成本率是10%。在评估一项具体投资时，如果将未来预期收回本金和收益的现金流用10%作为折现率，折成现值的金额大于初始投资的金额，则说明这项投资是可行的；反之则是不可行的。

也可以说，用大于10%的折现率才能使未来预期收回本金和收益的折现值之和与初始投资的金额相等，则说明这项投资是可行的；反之则是不可行的。

18.1.7 名义利率和实际利率

假设张三2018年1月1日投资100元购买某保本理财产品，约定的年利率为12%，月利率为1%，每月结息，每月结息金额可以复投该保本理财产品。到2018年12月31日实际一共可收取的收益如下。

```
100*(1+12%/12)^12-100= 12.68(元)
```

不考虑通货膨胀因素，张三2018年投资实际的年化收益率为12.68/100=12.68%，这个利率称为“实际利率”或“有效利率”。协议约定的年利率12%称为“名义利率”，月利率1%称为“周期利率”。

名义利率和实际利率存在差异是基于复利模式计算方法，给定名义利率或实际利率及每年的复利期数，可以将名义利率和实际利率互相转换。

假设名义利率为i，实际利率为r，每年复利期数为n，计算公式如下。

$$\left(1+\frac{i}{n}\right)^n-1=r$$

18.1.8 现金的流入与流出

所有的财务函数都基于现金流，即现金流入与现金流出。所有的交易也都伴随着现金流入与现金流出。如购车，对于购买者是现金流出，对于销售者就是现金流入。存款对于存款人是现金流出，取款是现金流入。而对于银行，存款是现金流入，取款则是现金流出。

所以在构建财务公式的时候，首先要确定决策者是谁，以确定每一个参数是现金流入还是现金流出。在Excel内置财务函数的参数和计算结果中，正数代表现金流入，负数代表现金流出。

18.1.9 常见的贷款还款方式

假设张三有一笔12 000元的1年期银行贷款，年利率为6.50%，要求每月还款一次。还款方式有等额本金偿还方式和等额本息偿还方式两种。

1. 等额本金偿还方式

等额本金偿还方式是在还款期内把贷款本金等分，每期偿还同等数额的本金和本期期初贷款余额在该期间所产生的利息。这样的还款方式，每期偿还本金额固定，利息越来越少。

在等额本金偿还方式下，张三需要每月偿还1 000元本金和每月初贷款余额在当月产生的利息。实际偿还情况，如表18-1所示。

表18-1 等额本金偿还方式还款明细

期数	每期偿还本息和	其中：偿还本金	其中：偿还利息
1	−1 065.00	−1 000.00	−65.00
2	−1 059.58	−1 000.00	−59.58
3	−1 054.17	−1 000.00	−54.17
4	−1 048.75	−1 000.00	−48.75
5	−1 043.33	−1 000.00	−43.33
6	−1 037.92	−1 000.00	−37.92
7	−1 032.50	−1 000.00	−32.50
8	−1 027.08	−1 000.00	−27.08
9	−1 021.67	−1 000.00	−21.67
10	−1 016.25	−1 000.00	−16.25
11	−1 010.83	−1 000.00	−10.83
12	−1 005.42	−1 000.00	−5.42
合计	−12 422.50	−12 000.00	−422.50

2. 等额本息偿还方式

等额本息偿还方式是在还款期内每期偿还相等金额，每期支付的相等金额中同时包含本金和利息。随着本金的陆续偿还，每期支付的相等金额中本金占比越来越大，利息越来越少。

在等额本息偿还方式下，张三需要每月偿还1 035.56元。实际偿还情况，如表18-2所示。

表18-2　等额本息偿还方式还款明细

期数	每期偿还本息和	其中：偿还本金	其中：偿还利息
1	−1 035.56	−970.56	−65.00
2	−1 035.56	−975.81	−59.74
3	−1 035.56	−981.10	−54.46
4	−1 035.56	−986.41	−49.14
5	−1 035.56	−991.76	−43.80
6	−1 035.56	−997.13	−38.43
7	−1 035.56	−1 002.53	−33.03
8	−1 035.56	−1 007.96	−27.60
9	−1 035.56	−1 013.42	−22.14
10	−1 035.56	−1 018.91	−16.65
11	−1 035.56	−1 024.43	−11.13
12	−1 035.56	−1 029.98	−5.58
合计	−12 426.68	−12 000.00	−426.68

18.2　基本借贷和投资类函数FV、PV、RATE、NPER和PMT

Microsoft Excel 2016中有5个基本借贷和投资函数，它们之间是彼此相关的，分别是FV、PV、RATE、NPER和PMT函数。各函数的功能如表18-3所示。

表18-3　各函数的功能及语法

函数	功能	语法
FV	缩写于Future Value。基于固定利率及等额分期付款方式，返回某项投资的未来值	FV(rate,nper,pmt,[pv],[type])
PV	缩写于Present Value。返回投资的现值。现值为一系列未来付款的当前值的累积和	PV(rate,nper,pmt,[fv],[type])
RATE	返回年金的各期利率	RATE(nper,pmt,pv,[fv],[type],[guess])
NPER	缩写于Number of Periods。基于固定利率及等额分期付款方式，返回某项投资的总期数	NPER(rate,pmt,pv,[fv],[type])
PMT	缩写于Payment。基于固定利率及等额分期付款方式，返回贷款的每期付款额	PMT(rate,nper,pv,[fv],[type])

这些财务函数中包含很多有同样意义的参数，如rate、per、nper、pv、fv等。参数的含义及说明如表18-4所示。

表18-4 参数的含义及说明

参数	含义	说明
rate	利率或折现率	使用时应注意rate应与其他参数保持一致。例如，要以12%的年利率按月支付一笔4年期贷款，则rate应为12%/12，总期数（nper）应为4*12。如果每年还款一次，则rate应为12%，总期数（nper）应为4
nper	付款总期数	
per	需要计算利息、本金等数额的期数	例如，要计算按月支付的一笔4年期贷款第15个月时应支付的利息或本金，则per应等于15。使用时应注意per的数值必须在1到nper之间
pv	现值	一系列未来现金流的当前值的累积和，某些函数中代表收到贷款的本金
fv	终值或未来值	一系列现金流未来值的累加和，一般为可选参数。若省略 fv，则假定其值为0
pmt	各期所应支付的金额	如果期初一次性投资后不再追加投资，则pmt为0
type	付款方式	数字0或1，用以指定各期的付款时间是在期初还是期末。0或省略代表期末，1代表期初

18.3 与本金和利息相关的财务函数

18.3.1 未来值函数FV

在利率RATE、总期数NPER、每期付款额PMT、现值PV、支付时间类型TYPE已确定的情况下，可利用FV函数求出未来值，其语法如下：

```
FV(rate,nper,pmt,[pv],[type])
```

示例18-4 整存整取

张三投资10 000元购买一款理财产品，年收益率是6%，每月按复利计息，需要计算2年后的本金及收益合计金额，如图18-4所示。

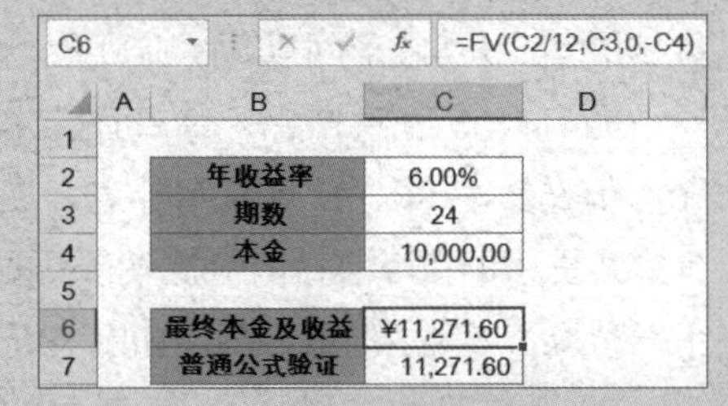

图18-4 整存整取

在C6单元格中输入以下公式：

```
=FV(C2/12,C3,0,-C4)
```

由于是按月计息，使用C2单元格6%的年收益率除以12得到每个月的收益率。C3单元格的期数24代表2年共24个月。由于是一次性期初投资，因此第三参数pmt为0。投资10 000元购买理财产品，属于现金流出，所以C4使用负值。最终的本金收益结果为正值，说明是现金流入。type函数省略说明是期末付款。

使用财务函数计算的单元格格式默认为“货币”格式。

在C7单元格中输入以下普通公式可以对FV函数返回的结果进行验证。

```
=C4*(1+C2/12)^C3
```

示例18-5 零存整取

张三投资10 000元购买一款理财产品，而且每月再固定投资500元，年收益率是6%，按月复利计息，需要计算2年后的本金及收益合计金额，如图18-5所示。

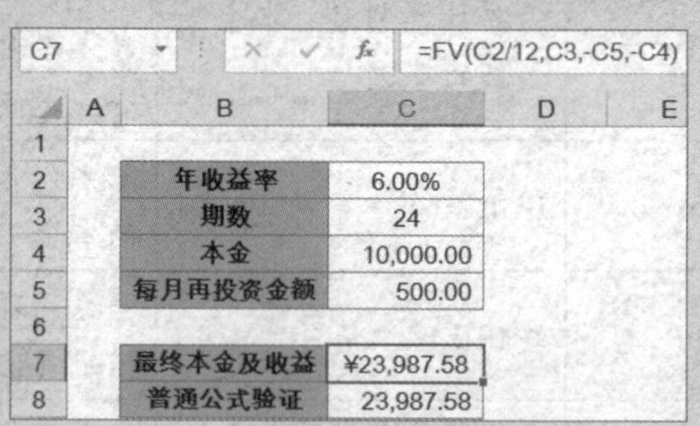

C7　=FV(C2/12,C3,-C5,-C4)

	A	B	C	D	E
1					
2		年收益率	6.00%		
3		期数	24		
4		本金	10,000.00		
5		每月再投资金额	500.00		
6					
7		最终本金及收益	¥23,987.58		
8		普通公式验证	23,987.58		

图18-5　零存整取

在C7单元格中输入以下公式。

```
=FV(C2/12,C3,-C5,-C4)
```

其中每月固定再投资金额属于现金流出，所以使用-C5。

在C8单元格中输入以下普通公式可以对FV函数返回的结果进行验证。

```
=C4*(1+C2/12)^C3+C5*((1+C2/12)^C3-1)/(C2/12)
```

注意

银行的零存整取的利息计算方式并不适用于这个公式，因为银行每月按单利计算存款利息，而不是复利。

示例18-6 对比投资保险收益

有这样一份保险产品，孩子从8岁开始投资，每个月固定交给保险公司100元，一直到孩子长到18岁，共计10年。到期保险公司归还全部本金100*12*10=12 000元，如果孩子考上大学，额外奖励4 000元。

另有一份理财产品，每月固定投资100元，年收益率6%，按月复利计息。在不考虑保险能提供的保障收益的前提下，需要计算以上两种投资哪种的收益更高，如图18-6所示。

C8　=FV(C2/12,C3,-C5,-C4)

	A	B	C	D	E
1					
2		年收益率	6.00%		
3		期数	120		
4		本金	-		
5		每月投资金额	100.00		
6					
7		保险收益	16,000.00		
8		理财产品收益	¥16,387.93		

图18-6　对比投资保险收益

在C7单元格中输入以下公式，结果为16 000。

```
=100*120+4000
```

在C8单元格中输入以下公式，结果为16 387.93。

```
=FV(C2/12,C3,-C5,-C4)
```

假设孩子能够考上大学并且在不考虑出险及保险责任的情况下，投资保险的收益要比投资合适的理财产品少近400元。

18.3.2 现值函数PV

在利率RATE、总期数NPER、每期付款额PMT、未来值FV、支付时间类型TYPE已确定的情况下，可利用PV函数求出现值。其语法如下。

```
PV(rate,nper,pmt,[fv],[type])
```

示例18-7 计算存款金额

如图18-7所示，假设银行1年期定期存款利率为3%，如果希望在30年后个人银行存款可以达到100万元，那么现在一次性存入多少钱可以达到这个目标?

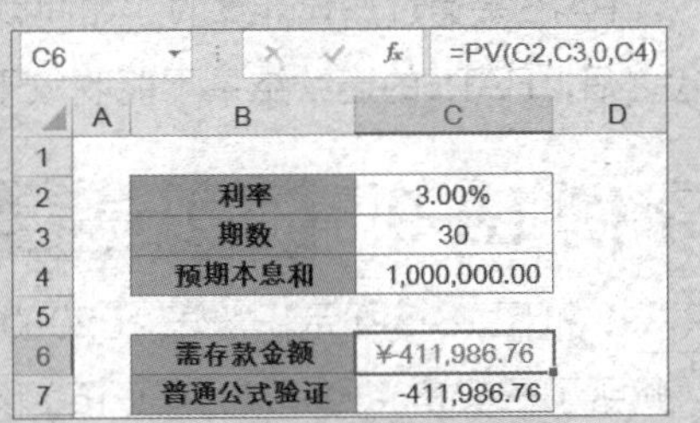

图18-7 计算存款金额

在C6单元格中输入以下公式。

```
=PV(C2,C3,0,C4)
```

因为是存款，属于现金流出，所以最终计算结果为负值。

在C7单元格中输入以下普通公式可以对PV函数返回的结果进行验证。

```
=-C4/(1+C2)^C3
```

示例18-8 整存零取

如图18-8所示，现在有一笔钱存入银行，假设银行1年期定期存款利率为3%，希望在之后的30年内每年从银行取10万元，直到将全部存款取完，计算现在需要存入多少钱?

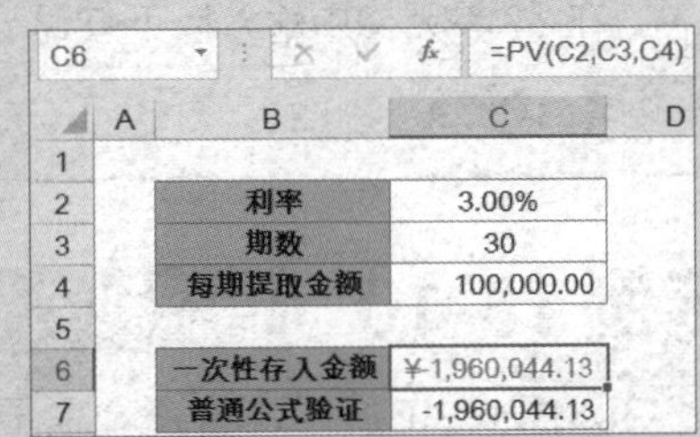

图18-8 整存零取

在C6单元格中输入以下公式。

```
=PV(C2,C3,C4)
```

由于最终全部取完，即未来值FV为0（期初一次性存入金额与每期取出的10万元未来值合计为0），因此，可以省略第四参数。

在C7单元格中输入以下普通公式可以对PV函数返回的结果进行验证。

```
=-C4*(1-1/(1+C2)^C3)/C2
```

注意

使用PV函数时，如果省略pmt参数，则必须包括fv参数；如果省略fv参数，则必须包括pmt参数。

18.3.3 利率函数RATE

RATE函数计算年金形式现金流的利率或贴现利率。如果是按月计算利率，得到结果乘以12就得到相应条件下的年利率。其语法如下。

```
RATE(nper,pmt,pv,[fv],[type],[guess])
```

其中，最后一个参数guess为预期利率，是可选的。如果省略guess，则假定其值为10%。如果RATE不能收敛，可以尝试不同的guess值。如果guess在0和1之间，RATE通常会收敛。

RATE是通过迭代计算的，如同解一元多次方程，可以有零个或多个解法。如果在20次迭代之后，RATE的连续结果不能收敛于0.000 000 1之内，则RATE返回错误值#NUM!。

示例18-9 房屋收益率

如图18-9所示，张三在2000年用12万元购买了一套房，到2020年以150万元价格卖出，总计20年时间，需要计算平均每年的收益率。

在C6单元格中输入以下公式。

```
=RATE(C2,0,-C3,C4)
```

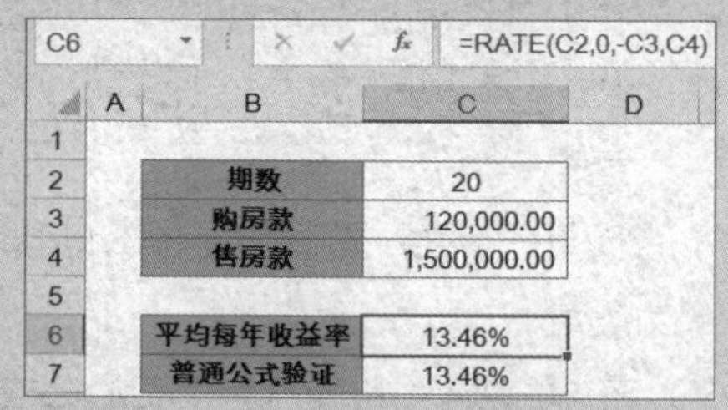

图18-9 房屋收益率

其中，C2单元格为从买房到卖房之间的期数。中间没有追加投资，所以第二参数pmt为0。在2000年支出12万元，所以在2000年属于现值，使用-C3，表示现金流出12万元。卖房时间是2020年，相对于2000年属于未来值，所以最后一个参数fv使用C4。

在C7单元格中输入以下普通公式可以对RATE函数返回的结果进行验证。

```
=(C4/C3)^(1/20)-1
```

示例18-10 借款利率

如图18-10所示，因资金需要，张三向他人借款10万元，约定每季度还款1.2万元，共计3年还清，那么这个借款的利率为多少？

在C6单元格中输入以下公式返回季度利率。

```
=RATE(C2,-C3,C4)
```

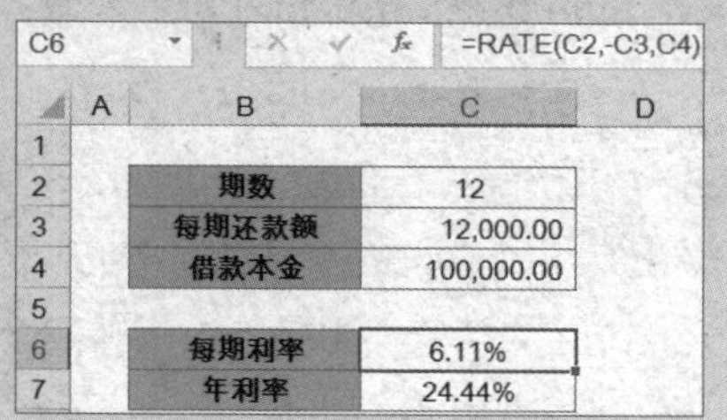

图18-10 借款利率

由于期数12是按照季度来算的，即3年内共有12个季度，因此，这里计算得到的利率为季度利率。

在C7单元格中输入以下公式，将季度利率乘以4，返回相应的年利率。

```
=RATE(C2,-C3,C4)*4
```

18.3.4 期数函数NPER

NPER函数用于计算基于固定利率及等额分期付款方式，返回某项投资的总期数。其计算结果可能包含小数，需根据实际情况将结果向上舍入或向下舍去得到合理的实际值，其语法如下。

```
NPER(rate,pmt,pv,[fv],[type])
```

示例18-11 计算理财产品购买期数

如图18-11所示，张三现有存款10万元，每月工资可以剩余5 000元用于购买理财产品。某理财产品的年利率为6%，按月计息，需要连续多少期购买该理财产品可以使总额达到100万元。

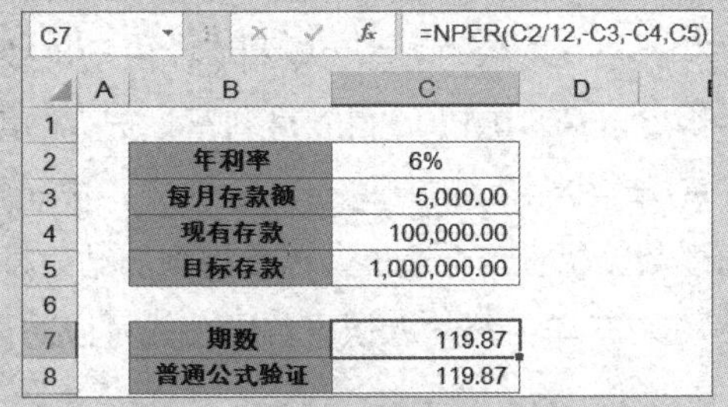

C7 =NPER(C2/12,-C3,-C4,C5)

	A	B	C	D
1				
2		年利率	6%	
3		每月存款额	5,000.00	
4		现有存款	100,000.00	
5		目标存款	1,000,000.00	
6				
7		期数	119.87	
8		普通公式验证	119.87	

图18-11 计算购买期数

在C7单元格中输入以下公式。

```
=NPER(C2/12,-C3,-C4,C5)
```

计算结果为119.87，由于期数都必须为整数，因此最终结果应为120个月，即10年整。

在C8单元格中输入以下普通公式，可以对NPER函数返回的结果进行验证。

```
=LOG(((-C3)-C5*C2/12)/((-C3)+(-C4)*C2/12),1+C2/12)
```

18.3.5 付款额函数PMT

PMT函数的计算是基于固定的利率和固定的付款额，把某个现值（PV）增加或降低到某个未来值（FV）所需要的每期金额。其语法如下。

```
PMT(rate,nper,pv,[fv],[type])
```

示例18-12 每期存款额

如图18-12所示，假设银行1年期定期存款利率为3%。张三现有存款10万元，如果希望在30年后个人银行存款可以达到100万元，那么在这30年中，需要每年向银行存款多少钱?

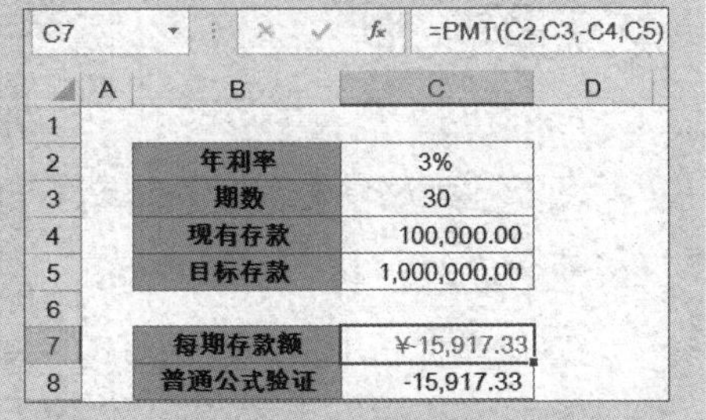

C7 =PMT(C2,C3,-C4,C5)

	A	B	C	D
1				
2		年利率	3%	
3		期数	30	
4		现有存款	100,000.00	
5		目标存款	1,000,000.00	
6				
7		每期存款额	¥-15,917.33	
8		普通公式验证	-15,917.33	

图18-12 每期存款额

在C7单元格中输入以下公式。

```
=PMT(C2,C3,-C4,C5)
```

在C8单元格中输入以下公式可以对PMT函数返回的结果进行验证。

```
=(-C5*C2+C4*(1+C2)^C3*C2)/((1+C2)^C3-1)
```

示例18-13 贷款每期还款额计算

如图18-13所示，张三从银行贷款100万元，年利率为5%，共贷款30年，采用等额本息还款方式，需要计算每月还款额为多少？

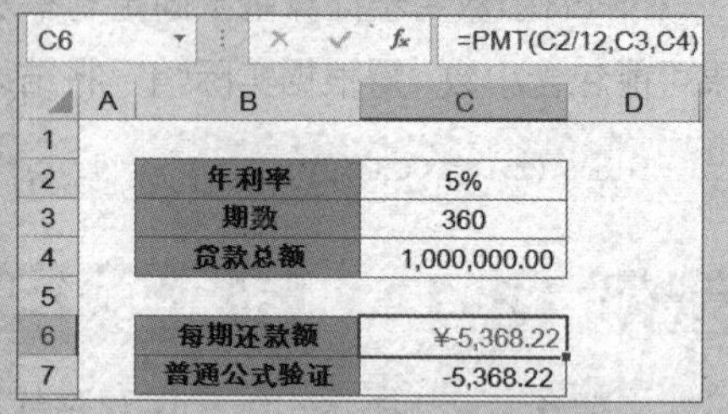

	A	B	C	D
1				
2		年利率	5%	
3		期数	360	
4		贷款总额	1,000,000.00	
5				
6		每期还款额	¥-5,368.22	
7		普通公式验证	-5,368.22	

图18-13 贷款每期还款额计算

C6单元格输入以下公式。

```
=PMT(C2/12,C3,C4)
```

银行贷款的利率为年利率，由于是按月计息，因此，需要除以12得到月利率。贷款的期数则用30年乘以12，得到总计360个月。贷款属于现金流入，所以这里的现值使用正数，每月还款额属于现金流出，因此得到的结果是负数。

C7单元格输入以下普通公式可以对PMT函数返回的结果进行验证。

```
=(-C4*(1+C2/12)^C3*C2/12)/((1+C2/12)^C3-1)
```

18.3.6 还贷本金函数PPMT和利息函数IPMT

PMT函数常被用在等额本息还贷业务中，用来计算每期应偿还的贷款金额。而PPMT函数和IPMT函数则可分别用来计算该业务中每期还款金额中的本金和利息部分，PPMT函数和IPMT函数的语法如下。

```
PPMT(rate,per,nper,pv,[fv],[type])
IPMT(rate,per,nper,pv,[fv],[type])
```

示例18-14 贷款每期还款本金与利息

如图18-14所示，张三使用信用卡刷卡12 000元，采用等额本息还款方式每月还款，年利率为6.5%，12个月付清。需要计算每个月偿还的本金和利息各多少？

在E2单元格中输入以下公式，并向下复制到E13单元格。

```
=PMT(B$1/B$2,B$2,B$3)
```

在F2单元格中输入以下公式，并向下复制到F13单元格。

```
=PPMT(B$1/B$2,D2,B$2,B$3,0)
```

在G2单元格中输入以下公式，并向下复制到G13单元格。

```
=IPMT(B$1/B$2,D2,B$2,B$3,0)
```

	A	B	C	D	E	F	G
1	年利率	6.50%		期数	每期偿还本息和	偿还本金	偿还利息
2	期数	12		1	¥-1,035.56	¥-970.56	¥-65.00
3	贷款总额	12,000.00		2	¥-1,035.56	¥-975.81	¥-59.74
4				3	¥-1,035.56	¥-981.10	¥-54.46
5				4	¥-1,035.56	¥-986.41	¥-49.14
6				5	¥-1,035.56	¥-991.76	¥-43.80
7				6	¥-1,035.56	¥-997.13	¥-38.43
8				7	¥-1,035.56	¥-1,002.53	¥-33.03
9				8	¥-1,035.56	¥-1,007.96	¥-27.60
10				9	¥-1,035.56	¥-1,013.42	¥-22.14
11				10	¥-1,035.56	¥-1,018.91	¥-16.65
12				11	¥-1,035.56	¥-1,024.43	¥-11.13
13				12	¥-1,035.56	¥-1,029.98	¥-5.58

图18-14 贷款每期还款本金与利息

E2:E13单元格区域使用PMT函数计算每月还款本息合计金额；F2:F13单元格区域使用PPMT函数计算每月偿还款项中的本金金额；G2:G13单元格区域使用IPMT函数计算每月偿还款项中的利息金额。

在等额本息偿还方式中，每期还款金额中利息部分越来越少，本金越来越多。但两者合计金额始终等于每期的还款总额，即在相同条件下PPMT+IPMT=PMT。

18.3.7 累计还贷本金函数CUMPRINC和利息函数CUMIPMT

使用CUMPRINC函数和CUMIPMT函数可以计算等额本息还款方式下某一个阶段需要还款的本金和利息的合计金额。CUMPRINC函数和CUMIPMT函数的语法如下。

```
CUMPRINC(rate,nper,pv,start_period,end_period,type)
CUMIPMT(rate,nper,pv,start_period,end_period,type)
```

示例18-15 贷款累计还款本金与利息

如图18-15所示，张三使用信用卡刷卡12 000元，采用等额本息还款方式每月还款，年利率为6.5%，12个月付清。需要计算每个月累计偿还本金和利息各多少?

	A	B	C	D	E	F	G
1	年利率	6.50%		期数	累计偿还本息和	累计偿还本金	累计偿还利息
2	期数	12		1	¥-1,035.56	¥-970.56	¥-65.00
3	贷款总额	12,000.00		2	¥-2,071.11	¥-1,946.37	¥-124.74
4				3	¥-3,106.67	¥-2,927.47	¥-179.20
5				4	¥-4,142.23	¥-3,913.89	¥-228.34
6				5	¥-5,177.79	¥-4,905.64	¥-272.14
7				6	¥-6,213.34	¥-5,902.77	¥-310.57
8				7	¥-7,248.90	¥-6,905.30	¥-343.60
9				8	¥-8,284.46	¥-7,913.26	¥-371.19
10				9	¥-9,320.01	¥-8,926.68	¥-393.33
11				10	¥-10,355.57	¥-9,945.59	¥-409.98
12				11	¥-11,391.13	¥-10,970.02	¥-421.10
13				12	¥-12,426.68	¥-12,000.00	¥-426.68

图18-15 贷款每期累计还款本金与利息

在E2单元格中输入以下公式，并向下复制到E13单元格。

```
=PMT(B$1/B$2,B$2,B$3)*D2
```

在F2单元格中输入以下公式，并向下复制到F13单元格。

```
=CUMPRINC(B$1/B$2,B$2,B$3,1,D2,0)
```

在G2单元格中输入以下公式，并向下复制到G13单元格。

```
=CUMIPMT(B$1/B$2,B$2,B$3,1,D2,0)
```

E2:E13单元格区域使用PMT函数计算各月累计还款本息合计金额；F2:F13单元格区域使用CUMPRINC函数计算各月累计偿还款项中本金金额；G2:G13单元格区域使用CUMIPMT函数计算各月累计偿还款项中利息金额。

CUMPRINC函数和CUMIPMT函数与之前介绍的其他财务函数不同，最后一个参数type不可省略，通常情况下，付款是在期末发生的，所以type一般使用参数0。

18.4 名义利率NOMINAL与实际利率EFFECT

在经济分析中，复利计算通常以年为计息周期。但在实际经济活动中，计息周期有半年、季度、月、周、日等多种。当利率的时间单位与计息期不一致时，就出现了名义利率和实际利率问题。

Microsoft Excel 2016提供了名义利率函数NOMINAL和实际利率函数EFFECT，它们的语法分别如下。

```
NOMINAL(effect_rate,npery)
EFFECT(nominal_rate,npery)
```

其中npery参数代表每年的复利期数。

二者之间的数学关系为：

$$EFFECT=\left(1+\frac{NOMINAL}{npery}\right)^{npery}-1$$

示例18-16 名义利率与实际利率

如图18-16所示，将6.00%的名义利率转化为按季度复利计算的年实际利率，将6.14%的实际利率转化为按季度复利计算的年名义利率。

	A	B	C	D	E	F
1						
2		名义利率	6.00%		实际利率	6.14%
3		一年计息次数	4		一年计息次数	4
4						
5		实际利率	6.14%		名义利率	6.00%
6		普通公式验证	6.14%		普通公式验证	6.00%

图18-16 名义利率与实际利率

在C5单元格中输入以下公式，将年名义利率转化为年实际利率。

```
=EFFECT(C2,C3)
```

C6单元格中的普通验证公式如下。

```
=(1+C2/C3)^C3-1
```

在F5单元格中输入以下公式，将年实际利率转化为年名义利率。

```
=NOMINAL(F2,F3)
```

F6单元格中的普通验证公式如下。

```
=F3*((F2+1)^(1/F3)-1)
```

在计算实际利率时是使用复利的计算方式，所以实际利率会比名义利率高。

18.5 投资评价函数

Excel中常用的有5个投资评价函数，用以计算净现值和收益率，其功能和语法如表18-5所示。

表18-5 投资评价函数的功能及语法

函数	功能	语法
NPV	使用折现率和一系列未来支出（负值）和收益（正值）来计算一项投资的净现值	NPV(rate,value1,[value2],…)
IRR	返回一系列现金流的内部收益率	IRR(values,[guess])
XNPV	返回一组现金流的净现值，这些现金流不一定定期发生	XNPV(rate,values,dates)
XIRR	返回一组不一定定期发生的现金流的内部收益率	XIRR(values,dates,[guess])
MIRR	返回考虑投资的成本和现金再投资的收益率的修正后的收益率	MIRR(values,finance_rate, reinvest_rate)

18.5.1 净现值函数NPV

净现值是指一个项目预期实现的现金流入的现值与实施该项计划的现金支出的差额。净现值体现了项目的获利能力，净现值大于等于0时表示方案可行，净现值小于0时则表示方案不可行。

NPV（Net Present Value）函数是根据设定的折现率或基准收益率来计算一系列现金流的合计。用n代表现金流的笔数，value代表各期现金流，则NPV的公式如下。

$$NPV=\sum_{i=1}^{n}\frac{value_i}{(1+RATE)^i}$$

NPV投资开始于value₁现金流所在日期的前一期，并以列表中最后一笔现金流为结束。NPV的计算基于未来的现金流。如果第一笔现金流发生在第一期的期初，则第一笔现金必须添加到NPV的结果中，而不应包含在值参数中。

NPV函数类似于PV函数。PV函数与NPV函数的主要区别在于：PV函数既允许现金流在期末开始也允许现金流在期初开始，与可变的NPV函数的现金流值不同，PV函数现金流在整个投资中必须是固定的。

示例18-17 计算投资净现值

已知折现率为8%，某工厂拟投资50 000元购买一套设备，设备使用寿命为5年，预计每年的收益情况如图18-17所示，求此项投资的净现值以判断这项投资是否可行。

在C10单元格中输入以下公式。

```
=NPV(C2,C4:C8)+C3
```

其中，C3单元格为第1年年初的现金流量，因此不包含在NPV函数的参数中。计算结果为负值，如果仅考虑净现值指标，那么购买这套设备并不是一个好的投资。

	A	B	C
1			
2		折现率	8.00%
3		初始投资	-50,000.00
4		第1年收益	9,000.00
5		第2年收益	10,200.00
6		第3年收益	11,000.00
7		第4年收益	13,000.00
8		第5年收益	15,500.00
9			
10		净现值	¥-4,085.23
11		PV函数验证	-4,085.23
12		普通公式验证	-4,085.23

图18-17 计算投资净现值

在C11单元格中输入以下数组公式进行验证，按<Ctrl+Shift+Enter>组合键。

```
{=SUM(-PV(C2,ROW(1:5),0,C4:C8))+C3}
```

在C12单元格中输入以下公式进行验证，按<Ctrl+Shift+Enter>组合键。

```
{=SUM(C4:C8/(1+C2)^(ROW(1:5)))+C3}
```

示例18-18 出租房屋收益

已知折现率为8%，投资者投资80万元购买了一套房屋，然后以6万元的价格出租一年，以后每年的出租价格比上一年增加3 600元，每年租金前端收取。出租5年后，在第5年的年末以85万元的价格卖出，计算出这次投资的收益情况。

在C11单元格中输入以下公式。

```
=NPV(C2,C5:C9)+C3+C4
```

	A	B	C
1			
2		折现率	8.00%
3		购房投资	-800,000.00
4		第1年租金	60,000.00
5		第2年收益	63,600.00
6		第3年收益	67,200.00
7		第4年收益	70,800.00
8		第5年收益	74,400.00
9		第5年年末卖房	850,000.00
10			
11		净现值	¥65,887.32
12		PV函数验证	65,887.32
13		普通公式验证	65,887.32

图18-18 出租房屋收益

由于第1年的租金是在出租房屋之前收取，即收益发生在期初，因此，第1年租金与买房投资的资金都在期初来做计算。房屋在第5年年末以升值后的价格卖出，相当于第5期的期末值。最终计算得到净现值65 887元，为一个正值，说明此项投资获得了较高的回报。

在C12单元格中输入以下数组公式进行验证，按<Ctrl+Shift+Enter>组合键。

```
{=SUM(-PV(C2,ROW(1:5),0,C5:C9))+C3+C4}
```

在C13单元格中输入以下验证公式，按<Ctrl+Shift+Enter>组合键。

```
{=SUM(C5:C9/(1+C2)^(ROW(1:5)))+C3+C4}
```

18.5.2 内部收益率函数IRR

IRR（Internal Rate of Return）函数是根据第一参数中的数字表示的一系列现金流计算的内部收益率，是使得投资的净现值为零的收益率。也可以说，IRR函数是一种特殊的NPV过程。

$$\sum_{i=1}^{n}\frac{value_i}{(1+IRR)^i}=0$$

这些现金流金额不必完全相同，但是现金流必须定期（如每月或每年按固定间隔）出现。

IRR函数第一参数应至少一个正值和一个负值；否则返回错误值#NUM!。IRR函数第一参数中的现金流数值，应按实际发生的时间顺序排列。

示例18-19 计算内部收益率

某工厂拟投资50 000元购买一套设备，使用寿命为5年，预计之后每年设备的收益情况如图18-19所示，计算内部收益率为多少？

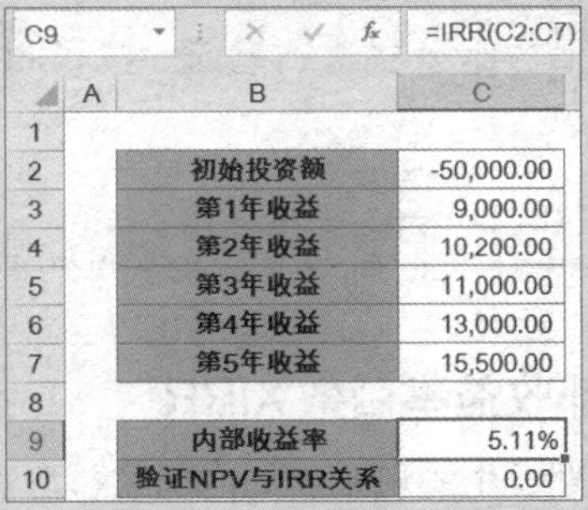

C9 =IRR(C2:C7)

	A	B	C
1			
2		初始投资额	-50,000.00
3		第1年收益	9,000.00
4		第2年收益	10,200.00
5		第3年收益	11,000.00
6		第4年收益	13,000.00
7		第5年收益	15,500.00
8			
9		内部收益率	5.11%
10		验证NPV与IRR关系	0.00

图18-19 计算内部收益率

在C9单元格中输入以下公式。

```
=IRR(C2:C7)
```

得到结果为5.11%，说明如果现在的折现率低于5.11%，那么购买此设备并生产得到的收益更高；反之，如果折现率高于5.11%，那么这样的投资便是不可行的。

在C10单元格中输入以下公式，其结果为0，以此来验证NPV与IRR之间的关系。

```
=NPV(C9,C3:C7)+C2
```

18.5.3　不定期现金流净现值函数XNPV

XNPV函数是返回一组现金流的净现值，这些现金流不一定定期发生。它与NPV函数的区别在于：NPV函数是基于相同的时间间隔定期发生，而XNPV是不定期的；NPV的现金流发生是在期末，而XNPV是在每个期间的期初。

P_i代表第i个支付金额，d_i代表第i个支付日期，d_1代表第0个支付日期，则XNPV的计算公式如下。

$$XNPV=\sum_{i=1}^{n}\frac{P_i}{(1+RATE)^{\frac{d_i-d_1}{365}}}$$

XNPV函数第二参数数值系列必须至少要包含一个正数和一个负数，第三参数中第一个支付日期代表支付表的开始日期，其他所有日期应晚于该日期，但可按任何顺序排列。

示例18-20　计算不定期现金流量的净现值

已知折现率为8%，某工厂拟于2018年4月1日投资50 000元购买一套设备，不等期的预期收益情况如图18-20所示，求此项投资的净现值以评估投资是否可行。

在C10单元格中输入以下公式。

```
=XNPV(C2,C3:C8,B3:B8)
```

公式返回结果为正值，说明此项投资可行。如果公式返回结果为负值，则说明此项投资不可行。

在C11单元格中输入以下数组公式进行验证，按<Ctrl+Shift+Enter>组合键。

```
{=SUM(C3:C8/(1+C2)^((B3:B8-B3)/365))}
```

	A	B	C
1			
2		折现率	8.00%
3		2018/04/01	-50,000.00
4		2018/10/31	10,500.00
5		2018/12/31	8,500.00
6		2019/06/30	10,000.00
7		2019/12/31	14,300.00
8		2020/05/31	14,600.00
9			
10		净现值	¥2,001.55
11		普通公式验证	2,001.55

图18-20　不定期现金流量净现值

18.5.4　不定期现金流内部收益率函数XIRR

XIRR函数是返回一组不定期发生的现金流的内部收益率。与IRR函数的区别也是需要具体日期，而这些日期不需要定期发生。

P_i代表第i个支付金额，d_i代表第i个支付日期，d_1代表第0个支付日期，则XIRR计算的收益率即为函数XNPV=0时的利率，其计算公式如下。

$$\sum_{i=1}^{n}\frac{P_i}{(1+RATE)^{\frac{d_i-d_1}{365}}}=0$$

示例18-21 不定期现金流量收益率

某工厂拟于2018年4月1日投资50 000元购买一套设备，不定期的预期收益情况如图18-21所示，求此项投资的收益率。

在C9单元格中输入以下公式。

```
=XIRR(C2:C7,B2:B7)
```

	A	B	C
1			
2		2018/04/01	-50,000.00
3		2018/10/31	10,500.00
4		2018/12/31	8,500.00
5		2019/06/30	10,000.00
6		2019/12/31	14,300.00
7		2020/05/31	14,600.00
8			
9		收益率	11.12%

图18-21 不定期现金流量收益率

18.5.5 再投资条件下的内部收益率函数MIRR

MIRR函数是返回同时考虑投资的成本和现金再投资的收益率。其语法如下。

```
MIRR(values, finance_rate, reinvest_rate)
```

第一参数values为一系列定期支出（负值）和收益（正值）；第二参数finance_rate为投资的基准收益率；第三参数reinvest_rate为现金流再投资的收益率。

MIRR函数返回的是修正的内含报酬率，该内含报酬率是指在一定基准收益率（折现率）的条件下，将投资项目的未来现金流入量按照一定的再投资率计算至最后一年的终值，再将该投资项目的现金流入量的终值折算为现值，并使现金流入量的现值与项目的初始投资额相等的折现率。

MIRR函数第一参数系列定期收支现金流应按发生的先后顺序排列，并使用正确的符号（收到的现金使用正值，支付的现金使用负值）。

示例18-22 再投资条件下的内部收益率计算

某公司拟进行一笔固定资产投资，初始投资额为10万元，运营期各年的现金流量、基准收益率和再投资收益率如图18-22所示。需要计算再投资条件下的内部收益率。

	A	B	C	D	E	F	G	H
1								
2		基准收益率	7.5%					
3		再投资收益率	8.5%					
4								
5			建设期	第1年	第2年	第3年	第4年	第5年
6		经营期（年）	0	1	2	3	4	5
7		每年净现金流量（元）	-100,000.00	25,000.00	30,000.00	32,000.00	25,000.00	16,000.00
8								
9		内部收益率	8.2%					

图18-22 某固定资产投资数据

18章

在C9单元格中输入以下公式。

```
=MIRR(C6:H7,C2,C3)
```

返回结果8.2%，就是考虑了再投资条件修正后的内部收益率。

18.6 用SLN、SYD、DB、DDB和VDB函数计算折旧

折旧是指资产价值的下降，指在固定资产使用寿命内，按照确定的方法对应计折旧额进行系统分摊，分为直线折旧法和加速折旧法。

SLN函数用于计算直线折旧法。用于加速折旧法计算的函数有SYD函数、DB函数、DDB函数和VDB函数。它们的功能与语法如表18-6所示。

表18-6 折旧函数的功能及语法

函数	功能	语法
SLN	返回一个期间内的资产的直线折旧	SLN(cost,salvage,life)
SYD	返回在指定期间内资产按年限总和折旧法计算的折旧	SYD(cost,salvage,life,per)
DB	使用固定余额递减法，计算一笔资产在给定期间内的折旧值	DB(cost,salvage,life,period,[month])
DDB	用双倍余额递减法或其他指定方法，返回指定期间内某项固定资产的折旧值	DDB(cost,salvage,life,period,[factor])
VDB	使用双倍余额递减法或其他指定方法，返回一笔资产在给定期间（包括部分期间）内的折旧值	VDB(cost,salvage,life,start_period,end_period,[factor],[no_switch])

折旧函数参数及含义如表18-7所示。

表18-7 折旧函数参数及含义

参数	含义
cost	资产原值
salvage	折旧末尾时的值（有时也称为资产残值）
life	资产的折旧期数（有时也称为资产的使用寿命）
per或period	计算折旧的时间区间
month	DB函数的第一年的月份数。如果省略月份，则假定其值为12
start_period	计算折旧的起始时期
end_period	计算折旧的终止时期
factor	余额递减速率，如果省略factor，其默认值为2，即双倍余额递减法
no_switch	逻辑值，指定当折旧值大于余额递减计算值时，是否转用直线折旧法。值为TRUE则不转用直线折旧法，值为FALSE或省略则转用直线折旧法

直线折旧法：SLN函数是指按固定资产的使用年限平均计提折旧的一种方法。计算公式如下。

$$SLN=\frac{cost-salvage}{life}$$

年限总和折旧法：SYD函数是以剩余年限除以年度数之和为折旧率，然后乘以固定资产原值扣减残值后的金额。计算公式如下。

$$SYD=(cost-salvage)\frac{life-per+1}{life*(life+1)/2}$$

固定余额递减法：DB函数以固定资产原值减去前期累计折旧后的金额，乘以1减去几何平均残值率得到的折旧率，再乘以当前会计年度实际需要计提折旧的月数除以12，计算出对应会计年度的折旧额。计算公式如下。

$$DB_{per}=\left(cost-\sum_{i=1}^{per-1}DB_i\right)*ROUND\left(1-\sqrt[life]{\frac{salvage}{cost}},3\right)*\frac{month}{12}$$

双倍余额递减法：DDB函数用年限平均法折旧率的两倍作为固定的折旧率乘以逐年递减的固定资产期初净值，得出各年应提折旧额的方法（不考虑最后两年转直线法计算折旧的会计相关规定）。计算公式如下。

$$DDB_{per}=MIN\left(\left(cost-\sum_{i=1}^{per-1}DB_i\right)*\frac{factor}{life},cost-\sum_{i=1}^{per-1}DDB_i\right)$$

示例18-23 折旧函数对比

假设某项固定资产原值为5万元，残值率为10%，使用年限为5年。分别使用5个折旧函数来计算每年的折旧额，如图18-23所示。

	A	B	C	D	E	F	G
1							
2		固定资产原值	cost	50,000.00			
3		残值	salvage	5,000.00			
4		使用年限	life	5			
5		余额递减速率	factor	2			
6		不转直线折旧	no_switch	TRUE			
7							
8							
9		年度	SLN	SYD	DB	DDB	VDB
10		第1年	9,000.00	15,000.00	18,450.00	20,000.00	20,000.00
11		第2年	9,000.00	12,000.00	11,641.95	12,000.00	32,000.00
12		第3年	9,000.00	9,000.00	7,346.07	7,200.00	39,200.00
13		第4年	9,000.00	6,000.00	4,635.37	4,320.00	43,520.00
14		第5年	9,000.00	3,000.00	2,924.92	1,480.00	45,000.00

图18-23 折旧函数对比

在C10单元格中输入以下公式，并向下复制到C14单元格。

```
=SLN($D$2,$D$3,$D$4)
```

在D10单元格中输入以下公式，并向下复制到D14单元格。

```
=SYD($D$2,$D$3,$D$4,B10)
```

在E10单元格中输入以下公式，并向下复制到E14单元格。

```
=DB($D$2,$D$3,$D$4,B10)
```

在F10单元格中输入以下公式，并向下复制到F14单元格。

```
=DDB($D$2,$D$3,$D$4,B10,$D$5)
```

在G10单元格中输入以下公式，并向下复制到G14单元格。

```
=VDB($D$2,$D$3,$D$4,0,B10,$D$5,$D$6)
```

通过以上计算结果可以看出，SLN函数的折旧额每年相同的，这种直线折旧法是最简单、最普遍的折旧方法。

VDB函数的计算结果是返回一段期间内的累计折旧值，将函数的start_period设置为0，以计算从开始截止到每一个时期的累计折旧值。这里将VDB的factor参数设置为2，并且不转线性折旧，相当于DDB函数的计算。

SLN、SYD、DB、DDB 4个函数的净值（原值减累计折旧后的余额）变化曲线如图18-24所示，加速折旧法在初期折旧率较大，后期较小并趋于平稳。

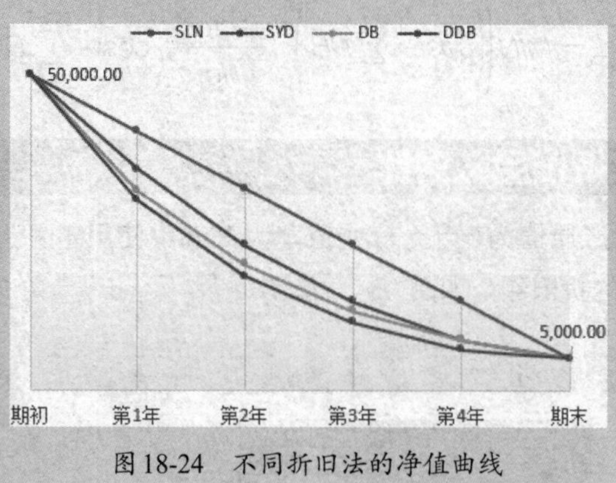

图18-24　不同折旧法的净值曲线

18.7 财务函数综合应用

18.7.1 动态投资回收期

动态投资回收期是指把投资项目各年的净现金流量按折现率折算成现值之后，使净现金流量累计现值等于零时的年数。

动态投资回收期是考虑资金的时间价值时收回初始投资所需的时间。如果收回初始投资所需的时间大于项目的经营期，则该项投资是不可行的。

示例18-24　计算动态投资回收期

某公司拟进行一项固定资产投资，初始投资额为10万元，折现率使用6.50%，建设期及后续5年经营期每年的净现金流如图18-25所示。要求计算该固定资产投资的动态投资回收期。

	A	B	C	D	E	F	G	H
1								
2		初始投资（元）	-100,000.00					
3		经营期（年）	5					
4		折现率	6.50%					
5								
6			建设期	第1年	第2年	第3年	第4年	第5年
7			0	1	2	3	4	5
8		每年净现金流量（元）	-100,000.00	25,000.00	36,000.00	35,000.00	30,000.00	26,000.00
9		各年净现金流量的现值（元）	¥-100,000.00	¥23,474.18	¥31,739.73	¥28,974.72	¥23,319.69	¥18,976.90
10		各年累计净现金流量现值（元）	¥-100,000.00	¥-76,525.82	¥-44,786.09	¥-15,811.37	¥7,508.32	¥26,485.23
11								
12								
13		动态投资回收期（年）	4.68					

图18-25　固定资产投资数据

在C9单元格中输入以下公式，并向右复制到H9单元格。计算经营期每年净现金流的现值。

```
=PV($C4,C7,0,-C8)
```

在C10单元格中输入以下公式，并向右复制到H10单元格。计算经营期每年净现金流现值的累计金额。

```
=SUM($C9:C9)
```

在C13单元格中输入以下公式。

```
=ROUND(MATCH(0,C10:H10)+ABS(INDEX(C10:H10,MATCH(0,C10:H10)))/INDEX
(C9:H9,MATCH(0,C10:H10)+1),2)
```

“MATCH(0,C10:H10)”部分用于返回最后一个小于等于0的累计净现值在C10:H10单元格区域中出现的位置，返回值为4（经营期的第3年）。

“MATCH(0,C10:H10)+1”部分用于返回第一个累计净现值大于0的年数，返回值为5（经营期的第4年）。

第一个INDEX函数，根据MATCH函数的返回值提取出第4年累计净现值金额，ABS函数将该金额转化成正数。

第二个INDEX函数，根据MATCH函数的返回值+1提取出第一个累计净现值大于0年份的累计净现值金额。

根据动态投资回收期计算公式的逻辑和上述函数的返回值，最终计算出投资回收期的年数，并使用ROUND函数保留两位小数。

18.7.2 经营性租入或借款购买固定资产决策

当需要进行一项重大固定资产投资，而现金不足够时，可以选择租入固定资产使用或向银行借款购买。此时就涉及测算哪种方案更优的问题。租入固定资产有经营性租入和融资租赁两种模式。

经营性租赁模式中，承租人不享有固定资产的所有权，按期支付租金，承租方固定资产不入账，不计提折旧。

融资租赁模式中，出租人根据承租人对租赁固定资产的特定要求和对供货人的选择，出资向供货人购买该固定资产，并租给承租人使用，承租人则分期向出租人支付租金，在租赁期内租赁物件的所有权属于出租人所有。融资租赁模式中，承租方固定资产入账，计提折旧。

向银行借款购买模式中，借款人借入资金后自主购买固定资产，拥有固定资产的产权，按照协议向银行定期支付本息。

由于现实中有税费的影响，因此，在考虑租赁或借款购买固定资产决策时，应考虑所得税的影响。

示例18-25 经营性租入或借款购买固定资产决策

某公司拟实施一项固定资产投资，投资总额为8万元。需判断经营性租入固定资产和借款购入固定资产哪种方案更优。假设固定资产使用寿命、固定资产租赁期限、租金支付年限和借款年限均为5年（假设租赁期限和固定资产使用寿命，此种情况不被认定为融资租赁，但与会计准则要求不符），所得税税率为25%，折现率使用6%，如图8-16所示。

	A	B	C	D	E	F	G	H	I
1	购买固定资产价值	80,000.00		借款金额	80,000.00				
2	固定资产使用寿命	5		借款年利率	6.50%				
3	折旧计提方式	直线法		借款年限	5				
4	残值率	0%		借款偿还方式	等额本息				
5									
6	经营性租赁租金支付情况：			借款支付现金流情况：					
7	年份	支付租金		年份	还本息	还利息	折旧额	抵税额	税后现金流
8	1	18,571.00		1	¥-19,250.76	¥-5,200.00	¥16,000.00	¥5,300.00	¥-13,950.76
9	2	18,571.00		2	¥-19,250.76	¥-4,286.70	¥16,000.00	¥5,071.68	¥-14,179.09
10	3	18,571.00		3	¥-19,250.76	¥-3,314.04	¥16,000.00	¥4,828.51	¥-14,422.25
11	4	18,571.00		4	¥-19,250.76	¥-2,278.15	¥16,000.00	¥4,569.54	¥-14,681.23
12	5	18,571.00		5	¥-19,250.76	¥-1,174.93	¥16,000.00	¥4,293.73	¥-14,957.03
13									
14									
15	租金现金流现值	¥-58,670.86							
16	借款现金流现值	¥-60,695.31							

图18-26 固定资产投资数据

在E8单元格中输入以下公式，并向下复制到E12元格。计算每年支付贷款本息金额。

```
=PMT(E$2,E$3,E$1)
```

在F8单元格中输入以下公式，并向下复制到F12单元格。计算每年支付贷款利息金额。

```
=IPMT(E$2,D8,E$3,E$1)
```

在G8单元格中输入以下公式，并向下复制到G12单元格。计算固定资产每年折旧额。

```
=SLN(B$1,0,E$3)
```

在H8单元格中输入以下公式，并向下复制到H12单元格。计算利息和折旧抵税金额。

```
=(-F8+G8)*0.25
```

在I8单元格中输入以下公式，并向下复制到I12单元格。计算每年净现金流量。

```
=E8+H8
```

在B15单元格中输入以下公式，计算结果为经营性租入固定资产每年支付租金的现值合计。

```
=PV(6%,B2,B8*(1-25%),0,0)
```

在B16单元格中输入以下公式，计算结果为借款购入固定资产后每年偿还贷款本息净现金流的现值合计。

```
=NPV(6%,I8:I12)
```

由于偿还银行贷款支出的现金流现值比支付租金现金流现值要大，因此经营性租入固定资产是更优方案。

18.7.3 摊余成本计算

摊余成本（Amortized Cost）是金融资产或金融负债的后续计量方式之一，是指用实际利率作计算利息的基础，投资成本减去利息后的金额。例如，发行的债券应在账面用摊余成本法后续计量并确认财务费用。

摊余成本实际上是一种价值，它是某个时点上未来现金流量的折现值。折现时使用的利率为实际利率，实际利率是指将未来合同现金流量折现成初始确认金额的利率。

摊余成本的计算公式如下。

摊余成本＝初始确认金额－已偿还的本金－累计摊销额（按实际利率法确认的财务费用与实际支付利息的差额）－减值损失（或无法收回的金额）

示例18-26 摊余成本计算

某公司2015年6月15日发行了三年期债券，票面年利率为6%，每年6月15日和12

12月15日需付息675万元，到期一次还本。债券票面金额合计2.25亿元，扣除相关费用500万元，实际获得资金2.2亿元（账面初始确认金额），如图18-27所示。要求计算各期的摊余成本和利息调整摊销金额。

	A	B	C	D	E	F	G	H
1	期数	0	1	2	3	4	5	6
2	各期现金流情况	220,000,000.00	-6,750,000.00	-6,750,000.00	-6,750,000.00	-6,750,000.00	-6,750,000.00	-231,750,000.00
3								
4	实际利率	3.42%						
5								
6	各期摊余成本计算表：							
7	时间	期初摊余成本	财务费用	支付利息	利息调整摊销	偿还本金	期末摊余成本	
8	2015/06/15						220,000,000.00	
9	2015/12/15	220,000,000.00	7,514,955.72	6,750,000.00	-764,955.72		220,764,955.72	
10	2016/06/15	220,764,955.72	7,541,085.76	6,750,000.00	-791,085.76		221,556,041.49	
11	2016/12/15	221,556,041.49	7,568,108.37	6,750,000.00	-818,108.37		222,374,149.86	
12	2017/06/15	222,374,149.86	7,596,054.05	6,750,000.00	-846,054.05		223,220,203.91	
13	2017/12/15	223,220,203.91	7,624,954.31	6,750,000.00	-874,954.31		224,095,158.22	
14	2018/06/15	224,095,158.22	7,654,841.78	6,750,000.00	-904,841.78	225,000,000.00	-	
15			45,500,000.00	40,500,000.00	-5,000,000.00	225,000,000.00		

图18-27　摊余成本计算

在B4单元格中输入以下公式，计算实际利率。

```
=IRR(B2:H2)
```

H2单元格的金额代表最后一期期末需要支付最后一期的利息675万元和全部本金2.25亿元。

在G8单元格中输入以下公式，计算发行日的初始入账价值。

```
=225000000-5000000
```

在B9单元格中输入以下公式，并向下复制到B14单元格，计算每期期初的摊余成本。

```
=G8
```

在C9单元格中输入以下公式，并向下复制到C14单元格，计算每期按实际利率确认的财务费用金额。

```
=B9*$B$4
```

在D9单元格中输入以下公式，并向下复制到D14单元格，计算每期应支付的票面利息。

```
=225000000*0.06/2
```

在E9单元格中输入以下公式，并向下复制到E14单元格，计算每期的利息调整摊销金额。

```
=D9-C9
```

在F9单元格中输入数字225 000 000，为最后一期期末应偿还的全部本金。

在G9单元格中输入以下公式，并向下复制到G14单元格，计算每期期末的摊余成本。

```
=B9+C9-D9-F9
```

从制作的摊余成本计算表中可以看出，累计利息调整摊销金额就是票面金额2.25亿元与实际收到的现金2.2亿元（账面初始确认金额）之间的差额500万元。

练习与巩固

（1）复利模式下，月利率与年利率的关系式为__________。

（2）财务函数中type参数为0，代表付款时间在各期的__________。

（3）财务函数中的pmt参数设置为0，代表__________。

（4）财务函数中常用的投资评价函数有____________等5个。

（5）内部收益率是指________________________________的收益率。

（6）计算不定期现金流现值，需使用财务函数中的________________函数。

（7）等额本息偿还和等额本金偿还两种方式的主要特征包括____________________。

（8）计算年金现值和终值应使用哪两个函数？了解函数各参数的意义。

（9）名义利率和实际利率的区别为____________________。

（10）了解不同折旧方法的区别，熟悉每种折旧方法需使用的财务函数。

第19章 工程函数

工程函数是专门为工程设计人员准备的，用于专业领域计算分析用的函数。

本章学习要点

（1）贝塞尔函数。

（2）数字进制转换函数。

（3）度量衡转换函数。

（4）与积分运算有关的误差函数。

（5）处理复数的函数。

19.1 贝塞尔函数

贝塞尔（Bessel）函数是数学上的一类特殊函数的总称。一般贝塞尔函数是下列常微分方程（常称为贝塞尔方程）的标准解函数$y(x)$。

$$x^2\frac{d^2y}{dx^2}+x\frac{dy}{dx}+(x^2-\alpha^2)y=0$$

贝塞尔函数的具体形式随上述方程中任意实数α变化而变化（相应地，α被称为其对应贝塞尔函数的阶数）。实际应用中最常见的情形为α是整数n，对应解称为n阶贝塞尔函数。

贝塞尔函数在波动问题及各种涉及有势场的问题中都占有非常重要的地位，最典型的问题有在圆柱形波导中的电磁波传播问题、圆柱体中的热传导问题及圆形薄膜的振动模态分析问题等。

Excel共提供了4个贝塞尔函数，分别是第一类贝塞尔函数——J函数：

$$\text{Bessel}J(x,n)=J_n(x)=\sum_{k=0}^{\infty}\frac{(-1)^k}{k!\,\Gamma(n+k+1)}\left(\frac{x}{2}\right)^{n+2k}$$

第二类贝塞尔函数——诺依曼函数：

$$\text{Bessel}Y(x,n)=\text{Y}_n(x)=\lim_{v\to n}\frac{J_v(x)\cos(v\pi)-J_{-v}(x)}{\sin(v\pi)}$$

第三类贝塞尔函数——汉克尔函数：

$$\text{Bessel}K(x,n)=K_n(x)=\frac{\pi}{2}i^{n+1}[J_n(ix)+iY_n(ix)]$$

第四类贝塞尔函数——虚宗量的贝塞尔函数：

$$\text{Bessel}I(x,n)=I_n(x)=i^{-n}J_n(ix)$$

当x或n为非数值型时，贝塞尔函数返回错误值#VALUE!。如果n不是整数，将被截尾取整。当$n<0$时，贝塞尔函数返回错误值#NUM!。

19.2 数字进制转换函数

工程函数中提供了二进制、八进制、十进制和十六进制之间的数值转换函数。这类函数名称比较容易记忆，其中二进制为BIN，八进制为OCT，十进制为DEC，十六进制为HEX，数字2（英文two、to的谐音）表示转换的意思。例如，需要将十进制的数值转换为十六进制，前面为DEC，中间加2，后面为HEX，完成此转换的完整函数名为DEC2HEX。不同数字系统间的进制转换函数如表19-1所示。

表19-1 不同数字系统间的进制转换函数

	二进制	八进制	十进制	十六进制
二进制	—	BIN2OCT	BIN2DEC	BIN2HEX
八进制	OCT2BIN	—	OCT2DEC	OCT2HEX
十进制	DEC2BIN	DEC2OCT	—	DEC2HEX
十六进制	HEX2BIN	HEX2OCT	HEX2DEC	—

进制转换函数的语法如下。

```
函数(number,places)
```

其中，参数number为待转换的数字进制下的非负数，如果number不是整数，将被截尾取整。参数places为需要使用的字符数，如果省略此参数，函数将使用必要的最少字符数；如果结果的位数少于指定的位数，将在返回值的左侧自动添加0。

提示

DEC2BIN、DEC2OCT、DEC2HEX 3个函数的number参数支持负数。当number参数为负数时，将忽略places参数，返回由二进制补码记数法表示的10个字符的二进制数、八进制数、十六进制数。

除此之外，Excel 2016中还有BASE和DECIMAL两个进制转换函数，可以进行任意数字进制之间的转换。

BASE函数可以将十进制数转换为给定基数下的文本表示，基本语法如下。

```
BASE(number,radix,[min_length])
```

其中，参数number为待转换的十进制数字，必须为大于等于0且小于2^53的整数。参数radix是要将数字转换成的基本基数，必须为大于等于2且小于等于36的整数。

[min_length]是可选参数，指定返回字符串的最小长度，必须为大于等于0的整数。如果参数number、radix、[min_length]不是整数，将被截尾取整。

DECIMAL函数可以按给定基数将数字的文本表示形式转换成十进制数，基本语法如下。

```
DECIMAL(text,radix)
```

其中，参数text是给定基数数字的文本表示形式，字符串长度必须小于等于255，参数

text可以是对于基数有效的字母数字字符的任意组合，并且不区分大小写。参数radix是参数text的基本基数，必须为大于等于2且小于等于36的整数。

示例19-1 不同进制数字的相互转换

如图19-1所示，使用以下两个公式，可以将B列的十进制数字“180154093”转换为十六进制，结果为“ABCEEED”。

```
=DEC2HEX(B3)
=BASE(B4,16)
```

	A	B	C	D
1				
2		十进制数	十六进制数	公式
3		180154093	ABCEEED	=DEC2HEX(B3)
4		180154093	ABCEEED	=BASE(B4,16)

图19-1　十进制转换为十六进制

如图19-2所示，使用以下两个公式可以将B列的八进制数字“475”转换为二进制，结果为“100111101”。

```
=OCT2BIN(B7)
=BASE(DECIMAL(B8,8),2)
```

	A	B	C	D
5				
6		八进制数	二进制数	公式
7		475	100111101	=OCT2BIN(B7)
8		475	100111101	=BASE(DECIMAL(B8,8),2)

图19-2　八进制转换为二进制

如图19-3所示，使用以下公式可以将B列的十六进制字符“1ABCDEF2”转换为三十六进制，结果为“7F2QR6”。

```
=BASE(DECIMAL(B11,16),36)
=BASE(HEX2DEC(B12),36)
```

	A	B	C	D
9				
10		十六进制数	三十六进制数	公式
11		1ABCDEF2	7F2QR6	=BASE(DECIMAL(B11,16),36)
12		1ABCDEF2	7F2QR6	=BASE(HEX2DEC(B12),36)

图19-3　十六进制转换为三十六进制

示例19-2 依次不重复地提取字符串中的大写字母

如图19-4所示，原数据中存在汉字、字母、数字混排的情况，为便于数据管理，需在C列提取出原字符串中不重复的大写字母。

C3　{=SUBSTITUTE(BASE(SUM(DECIMAL(MID(B3,SMALL(IFERROR(FIND(CHAR(ROW($65:$90)),B3),99),ROW($1:$9)),1),36)*36^(9-ROW($1:$9))),36),0,)}

	A	B	C	D	E
1					
2		原字符串	不重复的字母		
3		这是FXN示例LMN数据OPQ	FXNLMOPQ		
4		EX可以XE包14含数7P字	EXP		
5		abc忽略TTT小写TR字uv母YSD	TRYSD		
6		不包含lower大写字母358			
7		ZYXWVUZYXWVURST	ZYXWVURST		

图 19-4　提取不重复的大写字母

在C3单元格中输入以下数组公式，按<Ctrl+Shift+Enter>组合键将公式向下复制到C7单元格。

```
{=SUBSTITUTE(BASE(SUM(DECIMAL(MID(B3,SMALL(IFERROR(FIND(CHAR(ROW($65:
$90)),B3),99),ROW($1:$9)),1),36)*36^(9-ROW($1:$9))),36),0,)}
```

公式利用FIND函数查找大写字母A~Z在B3单元格中出现的位置，IFERROR函数将未在B3单元格中出现的字母对应位置转化为99（大于B3字符串长度的值），使用MID函数结合SAMLL函数依次不重复地提取B3单元格中的大写字母。

```
{"F";"X";"N";"L";"M";"O";"P";"Q";""}
```

然后使用DECIMAL函数将字母转化为十进制数值，按位乘以“36^(9-ROW($1:$9))”并求和，得到三十六进制的大写字母字符串对应的十进制数值。

```
{42316648611840;2586017415168;50065993728;1269789696;36951552;1119744;
32400;936;0}
```

使用BASE函数将十进制数值转化为三十六进制，得到不重复的大字字母组成的字符串。

```
"FXNLMOPQ0"
```

最后用SUBSTITUTE函数将0替换掉，得到需要的结果。

待处理的每个单元格内不重复的大写字母个数不能超过9个，否则公式返回结果可能存在误差或者返回错误值。

19.3　度量衡转换函数

CONVERT函数可以将数字从一种度量系统转换为另一种度量系统，基本语法如下。

```
CONVERT(number,from_unit,to_unit)
```

其中，参数number为以from_unit为单位的需要进行转换的数值，参数from_unit为数值number的单位，参数to_unit为结果的单位。

CONVERT函数中参数from_unit和参数to_unit接受的部分文本值（区分大小写）如图19-5所示。参数from_unit和参数to_unit必须是同一列的，否则函数返回错误值#N/A。

	A	B	C	D	E	F	G	H	I	J	K
1											
2		重量和质量	unit	距离	unit	时间	unit	压强	unit	力	unit
3		克	g	米	m	年	yr	帕斯卡	Pa	牛顿	N
4		斯勒格	sg	英里	mi	日	day	大气压	atm	达因	dyn
5		磅（常衡制）	lbm	海里	Nmi	小时	hr	毫米汞柱	mmHg	磅力	lbf
6		U（原子质量单位）	u	英寸	in	分钟	min	磅平方英寸	psi	朋特	pond
7		盎司	ozm	英尺	ft	秒	s	托	Torr		
8		吨	ton	码	yd						
9				光年	ly						
10											
11		能量	unit	功率	unit	磁	unit	温度	unit	容积	unit
12		焦耳	J	英制马力	HP	特斯拉	T	摄氏度	C	茶匙	tsp
13		尔格	e	公制马力	PS	高斯	ga	华氏度	F	汤匙	tbs
14		热力学卡	c	瓦特	W			开氏温标	K	U.S. 品脱	pt
15		IT卡	cal					兰氏度	Rank	夸脱	qt
16		电子伏	eV					列氏度	Reau	加仑	gal
17		马力-小时	HPh							升	L
18		瓦特-小时	Wh							立方米	m3
19		英尺磅	flb							立方英寸	ly3

图 19-5　CONVERT函数的单位参数

例如，使用以下公式可以将1大气压（atm）转化为毫米汞柱（mmHg）。

```
=CONVERT(1,"atm","mmHg")
```

公式结果为760，即1atm=760mmHg。

19.4　误差函数

在数学中，误差函数（也称为高斯误差函数）是一个非基本函数，在概率论、统计学及偏微分方程中都有广泛的应用。自变量为x的误差函数定义为：$\mathrm{erf}(x)=\frac{2}{\sqrt{\pi}}\int_0^x e^{-\eta^2}d\eta$，且有$\mathrm{erf}(\infty)=1$和$\mathrm{erf}(-x)=-\mathrm{erf}(x)$。余补误差函数定义为：$\mathrm{erfc}(x)=1-\mathrm{erf}(x)=\frac{2}{\sqrt{\pi}}\int_0^x e^{-\eta^2}d\eta$。

在Excel中，ERF函数返回误差函数在上下限之间的积分，基本语法如下。

$$\mathrm{ERF(lower\_limit,\ [upper\_limit])}=\frac{2}{\sqrt{\pi}}\int_{lower\_limit}^{upper\_limit} e^{-\eta^2}d\eta$$

其中，参数lower_limit为ERF函数的积分下限。参数upper_limit为ERF函数的积分上限，如果省略，ERF函数将在0到lower_limit之间积分。

例如，使用以下公式可以计算误差函数在1~3.2的积分。

```
=ERF(1,3.2)
```

计算结果为0.157293181289133。

ERFC函数返回从x到无穷大积分的互补ERF函数，基本语法如下。

```
ERFC(x)
```

其中，参数x为ERFC函数的积分下限。

19.5　处理复数的函数

工程类函数中，有多个处理复数的函数，可以完成与复数相关的运算，如表19-2所示。

表19-2　处理复数的函数

函数名	功能	函数名	功能
IMABS	返回复数的绝对值	IMAGINARY	返回复数的虚部系数
IMARGUMENT	返回复数的辐角	IMCONJUGATE	返回复数的共轭复数
IMCOS	返回复数的余弦值	IMCOSH	返回复数的双曲余弦值
IMCOT	返回复数的余切值	IMCSC	返回复数的余割值
IMCSCH	返回复数的双曲余割值	IMDIV	返回两个复数之商
IMEXP	返回复数的指数值	IMLN	返回复数的自然对数
IMLOG10	返回以10为底的复数的对数	IMLOG2	返回以2为底的复数的对数
IMPOWER	返回复数的整数幂	IMPRODUCT	返回1~255个复数的乘积
IMREAL	返回复数的实部系数	IMSEC	返回复数的正割值
IMSECH	返回复数的双曲正割值	IMSIN	返回复数的正弦值
IMSINH	返回复数的双曲正弦值	IMSQRT	返回复数的平方根
IMSUB	返回两个复数的差值	IMSUM	返回复数的和
IMTAN	返回复数的正切值		

各函数均有必需的参数inumber，如果inumber为非$x+yi$或$x-yi$文本格式的值，函数返回错误值#NUM!；如果inumber为逻辑值，则函数返回错误值#VALUE!。

示例19-3　旅行费用统计

图19-6展示了某旅行团的出国费用明细，其中包括人民币和美元两部分，需要计算一次旅行的平均费用。

在G3单元格中输入以下数组公式，按<Ctrl+Shift+Enter>组合键。

```
{=SUBSTITUTE(IMDIV(IMSUM(D3:D9&"i"),7),"i",)}
```

公式首先将费用与字母“i”连接，将其转换为文本格式表示的复数。然后利用IMSUM函数返回复数的和，即实部与实部之和得到新的实部，虚部与虚部之和得到新的虚部，结果如下。

```
"23632+8960i"
```

19章

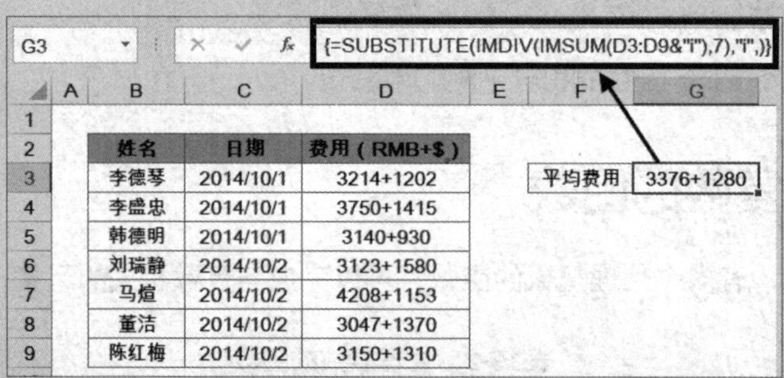

G3 {=SUBSTITUTE(IMDIV(IMSUM(D3:D9&"i"),7),"i",)}

	A	B	C	D	E	F	G
1							
2		姓名	日期	费用（RMB+$）			
3		李德琴	2014/10/1	3214+1202		平均费用	3376+1280
4		李盛忠	2014/10/1	3750+1415			
5		韩德明	2014/10/1	3140+930			
6		刘瑞静	2014/10/2	3123+1580			
7		马煊	2014/10/2	4208+1153			
8		董洁	2014/10/2	3047+1370			
9		陈红梅	2014/10/2	3150+1310			

图 19-6　旅行费用明细

再利用IMDIV函数返回IMSUM函数的求和结果与7相除的商，即费用的平均值。结果如下。

```
"3376+1280i"
```

公式中的7是计算平均值的实际数据量，也可以使用“COUNTA(A3:A9)”替代。

最后利用SUBSTITUTE函数将作为复数标志的字母“i”替换为空，得到平均费用。

练习与巩固

（1）将十进制数值转化为十六进制可以使用________函数或________函数。

（2）处理复数的函数名均以字母________或________开头。

第20章 Web类函数

Web类函数目前仅包含3个函数，分别是ENCODEURL、WEBSERVICE和FILTERXML函数。使用此类函数可以通过网页链接直接用公式从Web服务器获取数据，将类似有道翻译、天气查询、股票及汇率等网络应用方便地引入Excel中，进而衍生出精妙的函数应用。

本章学习要点

(1) Web类函数简介。 (2) Web类函数应用实例。

20.1 Web类函数简介

20.1.1 用ENCODEURL函数对URL地址编码

ENCODEURL函数的作用是对URL地址（主要是中文字符）进行编码，基本语法如下。

```
ENCODEURL(text)
```

其中，text参数为需要进行URL编码的字符串。

例如，使用以下公式可以生成Google翻译的网址。

```
="http://translate.google.cn/?#zh-CN/en/"&ENCODEURL("中华人民共和国")
```

公式将文本字符“中华人民共和国”进行UTF-8编码，返回如下URL地址。

```
http://translate.google.cn/?#zh-CN/en/%E4%B8%AD%E5%8D%8E%E4%BA%BA%E6%
B0%91%E5%85%B1%E5%92%8C%E5%9B%BD
```

将生成的网址复制到浏览器地址栏中，可以直接打开Google翻译页面，得到字符串“中华人民共和国”的英文翻译结果，如图20-1所示。

图20-1 Google翻译界面

ENCODEURL函数不仅适用于生成网址，而且适用于所有以UTF-8编码方式对中文字符进行编码的场合。以前在VBA网页编程中可能需要自己编写函数来实现这个编码过程，现在使用这个工作表函数可以直接实现。

Web类函数在Excel Online和Excel 2016 for Mac中不可用。

20.1.2 用WEBSERVICE函数从Web服务器获取数据

WEBSERVICE函数可以通过网页链接地址直接从Web服务器获取数据，基本语法如下。

```
WEBSERVICE(url)
```

其中，url参数是Web服务器的网页地址。如果url字符串长度超过2 048个字符，则WEBSERVICE函数返回错误值#VALUE!。

只有在计算机联网的前提下，才能使用WEBSERVICE函数从Web服务器获取数据。

示例20-1 查询IP地址和域名归属地

如图20-2所示，在B2单元格中输入以下公式，将公式向下复制到B4单元格，可以获取A列对应IP地址或域名的归属地。

	A	B
1	IP地址/域名	归属地
2	124.160.68.68	浙江省杭州市
3	www.taobao.com	浙江省杭州市
4	www.pku.edu.cn	北京市

图20-2 IP地址归属地查询

```
=FILTERXML(WEBSERVICE("http://apis.juhe.cn/ip/ip2addr?ip="&A2&"&dtype=xml&key=05ee6ed55dddea82823d5c84e587bdf0"),"//area")
```

url地址中的“http://apis.juhe.cn/ip/ip2addr”是聚合数据网页提供的查询IP地址归属地的API接口。

“ip”“dtype”“key”是我们以get方式请求数据时传输给网页的参数，“ip”参数是需要查询归属地的IP地址或域名；“dtype”参数指定从网页返回数据的数据格式，可以是JSON或XML格式；“key”参数是申请API接口时聚合数据网页提供的AppKey，如图20-3所示。

以B2单元格中的公式为例，公式利用WEBSERVICE函数通过聚合数据网页的API接口获取数据，得到如下XML格式文本。

```
"<?xml version=""1.0"" encoding=""utf-8""?>
<root><resultcode>200</resultcode><reason>Return Successd!</reason><result><area>浙江省杭州市</area><location>联通</location></result><error_code>0</error_code></root>"
```

其中，<reason>是返回说明，<area>是归属地区，<location>是位置，<error_code>

是错误码，当错误码非0（零）时，表示IP地址错误，或者域名不存在。

然后利用FILERXML函数根据XML标准路径提取归属地信息，即<area>的内容。最终得到IP地址对应的归属地。

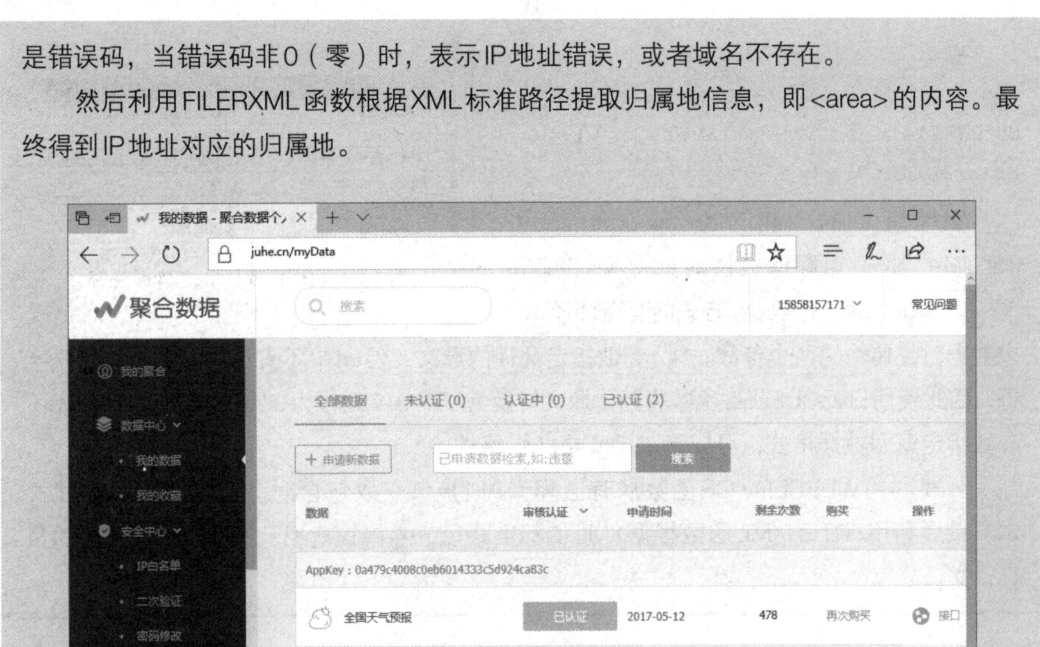

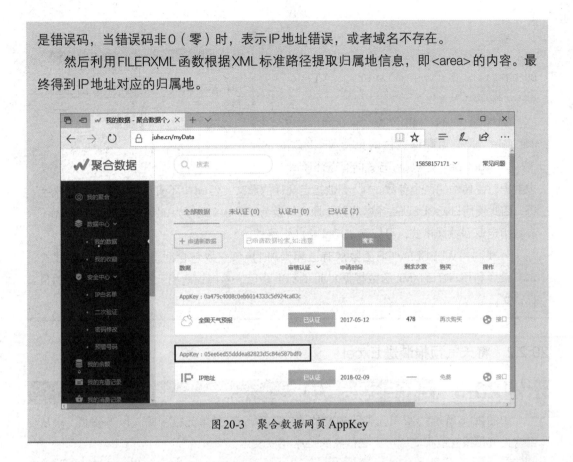

图20-3 聚合数据网页AppKey

20.1.3 用FILTERXML函数获取XML结构化内容中的信息

FILTERXML函数可以获取XML结构化内容中指定格式路径下的信息，基本语法如下。

```
FILTERXML(xml, xpath)
```

其中，xml参数是有效XML格式文本，xpath参数是需要查询的目标数据在XML中的标准路径。

FILTERXML函数可以结合WEBSERVICE函数一起使用，如果WEBSERVICE函数获取到的是XML格式的数据，则可以通过FILTERXML函数直接从XML的结构化信息中过滤出目标数据。

20.2 Web类函数综合应用

20.2.1 将有道翻译装进Excel

示例20-2 英汉互译

如图20-4所示，在B2单元格中输入以下公式，将公式向下复制到B7单元格，可以在工作表中利用有道翻译实现英汉互译。

```
=FILTERXML(WEBSERVICE("http://fanyi.youdao.com/translate?&i="&ENCODEURL(A2)&"&doctype=xml&version"),"//translation")
```

url地址中的"http://fanyi.youdao.com/translate"是有道翻译提供的免费API接口，"i"和"doctype"是以get方式向有道翻译请求数据时，传输的两个参数。"i"参数指定翻译的原文，但url中不支持中文和某些特殊字符，因此使用ENCODEURL函数将翻译原文转换为UTF-8编码作为url请求参数。"doctype"参数指定返回数据格式，可以是JSON或XML格式。

	A	B
1	原文	有道英汉互译
2	你真漂亮。	You are so beautiful.
3	I love you.	我爱你。
4	建筑抗震设计规范	Building seismic design code
5	appointments	任命
6	你好吗？	How are you?
7	I would like a cup of tea.	我想喝杯茶。

图20-4　使用函数实现英汉互译

公式利用WEBSERVICE函数从有道翻译API接口获取包含对应译文的XML格式文本，最后利用FILTERXML函数根据XML的标准路径，从中提取出<translation>里面的目标译文。

20.2.2　将天气预报装进Excel

示例20-3　EXCEL版天气预报

如图20-5所示，A2单元格为中文的城市名称，在B2单元格中输入以下公式，可从聚合天气预报获取相应城市天气信息的XML格式文本。

```
=WEBSERVICE("http://v.juhe.cn/weather/index?format=2&dtype=xml&cityname="&A2&"&key=0a479c4008c0eb6014333c5d924ca83c")
```

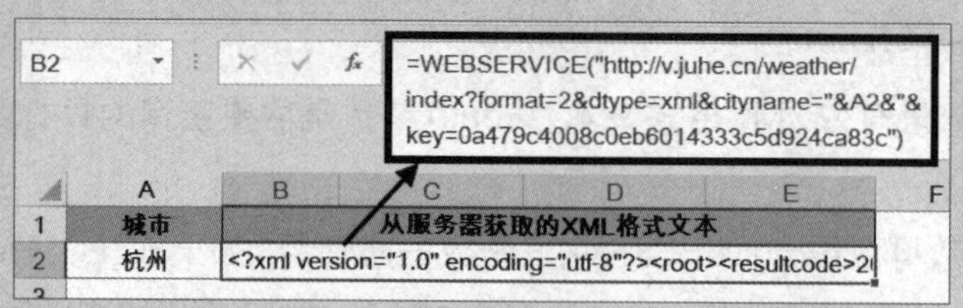

图20-5　获取天气信息的XML格式文本

url地址中的"http://v.juhe.cn/weather/index"是"聚合数据"网页提供的天气预报API接口，"dtype""cityname""key"是以get方式向"聚合数据"天气预报API接口请求数据时，传输的3个参数。"dtype"参数指定返回数据格式，可以是"json"或"xml"格式；"cityname"参数指定城市名或城市ID；"key"参数是申请API接口时，"聚合数据"网页提供的AppKey，如图20-3所示。

不同的API接口，请求数据时需传输的参数也不相同，可以从API接口的提供方查询相应的请求参数，如图20-6所示。

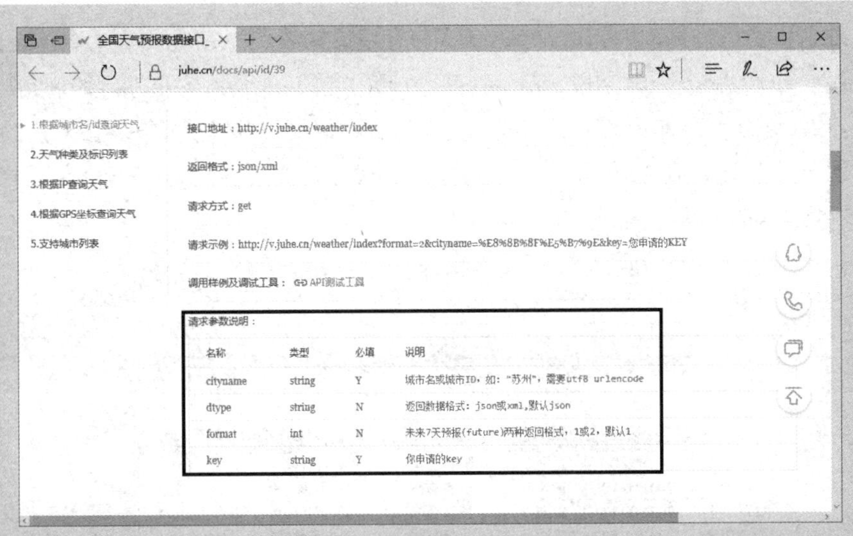

图20-6 API接口请求参数说明

WEBSERVICE函数返回的XML格式文本如下。

```
<?xml version="1.0" encoding="utf-8"?>
<root>
<resultcode>200</resultcode>
<reason>successed!</reason>
<result>
    <sk>……</sk>
    <today>……</today>
    <future>
        <day_20180211><temperature>-1℃~9℃</temperature><weather>晴</weather><weather_id><fa>00</fa><fb>00</fb></weather_id><wind>西北风3-5级</wind><week>星期日</week><date>20180211</date></day_20180211>
        <day_20180212><temperature>-1℃~11℃</temperature><weather>晴</weather><weather_id><fa>00</fa><fb>00</fb></weather_id><wind>西北风微风</wind><week>星期一</week><date>20180212</date></day_20180212>
        <day_20180213>……</day_20180213>
        <day_20180214>……</day_20180214>
        <day_20180215>……</day_20180215>
        <day_20180216>……</day_20180216>
        <day_20180217>……</day_20180217>
    </future>
</result>
<error_code>0</error_code>
</root>
```

从XML格式文本中可以发现，未来7天天气预报信息格式是一样的，包含<temperature>温度字段、<weather>天气字段、<wind>风力风向字段、<week>星期字段和<date>日期字段。因此在A4:E4单元格中依次输入各字段名，以便于依次提取各字段对应的内容。

如图20-7所示，在A5单元格中输入以下公式，将公式复制到A5:E11单元格区域，可以获取近7天的天气预报。

```
=INDEX(FILTERXML($B$2,"//"&A$4),ROW(1:1)+(A$4<>$A$4))
```

	A	B	C	D	E
1	城市	从服务器获取的XML格式文本			
2	杭州	<?xml version="1.0" encoding="utf-8"?><root><resultcode>2(			
3					
4	date	week	weather	wind	temperature
5	20180209	星期五	阴转小雨	南风微风	3℃~10℃
6	20180210	星期六	小雨转阴	持续无风向3-5级	0℃~5℃
7	20180211	星期日	多云转晴	西北风3-5级	-2℃~10℃
8	20180212	星期一	晴	西北风微风	-1℃~11℃
9	20180213	星期二	晴	西南风微风	2℃~15℃
10	20180214	星期三	晴	西北风微风	-1℃~11℃
11	20180215	星期四	多云转晴	西北风3-5级	-2℃~10℃

图20-7　将天气预报装进Excel

以C5单元格公式为例，公式利用FILTERXML函数提取B2单元格中XML数据weather路径下的内容。由于weather路径下存在多个内容，因此，FILTERXML函数返回一个数组。例如，杭州近7天的天气（因为<today>字段中也包含一个<weather>字段，所以当天的天气会重复两次）。

{"阴转小雨";"阴转小雨";"小雨转阴";"多云转晴";"晴";"晴";"晴";"多云转晴"}

最后使用INDEX函数将各项数据依次显示在不同单元格中。

练习与巩固

（1）使用WEBSERVICE函数从服务器获取数据的前提是________和________。

（2）在使用FILTERXML函数从XML格式化内容中获取信息时，如果指定格式路径下存在多个内容，FILTERXML函数返回________。

第21章　数据透视表函数

数据透视表是用来从Excel数据列表、关系数据库文件或OLAP多维数据集等数据源的特定字段中总结信息的分析工具。可以快速分类汇总大量数据，并可以随时选择其中页、行和列中的不同元素，快速查看数据源的不同统计结果。本章将详细介绍数据透视表函数GETPIVOTDATA的使用方法和技巧，以方便用户建立自己的个性化表格。

本章学习要点

（1）GETPIVOTDATA函数的基础知识及语法。
（2）提取数据透视表数据。
（3）与其他函数的联合使用。
（4）利用数据透视表制作月报。

21.1　用GETPIVOTDATA函数获取数据透视表中的数据

数据透视表函数是为了获取数据透视表中各种计算数据而设计的，最早出现在Excel 2000版本中，在之后的版本中，该函数的语法结构得到进一步改进和完善。

21.1.1　数据透视表函数的基础语法

如果报表中的计算或汇总数据可见，则可以使用GETPIVOTDATA函数从数据透视表中检索出相应的数据。该函数的基本语法如下。

```
GETPIVOTDATA(data_field, pivot_table, [field1, item1, field2, item2], …)
```

data_field为必需参数，包含要检索的数据字段的名称，用引号引起来。

> 当data_field参数是文本字符串时，必须使用成对的双引号引起来。如果是单元格引用，必须将该参数转化为文本类型，可以使用文本类函数（如T函数），或者直接将此参数后面连接一个空文本，否则此公式计算结果为错误值“#REF!”。

pivot_table为必需参数，对数据透视表中的任意单元格或单元格区域的引用。此信息用于确定哪些数据透视表包含要检索的数据。

field1、Item1、field2、Item2为可选参数，1~126对的字段名称和描述要检索的数据项名称，每一对可按任何顺序排列，该参数可以为单元格引用或常量文本字符串。

如果参数为数据透视表中不可见或不存在的字段，则GETPIVOTDATA函数将返回错误值#REF!。

21.1.2　快速生成数据透视表函数

数据透视表函数的参数较多，用户直接书写的时候会比较困难。Excel提供了快速生成数据透视表公式的方法，具体操作步骤如下。

步骤① 如图21-1所示，在任意单元格中输入一个等号“=”。

步骤② 选中数据透视表中需要提取的数据位置，如C6单元格，并按<Enter>键结束，即可生成数据透视表公式。

```
=GETPIVOTDATA("基本工资",$A$3,"员工部门","蜀国","岗位属性","武")
```

	A	B	C	D	E	F
1						
2						
3	求和项:基本工资	列标签				
4	行标签	文	武	总计		
5	群雄	41600	30400	72000		
6	蜀国	43100	49400	92500		
7	魏国	55000	21600	76600		
8	吴国	70400	44800	115200		
9	总计	210100	146200	356300		
10						
11	=GETPIVOTDATA("基本工资",$A$3,"员工部门","蜀国","岗位属性","武")					
12						

图21-1　快速生成数据透视表函数

Excel中的【生成GetPivotData】选项默认为选中状态，如果用户取消对此选项的选中，则引用数据透视表中的数据区域时，只会得到相应单元格的引用。

如果要取消该选项的选中状态，可以先单击透视表中的任意单元格，在【数据透视表工具】的【分析】选项卡中单击【选项】下拉按钮，在下拉列表中选择【生成GetPivotData】选项，如图21-2所示。

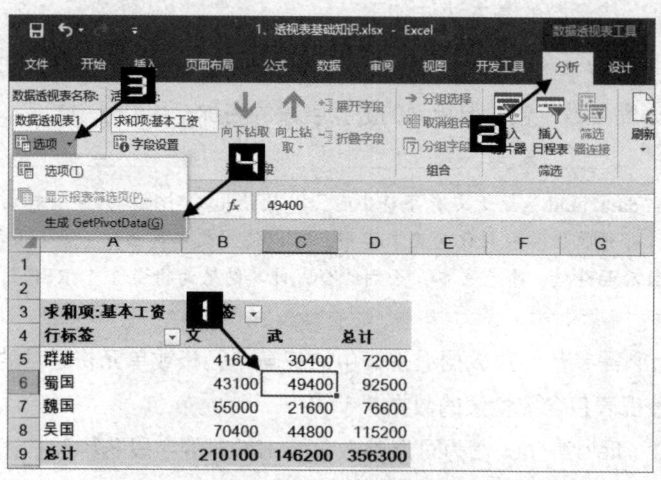

图21-2　取消选中【生成GetPivotData】

此时，再引用数据透视表中的单元格就只会得到相应单元格的引用，如图21-3所示。

还可以选择【文件】→【Excel选项】选项，切换到【公式】选项卡，在右侧【使用公式】选项区域中选中或取消选中【使用GetPivotData函数获取数据透视表引用】复选框，最后单击【确定】按钮，如图21-4所示。

	A	B	C	D
1				
2				
3	求和项:基本工资	列标签		
4	行标签	文	武	总计
5	群雄	41600	30400	72000
6	蜀国	43100	49400	92500
7	魏国	55000	21600	76600
8	吴国	70400	44800	115200
9	总计	210100	146200	356300
10				
11	=C6			

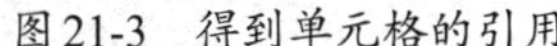
图21-3 得到单元格的引用

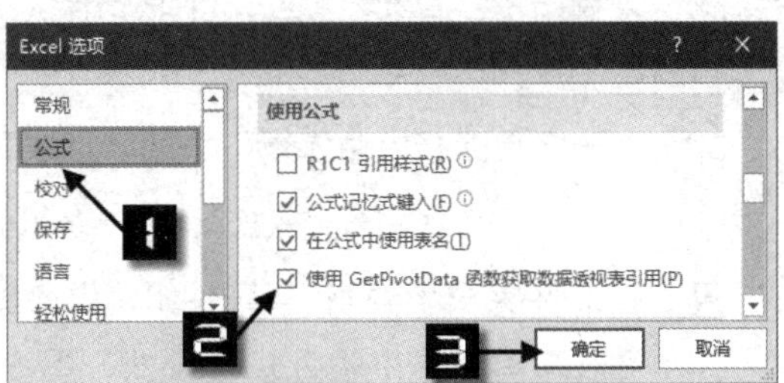

图21-4 【Excel选项】对话框

21.1.3 数据透视表函数解读

示例21-1 数据透视表公式举例

首先创建一个数据透视表，以统计不同维度的数据，如图21-5所示。

	A	B	C	D	E
1					
2					
3	求和项:销售金额		岗位属性		
4	员工部门	性别	文	武	总计
5	⊟蜀国		28100	10500	38600
6		男	28100	10500	38600
7	⊟魏国		34200	10500	44700
8		男	34200	10500	44700
9	⊟吴国		57600	15600	73200
10		男	28200	15600	43800
11		女	29400		29400
12	总计		119900	36600	156500

图21-5 创建数据透视表以统计结果

如图21-6所示，使用数据透视表函数从此数据表中提取相应的统计数据。

	A	B
14	公司总销售金额	156500
15	函数公式	=GETPIVOTDATA("销售金额",$A$3)
16		
17	蜀国销售金额总计	38600
18	函数公式	=GETPIVOTDATA("销售金额",$A$3,"员工部门","蜀国")
19		
20	吴国文官销售金额	57600
21	函数公式	=GETPIVOTDATA("销售金额",$A$3,"员工部门","吴国","岗位属性","文")
22		
23	魏国女性销售金额	#REF!
24	函数公式	=GETPIVOTDATA("销售金额",$A$3,"性别","女","员工部门","魏国")

图21-6 提取相应的统计数据

（1）在B14单元格中输入以下公式，提取公司总销售金额。

```
=GETPIVOTDATA("销售金额",$A$3)
```

第一参数表示计算字段名称，本例中为“销售金额”。第二参数为数据透视表中任意单元格，本例中为“$A$3”。当GETPIVOTDATA函数只包含两个参数时，表示提取数据透视表的合计数。

（2）在B17单元格中输入以下公式，提取蜀国销售金额总计。

```
=GETPIVOTDATA("销售金额",$A$3,"员工部门","蜀国")
```

第三和第四参数为分类计算条件组，提取员工部门为“蜀国”的销售金额。

（3）在B20单元格中输入以下公式，提取员工部门为“吴国”，岗位属性为“文”的销售金额。

```
=GETPIVOTDATA("销售金额",$A$3,"员工部门","吴国","岗位属性","文")
```

第三到第六参数为两对分类计算条件组，提取员工部门为“吴国”，并且岗位属性为“文”的销售金额。

（4）在B23单元格中输入以下公式提取魏国女性的销售金额，结果返回错误值#REF!。因为在数据透视表中，不包含部门为“魏国”，性别为“女”的数据。

```
=GETPIVOTDATA("销售金额",$A$3,"性别","女","员工部门","魏国")
```

21.1.4 Excel 2000版本中的GETPIVOTDATA函数语法

Excel 2000版本中新增加了数据透视表函数GETPIVOTDATA，在Excel 2003版本中该函数的语法得到修改和完善，但出于兼容性的需求，仍然保留了Excel 2000版本的语法用法。

GETPIVOTDATA函数在Excel 2000版本中的语法如下：

```
GETPIVOTDATA(pivot_table, name)
```

pivot_table为必需参数，对数据透视表中的任意单元格或单元格区域的引用。此信息用于确定包含要检索数据的数据透视表。

name是一个文本字符串，它用一对双引号引起来，描述要提取数据的取值条件，表达的内容如下。

```
data_field item1 item2 …… itemn
```

示例21-2 使用Excel 2000版本语法提取数据

沿用示例21-1中的数据源及数据透视表，使用Excel 2000版语法编写数据透视表公式，可以实现效果相同的数据提取。

（1）如图21-7所示，在B14单元格中输入以下公式提取公司总销售金额。

```
=GETPIVOTDATA($A$3,"销售金额")
```

第一参数为数据透视表中任意单元格，本例中为“$A$3”。第二参数表示计算字段名称，本例中为“销售金额”。当GETPIVOTDATA函数只包含两个参数时，表示提取数据透视表的合计数。

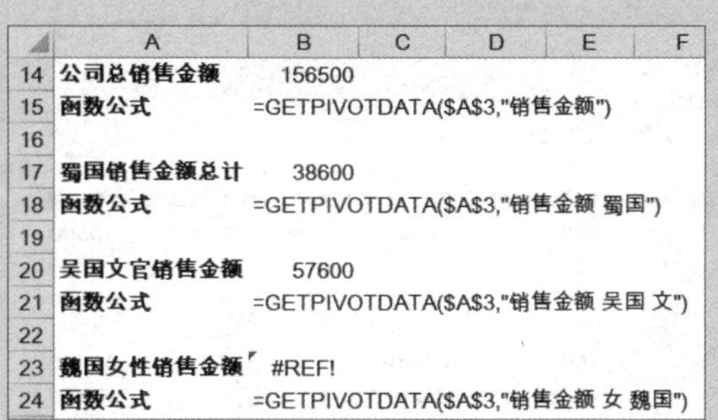

	A	B	C	D	E	F
14	公司总销售金额	156500				
15	函数公式	=GETPIVOTDATA($A$3,"销售金额")				
16						
17	蜀国销售金额总计	38600				
18	函数公式	=GETPIVOTDATA($A$3,"销售金额 蜀国")				
19						
20	吴国文官销售金额	57600				
21	函数公式	=GETPIVOTDATA($A$3,"销售金额 吴国 文")				
22						
23	魏国女性销售金额	#REF!				
24	函数公式	=GETPIVOTDATA($A$3,"销售金额 女 魏国")				

图21-7 使用Excel 2000版本语法编写数据透视表公式

（2）在B17单元格中输入以下公式，提取蜀国销售金额的总计。

```
=GETPIVOTDATA($A$3,"销售金额 蜀国")
```

第二参数为计算条件，提取部门为“蜀国”的销售金额。其中的第一部分“销售金额”为计算字段的名称，“蜀国”为计算条件。

（3）在B20单元格中输入以下公式，提取部门为“吴国”，并且岗位属性为“文”的销售金额。

```
=GETPIVOTDATA($A$3,"销售金额 吴国 文")
```

第二参数中的“销售金额”部分，为计算字段的名称，后半部分“吴国 文”为两个计算条件。

（4）在B23单元格中输入以下公式，提取部门为“魏国”，并且性别为“女性”的销售金额。

```
=GETPIVOTDATA($A$3,"销售金额 女 魏国")
```

计算结果为错误值#REF!，因为在数据透视表统计中，不包含有部门为“魏国”，并且性别为“女性”的统计数据。

使用Excel 2000版本的语法，优点在于公式比较简洁；缺点是语法中会出现多个参数条件罗列在一起，不便于理解和维护。并且此函数与公式无法自动生成，需要手动输入。

21.2 提取数据透视表不同计算字段数据

运用数据透视表可以统计出较复杂的计算结果，通过透视表函数来提取其中部分数据，以达到用户个性化表格的需求。

示例21-3 提取数据透视表不同计算字段数据

如图21-8所示，根据统计需要，在A3:H13单元格区域创建了数据透视表，需要在B16:C18单元格区域提取不同部门的销售数量和销售金额。

B16 =GETPIVOTDATA(T(B$15),$A$3,"员工部门",$A16)

	A	B	C	D	E	F	G	H
3			岗位属性	值				
4			文		武		求和项:销售数量	求和项:销售金额汇总
5	员工部门	性别	求和项:销售数量	求和项:销售金额	求和项:销售数量	求和项:销售金额		
6	⊟蜀国		28	28100	16	10500	44	38600
7		男	28	28100	16	10500	44	38600
8	⊟魏国		49	34200	10	10500	59	44700
9		男	49	34200	10	10500	59	44700
10	⊟吴国		60	57600	26	15600	86	73200
11		男	33	28200	26	15600	59	43800
12		女	27	29400			27	29400
13	总计		137	119900	52	36600	189	156500
14								
15	部门	销售数量	销售金额					
16	魏国	59	44700					
17	蜀国	44	38600					
18	吴国	86	73200					

图21-8 提取数据透视表不同计算字段数据

在B16单元格中输入以下公式，复制到B16:C18单元格区域。

```
=GETPIVOTDATA(T(B$15),$A$3,"员工部门",$A16)
```

第一参数是单元格引用，所以必须将该参数转化为文本类型，本例中使用T函数转化，也可以在“B$15”后面连接一对半角状态下的双引号，变为“B$15&""”。

如果直接引用B15单元格结果，将返回错误值#REF!，如图21-9所示。

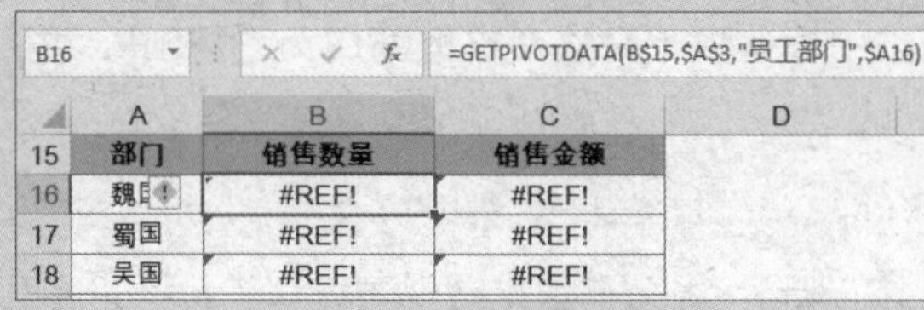

B16 =GETPIVOTDATA(B$15,$A$3,"员工部门",$A16)

	A	B	C	D
15	部门	销售数量	销售金额	
16	魏国	#REF!	#REF!	
17	蜀国	#REF!	#REF!	
18	吴国	#REF!	#REF!	

图21-9 第一参数为单元格引用

21.3 提取各学科平均分前三名的班级

GETPIVOTDATA函数中的item参数可以支持数组引用，并返回一个数组结果。

示例21-4 提取各学科平均分前三名的班级

如图21-10所示，A3:D12单元格区域是使用数据透视表统计出的各班平均分，需要在G4:I6单元格区域提取各科平均分前三名的成绩，在G9:I11单元格区域提取各科前三名的班级。

在G4单元格中输入以下数组公式，按<Ctrl+Shift+Enter>组合键，将公式复制到G4:I6单元格区域。

```
{=LARGE(GETPIVOTDATA(T(G$3),$A$3,"班级",$A$4:$A$11),ROW(1:1))}
```

	A	B	C	D	E	F	G	H	I
1									
2									
3	班级	平均值项:语文	平均值项:数学	平均值项:英语			语文	数学	英语
4	1班	65.55	55.36	69.45		第1名	72.09	77.55	69.45
5	2班	72.09	72.55	60.00		第2名	69.00	72.55	67.10
6	3班	69.00	77.55	58.82		第3名	66.64	67.90	65.55
7	4班	62.36	54.45	60.27					
8	5班	66.64	58.45	64.36			语文	数学	英语
9	6班	64.18	52.45	65.55		第1名	2班	3班	1班
10	7班	63.90	51.20	62.50		第2名	3班	2班	8班
11	8班	59.00	67.90	67.10		第3名	5班	8班	6班
12	总计	65.43	61.28	63.48					

图21-10 提取各学科平均分前三名的班级

GETPIVOTDATA的第一参数使用T函数将G3单元格的值转化为文本类型。

第四参数使用“$A$4:$A$11”，分别提取1~8班的语文平均分。整个GETPIVOTDATA公式部分计算得到一个如下的内存数组。

```
{65.5454545454545;72.0909090909091;…;64.1818181818182;63.9;59}
```

然后使用LARGE函数从这个数组中依次提取前三大的值，即平均分的前三名。

在G9单元格中输入以下公式，将公式复制到G9:I11单元格区域，分别提取最高的3个平均分对应的相应班级。

```
=INDEX($A:$A,MATCH(G4,B:B,))
```

如果有相同平均分数的班级，该公式仅返回第一个符合条件的记录。

21.4 从多个数据透视表中提取数据

当计算涉及多个透视表时，还可以从多个数据透视表中同时提取相应的数据。

示例21-5 从多个数据透视表中提取数据

图21-11所示的是在3个不同工作表中的数据源。

根据不同数据源，分别建立3个数据透视表，并将每个数据透视表所在的工作表分别修改名称为“魏国”“蜀国”“吴国”，如图21-12所示。

“汇总”工作表中有一个个性化表格，如图21-13所示，分别统计各部门文官、武官的销售数量和销售金额。

在B3单元格中输入以下公式，并复制到B3:E5单元格区域。

```
=GETPIVOTDATA(T(B$2),INDIRECT($A3&"!A3"),"岗位属性",LOOKUP("々",
$B$1:B$1))
```

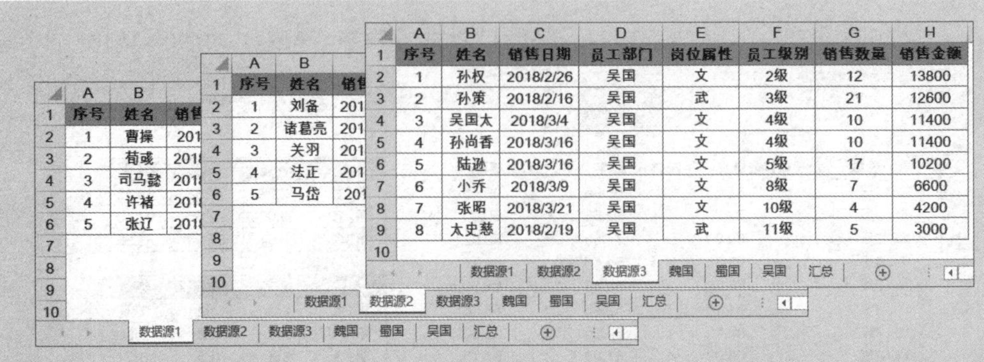

序号	姓名	销售日期	员工部门	岗位属性	员工级别	销售数量	销售金额
1	孙权	2018/2/26	吴国	文	2级	12	13800
2	孙策	2018/2/16	吴国	武	3级	21	12600
3	吴国太	2018/3/4	吴国	文	4级	10	11400
4	孙尚香	2018/3/16	吴国	文	4级	10	11400
5	陆逊	2018/3/16	吴国	文	5级	17	10200
6	小乔	2018/3/9	吴国	文	8级	7	6600
7	张昭	2018/3/21	吴国	文	10级	4	4200
8	太史慈	2018/2/19	吴国	武	11级	5	3000

图21-11 多工作表基础数据源

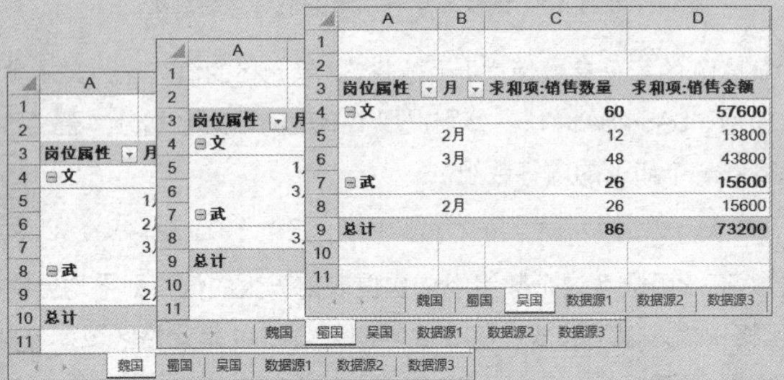

岗位属性	月	求和项:销售数量	求和项:销售金额
⊟文		60	57600
	2月	12	13800
	3月	48	43800
⊟武		26	15600
	2月	26	15600
总计		86	73200

图21-12 分别制作数据透视表

B3 =GETPIVOTDATA(T(B$2),INDIRECT($A3&"!A3"),"岗位属性",LOOKUP("々",$B$1:B$1))

	文		武	
部门	销售数量	销售金额	销售数量	销售金额
魏国	49	34200	10	10500
蜀国	28	28100	16	10500
吴国	60	57600	26	15600

图21-13 从多个数据透视表中提取数据

“T(B$2)”部分将B2单元格引用转化成文本。

“INDIRECT($A3&"!A3")”部分将A3单元格中的“魏国”与“"!A3"”连接，并使用INDIRECT形成间接引用，从而引用“魏国”工作表的数据透视表。

“LOOKUP("々", $B$1:B$1)”部分由于合并单元格只在其左上角的那一个单元格有值，其余为空，当公式向右复制的时候，使用LOOKUP分别提取B1:B1、B1:C1、B1:D1、B1:E1单元格区域的最后一个文本，即可分别得到结果“文”“文”“武”“武”，于是提取相应透视表中岗位属性为“文”或“武”的数据。

21.5 利用数据透视表函数制作月报

日常工作中，经常需要对基础数据进行必要的整理和统计，形成相应的月报。使用数据透视表及数据透视表函数制作模板，可以使月报汇总过程更加简单。

示例21-6 利用数据透视表函数制作月报

图21-14所示的是某电梯公司的销售安装基础数据，需要制作销售月报。

	A	B	C	D	E	F	G
1	合同号	项目名称	分公司	区域	开工日期	完工日期	完工月份
2	Z6AJ7034	WHJRJDXM	广州	南区	2013/8/26	2015/1/15	1
3	Z6AJ7035	WHJRJDXM	广州	南区	2013/8/26	2015/1/15	1
4	Z6AJ7037	WHJRJDXM	广州	南区	2013/8/26	2015/1/15	1
5	Z6AJ9942	XHSS	广州	南区	2013/12/24	2015/1/15	1
6	Z6AJ9947	XHSS	广州	南区	2013/12/24	2015/1/15	1
7	Z6AJ6227	YJHY	东莞	南区	2013/3/25	2015/1/15	1
94	Z6AJ5511	ZYH	长沙	华中区	2013/11/25	2015/1/15	1
95	Z6AJ5512	ZYH	长沙	华中区	2013/11/25	2015/1/15	1
96	Z6AJ5740	CSH	长沙	华中区	2013/12/24	2015/1/15	1
210	F2AN2123	HCHDEQ	无锡	东区	2014/6/24	2015/2/26	2
211	F2AN2124	HCHDEQ	无锡	东区	2014/6/24	2015/2/26	2
212	F2AN2125	HCHDEQ	无锡	东区	2014/6/24	2015/2/26	2

图21-14 基础数据源

创建定义名称“动态数据源”，如图21-15所示，公式如下。

```
=OFFSET(数据源!$A$1,,,COUNTA(数据源!$A:$A),COUNTA(数据源!$1:$1))
```

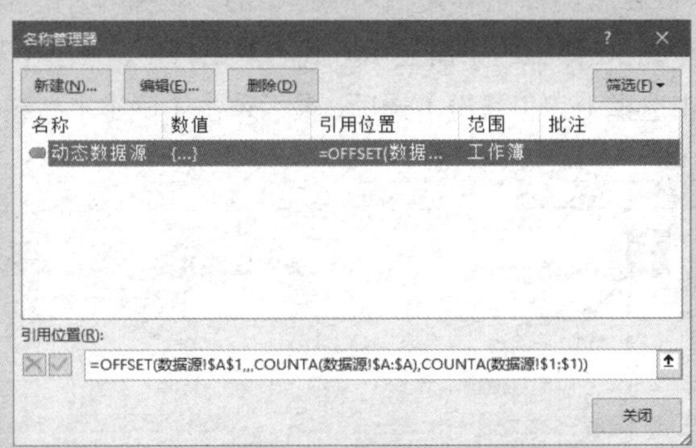

图21-15 创建“动态数据源”

插入数据透视表，将选择区域更改为“动态数据源”，如图21-16所示。

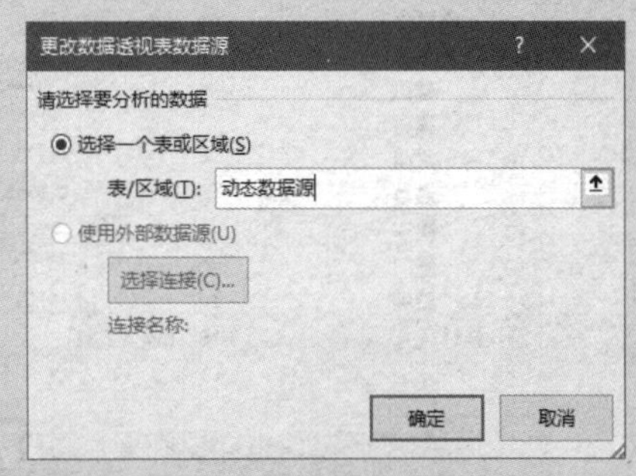

图21-16 使用“动态数据源”

如图21-17所示，首先创建按不同月份统计的数据透视表。在【数据透视表字段】窗格中，将“区域”和“分公司”字段拖动到【行】区域，将“完工月份”字段拖动到【列】区域，将“合同号”字段拖动到【值】区域，并修改此工作表名为“当月”。

接下来制作年总计统计的数据透视表，按照相同的过程制作一个数据透视表，修改此工作表名为“年总计”。

计数项:合同号	列标签		
行标签	1	2	总计
⊟东区	24	60	84
宁波	24	2	26
温州		11	11
无锡		47	47
⊟华中区	14	6	20
南昌	7	6	13
长沙	7		7
⊟南区	78	29	107
东莞	8		8
佛山	3		3
福州		29	29
广州	5		5
海口	20		20
南宁	18		18
厦门	6		6
深圳	18		18
总计	116	95	211

数据透视表字段
选择要添加到报表的字段:
合同号
项目名称
分公司
在以下区域间拖动字段:
筛选
列
完工月份
行
区域
分公司
值
计数项:合同号
延迟布局更新
更新
统计表 | 统计表Excel2000版 | 当月 | 年总计 | 数据源

图21-17　制作分月统计的数据透视表

右击数据透视表值区域的任意单元格，在弹出的快捷菜单中选择【值显示方式】→【按某一字段汇总】选项，在弹出的【值显示方式】对话框中，单击【基本字段】右侧的下拉按钮，在下拉列表中选择【完工月份】选项，最后单击【确定】按钮，如图21-18所示。

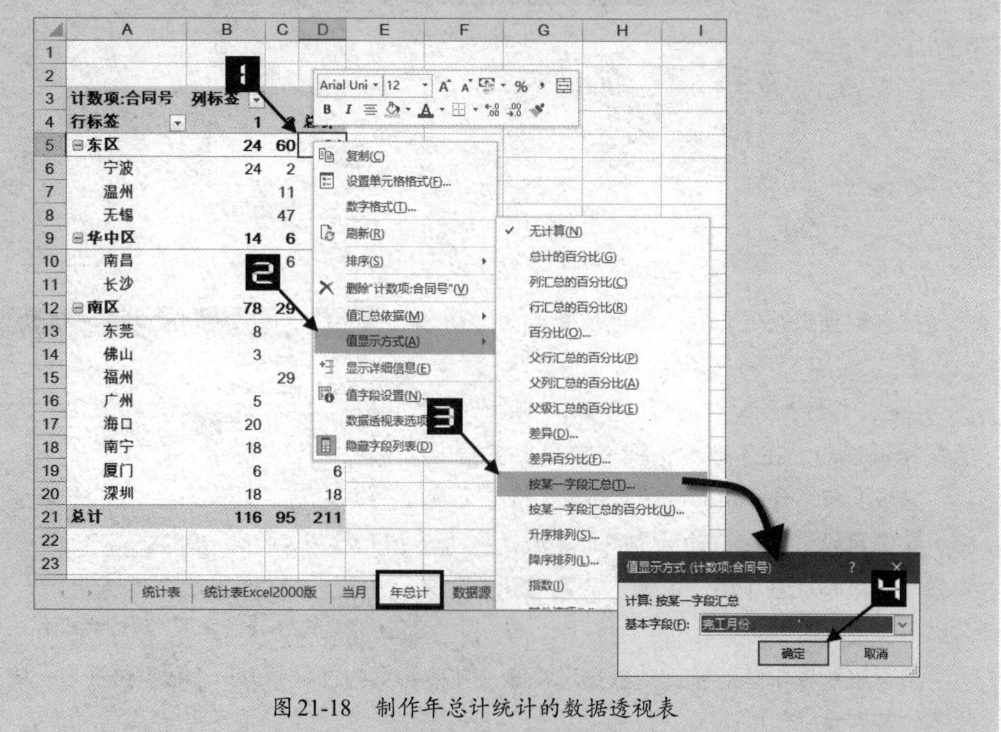

图21-18　制作年总计统计的数据透视表

此时数据透视表中的汇总方式按照每个“完工月份”进行汇总累计，效果如图21-19所示，后一个月份均为之前所有月份数据之和，如C5单元格东区2月的数据等于1月的24加上2月的60，累计结果为84。

如图21-20所示，制作个性化表格，列出本公司的全部区域和分公司，设置其他必要的标题，并适当调整部分单元格格式。

	A	B	C	D	E
1					
2					
3	计数项:合同号	列标签 ▼			
4	行标签 ▼	1	2	总计	
5	⊟东区	24	84		
6	宁波	24	26		
7	温州	0	11		
8	无锡	0	47		
9	⊟华中区	14	20		
10	南昌	7	13		
11	长沙	7	7		
12	⊟南区	78	107		
13	东莞	8	8		
14	佛山	3	3		
15	福州	0	29		
16	广州	5	5		
17	海口	20	20		
18	南宁	18	18		
19	厦门	6	6		
20	深圳	18	18		
21	总计	116	211		
22					
23					

统计表 | 统计表Excel2000版 | 当月 | 年总计

图21-19　年总计数据透视表

	A	B	C	D	E
1	区域/分公司	1月		2月	
2		当月	年总计	当月	年总计
3	华中区	14	14	6	20
4	长沙	7	7	0	7
5	南昌	7	7	6	13
6	武汉	0	0	0	0
7	郑州	0	0	0	0
8	东区	24	24	60	84
9	合肥	0	0	0	0
10	南京	0	0	0	0
11	宁波	24	24	2	26
12	温州	0	0	11	11
13	无锡	0	0	47	47
14	浙江	0	0	0	0
15	南区	78	78	29	107
16	东莞	8	8	0	8
17	佛山	3	3	0	3
18	福州	0	0	29	29
19	广州	5	5	0	5
20	海口	20	20	0	20
21	南宁	18	18	0	18
22	深圳	18	18	0	18
23	厦门	6	6	0	6

统计表 | 统计表Excel2000版 | 当月 | 年

图21-20　制作个性化表格

在B3单元格中输入以下公式，并复制到B3:E23单元格区域。

```
=IFERROR(GETPIVOTDATA("合同号",INDIRECT(B$2&"!A3"),IF(RIGHT($A3)="区",
"区域","分公司"),$A3,"完工月份",INT(COLUMN()/2)),0)
```

“INDIRECT(B$2&"!A3")”部分利用第2行的标题，形成对“当月”或“年总计”工作表中数据透视表的单元格引用。

通过“IF(RIGHT($A3)="区","区域","分公司")”部分，充分观察数据规律，所有的区域级别的字段最后一个字均为“区”，通过对此字符的判断，来判断当前位置是提取“区域”还是“分公司”的数据。

“INT(COLUMN()/2))”部分根据当前单元格的位置除以数字2并向下取整，形成有规律的数据序列：1，1，2，2，3，3，…从而达到对相应月份数据的提取。

最后使用IFERROR函数，屏蔽可能存在的错误值。

还可以使用Excel 2000版本数据透视表公式的语法，在B3单元格中输入以下公式，并复制到B3:E23单元格区域。

```
=IFERROR(GETPIVOTDATA(INDIRECT(B$2&"!A3"),"合同号"&$A3&" "&INT
(COLUMN()/2)),0)
```

第一参数使用“INDIRECT(B$2&"!A3")”，形成对“当月”或“年总计”工作表中数据透视表的单元格引用。

第二参数“"合同号"&$A3&""&INT(COLUMN()/2))”，该部分的计算结果为“{"合同号 华中区 1"}”，计算的是对华中区1月合同号进行计数的结果。

模板制作完成后，再需要制作相同格式的月报时，只需将新的数据粘贴到数据源工作表，刷新所有的数据透视表。然后复制统计表中前一个月份的统计，并粘贴到数据区域相邻位置，最后完成一些必要的调整即可。

练习与巩固

（1）在选中数据透视表区域的时候，如果希望不生成GETPIVOTDATA函数与公式，而是生成直接的类似“=C3”的单元格引用，需要经过________设置。

（2）以下透视表函数与公式的含义表示________。

```
=GETPIVOTDATA("销售金额",$A$3,"员工部门","吴国","岗位属性","文")
```

第22章 数据库函数

Excel中包含了一些工作表函数，用于对存储的列表或数据库中的数据进行分析，这些函数统称为数据库函数。由于这些函数都以字母D开头，又被称为D函数。

本章学习要点

（1）认识数据库函数。

（2）使用数据库函数进行数据统计。

22.1 以字母D开头的12个数据库函数

数据库函数与高级筛选较为相似，区别在于高级筛选是根据一些条件筛选出相应的数据记录，数据库函数则是根据条件进行分析与统计。

Excel中有12个标准的数据库函数，都以字母D开头，常用数据库函数与主要功能说明如表22-1所示。

表22-1 常用数据库函数与主要功能说明

函数	主要功能说明
DAVERAGE	返回所选数据库条目的平均值
DCOUNT	计算数据库中包含数字的单元格的数量
DCOUNTA	计算数据库中非空单元格的数量
DGET	从数据库提取符合指定条件的单个记录
DMAX	返回所选数据库条目的最大值
DMIN	返回所选数据库条目的最小值
DPRODUCT	将数据库中符合条件的记录的特定字段中的值相乘
DSTDEV	基于所选数据库条目的样本估算标准偏差
DSTDEVP	基于所选数据库条目的样本总体计算标准偏差
DSUM	对数据库中符合条件的记录的字段列中的数字求和
DVAR	基于所选数据库条目的样本估算方差
DVARP	基于所选数据库条目的样本总体计算方差

这12个数据库函数的语法与参数完全一致，统一如下。

```
数据库函数(database, field, criteria)
```

其中，数据库函数参数的说明如表22-2所示。

数据库函数具有以下特点。

（1）运算速度快。

（2）支持多工作表的多重区域引用。

（3）可以较为方便直观地设置复杂的统计条件。

（4）database和criteria参数只能使用单元格区域，不支持内存数组。

表22-2　数据库函数参数说明

参数	说明
database	构成列表或数据库的单元格区域。 数据库是包含一组相关数据的列表，其中包含相关信息的行为记录，而包含数据的列为字段。列表的第一行包含每一列的标签
field	指定函数所使用的列。 输入两端带双引号的列标签，如“使用年数”或“产量”；或是代表列表中列位置的数字（不带引号）：1表示第一列，2表示第二列，依此类推
criteria	包含指定条件的单元格区域。 可以为参数指定criteria任意区域，只要此区域包含至少一个列标签，并且列标签下至少有一个为列指定条件的单元格

22.2　数据库函数的基础用法

22.2.1　第二参数field为列标签

示例22-1　统计销售数据

如图22-1所示，A1:H19为构成列表或数据库的单元格区域database，J1:J2为包含指定条件的单元格区域criteria。

	A	B	C	D	E	F	G	H
1	序号	姓名	性别	员工部门	岗位属性	员工级别	销售数量	销售金额
2	1	刘备	男	蜀国	文	2级	14	13800
3	2	法正	男	蜀国	文	11级	3	3000
4	3	吴国太	女	吴国	文	4级	10	11400
5	4	陆逊	男	吴国	文	5级	17	10200
6	5	张昭	男	吴国	文	10级	4	4200
7	6	孙策	男	吴国	武	3级	21	12600
8	7	孙权	男	吴国	文	2级	12	13800
9	8	荀彧	男	魏国	文	5级	17	10200
10	9	司马懿	男	魏国	文	5级	9	10200
11	10	张辽	男	魏国	武	10级	4	4200
12	11	曹操	男	魏国	文	2级	23	13800
13	12	孙尚香	女	吴国	文	4级	10	11400
14	13	小乔	女	吴国	文	8级	7	6600
15	14	关羽	男	蜀国	武	7级	13	7700
16	15	诸葛亮	男	蜀国	文	4级	11	11300
17	16	马岱	男	蜀国	武	11级	3	2800
18	17	太史慈	男	吴国	武	11级	5	2800
19	18	于禁	男	魏国	武	8级	5	6300

J	K
员工部门	
蜀国	
人数	公式
5	=DCOUNTA(A1:H19,"姓名",J1:J2)
销售总数量	公式
44	=DSUM(A1:H19,"销售数量",J1:J2)
人均销售金额	公式
7720	=DAVERAGE(A1:H19,"销售金额",J1:J2)
个人最小销售数量	公式
3	=DMIN(A1:H19,"销售数量",J1:J2)
个人最大销售金额	公式
13800	=DMAX(A1:H19,"销售金额",J1:J2)

图22-1　第二参数field为列标签

在J5单元格中输入以下公式，计算“员工部门”为“蜀国”的“人数”。

```
=DCOUNTA(A1:H19,"姓名",J1:J2)
```

在J8单元格中输入以下公式，计算“员工部门”为“蜀国”的“销售总数量”。

```
=DSUM(A1:H19,"销售数量",J1:J2)
```

在J11单元格中输入以下公式，计算“员工部门”为“蜀国”的“人均销售金额”。

```
=DAVERAGE(A1:H19,"销售金额",J1:J2)
```


在J14单元格中输入以下公式，计算“员工部门”为“蜀国”的“个人最小销售数量”。

```
=DMIN(A1:H19,"销售数量",J1:J2)
```

在J17单元格中输入以下公式，计算“员工部门”为“蜀国”的“个人最大销售金额”。

```
=DMAX(A1:H19,"销售金额",J1:J2)
```

第二参数field，其字符必须要与database中的完全一致，但是不区分字母的大小写。

22.2.2 第二参数field为表示列位置的数字

示例22-2 第二参数field为表示列位置的数字

如图22-2所示，在J5单元格中输入以下公式，计算“岗位属性”为“武”的“人数”。

```
=DCOUNTA(A1:H19,2,J1:J2)
```

	A	B	C	D	E	F	G	H
1	序号	姓名	性别	员工部门	岗位属性	员工级别	销售数量	销售金额
2	1	刘备	男	蜀国	文	2级	14	13800
3	2	法正	男	蜀国	文	11级	3	3000
4	3	吴国太	女	吴国	文	4级	10	11400
5	4	陆逊	男	吴国	文	5级	17	10200
6	5	张昭	男	吴国	文	10级	4	4200
7	6	孙策	男	吴国	武	3级	21	12600
8	7	孙权	男	吴国	文	2级	12	13800
9	8	荀彧	男	魏国	文	5级	17	10200
10	9	司马懿	男	魏国	文	5级	9	10200
11	10	张辽	男	魏国	武	10级	4	4200
12	11	曹操	男	魏国	文	2级	23	13800
13	12	孙尚香	女	吴国	文	4级	10	11400
14	13	小乔	女	吴国	文	8级	7	6600
15	14	关羽	男	蜀国	武	7级	13	7700
16	15	诸葛亮	男	蜀国	文	4级	11	11300
17	16	马岱	男	蜀国	武	11级	3	2800
18	17	太史慈	男	吴国	武	11级	5	2800
19	18	于禁	男	魏国	武	8级	5	6300

	J	K
1	岗位属性	
2	武	
4	人数	公式
5	6	=DCOUNTA(A1:H19,2,J1:J2)
7	销售总数量	公式
8	51	=DSUM(A1:H19,7,J1:J2)
10	人均销售金额	公式
11	6066.666667	=DAVERAGE(A1:H19,8,J1:J2)
13	个人最小销售数量	公式
14	3	=DMIN(A1:H19,7,J1:J2)
16	个人最大销售金额	公式
17	12600	=DMAX(A1:H19,8,J1:J2)

图22-2 第二参数field为表示列位置的数字

在J8单元格中输入以下公式，计算“岗位属性”为“武”的“销售总数量”。

```
=DSUM(A1:H19,7,J1:J2)
```

在J11单元格中输入以下公式，计算“岗位属性”为“武”的“人均销售金额”。

```
=DAVERAGE(A1:H19,8,J1:J2)
```

在J14单元格中输入以下公式，计算“岗位属性”为“武”的“个人最小销售数量”。

```
=DMIN(A1:H19,7,J1:J2)
```

在J17单元格中输入以下公式，计算“岗位属性”为“武”的“个人最大销售金额”。

```
=DMAX(A1:H19,8,J1:J2)
```

其中，数字7代表database中的第7列，即“销售数量”列；同样，数字8代表“销售金额”列。

22.2.3 数据库区域第一行标签为数字

示例22-3 数据库区域第一行标签为数字

如图22-3所示，D1:I1单元格代表1~6月，D2:I8单元格代表每人每月的销售数量。

	A	B	C	D	E	F	G	H	I	J	K	L
1	序号	姓名	员工部门	1	2	3	4	5	6		员工部门	
2	1	刘备	蜀国	100	200	300	400	500	600		蜀国	
3	2	法正	蜀国	100	200	300	400	500	600			
4	3	吴国太	吴国	100	200	300	400	500	600		4月销售总数量	公式
5	4	陆逊	吴国	100	200	300	400	500	600		200	=DSUM(A1:I8,4,K1:K2)
6	5	张昭	吴国	100	200	300	400	500	600			
7	6	孙策	吴国	100	200	300	400	500	600		4月销售总数量	公式
8	7	孙权	吴国	100	200	300	400	500	600		800	=DSUM(A1:I8,MATCH(4,A1:I1,),K1:K2)

图22-3　数据库区域第一行标签为数字

在K5单元格中输入以下公式，计算4月蜀国的销售总数量。

```
=DSUM(A1:I8,4,K1:K2)
```

此时求得的结果为“200”，并未得到4月份的正确数据，这个“200”是1月份蜀国的销售总数量，即database中第4列的数据。

在K8单元格中输入以下两种公式，都可计算出正确的结果。

```
=DSUM(A1:I8,"4",K1:K2)
```

将第二参数写为文本形式“4”，按列标签计算。

```
=DSUM(A1:I8,MATCH(4,A1:I1,),K1:K2)
```

首先通过“MATCH(4,A1:I1,)”部分得到4月份在database中位于第7列；然后再通过DSUM函数求得database中第7列的数据。

提示 若想直接使用列标签名作为第二参数，可以在建立表格时，第一行使用文本标题。

22.3 比较运算符和通配符的使用

数据库函数的条件区域，可以使用比较运算符“>”“<”“=”“>=”“<=”“<>”，同时也支持通配符“*”“?”“~”的使用。

22.3.1 比较运算符的使用

示例22-4 比较运算符的使用

如图22-4所示，在J3单元格中输入条件“>10000”，在L3单元格中输入以下公式，计算销售金额大于10 000元的员工的销售金额合计。

```
=DSUM(A1:H19,"销售金额",J2:J3)
```

在J7单元格中输入条件“<=10”，在L7单元格中输入以下公式，计算销售数量小于等于10的员工的数量。

```
=DCOUNT(A1:H19,,J6:J7)
```

	A	B	C	D	E	F	G	H
1	序号	姓名	性别	员工部门	岗位属性	员工级别	销售数量	销售金额
2	1	刘备	男	蜀国	文	2级	14	13800
3	2	法正	男	蜀国	文	11级	3	3000
4	3	吴国太	女	吴国	文	4级	10	11400
5	4	陆逊	男	吴国	文	5级	17	10200
6	5	张昭	男	吴国	文	10级	4	4200
7	6	荀彧	男	魏国	文	5级	17	10200
8	7	司马懿	男	魏国	文	5级	9	10200
9	8	张辽	男	魏国	武	10级	4	4200
10	9	曹操	男	魏国	文	2级	23	13800
11	10	孙权	男	吴国	文	2级	12	13800
12	11	孙权之兄	男	吴国	武	3级	21	12600
13	12	孙权之妹	女	吴国	文	4级	10	11400
14	13	小乔	女	吴国	文	8级	7	6600
15	14	关羽	男	蜀国	武	7级	13	7700
16	15	诸葛亮	男	蜀国	文	4级	11	11300
17	16	马岱	男	蜀国	武	11级	3	2800
18	17	太史慈	男	吴国	武	11级	5	2800
19	18	于禁	男	魏国	武	8级	5	6300

	J	K	L	M
2	销售金额		金额	公式
3	>10000		118700	=DSUM(A1:H19,"销售金额",J2:J3)
6	销售数量		人数	公式
7	<=10		10	=DCOUNT(A1:H19,,J6:J7)
10	员工部门		数量	公式
11	<>蜀国		144	=DSUM(A1:H19,"销售数量",J10:J11)
14	姓名		数量	公式
15	孙权		43	=DSUM(A1:H19,"销售数量",J14:J15)
18	姓名		数量	公式
19	=孙权		12	=DSUM(A1:H19,"销售数量",J18:J19)

图22-4 比较运算符的使用

> **提示**
>
> DCOUNT和DCOUNTA两个函数可以简写第二参数field，其他数据库函数的第二参数不可以简写。如果简写该字段，DCOUNT和DCOUNTA计算数据库中符合条件的所有记录数。

在J11单元格中输入条件“<>蜀国”，在L11单元格中输入以下公式，计算非蜀国员工的销售数量。

```
=DSUM(A1:H19,"销售数量",J10:J11)
```

在J15单元格中输入条件“孙权”，在L15单元格中输入以下公式，计算姓名以“孙权”二字开头的员工的销售数量。

```
=DSUM(A1:H19,"销售数量",J14:J15)
```

在J19单元格中输入条件“'=孙权”，在L19单元格中输入以下公式，计算孙权的销售数量。

```
=DSUM(A1:H19,"销售数量",J14:J15)
```

输入不带等号“=”的字符，默认统计以该关键字开头的记录。条件前加等号“=”，表示精确查找，并且文本无须加半角双引号。

例如，输入文本“孙权”作为条件，将匹配“孙权”“孙权之兄”和“孙权之妹”。输入文本“'=孙权”，则只匹配“孙权”。

22.3.2 通配符的使用

在函数与公式中，“*”代表0个或任意多个字符，半角问号“?”代表一个字符。如果在前面加上波浪符“~”，如“~*”和“~?”，则将这些通配符变成普通文本，失去其通配符的性质。

示例22-5 通配符的使用

如图22-5所示，B列为规格长*宽*高及产品名称的组合。

在F3单元格中输入条件“*衣柜”，在H3单元格中输入以下公式，计算产品中“衣柜”的销售金额。

```
=DSUM(A1:D13,"销售金额",F2:F3)
```

计算产品高度低于1000mm的餐桌的销售数量，即条件为规格中高度的部分是3位数，并且以“餐桌”结尾。

错误的计算方式为：在F7单元格中输入条件“*???餐桌”，在H7单元格中输入以下公式。

```
=DSUM(A1:D13,"销售数量",F6:F7)
```

条件“*???餐桌”表示以“餐桌”结尾，并且前面有至少3个字符的单元格。

正确的计算方式为：在F11单元格中输入条件“*~*???餐桌”，在H11单元格中输入以下公式。

```
=DSUM(A1:D13,"销售数量",F10:F11)
```

条件“*~*???餐桌”表示以“*”加3位任意字符加“餐桌”结尾，前面有任意字符的单元格。

	A	B	C	D
1	序号	产品	销售数量	销售金额
2	1	1000*400*1800衣柜	14	13800
3	2	1000*500*2000衣柜	3	3000
4	3	1200*500*2000衣柜	10	11400
5	4	1400*1400*1400餐桌	8	10200
6	5	1000*1200*1400餐桌	4	4200
7	6	1000*1200*400餐桌	21	12600
8	7	1000*1200*600餐桌	12	6800
9	8	1000*1200*800餐桌	17	10200
10	9	800*800*400茶几	4	4200
11	10	1000*800*400茶几	23	13800
12	11	1200*600*500茶几	10	11400
13	12	1200*800*600茶几	7	6600

产品
*衣柜

销售金额	公式
28200	=DSUM(A1:D13,"销售金额",F2:F3)

产品
*???餐桌

销售数量	公式
62	=DSUM(A1:D13,"销售数量",F6:F7)

产品
~???餐桌

销售数量	公式
50	=DSUM(A1:D13,"销售数量",F10:F11)

图22-5 通配符的使用

22.4 多条件统计

第三参数criteria可以接受多条件统计，当条件处于同一行内时，表示逻辑“与”的关系，当条件处于多行之间时，表示逻辑“或”的关系。

示例22-6 多条件统计

仍以示例22-5中A1:H19单元格区域的数据为例。

例1 在J2:L3单元格区域中，按图22-6所示设置条件，在J5单元格中输入以下公式，计算员工部门为“蜀国”，并且销售金额7 000~ 1 2000的员工的销售金额合计。

	J	K	L	M	N
2	员工部门	销售金额	销售金额		
3	蜀国	>7000	<12000		
4					
5	19000	=DSUM(A1:H19,"销售金额",J2:L3)			

图22-6 同一行内表示逻辑“与”的关系

```
=DSUM(A1:H19,"销售金额",J2:L3)
```

条件区域可以对每个标签进行多次设置，如图22-6中“销售金额”的设置，使用两个条件来表示7 000~12 000这个范围。

例2 在J7:N9单元格区域中，按图22-7所示设置条件，在J11单元格中输入以下公式，计算岗位属性为武官或者性别为女性的员工的销售金额合计。

	J	K	L	M	N
7	员工部门	岗位属性	性别	销售金额	姓名
8		武			
9			女		
10					
11	66000	=DSUM(A1:H19,"销售金额",J7:N9)			

图22-7 多行之间表示逻辑“或”的关系

```
=DSUM(A1:H19,"销售金额",J7:N9)
```

在条件区域中，部分标签下没有设置相应的条件，如图22-7中“员工部门”“销售金额”“姓名”的设置，表示对相应的列不做任何筛选统计。

例3 在J13:N15单元格区域，按图22-8所示设置条件，在J18单元格中输入以下公式，计算以下两类员工的销售金额合计。

J18 =DSUM(A1:H19,"销售金额",J13:N15)

	I	J	K	L	M	N
13		员工部门	岗位属性	性别	销售金额	销售金额
14		蜀国			>7000	<12000
15		吴国	文	男		
16						
17						
18		47200				

图22-8 多条件统计

```
=DSUM(A1:H19,"销售金额",J13:N15)
```

（1）员工部门为“蜀国”，并且销售金额为7 000~12 000。

（2）员工部门为“吴国”，并且岗位属性为文官，性别为男性。

22.5 数据库函数在多单元格区域的使用

数据库函数一般是对满足一个条件区域的设置后得出一个统计值，结合SUM函数可以实现在多单元格区域的使用。

示例22-7 数据库函数在多单元格区域的使用

仍以示例22-5中A1:H19单元格区域的数据为例，需要依次计算部门为“蜀国”且岗位属性为“文”，部门为“蜀国”且岗位属性为“武”，…，部门为“魏国”且岗位属性为“武”的销售金额与人数。按图22-9中J2:K8单元格区域所示设置条件。

在L3单元格中输入以下公式，并向下复制到L8单元格。

```
=DSUM($A$1:$H$19,"销售金额",$J$2:K3)-SUM($L$2:L2)
```

在M3单元格中输入以下公式，并向下复制到M8单元格。

```
=DCOUNT($A$1:$H$19,"销售金额",$J$2:K3)-SUM($M$2:M2)
```

	J	K	L	M	N	O
2	员工部门	岗位属性	销售金额	人数		
3	蜀国	文	28100	3		
4	蜀国	武	10500	2		
5	吴国	文	57600	6		
6	吴国	武	15600	2		
7	魏国	文	34200	3		
8	魏国	武	10500	2		
9						
10	L3公式： =DSUM($A$1:$H$19,"销售金额",$J$2:K3)-SUM($L$2:L2)					
11	M3公式： =DCOUNT($A$1:$H$19,"销售金额",$J$2:K3)-SUM($M$2:M2)					

图22-9 数据库函数在多单元格区域的使用

以L5单元格公式为例，公式如下。

```
=DSUM($A$1:$H$19,"销售金额",$J$2:K5)-SUM($L$2:L4)
```

“DSUM($A$1:$H$19,"销售金额", $J$2:K5)”部分，条件区域为“$J$2:K5”，不同行之间表示逻辑“或”的关系，实际计算的是部门为“蜀国”且岗位属性为“文”，部门为“蜀国”且岗位属性为“武”，部门为“吴国”且岗位属性为“文”这三部分员工的销售金额合计。

“SUM($L$2:L4)”部分计算的是L5上方单元格合计，即部门为“蜀国”且岗位属性为“文”，部门为“蜀国”且岗位属性为“武”这两部分员工的销售金额合计。

最后将两部分相减，结果即为部门为“吴国”且岗位属性为“文”的销售金额。

使用DSUM函数的公式看似较为复杂，但数据量较大时，运算效率远远高于SUMIF、SUMIFS等条件汇总类函数。

以上方法只对DSUM、DCOUNT、DCOUNTA这3个数据库函数有效。对于其他数据库函数，要经过较为复杂的处理，因此不建议使用。

22.6 使用公式作为筛选条件

22.6.1 在公式中使用列标签作为筛选条件

如果在公式中使用列标签而不是相对单元格引用或区域名称，Excel会在包含条件的单元格中显示错误值#NAME?或#VALUE!，但不影响区域的筛选。

示例22-8 在公式中使用列标签作为筛选条件

如图22-10所示，分别使用以下公式完成不同需求的汇总计算。

	A	B	C	D	E	F	G	H	I	J	K	L	M	N
1	序号	姓名	性别	员工部门	岗位属性	员工级别	销售数量	销售金额						
2	1	刘备	男	蜀国	文	2级	14	13800					人数	公式
3	2	孙权	男	吴国	文	2级	12	13800		#NAME?			10	=DCOUNTA(A1:H19,"姓名",J2:J3)
4	3	曹操	男	魏国	文	2级	23	13800						
5	4	孙策	男	吴国	武	3级	21	12600						
6	5	吴国太	女	吴国	文	4级	10	11400					人数	公式
7	6	孙尚香	女	吴国	文	4级	10	11400		#NAME?	#NAME?		3	=DCOUNTA(A1:H19,"姓名",J6:K7)
8	7	诸葛亮	男	蜀国	文	4级	11	11300						
9	8	陆逊	男	吴国	文	5级	17	10200						
10	9	荀彧	男	魏国	文	5级	17	10200					人数	公式
11	10	司马懿	男	魏国	文	5级	9	10200		#NAME?	#NAME?		6	=DCOUNTA(A1:H19,"姓名",J10:K12)
12	11	关羽	男	蜀国	武	7级	13	7700		#NAME?				
13	12	小乔	女	吴国	文	8级	7	6600						
14	13	马?*	男	魏国	武	8级	6	6300					销售数量	公式
15	14	张昭	男	吴国	文	10级	4	4200		#NAME?			56	=DSUM($A$1:$H$19,"销售数量",J14:J15)
16	15	张辽	男	魏国	武	10级	4	4200						
17	16	法正	男	蜀国	文	11级	3	3000						
18	17	马*	男	吴国	武	11级	5	3000						
19	18	马岱	男	蜀国	武	11级	3	2800						

图22-10　在公式中使用列标签作为筛选条件

例1　在J3单元格中输入以下公式作为计算条件，用于汇总销售金额大于10 000的员工人数。

```
=销售金额>10000
```

在M3单元格中输入以下公式。

```
=DCOUNTA(A1:H19,"姓名",J2:J3)
```

例2　在J7单元格和K7单元格中分别输入以下公式作为计算条件，用于汇总员工部门为“魏国”，并且销售金额大于10 000的员工人数。

```
=销售金额>10000
=员工部门="魏国"
```

在M7单元格中输入以下计算公式。

```
=DCOUNTA(A1:H19,"姓名",J6:K7)
```

例3　在J11单元格、K11单元格和J12单元格中分别输入以下公式作为计算条件，用于汇总员工部门为“魏国”，并且销售金额大于10 000，或者是性别为“女”的员工人数。

```
=销售金额>10000
=员工部门="魏国"
=性别="女"
```

在M11单元格中输入以下计算公式。

```
=DCOUNTA(A1:H19,"姓名",J10:K12)
```

例4　在J15单元格中输入以下公式作为计算条件，用于汇总员工级别大于4并且小于8的员工的销售数量。

```
=AND(--SUBSTITUTE(员工级别,"级",)<8,--SUBSTITUTE(员工级别,"级",)>4)
```

在M15单元格中输入以下计算公式。

```
=DSUM($A$1:$H$19,"销售数量",J14:J15)
```

数据源中，所有的员工级别都是数字与“级”字的组合，因此用“SUBSTITUTE(员工级别,"级",)”将“级”字替换掉，得到结果为文本型的数字。然后通过减负（--）运算，将文本型数字转化为数值型。

最后使用AND函数，判断出每一个员工级别是否大于4并且小于8。

提示　使用公式作为筛选条件时，条件标签可以保留为空，或者使用与数据区域列标签不同的其他标签。公式中使用到的所有标签名称，均无须使用半角双引号。

22.6.2　在公式中使用单元格引用作为筛选条件

公式中不仅可以使用列标签作为筛选条件，同样可以使用单元格引用作为筛选条件。用作条件的公式必须使用相对引用，不能使用绝对引用。另外，单元格引用要使用相应列的第二行单元格，即列标签下一行的单元格。

示例22-9　在公式中使用单元格引用作为筛选条件

仍以示例22-5中A1:H19单元格区域的数据为例，如图22-11所示，分别使用以下公式完成不同需求的汇总计算。

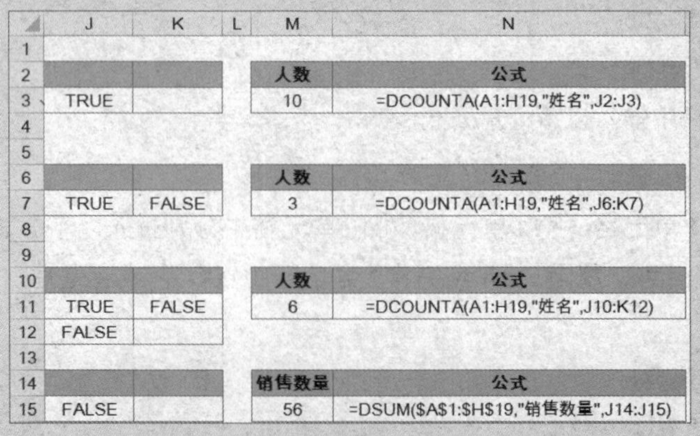

	J	K	L	M	N
1					
2				人数	公式
3	TRUE			10	=DCOUNTA(A1:H19,"姓名",J2:J3)
4					
5					
6				人数	公式
7	TRUE	FALSE		3	=DCOUNTA(A1:H19,"姓名",J6:K7)
8					
9					
10				人数	公式
11	TRUE	FALSE		6	=DCOUNTA(A1:H19,"姓名",J10:K12)
12	FALSE				
13					
14				销售数量	公式
15	FALSE			56	=DSUM($A$1:$H$19,"销售数量",J14:J15)

图22-11　公式中使用单元格引用作为筛选条件

例1　在J3单元格中输入以下公式作为计算条件，用于汇总销售金额大于10 000的员工人数。

```
=H2>10000
```

在M3单元格中输入以下计算公式。

```
=DCOUNTA(A1:H19,"姓名",J2:J3)
```

例2 在J7和K7单元格中分别输入以下公式作为计算条件，用于汇总员工部门为“魏国”，并且销售金额大于10 000的员工人数。

```
=H2>10000
=D2="魏国"
```

在M7单元格中输入以下计算公式。

```
=DCOUNTA(A1:H19,"姓名",J6:K7)
```

例3 在J11、K11、J12单元格中分别输入以下公式作为计算条件，用于汇总员工部门为“魏国”，并且销售金额大于10 000，或者是性别为“女”的员工人数。

```
=H2>10000
=D2="魏国"
=C2="女"
```

在M11单元格中输入以下计算公式。

```
=DCOUNTA(A1:H19,"姓名",J10:K12)
```

例4 在J15单元格中输入以下公式作为计算条件，用于汇总员工级别大于4并且小于8的销售数量。

```
=AND(--SUBSTITUTE(F2,"级",)<8,--SUBSTITUTE(F2,"级",)>4)
```

在M15单元格中输入以下计算公式。

```
=DSUM($A$1:$H$19,"销售数量",J14:J15)
```

如果使用的不是列标签下一行的单元格，则会因为相对位置的关系，造成计算误差。如图22-12所示，在J19单元格中使用以下公式作为计算条件。

```
=H10>10000
```

在M19单元格中输入以下公式，计算销售金额大于10 000的员工人数。

```
=DCOUNTA(A1:H19,"姓名",J18:J19)
```

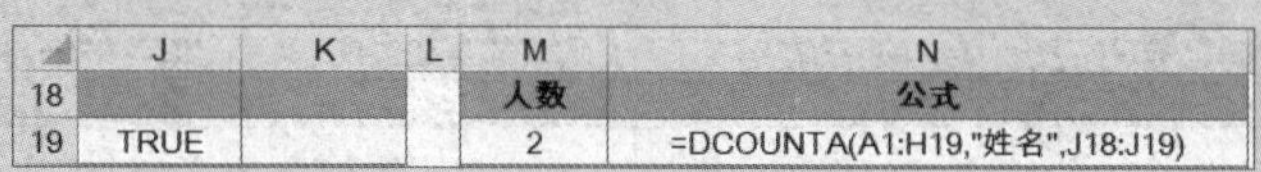

	J	K	L	M	N
18				人数	公式
19	TRUE			2	=DCOUNTA(A1:H19,"姓名",J18:J19)

图22-12 非列标签下一行的单元格引用

此时的计算并不从数据库的第2行开始，而是从第10行向下到第19行的区域中符合条件的汇总结果。

22.7 用DGET函数根据条件从数据库中提取值

数据库函数中，其他函数都是根据一定的条件，最终计算得到一个数值。只有DGET函数是根据一定的条件从数据库中提取一个值，这个值可以是数值也可以是文本。

如果没有满足条件的记录，则DGET函数将返回错误值#VALUE!。

如果有多个记录满足条件，则DGET函数返回错误值#NUM!。

示例22-10 使用DGET函数提取值

仍以示例22-5中A1:H19单元格区域的数据为例，分别使用以下公式完成不同需求的汇总计算。

例1 如图22-13所示，在J3单元格中输入条件“武”，在K3单元格中输入条件“>10000”，在M3单元格中输入以下公式，提取岗位属性为武并且销售金额大于10 000的员工姓名。

```
=DGET(A1:H19,"姓名",J2:K3)
```

例2 在J7单元格中输入条件“魏国”，在K7单元格中输入条件“=销售金额=MAX(H:H)”，在M7单元格中输入以下公式，提取员工部门为“魏国”，并且销售金额最高的员工姓名。

```
=DGET(A1:H19,"姓名",J6:K7)
```

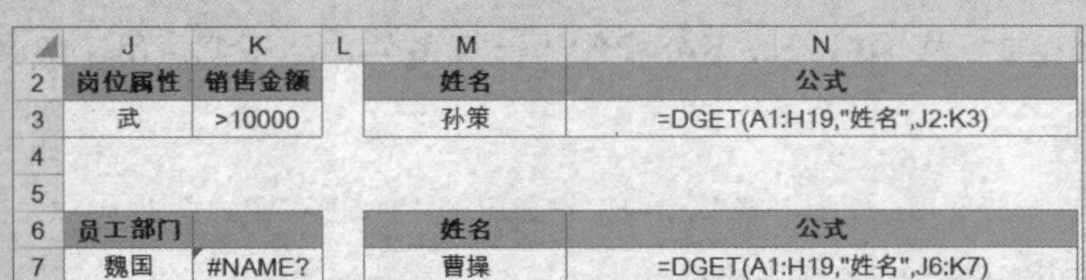

	J	K	L	M	N
2	岗位属性	销售金额		姓名	公式
3	武	>10000		孙策	=DGET(A1:H19,"姓名",J2:K3)
4					
5					
6	员工部门			姓名	公式
7	魏国	#NAME?		曹操	=DGET(A1:H19,"姓名",J6:K7)

图22-13 DGET函数提取唯一条件值

当没有满足条件的记录或有多个记录满足条件时，DGET函数将返回错误值。可以结合ERROR.TYPE函数，得到相应结论。

ERROR.TYPE函数的语法如下。

```
ERROR.TYPE(error_val)
```

当error_val为以下错误值时，函数结果返回对应的数字，如表22-3所示。

表22-3 ERROR.TYPE参数的对应数字

如果error_val为	ERROR.TYPE函数返回对应数字
#NULL!	1
#DIV/0!	2
#VALUE!	3
#REF!	4
#NAME?	5

续表

如果error_val为	ERROR.TYPE函数返回对应数字
#NUM!	6
#N/A	7
#GETTING_DATA	8
其他值	#N/A

如图22-14所示，在J11单元格中输入条件“魏国”，在M11单元格中输入以下公式，提取部门为“魏国”的员工姓名。

```
=IFERROR(DGET(A1:H19,"姓名",J10:J11),CHOOSE(ERROR.TYPE(DGET(A1:H19,
"姓名",J10:J11))/3,"无人符合条件","有多人符合条件"))
```

	J	K	L	M	N
10	员工部门			姓名	公式
11	魏国			有多人符合条件	=IFERROR(DGET(A1:H19,"姓名",J10:J11),CHOOSE(ERROR.TYPE(DGET(A1:H19,"姓名",J10:J11))/3,"无人符合条件","有多人符合条件"))
12					
13					
14					
15					
16	销售数量			姓名	公式
17	>30			无人符合条件	=IFERROR(DGET(A1:H19,"姓名",J16:J17),CHOOSE(ERROR.TYPE(DGET(A1:H19,"姓名",J16:J17))/3,"无人符合条件","有多人符合条件"))
18					
19					
20					

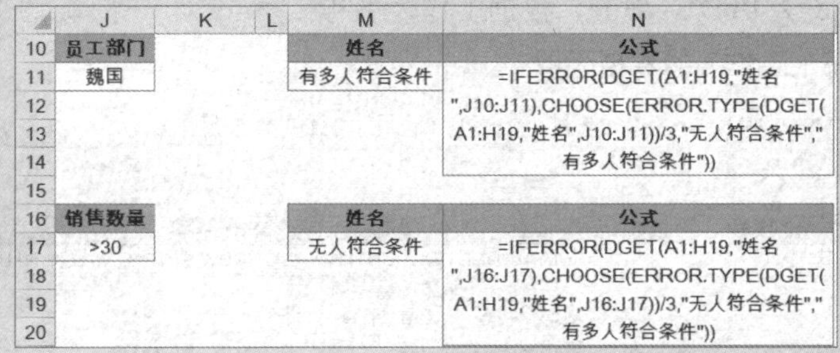

图22-14　DGET函数错误值处理

由于有多名魏国的人员，因此，“DGET(A1:H19,"姓名", J10:J11)”部分得到错误值为#NUM!，然后使用ERROR.TYPE函数处理错误值，得到对应的数字6。

因为#VALUE!和#NUM!分别对应数字3和6，除以数字3后，得到1和2，恰好可以作为CHOOSE函数的参数，以使公式的长度缩短。最后得到结果为：有多人符合条件。

同理，当提取销售数量大于30的员工姓名时，由于无人满足条件，因此，“DGET(A1:H19,"姓名", J10:J11)”部分得到错误值为#VALUE!。然后使用CHOOSE函数，得到结果为：无人符合条件。

在M17单元格中输入以下公式。

```
=IFERROR(DGET(A1:H19,"姓名",J16:J17),CHOOSE(ERROR.TYPE(DGET(A1:H19,
"姓名",J16:J17))/3,"无人符合条件","有多人符合条件"))
```

22.8 跨工作表统计

多工作表汇总时，如果工作表名称有一定的数字规律，可以使用ROW函数构造多维区域。当工作表的名称无规律时，可以通过宏表函数GET.WORKBOOK构造多维区域，然后结合INDIRECT函数进行跨工作表统计。

22.8.1 有规律名称的跨工作表统计

示例22-11 有规律名称的跨工作表统计

如图22-15所示，工作表名称分别为1月、2月、3月、4月、5月。

	A	B	C	D
1	序号	姓名	员工部门	销售数量
2	1	刘备	蜀国	28
3	2	孙权	吴国	22
4	3	曹操	魏国	6
5	4	孙策	吴国	14
6	5	吴国太	吴国	14
7	6	孙尚香	吴国	25
8	7	诸葛亮	蜀国	21
9	8	陆逊	吴国	14
10	9	荀彧	魏国	21
11	10	司马懿	魏国	14
12	11	关羽	蜀国	23

汇总 1月 2月 3月 4月 5月

图22-15 工作表名称

例1 如图22-16所示，在汇总表A2:B3单元格区域设置筛选条件。在D3单元格中输入以下公式，计算1~5月部门为“蜀国”，并且销售数量大于20的人次。

```
=SUMPRODUCT(DCOUNT(INDIRECT(ROW($1:$5)&"月!A:D"),,A2:B3))
```

“ROW(1:5)&"月!A:D"”部分，根据工作表名称的规律，构造每个工作表的数据区域。

```
{"1月!A:D";"2月!A:D";"3月!A:D";"4月!A:D";"5月!A:D"}
```

	A	B	C	D	E
2	员工部门	销售数量		人数	公式
3	蜀国	>20		11	=SUMPRODUCT(DCOUNT(INDIRECT(ROW($1:$5)&"月!A:D"),,A2:B3))

图22-16 设置计数条件

其中，A:D部分使用整列引用形式，可以避免因每个工作表内数据的行数不一致，造成统计结果不正确的问题。

“INDIRECT(ROW(1:5)&"月!A:D")”部分，使用INDIRECT函数将文本形式的单元格地址转换为实际的引用区域。

再使用DCOUNT函数依次对各个工作表区域计数，得到在每个工作表内满足条件的人数。

```
{3;3;2;2;1}
```

最后通过SUMPRODUCT函数求和，得到最终结果为11。

例2 如图22-17所示，在汇总表A5:B6单元格区域设置筛选条件。在D6单元格中输入以下公式，计算1~5月员工部门为“魏国”，并且销售数量小于10的员工的销售数量。

```
=SUMPRODUCT(DSUM(INDIRECT(ROW($1:$5)&"月!A:D"),"销售数量",A5:B6))
```

	A	B	C	D	E
5	员工部门	销售数量		销售数量	公式
6	魏国	<10		35	=SUMPRODUCT(DSUM(INDIRECT(ROW($1:$5)&"月!A:D"),"销售数量",A5:B6))

图22-17 设置求和条件

计算原理与例1相同。

22.8.2　无规律名称的跨工作表统计

示例22-12　无规律名称的跨工作表统计

如图22-18所示，工作表名称分别为刘备、曹操等共11个没有规律的字符串。

	A	B	C	D
1	月份	销售数量		
2	1月	25		
3	2月	25		
4	3月	5		
5	4月	0		
6	5月	40		
7	6月	10		
8	7月	15		
9	8月	35		
10	9月	10		
11	10月	35		

汇总　刘备　曹操　关羽　...

图22-18　工作表名称

首先定义名称“工作表名”，公式如下。

```
=GET.WORKBOOK(1)&T(NOW())
```

例1　如图22-19所示，在汇总表A2:B3单元格区域设置筛选条件，在D3单元格中输入以下公式，计算5月份销售数量大于20的人数。

```
=SUMPRODUCT(DCOUNT(INDIRECT("'"&工作表名&"'!A:D"),,A2:B3))
```

	A	B	C	D	E
2	月份	销售数量		人数	公式
3	5月	>20		6	=SUMPRODUCT(DCOUNT(INDIRECT("'"&工作表名&"'!A:D"),,A2:B3))

图22-19　设置计数条件

“"'"&工作表名&"'!A:D"”部分，通过定义名称中的宏表函数，得到包含所有工作表名称的数组，然后连接上“!A:D”，形成每个工作表中对应区域的完整名称。

```
{"'[无规律名称的跨工作表统计.xlsm]汇总'!A:D","'[无规律名称的跨工作表统计.xlsm]刘备'!A:D",……,"'[无规律名称的跨工作表统计.xlsm]诸葛亮'!A:D"}
```

公式中使用一个较大的区域A:D作为引用范围，可以增加公式的扩展性，当数据不只有A、B两列时候，无须修改公式即可完成统计。

在工作表名两侧都加上半角的单引号，当工作表或工作簿的名称中包含空格或是数字等特殊字符时，必须将相应名称（或路径）用单引号（'）括起来。如果相应名称中不含以上情况，则无须使用单引号。

例2　如图22-20所示，在汇总表A5:B6单元格区域设置筛选条件。在D6单元格中输入以下数组公式，按<Ctrl+Shift+Enter>组合键，计算7月份销售数量小于20的销售数量合计。

```
{=SUM(IFERROR(DSUM(INDIRECT("'"&工作表名&"'!A:D"),"销售数量",A5:B6),0))}
```

	A	B	C	D	E
5	月份	销售数量		销售数量	
6	7月	<20		35	{=SUM(IFERROR(DSUM(INDIRECT("'"&工作表名&"'!A:D"),"销售数量",A5:B6),0))}

图22-20　设置求和条件

由于DSUM函数会引用“汇总”工作表，而汇总表的A:D列区域内的第一行没有列标签，因此会计算得到带有错误值的数组结果。

```
{#VALUE!,15,0,10,0,0,0,0,0,0,10,0}
```

使用IFERROR函数，将错误值#VALUE!变为0，不影响最终计算结果。

提示

由于在定义名称时使用了宏表函数GET.WORKBOOK，因此需要将工作簿保存为.xlsm格式。

练习与巩固

（1）以下说法正确的是______。

A. 数据库函数的database参数只能使用单元格区域，不支持内存数组

B. 数据库函数的criteria参数既可以使用单元格区域，也支持内存数组

（2）如图22-21所示，结合"练习22-2.xlsx"提供的数据，判断使用以下公式返回的数据结果为多少。

```
=DSUM(A1:I8,4,K1:K2)
```

	A	B	C	D	E	F	G	H	I	J	K
1	序号	姓名	员工部门	1	2	3	4	5	6		员工部门
2	1	刘备	蜀国	100	200	300	400	500	600		蜀国
3	2	法正	蜀国	100	200	300	400	500	600		
4	3	吴国太	吴国	100	200	300	400	500	600		4月销售总数量
5	4	陆逊	吴国	100	200	300	400	500	600		
6	5	张昭	吴国	100	200	300	400	500	600		
7	6	孙策	吴国	100	200	300	400	500	600		
8	7	孙权	吴国	100	200	300	400	500	600		

图22-21　DSUM函数练习1

（3）如图22-22所示，结合"练习22-3.xlsx"提供的数据，使用DSUM函数计算指定产品的销量。

	A	B	C	D	E	F
1	产品	销售月份	销量		产品	销量
2	餐桌	1	2		餐桌	
3	餐桌A款	1	3			
4	沙发	2	4			
5	餐桌	2	4			
6	餐桌B款	2	3			
7	茶几	3	5			
8	茶几A款	3	5			
9	餐桌	3	2			

图22-22　DSUM函数练习2

第23章 宏表函数

宏表函数是Excel中一类特殊的函数，此类函数无法在工作表中直接使用，而且所有功能都可以被VBA取代。但它可以帮助用户处理其他Excel函数无法解决的问题，而且可以让不熟悉VBA的用户完成一些特殊功能。本章着重对一些常用的宏表函数进行介绍。

本章学习要点

（1）初步认识宏表。

（2）信息类宏表函数的应用。

（3）制作工作簿及工作表的超链接。

23.1 宏表的定义

在Microsoft Excel 4.0及以前的版本中，并未包含VBA，那时的Excel需要通过宏表来实现一些特殊功能。1993年，微软公司在Microsoft Excel 5.0中首次引入了Visual Basic，并逐渐形成了我们现在所熟知的VBA。

经过多年的发展，VBA已经可以完全取代宏表，成为Microsoft Excel二次开发的主要语言，但出于兼容性和便捷性的考虑，微软在Microsoft Excel 5.0及以后的版本中，一直保留着宏表。

23.1.1 插入宏表

在Excel文档中插入宏表如图23-1所示，具体操作步骤如下。

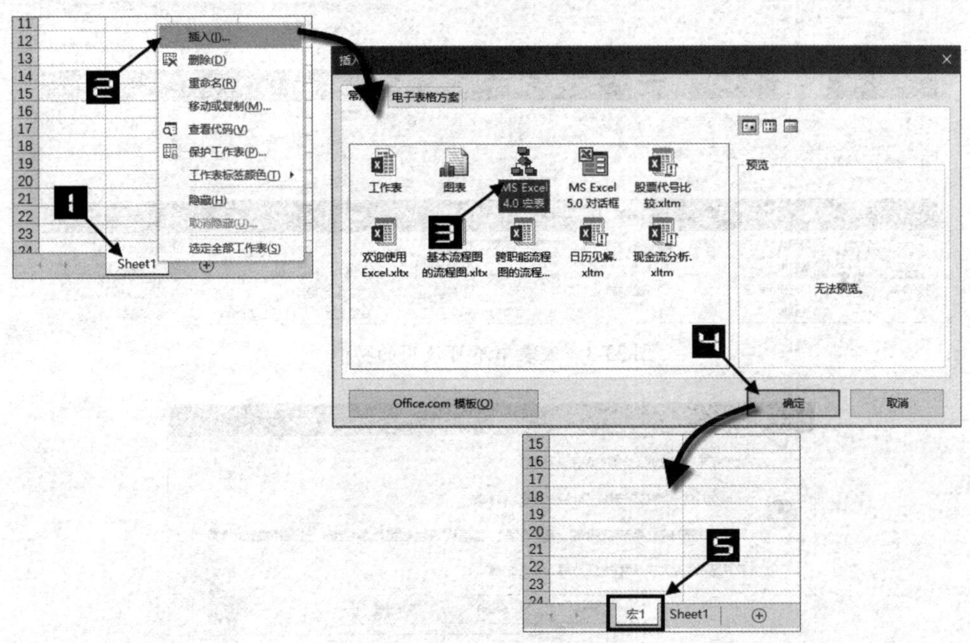

图23-1 插入宏表

步骤① 右击工作表标签，在弹出的快捷菜单中选择【插入】命令。

步骤② 在【插入】对话框中，选择【MS Excel 4.0宏表】文件，单击【确定】按钮。

另一种方法是按<Ctrl+F11>组合键插入宏表。

23.1.2 宏表与工作表的区别

（1）在宏表工作表的公式列表中增加了很多宏表函数，这些函数在工作表中使用时会提示函数无效，如图23-2所示。

（2）新建的宏表，默认是“显示公式”状态。

（3）在宏表中有一些不可使用的功能，如条件格式、透视表、迷你图、数据验证等，如图23-3所示。

（4）宏表中的函数与公式，无法自动计算，可以按照执行宏的方式，使用<Alt+F8>组合键运行代码，实现计算。使用【分列】或【替换】命令，也可以实现宏表函数的重新计算。

（5）带有宏表函数的工作簿要保存成扩展名为.xlsm、.xlsb等可以保存宏代码的工作簿。如果保存成默认的扩展名为.xlsx的工作簿，则会弹出如图23-4所示的提示框。单击【是】按钮，则保存为不含任何宏功能的.xlsx工作簿。单击【否】按钮，可以重新选择文件格式进行保存。

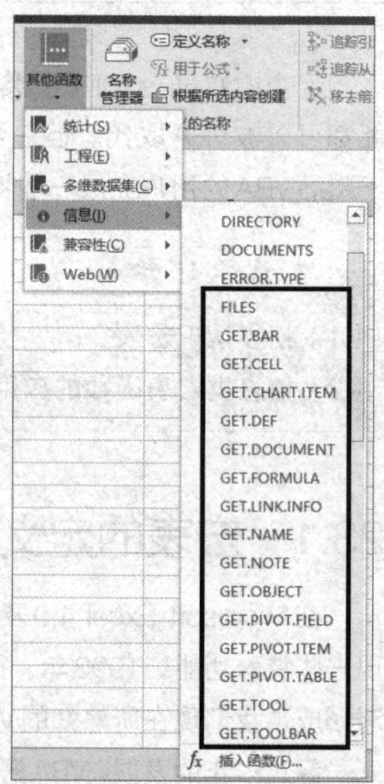

图23-2 宏表中增加的部分函数

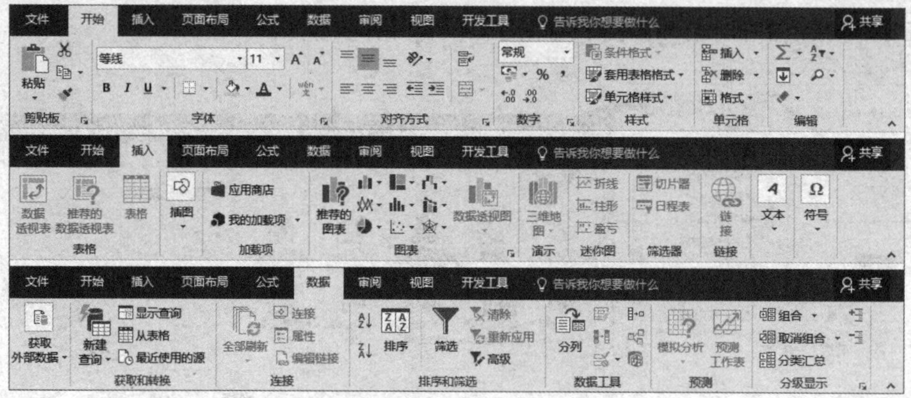

图23-3 宏表中不可使用的功能

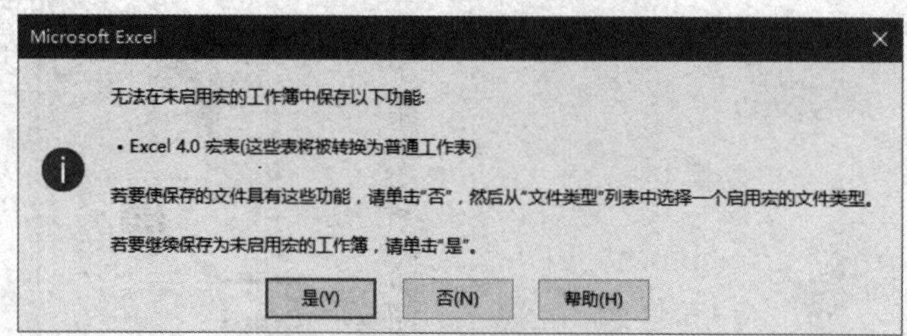

图23-4 保存带有宏表函数的工作簿

23.1.3　设置Excel的宏安全性

打开带有宏表的工作簿时，如果宏表函数无法运行且没有任何提示，可在【宏设置】选项卡中，将宏安全性设置为“禁用所有宏，并发出通知”，单击【确定】按钮，如图23-5所示。

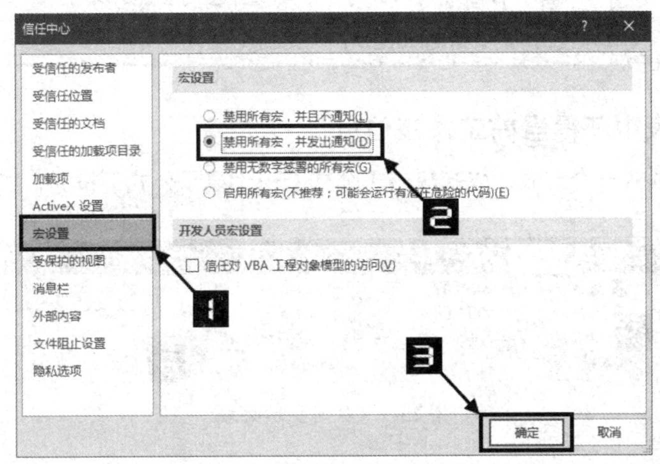

图23-5　设置Excel宏安全性

然后重新打开工作簿，选择【启用内容】选项，如图23-6所示，此时即可正常运行宏。

如果设置为“禁用所有宏，并且不通知”，则宏功能不能正常运行。

如果设置为“启用所有宏”，在打开陌生文件时，可能会运行有潜在危险的代码。

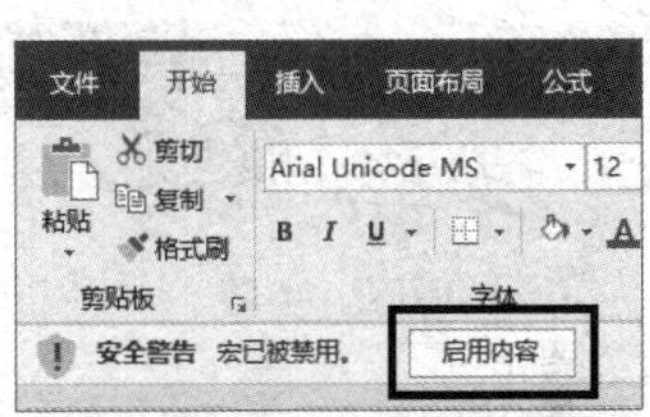

图23-6　点击【启用内容】

23.2　使用GET.DOCUMENT函数提取工作表信息

GET.DOCUMENT函数用于返回关于工作簿相关的信息。其语法如下。

```
GET.DOCUMENT(type_num, name_text)
```

type_num：指明信息类型的数。此数字范围为1~88，表23-1为参数type_num的常用值与对应结果。

name_text：文件的文件名，如果参数name_text被省略，则默认为当前工作簿。

表23-1　参数type_num的常用值与对应结果

type_num常用值	对应结果
2	返回工作簿的路径。如果工作簿未被保存，返回错误值#N/A
50	当前设置下欲打印的总页数，其中包括注释，如果文件为图表，值为1
64	行数的数组，相应于手动或自动生成页中断下面的行

续表

type_num常用值	对应结果
65	列数的数组，相应于手动或自动生成页中断右边的列
76	以[book1]sheet1的形式返回活动工作表或宏表的文件名
88	以book1的形式返回活动工作簿的文件名

23.2.1 在宏表中获得当前工作表信息

在工作簿中插入一个宏表，依次单击【公式】→【显示公式】按钮，如图23-7所示。

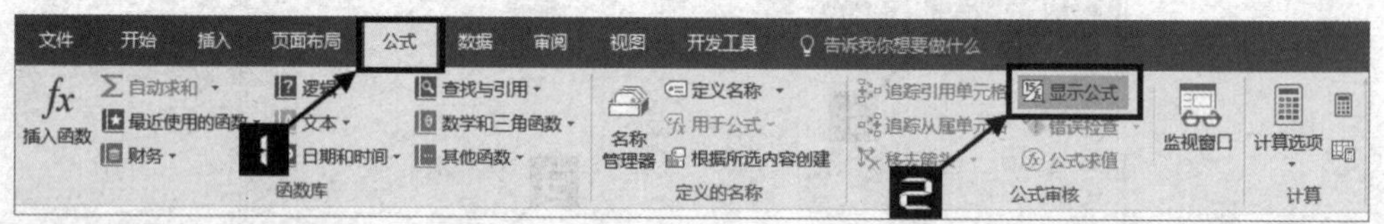

图23-7 取消显示公式

另一种方法是按<Ctrl+~>组合键取消显示公式。

示例23-1 获得当前工作表信息

如图23-8所示，在A2单元格输入以下公式，得到当前工作簿的路径。

```
=GET.DOCUMENT(2)
```

	A	B
1	结果	公式
2	F:\Excel2016函数公式大全\第23章 宏表函数\示例文件	=GET.DOCUMENT(2)
3	[示例23-1 获得当前工作表信息.xlsm]宏1	=GET.DOCUMENT(76)
4	示例23-1 获得当前工作表信息.xlsm	=GET.DOCUMENT(88)

图23-8 获得当前工作表信息

在A3单元格中输入以下公式，以[book1]sheet1的形式得到当前工作表的名称。

```
=GET.DOCUMENT(76)
```

在A4单元格中输入以下公式，以book1的形式得到当前工作簿的名称。

```
=GET.DOCUMENT(88)
```

宏表中的函数不能自动重算，可用以下方法处理。

方法1 单击公式所在列列标（如A列），依次单击【数据】→【分列】按钮，在弹出的【文本分列向导】对话框中单击【完成】按钮，可实现该列函数的重算，如图23-9所示。

方法2 按<Ctrl+H>组合键，调出【查找和替换】对话框，切换到【替换】选项卡。在【查找内容】和【替换为】编辑框内均输入“=”，单击【全部替换】按钮，可实现整个宏表内所有公式的重算，如图23-10所示。

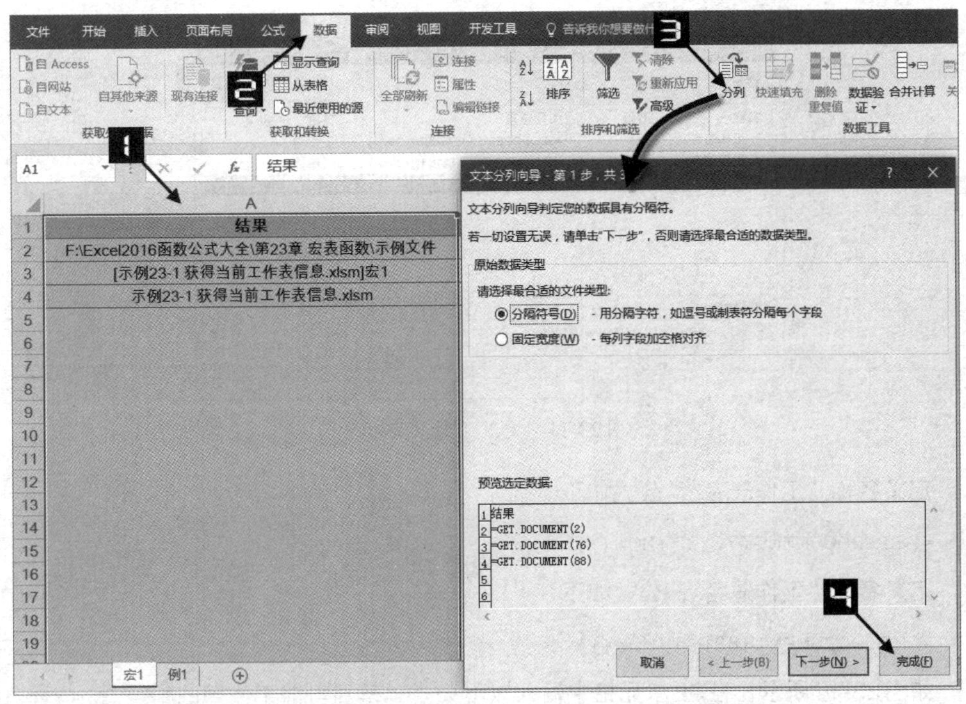

图23-9　使用【分列】使宏表中的函数重算

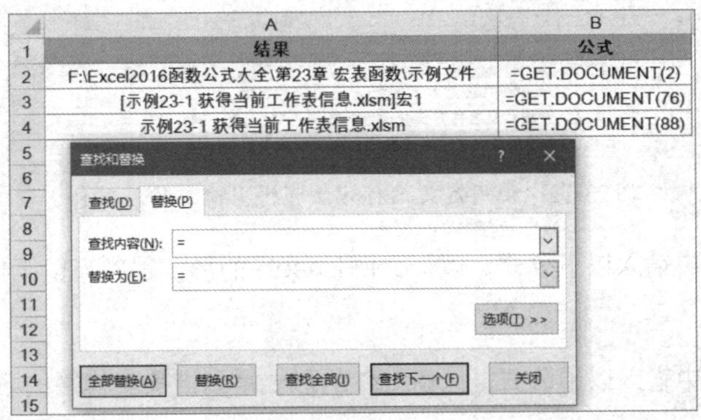

图23-10　使用【替换】功能使宏表中的函数重算

在工作表中，宏表函数不能直接使用，但可以在“宏表”及“定义名称”中运算。在宏表中写宏表函数并运算，是为了方便写公式及展示。本章中的内容，均使用“定义名称”的方法应用宏表函数。

23.2.2　使用定义名称方法获得当前工作表信息

示例23-2　使用定义名称方法获得当前工作表信息

如图23-11所示，定义名称“路径”，公式如下。

```
=GET.DOCUMENT(2)&T(NOW())
```

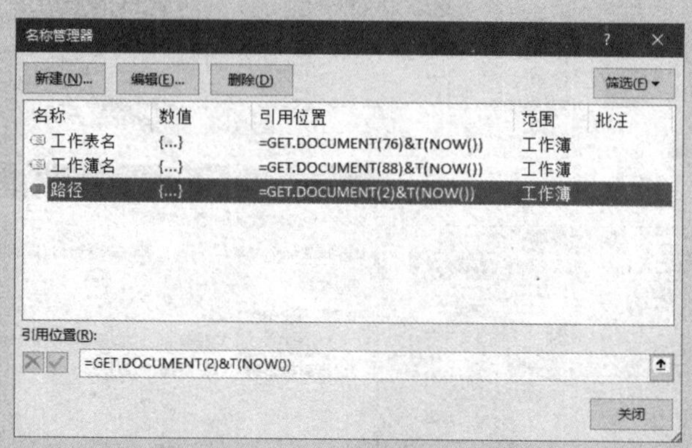

图23-11　定义名称“路径”

定义名称“工作表名”，公式如下。

```
=GET.DOCUMENT(76)&T(NOW())
```

定义名称“工作簿名”，公式如下。

```
=GET.DOCUMENT(88)&T(NOW())
```

如图23-12所示，在A2单元格中输入以下公式，得到当前工作簿的路径。

=路径

	A	B
1	结果	公式
2	F:\Excel2016函数公式大全\宏表函数\第23章	=路径
3	[示例23-2 使用定义名称方法获得当前工作表信息.xlsm]例1	=工作表名
4	示例23-2 使用定义名称方法获得当前工作表信息.xlsm	=工作簿名

图23-12　使用定义名称方法获得当前工作表信息

在A3单元格中输入以下公式，以[book1]sheet1的形式得到当前工作表的名称。

=工作表名

在A4单元格中输入以下公式，以book1的形式得到当前工作簿的名称。

=工作簿名

关于定义名称的详细内容，请参考第9章。

23.2.3　在Excel中触发重算的方法

绝大部分宏表函数不能自动重新计算，必须按<Ctrl+Alt+F9>或<Ctrl+Shift+Alt+F9>组合键。使宏表函数重算的常用方法是在定义名称时加入一个易失性函数。只要有单元格触发了重新计算，易失性函数就会发生重新计算，从而引起宏表函数重新计算。一般加入的易失性函数有以下两种。

（1）计算结果为文本时，在公式后面连接“&T(NOW())”。NOW函数用于得到系统当前的日期时间，再使用T函数将其转换为空文本。原公式结果连接空文本，不影响单元格显示。

例如，示例23-2中定义名称“路径”的公式如下。

```
=GET.DOCUMENT(2)&T(NOW())
```

（2）计算结果为数值时，在公式后面连接“+NOW()*0”。用NOW函数得到的日期时间乘以0，结果为0。原公式结果加0，不影响最终计算结果。例如，示例23-3中定义名称“总页数”的公式如下。

```
=GET.DOCUMENT(50)+NOW()*0
```

在单元格中执行编辑、输入或是按<F9>键等操作时，会触发NOW函数重新计算，使得宏表函数也会重新计算，并得到最新的结果。

23章

23.2.4 显示打印页码

示例23-3 显示打印页码

如图23-13所示，定义名称“总页数”，公式如下。

```
=GET.DOCUMENT(50)+NOW()*0
```

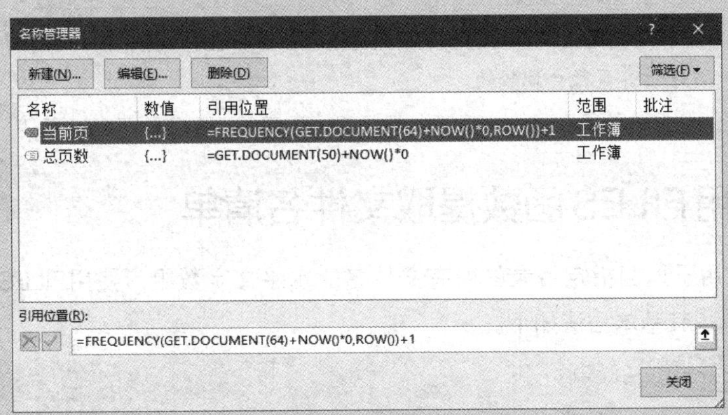

图23-13 设置自定义名称

定义名称“当前页”，公式如下。

```
=FREQUENCY(GET.DOCUMENT(64)+
NOW()*0,ROW())+1
```

如图23-14所示，在D2、D27和D64单元格中输入公式如下。

```
="第"&当前页&"页 总共"&总页数&
"页"
```

D2   ="第"&当前页&"页 总共"&总页数&"页"

	A	B	C	D	E	F
1	姓名	月份	销量	页码		
2	吴国-华佗	1月	100	第1页 总共3页		
3	吴国-华佗	2月	148			
26	姓名	月份	销量	页码		
27	蜀国-刘备	1月	132	第2页总共3页		
28	蜀国-刘备	2月	131			
63	姓名	月份	销量	页码		
64	魏国-夏侯惇	1月	77	第3页总共3页		
65	魏国-夏侯惇	2月	105			

图23-14 输入公式

单击工作簿右下方【视图切换】区域的【分页预览】按钮，进入【分页预览】视图，单击并拖动粗体蓝线，手动调整每页打印的行数，如图23-15所示。调整页面设置后，按<F9>键使公式重新计算，D2、D27和D64单元格公式将显示调整后的页码。

公式中“GET.DOCUMENT(50)”部分将得到当前设置下欲打印的总页数。

加“NOW()*0”的作用是利用NOW函数的易失性，使得每次按<F9>键，都可以使公式自动重算。

通过“GET.DOCUMENT(64)+NOW()*0”部分，得到行数的数组，相应于手动或自动生成页中断下面的行，结果为“{26,63}”。

最后使用FREQUENCY函数，得到公式所在行位于打印的第几页。

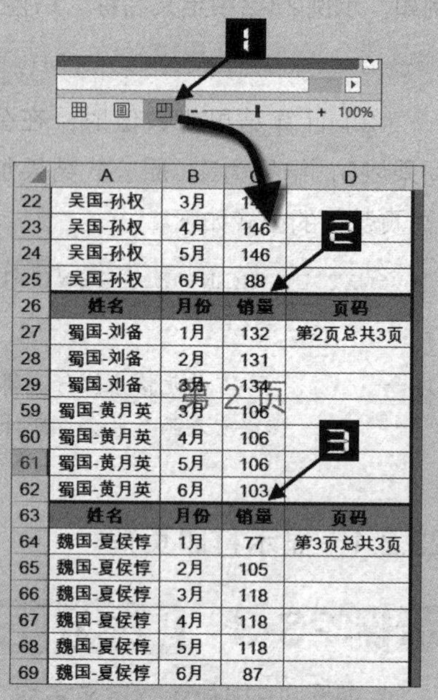

	A	B	C	D
22	吴国-孙权	3月	14	
23	吴国-孙权	4月	146	
24	吴国-孙权	5月	146	
25	吴国-孙权	6月	88	
26	姓名	月份	销量	页码
27	蜀国-刘备	1月	132	第2页总共3页
28	蜀国-刘备	2月	131	
29	蜀国-刘备	3月	134	
59	蜀国-黄月英	3月	106	
60	蜀国-黄月英	4月	106	
61	蜀国-黄月英	5月	106	
62	蜀国-黄月英	6月	103	
63	姓名	月份	销量	页码
64	魏国-夏侯惇	1月	77	第3页总共3页
65	魏国-夏侯惇	2月	105	
66	魏国-夏侯惇	3月	118	
67	魏国-夏侯惇	4月	118	
68	魏国-夏侯惇	5月	118	
69	魏国-夏侯惇	6月	87	

图23-15 手动调整每页打印的行数

注意 由于每次调用“GET.DOCUMENT(64)”都会让Excel重新计算打印页码，因此，用此方法计算页数会比较慢。

23.3 使用FILES函数提取文件名清单

FILES函数用于返回指定目录的所有文件名的水平文字数组，使用FILES函数可以建立一个文件名清单。其基本语法如下。

```
FILES(directory_text)
```

directory_text：指定从哪一个目录中返回文件名。

directory_text：接受通配符星号（*）和半角问号（?）。

如果directory_text没有指定，FILES函数返回活动工作簿所在目录下的所有文件名。

注意，如果把FILES函数输入到单个单元格，则只返回一个文件名。通常结合INDEX函数，在一列中提取相应的所有文件名。

23.3.1 提取指定目录下的文件名

示例23-4 提取指定目录下的文件名

图23-16为当前工作簿所在文件夹中所有的文件。

蜀国-黄月英.jpg	蜀国-黄月英.xlsx	蜀国-刘备.jpg	蜀国-刘备.xlsx
蜀国-马超.jpg	蜀国-马超.xlsx	蜀国-张飞.jpg	蜀国-张飞.xlsx
蜀国-赵云.jpg	蜀国-赵云.xlsx	蜀国-诸葛亮.jpg	蜀国-诸葛亮.xlsx
提取指定目录下的文件名.xlsm	魏国-郭嘉.jpg	魏国-郭嘉.xlsx	魏国-夏侯惇.jpg
魏国-夏侯惇.xlsx	魏国-杨修.jpg	魏国-杨修.xlsx	魏国-张辽.jpg
魏国-张辽.xlsx	魏国-甄姬.jpg	魏国-甄姬.xlsx	吴国-华佗.jpg
吴国-华佗.xlsx	吴国-孙权.jpg	吴国-孙权.xlsx	吴国-孙尚香.jpg
吴国-孙尚香.xlsx	吴国-周瑜.jpg	吴国-周瑜.xlsx	

图23-16　当前工作簿所在文件夹中的文件

如图23-17所示，定义名称“D盘文件”，公式如下。

```
=FILES("D:\*.*")&T(NOW())
```

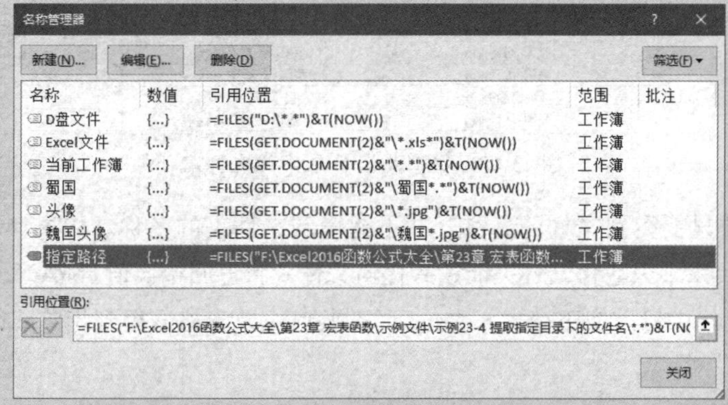

图23-17　定义名称

定义名称“Excel文件”，公式如下。

```
=FILES(GET.DOCUMENT(2)&"\*.xls*")&T(NOW())
```

定义名称“当前工作簿”，公式如下。

```
=FILES(GET.DOCUMENT(2)&"\*.*")&T(NOW())
```

定义名称“蜀国”，公式如下。

```
=FILES(GET.DOCUMENT(2)&"\蜀国*.*")&T(NOW())
```

定义名称“头像”，公式如下。

```
=FILES(GET.DOCUMENT(2)&"\*.jpg")&T(NOW())
```

定义名称“魏国头像”，公式如下。

```
=FILES(GET.DOCUMENT(2)&"\魏国*.jpg")&T(NOW())
```

定义名称“指定路径”，公式如下。

```
=FILES("F:\Excel2016函数与公式大全\第23章 宏表函数\示例文件\示例23-4 提取指定目录下的文件名\*.*")&T(NOW())
```

如图23-18所示，在A2单元格中输入以下公式，并向下复制到A9单元格，得到D盘目录下所有文件的名称。

```
=INDEX(D盘文件,ROW(1:1))
```

	A	B	C	D
1	=INDEX(D盘文件,ROW(1:1))	=INDEX(指定路径,ROW(1:1))	=INDEX(当前工作簿,ROW(1:1))	=INDEX(Excel文件,ROW(1:1))
2	宏表函数示例文件.docx	吴国-华佗.jpg	吴国-华佗.jpg	吴国-华佗.xlsx
3	宏表函数示例文件.xlsx	吴国-华佗.xlsx	吴国-华佗.xlsx	吴国-周瑜.xlsx
4	#REF!	吴国-周瑜.jpg	吴国-周瑜.jpg	吴国-孙尚香.xlsx
5	#REF!	吴国-周瑜.xlsx	吴国-周瑜.xlsx	吴国-孙权.xlsx
6	#REF!	吴国-孙尚香.jpg	吴国-孙尚香.jpg	提取指定目录下的文件名.xlsm
7	#REF!	吴国-孙尚香.xlsx	吴国-孙尚香.xlsx	蜀国-刘备.xlsx
8	#REF!	吴国-孙权.jpg	吴国-孙权.jpg	蜀国-张飞.xlsx
9	#REF!	吴国-孙权.xlsx	吴国-孙权.xlsx	蜀国-诸葛亮.xlsx
10				
11		=INDEX(头像,ROW(1:1))	=INDEX(蜀国,ROW(1:1))	=INDEX(魏国头像,ROW(1:1))
12		吴国-华佗.jpg	蜀国-刘备.jpg	魏国-夏侯惇.jpg
13		吴国-周瑜.jpg	蜀国-刘备.xlsx	魏国-张辽.jpg
14		吴国-孙尚香.jpg	蜀国-张飞.jpg	魏国-杨修.jpg
15		吴国-孙权.jpg	蜀国-张飞.xlsx	魏国-甄姬.jpg
16		蜀国-刘备.jpg	蜀国-诸葛亮.jpg	魏国-郭嘉.jpg
17		蜀国-张飞.jpg	蜀国-诸葛亮.xlsx	#REF!
18		蜀国-诸葛亮.jpg	蜀国-赵云.jpg	#REF!
19		蜀国-赵云.jpg	蜀国-赵云.xlsx	#REF!

图23-18　提取指定目录下的文件名

FILES函数只能得到文件的名称，并不能得到文件夹的名称。如果计算机中没有D盘，或者D盘目录下只包含文件夹而没有任何文件，将返回错误值#N/A。

在B2单元格中输入以下公式，并向下复制到B9单元格，得到指定路径下的所有文件名称。

```
=INDEX(指定路径,ROW(1:1))
```

在C2单元格中输入以下公式，并向下复制到C9单元格，得到当前工作簿所在文件夹中的所有文件名称。

```
=INDEX(当前工作簿,ROW(1:1))
```

在D2单元格中输入以下公式，并向下复制到D9单元格，得到当前工作簿所在文件夹中的所有Excel文件，即.xls、.xlsx、.xlsm等格式的文件。

```
=INDEX(Excel文件,ROW(1:1))
```

在B12单元格中输入以下公式，并向下复制到B19单元格，得到当前工作簿所在文件夹中的所有.jpg格式的图片名称。

```
=INDEX(头像,ROW(1:1))
```

在C12单元格中输入以下公式，并向下复制到C19单元格，得到当前工作簿所在文件夹中的所有以“蜀国”开头的文件名称。

```
=INDEX(蜀国,ROW(1:1))
```

在D12单元格中输入以下公式，并向下复制到D19单元格，得到当前工作簿所在文件夹中的所有以“魏国”开头，并且为.jpg格式的图片名称。

```
=INDEX(魏国头像,ROW(1:1))
```

以定义名称“魏国头像”为例。

```
=FILES(GET.DOCUMENT(2)&"\魏国*.jpg")&T(NOW())
```

“GET.DOCUMENT(2)”部分将得到当前工作簿在计算机中的路径。

“GET.DOCUMENT(2)&"\魏国*.jpg"”部分将利用通配符，使得FILES函数可以提取以“魏国”开头的.jpg格式文件名。

“FILES(GET.DOCUMENT(2)&"\魏国*.jpg")”部分将提取得到满足条件的数组。

{"魏国-夏侯惇.jpg","魏国-张辽.jpg","魏国-杨修.jpg","魏国-甄姬.jpg","魏国-郭嘉.jpg"}

最后使用INDEX函数，依次提取数组中的名称到相应的单元格。

魏国-夏侯惇.jpg、魏国-张辽.jpg、魏国-杨修.jpg……

当提取的数量多于数组中元素的个数时，将返回错误值#REF!。

提示 为方便演示，本例每个公式只复制8个单元格，并未实际提取相应路径下的所有文件的名称。实际使用时，可根据需要复制到合适的位置，以便提取全部文件名称。

23.3.2 制作动态文件链接

利用FILES函数提取到相应的文件名，然后结合HYPERLINK函数制作超链接，以方便在Excel文件中建立链接，从而可以打开任意的其他文件。

示例23-5 制作动态文件链接

如图23-19所示，选中D1单元格，依次单击【数据】→【数据验证】按钮，弹出【数据验证】对话框，在【允许】下拉列表框中选择【序列】选项，在【来源】编辑框中输入以下内容。

```
*,魏国*,蜀国*,吴国*
```

以相同方式设置D2单元格的【数据验证】对话框，在【来源】编辑框中输入以下内容。

```
.*,.jpg,.xlsx,.xls*
```

定义名称“路径”，公式如下。

```
=GET.DOCUMENT(2)&T(NOW())
```

定义名称“文件名”，公式如下。

```
=FILES(路径&"\"&例1!$D$1&例1!$D$2)&T(NOW())
```

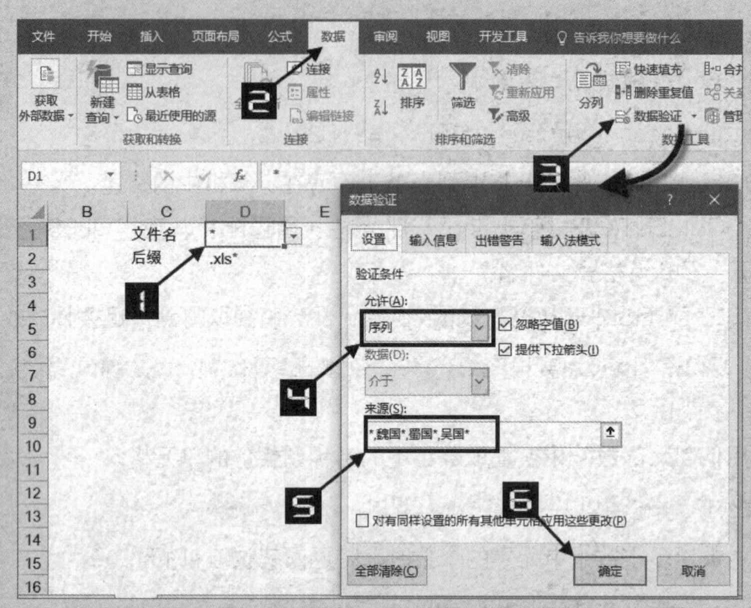

图 23-19　设置数据验证

在A2单元格中输入以下公式，并向下复制到A40单元格。

```
=IFERROR(HYPERLINK(路径&"\"&INDEX(文件名,ROW(1:1)),INDEX(文件名,
ROW(1:1))),"")
```

设置完成后，单击相应的单元格，即可打开该文件，如图23-20和图23-21所示。

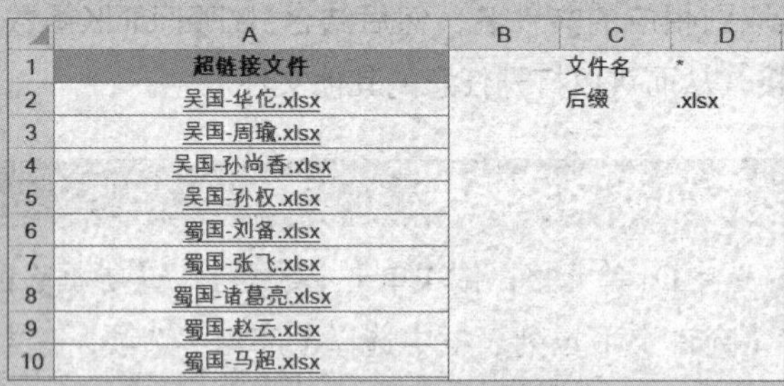

	A	B	C	D
1	超链接文件		文件名	*
2	吴国-华佗.xlsx		后缀	.xlsx
3	吴国-周瑜.xlsx			
4	吴国-孙尚香.xlsx			
5	吴国-孙权.xlsx			
6	蜀国-刘备.xlsx			
7	蜀国-张飞.xlsx			
8	蜀国-诸葛亮.xlsx			
9	蜀国-赵云.xlsx			
10	蜀国-马超.xlsx			

图 23-20　结果展示1

	A	B	C	D
1	超链接文件		文件名	魏国*
2	魏国-夏侯惇.jpg		后缀	.jpg
3	魏国-张辽.jpg			
4	魏国-杨修.jpg			
5	魏国-甄姬.jpg			
6	魏国-郭嘉.jpg			
7				
8				
9				
10				

图 23-21　结果展示2

23.4 使用GET.WORKBOOK函数提取工作簿信息

GET.WORKBOOK函数用于返回关于工作簿的信息，其语法如下。

```
GET.WORKBOOK(type_num, name_text)
```

type_num：指明要得到的工作簿信息类型的数。此数字范围为1~38，表23-2所示为type_num的常用值与对应结果。当type_num 为1时，将返回工作簿中所有表名称。

name_text：是打开的工作簿的名称。如果name_text被省略，默认为活动工作簿。

表23-2 type_num的常用值与对应结果

type_num常用值	对应结果
1	正文值的水平数组,返回工作簿中所有表的名字
4	工作簿中表的数量
33	以文字形式返回显示在［摘要信息］对话框中的文件的标题
34	以文字形式返回显示在［摘要信息］对话框中的文件的主题
35	以文字形式返回显示在［摘要信息］对话框中的文件的作者
36	以文字形式返回显示在［摘要信息］对话框中的文件的关键字
37	以文字形式返回显示在［摘要信息］对话框中的文件的注释
38	活动工作表的名字

示例23-6 制作当前工作簿中的各工作表链接

如图23-22所示，定义名称“目录”，公式如下。

```
=GET.WORKBOOK(1)&T(NOW())
```

方法1 在A2单元格中输入以下公式，并向下复制到A9单元格。

```
=IFERROR(HYPERLINK(INDEX(目录,ROW(1:1))&"!A1"),"")
```

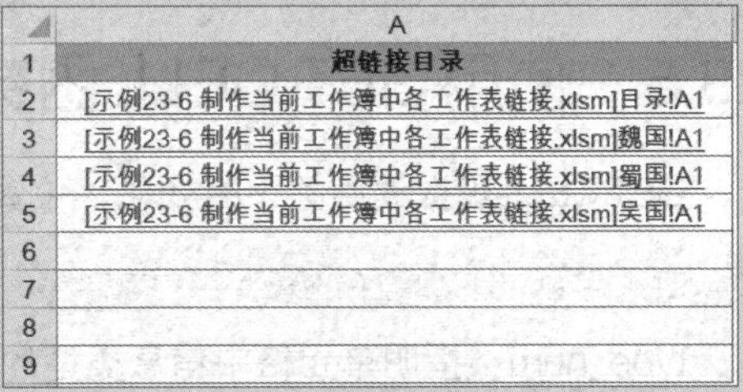

	A
1	超链接目录
2	[示例23-6 制作当前工作簿中各工作表链接.xlsm]目录!A1
3	[示例23-6 制作当前工作簿中各工作表链接.xlsm]魏国!A1
4	[示例23-6 制作当前工作簿中各工作表链接.xlsm]蜀国!A1
5	[示例23-6 制作当前工作簿中各工作表链接.xlsm]吴国!A1
6	
7	
8	
9	

图23-22 工作表链接

单击A列相应的单元格，即可跳转到相应工作表的A1单元格。

定义名称“目录”公式中的“GET.WORKBOOK(1)”部分将生成一个[book1]sheet1形式的工作表名数组。

{"[示例23-6 制作当前工作簿中各工作表链接.xlsm]目录","[示例23-6 制作当前工作簿中各工作表链接.xlsm]魏国","[示例23-6 制作当前工作簿中各工作表链接.xlsm]蜀国","[示例23-6 制作当前工作簿中各工作表链接.xlsm]吴国"}

“INDEX(目录,ROW(1:1))&"!A1"”部分将依次提取该数组中的每一个元素，然后连接字符串“!A1”，形成一个完整的工作表A1单元格地址。最后使用HYPERLINK函数建立超链接。

IFERROR函数的作用是屏蔽错误值。

方法2　在C2单元格中输入以下公式，并向下复制到C9单元格，如图23-23所示。

```
=IFERROR(HYPERLINK(INDEX(目录,ROW(1:1))&"!A1",MID(INDEX(目录,ROW(1:1)),
FIND("]",INDEX(目录,ROW(1:1)))+1,99)),"")
```

	A	B	C
1	超链接目录		超链接目录
2	[示例23-6 制作当前工作簿中各工作表链接.xlsm]目录!A1		目录
3	[示例23-6 制作当前工作簿中各工作表链接.xlsm]魏国!A1		魏国
4	[示例23-6 制作当前工作簿中各工作表链接.xlsm]蜀国!A1		蜀国
5	[示例23-6 制作当前工作簿中各工作表链接.xlsm]吴国!A1		吴国
6			
7			
8			
9			

图23-23　工作表链接美化

由于每个工作簿名都以“]”结尾，如"[示例23-6 制作当前工作簿中各工作表链接.xlsm]魏国"。先使用FIND函数查找“]”的位置，再使用MID函数，从此字符位置之后的一个字符提取文本，便得到相应的工作表名称，并以此作为HYPERLINK函数的第二参数，也就是单元格显示的内容。

23.5　使用GET.CELL函数提取单元格信息

GET.CELL函数返回关于格式化，位置或单元格内容的信息，其基本语法如下。

```
GET.CELL(type_num, reference)
```

type_num：指明单元格中信息类型的数。此数字范围为1~66，表23-3列出了type_num的常用值与对应结果。

reference：是提供信息的单元格或单元格范围。如果引用的是单元格范围，则使用引用中第一个范围的左上角的单元格。如果引用被省略，则默认为活动单元格。

表23-3　type_num的常用值与对应结果

type_num常用值	对应结果
6	文字，以工作区设置决定的A1或R1C1类型引用公式
7	文字的单元格的数字格式(如“yyyy/m/d”或“G/通用格式”)
24	是1~56的一个数字，代表单元格中第一个字符的字体颜色。如果字体颜色为自动生成，则返回0

续表

type_num常用值	对应结果
40	单元格风格，文字形式
63	返回单元格的填充(背景)颜色
88	以book1的形式返回活动工作簿的文件名

23.5.1 返回单元格格式

示例23-7 返回单元格格式

选中C2单元格，定义名称“格式”，公式如下。

```
=GET.CELL(7,!B2)&T(NOW())
```

在C2单元格中输入以下公式，并向下复制到C12单元格。

```
=格式
```

按<F9>键，使公式自动重算，得到B列相应单元格的单元格格式，如图23-24所示。

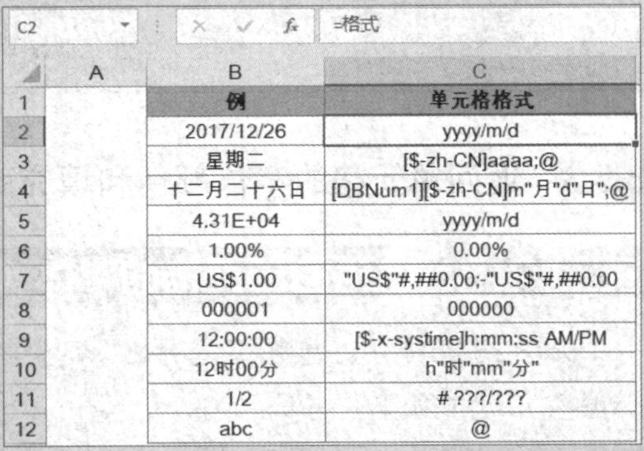

C2 =格式

	A	B	C
1		例	单元格格式
2		2017/12/26	yyyy/m/d
3		星期二	[$-zh-CN]aaaa;@
4		十二月二十六日	[DBNum1][$-zh-CN]m"月"d"日";@
5		4.31E+04	yyyy/m/d
6		1.00%	0.00%
7		US$1.00	"US$"#,##0.00;-"US$"#,##0.00
8		000001	000000
9		12:00:00	[$-x-systime]h:mm:ss AM/PM
10		12时00分	h"时"mm"分"
11		1/2	# ???/???
12		abc	@

图23-24 返回单元格格式

定义名称时，注意选中单元格与引用单元格之间的相对位置。本例中先选中C2单元格，然后定义名称时引用B2单元格。

reference参数去掉了“!”前面的工作表名称，只保留“!B2”，使得在本工作簿的任意工作表中使用此定义名称时，都可以得到其左侧单元格格式的文本，而不局限在当前的工作表中。

23.5.2 根据单元格格式求和

根据每个单元格的不同格式，使用SUMIF函数实现不同格式分别求和。

示例23-8 根据单元格格式求和

选中C2单元格，定义名称“格式”，公式如下。

```
=GET.CELL(7,!B2)&T(NOW())
```

在C2单元格中输入以下公式，并向下复制到C9单元格，按<F9>键使公式自动重算。

```
=格式
```

在F2单元格和F3单元格中分别输入以下公式，得到不同币种的总额，如图23-25所示。

```
=SUMIF(C:C,$C$3,B:B)
=SUMIF(C:C,$C$2,B:B)
```

F2 =SUMIF(C:C,$C$3,B:B)

	A	B	C	D	E	F
1	员工	销售金额	单元格格式		总计销售金额	
2	刘备	US$210	"US$"#,##0;-"US$"#,##0		人民币	2471
3	法正	¥782	¥#,##0;¥-#,##0		美元	869
4	吴国太	US$152	"US$"#,##0;-"US$"#,##0			
5	陆逊	US$304	"US$"#,##0;-"US$"#,##0			
6	吕布	US$128	"US$"#,##0;-"US$"#,##0			
7	张昭	¥575	¥#,##0;¥-#,##0			
8	袁绍	¥1,114	¥#,##0;¥-#,##0			
9	孙策	US$75	"US$"#,##0;-"US$"#,##0			

图23-25　根据单元格格式求和

23.5.3　返回单元格的字体颜色和填充颜色

示例23-9　返回单元格的字体颜色和填充颜色

如图23-26所示，选中C2单元格，定义名称“字体颜色”，公式如下。

```
=GET.CELL(24,!B2)+NOW()*0
```

定义名称“填充颜色”，公式如下。

```
=GET.CELL(63,!A2)+NOW()*0
```

在C2单元格中输入以下公式，并向下复制到C11单元格。

```
=字体颜色
```

在D2单元格中输入以下公式，并向下复制到D11单元格。

```
=填充颜色
```

C2 =字体颜色

	A	B	C	D
1	员工	销量	字体颜色	填充颜色
2	刘备	78	3	45
3	法正	617	44	6
4	吴国太	280	23	0
5	陆逊	9	1	45
6	吕布	183	23	6
7	张昭	792	1	0
8	袁绍	1006	10	45
9	孙策	229	0	0
10	孙权	314	0	33
11	庞德	257	3	33

图23-26　返回单元格的字体颜色和填充颜色

颜色返回值为1~56的数字，对于一些相近的颜色，会返回相同的数值。

字体颜色返回值为0，说明使用的是默认的“自动”颜色。

填充颜色返回值为0，说明使用的是“无填充”。

23.6　使用EVALUATE函数计算文本算式

EVALUATE函数的作用是对以文字表示的一个公式或表达式求值，并返回结果。其语法如下。

```
EVALUATE(formula_text)
```

formula_text：是一个要求值的以文字形式表示的表达式。

23.6.1 计算简单的文本算式

示例23-10 计算简单的文本算式

选中C2单元格，定义名称“计算1”，公式如下。

```
=EVALUATE(!B2&T(NOW()))
```


在C2单元格中输入以下公式，并向下复制到C9单元格，计算出B列的算式结果，如图23-27所示。

```
=计算1
```

EVALUATE函数的参数最多只支持2^8-1=255个字符，超出时返回错误值#VALUE!。

EVALUATE函数不仅可以计算简单的数学表达式，也可以计算含有其他函数的文本算式，如图23-27和图23-28所示。

C2 =计算1

	A	B	C
1	员工	销量	销售金额
2	华佗	8*1800+6*3500	35400
3	周瑜	1*1800+6*500+2*7000+5*3500	36300
4	张飞	1*1800+1*7000+2*3500	15800
5	诸葛亮	6*500+2*7000+5*3500	34500
6	赵云	2*7000+6*3500	35000
7	夏侯惇	2*1800+6*500	6600
8	张辽	2*1800+6*500+9*3500	38100
9	郭嘉	2*1800+5*3500	21100

图23-27 计算简单的文本算式

C2 =计算1

	A	B	C
1	员工	销量	销售金额
2	华佗	row()	2
3	周瑜	match("张飞",a:a,)	4
4	张飞	index(a:a,3)	周瑜

图23-28 计算含有其他函数的文本算式

23.6.2 计算复杂的文本算式

示例23-11 计算复杂的文本算式

如图23-29所示，选中C2单元格，定义名称“计算2”，公式如下。

```
=EVALUATE(SUBSTITUTE(SUBSTITUTE(!B2,"[","+N("""),"]",""")")&T(NOW()))
```

在C2单元格中输入以下公式，并向下复制到C9单元格。

```
=计算2
```

以B2单元格中的“8*1800[空调]+6*3500[洗衣机]”为例，主要思路如下。

（1）将字符串中的中文部分剔除掉，如“[空调]”“[洗衣机]”等。

（2）常规的直接替换的方法均无效，于是使用N函数，因为N函数的参数如果为“文本”，所以N("文本")结果为0。

C2 =计算2

	A	B	C
1	员工	销量	销售金额
2	华佗	8*1800[空调]+6*3500[洗衣机]	35400
3	周瑜	1*1800[空调]+6*500[电风扇]+2*7000[电视]+5*3500[洗衣机]	36300
4	张飞	1*1800[空调]+1*7000[电视]+2*3500[洗衣机]	15800
5	诸葛亮	6*500[电风扇]+2*7000[电视]+5*3500[洗衣机]	34500
6	赵云	2*7000[电视]+6*3500[洗衣机]	35000
7	夏侯惇	2*1800[空调]+6*500[电风扇]	6600
8	张辽	2*1800[空调]+6*500[电风扇]+9*3500[洗衣机]	38100
9	郭嘉	2*1800[空调]+5*3500[洗衣机]	21100

图23-29　计算复杂的文本算式

（3）目标：将以上字符串改为“8*1800+N("空调")+6*3500+N("洗衣机")”，这样便可以使用EVALUATE进行计算。

公式中不同部分的说明如下。

（1）“SUBSTITUTE(!B2,"[","+N(""")”部分，首先将字符串中的左中括号“[”替换为“+N("”，得到字符串“8*1800+N("空调]+6*3500+N("洗衣机]”。

（2）“SUBSTITUTE(SUBSTITUTE(!B2,"[","+N("""),"]",""")")”部分将字符串中的右中括号“]”替换为“")”，得到字符串“8*1800+N("空调")+6*3500+N("洗衣机")”。

（3）“&T(NOW())”部分将连接易失性函数NOW，以方便有单元格发生变化时进行自动重算。

（4）“EVALUATE(SUBSTITUTE(SUBSTITUTE(!B2,"[","+N("""),"]",""")")&T(NOW()))”部分相当于“EVALUATE("8*1800+N("空调")+6*3500+N("洗衣机")")”。

注意

在函数中，如果得到的结果中需要英文状态的半角双引号，则公式中的双引号数量需要加倍，如在A10单元格中输入公式“=""""”（4个英文状态下的半角双引号），则A10单元格返回结果为“"”，其中最外层的两个双引号表示文本引用符号，中间的两个双引号表示数量加倍后的双引号。

练习与巩固

（1）宏表函数只能通过定义名称进行运算并使用，不能在其他地方直接运用。这种说法是否正确?

（2）要提取当前工作簿名称，应使用的公式是__________________。

（3）提取文件中的文件名称，可以使用__________函数。

（4）假如要提取B2:B10单元格区域内字体颜色对应的数值，并将结果返回到C2:C10单元格区域内，请说出主要操作步骤。

第24章 自定义函数

自定义函数与Excel工作表函数相比具有更强大和更灵活的功能，自定义函数通常用来简化公式，也可以用来完成Excel工作表函数无法完成的功能。

本章学习要点

（1）认识自定义函数。
（2）创建和引用自定义函数。
（3）如何制作加载宏。
（4）常见自定义函数的应用。

24.1 自定义函数的定义

自定义函数就是用户利用VBA代码创建的用于满足特定需求的函数。Excel已经内置了数百个工作表函数可供用户使用，但是这些内置工作表函数并不能完全满足用户的特定需求，而自定义函数是对Excel内置工作表函数的扩展和补充。

自定义函数具有以下特点。

（1）可以简化公式。一般情况下，多个Excel工作表函数组合使用可以满足绝大多数应用需求，但是复杂的公式比较冗长和烦琐，可读性差，不易于修改，除公式的作者外，公式的使用者可能很难理解公式的含义，此时就可以通过自定义函数来有效地进行简化。

（2）与Excel工作表函数相比，具有更强大和更灵活的功能。实际使用中的需求是多种多样的，仅仅凭借Excel工作表函数有时不能解决问题，此时可以使用自定义函数来满足实际工作中的个性化需求。

（3）将自定义函数做成加载宏加载到Excel应用程序中，以方便日后多次重复使用。

与Excel工作表函数相比，自定义函数的效率要远远低于Excel工作表函数，完成同样的功能需要花费更长的时间。因此，使用Excel工作表函数可以直接完成的计算，无须再去开发同样功能的自定义函数。

24.2 自定义函数的工作环境

24.2.1 设置工作表的环境

由于自定义函数调用的是VBA程序，因此，需要将宏安全性设置为“禁用所有宏，并发出通知”。关于设置Excel宏安全性的详细内容，请参考23.1.3节设置Excel的宏安全性。

在Excel 2016的默认设置中，功能区中并不显示【开发工具】选项卡。在功能区中显示【开发工具】选项卡的具体操作步骤如下。

步骤① 选择【文件】→【选项】命令，打开【Excel选项】对话框。

步骤② 在打开的【Excel选项】对话框中，选择【自定义功能区】选项卡。

步骤③ 在右侧列表框中选中【开发工具】复选框，单击【确定】按钮，关闭【Excel选项】对话框，如图24-1所示。

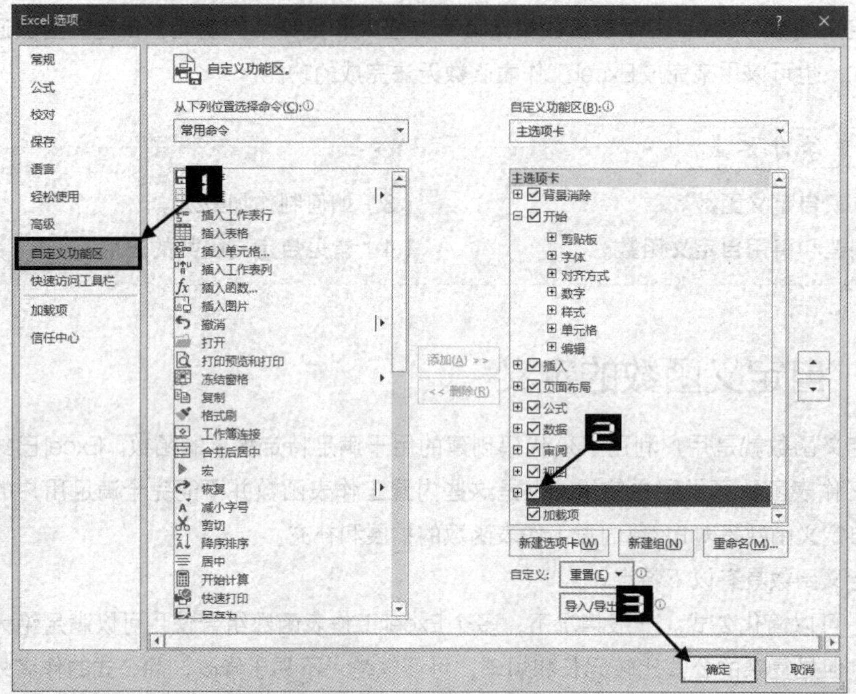

图24-1 显示【开发工具】选项卡

这样在功能区便可以看到新增加的【开发工具】选项卡，如图24-2所示。

图24-2 【开发工具】选项卡

24.2.2 编写自定义函数

编写自定义函数的具体操作步骤如下。

步骤① 单击【开发工具】选项卡下【代码】组中的【Visual Basic】按钮，或者按<Alt+F11>组合键打开Visual Basic编辑器，如图24-3所示。

步骤② 选择【插入】→【模块】选项，或者在【工程资源管理器】窗口右击，选择【插入】→【模块】命令。

步骤③ 在【代码窗口】编写自定义函数程序，输入以下代码。

```
Function ShtName()
    ShtName = ActiveSheet.Name
End Function
```

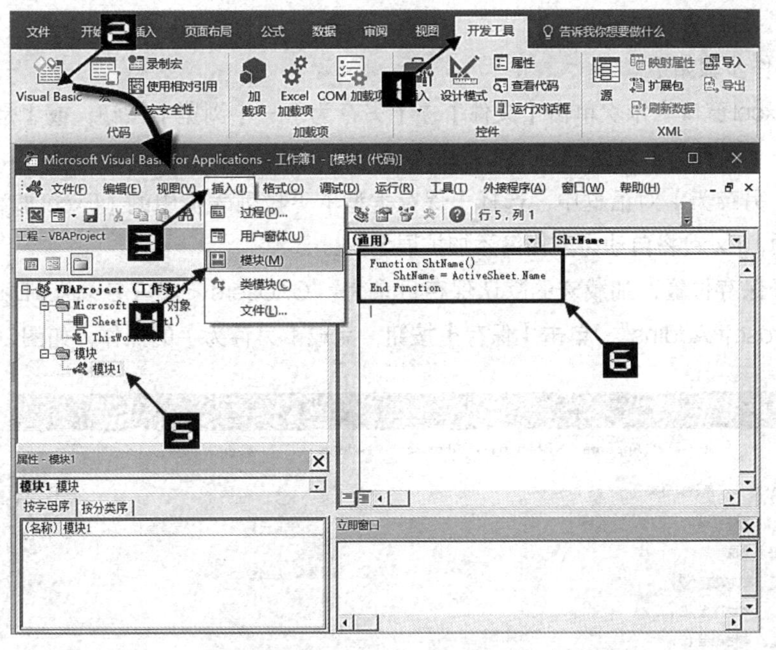

图24-3　编写自定义函数

在工作表任意单元格中输入以下公式，即可得到当前工作表的名称，如图24-4所示。

```
=ShtName()
```

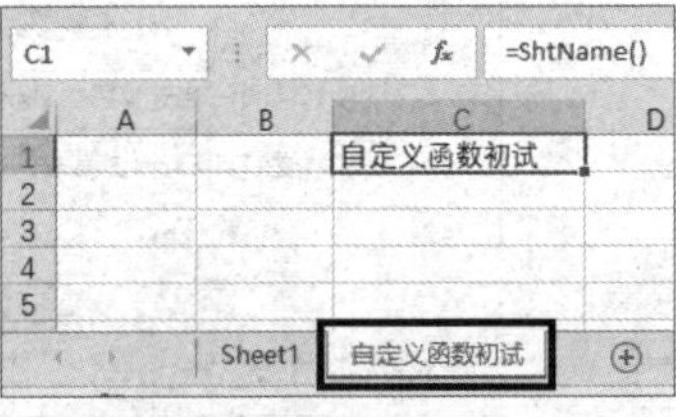

图24-4　使用自定义函数

自定义函数的代码应该放置于标准模块中，否则无法在工作表中使用该自定义函数。自定义函数只能用于代码所编写的工作簿，不能用于其他工作簿中。

24.2.3　制作加载宏

加载宏是通过增加自定义命令和专用功能来扩展功能的补充程序。可以从Microsoft Office网站或第三方供应商获得加载宏，也可使用VBA编写自己的自定义加载宏程序。

以下两种方法可以将普通工作簿转换为加载宏。

方法1　修改工作簿的IsAddin属性。

具体操作步骤如下。

步骤① 在VBE的【工程资源管理器】窗口中，选中“ThisWorkbook”。

步骤② 在【属性窗口】中修改IsAddin属性的值为“True”，如图24-5所示。

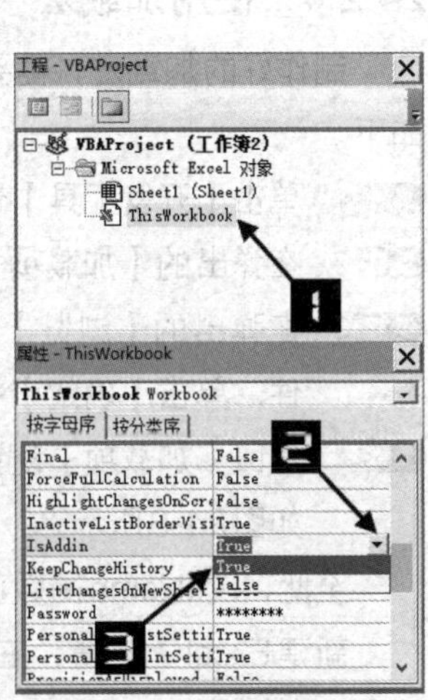

图24-5　修改工作簿的IsAddin属性

方法2　另存为加载宏。

具体操作步骤如下。

步骤① 在Excel窗口中依次单击【文件】→【另存为】→【浏览】按钮，或者是按<F12>键打开【另存为】对话框。

步骤② 在【另存为】对话框中，选择【保存类型】下拉列表框中的【Excel加载宏(*.xlam)】选项，Excel将自动为工作簿添加扩展名.xlam。

步骤③ 选择保存位置，加载宏的默认保存目录为："C:\Users\<用户名>\AppData\Roaming\Microsoft\AddIns"，单击【保存】按钮，完成【另存为】的操作，如图24-6所示。

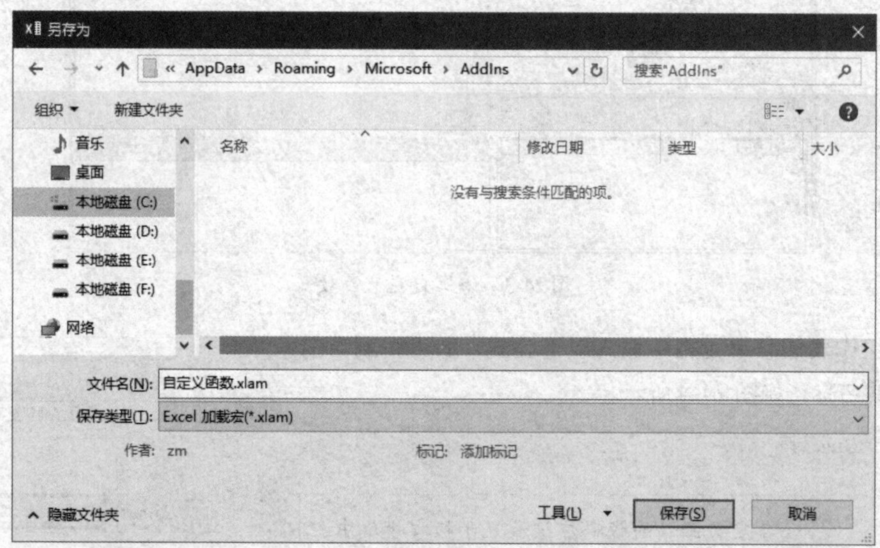

图24-6　保存加载宏

24.2.4　使用加载宏

制作好的加载宏，需要通过Excel加载项加载到Excel表格中才可以使用。具体操作步骤如下。

步骤① 单击【开发工具】选项卡下【加载项】组中的【Excel加载项】按钮，如图24-7所示。

步骤② 在弹出的【加载项】对话框中，单击【浏览】按钮。

步骤③ 在弹出的【浏览】对话框中，打开加载宏文件所在的文件夹。选择相应的加载宏文件，单击【确定】按钮。

步骤④ 返回【加载项】对话框，选中新加载的【自定义函数】复选框，并单击【确定】按钮，如图24-8所示。

至此，ShtName函数已经被加载到Excel工作表中。

新建Excel工作簿，在任意单元格中输入公式"=ShtName()"，均可以得到当前工作表的名称，如图24-9所示。

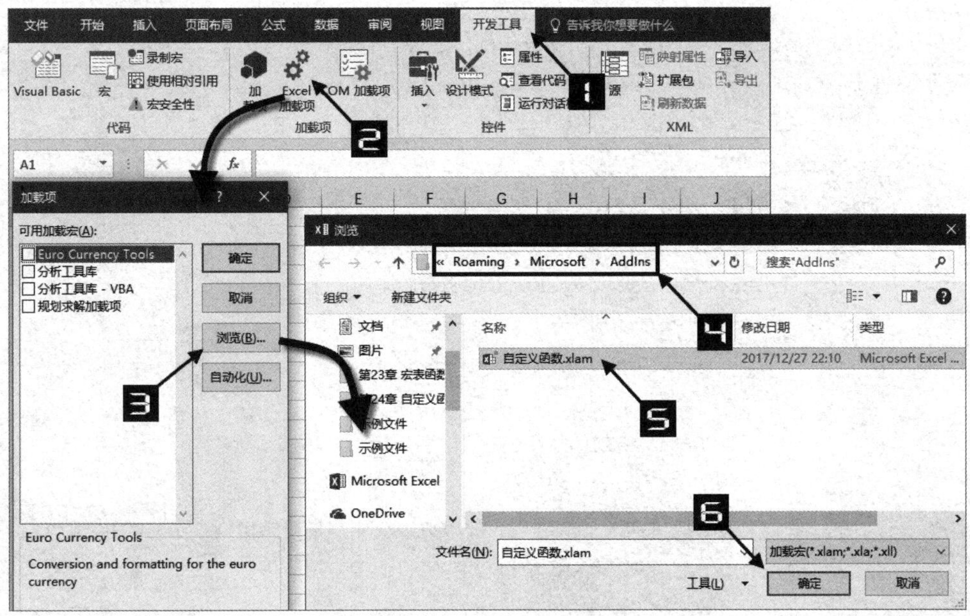

图 24-7　插入加载宏

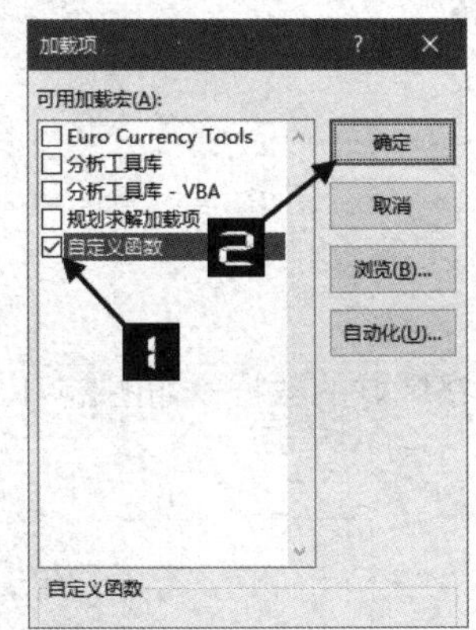

图 24-8　选中【自定义函数】复选框

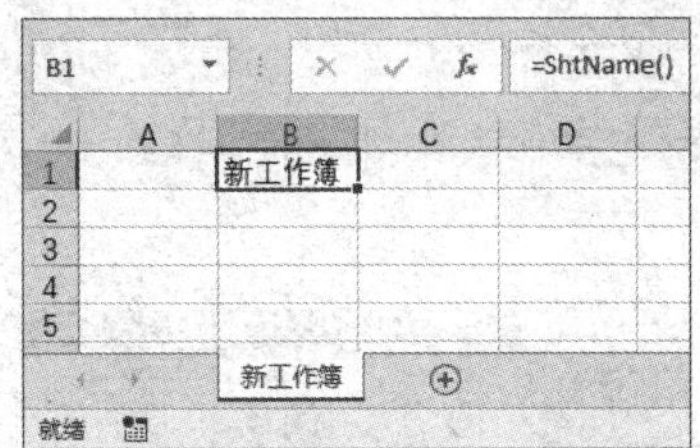

图 24-9　使用自定义函数

24.3　自定义函数实例

以下介绍几种实用的自定义函数，可以提高工作效率，完成部分Excel工作表函数不能完成的功能。

24.3.1　字符串连接函数Contxt

示例24-1　字符串连接函数Contxt

在【模块】的【代码窗口】中输入以下代码。

```
Function Contxt(ParamArray args() As Variant) As Variant
    Dim tmptext As Variant, i As Variant, cellv As Variant
    Dim cell As Range
    tmptext =""
    For i = 0 To UBound(args)
        If Not IsMissing(args(i)) Then
            Select Case TypeName(args(i))
            Case "Range"
                For Each cell In args(i)
                    tmptext = tmptext & cell
                Next cell
            Case "Variant()"
                For Each cellv In Application.Transpose(args(i))
                    tmptext = tmptext & cellv
                Next cellv
            Case Else
                tmptext = tmptext & args(i)
            End Select
        End If
    Next i
    Contxt = tmptext
End Function
```

此时在工作表中即可使用Contxt函数连接多个单元格区域的数据，如图24-10所示。

	A	B	C	D	E	F	G
1	序号	姓名	性别	员工部门			
2	1	刘备	男	蜀国			
3	2	黄月英	女	蜀国			
4	3	孙权	男	吴国			
5							
6	结果		公式				
7	刘备黄月英孙权		=Contxt(B2:B4)				
8	刘备男黄月英女		=Contxt(B2:C3)				
9	刘备，男，蜀国		{=MID(Contxt("，"&B2:D2),2,99)}				
10	孙，权		{=MID(Contxt("，"&MID(B4,ROW(INDIRECT("1:"&LEN(B4))),1)),2,99)}				
11	刘备孙权		{=Contxt(IF(C2:C4="男",B2:B4,""))}				
12	1，刘备，2，黄月英		{=MID(Contxt(IF(D2:D4="蜀国","，"&A2:B4,"")),2,99)}				

图24-10　字符串连接函数Contxt

在A7单元格中输入以下公式，连接B2:B4单元格区域中的数据。

```
=Contxt(B2:B4)
```

在A8单元格中输入以下公式，连接B2:C3单元格区域中的数据。

```
=Contxt(B2:C3)
```

在A9单元格中输入以下数组公式，按<Ctrl+Shift+Enter>组合键，将B2:D2单元格区域中的数据连接并用逗号“,”分隔。

```
{=MID(Contxt(","&B2:D2),2,99)}
```

将逗号“,”与每一个单元格连接，形成数组{",刘备",",男",",蜀国"}，然后通过Contxt函数将数组中的3个元素连接，得到“",刘备,男,蜀国"”，最后使用MID函数从字符串的第二位开始提取到字符串结尾，得到最终结果为“刘备，男，蜀国”。

在A10单元格中输入以下数组公式，按<Ctrl+Shift+Enter>组合键可以在一个字符串中的每个字符之间插入一个逗号。

```
{=MID(Contxt(","&MID(B4,ROW(INDIRECT("1:"&LEN(B4))),1)),2,99)}
```

在A11单元格中输入以下数组公式，按<Ctrl+Shift+Enter>组合键，连接性别为“男”的人员姓名。

```
{=Contxt(IF(C2:C4="男",B2:B4,""))}
```

在A12单元格中输入以下数组公式，按<Ctrl+Shift+Enter>组合键，连接“蜀国”人员的序号和姓名。

```
{=MID(Contxt(IF(D2:D4="蜀国",","&A2:B4,"")),2,99)}
```


24.3.2 人民币小写金额转大写

根据中国人民银行规定的票据填写规范，将阿拉伯数字转换为中文大写，是财务人员经常使用的一项功能。编写自定义函数并保存成加载宏，可以提高效率和准确率。

示例24-2 人民币小写金额转大写

在【模块】的【代码窗口】中输入代码后，在B2单元格中输入以下公式，并向下复制到B12单元格，如图24-11所示。

```
=CNUMBER(A2)
```

请扫描以下二维码查看或复制完整代码。

B2 =CNUMBER(A2)

	A	B
1	数字	大写金额
2	1	壹元整
3	12	壹拾贰元整
4	123	壹佰贰拾叁元整
5	1234	壹仟贰佰叁拾肆元整
6	12345	壹万贰仟叁佰肆拾伍元整
7	123456789	壹亿贰仟叁佰肆拾伍万陆仟柒佰捌拾玖元整
8	123.45	壹佰贰拾叁元肆角伍分
9	10002000030.4	壹佰亿零贰佰万零叁拾元零肆角整
10	-10305.07	负壹万零叁佰零伍元零柒分
11	0.9	玖角整
12	0.09	玖分

图24-11 人民币小写金额转大写

提示

在银行规范中，中文大写金额数字到“元”为止的，在“元”之后应写“整”（或“正”）字，在“角”之后可以不写“整”（或“正”）字。阿拉伯数字金额的万位或元位是“0”，或者数字中间连续有几个“0”，万位、元位也是“0”，但千位、角位不是“0”时，中文大写金额中可以只写一个“零”字，也可以不写。本文中的代码采用写“零”和“整”的方式编写。

24.3.3 汉字转换成汉语拼音

使用自定义函数，可以将汉字转换成汉语拼音。

示例24-3 汉字转换成汉语拼音

如图24-12所示，某公司需要根据员工姓名的汉语拼音为员工设置公司邮箱。

在【模块】的【代码窗口】中输入代码后，在B2单元格的输入以下公式，并向下复制到B8单元格，得到姓名的汉语拼音。

	A	B	C
1	姓名	汉语拼音	邮箱
2	刘备	liu bei	liubei@excelhome.com
3	曹操	cao cao	caocao@excelhome.com
4	孙权	sun quan	sunquan@excelhome.com
5	袁绍	yuan shao	yuanshao@excelhome.com
6	汉献帝	han xian di	hanxiandi@excelhome.com
7	孙策	sun ce	sunce@excelhome.com
8	诸葛亮	zhu ge liang	zhugeliang@excelhome.com

图24-12 汉字转换成汉语拼音

```
=PinYin(A2)
```

在C2单元格中输入以下公式，将拼音中间的空格替换为空并连接公司邮箱域名，以完成邮箱地址的设置。

```
=SUBSTITUTE(B2," ",)&"@excelhome.com"
```

请扫描以下二维码查看或复制完整代码。

提示

此自定义函数无法根据上下文对多音字进行准确的注音。

24.3.4 提取非重复值

在实际工作中，如果使用工作表函数提取非重复值，常见的是使用“INDEX+SMALL+IF+ROW”的函数组合。当数据量较大时，运算速度明显会减慢。而在VBA中，使用应用字典方法的自定义函数，可以快速、方便地提取非重复值。

示例24-4 提取非重复值

在【模块】的【代码窗口】中输入以下代码。

```
Function NotRepeat(ParamArray rn() As Variant)
    Dim arr, cell
    Set dic = CreateObject("scripting.dictionary")
        arr = Application.Transpose(rn(0))
        For Each cell In arr
            If IsEmpty(cell) Then
                cell = ""
            End If
            dic(cell) = ""
        Next
        NotRepeat = dic.keys
End Function
```

在D2单元格中输入以下公式，并向下复制到D5单元格，提取不重复部门名称，如图24-13所示。

```
=INDEX(NotRepeat($B$2:$B$10),ROW(1:1))
```

	A	B	C	D	E	F	G
1	姓名	员工部门		不重复部门		不重复员工与部门	
2	刘备	蜀国		蜀国		刘备	蜀国
3	曹操	魏国		魏国		曹操	魏国
4	孙权	吴国		吴国		孙权	吴国
5	吴国太	吴国		群雄		吴国太	吴国
6	吕布	群雄				吕布	群雄
7	刘备	蜀国				袁绍	群雄
8	袁绍	群雄				郭嘉	魏国
9	刘备	蜀国					
10	郭嘉	魏国					

图24-13 提取非重复值

自定义函数NotRepeat得到的是一个非重复的内存数组{"蜀国","魏国","吴国","群雄"}，使用INDEX函数将此数组中的每一个元素提取到单元格当中。

在F2单元格和G2单元格中分别输入以下两个公式，按<Ctrl+Shift+Enter>组合键，并分别向下复制到F8和G8单元格，提取姓名、员工部门两个条件同时都不重复的姓名与员工部门。

```
{=TRIM(LEFT(INDEX(NotRepeat($A$2:$A$10&REPT(" ",10)&$B$2:$B$10),
ROW(1:1)),10))}
{=TRIM(RIGHT(INDEX(NotRepeat($A$2:$A$10&REPT(" ",10)&$B$2:$B$10),
ROW(1:1)),10))}
```

通过“$A$2:$A$10&REPT(" ",10)&$B$2:$B$10”部分，将姓名与员工部门两部分连接起来，方便判断每一组值是否重复。中间用10个空格分隔，以方便最后将连接起来的字符串再分别提取到相应的单元格中。

通过INDEX和NotRepeat函数得到不重复的姓名与员工部门连接起来的字符串，之后分别使用LEFT和RIGHT函数提取左侧10个字符和右侧10个字符。

最后通过TRIM函数将多余的空格清除掉，得到最终结果。

24.3.5 提取不同类型字符

想要在字符串中提取不同部分的内容一直是工作表函数的短板。对于内容复杂，或者规律不明显的数据，使用工作表函数提取会比较困难。在VBA中，使用正则表达式方法自定义函数，可以较好地处理此难题。

自定义GetChar函数，用于从一个字符串中提取相应类型的字符，并形成一个一维的内存数组。GetChar有以下两个参数。

第一参数为需要处理的字符串或单元格。

第二参数为需要从字符串中提取的类型，它有以下3种类型。

数字1或者number，代表从字符串中提取数字，包括正数、负数、小数。

数字2或者english，代表从字符串中提取英文字母。

数字3或者chinese，代表从字符串中提取中文汉字。

参数number、english、chinese不区分大小写。

示例24-5 提取不同类型字符

在【模块】的【代码窗口】中输入代码后，在A2单元格中输入以下公式，并向下复制到A7单元格，提取字符串中的数字，如图24-14所示。

```
=IFERROR(INDEX(GetChar($A$1,1),ROW(1:1)),"")
```

	A	B	C	D	E	F	G
1	张飞的肉铺卖了50两银子，看到关羽说Good Morning！问询-3.5加3.14等于多少，Bye！						
2	50	Good	张飞的肉铺卖了				
3	-3.5	Morning	两银子				
4	3.14	Bye	看到关羽说				
5			问询				
6			加				
7			等于多少				

图24-14 提取字符基础应用

请扫描以下二维码查看或复制完整代码。

"GetChar($A$1,1)"部分，函数的第二参数使用数字1，代表提取数字，得到结果为一维数组{"10","-3.5","16.8"}。

使用INDEX函数结合ROW函数，从该数组中依次提取出数字10、-3.5、16.8到相应的单元格。最后使用IFERROR函数屏蔽错误值。

此公式中的"GetChar($A$1,1)"部分还可以写成"GetChar($A$1,"number")"。

在B2单元格中输入以下公式，并向下复制到B7单元格，提取字符串中的英文字母。

```
=IFERROR(INDEX(GetChar($A$1,2),ROW(1:1)),"")
```

此公式中的"GetChar($A$1,2)"部分还可以写成"GetChar($A$1,"English")"。

在C2单元格中输入以下公式，并向下复制到C7单元格，提取字符串中的汉字。

```
=IFERROR(INDEX(GetChar($A$1,3),ROW(1:1)),"")
```

此公式中的"GetChar($A$1,3)"部分还可以写成"GetChar($A$1,"Chinese")"。

在此字符串中，可以快速地直接提取第一组或最后一组数据，如图24-15所示。

	A	B	C	D	E	F	G
1	张飞的肉铺卖了50两银子，看到关羽说Good Morning！问询-3.5加3.14等于多少，Bye！						
9	提取第一组数字		50				
10	提取第一组英文单词		Good				
11	提取最后一组数字		3.14				
12	提取最后一组中文汉字		等于多少				

图24-15 提取指定位置字符串

在C9单元格中输入以下公式，提取字符串中的第一组数字。

```
=GetChar($A$1,1)
```

在C10单元格中输入以下公式，提取字符串中的第一组英文单词。

```
=GetChar($A$1,2)
```

GetChar的结果是一个数组，当在一个单元格中书写此公式的时候，该单元格中显示数组中的第一个元素，即得到字符串中第一组符合条件的结果。

在C11单元格中输入以下公式，提取字符串中的最后一组数字。

```
=LOOKUP("々",GetChar($A$1,1))
```

使用GetChar函数得到的数字，是文本格式的数字，所以可以使用LOOKUP函数查找最后一组文本，便得到最后一组文本格式的数字3.14。

在C12单元格中输入以下公式，提取字符串中的最后一组汉字。

```
=INDEX(GetChar($A$1,3),COUNTA(GetChar($A$1,3)))
```

使用COUNTA函数计算出GetChar函数得到的数组中共有多少个元素，然后结合INDEX函数便可以提取到数组中的最后一组中文汉字。

GetChar函数不仅可以直接提取字符，还可以作为参数嵌套在其他函数中进行计算，如使用SUM或PRODUCT函数进行求和及乘积计算等。

示例24-6 对GetChar函数的返回值计算

在B2单元格中输入以下数组公式，按<Ctrl+Shift+Enter>组合键，并向下复制到B4单元格，如图24-16所示。

```
{=SUM(--GetChar(A2,1))}
```

B2 | {=SUM(--GetChar(A2,1))}

	A	B
1	销售结果	产品数量
2	刘备销售3台电脑，2台空气净化器，8个加湿器	13
3	关羽卖4台电视机，5部手机	9
4	张飞卖出3台空调，6台电扇	9

图24-16 对GetChar函数的返回值进行求和计算

在B8单元格中输入以下数组公式，按<Ctrl+Shift+Enter>组合键，并向下复制到B10单元格，如图24-17所示。

```
{=PRODUCT(--GetChar(A8,1))}
```

B8 | {=PRODUCT(--GetChar(A8,1))}

	A	B
7	销售结果	金额合计
8	刘备销售3台电脑，单价7999元	23997
9	关羽卖4台电视机，每台5899元	23596
10	张飞卖出3台空调，每一台2388块钱	7164

图24-17 对GetChar函数的返回值进行乘积计算

使用GetChar函数提取出来的数字，是文本格式的数字，并不能直接嵌套在SUM、PRODUCT等函数中进行计算，本文中采用减负（--）的方式将文本型数字转换为可以用于计算的数值型数字。

自定义函数并不是只能与工作表函数组合，几个不同的自定义函数之间也可以互相嵌套，如使用Contxt函数将GetChar函数得到的字符进行连接。

示例24-7 对GetChar函数的返回值进行连接

在B2单元格中输入以下数组公式，按<Ctrl+Shift+Enter>组合键，如图24-18所示。

```
{=MID(Contxt(","&GetChar(SUBSTITUTE(A2,"学号",),3)),2,99)}
```

根据字符串的特点，只有汉字与数字，并且汉字除了需要的人员姓名外，还有“学号”两个多余的字。先用SUBSTITUTE函数将字符串中的“学号”替换为空，得到以下结果。

"刘备90001诸葛亮90002张飞90003"

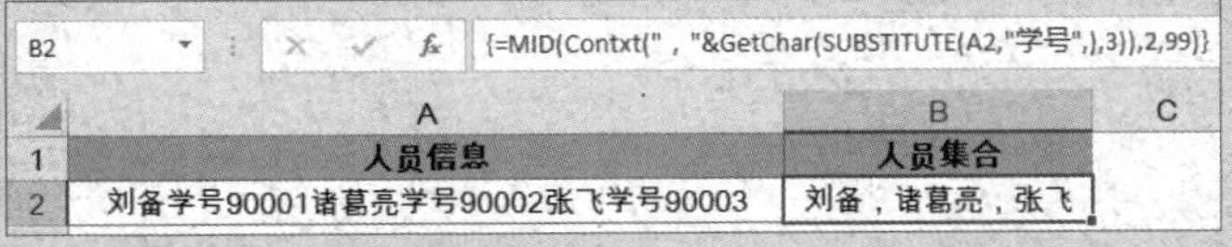
B2　{=MID(Contxt("，"&GetChar(SUBSTITUTE(A2,"学号",)),3)),2,99)}

	A	B	C
1	人员信息	人员集合	
2	刘备学号90001诸葛亮学号90002张飞学号90003	刘备，诸葛亮，张飞	

图24-18　对GetChar函数的返回值进行连接

使用GetChar函数提取出字符串中的汉字。

{"刘备","诸葛亮","张飞"}

然后用Contxt函数将逗号（，）与数组中的汉字进行连接，得到结果如下。

"，刘备，诸葛亮，张飞"

最后使用MID函数从第二位字符开始提取99个字符，得到需要的结果。

练习与巩固

（1）自定义函数有哪些特点?

（2）简述使用自定义函数的主要步骤。

第三篇

函数综合应用

本篇综合了多种与工作、生活、学习密切相关的示例，包括循环引用、条件筛选技术、排名与排序技术、数据重构技巧和数据表处理等多个方面。向读者全面展示了函数与公式的魅力，详细介绍了函数与公式在实际工作中的多种综合技巧和用法。

第25章　循环引用

Excel中的循环引用是一种特殊的计算模式。通过设置启用迭代计算来实现对变量的循环引用和计算，从而依照设置的条件对参数多次计算直至达到特定的结果。本章重点介绍循环引用在实际工作中的应用。

本章学习要点

（1）认识循环引用。　　（2）循环引用实例。

25.1　认识循环引用和迭代计算

循环引用是指引用自身单元格的值或引用依赖其自身单元格的值进行计算的公式。用户可以通过设置迭代次数，根据需要设置公式开启和结束循环引用的条件。在计算过程中调用公式自身所在单元格的值，随着循环引用次数的增加，对包含循环引用的公式重复计算，每一次计算都将计算结果作为新的变量代入下一步计算，直至达到特定的结果或者完成用户设置的迭代次数为止。

25.1.1　产生循环引用的原因

当公式在计算过程中包含自身值时，无论是对自身单元格的值的直接引用还是间接引用，都会产生循环引用，如以下两种情况都会产生循环引用。

（1）在A1单元格中输入公式“=A1+1”，会直接引用自身单元格的值。

（2）在A1单元格中输入公式“=B1+1”，在B1单元格中输入公式“=A1+1”，两个公式互相引用，仍然是引用依赖其自身单元格的值。

为了避免公式计算陷入死循环，默认情况下Excel不允许在公式中使用循环引用。当公式存在循环引用时，Excel会弹出如图25-1所示的提示对话框。

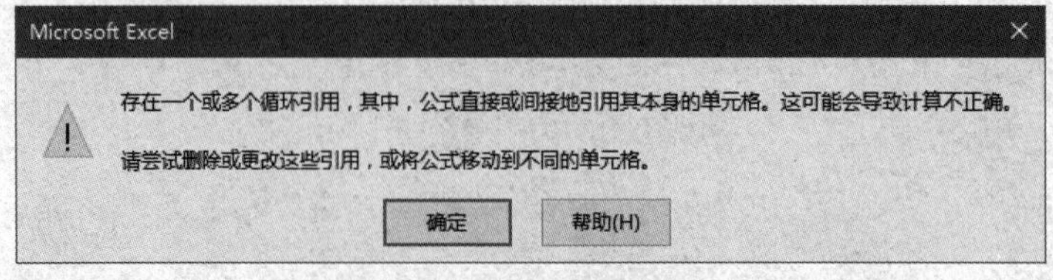

图25-1　循环引用提示对话框

25.1.2　设置循环引用的最多迭代次数和最大误差

要在Excel中使用循环引用进行计算，需要先开启计算选项中的迭代计算，并设定最多迭代次数和最大误差。

选择【文件】→【选项】选项，打开【Excel选项】对话框。切换到【公式】选项卡，在右侧选中【启用迭代计算】复选框，根据需要填写最多迭代次数和最大误差，最后单击【确定】按钮，如图25-2所示。

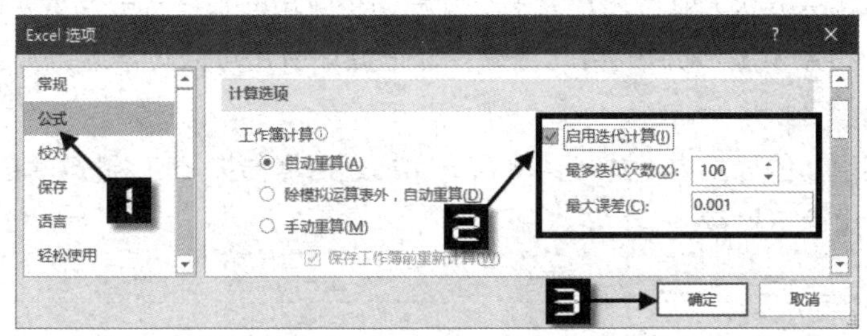

图25-2 设置迭代次数

迭代次数是指在循环引用中重复运算的次数，最大误差是指两次重新计算结果之间的可接受的最大误差。

设置的最大误差数值越小，结果越精确。指定的最多迭代次数越多，在进行复杂的条件计算时越有可能返回满足条件的结果，但同时Excel执行迭代计算所需要的运算时间也越长。Excel 2016支持的最多迭代次数为32 767次。实际工作中，应根据工作需求设置合理的最多迭代次数。

在工作簿中设置迭代次数时，应遵循以下几个规则。

（1）可以针对每个单独的工作簿设置不同的计算选项，每个工作簿文件可以设置为不同的最多迭代次数和最大误差。

（2）当打开设置了不同迭代计算选项的多个工作簿时，所有打开的工作簿都将应用第一个打开的工作簿中设置的迭代计算选项，因此建议单独使用启用了迭代计算功能的文件。

（3）当用户同时打开多个工作簿时，改变迭代计算选项的操作会对所有打开的工作簿文件生效，但仅在当前操作的工作簿中保存该选项设置。

（4）如果一个工作表中有多个不同的循环引用公式，只要有一个公式满足停止迭代计算条件时，即停止所有的迭代运算。

25.1.3 控制循环引用的开启与关闭

在使用循环引用的过程中，经常要用到启动开关、计数器和结束条件。

（1）启动开关。通常利用IF函数的第一参数判断返回逻辑值TRUE和FALSE，来开启或关闭循环引用。也可以使用表单控件中的“复选框”链接单元格来生成逻辑值TRUE和FALSE。如图25-3所示，通过选中复选框的操作，控制循环引用的开关。

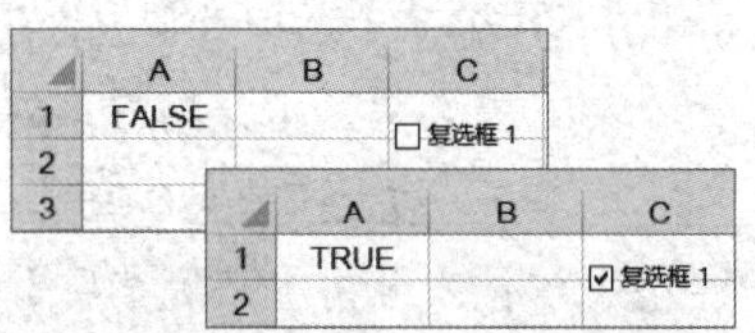

图25-3 复选框链接单元格

（2）计数器。通常利用在单元格中设置包含自身值的公式来制作循环引用的计数器。随着迭代计算的过程，计数器可以按照用户设定的步长增加，每完成一次迭代计算，计数器增加一次步长。如果将步长设为1，计数器记录的就是当前迭代计算的完成次数。

使用循环引用并非一定要使用计数器。例如，将迭代次数设置为1时，或者需要用户按<F9>键来控制循环引用的过程时，都不必专门设置计数器公式。

当需要的迭代次数较大时，用户需要在开启循环引用的工作簿中设置计数器公式，利用其引用自身值的特点引发Excel的自动重算，保证循环引用可以正常运行直至达到用户设置的最多迭代次数。

在某些循环引用的公式中，迭代计算执行完毕之后需要按<F9>键激活Excel的重算，才能使循环引用继续向下执行。

注意 受公式运算顺序的影响，需要将作为启动开关的单元格放在循环引用公式的上方或左侧，否则公式可能无法返回正确的结果。

（3）结束条件。用户可以在循环引用的公式中设置结束条件，即当满足特定条件时公式退出迭代计算。

使用循环引用并非一定要设置结束条件。当用户关闭循环引用的开关或者迭代计算的执行次数达到最多迭代次数时，循环引用都会结束。

25.2 循环引用实例

25.2.1 累加求和

示例25-1 通过同一单元格中输入的数值累加求和

如图25-4所示，需要将A4单元格中依次输入的数值累加求和，在B4单元格中显示累加结果。

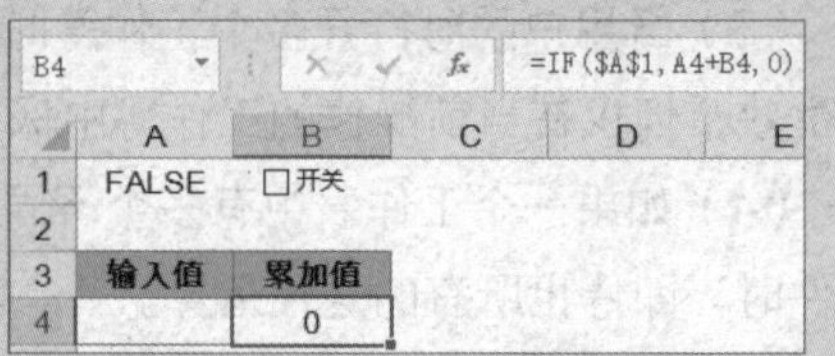

图25-4 通过同一单元格中输入的数值累加求和

具体操作步骤如下。

步骤① 首先打开【Excel选项】对话框，在【公式】选项卡下，选中【启用迭代计算】复选框，将最多迭代次数设置为1，最大误差为0.001。

步骤② 依次单击【开发工具】→【插入】按钮，在【表单控件】下拉列表中选择【复选框】按钮，拖动鼠标在B1单元格中插入一个复选框，如图25-5所示。

步骤③ 如图25-6所示，右击复选框，在弹出的快捷菜单中选择【编辑文字】选项，将按钮文字修改为“开关”。

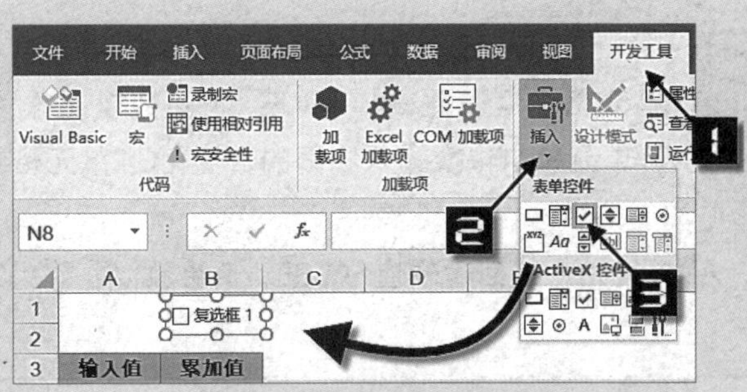

图25-5　插入表单控件

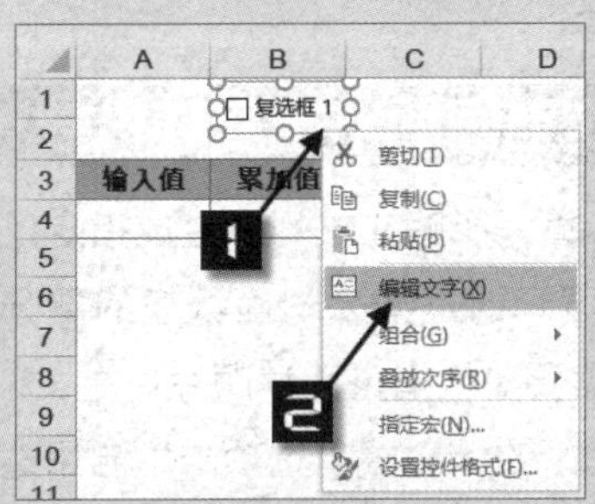

图25-6　编辑文字

步骤④ 再次右击复选框，在弹出的快捷菜单中选择【设置控件格式】命令，打开【设置控件格式】对话框。切换到【控制】选项卡，在【单元格链接】编辑框中输入“$A$1”，即选中A1单元格，最后单击【确定】按钮，如图25-7所示。

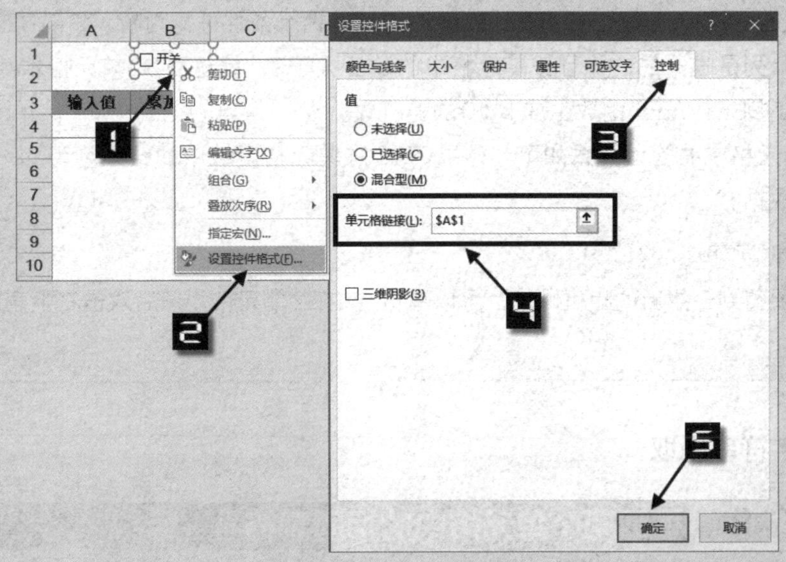

图25-7　设置控件格式

步骤⑤ 在B4单元格中输入以下公式。

```
=IF($A$1,A4+B4,0)
```

当开关启动时，A1单元格中返回逻辑值TRUE。IF函数以此作为第一参数，执行A4+B4的迭代计算。在A4单元格中依次输入不同的数值，B4单元格会自动累加计算得到结果。

当开关关闭时，A1单元格中返回逻辑值FALSE，IF函数以此作为第一参数，最终返回指定的内容0。

25.2.2 获取不重复随机数

示例25-2 获取指定范围的不重复随机数

使用随机函数结合迭代计算，能够在一列中生成指定范围的随机不重复数。图25-8所示的是某公司面试表的部分内容，共有10位面试人员，需要随机指定面试顺序。

	A	B	C
1	姓名	随机顺序	验证
2	张文英	1	1
3	杜晓轩	10	1
4	马宁一	7	1
5	何志峰	8	1
6	夏吾冬	9	1
7	程思远	5	1
8	马文东	4	1
9	何咏梅	2	1
10	王万春	3	1
11	金小勇	6	1

图25-8 随机指定面试顺序

打开【Excel选项】对话框，在【公式】选项卡下启用迭代计算，并设置最多迭代次数为2000，最大误差为0.001。

在B2单元格中输入以下公式，并向下复制到B11单元格。

```
=IF((COUNTIF(B:B,B2)=1)*(B2>0),B2,RANDBETWEEN(1,10))
```

首先使用“COUNTIF(B:B,B2)=1”和“B2>0”两个条件进行判断，如果B2单元格中的数值在B列是唯一的，并且该单元格中的数值大于0，就返回B2单元格本身的结果，否则用RANDBETWEEN函数生成1~10的随机数。

C2单元格中的验证公式如下，如果C2:C11单元格区域中的结果均为1，说明B列没有重复数据。

```
=COUNTIF(B:B,B2)
```

如果要得到一组新的随机顺序，可以单击选中B2单元格，然后双击右下角的填充柄即可。

25.2.3 字符串提取

示例25-3 提取两个单元格中的相同字符

如图25-9所示，需要提取B2单元格和B4单元格中共有的字符串。

具体操作步骤如下。

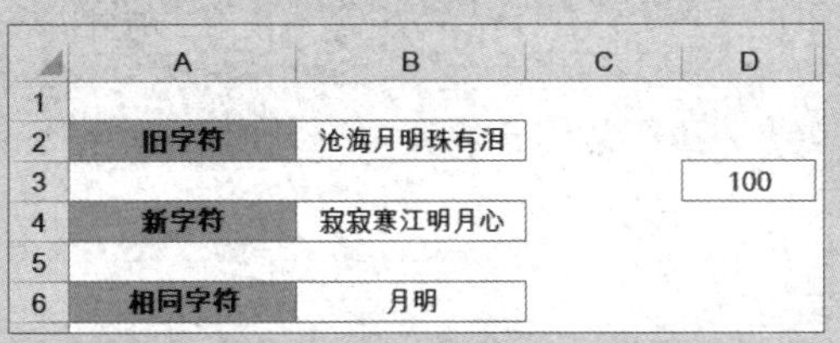

	A	B	C	D
1				
2	旧字符	沧海月明珠有泪		
3				100
4	新字符	寂寂寒江明月心		
5				
6	相同字符	月明		

图25-9 提取两个单元格中的相同字符

步骤① 打开【Excel选项】对话框，在【公式】选项卡下启用迭代计算，并设置最多迭代次数为100，最大误差为0.001。

步骤② 在D3单元格中输入以下公式作为计数器，在每次计算过程中都将依次得到1~100的递增序列。

```
=MOD(D3,100)+1
```

步骤③ 在B6单元格中输入以下公式。

```
=IF(D3<2,"",B6)&IF(COUNTIF(B4,"*"&MID(B2,D3,1)&"*"),MID(B2,D3,1),"")
```

“MID(B2,D3,1)”部分将根据D3单元格中的结果，用MID函数依次返回B2单元格中不同位置的单个字符。

“COUNTIF(B4,"*"&MID(B2,D3,1)&"*")”部分，用于统计B4单元格中是否包含从B2单元格中提取出的字符。

再使用IF函数进行判断，如果包含从B2单元格中提取的字符，返回MID(B2,D3,1)的结果；否则返回空文本。

公式前段的“IF(D3<2,"",B6)”部分，如果D3单元格中的数值小于2，结果返回空文本；否则返回B6单元格本身的结果。此处的目的是将B6单元格的循环引用起始内容设置为空文本，而不是空单元格。如果引用空单元格，则将得到一个无意义的0值。

以下是公式的计算过程。

（1）在D3单元格计数器为1时，“IF(D3<2,"",B6)”部分的结果为空文本。“MID(B2,D3,1)”部分的结果是B2单元格中的第一个字符“沧”。B4单元格中不包含该字符，COUNTIF函数返回结果为0。IF函数以此作为第一参数，返回空文本。最后将两个空文本连接，结果仍为空文本。

（2）在D3单元格计数器为2时，由于B4单元格中不包含B2单元格中的第二个字符“海”，最终仍然返回空文本。

（3）在D3单元格计数器为3时，“IF(D3<2,"",B6)”部分的结果是B6单元格中原有的空文本，第二个IF函数部分的结果是字符“月”，将空文本与字符“月”连接，得到结果为“月”。

随着D3单元格计数器中的数值不断增加，B6单元格中也不断连接新的字符，最终得到两个单元格中的所有相同字符。

示例25-4 提取混合内容中的中文和数字

如图25-10所示，需要从A列的混合内容中分别提取出中文和数字。

	A	B	C
1	☑开关	TRUE	100
2			
3	混合内容	提取中文	提取数字
4	江西抚州36160711142014临川区河滨公园	江西抚州临川区河滨公园	36160711142014
5	江西抚州7516071111249976吉安市南城县	江西抚州吉安市南城县	7516071111249976
6	孟圆圆18007933373江苏省南京市玄武区	孟圆圆江苏省南京市玄武区	18007933373
7	赵文涛18907931981江西省上饶市信州区	赵文涛江西省上饶市信州区	18907931981
8	方子丹18907939616北京市朝阳区方庄	方子丹北京市朝阳区方庄	18907939616
9	刘艳艳18607988367江西省上饶市余干县	刘艳艳江西省上饶市余干县	18607988367
10	汪文琳18607931911山东省济南市天桥区	汪文琳山东省济南市天桥区	18607931911
11	刘方华75160704111渝水水北镇	刘方华渝水水北镇	75160704111

图25-10　提取混合内容中的汉字和数字

具体操作步骤如下。

步骤① 打开【Excel选项】对话框，在【公式】选项卡下启用迭代计算，并设置最多迭代次数为100，最大误差为0.001。

步骤② 从【开发工具】选项卡中插入【复选框】按钮，然后设置控件格式，将其单元格链接设置为B1单元格。

步骤③ 在C1单元格中输入以下公式作为计数器，启动计算时能够依次生成1~100的数值。

```
=MOD(C1,100)+1
```

步骤④ 在B4单元格中输入以下公式，用于提取中文。

```
=IF($B$1,LEFT(B4&IF(MID(A4,$C$1,1)>="吖",MID(A4,$C$1,1),""),LENB(A4)-LEN(A4)),"")
```

第一个IF函数的作用是：在开关开启状态下执行嵌套公式部分的运算，否则返回空文本。

公式中的“MID(A4,$C$1,1)”部分将根据C1单元格中的结果，用MID函数依次返回A4单元格中不同位置的单个字符。

“B4&IF(MID(A4,$C$1,1)>="吖",MID(A4,$C$1,1),"")”部分，用IF函数判断其是否大于等于字符集中编码最小的汉字“吖”。如果条件成立则用B4单元格中已有的内容连接“MID(A4,$C$1,1)”的结果，否则连接空文本，也就是仍然保持B4单元格中的内容不变。

由于已经指定了在开关关闭状态下B4单元格中的初始值为空文本，因此本例不再另外判断C1单元格计数器中的数值小于2的情况。

随着计数器中的数值不断增大，B4单元格中的文字也会不断叠加，最终提取出混合内容中的中文。

如果在提取出全部中文字符之后再次有激发重新计算的操作，公式会继续从A4单元格中左侧开始提取中文，并与B4单元格中已有的字符叠加。因此，先使用“LENB(A4)-LEN(A4)”计算出A4单元格中的全角字符个数，再使用LEFT函数，从提取到的字符串左侧开始截取指定长度的字符，以保证截取的字符串长度恰好等于A4单元格中全角字符的个数。

步骤5 在C5单元格中输入以下公式，用于提取数字。

```
=IF($B$1,LEFT(C4&IF(ISNUMBER(--MID(A4,$C$1,1)),MID(A4,$C$1,1),""),
LEN(A4)-LEN(B4)),"")
```

公式在MID函数提取出的字符前加上两个负号，通过减负运算，将文字转换为错误值，将数字转换为真正的数值结果，再使用ISNUMBER函数判断是否为数值。其余的计算思路与B4单元格中的公式思路相同。

25.2.4 求解二元一次方程组

示例25-5 求解二元一次方程组

利用Excel的循环引用功能，可以求解多元一次方程组。以二元一次方程组为例，需要求解的二元一次方程组为：

$$\begin{cases}2x+3y=33\\7y-5x=19\end{cases}$$

如图25-11所示，在D4单元格和D5单元格需要分别计算出X值和Y值。

	A	B	C	D	E
1	FALSE	□开关			
2					
3	多元一次方程组		参数	计算结果	验证
4	2X+3Y=33		X		
5	7Y-5X=19		Y		

图25-11 求解二元一次方程组

具体操作步骤如下。

步骤1 打开【Excel选项】对话框，在【公式】选项卡下启用迭代计算，并设置最多迭代次数为1，最大误差为0.001。

步骤2 从【开发工具】选项卡中插入【复选框】按钮，然后设置控件格式，将其单元格链接设置为A1单元格。

步骤3 在D4单元格中输入以下公式。

```
=IF($A$1,(33-3*D5)/2,0)
```

步骤4 在D5单元格中输入以下公式。

```
=IF($A$1,(19+5*D4)/7,0)
```

选中控件开关后，即可使Excel执行迭代计算，返回对应的X值和Y值。

公式根据二元一次方程组中X和Y的对应关系，将X值和Y值分别代入公式进行迭代计算。

为了便于验证计算出来的X值和Y值是否符合方程组要求，在E4单元格和E5单元格中分别输入以下公式进行验证。

```
=IF($A$1,2*D4+3*D5=33,"")
=IF($A$1,7*D5-5*D4=19,"")
```

两个单元格都返回TRUE，表示X值和Y值计算结果符合方程组要求。

使用此方法得到的不一定是唯一的结果，如果公式继续迭代，还有可能返回其他结果。

此例仅通过一次迭代计算即可得到正确结果，实际运用中设置的最多迭代次数可以根据需要求解的方程组复杂程度而定。另外，由于计算机的浮点运算，计算结果可能存在微小的误差。

25.2.5 数据组合

示例25-6 计算指定总金额的单据组合

如图25-12所示，已知某笔业务的总金额为240 200元，分别由多个不同单据组成。需要根据指定的总金额，判断可能由哪几个单据构成。

	A	B	C	D
1			☑开关	TRUE
2	总金额		240200	
3	已选单据金额合计：		240200	
4				
5	单据号	金额	选择金额	
6	1005	53700	53700	
7	1006	52000	0	
8	1007	22100	0	
9	1008	124300	0	
10	1009	57600	57600	
11	1010	120400	0	
12	1011	86200	0	
13	1012	75100	0	
14	1013	72800	72800	
15	1014	108300	0	
16	1015	84200	0	
17	1016	97000	0	
18	1017	56100	56100	

图25-12 计算单据金额组合

具体操作步骤如下。

步骤1 打开【Excel选项】对话框，在【公式】选项卡下启用迭代计算，并设置最多迭代次数为5 000，最大误差为0.001。

步骤2 从【开发工具】选项卡中插入【复选框】按钮，并设置控件格式将其单元格链接设置为D1单元格。

步骤3 在C3单元格中输入以下公式，计算已选单据的金额合计。

```
=SUM(C6:C18)
```

步骤4 在C6单元格中输入以下公式，并向下复制到C18单元格。

```
=IF(D$1,IF(SUM(C$6:C$18)=$C$2,C6,B6*RANDBETWEEN(0,1)),"")
```

选中开关后，即可使Excel执行迭代计算。

公式中的“SUM(C$6:C$18)=$C$2”部分用于判断C列已选择的单据金额之和是否等于指定的总金额240 200元。

“B6*RANDBETWEEN(0,1)”部分利用RANDBETWEEN函数随机生成0或1，与B6单元格中的数据相乘，得到对应B列的金额或0。

最后利用IF函数进行条件判断，如果已选择的单据金额之和等于指定的总金额，保持C列的值不变，否则重新随机选择各单据项，继续进行迭代计算判断，直至返回满足条件的结果。

提示

使用此方法时，如果有多个符合条件的组合，则每次计算得到的组合结果为其中之一。

25.2.6 其他应用

示例25-7 再投资情况下的企业利润计算

如图25-13所示，某企业将利润的15%作为再投资，用于扩大生产规模，而利润等于毛利润减去再投资部分的金额。需要计算毛利润为1 500万元时，利润和再投资额分别为多少。

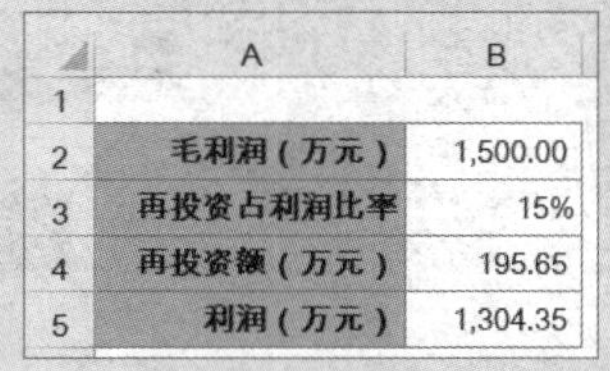

	A	B
1		
2	毛利润（万元）	1,500.00
3	再投资占利润比率	15%
4	再投资额（万元）	195.65
5	利润（万元）	1,304.35

图25-13 再投资情况下的企业利润计算

具体操作步骤如下。

步骤① 打开【Excel选项】对话框，在【公式】选项卡下启用迭代计算，并设置最多迭代次数为100，最大误差为0.001。

步骤② 在B5单元格中输入以下公式，用B2单元格中的毛利润减去B4单元格中的再投资额，计算出利润额。

```
=B2-B4
```

步骤③ 在B4单元格中输入以下公式，用B5单元格中的利润额乘以B3单元格中的比率，计算出再投资额。

```
=B5*B3
```

示例25-8 自动记录数据录入时间

如图25-14所示，如果希望在A列单元格中输入或编辑内容时，在B列自动记录当时的日期和时间，也可以使用迭代计算功能完成。

	A	B
1	项目记录	录入/编辑时间
2	外部清理	2018/1/13 10:10:50
3	环境消毒	2018/1/13 12:45:07
4	检查隔离	2018/1/13 15:49:16
5	工具清理	2018/1/13 15:49:58

图25-14 记录数据录入时间

具体操作步骤如下。

步骤① 打开【Excel选项】对话框，在【公式】选项卡下启用迭代计算，并设置最多迭代次数为100，最大误差为0.001。

步骤② 选中B2:B5单元格区域，按<Ctrl+1>组合键，弹出【设置单元格格式】对话框。在【数字】选项卡下的【分类】列表中选择【自定义】选项，在右侧的【类型】编辑框中输入自定义格式代码“yyyy/m/d h:mm:ss”，最后单击【确定】按钮，如图25-15所示。

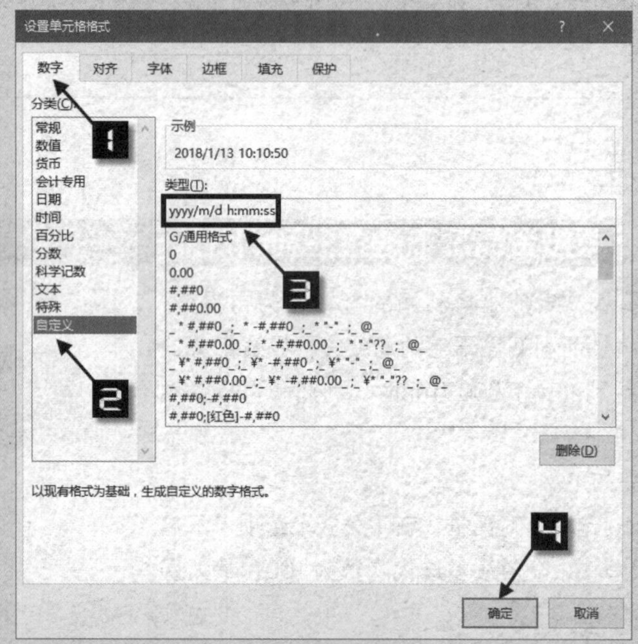

图25-15 设置单元格格式

步骤③ 在B2单元格中输入以下公式，并向下复制到B5单元格。

```
=IF(A2="","",IF((A2=CELL("contents"))*(CELL("col")=1)*(CELL("row")=
ROW()),NOW(),B2))
```

NOW()函数用于返回系统当前的日期和时间。CELL函数用于返回单元格的格式、位置或内容的信息。

公式先使用IF函数判断A2单元格是否为空单元格，如果A2单元格是空单元格则返回空文本，否则执行下一段公式。

```
IF((A2=CELL("contents"))*(CELL("col")=1)*(CELL("row")=ROW()),NOW(),B2)
```

“CELL("contents")”部分用于获取当前工作表中最后编辑的单元格内容。

“CELL("col")”部分用于获取活动单元格的列号。

“CELL("row")”部分用于获取活动单元格的行号。

3个条件相乘，表示“且”关系。如果A2单元格中的内容等于最后编辑的单元格内容，并且活动单元格的列号为1，同时活动单元格的行号等于公式所在单元格的行号，则返回当前的系统日期和时间，否则仍然等于B2单元格中原有的值不变。

设置完成，在A2~A5单元格中输入或是编辑已有的内容，操作完毕后按<Enter>键，在B列即可自动记录操作的日期和时间。

提示

本例中活动单元格列号的判断条件为等于1，此处的1表示工作表的第1列，即A列。实际操作时可根据要输入数据的实际列号进行设置。

练习与巩固

（1）开启迭代计算的主要步骤为________。

（2）当打开设置了不同迭代计算选项的多个工作簿时，所有打开的工作簿都将应用第________个打开的工作簿中设置的迭代计算选项。

（3）如果一个工作表中有多个不同的循环引用公式，只要有一个公式满足停止迭代计算条件时，即________。

（4）受公式运算顺序的影响，需要将作为启动开关的单元格放在循环引用公式的______方或________侧，否则公式可能无法返回正确的结果。

第26章　条件筛选技术

使用筛选功能，可以从数据列表中提取出符合特定条件的部分数据。除了Excel内置的筛选和高级筛选功能，还可以使用公式实现更加个性化、并且能够自动更新结果的数据提取。本章主要介绍如何利用Excel函数与公式进行条件筛选。

本章学习要点

（1）单条件和多条件的筛选。　（2）单条件和多条件下筛选不重复值。

26.1　单条件和多条件的筛选

使用函数与公式，可以在数据列表中筛选出符合单个指定条件或是符合多个指定条件的记录。

26.1.1　筛选符合单个指定条件的记录

示例26-1　提取销售1组的记录

如图26-1所示，A~D列是某企业销售记录表的部分内容，需要根据G1单元格中指定的组别，提取出该组别的全部记录。

	A	B	C	D	E	F	G	H	I
1	业务员	组别	产品	销售数量		组别	1组		
2	金绍琼	1组	跑步机	10					
3	岳存友	3组	按摩椅	16		业务员	组别	产品	销售数量
4	解文秀	1组	眼保健仪	25		金绍琼	1组	跑步机	10
5	彭淑慧	2组	拉力器	25		解文秀	1组	眼保健仪	25
6	杨莹妍	1组	跑步机	26		杨莹妍	1组	跑步机	26
7	周雾雯	2组	眼保健仪	28		舒凡	1组	眼保健仪	39
8	杨秀明	3组	跑步机	29		高俊杰	1组	按摩椅	45
9	刘向碧	3组	按摩椅	31					
10	舒凡	1组	眼保健仪	39					
11	王云霞	3组	拉力器	40					
12	高俊杰	1组	按摩椅	45					

图26-1　按单字段单条件提取多列数据记录

在F4单元格中输入以下数组公式，按<Ctrl+Shift+Enter>组合键，将公式复制到F4:I9单元格区域。

```
{=INDEX(A:A,SMALL(IF($B$2:$B$12=$G$1,ROW($2:$12),4^8),ROW(A1)))&""}
```

公式中的“IF($B$2:$B$12=$G$1,ROW($2:$12),4^8)”部分，首先使用IF函数判断B列的组别是否等于G1单元格指定的组别，如果B2:B12单元格区域中的组别等于指定组别，则返回对应的行号；否则返回一个较大的数值“4^8”，即6 5536，结果如下。

```
{2;65536;4;65536;6;65536;65536;65536;10;65536;12}
```

"ROW(A1)"部分返回A1单元格的行号，由于A1单元格中使用了相对引用，公式向下复制时，会依次得到A2，A3，A4，…单元格的行号，也就是一组生成递增的数值。

SMALL函数使用"ROW(A1)"的结果作为第二参数，从以上内存数组中，从小到大依次提取行号。

INDEX函数以SAMLL函数的结果作为索引值，从A列中提取出对应位置的业务员名单。第一参数A:A使用相对引用，当公式向右复制时，要提取的数据范围随之发生变化，最终提取出符合条件的所有记录。

当SMALL函数返回结果为6 5536时，INDEX函数引用指定列中第6 5536行的单元格，一般数据表格中这个位置为空白内容，所以INDEX函数得到空白单元格的引用，最终返回无意义的0。公式最后连接空文本，目的是屏蔽无意义的0值，使其在单元格中显示为空白。

在公式最后连接空文本后，公式得到数值结果将变成文本格式，不能直接进行求和汇总。如果对公式结果有进一步的汇总需求，可以使用以下公式实现相同的提取效果，并且公式得到的数值结果能够直接求和汇总，如图26-2所示。

```
{=IF(ROW(A1)<=COUNTIF($B:$B,$G$1),INDEX(A:A,SMALL(IF($B$2:$B$12=$G$1,
ROW($2:$12),4^8),ROW(A1))),"")}
```

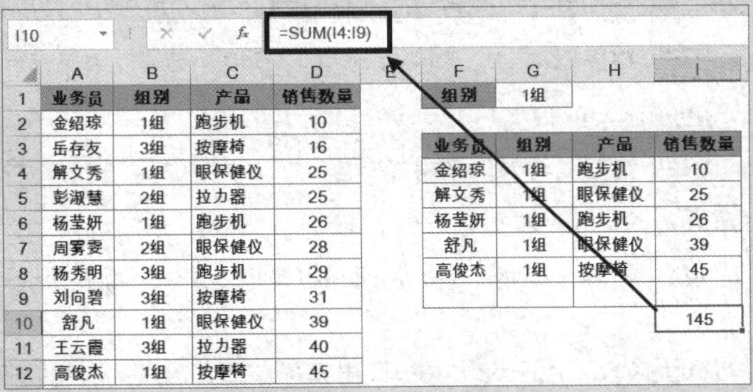

I10 =SUM(I4:I9)

	A	B	C	D
1	业务员	组别	产品	销售数量
2	金绍琼	1组	跑步机	10
3	岳存友	3组	按摩椅	16
4	解文秀	1组	眼保健仪	25
5	彭淑慧	2组	拉力器	25
6	杨莹妍	1组	跑步机	26
7	周霁雯	2组	眼保健仪	28
8	杨秀明	3组	跑步机	29
9	刘向碧	3组	按摩椅	31
10	舒凡	1组	眼保健仪	39
11	王云霞	3组	拉力器	40
12	高俊杰	1组	按摩椅	45

	F	G	H	I
1	组别	1组		
3	业务员	组别	产品	销售数量
4	金绍琼	1组	跑步机	10
5	解文秀	1组	眼保健仪	25
6	杨莹妍	1组	跑步机	26
7	舒凡	1组	眼保健仪	39
8	高俊杰	1组	按摩椅	45
10				145

图26-2 对公式结果汇总求和

"ROW(A1)<=COUNTIF($B:$B,$G$1)"部分先使用"COUNTIF($B:$B,$G$1)"统计出B列的组别中符合指定组别的个数，然后与ROW(A1)进行比较。

当公式向下复制时，如果公式行数大于指定的组别个数，IF函数返回空文本，否则执行INDEX函数部分的提取公式。

示例26-2 提取指定的产品记录

如图26-3所示，需要根据G1单元格中指定的产品名称，从A~D列中提取出该产品的全部记录。

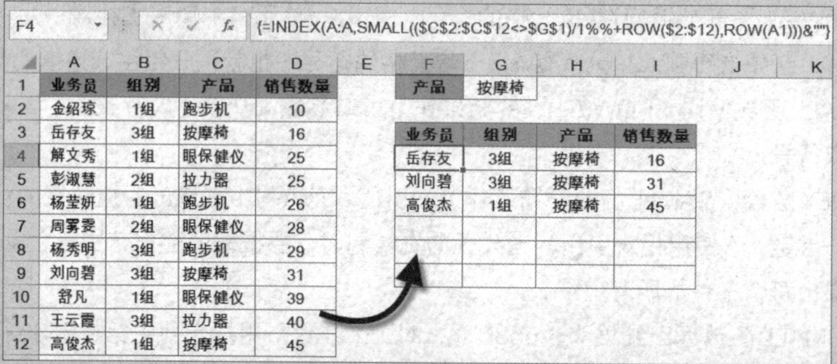

F4 {=INDEX(A:A,SMALL(($C$2:$C$12<>$G$1)/1%%+ROW($2:$12),ROW(A1)))&""}

	A	B	C	D
1	业务员	组别	产品	销售数量
2	金绍琼	1组	跑步机	10
3	岳存友	3组	按摩椅	16
4	解文秀	1组	眼保健仪	25
5	彭淑慧	2组	拉力器	25
6	杨莹妍	1组	跑步机	26
7	周雾雯	2组	眼保健仪	28
8	杨秀明	3组	跑步机	29
9	刘向碧	3组	按摩椅	31
10	舒凡	1组	眼保健仪	39
11	王云霞	3组	拉力器	40
12	高俊杰	1组	按摩椅	45

F	G
产品	按摩椅

业务员	组别	产品	销售数量
岳存友	3组	按摩椅	16
刘向碧	3组	按摩椅	31
高俊杰	1组	按摩椅	45

图26-3　提取指定的产品记录

在F4单元格中输入以下数组公式，按<Ctrl+Shift+Enter>组合键，将公式复制到F4:I9单元格区域。

```
{=INDEX(A:A,SMALL(($C$2:$C$12<>$G$1)/1%%+ROW($2:$12),ROW(A1)))&""}
```

公式中的“($C$2:$C$12<>$G$1)/1%%+ROW($2:$12)”部分，先判断C2:C12单元格区域中的产品名称是否不等于G1单元格中指定的产品名称，如果条件成立则返回逻辑值TRUE；否则返回逻辑值FALSE，结果如下。

```
{TRUE;FALSE;TRUE;TRUE;TRUE;TRUE;TRUE;FALSE;TRUE;TRUE;FALSE}
```

然后用以上内存数组除以1%%，相当于乘以10 000，得到以下结果。

```
{10000;0;10000;10000;10000;10000;10000;0;10000;10000;0}
```

用这个新的内存数组加上行号，结果如下。

```
{10002;3;10004;10005;10006;10007;10008;9;10010;10011;12}
```

也就是数据区域中不等于指定产品的，所在行号加上了10 000；而等于指定产品的返回所在行号本身。

最后使用SMALL函数从小到大依次提取出行号信息，INDEX函数以此作为索引值，返回对应位置的内容。

26.1.2　同一字段中的多条件筛选

示例26-3　筛选销售额在指定区间的记录

如图26-4所示，需要根据G1单元格中指定的销售额下限和G2单元格中指定的销售额上限，从A~D列中提取出指定区间的全部记录。

在F5单元格中输入以下数组公式，按<Ctrl+Shift+Enter>组合键，将公式复制到F5:I10单元格区域。

```
{=INDEX(A:A,SMALL(IF(($D$2:$D$12>=$G$1)*($D$2:$D$12<=$G$2),ROW($2:$12),
4^8),ROW(A1)))&""}
```

	A	B	C	D	E	F	G	H	I
1	业务员	组别	产品	销售额		销售额下限	50000		
2	金绍琼	1组	跑步机	74,300		销售额上限	75000		
3	岳存友	3组	按摩椅	74,300					
4	解文秀	1组	眼保健仪	37,000		业务员	组别	产品	销售额
5	彭淑慧	2组	拉力器	79,300		金绍琼	1组	跑步机	74300
6	杨莹妍	1组	跑步机	30,500		岳存友	3组	按摩椅	74300
7	周霁雯	2组	眼保健仪	59,600		周霁雯	2组	眼保健仪	59600
8	杨秀明	3组	跑步机	76,200		王云霞	3组	拉力器	68200
9	刘向碧	3组	按摩椅	77,500					
10	舒凡	1组	眼保健仪	47,600					
11	王云霞	3组	拉力器	68,200					
12	高俊杰	1组	按摩椅	77,500					

图26-4　筛选销售额在指定区间的记录

AND函数和OR函数不能生成内存数组结果，因此，在数组公式中表示多个条件的“与”关系时，需要使用乘法表示。表示多个条件的“或”关系时，需要使用加法表示。

公式中的两个判断条件“($D$2:$D$12>=$G$1)”和“($D$2:$D$12<=$G$2)”分别得到两组由逻辑值TRUE和FALSE构成的内存数组。使用乘法，表示两个条件是“与”的关系。

将两组内存数组中的元素对应相乘，如果两个条件同时符合，即相当于“TRUE*TRUE”，结果为1。如果两个条件符合其一或是均不符合，即相当于“TRUE*FALSE”或是“FALSE*FALSE”，结果为0。

当IF函数的第一参数为1，也就是两个条件同时符合时，返回对应的行号，否则返回数值65 536。

26章

最后使用SMALL函数从小到大依次提取出行号信息，INDEX函数以此作为索引值，返回对应位置的内容。

26.1.3　同一字段多条件符合其一的筛选

示例26-4　提取不同产品的记录

如图26-5所示，需要根据G1单元格和G2单元格中指定的产品名称，从A~D列中提取出两个产品的全部记录。

在F5单元格中输入以下数组公式，按<Ctrl+Shift+Enter>组合键，将公式复制到F5:I12单元格区域。

```
{ =INDEX(A:A,SMALL(IF(($C$2:$C$12=$G$1)+($C$2:$C$12=$G$2),ROW($2:$12),
4^8),ROW(A1)))&""}
```

公式中的两个判断条件“($C$2:$C$12=$G$1)”和“($C$2:$C$12=$G$2)”分别得到两组由逻辑值TRUE和FALSE构成的内存数组。使用加法，表示两个条件是“或”的关系。

	A	B	C	D	E	F	G	H	I
1	业务员	组别	产品	销售额		产品	跑步机		
2	金绍琼	1组	跑步机	74,300			按摩椅		
3	岳存友	3组	按摩椅	74,300					
4	解文秀	1组	眼保健仪	37,000		业务员	组别	产品	销售额
5	彭淑慧	2组	拉力器	79,300		金绍琼	1组	跑步机	74300
6	杨莹妍	1组	跑步机	30,500		岳存友	3组	按摩椅	74300
7	周雾雯	2组	眼保健仪	59,600		杨莹妍	1组	跑步机	30500
8	杨秀明	3组	跑步机	76,200		杨秀明	3组	跑步机	76200
9	刘向碧	3组	按摩椅	77,500		刘向碧	3组	按摩椅	77500
10	舒凡	1组	眼保健仪	47,600		高俊杰	1组	按摩椅	77500
11	王云霞	3组	拉力器	68,200					
12	高俊杰	1组	按摩椅	77,500					

图26-5 提取不同产品的记录

将两组内存数组中的元素对应相加，如果两个条件符合其一，逻辑值“TRUE+FALSE”结果为1；如果两个条件均不符合，即相当于“FALSE+FALSE”，结果为0。

然后使用IF函数进行判断，如果两个条件符合其一时，返回对应的行号，否则返回数值65 536。

最后使用SMALL函数从小到大依次提取出行号信息，INDEX函数以此作为索引值，返回对应位置的内容。

使用以上方法时，如果要指定的条件比较多，则需要设置多个判断条件，然后使用加法进行判断，不但公式冗长，而且容易出错。实际应用时，可以将判断条件作为一个区域整体引用。

在F5单元格中可以输入以下数组公式，按<Ctrl+Shift+Enter>组合键，将公式复制到F5:I12单元格区域。

```
{=INDEX(A:A,SMALL(IF($C$2:$C$12=TRANSPOSE($G$1:$G$2),ROW($2:$12),4^8),
ROW(A1)))&""}
```

TRANSPOSE函数的作用是对数据区域进行转置。

使用TRANSPOSE函数，将G1:G2单元格区域中两个垂直方向的条件转置为水平方向。然后使用C2:C12单元格区域中的每个元素与之依次对比，得到由逻辑值构成的11行两列的内存数组。

```
{TRUE,FALSE;FALSE,TRUE;FALSE,FALSE;……;FALSE,FALSE;FALSE,TRUE}
```

IF函数根据以上内存数组，返回对应的行号或是65 536，结果如下。

```
{2,65536;65536,3;65536,65536;……;65536,65536;65536,12}
```

最后使用SMALL函数从小到大依次提取出行号信息，INDEX函数以此作为索引值，返回对应位置的内容。

26.1.4 多个字段的筛选

使用公式进行多个字段的筛选与同一字段中的筛选公式类似，主要是对条件区域范围的选择不同。

示例26-5 筛选指定组别指定产品的记录

如图26-6所示，需要根据G1单元格中的组别和G2单元格中的产品名称，从A~D列中提取出符合两个条件的全部记录。

	A	B	C	D	E	F	G	H	I
1	业务员	组别	产品	销售额		组别	1组		
2	金绍琼	1组	跑步机	74,300		产品	跑步机		
3	岳存友	3组	按摩椅	74,300					
4	解文秀	1组	眼保健仪	37,000		业务员	组别	产品	销售额
5	彭淑慧	2组	拉力器	79,300		金绍琼	1组	跑步机	74300
6	杨莹妍	1组	跑步机	30,500		杨莹妍	1组	跑步机	30500
7	周雾雯	2组	眼保健仪	59,600					
8	杨秀明	3组	跑步机	76,200					
9	刘向碧	3组	按摩椅	77,500					
10	舒凡	1组	眼保健仪	47,600					
11	王云霞	3组	拉力器	68,200					
12	高俊杰	1组	按摩椅	77,500					

图26-6 筛选指定部门指定产品的记录

在F5单元格中输入以下数组公式，按<Ctrl+Shift+Enter>组合键，将公式复制到F5:I8单元格区域。

```
{=INDEX(A:A,SMALL(IF(($B$2:$B$12=$G$1)*($C$2:$C$12=$G$2),ROW($2:$12),
4^8),ROW(A1)))&""}
```

公式将“($B$2:$B$12=$G$1)”和“($C$2:$C$12=$G$2)”两个判断条件得到的逻辑值对应相乘。如果B列的组别等于G1单元格中指定的组别，并且C列的产品等于G2单元格中指定的产品，IF函数返回对应的行号，否则返回65 536。

再使用SMALL函数从小到大提取出行号后，由INDEX函数返回对应单元格的内容。

26.1.5 筛选包含关键字的记录

示例26-6 筛选包含关键字的记录

如图26-7所示，需要根据G1单元格中的产品关键字，从A~D列中提取出符合该条件的全部记录。

	A	B	C	D	E	F	G	H	I
1	业务员	组别	产品	销售额		产品关键字	按摩椅		
2	金绍琼	1组	跑步机	74,300					
3	岳存友	3组	按摩椅	74,300					
4	解文秀	1组	按摩椅气囊	37,000		业务员	组别	产品	销售额
5	彭淑慧	2组	拉力器	79,300		岳存友	3组	按摩椅	74300
6	杨莹妍	1组	跑步机	30,500		解文秀	1组	按摩椅气囊	37000
7	周雾雯	2组	按摩椅	59,600		周雾雯	2组	按摩椅	59600
8	杨秀明	3组	跑步机	76,200		刘向碧	3组	按摩椅机芯	77500
9	刘向碧	3组	按摩椅机芯	77,500		高俊杰	1组	儿童按摩椅	77500
10	舒凡	1组	眼保健仪	47,600					
11	王云霞	3组	拉力器	68,200					
12	高俊杰	1组	儿童按摩椅	77,500					

图26-7 筛选包含关键字的记录

在F5单元格中输入以下数组公式，按<Ctrl+Shift+Enter>组合键将，公式复制到F5:I10单元格区域。

```
{=INDEX(A:A,SMALL(IF(ISNUMBER(FIND($G$1,$C$2:$C$12)),ROW($2:$12),4^8),
ROW(A1)))&""}
```

“FIND($G$1,$C$2:$C$12)”部分使用FIND函数以G1单元格中指定的关键字作为查找对象，在C2:C12单元格区域中查找该关键字在每个单元格中首次出现的位置。

如果单元格中不包含指定的关键字，FIND函数返回错误值，否则返回表示位置的数字，该部分公式得到内存数组结果如下。

```
{#VALUE!;1;1;#VALUE!;#VALUE!;1;#VALUE!;1;#VALUE!;#VALUE!;3}
```

再使用ISNUMBER函数判断以上内存数组中的每个元素是否为数值，结果如下。

```
{FALSE;TRUE;TRUE;FALSE;FALSE;TRUE;FALSE;TRUE;FALSE;FALSE;TRUE}
```

ISNUMBER函数判断后返回逻辑值TRUE的，就是包含关键字的单元格，IF函数返回对应的行号，否则返回65 536。

最后使用SMALL函数从小到大提取出行号后，由INDEX函数返回对应单元格的内容。

26.2 提取不重复值

26.2.1 一维区域筛选不重复记录

示例26-7 提取客户代表姓名

图26-8展示的是某单位销售记录表的部分内容，需要提取不重复的客户代表姓名。

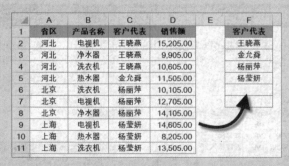

	A	B	C	D	E	F
1	省区	产品名称	客户代表	销售额		客户代表
2	河北	电视机	王晓燕	15,205.00		王晓燕
3	河北	净水器	王晓燕	9,905.00		金允舜
4	河北	洗衣机	王晓燕	10,605.00		杨丽萍
5	河北	热水器	金允舜	11,505.00		杨莹妍
6	北京	洗衣机	杨丽萍	10,105.00		
7	北京	电视机	杨丽萍	12,705.00		
8	北京	净水器	杨丽萍	14,105.00		
9	上海	电视机	杨莹妍	14,605.00		
10	上海	热水器	杨莹妍	8,205.00		
11	上海	洗衣机	杨莹妍	13,505.00		

图26-8 提取客户代表姓名

1. MATCH函数去重法

在F2单元格中输入以下数组公式，按<Ctrl+Shift+Enter>组合键将公式向下复制到单元格显示空白为止。

```
{=INDEX(C:C,SMALL(IF(MATCH(C$2:C$11,C:C,)=ROW($2:$11),ROW($2:$11),4^8),
ROW(A1)))&""}
```

公式中的“MATCH(C$2:C$11,C:C,)”部分利用MATCH函数在C列中依次查找C2:C11单元格区域中每个元素首次出现的位置，结果如下。

```
{2;2;2;5;6;6;6;9;9;9}
```

然后将以上内存数组结果与数据所在行号“ROW($2:$11)”进行比对，如果查找的位置序号与数据自身的位置序号一致，则表示该数据是首次出现；否则是重复出现。

当MATCH函数结果与数据自身的位置序号相等时，返回当前数据行号；否则返回65 536。再通过SMALL函数将行号从小到大依次取出，最终由INDEX函数返回该位置的姓名，得到不重复的姓名列表。

2. COUNTIF函数和MATCH函数结合法

在F2单元格中输入以下数组公式，按<Ctrl+Shift+Enter>组合键将公式向下复制到单元格显示空白为止。

```
{=INDEX(C:C,1+MATCH(,COUNTIF(F$1:F1,C$2:C$12),))&""}
```

公式中的“COUNTIF(F$1:F1, C$2:C$12)”部分利用COUNTIF函数在公式所在位置上方的单元格区域中，分别查找C$2:C$12单元格区域中每个数据的个数。

COUNTIF函数的第一参数F$1:F1利用绝对引用和相对引用的技巧，形成一个自动扩展的数据范围。当公式向下复制时，查找区域依次变为$F$1:$F2、$F$1:$F3、…、$F$1:$F11。COUNTIF函数返回一个由0和1构成的数组，其中0表示该姓名在公式上方未出现过，1表示该姓名在公式上方已出现过。

然后用MATCH函数在COUNTIF函数返回的数组中查找第一个0的位置，即查找下一个尚未出现的姓名所在的位置。

再利用INDEX函数，根据MATCH函数的结果从C列中返回对应位置的内容。由于数据表有一个标题行，因此，将MATCH函数的结果加1，用于匹配在数据表中的位置。

本例中COUNTIF函数的第二参数C$2:C$12比实际数据区域多出一行，目的是当公式复制的行数超出不重复数据的个数时，得到的内存数组中最后一个元素始终为0，从而避免MATCH函数由于查找不到0而返回错误值。

3. COUNTIF函数和MIN函数结合法

在H2单元格中输入以下数组公式，按<Ctrl+Shift+Enter>组合键将公式向下复制到单元格显示空白为止。

```
{=INDEX(C:C,MIN(IF(COUNTIF(H$1:H1,C$2:C$11),4^8,ROW($2:$11))))&""}
```

公式中的“IF(COUNTIF(H$1:H1,C$2:C$11),4^8,ROW($2:$11))”部分表示，如果数据在公式之前的范围中出现过，则返回65536；否则返回对应的行号。

以H2单元格为例，返回内存数组结果如下。

```
{2;3;4;5;6;7;8;9;10;11}
```

以H3单元格为例，由于H2单元格中的姓名已经在C列出现过，因此返回内存数组结果如下。

```
{65536;65536;65536;5;6;7;8;9;10;11}
```

随着公式的向下复制，用MIN函数依次提取尚未出现的姓名的最小行号。最后用INDEX函数得到该行号对应的姓名。

26.2.2　二维数据表提取不重复记录

示例26-8　在值班表中提取不重复姓名

图26-9展示的是某公司各部门值班表的部分内容，需要提取不重复的姓名列表。

	A	B	C	D	E	F
1	部门	财务部	销售部	仓储部		人员名单
2	星期一	刘晓晶	王全岭	王东红		刘晓晶
3	星期二	苗润龙	张修红	王晓东		王全岭
4	星期三	单爱英	吴小宁	郑金玲		王东红
5	星期四	刘莉莉	周之虎	郭秀芳		苗润龙
6	星期五	董晓敏	张修红	王东红		张修红
7	星期六	刘晓晶	王全岭	王晓东		王晓东
8	星期日	单爱英	吴小宁	郑金玲		单爱英
9						吴小宁
10						郑金玲
11						刘莉莉
12						周之虎
13						郭秀芳
14						董晓敏
15						

图26-9　在值班表中提取不重复姓名

在F2单元格中输入以下数组公式，按<Ctrl+Shift+Enter>组合键将公式向下复制到单元格显示为空白为止。

```
{=INDIRECT(TEXT(MIN(IF(COUNTIF(F$1:F1,B$2:D$8)=0,ROW($2:$8)*1000+
COLUMN(B:D),2^20)),"R0C000"),0)&""}
```

公式使用COUNTIF函数，判断公式所在行之前的区域中是否包含有B2:D8单元格区域中的姓名。

如果数据列表中的姓名没有出现过，返回对应的行号乘以1 000加列号，否则返回2^20即1 048 576。

行号乘以1000加列号的目的是行号放大1 000倍后再与列号相加，使其后3位为列号，之前的部分为行号，相加时互不干扰，以F2单元格公式为例，此部分的结果如下。

```
{2002,2003,2004;3002,3003,……,6004;7002,7003,7004;8002,8003,8004}
```

再使用MIN函数提取出加权计算后的最小行列号组合值2002。TEXT函数将其转换为“R1C1”引用样式的文本型单元格地址字符串“R2C002”。

INDIRECT函数第二参数使用0，表示以“R1C1”引用样式返回对文本型单元格地址字符串的引用。R2C002就是引用工作表中第二行第二列的单元格，即B2单元格。

26.2.3 提取指定条件的不重复记录

示例26-9 按区域提取不重复客户记录

图26-10展示的是保险公司客户记录表的部分内容，需要根据G1单元格中指定的客户区域，筛选出该区域不重复的客户编号。

	A	B	C	D	E	F	G
1	区域	客户编号	属性	产品		区域	新城区
2	新城区	000012	新客户	健康保险B			
3	老城区	000013	新客户	益寿延年A		客户编号	
4	开发区	000014	老客户	健康保险B		000012	
5	新城区	000015	老客户	臻尚人生B		000015	
6	新城区	000012	新客户	臻尚人生B		000018	
7	老城区	000013	老客户	臻尚人生B			
8	开发区	000014	新客户	益寿延年A			
9	新城区	000012	老客户	养老无忧A			
10	新城区	000015	新客户	益寿延年A			
11	老城区	000013	老客户	健康保险B			
12	开发区	000016	新客户	益寿延年A			
13	新城区	000012	老客户	臻尚人生B			
14	新城区	000015	新客户	养老无忧A			
15	老城区	000019	老客户	臻尚人生B			
16	新城区	000012	新客户	益寿延年A			
17	新城区	000018	新客户	悦享康健B			

图26-10 按区域提取不重复客户记录

在F4单元格中输入以下数组公式，按<Ctrl+Shift+Enter>组合键将公式向下复制到F9单元格。

```
{=INDEX(B:B,SMALL(IF((MATCH(A$2:A$17&B$2:B$17,A:A&B:B,)=ROW($2:$17))*
(A$2:A$17=G$1),ROW($2:$17),4^8),ROW(A1)))&""}
```

公式中的“MATCH(A$2:A$17&B$2:B$17,A:A&B:B,)”部分先使用连接符将区域和客户编号两个字段连接形成单列数据，然后用MATCH函数返回连接后的字符串首次出现的位置。

再使用MATCH函数的位置结果与序号比较，并结合区域判断条件“(A$2:A$17=G$1)”，让符合区域条件且首次出现的客户编号记录返回对应行号，而不符合区域条件或是重复的客户编号记录返回65536。

最后利用SMALL函数从小到大提取出行号，并借助INDEX函数返回对应的客户编号记录。

练习与巩固

（1）请根据“练习26-1.xlsx”中的数据，提取出销售数量大于10的所有记录。

（2）请根据“练习26-2.xlsx”中的数据，提取出商品名称为“跑步机”和“按摩椅”的全部记录。

（3）请根据“练习26-3.xlsx”中的数据，提取出商品名称为“跑步机”，并且组别为“2组”的全部记录。

（4）请根据“练习26-4.xlsx”中的数据，提取出部门名称中包含关键字“销售”的全部记录。

（5）请根据“练习26-5.xlsx”中的数据，提取出所有不重复的部门名称。

（6）请根据“练习26-6.xlsx”中的数据，提取出值班表中的人员名单。

第27章 排名与排序

日常工作中经常需要处理与排名相关的计算，如统计考试成绩名次、销售数据排位等。本章重点介绍排名与排序有关的技巧。

本章学习要点

（1）美式排名与中国式排名。
（2）百分比排名应用。
（3）按条件分组排名。
（4）按不同权重排名。
（5）不重复数值的排序。
（6）按指定条件排序。

27.1 美式排名

美式排名是指出现相同数据时，并列的数据也占用名次。例如，对5、5、4进行降序排名，结果分别为第一名、第一名和第三名。

在Excel 2016中的排序函数包括RANK.EQ函数、RANK.AVG函数和RANK函数。其中，RANK函数被归入兼容函数类别。以上3个函数都可以返回数字在列表中的排位。

3个函数的基本语法结构和参数说明相同。

```
RANK.EQ(number,ref,[order])
RANK.AVG(number,ref,[order])
RANK(number,ref,[order])
```

number为必需参数，是要找到其排位的数字。

ref为必需参数，是对数字列表的引用，其中的非数字值会被忽略。

order为可选参数，是一个指定数字排位方式的数字。如果该参数为0（零）或省略，将列表中的最大数值排名为1。如果该参数不为零，则将列表中的最小数值排名为1。

3个函数都支持多单元格区域引用和多工作表区域引用，但不支持数组引用。如果列表中有多个重复的数据，则RANK.EQ函数返回该组数据的最高排位，RANK.AVG函数返回该组数据的平均排位。

RANK函数的处理方式与RANK.EQ函数相同，保留RANK函数是为了保持与Excel早期版本的兼容性。

示例27-1 员工销售业绩排名

如图27-1所示，A~B列是某部门的销售记录，需要对销售业绩进行排名。

在C3单元格中输入以下公式，并向下复制到C11单元格。

```
=RANK(B3,B$3:B$11)
```

	A	B	C	D	E
1	姓名	销售总额	销售排名		
2			RANK	RANK.EQ	RANK.AVG
3	金士鹏	192,488	3	3	3.5
4	李芳菲	202,813	2	2	2
5	刘英玫	126,862	6	6	6
6	孙林茂	73,913	8	8	8
7	王伟达	166,538	5	5	5
8	张雪眉	78,186	7	7	7
9	张颖建	192,488	3	3	3.5
10	赵军来	68,792	9	9	9
11	郑建杰	231,683	1	1	1

图27-1　销售业绩排名

在D3单元格中输入以下公式，并向下复制到D11单元格。

```
=RANK.EQ(B3,B$3:B$11)
```

在E3单元格中输入以下公式，并向下复制到E11单元格。

```
=RANK.AVG(B3,B$3:B$11)
```

RANK函数和RANK.EQ函数的计算规则相同，对B3单元格和B9单元格中的相同销售额排名都为3。相同的数值占用名次，因此排名结果中没有第4名。

RANK.AVG函数对于重复的数据返回该组数据的平均排位。对B3单元格和B9单元格中的相同销售额排名都为3.5。相同的数值占用名次，排名结果中没有第4名。

提示

在不连续区域中进行数据排名的应用示例，请参考3.2.1节。

RANK.EQ函数和RANK.AVG函数、RANK函数不仅可以实现在一个工作表中的数据排序，也可以实现多工作表之间的数据排序。

示例27-2　跨工作表排名

图27-2所示为某公司各销售部门销售业绩表的部分内容，需要统计每个业务员的销量在3个部门中的综合排名。

在“销售一部”工作表的C2单元格中输入以下公式，并向下复制到C6单元格。

```
=RANK.EQ(B2,销售一部:销售三部!B$2:B$10)
```

单击C2单元格，按<Ctrl+C>组合键复制，然后粘贴到“销售二部”的C2单元格中，根据实际数据行数向下复制公式。同样的方法，将公式复制到“销售三部”工作表中。

RANK.EQ函数第二参数使用“销售一部:销售三部!B$2:B$10”，表示引用“销售一部”和“销售三部”工作表之间所有工作表的B2:B10单元格区域。

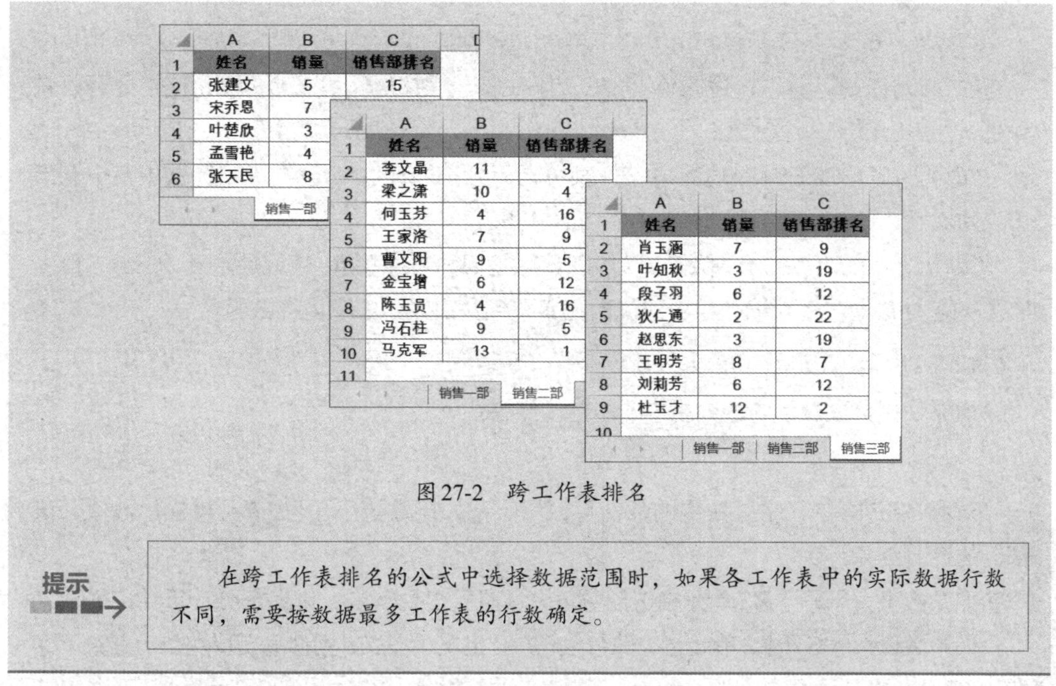

	A	B	C
1	姓名	销量	销售部排名
2	张建文	5	15
3	宋乔恩	7	
4	叶楚欣	3	
5	孟雪艳	4	
6	张天民	8	

	A	B	C
1	姓名	销量	销售部排名
2	李文晶	11	3
3	梁之潇	10	4
4	何玉芬	4	16
5	王家洛	7	9
6	曹文阳	9	5
7	金宝增	6	12
8	陈玉员	4	16
9	冯石柱	9	5
10	马克军	13	1

	A	B	C
1	姓名	销量	销售部排名
2	肖玉涵	7	9
3	叶知秋	3	19
4	段子羽	6	12
5	狄仁通	2	22
6	赵思东	3	19
7	王明芳	8	7
8	刘莉芳	6	12
9	杜玉才	12	2

图 27-2 跨工作表排名

提示

在跨工作表排名的公式中选择数据范围时，如果各工作表中的实际数据行数不同，需要按数据最多工作表的行数确定。

27.2 中国式排名

使用RANK类函数排名时，如果出现并列的情况，并列者将占用名次，因此会导致部分名次出现空缺。而按照中国人习惯的排名计算方法，无论有几个并列第1名，之后的排名仍然是第2名，即并列排名不占用名次。例如，对100、100、90统计的中国式排名结果分别为第一名、第一名和第二名。

示例27-3 中国式排名

图27-3展示的是某银行营业网点存款余额记录表的部分内容，需要根据当日存款余额进行排名，相同数值不占用名次。

	A	B	C
1	营业网点	当日存款余额	排名
2	江场一路	960,000	7
3	恒业路	1,179,200	4
4	安庆东路	1,293,400	2
5	吴淞路	850,800	8
6	东汉阳路	1,171,600	5
7	天目东路	590,300	10
8	唐成路	1,077,500	6
9	同泰北路	960,000	7
10	苏家屯路	1,193,000	3
11	邯郸路	644,100	9
12	老沪太路	1,593,100	1
13	黄兴路	590,300	10

图 27-3 中国式排名

在C2单元格中输入以下公式，并向下复制到C13单元格。

```
=SUMPRODUCT((B$2:B$13>=B2)/COUNTIF(B$2:B$13,B$2:B$13))
```

公式的过程相当于计算B$2:B$13单元格区域中大于等于B2单元格中数值的不重复个数。

首先用“B$2:B$13>=B2”分别比较B2:B13单元格区域中每个单元格中的数值与B2单元格中数值的大小，结果如下。

```
{TRUE;TRUE;TRUE;FALSE;TRUE;FALSE;TRUE;TRUE;TRUE;FALSE;TRUE;FALSE}
```

在Excel四则运算中，逻辑值TRUE 和FALSE分别相当于1和0，因此该部分可以看作是{1;1;1;0;1;0;1;1;1;0;1;0}。

“COUNTIF(B$2:B$13,B$2:B$13)”部分用于分别统计B2:B13单元格区域中每个元素出现的次数，计算结果为{2;1;1;1;1;2;1;2;1;1;1;2}。

用{1;1;1;0;1;0;1;1;1;0;1;0}除以COUNTIF函数返回的内存数组，也就是如果“B$2:B$13>=B2”的条件成立，就对该数组中对应的元素取倒数，得到如下内存数组。

```
{0.5;1;1;0;1;0;1;0.5;1;0;1;0}
```

如果使用分数表示内存数组中的小数，结果如下。

```
{1/2;1;1;0;1;0;1;1/2;1;0;1;0}。
```

对照B2:B13单元格区域中的数值可以看出，如果数值小于B2单元格中的数值，该部分的计算结果为0。

如果数值大于等于B2单元格中的数值，并且仅出现一次，则该部分计算结果为1。

如果数值大于等于B2单元格中的数值，并且出现了多次，则计算出现次数的倒数（例如，960 000重复了两次，则每个960 000对应的结果是1/2，两个1/2合计起来还是1）。

最后使用SUMPRODUCT函数求和，得到中国式排名结果。

27.3 分组排名统计

示例27-4 分组美式排名计算

图27-4展示的是某银行各营业部柜员日均存款任务的增长记录，需要按每个柜员的所在营业部进行排名。

D2 {=SUM(1*(IF(A$2:A$16=A2,C$2:C$16>C2)))+1}

	A	B	C	D
1	营业部	柜员	净增	名次
2	三里河	李海霞	29%	3
3	三里河	吴晓昀	16%	4
4	三里河	王雯文	30%	2
5	三里河	季留丽	51%	1
6	饮马井	倪寅月	13%	5
7	饮马井	章凤婵	26%	3
8	饮马井	康丽丽	48%	1
9	饮马井	吴玲玲	26%	3
10	饮马井	吴海冬	36%	2
11	大洋路	张颖娟	50%	1
12	大洋路	冒海梅	20%	4
13	大洋路	付文华	33%	2
14	大洋路	章益峰	19%	6
15	大洋路	季伟同	20%	4
16	大洋路	吕文正	24%	3

图27-4 分组排名计算

在D2单元格中输入以下数组公式，按<Ctrl+Shift+Enter>组合键，将公式向下复制到D16单元格。

```
{=SUM(1*(IF(A$2:A$16=A2,C$2:C$16>C2)))+1}
```

公式使用IF函数，判断A2:A16单元格区域中的内容是否等于A2单元格中的营业部，如果条件成立，就用C列对应的净增百分比与C2单元格中的净增值进行比较，结果如下。

```
{FALSE;FALSE;TRUE;TRUE;FALSE;FALSE;FALSE;FALSE;……;FALSE}
```

然后使用乘1的方法，将比较后的逻辑值转换为数值。再使用SUM函数求和，结果为同一营业部中净增百分比大于当前净增百分比的个数。

最后将结果加1，得到排名结果。

示例27-5 分组统计中国式排名

上一个示例中的计算结果为美式排名，即相同数值占用名次，如“大洋路”的营业部有两个第4名和一个第6名，现在需要计算中国式排名的结果。

	A	B	C	D	E
1	营业部	柜员	净增	名次	中国式排名
2	三里河	李海霞	29%	3	3
3	三里河	吴晓昀	16%	4	4
4	三里河	王雯文	30%	2	2
5	三里河	季留丽	51%	1	1
6	饮马井	倪寅月	13%	5	4
7	饮马井	章凤婵	26%	3	3
8	饮马井	康丽丽	48%	1	1
9	饮马井	吴玲玲	26%	3	3
10	饮马井	吴海冬	36%	2	2
11	大洋路	张颖娟	50%	1	1
12	大洋路	冒海梅	20%	4	4
13	大洋路	付文华	33%	2	2
14	大洋路	章益峰	19%	6	5
15	大洋路	季伟同	20%	4	4
16	大洋路	吕文正	24%	3	3

图27-5 分组统计中国式排名

在E2单元格中输入以下公式，并向下复制到E16单元格。

```
=SUMPRODUCT((A$2:A$16=A2)*(C$2:C$16>=C2)/COUNTIF(C$2:C$16,C$2:C$16))
```

公式与示例27-3中的计算思路相同，只是加上了分组的判断条件“A$2:A$16=A2”。

27.4 百分比排名

百分比排名主要用于成绩分数等统计计算。例如，张三的考试分数为85分，百分比排名是95%，就是将张三的成绩与其他所有参加考试的人的成绩进行比较，张三的成绩比95%的人的成绩要高。

Excel 2016中用于百分比排位的函数包括PERCENTRANK.EXC、PERCENTRANK.INC和PERCENTRANK函数。

3个函数都用于返回某个数值在一个数据集中的百分比排位，区别在于PERCEN-TRANK.EXC函数返回的百分比值的范围不包含0和1，PERCENTRANK.INC函数返回的百分比值的范围包含0和1。

PERCENTRANK.EXC函数的计算规则如下。

```
=(比此数据小的数据个数+1)/(数据总个数+1)
```

PERCENTRANK函数与PERCENTRANK.INC函数的作用相同，保留PERCENTRANK函数是为了保持与Excel早期版本的兼容性。两个函数的计算规则如下。

```
=比此数据小的数据个数/(数据总个数-1)
```

函数基本语法如下。

```
PERCENTRANK.EXC(array,x,[significance])
PERCENTRANK.INC(array,x,[significance])
PERCENTRANK(array,x,[significance])
```

array为必需参数，定义相对位置的数值数组或数值数据区域。

x为必需参数，需要得到其排位的值。如果*x*与数组中的任何一个值都不匹配，则函数将进行插值以返回正确的百分比排位。

significance为可选参数，用于标识返回的百分比值的有效位数。如果省略，则函数结果使用3位小数(0.xxx)。如果该参数小于1，则函数返回错误值#NUM!。

示例27-6 对员工考核成绩进行百分比排名

图27-6展示的是某公司员工综合评分表的部分内容，需要对员工评分进行百分比排名。

选中C2:F2单元格区域，将单元格格式设置为百分比，小数位数设置为1位，然后在C2单元格中输入以下公式，并向下复制到C10单元格。

```
=PERCENTRANK.INC(B$2:B$10,B2)
```

	A	B	C
1	姓名	综合评分	百分比排名1
2	李远辛	121	100.0%
3	敦大伟	104	75.0%
4	童与莲	16	0.0%
5	单怀仁	57	37.5%
6	贾晓宇	43	12.5%
7	郭雨晨	60	50.0%
8	叶知秋	76	62.5%
9	白玉雪	49	25.0%
10	付远东	120	87.5%

图27-6 百分比排名

在D2单元格中输入以下公式进行验证，并向下复制到D10单元格。

```
=COUNTIF(B$2:B$10,"<"&B2)/(COUNT(B$2:B$10)-1)
```

在E2单元格中输入以下公式，并向下复制到E10单元格。

```
=PERCENTRANK.EXC(B$2:B$10,B2)
```

在F2单元格中输入以下公式进行验证，并向下复制到F10单元格。

```
=(COUNTIF(B$2:B$10,"<"&B2)+1)/(COUNT(B$2:B$10)+1)
```

如图27-7所示，F列的验证结果与E列的函数计算结果完全相同。D列的验证结果与C列的函数计算结果也相同。

	A	B	C	D	E	F
1	姓名	综合评分	百分比排名1	验证1	百分比排名2	验证2
2	李远辛	121	100.0%	100.0%	90.0%	90.0%
3	敦大伟	104	75.0%	75.0%	70.0%	70.0%
4	童与莲	16	0.0%	0.0%	10.0%	10.0%
5	单怀仁	57	37.5%	37.5%	40.0%	40.0%
6	贾晓宇	43	12.5%	12.5%	20.0%	20.0%
7	郭雨晨	60	50.0%	50.0%	50.0%	50.0%
8	叶知秋	76	62.5%	62.5%	60.0%	60.0%
9	白玉雪	49	25.0%	25.0%	30.0%	30.0%
10	付远东	120	87.5%	87.5%	80.0%	80.0%

图27-7 普通公式验证

27.5 按不同权重排名

权重是指某一指标在整体评价中的相对重要程度，在日常的排名统计中，经常会有与权重相关的计算。

示例27-7 按不同权重计算排名

图27-8展示的是某公司员工运动会的部分奖牌记录，其中包括各个营业网点获得的金、银、铜牌数。现在需要按照优先考虑金牌数，然后考虑银牌数，最后考虑铜牌数的规则统计各营业网点的综合排名。

	A	B	C	D	E
1	营业网点	金牌	银牌	铜牌	排名
2	三里屯	1	4	2	8
3	左家庄	0	6	7	10
4	香河园	3	8	3	5
5	和平街	0	7	9	9
6	潘家园	5	7	6	2
7	亚运村	3	5	9	6
8	八里庄	4	2	6	3
9	酒仙桥	2	1	4	7
10	麦子店	7	0	2	1
11	团结湖	3	9	7	4
12	六里屯	0	4	6	11

图27-8 按不同权重计算排名

在E2单元格中输入以下公式，并向下复制到E12单元格。

```
=SUMPRODUCT(1*(B$2:B$12*10000+C$2:C$12*100+D$2:D$12>B2*10000+C2*100+D2))+1
```

公式中的“B$2:B$12*10000+C$2:C$12*100+D$2:D$12”部分表示分别对金、银、铜奖牌数乘以不同的系数10 000、100、1，然后相加得到各营业网点考虑权重的综合得分。同样的思路，将当前行中奖牌数乘以不同的系数后进行对比。

将对比得到的一组逻辑值乘以1之后，再用SUMPRODUCT函数求和，得到数据表中大于当前行综合得分的个数。最后将结果加1，得到考虑多关键字综合权重的排名。

27.6 提取不重复值后排序

示例27-8 整理员工考核记录

图27-9所示为某银行员工单指单张点钞用时考核的部分记录，需要将用时秒数提取不重复数值后从小到大排列，并依次提取出对应的员工名单。

	A	B	C	D	E	F	G
1	姓名	用时秒数		用时秒数		姓名	
2	李海霞	26.44		25.39	康丽丽	吴海冬	
3	吴晓昀	27.88		25.63	付文华		
4	王雯文	27.89		26.44	李海霞	吴玲玲	
5	季留丽	28.95		27.13	季伟同		
6	倪寅月	29.44		27.34	章凤婵		
7	章凤婵	27.34		27.88	吴晓昀	张颖娟	吕文正
8	康丽丽	25.39		27.89	王雯文		
9	吴玲玲	26.44		28.14	杜金梅		
10	吴海冬	25.39		28.95	季留丽		
11	张颖娟	27.88		29.33	章益峰		
12	杜金梅	28.14		29.44	倪寅月		
13	付文华	25.63					
14	章益峰	29.33					
15	季伟同	27.13					
16	吕文正	27.88					

图27-9 整理员工考核记录

在D2单元格中输入以下公式，并向下复制到单元格显示空白为止。

```
=IFERROR(SMALL(IF(FREQUENCY(B$2:B$16,B$2:B$16),B$2:B$16),ROW(B1)),"")
```

公式中的“FREQUENCY(B$2:B$16,B$2:B$16)”部分表示，如果B2:B16单元格区域的数值是首次出现，则返回出现的次数；如果是重复出现则返回0。得到内存数组结果如下。

```
{2;3;1;1;1;1;2;0;0;0;1;1;1;1;0;0}
```

再以此作为IF函数的第一参数，如果内存数组结果中的数值不等于0，返回B2:B16单元格区域中对应的数值，否则返回逻辑值FALSE，相当于提取出了用时秒数不重复值的内存数组结果如下。

```
{26.44;27.88;27.89;28.95;29.44;27.34;25.39;FALSE;FALSE;FALSE;28.14;25.63;29.33;27.13;FALSE;FALSE}
```

最后使用SMALL函数，从小到大依次提取出需要的结果。

在E2单元格中输入以下数组公式，按<Ctrl+Shift+Enter>组合键，将公式复制到E2:G14单元格区域。

```
{=INDEX($A:$A,SMALL(IF($B$2:$B$16=$D2,ROW($2:$16),4^8),COLUMN(A1)))&""}
```

关于此公式的运算过程解析，请参考26.1节。

27.7 其他排序实例

示例27-9 按销售数量获取排序后的列表

图27-10展示的是某公司设备销售的部分记录，需要根据B列的销售数量从多到少依次提取出对应的记录。

	A	B	C	D	E
1	姓名	销售数量		姓名	销售数量
2	赵永春	3		张红磊	6
3	范文锐	3		吴纯高	5
4	文汝芳	3		台丽华	5
5	樊良海	1		赵永春	3
6	杜能清	2		范文锐	3
7	马存英	3		文汝芳	3
8	吴纯高	5		马存英	3
9	台丽华	5		杜能清	2
10	杨文龙	1		樊良海	1
11	张红磊	6		杨文龙	1
12					
13					
14					

图27-10 按销售数量获取排序后的列表

具体操作步骤如下。

步骤① 单击数据区域中的任意单元格，如A2单元格，在【插入】选项卡下单击【表格】按钮，然后在弹出的【创建表】对话框中直接单击【确定】按钮，如图27-11所示。

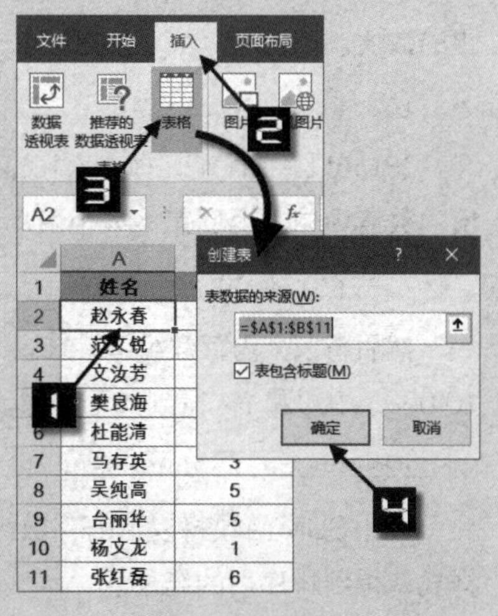

图27-11 插入表格

步骤② 在D2单元格中输入以下数组公式，按<Ctrl+Shift+Enter>组合键将公式复制到D2:E14单元格区域。

```
{=IFERROR(INDEX(A:A,MOD(SMALL(ROW($B$2:$B$11)-$B$2:$B$11*100,ROW(1:1)),100)),"")}
```

公式中的"ROW($B$2:$B$11)-$B$2:$B$11*100"部分表示用数据区域中的各个行号分别减去对应行中的数据乘以100，得到一组负数结果如下。

```
{-298;-297;-296;-95;-194;-293;-492;-491;-90;-589}
```

在以上内存数组中，单元格中的数值越大，对应返回的值越小。对于单元格中相同的数值，则返回按行递增的负数。例如，B2、B3、B4和B7单元格中的数值都为3，返回的结果依次为-298、-297、-296和-293。

使用SMALL函数从小到大依次提取数值后，再使用MOD函数计算与100相除的余数，结果就是要提取的行号。

最后使用INDEX函数，以SMALL函数的结果为索引值，提取出对应位置的信息。

插入表格的目的是为了使公式中的单元格引用区域能够自动扩展，基础数据增加后，无须修改公式引用范围。

示例27-10 同一单元格内的数值排序

图27-12展示的是某公司年会抽奖的中奖记录，同一个部门的4组中奖号码用空格间隔，需要将B列的中奖号码进行排序处理。

	A	B	C
1	部门	中奖号码	排序后
2	研发部	33 88 92 65	33 65 88 92
3	客户中心	16 07 32 09	07 09 16 32
4	营销部	80 36 25 37	25 36 37 80
5	安监部	29 58 30 43	29 30 43 58
6	售后中心	82 36 22 57	22 36 57 82

图27-12 同一单元格内的数值排序

在C2单元格中输入以下公式，并向下复制到C6单元格。

```
=TEXT(SUM(SMALL(--MID(B2,{1;4;7;10},2),
{1;2;3;4})*100^{3;2;1;0}),"00 00 00 00")
```

"--MID(B2,{1;4;7;10},2)"部分使用MID函数分别从B2单元格的第1位、第4位、第7位和第10位开始，各提取两个字符，然后使用减负运算将提取得到的文本结果变成真正的数值。

```
{33;88;92;65}
```

"SMALL(--MID(B2,{1;4;7;10},2),{1;2;3;4})"部分使用SMALL函数，从MID函数提取出的数值中依次返回第1~4个最小值，得到如下的内存数组结果。

```
{33;65;88;92}
```

然后将以上内存数组结果乘以100^{3;2;1;0}，即相当于将4个数值分别乘以1 000 000、10 000、100和1，得到如下结果。

```
{33000000;650000;8800;92}
```

使用SUM函数将以上内存数组求和后，最后用TEXT函数转换为"00 00 00 00"的样式，得到排序后的结果。

练习与巩固

（1）如果列表中有多个重复的数据，RANK.EQ函数返回该组数据的________排位。而RANK.AVG函数则是返回该组数据的________排位。

（2）在跨工作表排名的公式中选择数据范围时，如果各工作表中的实际数据行数不同，需要按________工作表的行数确定。

（3）理解中国式排名公式的计算步骤。

（4）PERCENTRANK.EXC函数、PERCENTRANK.INC函数和PERCENTRANK函数都用于返回某个数值在一个数据集中的百分比排位，区别在于________________。

第28章 数据重构技巧

在实际数据处理过程中，经常需要根据不同要求变换数据结构以满足数据计算。通常情况下可以通过创建辅助列解决这类问题，但创建辅助列也有很多弊端，如源数据结构不允许增删行列、源数据经常更新导致创建辅助列的重复操作等。在这些情况下，就需要对原始数据在函数与公式中进行重新编辑、整理和提取，生成内存数组以便参与进一步运算。掌握常用的数据重构技巧和方法，能解决普通函数或函数嵌套达不到的效果。

本章学习要点

(1) ROW函数和COLUMN函数在数据重构中的应用。
(2) LOOKUP函数在数据重构中的应用。
(3) 常量数组在数据重构中的应用。
(4) 其他常见数据重构的技巧。

28.1 按指定次数重复数据

示例28-1 按指定次数重复数据

如图28-1所示，A2:A4单元格区域为需要重复的数据，B2:B4单元格区域为指定数据要重复的次数。要求生成C列的结果。

在C2单元格中输入以下数组公式，按<Ctrl+Shfit+Enter>组合键，并向下复制公式直到公式返回空文本。

```
{=INDEX(A:A,SMALL(IF(B$2:B$4>=COLUMN(A:Z),
ROW(A$2:A$4),99),ROW(A1)))&""}
```

	A	B	C
1	重复内容	重复次数	结果
2	甲	3	甲
3	乙	4	甲
4	丙	2	甲
5			乙
6			乙
7			乙
8			乙
9			丙
10			丙
11			
12			

图28-1 按指定次数重复数据

“COLUMN(A:Z)”部分生成1~26连续自然数的水平数组，“ROW(A$2:A$4)”部分返回A列数据行号{2;3;4}的垂直数组。

“IF(B$2:B$4>=COLUMN(A:Z),ROW(A$2:A$4),99)”部分则逐个判断指定重复的次数与1~26的关系，如果指定重复的次数大于等于1~26中的数字，则返回“ROW($2:$4)”生成数组中对应的值，否则返回第三参数99。

IF函数部分生成的结果如图28-2所示。A2单元格数据要重复3次，因此2这个行号在数组第一行出现3次；A3单元格数据要重复4次，因此3这个行号在数组第二行出现4次；以此类推。

{=IF(B$2:B$4>=COLUMN(A:Z),ROW(A$2:A$4),99)}

D	E	F	G	H	I	J	K	L	M	N	O	P	Q	R	S	T	U	V	W	X	Y	Z	AA	AB	AC	AD
	1	2	3	4	5	6	7	8	9	10	11	12	13	14	15	16	17	18	19	20	21	22	23	24	25	26
3	2	2	2	99	99	99	99	99	99	99	99	99	99	99	99	99	99	99	99	99	99	99	99	99	99	99
4	3	3	3	3	99	99	99	99	99	99	99	99	99	99	99	99	99	99	99	99	99	99	99	99	99	99
2	4	4	99	99	99	99	99	99	99	99	99	99	99	99	99	99	99	99	99	99	99	99	99	99	99	99

图28-2　IF函数部分生成结果

SMALL函数按从小到大顺序逐个输出符合条件的行号。当公式向下复制行数超过需重复的次数总和时，SMALL函数返回99。

INDEX函数根据SMALL函数返回的结果依次提取A2:A4单元格区域的数据，当公式向下复制行数超过需重复的次数总和时，INDEX函数返回A99单元格的引用。本例中A99为空单元格，因此返回无意义的0，公式最后用“&""”屏蔽无意义的0值。

28.2　提取每个人成绩最大值并求和

示例28-2　提取每个人成绩最大值求和

图28-3展示的是学生多次考试的成绩表，要求计算每名学生考试成绩最大值的合计数。

在C8单元格中输入以下数组公式，按<Ctrl+Shfit+Enter>组合键。

```
{=SUM(MOD(SMALL(ROW(A2:A6)*10^4+B2:E6,ROW(1:5)*4),10^4))}
```

	A	B	C	D	E
1	姓名	第1次	第2次	第3次	第4次
2	杨红	43	68	82	55
3	张坚	56	92	79	75
4	杨启	74	94	72	93
5	李炬	67	41	47	76
6	郭倩	55	94	85	84
7					
8	最好成绩合计：		438		

图28-3　提取每个人成绩最大值并求和

“ROW(A2:A6)”部分生成{2;3;4;5;6}连续递增的自然数序列，元素个数与A列学生人数相同。

“ROW(A2:A6)*10^4+B2:E6”部分将{2;3;4;5;6}扩大到原来的10 000倍，并与各次成绩相加。返回结果如图28-4中H2:K6单元格区域所示。

C8　{=SUM(MOD(SMALL(ROW(A2:A6)*10^4+B2:E6,ROW(1:5)*4),10^4))}

	A	B	C	D	E	F	G	H	I	J	K	L
1	姓名	第1次	第2次	第3次	第4次		姓名	第1次	第2次	第3次	第4次	
2	杨红	43	68	82	55		杨红	20043	20068	20082	20055	
3	张坚	56	92	79	75		张坚	30056	30092	30079	30075	
4	杨启	74	94	72	93		杨启	40074	40094	40072	40093	
5	李炬	67	41	47	76		李炬	50067	50041	50047	50076	
6	郭倩	55	94	85	84		郭倩	60055	60094	60085	60084	
7												
8	最好成绩合计：		438									

图28-4　构造数据结果

通过观察，数组中每一行的最大值为包含该学生最好成绩的数值，并且每一行的最大值都小于下一行的最小值。

因此，“杨红”的最好成绩为数组中的第4个最小值；“张坚”的最好成绩为数组中的第8个最小值；“杨启”的最好成绩为数组中的第12个最小值；后面以此类推。

“ROW(1:5)*4”返回结果如下。

```
{4;8;12;16;20}
```

SMALL函数从“ROW(A2:A6)*10^4+B2:E6”返回的数组中依次提取第4、8、12、16、20个最小值，返回结果如下。

```
{20082;30092;40094;50076;60094}
```

MOD函数计算出SMALL函数结果除以10 000的余数，得到每名学生的最好成绩。

```
{82;92;94;76;94}
```

最后用SUM函数求和。

28.3 逆序排列数据

示例28-3 逆序排列数据

如图28-5所示，要求将A2:A11单元格区域的姓名在C2:C11单元格区域逆序显示。

	A	B	C
1	姓名		逆序排列
2	甲		癸
3	乙		壬
4	丙		辛
5	丁		庚
6	戊		己
7	己		戊
8	庚		丁
9	辛		丙
10	壬		乙
11	癸		甲

图28-5 逆序排列数据

同时选中C2:C11单元格区域，在编辑栏中输入以下多单元格数组公式，按<Ctrl+Shfit+Enter>组合键。

```
{=LOOKUP(11-ROW($1:$10),ROW($1:$10),A$2:A$11)}
```

“11-ROW($1:$10)”部分生成如下递减数组。

```
{10;9;8;7;6;5;4;3;2;1}
```

LOOKUP函数分别从“ROW($1:$10)”的返回结果中查找上述递减数组中的每个元素，并返回A2:A11单元格区域中对应的姓名。生成内存数组如下。

```
{"癸";"壬";"辛";"庚";"己";"戊";"丁";"丙";"乙";"甲"}
```

如果是行数组逆序排列，可以将公式中的ROW函数替换成COLUMN函数。

28.4 实现数字条码校验码的模拟算法

示例28-4 实现数字条码校验码的模拟算法

图28-6所示为一份EAN-13条码的明细表，要求根据如下算法计算出校验位的数值。

校验码算法如下。

（1）条码仅由12位数字组成。

（2）奇数位数值求和结果加上偶数位数值分别乘以3，得到结果R。

（3）用10减去结果R的个位数得到校验位。

	A	B	C	D
1	序号	条码	校验位原公式	简化公式
2	1	692786571322	4	4
3	2	692786584901	5	5
4	3	692786598480	8	8

图28-6　EAN-13条码的校验位实例

在C2单元格中输入以下公式，并向下复制到C4单元格。

```
=10-RIGHT(SUM(MID(B2,{1;2;3;4;5;6;7;8;9;10;11;12},1)*{1;3;1;3;1;3;
1;3;1;3;1;3}))
```

根据算法，利用MID函数从B2单元格中提取出每个数字，分别乘以1或3并求和。最后，用10减去求和结果的个位即得到校验位。

C2单元格公式可以简化如下。

```
=10-RIGHT(SUM(MID(B2,{0,1}+{1;3;5;7;9;11},1)*{1,3}))
```

"{0,1}+{1;3;5;7;9;11}"部分构造出一个6行2列的数组{1,2;3,4;5,6;7,8;9,10;11,12}，然后利用MID函数从B2单元格中分别提取出对应位置的数字，结果为如下6行2列的数组。

```
{"6","9";"2","7";"8","6";"5","7";"1","3";"2","2"}
```

每一行的两个数字分别对应乘以数组{1,3}中的1和3，返回结果如下。

```
{6,27;2,21;8,18;5,21;1,9;2,6}
```

用SUM函数将上述数组求和，最后用10减去求和结果的个位即得到校验位。

28.5　数组的扩展技巧

示例28-5　数组的扩展技巧

1. 列方向扩展数组

如图28-7所示，需要将A列数组的高度分别扩展为原来的2倍、3倍，构建两个新的内存数组。

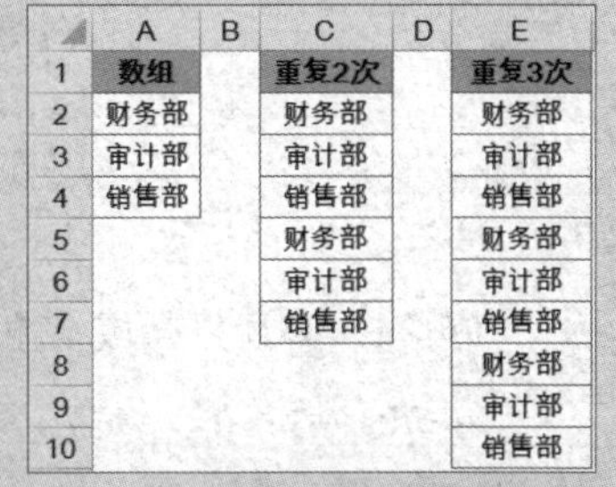

	A	B	C	D	E
1	数组		重复2次		重复3次
2	财务部		财务部		财务部
3	审计部		审计部		审计部
4	销售部		销售部		销售部
5			财务部		财务部
6			审计部		审计部
7			销售部		销售部
8					财务部
9					审计部
10					销售部

图28-7　列方向扩展数组

在C2:C7单元格区域中输入以下多单元格数组公式，按<Ctrl+Shfit+Enter>组合键。

```
{=LOOKUP(MOD(ROW(INDIRECT("1:"&2*ROWS(A2:
A4)))-1,ROWS(A2:A4))+1,ROW(INDIRECT("1:"&ROWS
(A2:A4))),A2:A4)}
```

"MOD(ROW(INDIRECT("1:"&2*ROWS(A2:A4)))-1,ROWS(A2:A4))+1"部分利用MOD函数生成的数组{1;2;3;1;2;3}作为LOOKUP函数的第一参数，将原数组在列方向上扩展到原来的2倍。

在E2:E10单元格区域中输入以下多单元格数组公式，按<Ctrl+Shfit+Enter>组合键。

```
{=LOOKUP(MOD(ROW(INDIRECT("1:"&3*ROWS(A2:A4)))-1,ROWS(A2:A4))+1,
ROW(INDIRECT("1:"&ROWS(A2:A4))),A2:A4)}
```

将“2*ROWS(A2:A4)”替换为“3*ROWS(A2:A4)”，LOOKUP函数的第一参数将原数组在列方向上扩展到原来的3倍。

2. 列方向重复数组元素

如图28-8所示，需要将A列数组的元素分别重复2次、3次，得到新的内存数组。

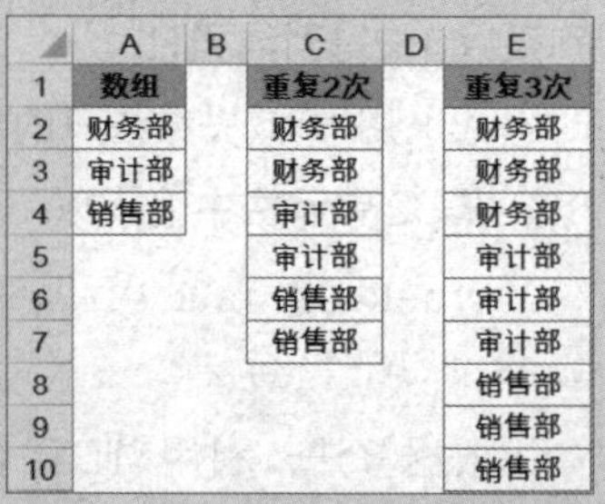

	A	B	C	D	E
1	数组		重复2次		重复3次
2	财务部		财务部		财务部
3	审计部		财务部		财务部
4	销售部		审计部		财务部
5			审计部		审计部
6			销售部		审计部
7			销售部		审计部
8					销售部
9					销售部
10					销售部

图28-8　列方向重复数组元素

在C2:C7单元格区域中输入以下多单元格数组公式，按<Ctrl+Shfit+Enter>组合键。

```
{=LOOKUP(INT((ROW(INDIRECT("1:"&2*ROWS(A2:
A4)))-1)/2)+1,ROW(INDIRECT("1:"&ROWS(A2:A4))),A2:A4)}
```

“INT((ROW(INDIRECT("1:"&2*ROWS(A2:A4)))-1)/2)+1”部分生成数组{1;1;2;2;3;3}。LOOKUP函数以此作为第一参数，依次返回A2:A4单元格区域中对应位置的元素，将每个元素重复显示两次。

在E2:E10单元格区域中输入以下多单元格数组公式，按<Ctrl+Shfit+Enter>组合键。

```
{=LOOKUP(INT((ROW(INDIRECT("1:"&3*ROWS(A2:A4)))-1)/3)+1,ROW(INDIRECT
("1:"&ROWS(A2:A4))),A2:A4)}
```

将“2*ROWS(A2:A4)”替换为“3*ROWS(A2:A4)”，将“/2”替换为“/3”，LOOKUP函数的第一参数返回值为{1;1;1;2;2;2;3;3;3}，A2:A4单元格区域中每个元素将被重复显示3次。

3. 行方向扩展数组

如图28-9所示，需要将A列数组在行方向上分别扩展为两列、三列的内存数组。

	A	B	C	D	E	F	G	H
1	数组		扩展为两列			扩展为三列		
2	财务部		财务部	财务部		财务部	财务部	财务部
3	审计部		审计部	审计部		审计部	审计部	审计部
4	销售部		销售部	销售部		销售部	销售部	销售部

图28-9　行方向扩展数组

在C2:D4单元格区域中输入以下多单元格数组公式，按<Ctrl+Shfit+Enter>组合键。

```
{=IF({1,1},A2:A4)}
```

IF函数第一参数{1,1}为一行两列的数组，由于都是非0数值，因此生成结果的第一列和第二列均返回A2:A4单元格区域数组中的元素，达到了将一列数组扩展为两列的目的。

在F2:H4单元格区域中输入以下多单元格数组公式，按<Ctrl+Shfit+Enter>组合键，将一列数组扩展为三列。

```
{=IF({1,1,1},A2:A4)}
```

28.6 数组合并技巧

示例28-6 数组合并

如图28-10所示，需要将A列和C列的两个数组拼接合并为新的内存数组。

在E2:E10单元格区域中输入以下多单元格数组公式，按<Ctrl+Shfit+Enter>组合键。

```
{=IF(ROW(1:9)<4,A2:A4,LOOKUP(ROW(1:9),ROW(4:9),C2:C7))}
```

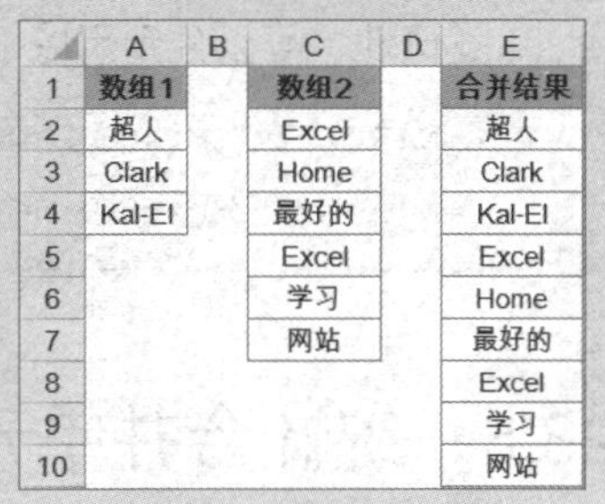

	A	B	C	D	E
1	数组1		数组2		合并结果
2	超人		Excel		超人
3	Clark		Home		Clark
4	Kal-El		最好的		Kal-El
5			Excel		Excel
6			学习		Home
7			网站		最好的
8					Excel
9					学习
10					网站

图28-10 数组合并

"LOOKUP(ROW(1:9),ROW(4:9),C2:C7)"部分返回如下内存数组。

```
{#N/A;#N/A;#N/A;"Excel";"Home";"最好的";"Excel";"学习";"网站"}
```

数组总长度为9，前3个元素为错误值#N/A，后6个元素为数组2的元素。

再使用IF函数判断，当"ROW(1:9)"返回值小于4时，返回数组1的元素，当"ROW(1:9)"返回值大于等于4时，返回LOOKUP函数返回数组中第4个及之后的元素。

28.7 求数组对角线数据合计

示例28-7 求数组对角线数据合计

如图28-11所示，A1:I9单元格区域为9行9列的数组，要求计算自左上至右下和自左下至右上两条对角线数据合计，对角线交叉处数据按两次计算。

在K1单元格中输入以下数组公式，按<Ctrl+Shfit+Enter>组合键。

```
{=SUM(A1:I9*((ROW(1:9)=COLUMN(A:I))+(ROW(1:9)+COLUMN(A:I)=10)))}
```

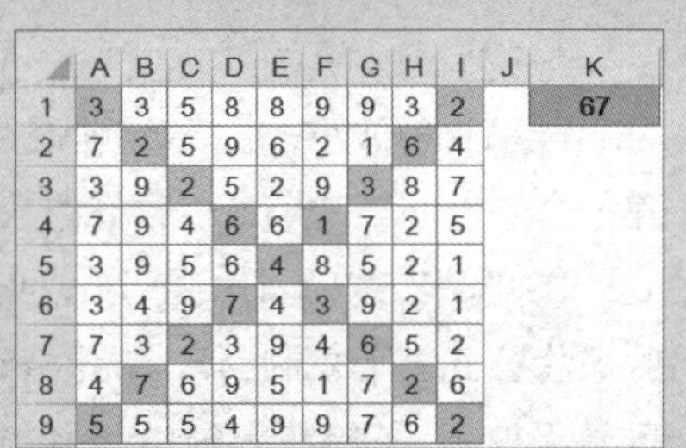

	A	B	C	D	E	F	G	H	I	J	K
1	3	3	5	8	8	9	9	3	2		67
2	7	2	5	9	6	2	1	6	4		
3	3	9	2	5	2	9	3	8	7		
4	7	9	4	6	6	1	7	2	5		
5	3	9	5	6	4	8	5	2	1		
6	3	4	9	7	4	3	9	2	1		
7	7	3	2	3	9	4	6	5	2		
8	4	7	6	9	5	1	7	2	6		
9	5	5	5	4	9	9	7	6	2		

图28-11 对角线数据求和

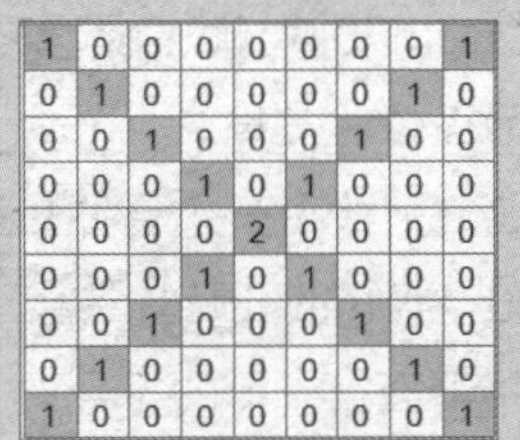

1	0	0	0	0	0	0	0	1
0	1	0	0	0	0	0	1	0
0	0	1	0	0	0	1	0	0
0	0	0	1	0	1	0	0	0
0	0	0	0	2	0	0	0	0
0	0	0	1	0	1	0	0	0
0	0	1	0	0	0	1	0	0
0	1	0	0	0	0	0	1	0
1	0	0	0	0	0	0	0	1

图28-12 两条对角线数据特征

自左上至右下对角线数据特征为数据所在行数和列数相等。

自左下至右上对角线数据特征为所在行数和列数之和为10。

"(ROW(1:9)=COLUMN(A:I))+(ROW(1:9)+COLUMN(A:I)=10)"部分返回结果如图28-12所示。

只有两条对角线所在位置数字为非0数字，其余位置数字均为0。

最后，A1:I9单元格区域中的数据与ROW函数和COLUMN函数生成的数组各元素对应相乘，再用SUM函数求和。

类似地，可以分别用以下数组公式标示对角线及右上方数据和对角线及左下方数据。

```
{=N(ROW(1:9)<=COLUMN(A:I))}
{=N(ROW(1:9)>=COLUMN(A:I))}
```

28.8 统计合并单元格所占行数

示例28-8 统计合并单元格所占行数

图28-13中的A列为部门信息，包含合并单元格。要求统计出每个部门数据的行数。

	A	B	C	D	E
1	部门	人员		部门	行数
2	财务部	陆艳菲		财务部	3
3		杨庆东		销售部	4
4		任继先		审计部	2
5	销售部	陈尚武			
6		李光明			
7		李厚辉			
8		毕淑华			
9	审计部	赵会芳			
10		赖群毅			

图28-13 统计合并单元格所占行数

在E2单元格中输入以下数组公式，按<Ctrl+Shfit+Enter>组合键将公式向下复制到E4单元格。

```
{=SUM(IFERROR(SMALL(IF(A$2:A$10<>"",ROW(A$2:A$10)),{0,1}+ROW(A1)),11)*{-1,1})}
```

“IF(A$2:A$10<>"",ROW(A$2:A$10))”部分用于判断当A2:A10单元格区域为非空值时，返回对应行号；否则返回FALSE。返回结果如下。

```
{2;FALSE;FALSE;5;FALSE;FALSE;FALSE;9;FALSE}
```

“{0,1}+ROW(A1)”部分则返回数组{1,2}。SMALL函数返回包含IF函数返回数组中第一个最小和第二个最小数值的数组{2,5}。

“SUM({2,5}*{-1,1})”部分返回5减去2的差值，也就是第一个合并单元格所占的行数。

将公式向下复制到E3单元格时，“{0,1}+ROW(A1)”部分变成“{0,1}+ROW(A2)”，返回数组{2,3}。SMALL函数得到包含IF函数返回数组中第二个最小和第三个最小数值的数组{5,9}。

“SUM({5,9}*{-1,1})”部分返回9减去5的差值，也就是第二个合并单元格所占的行数。后面依此类推。

当A列最后一个合并单元格最后一行为空时，计算最后一个合并单元格所占行数时SMALL函数会返回错误值。用IFERROR函数的作用是将错误值转化为A列最后一个合并单元格下面第一行的行号11。

练习与巩固

（1）请根据“练习28-1.xlsx”中的数据，提取出最后一个“-”右侧的文本。

（2）请根据“练习28-2.xlsx”中的数据，按指定次数重复A列中的姓名。

（3）请根据“练习28-3.xlsx”中的数据，将每个人的最高成绩进行求和。

第29章　数据表处理

日常工作中，需要统计汇总的数据源往往来自于多个工作表或多个工作簿，有时还需要对带有合并单元格的数据表进行处理。本章结合实例，重点介绍数据表处理的常用技巧。

本章学习要点

（1）带合并单元格的数据表统计。
（2）特殊结构表格的汇总。
（3）使用公式改变数据结构。
（4）多工作表汇总求和。
（5）总表拆分应用。
（6）跨工作簿的数据汇总。

29.1　带合并单元格的数据表统计

示例29-1　带有合并单元格的数据表求和

图29-1展示的是某单位不同店铺销售表的部分内容，其中A列的店铺使用了合并单元格。需要统计不同店铺的销售总额。

D2　=SUM(C2:C$16)-SUM(D3:D$16)

	A	B	C	D	E
1	店铺	姓名	销售额	店铺总额	
2		谭静达	9,648		
3		保文凤	7,210		
4	府前店	邬秉珍	6,641	37,447	
5		李王雁	9,775		
6		张胜利	4,173		
7		杨鸿秀	6,798		
8	青年店	王学明	6,452	18,046	
9		周昆林	4,796		
10	中兴店	蒋秀芳	9,535	11,488	
11		胡耀奇	1,953		
12		范绍雄	9,792		
13	好邻居	郭云丽	5,413	24,121	
14		陈正明	2,215		
15		张华昌	6,701		

图29-1　带有合并单元格的数据表求和

同时选中D2:D15单元格区域，在编辑栏中输入以下公式，按<Ctrl+Enter>组合键。

```
=SUM(C2:C$16)-SUM(D3:D$16)
```

<Ctrl+Enter>组合键的作用是同时输入多单元格。

“SUM(C2:C$16)”部分表示使用SUM函数对C列的销售额求和。求和范围自公式所在行开始，至工作表的第16行为止。

“SUM(D3:D$16)”部分表示使用SUM函数对公式所在列进行求和。求和范围自公式所在行的下一行开始，至第16行为止。如果SUM函数的参数使用实际的数据区域D3:D15，在

最后一个店铺只有一人的情况下会造成循环引用，因此，选择范围时要比实际数据区域多出一行。

如果在多单元格中同时输入公式，随公式所在单元格的不同，前后两部分公式的求和范围都会逐渐缩小，同时，公式的计算结果会被之前的公式再次引用。

如果从后向前依次观察不同D列单元格中的公式引用范围，会更容易理解公式计算过程。D12单元格中的公式如下。

```
=SUM(C12:C$16)-SUM(D13:D$16)
```

第一个SUM函数的求和范围是C12:C16单元格区域，这部分的求和结果恰好为店铺“好邻居”的总销售额。第二个SUM函数的求和范围是D13:D16单元格区域，在合并单元格中只有左上角的单元格有数据，其他都是空白，因此该部分的求和结果为0。用“好邻居”的总销售额减去0，得到的结果仍然是“好邻居”的总销售额。

D10单元格中的公式如下。

```
=SUM(C10:C$16)-SUM(D11:D$16)
```

第一个SUM函数的求和范围是C10:C16单元格区域，这部分的求和结果为店铺“好邻居”和“中兴店”两个店铺的总销售额。第二个SUM函数的求和范围是D11:D16单元格区域，该部分的求和结果为公式计算出的“好邻居”的总销售额。二者相减，得到“中兴店”的总销售额。

其他依次类推，最终以错位计算的方式统计出不同店铺的销售总额。

提示

使用多单元格操作时，应按照从左到右、从上到下的顺序选中单元格区域，然后输入公式，否则将无法实现需要的结果。

示例29-2 统计带有合并单元格的数据占比 1

图29-2展示的是某单位不同店铺销售表的部分内容，其中A列的店铺使用了合并单元格。需要在D列统计不同业务员销售额与所在店铺销售总额的占比。

	A	B	C	D
1	店铺	姓名	销售额	占比
2	府前店	谭静达	9,648	25.76%
3		保文凤	7,210	19.25%
4		邬秉珍	6,641	17.73%
5		李王雁	9,775	26.10%
6		张胜利	4,173	11.14%
7	青年店	杨鸿秀	6,798	37.67%
8		王学明	6,452	35.75%
9		周昆林	4,796	26.58%
10	中兴店	蒋秀芳	9,535	83.00%
11		胡耀奇	1,953	17.00%
12	好邻居	范绍雄	9,792	40.60%
13		郭云丽	5,413	22.44%
14		陈正明	2,215	9.18%
15		张华昌	6,701	27.78%

图29-2 统计带有合并单元格的数据占比

解决此问题首先要计算出每个店铺的总额，然后再用单个业务员的销售额与之相除。在D2单元格中输入以下数组公式，按<Ctrl+Shift+Enter>组合键，将公式向下复制到D15单元格。

```
{=C2/SUM((LOOKUP(ROW($1:$14),IF(A$2:A$15<>"",ROW($1:$14)),$A$2:$A$15)=LOOKUP("々",A$2:A2))*C$2:C$15)}
```

公式中的“LOOKUP(ROW($1:$14),IF(A$2:A$15<>"",ROW($1:$14)),$A$2:$A$15)”部分，先使用“IF(A$2:A$15<>"",ROW($1:$14))”对A列进行非空判断，如果A$2:A$15不等于空的条件成立，则返回对应行号；否则返回逻辑值FALSE。该部分的结果如下。

```
{1;FALSE;FALSE;FALSE;FALSE;6;FALSE;FALSE;9;FALSE;11;FALSE;FALSE;FALSE}
```

本例中LOOKUP函数的查找值是“ROW($1:$14)”生成的数组结果。

“LOOKUP(ROW($1:$14),IF(A$2:A$15<>"",ROW($1:$14)),$A$2:$A$15)”部分相当于：

```
=LOOKUP({1;2;3;4;5;6;7;8;9;10;11;12;13;14},{1;FALSE;FALSE;FALSE;FALSE;
6;FALSE;FALSE;9;FALSE;11;FALSE;FALSE;FALSE},$A$2:$A$15)
```

根据LOOKUP函数的查询规则，如果找不到具体数据，就以小于等于查找值的最大值进行匹配。如果A2:A15区域为空白单元格，LOOKUP函数会以与之对应的逻辑值FALSE相邻的上一个数值进行匹配，并返回第三参数“$A$2:$A$15”中对应位置的结果。

该部分最终返回的内存数组结果如下。

```
{"府前店";"府前店";"府前店";"府前店";"府前店";"青年店";"青年店";"青年店";
"中兴店";"中兴店";"好邻居";"好邻居";"好邻居";"好邻居"}
```

“LOOKUP("々", A$2:A2)”部分表示当公式向下复制时，A$2:A2形成一个动态扩展的范围，在这个范围中始终返回最后一个店铺信息。

用LOOKUP函数构建出内存数组与“LOOKUP("々", A$2:A2)”部分得到的店铺信息进行比较，然后将比较后得到的由逻辑值构成的内存数组与C2:C15单元格区域的销售额相乘，再使用SUM函数求和，结果就是该部门的销售总额。

最后用C2单元格中的个人销售额与该部门销售总额相除，计算出占比。

示例29-3 统计带有合并单元格的数据占比2

示例29-2中的公式计算过程比较复杂，而且在数据源范围发生变化后，需要重新编辑公式的引用范围。使用辅助列的形式，可以简化公式的输入和编辑过程。

具体操作步骤如下。

步骤1 如图29-3所示，在E2单元格中输入以下公式，并向下复制到E15单元格，用以填充合并单元格。

```
=IF(A2="",E1,A2)
```

使用默认的合并单元格功能时，只有左上角的单元格中有内容，其他单元格均为空白。

E2 =IF(A2="",E1,A2)

	A	B	C	D	E
1	店铺	姓名	销售额	占比	辅助
2		谭静达	9,648		府前店
3		保文凤	7,210		府前店
4	府前店	邹秉珍	6,641		府前店
5		李王雁	9,775		府前店
6		张胜利	4,173		府前店
7		杨鸿秀	6,798		青年店
8	青年店	王学明	6,452		青年店
9		周昆林	4,796		青年店
10	中兴店	蒋秀芳	9,535		中兴店
11		胡耀奇	1,953		中兴店
12		范绍雄	9,792		好邻居
13	好邻居	郭云丽	5,413		好邻居
14		陈正明	2,215		好邻居
15		张华昌	6,701		好邻居

图29-3 使用公式填充合并单元格

公式使用IF函数进行判断，如果A列为空白，就返回公式所在行的上一个单元格中的内容，否则返回A列的店铺名称。

步骤② 在D2单元格中输入以下公式，并向下复制到D15单元格，计算出个人销售额与所在店铺销售总额的占比。

```
=C2/SUMIF(E:E,E2,C:C)
```

29.2 特殊结构表格的汇总

录入规范、布局设计合理的数据表对于后续的统计分析至关重要，如果表格结构设计不合理或是使用了大量的合并单元格，后续汇总会非常困难，本节介绍3种特殊结构表格的汇总技巧。

29.2.1 小计在下方的数据表汇总

示例29-4 小计在下方的数据表汇总

如图29-4所示的销售表中，在每个店铺下都手工插入了小计行，需要统计各店铺的销售额。

具体操作步骤如下。

步骤① 选中C2:C19单元格区域，按<F5>键，弹出【定位】对话框。单击【定位条件】按钮，在弹出的【定位条件】对话框中选中【空值】单选按钮，最后单击【确定】按钮关闭对话框，如图29-5所示。

	A	B	C
1	店铺	姓名	销售额
2	府前店	谭静达	9,648
3	府前店	保文凤	7,210
4	府前店	邬秉珍	6,641
5	府前店	李王雁	9,775
6	府前店	张胜利	4,173
7	小计		
8	青年店	杨鸿秀	6,798
9	青年店	王学明	6,452
10	青年店	周昆林	4,796
11	小计		
12	中兴店	蒋秀芳	9,535
13	中兴店	胡耀奇	1,953
14	小计		
15	好邻居	范绍雄	9,792
16	好邻居	郭云丽	5,413
17	好邻居	陈正明	2,215
18	好邻居	张华昌	6,701
19	小计		

图29-4 汇总店铺销售总额1

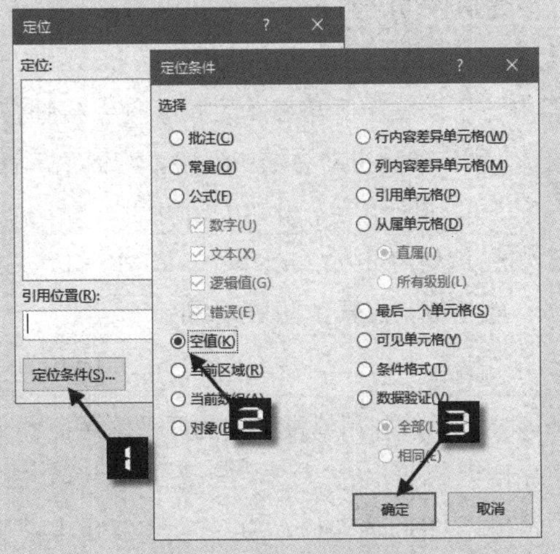

图29-5 【定位】对话框

步骤② 此时C2:C19单元格区域中的空白单元格被全部选中，依次单击【公式】→【自动求和】按钮，即可应用SUM函数并自动选中公式所在行以上的求和范围，最终得到每个店铺的销售额汇总，如图29-6所示。

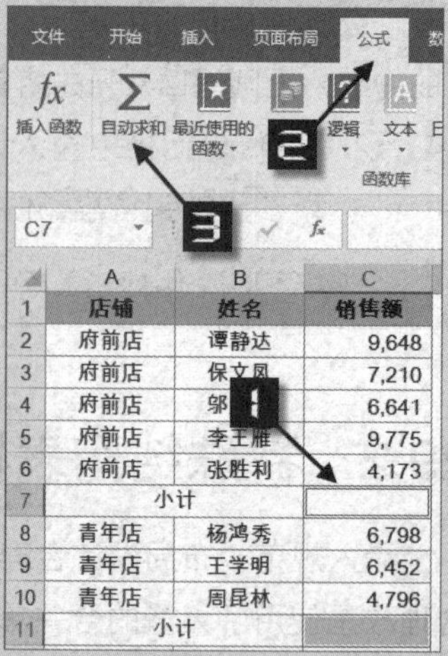

	A	B	C
1	店铺	姓名	销售额
2	府前店	谭静达	9,648
3	府前店	保文凤	7,210
4	府前店	邹	6,641
5	府前店	李王雁	9,775
6	府前店	张胜利	4,173
7	小计		
8	青年店	杨鸿秀	6,798
9	青年店	王学明	6,452
10	青年店	周昆林	4,796
11	小计		

图29-6 自动求和

29.2.2 小计在上方的数据表汇总

示例29-5 小计在上方的数据表汇总

如图29-7所示的销售表中，在每个店铺上方都手工插入了小计行，需要统计各店铺的销售额。

使用自动求和的方法，公式选取的求和范围默认为公式所在行以上的区域，因此，本例中使用自动求和功能无法完成计算。

具体操作步骤如下。

	A	B	C
1	店铺	姓名	销售额
2	小计		
3	府前店	谭静达	9,648
4	府前店	保文凤	7,210
5	府前店	邹秉珍	6,641
6	府前店	李王雁	9,775
7	府前店	张胜利	4,173
8	小计		
9	青年店	杨鸿秀	6,798
10	青年店	王学明	6,452
11	青年店	周昆林	4,796
12	小计		
13	中兴店	蒋秀芳	9,535
14	中兴店	胡耀奇	1,953
15	小计		
16	好邻居	范绍雄	9,792
17	好邻居	郭云丽	5,413
18	好邻居	陈正明	2,215
19	好邻居	张华昌	6,701

图29-7 汇总店铺销售总额2

步骤① 选中C2:C19单元格区域，按<F5>键，弹出【定位】对话框。单击【定位条件】按钮，在弹出的【定位条件】对话框中选中【空值】单选按钮，最后单击【确定】按钮关闭对话框。

步骤② 在编辑栏中输入以下公式，然后按<Ctrl+Enter>组合键，结果如图29-8所示。

```
=SUM(C3:C19)-SUMIF(A3:A19,"小计",C3:C19)*2
```

该公式仍然利用错位引用的原理，后面的公式结果被前面的公式再次引用。

先使用“SUM(C3:C19)”计算出公式所在行之下的所有销售额总和。

再使用“SUMIF(A3:A19,"小计",C3:C19)”汇总出公式所在行以下的小计总和。

将SUMIF函数的结果乘以2，目的是减去每个小计部分及该小计包含的各项明细记录。

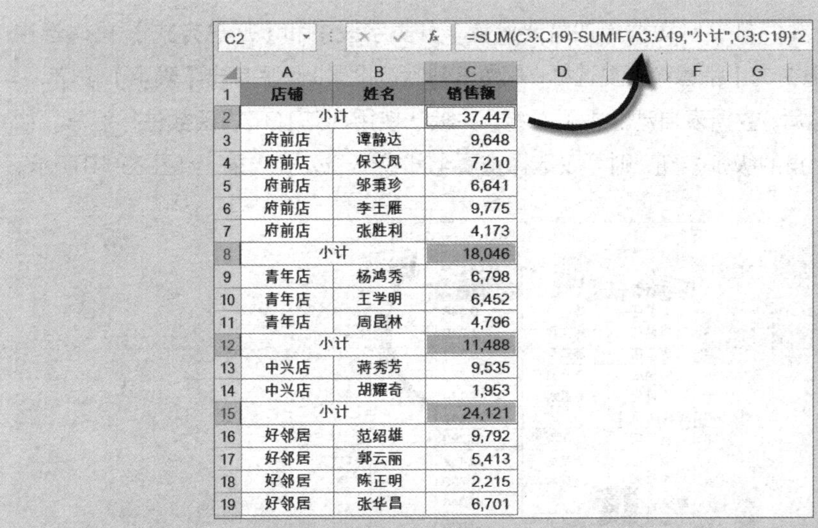

	A	B	C
1	店铺	姓名	销售额
2	小计		37,447
3	府前店	谭静达	9,648
4	府前店	保文凤	7,210
5	府前店	邬秉珍	6,641
6	府前店	李王雁	9,775
7	府前店	张胜利	4,173
8	小计		18,046
9	青年店	杨鸿秀	6,798
10	青年店	王学明	6,452
11	青年店	周昆林	4,796
12	小计		11,488
13	中兴店	蒋秀芳	9,535
14	中兴店	胡耀奇	1,953
15	小计		24,121
16	好邻居	范绍雄	9,792
17	好邻居	郭云丽	5,413
18	好邻居	陈正明	2,215
19	好邻居	张华昌	6,701

图29-8　多单元格输入公式

公式计算原理请参考示例29-1中的步骤说明。

要在结构不规范的数据表中得到需要的汇总结果，往往需要使用复杂的公式或方法。如果表格结构合理，则处理的方法会更加简单。

示例29-6　使用分类汇总功能统计各店铺销售额

一般情况下，在数据表中不需要手工添加小计行。需要按某个字段进行汇总时，只要使用Excel内置的【分类汇总】功能即可快速完成。

如图29-9所示，单击数据区域任意单元格，然后依次单击【数据】→【分类汇总】按

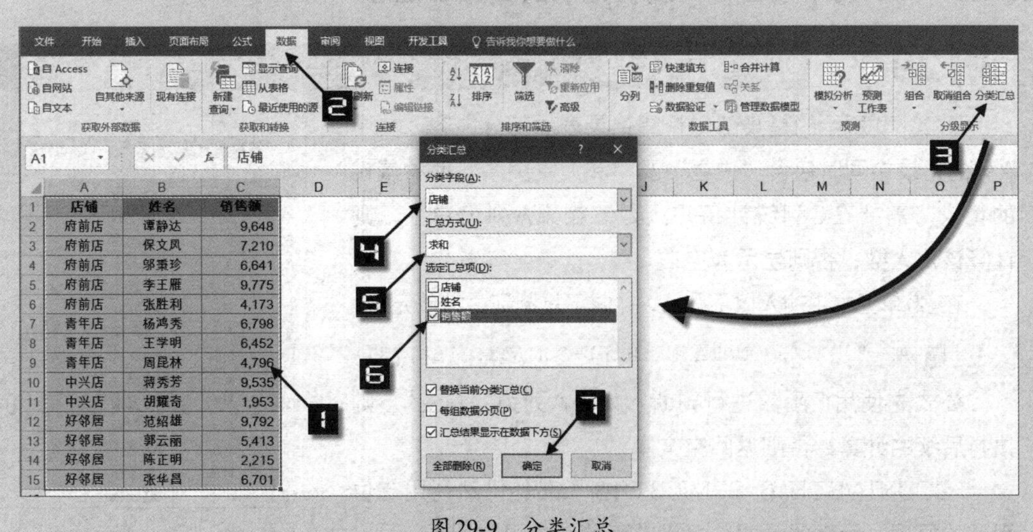

	A	B	C
1	店铺	姓名	销售额
2	府前店	谭静达	9,648
3	府前店	保文凤	7,210
4	府前店	邬秉珍	6,641
5	府前店	李王雁	9,775
6	府前店	张胜利	4,173
7	青年店	杨鸿秀	6,798
8	青年店	王学明	6,452
9	青年店	周昆林	4,796
10	中兴店	蒋秀芳	9,535
11	中兴店	胡耀奇	1,953
12	好邻居	范绍雄	9,792
13	好邻居	郭云丽	5,413
14	好邻居	陈正明	2,215
15	好邻居	张华昌	6,701

图29-9　分类汇总

钮，在弹出的【分类汇总】对话框中按需要设置【分类字段】和【汇总方式】，同时选中【选定汇总项】列表中的【销售额】复选框，保留其他默认设置，最后单击【确定】按钮。

使用分类汇总后，数据表自动添加汇总行，并默认使用SUBTOTAL函数进行汇总。如果单击工作表左上角的级别按钮，则可以选择查看全部或部分公式结果，如图29-10所示。

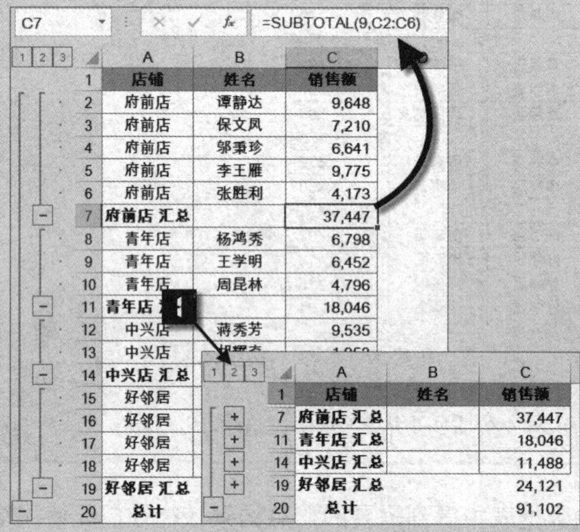

图29-10　分类汇总结果

提示

使用分类汇总时，需要先对汇总字段进行排序处理，目的是将同一类别的记录集中到一起。

29.2.3　同一列中包含不同属性记录的数据表汇总

示例29-7　统计每户人数

图29-11所示的是某部门户籍记录表的部分内容。其中A列的记录中同时包含“户主”及“和户主关系”两种属性的记录，需要在C列统计每户人数。如果A列为户主，则计算该户人数；否则显示为空白。

在C5单元格中输入以下公式，并向下复制到C16单元格。

```
=IF(A2="户主",COUNTA(B2:B16)-SUM(C3:C16),"")
```

公式先使用IF函数进行判断，如果A列为“户主”，则执行后续的计算；否则返回空文本。

“COUNTA(B2:B16)-SUM(C3:C16)”部分仍然利用错位引用的原理，后面的公式结果被前面的公式再次引用。

	A	B	C
1	和户主关系	姓名	人数
2	户主	周世华	5
3	妻子	普文雪	
4	长子	周学智	
5	长女	周兰清	
6	次子	周志宁	
7	户主	张云生	2
8	妻子	李开义	
9	户主	罗萌萌	1
10	户主	付文秀	4
11	妻子	李素兰	
12	长女	付云梅	
13	次子	付赵荣	
14	户主	赵琼英	3
15	长女	赵云福	
16	次子	赵云颖	

图29-11　统计每户人数

先使用“COUNTA(B2:B16)”统计自公式所在行开始、B列不为空的单元格个数，再使用“SUM(C3:C16)”汇总出C列公式所在行以下的数据总和。用COUNTA函数的统计结果减去公式所在行之后部分的公式结果，最终得到每户人数。

公式计算原理请参考示例29-1中的步骤说明。

29.3 使用公式改变数据结构

示例29-8 制作工资条

图29-12展示的是某单位工资表的部分内容，需要以此制作工资条。并且要求每条记录上方带有标题行，记录下方带有一个空行。

	A	B	C	D	E	F	G	H	I
1	序号	部门	姓名	基础工资	津贴福利	奖金	补贴	缺勤扣款	应发工资
2	1	安监部	简知秋	4,000	300	200			4,500
3	2	安监部	白如雪	4,500	500	200			5,200
4	3	财务部	杜郎清	5,000	400	200		50	5,550
5	4	财务部	柳千佑	4,800	400	100			5,300
6	5	仓储部	尤沙秀	4,200	200	400			4,800
7	6	生产部	柳笙絮	8,500	500	200			9,200
8	7	生产部	辛涵若	4,500	400	300		40	5,160
9	8	生产部	明与雁	3,900	200	200			4,300
10	9	销售部	楚羡冰	3,500	600	100			4,200
11	10	销售部	连敏原	3,500	800	200			4,500

工资表 工资条

图29-12 工资表

具体操作步骤如下。

步骤1 选中“工资表”首行的列标题，按<Ctrl+C>组合键复制。切换到“工资条”工作表，单击A1单元格，按<Ctrl+V>组合键粘贴。

步骤2 在“工资条”工作表的A2单元格中输入序号1，在B2单元格中输入以下公式，并向右复制到M2单元格，如图29-13所示。

```
=VLOOKUP($A2,工资表!$A:$M,COLUMN(B1),0)
```

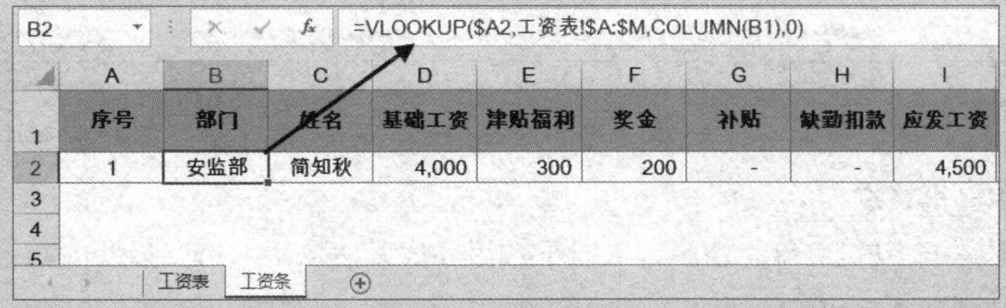
B2 =VLOOKUP($A2,工资表!$A:$M,COLUMN(B1),0)

	A	B	C	D	E	F	G	H	I
1	序号	部门	姓名	基础工资	津贴福利	奖金	补贴	缺勤扣款	应发工资
2	1	安监部	简知秋	4,000	300	200	-	-	4,500
3									
4									
5									

工资表 工资条

图29-13 使用公式引用工资表中的数据

步骤③ 同时选中A1:M3单元格区域，拖动M3单元格右下角的填充柄向下复制。向下复制的行数可参考“工资表”中的最大序号乘以3，本例中“工资表”中的最大序号为14，向下复制的行数则为14*3=42，如图29-14所示。

	A	B	C	D	E	F	G	H	I	J	K	L	M
1	序号	部门	姓名	基础工资	津贴福利	奖金	补贴	缺勤扣款	应发工资	代缴保险	应纳税所得额	代缴个税	实发工资
2	1	安监部	简知秋	4,000	300	200	-	-	4,500	188	4,312	24	4,287
3													
4													
5													

	A	B	C	D	E	F	G	H	I	J	K	L	M
1	序号	部门	姓名	基础工资	津贴福利	奖金	补贴	缺勤扣款	应发工资	代缴保险	应纳税所得额	代缴个税	实发工资
2	1	安监部	简知秋	4,000	300	200	-	-	4,500	188	4,312	24	4,287
3													
4	序号	部门	姓名	基础工资	津贴福利	奖金	补贴	缺勤扣款	应发工资	代缴保险	应纳税所得额	代缴个税	实发工资
5	2	安监部	白如雪	4,500	500	200	-	-	5,200	188	5,012	46	4,966
6													
7	序号	部门	姓名	基础工资	津贴福利	奖金	补贴	缺勤扣款	应发工资	代缴保险	应纳税所得额	代缴个税	实发工资
8	3	财务部	杜郎清	5,000	400	200	-	50	5,550	188	5,362	81	5,281

图29-14　工资表效果

公式中的“$A2”和“工资表!$A:$M”部分均使用列绝对引用，当公式向右复制时，查找值和查找范围的列标始终保持不变。

“COLUMN(B1)”部分用于生成从2开始的递增序列，以此作为VLOOKUP函数的第三参数，用于指定返回查询区域中的第几列的内容。

选中连续的三行向下填充时，首行列标题和第三行的空白行将被复制，而第二行的序号则会自动递增填充，相当于为VLOOKUP函数设置了不同的查找值。

使用VLOOKUP函数时，如果在查询区域中查找到的是空白单元格，公式将会返回无意义的0值，而本例中要查询的恰好是数值型的金额，因此返回0并不影响最终效果。实际操作时，如需屏蔽无意义0值，则可在公式后连接空文本“&""”。

29.4　在多个工作表中汇总统计

示例29-9　跨工作表计算最高销售额

图29-15展示的是某公司销售人员1~3月份的销售记录，要求在汇总表中统计各销售人员的最高销售额。

在“汇总表”的B2单元格中输入以下数组公式，按<Ctrl+Shift+Enter>组合键，将公式向下复制到B11单元格。

```
{=MAX(SUMIF(INDIRECT("'"&{"1月","2月","3月"}&"'!A:A"),A2,
INDIRECT("'"&{"1月","2月","3月"}&"'!B:B")))}
```

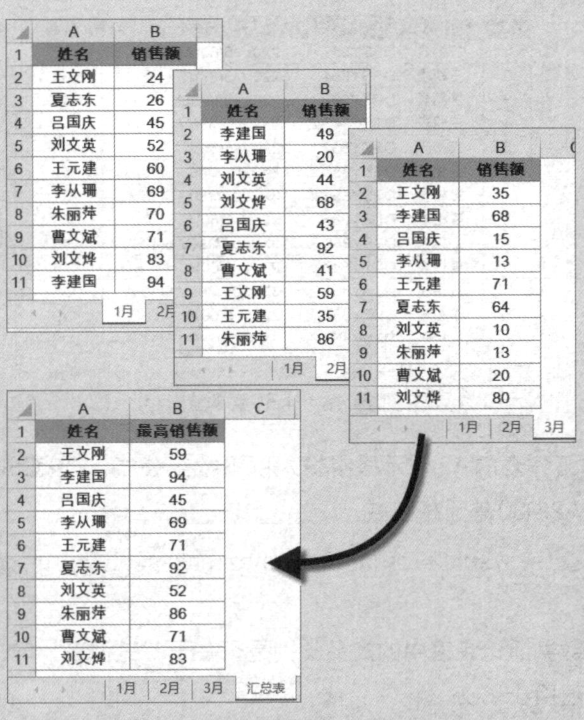

1月

	A	B
1	姓名	销售额
2	王文刚	24
3	夏志东	26
4	吕国庆	45
5	刘文英	52
6	王元建	60
7	李从珊	69
8	朱丽萍	70
9	曹文斌	71
10	刘文烨	83
11	李建国	94

2月

	A	B
1	姓名	销售额
2	李建国	49
3	李从珊	20
4	刘文英	44
5	刘文烨	68
6	吕国庆	43
7	夏志东	92
8	曹文斌	41
9	王文刚	59
10	王元建	35
11	朱丽萍	86

3月

	A	B
1	姓名	销售额
2	王文刚	35
3	李建国	68
4	吕国庆	15
5	李从珊	13
6	王元建	71
7	夏志东	64
8	刘文英	10
9	朱丽萍	13
10	曹文斌	20
11	刘文烨	80

汇总表

	A	B	C
1	姓名	最高销售额	
2	王文刚	59	
3	李建国	94	
4	吕国庆	45	
5	李从珊	69	
6	王元建	71	
7	夏志东	92	
8	刘文英	52	
9	朱丽萍	86	
10	曹文斌	71	
11	刘文烨	83	

图29-15 跨工作表计算最高销售额

公式中的“INDIRECT("'"&{"1月","2月","3月"}&"'!A:A")”部分使用连接符依次连接半角单引号、“{"1月","2月","3月"}”及“"'!A:A"”，得到3个具有引用样式的字符串{"'1月'!A:A","'2月'!A:A","'3月'!A:A"}，再使用INDIRECT函数将文本字符串变成实际的引用。也就是分别得到1月、2月和3月3个工作表A列的整列引用，以此作为SUMIF函数求和的条件区域。

“INDIRECT("'"&{"1月","2月","3月"}&"'!B:B")”部分的原理与之相同，分别得到1月、2月和3月3个工作表B列的整列引用，以此作为SUMIF函数实际的求和区域。

SUMIF函数返回“王文刚”在1月、2月和3月3个工作表的销售额如下。

```
{24,59,35}
```

最后用MAX函数计算出最高销售额。

29.5 总表拆分应用

示例29-10 按产品类型将总表数据拆分到分表

图29-16展示的是企业电料采购表的部分内容，需要根据产品类别，将数据分别拆分

到不同的工作表中。

	A	B	C	D	E
1	序号	类别	型号	规格	数量
2	1	三相表	DSSY847	220V 5(60)A	12
3	2	三相表	DSSY854	220V 5(67)A	33
4	3	单相表	DDZY992	220V 20(80)A	17
5	4	三相表	DTSY848-Z	3X220V/380V 5(41)A	16
6	5	三相表	DSSY852	220V 5(65)A	33
7	6	三相表	DTSY856-Z	3X220V/380V 5(49)A	52
8	7	三相表	DTSY852-Z	3X220V/380V 5(45)A	31
9	8	单相表	DDZY886	220V 5(60)A	83
10	9	三相表	DTSY855-Z	3X220V/380V 5(48)A	46
11	10	单相表	DDZY847	220V 5(60)A	76
12	11	三相表	DTSY857-Z	3X220V/380V 5(50)A	55
13	12	单相表	DDZY886	220V 5(60)A	10
14	13	三相表	DTSY851-Z	3X220V/380V 5(44)A	26

记录表 | 三相表 | 单相表

图29-16　电料采购表

在“三相表”工作表的A2单元格中输入以下数组公式，按<Ctrl+Shift+Enter>组合键，将公式复制到A2:D30单元格区域。

```
{=INDEX(记录表!B:B,SMALL(IF(记录表!$B$2:$B$38="三相表",ROW($2:$38),4^8),
ROW(A1)))&""}
```

公式使用IF函数判断记录表中的产品类别是否等于“三相表”，如果符合条件则返回对应的行号；否则返回65 536。

再使用SMALL函数从小到大依次提取出符合条件的行号，并使用INDEX函数得到记录表中各列中对应位置的记录。

按相同的思路，在“单相表”工作表的A2单元格中输入以下数组公式，按<Ctrl+Shift+Enter>组合键，将公式复制到A2:D30单元格区域。

```
{=INDEX(记录表!B:B,SMALL(IF(记录表!$B$2:$B$38="单相表",ROW($2:$38),4^8),
ROW(A1)))&""}
```

29.6　跨工作簿的数据汇总

使用函数与公式引用其他工作簿中的数据时，通常需要被引用的工作簿同时打开，否则可能会出现如图29-17所示的错误。

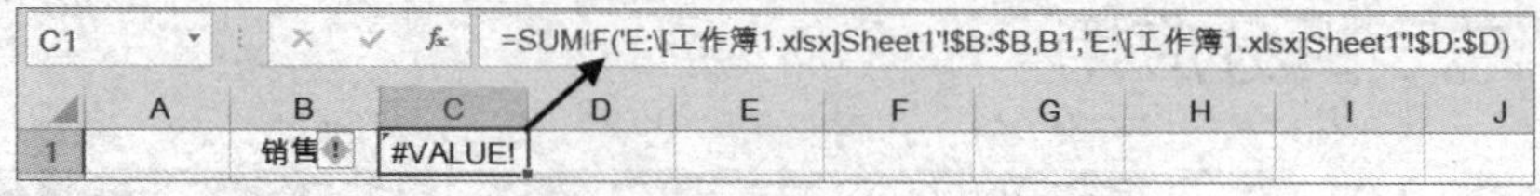

图29-17　跨工作簿使用公式返回错误值

为了便于数据管理和汇总，可以将有勾稽关系的多个工作簿中的工作表合并到同一个工作簿。

由Excel Home技术论坛开发的免费Excel插件“易用宝”，内置了多项与工作簿、工作表合并汇总有关的模块，使用该插件，用户可以快速实现合并工作簿、拆分工作簿等使用函数与公式无法完成的操作，如图29-18所示。

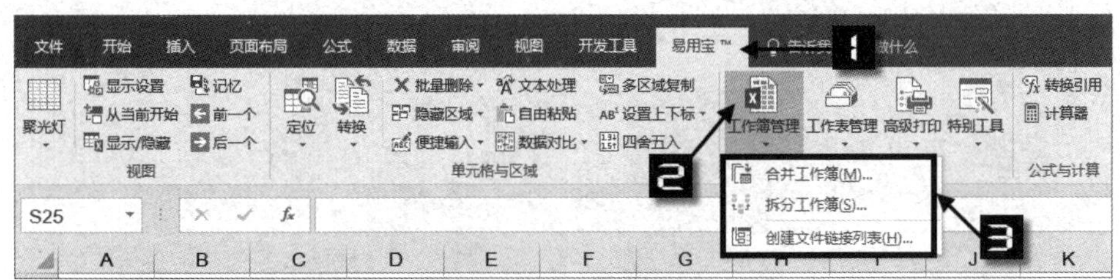

图29-18　易用宝界面

最新版的“易用宝2018”可用于32位及64位的Excel 2007、Excel 2010、Excel 2013、Excel 2016、Office 365及WPS，下载地址为http://yyb.excelhome.net/。安装成功后，在Excel功能区中会多出一个“易用宝™”的选项卡，用户可以像使用Excel内置命令一样方便地调用各个功能模块，从而让烦琐的操作变得简单可行，甚至能够一键完成，使数据处理与分析的过程更加简单。

练习与巩固

（1）请根据“练习29-1.xlsx”中的数据，在带有合并单元格的表格中计算每个人的销售总额。

（2）请根据“练习29-2.xlsx”中的数据，使用分类汇总功能汇总各部门的“代缴保险”“代缴个税”和“实发工资”。

（3）请根据“练习29-3.xlsx”中的数据，按人员从多个工作表中汇总工资总额。

（4）请根据“练习29-4.xlsx”中的数据，将总表中的数据按商品名称拆分到不同工作表中。

第四篇

其他功能中的函数应用

本篇重点介绍了函数与公式在条件格式、数据验证中的应用技巧，以及在高级图表制作中的函数应用。

第30章　条件格式中使用函数

使用Excel的条件格式功能，可以根据单元格中的内容应用指定的格式，改变某些具有指定特征数据的显示效果，使用户能够直观地查看和分析数据、发现关键问题。使用函数与公式作为条件格式的规则，能够实现更加个性化的数据展示需求，本章重点讲解条件格式中函数与公式的使用方法。

本章学习要点

(1) 在条件格式中使用函数与公式。
(2) 在条件格式中选择正确的引用方式。
(3) 函数与公式在条件格式中的应用实例。

30.1　条件格式中使用函数与公式的方法

在条件格式中，可设置的格式包括数字、字体、边框和填充颜色等。Excel内置的条件格式规则包括“突出显示单元格规则”“最前/最后规则”“数据条”“色阶”和“图标集”，能够满足大多数用户的应用需求。

在条件格式中使用函数与公式时，如果公式返回的结果为TRUE或不等于0的任意数值，则应用预先设置的格式效果；如果公式返回的结果为FALSE或数值0，则不会应用预先设置的格式效果。

示例30-1　突出显示低于计划完成额的数据

图30-1为某公司上半年销售记录表的部分内容。需要根据实际完成额和计划完成额进行判断，突出显示低于计划完成额的数据。

	A	B	C
1	日期	计划任务	实际完成
2	1月份	110700	94700
3	2月份	105700	105900
4	3月份	103200	92700
5	4月份		
6	5月份		
7	6月份		

	A	B	C
1	日期	计划任务	实际完成
2	1月份	110700	94700
3	2月份	105700	105900
4	3月份	103200	92700
5	4月份	111400	118800
6	5月份	84600	94300
7	6月份	104200	96800

图30-1　突出显示低于计划完成额的数据

具体操作步骤如下。

步骤① 选中C2:C7单元格区域，在【开始】选项卡中单击【条件格式】下拉按钮，在弹出的下拉菜单中选择【新建规则】命令，如图30-2所示。

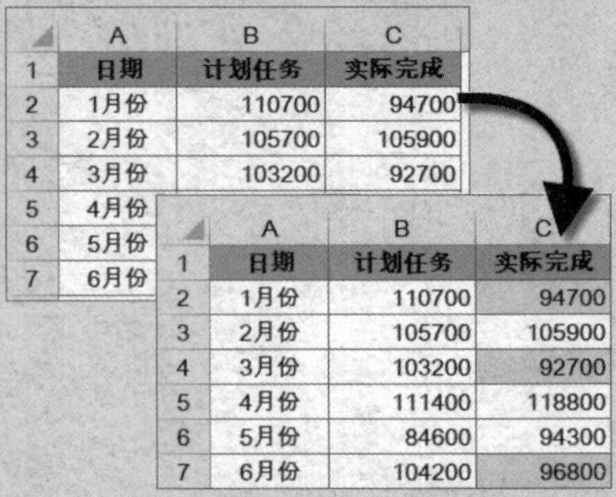

步骤② 在弹出的【新建格式规则】对话框中，选择【选择规则类型】列表框中的【使用公式确定要设置格式的单元格】选项，然后在【为符合此公式的值设置格式】编辑框中输入以下公式。

```
=C2<B2
```

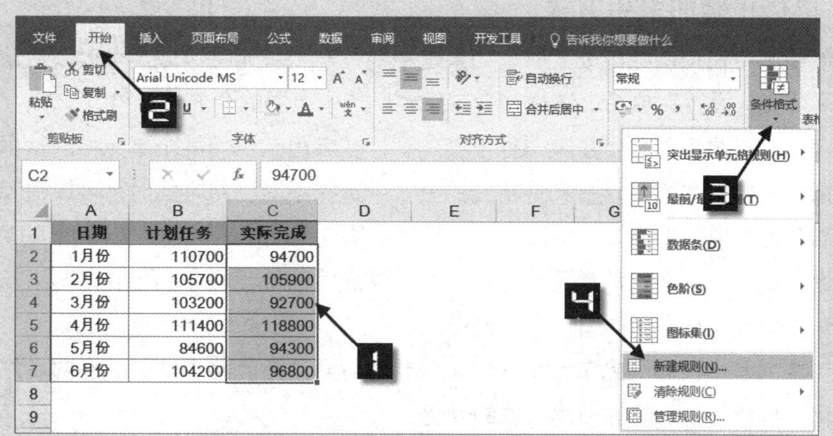

图30-2　新建条件格式规则

步骤③ 单击【格式】按钮，弹出【设置单元格格式】对话框。切换到【填充】选项卡，选择一种背景色，如橙色，单击【确定】按钮，返回【新建格式规则】对话框，再次单击【确定】按钮关闭对话框，如图30-3所示。

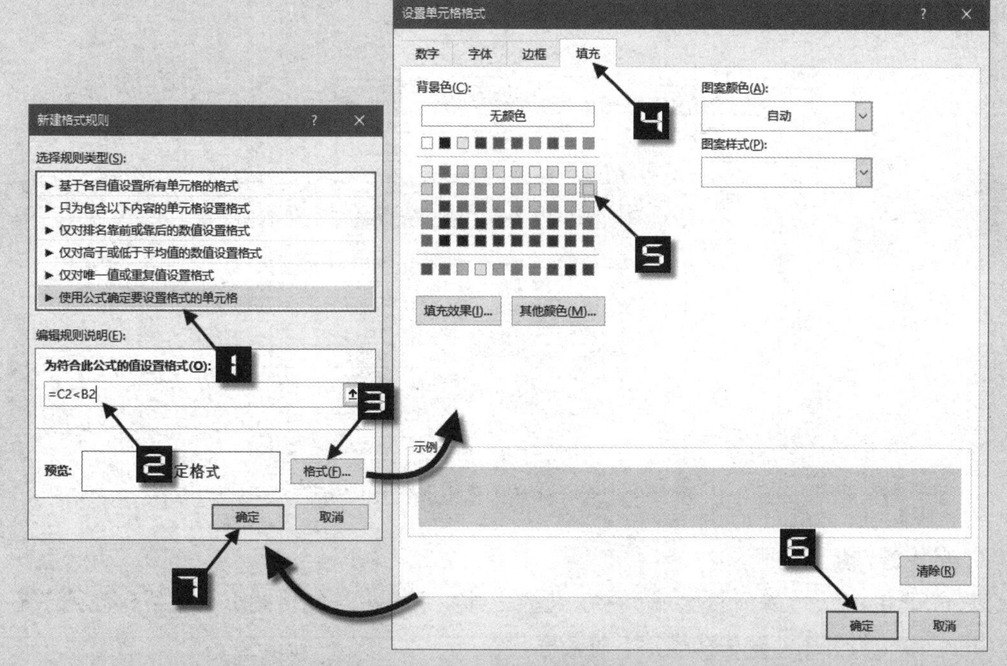

图30-3　设置单元格格式

使用公式“=C2<B2”判断C2单元格的数值是否小于B2单元格的数值，返回逻辑值TRUE或FALSE，Excel再以此作为条件格式的执行规则。

设置完成后，所选区域中小于计划完成额的数据全部以指定的背景色突出显示。

30.1.1 选择正确的引用方式

在条件格式中使用函数与公式时，如果选中的是一个单元格区域，可以以活动单元格作为参照编写公式，设置完成后，该规则会应用到所选中范围的全部单元格。

如果需要在公式中固定引用某一行或某一列，或者固定引用某个单元格的数据，需要特别注意选择不同的引用方式。在条件格式的公式中选择不同引用方式时，可以理解为在所选区域的活动单元格中输入公式，然后将公式复制到所选范围内。

如果选中的是一列多行的单元格区域，需要注意活动单元格中的公式在向下复制时引用范围的变化，也就是行方向的引用方式的变化。

如果选中的是一行多列的单元格区域，需要注意活动单元格中的公式在向右复制时引用范围的变化，也就是列方向的引用方式的变化。

如果选中的是多行多列的单元格区域，需要注意活动单元格中的公式在向下、向右复制时引用范围的变化，也就是要同时考虑行方向和列方向的引用方式的变化。

示例30-2 自动标记收益率最高的债券

如图30-4所示，需要根据D列的债券到期收益率，整行突出显示收益率最高的债券记录。

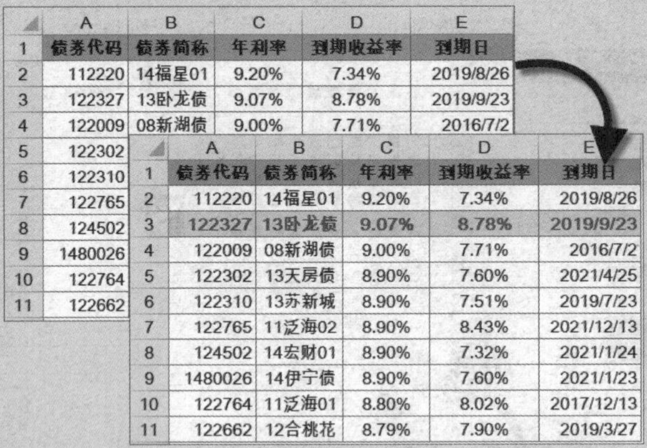

	A	B	C	D	E
1	债券代码	债券简称	年利率	到期收益率	到期日
2	112220	14福星01	9.20%	7.34%	2019/8/26
3	122327	13卧龙债	9.07%	8.78%	2019/9/23
4	122009	08新湖债	9.00%	7.71%	2016/7/2
5	122302	13天房债	8.90%	7.60%	2021/4/25
6	122310	13苏新城	8.90%	7.51%	2019/7/23
7	122765	11泛海02	8.90%	8.43%	2021/12/13
8	124502	14宏财01	8.90%	7.32%	2021/1/24
9	1480026	14伊宁债	8.90%	7.60%	2021/1/23
10	122764	11泛海01	8.80%	8.02%	2017/12/13
11	122662	12合桃花	8.79%	7.90%	2019/3/27

图30-4 自动标记收益率最高的债券

具体操作步骤如下。

步骤① 选中A2:E11单元格区域，依次选择【开始】→【条件格式】→【新建规则】命令，打开【新建格式规则】对话框。

步骤② 在弹出的【新建格式规则】对话框中，选择【选择规则类型】列表框中的【使用公式确定要设置格式的单元格】选项，然后在【为符合此公式的值设置格式】编辑框中输入以下公式，如图30-5所示。

```
=$D2=MAX($D$2:$D$11)
```

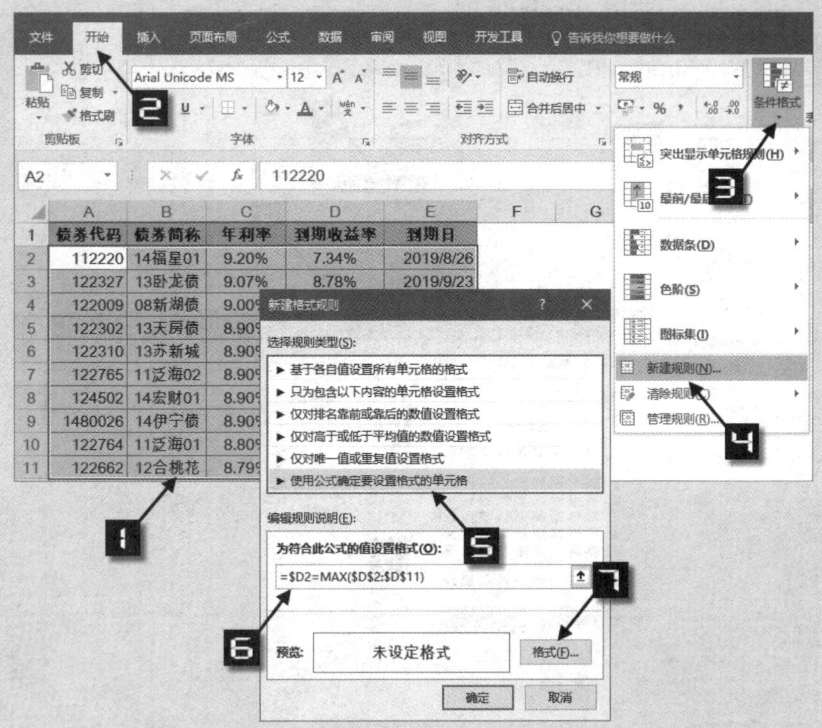

图30-5 新建格式规则

步骤③ 单击【格式】按钮，打开【设置单元格格式】对话框。切换到【字体】选项卡，在【字形】列表框中选择【加粗】选项，单击【颜色】下拉按钮，在弹出的主题颜色面板中选择字体颜色为深红色。然后切换到【填充】选项卡，选择一种背景色，如橙色，单击【确定】按钮，返回【新建格式规则】对话框，再次单击【确定】按钮，关闭对话框完成设置，如图30-6所示。

本例中条件格式设置的公式如下。

```
=$D2=MAX($D$2:$D$11)
```

公式先使用“MAX($D$2:$D$11)”部分计算出D列的收益率最大值，然后与D2单元格中的数值进行比较，判断该单元格中的数值是否等于该列的最大值。

因为事先选中的是一个多行多列的单元格区域，并且每一行中都要以该行D列的到期收益率作为比对的基础，所以$D2使用列绝对引用。而每一行每一列都要以$D$2:$D$11单元格区域的最大值作为判断标准，所以行、列都使用了绝对引用方式。

提示

使用条件格式时，如果工作表中有多个符合条件的记录，这些记录都将应用预先设置的格式效果。

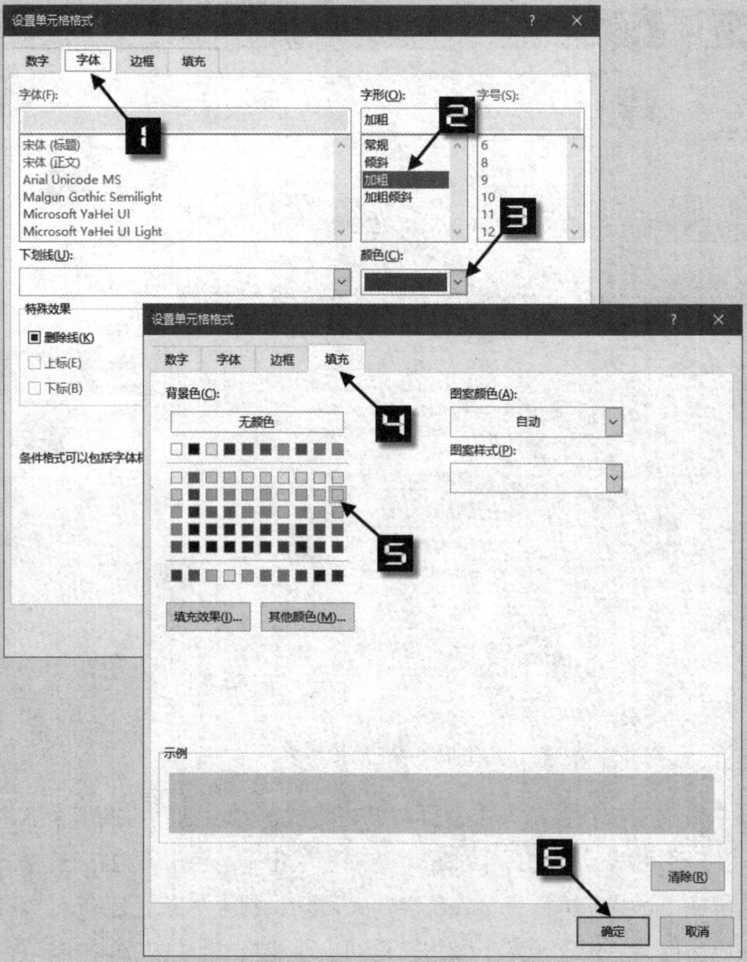

图 30-6　设置单元格格式

30.1.2　查看或编辑已有条件格式公式

如果要查看或编辑已有的条件格式公式，具体操作步骤如下。

步骤① 在【开始】选项卡下单击【查找和选择】下拉按钮，在弹出的下拉菜单中选择【条件格式】命令，选中当前工作表中所有设置了条件格式的单元格，如图30-7所示。

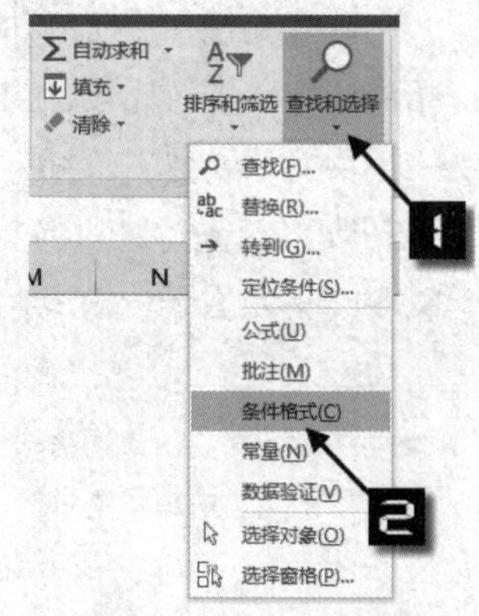

图 30-7　定位条件格式

步骤② 依次选择【开始】→【条件格式】→【管理规则】命令，打开【条件格式规则管理器】对话框。在规则列表中选中要编辑查看的规则，在【应用于】编辑框中可以修改当前条件格式的应用范围，也可以单击【编辑规则】按钮，打开【编辑格式规则】对话框，如图30-8所示。

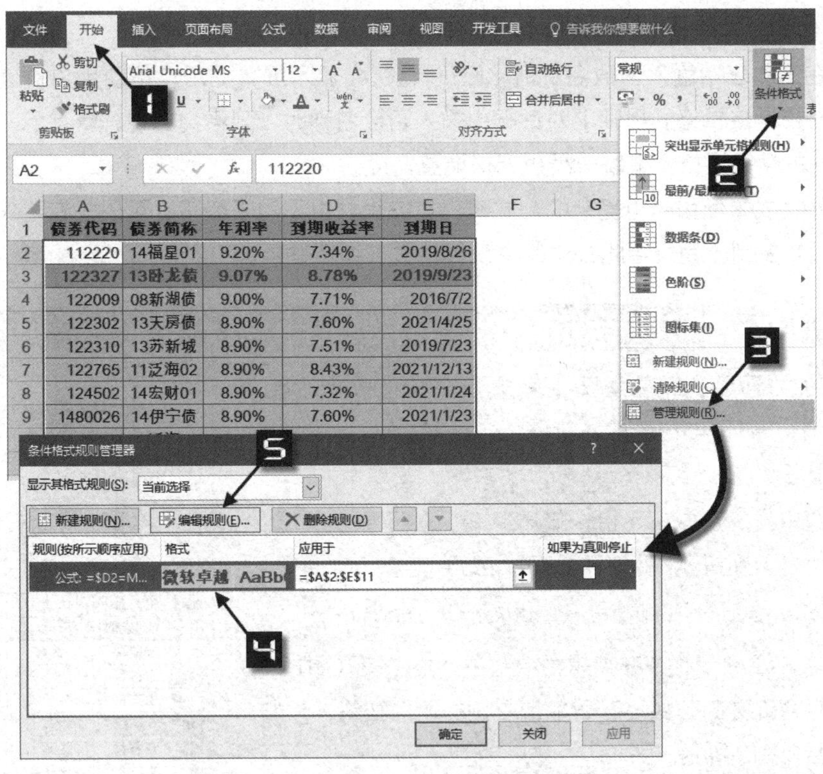

图30-8　条件格式规则管理器

步骤③ 如图30-9所示，在【编辑格式规则】对话框中，可以查看和编辑已有的公式，也可以重新设置其他格式规则。在【编辑格式规则】对话框中编辑公式时，与在工作表的编辑栏中编辑公式的方式有所不同。如果要按方向键移动光标位置，默认会添加加号和与活动单元格相邻的单元格地址，如图30-10所示。也可以先按<F2>键，然后再按左右方向键，即可正常移动光标位置。

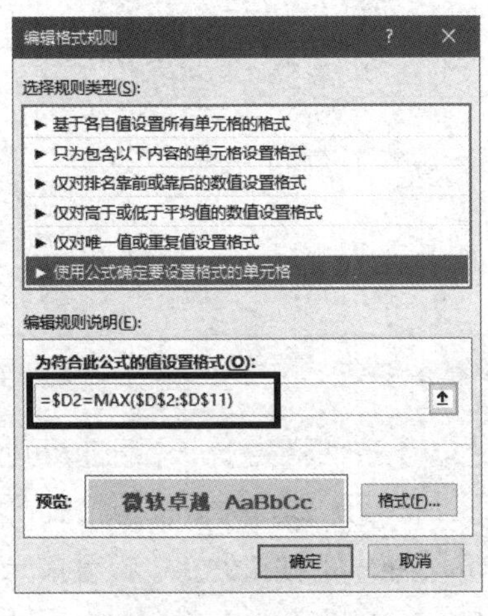

图30-9　编辑格式规则

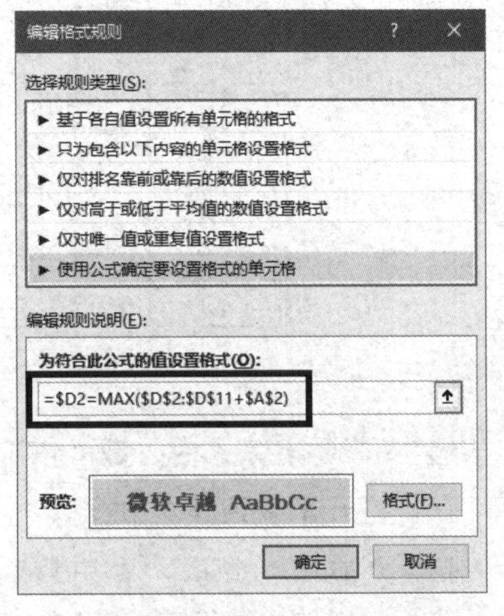

图30-10　默认编辑公式

30.1.3 在工作表中编写条件格式公式

用户在工作表中输入函数名称时，Excel默认会显示屏幕提示，帮助用户快速选择适合的函数，而在【编辑格式规则】对话框中输入函数名称时，则不会出现屏幕提示，而且【为符合此公式的值设置格式】编辑框也无法调整宽度。

在条件格式中使用较为复杂的公式时，在编辑框中不利于编写。可以先在工作表中编写公式，然后复制到【为符合此公式的值设置格式】编辑框中。

示例30-3 自动标记不同部门的考核第一名

图30-11所示为某公司员工考核记录表的部分内容，需要自动标记不同部门的考核第一名。

	A	B	C
1	部门	姓名	技能考核
2	生产部	张树芳	84
3	安监部	张钟淑	85
4	仓储部	田丽	90
5	生产部	何维礼	96
6	生产部	张丽娟	81
7	安监部	王云祥	82
8	生产部	马敏慧	75
9	生产部	徐菲霞	76
10	安监部	周世华	97
11	安监部	普雪	93
12	生产部	毕学智	94
13	生产部	孙兰清	94
14	仓储部	汤志宁	91
15	仓储部	张云生	76
16	生产部	李开义	82

图30-11 标记不同部门的考核第一名

具体操作步骤如下。

步骤① 选中任意空白单元格，如E2，输入以下数组公式，但是无须按<Ctrl+Shift+Enter>组合键。

```
=$C2=MAX(IF($A$2:$A$16=$A2,$C$2:$C$16))
```

步骤② 单击E2单元格，在编辑栏中选中公式，按<Ctrl+C>组合键复制公式，然后单击左侧的取消按钮✕，如图30-12所示。

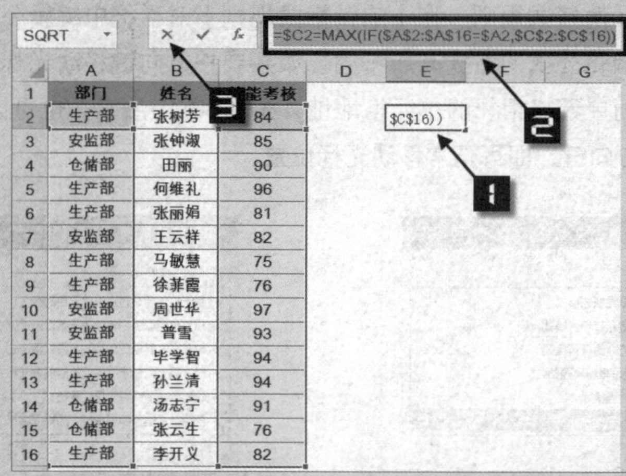

图30-12 在编辑栏中复制公式

步骤③ 选中A2:C16单元格区域，依次选择【开始】→【条件格式】→【新建规则】命令，打开【新建格式规则】对话框。单击【为符合此公式的值设置格式】编辑框，然后按<Ctrl+V>组合键粘贴公式，再单击【格式】按钮，在【设置单元格格式】对话框中按需要设置格式效果即可，如图30-13所示。

条件格式中的公式首先使用IF函数，判断$A$2:$A$16单元格区域中的部门是否等于$A2单元格的部门，如果条件成立则返回$C$2:$C$16单元格区域中对应的数值，否则返回逻辑值FALSE。

再使用MAX函数忽略内存数组中的逻辑值计算出最大的数值。

最后将$C2单元格中的数值与MAX函数的结果进行比对，返回逻辑值TRUR或FALSE。

提示 在条件格式中使用数组公式时，不需要按<Ctrl+Shift+Enter>组合键结束。

图30-13　在【新建格式规则】对话框中粘贴公式

在同一个单元格区域的条件格式中可以添加多个规则。同样，也可以使用多个不同的公式作为条件格式规则，实现更加个性化的显示效果。

示例30-4　分别标记不同部门的考核第一名

继续使用示例30-3中的数据。在示例30-3中，3个部门的考核第一名都应用了同一种颜色突出显示。如需将每个部门的考核第一名分别应用不同的颜色，也可以使用条件格式完成，如图30-14所示。

	A	B	C
1	部门	姓名	技能考核
2	生产部	张树芳	84
3	安监部	张钟淑	85
4	仓储部	田丽	90
5	生产部	何维礼	96
6	生产部	张丽娟	81
7	安监部	王云祥	82
8	生产部	马敏慧	75
9	生产部	徐菲霞	76
10	安监部	周世华	97
11	安监部	普雪	93
12	生产部	毕学智	94
13	生产部	孙兰清	94
14	仓储部	汤志宁	91
15	仓储部	张云生	76
16	生产部	李开义	82

图30-14　应用不同的颜色突出显示

具体操作步骤如下。

步骤1 在任意空白单元格中，如E2~G2单元格，分别输入以下数组公式，无须按<Ctrl+Shift+Enter>组合键。

```
=($C2=MAX(IF($A$2:$A$16=$A2,$C$2:$C$16)))*($A2="生产部")
=($C2=MAX(IF($A$2:$A$16=$A2,$C$2:$C$16)))*($A2="安监部")
=($C2=MAX(IF($A$2:$A$16=$A2,$C$2:$C$16)))*($A2="仓储部")
```

步骤2 单击E2单元格，在编辑栏中选中公式，按<Ctrl+C>组合键复制公式，然后单击左侧的取消按钮✕。

步骤3 选中A2:C16单元格区域，依次选择【开始】→【条件格式】→【新建规则】命令，打开【新建格式规则】对话框。单击【为符合此公式的值设置格式】编辑框，然后按<Ctrl+V>组合键粘贴公式。再单击【格式】按钮，在【设置单元格格式】对话框中切换到【填充】选项卡，在颜色面板中选择一种需要标记的颜色，最最后依次单击【确定】按钮关闭对话框。

步骤④ 单击F2单元格，重复步骤2和步骤3，设置条件格式。

步骤⑤ 单击G2单元格，再次重复步骤2和步骤3，设置条件格式。

设置完毕后，即可按不同部门分别应用指定的颜色突出显示。

以条件格式中的第一个公式为例，首先用C2单元格中的数值与MAX函数的结果进行比对，返回逻辑值TRUR或FALSE。

然后再用“$A2="生产部"”，对比A2单元格的内容是否等于指定的部门，也返回逻辑值TRUE或FALSE。

最后将两个判断条件得到的逻辑值相乘，如果两个条件同时符合，相当于TRUE*TRUE，在四则运算中逻辑值TRUE的作用相当于1，FALSE的作用相当于0，因此TRUE*TRUE的结果为1。如果两个条件符合其一或都不符合，则相当于FALSE*TRUE或FALSE*FALSE，计算结果都为0。

提示

1. 同一个工作表中的条件格式规则不要太多，否则就失去了突出显示数据的意义。

2. 设置条件格式规则时，按实际数据区域选择即可，如果在应用条件格式的范围较大或在整个工作表中设置条件格式，会使工作表运行缓慢。

3. 设置条件格式时，设置的突出显示颜色效果不要过于鲜艳。

30.1.4 其他注意事项

1. 不能使用数组常量

	A	B	C
1	部门	姓名	技能考核
2	生产部	张树芳	84
3	安监部	张钟淑	85
4	仓储部	田丽	90
5	生产部	何维礼	96
6	生产部	张丽娟	81
7	安监部	王云祥	82
8	生产部	马敏慧	75
9	生产部	徐菲霞	76
10	安监部	周世华	97
11	安监部	普雪	93
12	生产部	毕学智	94
13	生产部	孙兰清	94
14	仓储部	汤志宁	91
15	仓储部	张云生	76
16	生产部	李开义	82

图30-15 突出显示两个部门的记录

如图30-15所示，需要突出显示安监部和仓储部两个部门的所有记录。

在条件格式的公式中不能使用数组常量。假如在【新建格式规则】对话框的【为符合此公式的值设置格式】编辑框中添加以下公式并设置单元格格式后，单击【确定】按钮会弹出图30-16所示的错误提示。

```
=OR(A2={"安监部","仓储部"})
```

图30-16 错误提示

公式的正确写法如下。

```
=OR($A2="安监部",$A2="仓储部")
```

公式将数组常量拆分开，分别对A2单元格中的部门做两次判断。再使用OR函数，如果两个判断的结果中有一个是逻辑值TRUE，Excel即可应用预先设置的突出显示效果。

2. 复制应用了公式规则的条件格式

在某个单元格区域中使用了条件格式之后，可以使用【格式刷】功能将其应用到工作表中的其他数据区域。如图30-17所示，B列设置了条件格式，用于突出显示高于一组平均考核分数的记录，公式如下。

```
=B4>$B$1
```

如果希望将条件格式复制到E列，突出显示高于二组平均考核分数的记录，具体操作步骤如下。

	A	B	C	D	E
1	一组平均分	86.2		二组平均分	83.3
2					
3	姓名	技能考核		姓名	技能考核
4	吕孝荣	86		魏莲花	86
5	苏祖寿	82		杨志卿	94
6	苏家浒	88		李娅萍	83
7	沈秋萍	89		李燕红	80
8	张琼芳	82		赵文莉	96
9	郭简	90		燕光跃	83
10	高崇珍	96		吴大友	82
11	刘泽红	78		黄红萍	73
12	朱广雄	93		杜纪霖	85
13	王启忠	78		邹春英	71

图30-17 复制应用了公式规则的条件格式

步骤① 选中已设置了条件格式的B4:B13单元格区域，然后在【开始】选项卡下单击【格式刷】按钮。

步骤② 此时光标会变成✚形状，单击右侧单元格区域的起始位置E4单元格，即可将B4:B13单元格区域的所有格式应用到E4:E13单元格区域，如图30-18所示。

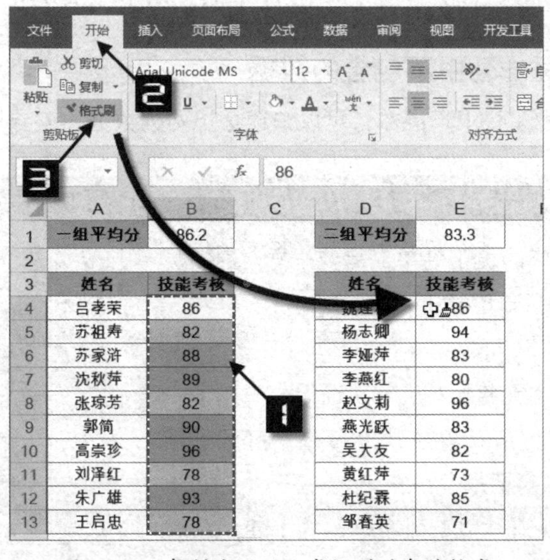

图30-18 复制应用了公式规则的条件格式

注意

使用格式刷功能复制的条件格式中如果包含公式，必须要调整公式中的相对引用和绝对引用方式。

步骤③ 单击E4单元格，依次选择【开始】→【条件格式】→【管理规则】命令，打开【条件格式规则管理器】对话框。在规则列表中选中格式规则，然后单击【编辑规则】按钮，打开【编辑格式规则】对话框，将【为符合此公式的值设置格式】编辑框公式中的“$B$1”修改为“$E$1”，如图30-19所示，最后依次单击【确定】按钮关闭对话框。

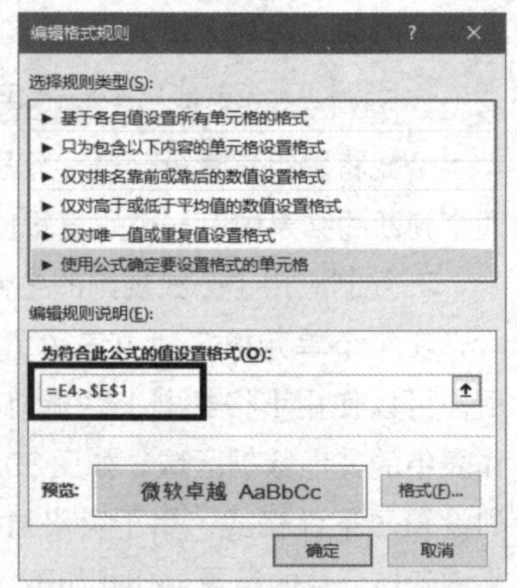

图30-19 编辑格式规则

扫描以下二维码，可观看关于在条件格式中使用函数与公式的更加详细的视频讲解。

30.2 函数与公式在条件格式中的应用实例

30.2.1 突出显示另一列中不包含的数据

在条件格式中使用COUNTIF函数，可以快速标记两列数据的差异情况。

示例30-5 突出显示本月新增员工

图30-20为某部门的员工名单，需要根据A列的员工名单，突出显示本月新增员工。

具体操作步骤如下。

步骤① 选中C2:C16单元格区域，依次选择【开始】→【条件格式】→【新建规则】命令，打开【新建格式规则】对话框。

步骤② 选择【选择规则类型】列表框中的【使用公式确定要设置格式的单元格】选项，然后在【为符合此公式的值设置格式】编辑框中输入以下公式，如图30-21所示。

```
=COUNTIF($A:$A,C2)=0
```

	A	B	C
1	1月份名单		本月名单
2	张树芳		周世华
3	张钟淑		梁建邦
4	田丽		毕学智
5	何维礼		金宝增
6	张丽娟		张树芳
7	王云祥		张丽娟
8	马敏慧		马敏慧
9	徐菲霞		李开义
10	周世华		王云祥
11	普雪		陈丽娟
12	毕学智		徐美明
13	孙兰清		汤志宁
14	汤志宁		孙兰清
15	张云生		冯石柱
16	李开义		何维礼

图30-20 突出显示本月新增员工

步骤③ 单击【格式】按钮，在【设置单元格格式】对话框的【填充】选项卡下选择一种颜色，如橙色，最后依次单击【确定】按钮关闭对话框。

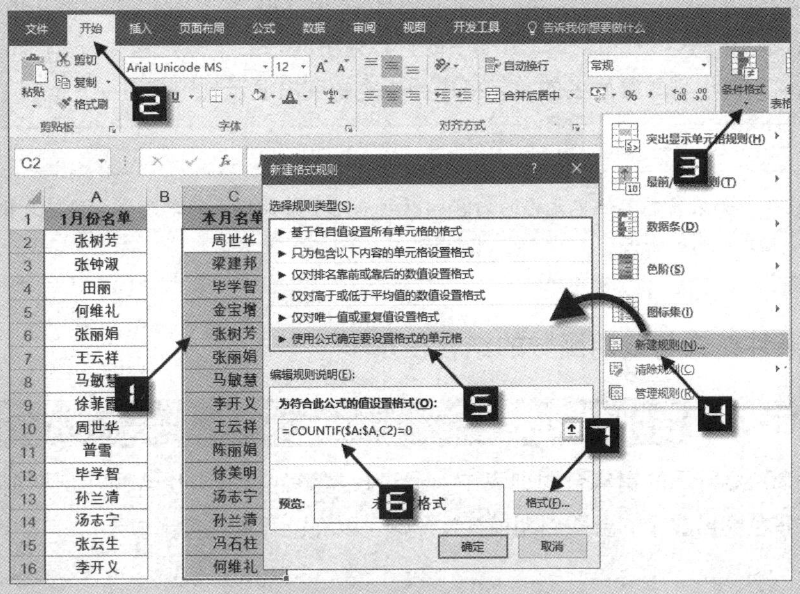

图 30-21　新建格式规则

公式中的“COUNTIF($A:$A,C2)”部分用于统计A列中包含多少个与C2单元格相同的姓名。如果COUNTIF函数的结果等于0，则说明该员工是本月新增人员。

30.2.2　使用逐行扩展的数据范围

在工作表中使用公式时，经常会用到类似$A$1: $A1的引用方式，将公式复制到不同单元格时，引用范围能够自动扩展。在条件格式中也可以使用类似的引用方式，实现更加灵活的显示效果。

示例30-6　突出显示重复输入的姓名

在图30-22所示的员工信息表中，使用条件格式能够对重复输入的姓名进行标识。

具体操作步骤如下。

步骤① 选中B2:B100单元格区域，依次选择【开始】→【条件格式】→【新建规则】命令，打开【新建格式规则】对话框。

步骤② 在【为符合此公式的值设置格式】编辑框中输入以下公式。

```
=COUNTIF($B$2:B2,B2)>1
```

	A	B
1	工号	姓名
2	GH-001	叶知秋
3	GH-002	白如雪
4	GH-003	夏无冬
5	GH-004	程元春
6	GH-005	袁承志
7	GH-006	祁同伟
8	GH-007	高育良
9	GH-008	夏无冬
10	GH-009	孟飞腾

图 30-22　突出显示重复输入的姓名

步骤3 单击【格式】按钮，在【设置单元格格式】对话框的【填充】选项卡中选择一种颜色，如橙色，最后依次单击【确定】按钮关闭对话框。

COUNTIF函数的第一参数使用“$B$2:B2”，用来形成一个从$B$2单元格开始到公式所在行的动态统计范围，在此范围中统计B列中的姓名个数是否大于1。如果重复输入了姓名，则对出现重复姓名的单元格应用指定的突出显示规则。

提示

如果复制其他单元格的内容粘贴到应用了条件格式的单元格，该单元格中的条件格式规则将丢失。

30.2.3 条件格式与日期函数的结合使用

示例30-7 合同到期提醒

在图30-23所示的销售合同列表中，通过设置条件格式，使合同在到期前7天开始以橙色背景色突出显示。合同到期前5天开始，以红色背景色突出显示。

	A	B	C	D	E
1	合同编号	客户名	经手人	生效日期	合同到期
2	HT-001	无锡远达	文仙朵	2017/1/13	2018/5/13
3	HT-002	嘉城重工	何伟彬	2017/2/15	2018/6/15
4	HT-003	锦州必成	马向阳	2017/1/9	2018/1/9
5	HT-004	天津世昌	何大茂	2017/12/17	2018/1/17
6	HT-005	北京嘉华	袁承志	2016/12/25	2018/4/25
7	HT-006	上海海华	祁同伟	2017/3/5	2018/1/5
8	HT-007	天津天成	高育良	2017/5/16	2018/9/16

图30-23 合同到期提醒

具体操作步骤如下。

步骤1 选中A2:E8单元格区域，依次选择【开始】→【条件格式】→【新建规则】命令，打开【新建格式规则】对话框。

步骤2 在【为符合此公式的值设置格式】编辑框中输入以下公式。

```
=AND($E2>=TODAY(),$E2-TODAY()<7)
```

步骤3 单击【格式】按钮，在【设置单元格格式】对话框的【填充】选项卡中选择一种颜色，如橙色，最后依次单击【确定】按钮关闭对话框。

步骤4 重复步骤1和步骤2，在【为符合此公式的值设置格式】编辑框中输入以下公式。

```
=AND($E2>=TODAY(),$E2-TODAY()<5)
```

重复步骤3，在【填充】选项卡下的背景色颜色面板中选择一种颜色，如红色，最后依次单击【确定】按钮完成设置。

本例第一个条件格式规则的公式中，分别使用两个条件对E2单元格中的日期进行判断。

第1个条件“$E2>=TODAY()”，用于判断E2单元格中的合同到期日期是否大于等于当前系统日期。

第2个条件“$E2-TODAY()<7”，用于判断E2单元格中的合同到期日期是否与当前系统日期的间隔小于7。

第2个条件格式规则的公式原理与之相同。

示例30-8　员工生日提醒

图30-24为某企业员工信息表的部分内容，需要在员工生日前7天在Excel中自动提醒。

	A	B	C
1	姓名	部门	出生日期
2	张丽娟	生产部	1973/1/4
3	王云祥	安监部	1981/10/1
4	马敏慧	仓储部	1985/1/9
5	徐菲霞	生产部	1992/10/8
6	周世华	生产部	1969/5/30
7	张云生	安监部	1989/6/2
8	毕学智	生产部	1980/2/6
9	孙兰清	生产部	1978/1/9

图30-24　员工生日提醒

具体操作步骤如下。

步骤① 选中A2:C9单元格区域，依次选择【开始】→【条件格式】→【新建规则】命令，打开【新建格式规则】对话框。

步骤② 在【为符合此公式的值设置格式】编辑框中输入以下公式。

```
=DATEDIF($C2,TODAY()+7,"yd")<=7
```

步骤③ 单击【格式】按钮，在【设置单元格格式】对话框的【填充】选项卡中选择一种背景颜色，如橙色，最后依次单击【确定】按钮关闭对话框。

DATEDIF函数用于计算两个日期之间的间隔，第三参数为“yd”时，计算忽略年份的日期之差。

TODAY函数用于返回当前的系统日期。

“DATEDIF($C2,TODAY()+7,"yd")”部分用于计算C2单元格中的出生日期距离系统当前日期7天后的间隔天数。

> 由于DATEDIF函数第三参数在使用“yd”时有特殊的计算规则，因此当结束日期是3月份时，计算结果可能会出现一天的误差。处理方法请参考13.4节。

示例30-9　突出显示本周工作安排

图30-25为某部门月工作计划安排表的部分内容，为了便于工作落实管理，需要突出显示本周的计划内容。

具体操作步骤如下。

步骤① 选中A2:C32单元格区域，依次选择【开始】→【条件格式】→【新建规则】命令，打开【新建格式规则】对话框。

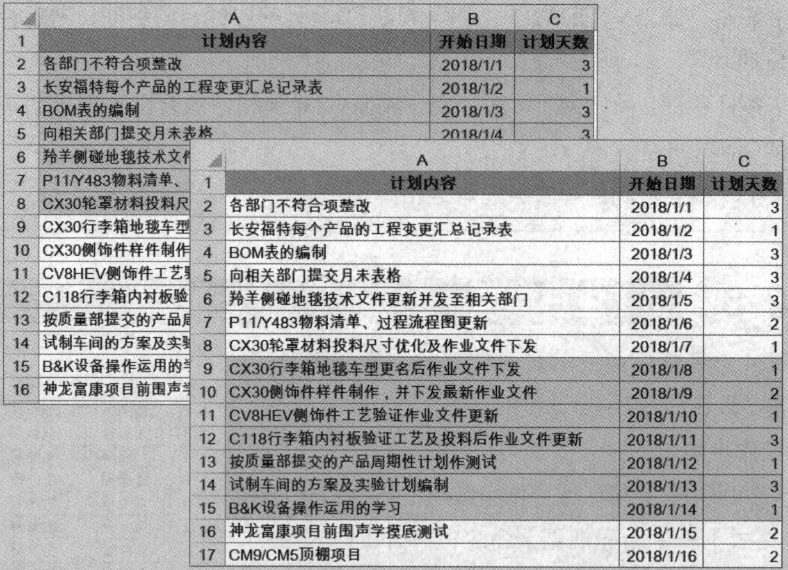

	A	B	C
1	计划内容	开始日期	计划天数
2	各部门不符合项整改	2018/1/1	3
3	长安福特每个产品的工程变更汇总记录表	2018/1/2	1
4	BOM表的编制	2018/1/3	3
5	向相关部门提交月末表格	2018/1/4	3
6	羚羊侧碰地毯技术文件		
7	P11/Y483物料清单、		
8	CX30轮罩材料投料尺		
9	CX30行李箱地毯车型		
10	CX30侧饰件样件制作		
11	CV8HEV侧饰件工艺		
12	C118行李箱内衬板验		
13	按质量部提交的产品周		
14	试制车间的方案及实验		
15	B&K设备操作运用的学		
16	神龙富康项目前围声学		

	A	B	C
1	计划内容	开始日期	计划天数
2	各部门不符合项整改	2018/1/1	3
3	长安福特每个产品的工程变更汇总记录表	2018/1/2	1
4	BOM表的编制	2018/1/3	3
5	向相关部门提交月末表格	2018/1/4	3
6	羚羊侧碰地毯技术文件更新并发至相关部门	2018/1/5	3
7	P11/Y483物料清单、过程流程图更新	2018/1/6	2
8	CX30轮罩材料投料尺寸优化及作业文件下发	2018/1/7	1
9	CX30行李箱地毯车型更名后作业文件下发	2018/1/8	1
10	CX30侧饰件样件制作，并下发最新作业文件	2018/1/9	2
11	CV8HEV侧饰件工艺验证作业文件更新	2018/1/10	1
12	C118行李箱内衬板验证工艺及投料后作业文件更新	2018/1/11	3
13	按质量部提交的产品周期性计划作测试	2018/1/12	1
14	试制车间的方案及实验计划编制	2018/1/13	3
15	B&K设备操作运用的学习	2018/1/14	1
16	神龙富康项目前围声学摸底测试	2018/1/15	2
17	CM9/CM5顶棚项目	2018/1/16	2

图30-25 突出显示本周工作安排

步骤② 在【为符合此公式的值设置格式】编辑框中输入以下公式。

```
=($B2>TODAY()-WEEKDAY(TODAY(),2))*($B2<=TODAY()-WEEKDAY(TODAY(),2)+7)
```

步骤③ 单击【格式】按钮，在【设置单元格格式】对话框的【填充】选项卡中选择一种颜色，如橙色，最后依次单击【确定】按钮关闭对话框。

在条件格式中的公式中，首先用“WEEKDAY(TODAY(),2)”函数计算出表示系统日期所属星期几的数值，假如系统日期为2018年1月10日，该部分的结果为3。然后用系统当前日期减去这个结果，得到上周的最后一天。

“TODAY()-WEEKDAY(TODAY(),2)+7”部分，用上周的最后一天加上7，得到本周的最后一天。

再分别判断B2单元格中的日期是否大于上周的最后一天，以及是否小于等于本周的最后一天。最后将两个判断条件相乘，如果两个条件同时符合，说明B2单元格中的日期在本周范围内，公式返回1。否则就不是本周的日期，公式返回0。

30.2.4 条件格式与VBA代码的结合使用

使用条件格式结合VBA代码，能够在单击某个单元格时，突出显示活动单元格所在行列，实现类似聚光灯的功能。在数据较多的工作表中，更便于用户查看和阅读。

示例30-10 制作便于查看数据的“聚光灯”

图30-26为在销售记录表中制作出的聚光灯效果。

	A	B	C	D	E	F	G
1	仓库编码	仓库	出库日期	出库单号	记账人	出库类别	出库类别
2	111	A-1库区	2017/1/1	7878200035963	牛莉莉	205	销售出库
3	111	A-1库区	2017/1/1	7878200035963	牛莉莉	205	销售出库
4	111	A-1库区	2017/1/1	7878200035963	牛莉莉	205	销售出库
5	111	A-1库区	2017/1/1	7878200035963	牛莉莉	205	销售出库
6	111	A-1库区	2017/1/1	7878200035963	牛莉莉	205	销售出库
7	111	A-1库区	2017/1/1	7878200035963	牛莉莉	205	销售出库
8	111						
9	111						
10	111						

	A	B	C	D	E	F	G
1	仓库编码	仓库	出库日期	出库单号	记账人	出库类别	出库类别
2	111	A-1库区	2017/1/1	7878200035963	牛莉莉	205	销售出库
3	111	A-1库区	2017/1/1	7878200035963	牛莉莉	205	销售出库
4	111	A-1库区	2017/1/1	7878200035963	牛莉莉	205	销售出库
5	111	A-1库区	2017/1/1	7878200035963	牛莉莉	205	销售出库
6	111	A-1库区	2017/1/1	7878200035963	牛莉莉	205	销售出库
7	111	A-1库区	2017/	7878200035963	牛莉莉	205	销售出库
8	111	A-1库区	2017/1/1	7878200035964	牛莉莉	205	销售出库
9	111	A-1库区	2017/1/1	7878200035964	牛莉莉	205	销售出库
10	111	A-1库区	2017/1/1	7878200035964	牛莉莉	205	销售出库

图30-26 聚光灯效果

具体操作步骤如下。

步骤① 单击数据区域中的任意单元格，按<Ctrl+A>组合键选中整个数据区域，依次选择【开始】→【条件格式】→【新建规则】命令，打开【新建格式规则】对话框。

步骤② 在【为符合此公式的值设置格式】编辑框中输入以下公式。

```
=(CELL("row")=ROW())+(CELL("col")=COLUMN())
```

步骤③ 单击【格式】按钮，在【设置单元格格式】对话框的【填充】选项卡下选择一种背景颜色，如橙色，最后依次单击【确定】按钮关闭对话框。

步骤④ 保持数据区域的选中状态，再次选择【开始】→【条件格式】→【新建规则】命令，打开【新建格式规则】对话框。

步骤⑤ 在【为符合此公式的值设置格式】编辑框中输入以下公式。

```
=(CELL("row")=ROW())*(CELL("col")=COLUMN())
```

步骤⑥ 单击【格式】按钮，在【设置单元格格式】对话框的【填充】选项卡下选择一种背景颜色，如红色，最后依次单击【确定】按钮关闭对话框。

步骤⑦ 按<Alt+F11>组合键打开VBE界面，在左侧的工程资源管理器中单击需要设置聚光灯的工作表对象，然后在右侧的代码窗口中输入以下代码，如图30-27所示。

```
Private Sub Worksheet_SelectionChange(ByVal Target As Range)
    Calculate
End Sub
```

设置完成后，只要单击某个单元格，该单元格将显示为红色，所在行列显示为橙色。最后将文件另存为Excel启用宏的工作簿，即.xlsm格式。

CELL函数能够返回有关单元格的格式、位置或内容的信息。参数使用“row”，用于返回活动单元格的行号；参数使用“col”，用于返回活动单元格的列号。ROW函数和

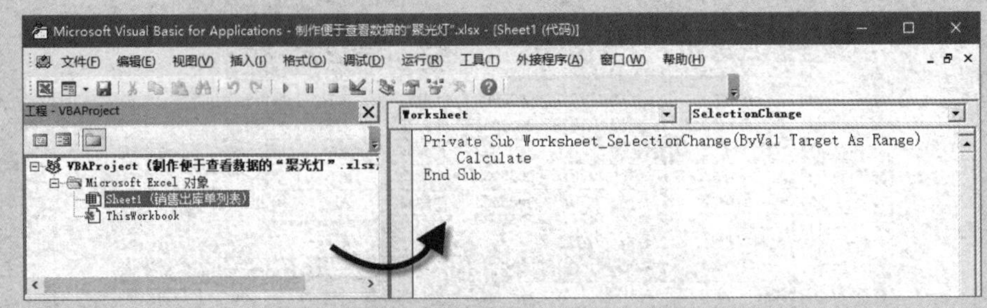

图30-27　输入格式代码

COLUMN函数省略参数，返回公式所在单元格的行号和列号。

条件格式中的公式由两部分构成，第一部分“CELL("row")=ROW()”，用于比较活动单元格的行号是否等于公式所在单元格的行号。另一部分“CELL("col")=COLUMN()”用于比较活动单元格的列号是否等于公式所在单元格的列号。

第一个公式中，将两部分的对比结果相加，只要满足其中一个条件即为符合规则。作用到条件格式中，只要公式所在的行号或列号与活动单元格行列号一致，即显示预先设置的橙色。

第二个公式中，将两部分的对比结果相乘，只有两个条件同时满足才符合规则。作用到条件格式中，只有公式所在的行号和列号与活动单元格的行列号完全一致时，即显示预先设置的红色。

CELL函数虽然是易失性函数，但是在条件格式中使用时，并不能随活动单元格的变化而自动更新，因此还需要增加一段用于刷新的VBA代码。

代码使用了工作表的SelectionChange事件，即当代码所在工作表的活动单元格发生改变时，执行一次计算，以此对CELL函数强制重算，实时刷新条件格式的显示效果。

使用本例中的方法，在单元格中每执行一次单击都会引发重新计算，如果工作表中有较多的公式，会影响Excel的响应速度。

30.2.5　条件格式的其他应用

示例30-11　使用条件格式制作项目进度图

图30-28为某单位的项目安排表，使用条件格式能够制作出类似进度图的效果，每一行中的填充颜色表示该项目的落实日期，红色虚线表示当前日期。

具体操作步骤如下。

步骤① 选中D2:N7单元格区域，依次选择【开始】→【条件格式】→【新建规则】命令，打开【新建格式规则】对话框。

步骤② 在【为符合此公式的值设置格式】编辑框中输入以下公式。

```
=(D$1>=$B2)*(D$1<=$C2)
```

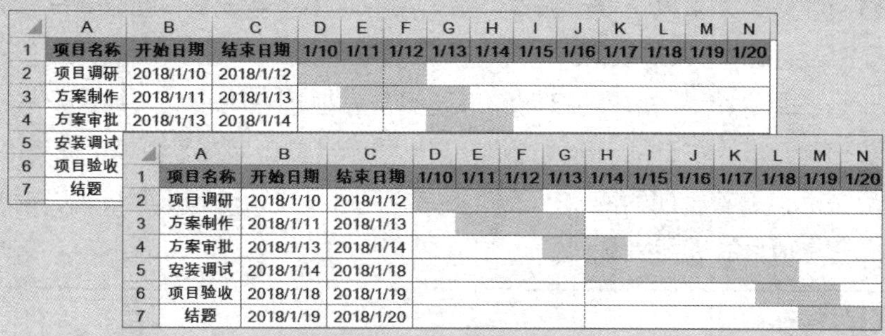

	A	B	C	D	E	F	G	H	I	J	K	L	M	N
1	项目名称	开始日期	结束日期	1/10	1/11	1/12	1/13	1/14	1/15	1/16	1/17	1/18	1/19	1/20
2	项目调研	2018/1/10	2018/1/12											
3	方案制作	2018/1/11	2018/1/13											
4	方案审批	2018/1/13	2018/1/14											
5	安装调试	2018/1/14	2018/1/18											
6	项目验收	2018/1/18	2018/1/19											
7	结题	2018/1/19	2018/1/20											

图 30-28 项目进度图

步骤③ 单击【格式】按钮，在【设置单元格格式】对话框的【填充】选项卡中选择一种背景颜色，如橙色，最后依次单击【确定】按钮关闭对话框。

步骤④ 保持数据区域的选中状态，再次选择【开始】→【条件格式】→【新建规则】命令，打开【新建格式规则】对话框。

步骤⑤ 在【为符合此公式的值设置格式】编辑框中输入以下公式。

```
=D$1=TODAY()
```

步骤⑥ 单击【格式】按钮，在【设置单元格格式】对话框中切换到【边框】选项卡。在【样式】列表框中选中虚线样式，然后单击【颜色】下拉按钮，在主题颜色面板中选择红色，在【边框】选项区域单击右下角的右框线按钮，最后依次单击【确定】按钮关闭对话框，如图30-29所示。

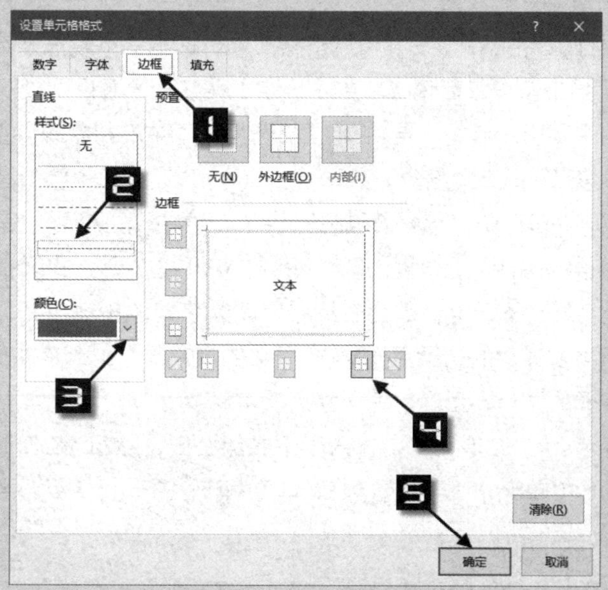

图 30-29 【设置单元格格式】对话框

第一个公式中用D1单元格中的日期分别与B2单元格的项目开始日期和C2单元格的结束日期进行比较，如果大于等于项目开始日期并且小于等于项目结束日期，公式返回1，单元格中显示指定的格式效果。

第二个公式用D1单元格中的日期与系统当前日期进行比较，如果等于系统当前日期，就在该列单元格的右侧显示虚线边框，突出显示当前日期在整个项目进度中的位置。

设置完成后，随着日期的变化，工作表中的“今日线”也会不断推进，能使用户更直观地查看每个项目的进度情况。

示例30-12 使用条件格式标记不同部门的记录

图30-30为某公司上年度各销售部门的销售记录，A列已经按部门排序。使用条件格式能够将各部门的记录间隔着色，便于查看数据。

	A	B	C
1	部门	业务员	销售额
2	集团销售部	张树芳	815700
3	集团销售部	张钟淑	484600
4	集团销售部	田丽	714900
5	集团销售部	何维礼	955700
6	北区销售部	张丽娟	956000
7	北区销售部	王云祥	519500
8	北区销售部	马敏慧	943500
9	青年路销售中心	徐菲霞	599000
10	青年路销售中心	周世华	890000
11	青年路销售中心	普雪	635200
12	青年路销售中心	毕学智	598100
13	青年路销售中心	孙兰清	886400
14	步行街体验店	汤志宁	990300
15	步行街体验店	张云生	685200
16	步行街体验店	李开义	571700

图30-30 标记不同部门的记录

具体操作步骤如下。

步骤① 选中A2:C16单元格区域，依次选择【开始】→【条件格式】→【新建规则】命令，打开【新建格式规则】对话框。

步骤② 在【为符合此公式的值设置格式】编辑框中输入以下公式。

```
=MOD(ROUND(SUM(1/COUNTIF($A$2:$A2,$A$2:$A2)),),2)
```

步骤③ 单击【格式】按钮，在【设置单元格格式】对话框的【填充】选项卡中选择一种背景颜色，如橙色，最后依次单击【确定】按钮关闭对话框。

本例中公式的主要切入点是，自A2单元格开始向下依次判断有多少个不重复值，再判断不重复值的数量是不是2的倍数。

在“SUM(1/COUNTIF($A$2:$A2,$A$2:$A2))”部分中，“$A$2”使用的是绝对引用，“$A2”使用的是列绝对引用，其作用是对A列自A2开始，到公式所在的当前行的数据区域统计不重复的个数。不重复计数公式的原理请参考15.4.8节。

如果直接将不重复计数的结果用作MOD函数的第一参数，会在部分单元格中出现浮点误差，使条件格式的显示不正确。关于浮点误差请参考1.6节。

如图30-31所示，在E2单元格中输入以下数组公式，按<Ctrl+Shift+Enter>组合键，将公式向下复制到E16单元格，可以看到E8单元格和E16单元格都返回了错误结果。

```
{=MOD(SUM(1/COUNTIF($A$2:$A2,$A$2:$A2)),2)}
```

在“ROUND(SUM(1/COUNTIF($A$2:$A2,$A$2:$A2)),)”部分中，ROUND函数省略了

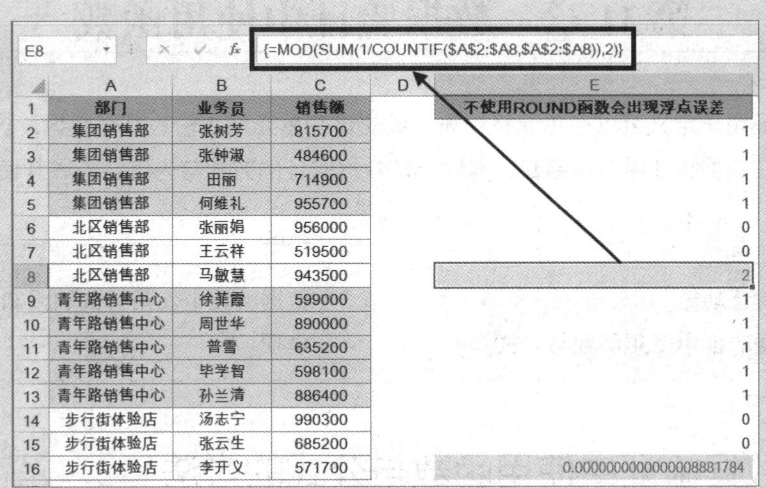

E8 {=MOD(SUM(1/COUNTIF($A$2:$A8,$A$2:$A8)),2)}

	A	B	C	D	E
1	部门	业务员	销售额		不使用ROUND函数会出现浮点误差
2	集团销售部	张树芳	815700		1
3	集团销售部	张钟淑	484600		1
4	集团销售部	田丽	714900		1
5	集团销售部	何维礼	955700		1
6	北区销售部	张丽娟	956000		0
7	北区销售部	王云祥	519500		0
8	北区销售部	马敏慧	943500		2
9	青年路销售中心	徐菲霞	599000		1
10	青年路销售中心	周世华	890000		1
11	青年路销售中心	普雪	635200		1
12	青年路销售中心	毕学智	598100		1
13	青年路销售中心	孙兰清	886400		1
14	步行街体验店	汤志宁	990300		0
15	步行街体验店	张云生	685200		0
16	步行街体验店	李开义	571700		0.0000000000000008881784

图 30-31 公式出现浮点误差

第二参数，将不重复计数结果保留为整数。

再使用MOD函数计算与2相除的余数，结果返回1或0。Excel在返回1的单元格区域应用预置的突出显示效果。

练习与巩固

（1）在条件格式中使用函数与公式时，如果公式返回的结果为______或不为______的数值，则应用预先设置的格式效果。如果公式返回的结果为______或数值______，则不会应用预先设置的格式效果。

（2）在条件格式中使用函数与公式时，如果选中的是一个单元格区域，可以以______作为参照编写公式，设置完成后，该规则会应用到所选中范围的全部单元格。

（3）在【编辑格式规则】对话框中编辑公式时，先按________键，然后再按左右方向键，可正常移动光标位置。

（4）如果复制其他单元格的内容粘贴到应用了条件格式的单元格，该单元格中的条件格式规则将________。

（5）在条件格式中使用数组公式时，需要按<Ctrl+Shift+Enter>组合键结束吗?

第31章　数据验证中使用函数

数据验证用于定义可以在单元格中输入或应该在单元格中输入哪些数据，防止用户输入无效数据。在数据验证中使用函数，能够丰富数据验证的方式与内容，扩展其使用范围。

本章学习要点

（1）数据验证功能。

（2）在数据验证中使用函数与公式。

（3）数据验证中使用公式的限制和注意事项。

31.1　数据验证中使用函数与公式的方法

数据验证能够建立特定的规则，限制用户在单元格输入的值或数据类型。此功能在Excel 2010及以前的版本中称为“数据有效性”，从Excel 2013开始更名为“数据验证”。

31.1.1　在数据验证中使用函数与公式

在数据验证中除了使用固定的数值作为验证条件外，还可以使用函数与公式构建更灵活的验证方式。设置数据验证的具体操作步骤如下。

步骤① 选中需要设置数据验证的单元格区域，单击【数据】选项卡下的【数据验证】按钮，打开【数据验证】对话框。

步骤② 在【设置】选项卡中的【允许】下拉列表框中选择相应的类别，如选择【自定义】选项，如图31-1所示。

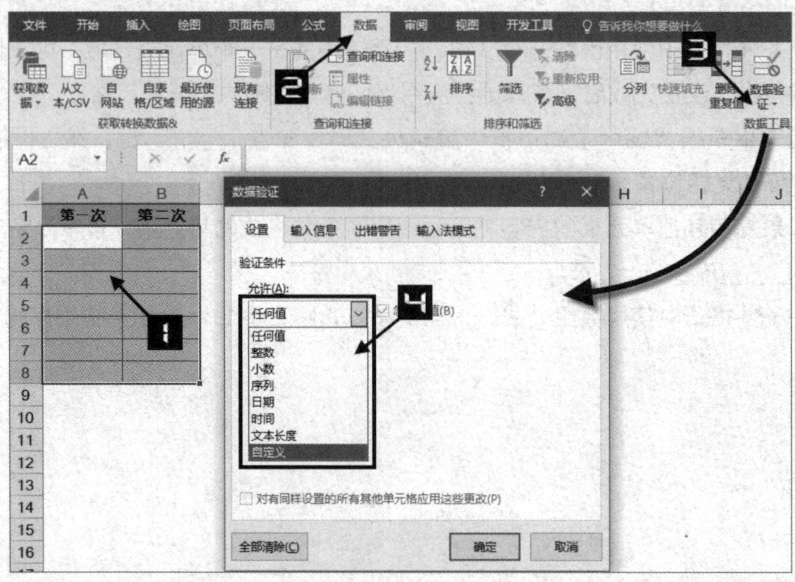

图31-1　建立数据验证

步骤③ 在【公式】对话框中输入用于验证的公式。例如，输入以下公式，可以限定A列和B列每行输入的数值之和小于等于1 000，最后单击【确定】按钮完成设置，如图31-2所示。

```
=$A2+$B2<=1000
```

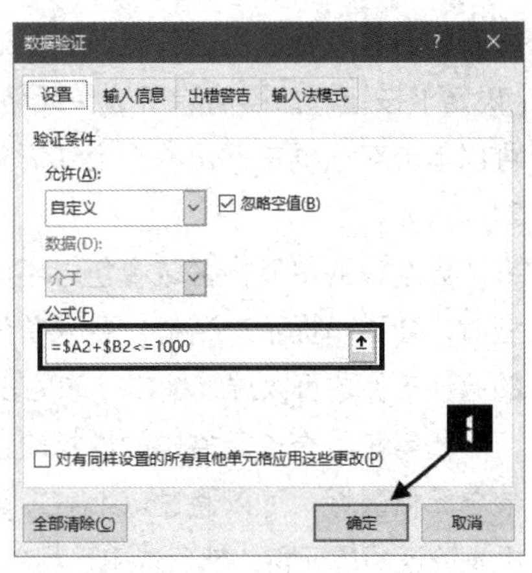

图31-2 输入公式

设置完成后，在A、B两列中输入数值，当同一行的两列数值相加之和大于1 000时，将弹出如图31-3所示的警告对话框。

当验证条件设置为“自定义”时，可以使用结果返回TRUE或FALSE的公式作为验证条件。当公式结果返回TRUE时，Excel允许输入，如果返回FALSE，则拒绝输入。实际应用时，如果公式的计算结果为0，即相当于逻辑值FALSE，如果为不等于0的数值，则相当于逻辑值TRUE。

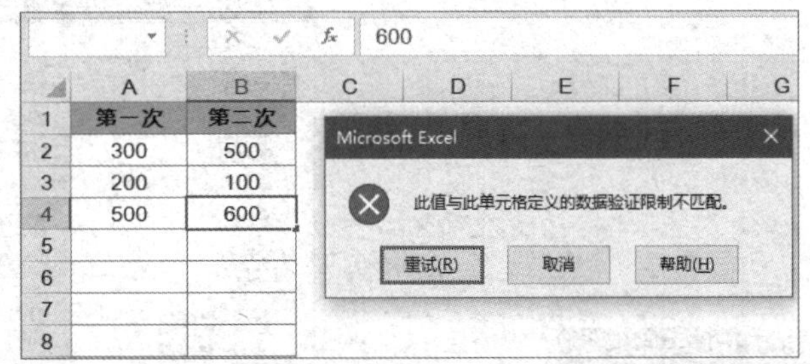

图31-3 不满足条件出现提示

在数据验证中使用公式时，一般以活动单元格，即选中后反白的单元格为参考。例如，在图31-1中，选择单元格区域时的顺序为从A2到B8，其中A2单元格为活动单元格。如果选择单元格区域时的顺序为从B8到A2，则数据验证的公式如下。

```
=$A8+$B8<=1000
```

针对活动单元格编写的数据验证公式规则，会自动应用到选中的其他单元格区域，因此，还需注意公式中的引用方式，根据需要选择相对引用、绝对引用或混合引用。

本例中，由于数据验证的条件是针对当前行的单元格数值，因此，公式采用行相对引用，使得公式在扩展时能随着行变化。

在列方向，A、B两列的单元格都需应用相同的条件，即A8单元格和B8单元格的验证公式应相同，因此采用列绝对引用的方式。

31.1.2 查看和编辑已有的数据验证中的公式

想要查看或更改已有数据验证中的公式，可以单击已设置数据验证的任意单元格，然后依次单击【数据】→【数据验证】按钮，打开【数据验证】对话框。选中“对有同样设置的所有其他单元格应用这些更改”复选框，最后单击【确定】按钮。如需清除所选单元格中的数据验证，可以单击对话框左下角的【全部清除】按钮，如图31-4所示。

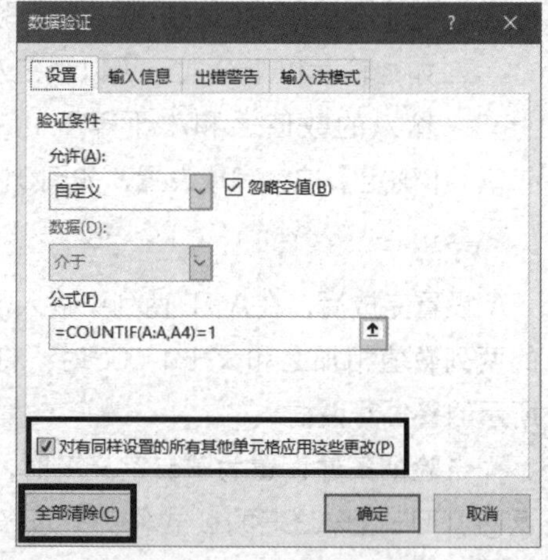

图31-4 编辑数据验证

当选择的单元格区域中包含不同的数据验证类型时，会弹出提示对话框，要求首先清除当前区域的验证条件才可以继续编辑，如图31-5所示。

如需将某个单元格中的数据验证规则应用到其他单元格区域，可以通过<Ctrl+C>组合键复制包含数据验证的单元格，然后选中目标单元格，按<Ctrl+Alt+V>组合键，弹出【选择性粘贴】对话框，单击【验证】单选按钮，最后单击【确定】按钮，如图31-6所示。

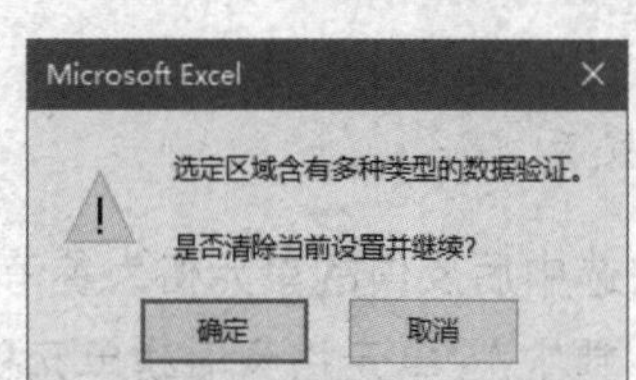

图31-5 区域包含多种数据验证

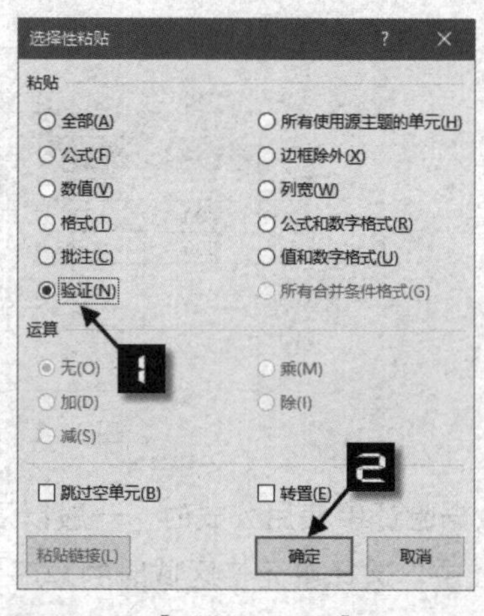

图31-6 【选择性粘贴】对话框

31.1.3 数据验证中公式的使用限制

在数据验证中使用公式时，有以下限制。

（1）公式中的引用不能跨工作簿。

（2）公式中不能使用数组常量。可以将数据写入单元格中，再引用相应的单元格区域。

（3）不能使用联合引用或交叉引用。

（4）序列来源不能引用多行多列区域。

示例31-1 使用多行多列的单元格区域作为序列来源

如图31-7所示，需要在A列设置数据验证，仅允许将C:E列3个销售部门的人员姓名填入A列。

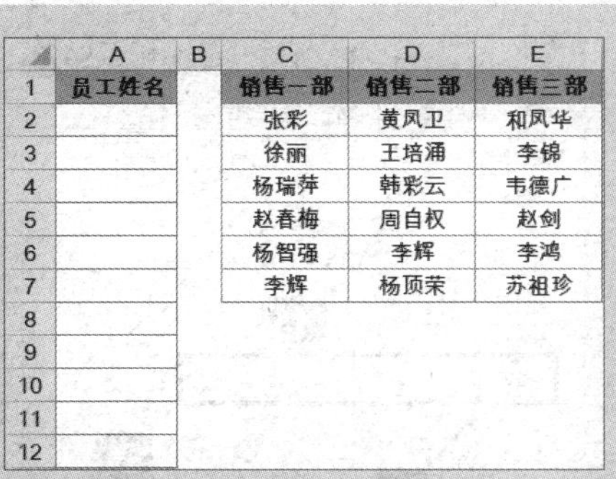

	A	B	C	D	E
1	员工姓名		销售一部	销售二部	销售三部
2			张彩	黄凤卫	和凤华
3			徐丽	王培涌	李锦
4			杨瑞萍	韩彩云	韦德广
5			赵春梅	周自权	赵剑
6			杨智强	李辉	李鸿
7			李辉	杨顶荣	苏祖珍
8					
9					
10					
11					
12					

图31-7 数据验证的序列来源为多行多列

数据验证的序列来源中既不能直接引用多行多列的区域，也不能直接使用多行多列区域的命名。可以使用变通的方式实现，具体操作步骤如下。

步骤① 选中C2:C7单元格区域，单击【公式】选项卡下的【定义名称】按钮，弹出【新建名称】对话框。在【名称】编辑框中输入名称，如输入“姓名”，单击【确定】按钮，如图31-8所示。

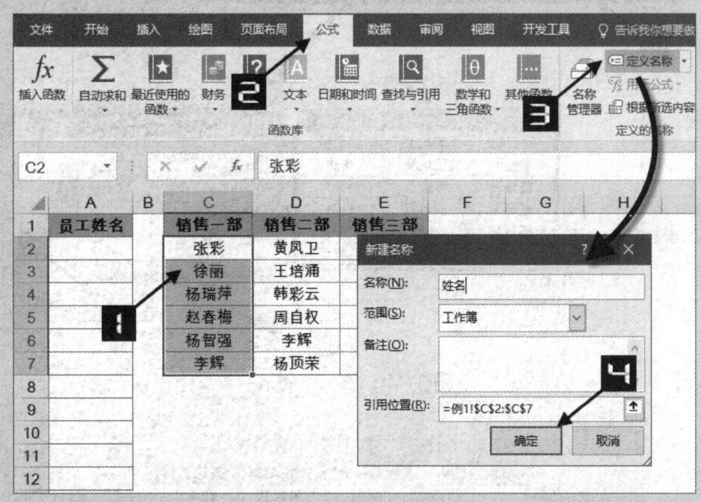

图31-8 对第一列数据命名

步骤② 选中要设置数据验证的A列区域，依次单击【数据】→【数据验证】按钮，弹出【数据验证】对话框。在【设置】选项卡的【允许】下拉列表框中选择【序列】选项，在【来源】编辑框中输入“=姓名”，最后单击【确定】按钮，如图31-9所示。

步骤③ 单击【公式】选项卡下的【名称管理器】按钮，弹出【名称管理器】对话框，选择之前命名的名称“姓名”，单击【编辑】按钮，弹出【编辑名称】对话框。在【引用位置】编辑框中选择C2:E7单元格区域，最后单击【确定】按钮，如图31-10所示。

设置完成后，单击A列单元格的下拉按钮，在弹出的下拉列表中即可包含C至E列的人员姓名，如图31-11所示。

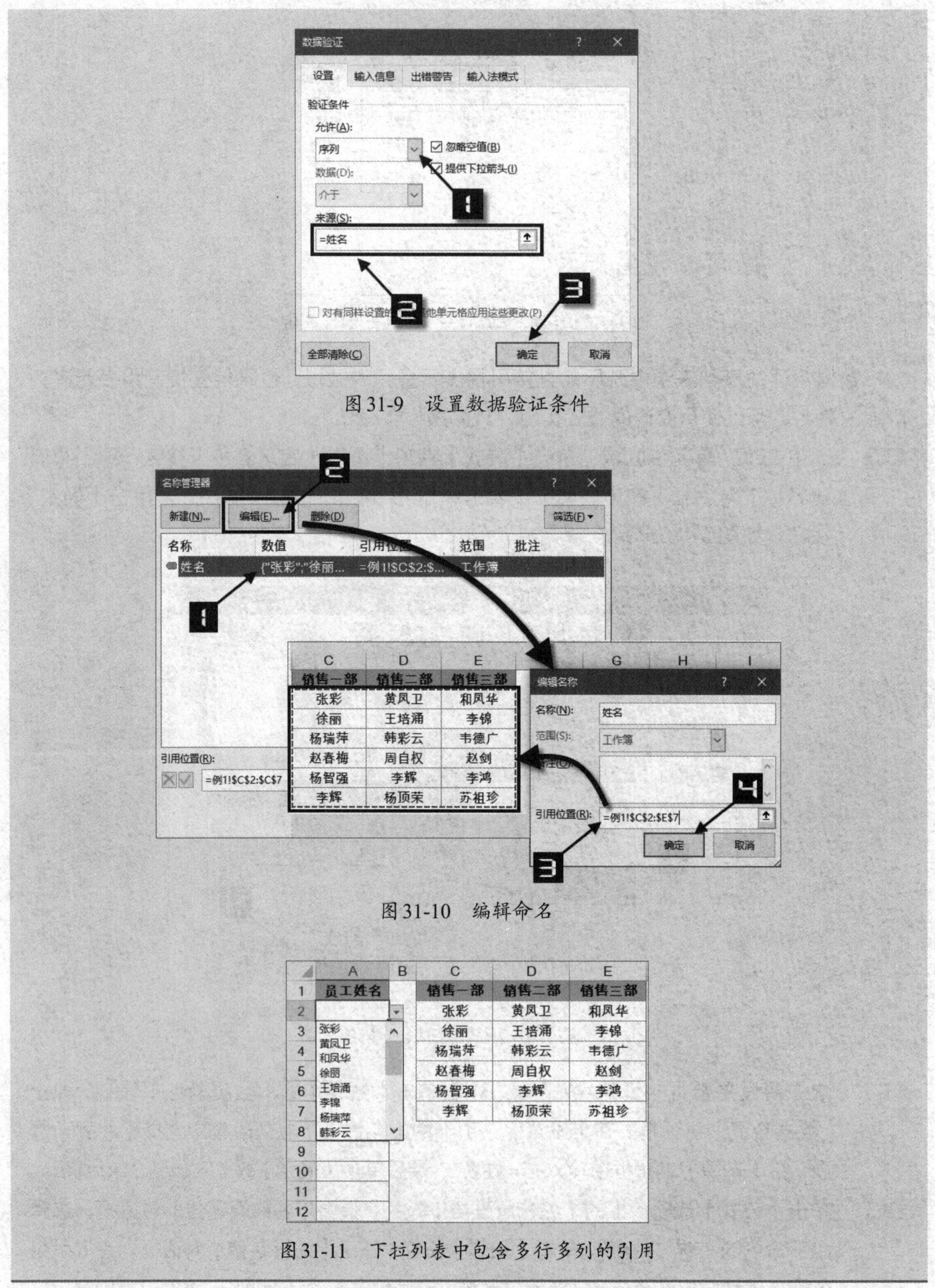

图 31-9　设置数据验证条件

图 31-10　编辑命名

图 31-11　下拉列表中包含多行多列的引用

31.1.4　其他注意事项

在以下情况下，设置的数据验证可能无效。

（1）设置数据验证时已完成输入的数据。针对已存在数据的单元格设置数据验证，无论单元格中的内容是否符合验证条件，均不会出现出错警告。

（2）通过复制粘贴的方式或编写VBA的方式输入数据。

（3）工作表开启了手动计算。

（4）数据验证中的公式存在错误。

（5）启用了工作表保护，且未取消数据验证区域对单元格的“锁定”。如需在受保护的工作表中使用数据验证，可以在设置工作表保护前，先选中需要进行数据验证的单元格，按<Ctrl+1>组合键打开【设置单元格格式】对话框，在【保护】选项卡下取消选中【锁定】复选框，最后单击【确定】按钮，如图31-12所示。

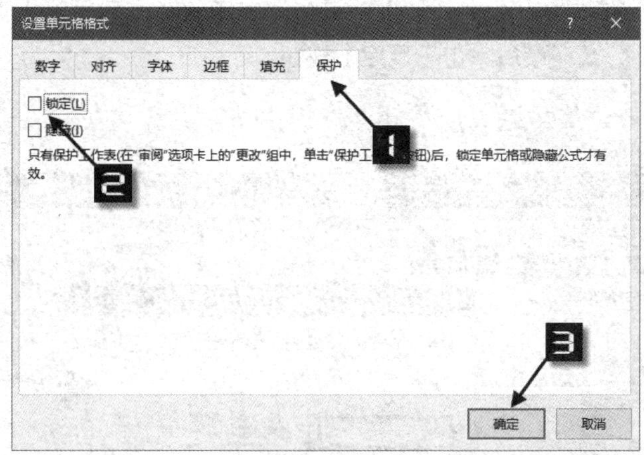

图31-12　取消对单元格的“锁定”

扫描以下二维码，可观看关于在数据验证中使用函数与公式的更加详细的视频讲解。

31.2　函数与公式在数据验证中的应用实例

31.2.1　借助COUNTIF函数限制输入重复信息

示例31-2　限制员工重复领取奖品

如图31-13所示，A列为某公司奖品领取记录，每人只能领取一次。如果有重复领取的姓名登记时，需要弹出错误提示，禁止用户输入。

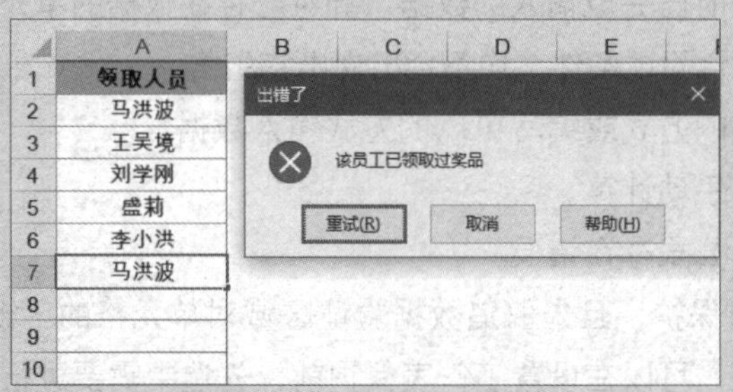

图31-13　重复输入提示

如图31-14所示，选中A2:A10单元格区域，依次单击【数据】→【数据验证】按钮，打开【数据验证】对话框。在【允许】下拉列表框中选择【自定义】选项，在【公式】编辑框中输入以下公式，最后单击【确定】按钮。

```
=COUNTIF(A:A,A2)=1
```

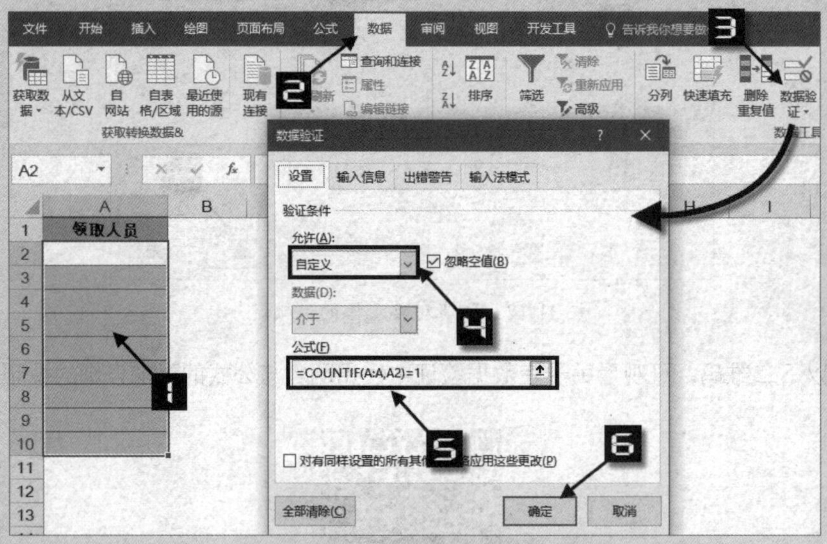

图31-14　限制输入重复信息

COUNTIF函数用于计算A列中等于A2的个数。限制条件为等于1。如果条件符合返回TRUE，Excel允许输入；如果不等于1则返回FALSE，Excel拒绝输入。

如需设置自定义的出错警告内容，可在【数据验证】对话框中切换到【出错警告】选项卡，然后在【样式】下拉列表框中选择【停止】选项，分别在【标题】和【错误信息】对话框中输入希望显示的错误提示，最后单击【确定】按钮，如图31-15所示。

设置完成后，如有重复内容输入，则会出现自定义的出错警告对话框，如图31-16所示。

图31-15　设置出错警告提示信息　　图31-16　出错警告对话框

31.2.2　设置项目预算限制

示例31-3　设置项目预算限制

图31-17为某项目的预算表，需要在B列设置数据验证，使各分项预算之和不能超出预算总额。

选中B2:B6单元格区域，依次单击【数据】→【数据验证】按钮，打开【数据验证】对话框。在【允许】下拉列表框中选择【自定义】选项，在【公式】编辑框中输入以下公式，如图31-18所示。

```
=SUM($B$2:$B$6)<=$D$2
```

	A	B	C	D
1	项目	预算		预算总额
2	交通费			8000
3	原材料费			
4	运费			
5	外协加工费			
6	人工费			

图31-17　项目预算表

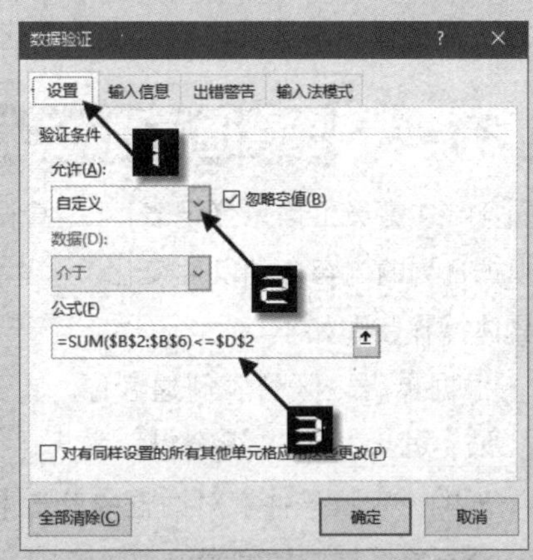

图31-18　设置验证条件

由于此验证公式适用于所有选中单元格，不希望单元格引用随着公式的扩展发生变化，因此，单元格区域都选择绝对引用。

切换到【出错警告】选项卡，在【样式】下拉列表框中选择【停止】选项，然后在【标题】和【错误信息】编辑框中输入自定义的错误提示信息，最后单击【确定】按钮，如图31-19所示。

当输入预算之和超出预算总额之后，会弹出自定义的出错警告对话框，如图31-20所示。

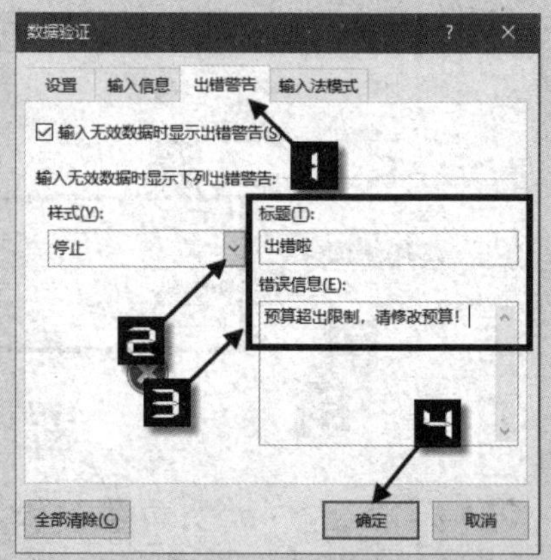

图31-19 设置出错警告提示信息

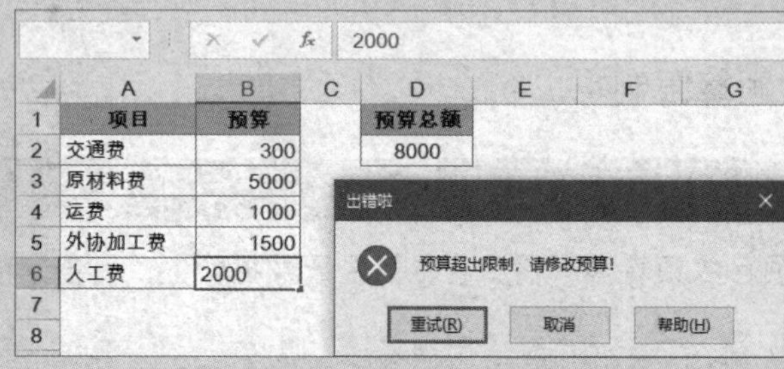

图31-20 出错警告对话框

31.2.3 借助INDIRECT函数创建二级下拉列表

结合定义名称和INDIRECT函数，可以创建二级下拉列表，二级下拉列表中的选项能够根据一级下拉列表中的选项内容而发生变化。

示例31-4 创建地区信息二级下拉列表

图31-21为员工信息登记表，B、C两列包含二级下拉列表，C列的市/县/区下拉列表会根据B列的内容自动发生变化。

具体操作步骤如下。

步骤① 根据市/县/区列表创建名称，首先选中包含基础数据对照表的E1:H11单元格区域，按<Ctrl+G>组合键，弹出【定位】对话框，单击【定位条件】按钮，在弹出的【定位条件】对话框中单击【常量】单选按钮，最后单击【确定】按钮，此时表格区域中的常量全部被选中，如图31-22所示。

步骤② 单击【公式】→【根据所选内容创建】按钮，在弹出的【根据所选内容创建名称】对话框中选中【首行】复选框，最后单击【确定】按钮，完成定义名称，如图31-23所示。

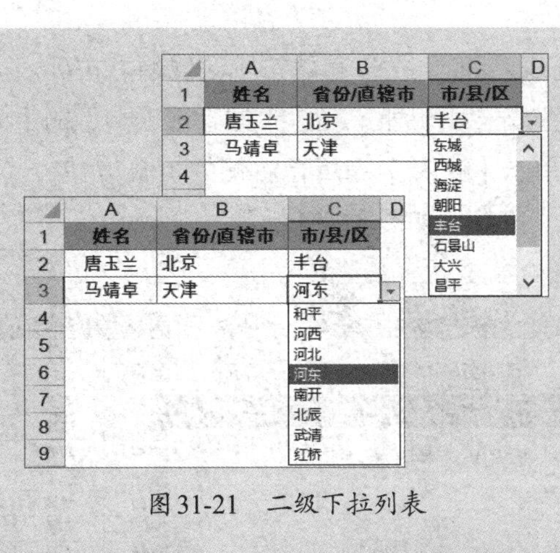

图31-21 二级下拉列表

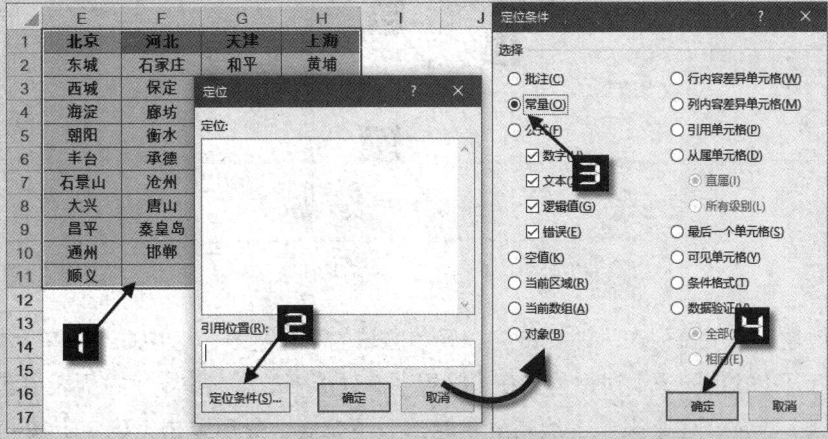

图31-22 定位列表中的数据区域

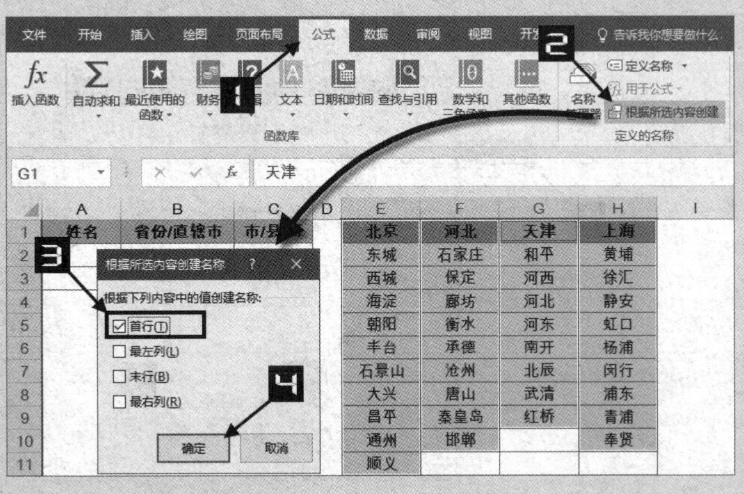

图31-23 创建定义名称

步骤③ 创建一级下拉列表，即“省份/直辖市”区域的下拉列表。选中B2:B3单元格区域，打开【数据验证】对话框。在【设置】选项卡下的【允许】下拉列表中选择【序列】选项，单击【来源】编辑框右侧的折叠按钮，选择E1:H1单元格区域，最后单击【确定】按钮，如图31-24所示。

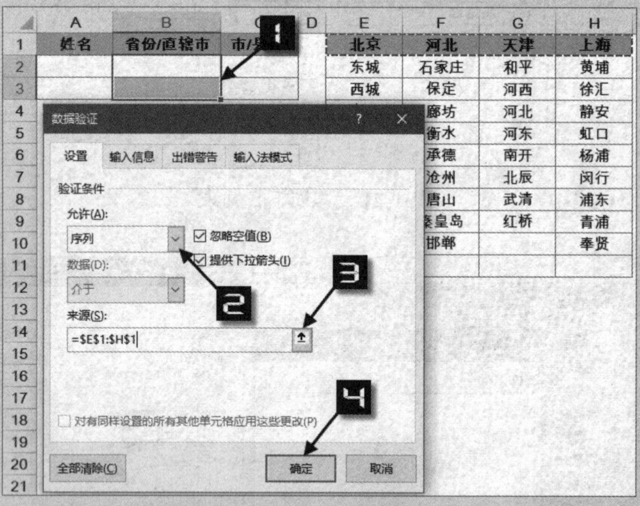

图31-24　设置一级下拉列表

步骤④ 创建二级下拉列表，即“市/县/区”区域的下拉列表。选中C2:C3单元格区域，打开【数据验证】对话框。在【设置】选项卡下的【允许】下拉列表中选择【序列】选项，在【来源】编辑框中输入以下公式，最后单击【确定】按钮，如图31-25所示。

```
=INDIRECT(B2)
```

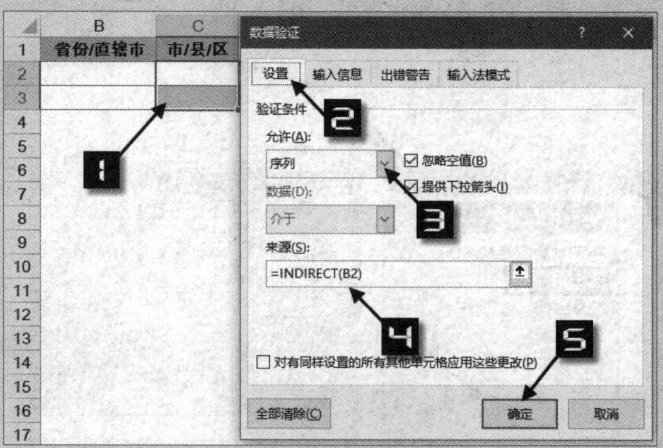

图31-25　设置二级下拉列表

设置完成后，随着B列内容的不同，C列中对应的下拉列表也会随之发生变化。

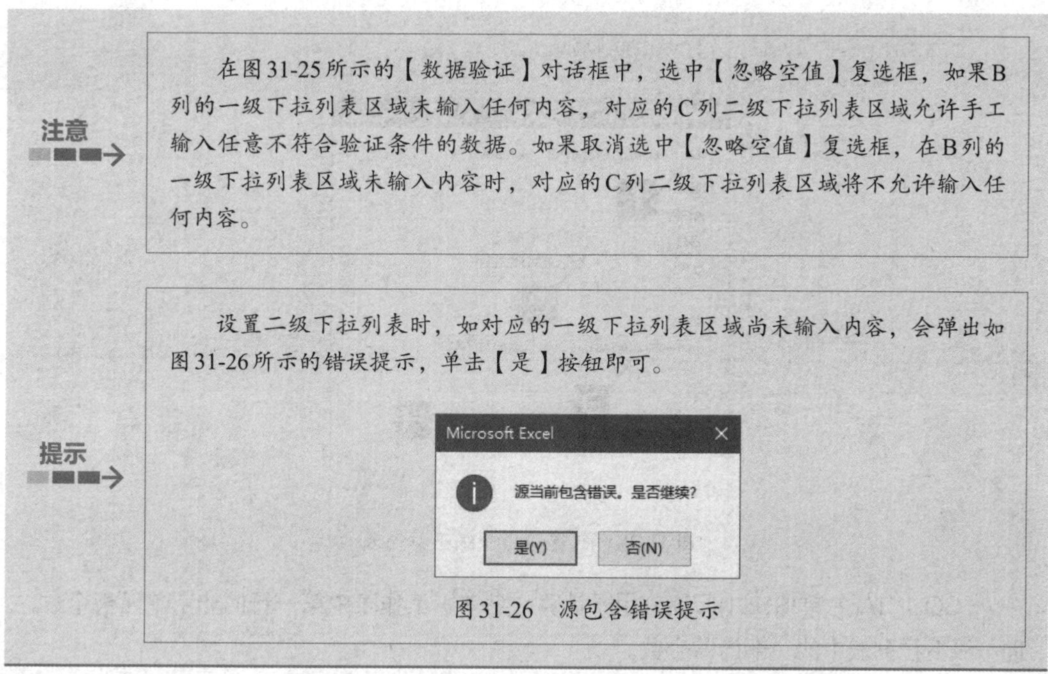

注意

在图31-25所示的【数据验证】对话框中，选中【忽略空值】复选框，如果B列的一级下拉列表区域未输入任何内容，对应的C列二级下拉列表区域允许手工输入任意不符合验证条件的数据。如果取消选中【忽略空值】复选框，在B列的一级下拉列表区域未输入内容时，对应的C列二级下拉列表区域将不允许输入任何内容。

提示

设置二级下拉列表时，如对应的一级下拉列表区域尚未输入内容，会弹出如图31-26所示的错误提示，单击【是】按钮即可。

图31-26 源包含错误提示

31.2.4 借助OFFSET函数创建动态二级下拉列表

使用示例31-4的方法创建的下拉列表，列表内容为固定区域的引用，不会随着区域大小变化而更新。结合OFFSET函数可创建引用区域自动更新的动态二级下拉列表。

示例31-5 创建动态二级下拉列表

如图31-27所示，左侧为需要设置二级下拉列表的区域，右侧为部门名单对照表。

	A	B	C
1	序号	部门	姓名
2	1		
3	2		
4	3		
5	4		
6	5		
7	6		
8			
9			

登记表 名单

	A	B	C
1	工程部	财务部	销售部
2	陈敏	王远林	石少青
3	张怀义	王静珍	栗仁贵
4	王艳艳	马令祥	姜琼芝
5	卢家龙	马逵	刘龙飞
6	宋志鹏	李致惠	
7	王鸥		
8	赵艳华		
9			

登记表 名单

图31-27 二级下拉列表

具体操作步骤如下。

步骤1 选中“登记表”工作表中的B2:B7单元格区域，依次单击【数据】→【数据验证】按钮，打开【数据验证】对话框。在【设置】选项卡下的【允许】下拉列表框中选择【序列】选项，在【来源】编辑框中输入以下公式，最后单击【确定】按钮，创建动态一级下拉列表，如图31-28所示。

```
=OFFSET(名单!$A$1,,,,COUNTA(名单! $1:$1))
```

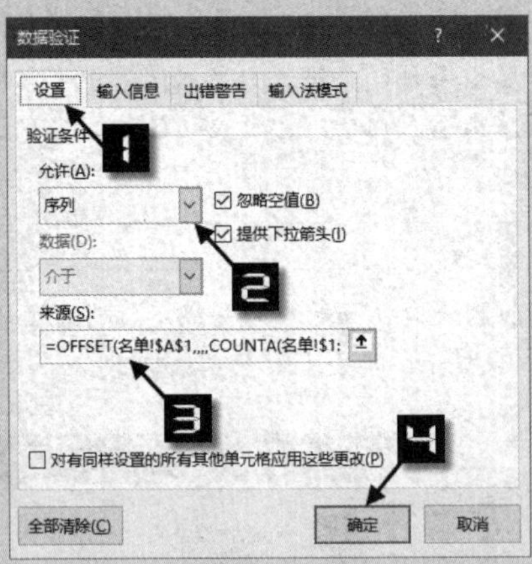

图31-28 创建动态一级下拉列表

“COUNTA(名单!$1:$1)”部分用于计算“名单”工作表中第一行的非空单元格个数，即一级下拉列表中的“部门”个数。

OFFSET函数的常规用法如下。

```
=OFFSET(基点,偏移行数,偏移列数,新引用行数,新引用列数)
```

本例中第二至第四参数用逗号占位简写为0，意思是以名单工作表的A1单元格为基点，向下偏移的行数为0行，向右偏移的列数为0列，新引用的行数与基点行数相同，新引用的列数为COUNTA函数的计算结果。当部门数量增加时，COUNTA函数得到的数量随之变化，OFFSET函数则返回动态的区域引用，得到动态的一级下拉列表。

步骤② 创建动态二级下拉列表。选中“登记表”工作表中的C2:C7单元格区域，打开【数据验证】对话框，在【设置】选项卡中的【允许】下拉列表框中选择【序列】选项，在【来源】编辑框中输入以下公式，最后单击【确定】按钮。

```
=OFFSET(名单!$A$1,1,MATCH(B2,名单!$1:$1,)-1,COUNTA(OFFSET(名单!$A:$A,,
MATCH(B2,名单!$1:$1,)-1))-1)
```

“MATCH(B2,名单!$1:$1,)-1”部分用于定位B2单元格中的部门在“名单”工作表第一行的第几列，返回的结果减1，作为OFFSET函数列方向的偏移量。

再用COUNTA函数计算该列的非空单元格数量，返回的结果减1(因为下拉列表中不需要包含标题行)，作为OFFSET函数新引用区域的行数。

公式以“名单”工作表$A$1为基点，向下偏移行数为1，向右偏移列数为A列的部门在“名单”工作表第一行的位置减1，新引用的行数为该列实际的不为空的单元格个数减去标题所占的数量1。

设置完成后，如果部门或姓名数据有增减，COUNTA函数的结果也会发生变化，再反馈给OFFSET函数，即可得到动态的引用区域，效果如图31-29所示。

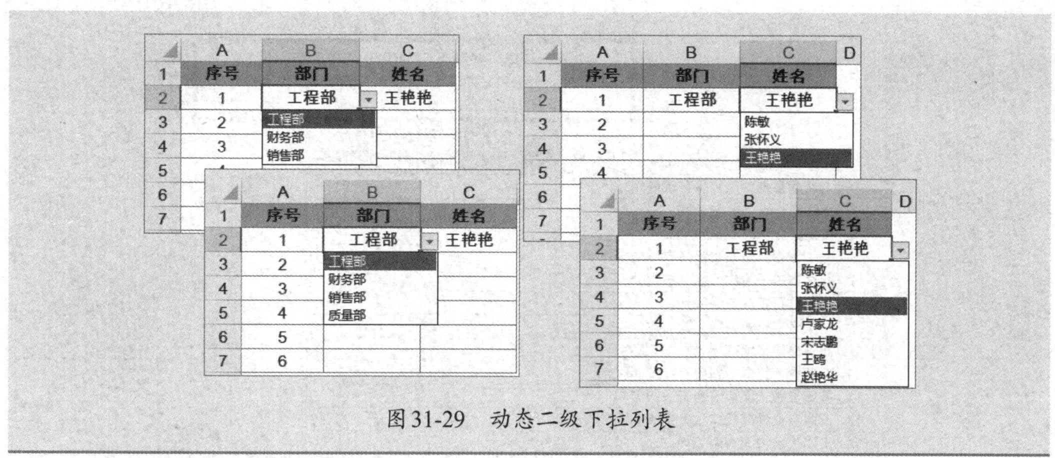

图31-29 动态二级下拉列表

31.2.5 借助CELL函数创建模糊匹配下拉列表

在创建下拉列表时，如果可选择的条目太多，往往不易分辨查找。通过设置，可以根据输入的关键字，使下拉列表中只包含与已输入内容相关的项目。

示例31-6 借助CELL函数创建模糊匹配下拉列表

图31-30为某公司客户信息的列表，为保证公司名称输入的准确性，可以使用数据验证生成模糊匹配的下拉列表。例如，在B7单元格中输入“重庆”，则所有包含“重庆”的公司名称出现在下拉列表中。

	A	B
1	客户姓名	客户公司
2	汤伟	北京银翔伟业制冷设备有限公司
3	杨汝忠	天津市鑫顺成机床设备销售有限公司
4	段明顺	上海维誉自动化设备有限公司
5	李郁	北京银翔伟业制冷设备有限公司
6	路冰	北京品界装饰有限公司
7	王莉	重庆
8		重庆建达包装制品有限公司
9		重庆玄宇机械有限公司 重庆恒兴工程造价咨询有限公司
10		
11		
12		
13		

图31-30 模糊匹配下拉列表

具体操作步骤如下。

步骤1 首先在D列准备所有客户公司名称的对照表。在E2单元格输入以下数组公式，按<Ctrl+Shift+Enter>组合键向下复制到E13单元格，如图31-31所示。

```
{=INDEX($D:$D,SMALL(IF(ISNUMBER(SEARCH("*"&CELL("contents")&"*",$D$2:
$D$100)),ROW($D$2:$D$100),4^8),ROW(1:1)))&""}
```

“CELL("contents")”部分表示CELL函数的第一参数使用“contents”，并且省略第二参数，用于返回最后更改的单元格中的值。

先将CELL函数前后用连接符“&”与通配符“*”连接，形成包含关键字和通配符的新字符串。

由于通配符不能用于等式中，因此不能使用类似“$D$2:$D$100="*"&CELL("contents")&"*"”的方式判断是否包含关键字。

E2 fx {=INDEX($D:$D,SMALL(IF(ISNUMBER(SEARCH("*"&CELL("contents")&"*",$D$2:$D$100)),ROW($D$2:$D$100),4^8),ROW(1:1)))&""}

	D	E	F
1	客户公司名称列表	辅助列	
2	上海维誉自动化设备有限公司	0	
3	上海惠吉电子有限公司	0	
4	重庆建达包装制品有限公司	0	
5	北京银翔伟业制冷设备有限公司	0	
6	北京市超一纯广大家具有限公司	0	
7	天津宏正家具有限公司	0	
8	重庆玄宇机械有限公司	0	
9	北京品界装饰有限公司	0	
10	新莒养（北京）科技有限公司	0	
11	重庆恒兴工程造价咨询有限公司	0	
12	天津市鑫顺成机床设备销售有限公司	0	
13	天津铭远物流有限公司	0	

图31-31　在辅助列中输入公式

本例中使用SEARCH函数，以新字符串作为查询值，在$D$2:$D$100单元格区域中查找该字符串在每个单元格中的位置信息。如果包含关键字，返回表示位置的数字，否则返回错误值#VALUE!。再使用ISNUMBER函数将SEARCH函数返回的数字转换为逻辑值TRUE，将错误值转换为逻辑值FALSE。以变通的形式实现是否包含关键字的判断。

然后使用IF函数进行判断，如果包含指定关键字则返回对应的行号，否则返回一个较大的数字4^8。

用SMALL函数从小到大依次提取行号和数字作为INDEX函数的参数，返回D列对应行的内容。

由于公式中的CELL("contents")获取的是最后更改的单元格中的值，因此，在E2单元格中输入公式后会提示存在循环引用，单击【确定】按钮即可，如图31-32所示。

Microsoft Excel
Microsoft Excel 无法计算某个公式。在打开的工作簿中有一个循环引用，但无法列出导致循环的引用。请尝试编辑上次输入的公式，或利用"撤消"命令删除该公式。
确定

图31-32　循环引用提示

步骤2 选中要设置数据验证的A2:A13单元格区域，依次单击【数据】→【数据验证】按钮，打开【数据验证】对话框。在【设置】选项卡下的【允许】下拉列表框中选择【序列】选项，在【来源】编辑框中输入以下公式，最后单击【确定】按钮。

```
=OFFSET($E$1,1,,COUNTIF($E:$E,"<>")-1)
```

“COUNTIF($E:$E,"<>")”部分用于返回E列中包含文字的单元格个数。

OFFSET函数以$E$1单元格为基点，向下偏移1行，新引用的行数为COUNTIF函数的计算结果减去标题所占的行数1。

步骤③ 切换到【数据验证】对话框的【出错警告】选项卡，取消选中【输入无效数据时显示出错警告】复选框，最后单击【确定】按钮完成设置，如图31-33所示。

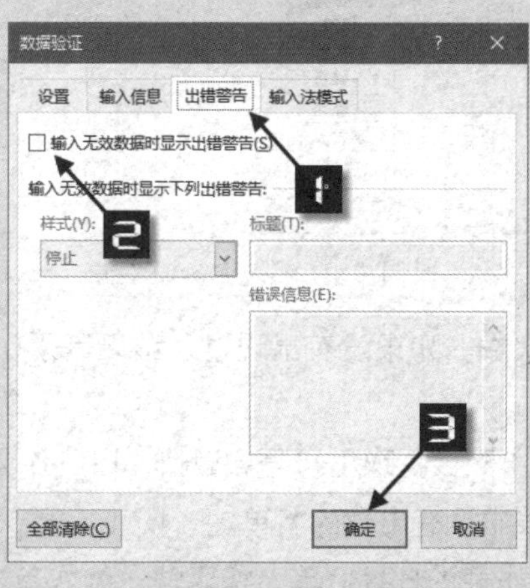

图31-33　取消出错警告

31.2.6　下拉列表中自动清除已输入的选项

结合函数与公式，可以使已经输入的选项不出现在下拉列表中。

示例31-7　在下拉列表中自动删除已分配员工

图31-34为某公司派工单的部分内容，在B列分配员工时，已分配的员工不再出现在下拉列表中。

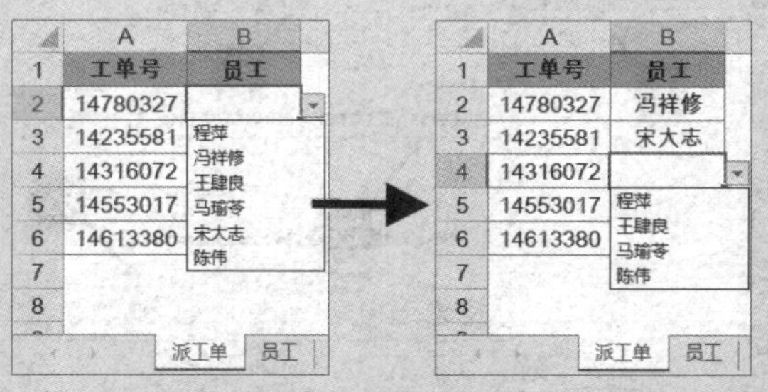

图31-34　在下拉列表中自动删除已分配员工

具体操作步骤如下。

步骤① 首先在“员工”工作表中的D2单元格输入以下数组公式，按<Ctrl+Shift+Enter>组合键向下复制到D7单元格，用于提取待派工的员工名单，如图31-35所示。

```
=INDEX(A:A,SMALL(IF(COUNTIF(派工单!B$2:B$6,员工!A$2:A$7)=0,ROW($2:$7),
4^8),ROW(A1)))&""
```

先使用COUNTIF函数，统计“员工”工作表A列的员工名单在“派工单”工作表

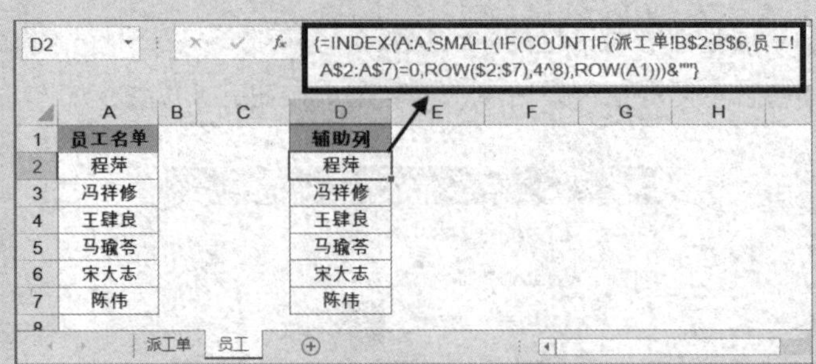

图31-35　提取待派工名单

B2:B6单元格区域出现的次数。如果没有出现过，结果等于0，IF函数返回对应的行号，否则返回一个较大值4^8。

再使用SMALL函数从小到大提取出行号和数值，以此作为INDEX函数的参数，最终提取出在“派工单”工作表中没有出现的名单。

步骤2　选中“派工单”工作表的B2:B6单元格区域，依次单击【数据】→【数据验证】按钮，打开【数据验证】对话框。在【设置】选项卡下的【允许】下拉列表框中选择【序列】选项，在【来源】编辑框中输入以下公式，最后单击【确定】按钮，如图31-36所示。

```
=OFFSET(员工!$D$1,1,,COUNTIF(员工!$D$2:$D$7,"><"))
```

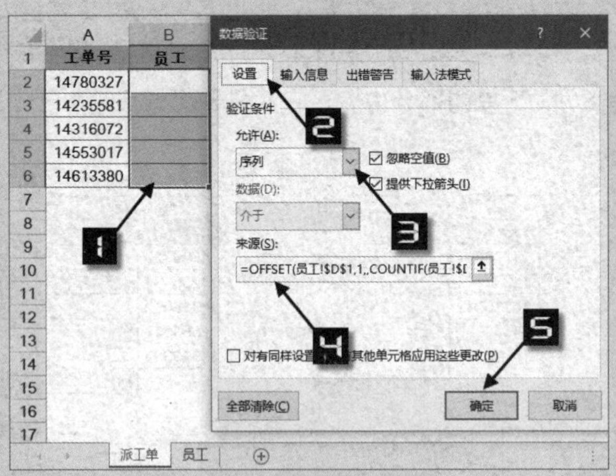

图31-36　设置数据验证

先使用COUNTIF函数返回“员工”工作表D列中包含文字的单元格个数。

再使用OFFSET函数以“员工”工作表中的D1单元格为基点，向下偏移1行，向右偏移0列，新引用的行数为COUNTIF函数的计算结果，也就是该列实际不为空的单元格个数。

当“派工单”工作表B列中选择了某个员工姓名后，“员工”工作表中的D列将不再包含此姓名，并以此作为动态的序列来源。

练习与巩固

（1）在数据验证中使用函数与公式时，如果公式返回的结果为______或不为______的数值，则允许在单元格中输入。如果公式返回的结果为______或数值______，将出现错误警告。

（2）在数据验证中使用函数与公式时，如果选中的是一个单元格区域，可以以______作为参照编写公式，设置完成后，该规则会应用到所选中范围的全部单元格。

（3）在数据验证中使用函数与公式时，公式中可以使用数组常量吗?

（4）针对已存在数据的单元格设置数据验证，单元格中的内容不符合验证条件时，是否会出现出错警告?

（5）通过复制粘贴输入的数据是否受当前设置的数据验证的限制?

第32章　函数与公式在图表中的应用

函数与公式是高级图表制作中不可或缺的重要元素，使用函数与公式对数据源进行整理，可以让图表的制作方法更加灵活。本章将介绍Excel函数在图表制作中的作用及常用技巧。

本章学习要点

（1）SERIES函数的使用。
（2）使用函数改造图表数据源。
（3）使用定义名称及OFFSET函数制作动态图表。
（4）使用REPT函数模拟图表效果。

32.1　认识图表中的SERIES函数

当用户创建一个图表时，在图表中就已经存在了函数。每一个数据系列均有一个对应的SERIES函数，如图32-1所示，单击图表数据系列，可以在编辑栏中看到类似以下样式的公式。

```
=SERIES(sheet1!$B$1,sheet1!$A$2:$A$11,sheet1!$B$2:$B$11,1)
```

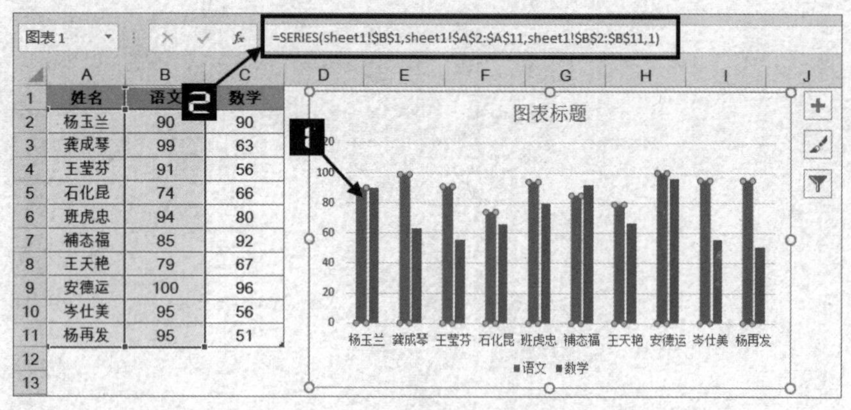

图32-1　图表SERIES函数

SERIES函数不能在单元格中进行运算，也不能在SERIES函数中使用工作表函数。但是可以在SERIES函数中使用定义名称，或者编辑参数以改变数据源的引用范围。

SERIES函数的语法如下。

```
=SERIES([系列名称],[分类轴标签],系列值,数据系列编号)
```

第一参数为系列名称，也就是图例上显示的名称。如果该参数为空，则默认以“系列1”“系列2”命名，如图32-2所示。

第二参数为分类轴标签，也就是图表横坐标轴上的标签。如果该参数为空，分类轴标签会默认以数字依次排列，如图32-3所示。

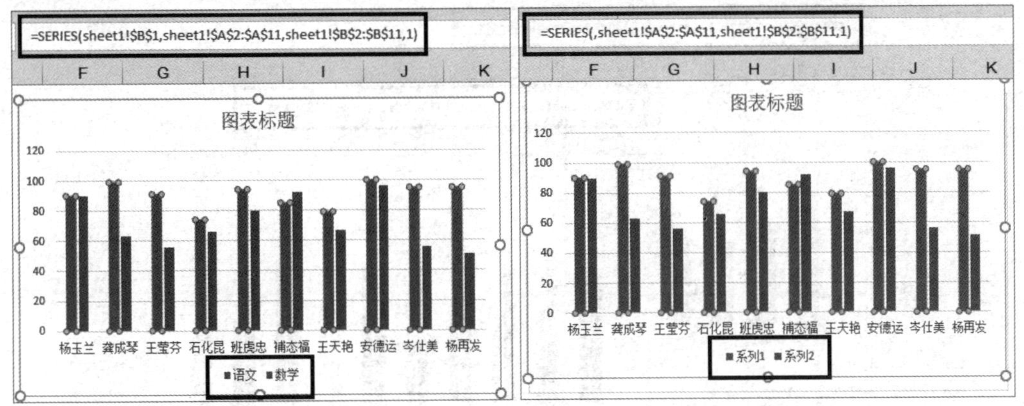

图32-2　第一参数为空时的效果

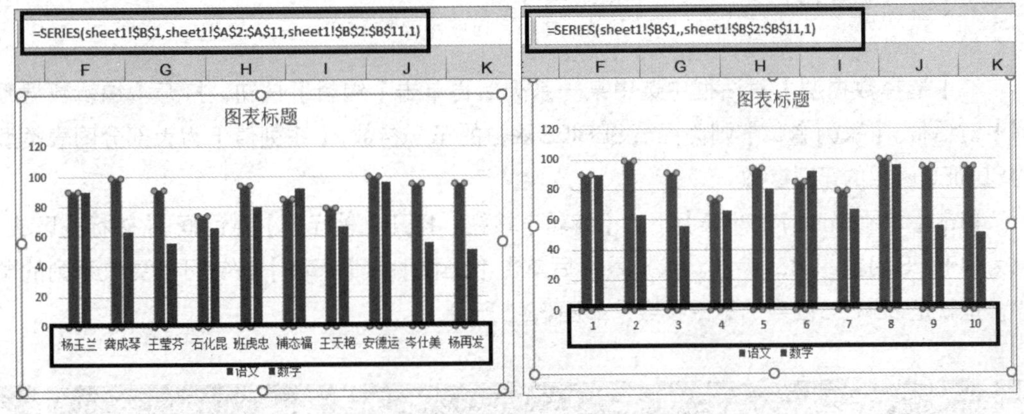

图32-3　第二参数为空时的效果

第三参数为数据系列值，也就是柱形图上的柱形系列，根据这些数据的大小形成不同高低的柱形。

第四参数为图表中的第*N*个系列。如果图表中只有一个系列，那么此参数默认为1，并且更改无效。但如果有两个系列，可以更改此参数的值来改变系列的前后顺序，如图32-4所示。

以上参数解释基于大部分图表类型，但是某些特殊图表类型的参数会有所不同，如散点图、气泡图等。

散点图中的SERIES函数的第二参数为散点图的*X*轴数据，第三参数为散点图的*Y*轴数据。

气泡图中的SERIES函数比其他图表类型多了一个参数，第二参数为气泡图的*X*轴数据，第三参数为气泡图的*Y*轴数据，第四参数为气泡图系列的顺序，第五参数为气泡图的气泡大小数据。

如果用户无法判断公式中的参数对应图表中的哪个数据，或者用户想要更改图表中各元素数据区域时，除了可以在公式中修改参数外，还可以单击图表，在【图表工具】中的【设计】选项卡中单击【选择数据】按钮，弹出【选择数据源】对话框。

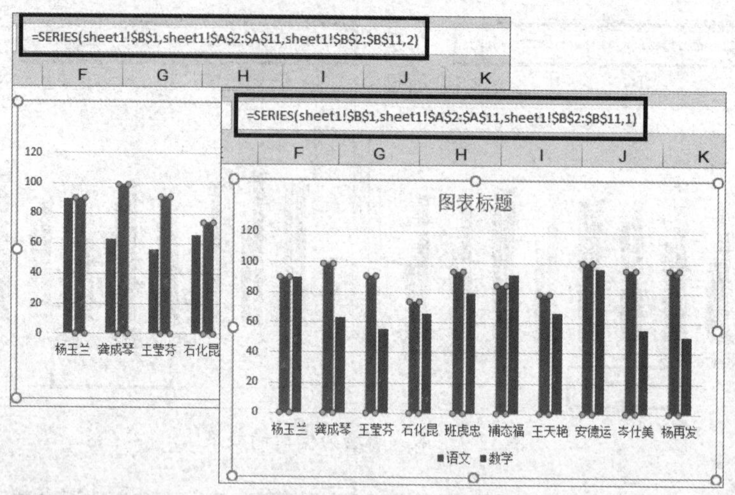

图32-4 更改系列顺序效果

在【选择数据源】对话框中选中某一系列后再单击【编辑】按钮，打开【编辑数据系列】对话框。【系列名称】则为图表SERIES函数的第一参数，【系列值】为大部分图表类型的SERIES函数的第三参数。

单击【水平(分类)轴标签】下的【编辑】按钮，打开【轴标签】对话框，【轴标签区域】则为SERIES函数的第二参数。选择系列后单击【上移】或【下移】按钮可以更改系列的顺序，也就是SERIES函数的第四参数，如图32-5所示。

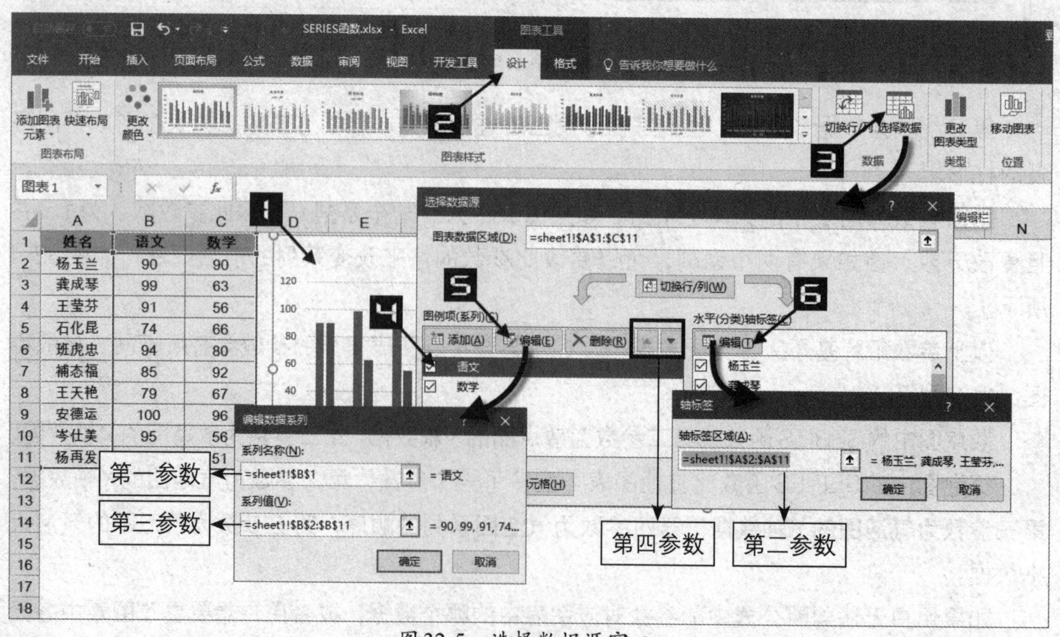

图32-5 选择数据源窗口

气泡图与散点图的【编辑数据系列】对话框与对应的函数参数如图32-6所示，默认的气泡图与散点图没有分类标签。

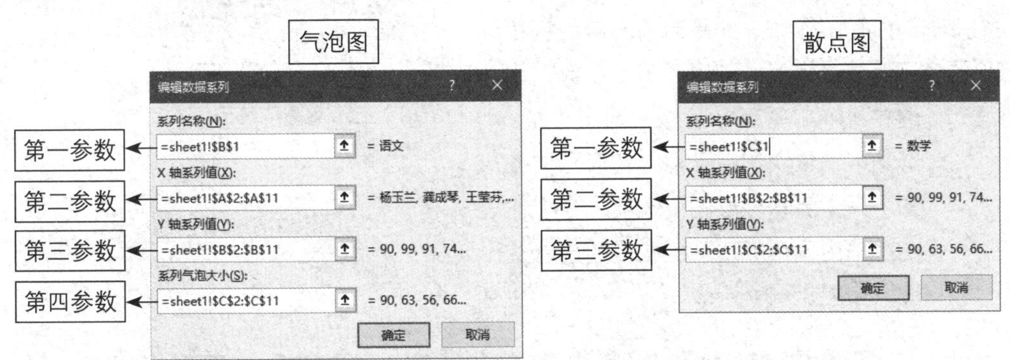

图 32-6　气泡图与散点图的数据系列对话框

32.2　使用IF函数创建图表辅助列

示例32-1　动态突出显示最大值的柱形图

使用工作表函数来构建辅助列，能够使图表突破默认形态展示。图32-7所示的图表就是利用IF函数构建辅助列制作而成的，更改数据时，图表显示效果会自动更新，并且无须重新设置。

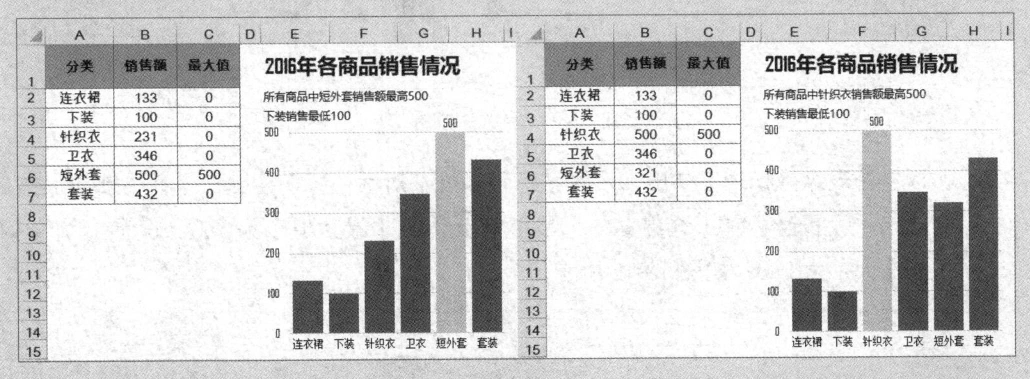

分类	销售额	最大值
连衣裙	133	0
下装	100	0
针织衣	231	0
卫衣	346	0
短外套	500	500
套装	432	0

分类	销售额	最大值
连衣裙	133	0
下装	100	0
针织衣	500	500
卫衣	346	0
短外套	321	0
套装	432	0

图 32-7　动态突出显示最大值的柱形图

具体操作步骤如下。

步骤1　首先构建“最大值”数据系列。在C1单元格输入“最大值”，在C2单元格输入以下公式，向下复制到C7单元格，如图32-8所示。

```
=IF(B2=MAX(B$2:B$7),B2,0)
```

先使用“MAX(B$2:B$7)”获取销售额中的最大值，然后将MAX函数获取的最大值与当前对应的销售额B2对比，如果当前对应的销售额B2的值刚好等于最大值，那么IF返回当前对应的销售额B2，如果当前对应的销售额B2的值不等于最大值，则返回第三参数0。

步骤② 选中A1:C7单元格区域，选择【插入】选项卡，依次选择【插入柱形图或条形图】→【簇状柱形图】选项，在工作表中生成由两个数据系列构成的簇状柱形图，如图32-9所示。

C2 =IF(B2=MAX(B$2:B$7),B2,0)

	A	B	C
1	分类	销售额	最大值
2	连衣裙	133	0
3	下装	100	0
4	针织衣	500	500
5	卫衣	346	0
6	短外套	321	0
7	套装	432	0

图32-8 创建辅助列

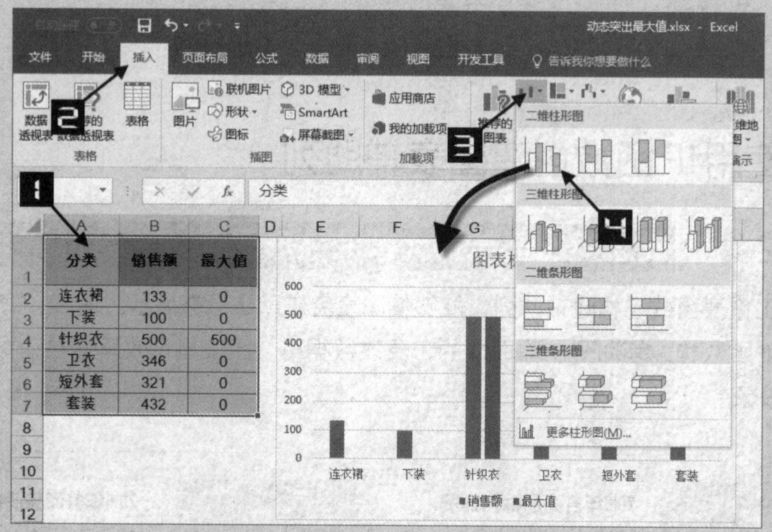

图32-9 簇状柱形图

步骤③ 双击图表纵坐标轴，弹出【设置坐标轴格式】对话框，切换到【坐标轴选项】选项卡，设置坐标轴【边界】的【最小值】为0、【最大值】为500。设置【单位】的【大】为100，如图32-10所示。

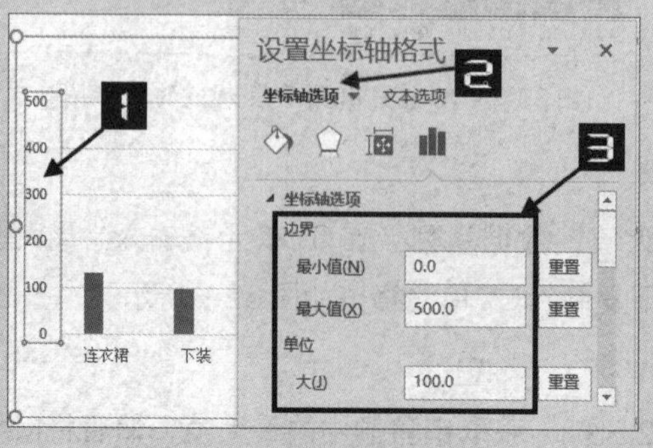

图32-10 设置纵坐标轴格式

注意

只有重新输入坐标轴【边界】与【单位】中的数值，对应的文本框旁的按钮变成【重置】时才算设置为固定数值，否则坐标轴【边界】与【单位】还是默认的【自动】。

步骤4 单击图表数据系列，在【设置数据系列格式】对话框中切换到【系列选项】选项卡，设置【系列重叠】为100%，【间隙宽度】为20%，如图32-11所示。

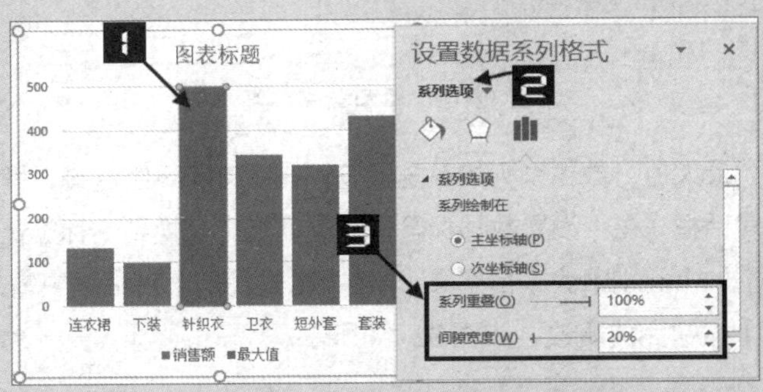

图32-11 设置数据系列重叠与间隙宽度

设置【系列重叠】为100%，目的是将“最大值”系列完全重叠到“销售额”系列上，由于“最大值”系列只有最大值才有数据，其他的全部为0，因此，最大值的数据柱形会覆盖底部的柱形，而其他为0的柱形不会覆盖底部的柱形。

切换到【填充与线条】选项卡，单击【销售额】数据系列，设置【填充】为【纯色填充】，【颜色】为红色。单击【最大值】数据系列，设置【填充】为【纯色填充】，【颜色】为浅红色，如图32-12所示。

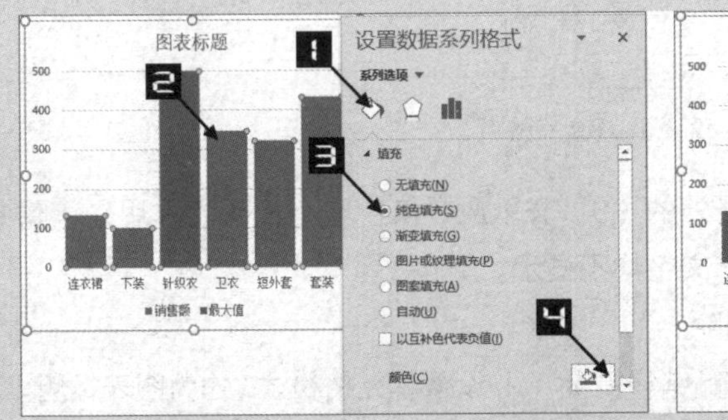

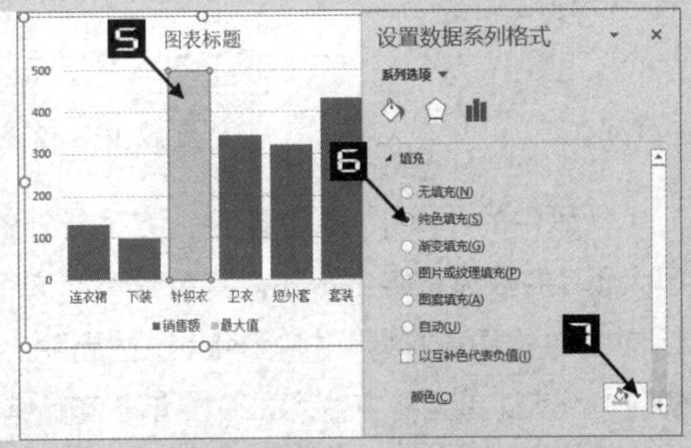

图32-12 设置数据系列填充

步骤5 右击图表“最大值”数据系列，在弹出的快捷菜单中选择【添加数据标签】→【添加数据标签】选项，如图32-13所示。

此时“最大值”系列中数值为0的柱形也显示了数据标签，可以通过设置【数字】格式将0值隐藏。

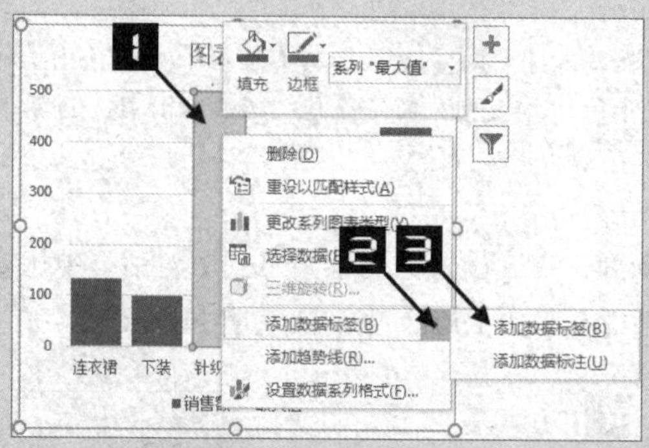

图 32-13　添加数据标签

步骤⑥ 单击图表“最大值”数据系列的数据标签，按<Ctrl+1>组合键，弹出【设置数据标签格式】对话框，在【设置数据标签格式】窗格中切换到【标签选项】选项卡，设置【数字】的【类别】为【自定义】，在【格式代码】对话框中输入“[>0]0;;;”，单击【添加】按钮完成更改，如图32-14所示。

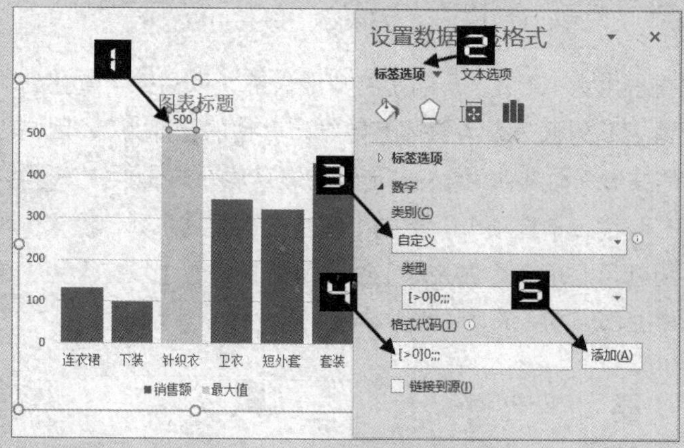

图 32-14　设置数据标签格式

代码中的“[>0]”表示条件，方括号外的“0”表示原数值，整个代码的作用是，除了大于0的数值正常显示外，其余数值和文字均不显示。

步骤⑦ 单击图表标题，按<Delete>键删除。

步骤⑧ 在E1单元格中输入“2016年各商品销售情况”，并设置单元格格式，作为图表标题。

E2单元格中输入以下公式，获取最大值的商品信息。

```
="所有商品中"&INDEX(A2:A7,MATCH(MAX(B2:B7),B2:B7,))&"销售额最高"&MAX(B2:B7)
```

E3单元格中输入以下公式，获取最小值的商品信息，如图32-15所示。

```
=INDEX(A2:A7,MATCH(MIN(B2:B7),B2:B7,))&"销售最低"&MIN(B2:B7)
```

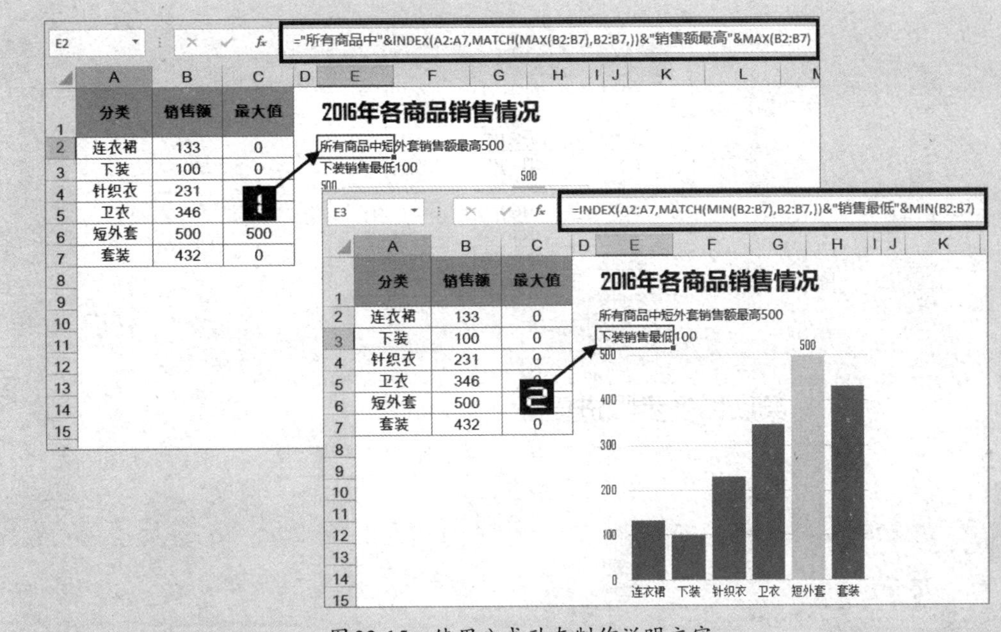

图 32-15　使用公式动态制作说明文字

最后将图表与单元格对齐排版，效果如图32-16所示。

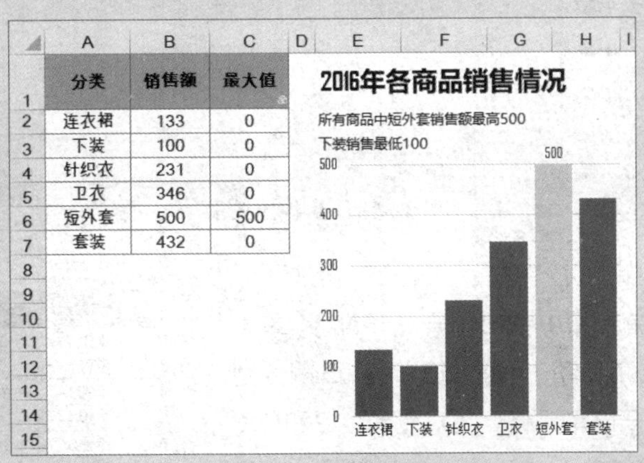

图 32-16　动态突出最大值的柱形图

示例32-2 动态甘特图

甘特图也称项目进度图，横轴表示时间，纵轴表示项目，线条表示期间计划和实际完成情况。它能直观地表明计划何时进行，以及进展与要求的对比，便于管理者了解项目的剩余工作量，评估工作进度。

图32-17为数据源，利用函数构建辅助列与控件【滚动条】组合来制作甘特图，可直观查看各项目的进展情况，效果如图32-18所示。

	A	B	C
1	步骤	计划开始日期	计划结束日期
2	步骤1	2018/1/1	2018/1/3
3	步骤2	2018/1/6	2018/1/14
4	步骤3	2018/1/11	2018/1/17
5	步骤4	2018/1/16	2018/1/22
6	步骤5	2018/1/21	2018/2/1
7	步骤6	2018/1/26	2018/2/5
8	步骤7	2018/1/31	2018/2/12
9	步骤8	2018/2/5	2018/2/10
10	步骤9	2018/2/10	2018/2/21

图32-17 数据源

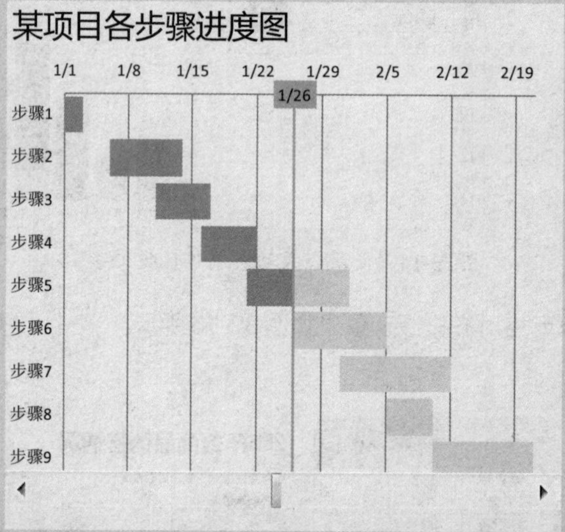

图32-18 甘特图效果

具体操作步骤如下。

步骤① 在B2:C10单元格中找出【开始日期】(最小值)与【结束日期】(最大值),将日期分别写入B12和B13单元格。在对应的C12和C13单元格中同样输入“开始日期”与“结束日期”,将C12和C13单元格格式设置为【常规】,如图32-19所示。

	A	B	C
1	步骤	计划开始日期	计划结束日期
2	步骤1	2018/1/1	2018/1/3
3	步骤2	2018/1/6	2018/1/14
4	步骤3	2018/1/11	2018/1/17
5	步骤4	2018/1/16	2018/1/22
6	步骤5	2018/1/21	2018/2/1
7	步骤6	2018/1/26	2018/2/5
8	步骤7	2018/1/31	2018/2/12
9	步骤8	2018/2/5	2018/2/10
10	步骤9	2018/2/10	2018/2/21
11			
12	开始日期	2018/1/1	43101
13	结束日期	2018/2/21	43152

图32-19 添加起始与结束日期

提示 将日期设置为数值,目的是方便后期在图表中设置刻度的最大值与最小值。

步骤② 单击任意单元格,在【开发工具】选项卡中选择【插入】→【滚动条(窗体控件)】选项,在工作表中插入一个滚动条,如图32-20所示。

在滚动条上右击，然后在弹出的快捷菜单中选择【设置控件格式】命令，打开【设置控件格式】对话框。

切换到【控制】选项卡，设置【最小值】为0，【最大值】为51（使用结束日期－开始日期得到的天数），设置【步长】为1，【页步长】为7，将【单元格链接】设置为B14单元格，最后单击【确定】按钮关闭对话框，如图32-21所示。

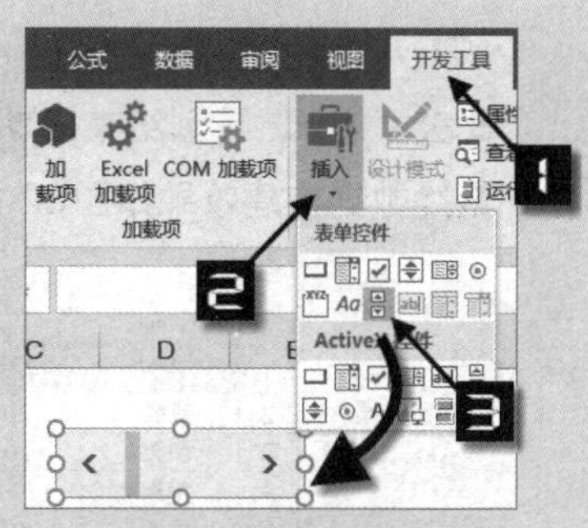

图32-20　插入滚动条

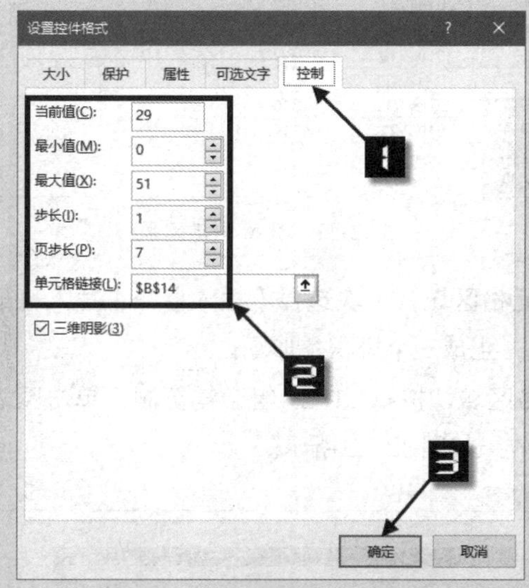

图32-21　设置滚动条格式

步骤③ 构建数据。在A15单元格中输入文字“进度日期”，在B15单元格中输入以下公式得到进度条的日期。

```
=B12+B14
```

在D1单元格中输入文字“步骤已消耗天数”，在D2单元格中输入以下公式，并向下复制到D10单元格。

```
=IF($B$15>=C2,C2-B2,IF($B$15>B2,$B$15-B2,0))
```

此公式表示判断当前进度条日期是否大于等于当前步骤的“计划结束日期”，如果是，返回当前步骤的总天数，如果不是，则再判断当前“进度日期”是否大于当前步骤的“计划开始日期”，如果是，返回当前步骤所消耗的天数，否则返回0。

在E1单元格中输入文字“距步骤结束天数”，在E2单元格中输入以下公式，并向下复制到E10单元格。

```
=C2-B2-D2
```

此公式表示“计划结束日期－计划开始日期－步骤已消耗天数”=“距步骤结束天数”。最终数据构建效果如图32-22所示。

	A	B	C	D	E
1	步骤	计划开始日期	计划结束日期	步骤已消耗天数	距步骤结束天数
2	步骤1	2018/1/1	2018/1/3	1	1
3	步骤2	2018/1/6	2018/1/14	0	8
4	步骤3	2018/1/11	2018/1/17	0	6
5	步骤4	2018/1/16	2018/1/22	0	6
6	步骤5	2018/1/21	2018/2/1	0	11
7	步骤6	2018/1/26	2018/2/5	0	10
8	步骤7	2018/1/31	2018/2/12	0	12
9	步骤8	2018/2/5	2018/2/10	0	5
10	步骤9	2018/2/10	2018/2/21	0	11
11					
12	开始日期	2018/1/1	43101		
13	结束日期	2018/2/21	43152		
14	控件连接	1			
15	进度日期	2018/1/2			

图32-22　数据构建效果

步骤4 选中A1:B10单元格区域，依次选择【插入】→【插入柱形图或条形图】→【堆积条形图】选项，生成一个堆积条形图。

选中D1:E10单元格区域，按<Ctrl+C>组合键复制，单击图表，按<Ctrl+V>组合键将数据粘贴到图表中，效果如图32-23所示。

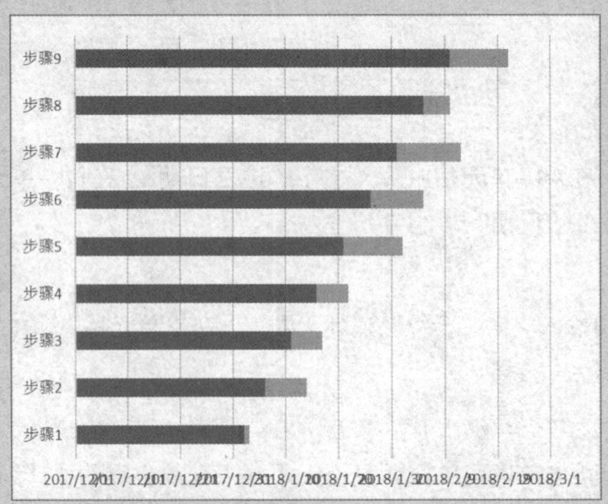

图32-23　堆积条形图

步骤5 堆积条形图的纵坐标轴和数据表中的默认顺序相反。双击图表纵坐标轴，打开【设置坐标轴格式】对话框，在【坐标轴选项】选项卡中的【坐标轴位置】选中【逆序类别】复选框，如图32-24所示。

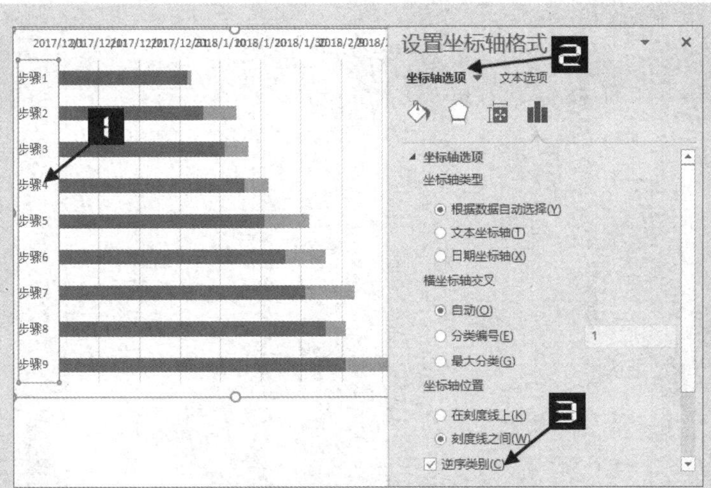

图32-24 【设置坐标轴格式】对话框

单击图表横坐标轴，在【设置坐标轴格式】对话框中切换到【坐标轴选项】选项卡。

设置【边界】的【最小值】为43 101（开始日期数值），【最大值】为43 152（结束日期数值），也可以直接输入日期。设置【单位】的【大】为7（一周）。

在【数字】选项区域设置【类别】为【自定义】，【格式代码】为【m/d】，最后单击【添加】按钮，设置横坐标轴的数字格式，如图32-25所示。

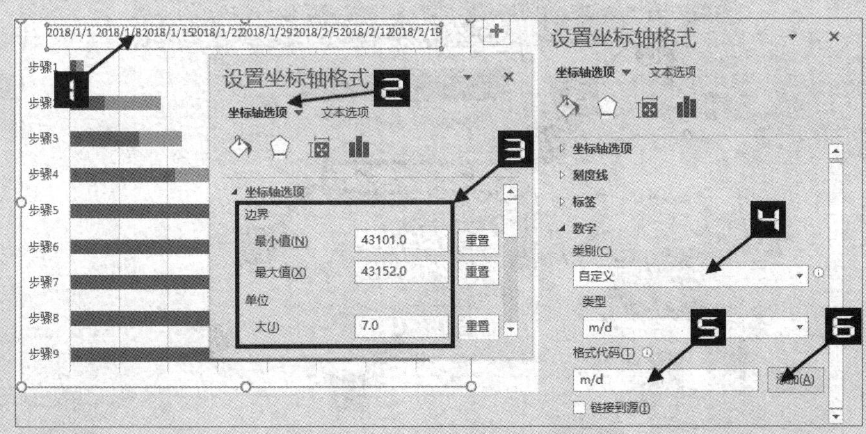

图32-25　设置横坐标轴数字格式

单击图表数据系列，在【设置数据系列格式】对话框中切换到【系列选项】选项卡，设置【间隙宽度】为18%。

单击【计划开始日期】数据系列，设置【填充】为【无填充】。

单击【步骤已消耗天数】数据系列，设置【填充】为【纯色填充】，【颜色】为蓝色。

单击【距步骤结束天数】数据系列，设置【填充】为【纯色填充】，【颜色】为黄色。

美化后的效果如图32-26所示。

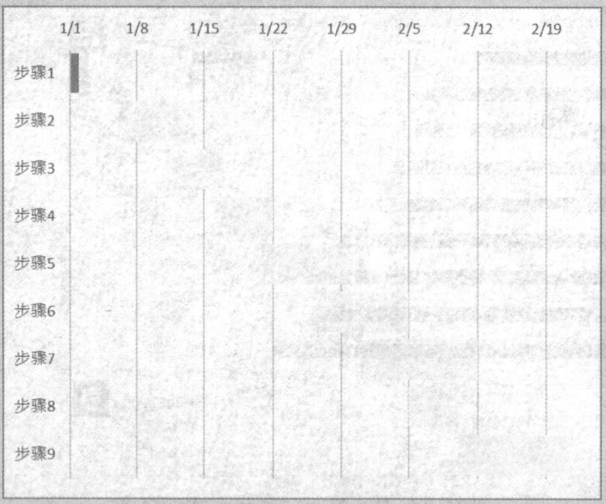

图32-26 美化后效果

步骤⑥ 添加分割线。单击B15单元格，按<Ctrl+C>组合键复制单元格，单击图表区，在【开始】选项卡中单击【粘贴】下拉按钮，在下拉列表中选择【选择性粘贴】命令，弹出【选择性粘贴】对话框，设置【添加单元格为】为【新建系列】，【数值(Y)轴在】为【列】。最后单击【确定】按钮关闭对话框，如图32-27所示。

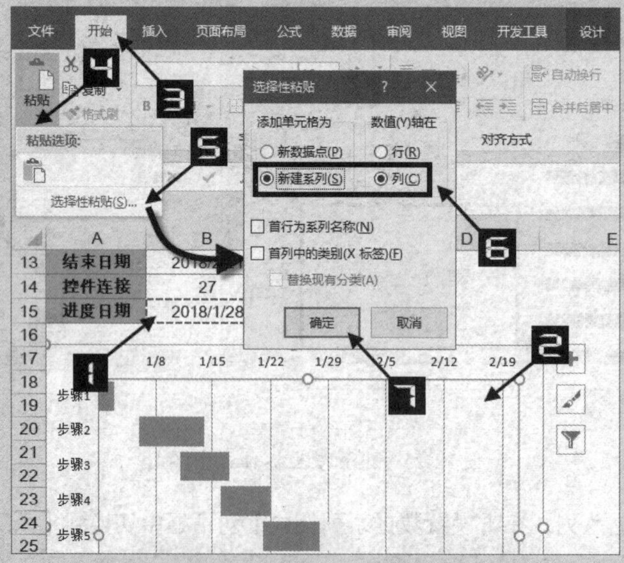

图32-27 添加新系列

单击新系列，在【插入】选项卡中单击【插入散点图（X、Y）或气泡图】按钮，在下拉列表中选择【散点图】选项，将新系列类型更改为散点图。

右击图表绘图区，在弹出的快捷菜单中选择【选择数据】命令，弹出【选择数据源】对话框，选中【系列4】复选框后单击【编辑】按钮，打开【编辑数据系列】对话框，在【X轴系列值】中输入“=sheet1!$B$15”，在【Y轴系列值】中输入“1”，最后依次单击【确定】按钮关闭对话框，如图32-28所示。

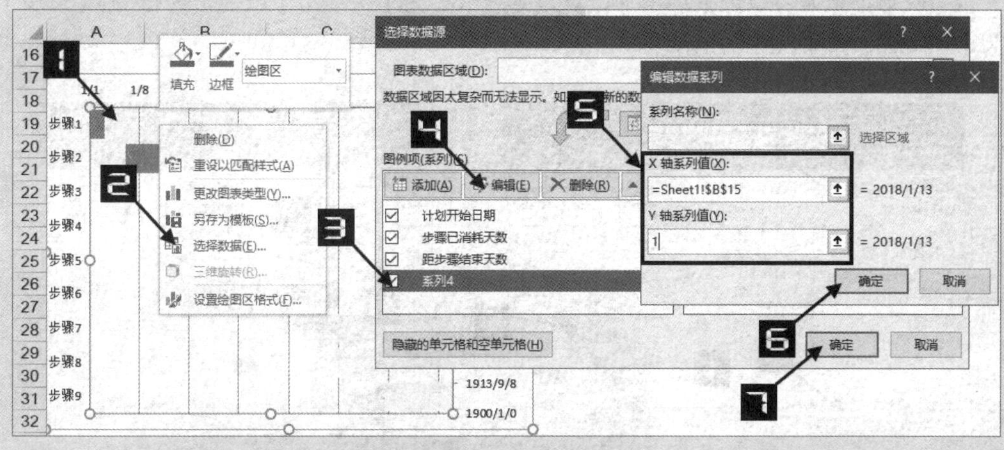

图32-28　选择数据编辑系列

单击图表次要纵坐标轴，在【设置坐标轴格式】对话框中切换到【坐标轴选项】选项卡，设置【边界】的【最小值】为0，【最大值】为1（散点系列的【Y轴系列值】为1）。

在【标签】选项区域设置【标签位置】为无。

单击散点系列，在【图表工具】中单击【设计】选项卡中单击【添加图表元素】按钮，在弹出的下拉菜单中依次选择【误差线】→【标准误差】选项，如图32-29所示。

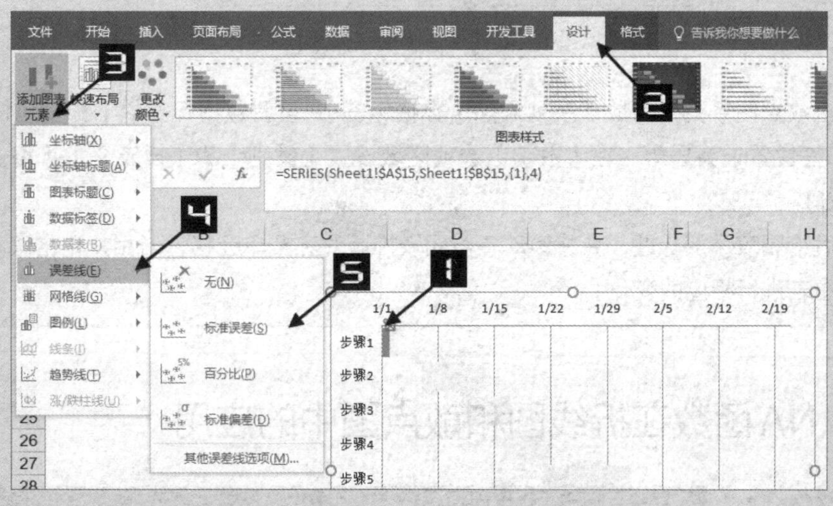

图32-29　添加误差线

单击图表区，在【图表工具】中的【格式】选项卡中单击【图表元素】下拉按钮，在弹出的下拉列表中选择【系列4 Y 误差线】选项，选择误差线后，按<Ctrl+1>组合键，弹出【设置误差线格式】窗格。

切换到【误差线选项】选项卡，设置【垂直误差线】的【方向】为【负偏差】,【末端样式】为【无线端】,【误差量】为【固定值】，在文本框中输入数值“1”。

切换到【填充与线条】选项卡，设置【线条】为【实线】,【颜色】为橙色,【宽度】为【1.5磅】，如图32-30所示。

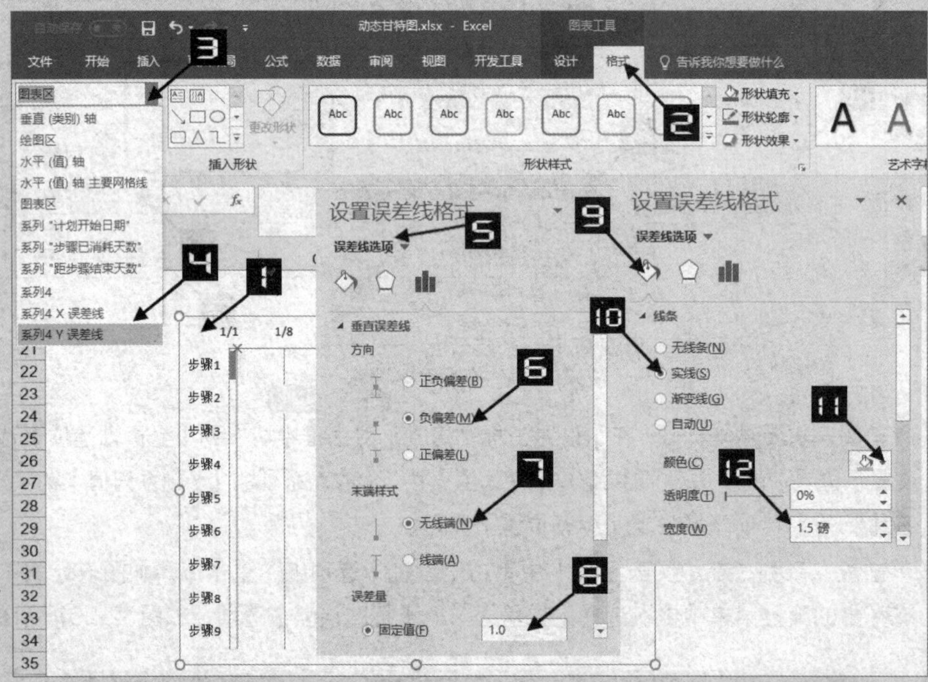

图32-30 设置误差线格式

单击散点图系列，为散点系列添加【数据标签】，设置数据标签的【标签包括】为X值,【标签位置】为居中，在【数字】选项区域设置【类别】为【自定义】,【格式代码】为【m/d】。

最后给图表添加标题，并将滚动条与图表排版对齐至单元格，当用户单击滚动条时，数据与图表进行相应的变化。

32.3 NA函数在折线图和散点图中的应用

示例32-3 突出显示最大值的趋势图

如图32-31所示，需要制作突出显示最大值的趋势图。

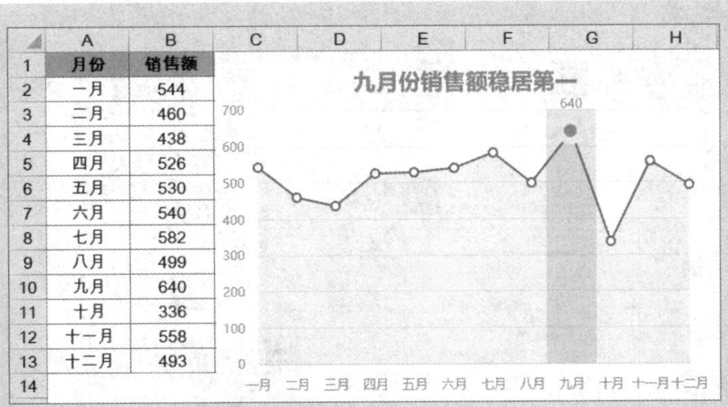

月份	销售额
一月	544
二月	460
三月	438
四月	526
五月	530
六月	540
七月	582
八月	499
九月	640
十月	336
十一月	558
十二月	493

图32-31　突出最大值的趋势图

具体操作步骤如下。

步骤① 首先在C列构建最大值辅助列，在C1单元格输入“最大值”，在C2单元格输入以下公式，并向下复制到C13单元格，如图32-32所示。

```
=IF(B2=MAX(B$2:B$13),B2,0)
```

C2　=IF(B2=MAX(B$2:B$13),B2,0)

月份	销售额	最大值
一月	544	0
二月	460	0
三月	438	0
四月	526	0
五月	530	0
六月	540	0
七月	582	0
八月	499	0
九月	640	640
十月	336	0
十一月	558	0
十二月	493	0

图32-32　创建最大值辅助列

步骤② 选中A1:C13单元格区域，依次选择【插入】→【插入折线图或面积图】→【折线图】命令，生成一个折线图。

步骤③ 双击折线图的“销售额”数据系列，打开【设置数据系列格式】对话框。选择【系列选项】选项卡，切换到【填充与线条】选项卡，在【线条】选项区域选中【实线】单选按钮，将【颜色】设置为深蓝色，将【宽度】设置为1.5磅，如图32-33所示。

依次选择【标记】→【数据标记选项】→【内置】选项，在【类型】下拉列表中选择圆形，将【大小】设置为6。选择【标记】→【填充】→【纯色填充】选项，将【颜色】设置为白色。选择【标记】→【边框】→【实线】选项，将【颜色】设置为深蓝色，将【宽度】设置为1.5磅，如图32-34所示。

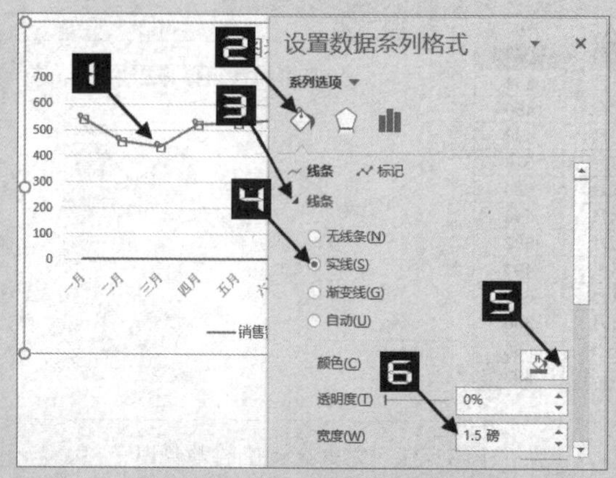

图32-33　设置折线线条格式

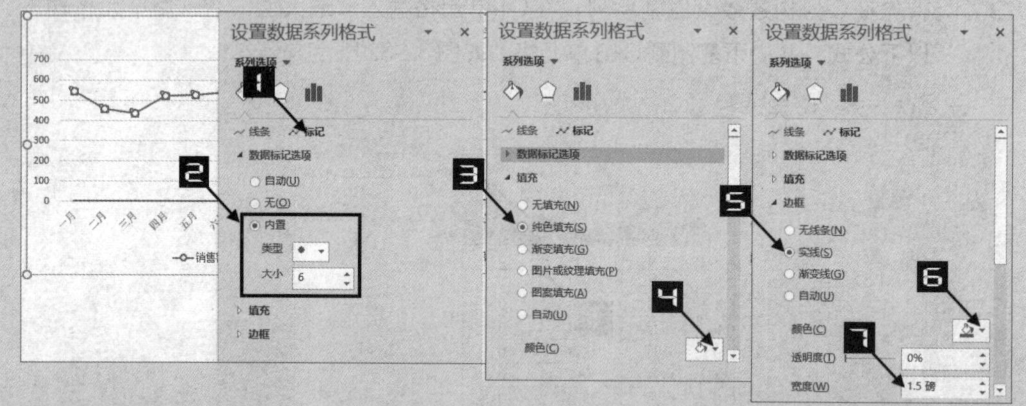

图32-34　设置折线标记格式

步骤④ 使用类似的方式设置折线图的“最大值”数据系列格式。

单击折线图“最大值”数据系列，在【设置数据系列格式】对话框中选择【系列选项】选项卡，切换到【填充与线条】选项卡，依次选择【线条】→【线条】→【无线条】选项。

依次选择【标记】→【数据标记选项】→【内置】选项，将【类型】设置为圆形，将【大小】设置为15。选择【标记】→【填充】→【纯色填充】选项，将【颜色】设置为粉色。选择【标记】→【边框】→【实线】选项，将【颜色】设置为浅粉色，将【宽度】设置为5.5磅。

设置后的图表效果如图32-35所示。

步骤⑤ 对折线图设置【标记】时，0值也会同时显示，而此图表只需要显示最大值的一个标记点。因此在折线图或散点图中，如果需要对系列设置【标记】，占位的数据不能为0。可以将公式中的0更改为NA函数，如图32-36所示。

NA函数没有参数，用于返回错误值#N/A。在折线图和散点图中，NA表示“无值可用”，不参与数据计算，只做占位使用。

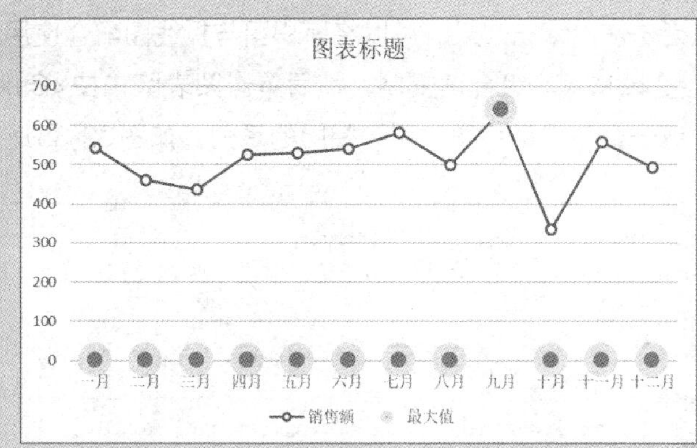

图 32-35 设置折线系列格式后的效果

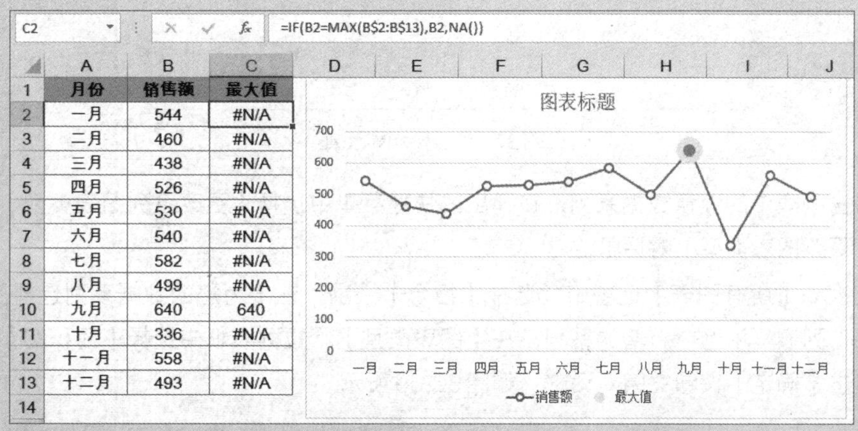

	A	B	C
1	月份	销售额	最大值
2	一月	544	#N/A
3	二月	460	#N/A
4	三月	438	#N/A
5	四月	526	#N/A
6	五月	530	#N/A
7	六月	540	#N/A
8	七月	582	#N/A
9	八月	499	#N/A
10	九月	640	640
11	十月	336	#N/A
12	十一月	558	#N/A
13	十二月	493	#N/A
14			

图 32-36 占位数据 0 更改为 NA 函数

步骤 6 在折线图或散点图中使用NA函数作为占位，占位的数据不会显示数据标签。如图32-37所示，单击折线图“最大值”数据系列，单击【图表元素】快速选项按钮，在弹出的列表中选中【数据标签】复选框，只有最大值的标记点显示数据标签。

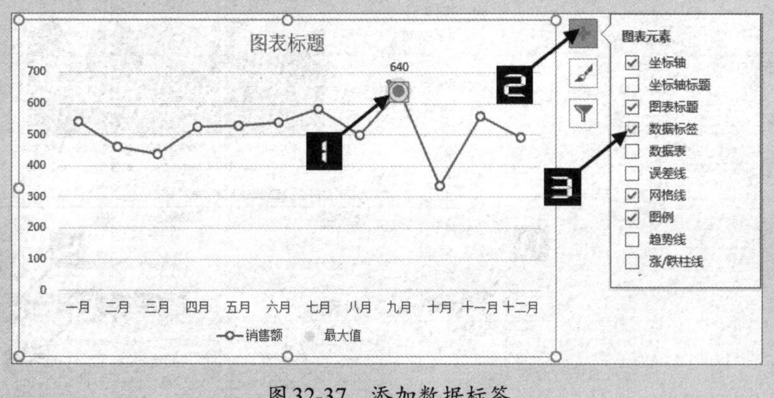

图 32-37 添加数据标签

步骤⑦ 折线图默认无法使用填充效果，可以将面积图与折线图配合使用。选中B2:B13单元格区域，按<Ctrl+C>组合键复制，然后单击图表区，按<Ctrl+V>组合键粘贴，在图表中生成一个与“销售额”系列相同的系列，如图32-38所示。

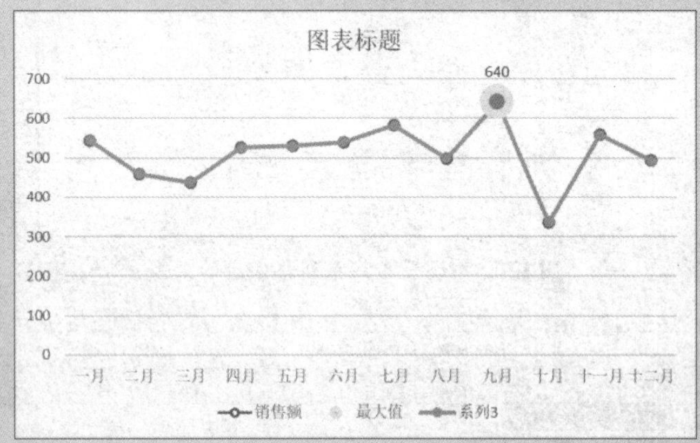

图32-38 添加新系列

右击图表中的任意数据系列，在弹出的快捷菜单中选择【更改系列图表类型】选项，打开【更改图表类型】对话框。

切换到【所有图表】选项卡，选择【组合】选项，在【为您的数据系列选择图表类型和轴】列表框中选中新增的系列，在【图表类型】下拉列表框中选择【面积图】选项，最后单击【确定】按钮关闭对话框，如图32-39所示。

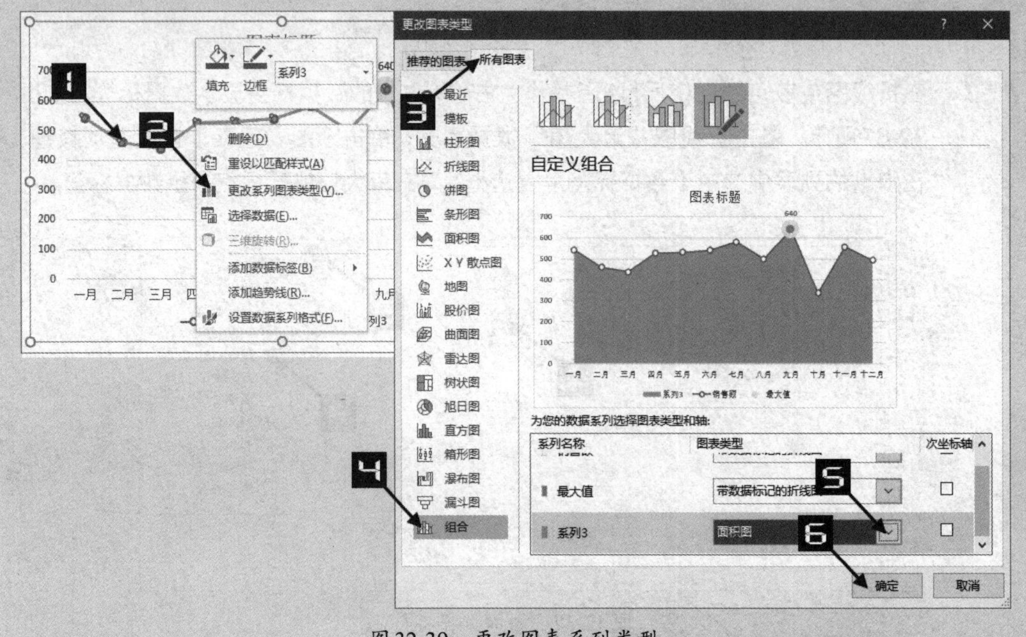

图32-39 更改图表系列类型

双击图表中的面积图数据系列，弹出【设置数据系列格式】对话框，切换到【填充与线条】选项卡，设置【填充】为【纯色填充】,【颜色】为深蓝色,【透明度】为90%，如图32-40所示。

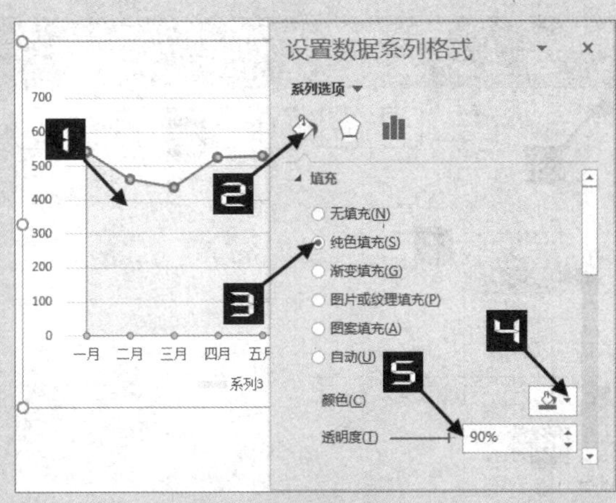

图32-40 设置面积图数据系列格式

步骤⑧ 最大值数据点中的柱形是利用误差线设置线条大小完成的，但是在添加误差线之前，需要先固定图表纵坐标轴【边界】的【最大值】与【最小值】。

单击最大值数据系列，在【图表工具】的【设计】选项卡中单击【添加图表元素】按钮，在下拉菜单中选择【误差线】→【标准误差】选项，如图32-41所示。

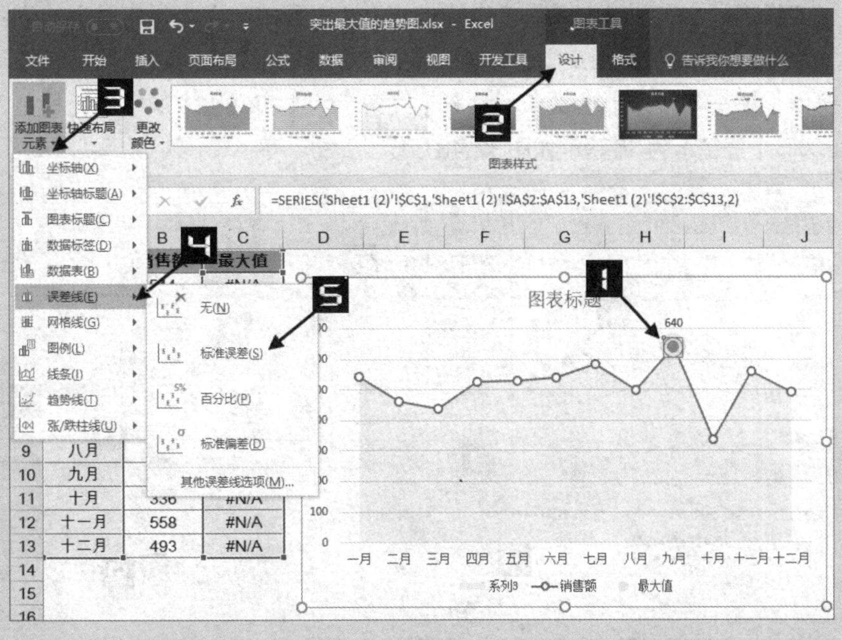

图32-41 添加误差线

如果添加的误差线比较短，在图表中会无法选择，可以单击图表区，在【图表工具】的【格式】选项卡中单击【图表元素】下拉按钮，在下拉列表中选择【系列“最大值”Y误差线】选项，如图32-42所示。

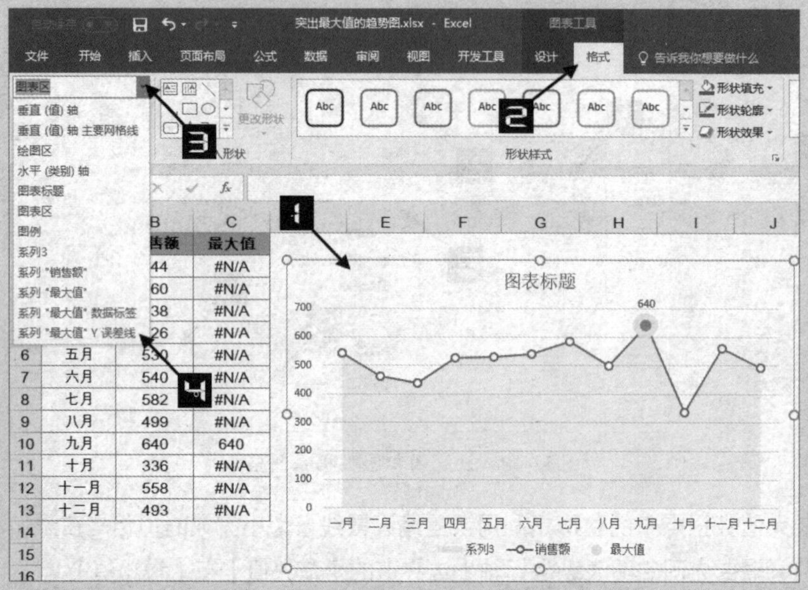

	A	B	C
1		销售额	最大值
2		544	#N/A
3		460	#N/A
4		438	#N/A
5		526	#N/A
6	五月	530	#N/A
7	六月	540	#N/A
8	七月	582	#N/A
9	八月	499	#N/A
10	九月	640	640
11	十月	336	#N/A
12	十一月	558	#N/A
13	十二月	493	#N/A

图32-42　选择误差线

保持误差线的选中状态，按<Ctrl+1>组合键，弹出【设置误差线格式】对话框，切换到【误差线选项】选项卡，设置【末端样式】为【无线端】,【误差量】的【固定值】为700。实际操作时，只要固定了坐标轴边界，误差量的固定值可设置得大一些。

切换到【填充与线条】选项卡，设置【线条】为【实线】,【颜色】为橙色，【透明度】为80%,【宽度】为35磅，如图32-43所示。

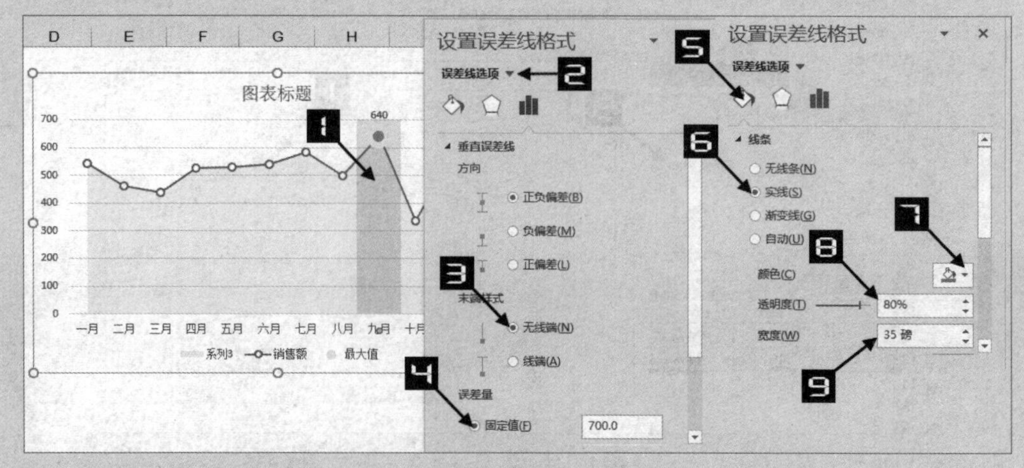

图32-43　设置误差线格式

步骤9 单击图表横坐标轴，在【设置坐标轴格式】对话框中切换到【坐标轴选项】选项卡，设置【坐标轴位置】为【在刻度线上】，将数据系列延伸至整个绘图区，如图32-44所示。

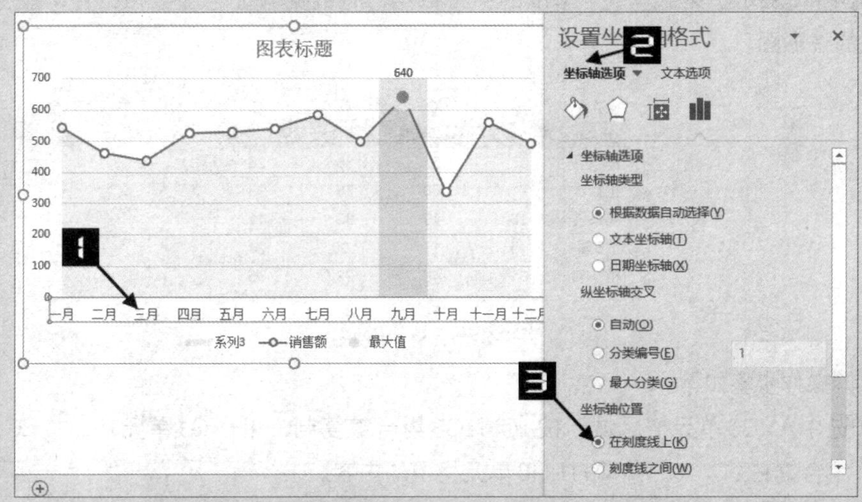

图32-44　设置横坐标轴格式

注意

除面积图外，其他图表类型的分类坐标轴的坐标轴位置均在【刻度线之间】，如果用户需要数据系列延伸至整个绘图区，则需要设置坐标轴位置为【在刻度线上】。

最后删除多余的图表元素，设置图表区文字与图表标题的格式，效果如图32-45所示。

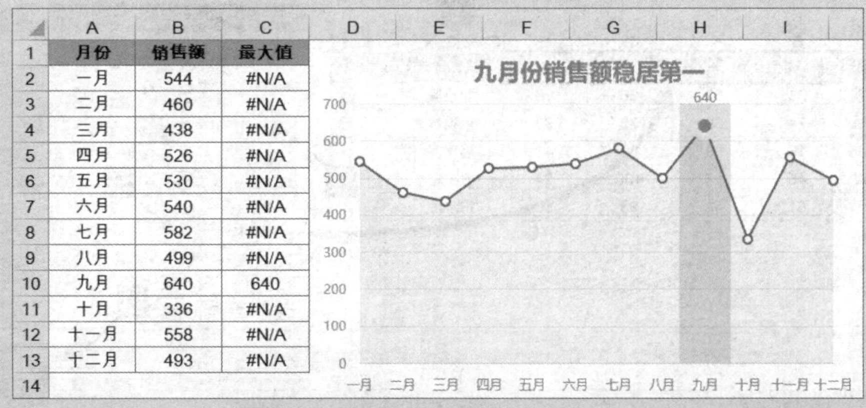

	A	B	C
1	月份	销售额	最大值
2	一月	544	#N/A
3	二月	460	#N/A
4	三月	438	#N/A
5	四月	526	#N/A
6	五月	530	#N/A
7	六月	540	#N/A
8	七月	582	#N/A
9	八月	499	#N/A
10	九月	640	640
11	十月	336	#N/A
12	十一月	558	#N/A
13	十二月	493	#N/A
14			

图32-45　突出显示最大值的趋势图

32.4 使用HLOOKUP函数与数据验证制作动态柱形图

示例32-4 动态柱形图

图32-46展示了某公司4个季度的销售数据，将数据验证与函数相结合，能够制作出动态的柱形图。

	A	B	C	D	E
1	产品	第一季度	第二季度	第三季度	第四季度
2	卸妆乳	33	52	36	26
3	化妆水	71	39	75	98
4	隔离霜	16	19	83	41
5	BB霜	45	17	100	24
6	精华液	61	48	93	85

图32-46 销售数据

具体操作步骤如下。

步骤① 选中A1:B6单元格区域，按<Ctrl+C>组合键复制，单击G1单元格，按<Ctrl+V>组合键粘贴。然后清除H1:H6单元格中的内容。

单击H1单元格，在【数据】选项卡中单击【数据验证】按钮，打开【数据验证】对话框。在【允许】下拉列表框中选择【序列】选项，单击【来源】编辑框右侧的折叠按钮，选择B1:E1单元格区域，最后单击【确定】按钮关闭对话框，如图32-47所示。

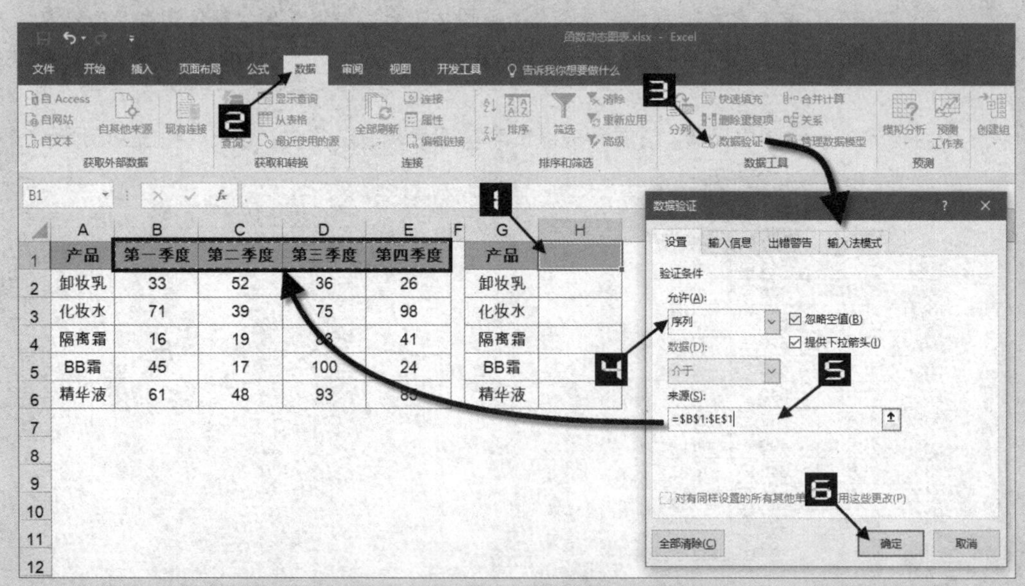

图32-47 设置数据验证

步骤② 在H2单元格中输入以下公式，并向下复制到H6单元格，如图32-48所示。

```
=HLOOKUP(H$1,B$1:E$6,ROW(A2),)
```

H2　=HLOOKUP(H$1,B$1:E$6,ROW(A2),)

	A	B	C	D	E	F	G	H
1	产品	第一季度	第二季度	第三季度	第四季度		产品	第一季度
2	卸妆乳	33	52	36	26		卸妆乳	33
3	化妆水	71	39	75	98		化妆水	71
4	隔离霜	16	19	83	41		隔离霜	16
5	BB霜	45	17	100	24		BB霜	45
6	精华液	61	48	93	85		精华液	61

图32-48　数据构建

公式中的“ROW(A2)”用于返回行号，随着公式的自动填充，形成递增序列2，3，4，…。以此作为HLOOKUP函数的第三参数，用于返回不同行的内容，得到H1单元格中季度对应的产品数据。

步骤③ 选中G1:H6单元格区域，在【插入】选项卡中依次选择【插入柱形图或条形图】→【簇状柱形图】命令，生成一个柱形图。

步骤④ 单击H1单元格的下拉按钮，根据需要选择季度。随着H1单元格中内容的变化，H2:H6单元格区域中的数据和图表也会随之变化，如图32-49所示。

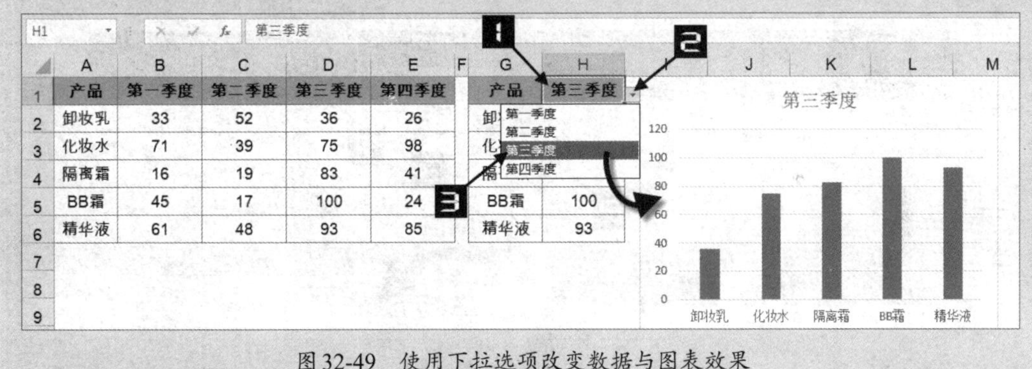

图32-49　使用下拉选项改变数据与图表效果

32.5　使用OFFSET函数与自定义名称制作动态图表

除了使用函数与公式设置辅助列的方法外，还可以使用函数与公式创建自定义名称，再用自定义名称作为图表数据源来制作动态图表。

示例32-5　动态折线进度图

图32-50展示了某公司一个月的销售数据，利用折线图与函数结合控件，能够动态选择日期，用于查看某个时间段的销售情况。其具体操作步骤如下。

步骤① 选中A1:B32单元格区域，在【插入】选项卡中依次选择【插入折线图或面积图】→【折线图】命令，生成一个折线图。

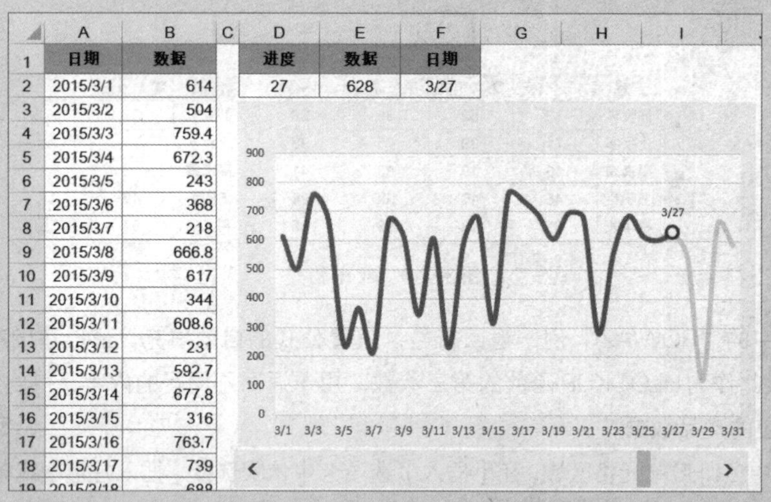

	A	B	C	D	E	F
1	日期	数据		进度	数据	日期
2	2015/3/1	614		27	628	3/27
3	2015/3/2	504				
4	2015/3/3	759.4				
5	2015/3/4	672.3				
6	2015/3/5	243				
7	2015/3/6	368				
8	2015/3/7	218				
9	2015/3/8	666.8				
10	2015/3/9	617				
11	2015/3/10	344				
12	2015/3/11	608.6				
13	2015/3/12	231				
14	2015/3/13	592.7				
15	2015/3/14	677.8				
16	2015/3/15	316				
17	2015/3/16	763.7				
18	2015/3/17	739				

图32-50　动态折线进度图

步骤② 单击任意单元格，在【开发工具】选项卡中选择【插入】→【滚动条(窗体控件)】命令，在工作表中插入一个滚动条，如图32-51所示。

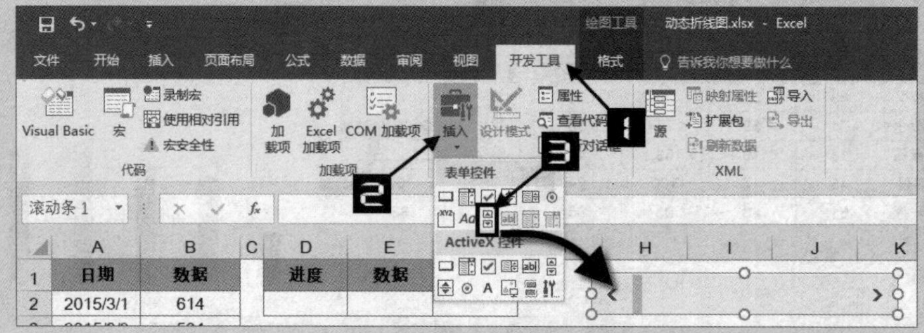

图32-51　插入滚动条

在滚动条上右击，然后在弹出的快捷菜单中选择【设置控件格式】命令，打开【设置控件格式】对话框。切换到【控制】选项卡，因为折线图最少要有两个数据点构成，所以将【最小值】设置为2。因为一个月的最大天数为31，所以将【最大值】设置为31。依次设置【步长】为1，【页步长】为5，【单元格链接】为D2单元格，最后单击【确定】按钮关闭对话框，如图32-52所示。

步骤③ 在【公式】选项卡中单击【定义名称】按钮，打开【新建名称】对话框。在【新建名称】对话框中的【名称】编辑框中输入“进度”，在【引用位置】编辑框输入以下公式，最后单击【确定】按钮关闭对话框，如图32-53所示。

```
=OFFSET(Sheet1!$B$1,1,,Sheet1!$D$2)
```

OFFSET函数以B1单元格为基点，向下偏移1行，列方向不偏移，新引用的行数由控件调整的D2单元格中的数字决定。

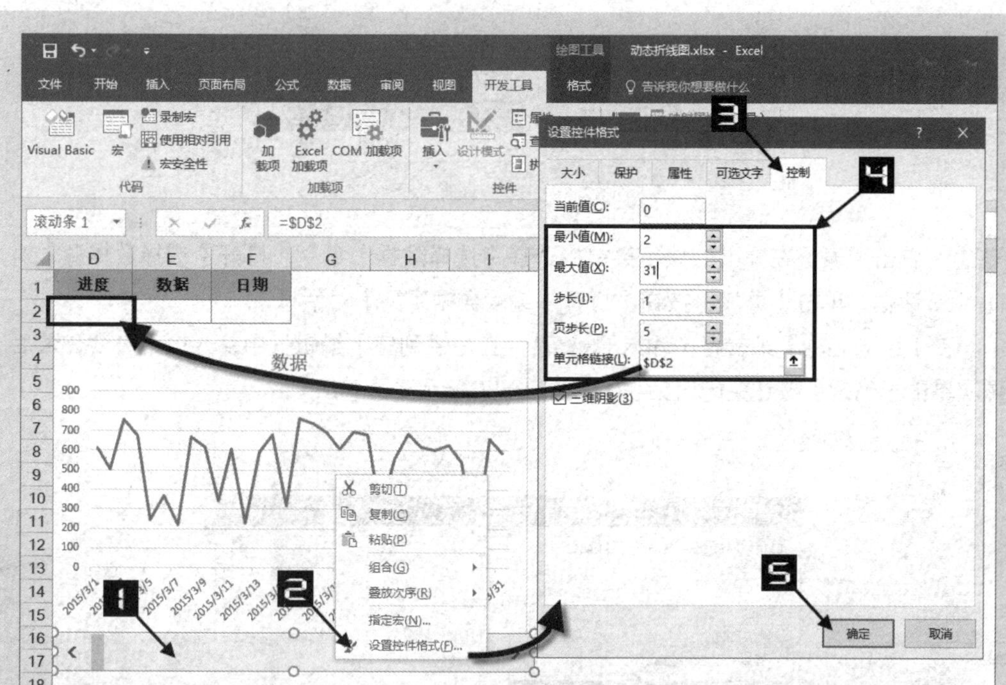

图 32-52　设置控件格式

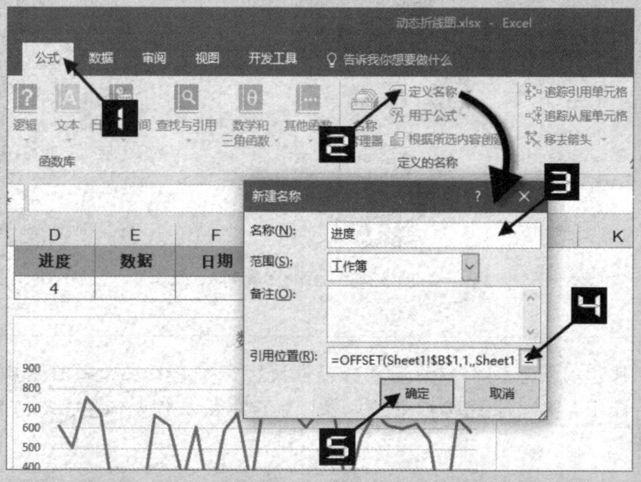

图 32-53　定义名称

步骤④ 在E2单元格输入以下公式，用来获取控件调整单元格对应行的数据。

```
=INDEX(B:B,D2+1)
```

将F2单元格设置为日期格式，然后输入以下公式，用来获取控件调整单元格对应行的日期，如图32-54所示。

```
=INDEX(A:A,D2+1)
```

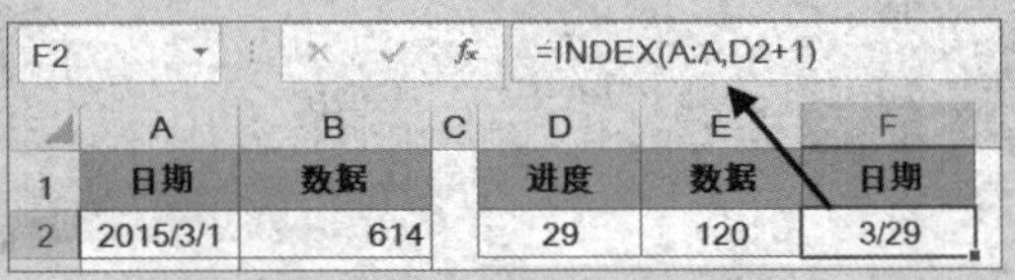

图32-54　设置日期格式

步骤5 右击图表，在弹出的快捷菜单中选择【选择数据】命令，打开【选择数据源】对话框。单击【添加】按钮，打开【编辑数据系列】对话框。

在【系列名称】编辑框中输入“进度”，在【系列值】编辑框中输入以下公式，最后依次单击【确定】按钮关闭对话框，如图32-55所示。

```
=Sheet1!进度
```

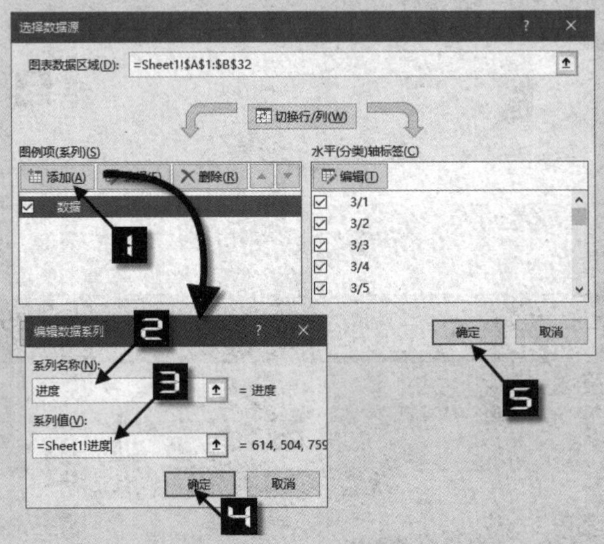

图32-55　添加系列

提示

使用自定义名称作为图表数据源时，需要在自定义名称前添加工作表名称。先清除【系列值】编辑框中的内容，然后单击工作表标签，即可快速输入工作表名称。

步骤6 参考示例32-2中的步骤，将横坐标轴日期格式更改为“m/d”。

选中图表区，在【设置图表区格式】窗格选择【图表区选项】选项卡，切换到【填充线条】选项卡，选择【填充】→【纯色填充】选项，将【颜色】设置为灰色。设置【边框】为【无线条】。

选中图表绘图区，选择【设置绘图区格式】窗格的【绘图区选项】选项卡，切换到【填充线条】选项卡，选择【填充】→【纯色填充】选项，将【颜色】设置为浅灰色，设置【边框】为【无线条】。

选中折线图系列，选择【设置数据系列格式】对话框的【系列选项】选项卡，切换到【填充线条】选项卡，选择【线条】→【实线】选项，并将【颜色】设置为灰色，将【宽度】设置为4磅，选中【平滑线】复选框，如图32-56所示。

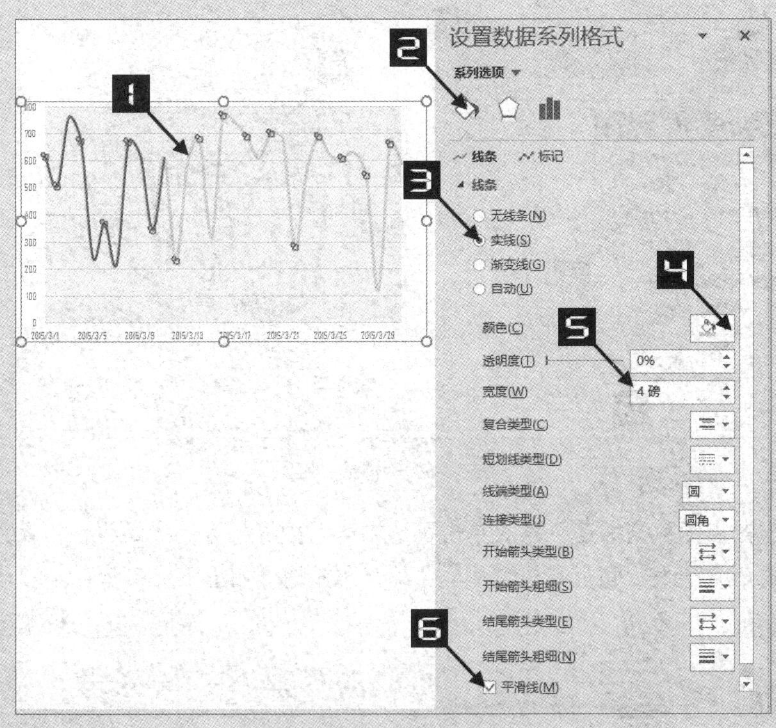

图32-56　设置折线格式

用同样的方式设置“进度”系列格式。

步骤⑦ 接下来添加散点图作为进度标记。选中D2:E2单元格区域，按<Ctrl+C>组合键复制。选中图表，在【开始】选项卡中依次选择【粘贴】→【选择性粘贴】命令，打开【选择性粘贴】对话框。设置【添加单元格为】为【新建系列】，【数值(Y)轴在】为【列】，选中【首列中的类别(X标签)】复选框，单击【确定】按钮关闭【选择性粘贴】对话框，如图32-57所示。

步骤⑧ 单击图表数据系列，在【图表工具】下的【设计】选项卡中单击【更改图表类型】按钮，打开【更改图表类型】对话框。在【所有图表】选项卡中的【组合】界面中，将系列3的图表类型设置为【散点图】，取消选中【次坐标轴】复选框，最后单击【确定】按钮关闭对话框。

更改完图表数据系列类型后，设置散点图标记格式，并添加散点图数据标签。

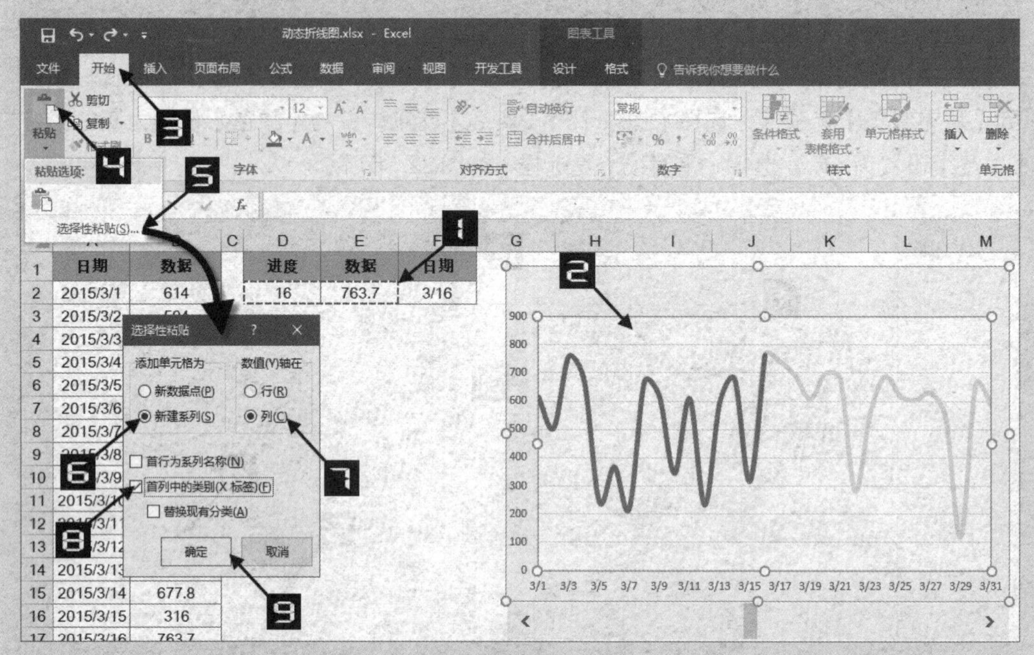

图32-57　添加系列

步骤9 单击散点图数据标签，再次单击可选中当前数据标签。在编辑栏中输入“=”后单击F2单元格，最后单击左侧的【输入】按钮，如图32-58所示。

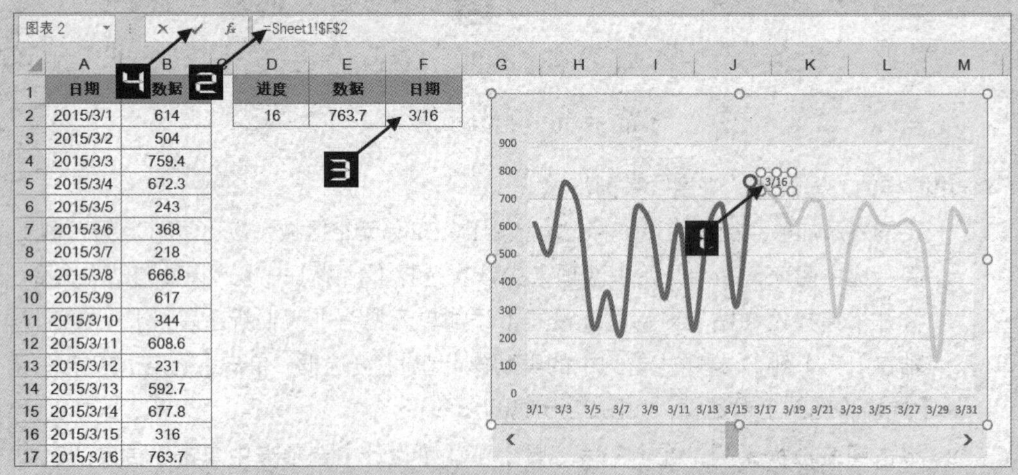

图32-58　设置数据标签

步骤10 双击图表数据标签，打开【设置数据标签格式】对话框，在【标签选项】选项卡下依次选择【标签选项】→【标签位置】→【靠上】命令。

设置完成后，单击滚动条调节按钮，即可查看图表进度变化。

示例32-6　动态选择系列折线图

如果折线图的数据系列很多，会显得比较杂乱。使用控件与自定义名称制作折线图，动态选择某一系列后使其突出显示，能够使图表更加直观，如图32-59所示。

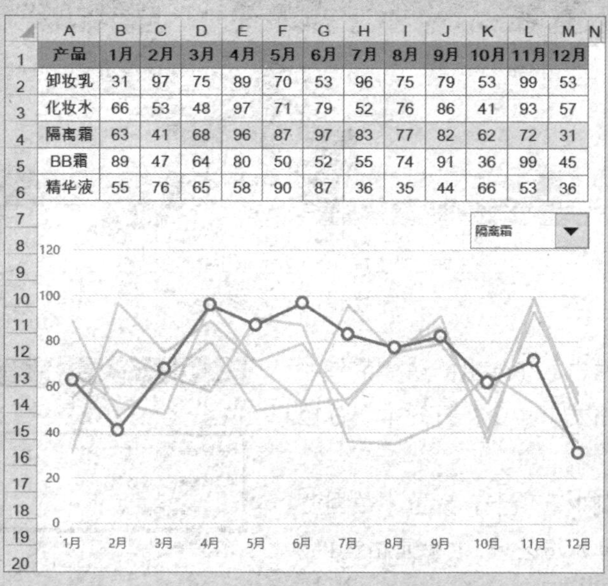

产品	1月	2月	3月	4月	5月	6月	7月	8月	9月	10月	11月	12月
卸妆乳	31	97	75	89	70	53	96	75	79	53	99	53
化妆水	66	53	48	97	71	79	52	76	86	41	93	57
隔离霜	63	41	68	96	87	97	83	77	82	62	72	31
BB霜	89	47	64	80	50	52	55	74	91	36	99	45
精华液	55	76	65	58	90	87	36	35	44	66	53	36

图32-59　动态选择系列折线图

具体操作步骤如下。

步骤1 选择A1:M6单元格区域，在【插入】选项卡中依次选择【插入折线图或面积图】→【折线图】命令，生成一个折线图。

将折线图所有系列的【线条颜色】设置为浅灰色，如图32-60所示。

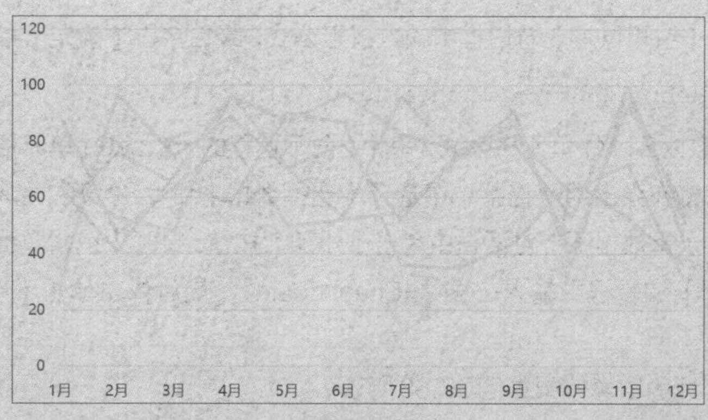

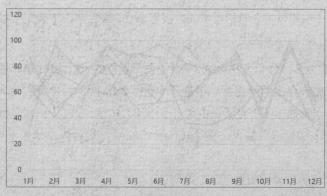

图32-60　折线图

提示

设置一个系列【线条颜色】为浅灰色后，单击其他系列后按<F4>键可以快速重复上一次操作。

步骤② 单击任意单元格，在【开发工具】选项卡中单击【插入】按钮，在【表单控件】区域选择【组合框(窗体控件)】命令，在工作表中插入一个组合框，如图32-61所示。

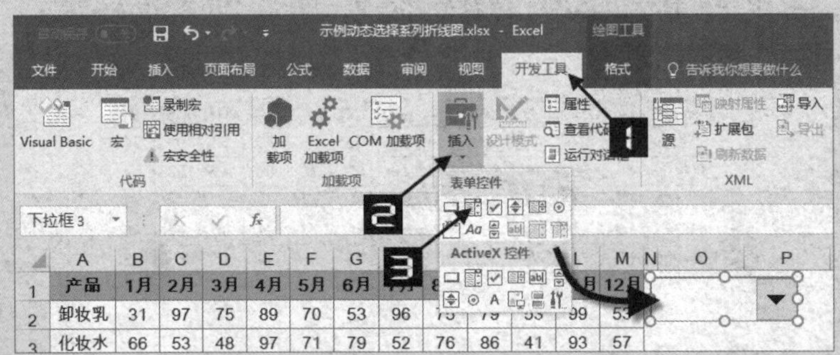

图32-61　插入控件

在组合框上右击，在弹出的快捷菜单中选择【设置控件格式】命令，打开【设置控件格式】对话框。

切换到【控制】选项卡，设置【数据源区域】为A2:A6单元格区域，【单元格链接】为O1单元格，【下拉显示项数】为5。最后单击【确定】按钮关闭对话框，如图32-62所示。

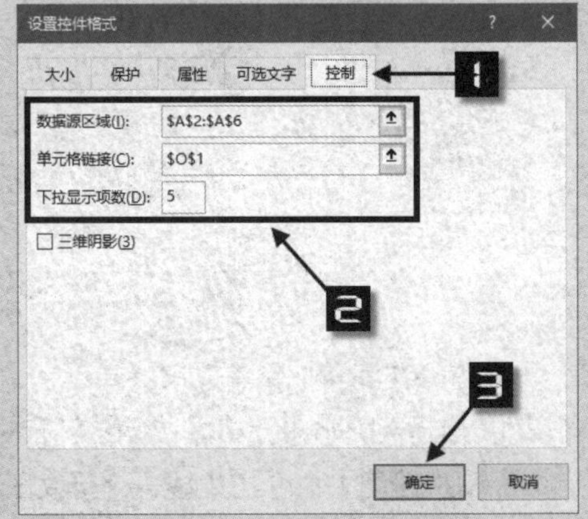

图32-62　设置控件格式

步骤③ 在【公式】选项卡中单击【定义名称】按钮，打开【新建名称】对话框。

在【新建名称】对话框中的【名称】中输入“data”，在【引用位置】对话框中输入以下公式，最后单击【确定】按钮关闭对话框。

```
=OFFSET(sheet1!$B$1:$M$1,sheet1!$O$1,)
```

OFFSET函数以B1:M1单元格区域为基点，向下偏移的行数由O1单元格中的数值指定。

步骤④ 右击图表，在弹出的快捷菜单中选择【选择数据】命令，打开【选择数据源】对话框。在【选择数据源】对话框中单击【添加】按钮，打开【编辑数据系列】对话框。

在【系列值】编辑框中输入公式“=Sheet1!data”，最后依次单击【确定】按钮关闭对话框。

添加新系列后的图表效果如图32-63所示。

步骤⑤ 选中A2:M6单元格区域，依次选择【开始】→【条件格式】→【新建规则】选项，打开【新建格式规则】对话框。在【选择规则类型】列表框中选择【使用公式确定要设置格式的单元格】选项，在【为符合此公式的值设置格式】编辑框中输入以下公式。

```
=ROW(A1)=$O$1
```

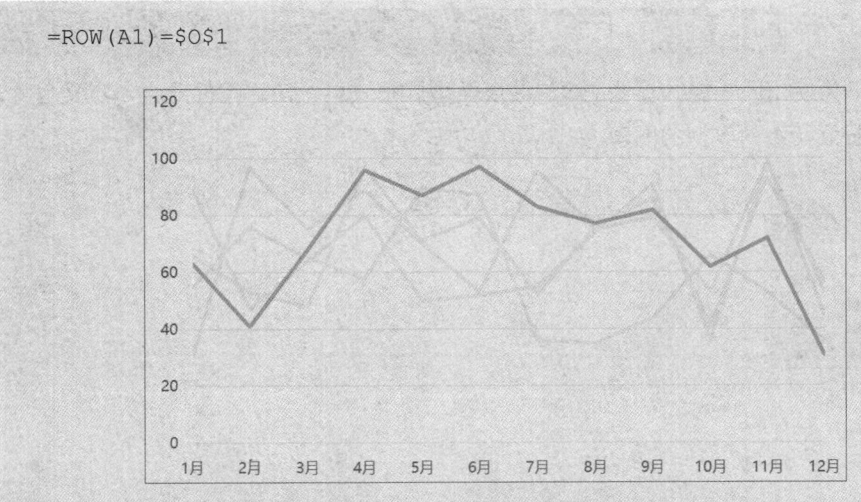

图32-63 添加新系列的折线图

单击【格式】按钮，打开【设置单元格格式】对话框。切换到【填充】选项卡下，选择一种背景色，最后依次单击【确定】按钮关闭对话框，如图32-64所示。

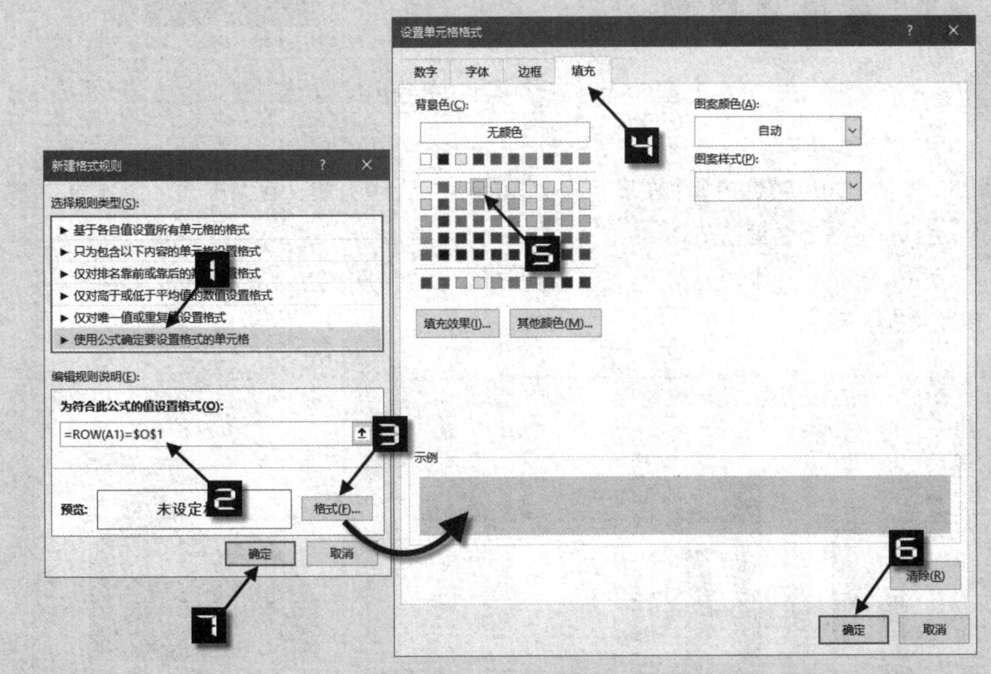

图32-64 新建格式规则

最后设置新数据系列的线条颜色和标记类型、大小，适当调整组合框的位置。

制作完成后，单击组合框下拉按钮选择对应的产品，控件链接的单元格数字发生变化，数据源中突出显示对应的数据，同时图表也随之动态变化。

示例32-7 动态更换图表类型

图32-65为使用同一组数据源的3种图表类型展示效果，使用控件结合自定义名称，能够动态选择展示不同类型的图表。

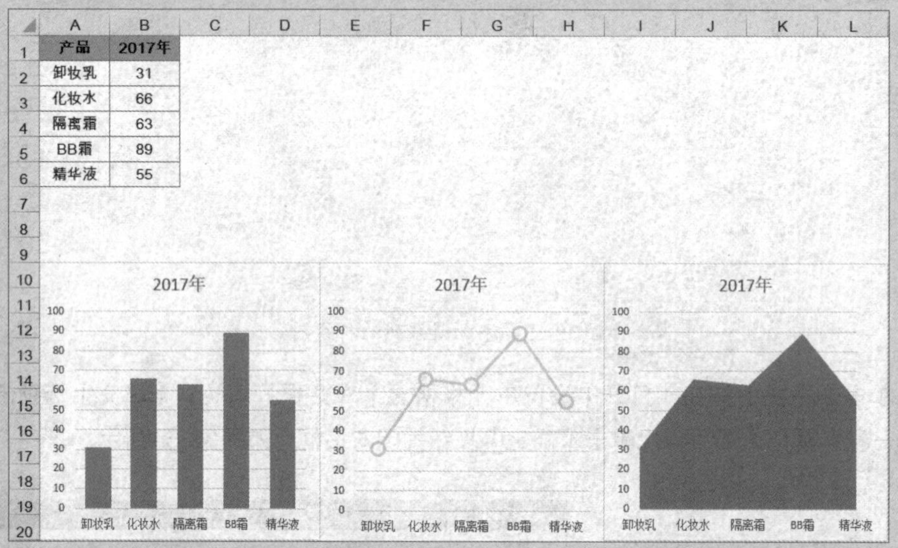

产品	2017年
卸妆乳	31
化妆水	66
隔离霜	63
BB霜	89
精华液	55

图32-65　3种图表类型展示效果

具体操作步骤如下。

步骤1 按住<Ctrl>键选中3个图表，按<Ctrl+X>组合键剪切，在“图表”工作表中按<Ctrl+V>组合键粘贴。

设置“图表”工作表列宽为7.56，将图表以12行4列的大小对齐到单元格区域中，如图32-66所示。

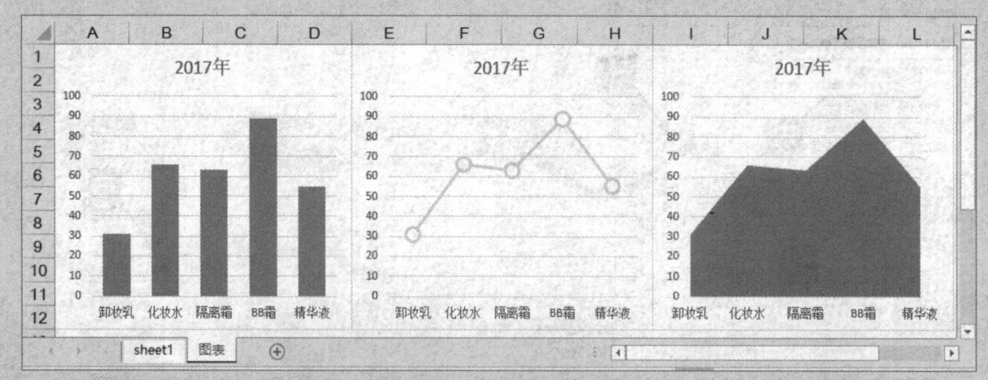

图32-66　在新工作表粘贴图表

提示

按住<Alt>键拖动图表，可以自动将图表对齐到单元格边缘。

步骤② 切换到Sheet1工作表，单击任意单元格，在【开发工具】选项卡中依次选择【插入】→【选项按钮(窗体控件)】命令，在工作表中绘制一个选项按钮，如图32-67所示。

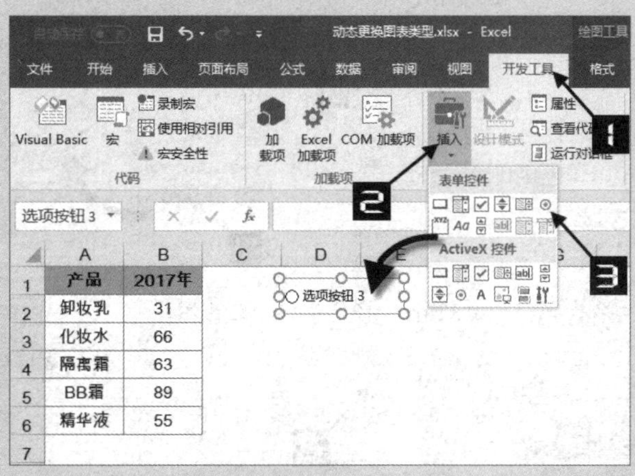

图 32-67　插入控件

在选项按钮上右击，在弹出的快捷菜单中选择【设置控件格式】命令，打开【设置控件格式】对话框。切换到【控制】选项卡，设置【单元格链接】为C1单元格，最后单击【确定】按钮关闭对话框。

单击选项按钮，按住<Ctrl>键拖动鼠标复制一个选项按钮，重复两次同样的步骤，形成3个选项按钮。右击选项按钮，在弹出的快捷菜单中选择【编辑文字】命令，将3个选项按钮依次更改为“柱形图”“折线图”和“面积图”，如图32-68所示。

	A	B	C	D	E
1	产品	2017年	1		
2	卸妆乳	31			◉柱形图
3	化妆水	66			○折线图
4	隔离霜	63			○面积图
5	BB霜	89			
6	精华液	55			

图 32-68　设置格式后的控件

步骤③ 定义名称“区域”，公式为：

```
=OFFSET(图表!$A$1:$D$12,,sheet1!$C$1*4-4)
```

OFFSET函数以A1:D12单元格区域为基点，向右偏移的列数由C1单元格中的数值指定。“sheet1!$C$1*4-4”部分表示偏移列数从0开始，如果C1单元格中的数值增加1，则OFFSET函数的偏移列数增加4。

步骤④ 选择一个12行4列的空白单元格区域，按<Ctrl+C>组合键复制，在空白单元格中右击，在弹出的快捷菜单中选择【选择性粘贴】→【图片】选项，如图32-69所示。

单击粘贴后的图片，在编辑栏中输入公式“=区域”，单击左侧的【输入】按钮完成编辑，如图32-70所示。

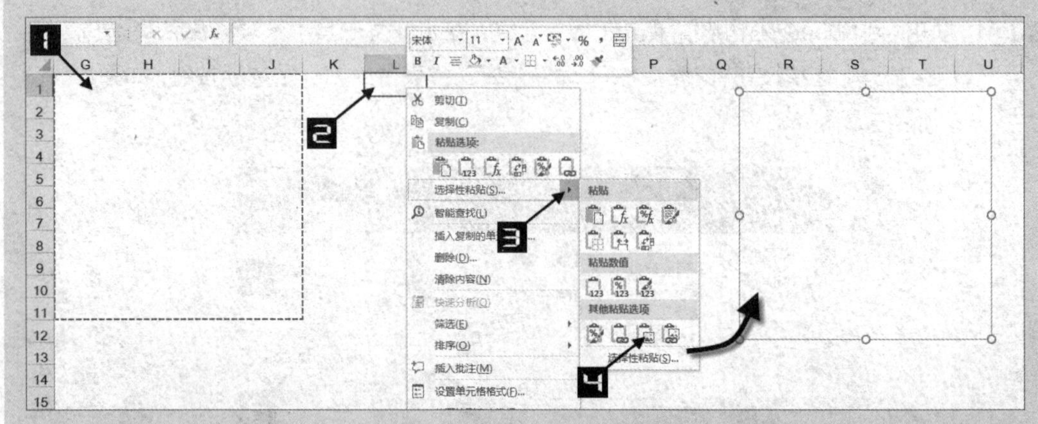

图32-69 将单元格粘贴为图片

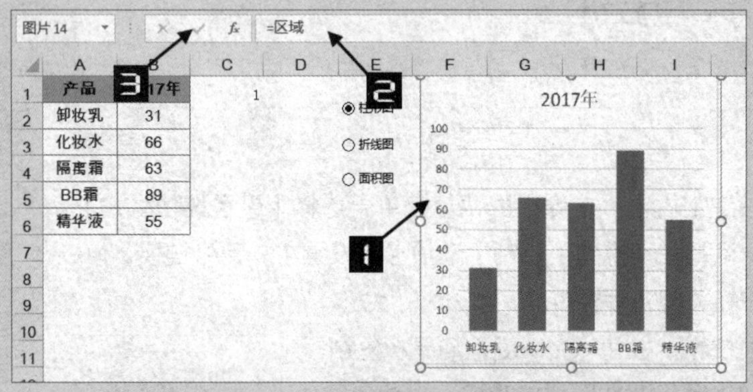

图32-70 使用公式链接图片

单击任意选项按钮，图表变化为对应的类型展示，如图32-71所示。

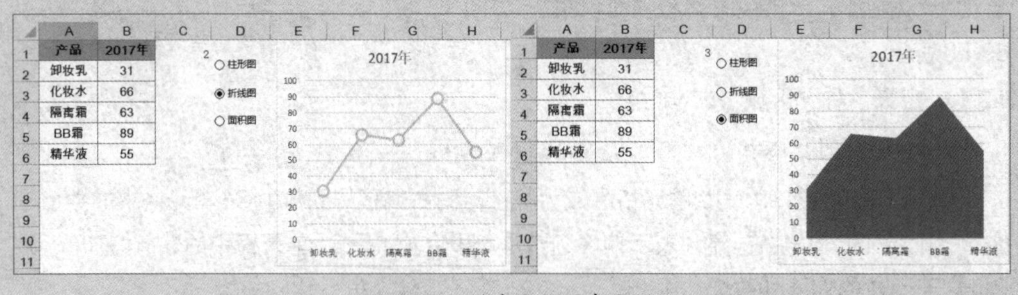

图32-71 动态变换图表类型

32.6 使用REPT函数制作柱形图

除了Excel内置的图表外，还可以在单元格中使用函数与公式模拟图表的效果。

示例32-8　单元格柱形图

REPT函数用于将指定内容按特定的次数显示，如果把特殊字符按照指定次数重复，将得到不同长度的形状。图32-72为使用REPT函数模拟制作的柱形图表效果。

32章

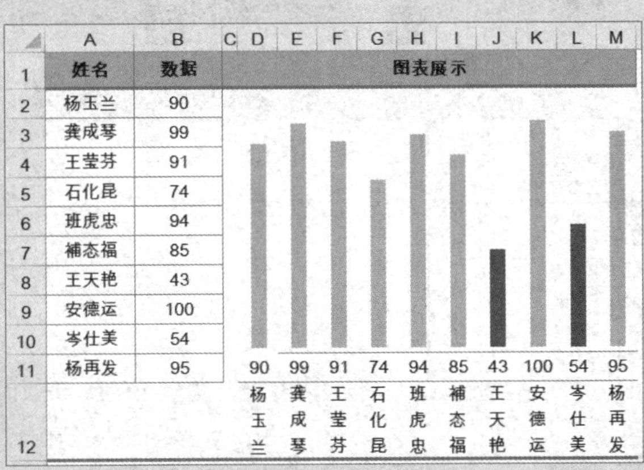

	A	B	C	D	E	F	G	H	I	J	K	L	M
1	姓名	数据	图表展示										
2	杨玉兰	90											
3	龚成琴	99											
4	王莹芬	91											
5	石化昆	74											
6	班虎忠	94											
7	補态福	85											
8	王天艳	43											
9	安德运	100											
10	岑仕美	54											
11	杨再发	95		90	99	91	74	94	85	43	100	54	95
12				杨玉兰	龚成琴	王莹芬	石化昆	班虎忠	補态福	王天艳	安德运	岑仕美	杨再发

图32-72　单元格柱形图

具体操作步骤如下。

步骤1　首先使用公式将数据转置为横向，以此模拟图表坐标轴标签。在D11单元格中输入以下公式，并向右复制到M11单元格。

```
=INDEX($B:$B,COLUMN(B1))
```

在D12单元格中输入以下公式，并向右复制到M12单元格。

```
=INDEX($A:$A,COLUMN(B1))
```

适当调整单元格的列宽和边框，如图32-73所示。

	A	B	C	D	E	F	G	H	I	J	K	L	M
1	姓名	数据	图表展示										
2	杨玉兰	90											
3	龚成琴	99											
4	王莹芬	91											
5	石化昆	74											
6	班虎忠	94											
7	補态福	85											
8	王天艳	43											
9	安德运	100											
10	岑仕美	54											
11	杨再发	95		90	99	91	74	94	85	43	100	54	95
12				杨玉兰	龚成琴	王莹芬	石化昆	班虎忠	補态福	王天艳	安德运	岑仕美	杨再发

图32-73　转置数据区域

步骤2　选中D2:D10单元格区域，设置字体为【Stencil】，字号为【12】，字体颜色为蓝色，设置对齐方式为【底端对齐】，并设置为【合并后居中】，如图32-74所示。

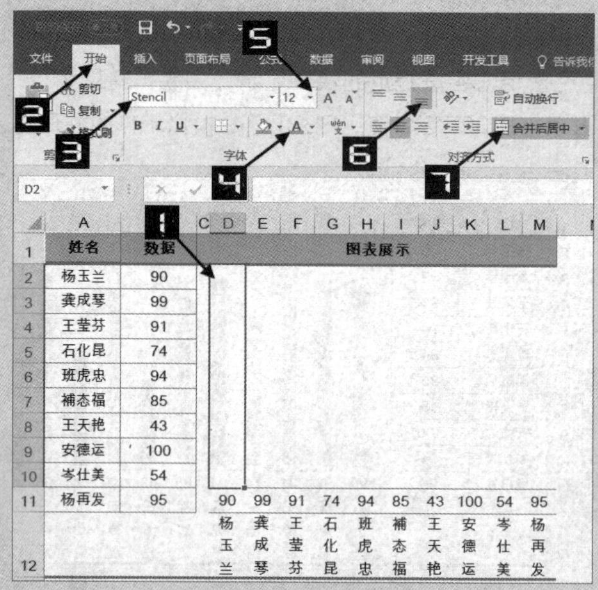

图 32-74　设置单元格格式

步骤③ 在D2单元格中输入以下公式，并向右复制到M2单元格，如图32-75所示。

```
=REPT("|",D11)
```

	A	B	D	E	F	G	H	I	J	K	L	M
1	姓名	数据	图表展示									
2	杨玉兰	90										
3	龚成琴	99										
4	王莹芬	91										
5	石化昆	74										
6	班虎忠	94										
7	補态福	85										
8	王天艳	43										
9	安德运	100										
10	岑仕美	54										
11	杨再发	95	90	99	91	74	94	85	43	100	54	95
12			杨玉兰	龚成琴	王莹芬	石化昆	班虎忠	補态福	王天艳	安德运	岑仕美	杨再发

图 32-75　填充公式

步骤④ 选中D2:M10单元格区域，按<Ctrl+1>组合键，弹出【设置单元格格式】对话框，切换到【对齐】选项卡，设置【方向】为90度，最后单击【确定】按钮关闭对话框，如图32-76所示。

步骤⑤ 选中D2:M10单元格区域，依次选择【开始】→【条件格式】→【新建规则】选项，打开【新建格式规则】对话框。在【选择规则类型】列表框中选择【使用公式确定要设置格式的单元格】选项，然后在【为符合此公式的值设置格式】对话框中输入以下公式。

```
=D$11<60
```

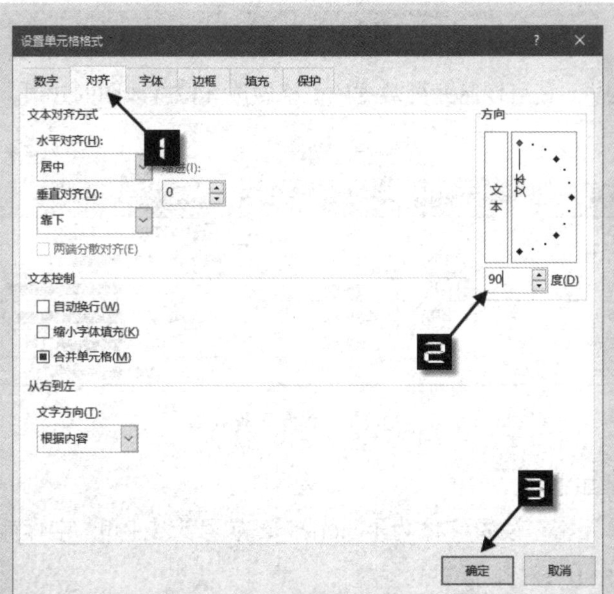

图32-76　设置文字对齐方向

单击【格式】按钮，打开【设置单元格格式】对话框。切换到【字体】选项卡，设置字体【颜色】为红色，最后单击【确定】按钮关闭对话框，如图32-77所示。设置完毕，小于60的柱形将显示为红色。

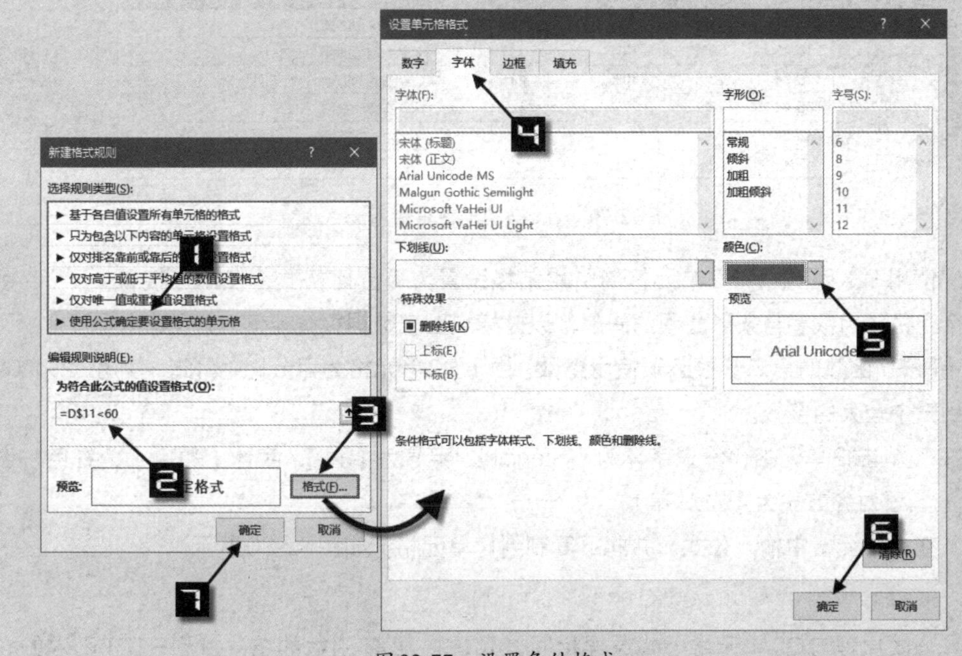

图32-77　设置条件格式

至此，单元格柱形图制作完成。

示例32-9　单元格旋风图

使用函数与公式，还可以将两列数据的表格做成类似旋风图的效果，如图32-78所示。

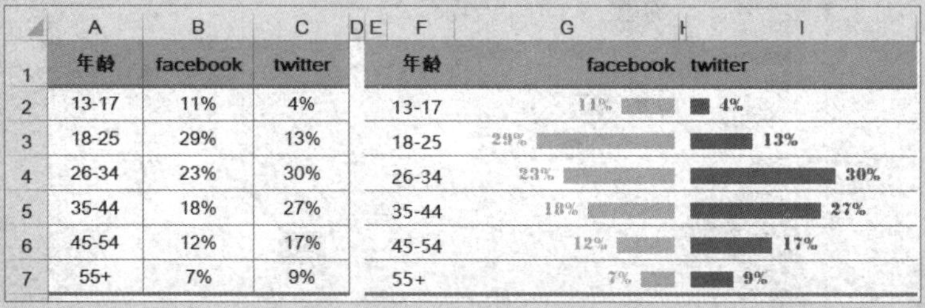

	A	B	C	F	G	I
1	年龄	facebook	twitter	年龄	facebook	twitter
2	13-17	11%	4%	13-17	11%	4%
3	18-25	29%	13%	18-25	29%	13%
4	26-34	23%	30%	26-34	23%	30%
5	35-44	18%	27%	35-44	18%	27%
6	45-54	12%	17%	45-54	12%	17%
7	55+	7%	9%	55+	7%	9%

图32-78　单元格旋风图

具体操作步骤如下。

步骤① 单击G2单元格，设置字体为【Stencil】、字号为【11】、字体颜色为蓝色，设置对齐方式为【右对齐】。

在G2单元格中输入以下公式，并向下复制到G7单元格，如图32-79所示。

```
=TEXT(B2,"0%")&" "&REPT("|",B2*200)
```

G2　=TEXT(B2,"0%")&" "&REPT("|",B2*200)

	A	B	C	F	G	I
1	年龄	facebook	twitter	年龄	facebook	twitter
2	13-17	11%	4%	13-17	11%	
3	18-25	29%	13%	18-25	29%	
4	26-34	23%	30%	26-34	23%	
5	35-44	18%	27%	35-44	18%	
6	45-54	12%	17%	45-54	12%	
7	55+	7%	9%	55+	7%	

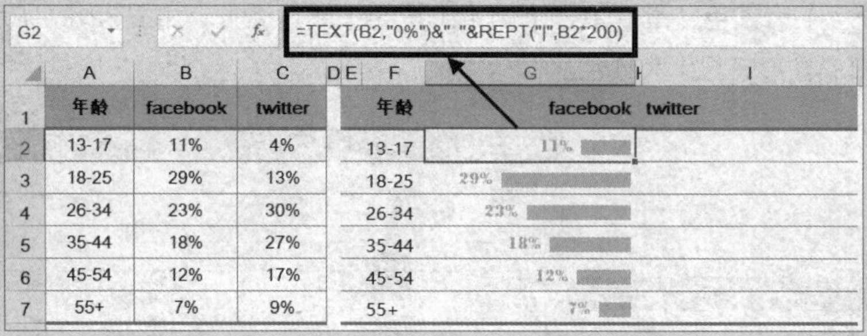

图32-79　在G2单元格中输入公式

使用TEXT函数将B2单元格的引用结果设置为百分比格式，使用连接符“&”连接一个空格作为数字与条形之间的间隔，以此模拟图表数据标签。

REPT函数的第二参数必须使用整数，由于B2单元格为百分比，因此，使用B2×200得到一个较大的整数。

步骤② 单击I2单元格，设置字体为【Stencil】、字号为【11】、字体【颜色】为红色，设置对齐方式为【左对齐】。

在I2单元格中输入公式，并向下复制到I7单元格，如图32-80所示。

```
=REPT("|",C2*200)&""&TEXT(C2,"0%")
```

公式原理与G2单元格公式原理相同，只是将TEXT函数的结果放到REPT函数的右侧，模拟出图表数据标签效果。

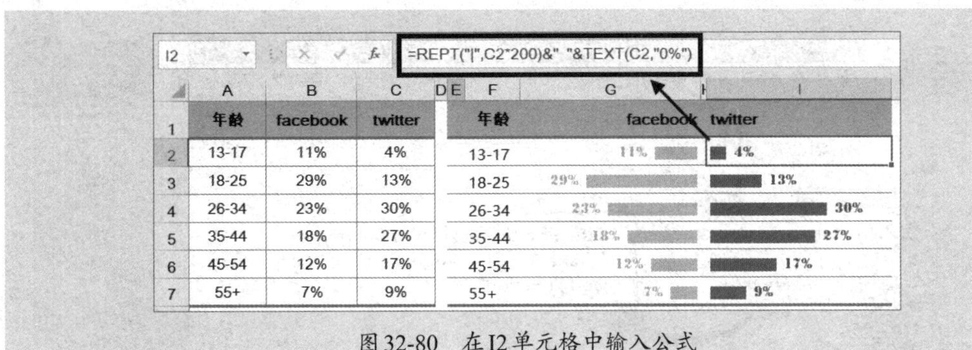

I2 =REPT("|",C2*200)&" "&TEXT(C2,"0%")

年龄	facebook	twitter
13-17	11%	4%
18-25	29%	13%
26-34	23%	30%
35-44	18%	27%
45-54	12%	17%
55+	7%	9%

图32-80 在I2单元格中输入公式

32.7 使用HYPERLINK函数制作动态图表

示例32-10 鼠标触发的动态图表

利用函数结合VBA代码制作动态图表，当鼠标指针悬停在某一选项上时，图表能够自动展示对应的数据系列，如图32-81所示。

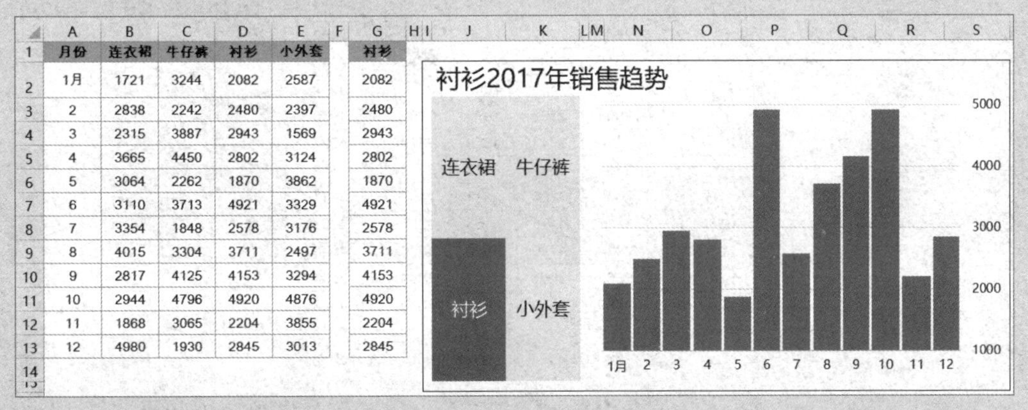

月份	连衣裙	牛仔裤	衬衫	小外套		衬衫
1月	1721	3244	2082	2587		2082
2	2838	2242	2480	2397		2480
3	2315	3887	2943	1569		2943
4	3665	4450	2802	3124		2802
5	3064	2262	1870	3862		1870
6	3110	3713	4921	3329		4921
7	3354	1848	2578	3176		2578
8	4015	3304	3711	2497		3711
9	2817	4125	4153	3294		4153
10	2944	4796	4920	4876		4920
11	1868	3065	2204	3855		2204
12	4980	1930	2845	3013		2845

图32-81 鼠标触发动态图表

具体操作步骤如下。

步骤1 按<Alt+F11>组合键打开VBE窗口，在VBE窗口中选择【插入】→【模块】命令，然后在模块代码窗口中输入以下代码，最后关闭VBE窗口，如图32-82所示。

```
Function techart(rng As Range)
    Sheet1.[g1] = rng.Value
End Function
```

代码中的"Sheet1.[g1]"为当前工作表的G1单元格，用G1单元格获取触发后的分类，可根据实际表格情况设置单元格地址。

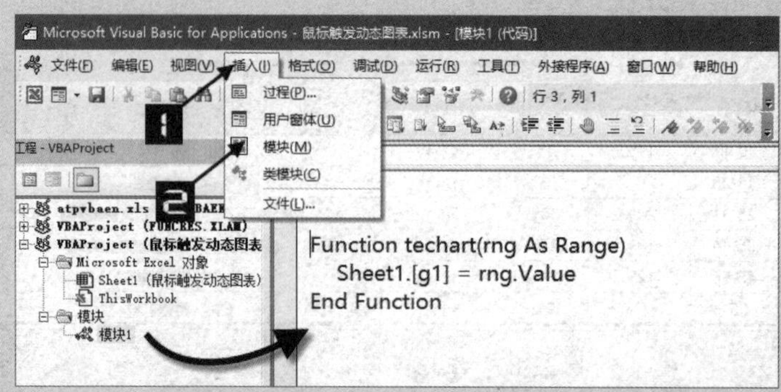

图32-82　插入模块并输入代码

步骤2 在G1单元格中任意输入一个分类名称，如“衬衫”，在G2单元格中输入以下公式，并向下复制到G13单元格，如图32-83所示。

```
=HLOOKUP(G$1,B$1:E2,ROW(),)
```

G2 =HLOOKUP(G$1,B$1:E2,ROW(),)

	A	B	C	D	E	F	G
1	月份	连衣裙	[illegible]	衬衫	小外套		衬衫
2	1月	1721	3244	2082	2587		2082
3	2	2838	2242	2480	2397		2480
4	3	2315	3887	2943	[illegible]		2943
5	4	3665	4450	2802	3124		2802
6	5	3064	2262	1870	3862		1870
7	6	3110	3713	4921	3329		4921
8	7	3354	1848	2578	3176		2578
9	8	4015	3304	3711	2497		3711
10	9	2817	4125	4153	3294		4153
11	10	2944	4796	4920	4876		4920
12	11	1868	3065	2204	3855		2204
13	12	4980	1930	2845	3013		2845

图32-83　构建辅助列

步骤3 选中G1:G13单元格区域，依次选择【插入】→【插入柱形图或条形图】→【簇状柱形图】命令，生成一个簇状柱形图。

单击图表柱形系列，在编辑栏中更改SERIES函数的第二参数为A2:A13单元格区域，适当美化图表。

步骤4 选中J3:J8单元格区域，设置为【合并后居中】，输入以下公式。

```
=IFERROR(HYPERLINK(techart(B1)),B1)
```

选中K3:K8单元格区域，设置为【合并后居中】，输入以下公式。

```
=IFERROR(HYPERLINK(techart(C1)),C1)
```

选中J9:J14单元格区域，设置为【合并后居中】，输入以下公式。

```
=IFERROR(HYPERLINK(techart(D1)),D1)
```

选中K9:K14单元格区域，设置为【合并后居中】，输入以下公式。

```
=IFERROR(HYPERLINK(techart(E1)),E1)
```

公式中的techart函数，是之前在VBA代码中自定义的函数，将各产品的列标签单元格引用作为自定义函数的参数。

用HYPERLINK函数创建一个超链接，当鼠标指针移动到超链接所在单元格时，会出现屏幕提示，同时鼠标指针由【正常选择】切换为【链接选择】，当鼠标指针悬停在超链接文本上时，超链接会读取HYPERLINK函数第一参数返回的路径作为屏幕提示的内容。此时，就会触发执行第一参数中的自定义函数。

由于HYPERLINK的结果会返回错误值，因此，使用IFERROR屏蔽错误值，将错误值显示为对应的产品名称。

步骤5 选择J3:K14单元格区域，设置【填充颜色】为浅红色。然后依次选择【开始】→【条件格式】→【新建规则】选项，打开【新建格式规则】对话框。在【选择规则类型】列表框中选择【使用公式确定要设置格式的单元格】选项，然后在【为符合此公式的值设置格式】编辑框中输入以下公式。

```
=J3=$G$1
```

单击【格式】按钮，打开【设置单元格格式】对话框。切换到【字体】选项卡，设置字体颜色为白色。再切换到【填充】选项卡，设置填充颜色为红色，最后依次单击【确定】按钮关闭对话框。设置条件格式的作用是凸显当前触发的产品名称。

步骤6 在J2单元格中输入以下公式作为动态图表的标题。

```
=G1&"2017年销售趋势"
```

至此，图表制作完成。由于使用了VBA代码，因此要将工作簿保存为“Excel启用宏的工作簿(*.xlsm)”格式。

练习与巩固

（1）NA 函数没有参数，用于返回错误值#N/A。在折线图和散点图中，NA表示“无值可用”，不参与数据计算只做________使用。

（2）使用自定义名称作为图表数据源时，需要在自定义名称前添加________和一个半角感叹号。

（3）使用控件结合OFFSET函数制作动态图表时，主要过程是通过控件调整某个单元格中的数值，再将这个可变化的数值用作OFFSET函数的行或列偏移参数，进而得到一个动态变化的引用范围，最后将这个动态引用范围作为图表的________。

（4）制作突出显示某个指定条件数据点的图表时，通常会使用建立辅助列的方法，增加一个数据系列。假如数据存放在B2:B10单元格区域，要制作动态突出显示最大值的柱形图时，辅助列的公式应该怎样写?

（5）在坐标轴【边界】与【单位】中手工输入数值0和保持默认的0有何区别?

（6）使用REPT函数，可以模拟出一些图表效果，请手工模拟一组数据，用REPT函数制作如图32-84所示的漏斗图。

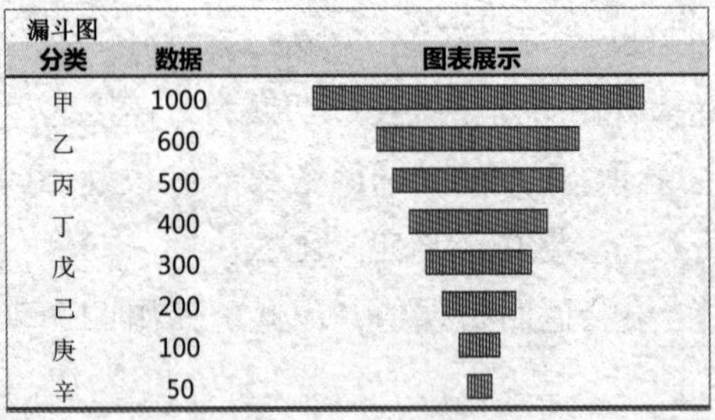

漏斗图

分类	数据	图表展示
甲	1000	
乙	600	
丙	500	
丁	400	
戊	300	
己	200	
庚	100	
辛	50	

图32-84　漏斗图

附录

附录A　Excel 2016规范与限制

附表A-1　工作表和工作簿规范

功能	最大限制
打开的工作簿个数	受可用内存和系统资源的限制
工作表大小	1 048 576行 × 16 384列
列宽	255个字符
行高	409磅
分页符个数	水平方向和垂直方向各1 026个
单元格可以包含的字符总数	32 767个字符。单元格中能显示的字符个数由单元格大小与字符的字体决定；而编辑栏中可以显示全部字符
工作簿中的工作表个数	受可用内存的限制（默认值为1个工作表）
工作簿中的颜色数	1 600万种颜色（32位，具有到24位色谱的完整通道）
唯一单元格格式个数/单元格样式个数	64 000
填充样式个数	256
线条粗细和样式个数	256
唯一字体个数	1 024个全局字体可供使用；每个工作簿512个
工作簿中的数字格式数	200~250，取决于所安装的Excel的语言版本
工作簿中的命名视图个数	受可用内存限制
自定义数字格式种类	200~250，取决于所安装的Excel的语言版本
工作簿中的名称个数	受可用内存限制
工作簿中的窗口个数	受可用内存限制
窗口中的窗格个数	4
链接的工作表个数	受可用内存限制
方案个数	受可用内存的限制；汇总报表只显示前251个方案
方案中的可变单元格个数	32
规划求解中的可调单元格个数	200
筛选下拉列表中的项目数	10 000
自定义函数个数	受可用内存限制
缩放范围	10%~400%
报表个数	受可用内存限制
排序关键字个数	单个排序中为64。如果使用连续排序，则没有限制
条件格式包含条件数	64

续表

功能	最大限制
撤销次数	100
页眉或页脚中的字符数	255
数据窗体中的字段个数	32
工作簿参数个数	每个工作簿255个参数
可选的非连续单元格个数	2 147 483 648个单元格
数据模型工作簿的内存存储和文件大小的最大限制	32位环境限制为同一进程内运行的Excel、工作簿和加载项最多共用2千兆字节（GB）虚拟地址空间。数据模型的地址空间共享可能最多运行500~700MB，如果加载其他数据模型和加载项则可能会减少。64位环境对文件大小不做硬性限制。工作簿大小仅受可用内存和系统资源的限制

附表A-2　共享工作簿规范与限制

功能	最大限制
共享工作簿的同时使用用户数	256
共享工作簿中的个人视图个数	受可用内存限制
修订记录保留的天数	32 767（默认为30天）
可一次合并的工作簿个数	受可用内存限制
共享工作簿中突出显示的单元格数	32 767
标识不同用户所做修订的颜色种类	32（每个用户用一种颜色标识。当前用户所做的更改用深蓝色突出显示）
共享工作簿中的Excel表格	0（含有一个或多个Excel表格的工作簿无法共享）

附表A-3　计算规范和限制

功能	最大限制
数字精度	15位
最大正数	9.99999999999999E+307
最小正数	2.2251E−308
最小负数	−2.2251E−308
最大负数	−9.99999999999999E+307
公式允许的最大正数	1.7976931348623158e+308
公式允许的最大负数	−1.7976931348623158e+308
公式内容的长度	8 192个字符
公式的内部长度	16 384个字节
迭代次数	32 767

续表

功能	最大限制
工作表数组个数	受可用内存限制
选定区域个数	2 048
函数的参数个数	255
函数的嵌套层数	64
数组公式中引用的行数	无限制
自定义函数类别个数	255
操作数堆栈的大小	1 024
交叉工作表相关性	64 000个可以引用其他工作表的工作表
交叉工作表数组公式相关性	受可用内存限制
区域相关性	受可用内存限制
每个工作表的区域相关性	受可用内存限制
对单个单元格的依赖性	40亿个可以依赖单个单元格的公式
已关闭的工作簿中的链接单元格内容长度	32 767
计算允许的最早日期	1900年1月1日（如果使用1904年日期系统，则为1904年1月1日）
计算允许的最晚日期	9999年12月31日
可以输入的最长时间	9999:59:59

附表A-4　数据透视表规范和限制

功能	最大限制
数据透视表中的页字段个数	256（可能会受可用内存的限制）
数据透视表中的数值字段个数	256
工作表上的数据透视表个数	受可用内存限制
每个字段中唯一项的个数	1 048 576
数据透视表中的个数	受可用内存限制
数据透视表中的报表过滤器个数	256（可能会受可用内存的限制）
数据透视表中的数值字段个数	256
数据透视表中的计算项公式个数	受可用内存限制
数据透视图中的报表筛选个数	256（可能会受可用内存的限制）
数据透视图中的数值字段个数	256
数据透视图中的计算项公式个数	受可用内存限制
数据透视表项目的MDX名称的长度	32 767
关系数据透视表字符串的长度	32 767
筛选下拉列表中显示的项目个数	10 000

附表 A-5　图表规范和限制

功能	最大限制
与工作表链接的图表个数	受可用内存限制
图表引用的工作表个数	255
图表中的数据系列个数	255
二维图表的数据系列中数据点个数	受可用内存限制
三维图表的数据系列中数据点个数	受可用内存限制
图表中所有数据系列的数据点个数	受可用内存限制

附录B Excel 2016常用快捷键

附表B-1 Excel常用快捷键

执行操作	快捷键组合
在工作表中移动和滚动	
向上、下、左或右移动单元格	箭头键
移动到当前数据区域的边缘	Ctrl+箭头键
移动到行首	Home
移动到工作表左上角的单元格	Ctrl+Home
移动到工作表的最后一个单元格	Ctrl+End
向下移动一屏	Page Down
向上移动一屏	Page Up
向右移动一屏	Alt+Page Down
向左移动一屏	Alt+Page Up
移动到工作簿中下一个工作表	Ctrl+Page Down
移动到工作簿中上一个工作表	Ctrl+Page Up
移动到下一工作簿或窗口	Ctrl+F6或Ctrl+Tab
移动到前一工作簿或窗口	Ctrl+Shift+F6
移动到已拆分工作簿中的下一个窗格	F6
移动到被拆分工作簿中的上一个窗格	Shift+F6
滚动并显示活动单元格	Ctrl+BackSpace
显示“定位”对话框	F5
显示“查找”对话框	Shift+F5
重复上一次“查找”操作	Shift+F4
在保护工作表中的非锁定单元格之间移动	Tab
最小化窗口	Ctrl+F9
最大化窗口	Ctrl+F10
处于“结束模式”时在工作表中移动	
打开或关闭“结束模式”	End
在一行或列内以数据块为单位移动	End, 箭头键
移动到工作表的最后一个单元格	End, Home
在当前行中向右移动到最后一个非空白单元格	End, Enter
处于“滚动锁定”模式时在工作表中移动	
打开或关闭“滚动锁定”模式	Scroll Lock

续表

执行操作	快捷键组合
移动到窗口中左上角处的单元格	Home
移动到窗口中右下角处的单元格	End
向上或向下滚动一行	上箭头键或下箭头键
向左或向右滚动一列	左箭头键或右箭头键
预览和打印文档	
显示“打印内容”对话框	Ctrl+P
在打印预览中时	
当放大显示时，在文档中移动	箭头键
当缩小显示时，在文档中每次滚动一页	Page UP
当缩小显示时，滚动到第一页	Ctrl+上箭头键
当缩小显示时，滚动到最后一页	Ctrl+下箭头键
工作表、图表和宏	
插入新工作表	Shift+F11
创建使用当前区域数据的图表	F11或Alt+F1
显示“宏”对话框	Alt+F8
显示“Visual Basic 编辑器”	Alt+F11
插入 Microsoft Excel 4.0 宏工作表	Ctrl+F11
选择工作簿中当前和下一个工作表	Shift+Ctrl+Page Down
选择当前工作簿或上一个工作簿	Shift+Ctrl+Page Up
在工作表中输入数据	
完成单元格输入并在选定区域中下移	Enter
在单元格中换行	Alt+Enter
用当前输入项填充选定的单元格区域	Ctrl+Enter
完成单元格输入并在选定区域中上移	Shift+Enter
完成单元格输入并在选定区域中右移	Tab
完成单元格输入并在选定区域中左移	Shift+Tab
删除插入点左边的字符，或者删除选定区域	BackSpace
删除插入点右边的字符，或者删除选定区域	Delete
删除插入点到行末的文本	Ctrl+Delete
向上下左右移动一个字符	箭头键
移到行首	Home
重复最后一次操作	F4或Ctrl+Y
编辑单元格批注	Shift+F2

续表

执行操作	快捷键组合
由行或列标志创建名称	Ctrl+Shift+F3
向下填充	Ctrl+D
向右填充	Ctrl+R
定义名称	Ctrl+F3
设置数据格式	
显示“样式”对话框	Alt+'（撇号）
显示“单元格格式”对话框	Ctrl+1
应用“常规”数字格式	Ctrl+Shift+ ~
应用带两个小数位的“贷币”格式	Ctrl+Shift+$
应用不带小数位的“百分比”格式	Ctrl+Shift+%
应用带两个小数位的“科学记数”数字格式	Ctrl+Shift+^
应用年月日“日期”格式	Ctrl+Shift+#
应用小时和分钟“时间”格式，并标明上午或下午	Ctrl+Shift+@
应用具有千位分隔符且负数用负号（-）表示	Ctrl+Shift+!
应用外边框	Ctrl+Shift+&
删除外边框	Ctrl+Shift+_
应用或取消字体加粗格式	Ctrl+B
应用或取消字体倾斜格式	Ctrl+I
应用或取消下画线格式	Ctrl+U
应用或取消删除线格式	Ctrl+5
隐藏行	Ctrl+9
取消隐藏行	Ctrl+Shift+9
隐藏列	Ctrl+0（零）
取消隐藏列	Ctrl+Shift+0（零）
编辑数据	
编辑活动单元格，并将插入点移至单元格内容末尾	F2
取消单元格或编辑栏中的输入项	Esc
编辑活动单元格并清除其中原有的内容	BackSpace
将定义的名称粘贴到公式中	F3
完成单元格输入	Enter
将公式作为数组公式输入	Ctrl+Shift+Enter
在公式中输入函数名后显示公式选项板	Ctrl+A
在公式中输入函数名后为该函数插入变量名和括号	Ctrl+Shift+A

续表

执行操作	快捷键组合
显示“拼写检查”对话框	F7
插入、删除和复制选中区域	
复制选定区域	Ctrl+C
剪切选定区域	Ctrl+X
粘贴选定区域	Ctrl+V
清除选定区域的内容	Delete
删除选定区域	Ctrl+-（短横线）
撤销最后一次操作	Ctrl+Z
插入空白单元格	Ctrl+Shift+=
在选中区域内移动	
在选定区域内由上往下移动	Enter
在选定区域内由下往上移动	Shift+Enter
在选定区域内由左往右移动	Tab
在选定区域内由右往左移动	Shift+Tab
按顺时针方向移动到选定区域的下一个角	Ctrl+.（句号）
右移到非相邻的选定区域	Ctrl+Alt+ 右箭头键
左移到非相邻的选定区域	Ctrl+Alt+ 左箭头键
选择单元格、列或行	
选定当前单元格周围的区域	Ctrl+Shift+*（星号）
将选定区域扩展一个单元格宽度	Shift+ 箭头键
选定区域扩展到单元格同行同列的最后非空单元格	Ctrl+Shift+ 箭头键
将选定区域扩展到行首	Shift+Home
将选定区域扩展到工作表的开始	Ctrl+Shift+Home
将选定区域扩展到工作表的最后一个使用的单元格	Ctrl+Shift+End
选定整列	Ctrl+Space
选定整行	Shift+Space
选定活动单元格所在的当前区域	Ctrl+A
如果选定了多个单元格则只选定其中的活动单元格	Shift+BackSpace
将选定区域向下扩展一屏	Shift+Page Down
将选定区域向上扩展一屏	Shift+Page Up
选定了一个对象，选定工作表上的所有对象	Ctrl+Shift+Space
在隐藏对象、显示对象之间切换	Ctrl+6
使用箭头键启动扩展选中区域的功能	F8

续表

执行操作	快捷键组合
将其他区域中的单元格添加到选中区域中	Shift+F8
将选定区域扩展到窗口左上角的单元格	ScrollLock, Shift+Home
将选定区域扩展到窗口右下角的单元格	ScrollLock, Shift+End
处于“结束模式”时扩展选中区域	
打开或关闭“结束模式”	End
将选定区域扩展到单元格同列同行的最后非空单元格	End, Shift+ 箭头键
将选定区域扩展到工作表上包含数据的最后一个单元格	End, Shift+Home
将选定区域扩展到当前行中的最后一个单元格	End, Shift+Enter
选中活动单元格周围的当前区域	Ctrl+Shift+*（星号）
选中当前数组，此数组是活动单元格所属的数组	Ctrl+/
选定所有带批注的单元格	Ctrl+Shift+O（字母O）
选择行中不与该行内活动单元格的值相匹配的单元格	Ctrl+\
选中列中不与该列内活动单元格的值相匹配的单元格	Ctrl+Shift+|（竖线）
选定当前选定区域中公式的直接引用单元格	Ctrl+[（左方括号）
选定当前选定区域中公式直接或间接引用的所有单元格	Ctrl+Shift+{（左大括号）
只选定直接引用当前单元格的公式所在的单元格	Ctrl+]（右方括号）
选定所有带有公式的单元格，这些公式直接或间接引用当前单元格	Ctrl+Shift+}（右大括号）
只选定当前选定区域中的可视单元格	Alt+;（分号）

注意

部分组合键可能与Windows系统快捷键或其他常用软件快捷键（如输入法）冲突，如果遇到无法使用某组合键的情况，需要调整Windows系统快捷键或其他常用软件快捷键。

附录C　Excel 2016常用函数及功能说明

附表C-1　Excel 2016常用函数及功能说明

函数名称	函数功能
兼容性函数	
BETADIST 函数	返回累积分布的beta概率函数
BETAINV 函数	返回累积beta分布的概率密度函数区间点
BINOMDIST 函数	返回一元二项式分布的概率
CHIDIST 函数	返回 χ^2 分布的右尾概率
CHIINV 函数	返回具有给定概率的右尾 χ^2 分布的区间点
CHITEST 函数	返回独立性检验值
CONFIDENCE 函数	返回总体平均值的置信区间
COVAR 函数	返回协方差（成对偏差乘积的平均值）
CRITBINOM 函数	返回使累积二项式分布小于或等于临界值的最小值
EXPONDIST 函数	返回指数分布
FDIST 函数	返回F概率分布
FINV 函数	返回F概率分布的反函数
FLOOR 函数	向绝对值减小的方向舍入数字
FTEST 函数	返回F检验的结果
GAMMADIST 函数	返回 γ 分布
GAMMAINV 函数	返回 γ 累积分布函数的反函数
HYPGEOMDIST 函数	返回超几何分布
LOGINV 函数	返回对数累积分布函数的反函数
LOGNORMDIST 函数	返回对数累积分布函数
MODE 函数	返回在数据集内出现次数最多的值
NEGBINOMDIST 函数	返回负二项式分布
NORMDIST 函数	返回正态累积分布
NORMINV 函数	返回正态累积分布的反函数
NORMSDIST 函数	返回标准正态累积分布
NORMSINV 函数	返回标准正态累积分布函数的反函数
PERCENTILE 函数	返回区域中数值的第k个百分点的值
PERCENTRANK 函数	返回数据集中值的百分比排位
POISSON 函数	返回泊松分布
QUARTILE 函数	返回一组数据的四分位点

续表

函数名称	函数功能
RANK 函数	返回一列数字的数字排位
STDEV 函数	基于样本估算标准偏差
STDEVP 函数	基于整个样本总体计算标准偏差
TDIST 函数	返回学生 *t*-分布
TINV 函数	返回学生 *t*-分布的反函数
TTEST 函数	返回与学生 *t*-检验相关的概率
VAR 函数	基于样本估算方差
VARP 函数	计算基于样本总体的方差
WEIBULL 函数	返回 Weibull 分布
ZTEST 函数	返回 *z* 检验的单尾概率值
多维数据集函数	
CUBEKPIMEMBER 函数	返回重要性能指标(KPI)属性，并在单元格中显示KPI名称。KPI是一种用于监控单位绩效的可计量度量值，如每月总利润或季度员工调整
CUBEMEMBERPROPERTY 函数	返回多维数据集中成员属性的值。用于验证多维数据集内是否存在某个成员名并返回此成员的指定属性
CUBERANKEDMEMBER 函数	返回集合中的第 *n* 个或排在一定名次的成员。用来返回集合中的一个或多个元素，如业绩最好的销售人员或前10名的学生
CUBESETCOUNT 函数	返回集合中的项目数
CUBEVALUE 函数	从多维数据集中返回汇总值
数据库函数	
DAVERAGE 函数	返回所选数据库条目的平均值
DCOUNT 函数	计算数据库中包含数字的单元格的数量
DCOUNTA 函数	计算数据库中非空单元格的数量
DGET 函数	从数据库提取符合指定条件的单个记录
DMAX 函数	返回所选数据库条目的最大值
DMIN 函数	返回所选数据库条目的最小值
DPRODUCT 函数	将数据库中符合条件记录的特定字段中的值相乘
DSTDEV 函数	基于所选数据库条目的样本估算标准偏差
DSTDEVP 函数	基于所选数据库条目的样本总体计算标准偏差
DSUM 函数	对数据库中符合条件记录的字段列中的数字求和
DVAR 函数	基于所选数据库条目的样本估算方差
DVARP 函数	基于所选数据库条目的样本总体计算方差

续表

函数名称	函数功能
日期和时间函数	
DATE 函数	返回特定日期的序列号
DATEDIF 函数	计算两个日期之间的天数、月数或年数
DATEVALUE 函数	将文本格式的日期转换为序列号
DAY 函数	将序列号转换为月份日期
DAYS 函数	返回两个日期之间的天数
DAYS360 函数	以一年 360 天为基准计算两个日期间的天数
EDATE 函数	返回用于表示开始日期之前或之后月数的日期的序列号
EOMONTH 函数	返回指定月数之前或之后的月份的最后一天的序列号
HOUR 函数	将序列号转换为小时
ISOWEEKNUM 函数	返回给定日期在全年中的 ISO 周数
MINUTE 函数	将序列号转换为分钟
MONTH 函数	将序列号转换为月
NETWORKDAYS 函数	返回两个日期间的完整工作日的天数
NETWORKDAYS.INTL 函数	返回两个日期之间的完整工作日的天数（使用参数指明周末有几天并指明是哪几天）
NOW 函数	返回当前日期和时间的序列号
SECOND 函数	将序列号转换为秒
TIME 函数	返回特定时间的序列号
TIMEVALUE 函数	将文本格式的时间转换为序列号
TODAY 函数	返回今天日期的序列号
WEEKDAY 函数	将序列号转换为星期日期
WEEKNUM 函数	将序列号转换为代表该星期为一年中第几周的数字
WORKDAY 函数	返回指定的若干个工作日之前或之后的日期的序列号
WORKDAY.INTL 函数	返回日期在指定的工作日天数之前或之后的序列号（使用参数指明周末有几天并指明是哪几天）
YEAR 函数	将序列号转换为年
YEARFRAC 函数	返回两个日期直接的年份数
工程函数	
BESSELI 函数	返回修正的贝赛耳函数 In(x)
BESSELJ 函数	返回贝赛耳函数 Jn(x)
BESSELK 函数	返回修正的贝赛耳函数 Kn(x)
BESSELY 函数	返回贝赛耳函数 Yn(x)

续表

函数名称	函数功能
BIN2DEC 函数	将二进制数转换为十进制数
BIN2HEX 函数	将二进制数转换为十六进制数
BIN2OCT 函数	将二进制数转换为八进制数
BITAND 函数	返回两个数的按位“与”值
BITOR 函数	返回两个数的按位“或”值
BITXOR 函数	返回两个数的按位“异或”值
COMPLEX 函数	将实系数和虚系数转换为复数
CONVERT 函数	将数字从一种度量系统转换为另一种度量系统
DEC2BIN 函数	将十进制数转换为二进制数
DEC2HEX 函数	将十进制数转换为十六进制数
DEC2OCT 函数	将十进制数转换为八进制数
DELTA 函数	检验两个值是否相等
ERF 函数	返回误差函数
ERF.PRECISE 函数	返回误差函数
ERFC 函数	返回补余误差函数
ERFC.PRECISE 函数	返回补余误差函数
GESTEP 函数	检验数字是否大于阈值
HEX2BIN 函数	将十六进制数转换为二进制数
HEX2DEC 函数	将十六进制数转换为十进制数
HEX2OCT 函数	将十六进制数转换为八进制数
IMABS 函数	返回复数的绝对值（模数）
IMAGINARY 函数	返回复数的虚部系数
IMARGUMENT 函数	返回辐角q，即以弧度表示的角度
IMCONJUGATE 函数	返回复数的共轭复数
IMCOS 函数	返回复数的余弦
IMCOSH 函数	返回复数的双曲余弦值
IMCOT 函数	返回复数的余弦值
IMCSC 函数	返回复数的余割值
IMCSCH 函数	返回复数的双曲余割值
IMDIV 函数	返回两个复数的商
IMEXP 函数	返回复数的指数
IMLN 函数	返回复数的自然对数
IMLOG10 函数	返回复数的以 10 为底的对数

续表

函数名称	函数功能
IMLOG2 函数	返回复数的以2为底的对数
IMPOWER 函数	返回复数的整数幂
IMPRODUCT 函数	返回从1~255的复数的乘积
IMREAL 函数	返回复数的实系数
IMSEC 函数	返回复数的正割值
IMSECH 函数	返回复数的双曲正切值
IMSIN 函数	返回复数的正弦
IMSINH 函数	返回复数的双曲正弦值
IMSQRT 函数	返回复数的平方根
IMSUB 函数	返回两个复数的差
IMSUM 函数	返回多个复数的和
IMTAN 函数	返回复数的正割值
OCT2BIN 函数	将八进制数转换为二进制数
OCT2DEC 函数	将八进制数转换为十进制数
OCT2HEX 函数	将八进制数转换为十六进制数
财务函数	
ACCRINT 函数	返回定期支付利息的债券的应计利息
ACCRINTM 函数	返回在到期日支付利息的债券的应计利息
AMORDEGRC 函数	使用折旧系数返回每个记账期的折旧值
AMORLINC 函数	返回每个记账期的折旧值
COUPDAYBS 函数	返回从票息期开始到结算日之间的天数
COUPDAYS 函数	返回包含结算日的票息期天数
COUPDAYSNC 函数	返回从结算日到下一票息支付日之间的天数
COUPNCD 函数	返回结算日之后的下一个票息支付日
COUPNUM 函数	返回结算日与到期日之间可支付的票息数
COUPPCD 函数	返回结算日之前的上一票息支付日
CUMIPMT 函数	返回两个付款期之间累积支付的利息
CUMPRINC 函数	返回两个付款期之间为贷款累积支付的本金
DB 函数	使用固定余额递减法，返回一笔资产在给定期间内的折旧值
DDB 函数	使用双倍余额递减法或其他指定方法，返回一笔资产在给定期间内的折旧值
DISC 函数	返回债券的贴现率
DOLLARDE 函数	将以分数表示的价格转换为以小数表示的价格

续表

函数名称	函数功能
DOLLARFR 函数	将以小数表示的价格转换为以分数表示的价格
DURATION 函数	返回定期支付利息的债券的每年期限
EFFECT 函数	返回年有效利率
FV 函数	返回一笔投资的未来值
FVSCHEDULE 函数	返回应用一系列复利率计算的初始本金的未来值
INTRATE 函数	返回完全投资型债券的利率
IPMT 函数	返回一笔投资在给定期间内支付的利息
IRR 函数	返回一系列现金流的内部收益率
ISPMT 函数	计算特定投资期内要支付的利息
MDURATION 函数	返回假定票面值为100元的债券返回麦考利修正持续时间
MIRR 函数	返回正和负现金流以不同利率进行计算的内部收益率
NOMINAL 函数	返回年度的名义利率
NPER 函数	返回投资的期数
NPV 函数	返回基于一系列定期的现金流和贴现率计算的投资的净现值
ODDFPRICE 函数	返回每张票面为100元且第一期为奇数的债券的现价
ODDFYIELD 函数	返回第一期为奇数的债券的收益
ODDLPRICE 函数	返回每张票面为100元且最后一期为奇数的债券的现价
ODDLYIELD 函数	返回最后一期为奇数的债券的收益
PDURATION 函数	返回投资到达指定值所需的期数
PMT 函数	返回年金的定期支付金额
PPMT 函数	返回一笔投资在给定期间内偿还的本金
PRICE 函数	返回每张票面为100元且定期支付利息的债券的现价
PRICEDISC 函数	返回每张票面为100元的已贴现债券的现价
PRICEMAT 函数	返回每张票面为100元且在到期日支付利息的债券的现价
PV 函数	返回投资的现值
RATE 函数	返回年金的各期利率
RECEIVED 函数	返回完全投资型债券在到期日收回的金额
RRI 函数	返回某项投资增长的等效利率
SLN 函数	返回固定资产的每期线性折旧费
SYD 函数	返回某项固定资产按年限总和折旧法计算的每期折旧金额
TBILLEQ 函数	返回国库券的等价债券收益
TBILLPRICE 函数	返回面值为100元的国库券的价格
TBILLYIELD 函数	返回国库券的收益率

续表

函数名称	函数功能
VDB 函数	使用余额递减法，返回一笔资产在给定期间或部分期间内的折旧值
XIRR 函数	返回一组现金流的内部收益率，这些现金流不一定定期发生
XNPV 函数	返回一组现金流的净现值，这些现金流不一定定期发生
YIELD 函数	返回定期支付利息的债券的收益
YIELDDISC 函数	返回已贴现债券的年收益，如短期国库券
YIELDMAT 函数	返回在到期日支付利息的债券的年收益
信息函数	
CELL 函数	返回有关单元格格式、位置或内容的信息
ERROR.TYPE 函数	返回对应于错误类型的数字
INFO 函数	返回有关当前操作环境的信息
ISBLANK 函数	如果值为空，则返回 TRUE
ISERR 函数	如果值为除 #N/A 以外的任何错误值，则返回 TRUE
ISERROR 函数	如果值为任何错误值，则返回 TRUE
ISEVEN 函数	如果数字为偶数，则返回 TRUE
ISFORMULA 函数	如果有对包含公式的单元格的引用，则返回 TRUE
ISLOGICAL 函数	如果值为逻辑值，则返回 TRUE
ISNA 函数	如果值为错误值 #N/A，则返回 TRUE
ISNONTEXT 函数	如果值不是文本，则返回 TRUE
ISNUMBER 函数	如果值为数字，则返回 TRUE
ISODD 函数	如果数字为奇数，则返回 TRUE
ISREF 函数	如果值为引用值，则返回 TRUE
ISTEXT 函数	如果值为文本，则返回 TRUE
N 函数	返回转换为数字的值
NA 函数	返回错误值 #N/A
SHEET 函数	返回引用工作表的工作表编号
SHEETS 函数	返回引用中的工作表数
TYPE 函数	以整数形式返回参数的数据类型：数值=1；文字=2；逻辑值=4；错误值=16；数组=64
逻辑函数	
AND 函数	如果其所有参数均为 TRUE，则返回 TRUE
FALSE 函数	返回逻辑值 FALSE
IF 函数	指定要执行的逻辑检测

续表

函数名称	函数功能
IFERROR 函数	如果公式的计算结果错误，则返回指定的值；否则返回公式的结果
IFNA 函数	如果该表达式解析为#N/A，则返回指定值；否则返回该表达式的结果
NOT 函数	对其参数的逻辑求反
OR 函数	如果任一参数为TRUE，则返回TRUE
TRUE 函数	返回逻辑值TRUE
XOR 函数	返回所有参数的逻辑“异或”值
查找和引用函数	
ADDRESS 函数	以文本形式返回单元格引用地址
AREAS 函数	返回引用中涉及的区域个数
CHOOSE 函数	从值的列表中选择值
COLUMN 函数	返回引用的列标
COLUMNS 函数	返回引用中包含的列数
FORMULATEXT 函数	将给定引用的公式返回为文本
GETPIVOTDATA 函数	返回存储在数据透视表中的数据
HLOOKUP 函数	查找数组的首行，并返回指定单元格的值
HYPERLINK 函数	创建快捷方式或跳转，以打开存储在网络服务器、Intranet或Internet上的文档
INDIRECT 函数	返回由文本值指定的引用
LOOKUP 函数	在向量或数组中查找值
MATCH 函数	在引用或数组中查找值
OFFSET 函数	从给定引用中返回引用偏移量
ROW 函数	返回引用的行号
ROWS 函数	返回引用中的行数
RTD 函数	从支持COM自动化的程序中检索实时数据
TRANSPOSE 函数	返回数组的转置
VLOOKUP 函数	在数组第一列中查找指定内容，并返回同一行中其他列的内容
数学和三角函数	
ABS 函数	返回数字的绝对值
ACOS 函数	返回数字的反余弦值
ACOSH 函数	返回数字的反双曲余弦值
ACOT 函数	返回一个数的反余切值

续表

函数名称	函数功能
ACOTH 函数	返回一个数的双反曲余切值
AGGREGATE 函数	返回列表或数据库中的聚合
ARABIC 函数	将罗马数字转换为阿拉伯数字
ASIN 函数	返回数字的反正弦值
ASINH 函数	返回数字的反双曲正弦值
ATAN 函数	返回数字的反正切值
ATAN2 函数	返回 *X* 和 *Y* 坐标的反正切值
ATANH 函数	返回数字的反双曲正切值
BASE 函数	将数字转换为具有给定基数的文本表示形式
CEILING 函数	将数字舍入为最接近的整数或最接近的指定基数的倍数
CEILING.MATH 函数	将数字向上舍入为最接近的整数或最接近的指定基数的倍数
CEILING.PRECISE 函数	将数字舍入为最接近的整数或最接近的指定基数的倍数。无论该数字的符号如何，该数字都向上舍入
COMBIN 函数	返回给定数目对象的组合数
COMBINA 函数	返回给定数目对象具有重复项的组合数
COS 函数	返回数字的余弦值
COSH 函数	返回数字的双曲余弦值
COT 函数	返回角度的余弦值
COTH 函数	返回给定角度的双曲余切值
CSC 函数	返回角度的余切值
CSCH 函数	返回角度的双曲余切值
DECIMAL 函数	将给定基数内的数的文本表示形式转换为十进制数
DEGREES 函数	将弧度转换为度
EVEN 函数	将数字向上舍入到最接近的偶数
EXP 函数	返回 *e* 的 *n* 次方
FACT 函数	返回数字的阶乘
FACTDOUBLE 函数	返回数字的双倍阶乘
FLOOR 函数	向绝对值减小的方向舍入数字
FLOOR.MATH 函数	将数字向下舍入为最接近的整数或最接近的指定基数的倍数
FLOOR.PRECISE 函数	将数字向下舍入为最接近的整数或最接近的指定基数的倍数。无论该数字的符号如何，该数字都向下舍入
GCD 函数	返回最大公约数
INT 函数	将数字向下舍入到最接近的整数

续表

函数名称	函数功能
ISO.CEILING 函数	返回一个数字，该数字向上舍入为最接近的整数或最接近的有效位的倍数
LCM 函数	返回最小公倍数
LN 函数	返回数字的自然对数
LOG 函数	返回数字的以指定底为底的对数
LOG10 函数	返回数字的以 10 为底的对数
MDETERM 函数	返回数组的矩阵行列式的值
MINVERSE 函数	返回数组的逆矩阵
MMULT 函数	返回两个数组的矩阵乘积
MOD 函数	返回除法的余数
MROUND 函数	返回一个舍入到所需倍数的数字
MULTINOMIAL 函数	返回一组数字的多项式
MUNIT 函数	返回单位矩阵或指定维度
ODD 函数	将数字向上舍入为最接近的奇数
PI 函数	返回圆周率 π 的值
POWER 函数	返回数的乘幂
PRODUCT 函数	将其参数相乘
QUOTIENT 函数	返回除法的整数部分
RADIANS 函数	将度转换为弧度
RAND 函数	返回 0 和 1 之间的一个随机数
RANDBETWEEN 函数	返回位于两个指定数之间的一个随机数
ROMAN 函数	将阿拉伯数字转换为文本式罗马数字
ROUND 函数	将数字按指定位数舍入
ROUNDDOWN 函数	向绝对值减小的方向舍入数字
ROUNDUP 函数	向绝对值增大的方向舍入数字
SEC 函数	返回角度的正切值
SECH 函数	返回角度的双曲正切值
SERIESSUM 函数	返回基于公式的幂级数的和
SIGN 函数	返回数字的符号
SIN 函数	返回给定角度的正弦值
SINH 函数	返回数字的双曲正弦值
SQRT 函数	返回正平方根
SQRTPI 函数	返回某数与 π 的乘积的平方根

续表

函数名称	函数功能
SUBTOTAL 函数	返回列表或数据库中的分类汇总
SUM 函数	求参数的和
SUMIF 函数	按给定条件对指定单元格求和
SUMIFS 函数	在区域中添加满足多个条件的单元格
SUMPRODUCT 函数	返回对应的数组元素的乘积和
SUMSQ 函数	返回参数的平方和
SUMX2MY2 函数	返回两数组中对应值平方差之和
SUMX2PY2 函数	返回两数组中对应值的平方和之和
SUMXMY2 函数	返回两个数组中对应值差的平方和
TAN 函数	返回给定角度的正切值
TANH 函数	返回给定角度的双曲正切值
TRUNC 函数	将数字截尾取整
统计函数	
AVEDEV 函数	返回数据点与它们的平均值的绝对偏差平均值
AVERAGE 函数	返回其参数的平均值
AVERAGEA 函数	返回其参数的平均值，包括数字、文本和逻辑值
AVERAGEIF 函数	返回区域中满足给定条件的所有单元格的平均值（算术平均值）
AVERAGEIFS 函数	返回满足多个条件的所有单元格的平均值（算术平均值）
BETA.DIST 函数	返回具有给定概率的累积beta分布的区间点
BETA.INV 函数	返回指定beta分布的累积分布函数的逆函数值
BINOM.DIST 函数	返回一元二项式分布的概率
BINOM.DIST.RANGE 函数	使用二项式分布返回试验结果的概率
BINOM.INV 函数	返回使累积二项式分布小于或等于临界值的最小值
CHISQ.DIST 函数	返回累积beta概率密度函数
CHISQ.DIST.RT 函数	返回 χ^2分布的右尾概率
CHISQ.INV 函数	返回累积beta概率密度函数
CHISQ.INV.RT 函数	返回具有给定概率的右尾 χ^2分布的区间点
CHISQ.TEST 函数	返回独立性检验值
CONFIDENCE.NORM 函数	返回总体平均值的置信区间
CONFIDENCE.T 函数	返回总体平均值的置信区间（使用学生t-分布）
CORREL 函数	返回两个数据集之间的相关系数
COUNT 函数	计算参数列表中数字的个数
COUNTA 函数	计算参数列表中值的个数

续表

函数名称	函数功能
COUNTBLANK 函数	计算区域内空白单元格的数量
COUNTIF 函数	计算区域内符合给定条件的单元格的数量
COUNTIFS 函数	计算区域内符合多个条件的单元格的数量
COVARIANCE.P 函数	返回协方差（成对偏差乘积的平均值）
COVARIANCE.S 函数	返回样本协方差，即两个数据集中每对数据点的偏差乘积的平均值
DEVSQ 函数	返回偏差的平方和
EXPON.DIST 函数	返回指数分布
F.DIST 函数	返回两组数据的左尾*F*概率分布
F.DIST.RT 函数	返回两组数据的右尾*F*概率分布
F.INV 函数	返回左尾*F*概率分布的逆函数值
F.INV.RT 函数	返回*F*概率分布的逆函数值
F.TEST 函数	返回*F*检验的结果
FISHER 函数	返回Fisher变换值
FISHERINV 函数	返回Fisher变换的逆函数值
FORECAST 函数	返回线性趋势值
FREQUENCY 函数	以垂直数组的形式返回频率分布
GAMMA 函数	返回 γ 函数值
GAMMA.DIST 函数	返回 γ 分布
GAMMA.INV 函数	返回具有给定概率的 γ 累积分布函数的区间点
GAMMALN 函数	返回 γ 函数的自然对数，Γ(x)
GAMMALN.PRECISE 函数	返回 γ 函数的自然对数，Γ(x)
GAUSS 函数	返回小于标准正态累积分布0.5的值
GEOMEAN 函数	返回几何平均值
GROWTH 函数	返回指数趋势值
HARMEAN 函数	返回调和平均值
HYPGEOM.DIST 函数	返回超几何分布
INTERCEPT 函数	返回线性回归线的截距
KURT 函数	返回数据集的峰值
LARGE 函数	返回数据集中第*k*个最大值
LINEST 函数	返回线性趋势的参数
LOGEST 函数	返回指数趋势的参数
LOGNORM.DIST 函数	返回对数累积分布函数

续表

函数名称	函数功能
LOGNORM.INV 函数	返回具有给定概率的对数正态分布函数的区间点
MAX 函数	返回参数列表中的最大值
MAXA 函数	返回参数列表中的最大值，包括数字、文本和逻辑值
MEDIAN 函数	返回给定数值集合的中值
MIN 函数	返回参数列表中的最小值
MINA 函数	返回参数列表中的最小值，包括数字、文本和逻辑值
MODE.MULT 函数	返回一组数据或数据区域中出现频率最高或重复出现的数值的垂直数组
MODE.SNGL 函数	返回在数据集内出现次数最多的值
NEGBINOM.DIST 函数	返回负二项式分布
NORM.DIST 函数	返回正态累积分布
NORM.INV 函数	返回具有给定概率正态分布的区间点
NORM.S.DIST 函数	返回标准正态分布的区间点
NORM.S.INV 函数	返回标准正态累积分布函数的逆函数
PEARSON 函数	返回Pearson乘积矩相关系数
PERCENTILE.EXC 函数	返回某个区域中的数值的第*k*个百分点值，此处*k*的范围为0到1（不含0和1）
PERCENTILE.INC 函数	返回区域中数值的第k个百分点的值
PERCENTRANK.EXC 函数	将某个数值在数据集中的排位作为数据集的百分点值返回，此处的百分点值的范围为0到1（不含0和1）
PERCENTRANK.INC 函数	返回数据集中值的百分比排位
PERMUT 函数	返回给定数目对象的排列数
PERMUTATIONA 函数	返回可从总计对象中选择的给定数目对象（含重复）的排列数
PHI 函数	返回标准正态分布的密度函数值
POISSON.DIST 函数	返回泊松分布
PROB 函数	返回区域中的数值落在指定区间内的概率
QUARTILE.EXC 函数	基于百分点值返回数据集的四分位，此处的百分点值的范围为0到1（不含0和1）
QUARTILE.INC 函数	返回一组数据的四分位点
RANK.AVG 函数	返回某数值相对于其他数值的大小排名，如果多个数值排名相同，则返回平均值排名
RANK.EQ 函数	返回某数字相对于其他数值的大小排名，如果多个数值排名相同，则返回最佳排名
RSQ 函数	返回Pearson乘积矩相关系数的平方

续表

函数名称	函数功能
SKEW 函数	返回分布的不对称度
SKEW.P 函数	返回一个分布的不对称度：用来体现某一分布相对其平均值的不对称程度
SLOPE 函数	返回线性回归线的斜率
SMALL 函数	返回数据集中的第 k 个最小值
STANDARDIZE 函数	返回正态化数值
STDEV.P 函数	基于整个样本总体计算标准偏差
STDEV.S 函数	基于样本估算标准偏差
STDEVA 函数	基于样本（包括数字、文本和逻辑值）估算标准偏差
STDEVPA 函数	基于样本总体（包括数字、文本和逻辑值）计算标准偏差
STEYX 函数	返回通过线性回归法预测 y 值时所产生的标准误差
T.DIST 函数	返回学生 t-分布的百分点（概率）
T.DIST.2T 函数	返回学生 t-分布的百分点（概率）
T.DIST.RT 函数	返回学生 t-分布
T.INV 函数	返回作为概率和自由度函数的学生 t 分布的 t 值
T.INV.2T 函数	返回学生 t-分布的反函数
T.TEST 函数	返回与学生 t-检验相关的概率
TREND 函数	返回线性趋势值
TRIMMEAN 函数	返回数据集的内部平均值
VAR.P 函数	计算基于样本总体的方差
VAR.S 函数	基于样本估算方差
VARA 函数	基于样本（包括数字、文本和逻辑值）估算方差
VARPA 函数	基于样本总体（包括数字、文本和逻辑值）计算标准偏差
WEIBULL.DIST 函数	返回韦伯分布
Z.TEST 函数	返回 z 检验的单尾概率值
文本函数	
ASC 函数	将字符串中的全角（双字节）英文字母或片假名更改为半角（单字节）字符
BAHTTEXT 函数	使用 ß（泰铢）货币格式将数字转换为文本
CHAR 函数	返回由代码数字指定的字符
CLEAN 函数	删除文本中所有非打印字符
CODE 函数	返回文本字符串中第一个字符的数字代码
CONCATENATE 函数	将几个文本项合并为一个文本项

续表

函数名称	函数功能
DBCS 函数	将字符串中的半角（单字节）英文字母或片假名更改为全角（双字节）字符
DOLLAR 函数	使用￥（人民币）货币格式将数字转换为文本
EXACT 函数	检查两个文本值是否相同
FIND、FINDB 函数	在一个文本值中查找另一个文本值（区分大小写）
FIXED 函数	将数字格式设置为具有固定小数位数的文本
LEFT、LEFTB 函数	返回文本值中最左边的字符
LEN、LENB 函数	返回文本字符串中的字符个数
LOWER 函数	将一个文本字符串的所有字母转换为小写形式
MID、MIDB 函数	从文本字符串中的指定位置起返回特定个数的字符
NUMBERVALUE 函数	以与区域设置无关的方式将文本转换为数字
PHONETIC 函数	提取文本字符串中的拼音（汉字注音）字符
PROPER 函数	将文本值的每个字的首字母大写
REPLACE, REPLACEB	替换文本中的字符
REPT 函数	按给定次数重复文本
RIGHT、RIGHTB 函数	返回文本值中最右边的字符
SEARCH、SEARCHB 函数	在一个文本值中查找另一个文本值（不区分大小写）
SUBSTITUTE 函数	在文本字符串中用新文本替换旧文本
T 函数	将参数转换为文本
TEXT 函数	设置数字格式并将其转换为文本
TRIM 函数	删除文本中的空格
UNICHAR 函数	返回给定数值引用的 Unicode 字符
UNICODE 函数	返回对应于文本的第一个字符的数字（代码点）
UPPER 函数	将文本转换为大写形式
VALUE 函数	将文本参数转换为数字
Web函数	
ENCODEURL 函数	返回 URL 编码的字符串
FILTERXML 函数	通过使用指定的 XPath，返回 XML 内容中的特定数据
WEBSERVICE 函数	返回 Web 服务中的数据

附录D　高效办公必备工具——Excel易用宝

尽管Excel的功能无比强大，但在很多常见的数据处理和分析工作中，需要灵活地组合使用函数、VBA等高级功能才能完成任务，这对于很多人而言是个艰难的学习和使用过程。

因此，为了提升Excel的操作效率，Excel Home为广大Excel用户定做了一款Excel功能扩展工具软件，中文名为“Excel易用宝”。针对Excel用户在数据处理与分析过程中的多项常用需求，Excel易用宝集成了数十个功能模块，从而让烦琐或难以实现的操作变得简单可行，甚至能够一键完成。

Excel易用宝永久免费，适用于Windows各平台。经典版（V1.1）支持32位的Excel 2003/2007/2010，最新版（V2018）支持32位及64位的Excel 2007/2010/2013/2016和Office 365。

经过简单的安装操作后，Excel易用宝会显示在Excel功能区独立的选项卡上，如图附D-1所示。

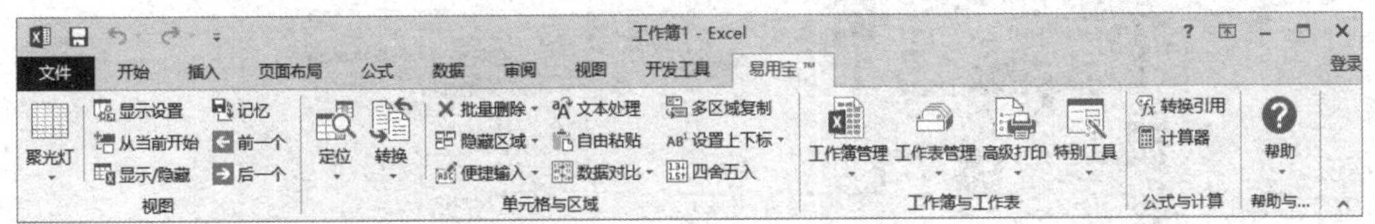

图附D-1 【易用宝】选项卡

例如，在浏览超出屏幕范围的大数据表时，如何准确无误地查看对应的行表头和列表头，一直是许多Excel用户烦恼的事情。这时候，只要单击一下【易用宝】选项卡中的【聚光灯】按钮，就可以用自己喜欢的颜色高亮显示选中单元格/区域所在的行和列，效果如图附D-2所示。

D277　C01-121

	A	B	C	D	E	F	G
1	销售类型	客户名称	销售部门	订单号	产品货号	数量	销售额
274	内销	南方科技	三部	A01-103	LR28414	90	5004.42
275	出口	南方科技	三部	C01-119	LR49836	78	1861.1
276	内销	南方科技	三部	C01-120	LR34781	30	774.94
277	出口	南方科技	三部	C01-121	LR24594	48	1164.5
278	内销	南方科技	三部	C01-122	LR44079	18	479.63
279	内销	南方科技	三部	C01-123	LR33820	48	1068.46
280	出口	南方科技		C01-124	LR52200	30	724.7

图附D-2

又如，工作表合并也是日常工作中常见的操作，但如果自己不懂得编程，这一定是一项“不可能完成”的任务。Excel易学宝可以让这项工作变得“轻而易举”，它能批量合并某个文件夹中任意多个文件中的数据，如图附D-3所示。

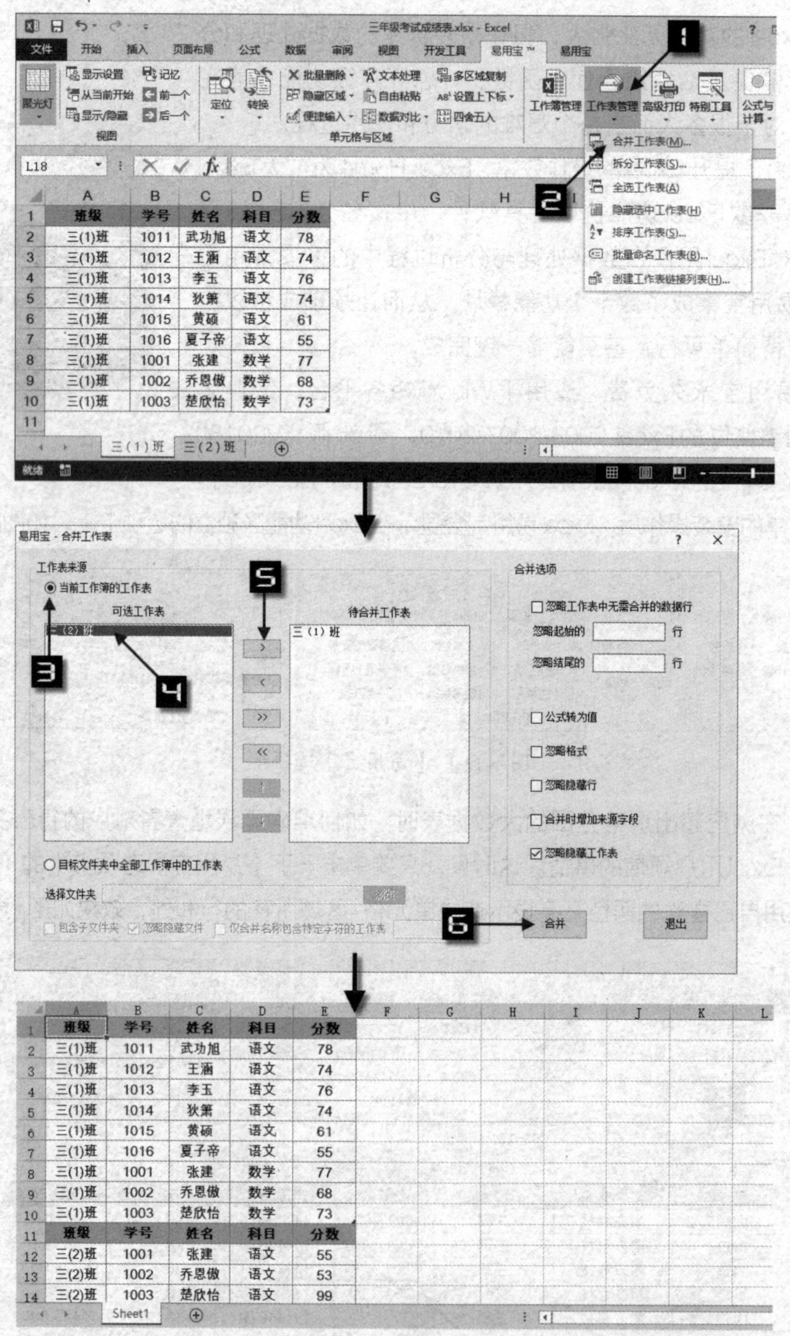

班级	学号	姓名	科目	分数
三(1)班	1011	武功旭	语文	78
三(1)班	1012	王涵	语文	74
三(1)班	1013	李玉	语文	76
三(1)班	1014	狄箫	语文	74
三(1)班	1015	黄硕	语文	61
三(1)班	1016	夏子帝	语文	55
三(1)班	1001	张建	数学	77
三(1)班	1002	乔恩傲	数学	68
三(1)班	1003	楚欣怡	数学	73
班级	学号	姓名	科目	分数
三(2)班	1001	张建	语文	55
三(2)班	1002	乔恩傲	语文	53
三(2)班	1003	楚欣怡	语文	99

图附D-3　批量合并多个数据

更多实用功能，欢迎读者亲身体验，网址为http://yyb.excelhome.net/。

如果读者有非常好的功能需求，可以通过软件内置的联系方式提交给我们，可能很快就能在新版本中看到了。